1 Allgemeine und konstruktive Grundlagen 1–20

2 Toleranzen, Passungen, Oberflächenbeschaffenheit 21–36

3 Festigkeitsberechnung 37–70

4 Tribologie 71–88

5 Kleb- und Lötverbindungen 89–111

6 Schweißverbindungen 112–185

7 Nietverbindungen 186–216

8 Schraubenverbindungen 217–273

9 Bolzen-, Stiftverbindungen und Sicherungselemente 274–298

10 Elastische Federn 299–340

11 Achsen, Wellen und Zapfen 341–372

12 Elemente zum Verbinden von Wellen und Naben 373–409

13 Kupplungen und Bremsen 410–474

14 Wälzlager und Wälzlagerungen 475–525

15 Gleitlager 526–580

16 Riemengetriebe 581–610

17 Kettengetriebe 611–628

18 Elemente zur Führung von Fluiden (Rohrleitungen) 629–656

19 Dichtungen 657–676

20 Zahnräder und Zahnradgetriebe (Grundlagen) 677–700

21 Stirnräder mit Evolventenverzahnung 701–748

22 Kegelräder und Kegelradgetriebe 749–769

23 Schraubrad- und Schneckengetriebe 770–788

D1727598

Herbert Wittel | Dieter Muhs | Dieter Jannasch | Joachim Voßiek

Roloff/Matek Maschinenelemente

Herbert Wittel | Dieter Muhs |
Dieter Jannasch | Joachim Voßiek

Roloff/Matek
Maschinenelemente

Normung, Berechnung, Gestaltung

19., überarbeitete und erweiterte Auflage

Mit 711 Abbildungen,
75 vollständig durchgerechneten Beispielen
und einem Tabellenbuch mit 282 Tabellen

**VIEWEG+
TEUBNER**

Bibliografische Information der Deutschen Nationalbibliothek
Die Deutsche Nationalbibliothek verzeichnet diese Publikation in der
Deutschen Nationalbibliografie; detaillierte bibliografische Daten sind im Internet über
<http://dnb.d-nb.de> abrufbar.

1. Auflage 1963
2., überarbeitete und erweiterte Auflage 1966
3., durchgesehene und verbesserte Auflage 1968
4., überarbeitete und ergänzte Auflage 1970
5., durchgesehene Auflage 1972
6., völlig überarbeitete und erweiterte Auflage 1974
7., durchgesehene und verbesserte Auflage 1976
8., vollständig neu bearbeitete Auflage 1983
9., durchgesehene und verbesserte Auflage 1984
10., neu bearbeitete Auflage 1986
11., durchgesehene Auflage 1987
12., neu bearbeitete Auflage 1992
13., überarbeitete Auflage 1994
14., vollständig überarbeitete und erweiterte Auflage 2000
15., durchgesehene Auflage 2001
16., überarbeitete und erweiterte Auflage 2003
17., überarbeitete Auflage 2005
18., vollständig überarbeitete Auflage 2007
19., überarbeitete und erweiterte Auflage 2009

Alle Rechte vorbehalten
© Vieweg+Teubner | GWV Fachverlage GmbH, Wiesbaden 2009

Lektorat: Thomas Zipsner | Imke Zander

Vieweg+Teubner ist Teil der Fachverlagsgruppe Springer Science+Business Media.
www.viewegteubner.de

Umschlaggestaltung: KünkelLopka Medienentwicklung, Heidelberg
Technische Redaktion: Gabriele McLemore, Wiesbaden
Bilder: Graphik & Text Studio, Dr. Wolfgang Zettlmeier, Barbing
Satz: Druckhaus „Thomas Müntzer", Bad Langensalza
Druck und buchbinderische Verarbeitung: Stürtz GmbH, Würzburg
Gedruckt auf säurefreiem und chlorfrei gebleichtem Papier.
Printed in Germany

ISBN 978-3-8348-0689-5

Lehrbuch und Tabellenbuch

Vorwort zur 19. Auflage

„*Roloff/Matek Maschinenelemente*" ist seit mehr als 40 Jahren zu einem Synonym geworden für umfassende Informationen, Normenaktualität, leichte Verständlichkeit und sofortige Nutzbarkeit der Auslegungs- oder Berechnungsgleichungen. Das haben die Konstrukteure in Ausbildung und Beruf längst erkannt. Er ist von den Konstruktions-Schreibtischen nicht mehr wegzudenken und findet nach dem Studium oder der Ausbildung wie selbstverständlich weitere Verwendung im Beruf.

Im Lehr- und Tabellenbuch werden die wichtigsten Maschinenelemente in 23 einzelnen, in sich abgeschlossenen Kapiteln dargestellt und können somit unabhängig voneinander erarbeitet werden. Durchgehend werden einheitliche Bezeichnungen vorgesehen: so z. B. S (Sicherheit), K_A (Anwendungsfaktor), W_t (Torsionswiderstandsmoment) etc. Gleichungen von untergeordneter Bedeutung werden nicht mehr besonders hervorgehoben; die Zählnummern dagegen bleiben zugunsten der Verweismöglichkeit erhalten. Jedes Kapitel schließt mit Literaturhinweisen ab, die auf Möglichkeiten zum Weiterstudium verweisen. Ein ausführliches Sachwortverzeichnis am Ende sowohl des Lehrbuches als auch des Tabellenbuches gestattet es, gesuchte Begriffe schnell aufzufinden.

Besonderer Wert wurde auf die Herleitung der einzelnen Berechnungsgleichungen gelegt, um den Einfluss der Formelgrößen besser beurteilen zu können. Zum besseren Verständnis des logischen Zusammenwirkens einzelner Beziehungen zueinander werden für die Berechnung einzelner Elemente teilweise Ablaufpläne angegeben, die wiederum die Grundlage für die Erstellung eigener Programme darstellen können. Eine Reihe vollständig durchgerechneter Beispiele, die den einzelnen Kapiteln oder Abschnitten zugeordnet sind, sollen dem Lernenden helfen, den erarbeiteten Stoff gezielt anwenden zu können und ihm eine Richtlinie für eigene Berechnungen geben.

Die für die Berechnung und Konstruktion erforderlichen Zahlenunterlagen, Diagramme, Normenauszüge und Erfahrungsangaben sind in einem beigelegten umfangreichen *Tabellenbuch* in kompakter, übersichtlicher Form für einen schnellen und sicheren Zugriff zusammengestellt. Im Lehrbuch selbst sind nur solche Angaben und Diagramme aufgeführt, die unmittelbar mit dem Text verbunden und deshalb zum Verständnis notwendig sind.

In der jetzt vorliegenden 19. Auflage wurden in Kapitel 14 die linearen Wälzführungen in einem eigenen Unterkapitel neu aufgenommen. Grund hierfür war, dass der wichtigste Vertreter, die Profilschienenführung, heute einen Entwicklungsstand erreicht hat, der vergleichbar mit den Wälzlagern als Hochleistungsbauteil im Maschinenbau unverzichtbar ist. Das Erscheinen neuer Normen machte daneben wieder eine Reihe von kleineren Aktualisierungen erforderlich.

Dem Lehrbuch beigelegt ist eine CD mit Modulen des in der Praxis weit verbreiteten Berechnungsprogramms für Maschinenelemente *MDESIGN* von *TEDATA*. Damit kann bereits sehr früh im Unterricht bzw. Studium auf praxisbewährte Berechnungshilfen zurückgegriffen werden.

Unter der Internetadresse *www.roloff-matek.de* wird dem Leser zusätzlich ein Forum geboten. Hier kann der Leser direkt mit dem Autorenteam und dem Verlag in Kontakt treten und sowohl aktuelle Informationen zum Lehrsystem erfahren als auch Vorschläge zur weiteren Verbesserung einbringen. *Power-Point-Folien* zur Präsentation einzelner Maschinenelemente ergänzen das Angebot. Sie eignen sich unterstützend für die Lehrveranstaltungen, aber auch für deren Nachbereitung im Selbststudium. Zur Abrundung des Angebotes werden dort zusätzlich Berechnungsformulare auf *EXCEL*-Basis zum Herunterladen bereitgestellt. Sie sind für Entwurfsarbeiten in der Konstruktionsphase gedacht.

Eine auf das Buch abgestimmte *Aufgabensammlung* sowie eine *interaktive Formelsammlung* ergänzen das Lehr- und Lernsystem Roloff/Matek Maschinenelemente.

Für das Arbeiten in der Konstruktionspraxis mit dem vorliegenden Buch weisen wir darauf hin, dass es zwingend erforderlich ist, die jeweils *aktuelle* und vor allem *vollständige* Ausgabe der entsprechenden DIN-Normen und der anderen maßgebenden Regelwerke der Berechnung der Bauteile zugrunde zu legen. Für die praktische Auslegung von Kaufteilen, wie z. B. *Kupplungen, Spannelemente, Lager, Ketten- und Riemengetriebe* usw. sind jeweils die aktuellen Berechnungsunterlagen und Leistungsdaten der betreffenden Lieferfirmen maßgebend, die vielfach von denen im Lehrbuch abweichen können. Gleiches gilt sinngemäß auch für solche Güter der Zulieferindustrie, die keine Maschinenelemente im eigentlichen Sinne sind, wie z. B. *Klebstoffe, Lote* und *Schmierstoffe.* Trotz sorgfältigster Recherchen kann bei direkter und indirekter Bezugnahme auf Vorschriften, Regelwerke, Firmenschriften u. a. keine Gewähr für die Richtigkeit übernommen werden.

Abschließend möchten wir den Firmen danken, die uns durch zahlreiche Informationen wie Zeichnungen, Funktions- und Verwendungsbeschreibungen, Richt-, Einbau- und Tabellenwerte nun schon jahrzehntelang kontinuierlich und zuverlässig unterstützt haben. Mit diesen und anderen Unterlagen sowie durch wertvolle Hinweise und Anregungen haben sie unsere Arbeit wesentlich erleichtert, auch wenn nicht alle Informationen aus Zeitgründen bzw. infolge Umfangsbeschränkungen verwendet werden konnten. Bedanken möchten sich die Autoren bei den Lesern auch für die vielen konstruktiven Zuschriften, die häufig Veränderungen in nachfolgenden Auflagen bewirkten. Natürlich hoffen wir, dass sie auch weiterhin durch konstruktive Kritik zur Verbesserung des Buches beitragen werden. Dem Verlag, insbesondere dem Lektorat Maschinenbau danken die Autoren für die Anregung zur weiteren Abstimmung des Systems auf immer neue Erfordernisse der Leser und die Bereitschaft zu dessen kontinuierlichen Weiterentwicklung.

Bei der jetzigen Auflage hat Herr Muhs nicht mehr als aktiver Autor mitgearbeitet. Die Autoren und der Verlag danken ihm für seine langjährige und richtungsweisende Mitarbeit am Lehr- und Lernsystem.

Reutlingen, Augsburg im Frühjahr 2009

Dipl.-Ing. Herbert Wittel
Dr.-Ing. Dieter Jannasch
Dr.-Ing. Joachim Voßiek

Inhaltsverzeichnis

1 Allgemeine und konstruktive Grundlagen

1.1		Arten und Einteilung der Maschinenelemente	1
1.2		Grundlagen des Normenwesens	1
	1.2.1	Nationale und internationale Normen, Technische Regelwerke	2
	1.2.2	Werdegang einer DIN-Norm	2
	1.2.3	Dezimalklassifikation (DK)	3
1.3		Normzahlen (Vorzugszahlen und -maße)	3
	1.3.1	Bedeutung der Normzahlen	3
	1.3.2	Aufbau der Normzahlreihen	3
		Grundreihen – Abgeleitete Reihen – Zusammengesetzte Reihen – Rundwertreihen	
	1.3.3	Anwendung der Normzahlen	5
		Ermittlung der Maßstäbe – Darstellung der Beziehungen im NZ-Diagramm – Rechnen mit NZ	
	1.3.4	Berechnungsbeispiele	7
1.4		Allgemeine konstruktive Grundlagen	8
	1.4.1	Konstruktionsmethodik	9
		Lösungsweg zur Schaffung neuer Produkte – Bewertungsverfahren	
	1.4.2	Grundlagen des Gestaltens	15
	1.4.3	Rechnereinsatz im Konstruktions- und Entwicklungsprozess	17
1.5		Literatur	19

2 Toleranzen, Passungen, Oberflächenbeschaffenheit

2.1		Toleranzen	21
	2.1.1	Maßtoleranzen	21
		Grundbegriffe – Größe der Maßtoleranz – Anwendungsbereiche für die Grundtoleranzgrade – Lage der Toleranzfelder – Direkte Angabe von Maßtoleranzen – Maße ohne Toleranzangabe	
	2.1.2	Formtoleranzen	24
	2.1.3	Lagetoleranzen	25
	2.1.4	Toleranzangaben in Zeichnungen	25
		Maßtoleranzen – Form- und Lagetoleranzen	
2.2		Passungen	26
	2.2.1	Grundbegriffe	26
	2.2.2	ISO-Passsysteme	28
		System Einheitsbohrung (*EB*) – System Einheitswelle (*EW*)	
	2.2.3	Passungsauswahl	28
2.3		Oberflächenbeschaffenheit	29
	2.3.1	Gestaltabweichung	29
	2.3.2	Oberflächenangaben in Zeichnungen	32
2.4		Berechnungsbeispiele	33
2.5		Literatur	36

3   Festigkeitsberechnung

3.1   Allgemeines 37
3.2   Beanspruchungs- und Belastungsarten 37
3.3   Werkstoffverhalten, Festigkeitskenngrößen 42
        3.3.1   Statische Festigkeitswerte (Werkstoffkennwerte) 42
        3.3.2   Dynamische Festigkeitswerte (Werkstoffkennwerte) 46
                 Grenzspannungslinie (Wöhlerlinie) – Dauerfestigkeitsschaubilder (DFS)
                 – Dauerfestigkeitskennwerte
3.4   Statische Bauteilfestigkeit 50
3.5   Gestaltfestigkeit (dynamische Bauteilfestigkeit) 51
        3.5.1   Konstruktionskennwerte 52
                 Kerbwirkung und Stützwirkung – Oberflächengüte – Bauteilgröße –
                 Oberflächenverfestigung – Sonstige Einflüsse – Konstruktionsfaktor
                 (Gesamteinflussfaktor)
        3.5.2   Ermittlung der Gestaltfestigkeit (Bauteilfestigkeit) 57
                 Gestaltwechselfestigkeit (Bauteilwechselfestigkeit) – Gestaltdauerfestig-
                 keit (Bauteildauerfestigkeit)
3.6   Sicherheiten 60
3.7   Praktische Festigkeitsberechnung....................................... 62
        3.7.1   Überschlägige Berechnung 62
                 Statisch belastete Bauteile – Dynamisch belastete Bauteile
        3.7.2   Statischer Festigkeitsnachweis.................................. 63
        3.7.3   Dynamischer Festigkeitsnachweis (Ermüdungsfestigkeitsnachweis)... 64
        3.7.4   Festigkeitsnachweis im Stahlbau................................. 65
●   3.8 Berechnungsbeispiele 65
    3.9 Literatur... 69

4 Tribologie

4.1   Funktion und Wirkung 71
4.2   Reibung, Reibungsarten 71
4.3   Reibungszustände (Schmierungszustände) 73
4.4   Beanspruchung im Bauteilkontakt, Hertzsche Pressung 74
4.5   Schmierstoffe 76
        4.5.1   Schmieröle 76
                 Eigenschaften der Schmieröle – Einteilung der Schmieröle
        4.5.2   Schmierfette 84
        4.5.3   Sonstige Schmierstoffe 85
4.6   Schmierungsarten 85
4.7   Schäden an Maschinenelementen 86
        4.7.1   Verschleiß 86
        4.7.2   Korrosion 87
        4.7.3   Schadensbilder 88
4.8   Literatur 88

5   Kleb- und Lötverbindungen

5.1   Klebverbindungen 89
        5.1.1   Funktion und Wirkung 89
                 Physikalisch abbindende Klebstoffe (Lösungsmittel- und Dispersionskleb-
                 stoffe) – Chemisch abbindende Klebstoffe (Reaktionsklebstoffe)
        5.1.2   Herstellen der Klebverbindungen 92

        5.1.3   Gestalten und Entwerfen   93
                 Beanspruchung und Festigkeit – Einflüsse auf die Festigkeit – Gestalten
                 der Klebverbindung
        5.1.4   Berechnungsgrundlagen   97
        5.1.5   Berechnungsbeispiele   99
        5.1.6   Literatur (Kleben)   99
    5.2 Lötverbindungen   100
        5.2.1   Funktion und Wirkung   100
        5.2.2   Herstellen der Lötverbindungen   104
        5.2.3   Gestalten und Entwerfen   105
        5.2.4   Berechnungsgrundlagen   107
        5.2.5   Berechnungsbeispiel.   110
        5.2.6   Literatur (Löten)   110

6 Schweißverbindungen

    6.1 Funktion und Wirkung   112
        6.1.1   Wirkprinzip und Anwendung.   112
        6.1.2   Schweißverfahren.   114
                 Schmelzschweißen – Pressschweißen – Wahl des Schweißverfahrens
        6.1.3   Auswirkungen des Schweißvorganges   114
                 Entstehung der Schrumpfungen und Spannungen – Auswirkungen der
                 Schweißschrumpfung – Zusammenwirken von Eigen- und Lastspannungen
    6.2 Gestalten und Entwerfen   118
        6.2.1   Schweißbarkeit der Bauteile.   118
                 Schweißeignung der Werkstoffe – Konstruktionsbedingte Schweißsicher-
                 heit – Fertigungsbedingte Schweißsicherheit (Schweißmöglichkeit) –
                 Schweißzusatzwerkstoffe
        6.2.2   Stoß- und Nahtarten   123
                 Begriffe – Stumpfnaht – Kehlnaht – Sonstige Nähte – Fugenvorbereitung
        6.2.3   Gütesicherung.   128
                 Bewertungsgruppen für Lichtbogenschweißverbindungen an Stahl nach
                 DIN EN ISO 5817 – Allgemeintoleranzen für Schweißkonstruktionen
                 nach DIN EN ISO 13920
        6.2.4   Zeichnerische Darstellung der Schweißnähte nach DIN EN 22553 .. 129
                 Symbole – Lage der Symbole in Zeichnungen – Bemaßung der Nähte –
                 Arbeitspositionen nach DIN EN ISO 6947 – Ergänzende Angaben –
                 Beispiel
        6.2.5   Schweißgerechtes Gestalten   133
                 Allgemeine Konstruktionsrichtlinien – Gestaltungsbeispiele – Vorwie-
                 gend ruhend beanspruchte Stahlbauten – Geschweißte Maschinenteile –
                 Druckbehälter – Punktschweißverbindungen
    6.3 Berechnung von Schweißkonstruktionen   146
        6.3.1   Schweißverbindungen im Stahlbau   146
                 Berechnung der Beanspruchungen (z. B. Schnittgrößen, Spannungen,
                 Durchbiegungen) aus den Einwirkungen (Lasten) – Berechnungsbei-
                 spiel – Nachweisverfahren – Berechnung der Bauteile – Berechnung
                 der Schweißnähte im Stahlbau – Berechnung der Punktschweißverbin-
                 dungen
        6.3.2   Schweißverbindungen im Kranbau   166
        6.3.3   Berechnung der Schweißverbindungen im Maschinenbau   167
                 Ermittlung der angreifenden Belastung – Beanspruchung auf Zug,
                 Druck, Schub oder Biegung – Beanspruchung auf Verdrehen (Torsion) –
                 Zusammengesetzte Beanspruchung – Zulässige Spannungen im Maschi-
                 nenbau

6.3.4   Berechnung geschweißter Druckbehälter nach AD 2000-Regelwerk   170
         Zylindrische Mäntel und Kugeln – Gewölbte Böden – Ebene Platten
         und Böden – Ausschnitte in der Behälterwand
• 6.4   Berechnungsbeispiele.. 176
  6.5   Literatur.. 184

7   Nietverbindungen

7.1   Allgemeines 186
7.2   Die Niete 187
       7.2.1   Nietformen 187
       7.2.2   Nietwerkstoffe... 191
       7.2.3   Bezeichnung der Niete 192
7.3   Herstellung der Nietverbindungen 192
       7.3.1   Allgemeine Hinweise...................................... 192
       7.3.2   Warmnietung... 193
       7.3.3   Kaltnietung 194
7.4   Verbindungsarten, Schnittigkeit 194
7.5   Nietverbindungen im Stahl- und Kranbau.......................... 195
       7.5.1   Allgemeine Richtlinien 195
       7.5.2   Berechnung der Bauteile 195
       7.5.3   Berechnung der Niete und Nietverbindungen................ 195
                Niet- und Nietlochdurchmesser – Nietlänge – Tragfähigkeit der Niete –
                Maßgebende Beanspruchungsart, optimale Nietausnutzung – Erforder-
                liche Nietzahl – Stabanschlüsse und Stöße – Momentbelastete Niet-
                anschlüsse
       7.5.4   Gestaltung der Nietverbindungen 201
7.6   Nietverbindungen im Leichtmetallbau 202
       7.6.1   Allgemeines... 202
       7.6.2   Aluminiumniete 203
       7.6.3   Werkstoffe 203
       7.6.4   Berechnung der Bauteile und Niete 204
                Allgemeine Richtlinien – Niet- und Nietlochdurchmesser – Nietlänge
       7.6.5   Bauliche Durchbildung 205
       7.6.6   Korrosionsschutz 205
7.7   Nietverbindungen im Maschinen- und Gerätebau 206
       7.7.1   Anwendungsbeispiele..................................... 206
       7.7.2   Maßnahmen zur Erhöhung der Dauerfestigkeit 207
       7.7.3   Festigkeitsnachweise..................................... 207
7.8   Stanzniet- und Clinchverbindungen 208
       7.8.1   Stanznieten... 208
       7.8.2   Clinchen.. 210
• 7.9   Berechnungsbeispiele 212
  7.10   Literatur und Bildquellenverzeichnis.............................. 215

8   Schraubenverbindungen

8.1   Funktion und Wirkung 217
       8.1.1   Aufgaben und Wirkprinzip 217
       8.1.2   Gewinde... 217
                Gewindearten – Gewindebezeichnungen – Geometrische Beziehungen

8.1.3   Schrauben- und Mutternarten 220
         Schraubenarten − Mutternarten − Sonderformen von Schrauben, Mut-
         tern und Gewindeteilen − Bezeichnung genormter Schrauben und Mut-
         tern
8.1.4   Scheiben und Schraubensicherungen 223
         Scheiben − Schraubensicherungen
8.1.5   Herstellung, Werkstoffe und Festigkeiten der Schrauben und Muttern 224
         Herstellung − Werkstoffe und Festigkeiten
8.2   Gestalten und Entwerfen 225
8.2.1   Gestaltung der Gewindeteile 225
8.2.2   Gestaltung der Schraubenverbindungen........................ 228
8.2.3   Vorauslegung der Schraubenverbindung 231
8.3   Berechnung von Befestigungsschrauben 233
8.3.1   Kraft- und Verformungsverhältnisse bei vorgespannten Schrauben-
         verbindungen 233
         Kräfte und Verformungen im Montagezustand − Kräfte und Verformun-
         gen bei statischer Betriebskraft als Längskraft − Kräfte und Verformun-
         gen bei dynamischer Betriebskraft als Längskraft − Einfluss der Kraft-
         einleitung in die Verbindung − Kraftverhältnisse bei statischer oder
         dynamischer Querkraft
8.3.2   Setzverhalten der Schraubenverbindungen 239
8.3.3   Dauerhaltbarkeit der Schraubenverbindungen, dynamische Sicherheit 240
8.3.4   Anziehen der Verbindung, Anziehdrehmoment 241
         Kräfte am Gewinde, Gewindemoment − Anziehdrehmoment
8.3.5   Montagevorspannkraft, Anziehfaktor und -verfahren 244
8.3.6   Beanspruchung der Schraube beim Anziehen................... 246
8.3.7   Einhaltung der maximal zulässigen Schraubenkraft, Berechnung der
         statischen Sicherheit 247
8.3.8   Flächenpressung an den Auflageflächen 248
8.3.9   Praktische Berechnung der Befestigungsschrauben im Maschinenbau 248
         Nicht vorgespannte Schrauben − Vorgespannte Schrauben, Rechnungs-
         gang
8.3.10   Lösen der Schraubenverbindung, Sicherungsmaßnahmen 250
         Losdrehmoment − Selbsttätiges Losdrehen, Lockern der Verbindung −
         Sicherungsmaßnahmen, Anwendung und Wirksamkeit der Sicherungsele-
         mente
8.4   Schraubenverbindungen im Stahlbau 252
8.4.1   Anwendung 252
8.4.2   Schraubenarten... 252
8.4.3   Zug- und Druckstabanschlüsse 253
         Gestaltung der Verbindungen − Scher-Lochleibungsverbindungen − Ver-
         bindungen mit hochfesten Schrauben (HV-Schrauben) − Berechnung der
         Bauteile
8.4.4   Moment(schub)belastete Anschlüsse 256
8.4.5   Konsolanschlüsse 258
8.5   Bewegungsschrauben... 259
8.5.1   Entwurf 260
8.5.2   Nachprüfung auf Festigkeit 260
8.5.3   Nachprüfung auf Knickung 262
8.5.4   Nachprüfung des Muttergewindes (Führungsgewinde) 263
8.5.5   Wirkungsgrad der Bewegungsschrauben, Selbsthemmung 264
8.6   Berechnungsbeispiele 264
8.7   Literatur 272

9 Bolzen-, Stiftverbindungen und Sicherungselemente

9.1	Funktion und Wirkung	274
9.2	Bolzen	274
	9.2.1 Formen und Verwendung	274
	9.2.2 Gestalten und Entwerfen der Bolzenverbindungen im Maschinenbau	275
	Einbaufälle und Biegemomente – Festlegen der Bauteilabmessungen	
	9.2.3 Berechnen der Bolzenverbindungen im Maschinenbau	277
	9.2.4 Gestalten und Entwerfen von Bolzenverbindungen nach Stahlbau-Richtlinien	278
	Gestaltung – Festlegen der Bauteilabmessungen	
	9.2.5 Berechnen der Bolzenverbindungen nach Stahlbau-Richtlinien	279
9.3	Stifte und Spannbuchsen	280
	9.3.1 Formen und Verwendung	280
	Kegelstifte – Zylinderstifte – Kerbstifte und Kerbnägel – Spannstifte (Spannhülsen) – Spannbuchsen für Lagerungen	
	9.3.2 Berechnung der Stiftverbindungen	284
	Querstift-Verbindungen – Steckstift-Verbindungen – Längsstift-(Rundkeil-)Verbindungen	
9.4	Sicherungselemente	286
	9.4.1 Sicherungsringe (Halteringe)	286
	9.4.2 Splinte und Federstecker	288
	9.4.3 Stellringe	289
	9.4.4 Achshalter	289
9.5	Gestaltungs- und Anwendungsbeispiele	290
• 9.6	Berechnungsbeispiele	293
9.7	Literatur	298

10 Elastische Federn

10.1	Funktion und Wirkung	299
	10.1.1 Federrate, Federkennlinie	299
	Federn mit linearer Kennlinie – Federn mit gekrümmter Kennlinie – Federsysteme	
	10.1.2 Federungsarbeit	301
	10.1.3 Schwingungsverhalten, Federwirkungsgrad und Dämpfung	301
10.2	Gestalten und Entwerfen	303
	10.2.1 Federarten	303
	10.2.2 Federwerkstoffe	303
	Federstahl – Nichteisenmetalle – Nichtmetallische Werkstoffe	
	10.2.3 Federgröße (Optimierungsgrundsätze)	304
10.3	Berechnungsgrundlagen und Eigenschaften der Einzelfedern	304
	10.3.1 Zug- und druckbeanspruchte Federn	304
	Zugstab – Ringfeder	
	10.3.2 Biegebeanspruchte Federn	306
	Einfache Blattfeder – Geschichtete Blattfeder – Drehfeder – Spiralfeder – Tellerfeder	
	10.3.3 Drehbeanspruchte Federn aus Metall	320
	Drehstabfedern – Zylindrische Schraubenfedern mit Kreisquerschnitt – Zylindrische Schraubenfedern mit Rechteckquerschnitt – Kegelige Schraubendruckfedern	
	10.3.4 Federn aus Gummi	330
	Eigenschaften – Ausführung, Anwendung – Berechnung	
• 10.4	Berechnungsbeispiele	333
10.5	Literatur	339

11 Achsen, Wellen und Zapfen

11.1   Funktion und Wirkung 341
11.2   Gestalten und Entwerfen 342
    11.2.1   Gestaltungsgrundsätze..................................... 342
          Gestaltungsrichtlinien hinsichtlich der Festigkeit – Gestaltungsrichtlinien
          hinsichtlich des elastischen Verhaltens
    11.2.2   Entwurfsberechnung 345
          Werkstoffe und Halbzeuge – Berechnungsgrundlagen – Ermittlung des
          Entwurfsdurchmessers
11.3   Kontrollberechnungen.. 356
    11.3.1   Festigkeitsnachweis 356
    11.3.2   Elastisches Verhalten..................................... 358
          Verformung bei Torsionsbeanspruchung – Verformung bei Biegebean-
          spruchung
    11.3.3   Kritische Drehzahl....................................... 361
          Schwingungen, Resonanz – Biegekritische Drehzahl – Verdrehkritische
          Drehzahl
• 11.4   Berechnungsbeispiele 365
11.5   Literatur 372

12 Elemente zum Verbinden von Wellen und Naben

12.1   Funktion und Wirkung 373
12.2   Formschlüssige Welle-Nabe-Verbindungen 373
    12.2.1   Pass- und Scheibenfederverbindungen 373
          Gestalten und Entwerfen – Berechnung
    12.2.2   Keil- und Zahnwellenverbindungen 377
          Gestalten und Entwerfen – Berechnung
    12.2.3   Polygonverbindungen 379
          Gestalten und Entwerfen – Berechnung
    12.2.4   Stirnzahnverbindungen 380
    12.2.5   Stiftverbindungen.. 380
12.3   Kraftschlüssige Welle-Nabe-Verbindungen 381
    12.3.1   Zylindrische Pressverbände 381
          Gestalten und Entwerfen – Berechnung – Angaben zur Herstellung von
          Pressverbänden – Drehzahleinfluss bei Pressverbänden
    12.3.2   Kegelpressverbände....................................... 389
          Gestalten und Entwerfen – Berechnung
    12.3.3   Spannelement-Verbindungen 393
          Lösbare Kegelspannsysteme (LKS) – Sternscheiben – Druckhülsen –
          Hydraulische Spannbuchsen – Toleranzring
    12.3.4   Klemmverbindung 400
          Gestalten und Entwerfen – Berechnung
    12.3.5   Keilverbindungen.. 402
          Gestalten und Entwerfen – Berechnung
    12.3.6   Kreiskeil-Verbindung..................................... 404
          Gestalten und Entwerfen – Berechnung
12.4   Stoffschlüssige Welle-Nabe-Verbindungen 404
• 12.5   Berechnungsbeispiele 405
12.6   Literatur und Bildquellennachweis 409

13 Kupplungen und Bremsen

13.1   Funktion und Wirkung von Kupplungen 410
13.2   Berechnungsgrundlagen zur Kupplungsauswahl 411
    13.2.1   Anlaufdrehmoment, zu übertragendes Kupplungsmoment 411
    13.2.2   Beschleunigungsdrehmoment, Trägheitsmoment 413
    13.2.3   Betriebsverhalten von Antriebs- und Arbeitsmaschinen 415
    13.2.4   Kupplungsdrehmoment 416
        Stoßfreies Anfahren mit konstantem Drehmoment – Drehmomentstoß –
        Geschwindigkeitsstoß – Periodisches Wechseldrehmoment
    13.2.5   Auslegung nachgiebiger Wellenkupplungen 419
        Nach Herstellerangaben – Mit Hilfe von Anwendungsfaktoren – Nach
        der ungünstigsten Lastart (DIN 740 T2)
    13.2.6   Auslegung von schaltbaren Reibkupplungen 422
        Anlaufvorgang – Drehmomente bei Reibkupplungen – Bestimmung der
        Kupplungsgröße
13.3   Nicht schaltbare Kupplungen 425
    13.3.1   Starre Kupplungen 425
    13.3.2   Nachgiebige Kupplungen (Ausgleichskupplungen) 426
        Getriebebewegliche (drehstarre) Kupplungen – Drehnachgiebige Kupp-
        lungen
13.4   Schaltbare Kupplungen 436
    13.4.1   Fremdbetätigte Kupplungen (Schaltkupplungen) 436
        Formschlüssige Schaltkupplungen – Kraft-(Reib-)schlüssige Schaltkupp-
        lungen
    13.4.2   Momentbetätigte Kupplungen (Sicherheitskupplungen) 446
    13.4.3   Drehzahlbetätigte Kupplungen (Fliehkraftkupplungen) 448
    13.4.4   Richtungsbetätigte Kupplungen (Freilaufkupplungen) 449
    13.4.5   Induktionskupplungen 451
        Synchronkupplung – Asynchron- und Wirbelstromkupplung
    13.4.6   Hydrodynamische Kupplungen................................ 453
        Mit konstanter Füllung – Mit veränderlicher Füllung
13.5   Hinweise für Einsatz und Auswahl von Kupplungen 455
13.6   Bremsen 458
    13.6.1   Funktion und Wirkung.. 458
    13.6.2   Berechnung 459
    13.6.3   Bauformen... 459
• 13.7   Berechnungsbeispiele... 463
13.8   Literatur und Bildquellennachweis 473

14 Wälzlager und Wälzlagerungen

14.1   Funktion und Wirkung 475
    14.1.1   Aufgaben und Wirkprinzip 475
    14.1.2   Einteilung der Lager 476
    14.1.3   Richtlinien zur Anwendung von Wälzlagern 476
    14.1.4   Ordnung der Wälzlager 477
        Aufbau der Wälzlager, Wälzkörperformen, Werkstoffe – Grundformen
        der Wälzlager, Druckwinkel, Lastwinkel – Standardbauformen der Wälz-
        lager, ihre Eigenschaften und Verwendung – Weitere Bauformen – Bau-
        maße und Kurzzeichen der Wälzlager
14.2   Gestalten und Entwerfen von Wälzlagerungen 487
    14.2.1   Lageranordnung 487
        Fest-Los-Lagerung – Stützlagerung – Lagerkombinationen – Mehrfache
        Lagerung

14.2.2   Lagerauswahl 489
14.2.3   Gestaltung der Lagerungen 490
          Tolerierung der Anschlussbauteile – Konstruktive Gestaltung der Lager-
          stelle
14.2.4   Schmierung der Wälzlager 493
          Fettschmierung – Ölschmierung – Feststoffschmierung
14.2.5   Lagerabdichtungen.. 497
14.2.6   Vorauswahl der Lagergröße.................................... 498
14.3   Berechnung der Wälzlager 498
14.3.1   Statische Tragfähigkeit.. 499
          Statische Tragzahl C_0 – Statisch äquivalente Belastung
14.3.2   Dynamische Tragfähigkeit...................................... 499
          Bestimmungsgrößen nach DIN ISO 281 – Lebensdauergleichung nach
          DIN ISO 281 – Bestimmen der dynamisch äquivalenten Lagerbelastung
          (P und $n =$ konstant) – Bestimmen der dynamisch äquivalenten Lager-
          belastung (P und $n \neq$ konstant)
14.3.3   Minderung der Lagertragzahlen C und C_0 504
14.3.4   Erreichbare Lebensdauer – modifizierte Lebensdauerberechnung... 504
14.3.5   Gebrauchsdauer 505
14.3.6   Höchstdrehzahlen.. 506
14.4   Gestaltungsbeispiele für Wälzlagerungen............................. 506
14.5   Wälzgelagerte Bauelemente 509
          Lagergehäuseeinheiten – Laufrollen – Drehverbindungen – Kugelbuch-
          sen – Kugelgewindetrieb
14.6   Lineare Wälzführungen... 512
14.6.1   Funktion und Eigenschaften.................................... 512
14.6.2   Tragfähigkeit und nominelle Lebensdauer....................... 514
14.6.3   Auswahl von Führungen, Linearsysteme 515
14.7   Berechnungsbeispiele 517
14.8   Literatur und Bildquellennachweis 525

15 Gleitlager

15.1   Funktion und Wirkung 526
15.1.1   Wirkprinzip.. 526
15.1.2   Anordnung der Gleitflächen 526
15.1.3   Reibungszustände... 527
15.1.4   Schmierstoffeinflüsse 528
15.1.5   Hydrodynamische Schmierung................................... 531
          Schmierkeil – Druckverteilung und Tragfähigkeit
15.2   Anwendung... 534
15.3   Gestalten und Entwerfen 535
15.3.1   Gleitlagerwerkstoffe... 535
          Tribologisches Verhalten – Lagerwerkstoffe
15.3.2   Gestaltungs- und Betriebseinflüsse 538
15.3.3   Schmierstoffversorgung der Gleitlager 542
          Schmierungsarten – Schmierverfahren und Schmiervorrichtungen –
          Schmierstoffzuführung
15.3.4   Gestaltung der Radial-Gleitlager............................. 546
          Lagerbuchsen, Lagerschalen – Gestaltungsbeispiele
15.3.5   Gestaltung der Axial-Gleitlager.............................. 551
15.3.6   Lagerdichtungen.. 554

15.4   Berechnungsgrundlagen. 557
     15.4.1   Berechnung der Radialgleitlager 557
           Betriebskennwerte (Relativwerte) — Wärmebilanz — Schmierstoffdurch-
           satz — Berechnungsgang
     15.4.2   Berechnung der Axialgleitlager 567
           Spurlager mit ebenen Spurplatten — Einscheiben- und Segment-Spurlager
•   15.5   Berechnungsbeispiele 573
   15.6   Literatur. 579

16   Riemengetriebe

16.1   Funktion und Wirkung. 581
     16.1.1   Aufgaben und Wirkprinzip 581
     16.1.2   Riemenaufbau und Riemenwerkstoffe 581
           Flachriemen — Keilriemen — Keilrippenriemen — Synchronriemen
           (Zahnriemen)
16.2   Gestalten und Entwerfen 585
     16.2.1   Bauarten und Verwendung. 585
           Wahl der Riemenart — Riemenführung — Vorspannmöglichkeiten — Ver-
           stell- bzw. Schaltgetriebe
     16.2.2   Ausführung der Riementriebe 588
           Allgemeine Gesichtspunkte — Hauptabmessungen der Riemenscheiben —
           Werkstoffe und Ausführung der Riemenscheiben
16.3   Auslegung der Riementriebe 592
     16.3.1   Theoretische Grundlagen zur Berechnung der Riementriebe 592
           Kräfte am Riementrieb — Dehn- und Gleitschlupf, Übersetzung — Span-
           nungen, elastisches Verhalten — Übertragbare Leistung, optimale Rie-
           mengeschwindigkeit
     16.3.2   Praktische Berechnung der Riementriebe 597
           Riemenwahl — Geometrische und kinematische Beziehungen — Leis-
           tungsberechnung — Vorspannung; Wellenbelastung — Kontrollabfragen
•   16.4   Berechnungsbeispiele 606
   16.5   Literatur. 610

17   Kettengetriebe

17.1   Funktion und Wirkung. 611
     17.1.1   Aufgaben und Einsatz 611
     17.1.2   Kettenarten, Ausführung und Anwendung. 611
           Bolzenketten — Buchsenketten — Rollenketten — Sonderbauformen
     17.1.3   Kettenräder 615
     17.1.4   Verbindungsglieder für Rollenketten. 615
     17.1.5   Mechanik der Kettengetriebe 616
17.2   Gestalten und Entwerfen von Rollenkettengetrieben 617
     17.2.1   Verzahnungsangaben 617
     17.2.2   Festlegen der Zähnezahlen für die Kettenräder 618
     17.2.3   Gestalten der Kettenräder. 618
     17.2.4   Kettenauswahl. 619
     17.2.5   Gliederzahl, Wellenabstand. 620
     17.2.6   Anordnung der Kettengetriebe 622
     17.2.7   Durchhang des Kettentrums. 622
     17.2.8   Hilfseinrichtungen. 622
     17.2.9   Schmierung und Wartung der Kettengetriebe 624

17.3   Berechnung der Kräfte am Kettengetriebe   625

•   17.4   Berechnungsbeispiel.   626

17.5   Literatur   628

18   Elemente zur Führung von Fluiden (Rohrleitungen)

18.1   Funktionen, Wirkungen und Einsatz.   629

18.2   Bauformen.   629

18.2.1   Rohre   629

18.2.2   Schläuche.   631

18.2.3   Formstücke   632

18.2.4   Armaturen.   632
            Ventile – Schieber – Hähne – Klappen

18.3   Gestalten und Entwerfen   636

18.3.1   Vorschriften, Begriffe und Definitionen   636

18.3.2   Rohrverbindungen.   638
            Schweißverbindungen für Stahlrohre – Flanschverbindungen – Rohrver-
            schraubungen – Muffenverbindungen

18.3.3   Dehnungsausgleicher.   642

18.3.4   Rohrhalterungen   643

18.3.5   Gestaltungsrichtlinien für Rohrleitungsanlagen.   644

18.3.6   Darstellung der Rohrleitungen   645

18.4   Berechnungsgrundlagen   645

18.4.1   Rohrquerschnitt und Druckverlust   645

18.4.2   Berechnung der Wanddicke gegen Innendruck.   647
            Rohre aus Stahl – Rohre aus duktilem Gusseisen – Rohre aus Kunst-
            stoff – Berücksichtigung von Druckstößen

•   18.5   Berechnungsbeispiele.   652

18.6   Literatur   655

19   Dichtungen

19.1   Funktion und Wirkung   657

19.2   Berührungdichtungen zwischen ruhenden Bauteilen
        (Statische Dichtungen)   659

19.2.1   Unlösbare Berührungsdichtungen   659

19.2.2   Lösbare Dichtungen.   660

19.3   Berührungsdichtungen zwischen relativ bewegten Bauteilen
        (Dynamische Dichtungen)   666

19.3.1   Dichtungen für Drehbewegungen   666

19.3.2   Dichtungen für Längsbewegung ohne oder mit Drehbewegung   671

19.4   Berührungsfreie Dichtungen zwischen relativ bewegten Bauteilen   674

19.5   Literatur und Bildquellennachweis   676

20   Zahnräder und Zahnradgetriebe (Grundlagen)

20.1   Funktion und Wirkung   677

20.1.1   Zahnräder und Getriebearten   678

20.1.2   Verzahnungsgesetz   681

20.1.3   Flankenprofile und Verzahnungsarten   683
            Zykloidverzahnung – Triebstockverzahnung – Evolventenverzahnung

20.1.4   Bezugsprofil, Herstellung der Evolventenverzahnung   687

20.2 Zahnradwerkstoffe 689
20.3 Schmierung der Zahnradgetriebe 691
20.4 Getriebewirkungsgrad 693
20.5 Konstruktionshinweise für Zahnräder und Getriebegehäuse 694
    20.5.1 Gestaltungsvorschläge 694
    Stirnräder – Kegelräder – Schnecken und Schneckenräder – Getriebegehäuse
    20.5.2 Darstellung, Maßeintragung 697
    Zeichnerische Darstellung – Maßeintragung
20.6 Literatur 699

21 Stirnräder mit Evolentenverzahnung

21.1 Geometrie der Stirnräder 701
    21.1.1 Begriffe und Bestimmungsgrößen 701
    21.1.2 Verzahnungsmaße der Nullräder 703
    21.1.3 Eingriffsstrecke, Profilüberdeckung 704
    21.1.4 Profilverschiebung (Geradverzahnung) 705
    Anwendung – Zahnunterschnitt, Grenzzähnezahl – Spitzgrenze und Mindestzahndicke am Kopfkreis – Paarung der Zahnräder, Getriebearten – Rad- und Getriebeabmessungen bei V-Radpaaren
    21.1.5 Evolventenfunktion und ihre Anwendung bei V-Getrieben 712
    Anwendung der Evolventenfunktion – Summe der Profilverschiebungsfaktoren und ihre Aufteilung – 0,5-Verzahnung
    21.1.6 Berechnungsbeispiele (Geometrie der Geradverzahnung) 714
21.2 Geometrie der Schrägstirnräder mit Evolventenverzahnung 717
    21.2.1 Grundformen, Schrägungswinkel 717
    21.2.2 Verzahnungsmaße 718
    21.2.3 Eingriffsverhältnisse, Gesamtüberdeckung 719
    21.2.4 Profilverschiebung (Schrägverzahnung) 720
    Ersatzzähnezahl, Grenzzähnezahl – Profilverschiebungsfaktoren – Rad- und Getriebeabmessungen für V-Radpaarungen
    21.2.5 Berechnungsbeispiele (Geometrie der Schrägverzahnung) 723
21.3 Toleranzen, Verzahnungsqualität 724
    21.3.1 Flankenspiele und Zahndickenabmaße 724
    21.3.2 Prüfmaße für die Zahndicke 726
    21.3.3 Berechnungsbeispiele (Toleranzen, Verzahnungsqualität) 727
21.4 Entwurfsberechnung (Außenverzahnung) 729
    21.4.1 Vorwahl der Hauptabmessungen 729
    Wellendurchmesser d_{sh} zur Aufnahme des Ritzels – Übersetzung i, Zähnezahlverhältnis u – Ritzelzähnezahl z_1 – Zahnradbreite b – Schrägungswinkel β, Steigungsrichtung der Zahnflanken – Modul
    21.4.2 Vorgehensweise zur Ermittlung der Verzahnungsgeometrie 733
21.5 Tragfähigkeitsnachweis für Außenradpaare 733
    21.5.1 Schadensmöglichkeiten an Zahnrädern 733
    Zahnbruch – Ermüdungserscheinungen an den Zahnflanken – Fressen
    21.5.2 Kraftverhältnisse 734
    Kräfte am Gerad-Stirnradpaar – Kräfte am Schräg-Stirnradpaar
    21.5.3 Belastungseinflussfaktoren 737
    21.5.4 Nachweis der Zahnfußtragfähigkeit 740
    Auftretende Zahnfußspannung – Zahnfuß-Grenzfestigkeit σ_{FP}
    21.5.5 Nachweis der Grübchentragfähigkeit 742
    Auftretende Flankenpressung – Flanken-Grenzfestigkeit σ_{HP}
    21.5.6 Berechnungsbeispiele (Tragfähigkeitsnachweis) 746

22 Kegelräder und Kegelradgetriebe

22.1 Grundformen, Funktion und Verwendung. 749
22.2 Geometrie der Kegelräder 749
    22.2.1 Geradverzahnte Kegelräder 749
        Übersetzung, Zähnezahlverhältnis, Teilkegelwinkel − Allgemeine Radabmessungen − Eingriffsverhältnisse − Grenzzähnezahl und Profilverschiebung
    22.2.2 Schrägverzahnte Kegelräder. 754
        Übersetzung, Zähnezahlverhältnis − Radabmessungen − Eingriffsverhältnisse − Grenzzähnezahl und Profilverschiebung
22.3 Entwurfsberechnung 757
    Wellendurchmesser d_{sh} zur Aufnahme des Ritzels − Übersetzung, Zähnezahlverhältnis − Zähnezahl − Schrägungswinkel − Zahnbreite − Zahnradwerkstoffe und Verzahnungsqualität − Modul
22.4 Tragfähigkeitsnachweis 759
    22.4.1 Kraftverhältnisse. 759
    22.4.2 Nachweis der Zahnfußtragfähigkeit 761
    22.4.3 Nachweis der Grübchentragfähigkeit 762
• 22.5 Berechnungsbeispiele für Kegelradgetriebe. 763

23 Schraubrad- und Schneckengetriebe

23.1 Schraubradgetriebe 770
    23.1.1 Funktion und Wirkung 770
    23.1.2 Geometrische Beziehungen 770
        Übersetzungen − Schrägungswinkel − Geschwindigkeitsverhältnisse − Radabmessungen, Achsabstand
    23.1.3 Eingriffsverhältnisse 771
    23.1.4 Kraftverhältnisse (Null-Verzahnung) 772
    23.1.5 Berechnung der Getriebeabmessungen (Null-Verzahnung) 774
23.2 Schneckengetriebe 774
    23.2.1 Funktion und Wirkung 774
        Ausführungsformen und Herstellung − Verwendung
    23.2.2 Geometrische Beziehungen bei Zylinderschneckengetrieben mit $\Sigma = 90°$ Achsenwinkel. 776
        Übersetzung − Abmessungen der Schnecke − Abmessungen des Schneckenrades − Achsabstand
    23.2.3 Eingriffsverhältnisse 779
    23.2.4 Kraftverhältnisse 780
        Kräfte an der Schnecke
    23.2.5 Entwurfsberechnung für Schneckengetriebe 781
        Vorwahl der Hauptabmessungen − Werkstoffvorwahl
    23.2.6 Tragfähigkeitsnachweis 783
        Grübchentragfähigkeit − Zahnfußtragfähigkeit − Durchbiegsicherheit der Schneckenwelle − Temperatursicherheit bei Tauchschmierung
• 23.2.7 Berechnungsbeispiele 786

Sachwortverzeichnis 789

1 Allgemeine und konstruktive Grundlagen

1.1 Arten und Einteilung der Maschinenelemente

Ein Maschinenelement kann ganz allgemein *als kleinstes, nicht mehr sinnvoll zu zerlegendes und in gleicher oder ähnlicher Form immer wieder verwendetes Bauteil in technischen Anwendungen* verstanden werden. Maschinenelemente können sowohl Einzelbauteile wie Schrauben, Stifte, Wellen, Zahnräder, usw. sein als auch Bauteilgruppen. Diese Bauteilgruppen wie Wälzlager, Kupplungen, Ventile, usw. bestehen zwar aus mehreren Einzelbauteilen, werden aber hinsichtlich ihres Einsatzes als Einheit verwendet.

Technische Anwendungen können – abhängig von ihrer Komplexität – aus einer Vielzahl von Maschinenelementen bestehen. Deren Art des *logischen* und *sinnvollen* Zusammenwirkens zur Erfüllung der Gesamtfunktion wird vom Konstrukteur während des Konstruktionsprozesses *zielgerichtet* erdacht und erarbeitet. Die einzelnen Maschinenelemente erfüllen dabei auch in den unterschiedlichsten Konstruktionen immer vergleichbare Funktionen. Dies führte zwangsläufig zur Entwicklung typischer Ausführungsformen, deren Abmessungen und Berechnungsgrundlagen häufig in Normen spezifiziert sind. Für den Konstrukteur sind deshalb fundierte Kenntnisse zu den einzelnen Maschinenelementen bezüglich deren Auslegung und Gestaltung und dem durchzuführenden Festigkeits- und Verformungsnachweis notwendig.

Obwohl einige Maschinenelemente hinsichtlich ihrer Funktionserfüllung unterschiedlich eingesetzt werden können (z. B. Kupplungen als Verbindungs- und Übertragungselement), lässt sich z. B. folgende allgemeine Einteilung nach dem Verwendungszweck vornehmen:

- *Verbindungselemente*, z. B. Niete, Schrauben, Federn, Stifte, Bolzen; ferner Schweiß-, Löt- und Klebverbindungen;
- *Lagerungselemente*, z. B. Gleit- und Wälzlager;
- *Übertragungselemente*, z. B. Achsen und Wellen, Zahnräder und Getriebe, Riemen- und Kettengetriebe;
- *Dichtungselemente*, z. B. statische und dynamische Dichtungen, Berührungsdichtungen, berührungslose Dichtungen;
- *Elemente zum Transport von Flüssigkeiten und Gasen*, z. B. Rohre und Zubehörteile, Armaturen wie Ventile, Schieber und Hähne.
- *Schmierstoffe*, z. B. Schmieröle, Schmierfette, Festschmierstoffe.

1.2 Grundlagen des Normenwesens

Die Normung ist eine planmäßig durchgeführte Vereinheitlichung von Gegenständen zum Nutzen der Allgemeinheit. Je größer die Gemeinschaften und je enger die Grenzen des räumlichen Zusammenlebens sind, desto wichtiger sind ordnende Spielregeln zwischen den Partnern, dem Produkthersteller und dem Anwender. Technische Normen fördern allgemein die *Rationalisierung* (durch z. B. Festlegung einheitlicher Bezeichnungen und Begriffe, Abmessungen, Toleranzen und Anschlussmaße zum Zwecke der Austauschbarkeit, Verringerung der Typenzahlen), die *Qualitätssicherung* (z. B. Messtechnik, Verfahren für Stichprobenprüfung, statistische Auswertungsverfahren), die *Humanisierung der Arbeitswelt* (z. B. Mindestanforderungen bei Büromöbeln, Schutzkleidungen, Innenraumbeleuchtungen, Bildschirmarbeitsplätzen, Festlegung der

Gefahrensignale an Arbeitsstätten). DIN-Normen können somit zum Schutze des Menschen als Sicherheitsnormen eine *Sicherheitsfunktion* ausüben, ebenso als Grundlage für Gesetze eine *Rechtsfunktion*. DIN-Normen bilden einen Maßstab für einwandfreies technisches Verhalten, was auch in der Rechtsordnung von Bedeutung sein kann. Eine generelle Anwendungspflicht besteht nicht, kann sich aber u. U. aus Rechts- oder Verwaltungsvorschriften, Vereinbarungen oder aus sonstigen Rechtsgrundlagen ergeben. Durch das Anwenden der DIN-Normen entzieht sich niemand der Verantwortung für eigenes Handeln!

1.2.1 Nationale und internationale Normen, Technische Regelwerke

In Deutschland wurden zu Beginn des 20. Jahrhunderts für den Bereich der Elektrotechnik der VDE (Verband Deutscher Elektrotechniker e. V.) und für den nichtelektrischen Bereich der Normenausschuß der Deutschen Industrie, Herausgeber von „Deutsche Industrie Normen" (DIN) als private Vereine gegründet. 1926 erfolgte die Umbenennung des DIN in „Deutscher Normen Ausschuß" (DNA), 1975 wiederum umbenannt in „DIN Deutsches Institut für Normung e. V." mit Sitz in Berlin.

Neben den Normen und Regelwerken dieser Vereinigungen werden andere Regelwerke ebenso von privatrechtlichen Organisationen, öffentlich-rechtlichen Körperschaften, technischen Ausschüssen u. a. herausgegeben; so z. B. die *VDI-Richtlinien* (Verein Deutscher Ingenieure[1]), *VDG-Merkblätter* (Verein Deutscher Gießereifachleute), *DVS-Merkblätter und -Richtlinien* (Deutscher Verband für Schweißen und verwandte Verfahren e. V.), *AD2000-Merkblätter* der Arbeitsgemeinschaft Druckbehälter (Verband der TÜV e. V.), *DVGW-Regelwerk* (Deutsche Vereinigung des Gas- und Wasserfaches e. V.).

Die von diesen Institutionen herausgegebenen Arbeitsblätter und Richtlinien sind „Empfehlungen" und stehen als anerkannte Regeln der Technik jedermann zur Anwendung frei.

Auf internationaler Ebene bilden die „International Organization for Standardization" (ISO) und die „Electrotechnical Commission" (IEC) mit Sitz in Genf gemeinsam das *System der internationalen Normung*. Jedes Land kann mit einem nationalen Normungsinstitut in diesem Gremium Mitglied sein. So nimmt das DIN in der ISO und der VDE, sowie die Deutsche Elektrotechnische Kommission im DIN in der IEC die Interessen Deutschlands wahr. Internationale Normen werden als *DIN-ISO-Normen* in das Deutsche Normenwerk aufgenommen. Für den Bereich der Europäischen Gemeinschaft bilden das Europäische Komitee für Normung (CEN) und das Europäische Komitee für Elektrotechnische Normung (CENELEC) die *Gemeinsame Europäische Normeninstitution*, deren Mitglieder die jeweiligen nationalen Normungsinstitute der Mitgliedsländer der Europäischen Gemeinschaft und der Europäischen Freihandelszone sind. Eine Europäische Norm muss von allen Mitgliedsländern in das jeweilige nationale Normenwerk übernommen werden, selbst wenn das Mitgliedsland gegen die Norm gestimmt hat. Wie bei den DIN-EN-Normen auf europäischer Ebene werden die internationalen Normen als *DIN-ISO-Normen* in das Normenwerk übernommen.

1.2.2 Werdegang einer DIN-Norm

DIN-Normen werden in einem nach DIN 820 festgelegten Verfahren erarbeitet und herausgegeben. Die Erstellung einer Norm kann von jedermann beantragt werden. Die Normungsarbeit beginnt in den *Fachnormenausschüssen* (FNA), deren ehrenamtliche Mitarbeiter sich aus den interessierten Fachkreisen (Industrie, Hochschulen, Behörden, Verbänden u. a.) rekrutieren. Vor einer endgültigen Festlegung einer DIN-Norm muss die vorgesehene Fassung als Entwurf (Gelbdruck) der Öffentlichkeit zur Stellungnahme vorgelegt werden. Das Erscheinen des Entwurfs wird im „DIN-Anzeiger für technische Regeln" bekannt gegeben. Einsprüche und Änderungswünsche sind bis zum Ablauf der angegebenen Einspruchsfrist (in der Regel 4 bis

---

[1] Bereits 1869 Herausgabe der Schrift „Normalprofil-Buch für Walzeisen" und 1881 „Lieferbedingungen für Eisen und Stahl".

6 Monate) möglich. Über die eingegangenen Anregungen und Änderungswünsche wird von dem FNA nach Anhörung des Einwenders entschieden (Einsprüche können u. U. auch die Zurückziehung des Entwurfs bewirken). Gegen die Entscheidung des FNA kann ein *Schlichtungs-* oder ein *Schiedsverfahren* beantragt werden. Der FNA schließt seine Arbeit mit der Erstellung des endgültigen oder neuen Entwurfs und seine Weiterleitung an die Normenprüfstelle ab. Nach Überprüfung der Vorlage hinsichtlich der Einhaltung der Grundsätze und Regeln der Normungsarbeit, der Widerspruchsfreiheit, der Eindeutigkeit und inhaltlichen Abstimmung mit anderen Normen wird die Aufnahme des Entwurfs als *DIN-Norm* in das Deutsche Normenwerk veranlasst. Das Erscheinen der DIN-Norm wird im „DIN-Anzeiger für technische Regeln" bekannt gegeben. Normen, bei denen in einigen Abschnitten noch Vorbehalte bestehen, werden als *Vornorm* herausgegeben, nach denen versuchsweise gearbeitet werden soll.
Die Gesamtlaufzeit eines Normen-Vorhabens von der Antragstellung bis zur Veröffentlichung kann mehrere Jahre betragen (Vornorm <3 Jahre, Norm 5 Jahre).

1.2.3 Dezimalklassifikation (DK)

Die DK bildet ein Ordnungsschema, welches das Wissen der Menschheit in einer nach dem Prinzip der Dezimalreihen gegliederten Zehnerklassifikation übersichtlich und zugriffsbereit in 10 Hauptabteilungen 0 ... 9 zusammenfaßt[1]: **0** (Allgemeines. Bibliografie. Bibliothekswesen); **1** (Philosophie. Psychologie); **2** (Religion. Theologie); **3** (Sozialwissenschaften. Recht. Verwaltung); **4** (unbesetzt); **5** (Mathematik. Naturwissenschaften); **6** (Angewandte Wissenschaften. Medizin. Technik); **7** (Kunst. Kunstgewerbe. Spiel. Sport); **8** (Sprachwissenschaft. Schöne Literatur. Literaturwissenschaften); **9** (Geografie. Geschichte). Diese Hauptabteilungen sind in bis zu 9 Unterabteilungen und diese wiederum in bis zu 9 Abschnitte unterteilt; so die Hauptabteilung 6 mit der Unterteilung 62 (Ingenieurwesen, Technik) und diese mit dem Abschnitt 621 (Maschinenbau). So werden beispielsweise Gleitlager unter *DK 621.822.5* und Zahnräder unter *DK 621.833.05* eingeordnet.

1.3 Normzahlen (Vorzugszahlen und -maße)

1.3.1 Bedeutung der Normzahlen

Normzahlen (NZ) nach DIN 323 sind ein durch internationale Normen (ISO 3, ISO 17, ISO 497) vereinbartes, allgemeingültiges Zahlensystem, das einer umfassenden Ordnung und Vereinfachung im technischen und wirtschaftlichen Schaffen dient. NZ sind Vorzugszahlen für die Wahl bzw. Stufung von Größen beliebiger Art (z. B. Längen, Flächen, Volumina, Kräfte, Drücke, Momente, Spannungen, Drehzahlen, Leistungen) mit dem Ziel, eine praktisch erforderliche Zahlenmenge auf ein notwendiges Minimum zu beschränken. Es ist anzustreben, die Zahlenwerte von Größen nach NZ zu wählen, soweit nicht besondere Gründe, z. B. bestimmte physikalische Voraussetzungen, die Wahl anderer Zahlen erfordern. Ist es nicht möglich, alle festzulegenden Werte nach NZ zu wählen, sollten in erster Linie für Hauptkenngrößen NZ benutzt werden. NZ-gestufte Größenreihen zeigen ein durchsichtiges Aufbaugesetz, so dass ein rationelles Planen möglich ist.

1.3.2 Aufbau der Normzahlreihen

1. Grundreihen

NZ sind vereinbarte gerundete Glieder dezimal-geometrischer Reihen, die die ganzzahligen Potenzen von 10 enthalten, also ... 0,01 0,1 1 10 100 1000 ..., s. TB 1-16.

---

[1] Die Verwendung von Zahlen macht die DK unabhängig von Sprache und Schrift und damit geeignet für den internationalen Gebrauch.

Diese NZ-Reihen werden allgemein mit Rr bezeichnet, wobei r die Anzahl der Stufen je Dezimalbereich angibt. Jede Reihe beginnt mit eins (oder dem 10-, 100- usw. -fachen oder dem 10., 100. usw. Teil des Wertes) und jede folgende Zahl entsteht durch Multiplikation mit einem bestimmten Stufensprung $q_r = \sqrt[r]{10}$, d. i. das Verhältnis eines Gliedes der Reihe zum Vorhergehenden.

Nach DIN 323 sind folgende *Grundreihen Rr* mit dem zugehörigen mit *Stufensprung* q_r vorgesehen (vgl. TB 1-16):

Grundreihe R5 mit dem Stufensprung $q_5 = \sqrt[5]{10} \approx 1{,}60$

Grundreihe R10 mit dem Stufensprung $q_{10} = \sqrt[10]{10} \approx 1{,}25$

Grundreihe R20 mit dem Stufensprung $q_{20} = \sqrt[20]{10} \approx 1{,}12$

Grundreihe R40 mit dem Stufensprung $q_{40} = \sqrt[40]{10} \approx 1{,}06$

Die Ausnahmereihe R80 mit $q_{80} = \sqrt[80]{10} \approx 1{,}03$ sollte nur in Sonderfällen verwendet werden.

Bei der Stufung von Größen sind die Grundreihen in der Rangfolge R5, R10, R20, R40 zu bevorzugen, da eine grobe Stufung Vorteile hinsichtlich einer Ersparnis an Aufwand für Werkzeuge, Vorrichtungen, Messgeräten in der Fertigung sowie geringe Lagermengen an Fertig- und Ersatzteilen ergeben kann.

2. Abgeleitete Reihen

Ist keine Grundreihe anwendbar, z. B. wenn eine bestimmte Ausgangsgröße gegeben bzw. gefordert ist oder ein Stufensprung dem einer Grundreihe nicht entspricht, können aus den genannten vollständigen Reihen durch Weglassen von Gliedern *Auswahlreihen* gebildet werden. Wird die Auswahl so getroffen, dass nur jedes p-te Glied einer Grundreihe (auch einer Rundwertreihe) benutzt werden soll, entsteht eine *abgeleitete Reihe Rr/p* mit konstantem Stufensprung $q_{r/p} = q_r^p$. So ergibt sich für eine nach unten begrenzte abgeleitete Reihe R20/3 (2 ...) eine steigende Zahlenfolge aus jedem 3. Glied ($p = 3$) der Reihe R20, beginnend mit dem Wert 2, durch Abzählen der Glieder bzw. mit dem Stufensprung

$$q_{(20/3)} = q_{20}^3 = 1{,}12^3 = 1{,}4\text{: } \mathbf{2\ 2{,}8\ 4\ 5{,}6\ 8\ 11{,}2} \text{ usw.}$$

Eine nach oben begrenzte fallende abgeleitete Reihe Rr/−p, z. B. R20/−3 (4 ...) ergibt sich für den Stufensprung

$$q_{r/-p} = q_{20/-3} = q_{20}^{-3} = 1/1{,}12^3 = 1/1{,}4\text{: } \mathbf{4\ 2{,}8\ 2\ 1{,}4} \text{ usw.}$$

Die von R40 abgeleiteten Reihen sollten möglichst vermieden werden und die von R80 abgeleiteten Reihen sind höchstens bei sehr feiner Stufung oder als Nebenreihen zu verwenden, z. B. für Rohmaße, wenn die Fertigmaße einer Vorzugsreihe folgen.

3. Zusammengesetzte Reihen

Ist ein durchgängig einheitlicher Stufensprung beim Aufbau einer Größenreihe nicht möglich, kann auch aus zwei oder mehreren Teilreihen eine *zusammengesetzte Reihe* gebildet werden. Mit derartigen Größenreihen kann der Häufungsverteilung des Bedarfs besonders Rechnung getragen werden, ohne dass das Prinzip des wachsenden Abstandes aufgegeben wird. Zum Beispiel wird eine Reihe im Bereich von 10 bis 25 nach R5, im Bereich von 25 bis 35,5 nach R20/3, sowie im Bereich von 35,5 bis 63 nach R40/5 und im Bereich von 63 bis 125 nach R10 gestuft, dann ergibt sich die abgewandelte Reihe **10 16 25 35,5 57,5 63 80 100 125**.

Besondere Bedeutung unter diesen zusammengesetzten Reihen haben *gruppengeometrische Reihen*, deren Stufensprung sich im Größenbereich periodisch ändert. Sie werden gelegentlich mit *Rar* bezeichnet, z. R. Ra10: **3 4 5 6 8 10 12 16 20** mit dem periodisch auftretenden Stufensprüngen 1,33 1,25 1,2, also im Mittel 1,25 entsprechend R10. Diese Reihe aus ganzen Zahlen entspricht auch R″20/2 (vgl. TB 1-16).

4. Rundwertreihen

Wo die Anwendung der Hauptwerte in der Praxis aus zwingenden Gründen nicht möglich ist (z. B. 36 Zähne für ein Zahnrad statt 35,5) oder handelsübliche Größen zu übernehmen sind, können Rundwerte verwendet werden. Man unterscheidet *Rundwertreihen* mit schwächer gerundeten Werten R′10, R′20, R′40 und solche mit stärker gerundeten Werten R″5, R″10, R″20 (s. TB 1-16). Wegen der größeren Abweichung von den Genauwerten ergibt sie jedoch eine ungleichmäßigere Stufung.

1.3.3 Anwendung der Normzahlen

In der Praxis haben die Normzahlen vor allem bei der sinnvollen Planung der Größenabstufung (Typung) von Bauteilen und Maschinen besondere Bedeutung, da hiermit sparsame Größenreihen bei lückenloser Überspannung eines bestimmten Bedarfsfeldes erreicht werden können. Für die Wahl der Anzahl der Größen innerhalb eines Bedarfsfeldes, z. B. für die Anzahl der Getriebegrößen innerhalb eines bestimmten Leistungs-, Drehzahl- und Übersetzungsbereiches, sind sowohl technische als auch wirtschaftliche Gesichtspunkte maßgebend.

Ändern sich in einer Größenreihe von Erzeugnissen alle Abmessungen mit demselben Stufensprung, sind die Erzeugnisse der Reihe einander geometrisch ähnlich. Werden die Zahlenwerte der Abmessungen einer Ausgangsgröße und der Stufensprung als NZ gewählt, werden die Abmessungen der Folgegrößen ebenfalls NZ. Solche geometrisch ähnlichen Konstruktionen sind auch mechanisch ähnlich, wenn am Modell (Ausgangsgröße) und an den Folgegrößen Kräfte wirken, die nur elastische Formänderungen und für denselben Werkstoff im entsprechenden Querschnitt aller Baugrößen gleich große Spannungen hervorrufen.

Soll in einer Größenreihe von Bauteilen oder Maschinen die Beanspruchung im gleichen Querschnitt gleich groß bleiben, muss das Hookesche Gesetz gelten: $\sigma = \varepsilon \cdot E =$ konstant.

Dieses Modellgesetz ermöglicht, dass mit einer Größe, mit einem Modell, eine ganze Größenreihe entwickelt werden kann und die Betriebserfahrungen am Modell auf alle abgeleiteten Größen übertragen werden können s. Bild 1-1.

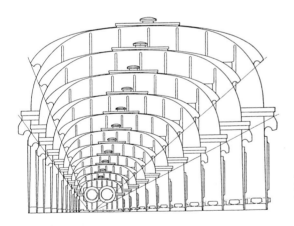

Bild 1-1
Beispiel einer Getriebebaureihe
(Werkbild Flender)

1. Ermittlung der Maßstäbe

Der *Längenmaßstab* q_L, entsprechend dem Stufensprung $q_{r/p}$, ist am einfachsten zu bilden und zwar durch das Verhältnis einer Länge L_1 der ersten abgeleiteten Konstruktion (Folgeentwurf) zur Länge L_0 der Ausgangskonstruktion (Grundentwurf bzw. Modell): $q_L = L_1/L_0 \mathbin{\widehat{=}} q_{r/p}$.

Die für weitere Berechnungen bzw. Festlegungen notwendigen geometrischen, statischen und dynamischen Kenngrößen für Flächen (Querschnitte), Volumina, Kräfte, Leistungen usw. werden durch aus dem Längenmaßstab abgeleitete Maßstäbe ausgedrückt, z. B.:

> *Flächenmaßstab* $q_A = A_1/A_0 = L_1^2/L_0^2 \mathbin{\widehat{=}} q_L^2$

bzw.

> *Volumenmaßstab* $q_V = V_1/V_0 = L_1^3/L_0^3 \mathbin{\widehat{=}} q_L^3$,

d. h. werden Längen mit q_L nach der Reihe $Rr/p = R10/2$ (r = 10, p = 2), also mit dem Stufensprung

$$q_{r/p} = q_{10/2} = q_{10}^2 = 1{,}25^2 \approx 1{,}6$$

gestuft, dann sind die Flächen (Querschnitte) mit $q_{A'} = q_L^2$ nach der Reihe $Rr/2p = R10/4$, also mit dem Stufensprung

$$q_{r/2p} = q_{10/4} = q_{10}^4 = 1{,}25^4 \approx 2{,}5$$

zu stufen und die Volumina $q_V \hat{=} q_L^3$ nach der Reihe $Rr/3p = R10/6$, also mit dem Stufensprung

$$q_{r/3p} = q_{10/6} = q_{10}^6 = 1{,}25^6 \approx 4 \,.$$

Der *Kraftmaßstab* $q_F = F_1/F_0$ lässt sich für eine statische Kraft z. B. aus der Zug-Hauptgleichung herleiten. Mit der Querschnittsfläche A' gilt allgemein $F = \sigma_z \cdot A'$. Unter der Voraussetzung, dass die Spannung σ_z gleich bleiben soll, ist F nur von A' abhängig und muss dann auch wie die Querschnittsfläche A' gestuft werden, also mit dem Stufensprung $q_F \hat{=} q_{A'} \hat{=} q_L^2$ für die Reihe $Rr/2p$.

Für eine dynamische Kraft, z. B. Beschleunigungskraft, gilt allgemein $F = m \cdot a$. Ist für die Beschleunigung a in m/s^2, die Masse $m = \varrho \cdot V$ und für gleichen Werkstoff die Dichte $\varrho = $ konstant, dann gilt für den Kraftmaßstab

$$q_F = F_1/F_0 = (m_1 \cdot a_1)/(m_0 \cdot a_0) = (V_1 \cdot a_1)/(V_0 \cdot a_0) \hat{=} q_m \cdot q_a = q_L^3 \cdot q_L/q_t^2 = q_L^4/q_t^2 \,,$$

wenn der Zeitmaßstab $q_t = t_1/t_0$ ist. Da geometrische Ähnlichkeit nur zu erreichen ist, wenn ein konstantes Verhältnis zwischen statischen und dynamischen Kräften besteht, gilt

$$q_F = q_L^2 = q_L^4/q_t^2 \quad \text{bzw.} \quad q_L^2/q_t^2 = 1 \,,$$

also $q_L = q_t$ (Längenmaßstab gleich Zeitmaßstab); ebenso wird $q_\sigma = q_F/q_{A'} = q_L^2/q_L^2 = 1$ und $q_v = q_L/q_t = 1$.

Für andere wichtige Kenngrößen lassen sich unter der Bedingung, dass $q_L = q_t$ und Spannungsmaßstab q_σ gleich Geschwindigkeitsmaßstab q_v ist, entsprechende Maßstäbe bilden, die in Abhängigkeit von der Längenstufung für Stufensprung und Reihen in der Tabelle TB 1-15 enthalten sind.

2. Darstellung der Beziehungen im NZ-Diagramm

Da sich fast alle technischen Beziehungen durch die Gleichung $y = k \cdot x^p$ mit ihrer logarithmischen Form $\lg(y) = \lg(k) + p \cdot \lg(x)$ ausdrücken lassen, kann damit jede Beziehung in einem doppeltlogarithmischen Diagramm durch eine Gerade mit der Steigung p dargestellt werden, s. Bild 1-2.

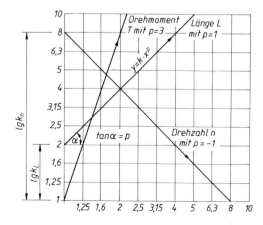

Bild 1-2
Beispiele für Beziehungen im NZ-Diagramm (schematische Darstellung mit jeweils angenommenen Ausgangsgrößen $\lg(k)$: *Länge* L mit $p = 1$; *Drehmoment* T mit $p = 3$; *Drehzahl* n mit $p = -1$

3. Rechnen mit NZ

Werden Größen als NZ gewählt, können Berechnungs- und andere Vorgänge vereinfacht ausgeführt werden. Zahlreiche mathematische, physikalische usw. Zahlenwerte lassen sich dann durch *naheliegende Werte* ersetzen, die Ergebnisse sind wiederum NZ (vgl. TB 1-16).

Das Rechnen mit NZ entspricht trotz Rundung der Hauptwerte in seiner Genauigkeit im Allgemeinen den Anforderungen bei technischen Berechnungen. Besonders vorteilhaft ist das Multiplizieren und Dividieren, desgl. das Potenzieren mit ganzzahligen Potenzen von NZ, da die Ergebnisse wieder NZ sind (z. B. $3,15 \cdot 1,6 = 5$ bzw. $3,15/1,25 = 2,5$ bzw. $1,25^4 = 2,5$). Dagegen ist beim Addieren und Subtrahieren von NZ das Ergebnis nur selten wieder eine NZ, ebenso beim Radizieren, d. h. beim Rechnen mit gebrochenen Potenzen. Auch machen sich bei höheren Potenzen von Rundwerten erhebliche Ungenauigkeiten bemerkbar, die Rechenfehler ergeben.

1.3.4 Berechnungsbeispiele

■ **Beispiel 1.1:** Eine Fördermaschine soll für eine Leistung $P_1 = 160\,\text{kW}$ und eine Drehzahl $n_1 = 200\,\text{min}^{-1}$ entwickelt werden. Zur Erprobung und zum Sammeln von Erfahrungen soll zunächst ein Modell aus gleichen Werkstoffen mit einem Abmessungsverhältnis 1/8 gebaut werden.
Die Leistung P_0 und die Drehzahl n_0 für das Modell sind zu ermitteln.

▶ **Lösung:** Der Längenmaßstab ergibt sich entsprechend der Definition aus $q_\text{L} = L_1/L_0 = 8/1 = 8$; also ergeben sich die Längen für das Modell (abgeleitete Konstruktion):

$$L_0 = \frac{L_1}{q_\text{L}} = \frac{L_1}{8} \, .$$

Nach TB 1-15, Zeile 11, ist der Leistungsmaßstab

$$q_\text{P} = \frac{P_1}{P_0} = q_\text{L}^2 = 8^2 = 64$$

damit wird die Modell-Leistung $P_0 = P_1/q_\text{P} = 160\,\text{kW}/64 = 2,5\,\text{kW}$.
Für den Drehzahlmaßstab gilt nach TB 1-15, Zeile 9

$$q_\text{n} = \frac{n_1}{n_0} = \frac{1}{q_\text{L}} = \frac{1}{8} \, .$$

Damit wird die Modell-Drehzahl $n_0 = n_1/q_\text{n} = n_1 \cdot 8 = 1600\,\text{min}^{-1}$.
Ergebnis: Die Modell-Leistung beträgt $P_0 = 2,5\,\text{kW}$, die Modell-Drehzahl $n_0 = 1600\,\text{min}^{-1}$.

■ **Beispiel 1.2:** Für die Typung und Aufnahme in die Werksnorm sollen kastenförmige Träger aus GS in fünf Größen, gestuft nach der NZ-Reihe R20, nach Ähnlichkeitsbeziehungen entwickelt werden, Bild 1-3. Die Querschnittsabmessungen des kleinsten Trägers sind mit folgenden NZ festgelegt:

$$h_1 = 125\,\text{mm}, \quad b_1 = 80\,\text{mm}, \quad h_2 = 90\,\text{mm}, \quad b_2 = 63\,\text{mm}.$$

Die Querschnittsabmessungen, Widerstandsmomente und die von den Trägern aufzunehmenden maximalen Biegemomente in Nm für eine zulässige Biegespannung von $\sigma_\text{b\,zul} = 120\,\text{N/mm}^2$ sind zu ermitteln und in einem NZ-Diagramm darzustellen.

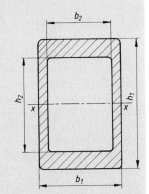

Bild 1-3 Querschnitt eines kastenförmigen Trägers

▶ **Lösung:**

Querschnittsabmessungen:
Die Querschnittsabmessungen werden nach TB 1-16 festgelegt. Danach ergeben sich nach Reihe R20 z. B. für die Trägerhöhe H_1, beginnend mit dem Maß 125 mm, folgende Werte:

125, 140, 160, 180 und 200 mm.

Entsprechend werden die anderen Abmessungen festgelegt.

Der Längenmaßstab, entsprechend dem Stufensprung der Abmessungen, ist nach Reihe R20:

$$q_L \mathrel{\widehat{=}} q_{r/p} = q_{20} = 1{,}12 \quad \text{für} \quad p = 1 .$$

Diese Stufung ergibt sich auch nach der abgeleiteten Reihe R40/2 für $p = 2$ mit $q_{40/2} = 1{,}06^2 = 1{,}12$.

Widerstandsmomente W_x:
Zunächst wird das Widerstandsmoment W_{x1} für die kleinste Querschnittsfläche ermittelt. Für einen kastenförmigen Querschnitt ergibt sich dieses unter Vernachlässigung der Rundungen aus

$$W_{x1} = (b_1 \cdot h_1^3 - b_2 \cdot h_2^3)/(6 \cdot h_1) = \ldots = 147{,}1 \text{ cm}^3 .$$

Die diesem Wert naheliegende NZ nach Reihe R20, TB 1-16, ist 140, nach Reihe R40 nächstliegend 150. Unter Berücksichtigung der Rundungen wird festgelegt für $W_{x1} = 140 \text{ cm}^3$. Die Widerstandsmomente für die anderen Trägergrößen können nun ohne weitere Berechnung nach TB 1-16 festgelegt werden. In Abhängigkeit vom Längenstufensprung $q_{r/p} = q_{20/1}$, entsprechend der Reihe $R_{r/p} = R_{20/1}$, stufen die Widerstandsmomente mit dem Faktor $q_{r/3p} = q_{20/3}$, entsprechend Reihe $R_{r/3p} = R_{20/3}$, also mit jedem 3. Glied der Reihe R20. Beginnend mit dem Wert $W_{x1} = 140 \text{ cm}^3$ ergeben sich damit nach TB 1-16 folgende Werte für W_x: 140, 200, 280, 400 cm^3.

Biegemomente M_{max}:
Wie bei W_x wird auch das Biegemoment M_{max} zunächst für den kleinsten Träger ermittelt. Aus der Biegehauptgleichung $\sigma_b = M/W \leq \sigma_{b\,zul}$ ergibt sich das Biegemoment, vorerst mit dem Genauwert für W_{x1}:

$$M_1 = 10^3 \cdot 147{,}1 \text{ mm}^3 \cdot 120 \text{ N/mm}^2 = 17\,652 \cdot 10^3 \text{ Nmm} .$$

Sicherheitshalber wird die nächstkleinere NZ 17 nach Reihe R40 gewählt, also $M_1 = 17 \cdot 10^3 \text{ Nm}$. In Abhängigkeit vom Längenstufensprung $q_{r/3p} = q_{40/2}$, entsprechend Reihe R 40/2, stufen die Momente mit $q_{r/3p} = q_{40/6}$, entsprechend Reihe 40/6, also mit jedem 6. Glied der Reihe R40. Beginnend mit $M_1 = 17 \cdot 10^3 \text{ Nm}$ ergeben sich entsprechend der Trägergröße damit folgende Werte für M_{max}:

$$17 \cdot 10^3, \; 23{,}6 \cdot 10^3, \; 33{,}5 \cdot 10^3, \; 47{,}5 \cdot 10^3, \; 67 \cdot 10^3 \text{ Nm} .$$

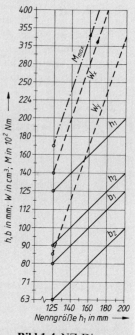

Bild 1-4 NZ-Diagramm für den Träger nach Bild 1-3

1.4 Allgemeine konstruktive Grundlagen

Jedes technische Produkt durchläuft einen bestimmten Lebenszyklus. Wesentliche Phasen sind dabei die Entwicklung, die Markteinführung, die Zeit der Marktpräsens mit ansteigenden und nach einer Sättigung wieder abfallenden Verkaufszahlen und die Einstellung der Produktion und Rücknahme vom Markt. Da die Lebensdauer eines Produkts begrenzt ist, muss eine rechtzeitige Ablösung durch ein Nachfolgeprodukt geplant und realisiert werden. Gründe hierfür sind z. B. neue technische Entwicklungen, neue gesetzliche Regelungen, geänderte Verbrauchererwartungen oder auch eine falsche Marktpolitik.
Der gesamte Konstruktionsbereich trägt bei der Produktentwicklung eine besondere Verantwortung, da dieser den wirtschaftlichen Erfolg entscheidend bestimmt. So werden die entstehenden Gesamtkosten für ein Produkt in erster Linie durch den Konstruktionsbereich festgelegt, während dieser selbst nur wenig zur Kostenentstehung beiträgt, s. Bild 1-5. Daraus ergibt sich zwangsläufig die Forderung, ständig in den Konstruktionsbereich zu investieren und durch moderne Hilfsmittel (z. B. Berechnungs- und Zeichenprogramme, Systeme zur rechnerunterstützten Produktentwicklung) unter Anwendung moderner konstruktionsmethodischer Erkenntnisse die Grundlage für eine erfolgreiche Produktentwicklung zu schaffen.

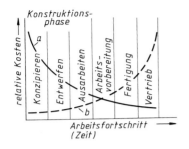

Bild 1-5 Möglichkeiten der Kostenbeeinflussung
(Kurve a – Einflussnahme auf die Herstellungskosten,
Kurve b – Entstehung von Kosten)

1.4.1 Konstruktionsmethodik

Bei der herkömmlichen Konstruktionsweise, bei der vom geistig-schöpferisch tätigen Konstrukteur neben der persönlichen Erfahrung ein hohes Maß an intuitiver[1] Begabung vorausgesetzt wird, entstehen mehr oder weniger zufallsabhängige Lösungen. Geht man beispielsweise davon aus, dass ein zu konstruierendes Aggregat aus n verschiedenen Einzelteilen besteht und jedes dieser Einzelteile wiederum in m Varianten ausgeführt werden kann, ergeben sich daraus $z = m^n$ verschiedene Kombinations- bzw. Lösungsmöglichkeiten (z. B. wird für $n = 6$ und $m = 4$, $z = 4^6 = 4096$). Um aus diesen z möglichen Lösungsvarianten für eine gestellte Konstruktionsaufgabe die günstige konstruktive Lösung herauszufinden, sind konstruktionsmethodische Hilfsmittel unerlässlich.

Nachfolgend werden einige wesentliche Grundlagen der Konstruktionsmethodik dargestellt. Dies geschieht in Anlehnung an die VDI-Richtlinien 2221 „Methodik zum Entwickeln und Konstruieren technischer Systeme und Produkte", 2222 „Konzipieren technischer Produkte", 2223 „Methodisches Entwerfen technischer Produkte" und 2225 „Technisch-wirtschaftliches Konstruieren". Dabei ist zu berücksichtigen, dass die hier in vereinfachter Form dargestellte Methode nur eine von mehreren ist.

1. Lösungswege zur Schaffung neuer Produkte

Der Entwicklungs- und Konstruktionsprozess wird nach VDI-Richtlinie 2222, Blatt 1 in sieben grundlegende Arbeitsschritte untergliedert: *(1) Klären und präzisieren der Aufgabenstellung; (2) Ermitteln von Funktionen und deren Strukturen; (3) Suchen nach Lösungsprinzipien und deren Strukturen; (4) Gliedern in realisierbare Module; (5) Gestaltung der maßgebenden Module; (6) Gestalten des gesamten Produkts; (7) Ausarbeitung der Ausführungs- und Nutzungsangaben.* In der Praxis werden i. allg. einzelne Arbeitsschritte zu Entwicklungs- und Konstruktionsphasen zusammengefasst, unterschiedlich in den entsprechenden Anwendungsbereichen. Im maschinenbaulichen Konstruktionsprozess unterscheidet man die vier Hauptphasen *Planen–Konzipieren–Entwerfen–Ausarbeiten.* Bild 1-6 zeigt die den einzelnen Phasen zugeordneten Tätigkeiten und wann nach bestimmten Abschnitten wesentliche Entscheidungen für den weiteren Ablauf zu treffen sind.

Nach dem Festlegen des Entwicklungsauftrages erfolgt die Erstellung der Anforderungsliste. Dabei sind zunächst alle die Konstruktionsaufgabe betreffenden Fragen zu klären und die Resultate schriftlich zu fixieren. Hierzu zählen u. a. alle Forderungen und Wünsche, die an die Konstruktion gestellt werden, z. B. Angaben über Abmessungen, Leistung, Montage, Bedienung und Wartung, Kosten und Termine. Diese Forderungen sind für eine spätere Bewertung der Lösungsvarianten und zur Erleichterung von Entscheidungen zweckmäßiger Weise noch in Fest- und Mindestforderungen zu unterteilen, s. Bild 1-7. Der eigentliche Konstruktionsprozess beginnt mit dem Konzipieren und führt über das Lösungskonzept und den Gesamtentwurf bis zur Erstellung der Produktdokumentation. Wurde ein Hauptabschnitt erfolgreich beendet, wird in einem Entscheidungsprozess der Abschnitt abgeschlossen und ein weiterer Hauptabschnitt freigegeben, s. Bild 1-6. Bei einem nicht befriedigenden Arbeitsergebnis erfolgt dagegen ein

---

[1] Intuition = Eingebung, gefühlsbedingt

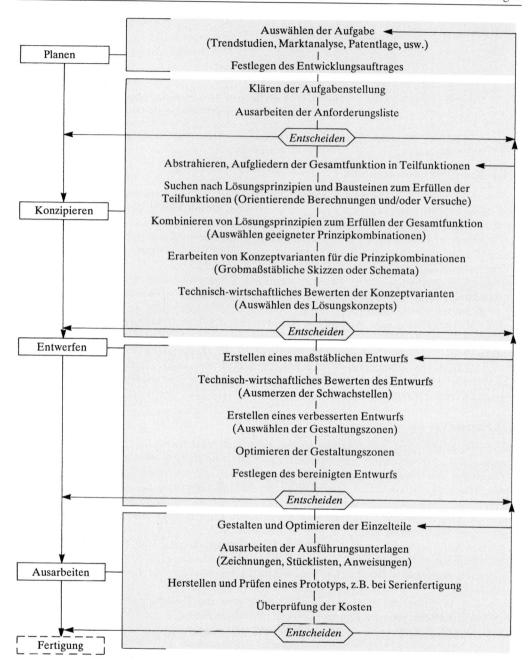

Bild 1-6 Vorgehensplan zur Schaffung neuer Produkte nach VDI-Richtlinie 2222, Bl. 1

erneutes Durchlaufen der letzten Arbeitsschritte. Üblich sind auch zusätzliche, nicht im Ablaufplan nach Bild 1-6 dargestellte Zwischenentscheidungen. Selbst der Abbruch einer Entwicklung, die sich als nicht mehr lohnend erweist, ist zu unterschiedlichen Zeitpunkten möglich.
Obwohl die zu lösende Aufgabe mit der Festlegung der Anforderungsliste bereits klar umrissen ist, gibt es erfahrungsgemäß oft für ein und dieselbe Aufgabe unzählige, mitunter stark voneinander abweichende Lösungen. Ein sicherer Weg, alle möglichen Lösungsvarianten zu erfassen, er-

Forderungen	*Festforderungen*, gekennzeichnet durch quantitative Angaben (z.B. Getriebeübersetzung ($i = 12$) oder beschreibende Angaben (z.B. aussetzender Betrieb)	Festforderungen müssen erfüllt werden. Eine Überschreitung ändert den Wert des Produktes nicht.
	Mindestanforderungen, die jeweils zur günstigen Seite hin über- oder unterschritten werden dürfen (z.B. größerer Verstellbereich, kleinerer Energieverbrauch, höhere Lebensdauer)	Mindestanforderungen müssen erfüllt werden. Bei Überschreitung zur günstigen Seite wird der Wert des Produktes erhöht.
Wünsche	*Wünsche*, die nach Möglichkeit ohne Mehraufwand berücksichtigt werden sollen (z.B. gutes Design, Baukastenprinzip, zentrale Bedienung)	Wünsche müssen nicht erfüllt werden. Erfüllung der Wünsche erhöht den Wert des Produktes

Bild 1-7 Forderungen, Wünsche

gibt sich, wenn für die aus der Anforderungsliste ersichtliche Aufgabe zunächst prinzipielle[1] Lösungsvorstellungen für die Gesamtfunktion entwickelt werden. Der Einfachheit halber wird dazu die Gesamtfunktion hinsichtlich des Stoff-, Energie- und Signalflusses jeweils in Teilfunktionen geringerer Komplexität zerlegt (Bild 1-8a) und für diese Teilfunktionen entsprechende Lösungsprinzipien gesucht. So lässt sich beispielsweise für die Gesamtfunktion *Dosen verschließen* der Stofffluss zerlegen in die Teilfunktionen *Dosen zuführen – Deckel speichern – Deckel zuführen – Deckel positionieren – Deckel auffalzen – Dose abführen*. Für die Steuerung und das Zusammenspiel der einzelnen Teilfunktionen ist der Signal- und Energiefluss verantwortlich (s. Bild 1-8b). Hilfreich ist dabei die Verwendung von Konstruktionskatalogen, d. h. von übersichtlichen Zusammenstellungen von Lösungsprinzipien zur Erfüllung der verschiedensten Teilfunktionen.

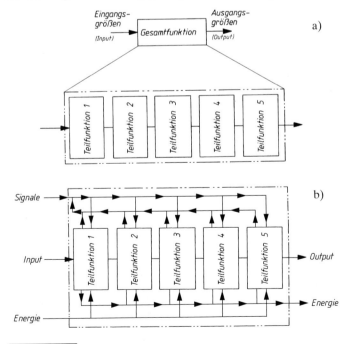

Bild 1-8
a) Aufteilung der Gesamtfunktion in mehrere Teilfunktionen
b) Funktionsstruktur des Gesamtprodukts

---

[1] Prinzip (lat.): „Richtschnur", „Grundlage", „Grundsatz".

Damit nur das Notwendige und Wesentliche herausgehoben wird und nicht von vornherein ganz bestimmte Lösungsvarianten ausgeschlossen werden, ist bei der schriftlichen Formulierung der Funktionen eine einfache und abstrakte Form zu wählen. So sollte beispielsweise die Aufgabe *Konstruktion eines Förderbandes zum Transportieren von Getreide* besser allgemein formuliert werden, z. B. *Konstruktion einer Einrichtung zum Weiterleiten von Schüttgut.* Bei dieser Formulierung ist man konstruktiv nicht an das „Förderband" gebunden, diese Formulierung schließt aber das Förderband neben anderen Möglichkeiten ein. Ebenso können neben „Getreide" auch andere Schüttgüter erfasst werden.

Mit Hilfe einer Übersichtsmatrix, einem morphologischen Kasten[1], können die besten Lösungsvarianten für eine gute Gesamtlösung ermittelt werden, s. Bild 1-9. Dazu wählt man aus jeder Zeile der Matrix ein Lösungsprinzip zur Erfüllung einer Teilfunktion aus und verbindet diese miteinander. Der entstehende Linienzug ergibt eine *Lösungskombination* aller verschiedenen Teilfunktionen zur Erfüllung der geforderten Gesamtfunktion. Die beim Zusammenführen der einzelnen Lösungsprinzipien theoretische denkbare Anzahl von Lösungsmöglichkeiten sollte aber auf eine *sinnvolle* Anzahl begrenzt werden. Deshalb werden Kombinationen von vornherein ausgeschlossen, die zum einen technisch unverträglich, zum anderen vom Aufwand her ungeeignet sind. Für die so ermittelten interessanten Kombinationen lässt sich durch Abwägen der jeweiligen Vor- und Nachteile zusätzlich noch eine grobe Rangordnung festlegen (s. hierzu auch 2.).

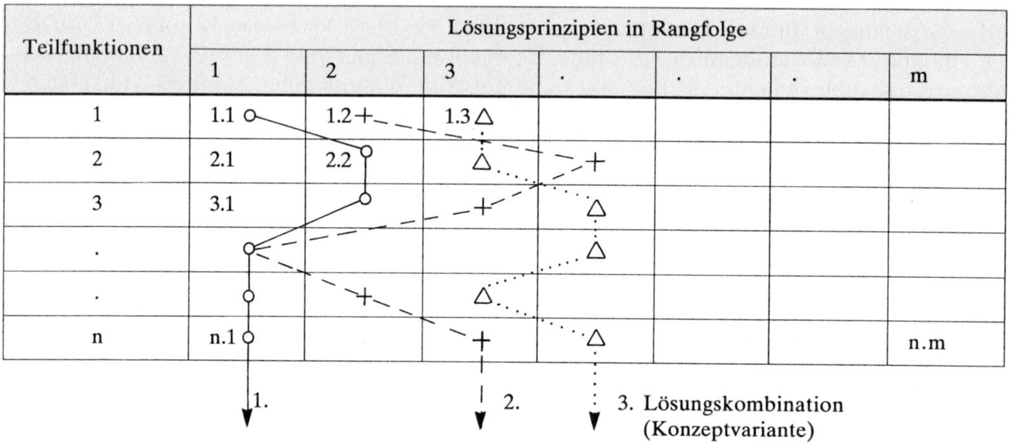

Bild 1-9 Morphologischer Kasten zur Ermittlung möglicher Lösungskombinationen

Für die so ausgewählten Lösungskombinationen werden in Form von grobmaßstäblichen Skizzen und Schaltschemata entsprechende *Konzeptvarianten* erarbeitet, aus denen schließlich nach einer entsprechenden Bewertung der einzelnen Varianten das *Lösungskonzept* ausgewählt wird. Dieses Lösungskonzept bildet die Grundlage für mindestens einen ersten maßstäblichen *Entwurf.* Durch eine bewertende Gegenüberstellung der Entwürfe lassen sich die Schwachstellen in den einzelnen Entwürfen erkennen. Weiterhin wird sich ein Entwurf herauskristallisieren, in dem sowohl die in der Aufgabe gestellten Mindestanforderungen im günstigen Sinn erfüllt als auch möglichst viele Wünsche realisiert werden können (s. Bild 1-7).

Nach dem Erkennen der Schwachstellen des der Ideallösung nahe liegenden Entwurfs wird ein *verbesserter Entwurf* erarbeitet, der nach der Optimierung besonders ausgewählter Gestaltungszonen zur Entscheidung vorgelegt wird.

Die letzte Phase des Konstruktionsprozesses, die *Ausarbeitungsphase*, basiert somit auf einem Entwurf, der hinsichtlich der Funktionserfüllung, der Gestalt und der Kosten bereits weitgehend frei von Mängeln ist. Im einzelnen umfasst die Ausarbeitungsphase die Gestaltung und

---

[1] Hierbei handelt es sich um eine (meist vollständige) Matrix, in deren ersten Spalte die *n* Teilfunktionen und in deren Zeilen die jeder Teilfunktion zugehörigen Lösungsprinzipien aufgeführt werden.

Optimierung der Einzelteile (Detaillierung) sowie das Erstellen verbindlicher Herstellungsunterlagen in Form von Zeichnungen (Einzel-, Baugruppen- und Gesamtzeichnungen), Stücklisten, Montageanweisungen, Schaltplänen, usw. Bei Geräten und Maschinen, die für die Serienfertigung bestimmt sind, empfiehlt es sich, nach diesen Herstellungsunterlagen einen Prototyp zu erstellen bzw. eine Nullserie aufzulegen. Nach einer abschließenden Überprüfung sowohl der Kosten als auch des technischen Wertes erfolgt dann die Fertigungsfreigabe.

2. Bewertungsverfahren

Sowohl in der Konzeptions- als auch in der Entwurfsphase ist es mehrfach erforderlich, aus der Summe der jeweils möglichen Lösungen die optimale herauszufinden. Dies geschieht mit Hilfe spezieller Bewertungsverfahren. Ausgangspunkt einer Bewertung kann die Überlegung sein, dass die optimale Lösung über den geringsten wirtschaftlichen Aufwand ermittelt wird. Wenn zusätzlich noch die Gesamtfunktion erfüllt wird, d. h. die Mindestforderungen und möglichst noch weitgehend die Wünsche, ist dies nur möglich, wenn auch die Teilfunktionen mit geringem Aufwand realisiert werden. Folglich sollte eine erste Bewertung bereits in der Konzeptionsphase für die einzelnen Lösungsprinzipien erfolgen. Obwohl in diesem Entwicklungsstadium noch keine exakten Angaben über die Herstellkosten für die Bewertung gemacht werden können, ist es vielfach möglich, eine grobe Rangordnung der Lösungsprinzipien zum Erfüllen ihrer Teilfunktionen anzugeben. Trägt man in der Reihenfolge dieser Rangordnung die Lösungsprinzipien in den *morphologischen Kasten* ein (s. Bild 1-9), werden mit hoher Wahrscheinlichkeit die vorderen Kombinationen zum Erfüllen der Gesamtfunktion am interessantesten sein.

Bei der Bewertung der einzelnen Konzeptvarianten zur Lösungsfindung des besten Entwurfs ist es zweckmäßig, die *Punktbewertung mit Gewichtung der Bewertungskriterien* durchzuführen. Ausgangspunkt bei der Wahl dieses Bewertungsverfahrens ist der Grundgedanke, dass i. allg. nicht alle optimalen technischen und wirtschaftlichen Teillösungen in *einer* Gesamtlösung vereinbar sind. Deshalb werden vom Konstrukteur aus den in der Anforderungsliste aufgeführten Eigenschaften die wesentlichen ausgewählt und damit die Beurteilungskriterien für die Konzeptvarianten festgelegt. Bei der Beurteilung werden die einzelnen Kriterien jeweils mit der Ideallösung verglichen und der Grad der Annäherung an diese durch eine Punktzahl ausgedrückt, s. Bild 1-10. Da nicht alle Beurteilungskriterien in ihrer Bedeutung gleich sein werden, ist eine entsprechende Gewichtung durch einen Bewertungsfaktor (z. B. 1...5) vorzunehmen. Bild 1-11 zeigt ein Beispiel, in dem 3 Konzeptvarianten hinsichtlich von 4 technischen Anforderungskriterien beurteilt wurden.

Grad der Annäherung	Punktzahl E
sehr gut (ideal)	4
gut	3
ausreichend	2
gerade noch tragbar	1
unbefriedigend	0

Bild 1-10
Punktbewertungsskala ($E = 0...4$)

technische Anforderung		A		B		C		Ideal	
	G	E	G·E	E	G·E	E	G·E	E	G·E
hohe Sicherheit	5	3	15	4	20	2	10	4	20
einfache Bedienung	3	3	9	3	9	1	3	4	12
kompakte Bauweise	2	2	4	2	4	4	8	4	8
geringes Gewicht	2	2	4	3	6	4	8	4	8
Summe			32		39		29		48
technischer Wert x		0,67		0,81		0,60		1,0	

Bild 1-11 Beispiel einer technischen Bewertung der Konzeptvarianten A, B, C (Punktbewertung)

Das gleiche Verfahren ist prinzipiell auch in der Entwurfsphase anwendbar, wenn es darum geht, aus mehreren Entwürfen den besten herauszufinden und dessen Schwachstellen zu erkennen.
Weiterhin kann noch die technisch-wirtschaftliche Stärke (Wertigkeit) der Konstruktion ermittelt werden. Bei der Aufsummierung der erreichten Punkte ergab sich für die Lösung B die beste Wertung mit 39 von 48 erreichbaren Punkten. Das Verhältnis der erreichten zur erreichbaren Punktzahl drückt die technische Wertigkeit der zu beurteilenden Variante aus, die im Idealfall 1,0 beträgt. Im vorliegenden Beispiel ergibt sich für Lösung B die technische Wertigkeit $x = 39/40 = 0{,}81$. Bei der wirtschaftlichen Bewertung wird ausschließlich der wirtschaftliche Aufwand für die Herstellung der Erzeugnisse berücksichtigt, s. hierzu VDI-Richtlinie 2225 Blatt 3. Die wirtschaftliche Wertigkeit y einer Lösungsvariante lässt sich ähnlich der technischen Wertigkeit x ermitteln. Trägt man für jede Lösungsvariante die ermittelten Werte für x und y in das Stärke-Diagramm (s-Diagramm) ein, erkennt man sofort die Lösung mit der größten Annäherung zum Idealfall, d. h. die jeweils beste Lösung. Im Bild 1-12a wurden beispielhaft für obige x-Werte und angenommene y-Werte die Bewertungen der 3 Konzeptvarianten angegeben.
Im Bild 1-13 ist das Vorgehen für die Entwurfsphase dargestellt. Die erreichten Verbesserungen beim evtl. mehrmaligen Durchlaufen der Arbeitsschritte können mit Hilfe des s-Diagramms vom ersten bis zum endgültigen Entwurf verdeutlicht werden, s. Bild 1-12b.

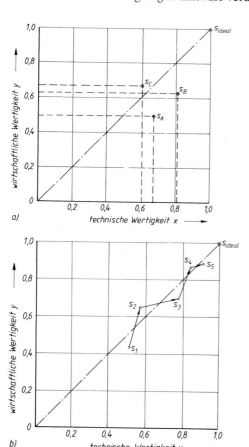

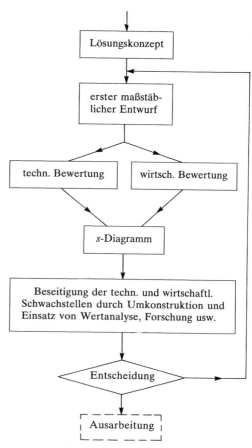

Bild 1-12 Stärke-Diagramm (s-Diagramm) zur Bewertung von Konstruktionen, a) für das Beispiel nach Bild 1-11 (y-Werte angenommen), b) Entwicklungsverlauf eines technischen Produktes bei mehrfacher Verbesserung

Bild 1-13 Flussdiagramm für die Entwurfsphase

1.4.2 Grundlagen des Gestaltens

An neu entstehende Konstruktionen können sehr unterschiedliche Anforderungen gestellt werden. Trotzdem gibt es Regeln für die Konstruktionsarbeit, die allgemeingültig anzuwenden sind. Einige wesentliche dieser Konstruktionsgrundsätze werden im folgenden behandelt. Diese sind abhängig von der speziellen Aufgabe noch durch weitere Punkte zu ergänzen.

Funktionsgerechtes Gestalten: Die Hauptanforderung, die an eine Konstruktion gestellt wird, ist die Erfüllung der ihr zugewiesenen Funktion über die gesamte Lebensdauer. Verbunden damit sind zwangsläufig die Vermeidung von Gefahren für Mensch und Maschine durch z. B. mögliche Fehlbedienungen oder Überlastungen. Alle nachfolgend aufgeführten Gestaltungsregeln müssen gegenüber dieser zurücktreten.

Festigkeits- und beanspruchungsgerechtes Gestalten: Kräfte und Momente sollen auf möglichst kurzem Weg durch eine möglichst kleine Anzahl von Bauteilen geleitet werden. Damit wird der Werkstoffaufwand und die Bauteilverformung reduziert. Günstig hierfür ist eine vorhandene Zug- bzw. Druckbeanspruchung. Bei gewollten großen elastischen Verformungen sind lange Kraftleitungswege zu realisieren, vorzugsweise bei vorhandener Biege- und Torsionsbeanspruchung (z. B. Schraubendruckfeder).
In allen Querschnitten sollte möglichst eine annähernd gleiche Werkstoffbeanspruchung vorliegen (z. B. Träger gleicher Biegebeanspruchung), zumindest in allen hochbeanspruchten Bereichen. Damit erfolgt eine gute Werkstoffausnutzung.
Die Kerbwirkung (d. h. Umlenkung und Verdichtung des Kraftflusses, s. Bild 3-22) ist durch gestalterische Maßnahmen zu begrenzen. Querschnittsänderungen und -übergänge sind deshalb „sanft" auszuführen (z. B. durch große Übergangsradien) und Querbohrungen, Nuten, Rillen in Bereiche geringer Beanspruchung zu legen. Hochfeste und damit kerbempfindliche Werkstoffe sind evtl. durch kerbunempfindlichere, meist kostengünstigere Werkstoffe zu ersetzen. Zusätzliche Maßnahmen wie die Verwendung von Entlastungskerben (s. Bild 3-25) und eine gezielte Oberflächenbehandlung durch z. B. Härten oder Kugelstrahlen führen ebenfalls zur Reduzierung der Spannungsspitzen.
Bauteilkomponenten sind so zu gestalten, dass zwischen den einzelnen Bauteilen unter Belastung eine weitgehende Anpassung mit gleichgerichteter Verformung stattfindet (z. B. Verwendung einer Zugmutter statt einer Druckmutter, s. Bild 8-6, Zeile 1). Dadurch können Spannungsspitzen vermieden werden. Die vorhandene Relativverformung sollte möglichst klein sein, um Reibkorrosion zu verhindern. Durch die Anordnung, Form, Abmessungen und den Werkstoff (E-Modul) kann eine Abstimmung zwischen den Bauteilen erreicht werden. Maßnahmen zur Verminderung unterschiedlicher Bauteilverformungen wie z. B. federnde Ausgleichselemente oder Vorkorrekturen der Bauteile bei der Herstellung können ebenfalls eine abgestimmte Verformung ermöglichen.
Unsymmetrische Anordnungen von Bauteilen können zu inneren Kräften führen. Durch die Verwendung von Ausgleichselementen bzw. symmetrischen Anordnungen können solche Wirkungen eingeschränkt werden. Z. B. hebt sich die Wirkung einer Axialkraft bei einer Schrägverzahnung durch die Verwendung einer Pfeilverzahnung auf.

Werkstoffgerechtes Gestalten: Die unterschiedlichsten technologischen Eigenschaften der verschiedenen Werkstoffe (Festigkeit, Dichte, elastisches Verhalten, Härte, Verarbeitbarkeit, usw.) zwingen zum kritischen Auswählen. Werkstoffe mit geringerer Festigkeit haben größere Querschnitte zur Folge. Dadurch vergrößern sich die Abmessungen und die Masse der Gesamtkonstruktion. Durch den Einsatz hochfester Werkstoffe sind meist kleinere Querschnitte erforderlich, die Werkstoffkosten können aber trotzdem insgesamt höher werden (s. TB 1-1 „relative Werkstoffkosten"). Die Forderung nach hoher Verschleißfestigkeit, guter Schweißbarkeit, hoher Elastizität, Korrosionsbeständigkeit, guter Dämpfung, usw. beeinflusst ebenfalls die Wahl geeigneter Werkstoffe. Nicht zu vergessen ist schon bei der Werkstoffauswahl die spätere Entsorgung bzw. Wiederverwendung.

Fertigungsgerechtes Gestalten: Im Konstruktionsprozess ist das Fertigungsverfahren in Abstimmung zu dem gewählten Werkstoff, den erforderlichen Qualitätsansprüchen für die Bauteiloberfläche und den geplanten Stückzahlen (Bild 1-14) zu wählen. Bei der Einzelfertigung und geringen Stückzahlen ist es häufig sinnvoll, mit den vorhandenen Fertigungsmöglichkeiten auszukommen und auf verfügbare Halbzeuge, wie Profilstäbe, Bleche, Rohre usw. zurückzugreifen. Dies führt auch meist zu einfachen Konstruktionen. Häufige Fertigungsverfahren sind z. B. das Schweißen und die spanende Bearbeitung aus dem Vollen (Drehen, Fräsen, Bohren, usw.). Bei der Massenfertigung, d. h. sehr großen Stückzahlen, versucht man, zeitsparende spanlose Fertigungsverfahren anzuwenden (Gießen, Schmieden, Ziehen, usw.). Die Kosten für die dann zusätzlich benötigten Einrichtungen (z. B. Modelle, Gesenke) werden auf viele Bauteile verteilt. Dies trifft ebenfalls auf die Konstruktionskosten zu, weshalb die Konstruktionen durch einen erhöhten Konstruktionsaufwand i. allg. optimaler gestaltet sind. Auch bei weiteren benötigten Zusatzeinrichtungen, wie Spezialwerkzeugen, Messgeräten und Vorrichtungen sind diese Fertigungsverfahren aufgrund der hohen Stückzahlen wirtschaftlich. Da auch die Qualitätsanforderungen für die Bauteiloberfläche das Fertigungsverfahren und damit die Kosten (s. Bild 1-15) wesentlich beeinflussen können, gilt für die Festlegung der Bauteiltoleranzen folgender Grundsatz: *So grob wie möglich, so fein wie nötig.*

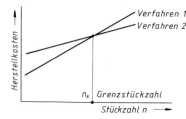

Bild 1-14
Wahl des Fertigungsverfahrens in Abhängigkeit
von der Stückzahl

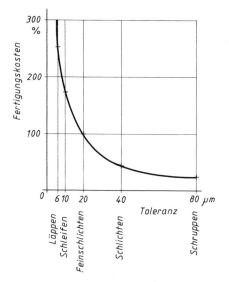

Bild 1-15
Abhängigkeit der relativen Fertigungskosten
von der Toleranz und damit vom Fertigungsverfahren
(nach *Bronner*)
Regel: Halbierung der Toleranz ergibt Verdoppelung
der Fertigungskosten

Steht das Fertigungsverfahren fest, ergibt sich daraus eine spezielle Gestaltung der Bauteile (fertigungsgerechte Gestaltung). Diese Gestaltungsregeln, sehr unterschiedlich für z. B. spanend hergestellte Bauteile bzw. Guss- oder Schmiedeteile, verlangen vom Konstrukteur sehr umfangreiche Spezialkenntnisse.

Montagegerechtes Gestalten: Alle Einzelteile und Baugruppen sind konstruktiv so auszulegen, dass ihr Zusammenbau einfach und kostengünstig möglich ist. Die Gesamtkonstruktion ist in separate Baugruppen zu gliedern, die gleichzeitig montiert werden können. Möglichst wenige, einfache Montageoperationen sollten ausreichend sein, ihre Folge sollte sich zwangsläufig ergeben. Ist die Montage nur in einer bestimmten Reihenfolge möglich, muss diese vom Konstrukteur mittels eines

Einbauplans angegeben werden. Einzelteile müssen sich deutlich unterscheiden, um Verwechslungen zu vermeiden. Ungewolltes Lösen sollte durch selbstsichernde Verbindungen oder durch leicht montierbare form- bzw. stoffschlüssige Verbindungen erreicht werden. Funktionswichtige Maße müssen einfach kontrollierbar, Einstell- und Anpassungsarbeiten ohne Lösen bereits montierter Teile möglich sein. Bei der Massenfertigung ist auf die Automatisierbarkeit der Montage zu achten, z. B. durch sichere, direkt erreichbare Griffflächen. Ebenso soll durch eine gute Zugänglichkeit der Verschleißteile ein schnelles Auswechseln dieser möglich sein, d. h. es sind leicht lösbare Verbindungen vorzusehen. *Sollbruchstellen* sind an gut zugänglichen Stellen vorzusehen.

Instandhaltungsgerechtes Gestalten: Die Aufrechterhaltung der Funktionseigenschaften einer Konstruktion über die gesamte Lebensdauer erfordert eine regelmäßige Inspektion, Wartung und Instandhaltung. So müssen Prüfpunkte gut zugänglich und deutlich gekennzeichnet sein, die Möglichkeit integrierter Messmittel ist in Betracht zu ziehen. Es sollten möglichst genormte Schnellverschlüsse vorgesehen, ausreichend Platz für Prüfgeräteanschlüsse eingeplant, ohne Spezialwerkzeuge lösbare Verbindungen verwendet werden. Es sind ausreichend dimensionierte Schaugläser, Zugangsdeckel, Klappen und Türen vorzusehen. Nachfüllstellen und Entsorgungsablässe müssen gut zugänglich, Böden von Flüssigkeitsbehältern sollen zur Ablassöffnung hin geneigt sein. Bereiche, in denen Späne (Abrieb) entstehen, sollten von empfindlichen Baugruppen getrennt werden.

Recyclinggerechtes Gestalten: Der Konstrukteur muss im Konstruktionsprozess in vollständigen Kreisläufen denken. Diese erstrecken sich von der Produktentstehung und der folgenden Nutzungsphase bis zu einer erneuten Nutzung. Die erneute Verwendung bzw. Verwertung von Produkten in diesem Kreislauf wird als Recycling bezeichnet. Unterschieden wird dabei, ob die Einbringung des Altmaterials in einen gleichartigen wie zuvor durchlaufenen bzw. einen noch nicht durchlaufenen Prozess erfolgt (Wiederverwertung bzw. Weiterverwertung). Recyclinggerechtes Gestalten kann man in die drei Hauptbereiche Verbindungstechnik, Werkstoffauswahl und Bauteilgestaltung unterteilen. Dabei sind demontagegerecht gestaltete Verbindungen Voraussetzung für ein funktionierendes Recycling. Dies erreicht man mit leicht lösbaren Verbindungen (z. B. Schrauben-, Schnapp- und Spannverbindungen), die gut erkennbar, gut zugänglich und vor starken Verschmutzungen geschützt sein müssen. Zur Reduzierung der Werkzeuge sind standardisierte Verbindungselemente anzustreben. Bei der Werkstoffauswahl ist vor allem eine Werkstoffvielfalt zu vermeiden. Daduch werden Demontage- und Sortierkosten reduziert. Auch der Einsatz von Verbundwerkstoffen und speziellen Beschichtungen sollte auf ein Minimum reduziert werden. Bezüglich der Gestaltung sind zerlegungsgünstige Konstruktionen anzustreben, d. h. die Demontage erklärt sich selbst durch einen klaren, gegliederten Produktaufbau. Weiterhin ist eine gute Zugänglichkeit der einzelnen Bauteile erforderlich.

Formgerechtes Gestalten: Die äußere, zeitgemäße Gestalt (Design) beeinflusst immer mehr den Verkaufswert eines technischen Erzeugnisses. Da auch Geschmack und Gefühl eine Rolle spielen, lassen sich nur bedingt allgemeingültige Grundsätze angeben. Wichtig ist aber, das die Form nicht nur ästhetischen Ansprüchen genügt. Die Form sollte der Funktion, der Kraftwirkung, dem verwendeten Werkstoff und dem Fertigungsverfahren sichtbar entsprechen. Sie sollte bewusst sachlich, klar und unaufdringlich sein. Die einzelnen Teile sind so anzuordnen, dass eine geschlossen wirkende, klar gegliederte Gesamtkonstruktion entsteht. Die strukturierende Wirkung von Rippen, Fugen, Nuten, Schlitzen, usw. soll ausgenutzt und deutlich gemacht werden, funktionslose Zierelemente sind möglichst zu vermeiden. Durch das Erzeugen eines gezielten Kontrasts sind Bedienelemente, sich bewegende Teile und Gefahrenstellen sichtbar zu machen. Dabei kann auch eine spezielle Farbgebung unterstützend genutzt werden, die mit der Formgebung abgestimmt einzusetzen ist. Einen knappen Überblick über den Themenkreis Industrial Design gibt die Richtlinie VDI/VDE 2424.

1.4.3 Rechnereinsatz im Konstruktions- und Entwicklungsprozess

Der Einsatz von Rechnern bei der Lösung von konstruktiven Aufgaben ist heute ein wesentlicher Faktor im Rahmen der Produktentwicklung. Bild 1-16 zeigt, welchen Wandel der

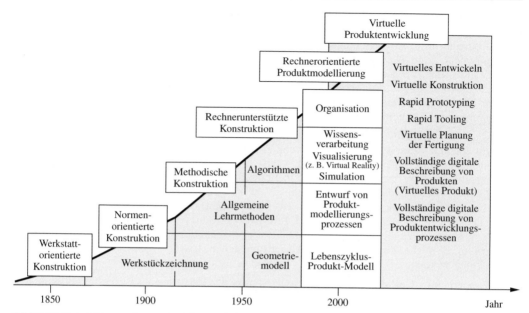

Bild 1-16 Entwicklungsphasen des Konstruktionsprozesses

Konstruktionsprozess durchlaufen hat und welche Bedeutung der Rechentechnik heute und zukünftig zukommt. Dabei sind unterschiedliche Integrationsstufen der Rechentechnik im Konstruktionsprozess zu unterscheiden, deren Einsatz stark von der betrieblichen Hard- und Softwareausstattung abhängt, aber auch von der Komplexität der auszuführenden Konstruktion.

Die erste Stufe ist die Verwendung von *Einzelprogrammen*. Damit können z. B. Bauteile ausgelegt und nachgerechnet, Bewegungszusammenhänge simuliert, Informationen wie Daten, Texte, Zeichnungen gespeichert oder geometrische Gebilde und Strukturen gezeichnet werden. Einzelprogramme stellen schon eine große Unterstützung für meist sehr spezielle Aufgaben dar. Vielfach führt die Anwendung von Einzelprogrammen aber zur Unterbrechung des Konstruktionsprozesses. Durch zwischengeschaltete konventionelle Tätigkeiten, wie z. B. erforderliche, oft zu wiederholende Ein- und Ausgabeprozeduren oder durch die Nutzung unterschiedlicher Benutzeroberflächen und Programmstrukturen ergibt sich ein relativ hoher Aufwand. Dieser Mangel führte zur Entwicklung von *Programmsystemen*, einer abgestimmten Verknüpfung von Einzelprogrammen. Damit wird eine durchgehende Nutzung einmal eingegebener Daten bzw. bereits ermittelter Ergebnisse und die Verwendung einheitlicher Datenbanksysteme ermöglicht. Vorliegende Entwicklungen in diese Richtung werden als *Konstruktionsleitsystem bzw. Konstruktionssysteme* bezeichnet. Neben der datentechnischen Verknüpfung wird der Konstrukteur mit diesen Systemen während der Aufgabenbearbeitung ebenfalls methodisch geführt. In der VDI-Richtlinie 2221 wird ein solcher kontinuierlicher Ablaufplan für den durchgängigen Rechnereinsatz im Konstruktionsprozess gezeigt.

Ein Beispiel für die in der Praxis angewandte Datenverknüpfung ist die Verwendung von *CAx-Systemen* (*CAD/CAM*). Darunter versteht man die Verknüpfung der Daten für die Produktdarstellung (*CAD, Computer Aided Design*), die Arbeitsplanung (*CAP, Computer Aided Planning*), den Fertigungsablauf (*CAM, Computer Aided Manufacturing*) und die Qualitätssicherung (*CAQ, Computer Aided Quality Assurance*). Gegenwärtig wird verstärkt die Verknüpfung von CAD/CAM mit der Produktplanung und Produktsteuerung (*PPS*) bzw. CAD/CAM mit Produktdatenmanagement-Systemen (*EDM/PDM*) in der Praxis eingeführt, s. Bild 1-17.

Begrenzt wird der Nutzen des Rechnereinsatzes i. allg. durch den Umstand, dass mit den Programmen und Programmsystemen keine schöpferischen Tätigkeiten ausgeführt werden können. Dadurch fehlt die Möglichkeit für eine komplexe, ganzheitliche Betrachtungsweise, das Finden

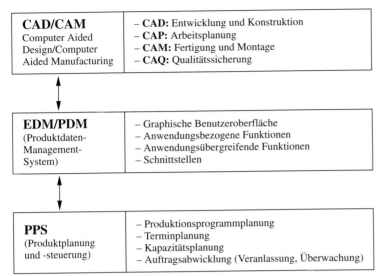

Bild 1-17 EDM/PDM-Systeme mit Integration anderer Datenverarbeitungssysteme nach VDI 2219

von Problemlösungen wird nicht unterstützt. Das bedeutet, dass der Konstruktionsprozess immer noch stark durch die Erfahrung und das Wissen des Konstrukteurs geprägt ist. Speziell bemerkbar wird dies in den Auswahl-, Bewertungs-, Korrektur- und Entscheidungsschritten. Diese Einschränkung führte zu einer weiteren Stufe der Programmsystementwicklung, sogenannter *wissensbasierter Systeme (Expertensysteme)*. Die Wissensbasis enthält fallspezifisches Faktenwissen und bereichsspezifisches Expertenwissen sowie die bei einer Problemlösung entstehenden Zwischen- und Endergebnisse. Wesentliche Neuerung des Systems ist die Problemlösungskomponente, mit der die vom Benutzer eingegebene Aufgabenstellung gelöst wird. Voraussetzung für ein Expertensystem ist allerdings, dass sich das Wissen über einen speziellen, fest abgegrenzten Bereich erstreckt.

Eine neue, zukunftsweisende Stufe bei der Entwicklung von Programmsystemen stellt die *virtuelle Produktentwicklung* dar. Der integrierte Rechnereinsatz wird zum wesentlichen Bestandteil bei der Produktentwicklung, verbunden mit der Anwendung neuer Organisationsformen wie z. B. Simultaneous Engineering (Entwicklung in mehreren zeitparallelen, sich überlappenden Prozessen). Die Virtualisierung beinhaltet die methodische Überführung des Konstruktionsprozesses in einen rechnerintegrierten Ablauf. Es wird ein virtuelles Produkt entwickelt, d. h. ein Produktmodell, das in digitalisierter Form in einem Rechnersystem veränderbar gespeichert ist. Der Prozess der Produktentwicklung und -entstehung wird sich dann in eine virtuelle und eine reale Phase unterteilen.

1.5 Literatur

Clausen, U.; Rodenacker, W. G.: Maschinensystematik und Konstruktionsmethodik. Berlin: Springer, 1998
Conrad, K.-J.: Grundlagen der Konstruktionslehre. München: Hanser, 2004
DIN (Hrsg.); Klein, M.: Einführung in die DIN-Normen. 14. Aufl. Wiesbaden/Berlin: B.G. Teubner/ Beuth, 2008
Ehrlenspiel, K.; Kiewert, A.; Lindemann, U.: Kostengünstig Entwickeln und Konstruieren. Berlin: Springer, 2003
Ehrlenspiel, K.: Integrierte Produktionsentwicklung; Denkabläufe, Methodeneinsatz, Zusammenarbeit. 2. Aufl. München: Hanser, 2002
Fleischer, B.; Theumert, H.: Entwickeln, Konstruieren, Berechnen. Wiesbaden: Vieweg+Teubner, 2009
Grote, K.-H.; Feldhusen, J. (Hrsg.): Dubbel. Taschenbuch für den Maschinenbau. 22. Aufl. Berlin: Springer, 2007

Kienzle, O.: Normungszahlen. Berlin: Springer, 1949

Kurz, U.; Hintzen, H.; Laufenberg, H.: Konstruieren, Gestalten, Entwerfen. 3. Aufl. Wiesbaden: Vieweg, 2004

Neudörfer, A.: Konstruieren sicherheitsgerechter Produkte. Berlin: Springer, 2001

Orloff, M.A.: Grundlagen der klassischen TRIZ. Ein praktisches Lehrbuch des erfinderischen Denkens für Ingenieure. 3. Aufl. Berlin: Springer, 2006

Pahl, G.; Beitz, W.; Feldhusen, J.; Grothe, K.: Pahl/Beitz Konstruktionslehre. 7. Aufl. Berlin: Springer, 2008

Reuter, M.: Methodik der Werkstoffauswahl. München: Hanser, 2007

Roth, K.: Konstruieren mit Konstruktionskatalogen. Band I: Konstruktionslehre. 2. Auf. 1994. Band II: Konstruktionskataloge. 2. Aufl. 1994. Band III: Verbindungen und Verschlüsse, Lösungsfindung. 2. Aufl. 1996. Berlin: Springer

VDI-Richtlinie 2211, Bl. 1: Datenverarbeitung in der Konstruktion; Methoden und Hilfsmittel; Aufgabe, Prinzip und Einsatz von Informationssystemen. Düsseldorf: VDI, 1980

VDI-Richtlinie 2211, Bl. 2: Informationsverarbeitung in der Produktentwicklung; Berechnungen in der Konstruktion. Düsseldorf: VDI, 2003

VDI-Richtlinie 2216: Datenverarbeitung in der Konstruktion; Einführungsstrategien und Wirtschaftlichkeit von CAD-Systemen. Düsseldorf: VDI, 1994

VDI-Richtlinie 2218: Informationsverarbeitung in der Produktentwicklung; Feature-Technologie. Düsseldorf: VDI, 2003

VDI-Richtlinie 2219: Informationsverarbeitung in der Produktentwicklung; Einführung und Wirtschaftlichkeit von EDM/PDM-Systemen. Düsseldorf: VDI, 2002

VDI-Richtlinie 2221: Methodik zum Entwickeln und Konstruieren technischer Systeme. Düsseldorf: VDI, 1993

VDI-Richtlinie 2222, Bl. 1: Konstruktionsmethodik; Methodisches Entwickeln von Lösungsprinzipien. Düsseldorf: VDI, 1997

VDI-Richtlinie 2222, Bl. 2: Konstruktionsmethodik; Erstellung und Anwendung von Konstruktionskatalogen. Düsseldorf: VDI, 1993

VDI-Richtlinie 2223: Methodisches Entwerfen technischer Produkte. Düsseldorf: VDI, 2004

VDI/VDE-Richtlinie 2224: Industrial Design. Bl. 1 bis 3. Düsseldorf: VDI, 1986, 1988

VDI-Richtlinie 2225, Bl. 1: Konstruktionsmethodik; Technisch-wirtschaftliches Konstruieren; Vereinfachte Kostenermittlung. Düsseldorf: VDI, 1997

VDI-Richtlinie 2225, Bl. 2: Konstruktionsmethodik; Technisch-wirtschaftliches Konstruieren, Tabellenwerk. Düsseldorf: VDI, 1998

VDI-Richtlinie 2225, Bl. 3: Konstruktionsmethodik; Technisch-wirtschaftliches Konstruieren; Technisch-wirtschaft-liche Bewertung. Düsseldorf: VDI, 1998

VDI-Richtlinie 2225, Bl. 4: Konstruktionsmethodik; Technisch-wirtschaftliches Konstruieren; Bemessungslehre. Düsseldorf: VDI, 1997

VDI-Richtlinie 2243: Recyclingorientierte Produktentwicklung. Düsseldorf: VDI, 2002

VDI-Richtlinie 2244: Konstruieren sicherheitsgerechter Erzeugnisse. Düsseldorf: VDI, 1988

2 Toleranzen, Passungen, Oberflächenbeschaffenheit

2.1 Toleranzen

Für das einwandfreie Funktionieren des Bauteiles, das reibungslose Zusammenarbeiten von Bauteilen und Bauteilgruppen sowie die Möglichkeit des problemlosen Austauschens einzelner Verschleißteile müssen alle funktionsbedingten Eigenschaften der Bauteile (z. B. die Maß-, Form-, Lagegenauigkeit und auch die Oberflächengüte) aufeinander abgestimmt sein. Ein genaues Einhalten der angegebenen Maße sowie der vorgeschriebenen *ideal-geometrischen Form* des Werkstückes ist infolge der Unzulänglichkeit der Fertigungsverfahren praktisch unmöglich und häufig aus Funktionsgründen auch gar nicht sinnvoll. Aus fertigungstechnischen Gründen müssen Abweichungen von den Nenngrößen zugelassen werden. Somit sind zur Herstellung eines bestimmten Werkstückes obere und untere Grenzwerte hinsichtlich der Abmessungen, der Form und der Oberflächenbeschaffenheit anzugeben. Hieraus ergeben sich u. a. vier Toleranzarten: *Maßtoleranzen, Form-* und *Lagetoleranzen* sowie *Rauheitstoleranzen*.

Für eine hohe Betriebssicherheit einerseits und eine kostengünstige Fertigung andererseits sollte die Wahl der sinnvollen zulässigen Abweichungen – *der Toleranzen* – allgemein nach dem Grundsatz erfolgen:

> *So grob wie möglich, so fein wie nötig!*

2.1.1 Maßtoleranzen

1. Grundbegriffe

In Anlehnung an die DIN ISO 286-1 werden für die Maße, Abmaße und Toleranzen u. a. folgende Grundbegriffe festgelegt, s. Bild 2-1:

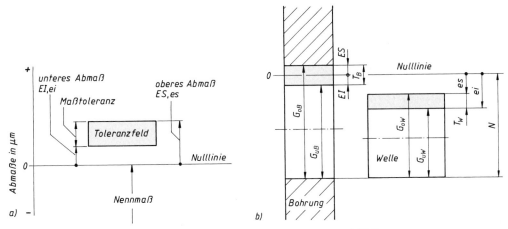

Bild 2-1 Toleranzbegriffe. a) allgemein, b) dargestellt für Bohrung und Welle

2

Nulllinie: in der graphischen Darstellung die dem Nennmaß entsprechende Bezugslinie für die Abmaße und Toleranzen;

Nennmaß (N): das zur Größenangabe genannte Maß, auf das die Abmaße bezogen werden (z. B. 30 mm oder 6,5 mm);

Istmaß (I): das durch Messen festgestellte Maß (z. B. 30,08 mm), das jedoch stets mit einer Messunsicherheit behaftet ist;

Abmaß (E, e)[1]**:** allgemein die algebraische Differenz zwischen einem Maß (z. B. Istmaß oder Grenzmaß) und dem zugehörigen Nennmaß. Abmaße für Wellen werden mit Kleinbuchstaben (es, ei), Abmaße für Bohrungen mit Großbuchstaben (ES, EI) gekennzeichnet.

oberes Abmaß (ES, es): Grenzabmaß als algebraische Differenz zwischen dem Höchstmaß und dem zugehörigen Nennmaß (bisher A_o);

unteres Abmaß (EI, ei): Grenzabmaß als algebraische Differenz zwischen dem Mindestmaß und dem zugehörigen Nennmaß (bisher A_u);

Grundabmaß: für Grenzmaße und Passungen das Abmaß, das die Lage des Toleranzfeldes in Bezug zur Nulllinie festlegt (oberes oder unteres Abmaß, das der Nulllinie am nächsten liegt);

Grenzmaße (G): zulässige Maße, zwischen denen das Istmaß liegen soll (z. B. zwischen 29,9 mm und 30,1 mm);

Höchstmaß (G_o): größtes zugelassenes Grenzmaß (z. B. 30,1 mm)

$$\boxed{\begin{aligned} &\text{Bohrung:} & G_{oB} &= N + ES \\ &\text{Welle:} & G_{oW} &= N + es \end{aligned}} \qquad (2.1)$$

Mindestmaß (G_u): kleinstes zugelassenes Grenzmaß (z. B. 29,9 mm);

$$\boxed{\begin{aligned} &\text{Bohrung:} & G_{uB} &= N + EI \\ &\text{Welle:} & G_{uW} &= N + ei \end{aligned}} \qquad (2.2)$$

Maßtoleranz (T): algebraische Differenz zwischen Höchstmaß und Mindestmaß (z. B. 30,1 mm − 29,9 mm = 0,2 mm). Die Toleranz ist ein absoluter Wert ohne Vorzeichen;

$$\boxed{\begin{aligned} &\text{Allgemein:} & T &= G_o - G_u \\ &\text{Bohrung:} & T_B &= G_{oB} - G_{uB} = ES - EI \\ &\text{Welle:} & T_W &= G_{oW} - G_{uW} = es - ei \end{aligned}} \qquad (2.3)$$

Toleranzfeld: in der grafischen Darstellung das Feld, welches durch das obere und untere Abmaß begrenzt wird. Das Toleranzfeld wird durch die *Größe* der Toleranz und deren *Lage zur Nulllinie* festgelegt;

Grundtoleranz (IT): jede zu diesem System gehörende Toleranz für Grenzmaße und Passungen (IT = internationale Toleranz);

Grundtoleranzgrade (IT 1 bis IT 18): für Grenzmaße und Passungen eine Gruppe von Toleranzen (z. B. IT 7), die dem gleichen Genauigkeitsniveau für alle Nennmaße zugeordnet werden. Die Grade IT 0 und IT 01 sind nicht für die allgemeine Anwendung vorgesehen;

Toleranzfaktor (i, I): als Funktion des Nennmaßbereiches festgelegter Faktor zur Errechnung einer Grundtoleranz IT (i gilt für $N \leq 500$ mm, I für $N > 500$ mm);

Toleranzklasse: Angabe, bestehend aus dem Buchstaben für das Grundabmaß sowie der Zahl des Grundtoleranzgrades (z. B. H7, k6).

---

[1] abgeleitet aus der französischen Bezeichnung: **E** „écart" (Abstand); **ES** „écart supérieur" (oberer Abstand), **EI** „écart inférieur" (unterer Abstand).

2. Größe der Maßtoleranz

Da bei der Fertigung Abweichungen vom absoluten Nennmaß unvermeidbar sind, ist es notwendig, die Grenzen der Abweichungen sinnvoll festzulegen, wobei sich die Größe der Toleranz nach der Größe des Nennmaßes und dem Verwendungszweck des Bauteiles richten muss. Die Grundlage für die Festlegung dieser Toleranzgröße ist der *Toleranzfaktor I* bzw. *i*. So wird für den Nennmaßbereich $D_1 \ldots D_2$ mit dem geometrischen Mittel $D = \sqrt{D_1 \cdot D_2}$ der *Toleranzfaktor* für

$$\boxed{\begin{array}{l} 0 < N \leq 500: \ i = 0{,}45 \cdot \sqrt[3]{D} + 0{,}001 \cdot D \\ 500 < N \leq 3150: \ I = 0{,}004 \cdot D + 2{,}1 \end{array}} \qquad \begin{array}{c|c} i, I & D, N \\ \hline \mu m & mm \end{array} \qquad (2.4)$$

z. B. wird für den Nennmaßbereich 18 mm ... 30 mm mit $D = \sqrt{18 \cdot 30} = 23{,}24$ mm der Toleranzfaktor: $i = 0{,}45 \cdot \sqrt[3]{23{,}24} + 0{,}001 \cdot 23{,}24 \approx 1{,}3 \ \mu m$

Je nach dem Verwendungszweck und entsprechend der geforderten Feinheit der Toleranz werden zur Ermittlung der Grundtoleranzen IT insgesamt 20 Grundtoleranzgrade (01 0 1 2 ... 18) vorgesehen: 01 ist der feinste, 18 der größte Toleranzgrad.

Innerhalb eines Nennmaßbereiches unterscheiden sich die Grundtoleranzen der einzelnen Toleranzgrade durch den Faktor K, der ein Vielfaches des Toleranzfaktors i ist und ab Grundtoleranzgrad 5 geometrisch mit dem Stufensprung $q_5 = \sqrt[5]{10} \approx 1{,}6$ wächst, s. TB 2-1.

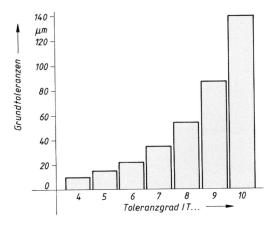

Bild 2-2
Größe der Toleranzfelder für die
Grundtoleranzgrade IT 4 ... IT 10, dargestellt
für den Nennmaßbereich 80 ... 120 mm

3. Anwendungsbereiche für die Grundtoleranzgrade:

IT 01 ... 4   überwiegend für Messzeuge bzw. Lehren,

IT 5 ... 11   allgemein für Passungen in der Fertigung des allgemeinen Maschinenbaus und der Feinmechanik,

IT 12 ... 18   für gröbere Funktionsanforderungen sowie in der spanlosen Formung, z. B. bei Walzwerkserzeugnissen, Schmiedeteilen, Ziehteilen.

4. Lage der Toleranzfelder

Zur eindeutigen Festlegung der Grenzmaße G (Höchst- und Mindestmaß) muss neben der Ermittlung der Toleranzgröße noch die Lage des Toleranzfeldes zur Nulllinie angegeben werden. Sie wird entweder durch direkte Angabe der Abmaße *ES* (*es*) und *EI* (*ei*) oder durch Buchstaben gekennzeichnet, und zwar für Bohrungen (Innenmaße) durch große, für Wellen (Außenmaße) durch kleine Buchstaben, s. Bild 2-3. Vorgesehen sind nach DIN ISO 286-1 für

Bohrungen (Innenmaße): A B C CD D E EF F FG G H J JS K M N P R S T U V X Y
          Z ZA ZB ZC

Wellen (Außenmaße):   a b c cd d e ef f fg g h j js k m n p r s t u v x y z za zb zc

Jeder Buchstabe kennzeichnet somit eine bestimmte Lage des Toleranzfeldes zur Nulllinie. Die Abstände der Toleranzfelder von der Nulllinie – und zwar stets die Abstände der zu dieser nächstliegenden Grenze des Feldes – sind mathematisch definiert. Mit dem geometrischen Mittelwert D in mm – s. zu Gl. (2.4) – wird z. B. für das

d-(D-)Feld: $es(EI) = 16,0 \cdot D^{0,44}$ in μm
e-(E-)Feld: $es(EI) = 11,0 \cdot D^{0,41}$ in μm
f-(F-)Feld: $es(EI) = 5,5 \cdot D^{0,41}$ in μm
g-(G-)Feld: $es(EI) = 2,5 \cdot D^{0,34}$ in μm

In TB 2-2 und TB 2-3 sind die zur Nulllinie nächstliegenden Grundabmaße für die Außen- (Wellen) und Innenmaße (Bohrungen) angegeben. Das zweite Grenzabmaß ergibt sich mit der Grundtoleranz IT nach TB 2-1, s. Fußnote zu TB 2-2 und TB 2-3.

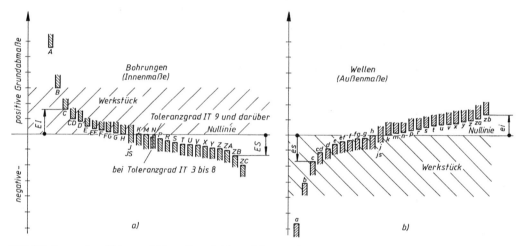

Bild 2-3 Lage der Toleranzfelder für gleichen Nennmaßbereich (schematisch) a) bei Bohrungen (Innenmaß), b) bei Wellen (Außenmaß)

Die exakte *Lage* des Toleranzfeldes kann somit durch Buchstaben (Grundabmaß), die *Größe* durch die Kennzahl des Toleranzgrades angegeben werden. Grundabmaß und Toleranzgrad bilden zusammen im ISO-Toleranzsystem die *Toleranzklasse*, z. B. H7.

5. Direkte Angabe von Maßtoleranzen

Die Angabe von Toleranzklassen ist nur sinnvoll, wenn zum Prüfen des Maßes Lehren vorhanden sind, anderenfalls ist zur Vermeidung von Umrechnungen die direkte Angabe der Abmaße zweckmäßiger. Zum Nennmaß werden die Grenzabmaße *ES* (*es*) und *EI* (*ei*) in mm hinzugefügt. Die Abmaße stehen hinter dem Nennmaß über der Maßlinie, s. 2.1.4.

6. Maße ohne Toleranzangabe

Vielfach bedürfen Fertigungsmaße keiner Tolerierung, weil sie für die Funktionssicherheit und auch für die Gewährleistung der Austauschbarkeit des Teiles ohne Bedeutung sind (z. B. äußere Abmessungen für Guss- und Schmiedeteile oder für Teile, die keine besondere Genauigkeit erfordern bzw. bei denen kleinere Maßabweichungen belanglos sind). Für nichttolerierte Maße gelten die durch eine allgemeingültige Eintragung in eine Zeichnung angegebenen *Allgemeintoleranzen* nach DIN ISO 2768-1 (s. TB 2-6).

2.1.2 Formtoleranzen

Da die Maßtoleranzen nur die örtlichen Istmaße eines Formelements erfassen, nicht aber seine Formabweichungen, sind vielfach zusätzliche *Formtoleranzen* zur genauen Erfassung des Formelements erforderlich. Nach DIN EN ISO 1101 begrenzen Formtoleranzen die zulässigen Abweichungen eines Elementes von seiner geometrisch idealen Form (z. B. *Geradheit* einer Welle, *Ebenheit* einer Passfläche, *Rundheit* eines Drehteiles). Formtoleranzen sind immer dann anzugeben, wenn z. B. aus fertigungstechnischen Gründen nicht ohne weiteres zu erwarten ist, dass die durch Maßangaben bestimmte geometrische Form des Werkstückes durch das gewählte Fertigungsverfahren eingehalten wird, s. TB 2-7.

2.1.3 Lagetoleranzen

Unter Lagetoleranzen sind nach DIN EN ISO 1101 *Richtungs-, Orts-* oder *Lauftoleranzen* zu verstehen, welche die zulässigen Abweichungen von der geometrisch idealen Lage zweier oder mehrerer Elemente zueinander begrenzen (z. B. *Parallelität* zweier Flächen, *Koaxialität* von gegenüberliegenden Bohrungen, *Position* bestimmter Passflächen zu einem Bezugselement, *Rund-* und *Planlauf* bei Drehteilen). Wie bereits bei den Formtoleranzen erwähnt, sind auch Lagetoleranzen immer dann anzugeben, wenn z. B. aus fertigungstechnischen Gründen nicht ohne weiteres zu erwarten ist, dass die Teile so in der geforderten Beziehung zueinander stehen, wie es die Bemaßung und Toleranzangabe vorsieht und es für die Funktion erforderlich ist, s. TB 2-8.

2.1.4 Toleranzangaben in Zeichnungen

1. Maßtoleranzen

Die Eintragung von Maßtoleranzen und Toleranzkurzzeichen in Zeichnungen ist nach DIN 406-12 vorzunehmen. Die wichtigsten Eintragungsregeln sind:

— Abmaße oder Toleranzklasse sind hinter der Maßzahl des Nennmaßes einzutragen;
— Bei Abmaßen stehen das obere *und* das untere Grenzabmaß über der Maßlinie hinter dem Nennmaß, s. Bild 2-4:
— Toleranzklassen für Bohrungen (Innenmaße) mit Großbuchstaben und Zahl (z. B. H7) sowie für Wellen (Außenmaße) mit Kleinbuchstaben und Zahl (z. B. k6) stehen über der Maßlinie hinter dem Nennmaß, s. Bild 2-5.

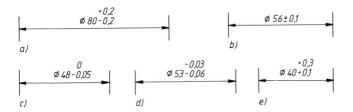
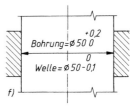

Bild 2-4 Eintragung von Maßtoleranzen (Beispiele)

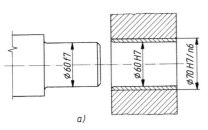
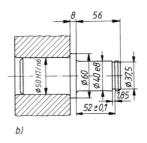
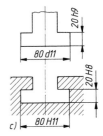

Bild 2-5 Eintragung von Toleranzklassen (Beispiele)

Für Maßeintragungen, für welche die Allgemeintoleranz nach DIN ISO 2768-1 (für Längen-und Winkelmaße, s. TB 2-6a) gelten soll, ist in das dafür vorgesehene Feld der Zeichnung für die gewählte Toleranzklasse (**f** – fein, **m** – mittel, **c** – grob, **v** – sehr grob) z. B. folgende Eintragung zu machen: *ISO 2768-m* bzw. *ISO 2768-mittel.*

2. Form- und Lagetoleranzen

Die Eintragung von Form- und Lagetoleranzen in Zeichnungen erfolgt nach DIN EN ISO 1101 (s. Bild 2-6 und Bild 2-7 sowie TB 2-7 und TB 2-8). Dabei sind in einem unterteilten Rahmen in folgender Reihenfolge einzutragen:

— im ersten Feld das *Symbol* für die Toleranzart,
— im zweiten Feld der *Toleranzwert* in mm,
— im dritten Feld bei Bedarf der *Bezugsbuchstabe* für Bezugselemente, falls notwendig.

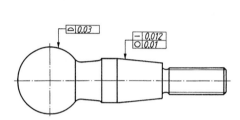

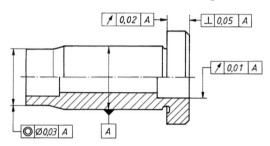

Bild 2-6 Eintragung von Formtoleranzen: Kugelzapfen mit Geradheits-, Rundheits- und Profilformtoleranz (Fläche)

Bild 2-7 Eintragung von Lagetoleranzen: Hohlbolzen mit Rechtwinkligkeits-, Koaxialitäts-, Rund- u. Planlauftoleranz

Die Eintragung der Allgemeintoleranzen für Form und Lage erfolgt nach DIN ISO 2768-2, s. TB 2-6b. In das entsprechende Feld ist für die gewählte Toleranzklasse (**H** – fein, **K** – mittel, **L** – grob) z. B. einzutragen: ISO 2768-K.

2.2 Passungen

Unter *Passung* ist allgemein die Beziehung zwischen gefügten und mit bestimmten Fertigungstoleranzen versehenen Teilen zu verstehen, die sich aus den Maßunterschieden der Passflächen ergibt (z. B. zwischen der Innenpassfläche $30 + 0{,}05$ und der Außenpassfläche $30 - 0{,}05$ bzw. zwischen Bohrung 50H7 und Welle 50h6). Zur eindeutigen Bestimmung der Passung ist somit das *gemeinsame* Nennmaß, das Grenzmaß bzw. das Kurzzeichen der *Toleranzklasse* für die Bohrung und das Grenzmaß bzw. Kurzzeichen der Toleranzklasse für die Welle anzugeben. Das Passsystem ist ausgerichtet auf die Funktion der Teile (z. B. Gleitlagerung zwischen Welle/Lager, Klemmverbindung zwischen Hebel/Nabe) sowie ihre Austauschbarkeit.

2.2.1 Grundbegriffe

Passung (*P*): die Beziehung, die sich aus der Differenz zwischen den Ist-Maßen I von zwei zu fügenden Einzelteilen – z. B. Bohrung (I_B) und Welle (I_W) – ergibt. Beim Fügen tolerierter Teile ergeben sich somit die Grenzpassungen P_o und P_u. Bei $P \geq 0$ ist ein Spiel vorhanden, bei $P < 0$ dagegen ein Übermaß.

$$
\begin{aligned}
\text{Allgemein:} &\quad P = I_B - I_W \\
\text{Höchstpassung:} &\quad P_o = G_{oB} - G_{uW} = ES - ei \\
\text{Mindestpassung:} &\quad P_u = G_{uB} - G_{oW} = EI - es
\end{aligned}
\tag{2.5}
$$

Spiel S: positive Differenz der Maße von Bohrung und Welle, wenn das Maß der Bohrung größer ist als das Maß der Welle ($P \geq 0$); es wird unterschieden zwischen dem *Höchstspiel S_o* und dem *Mindestspiel S_u*.

Übermaß $Ü$: negative Differenz der Maße von Bohrung und Welle, wenn vor dem Fügen der Teile das Maß der Bohrung kleiner ist als das Maß der Welle ($P < 0$); es wird unterschieden zwischen dem *Höchstübermaß $Ü_o$* und dem *Mindestübermaß $Ü_u$*.

Spielpassung (P_S): Passung, bei der beim Fügen von Bohrung und Welle immer ein Spiel S entsteht. Eine Spielpassung liegt vor, wenn $P_o > 0$ *und* $P_u \geq 0$ ist (s. Bild 2-8a);

Übermaßpassung ($P_Ü$): Passung, bei der vor dem Fügen der Teile ein Übermaß $Ü$ vorhanden ist. Eine Übermaßpassung liegt vor, wenn $P_o \leq 0$ *und* $P_u < 0$ ist (s. Bild 2-8b);

Übergangspassung: Passung, bei der beim Fügen der Teile entweder ein Spiel S oder ein Übermaß $Ü$ möglich ist. Eine Übergangspassung liegt vor, wenn $P_o \geq 0$ *und* $P_u < 0$ ist;

Passtoleranz (P_T): algebraische Differenz zwischen den Grenzpassungen bzw. arithmetische Summe der Maßtoleranzen der beiden Formelemente, die zu einer Passung gehören. Die Passtoleranz ist ein absoluter Wert ohne Vorzeichen.

$$\begin{aligned} P_T &= P_o - P_u = (G_{oB} - G_{uW}) - (G_{uB} - G_{oW}) \\ P_T &= T_B + T_W = (ES - EI) + (es - ei) \end{aligned} \qquad (2.6)$$

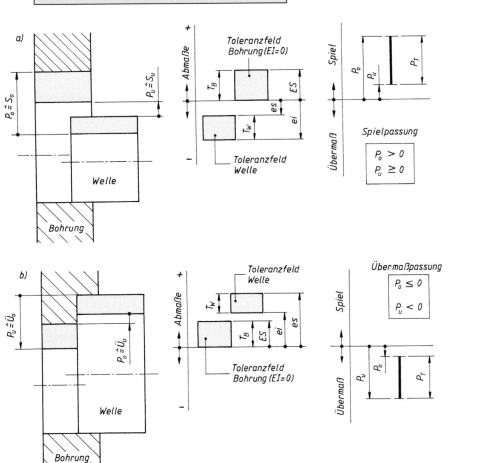

Bild 2-8 Passungen im System Einheitsbohrung mit $EI = 0$. a) Spielpassung, b) Übermaßpassung

2.2.2 ISO-Passsysteme

1. System Einheitsbohrung (*EB*)

Bei diesem Passsystem wird grundsätzlich die Bohrung als einheitliches Bezugselement gewählt s. Bild 2-9a. Da für die Bohrung hierbei das Nennmaß als Mindestmaß festgelegt ist, wird das Toleranzfeld des Systems *EB* das *H*-Feld ($EI = 0$). Anwendung findet dieses System beispielsweise bei geringen Stückzahlen, im allgemeinen Maschinenbau, im Kraftfahrzeug-, Werkzeugmaschinen-, Elektromaschinen- und Kraftmaschinenbau. Das System *EB* ist oftmals wirtschaftlicher als das System Einheitswelle, da hier weniger empfindliche und teure Herstellungswerkzeuge und Messgeräte benötigt werden.

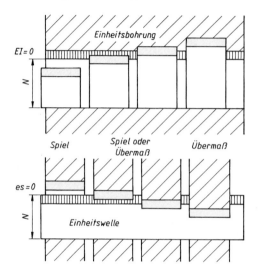

Bild 2-9
Schematische Darstellung der ISO-Passsysteme.
a) System Einheitsbohrung, b) System Einheitswelle

2. System Einheitswelle (*EW*)

Hier ist die Welle einheitliches Bezugselement, d. h. die Welle hat für jedes Nennmaß das einheitlich gleichbleibende Maß, und das Passmaß der Bohrung wird je nach Passcharakter größer oder kleiner ausgeführt, s. Bild 2-9b. Da beim System *EW* für die Welle das Nennmaß als Höchstmaß festgelegt wurde, ist das Toleranzfeld für das System *EW* das *h*-Feld ($es = 0$).
Eine exakte Abgrenzung des Anwendungsbereiches beider Systeme gibt es nicht, ebenso keine klare Überlegenheit eines Systems. Die Wahl hängt von den vorhandenen Fertigungseinrichtungen, den zu fertigenden Stückzahlen und vor allem auch von konstruktiven Überlegungen ab. Eine gemischte Anwendung beider Passsysteme kann vielfach zweckmäßig sein.

2.2.3 Passungsauswahl

Um die Anzahl der Herstellungs- und Spannwerkzeuge sowie die der Prüfmittel zu beschränken, also aus Gründen der Wirtschaftlichkeit und einer möglichst einheitlichen Fertigung, wurde aus der Vielzahl der möglichen Paarungen von Passteilen mit gleichem oder ähnlichem Passcharakter eine Passungsauswahl getroffen. Eine nach den Erfahrungen aus der Praxis in DIN 7154, DIN 7155 und DIN 7157 aufgestellte Auswahl ist im Bild 2-10 dargestellt sowie in TB 2-4 und TB 2-5 angegeben.
Hinweis: Bei der Auswahl der Passungen ist der Konstrukteur häufig an die in den betreffenden Werknormen festgelegte Passungsauswahl gebunden. Hierin sind für bestimmte Passteile erfahrungsgemäß gewählte geeignete Paarungen angegeben, für die auch die zugehörigen Herstellungswerkzeuge und Prüfmittel vorhanden sind.

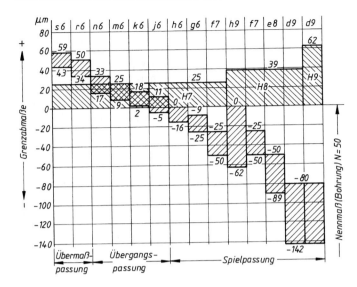

Bild 2-10
Passungsauswahl für das System
EB, dargestellt für das Nenn-
maß $N = 50$ mm

Für in der Praxis häufig vorkommende Anwendungsfälle sind in TB 2-9 geeignete Passungen zusammengestellt, die jedoch nur als allgemeine Richtlinien zu betrachten sind. In besonderen Fällen, z. B. bei Pressverbänden oder Gleitlagerungen, müssen die Passtoleranzen und daraus die Grenzmaße des Außen- und des Innenteils individuell errechnet werden.

2.3 Oberflächenbeschaffenheit

2.3.1 Gestaltabweichung

Es ist fertigungstechnisch nicht möglich, Werkstücke mit einer geometrisch idealen Oberfläche herzustellen. Die durch die Bearbeitungsverfahren bedingten regelmäßigen oder unregelmäßigen Unebenheiten werden als Gestaltabweichungen bezeichnet (Gesamtheit aller Abweichungen der Istoberfläche von der geometrisch-idealen Oberfläche). Die Gestaltabweichungen werden je nach Art der Abweichung in 6 Ordnungen (Gruppen) zusammengefasst, s. Bild 2-11.
Die Gestaltabweichungen 3. bis 5. Ordnung werden als Rauheit bezeichnet; sie sind den Gestaltabweichungen der 1. und 2. Ordnung überlagert.
Die Oberflächenrauheit der Werkstücke wird entweder durch Sicht- und Tastvergleich geprüft (DIN EN ISO 4288) oder mit einem elektrischen Tastschnittgerät gemessen (DIN EN ISO 3274). Die Sichtprüfung soll Aufschluss über Oberflächenfehler geben (Risse, Rillen, Kratzer). Der Sicht- und/oder Tastvergleich ist mit Oberflächen-Vergleichsmustern durchzuführen.
Die Oberflächenrauheit der Gestaltabweichung 3. und 4. Ordnung wird durch einen Profilschnitt senkrecht zur ideal geometrischen Oberfläche erfasst und durch verschiedene Messgrößen beschrieben, Bild 2-12 und 2-13.
Die *Mittellinie* teilt das Rauheitsprofil so, dass die Summe der werkstofferfüllten Flächen (Spitzen) A_o über ihr und die Summe der werkstofffreien Flächen (Täler) A_u unter ihr gleich sind, Bild 2-13a.
Der *Mittenrauwert Ra* ist der arithmetische Mittelwert der absoluten Beträge der Abweichungen Z des Rauheitsprofils von der Mittellinie innerhalb der Messstrecke l nach Ausfiltern der Welligkeit, Bild 2-13a. Mit *Ra* sind Oberflächen gleichen Charakters vergleichbar. *Ra* ist relativ unempfindlich gegen Ausreißer, liefert aber keine Aussage über die Profilform.
Die *gemittelte Rautiefe Rz* ist der arithmetische Mittelwert aus den Einzelrautiefen *Rz1* fünf aneinandergrenzender, gleich langer Einzelmessstrecken eines gefilterten Profils.

Gestaltabweichung (als Pofilschnitt überhöht dargestellt)		Beispiele für die Art der Abweichung	Beispiele für die Entstehungsursache
1. Ordnung: Formabweichungen		Unebenheit Unrundheit	Fehler in den Führungen der Werkzeugmaschine, Durchbiegung der Maschine oder des Werkstückes, falsche Einspannung des Werkstückes, Härteverzug, Verschleiß
2. Ordnung: Welligkeit		Wellen	Außermittige Einspannung oder Formfehler eines Fräsers, Schwingungen der Werkzeugmaschine oder des Werkzeuges
3. Ordnung:	Rauheit	Rillen	Form der Werkzeugschneide, Vorschub oder Zustellung des Werkzeuges
4. Ordnung:		Riefen Schuppen Kuppen	Vorgang der Spanbildung (Reißspan, Scherspan, Aufbauschneide), Werkstoffverformung beim Sandstrahlen, Knospenbildung bei galvanischer Behandlung
5. Ordnung: nicht mehr in einfacher Weise bildlich darstellbar		Gefügestruktur	Kristallisationsvorgänge, Veränderung der Oberfläche durch chemische Einwirkung (z.B. Beizen), Korrosionsvorgänge
5. Ordnung: nicht mehr in einfacher Weise bildlich darstellbar		Gitteraufbau des Werkstoffes	Physikalische und chemische Vorgänge im Aufbau der Materie, Spannungen und Gleitungen im Kristallgitter
Überlagerung der Gestaltabweichungen 1. bis 4. Ordnung			

Bild 2-11 Beispiele für Gestaltabweichungen (nach DIN 4760)

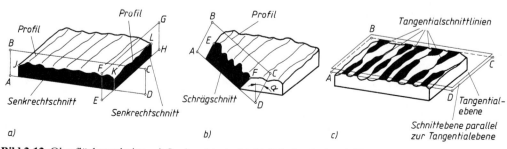

Bild 2-12 Oberflächenschnitte. a) Senkrechtschnitt, b) Schrägschnitt, c) Tangentialschnitt

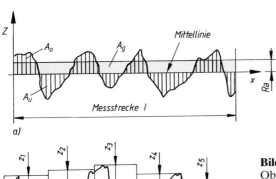

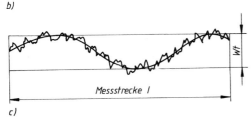

Bild 2-13
Oberflächenkennwerte
(DIN EN ISO 4287)
a) Arithmetischer Mittenrauwert Ra

$$\left(\Sigma A_\mathrm{o} = \Sigma A_\mathrm{u}, \ \mathrm{Ag} = \Sigma A_\mathrm{o} + \Sigma A_\mathrm{u}, \right.$$

$$\left. Ra = \frac{1}{l} \int_0^l |z(x)| \, \mathrm{d}x = \frac{\mathrm{Ag}}{l} \right)$$

b) gemittelte Rautiefe
$$Rz = 1/5(Z_1 + Z_2 + Z_3 + Z_4 + Z_5)$$
c) Wellentiefe Wt

Zwischen den Oberflächenkennwerten Ra und Rz existiert keine mathematische Beziehung. Der Ra-Wert schwankt zwischen 1/3 bis 1/7 des Rz-Wertes. Um eine Verständigung zwischen den Fertigungsstätten zu ermöglichen, gab die zurückgezogene DIN 4768 (Beiblatt 1) eine „Umrechnung der Messgröße Ra in Rz und umgekehrt" an, s. TB 2-10.
Da die gemittelte Rautiefe Rz messtechnisch einfacher zu erfassen, aussagefähiger und anschaulicher ist, wird sie in Deutschland bevorzugt angewendet.
Neben der Angabe der Oberflächenrautiefe können zur Festlegung einer bestimmten Oberflächenstruktur weitere Angaben, wie z. B. der *Materialanteil Rmr(c)* einer in der Tiefe c im Material verlaufenden Schnittlinie, *Wellentiefe Wt* des ausgerichteten und gefilterten Profils (Bild 2-13c), *Rillenrichtung* usw. erforderlich werden, wenn höhere Anforderungen an die Oberfläche vorliegen, wie z. B. hohe spezifische Belastung, hohe Dichtheit, gleichmäßige und geringe Reibung usw. In Fällen ohne besondere Ansprüche genügt zur Tolerierung der Rauheit meistens die Angabe der zulässigen Rautiefe. Je nach Fertigungsverfahren lassen sich unterschiedliche Grenzwerte für die Rautiefen, s. TB 2-12, als auch für die Materialanteile erreichen.
Die Oberflächengüte und der gewählte Toleranzgrad stehen in einem engen Verhältnis zueinander. Beide müssen sinnvoll aufeinander abgestimmt sein. Erfahrungswerte für fertigungstechnisch erreichbare Rautiefen sowie die größtzulässigen Rautiefen in Abhängigkeit von dem Toleranzgrad und dem Nennmaß siehe TB 2-11. Wenn auch kein ursächlicher und funktionaler zahlenmäßiger Zusammenhang zwischen der Maßtoleranz T und der Oberflächenrautiefe Rz besteht, so sollte doch sichergestellt sein, dass

$$\boxed{Rz \leq k \cdot T} \tag{2.7}$$

k Faktor zur Berücksichtigung der Funktionsanforderungen: $k \approx 0{,}5$, wenn keine besonderen Anforderungen gestellt werden, $k \approx 0{,}25$ bei geringen, $k \approx 0{,}1$ bei hohen und $k \approx 0{,}05$ bei sehr hohen Anforderungen an die Funktion

2

beträgt, damit nach dem Fügen der Passteile und der dann teilweisen Plastifizierung der Oberflächenrauheiten das Istmaß des Bauteiles noch innerhalb des Toleranzfeldes liegt (s. hierzu auch die VDI/VDE-Richtlinie 2601).

2.3.2 Oberflächenangaben in Zeichnungen

Die Eintragung der Oberflächenbeschaffenheit in technische Zeichnungen erfolgt nach DIN EN ISO 1302, Bild 2-14. Am Grundsymbol sind nur die Angaben einzutragen, die notwendig sind, um die Oberflächen ausreichend zu kennzeichnen. Symbole mit Zusatzangaben sind so einzutragen, dass sie von unten und von rechts lesbar sind, Bild 2-15.

Symbol	Bedeutung/Erläuterung
 $\sqrt{}$	Grundsymbol. Es ist allein nicht aussagefähig und muss durch eine zusätzliche Angabe erweitert werden. Jedes Fertigungsverfahren ist zulässig.
 $\sqrt{}$	Materialabtrag wird vorgeschrieben, aber ohne nähere Angaben.
 $\sqrt{}$	Materialabtrag zum Erreichen der festgelegten Oberfläche ist unzulässig. Oberfäche bleibt im Anlieferungszustand.
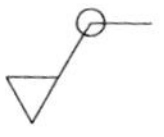 $\sqrt{}$	Alle „Oberflächen rund um die Kontur eines Werkstückes" sollen die gleiche Oberflächenbeschaffenheit aufweisen.
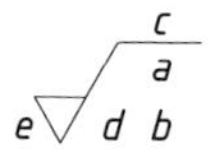 $e\sqrt[a]{}\genfrac{}{}{0pt}{}{c}{d\ b}$	Position a bis e für die Angabe zusätzlicher Anforderungen am Symbol a: Oberflächenkenngröße (Zahlenwerte, Grenzwerte), Übertragungscharakteristik des Filters, Einzelmessstreckenanforderung kann als einseitige oder beidseitige Toleranz für die Oberflächenkenngröße angegeben werden b: zweite Oberflächenkenngröße (wie unter a) c: Fertigungsverfahren, Behandlung, Beschichtung d: Oberflächenrillen und -ausrichtung, z. B. X = gekreuzt, M = mehrfache Richtungen e: Bearbeitungszugabe in mm.
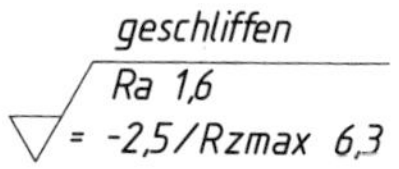 *geschliffen* *Ra 1,6* $\sqrt{}$ *= -2,5/Rzmax 6,3*	Beispiel für Anforderungen an die Oberflächenrauheit: Die Bearbeitung muss materialabtragend sein, Fertigungsverfahren: Schleifen, Oberflächenrillen ungefähr parallel zur Projektionsebene der Ansicht. Zwei einseitig vorgegebene obere Grenzen für die Oberflächenrauheit: 1. Regel-Übertragungscharakteristik (ISO 4288 und 3274), R-Profil, mittlere arithmetische Abweichung 1,6 µm, Messstrecke aus 5 Einzelmessstrecken (Regelwert), „16 %-Regel" (Regelwert). 2. Übertragungscharakteristik −2,5 mm (ISO 3274), größte gemittelte Rautiefe 6,3 µm, Messstrecke aus 5 Einzelmessstrecken (Regelwert), „max. Regel".

Bild 2-14 Symbole mit Angabe der Oberflächenbeschaffenheit nach DIN EN ISO 1302: 2002-06

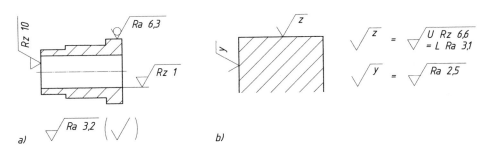

Bild 2-15 Vereinfachte Zeichnungseintragungen
a) bei gleichen Anforderungen an die Mehrzahl der Oberflächen
b) Bezugsangabe durch ein Symbol mit Buchstaben, wenn der Platz begrenzt ist

2.4 Berechnungsbeispiele

■ **Beispiel 2.1:** Für die Toleranzklasse g8 sind mit den Werten der Tabellen TB 2-1 und TB 2-2 für das Nennmaß $N = 40$ mm die Grenzabmaße es und ei zu ermitteln. Das Toleranzfeld ist maßstabsgerecht darzustellen.

▶ **Lösung:** Nach TB 2-2 wird für die Toleranzfeldlage „g" das obere Grenzabmaß

$$es = -9 \, \mu m$$

ermittelt. Das untere Grenzabmaß errechnet sich aus der Beziehung

$$ei = es - IT$$

(s. TB 2-2, Fußnote). Mit der Grundtoleranz $IT = 39 \, \mu m$ nach TB 2-1 (Toleranzgrad 8, Nennmaß $N = 40$ mm) wird somit das untere Grenzabmaß

$$ei = -9 \, \mu m - 39 \, \mu m = -48 \, \mu m .$$

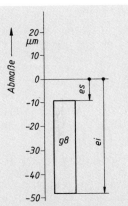

Bild 2-16 Darstellung des Toleranzfeldes g8 für das Nennmaß. $N = 40$ mm

■ **Beispiel 2.2:** Für die Passung H7/k6 sind mit den Werten der Tabellen TB 2-1 bis TB 2-3 für das Nennmaß $N = 140$ mm die Grenzpassungen P_o und P_u sowie die Passtoleranz P_T zu ermitteln und maßstabsgerecht darzustellen.

▶ **Lösung:** Die Grenzpassung P_o wird mit Gl. (2.5) $P_o = ES - ei$. Das Grenzabmaß der Bohrung wird errechnet aus $ES = EI + IT$ (s. Fußnote 1 zu TB 2-3). Mit dem unteren Abmaß der Bohrung $EI = 0$ (Toleranzfeldlage H) nach TB 2-3 und $IT = 40 \, \mu m$ (Toleranzgrad IT 7, Nennmaßbereich 120 bis 180 mm) nach TB 2-1 wird somit das obere Abmaß für die Bohrung $ES = 0 + 40 \, \mu m = 40 \, \mu m$; das maßgebende Grenzabmaß der Welle wird für die Toleranzfeldlage k nach TB 2-2 $ei = 3 \, \mu m$, so dass sich die Grenzpassung aus $P_o = 40 \, \mu m - 3 \, \mu m = 37 \, \mu m$ ergibt. Darstellung der Toleranzfeldlagen für Welle und Bohrung der Passung H7/k6 s. Bild 2-17a.
Die Grenzpassung P_u wird nach Gl. (2.5) $P_u = EI - es$. Mit $EI = 0$, $ei = 3 \, \mu m$ (s. o.) und $IT = 25 \, \mu m$ nach TB 2-1 (Toleranzgrad IT 6, Nennmaßbereich 120...180 mm) wird nach der Fußnote zu TB 2-2 das obere Abmaß der Welle $es = ei + IT = 3 \, \mu m + 25 \, \mu m = 28 \, \mu m$ und damit $P_u = 0 - 28 \, \mu m = -28 \, \mu m$.
Mit den Grenzpassungen $P_o = 37 \, \mu m$ und $P_u = -28 \, \mu m$ ergibt sich die Passtoleranz nach Gl. (2.6) aus

$$P_T = P_o - P_u = 37 \, \mu m - (-28 \, \mu m) = 65 \, \mu m$$

(s. Bild 2-17b).

Ergebnis: Die Grenzpassungen betragen $P_o = 37 \, \mu m$ und $P_u = -28 \, \mu m$; die Passtoleranz $P_T = 65 \, \mu m$. Da $P_o > 0$ und $P_u < 0$, ist beim Fügen der Teile sowohl Spiel als auch Übermaß möglich. Die Passung H7/k6 ist also eine *Übergangspassung*.

Anmerkung: Die Abmaße für Bohrung und Welle können auch TB 2-4 entnommen werden.

2

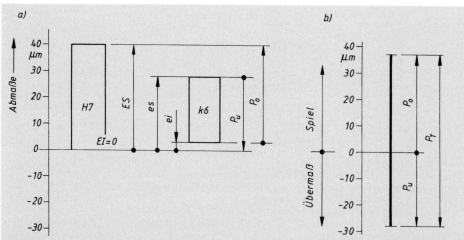

Bild 2-17 a) Toleranzfeldlage der Passung H7/k6. b) Darstellung der Passung H7/k6 für das Nennmaß $N = 140$ mm

■ **Beispiel 2.3:** Für die gelenkartige Verbindung zwischen Hebel A und Gabel B (Bild 2-18) ist ein Zylinderstift 16 m6 × 50 vorgesehen. Der mit einer Lagerbuchse versehene Hebel soll sich um den in der Gabel festsitzenden Stift mit einem, etwa der Spielpassung H7/f7 entsprechenden Spiel drehen. Das seitliche Spiel des Hebels in der Gabel darf 0,1 ... 0,2 mm betragen.

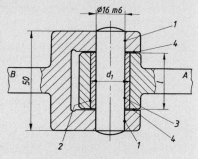

Nennmaße: $d_1 = 25$ mm, $l = 30$ mm.

Zu ermitteln sind:

a) eine geeignete Toleranz für die Gabelbohrungen (Stellen 1),
b) eine geeignete Passung zwischen Buchse und Hebelbohrung (Stelle 2),
c) die Toleranz für die Buchsenbohrung (Stelle 3),
d) die Maßtoleranzen für Nabenlänge und Gabelweite (Stellen 4).

Bild 2-18 Hebelgelenk

▶ **Lösung a):** Entsprechend der zu erfüllenden Funktion wird die Toleranzklasse für die Gabelbohrung aus TB 2-9 festgelegt mit H7 (festsitzende Zylinderstifte).

▶ **Lösung b):** Die Buchse muß in der Hebelbohrung festsitzen. Eine geeignete Passung ergibt sich ebenfalls aus TB 2-9; gewählt wird für das System Einheitsbohrung H7/r6.

▶ **Lösung c):** Die festzulegende Toleranz für die Buchsenbohrung wird zweckmäßig anhand einer Arbeitsskizze ermittelt (Bild 2-19). Zunächst werden die Abmaße und das sich hieraus ergebende Spiel der möglichst einzuhaltenden Passung H7/f7 für das Nennmaß 16 mm ermittelt und dargestellt (Bild 2-19a).
Die Abmaße für die Bohrung werden nach TB 2-1 und TB 2-3 ermittelt. Für den Nennmaßbereich über 10 bis 18 mm für H7 wird $ES = 18\,\mu m$ und $EI = 0$, für f7 wird $es = -16\,\mu m$ und $ei = es - IT_w = -16\,\mu m - 18\,\mu m = -34\,\mu m$ (siehe hierzu auch die Berechnungsbeispiele 2.1 und 2.2). Damit ergeben sich nach Gl. (2.5) die Grenzpassungen

$$P_o = G_{oB} - G_{uW} = ES - ei = 18\,\mu m - (-34\,\mu m) = 52\,\mu m$$

$$P_u = G_{uB} - G_{oW} = EI - es = 0 - (-16\,\mu m) = 16\,\mu m\,.$$

Mit P_o und P_u (aus ⌀ 16 H7/f7) wird eine entsprechende Skizze zusammen mit dem Toleranzfeld des Stiftes (Toleranzklasse m6 mit $ei = 7\,\mu m$ und $es = 18\,\mu m$) angefertigt (Bild 2-19c) und daraus die sich für die Bohrung (Buchse) ergebenden Abmaße „abgelesen". So ergibt sich für die Bohrung das

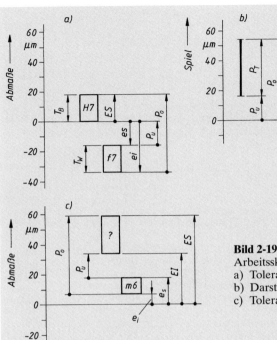

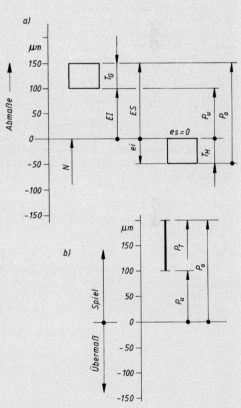

Bild 2-19
Arbeitsskizze zur Lösung c des Beispiels 2.3.
a) Toleranzfeldlage der Passung H7/f7
b) Darstellung der Passung H7/f7
c) Toleranzfeldlage der gesuchten Passung

obere und untere Abmaß aus

$$ES = ei + P_o = 7\,\mu m + 52\,\mu m = 59\,\mu m$$

$$EI = es + P_u = 18\,\mu m + 16\,\mu m = 34\,\mu m.$$

Für $EI = +34\,\mu m$ (Soll) kann aus TB 2-3 für den entsprechenden Nennmaßbereich die Lage E mit dem Grundabmaß $EI' = 32\,\mu m$ (Ist) als nächstliegender Wert festgestellt werden und mit der Grundtoleranz für die Bohrung

$$IT_B = ES - EI' = +59\,\mu m - 32\,\mu m = +27\,\mu m$$

wird nach TB 2-1 der Toleranzgrad IT 8 festgelegt (zufällig stimmen für IT_B der Sollwert und Istwert überein).

Ergebnis: Die Buchsenbohrung erhält die **Toleranzklasse E8**.

▶ **Lösung d):** Auch hier werden die Maßtoleranzen zweckmäßig wieder anhand einer Skizze (Bild 2-20) ermittelt. Zunächst werden (willkürlich) festgelegt: Nennmaß N gleich Höchstmaß G_{oH} (Nabenlänge des Hebels); ferner sollen die Toleranzfelder für Hebel und Gabel gleich groß sein: $T_H = T_G = P_{T/2}$. Mit $P_T = P_o - P_u = 200\,\mu m - 100\,\mu m = 100\,\mu m$ wird $T_H = T_G = 50\,\mu m$.

Danach werden in die Skizze (Bild 2-20) alle bekannten Daten eingetragen. Abgelesen werden kann jetzt für die Hebelnabe:

$$es = 0,$$

$$ei = es - T_H = 0 - 50\,\mu m = -50\,\mu m$$

Bild 2-20 Abmaßskizze für Hebel und Gabel

2

und für die Gabel:

$$ES = P_u + T_G = 100\,\mu m + 50\,\mu m = 150\,\mu m\,,$$

$$EI = P_u = 100\,\mu m\,.$$

Ergebnis: Es ergeben sich die Abmaße

a) für den Hebel: $es = 0$ mm, $ei = -0{,}05$ mm;
b) für die Gabel: $ES = 0{,}15$ mm, $EI = 0{,}1$ mm,

Anmerkung: Die Lösung wurde bewusst unter Einbeziehung der Tabellen TB 2-1 bis TB 2-3 gemacht, um einen allgemeinen Lösungsgang aufzuzeigen. Alternativ könnten die Abmaße auch den Tabellen TB 2-4 und TB 2-5 entnommen werden.

2.5 Literatur

Aberle, W.; Brinkmann, B.; Müller, H.: Prüfverfahren Form- und Lageabweichungen. 2. Aufl. Berlin: Beuth 1990 (Beuth-Kommentar)

Berg, S.: Angewandte Normzahl. Gesammelte Aufsätze. Berlin: Beuth, 1949

DIN Deutsches Institut für Normung (Hrsg.): DIN-Taschenbücher. Berlin: Beuth,
  Technisches Zeichnen 1. Grundnormen. 13. Aufl. 2003 (DIN-TAB 2)
  Technisches Zeichnen 2. Mechanische Technik. 7. Aufl. 2003 (DIN-TAB 148)

DIN Deutsches Institut für Normung (Hrsg.); Klein, M.: Einführung in die DIN-Normen. 14. Aufl. Wiesbaden/Berlin: B. G. Teubner/Beuth, 2008

Felber, E.; Felber, K.: Toleranz- und Passungskunde. 13. Aufl. Leipzig: VEB, 1980

Henzold, G.: Anwendung der Normen über Form- und Lagetoleranzen in der Praxis. 6. Aufl. Berlin: Beuth, 2001 (DIN-Normenheft 7)

Henzold, G.: Form und Lage. 2. Aufl. Berlin: Beuth, 1999 (Beuth-Kommentar)

Hoischen/Hesser: Technisches Zeichnen. 31. Aufl. Berlin: Cornelsen, 2007

Jorden, W.: Form- und Lagetoleranzen. 2. Aufl. München: Hanser, 2001

Kurz, U.; Wittel, H.: Böttcher/Forberg Technisches Zeichnen. 24. Aufl. Wiesbaden: Vieweg+Teubner, 2009

Leinweber, P.: Toleranzen und Passungen. 5. Aufl. Berlin: Springer, 1948

Rochusch, F.: ISA-Toleranzen, Oberflächengüte und Bearbeitungsverfahren; in: Konstruktion 9 (1957), Heft 10

Trumpold/Beck/Richter: Toleranzsysteme und Toleranzdesign; Qualität im Austauschbau. München: Hanser, 1997

Volk, R.: Rauheitsmessung – Theorie und Praxis. Berlin: Beuth, 2005

Weingraber, H. v.; Abou-Aly, M.: Handbuch Technische Oberflächen. Braunschweig/Wiesbaden: Vieweg, 1989

3 Festigkeitsberechnung

3.1 Allgemeines

Bei der Auslegung und Nachprüfung der Bauteilabmessungen muss gewährleistet sein, dass die inneren Beanspruchungen, die sich aus den äußeren Belastungen ergeben, mit ausreichender Sicherheit gegen Versagen des Bauteiles aufgenommen werden können. Die im jeweiligen gefährdeten Bauteilquerschnitt auftretende größte Spannung darf den für diese Stelle maßgebenden zulässigen Wert nicht überschreiten. Diese zulässige Spannung ist im Wesentlichen abhängig vom Werkstoff, von der Beanspruchungs- und Belastungsart sowie der geometrischen Form des Bauteiles und anderen Einflüssen, wie z. B. Bauteiltemperatur, Eigenspannungen, Werkstofffehler, korrodierend wirkende Umgebungsmedien. Die Dimensionierung eines Bauteiles richtet sich vor allem nach der Art seines möglichen Versagens (das Bauteil kann seine Funktion nicht mehr erfüllen), das in den meisten Fällen hervorgerufen wird durch

– unzulässig große Verformungen,
– Gewaltbruch,
– Dauerbruch,
– Rissfortschreiten (Bruchmechanik),
– Instabilwerden (z. B. Knicken, Beulen),
– mechanische Abnutzung (z. B. Verschleiß, Abrieb),
– chemische Angriffe (z. B. Korrosion).

Kommen mehrere dieser Kriterien für das Versagen eines Bauteiles in Frage, sollte der Nachweis für jede dieser Möglichkeiten erfolgen. Die ungünstigsten Verhältnisse sind dann der konstruktiven Auslegung des Bauteiles zugrunde zu legen. Der reine Festigkeitsnachweis (Fließen, Gewalt- und Dauerbruch) kann in Anlehnung an Bild 3-1 durchgeführt werden.

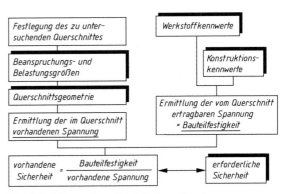

Bild 3-1 Allgemeiner Festigkeitsnachweis (Berechnungsalgorithmus)

3.2 Beanspruchungs- und Belastungsarten[1]

Während des Betriebes wirken auf das Bauteil gewollte und ungewollte Belastungen ein. Gewollte Belastungen sind funktionsbedingt, während die ungewollten Belastungen meistens aus unerwünschten Vorgängen (ungewollte Schwingungen, Belastungsstöße, Eigenspannungen u. a.) resultieren. Je nach Wirkung der an einem Bauteil angreifenden äußeren Kräfte und Momente werden die im Bauteilquerschnitt verursachten inneren Kraft- und Momentenwirkungen unterschieden in Normalkräfte F_N und Querkräfte F_Q, Biegemomente M und Torsionsmomente T.

---

[1] Der Begriff Belastung wird für äußere Kräfte und Momente verwendet, der Begriff Beanspruchung für innere Kräfte und Momente und die daraus resultierenden Spannungen.

3

Beanspruchungsart		Beziehung

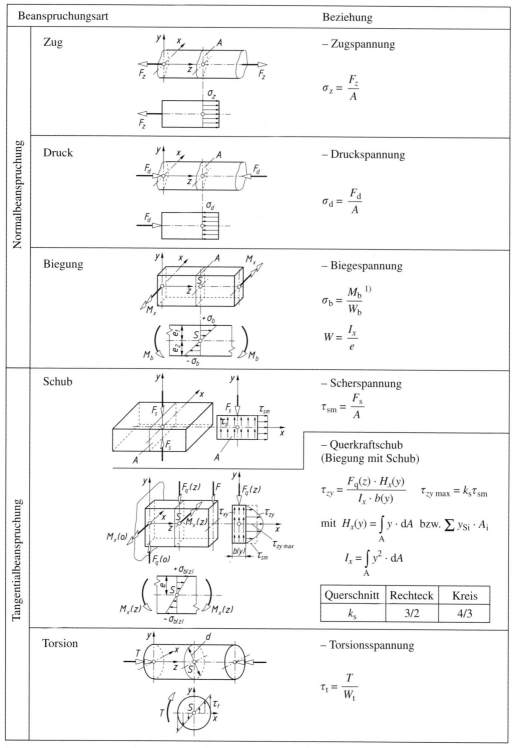

Normalbeanspruchung

Zug — Zugspannung

$$\sigma_z = \frac{F_z}{A}$$

Druck — Druckspannung

$$\sigma_d = \frac{F_d}{A}$$

Biegung — Biegespannung

$$\sigma_b = \frac{M_b}{W_b}{}^{1)}$$

$$W = \frac{I_x}{e}$$

Tangentialbeanspruchung

Schub — Scherspannung

$$\tau_{sm} = \frac{F_s}{A}$$

— Querkraftschub
(Biegung mit Schub)

$$\tau_{zy} = \frac{F_q(z) \cdot H_x(y)}{I_x \cdot b(y)} \qquad \tau_{zy\,max} = k_s \tau_{sm}$$

mit $H_x(y) = \int_A y \cdot dA$ bzw. $\sum y_{Si} \cdot A_i$

$$I_x = \int_A y^2 \cdot dA$$

Querschnitt	Rechteck	Kreis
k_s	3/2	4/3

Torsion — Torsionsspannung

$$\tau_t = \frac{T}{W_t}$$

[1] In den Berechnungen wird häufig nur M verwendet.

Bild 3-2 Grundbeanspruchungsarten und daraus resultierende Nennspannungen

3

Daraus resultieren die Beanspruchungsarten Zug, Druck, Schub (Scheren), Biegung und Torsion mit den entsprechenden Nennspannungen, Bild 3-2. Nennspannungen senkrecht zum Bauteilquerschnitt werden als Normalspannung (Zug-, Druck- und Biegespannung), in der Querschnittsebene liegend als Tangentialspannung (Schub-, Torsionsspannung) bezeichnet.

Außer den Grundbeanspruchungsarten wird noch das Beulen, Kippen und Knicken als Sonderfall der Druckbeanspruchung und die Flächenpressung als Beanspruchung der Berührungsflächen zweier gedrückter Körper unterschieden. Treten zwei oder mehrere Beanspruchungsarten gleichzeitig auf, z. B. Zug und Biegung oder Biegung und Torsion, liegt eine *zusammengesetzte Beanspruchung* vor. Bei gleichartigen Spannungen (nur Normal- oder Tangentialspannungen, s. Bild 3-2) kann aus den Einzelspannungen eine *resultierende Spannung* σ_{res} bzw. τ_{res} ((Gl. 3.1) in Bild 3-3) berechnet werden. Bei ungleicher Spannungsart wird eine *Vergleichsspannung* σ_v[1] je nach maßgebender Festigkeitshypothese für duktile[2] (zähe) oder spröde[3] Werkstoffe gebildet. Aus der Vielzahl der Festigkeitshypothesen haben sich für praktische Festigkeitsberechnungen bewährt (ohne die Gesamtheit aller bisher bekannt gewordenen Versuchsergebnisse bei allgemeiner Schwingbeanspruchung ausreichend genau zu beschreiben):

– die *Normalspannungshypothese (NH)* für spröde Werkstoffe ($\sigma_{grenz}/\tau_{grenz} = 1$)[4]. Sie setzt voraus, dass der Bruch senkrecht zur Richtung der größten Normalspannung erfolgt. Überschreitet diese den Festigkeitskennwert des Werkstoffes (R_m), tritt der Bruch ein;

– die *Gestaltänderungsenergiehypothese (GEH)* für duktile Werkstoffe ($\sigma_{grenz}/\tau_{grenz} = 1,73$). Hier ist die bei Verformung eines elastischen Körperelements gespeicherte Energie das Kriterium. Überschreitet diese den werkstoffabhängigen Grenzwert, versagt das Bauteil infolge der plastischen Formänderung. Diese Hypothese zeigt beste Übereinstimmung mit den Versuchsergebnissen;

– die *Schubspannungshypothese (SH)* für duktile Werkstoffe mit ausgeprägter Streckgrenze (zähe Stähle, $\sigma_{grenz}/\tau_{grenz} = 2$). Nach dieser Hypothese ist das Überschreiten der Gleitfestigkeit durch die größte wirkende Schubspannung für das Werkstoffversagen maßgebend.

Für den im Maschinenbau häufigen Fall einer Biege- (bzw. Zug/Druck-) und Torsionsbeanspruchung nehmen die Hypothesen die Form der Gln. (3.2) bis (3.3) an, s. Bild 3-3.

Neben der Beanspruchungsart ist der *zeitliche Verlauf* der jeweiligen Beanspruchung von Bedeutung. Je nach Art der zeitlichen Belastungsschwankung wird grundsätzlich unterschieden zwischen dem statischen und dem dynamischen Beanspruchungs-Zeit-Verlauf. Während der statische Verlauf idealisiert ein zeitlich unveränderlicher Vorgang ist, s. Bild 3-4, ist der dynamische Verlauf allgemein zeitabhängig. Ein Sonderfall des dynamischen Verlaufes ist ein periodischer Beanspruchungs-Zeit-Verlauf, s. Bild 3-5. Für einen Festigkeitsnachweis werden häufig aus allgemeinen Beanspruchungs-Zeit-Verläufen, s. Bild 3-5a, periodische (idealisierte) Beanspruchungsverläufe abgeleitet.

Für die Beschreibung der Beanspruchungs-Zeit-Verläufe wird von einem *Schwingspiel* ausgegangen, das durch folgende Kenngrößen beschrieben wird, s. Bild 3-6: Mittelspannung σ_m, Oberspannung σ_o (Maximalspannung σ_{max}), Unterspannung σ_u (Minimalspannung σ_{min}), Spannungsamplitude σ_a. Zwei dieser Kenngrößen genügen, um den dynamischen Vorgang zu kennzeichnen (s. Bild 3-6). So bestehen folgende Zusammenhänge:

$$
\begin{array}{ll}
\textit{Spannungsamplitude} & \sigma_a = \sigma_o - \sigma_m \\
& \sigma_a = (\sigma_o - \sigma_u)/2 \\
\textit{Mittelspannung} & \sigma_m = (\sigma_o + \sigma_u)/2 \\
\textit{Spannungsverhältnis} & \kappa = \sigma_u/\sigma_o
\end{array} \tag{3.4}
$$

[1] Vergleichbare Normalspannung mit gleicher Wirkung wie Normal- und Tangentialspannung gemeinsam.

[2] Duktile Werkstoffe zeichnen sich neben der elastischen vor allem durch eine große plastische Verformung vor dem Bruch aus (z. B. Baustahl).

[3] Spröde Werkstoffe verformen sich bis zum Bruch nur elastisch (z. B. Glas, Grauguss).

[4] σ_{grenz} Normalspannung (τ_{grenz} Schubspannung), bei der ein Werkstoff bei einachsigem Spannungszustand (einachsigem Schubversuch) versagt; Werkstoffkennwert.

3

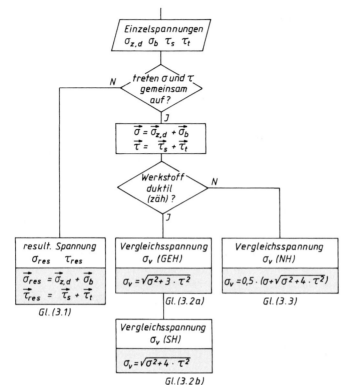

Bild 3-3
Bildung zusammengesetzter
Spannungen bei stabförmigen
Bauteilen

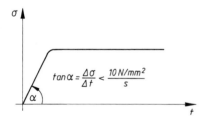

Bild 3-4 Zeitlicher Verlauf der statischen Beanspruchung

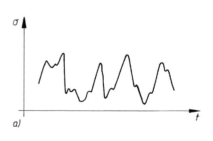

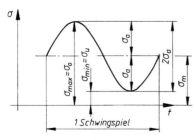

Bild 3-6 Kenngrößen eines Schwingspiels

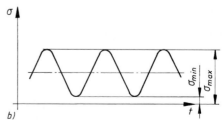

Bild 3-5 Zeitlicher Verlauf der dynamischen Beanspruchung.
a) allgemein dynamische Beanspruchung,
b) idealisierte dynamische Beanspruchung

Beanspruchungsart				
statisch	dynamisch schwellend		dynamisch wechselnd	
Fall I	allgemein	Fall II	allgemein	Fall III
$\varkappa = 1$	$1 > \varkappa \geq 0$	$\varkappa = 0$	$0 > \varkappa \geq -1$	$\varkappa = -1$
(Verlauf σ–t)	(Verlauf σ–t)	(Verlauf σ–t)	(Verlauf σ–t)	(Verlauf σ–t)
Kenngrößen				
$\sigma_a = 0$	$\sigma_u > 0$	$\sigma_u = 0$	$\sigma_m > 0$	$\sigma_m = 0$
$\sigma_o = \sigma_u = \sigma_m$	$\sigma_o = \sigma_u + 2\sigma_a$	$\sigma_o = 2\sigma_a$	$\sigma_o = \sigma_m + \sigma_a$	$|\sigma_o| = |\sigma_u| = |\sigma_a|$
$\sigma = konst.$	$\sigma_m = \sigma_u + \sigma_a$	$\sigma_m = \sigma_a = \sigma_o/2$	$\sigma_u = \sigma_m - \sigma_a$	$\sigma_u = -\sigma_a$

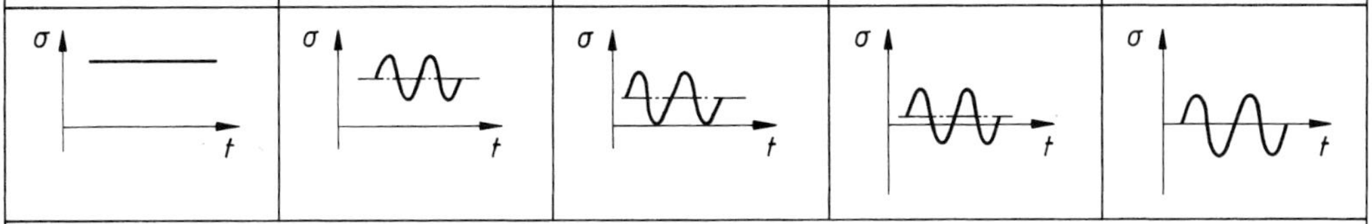

Bild 3-7 Beanspruchungsbereiche[1]

Auch die Lage der Schwingspiele bezüglich der Beanspruchungs-Nulllinie ist für eine eindeutige Aussage hinsichtlich des Beanspruchungs-Zeit-Verlaufes von Bedeutung, s. Bild 3-7. Beanspruchungen, deren Amplituden durch die Nulllinie verlaufen ($0 > \kappa \geq -1$), werden als *Wechselbeanspruchung* bezeichnet (die reine Wechselbeanspruchung ist durch $\sigma_m = 0$ bzw. $\kappa = -1$ gekennzeichnet); Beanspruchungen, die sich ausschließlich im positiven oder negativen Bereich bewegen ($1 > \kappa \geq 0$), werden als *Schwellbeanspruchung* bezeichnet (die reine Schwellbeanspruchung ist im Zugbereich durch $\sigma_m = \sigma_o/2$ bzw. $\kappa = 0$ gekennzeichnet).

Da bei zusammengesetzter Beanspruchung σ und τ vielfach in unterschiedlicher Art vorliegen (z. B. σ_b im Fall III und τ_t im Fall II), s. Bild 3-7, kann für einfachere Berechnungen mit dem Anstrengungsverhältnis α_0 die Torsionsbeanspruchung τ_t auf den Fall von σ_b „umgerechnet" werden. Das Anstrengungsverhältnis α_0 ist hierbei

$$\alpha_0 = \sigma_{grenz}/(\varphi \cdot \tau_{grenz}) = \sigma_{zul}/(\varphi \cdot \tau_{zul})$$

Damit ergeben sich die Vergleichsspannungen (s. auch Gl. (3.2) und (3.3)) zu

$$GEH \quad \sigma_v = \sqrt{\sigma_b^2 + 3(\alpha_0 \cdot \tau_t)^2} = \sqrt{\sigma_b^2 + 3\left(\frac{\sigma_{zul}}{\varphi \cdot \tau_{zul}} \cdot \tau_t\right)^2}$$

$$NH \quad \sigma_v = 0{,}5 \cdot \left[\sigma_b + \sqrt{\sigma_b^2 + 4(\alpha_0 \cdot \tau_t)^2}\right] = 0{,}5 \cdot \left[\sigma_b + \sqrt{\sigma_b^2 + 4\left(\frac{\sigma_{zul}}{\varphi \cdot \tau_{zul}} \cdot \tau_t\right)^2}\right]$$

(3.5)[2]

Für den häufigsten Beanspruchungsfall der gleichzeitigen Biegung und Torsion wird für Stahl

$\alpha_0 = \sigma_{zul}/(\varphi \cdot \tau_{zul}) \approx 0{,}7$ bei Biegung III, Torsion I (II)
$\alpha_0 = \sigma_{zul}/(\varphi \cdot \tau_{zul}) \approx 1{,}0$ bei Biegung und Torsion I (bzw. jeweils II oder III)
$\alpha_0 = \sigma_{zul}/(\varphi \cdot \tau_{zul}) \approx 1{,}5$ bei Biegung I (II), Torsion III

Für eine wirklichkeitsnahe Berechnung der aus den äußeren Belastungen resultierenden Spannungen im Bauteil ist neben dem idealisierten statischen und dynamischen Verlauf das Erfassen der unregelmäßigen Schwankungen der äußeren Belastung erforderlich. Wichtig ist hierbei die

---

[1] Bach, Julius v. (1847–1931), führte zur Kennzeichnung der Beanspruchung die Fälle I, II und III ein.
[2] Der Faktor $\varphi = 1{,}73$ (GEH) bzw. $\varphi = 1$ (NH)

3

Unterscheidung zwischen ständig auftretenden dynamischen Zusatzbelastungen und einzelnen, seltenen Belastungsspitzen, s. Bild 3-8.

Die Erfassung der ständig auftretenden Zusatzbelastungen ist versuchstechnisch sehr aufwendig. Deshalb verwendet man für den dynamischen Festigungsnachweis i. Allg. auf Erfahrungswerten beruhende Betriebsfaktoren, z. B. den Anwendungsfaktor K_A. Dieser ist stark abhängig vom speziellen Anwendungsfall, d. h. der vorliegenden Kombination von Antriebs- und Arbeitsmaschine und den Betriebsverhältnissen, s. TB 3-5. Mit dem Anwendungsfaktor K_A werden *äquivalente Ersatzbelastungen* gebildet, die Grundlage für den dynamischen Festigkeitsnachweis sind und die die gleichen Auswirkungen für das Bauteil haben, wie die realen Belastungsverläufe (z. B. das *äquivalente Drehmoment* T_{eq} und die *äquivalente Kraft* F_{eq}):

$$T_{eq} = K_A \cdot T_{nenn} \quad \text{bzw.} \quad F_{eq} = K_A \cdot F_{nenn} \qquad\qquad (3.6)$$

Einzelne, seltene Belastungsspitzen, die ein Vielfaches der Nennbelastung betragen können, werden mit den Betriebsfaktoren nicht erfasst, da mit diesen nur eine mittlere dynamische Zusatzbelastung berücksichtigt wird. Außerdem entstehen diese Belastungsspitzen als Ergebnis von Sonder(Einzel)ereignissen (z. B. Anfahrstöße, Kurzschlussmomente, Losbrechmomente), die damit praktisch keine Auswirkung auf den dynamischen Festigkeitsnachweis haben. Deshalb ist es bei dynamischer Belastung häufig notwendig, neben dem dynamischen Festigkeitsnachweis (durchgeführt mit den äquivalenten Ersatzbelastungen) zusätzlich einen statischen Festigkeitsnachweis gegen die Belastungsspitzen zu führen (z. B. das *maximale Spitzenmoment* T_{max} oder die *maximale Spitzenkraft* F_{max}), s. Bild 3-8.

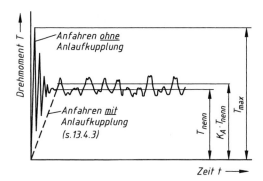

Bild 3-8
Zeitlicher Verlauf des Drehmomentes
der Antriebswelle einer Arbeitsmaschine
(schematisch)

Da keine allgemeingültigen Faktoren für die Berücksichtigung der Belastungsspitzen zur Verfügung stehen, kann vereinfacht das Produkt aus Anwendungsfaktor K_A und Nennbelastung für den statischen Nachweis verwendet werden. Zu beachten ist dann allerdings, dass es schon dynamisch höhere Zusatzbelastungen gibt, d. h. die Mindestsicherheit entsprechend anzupassen ist.

3.3   Werkstoffverhalten, Festigkeitskenngrößen

3.3.1 Statische Festigkeitswerte (Werkstoffkennwerte)

Grundlage für die Ermittlung des Werkstoffgrenzwertes und auch der Bauteilsicherheit ist die Kenntnis über das Werkstoffverhalten bei Belastung. Die statische Kurzzeitbeanspruchung kann anhand des Zugversuches beschrieben werden. Im Bild 3-9 ist das Verhalten des belasteten glatten Probestabes hinsichtlich der elastischen und der plastischen Formänderung sowie des statischen Gewaltbruches dargestellt.

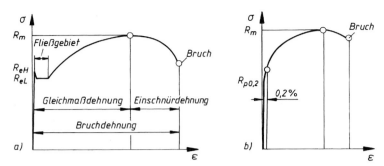

Bild 3-9 Spannungs-Dehnungs-Diagramm (schematisch).
a) für Stähle mit ausgeprägter Fließgrenze,
b) für Stähle mit nicht ausgeprägter Fließgrenze

Bild 3-10 Gewaltbruch einer Keilwelle

Rein elastische Verformungen des Probestabes sind bis zum Erreichen der Elastizitätsgrenze σ_E unterhalb der Streckgrenze R_e (bzw. für Werkstoffe mit nicht ausgeprägter Fließgrenze unterhalb der 0,2-Dehngrenze $R_{p0,2}$) festzustellen (Gültigkeitsbereich des Hooke'schen Gesetzes). Oberhalb der σ_E-Grenze treten neben elastischen auch plastische Formänderungen auf. Mit zunehmender Dehnung erreicht die Spannung den Maximalwert R_m, danach sinkt mit wachsender Einschnürung die auf den Ausgangsquerschnitt bezogene Spannung, bis der statische Gewaltbruch eintritt. Der Gewaltbruch an Bauteilen lässt sich bei den meisten Werkstoffen an den rauen, fein- bis grobkörnigen, ungleichmäßigen und teilweise zerklüfteten Bruchflächen erkennen, s. Bild 3-10.
Im Anwendungsbereich Maschinenbau sind die Zugfestigkeit R_{mN} und die Fließgrenze R_{eN} bzw. die $R_{p0,2N}$-Grenze (im folgenden R_{pN} genannt) des glatten Probestabes die Bemessungs-

größen, auf die wiederum die zugehörigen Festigkeitswerte für Zug/Druck und Schub bezogen werden. Normwerte für R_{mN} und R_{pN} s. TB 1-1 bis TB 1-2[1].

Bei von den Normabmessungen abweichenden Bauteilen müssen die Festigkeitswerte R_{mN} bzw. R_{pN} mit dem Größeneinflussfaktor K_t umgerechnet werden (der Größeneinflussfaktor berücksichtigt den technologisch bedingten Festigkeitsabfall mit zunehmender Bauteilgröße, s. a. 3.5.1-3.). Für das Bauteil gilt somit

$$\boxed{\begin{aligned} R_m &= K_t \cdot R_{mN} \\ R_p &= K_t \cdot R_{pN} \end{aligned}}$$ (3.7)

K_t technologischer Größeneinflussfaktor für Zugfestigkeit bzw. Streckgrenze, Werte aus TB 3-11a und b
Beachte: Bei einigen Werkstoffen ist K_t für Zugfestigkeit und Streckgrenze unterschiedlich!

R_{mN}, R_{pN} für den Normdurchmesser (Durchmesser d_N) gültige Zugfestigkeit bzw. Streckgrenze (Normwerte); Werte nach TB 1-1 bis TB 1-2

Neben der Bauteilgröße hat die äußere Form des Probestabes auf das Spannungs-Dehnungs-Verhalten Einfluss. So sind bei einem gekerbten runden Probestab unter sonst gleichen Bedingungen bei Zug/Druck und Biegung Festigkeitssteigerungen bei gleichzeitigem Dehnungsverlust messbar (s. Bild 3-11), die sich mit dem im Kerbgrund aufbauenden mehrachsigen Spannungszustand erklären lassen.

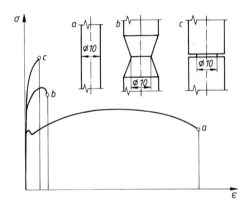

Bild 3-11
Spannungs-Dehnungs-Verlauf für unterschiedlich scharf gekerbte Probestäbe (schematisch)

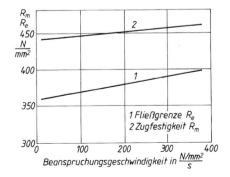

Bild 3-12
Abhängigkeit der Fließgrenze und der Zugfestigkeit eines Stahles von der Beanspruchungsgeschwindigkeit $\Delta\sigma/\Delta t$ (schematisch)

---

[1] Der Index N steht für Normwert. Für die Normwerte gilt eine mittlere Überlebenswahrscheinlichkeit von 97,5 %.

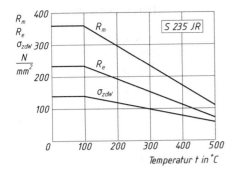

Bild 3-13
Abhängigkeit der Fließgrenze, Zugfestigkeit und Zug-Wechselfestigkeit eines unlegierten Stahles von der Temperatur bei kurzzeitig wirkenden Beanspruchungen

Für eine exakte Aussage über das Werkstoffverhalten bei statischer Beanspruchung sind weitere Einflussgrößen, so z. B. die *Beanspruchungsgeschwindigkeit*, die *Temperatur*, die *Anisotropie*[1] und die *Beanspruchungsdauer* zu beachten. Versuche haben beispielsweise ergeben, dass mit zunehmender Beanspruchungsgeschwindigkeit sowohl die Zugfestigkeits- als auch die Fließgrenzwerte zunehmen, s. Bild 3-12. Bei erhöhten Temperaturen nimmt die Dehnung zu (Kriechneigung), Zugfestigkeit, Fließgrenze und Wechselfestigkeit nehmen ab, s. Bild 3-13. Bei tiefen

Art der Beanspruchung	Bezeichnung	Zeichen	Ersatzwert bei Stahlwerkstoffen	Berechnung gegen
Zug	Streckgrenze (Fließgrenze)	R_e	–	Verformung
	0,2%-Dehngrenze	$R_{p0,2}$	–	Verformung
	Zugfestigkeit	R_m[1]	–	Bruch
Druck	Quetschgrenze (Druckfließgrenze)	R_{ed}	$= f_\sigma \cdot R_e$[2]	Verformung
	0,2%-Stauchgrenze	$\sigma_{d0,2}$	$= f_\sigma \cdot R_{p0,2}$	Verformung
	Druckfestigkeit	σ_{dB}	$= f_\sigma \cdot R_m$	Bruch
Biegung	Biegefließgrenze	σ_{bF}	$\approx (1\dots1,3)\, R_e$[3]	Verformung
	0,2%-Biegedehngrenze	$\sigma_{b0,2}$	$\approx (1\dots1,3)\, R_{p0,2}$	Verformung
	Biegefestigkeit	σ_{bB}	$\approx R_m$	Bruch
Torsion	Torsionsfließgrenze	τ_{tF}	$\approx (1\dots1,2)\, f_\tau \cdot R_e$[2][3]	Verformung
	0,4%-Tors.-Dehngrenze	$\tau_{t0,4}$	$\approx (1\dots1,2)\, f_\tau \cdot R_{p0,2}$	Verformung
	Torsionsfestigkeit	τ_{tB}	$\approx f_\tau \cdot R_m$	Bruch
Schub	Scherfließgrenze	τ_{sF}	$= f_\tau \cdot R_e$[2]	Verformung
	Scherfestigkeit	τ_{sB}	$= f_\tau \cdot R_m$	Bruch

[1] Ist nur die Brinellhärte H_{HB} bekannt, kann $R_m \approx 3{,}6 H_{HB}$ bei C-Stahl und C-Stahlguss (gültig für $R_m \leq 1300\ \text{N/mm}^2$), $R_m \approx 1{,}0 H_{HB}$ bei Grauguss gesetzt werden.

[2] Die Faktoren f_σ und f_τ können TB 3-2a entnommen werden.

[3] Die Festigkeitswerte für Biegung und Torsion sind vom Spannungsgefälle abhängig und damit keine eigentlichen Festigkeitswerte. Bei kleinen Bauteildurchmessern ergeben sich größere Festigkeitswerte, da das Spannungsgefälle und damit die statische Stützwirkung größer ist. Näherungsweise kann nach DIN 743 für duktile Rundstäbe aus Stahl gesetzt werden: $\sigma_{bF} \approx 1{,}2(1{,}2) \cdot R_p$; $\tau_{tF} \approx 1{,}2(1{,}1) \cdot R_p/\sqrt{3}$ (Klammerwert gilt für Werkstoffe mit harter Randschicht).

Bild 3-14 Statische Werkstoffkennwerte bei Raumtemperatur

---

[1] Unter Anisotropie wird die Abhängigkeit der Festigkeitswerte bei gewalzten und geschmiedeten Bauteilen von der Walz- bzw. Fließrichtung verstanden.

3

Temperaturen sind R_m und R_p größer als bei Raumtemperatur, das Verformungsvermögen dagegen ist bei vielen Werkstoffen merklich geringer.

Bei statischer Langzeitbeanspruchung treten als Werkstoffreaktionen die elastische und plastische Formänderung sowie der statische Gewaltbruch auf. Statische Fertigkeitswerte s. Bild 3-14.

3.3.2 Dynamische Festigkeitswerte (Werkstoffkennwerte)

Das Werkstoffverhalten bei der Schwingbeanspruchung wird durch die *tatsächliche* Spannungsverteilung in einem Bauteilquerschnitt bestimmt. Durch dauernde, zu starke Spannungserhöhun-

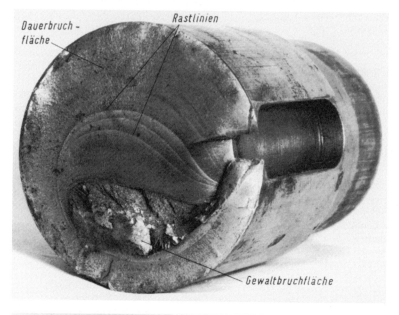

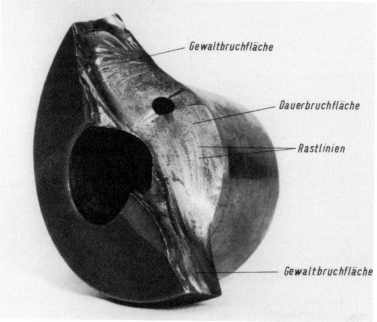

Bild 3-15
Dauerbrüche.
a) einer Ritzelwelle,
b) einer Kurbelwelle

gen infolge geometrischer oder/und metallurgischer Kerben kommt es aufgrund ungleichmäßiger Spannungsverteilung an den inneren oder äußeren Kerbstellen zu einem allmählichen Ermüden des Werkstoffes. Der Trennwiderstand des Werkstoffes ist den Spannungsspitzen nicht mehr gewachsen; es kommt zu Mikrorissen, die schließlich Ursache des Dauerbruches (Ermüdungsbruch) sind. Dieser Vorgang lässt sich häufig an den sogenannten Rastlinien auf der Dauerbruchfläche erkennen, denn ausgehend von den Mikrorissen pflanzt sich das Einreißen mit jeder höheren Belastungsspitze weiter fort. Der endgültige Bruch erfolgt dann schließlich als Gewaltbruch des Restquerschnitts. Im Gegensatz zum Gewaltbruch lässt sich ein Dauerbruch an der meist ebenen, blanken und mit Rastlinien versehenen Bruchfläche erkennen, s. Bild 3-15.

Zur Vermeidung von Dauerbrüchen sind für genauere Berechnungen Kenntnisse über die Schwingfestigkeit des Konstruktionswerkstoffes erforderlich. Je nach Beanspruchungsintensität und erreichter Schwingspielzahl wird unterschieden zwischen *Dauer-, Zeit-* und *Betriebsfestigkeit.*

1. Grenzspannungslinie (Wöhlerlinie)[1]

Dauerfestigkeit: Wird ein Probestab einer hohen Schwingbelastung, z. B. Biegewechselbelastung, unterworfen, so tritt nach einer bestimmten Schwingspielzahl N der Bruch ein. Wird dieser Versuch mit weiteren Probestäben gleicher Art mit immer kleinerer Belastung wiederholt, wird bis zum Einsetzen des Bruches eine immer höhere Schwingspielzahl erreicht. Bei genügend kleiner Belastung tritt schließlich nach Erreichen einer Grenzschwingspielzahl N_{gr} (bei Stahl etwa 10^7 Schwingspiele), auch bei Fortsetzung dieser Belastung, kein Bruch mehr ein. Die aus dieser Belastung resultierende Spannung wird als *Dauerfestigkeit* $\sigma_D(\tau_D)$ des Werkstoffes bezeichnet, s. Bild 3-16.

Je nach Belastungsart, für die die Dauerfestigkeitswerte ermittelt wurden, können als die wichtigsten Dauerfestigkeitsbegriffe die *Schwellfestigkeit* (Index *Sch*) für das Spannungsverhältnis $\kappa = \sigma_u/\sigma_o = 0$, die *Wechselfestigkeit* (Index *W*) für $\kappa = -1$ und weiter nach Art der vorliegenden Beanspruchung die Zugschwellfestigkeit σ_{zSch}, die Biegewechselfestigkeit σ_{bW} usw. unterschieden werden, s. Bild 3-17.

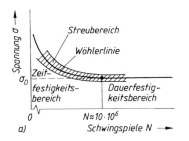
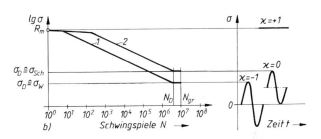

Bild 3-16 Wöhlerlinie (Grenzspannungslinie) für Stahl (schematisch).
a) in linear-, b) in logarithmisch geteilter Darstellung: **1** Wechsel-, **2** Schwellfestigkeit

	Dauerfestigkeit, unterschieden nach Art der...						
Spannung			σ_D	τ_D			
Beanspruchung	σ_{zD}	σ_{dD}		σ_{bD}		τ_{tD}	
Belastung	σ_{zSch}	$\sigma_{z,dW}$	σ_{dSch}	σ_{bSch}	σ_{bW}	τ_{tSch}	τ_{tW}

Bild 3-17 Dauerfestigkeitsarten

---

[1] Wöhler, August (1819–1914); erarbeitete 1876 Festigkeitsvorschriften für Stahl und Eisen.

3

Allgemein kann die Dauerfestigkeit eines Werkstoffes für $-1 \leq \kappa \leq +1$ *auch verstanden werden als diejenige höchste Ausschlagspannung* σ_A, *die ein glatter, polierter Probestab bei schwingender Beanspruchung um eine ruhend gedachte Mittelspannung* σ_m *nach beiden Seiten gerade noch beliebig lange ohne Bruch bzw. ohne schädigende Verformung ertragen kann.*

Zwischen den Dauerfestigkeitswerten und den statischen Festigkeitswerten R_m und $R_{p0,2}$ besteht kein allgemein gültiger Zusammenhang, jedoch können je nach Werkstoffart bestimmte Verhältniswerte (Ungefährwerte) angegeben werden, s. Gl. (3.8).

Zeitfestigkeit: Die Grenzspannungen bei annähernd gleichen, periodisch auftretenden Schwingspielen werden mit *Zeitfestigkeit* bezeichnet, da sie nur für eine bestimmte Zeit, der zugehörigen Schwingspielzahl entsprechend, keinen Ermüdungsbruch hervorrufen. Abhängig von der geforderten Lebensdauer (Schwingspielzahl) können dabei die Beanspruchungsamplituden entsprechend mehr oder weniger stark oberhalb der Dauerfestigkeit liegen. Dauerfestigkeits- und Zeitfestigkeitswerte werden mit einer bestimmten *Überlebenswahrscheinlichkeit*, z. B. $P_{\ddot{u}} = 97,5\,\%$, angegeben.

Betriebsfestigkeit: Da im praktischen Einsatz die Belastung der Bauteile selten mit gleichbleibender Intensität auftritt, sondern vielmehr die Belastungsfrequenz und auch die Spannungsamplituden stark schwanken können, ist mit den allgemeinen Belastungsangaben eine genaue Berechnung der zu erwartenden Lebensdauer nicht möglich. Hierzu wären exakte Vorhersagen der tatsächlichen Betriebsbedingungen erforderlich, die durch entsprechende Lastkollektive[1] gekennzeichnet sind und entweder durch Simulation oder mit Hilfe von Erfahrungswerten nur annähernd geschätzt bzw. an bereits ausgeführten Bauteilen unter Betriebsbedingungen ermittelt

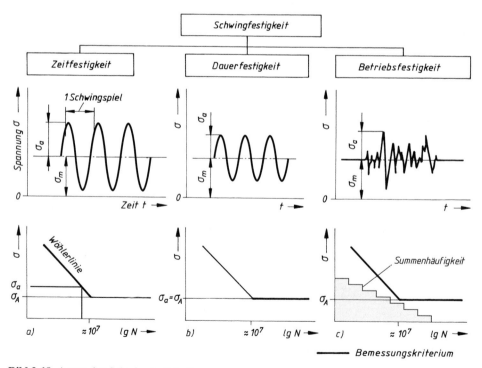

Bild 3-18 Arten der Schwingfestigkeit.
a) Zeitfestigkeit, b) Dauerfestigkeit, c) Betriebsfestigkeit

---

[1] Beschreibung der Schwingspiele des Belastungs-Zeit-Verlaufes nach der Größe und Häufigkeit. Der Begriff wird vielfach auf die graphische Darstellung der Häufigkeitsfolge angewendet.

werden können, s. Bild 3-18. Dynamisch belastete Bauteile werden daher überwiegend auf Dauerfestigkeit ausgelegt.

2. Dauerfestigkeitsschaubilder (DFS)

Für die verschiedenen Beanspruchungsarten wie Zug/Druck, Biegung und Torsion werden die ermittelten Dauerfestigkeitswerte in Dauerfestigkeitsschaubildern für alle denkbaren statischen Vorspannungen (σ_m, τ_m) eingetragen. Eine genaue Darstellung solcher Schaubilder setzt eine Vielzahl statistisch abgesicherter Wöhlerlinien und somit einen großen experimentellen Aufwand voraus. Mit ausreichender Genauigkeit lässt sich jedoch ein DFS aus wenigen charakteristischen Werkstoffkennwerten näherungsweise „konstruieren". In der Praxis wird – je nach Anwendungsgebiet – mit unterschiedlich dargestellten Dauerfestigkeitsschaubildern gearbeitet:

DFS nach Smith: Bei gleichem Maßstab von Abszisse und Ordinate werden die zu einer bestimmten Mittelspannung σ_m gehörenden Werte von σ_O und σ_U für die jeweils gefundene Ausschlagfestigkeit σ_A aufgetragen. Bei $\sigma_m = 0$ ($\kappa = -1$) wird die Wechselfestigkeit σ_W und bei $\sigma_U = 0$ ($\kappa = 0$) die Schwellfestigkeit σ_{Sch} abgelesen. In Höhe der Fließgrenze wird das DFS meist begrenzt, s. Bild 3-19a. Das Smith-Diagramm findet neben dem Haigh-Diagramm im Bereich des allgemeinen Maschinenbaus bevorzugt Verwendung.

DFS nach Haigh: Bei gleichem Maßstab von Abszisse und Ordinate wird die Mittelspannung σ_m auf der Abszisse und die dazugehörige Amplitude σ_A der Dauerfestigkeit auf der Ordinate aufgetragen. Die Fließgrenze R_e begrenzt das DFS unter 45° nach links geneigt, s. Bild 3-19b. Das Haigh-Diagramm wird vielfach im Bereich des allgemeinen Maschinenbaues verwendet.

DFS nach Moore-Kommers-Jasper: Die Dauerfestigkeitswerte werden über dem Spannungsverhältnis $\kappa = \sigma_U/\sigma_O$ aufgetragen. Bei $\kappa = -1$ wird die Wechselfestigkeit und bei $\kappa = 0$ die Schwellfestigkeit abgelesen. Bei $\kappa = +1$ liegt statische Beanspruchung vor, s. Bild 3-19c. Das DFS nach Moore-Kommers-Jasper wird bevorzugt bei dynamisch beanspruchten Schweißverbindungen der Berechnung zugrunde gelegt, s. Kapitel 6.

DFS nach Goodman: Gegenüber dem DFS nach Smith werden auf der Abszisse anstelle der Mittelspannung die Werte von σ_U aufgetragen. Das Goodman-Diagramm wird bei der Federberechnung verwendet, s. Kapitel 10.

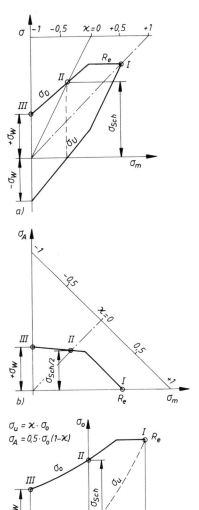

Bild 3-19 Dauerfestigkeitsschaubilder (DFS).
a) DFS nach Smith,
b) DFS nach Haigh,
c) DFS nach Moore-Kommers-Jasper

3. Dauerfestigkeitskennwerte

Die für die Dauerfestigkeitsberechnung erforderlichen Werte der *Wechselfestigkeit* können für Zug/

Druck und Schub mit hinreichender Genauigkeit berechnet werden mit

$$
\begin{aligned}
&\textit{Zug/Druck} &&\sigma_{zdW} \approx f_{W\sigma} \cdot K_t \cdot R_{mN} \\
&\textit{Schub} &&\tau_{sW} \approx f_{W\tau} \cdot f_{W\sigma} \cdot K_t \cdot R_{mN}
\end{aligned}
\tag{3.8}
$$

$f_{W\sigma}$, $f_{W\tau}$	Faktoren zur Berechnung der Werkstoff-Festigkeitswerte, Werte s. TB 3-2a
K_t	technologischer Größeneinflussfaktor für Zugfestigkeit, Werte s. TB 3-11a und b
R_{mN}	für den Normdurchmesser (Durchmesser d_N) gültige Zugfestigkeit; Werte s. TB 1-1 bis TB 1-2

Die Wechselfestigkeitswerte für Biegung σ_{WN} und Torsion τ_{WN} können direkt TB 1-1 bis TB 1-2 entnommen werden und sind dann mit dem technologischen Größeneinflussfaktor K_t analog Gl. (3.7) umzurechnen

$$
\sigma_{bW} = K_t \cdot \sigma_{bWN} \quad \text{bzw.} \quad \tau_{tW} = K_t \cdot \tau_{tWN} \quad {}^{1)}
\tag{3.9a}
$$

oder sie werden aus den Werten für Zug/Druck und Schub über die Stützzahl berechnet

$$
\sigma_{bW} = K_t \cdot n_0 \cdot \sigma_{zdWN} \quad \text{bzw.} \quad \tau_{tW} = K_t \cdot n_0 \cdot \tau_{sWN}
\tag{3.9b}
$$

K_t	technologischer Größeneinflussfaktor für Zugfestigkeit, Werte aus TB 3-11a und b
n_0	Stützzahl des ungekerbten Probestabes, siehe 3.5.1-1; Werte aus TB 3-7
σ_{zdWN}, τ_{sWN}	für den Normdurchmesser (Durchmeser d_N) gültige Wechselfestigkeitswerte für Zug/Druck bzw. Schub; Werte s. TB 1-1 bis TB 1-2

Für genauere Berechnungen sind statistisch abgesicherte Dauerfestigkeitswerte bzw. Wöhler-linien[2] maßgebend.

3.4 Statische Bauteilfestigkeit

Die für den statischen Festigkeitsnachweis notwendige *Bauteilfestigkeit gegen Fließen bzw. Gewaltbruch* berechnet sich zu

$$
\begin{aligned}
&\text{Fließen} &&\sigma_F = f_\sigma \cdot R_p / K_B &&\text{bzw.} &&\tau_F = f_\tau \cdot R_p / K_B \\
&\text{Bruch} &&\sigma_B = f_\sigma \cdot R_m / K_B &&\text{bzw.} &&\tau_B = f_\tau \cdot R_m / K_B
\end{aligned}
\tag{3.10}
$$

f_σ, f_τ	Faktoren zur Berechnung der Werkstofffestigkeitswerte, Werte s. TB 3-2a
R_p, R_m	Fließgrenze bzw. Zugfestigkeit
K_B	statischer Konstruktionsfaktor

Der statische *Konstruktionsfaktor* K_B kann aus der plastischen Stützzahl $n_{pl} > 1$ ermittelt werden zu

$$
K_B = 1/n_{pl}
\tag{3.11}
$$

Die plastische Stützzahl berücksichtigt, dass Spannungsspitzen in Bauteilen aus zähen Werkstoffen, wie sie bei Biegung und Torsion sowie bei Kerbwirkung auftreten, die Fließgrenze ohne Zerstörung des Bauteils örtlich überschreiten dürfen (örtliche plastische Verformung), Bild 3.20. Mit der plastischen Stützzahl können also „Tragreserven" genutzt werden, die das Bauteil nach Überschreiten der Fließgrenze noch besitzt.

---

[1] Nach DIN 743 gilt angenähert für Rundstäbe aus Stahl $\sigma_{bW} \approx 0{,}5 R_m$; $\sigma_{zdW} \approx 0{,}4 R_m$; $\tau_{tW} \approx 0{,}3 R_m$.
[2] Die Werkstoffnormen enthalten meist nur die Mindestwerte von R_{mN} und R_{pN}. Aus Versuchen ermittelte Dauerfestigkeitswerte sind selten und streuen oft beträchtlich!

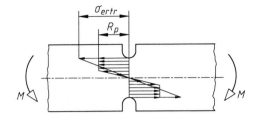

Bild 3-20
Bildung der plastischen Stützzahl bei biege-
beanspruchtem Kerbstab

Mit dem Ansatz nach *Neuber* kann die *plastische Stützzahl* als Verhältnis von ertragbarer Span-

nung σ_{ertr} zur Fließgrenze R_p berechnet werden zu $\quad n_{b\,pl} = \dfrac{\sigma_{ertr}}{R_p} = \dfrac{1}{\alpha_{bk}} \sqrt{\dfrac{E \cdot \varepsilon_{ertr}}{R_p}} \le \alpha_{bp}.$

Diese Gleichung gilt für die Berechnung mit örtlichen Spannungen. Mit einer angenommenen
ertragbaren Dehnung für ein gekerbtes Bauteil $\varepsilon_{ertr} = \alpha_k^2 \cdot R_{p\,max}/E$ kann die plastische Stützzahl für den Nachweis mit Nennspannungen ermittelt werden aus

$$n_{b\,pl} = \sqrt{\frac{R_{p\,max}}{R_p}} \le \alpha_{bp} \tag{3.12}$$

E	Elastizitätsmodul, Werte aus TB 1-1 bis TB 1-2
ε_{ertr}	ertragbare Gesamtdehnung; $\varepsilon_{ertr} = 5\%$ für Stahl und GS; $\varepsilon_{ertr} = 2\%$ für EN-GJS und EN-GJM
R_p	Fließgrenze, Werte mit Gl. (3.7) berechnen
α_{bk}	Kerbformzahl für Biegung, s. 3.5.1; Werte nach TB 3-6
α_{bp}	plastische Formzahl für das Bauteil ohne Kerbe; Werte nach TB 3-2b
$R_{p\,max}$	maximale Streckgrenze; $R_{p\,max} = 1050\,\text{N/mm}^2$ für Stahl und GS, $R_{p\,max} = 320\,\text{N/mm}^2$ für EN-GJS

Hinweise: – Gl. (3.12) gilt für Biegung; bei Torsion ist der Index b durch t zu ersetzen. Für Zug, Druck und Schub ist aufgrund der gleichmäßigen Spannungsverteilung $n_{pl} = 1$.
– Für EN-GJL- sowie EN-GJM- und EN-GJS-Werkstoffe mit Bruchdehnungen $A_3 < 8\%$ bzw. $A_5 < 8\%$ ist wegen des spröden Werkstoffverhaltens $n_{pl} = 1$ zu setzen. Dies gilt auch für randschichtgehärtete Bauteile.
– Aufgrund der hohen zulässigen plastischen Verformung kann ein Verformungs-nachweis des Bauteils erforderlich werden[1].

In der Regel ist ein einfacher Nachweis gegen Überschreiten der Fließgrenze (bei spröden
Werkstoffen gegen die Bruchgrenze) ausreichend mit

$$\begin{array}{ll} \text{Zug/Druck} & \sigma_F = R_p \\ \text{Biegung} & \sigma_F = \sigma_{bF} \\ \text{Torsion} & \tau_F = \tau_{tF} \end{array} \tag{3.13}$$

σ_{bF}, τ_{tF} $\quad$ Biege- bzw. Torsionsfließgrenze. Für den vereinfachten Nachweis können die Werte der DIN 743 verwendet werden, s. Bild 3-14 Legende.

3.5 Gestaltfestigkeit (dynamische Bauteilfestigkeit)

Die im Abschnitt 3.3 aufgeführten statischen und dynamischen Werkstoffkennwerte werden in
der Regel mit Hilfe des idealen Probestabes ermittelt. In der Praxis weichen die zu berechnenden
Bauteile jedoch von dieser idealen Form des Probestabes (glatt, poliert, meist 7,5 oder 10 mm $\varnothing$)
ab. Deshalb muss die „Dauerfestigkeit des Bauteiles", seine *Gestaltfestigkeit* σ_G, erst auf der

---

[1] Es werden örtlich 5 % plastische Dehnung zugelassen gegenüber 0,2 % bei der $R_{p0,2}$-Grenze, was
zu bleibenden Verformungen des Bauteils führen kann.

Grundlage der Dauerfestigkeit σ_D des Probestabes berechnet oder am Bauteil experimentell ermittelt werden. Alle Abweichungen, die das Bauteil vom Probestab unterscheiden, müssen durch entsprechende Korrekturbeiwerte, den *Konstruktionskennwerten*, berücksichtigt werden.

3.5.1 Konstruktionskennwerte

1. Kerbwirkung und Stützwirkung

Die Höhe der Spannung und ihre Verteilung im Bauteilquerschnitt hängt nicht nur von den äußeren Belastungen und der Beanspruchungsart ab, sondern vor allem von den Querschnittsveränderungen (Übergänge, Einstiche, Bohrungen, Nuten u. a.). Neben diesen äußeren konstruktiven Kerben wirken sich – wenn auch normalerweise nur im geringeren Maße – innere Kerbstellen, wie Lunker, Seigerungen, Schlackeneinschlüsse u. dgl. festigkeitsmindernd aus. Während bei nicht gekerbten Bauteilen ein störungsfreier Kraftfluss und damit auch eine über dem Querschnitt gleichmäßig verteilte Spannung (Nennspannung) zu erkennen ist, s. Bild 3-21, stören äußere und innere Kerben den gleichmäßigen Kraftfluss. Es kommt zu Verdichtungen der Kraftlinien und somit zu Spannungserhöhungen im Bereich der Kerbe, s. Bild 3-22. Das Verhältnis der Spannungsspitze σ_{max} zur Nennspannung σ_n – bezeichnet als Kerbformzahl α – kann als Kennwert für die festigkeitsmindernde Wirkung der Kerbe aufgefasst werden. Der wirkliche Spannungsverlauf im Kerbbereich ist äußerst schwierig zu bestimmen und eine genauere rechnerische oder experimentelle Ermittlung des Spannungszustandes erfordert aufwendige

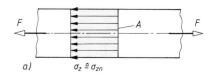

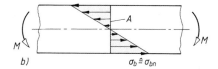

Bild 3-21
Spannungsverteilung im nicht gekerbten Bauteil.
a) Nennspannung bei Zugbeanspruchung,
b) Nennspannung bei Biegebeanspruchung

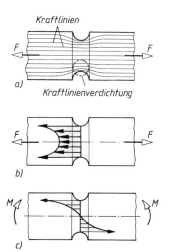

Bild 3-22 Spannungsverteilung im gekerbten Bauteil.
a) Kraftlinienverlauf im Zugstab, b) Spannungsverteilung im Zugstab, c) Spannungsverteilung im Biegestab

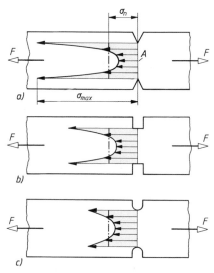

Bild 3-23 Einfluss der Kerbform

3

Methoden (z. B. spannungsoptische Versuche, Dehnungsmessungen, Finite-Elemente-Berechnung u. ä.).

Neben der Kenntnis von σ_{max} ist für die Kerbwirkung der Anstieg der Spannung, als *Spannungsgefälle* bezeichnet, von Bedeutung. Beim ungekerbten Bauteil ist ein Spannungsgefälle nur bei Biegung und Torsion vorhanden (Bild 3-21), welches mit zunehmender Bauteilgröße kleiner wird (Biegung geht in Zug/Druck über). Bei gekerbten Bauteilen überlagert sich das Spannungsgefälle im Kerbgrund, s. Bild 3-22.

Kerbform

Die festigkeitsmindernde Wirkung einer Kerbe wird in erster Linie von der *Kerbform* beeinflusst, s. Bild 3-23. Je schärfer die Kerbe ausgeführt wird, umso größer wird die hierdurch hervorgerufene Spannungsspitze σ_{max}. Deren Höhe wird gegenüber der elementar errechneten Nennspannung σ_n durch die in Versuchen bzw. durch Berechnung ermittelte *Formzahl* $\alpha_k \geq 1$ angenähert erfasst:

$$\boxed{\begin{aligned} \alpha_k &= \sigma_{max}/\sigma_n \\ \alpha_{k\sigma} &= \sigma_{\sigma\,max}/\sigma_{n\sigma} \quad ^{1)} \\ \alpha_{k\tau} &= \tau_{\tau\,max}/\tau_{n\tau} \end{aligned}}$$

(3.14)

Solange $\sigma_{max} < \sigma_E$ (Gültigkeitsbereich des Hooke'schen Gesetzes) ist, ist die Kerbformzahl α_k nur von der Kerbgeometrie und der Beanspruchungsart abhängig und somit eine vom Werkstoff unabhängige Größe. Bei $\sigma_{max} > \sigma_E$ ist das duktile Verhalten des Werkstoffes von Bedeutung. Mit zunehmender Duktilität (Zähigkeit) wird der Kerbeinfluss geringer.

Für die in Bild 3-23 dargestellten Kerbformen ergeben sich mit zunehmender Kerbschärfe höhere Spannungsspitzen σ_{max} und somit größere α_k-Werte. Vorstehendes gilt sinngemäß auch für τ anstelle von σ. Kerbformzahlen für konstruktiv bedingte und häufig vorkommende Kerben sind in TB 3-6 aufgeführt.

Kerbempfindlichkeit

Gleichartige Kerben wirken sich in Bauteilen aus spröden Werkstoffen häufig ungünstiger aus als in Bauteilen aus Werkstoffen mit hoher Duktilität, die sich neben der elastischen vor allem durch die große plastische Verformung vor dem Bruch auszeichnen. Daher können die Span-

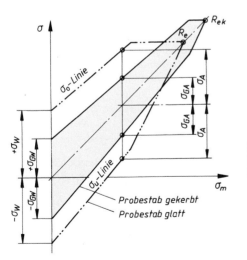

Bild 3-24
Dauerfestigkeitsschaubild eines gekerbten Rundstabes (schematisch)

---

[1] Für den Index σ ist bei Zug/Druck zd, bei Biegung b und analog für τ bei Scheren s, bei Torsion t zu setzen.

nungsspitzen bei duktilen Werkstoffen teilweise abgebaut werden, wenn der Beginn des Fließens auf den engen Bereich der Kerbe begrenzt wird. Die Querschnittsbereiche, die weiter von der Kerbe entfernt und somit vor dem Fließen im Kerbbereich wesentlich geringer „angestrengt" sind, werden dann stärker belastet und übernehmen für den Bereich um die Kerbe eine *Stützfunktion*. Wird z. B. bei statischer Belastung eine geringe plastische Verformung an den höchstbeanspruchten Stellen (unmittelbarer Kerbbereich) zugelassen, so kann eine höhere Fließgrenze festgestellt werden, s. auch Bild 3-11. Für einen gekerbten Probestab zeigt Bild 3-24 neben der u. U. beträchtlichen Verringerung der Festigkeitswerte im dynamischen Bereich (Empfindlichkeit gegenüber konstruktiv bedingten Kerben) vor allem die Zunahme des statischen Wertes über die eigentliche Fließgrenze hinaus. Ein geringes Überschreiten der Fließgrenze im unmittelbaren Kerbbereich schadet bei duktilen Werkstoffen somit nicht.

Kerbwirkungszahl

Wird das Verhältnis der dauerhaft ertragbaren Wechselfestigkeit σ_W des ungekerbten, polierten Stabes zur dauerhaft ertragbaren Wechselfestigkeit σ_{GW} des gekerbten Stabes als Kerbwirkungszahl β_k definiert, so ist neben der Kerbgeometrie auch das Werkstoffverhalten durch diesen Wert erfasst.

$$\boxed{\beta_k = \sigma_W / \sigma_{GW}} \tag{3.15a}$$

Die Kerbwirkungszahl β_k ist das Verhältnis der Wechselfestigkeit des glatten, polierten Probestabes zur Wechselfestigkeit des gekerbten Probestabes unter jeweils gleichen Bedingungen.

Durch die bei der Kerbempfindlichkeit beschriebene Stützfunktion ist $1 \leq \beta_k \leq \alpha_k$; β_k kennzeichnet somit die für die Werkstoffbeanspruchung maßgebende Spannungsspitze und erreicht nur bei vollkommen kerbempfindlichen (spröden) Werkstoffen den Wert der Kerbformzahl α_k. Mit der *Stützzahl n* aus TB 3-7 wird nach *Stieler* die *Kerbwirkungszahl*:

$$\boxed{\beta_k = \frac{\alpha_k}{n_0 \cdot n}} \tag{3.15b}$$

n_0, n Stützzahl für das ungekerbte bzw. für das gekerbte Bauteil; Werte nach TB 3-7
α_k Kerbformzahl; Werte nach TB 3-6
Hinweis: Es gilt $n_0 = 1$, wenn die Stützwirkung bei Biegung und Torsion über den geometrischen Größeneinflussfaktor K_g berücksichtigt wird!

wobei die Stützzahl vom bezogenen Spannungsgefälle G' (Spannungsgefälle bezogen auf die Nennspannung – s. auch 3.5.1) sowie von Werkstoffart und Werkstofffestigkeit abhängig ist. Werden experimentell ermittelte β_k-Werte verwendet, deren Probendurchmesser vom vorhandenen Bauteildurchmesser abweicht, sind diese wegen der Größenabhängigkeit der Kerbwirkung auf den vorhandenen Bauteildurchmesser umzurechnen:

$$\boxed{\beta_k = \beta_{k\,\text{Probe}} \frac{K_{\alpha\,\text{Probe}}}{K_\alpha}} \tag{3.15c}$$

$\beta_{k\,\text{Probe}}$ experimentell bestimmte Kerbwirkungszahl, gültig für den Probendurchmesser
$K_\alpha, K_{\alpha\,\text{Probe}}$ formzahlabhängiger Größeneinflussfaktor des Bauteils bzw. des Probestabes (s. 3.5.1-3.), Werte nach TB 3-11 d

Für konstruktiv bedingte Kerben liegen die Werte für β_k etwa zwischen 1,2 (z. B. sanft gerundete Wellenübergänge) und 3 (z. B. Nuten für Sicherungsringe). Eine Zusammenstellung von Richtwerten für α_k und β_k der häufigsten Kerbfälle enthalten TB 3-8 und TB 3-9. Das Zusammentreffen mehrerer Kerben in einer Querschnittsebene, z. B. Wellenübergang und Nut in Bild 3-25a, ergibt eine rechnerisch schwer erfassbare Erhöhung der Kerbwirkung. Solche *Durchdringungskerben* sind möglichst zu vermeiden, z. B. durch Zurücksetzen der Nut, wodurch die überlagerten Kerbebenen getrennt werden (der Abstand zwischen den Kerben sollte mindestens $2r$ betragen, wobei r der größere beider Kerbradien ist). Eine genaue Ermittlung der *Gesamtkerbwirkungszahl aus* den *Einzelkerbwirkungszahlen* ist kaum möglich. Auf jeden Fall wird in solchen Fällen β_k mindestens den Wert des ungünstigsten Einzelfalles annehmen, im ungünstigsten Fall wird

$$\beta_k \leq 1 + (\beta_{k1} - 1) + (\beta_{k2} - 1)$$ (3.15d)

Entlastungskerben

Durch günstige Gestaltung der Bauteile kann die Kerbwirkung wesentlich beeinflusst werden. Die Wirkung konstruktiv nicht zu vermeidender „Hauptkerben" kann durch zusätzliche Kerben (sog. *Entlastungskerben*) gemindert werden, die den Kraftfluss insgesamt sanfter umlenken. Ein Wellenabsatz nach Bild 3-25b oder auch elastischer und nachgiebiger gestaltete Bauteile bewirken, wie beim (festen) Nabensitz, Bild 3-25c, dass die schmale Kerbebene zu einer breiteren Kerbzone wird. In allen diesen Fällen werden die Spannungsspitzen abgebaut und damit die Kerbwirkungen vermindert. Diese Maßnahmen lohnen sich vor allem bei hoch beanspruchten Bauteilen und hochfesten Werkstoffen.

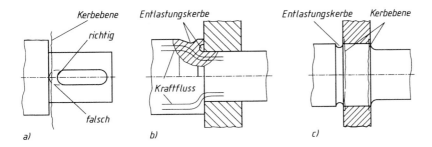

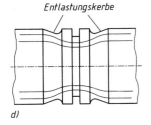

Bild 3-25
Gestaltung und Kerbwirkung.
a) Überlagerung von Kerbebenen,
b) Entlastungskerben am Wellenabsatz,
c) Entlastungskerben bei Presssitz der Nabe,
d) Entlastungskerben bei Nuten

2. Oberflächengüte

Die höchste Spannung tritt bei schwingend beanspruchten Bauteilen fast immer an ihrer Oberfläche auf, sodass ein Dauerbruch dort seinen Anfang hat. Der Oberflächenzustand hat somit einen erheblichen Einfluss auf die Dauerschwingfestigkeit des Bauteiles. Oberflächenrauheiten stellen eine Reihe von kleinen Kerben dar, die Spannungsspitzen hervorrufen und die Dauerfestigkeit des Bauteiles mindern. Der Einfluss der Rauheiten nimmt mit zunehmender Festigkeit des Werkstoffes zu und wird durch den *Einflussfaktor der Oberflächenrauheit* K_O berücksichtigt, siehe TB 3-10.
$K_{O\sigma}(K_{O\tau})$ kann unter ungünstigen Verhältnissen den Wert $<0,5$ annehmen, was eine Minderung der Dauerfestigkeit allein durch den Oberflächeneinfluss von $>50\%$ bedeuten kann[1].

---

[1] K_O ist in geringem Maße auch noch von der Beanspruchungsart und der Bauteilgeometrie abhängig.

3. Bauteilgröße

Die Festigkeitswerte der Werkstoffe werden überwiegend an zylindrischen Probestäben mit kleinem Durchmesser (Durchmesser d_N) ermittelt. Bei größeren Bauteildurchmessern wird ein möglicher Festigkeitsabfall näherungsweise durch die Faktoren K_t, K_g und K_α erfasst.

Der *technologische Größeneinflussfaktor* K_t berücksichtigt die Auswirkungen der Wärmebehandlung (Härtbar-, Vergütbarkeit). Die unterschiedlichen Abkühlbedingungen am Rand und im Kern, die zu einem unterschiedlichen Gefüge über den Querschnitt führen, bewirken unterschiedliche erreichbare Festigkeitswerte mit zunehmendem Bauteildurchmesser, s. Gl. (3.7) und (3.9) sowie TB 3-11a und b.

Der *geometrische Größeneinflussfaktor* K_g resultiert aus dem unterschiedlichen Spannungsverlauf bei Zug/Druck und Biegung (s. Bild 3-21). Bild 3-26 zeigt zwei verschieden große biegebeanspruchte Rundstäbe mit unterschiedlichem Spannungsgefälle bei gleicher Randfaserspannung σ_b. Beim Überschreiten einer bestimmten Grenzspannung (z. B. Fließgrenze) ist ein Spannungsausgleich aufgrund der Stützwirkung der weniger belasteten Nachbarzonen beim kleineren Stab leichter möglich (größeres Spannungsgefälle) als beim größeren. Da die Stützwirkung bei Zug/Druck nicht vorhanden und bei Schub sehr klein ist, ist hier $K_g = 1$, bei Biegung und Torsion s. TB 3-11c.

Der *formzahlabhängige Größeneinflussfaktor* K_α ist werkstoffunabhängig und berücksichtigt die Abhängigkeit der Kerbwirkung vom Bauteildurchmesser. K_α ist nur zu berücksichtigen, wenn experimentell ermittelte Kerbwirkungszahlen verwendet werden und deren Probendurchmesser vom Bauteildurchmesser abweicht; s. TB 3-11d.

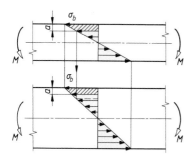

Bild 3-26
Spannungsgefälle bei biegebeanspruchten Rundstäben mit verschiedenen Durchmessern

4. Oberflächenverfestigung

Durch die mit einer Oberflächenverfestigung (z. B. Härten, Rollen, Kugelstrahlen, Nachpressen der Bohrungsränder u. a.) aufgebrachten Druckeigenspannungen in der Randzone erhöht sich die Dauerfestigkeit des Bauteiles. Der Einfluss ist vor allem von der Dicke und Härte der verfestigten Schicht abhängig, nimmt bei Bauteildurchmessern größer 25 mm stark ab und ist für gekerbte Bauteile größer als für ungekerbte. Bei gekerbten Bauteilen ist darauf zu achten, dass die oberflächenverfestigende Zone über den Rand der Kerbe hinausgehen muss und nicht vor oder in der Kerbe enden darf. In günstigen Fällen kann eine örtliche Erhöhung der Dauerfestigkeit von über 100% erreicht werden (Werte für den Oberflächenverfestigungsfaktor K_V s. TB 3-12).

5. Sonstige Einflüsse

Neben den beschriebenen Einflüssen hat auf die Größe der Bauteil-Wechselfestigkeit Einfluss:
– die Form des Bauteils (Rechteck, Rundstab ...). Sie ist in der Formzahl enthalten.
– die Temperatur. Höhere Temperaturen vermindern, niedrigere Temperaturen erhöhen die Wechselfestigkeit (bei zunehmender Sprödbruchgefahr).
– das umgebende Medium und die Belastungsfrequenz. Sehr hohe und sehr niedrige Frequenzen sowie aggressive Medien (z. B. Salzwasser) verringern die Wechselfestigkeit.

– bei Grauguss das nicht linearelastische Spannungs-Dehnungsverhalten bei Zug/Druck und Biegung (es bewirkt im Zugbereich eine günstige Stützwirkung, d. h. höhere Festigkeitswerte, im Druckbereich eine ungünstige Wirkung).

6. Konstruktionsfaktor (Gesamteinflussfaktor)

Die verschiedenen Einflüsse der Dauerfestigkeitsminderung werden im *Konstruktionsfaktor* K_D zusammengefasst (Bild 3-27):

$$\text{Zug/Druck } K_{Dzd} = \left(\frac{\beta_{kzd}}{K_g} + \frac{1}{K_{O\sigma}} - 1\right)\frac{1}{K_V} \quad \text{Schub} \quad K_{Ds} = \left(\frac{\beta_{ks}}{K_g} + \frac{1}{K_{O\tau}} - 1\right)\frac{1}{K_V}$$

$$\text{Biegung} \quad K_{Db} = \left(\frac{\beta_{kb}}{K_g} + \frac{1}{K_{O\sigma}} - 1\right)\frac{1}{K_V} \quad \text{Torsion } K_{Dt} = \left(\frac{\beta_{kt}}{K_g} + \frac{1}{K_{O\tau}} - 1\right)\frac{1}{K_V} \tag{3.16}$$

K_g geometrischer Größeneinflussfaktor, Werte nach TB 3-11c
$K_{O\sigma}, K_{O\tau}$ Oberflächeneinflussfaktor; Werte nach TB 3-10
K_V Einflussfaktor der Oberflächenverfestigung; Werte nach TB 3-12
β_k Kerbwirkungszahl; Werte nach TB 3-9 oder über die Kerbformzahl α_k

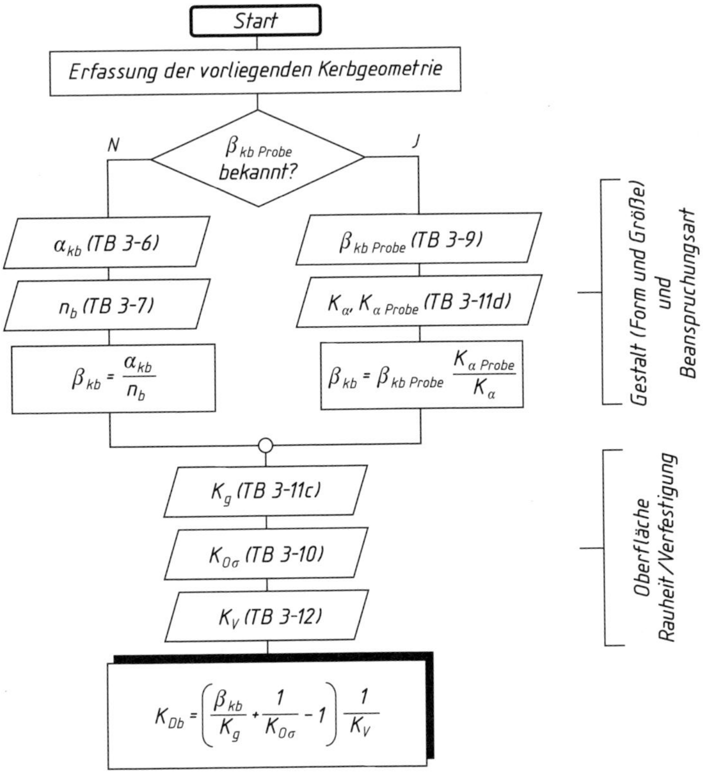

Bild 3-27
Ablaufplan zur Berechnung
des Konstruktionsfaktors
K_{Db} für Biegung

3.5.2 Ermittlung der Gestaltfestigkeit (Bauteilfestigkeit)

Bei einem Bauteil beliebiger Gestalt ist nicht mehr die Dauerfestigkeit des „idealen" Probesta-bes, sondern die um alle Einflussgrößen verminderte Dauerfestigkeit, die Gestaltdauerfestigkeit (Bauteildauerfestigkeit) $\sigma_G(\tau_G)$ für die Festigkeitsberechnung bei dynamischer Beanspruchung maßgebend, s. Bild 3-28.

3

Unter Gestaltdauerfestigkeit versteht man die Dauerfestigkeit eines beliebig gestalteten Bauteils bei Berücksichtigung aller festigkeitsmindernden Einflüsse.

Weiterhin ist von Einfluss, wie sich die Kenngrößen des Schwingspiels ändern, wenn das Bauteil über die Nennlast hinaus belastet wird (zulässige Überlastung des Bauteils), und bei Überlagerung von Normal- und Tangentialspannungen deren gegenseitige Beeinflussung (über Vergleichsmittelspannungen berücksichtigt).

1. Gestaltwechselfestigkeit (Bauteilwechselfestigkeit)

Mit dem Konstruktionsfaktor K_D kann zunächst die *Gestaltwechselfestigkeit des gekerbten Bauteils* bei Biegung bzw. Torsion berechnet werden zu

$$\sigma_{bGW} = \frac{\sigma_{bW}}{K_{Db}} \quad \text{bzw.} \quad \tau_{tGW} = \frac{\tau_{tW}}{K_{Dt}} \quad \text{[1]} \tag{3.17}$$

σ_W, τ_W Dauerwechselfestigkeitswerte aus TB 1-1 und Gl. (3.9) bzw. Gl. (3.8)
K_{Db}, K_{Dt} Konstruktionsfaktor nach Bild 3-27 bzw. Gl. (3.16)

2. Gestaltdauerfestigkeit (Bauteildauerfestigkeit)

Für den Festigkeitsnachweis gegen Dauerbruch muss die jeweilige Gestaltausschlagfestigkeit (σ_{GA}, τ_{GA}) ermittelt werden. Zu klären ist dabei, welche Gestaltausschlagfestigkeit σ_{GA}, τ_{GA} (maximal ertragbare Amplitude der Bauteildauerfestigkeit ohne Schwingbruch) der auftretenden Ausschlagspannung σ_a, τ_a (vorhandene Amplitude) zuzuordnen ist. Berücksichtigt werden muss die Größe der vorhandenen Vergleichsmittelspannung und die Art der betrieblichen Überbeanspruchung bei Belastungserhöhung bis zur Versagensgrenze (Überbelastungsfall).

Überlastungsfälle

Mit Hilfe des Dauerfestigkeitsschaubildes können die benötigten Gestaltausschlagfestigkeiten ermittelt werden. Dabei ist jedoch zu beachten, dass es in Abhängigkeit der vorliegenden Beanspruchungen unterschiedliche Vorgehensweisen zur Ermittlung der Gestaltausschlagfestigkeiten gibt, entsprechend den unterschiedlich möglichen Überlastungsfällen. Um den für die vorliegende Aufgabenstellung richtigen Überlastungsfall zu bestimmen, kann man wie folgt vorgehen: Man erhöht gedanklich die vorhandenen äußeren Belastungen (konstant bleiben die Belastungen aus Eigengewicht, eingestellter Vorspannung, usw.) und bestimmt die daraus resultierenden Änderungen der Beanspruchungen (Spannungen) im Bauteil. Dabei kann festgestellt werden, welche der folgenden charakteristischen Kenngrößen eines Schwingspiels konstant bleiben, entweder die Mittelspannung (σ_m, τ_m), die Unterspannung (σ_u, τ_u) bzw. das Spannungsverhältnis $\varkappa$ ($\sigma_u/\sigma_o, \tau_u/\tau_o$). Wurde die konstante Kenngröße ermittelt, ist der Überlastungsfall bekannt und es kann die entsprechende Vorgehensweise zur Bestimmung der Gestaltausschlagfestigkeit nach Bild 3-28 ausgewählt werden.

Überlastungsfall 1 ($\sigma_m = $ konst): Bei konstanter Mittelspannung vergrößert sich die Ausschlagspannung mit Vergrößerung der maßgebenden Belastungen (Bild 3-28 oben). Dieser Fall kann z. B. bei der feststehenden Achse einer Seil-Umlenkscheibe angenommen werden, wobei sich σ_m aus der Seilspannung ergibt.

Überlastungsfall 2 ($\varkappa = $ konst): Bei Vergrößerung der Belastung bleibt das Verhältnis von maximaler zu minimaler Spannung gleich (Bild 3-28 Mitte). Dieser Überlastungsfall liegt z. B. bei Getriebewellen vor und wird bei der Schweißberechnung häufig verwendet. Er sollte auch angewendet werden, wenn die Belastung keinem Überlastungsfall eindeutig zugeordnet werden kann, da sich in der Regel größere Sicherheiten ergeben.

Überlastungsfall 3 ($\sigma_u = $ konst): Bei Vergrößerung der Betriebslast bleibt die minimale Belastung des Bauteils gleich (Bild 3-28 unten). Dieser Überlastungsfall wird z. B. bei der Federberechnung verwendet.

---

[1] Bei Zug/Druck ist der Index b durch zd, bei Schub t durch s zu ersetzen.

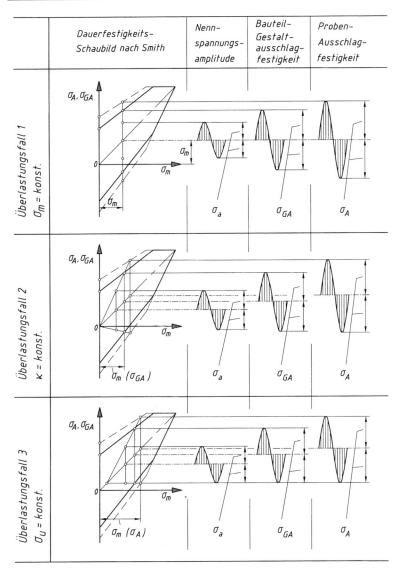

Bild 3-28 Bestimmung der Gestaltausschlagfestigkeit im Smith-Diagramm für die Überlastungsfälle 1 bis 3

Die dem jeweiligen Überlastungsfall entsprechenden Festigkeitswerte können den DFS (TB 3-1), wie in Bild 3-28 gezeigt, entnommen oder nach folgenden Formeln berechnet werden:

Überlastungsfall 1 (σ_m = konst):

$$\sigma_{bGA} = \sigma_{bGW} - \psi_\sigma \cdot \sigma_{mv}$$
$$\tau_{tGA} = \tau_{tGW} - \psi_\tau \cdot \tau_{mv}$$

1) 2)

(3.18a)

---

1) Die Gln. (3.18) gelten vereinfacht für $0 \geq \kappa \geq -1$. Bei $\kappa > 0$ kommt es bei vielen Werkstoffen zu einem Knick in der Grenzlinie des DFS. Bei duktilen Werkstoffen kann dieser i. Allg. vernachlässigt werden, sodass die Gleichungen bis $\kappa = +1$ gelten. Genauere Berechnungen nach FKM-Richtlinie.
2) Bei Zug/Druck ist der Index b durch zd, bei Schub t durch s zu ersetzen.

3

Überlastungsfall 2 ($\kappa = $ konst):

$$\sigma_{bGA} = \frac{\sigma_{bGW}}{1 + \psi_\sigma \cdot \sigma_{mv}/\sigma_{ba}}$$

$$\tau_{tGA} = \frac{\tau_{tGW}}{1 + \psi_\tau \cdot \tau_{mv}/\tau_{ta}}$$

(3.18b)

Überlastungsfall 3 ($\sigma_u = $ konst):

$$\sigma_{bGA} = \frac{\sigma_{bGW} - \psi_\sigma \cdot (\sigma_{mv} - \sigma_{ba})}{1 + \psi_\sigma}$$

$$\tau_{tGA} = \frac{\tau_{tGW} - \psi_\tau \cdot (\tau_{mv} - \tau_{ta})}{1 + \psi_\tau}$$

(3.18c)

Hinweis: Die statischen Festigkeitswerte R_p, σ_{bF} bzw. τ_{tF} dürfen durch $\sigma_{GA} + \sigma_m$ bzw. $\tau_{GA} + \tau_m$ nicht überschritten werden. Um dies zu gewährleisten, ist zwingend ein statischer Festigkeitsnachweis durchzuführen.

Die *Mittelspannungsempfindlichkeit* ψ_σ bzw. ψ_τ in den Gleichungen ergibt sich allgemein zu

$$\psi_\sigma = a_M \cdot R_m + b_M$$

$$\psi_\tau = f_\tau \cdot \psi_\sigma$$

(3.19)

σ_{bGW}, τ_{tGW}	Gestaltwechselfestigkeit; siehe Gl. (3.17)
σ_{mv}, τ_{mv}	Vergleichsmittelspannung; siehe Gl. (3.20)
a_M, b_M	Faktoren zur Berechnung der Mittelspannungsempfindlichkeit, Werte s. TB 3-13
f_τ	Faktor zur Berechnung der Schubfestigkeit, Werte s. TB 3-2
R_m	Zugfestigkeit; Werte nach TB 1-1 bis TB 1-2 und Gl. (3.7)

Vergleichsmittelspannung

Mit der Vergleichsmittelspannung wird die bei gleichzeitigem Auftreten von Normal- und Tangentialspannungen auftretende gegenseitige Beeinflussung der Mittelspannungen berücksichtigt. Die Vergleichsmittelspannung ergibt sich je nach zutreffender Festigkeitshypothese (s. a. 3.2) zu

$$GEH \quad \sigma_{mv} = \sqrt{(\sigma_{zdm} + \sigma_{bm})^2 + 3 \cdot \tau_{tm}^2}$$

$$\tau_{mv} = f_\tau \cdot \sigma_{mv}$$

$$NH \quad \sigma_{mv} = 0,5 \cdot [(\sigma_{zdm} + \sigma_{bm}) + \sqrt{(\sigma_{zdm} + \sigma_{bm})^2 + 4 \cdot \tau_{tm}^2}]$$

$$\tau_{mv} = f_\tau \cdot \sigma_{mv}$$

(3.20)

σ, τ	Normalspannungen (resultierende Spannung aus Zug/Druck und Biegung), Torsionsspannung
f_τ	s. Gl. (3.19)

3.6 Sicherheiten

Beim statischen und dynamischen Festigkeitsnachweis sind die im Bauteil vorhandenen Spannungen mit den ertragbaren Spannungen (Bauteilfestigkeitswerte) zu vergleichen, s. auch Bild 3-1. Die hierbei ermittelten Sicherheiten (vorhandene Sicherheiten) müssen größer oder gleich den erforderlichen Mindestsicherheiten sein.

Aufgrund der vorhandenen Unsicherheiten bei den Werkstoffkennwerten und der Vereinfachung beim Berechnungsansatz kann als *erforderliche Sicherheit* (Mindestwert) $S_{B\,min} = 2{,}0$ gegen Bruch und $S_{F\,min} = 1{,}5$ gegen Fließen bzw. $S_{D\,min} = 1{,}5$ gegen Dauerbruch angenommen werden. Diese Werte können bei Vorliegen günstiger Voraussetzungen (geringe Wahrscheinlichkeit des Auftretens der größten Spannungen oder der ungünstigsten Spannungskombination, geringe Schadensfolgen, regelmäßige Inspektion und gute Zugänglichkeit) vermindert werden. Bei Eisengusswerkstoffen sind wegen unvermeidbarer Gussfehler höhere Werte anzunehmen. Unsicherheiten bei der Belastungsannahme erfordern ebenfalls höhere Sicherheiten; Werte s. TB 3-14.

In der Regel ist für jede Spannungsart ein getrennter Festigkeitsnachweis durchzuführen. Treten mehrere Spannungsarten auf, z. B. Biegung und Torsion, ist zusätzlich ein Gesamtsicherheitsnachweis erforderlich.

Der Faktor zur Berechnung des Anstrengungsverhältnisses ist hierbei $\varphi = 1{,}73$ für die GEH und $\varphi = 1$ für die NH.

Werden in die Gln. (3.5) für die zulässigen Spannungen die Biegegestalt- und Torsionsgestaltausschlagfestigkeiten $\sigma_{zul} = \sigma_{bGA}$ bzw. $\tau_{zul} = \tau_{tGA}$ eingesetzt und danach die Gleichungen durch σ_{bGA} als Vergleichs-Werkstoffkennwert dividiert, ergeben sich für die im Bauteil *vorhandene Sicherheit* bei Biegung und Torsion die Beziehungen

$$GEH \quad \frac{\sigma_{va}}{\sigma_{bGA}} = \sqrt{\left(\frac{\sigma_{ba}}{\sigma_{bGA}}\right)^2 + \left(\frac{\tau_{ta}}{\tau_{tGA}}\right)^2} = \frac{1}{S}$$

$$NH \quad \frac{\sigma_{va}}{\sigma_{bGA}} = 0{,}5 \cdot \left(\frac{\sigma_{ba}}{\sigma_{bGA}} + \sqrt{\left(\frac{\sigma_{ba}}{\sigma_{bGA}}\right)^2 + 4 \cdot \left(\frac{\tau_{ta}}{\tau_{tGA}}\right)^2}\right) = \frac{1}{S}$$

(3.21)

Mit der Versagensbedingung Sicherheit $S = 1$ (Versagensgrenzkurve) ergeben sich aus Gl. (3.21) für die GEH ein Ellipsenbogen und für die NH ein Parabelbogen

$$GEH \quad \left(\frac{\sigma_{ba}}{\sigma_{bGA}}\right)^2 + \left(\frac{\tau_{ta}}{\tau_{tGA}}\right)^2 = 1$$

$$NH \quad \frac{\sigma_{ba}}{\sigma_{bGA}} + \left(\frac{\tau_{ta}}{\tau_{tGA}}\right)^2 = 1$$

(3.22)

Zur Berechnung einer im Bauteil vorhandenen Gesamtsicherheit bei Biegung und Torsion, erweitert um Zug/Druck und Schub, kann Gl. (3.21) in der Form beschrieben werden

$$GEH \quad S = \frac{1}{\sqrt{\left(\dfrac{\sigma_{zda}}{\sigma_{zdGA}} + \dfrac{\sigma_{ba}}{\sigma_{bGA}}\right)^2 + \left(\dfrac{\tau_{sa}}{\tau_{sGA}} + \dfrac{\tau_{ta}}{\tau_{tGA}}\right)^2}}$$

$$NH \quad S = \frac{1}{0{,}5\left[\left(\dfrac{\sigma_{zda}}{\sigma_{zdGA}} + \dfrac{\sigma_{ba}}{\sigma_{bGA}}\right) + \sqrt{\left(\dfrac{\sigma_{zda}}{\sigma_{zdGA}} + \dfrac{\sigma_{ba}}{\sigma_{bGA}}\right)^2 + 4 \cdot \left(\dfrac{\tau_{sa}}{\tau_{sGA}} + \dfrac{\tau_{ta}}{\tau_{tGA}}\right)^2}\right]}$$

(3.23)

Neben den Sicherheiten wird auch mit Auslastungsgraden $a = S_{min}/S$ (FKM-Richtlinie) gerechnet.

3.7 Praktische Festigkeitsberechnung

3.7.1 Überschlägige Berechnung

Die Kontrolle der Bauteilsicherheit (s. Bild 3-1) setzt eine bereits vorhandene konstruktive Lösung des Bauteiles voraus, da nur dann die o. g. Einflussgrößen ermittelt und somit die vorliegende Sicherheit festgestellt werden kann. Innerhalb des Konstruktionsprozesses ist daher vielfach eine überschlägige Ermittlung des Bauteilquerschnittes erforderlich, der dann nach Festlegung des Konstruktionsumfeldes die eigentliche Grundlage des Festigkeitsnachweises ist.

1. Statisch belastete Bauteile

Für statisch oder überwiegend statisch belastete Bauteile ist bei duktilen Werkstoffen (Stahl, Stahlguss, Aluminium, Al-Legierungen, Kupfer und Cu-Legierungen u. ä.) die Fließgrenze (bzw. die 0,2-Dehngrenze) und bei spröden Werkstoffen (Grauguss, Holz, Keramik u. ä.) die jeweilige Bruchfestigkeit als bekannter Werkstoffgrenzwert für den überschlägigen Entwurfsansatz maßgebend (s. Bild 3-29). Allgemein gilt:

$$\text{vorhandene Spannung} \leq \text{zulässige Spannung} = \frac{\text{Werkstoffgrenzwert}}{\text{Sicherheit}}$$

und damit für duktile Werkstoffe bei Zug:

$$\sigma_z \leq \sigma_{z\,zul} = R_{eN}(R_{p0,2N})/S_{F\,min} \tag{3.24}$$

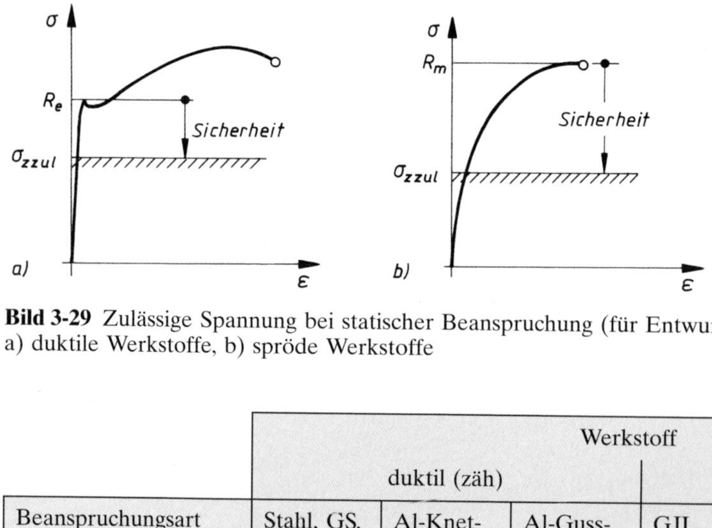

Bild 3-29 Zulässige Spannung bei statischer Beanspruchung (für Entwurfsberechnungen). a) duktile Werkstoffe, b) spröde Werkstoffe

		Werkstoff					
		duktil (zäh)			spröde		
Beanspruchungsart		Stahl, GS, Cu-Leg.	Al-Knet-legierung	Al-Guss-legierung	GJL	GJM	GJS
Zug		$R_e(R_{p0,2})$			R_m		
Druck	$R_{ed} \approx$	R_e	R_e	$1{,}5 \cdot R_e$	$2{,}5 \cdot R_m$	$1{,}5 \cdot R_m$	$1{,}3 \cdot R_m$
Biegung	$\sigma_{bF} \approx$	$1{,}1 \cdot R_e$	R_e	R_e	R_m	R_m	R_m
Schub	$\tau_{sF} \approx$	$0{,}6 \cdot R_e$	$0{,}6 \cdot R_e$	$0{,}75 \cdot R_e$	$0{,}85 \cdot R_m$	$0{,}75 \cdot R_m$	$0{,}65 \cdot R_m$
Torsion	$\tau_{tF} \approx$	$0{,}65 \cdot R_e$	$0{,}6 \cdot R_e$	–	–	–	–

Bild 3-30 Statische Festigkeitswerte für Überschlagsrechnungen (Näherungswerte)

sowie für spröde Werkstoffe bei Zug:

$$\sigma_z \le \sigma_{z\,zul} = R_{mN}/S_{B\,min} \qquad (3.25)$$

$S_{F\,min} = 1,2 \ldots 1,8$ erforderliche Mindestsicherheit gegen Fließen
$S_{B\,min} = 1,5 \ldots 3$ erforderliche Mindestsicherheit gegen Bruch
Werte für R_{pN} und R_{mN} aus TB 1-1 bis TB 1-2 bzw. Werkstoffnormen

Da vielfach nur die Werkstoffkennwerte des statischen Zugversuchs vorliegen, kann bei Über-schlagsrechnungen für die anderen Beanspruchungsarten die jeweils maßgebende *zulässige Spannung* mit den Werten nach Bild 3-30 berechnet werden.

2. Dynamisch belastete Bauteile

Bei dynamischer Belastung kann für Bauteile, deren Kerbwirkung, Größe, ggf. auch Oberfläche zunächst nicht bekannt oder noch nicht erfassbar sind, die vorhandene Spannung für die Ent-wurfsberechnung unter Annahme hoher Sicherheiten mit den entsprechenden Dauerfestigkeits-werten verglichen werden

$$\sigma \le \sigma_{zul} = \sigma_D/S_{D\,min} \quad \text{bzw.} \quad \tau \le \tau_{zul} = \tau_D/S_{D\,min} \qquad (3.26)$$

$S_{D\,min} = 3 \ldots 4$ erforderliche Mindestsicherheit gegen Dauerbruch
σ_D, τ_D Dauerfestigkeitswerte aus TB 1-1

Hinweis: Die mit $\sigma_{zul}(\tau_{zul})$ überschlägig berechneten Bauteilabmessungen beziehen sich auf die durch Kerben geschwächte Querschnitte. So entspricht z. B. auch bei Eindrehungen in Wellen der berech-nete Durchmesser gleich dem Nenndurchmesser. Die Werte für $\sigma_{zul}(\tau_{zul})$ sind sinnvoll zu runden.

3.7.2 Statischer Festigkeitsnachweis

Der statische Festigkeitsnachweis wird zum Vermeiden von bleibenden Verformungen, Anriss oder Gewaltbruch geführt. Da bei duktilen Werkstoffen (z. B. Bau- und Vergütungsstähle) auch bei gehärteten Randschichten keine Anrisse und kein Gewaltbruch vor einer bleibenden Ver-formung zu erwarten ist, ist der statische Nachweis als Grundnachweis zu betrachten. Er erfolgt zweckmäßig nach Bild 3-31.

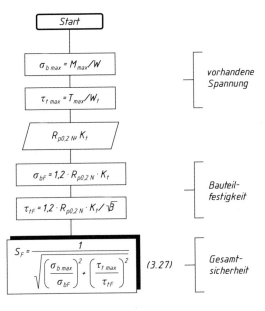

Bild 3-31
Vereinfachter statischer Festigkeitsnachweis gegen Fließen (duktile Rundstäbe; Biegung und Torsion)

3

Bei spröden Werkstoffen ist die Vergleichssicherheit mit der Normalspannungshypothese analog Gl. (3.23) zu bilden, wobei anstelle der Fließ- die Bruchgrenze einzusetzen ist. Soll der Nachweis unter Ausnutzung der vollen „Tragreserven" des Bauteils erfolgen (Verformung in den plastischen Bereich, s. 3.4), so ist der Nachweis gegen Fließen und gegen Bruch nach Gl. (3.10) durchzuführen. Der ungünstigste Fall ist maßgebend.
Für die Sicherheiten gilt:

$$S_F \geq S_{F\,min} \quad \text{bzw.} \quad S_B \geq S_{B\,min} \qquad\qquad (3.28)$$

$S_{F\,min}$, $S_{B\,min}$ erforderliche Mindestsicherheit gegen Fließen bzw. Bruch, Werte s. TB 3-14

Hinweis: Der statische Festigkeitsnachweis sollte mit den Maximalwerten T_{max} und M_{max} geführt werden (s. Bild 3-8).

3.7.3 Dynamischer Festigkeitsnachweis (Ermüdungsfestigkeitsnachweis)

Der prinzipielle Ablauf des dynamischen Festigkeitsnachweises ist in Bild 3-32 für den Überlastungsfall 2 dargestellt.

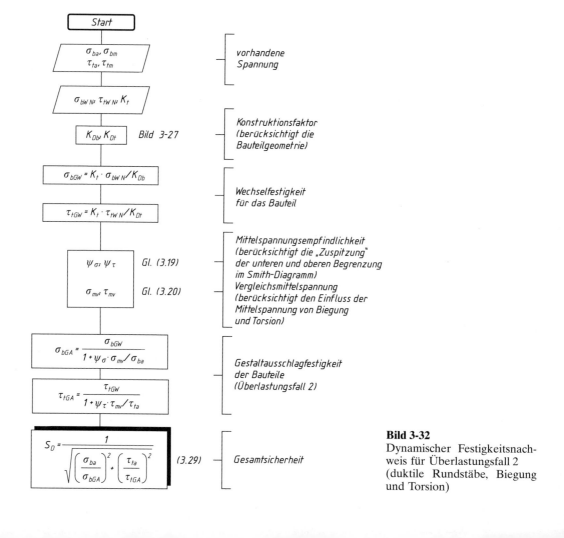

Bild 3-32
Dynamischer Festigkeitsnachweis für Überlastungsfall 2 (duktile Rundstäbe, Biegung und Torsion)

Bei spröden Werkstoffen ist wie beim statischen Nachweis die Vergleichssicherheit mit der Normalspannungshypothese analog Gl. (3.23) zu bilden. Für die Gesamtsicherheit gilt

$$S_D \geq S_{D\,min}$$ (3.30)

$S_{D\,min}$ erforderliche Mindestsicherheit gegen Dauerbruch, Werte s. TB 3-14

Werden im Ablaufplan von Bild 3-32 die statischen Anteile der Spannungen $\sigma_{bm} = 0$ bzw. $\tau_{tm} = 0$ gesetzt, ergibt sich ein wesentlich vereinfachter Berechnungsalgorithmus, da die Berechnung der Mittelspannungsempfindlichkeit und Vergleichsmittelspannung entfallen und damit die Gestaltwechselfestigkeit gleich der Gestaltausschlagfestigkeit wird. Diese Vereinfachung wird der dynamischen Berechnung der Achsen und Wellen in Kapitel 11 zugrunde gelegt. Die Ergebnisse werden damit unsicherer. Aus diesem Grund wird in Kapitel 11 eine höhere erforderliche Sicherheit $S_{D\,erf}$ angesetzt

$$S_{D\,erf} = S_{D\,min} \cdot S_z$$ (3.31)

$S_{D\,min}$ erforderliche Mindestsicherheit gegen Dauerbruch, Werte s. TB 3-14a
S_z Sicherheitsfaktor zur Kompensierung der Berechnungsvereinfachung, Werte s. TB 3-14c

Hinweis: Für den dynamischen Festigkeitsnachweis sind die Ausschlagspannungen σ_{ba} und τ_{ta} unter Berücksichtigung des Anwendungsfaktors K_A zu berechnen. Die höheren, selten auftretenden Maximalwerte T_{max} und M_{max} führen nicht zum Dauerbruch.

3.7.4 Festigkeitsnachweis im Stahlbau

Für Stahlbauten sind die erforderlichen Sicherheiten bzw. zulässigen Spannungen nach den Grundnormen DIN 18800 T1 bis T7 behördlich vorgeschrieben. Außer der zzt. gültigen Regelung sind für die Anwendungsgebiete Brückenbau, Kranbahnen, Antennentragwerke, Schornsteine u. a. Fachnormen der „18 800er-Reihe" in Vorbereitung. Zulässige Spannungen im Kranbau nach DIN 15018 s. TB 3-3.

3.8 Berechnungsbeispiele

■ **Beispiel 3.1:** Zur Durchmesserermittlung der Zugstange aus S275 einer Spannvorrichtung ist überschlägig die zulässige Zugspannung zu ermitteln.

▶ **Lösung:** Das Bauteil wird statisch auf Zug beansprucht. Hierbei ist für S275 die Streckgrenze zur Festlegung der zulässigen Spannung maßgebend. Der Ansatz erfolgt nach Gl. (3.24): $\sigma_{z\,zul} = R_{eN}/S_{F\,min}$. Mit dem Wert $R_{eN} = 275 \text{ N/mm}^2$ aus TB 1-1 und einer mittleren erforderlichen Sicherheit $S_{F\,min} = 1,5$ (s. zu Gl. (3.24)) wird $\sigma_{z\,zul} = 275/1,5 \text{ N/mm}^2 \approx 183 \text{ N/mm}^2$, gerundet $\sigma_{z\,zul} = 180 \text{ N/mm}^2$.

Hinweis: Bei zu erwartenden großen Durchmessern ist der starke Abfall der Streckgrenze (s. TB 3-11a) zu beachten.

Ergebnis: Die zulässige Spannung beträgt $\sigma_{z\,zul} = 180 \text{ N/mm}^2$.

■ **Beispiel 3.2:** Für den dargestellten, schwellend auf Biegung beanspruchten Achszapfen aus E295 ist für den Querschnitt $A-B$ die maßgebende Kerbwirkungszahl β_k zu ermitteln:
a) überschlägig aus der Richtwerte-Tabelle,
b) genauer nach Schaubild.

Bild 3-33 Achszapfen

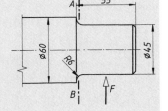

3

▶ **Lösung:**
a) Nach TB 3-8 wird für den Übergangsquerschnitt (abgesetzte Welle, Lagerzapfen) nach Zeile 3 für
   E295 mit $R_{mN} = 490$ N/mm^2 aus TB 1-1 durch lineare Interpolation gewählt: $\beta_{kb} \approx 1{,}5$.
b) Nach TB 3-9 wird für Biegung $\beta_{kb} = 1 + c_b(\beta_{k(2,0)} - 1)$. Die Zugfestigkeit ist nach Gl. (3.7)
   $R_m = K_t \cdot R_{mN} = 1{,}0 \cdot 490$ N/mm^2 mit K_t aus TB 3-11a und R_{mN} aus TB 1-1.
   Für $R_m = 490$ N/mm^2 und $R/d = 6$ mm/45 mm $= 0{,}1333$ wird $\beta_{k(2,0)} \approx 1{,}4$; für $D/d = 60$ mm/
   45 mm $= 1{,}333$ wird $c_b \approx 0{,}6$. In obige Gleichung eingesetzt wird $\beta_{kb} = 1 + 0{,}6(1{,}4 - 1) = 1{,}24$.
   Wird der formzahlabhängige Größeneinfluss bei experimentell ermittelten β_k-Werten nach
   Gl. (3.15c) berücksichtigt, ergibt sich mit $\beta_k = \beta_{k\,Probe} \cdot K_{\alpha\,Probe}/K_\alpha = 1{,}24 \cdot 0{,}996/0{,}989 \approx 1{,}25$ ein
   geringfügig größerer Wert ($K_{\alpha\,Probe}$ für $\beta_{k\,Probe} = 1{,}24$ und $d_{Probe} = 15$ mm aus TB 3-11d; K_α für
   $\beta_{k\,Probe} = 1{,}24$ und $d = 45$ mm).

Ergebnis: Die Kerbwirkungszahl beträgt als Richtwert $\beta_{kb} \approx 1{,}5$ und wird durch eine genauere Berechnung mit $\beta_{kb} \approx 1{,}24$ ermittelt. Der Richtwert ist etwas größer und wird bei der Überschlagsrechnung das Ergebnis zur sicheren Seite hin beeinflussen.

■ **Beispiel 3.3:** Der dargestellte konstruktiv festgelegte Antriebszapfen aus E295 einer Baumaschine
ist nachzurechnen. Das Nenndrehmoment $T_{nenn} = 80$ Nm wird schwellend über eine starre Kupplung eingeleitet, wobei antriebsseitig mit mäßigen und abtriebsseitig mit starken Stößen zu rechnen ist. Die Maximalbelastung beträgt $T_{max} = 2{,}5 T_{nenn}$. Der Antriebszapfen ist mit Rz $\approx 12{,}5$ µm
bearbeitet.
Die Nachrechnung muss im Einzelnen umfassen
a) den vereinfachten statischen Festigkeitsnachweis oder
b) den statischen Nachweis unter Nutzung der „Tragreserven"
c) den dynamischen Festigkeitsnachweis.

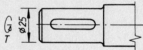

Bild 3-34 Antriebszapfen

Allgemeiner Lösungshinweis: Durch die Einleitung des Drehmoments über die Kupplung wird der
Zapfen nur auf Torsion beansprucht. Als gefährdete Querschnitte sind die Nutquerschnittenden anzusehen. Da nur Torsion vorliegt, vereinfacht sich die Berechnung der statischen bzw. dynamischen Gesamtsicherheit.

▶ **Lösung a):** Für den statischen Nachweis ist die Maximalbelastung des Antriebszapfens entscheidend

$$T_{max} = 2{,}5 T_{nenn} = 2{,}5 \cdot 80 \text{ Nm} = 200 \text{ Nm}.$$

Die Sicherheit gegen Fließen ist nach Gl. (3.27) (Bild 3-31)

$$S_F = 1/\sqrt{(\sigma_{b\,max}/\sigma_{bF})^2 + (\tau_{t\,max}/\tau_{tF})^2} = \tau_{tF}/\tau_{t\,max}$$

mit der Bauteilfestigkeit gegen Fließen τ_{tF} und $\tau_{t\,max} = T_{max}/W_t$.

Bauteilfestigkeit
Die Torsionsfließgrenze τ_{tF} ergibt sich nach Bild 3-31 mit $R_e = K_t \cdot R_{eN} = 1{,}0 \cdot 295$ N/mm^2 $= 295$ N/mm^2
aus TB 1-1, $K_t = 1{,}0$ aus TB 3-11a zu

$$\tau_{tF} = 1{,}2 \cdot R_e/\sqrt{3} = 1{,}2 \cdot 295 \text{ N/mm}^2/\sqrt{3} = 204 \text{ N/mm}^2.$$

Hinweis: K_t ist für die Streckgrenze R_e zu bestimmen.

vorhandene Spannung
Die während des Betriebes zu erwartende maximale Torsionsspannung wird mit dem polaren Widerstandsmoment des durch die Passfeder geschwächten Querschnitts nach TB 11-3

$$W_t = 0{,}2 \cdot d_k^3 = 0{,}2 \cdot 21^3 \approx 1850 \text{ mm}^3$$

bestimmt, mit dem Kerndurchmesser im Passfederquerschnitt

$$d_k = d - t_1 = 25 \text{ mm} - 4 \text{ mm} = 21 \text{ mm}$$

(Nuttiefe t_1 aus TB 12-2), zu

$$\tau_{t\,max} = 200 \cdot 10^3 \text{ Nmm}/1850 \text{ mm}^3 = 108 \text{ N/mm}^2.$$

Damit ist die Sicherheit gegen bleibende Verformung (Fließen)

$$S_F = 204 \text{ N/mm}^2/(108 \text{ N/mm}^2) = 1{,}89.$$

Nach TB 3-14a ist die erforderliche statische Mindestsicherheit

$$S_{F\,min} = 1{,}5\,.$$

Ergebnis: $S_F = 1{,}89 > S_{F\,min} = 1{,}5\,.$

▶ **Lösung b):** Sollen die statischen „Tragreserven" des Werkstoffes voll genutzt werden, ergibt sich mit Gl. (3.10) bis (3.12b) die Bauteilfestigkeit gegen Fließen zu $\tau_{tF} = f_\tau \cdot R_e / K_B = f_\tau \cdot R_e \cdot n_{pl}$

$= 0{,}58 \cdot 295\,\text{N/mm}^2 \cdot 1{,}33 \approx 228\,\text{N/mm}^2$, mit $n_{pl} = \sqrt{R_{p\,max}/R_e} = \sqrt{1050\,\text{N/mm}^2/(295\,\text{N/mm}^2)}$

$= 1{,}89 \le \alpha_{tp} = 1{,}33$ (f_τ aus TB 3-2a, α_{tp} aus TB 3-2b).
Damit ist die Sicherheit gegen Fließen nach Gl. (3.27)

$$S_F = 1/\sqrt{(\sigma_{b\,max}/\sigma_{bF})^2 + (\tau_{t\,max}/\tau_{tF})^2} = \tau_{tF}/\tau_{t\,max} = 228\,\text{N/mm}^2/(108\,\text{N/mm}^2) = 2{,}1\,.$$

Nach TB 3-14a ist die erforderliche statische Mindestsicherheit $S_{F\,min} = 1{,}5$.
Da das Torsionsmoment in die Rechnung linear eingeht, könnte gegenüber Lösung a) der Werkstoff eine um ca. 11 % höhere Torsionsspitze aufnehmen. Der noch erforderliche analog durchzuführende Nachweis gegen Bruch ergibt eine relativ zu $S_{B\,min}$ größere Sicherheit und ist hier weggelassen.

▶ **Lösung c):** Für den dynamischen Nachweis ist das äquivalente Torsionsmoment nach Gl. (3.6) entscheidend

$$T_{eq} = K_A \cdot T_{nenn} = 2{,}0 \cdot 80\,\text{Nm} = 160\,\text{Nm}\,.$$

Der Anwendungsfaktor wird hierbei aufgrund der zu erwartenden mäßigen bis starken Stöße während des Betreibens der Baumaschine nach TB 3-5a mit $K_A = 2{,}0$ festgelegt.
Die für die weitere Berechnung erforderlichen Festigkeitswerte von E295 sind:
$R_m = K_t \cdot R_{mN} = 1{,}0 \cdot 490\,\text{N/mm}^2 = 490\,\text{N/mm}^2$ und $\tau_{tW} = K_t \cdot \tau_{tWN} = 1{,}0 \cdot 145\,\text{N/mm}^2 = 145\,\text{N/mm}^2$
mit den Normwerten aus TB 1-1 und $K_t = 1{,}0$ aus TB 3-11a.
Hinweis: Im Gegensatz zu R_e ist hier K_t für Zugfestigkeit zu verwenden – s. Gl. (3.7) und Gl. (3.9).
Nach Gl. (3.29) (Bild 3-32) ist die Sicherheit gegen Dauerbruch

$$S_D = 1/\sqrt{(\sigma_{ba}/\sigma_{bGA})^2 + (\tau_{ta}/\tau_{tGA})^2} = \tau_{tGA}/\tau_{ta}$$

mit der Gestaltausschlagfestigkeit τ_{GA} und Ausschlagspannung $\tau_{ta} = T_a/W_t$.

Gestaltausschlagfestigkeit τ_{tGA}
Für die Berechnung von τ_{tGA} wird der Überlastungsfall 2 ($\kappa = $ konst) angenommen, da reine Schwellbelastung ($\kappa = 0$) auch bei Überlastung vorliegt. Damit ist nach Gl. (3.18b)

$$\tau_{tGA} = \tau_{tGW}/(1 + \psi_\tau \cdot \tau_{mv}/\tau_{ta})\,.$$

Die Gestaltwechselfestigkeit τ_{GW} ist nach Gl. (3.17)

$$\tau_{tGW} = \tau_{tW}/K_{Dt}$$

mit dem Gesamteinflussfaktor $K_{Dt} = (\beta_{kt}/K_g + 1/K_{O\tau} - 1)/K_V$ nach Gl. (3.16).
Mit der Kerbwirkungszahl $\beta_{kt} \approx \beta_{kt\,Probe} = 1{,}35$ nach TB 3-9b für eine Passfedernut bei $R_m = 490\,\text{N/mm}^2$; dem Oberflächenbeiwert $K_{O\tau} = 0{,}575 \cdot K_{O\sigma} + 0{,}425 = 0{,}575 \cdot 0{,}91 + 0{,}425 \approx 0{,}95$ nach TB 3-10 für Rz = 12,5 μm und $R_m = 490\,\text{N/mm}^2$; dem Größeneinflussfaktor $K_g = 0{,}92$ für $d = 25\,\text{mm}$ nach TB 3-11c und $K_V = 1$ (keine Oberflächenverfestigung) ist der Gesamteinflussfaktor $K_{Dt} = (\beta_{kt}/K_g + 1/K_{O\tau} - 1)/K_V = (1{,}35/0{,}92 + 1/0{,}95 - 1)/1 = 1{,}52$ und nach Gl. (3.17) die Gestaltwechselfestigkeit

$$\tau_{tGW} = \tau_{tW}/K_{Dt} = 145\,\text{N/mm}^2/1{,}52 = 95{,}4\,\text{N/mm}^2\,.$$

Da nur Torsion schwellend auftritt, ist $\tau_{mv} = f_\tau \cdot \sigma_{mv} = \tau_{tm} = \tau_{ta}$ (s. Gl. (3.20)) mit $\sigma_{mv} = \sqrt{0 + 3 \cdot \tau_{tm}^2}$ und f_τ aus TB 3-2, wodurch sich Gl. (3.18b) vereinfacht zu $\tau_{tGA} = \tau_{tGW}/(1 + \psi_\tau)$. Die Mittelspannungsempfindlichkeit ist nach Gl. (3.19) $\psi_\tau = f_\tau \cdot \psi_\sigma = f_\tau \cdot (a_M \cdot R_m + b_M) = 0{,}58(0{,}00035 \cdot 490 - 0{,}1)$ $= 0{,}0415$ mit a_M und b_M aus TB 3-13. Damit ist $\tau_{tGA} = 95{,}4\,\text{N/mm}^2/(1 + 0{,}0415) = 91{,}6\,\text{N/mm}^2$.

Ausschlagspannung τ_{ta}
Da das Torsionsmoment rein schwellend auftritt, ist $T_u = 0$, $T_o = T_{eq}$ und somit $T_m = T_{a\,eq} = T_{eq}/2$ $= 160\,\text{Nm}/2 = 80\,\text{Nm}$.

Mit $W_t = \pi \cdot d^3/16 = \pi \cdot 25^3/16 = 3068\ \text{mm}^3$ ist

$$\tau_{ta} = 80 \cdot 10^3\ \text{Nmm}/3068\ \text{mm}^3 = 26{,}1\ \text{N/mm}^2 .$$

(*Hinweis:* Die Berechnung der Spannungen muss mit den in TB 3-9 angegebenen Spannungsgleichungen erfolgen, da sich die β_k-Werte auf die darin eingesetzten Durchmesser beziehen. Bei der Passfeder gilt β_k für den ungeschwächten Durchmesser.)

Die vorhandene Sicherheit gegen Dauerbruch ist dann

$$S_D = 91{,}6\ \text{N/mm}^2/(26{,}1\ \text{N/mm}^2) = 3{,}5 .$$

Nach TB 3-14a ist die erforderliche Mindestsicherheit

$$S_{D\,min} = 1{,}5 .$$

Ergebnis: $S_D = 3{,}5 > S_{D\,min} = 1{,}5$. Die kleinere Sicherheit aus a) und c) ist ausschlaggebend $S_D > S_F$ $= 1{,}89 > S_{F\,min} = 1{,}5$. Das Bauteil ist ausreichend bemessen.

■ **Beispiel 3.4:** Für den Übergangsquerschnitt des dargestellten Antriebszapfens aus E335 ist die Sicherheit gegen plastische Verformung und Dauerbruch zu ermitteln. Vom gefährdeten Querschnitt ist ein statisches Torsionsmoment $T = 1700\ \text{Nm}$ sowie ein wechselnd wirkendes Biegemoment $M = 1300\ \text{Nm}$ aufzunehmen. Dynamische Zusatzbeanspruchungen sind nicht zu berücksichtigen ($K_A \approx 1$), es ist aber mit einzelnen Spannungsspitzen (Maximalbelastung $= 1{,}5 \times$ Nennbelastung) zu rechnen. Die Übergangsstelle ist mit Rz $\approx 6{,}3\ \mu\text{m}$ bearbeitet.

Bild 3-35 Antriebszapfen

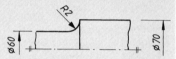

Allgemeiner Lösungshinweis: Der Querschnitt wird auf Biegung und Torsion beansprucht (Schub bleibt unberücksichtigt). Zuerst wird der statische Nachweis a), danach der dynamische Nachweis b) geführt. Beim dynamischen Nachweis wird Torsion, da statisch wirkend, nur über die Vergleichsmittelspannung berücksichtigt.

▶ **Lösung a):** Nachrechnung gegen plastische Verformung:

Es wird der vereinfachte Nachweis gegen Fließen nach Bild 3-31 gewählt.

Die Gesamtsicherheit wird nach Gl. (3.27) berechnet, wobei für die vorhandenen Spannungen das maximale Biege- bzw. Torsionsmoment zugrunde zu legen ist.

Mit den Einzelspannungen $\sigma_{b\,max} \approx 92\ \text{N/mm}^2$ ($M_{max} = 1{,}5 \cdot 1300\ \text{Nm} = 1950\ \text{Nm}$, $W_b = (\pi/32) \cdot (60\ \text{mm})^3$ $\approx 21\,200\ \text{mm}^3$) und $\tau_{t\,max} \approx 60\ \text{N/mm}^2$ ($T_{max} = 1{,}5 \cdot 1700\ \text{Nm} = 2550\ \text{Nm}$, $W_t = 2 \cdot W_b \approx 42\,400\ \text{mm}^3$), den Fließgrenzen $\sigma_{bF} = 1{,}2 \cdot R_e = 374\ \text{N/mm}^2$ ($R_e = K_t \cdot R_{eN} = 0{,}93 \cdot 335\ \text{N/mm}^2 = 312\ \text{N/mm}^2$ mit R_{eN} aus TB 1-1, $K_t = 0{,}93$ aus TB 3-11a) und $\tau_{tF} = 1{,}2 \cdot R_e/\sqrt{3} = 1{,}2 \cdot 312\ \text{N/mm}^2/\sqrt{3} = 216\ \text{N/mm}^2$ (Gl. s. Bild 3-31) wird die Gesamtsicherheit

$$S_F = 1 \Big/ \sqrt{\left(\frac{\sigma_{b\,max}}{\sigma_{bF}}\right)^2 + \left(\frac{\tau_{t\,max}}{\tau_{tF}}\right)^2} = 1 \Big/ \sqrt{\left(\frac{92\ \text{N/mm}^2}{374\ \text{N/mm}^2}\right)^2 + \left(\frac{60\ \text{N/mm}^2}{216\ \text{N/mm}^2}\right)^2} = 2{,}7 .$$

Nach TB 3-14a ist die erforderliche statische Mindestsicherheit

$$S_{F\,min} = 1{,}5 .$$

Ergebnis: $S_F = 2{,}7 > S_{F\,min} = 1{,}5$.

▶ **Lösung b):** Nachrechnung gegen Dauerfestigkeit:

Nur Biegung tritt dynamisch auf, die Bauteilsicherheit nach Gl. (3.29) vereinfacht sich damit zu

$$S_D = 1/\sqrt{(\sigma_{ba}/\sigma_{bGA})^2 + (\tau_{ta}/\tau_{tGA})^2} = \sigma_{bGA}/\sigma_{ba} .$$

Ausschlagspannung σ_{ba}

Die Biegeausschlagspannung ist mit $W_b = (\pi/32) \cdot (60\ \text{mm})^3 \approx 21\,200\ \text{mm}^3$

$$\sigma_{ba} = M_a/W_b = 1\,300 \cdot 10^3\ \text{Nmm}/21\,200\ \text{mm}^3 \approx 61{,}3\ \text{N/mm}^2 .$$

Die für die Berechnung erforderlichen Festigkeitswerte von E335 sind: $R_m = K_t \cdot R_{mN}$ $= 1{,}0 \cdot 590\,\text{N/mm}^2 = 590\,\text{N/mm}^2$ und $\sigma_{bW} = K_t \cdot \sigma_{bWN} = 1{,}0 \cdot 290\,\text{N/mm}^2 = 290\,\text{N/mm}^2$ mit den Normwerten aus TB 1-1 und $K_t = 1{,}0$ aus TB 3-11a.

Gestaltausschlagfestigkeit σ_{bGA} nach Gl. (3.18b)
Zunächst wird der *Gesamteinflussfaktor* K_{Db} aus Gl. (3.16) berechnet:
Mit den Einzelwerten für Biegung $\beta_{kb} = 1{,}44$ ($c_b = 0{,}4$, $R_m = 590\,\text{N/mm}^2$, $\beta_{k(2,0)} \approx 2{,}1$) aus TB 3-9a, $K_g = 0{,}86$ aus TB 3-11c, $K_{O\sigma} = 0{,}92$ aus TB 3-10 und $K_V = 1$ (keine Oberflächenverfestigung) wird

$$K_{Db} = (\beta_{kb}/K_g + 1/K_{O\sigma} - 1)/K_V = (1{,}44/0{,}86 + 1/0{,}92 - 1)/1 = 1{,}76\,,$$

und die Gestaltwechselfestigkeit nach Gl. (3.17)

$$\sigma_{bGW} = \sigma_{bW}/K_{Db} = 290\,\text{N/mm}^2/1{,}76 = 165\,\text{N/mm}^2\,.$$

Die Mittelspannungsempfindlichkeit $\psi_\sigma = a_M \cdot R_m + b_M = 0{,}00035 \cdot 590 - 0{,}1 \approx 0{,}11$ ergibt sich aus Gl. (3.19) (a_M und b_M aus TB 3-13), die Vergleichsmittelspannung nach Gl. (3.20)

$$\sigma_{vm} = \sqrt{\sigma_{bm}^2 + 3\tau_{tm}^2} = \sqrt{0 + 3 \cdot (40\,\text{N/mm}^2)^2} = 69{,}3\,\text{N/mm}^2\,,$$

($\tau_{tm} = T/W_t$, $T = 1700\,\text{Nm}$, $W_t = (\pi/16) \cdot (60\,\text{mm})^3 \approx 42\,400\,\text{mm}^3$).
Für die Festlegung des Überlastungsfalls wird die Vergleichmittelspannung σ_{vm} betrachtet. Bei einer Erhöhung der Belastung stellt man fest, dass sich aufgrund der ansteigenden Torsionsspannung $\tau_{t\,nenn}$ ($= \tau_{tm}$) auch die Vergleichsspannung σ_{vm} erhöht (σ_{bm} bleibt Null). Deshalb wird bei der Bestimmung der Gestaltausschlagfestigkeit σ_{bGA} mit dem Überlastungsfall 2 gerechnet

$$\sigma_{bGA} = \frac{\sigma_{bGW}}{1 + \psi_\sigma \cdot \sigma_{vm}/\sigma_{ba}} = \frac{165}{1 + 0{,}11 \cdot 69{,}3/61{,}3} = 147\,\text{N/mm}^2\,.$$

Damit ist die Sicherheit

$$S_D = 147\,\text{N/mm}^2/(61{,}3\,\text{N/mm}^2) = 2{,}4\,.$$

Nach TB 3-14a ist die erforderliche Mindestsicherheit $S_{D\,min} = 1{,}5$.

Ergebnis: $S_D = 2{,}4 > S_{D\,erf} = 1{,}5$, $S_F > S_D = 2{,}4 > S_{D\,min} = 1{,}5$. Das Bauteil ist ausreichend bemessen.

3.9 Literatur

Buxbaum, O.: Betriebsfestigkeit: Sichere und wirtschaftliche Bemessung schwingbruchgefährdeter Bauteile. Düsseldorf: Stahleisen, 1986
Cottin, D., Puls, E.: Angewandte Betriebsfestigkeit. 2. Aufl. München: Hanser, 1992
Dahl, W. (Hrsg.): Verhalten von Stahl bei schwingender Beanspruchung. Düsseldorf: Stahleisen, 1978
Dietmann, H.: Einführung in die Elastizitäts- und Festigkeitslehre. 3. Aufl. Stuttgart: Kröner, 1992
DIN 743: Tragfähigkeitsberechnung von Wellen und Achsen. Berlin: Beuth, 2008
DIN-Taschenbücher 401 bis 405: Gütenormen Stahl und Eisen. Berlin: Beuth, 1998
Beitz, W. und *Grote, K.-H.* (Hrsg.): Dubbel. – Taschenbuch für den Maschinenbau. Berlin: Springer, 2007
Forschungskuratorium Maschinenbau FKM (Hrsg.): Rechnerischer Festigkeitsnachweis für Maschinenbauteile aus Stahl, Eisenguss- und Aluminiumwerkstoffen. FKM-Richtlinie 4. Aufl. Frankfurt, 2002
Gudehus, H., Zenner, H.: Leitfaden für eine Betriebsfestigkeitsrechnung. 3. Aufl. Düsseldorf: Stahleisen, 1995
Hähnchen, R., Decker, K. H.: Neue Festigkeitsberechnung für den Maschinenbau. 3. Aufl. München: Hanser, 1967
Haibach, E.: Betriebsfestigkeit, Verfahren und Daten zur Bauteilberechnung. Düsseldorf: VDI, 1989
Hertel, H.: Ermüdungsfestigkeit der Konstruktionen. Berlin: Springer, 1969
Hück, M., Thrainer, L., Schütz, W.: Berechnung von Wöhlerlinien für Bauteile aus Stahl, Stahlguss und Grauguss – Synthetische Wöhlerlinien. Bericht ABF 11 (Verein deutscher Eisenhüttenleute). Düsseldorf: Stahleisen, 1981

3

Issler, L., Ruoß, H., Häfele, P.: Festigkeitslehre – Grundlagen. Berlin: Springer, 1997

Neuber, H.: Kerbspannungslehre: Theorie der Spannungskonzentration; genaue Berechnung der Festigkeit. 3. Aufl. Berlin: Springer, 1958

Niemann, G., Winter, H., Höhn, B.-R.: Maschinenelemente. Band 1. Berlin: Springer, 2005

Schlottmann, D.: Auslegung von Konstruktionselementen. Berlin: Springer, 1995

Steinhilper, W., Röper, R.: Maschinen- und Konstruktionselemente. Bd. 1. Grundlagen der Berechnung und Gestaltung. Berlin: Springer, 2000

Radaj, D.: Ermüdungsfestigkeit: Grundlagen für Leichtbau, Maschinen- und Stahlbau. Berlin: Springer, 1995

Tauscher, H.: Dauerfestigkeit von Stahl und Gusseisen. Leipzig: Fachbuchverlag, 1982

VDI-Berichte 1442: Festigkeitsberechnung metallischer Bauteile. Düsseldorf: VDI, 1998

VDI-Richtlinie, VDI 2227E: Festigkeit bei wiederholter Beanspruchung; Zeit- und Dauerfestigkeit metallischer Werkstoffe, insbesondere von Stählen. Berlin: Beuth, 1974

Wächter, K. (Hrsg.): Konstruktionslehre für Maschineningenieure. Berlin: Verlag Technik, 1987

Weißbach, W.: Werkstoffkunde und Werkstoffprüfung. Braunschweig/Wiesbaden: Vieweg, 1994

Wellinger, K. und *Dietmann, H.:* Festigkeitsberechnung: Grundlagen und technische Anwendung. 3. Aufl. Stuttgart: Kröner, 1976

Zammert, W.: Betriebsfestigkeitsberechnung. Braunschweig/Wiesbaden: Vieweg, 1985

4 Tribologie

4

4.1 Funktion und Wirkung

Bei der Dimensionierung von Maschinenelementen ist häufig die Forderung zu erfüllen, dass der Betriebszustand mit einem Minimum an reibungs- und verschleißbedingten Material- und Energieverlusten verbunden sein muss. Es gibt aber auch Anwendungen, wo eine verstärkte Reibung erwünscht ist, z. B. bei Bremsen und Reibradgetrieben. Zusätzlich wird ein möglichst störungsfreier Betrieb gefordert. Die damit zusammenhängenden, sehr komplexen Vorgänge werden im Fachgebiet Tribologie behandelt, welches wie folgt definiert werden kann: *Tribologie ist die Wissenschaft und Technik von aufeinander einwirkenden Oberflächen in Relativbewegung. Sie umfasst das Gesamtgebiet von Reibung und Verschleiß, einschließlich Schmierung, und schließt entsprechende Grenzflächenwechselwirkungen sowohl zwischen Festkörpern als auch zwischen Festkörpern und Flüssigkeiten oder Gasen ein.*

Die realen Kontaktverhältnisse zwischen zwei Bauteilen lassen sich grundlegend auf das in Bild 4-1 dargestellte tribologische System und die damit verbundenen Problemstellungen reduzieren. Für den Grund- und Gegenkörper ist z. B. zu klären, welche Werkstoffe bzw. Werkstoffpaarungen eingesetzt werden können, welche Anforderungen an die Oberfläche gestellt werden (Rauheit, Härte, Korrosionsschutz), welche Art der Relativbewegung vorliegt (Gleiten, Rollen, Wälzen), welche Beanspruchungen im Kontakt auftreten (Kräfte, Pressungen) und welche Schädigungsmechanismen (Verschleißmechanismen) zu erwarten sind. Bezüglich des Zwischenstoffs ist u. a. von Interesse, welcher Schmierstoff eingesetzt werden kann (Einstellung Reibungszahl, Wärmeabführung, Schmierstoffzufuhr) und ob Abrieb- bzw. Schmutzpartikel die Bauteilbeanspruchung beeinflussen. Zu den Umgebungsbedingungen zählen z. B. die klimatischen Verhältnisse (Temperatur, Luftfeuchtigkeit).

In den folgenden Abschnitten werden einige für das Reibungs- und Verschleißverhalten grundsätzliche Themengebiete behandelt. Besonderheiten zu den einzelnen Maschinenelementen sind in den entsprechenden Kapiteln zu finden.

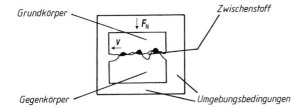

Bild 4-1
Grundstruktur eines tribologischen Systems

4.2 Reibung, Reibungsarten

In der Kontaktzone zweier Bauteile treten Reibungskräfte auf. Nach dem Coulombschen Gesetz gilt für den Zustand der Gleitreibung folgender Zusammenhang zwischen Reibungskraft F_R, Normalkraft F_N und Reibungszahl μ:

$$F_R = \mu \cdot F_N \tag{4.1}$$

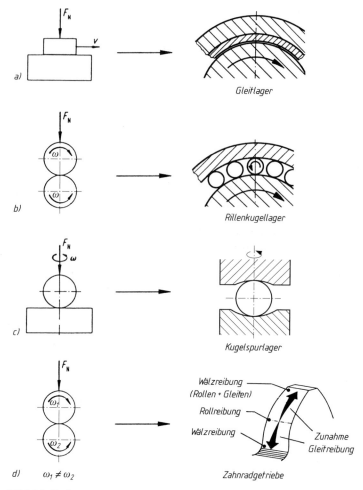

Bild 4-2 Reibungsarten
a) Gleitreibung, b) Rollreibung, c) Bohrreibung, d) Wälzreibung

Beim Zustand der Haftreibung steigt die Reibungskraft F_{R0} an, wenn bei konstanter Normalkraft F_N die tangentiale Belastung F_t zwischen den Bauteilen zunimmt. Für den Grenzfall des Erreichens der maximalen Haftreibungskraft F_{R0max} ergibt sich ($F_t > F_{R0\,max}$ führt zum Gleiten):

$$F_{R0\,max} = \mu_0 \cdot F_N$$ (4.2)

Die Reibungszahlen μ und μ_0 hängen von der Werkstoffpaarung, dem Schmierstoff, dem Reibungszustand und der Reibungsart ab. Dabei gilt: Gleitreibungszahl $\mu <$ Haftreibungszahl μ_0.
Bei der Betrachtung der Reibungsverhältnisse unterscheidet man nach der Art der Relativbewegung zwischen zwei Bauteilen die Rollreibung, Gleitreibung, Wälzreibung und Bohrreibung, s. Bild 4-2. *Rollreibung* entsteht zwischen Körpern, wenn deren Geschwindigkeiten in der Kontaktzone nach Betrag und Richtung gleich groß sind und mindestens ein Körper eine Drehbewegung um eine momentane, in der Berührfläche liegende Drehachse vollführt. Ursache der *Gleitreibung* ist die im Kontaktbereich stattfindende translatorische Relativbewegung. Bei der *Wälzreibung* handelt es sich um eine Überlagerung von Roll- und Gleitreibung. *Bohrreibung* entsteht im Kontakt, wenn mindestens ein Körper eine Drehbewegung um eine senkrecht zur Berührzone stehende Achse ausführt.

4.3 Reibungszustände (Schmierungszustände)

Das Reibungs- und Verschleißverhalten im Kontaktbereich wird entscheidend durch den vorliegenden Reibungszustand beeinflusst. Man unterscheidet allgemein die Festkörperreibung, Grenzreibung, Mischreibung, Flüssigkeitsreibung und Gasreibung.

Festkörperreibung liegt vor, wenn metallisch reine Kontaktflächen ohne Schmierung einer Reibbeanspruchung unterliegen. Dieser Zustand ist in der Praxis kaum von Bedeutung, da i. allg. zumindest Reaktionsschichten im Oberflächenbereich entstehen (Ausnahme: Anwendungen im Vakuum). Als *Grenzreibung* (Sonderfall der Festkörperreibung, bei der ein Schmierfilm nicht oder nicht mehr vorhanden ist) wird der Zustand bezeichnet, bei dem im Kontaktbereich der Bauteile Randschichten (Schutzschichten) wirksam sind. Diese entstehen natürlich durch Oxydation, durch Adsorption (physikalische Anlagerung der im Schmierstoff enthaltenen polaren Komponenten) oder durch chemische Reaktionen spezieller Schmierstoffadditive bei hohen Drücken und Temperaturen. Die Verhältnisse bei Grenzreibung sind z. B. maßgebend für die Notlaufeigenschaften von Bauteilen. Bei der *Flüssigkeitsreibung* wird eine vollständige Trennung beider Kontaktpartner durch einen flüssigen Schmierfilm realisiert. Es gibt keine Berührung einzelner Rauheiten mehr und die gesamte Belastung wird durch den im Schmierfilm aufgebauten Druck übertragen. Die auftretende Reibung (innere) im Schmierfilm wird durch die chemische Struktur des Schmieröls bestimmt. Die *Gasreibung* ist mit der Flüssigkeitsreibung vergleichbar, wobei die vollständige Trennung der Kontaktpartner durch einen gasförmigen Film erreicht wird. Der Zustand der *Mischreibung* beschreibt den Bereich zwischen Grenzreibung und Flüssigkeitsreibung. Beide Bauteile werden nicht mehr vollständig durch einen Schmierfilm getrennt, in Teilbereichen berühren sich die Oberflächenrauheiten. Somit wird ein Teil der Belastung durch Festkörperkontakt, der andere Teil durch den Schmierfilm übertragen.

Der Schmierdruck zur vollständigen Trennung der Bauteile bei der Flüssigkeitsreibung kann auf unterschiedliche Weise erzeugt werden. Geschieht dies durch eine Pumpe außerhalb des Kontakts, handelt es sich um *hydrostatische* Schmierung. Bei der *hydrodynamischen* und *elastohydrodynamischen* Schmierung dagegen wird der Schmierdruck durch die Bauteilbewegung erzeugt, das Schmieröl wird in einen sich verengenden Schmierspalt gefördert. Bei der hydrodynamischen Schmierung sind dabei die Beanspruchungen so gering, dass die Verformungen der

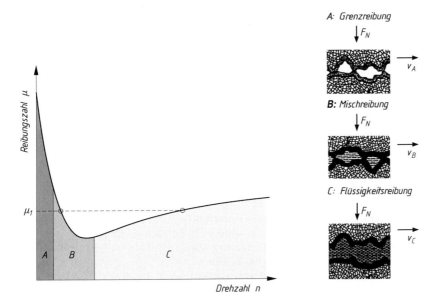

Bild 4-3 Reibungszustände eines hydrodynamisch geschmierten Radialgleitlagers

Reibungszustand	Reibungsart	Reibungszahl
Festkörperreibung	Gleitreibung	0,3 … 1 (1,5)
Grenzreibung	Gleitreibung Rollreibung	0,1 … 0,2 < 0,005
Mischreibung	Gleitreibung Wälzreibung Zahnräder Wälzreibung Reibräder (Traktion Fluids) Rollreibung	0,01 … 0,1 0,02 … 0,08 0,06 … 0,12 0,001 … 0,005
Flüssigkeitsreibung	Gleitreibung	0,001 … 0,01
Gasreibung	Gleitreibung	0,0001

Bild 4-4 Anhaltswerte für Reibungszahlen in Abhängigkeit des Reibungszustands

Kontaktpartner vernachlässigbar klein sind (z. B. bei Gleitlagern, s. Abschn. 15.1.5), bei der elastohydrodynamischen Schmierung müssen aufgrund der hohen Pressungen die Vorformungen im Kontaktbereich bei der Bewertung der Reibungs- und Schmierungsverhältnisse berücksichtigt werden (z. B. bei Zahnrädern).

Den Einfluss unterschiedlicher Betriebsverhältnisse auf das Reibungsverhalten eines hydrodynamisch geschmiertes Radialgleitlager zeigt Bild 4-3. So durchläuft der Kontaktbereich die Reibungszustände Grenz-, Misch- und Flüssigkeitsreibung, wenn die Welle aus dem Stillstand bis auf Betriebsdrehzahl beschleunigt wird. Dabei wird auch ein sich ändernder Zusammenhang zwischen Reibung und Verschleiß sichtbar. So gibt es im Mischreibungsgebiet einen Betriebspunkt, bei dem sich die Reibungszahl μ_1 einstellt und mit Verschleiß (Abrieb) im Gleitlager gerechnet werden muss. Die gleiche Reibungszahl μ_1 stellt sich auch für einen Betriebspunkt im Gebiet der Flüssigkeitsreibung ein. Für diese Betriebsverhältnisse ist aber ein verschleißloser Lauf gewährleistet. Eine allgemeine Zusammenstellung für typische Reibungszustände und zugehörige Reibungszahlen zeigt Bild 4-4, ansonsten s. TB 4-1.

Zur Charakterisierung des Reibungszustands kann auch die spezifische Schmierfilmdicke λ herangezogen werden:

$$\lambda = h_{min}/R_a \qquad (4.3)$$

h_{min} minimale Schmierfilmdicke im Kontakt
R_a gemittelte Oberflächenrauheit beider Kontaktpartner ($R_a = 0{,}5(R_{a1} + R_{a2})$)

Näherungsweise können für die spezifische Schmierfilmdicke λ folgende Bereiche unterschieden werden: Grenzreibung λ < 0,2, Mischreibung 0,2 < λ < 3, Flüssigkeitsreibung λ > 3.

4.4 Beanspruchung im Bauteilkontakt, Hertzsche Pressung

Werden zwei Bauteile (Wälz- bzw. Rollpaarungen) senkrecht zur Berührebene belastet, entstehen in der Kontaktzone Oberflächenpressungen (s. Bild 4-5). Bei den damit verbundenen Verformungen wird abhängig von den Bauteilgeometrien zwischen Punkt- und Linienberührung unterschieden. Die Abplattungen im Kontaktbereich bilden sich entsprechend rechteckig (Linienberührung) bzw. elliptisch (Punktberührung) aus, s. Bilder 4-6, 4-7.

Die Größe der Pressungen in den Druckflächen können mit Hilfe der Hertzschen Gleichungen bestimmt werden. Diese gelten streng genommen nur unter folgenden Voraussetzungen: Die Werkstoffe sind ideal homogen, es sind keine Eigenspannungen vorhanden, die Oberflächen der Bauteile sind geometrisch ideal ausgebildet (ohne Rauheits- und Formabweichungen), es liegen nur reine Normalbeanspruchungen vor, der Kontakt ist ungeschmiert. Obwohl diese Bedingungen i. Allg. nicht erfüllt sind, können die Hertzschen Gleichungen auch über diese Grenzen hinaus verwendet werden. Es ist aber darauf zu achten, dass die zulässigen Pressungen, ermittelt im Versuch an speziellen Bauteilen (Zahnräder, Wälzlager, Kettengetriebe) deshalb nur für diese jeweils untersuchten Bauteile verwendet werden können.

Für die Berechnung der Hertzschen Pressung wird bei Linienberührung aus den Krümmungsradien ρ_1 und ρ_2 der Ersatzradius ρ gebildet. Damit wird der reale Kontakt von zwei gekrümmten Flächen (mit den Radien ρ_1 und ρ_2) auf die Ersatzbeanspruchung gekrümmter Körper (mit Ersatzradius ρ) gegen einen ebenen Körper reduziert, s. Bild 4-6. Weiterhin wird aus den Elastizitätsmoduln beider Kontaktpartner E_1 und E_2 ein Ersatz-Elastizitätsmodul E gebildet. Die Hertzsche Pressung p_H ergibt sich bei Linienberührung zu:

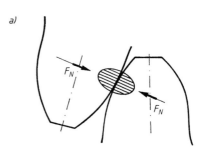

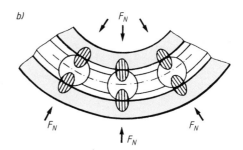

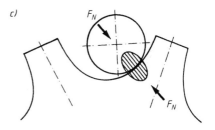

$$p_H = \sqrt{\frac{F_N \cdot E}{2 \cdot \pi \cdot \rho \cdot l}} \qquad (4.4)$$

ρ $\quad = \rho_1 \cdot \rho_2/(\rho_1 + \rho_2)$, reduzierter Krümmungsradius

E $\quad = 2 \cdot E_1 \cdot E_2/[(1-\nu_1^2) \cdot E_2 + (1-\nu_2^2) \cdot E_1]$, reduzierter Elastizitätsmodul

ρ_1, ρ_2 Krümmungsradien beider Kontaktpartner, negativ bei konkaver Krümmung (Krümmungsmittelpunkt liegt außerhalb des Bauteils)

ν_1, ν_2 Querdehnzahlen beider Kontaktpartner

E_1, E_2 Elastizitätsmoduln beider Kontaktpartner

F_N Normalkraft

l Kontaktlänge

Bild 4-5 Hertzsche Pressung im a) Zahnradkontakt, b) Kontakt Wälzkörper/Laufring, c) Kontakt Kettenrad/Kette

Bei Punktberührung wird vergleichbar verfahren, indem aus den Radien ρ_1, ρ_2, ρ_3, und ρ_4 zwei Ersatzradien ρ_I und ρ_{II} gebildet werden. Damit wird wiederum der Ersatzkontakt gekrümmte

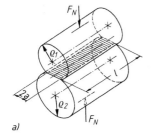

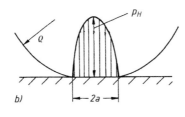

Bild 4-6 Wälzpaarung bei Linienberührung a) Kontakt zweier Zylinder, b) Pressungsverteilung p_H über die Kontaktbreite 2a, ermittelt nach Hertz für das Ersatzmodell Zylinder/Ebene

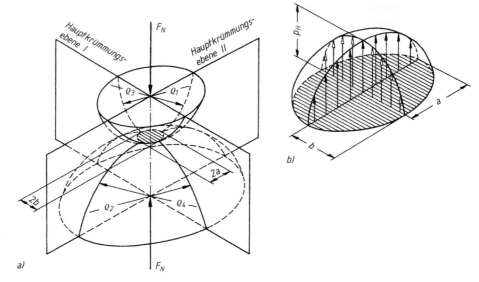

Bild 4-7 Wälzpaarung bei Punktberührung, a) Kontakt zweier Körper, b) Hertzsche Druckverteilung p_H

Fläche gegen ebene Fläche hergestellt, einmal in der Hauptebene I, zum anderen in der senkrecht dazu stehenden Hauptebene II.

4.5 Schmierstoffe

4.5.1 Schmieröle

Schmieröle sind die am häufigsten eingesetzten Schmierstoffe. Sie ermöglichen eine leichte
Reibstellenversorgung, damit eine Optimierung des Betriebs hinsichtlich Reibung und Verschleiß und eine gute Abführung von Reibungswärme und Abrieb aus dem Kontakt. Weiterhin
können durch zusätzliche Maßnahmen die gewünschten Eigenschaften des Schmieröls eingestellt werden (z. B. Kühlung, Filterung). Nachteilig sind der häufig relativ hohe Dichtungsaufwand und die teilweise notwendigen großen Schmierölmengen.

1. Eigenschaften der Schmieröle

Dynamische Viskosität η: Bewegen sich zwei parallele Platten, zwischen denen sich ein Schmieröl befindet, mit unterschiedlicher Geschwindigkeit, wird das Öl auf Scherung beansprucht,

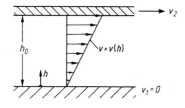

Bild 4-8
Geschwindigkeitsverteilung im parallelen Schmierspalt
bei laminarer Strömung

s. Bild 4-8. Die Schubspannung τ ergibt sich zu (laminare Strömung):

$$\tau = \eta \cdot \frac{dv}{dh} = \eta \cdot S \tag{4.5}$$

η dynamische Viskosität
S Schergefälle

4

Der Proportionalitätsfaktor, der die Abhängigkeit zwischen Geschwindigkeitsänderung dv und vorhandener Schubspannung τ bestimmt, ist die dynamische Viskosität η. Sie wird deshalb auch als ein Maß für die innere Reibung des Schmieröls bezeichnet. Die dynamische Viskosität η hat die Einheit mPa $\cdot$ s $= 10^{-3}$ Ns/m^2 $= 10^{-2}$ P (Poise).
Kinematische Viskosität v: Diese lässt sich aus der dynamischen Viskosität η und der Dichte ϱ der Flüssigkeit berechnen:

$$v = \frac{\eta}{\varrho} \tag{4.6}$$

Die kinematische Viskosität v hat die Einheit mm^2/s $= 1$cSt (Centistoke).
Ist die Viskosität nur von Temperatur und Druck abhängig, wird die Substanz als Newtonsche Flüssigkeit bezeichnet (z. B. reine Mineralöle). Verringert sich die Viskosität bei größer werdendem Schergefälle $S = dv/dh$, so handelt es sich um eine strukturviskose Flüssigkeit (z. B. Mineralöle mit speziellen Additiven, viele synthetische Öle).

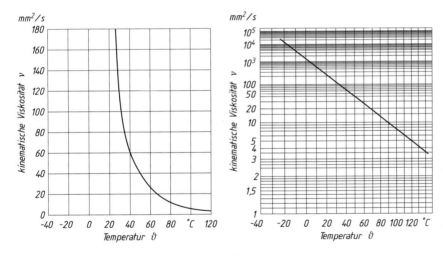

Bild 4-9 Viskositäts-Temperatur-Verhalten eines Schmieröls
a) lineare Darstellung, b) lglg v – lg v-Darstellung

Die Abhängigkeit der Viskosität von der Temperatur zeigt Bild 4-9a. Man sieht, dass sich dieser Einfluss mit zunehmender Temperatur verringert. Deshalb nutzt man häufig die lglg v – lg v-Darstellung, bei der sich der Temperatureinfluss vereinfacht als Gerade darstellen lässt (Bild 4-9b). Der Vorteil der Verwendung der lglg v – lg v-Abhängigkeit ergibt sich aus dem Umstand, dass sich mit den Ergebnissen der Viskositätsmessungen bei zwei Temperaturen die Viskositäten bei beliebigen anderen Temperaturen bestimmen lassen (durch Einzeichnen einer Gerade in Bild 4-9b bzw. Berechnung).
Die Viskositäts-Temperatur-Abhängigkeit kann nach ISO 2909 durch einen Viskositätsindex (VI-Index) angegeben werden. Ursprünglich war danach vorgesehen, alle Öle in einer Klassifizierung von VI = 0 (Öl mit sehr hoher Temperaturabhängigkeit) bis VI = 100 (Öl mit geringer

Temperaturabhängigkeit) einzuordnen. Heute ist dieser Bereich nicht mehr ausreichend, es gibt synthetische Öle, die deutlich höhere Werte aufweisen (VI > 200). Wichtig ist eine geringe Temperaturabhängigkeit vor allem bei Mehrbereichsölen, z. B. Schmierölen für Verbrennungsmotoren. Diese müssen bei tiefen Temperaturen noch ausreichend fließfähig sein und bei hohen Temperaturen eine Mindestviskosität aufweisen.

Die Abhängigkeit der Viskosität vom Druck lässt sich wie folgt darstellen:

$$\eta_p = \eta_0 \, e^{\alpha p} \tag{4.7}$$

η_P Viskosität bei Druck p
η_0 Viskosität bei Atmosphärendruck
p Druck
α Druckviskositätskoeffizient

Werte für den Druckviskositätskoeffizienten α s. TB. 4-2. Eine Zusammenstellung wesentlicher Schmieröleigenschaften s. Bild 4-10.

Die Eigenschaften der Schmieröle (Mineralöle, teilweise Syntheseöle) werden durch Additive gezielt verändert. Dadurch kann der Einsatzbereich von Mineralölen deutlich erweitert werden, in vielen Fällen kann man dann auf die teuren synthetischen Öle verzichten. Additivtypen und deren Wirkmechanismen s. Bild 4-11.

2. Einteilung der Schmieröle

Nach der Herstellung: Man unterscheidet grundlegend Mineralöle und synthetische Öle.

Mineralöle werden aus natürlich vorkommendem Erdöl gewonnen. Die genaue Zusammensetzung hängt von der Herkunft des Erdöls ab. Eine typische Rohölzusammensetzung besteht aus 80...85% Kohlenstoff, 10...17% Wasserstoff, bis 7% Schwefel und bis 1% sonstige Elemente (O, N, P, V, Ni, Cu, Na, Ca, Fe, Al). In verschiedenen Herstellschritten werden die gewünschten Eigenschaften der Öle eingestellt. Diese ergeben sich durch die chemische Struktur des Grundöls, d. h. hauptsächlich durch die vorhandenen Anteile an Paraffinen (gesättigte, kettenförmige Kohlenwasserstoffe), Naphthenen (gesättigte, ringförmige Kohlenwasserstoffe) und Aromaten (ungesättigte, ringförmige Kohlenwasserstoffe). Je nach Dominanz der entsprechenden Kohlenwasserstoff-Bestandteile im Schmieröl unterscheidet man paraffinbasische bzw. naphtenbasische Schmieröle, s. Bild 4-12. Aromatische Grundöle haben für Schmierzwecke keine Bedeutung.

Synthetische Öle werden in chemischen Prozessen für spezielle Anwendungen hergestellt. Dies geschieht mit speziellen, aus natürlichen Ölen hergestellten Grundbausteinen. Verwendete Syntheseöle und deren Eigenschaften s. Bild 4-13.

Wesentliche Vorteile synthetischer Schmieröle gegenüber Mineralölen sind der größere Temperatureinsatzbereich, die bessere Alterungsbeständigkeit (3...5 mal längere Lebensdauer), ein höherer Flammpunkt (z. B. wichtig bei Gasturbinen und Kompressoren) und die Möglichkeit der Einstellung der Reibungszahl (0,7...2 × Mineralöl-Reibungszahl). Nachteile der synthetischen Öle sind eine stärkere hygroskopische Wirkung (ziehen Wasser an), ein ungünstigeres hydrolytisches Verhalten (Zersetzung bei Wasserzusatz), die Gefahr chemischer Reaktionen mit Dichtungen, Buntmetallen und Lacken bzw. von Korrosion, eine nur eingeschränkte oder keine Mischbarkeit mit Mineralölen, ein stärkeres toxisches Verhalten und der häufig deutlich höhere Preis. Zu beachten ist beim Einsatz synthetischer Öle, dass deren vorteilhafte Eigenschaften teilweise nur bei bestimmten Betriebsbedingungen voll wirksam werden und nur dann die höheren Kosten vertretbar sind.

Eine weitere Gruppe natürlicher Öle sind die Pflanzenöle. Als Grundöle für Schmierzwecke werden vor allem Sojaöl, Palmöl, Rapsöl und Sonnenblumenöl verwendet.

Nach der kinematischen Viskosität ν, s. Bild 4-14: Die Viskosität des Schmieröls hat einen wesentlichen Einfluss auf die sich einstellende Schmierfilmdicke im Kontakt und den damit verbundenen Reibungszustand. Deshalb werden Schmieröle z. B. für Anwendungen in der Indus-

Eigenschaft	Beschreibung
Alterungsbeständigkeit (Oxidationsbeständigkeit)	Beständigkeit gegen eine Veränderung der Schmieröleigenschaften unter Einwirkung von Luftsauerstoff, Wärme, Licht- und Strahlungsenergie, Katalyse sowie von Nachfolgeprozessen wie Polymerisation, Kondensation, Oxidation (bestimmt die Lebensdauer des Öls)
Biologische Abbaubarkeit	Kennzeichnet, inwieweit eine bestimmte prozentuale Menge der Grundsubstanzen des Schmieröls unter definierten Bedingungen durch Mikroorganismen biologisch (leicht) abgebaut werden (z. B. gefordert bei Verlustschmierung). Die Abbauprodukte sind ökotoxikologisch unbedenklich
Brennpunkt	Temperatur, bei der das Öldampf-Luft-Gemisch nach der Zündung weiterbrennt (liegt ca. 30...40 °C über dem Flammpunkt)
Dichtungsverträglichkeit (Elastomerverträglichkeit)	Kennzeichnet die Verträglichkeit des Öls bzw. bestimmter Additive mit Dichtungswerkstoffen (Kunststoffen)
Dispergiervermögen	Kennzeichnet, inwieweit die Bildung eines feinverteilten Öl-Wasser-Gemischs möglich ist
Demulgierbarkeit	Kennzeichnet, inwieweit das Abscheiden von Wasser aus dem Öl möglich ist
Emulgierfestigkeit	Widerstand eines Öls gegen Emulsionsbildung
Flammpunkt	Niedrigste Temperatur, bei der sich die Dämpfe des Öls (Luft-Dampf-Gemisch) bei offener Flamme entzünden.
Stockpunkt (Pourpoint) (Kälteverhalten)	Temperatur, bei der ein Öl so steif wird, das es unter Einwirkung der Schwerkraft gerade noch fließt
Neutralisationsvermögen	Kennzeichnet, inwieweit die während des Betriebs entstehenden sauren oder alkalischen Bestandteile durch das Öl neutralisiert werden können
Schaumverhalten	Luft in Ölen führt zur Schaumbildung (Luftblasen, umhüllt mit dünnen Ölschichten). Dieser zerfällt, bevor er erneut in die Schmierstelle gelangt (ungefährlich) oder es bildet sich ein stabiler Oberflächenschaum, der zu einer deutlichen Änderung der Schmierwirkung führen kann.
Scherstabilität	Kennzeichnet, inwieweit ein durch Scherung bedingter irreversibler Viskositätsabfall eintritt
Thermische Stabilität (Thermostabilität)	Widerstand des Öls gegen eine Änderung der chemischen Struktur bei hohen Temperaturen
Verdampfungsverhalten	Kennzeichnet den Umfang von entstehenden Ölverdampfungsverlusten bei hohen Temperaturen
Verkokungsneigung (Koksrückstand)	Kennzeichnet, in welchem Umfang sich bei hoher thermischer Belastung von Mineralölen Ölkohle bildet
Viskosität	Eigenschaft des fließfähigen Öls, unter Einwirkung einer Kraft (Spannung) zu fließen und reversibel verformt zu werden, s. auch Abschn. 24.4.1
Viskositäts-Temperatur-Verhalten (Viskositätsindex)	Kennzeichnet, in welchem Umfang sich eine Temperaturänderung auf die Änderung der Viskosität auswirkt, s. auch Abschnitt 24.4.1
Wärmeleitfähigkeit	Kenngröße zur Beschreibung des Wärmetransports im Öls
Wärmekapazität (spezifische)	Kenngröße zur Beschreibung der Wärmeaufnahmefähigkeit eines Öls

Bild 4-10: Eigenschaften der Schmieröle

Additivtyp	Verwendung	Wirkungsweise
Emulgatoren	Stabilisierung von Öl-Wasser-Gemischen	Adsorption des Emulgators an der Grenzschicht Öl/Wasser, dadurch Feinverteilung (Dispergierung) beider Flüssigkeiten
Geruchsveränderer	Erzeugung eines kennzeichnenden, gewünschten Geruchs	Bildung stark riechender Verbindungen
Dispergent-Wirkstoffe	Verringerung oder Verhütung von Ablagerungen an Oberflächen bei hohen Betriebstemperaturen	Entstehung von öllöslichen oder im Öl suspendierten Produkten
Dispersant-Wirkstoffe	Verhinderung oder Verhütung von Schlammbildung bei niedrigen Temperaturen	Verunreinigungen werden mit öllöslichen Molekülen umhüllt, welche die Ablagerung des Schlamms verhindern
Farbstoffe	Erzeugung kräftiger Farben	Lösung im Öl unter Farbwirkung
Fressschutzwirkstoffe (Hochdruckzusätze, EP: Extreme Pressure)	Verhinderung von Mikroverschweißungen zwischen Metalloberflächen bei hohen Drücken und Temperaturen	Bildung einer wenig scherfesten Schicht durch chemische Reaktion mit der Metalloberfläche (ständiges Abscheren und Neubilden)
Haftverbesserer	Verbesserung des Haftvermögens des Schmierstoffs	Erhöhung der Viskosität an der Grenzfläche zum Werkstoff (Additiv ist zäh und klebrig)
Korrosionsinhibitoren (z. B. Rostschutzinhibitoren für Eisenwerkstoffe)	Verhinderung von Korrosion durch – für korrosive Medien undurchlässige – Deckschichten	Chemische Reaktion mit der Metalloberfläche oder Adsorption der Additive an der Metalloberfläche
Metalldeaktivatoren	Verhinderung des katalytischen Einflusses auf Oxidation und Korrosion	Reaktion mit Metallionen unter Bildung adsorptiver Schutzschichten
Oxidationsinhibitoren	Minimierung von Verfärbung, Schlamm-, Lack- und Harzbildung durch Oxidation	Unterbrechung der Oxidationskettenreaktion, Verhinderung katalytischer Reaktionen
Stockpunktserniedriger (Pourpointerniedriger)	Herabsetzung des Stockpunkts des Öls	Umhüllung der entstehenden Paraffinkristalle und Verhinderung des Wachstums
Schauminhibitoren	Verhinderung der Bildung von stabilem Schaum	Zerstörung der Ölhäutchen, die die Luftblasen umgeben
Verschleißschutzadditiv (Anti-Wear)	Reduzierung des Verschleißes zwischen Metalloberflächen	Bildung von Oberflächenschichten durch Reaktion mit der Metalloberfläche, die plastisch deformiert werden und das Tragbild verbessern
Viskositätsindexverbesserer	Verringerung der Viskositätsänderung bei Veränderung der Temperatur	Polymermoleküle beeinflussen die Öleigenschaften temperaturabhängig, sie sind stark verknäult (kaltes Öl) oder entknäult (warmes Öl)

Bild 4-11 Schmierstoffadditive, deren Verwendung und Wirkmechanismen

Molekülstruktur O = H ● = C	n-Paraffin (geradkettig)	i-Paraffin (verzweigt)	Naphthen (ringförmig)
Beispiel:	n-Hexan	i-Hexan	Cyklohexan

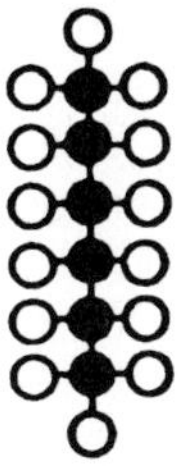

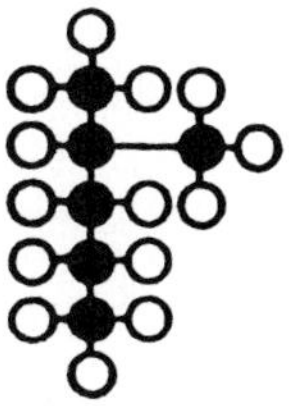

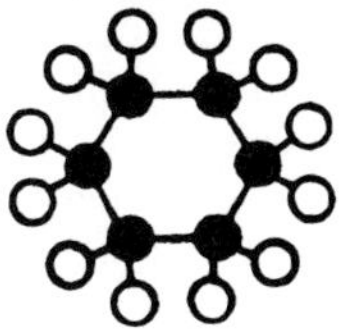

	paraffinbasisch	naphthenbasisch
paraffinischer Anteil	>60%	<60%
Dichte	niedrig	mittel
Viskositäts-Temperatur-Verhalten	gut	mittel
Alterungsbeständigkeit	gut	schlechter
Flammpunkt	hoch	mittel
Elastomerverträglichkeit	gut	gut
Verdampfungsneigung	gering	mittel
Kälteverhalten	schlecht	gut
Benetzungsfähigkeit	mittel	gut
Verkokungsneigung	mittel	gering
Oxidationsbeständigkeit	gut	gut
Thermostabilität	mittel	gut
Dispergiervermögen	mittel	gut
Demulgierbarkeit	mittel	gut
Aromatengehalt	niedrig	mittel

Bild 4-12 Eigenschaften von Mineralölen in Abhängigkeit der Molekülstrukturanteile

Synthese-basisöl	Eigenschaften	Anwendungen	Kosten-relation zu Mineralöl
Polyalpha-olefine (synthe-tische Koh-lenwasser-stoffe)	Sehr gute Oxidationsbeständigkeit, ausgezeichnetes Fließverhalten bei tiefen Temperaturen, gutes Viskositäts-Temperatur-Verhalten, geringe Verdampfungsverluste bei hohen Temperaturen, sehr gute Verträglichkeit mit Lack und Dichtungsmaterialien, mischbar mit Mineralölen und Estern, gute hydrolytische Beständigkeit, gutes Reibungsverhalten bei Mischreibung, gutes Korrosionsschutzverhalten, nicht toxisch, begrenzte biologische Abbaubarkeit, geringe thermische Beständigkeit.	Motorenöle, Kompres-sorenöle, Hydrauliköle, Getriebeöle, Schmierfette	3 … 5
Polyalky-lenglykole (Polygly-kole)	Gutes Viskositäts-Temperatur-Verhalten, ausgezeichnete Verschleiß- und Fressschutzeigenschaften, ausgezeichnetes Reibungsverhalten bei Werkstoffpaarung Stahl/Bronze, gutes Fließverhalten bei tiefen Temperaturen, nicht toxisch, schnell biologisch abbaubar, nicht mischbar mit Mineralölen, schlechte Additivlöslichkeit, begrenzte Verträglichkeit mit Dichtungswerkstoffen, geringe Oxidationsbeständigkeit	Schnecken-getriebe, schwerent-flammbare Hydrauliköle, Kühlschmier-stoffe	6 … 10

Bild 4-13 Fortsetzung siehe nächste Seite

4

Synthese-basisöl	Eigenschaften	Anwendungen	Kosten-relation zu Mineralöl
Carbon-säureester	Gute Oxidationsbeständigkeit, ausgezeichnetes Fließverhalten bei tiefen Temperaturen, sehr gutes Viskositäts-Temperatur-Verhalten, sehr geringe Verdampfungsverluste bei hohen Temperaturen, mischbar mit Mineralölen, nicht toxisch, schnell biologisch abbaubar, geringe Verträglichkeit mit Lack und Dichtungsmaterialien, geringe hydrolytische Beständigkeit, mäßige Korrosionsschutzeigenschaften, begrenzte Additivlöslichkeit	Flugturbinen-öle, Kompressorenöle, Motorenöl-komponente, Tief- und Hochtempera-turfette	4 ... 10
Silikonöl	Ausgezeichnetes Viskositäts-Temperatur-Verhalten, sehr gute thermische und toxische Beständigkeit, ausgezeichnetes Fließverhalten bei tiefen Temperaturen, geringe Verdampfungsverluste, hohe chemische Beständigkeit, gute Verträglichkeit mit Lack und Dichtungswerkstoffen, gute elektrische Eigenschaften, sehr schlechte Schmierungseigenschaften im Mischreibungsgebiet, nicht mischbar mit Mineralölen, keine Additivlöslichkeit	Wärmeüber-tragungsöle, Hochtempera-turhydraulik-öle, Sonder-schmierfette, Sonder-schmierstoffe für elektrische Kontakte	30 ... 100
Phosphor-säureester	Schwer entflammbar, gute Oxidationsbeständigkeit, gutes Fließverhalten bei tiefen Temperaturen, ausgezeichnete Verschleiß- und Frostschutzeigenschaften, hohe Strahlenbeständigkeit, nicht toxisch, schnell biologisch abbaubar, nicht mischbar mit Mineralölen, schlechtes Viskositäts-Temperatur-Verhalten, begrenzte Verträglichkeit mit Dichtungsmaterialien, mäßiges Korrosionsschutzverhalten	Schwer ent-flammbare Hydrauliköle	4 ... 8
Silikatester	Ausgezeichnetes Viskositäts-Temperatur-Verhalten, sehr gutes Fließverhalten bei tiefen Temperaturen, sehr gute Oxidationsbeständigkeit, gute thermische Beständigkeit, geringe hydrolytische Beständigkeit, nicht mischbar mit Mineralölen, begrenzte biologische Abbaubarkeit.	Hydrauliköle, Wärmeüber-tragungsöle	20 ... 30

Bild 4-13 Eigenschaften und Anwendungen wichtiger synthetischer Schmieröle

trie nach DIN 51519 in ISO-Viskositätsklassen (ISO-VG) eingeteilt. Für Schmieröle für Kraftfahrzeugmotoren (DIN 51511) und Kraftfahrzeuggetriebe (DIN 51512) gibt es ebenfalls Viskositäts-Klassifikationen (SAE-Klassen, SAE: Society of Automotive Engineers).
Nach dem Anwendungsgebiet: Häufig werden die notwendigen Schmieröleigenschaften durch die Einsatzbedingungen bestimmt. Deshalb gibt es Klassifikationen für Schmieröle entsprechend den anwendungstypischen Erfordernissen. Danach unterscheidet man Maschinenschmieröle, Zylinderöle, Turbinenöle, Motorenöle, Getriebeöle, Kompressorenöle, Umlauföle, Hydrauliköle, Isolieröle, Wärmeträgeröle, Prozessöle, Metallbearbeitungsöle/Kühlschmierstoffe, Korrosionsschutzmittel und Textil- und Textilmaschinenöle. Eine Klassifikation für Kfz-Getriebeöle zeigt Bild 4-15.

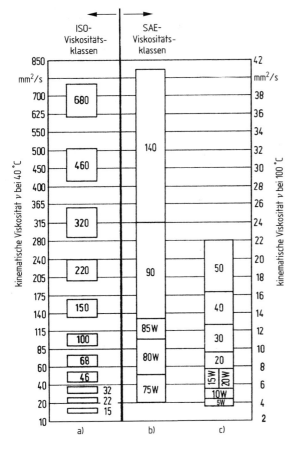

Bild 4-14
Viskositätsklassifikationen
a) Industrieschmieröle, b) Kfz-Getriebeöle,
c) Kfz-Motorenöle

Klassifi-kation	Betriebs-bedingungen	Additive	Anwendungen
GL-1	leicht	keine	Getriebe mit geringen Belastungen und Umfangsgeschwindigkeiten; Kegelräder (spiralverzahnt), Schneckengetriebe
GL-2	leicht–mittel	Verschleißschutz-Wirkstoffe (2,7 Gew.%)	etwas höhere Beanspruchungen als bei GL-1; Stirnradgetriebe, Schneckengetriebe
GL-3	mittel	leichte EP-Zusätze (4 Gew.%)	schwere Belastungs- und Geschwindigkeitsverhältnisse; Kegelräder (spiralverzahnt), Stirnradgetriebe
GL-4	mittel–schwer	normale EP-Zusätze (6,5 Gew.%)	hohe Geschwindigkeiten oder hohe Drehmomente; Hypoidgetriebe, Handschaltgetriebe
GL-5	schwer	wirksame EP-Zusätze (10 Gew.%)	hohe Geschwindigkeiten oder hohe Drehmomente bei zusätzlicher Stoßbelastung; Hypoigetriebe mit großem Achsversatz, Handschaltgetriebe

Bild 4-15 Klassifikation für Kfz-Getriebeöle nach API (American Petroleum Institute)

4.5.2 Schmierfette

Schmierfette bestehen aus drei Anteilen, dem Grundöl, einem Eindicker und Additiven.
Im Betrieb wird unter der Belastung das im Eindicker gebundene Öl abgeschieden, die Schmierstelle versorgt. Nach Entlastung der Kontaktstelle wird das Öl wieder im Eindicker gebunden.
Als Grundöl (75% ... 96%) wird häufig Mineralöl verwendet, weiterhin auch synthetische Öle und für begrenzte Anwendungen pflanzliche Öle. Eindicker (4% ... 20%) sind meist Seifen (Metallsalze von Fettsäuren, Reaktionsprodukt von Fettsäuren und Laugen). Man unterscheidet Normalseifen (eine Lauge, eine Fettsäure), Gemischtseifen (eine Fettsäure, zwei Laugen) und Komplexseifen (zwei Fettsäuren, eine Lauge). Weiterhin werden auch Nichtseifen (z. B. Betonit, Polyharnstoff) als Eindicker verwendet
Die Eigenschaften des Schmierfetts werden durch die Art und Konzentration der drei Grundkomponenten bestimmt. Bei einem hohen Grundölanteil (90% ... 96%) entsprechen die Eigenschaften des Fetts im wesentlichen denen des Grundöls. Das Fett ist dann weich. Bei hohen Eindickeranteilen (15% ... 20%) beeinflusst dieser die Eigenschaft des Fetts erheblich, das Fett ist hart. Eine wichtige Kenngröße für den Einsatz von Schmierfetten ist der Tropfpunkt. Dabei handelt es sich um die Temperatur, bei der ein Schmierfett flüssig wird, d. h. abtropft. Die Betriebstemperatur des Schmierfetts muss i. allg. oberhalb des Tropfpunkts liegen. Schmierfette und deren Eigenschaften s. TB 4-3.
Die Einteilung der Fette erfolgt i. allg. nach der Konsistenz, s. Bild 4-16. Weitere Klassifikationen gibt es nach der Art des Eindickers (z. B. Natrium-, Kalziumkomplex-, Betonitfette), den zu schmierenden Maschinenelementen (z. B. Wälzlager-, Gleitlager-, Getriebe-, Chassisfette), der Anwendung (z. B. Tief-, Normal-, Hochtemperaturfette, Mehrzweck-, Normal-, Sonder-

NLGI-Klasse (DIN 51818)	Walkpenetration[1] in 0,1 mm	Konsistenz	Anwendungen
000	445 ... 475	fließend	Getriebefette, Zentralschmieranlagen
00	400 ... 430	schwach fließend	Getriebefette, Zentralschmieranlagen
0	355 ... 385	halbflüssig	Getriebefette, Wälzlagerfette, Zentralschmieranlagen
1	310 ... 340	sehr weich	Wälzlagerfette
2	265 ... 295	weich	Wälzlagerfette, Gleitlagerfette
3	220 ... 250	mittelfest	Wälzlagerfette, Gleitlagerfette, Wasserpumpenfette
4	175 ... 205	fest	Wälzlagerfette, Wasserpumpenfette
5	130 ... 160	sehr fest	Wasserpumpenfette, Blockfette
6	85 ... 115	hart	Blockfette

[1] Fett wird in einem genormten Fettkneter gewalkt, danach wird die Eindringtiefe eines standardisierten Konus in einer festgelegten Zeit gemessen

Bild 4-16 Klassifikation für Schmierfette nach NLGI (National Lubricating Grease Institut)

schmierfette), den Einsatzbereichen (z. B. Eisenbahn-, Kraftfahrzeug-, Luftfahrtfette), dem Grundöl (mineralölbasische, syntheseölbasische, pflanzenölbasische Schmierfette) und der ökologischen Verträglichkeit (z. B. normale, biologisch schnell abbaubare, schwermetallfreie Schmierfette). Bezüglich des letztgenannten Punkts gewinnt die biologische Abbaubarkeit immer mehr an Bedeutung, speziell bei der Verlustschmierung.

Vorteilhaft beim Einsatz von Schmierfetten ist, dass nur eine geringe Menge zur Schmierung benötigt wird und eine aufwendige Abdichtung entfällt. Nachteilig sind vor allem die schlechte bzw. fehlende Abführung von Wärme und Verschleißpartikeln aus dem Kontakt.

4.5.3 Sonstige Schmierstoffe

Festschmierstoffe: Diese liegen in Pulverform vor und werden durch Aufreiben an die Reibstellen gebracht. Die wichtigsten Festschmierstoffe sind Molybdändisulfid (MoS_2), Graphit und Polytetrafluoräthylen (PTFE). MoS_2 ist chemisch stabil, hat eine nur geringe Reibung bei Gleitbeanspruchung, ist sehr gut im Vakuum schmierwirksam, ist unempfindlich gegen radioaktive Strahlung, die maximale Betriebstemperatur liegt bei ca. 300 °C und die MoS_2-Schicht hat eine sehr hohe Festigkeit. Graphit ist chemisch sehr stabil, unempfindlich gegen radioaktive Strahlung, die maximale Betriebstemperatur liegt bei ca. 600 °C und hat sehr gute Reibungseigenschaften bei zusätzlicher Feuchtigkeit. PTFE ist chemisch sehr stabil, ist gut im Vakuum schmierwirksam, die maximale Betriebstemperatur liegt bei ca. 260 °C.

Festschmierstoffe werden verwendet, wenn ein sehr großer Temperatureinsatzbereich und die Beständigkeit gegenüber aggressiven Medien (z. B. Säuren) gefordert wird. Weiterhin entfällt eine sonst evtl. notwendige Abdichtung. Im Vakuum gibt es häufig keine Alternative zu Festschmierstoffen. Nachteile beim Einsatz von Festschmierstoffen sind der kontinuierliche Abrieb der Schmierstoffschicht (ein Nachschmieren ist i. allg. nicht möglich oder sehr aufwendig), die höheren Reibungsverluste durch Trockenreibung gegenüber Flüssigkeitsreibung und der teilweise problematische Korrosionsschutz (z. B. bei Verwendung von MoS_2).

Schmierpasten: Diese bestehen aus einem Grundöl und einem Festschmierstoff (20% ... 70%). Sie werden häufig verwendet, wenn das Auftragen von Pulver zu schwierig ist. Schmierpasten füllen die Rauheitstäler aus, damit erfolgt eine Oberflächenverbesserung. Auch der Einsatz bei höheren Temperaturen ist möglich, dann wirkt nur noch der Festschmierstoff. Nachteilig ist, dass keine Abführung von Wärme bzw. Verschleiß- und Schmutzpartikeln erfolgt. Verwendet werden Schmierpasten zur Schmierung hochbelasteter Gleit- und Wälzlager, Zahnräder, Achsen, Kugelgelenke und zur Lebensdauerschmierung feinmechanischer Geräte.

Gleitlacke: Dabei handelt es sich um Schichten ($\leq$20 μm) auf Basis von Kunstharz bzw. Lack, die statt Farbpigmenten Festschmierstoff-Partikel enthalten. Diese werden durch Streichen, Tauchen oder Spritzen aufgetragen. Anwendungen sind Gleitflächen mit hoher Belastung.

Schmierwachse: Werden zur Vereinfachung der Bauteilmontage eingesetzt (z. B. Dichtungen).

4.6 Schmierungsarten

Die Auswahl des Schmierstoffs wird abhängig von der Art der Schmierstoffzufuhr mehr oder weniger stark beeinflusst. Wird eine Einzelschmierstelle versorgt, kann die Auswahl des Schmierstoffs ausschließlich nach den vorliegenden Betriebsverhältnissen erfolgen. Bei der Schmierung einer Baugruppe (z. B. eines Getriebes mit Wälzlager- und unterschiedlichen Zahnradkontakten) muss der Schmierstoff für die teilweise sehr unterschiedlichen Reibungsverhältnisse der Einzelkontaktstellen geeignet sein. Wird die Schmierung über eine zentrale Schmierstoffversorgung realisiert, muss die konstruktive Ausführung der einzelnen Anlagen bzw. Baugruppen darauf abgestimmt sein.

Die Schmierstoffversorgung von *Einzelschmierstellen* kann manuell, halbautomatisch und automatisch durchgeführt werden. Die *manuelle* Schmierstoffversorgung erfolgt mittels Fettpresse, Ölkanne bzw. speziellen Schmierstoffgebern (z. B. Staufferbüchse, s. Bild 15-20a). Problematisch ist vor allem die Einhaltung der regelmäßigen Schmierintervalle und die Zuführung der genau benötigten Schmierstoffmenge. Bei der *halbautomatischen* Schmierung werden Vorrichtungen verwendet, die entsprechend dem Schmierstoffbedarf eingestellt werden müssen. Danach können diese Einrichtungen häufig über einen längeren Zeitraum (z. B. mehrere Monate) ohne Nachstellung betrieben werden. Ausgeführte Bauformen für die Ölzufuhr sind z. B. der Docht-öler und der Tropföler (s. Bilder 15-19d, 15.19e). Bei der *automatischen* Schmierung ist die Schmierstoffzufuhr an den Betrieb einer Anlage gebunden, Einstellvorgänge durch das Personal entfallen. Damit wird eine kontinuierliche Schmierstoffzufuhr sichergestellt. Beispiele sind die Ringschmierung (s. Abschn. 15.3.3), der Einsatz spezieller Schmierstoffgeber (s. Bild 15-19f), die Tauchschmierung von Getrieben (mindestens ein Zahnrad taucht in ein Ölbad und fördert das Schmieröl in den Zahnradkontakt) bzw. die Einspritzschmierung von Getrieben (die benötigte Schmierölmenge wird direkt in den Zahnradkontakt eingespritzt).

Bei der Schmierung einer großen Anzahl von Schmierstellen ist eine wirtschaftliche Lösung nur mit Zentralschmieranlagen zu erreichen. Dabei werden unterschiedliche Anlagentypen verwendet. In *Einleitungsanlagen* wird der Schmierstoff durch eine Speiseleitung gedrückt, um über die von dort abzweigenden Stichleitungen und Zuteilelemente die anschließenden Einzel-schmierstellen zu versorgen. Entsprechend dem Schmierstoffbedarf werden die Zeitintervalle für Schmierphasen und Schmierpausen festgelegt. In *Zweileitungsanlagen* wird der Schmierstoff über ein Umsteuergerät wechselseitig in zwei Speiseleitungen gefördert, in *Mehrleitungsanlagen* ist jede Schmierstelle über eine separate Leitung unmittelbar mit der Pumpe verbunden. Bei *Progressivanlagen* wird der Schmierstoff zu sog. Progressivverteilern gepumpt, von dort aus werden jeweils über Verteilereinrichtungen die Schmierstellen versorgt. Auswahlkriterien für unterschiedliche Zentralschmieranlagen sind in Tab. 4-4 zusammengestellt.

Unabhängig von der verwendeten Zentralschmieranlage unterscheidet man die Umlauf- und Verbrauchsschmierung (Verlustschmierung). Bei der Umlaufschmierung wird die Schmierstelle mit dem Schmierstoff versorgt und dieser anschließend in einen Zentralbehälter zurückgeführt. Bei der Verbrauchsschmierung entfällt die Rückführung des Schmierstoffs, der Schmierstoff ist nach dem Einsatz verloren. Die Verbrauchsschmierung wird deshalb nur bei einem geringen Schmierstoffbedarf (Mangelschmierung) angewendet. Bei der Ölverbrauchsschmierung ist i.allg. eine spezielle Aufbereitung des Schmieröls notwendig (Erzeugung eines Ölnebel- bzw. Öl-Luft-Gemischs).

4.7 Schäden an Maschinenelementen

Für die Systematik von Bauteilschäden gibt es in der Praxis verschiedene Gesichtspunkte, zwei wesentliche, teilweise genormte Einteilungen erfolgen nach dem Verschleißmechanismus bzw. dem Schadensbild. So kann es auch vorkommen, das bestimmte Begriffe in unterschiedlicher Weise verwendet werden (Verschleiß: z. B. allgemein als fortschreitender Materialabtrag bezeichnet, speziell auch nur für bestimmte Schäden – Riefen, Kratzer, Fresser – verwendet).

4.7.1 Verschleiß

Der Begriff Verschleiß kann wie folgt definiert werden: *Verschleiß ist der fortschreitende Materialverlust aus der Oberfläche eines festen Körpers (Grundkörpers), hervorgerufen durch mechanische Ursachen, d. h. Kontakt- und Relativbewegung eines festen, flüssigen oder gasförmigen Gegenkörpers.* Man unterteilt die Verschleißvorgänge entsprechend dem Verschleißmechanismus in Abrasion, Adhäsion, Oberflächenzerrüttung und tribochemische Reaktionen.

Abrasion tritt auf, wenn sich der Grundkörper mit einem härteren und rauheren Gegenkörper im Kontakt befindet bzw. harte Partikel im Kontakt wirksam sind. Bei abrasiven Vorgängen gibt es eine Materialbeanspruchung durch Mikrospanung, Mikropflügen bzw. Mikrobrechen.

Beim Mikrospanen führt ein hartes Teilchen zur Spanbildung. Das Mikropflügen liegt vor, wenn der Werkstoff unter Wirkung eines harten Teilchens stark plastisch verformt wird. Beim Mikrobrechen entstehen oberhalb einer kritischen Belastung durch eine Rissbildung und Rissausbreitung Materialausbrüche in Richtung der Verschleißfurche. Bei der *Adhäsion* handelt es sich um stoffliche Wechselwirkungen im Oberflächenbereich zweier Kontaktpartner. Adhäsiver Verschleiß ist durch Bildung (Verschweißung) und Trennung von Grenzflächenbindungen gekennzeichnet. Die Ursache ist das Zusammenbrechen oder Fehlen von schützenden Oberflächenschichten bei örtlich hohen Beanspruchungen und Temperaturen. Die entstehenden Grenzflächenbindungen werden bei metallischen Kontaktpartnern als Kaltverschweißungen (Kaltfressen) bezeichnet. Dieser Vorgang ist teilweise mit einem Materialübertrag zwischen den Kontaktpartnern verbunden. Bei starken Verschweißungen kann es zum plötzlichen Ausfall der Bauteile führen (z. B. Kolbenfresser eines Verbrennungsmotor). *Oberflächenzerrüttung* entsteht, wenn bestimmte Werkstoffbereiche ständig (häufig periodisch) ändernden Belastungen ausgesetzt sind. Infolge der stattfindenden Werkstoffermüdung entstehen Mikrorisse, die dann weiter wachsen. Bei Erreichen einer bestimmten Rißlänge führt der Vorgang zum Bruch des Bauteils bzw. zum Heraustrennen von Partikeln aus dem Oberflächenbereich. *Tribochemische Reaktionen* nennt man die infolge der tribologischen Beanspruchung stattfindenden chemischen Reaktionen zwischen Grund- und Gegenkörper. An der Reaktion beteilig sich Bestandteile des Zwischenstoffs bzw. Umgebungsmediums, wobei durch eine Relativbewegung im Kontakt ständig neue Reaktionsprodukte erzeugt und wieder abgerieben werden.

4.7.2 Korrosion

Als Korrosion bezeichnet man Grenzflächenreaktionen zwischen Metalloberflächen und festen, flüssigen oder gasförmigen Korrosionsmedien. Man unterscheidet dabei chemische, chemisch metallphysikalische und elektrochemische Korrosion. Bei der *chemischen* Korrosion bewirken Metalle und reaktionsfähige Gase/Flüssigkeiten eine Oxidation oder Verzunderung. *Chemisch metallphysikalische* Korrosion ist die Reaktion bestimmter Metalle und Wasserstoffgas, die zu Korngrenzenveränderungen und Rissen führt. Bei der *elektrochemischen* Korrosion handelt es sich um Reaktionen von Metallen in elektrolytisch leitenden Medien. Häufig entstehen bzw. verstärken sich Korrosionserscheinungen durch eine überlagert wirkende mechanische Beanspruchung.

Einige häufig auftretende Korrosionsvorgänge sind: *Chemische Korrosion* als Ergebnis einer Reaktion von Metallen mit z. B. Luftsauerstoff und Säuren. Es kommt zum Rosten und Verzundern. Der Abtrag beträgt beim Rosten pro Jahr ca. 0,1 mm in normaler Atmosphäre. *Kontaktkorrosion* entsteht, wenn sich ein ionenleitendes Medium (wässrige Lösungen und Salzschmelzen) zwischen Metallen befindet. Gefährdet sind auch Konstruktionen aus metallischen Werkstoffen mit einem unterschiedlichen Elektrodenpotential, Tab. 4-4. Beim zusätzlichen Auftreten von Feuchtigkeit wird dann das unedlere Metall angegriffen (z. B. Aluminium wird gegenüber Eisen angegriffen). Ursache der *Reibkorrosion (Passungsrost)* sind vorhandene Mikro-Gleitbewegungen im Bereich elastischer Verformungen (z. B. wechselnd beanspruchte Pressverbände), welche zur Entstehung metallisch reiner Oberflächenbereiche führen. Diese sind sehr reaktionsfreudig gegenüber Luftsauerstoff, Stickstoff und Kohlenstoff. Es bilden sich Reaktionsschichten (Oxide, Nitride, Karbide), sog. Passungsrost, der Ausgangspunkt für einen Dauerbruch sein kann. *Spaltkorrosion* ist eine konstruktiv bedingte elektrochemische Korrosion, z. B. bei Schrauben- und Punktschweißverbindungen. In den vorhandenen Überlappungen, Spalten, Rissen und Riefen sammeln sich korrosionsfördernde Substanzen, die korrosive Reaktionen ermöglichen. *Spannungsrisskorrosion* entsteht beim Vorhandensein von korrosionsfördernden Bedingungen durch zusätzliche statische Zugspannungen oder Eigenspannungen (z. B. durch Einsatzhärtung, Schweißung) im Oberflächenbereich, *Schwingungsrisskorrosion* durch eine zusätzliche mechanische oder thermische Schwingbeanspruchung.

Entsprechend den verschiedenen Korrosionserscheinungen gibt es umfangreiche Möglichkeiten des Korrosionsschutzes. Grundlegende Maßnahmen sind die Wahl geeigneter Bauteilwerkstoffe und die Aufbringung metallischer Überzüge bzw. spezieller Schutzschichten. Korrosionsbeständige Werkstoffe sind z. B. Stähle mit einem Chromanteil von >13 Massen-% (bei höheren Temperaturen >18 Massen-%), ein Nickelanteil von >8 Massen-% vermindert die Reaktionsfähigkeit der Werkstoffe erheblich. Verwendete metallische Überzüge, galvanisch oder durch

Schmelztauchen aufgebracht, sind z. B. Überzüge aus Zink, Nickel, Kupfer und Chrom. Zu beachten ist bei der Wahl des metallischen Überzugs der Korrosionsschutz gegenüber dem Grundwerkstoff. Für den Fall entstehender Risse im Überzug durch mechanische Beanspruchungen sollte durch geeignete Wahl des metallischen Überzugs Kontaktkorrosion vermieden werden. Einen häufig verwendeten Oberflächenschutz erreicht man mit durch Borieren und Nitieren erzeugten Diffusionsschichten.

4.7.3 Schadensbilder

Die in Abschn. 4.7.1 beschriebenen Verschleißmechanismen wirken bei vielen Kontaktbeanspruchungen in überlagerter Form. Deshalb wird in der Praxis häufig der Zusammenhang zwischen Schadensbild und Schadensursache genutzt, um eine Analyse des geschädigten Bauteils vorzunehmen und entsprechende Gegenmaßnahmen abzuleiten. Nach dem Schadensbild lässt sich z. B. folgende grundlegende Einteilung von Schädigungsmechanismen vornehmen: *Verschleiß* (Einlaufspuren, Riefen, Kratzer, Fresser), *Ermüdung* (Grübchen = Pittings, Abblätterungen, Ausbrüche, Risse), *Korrosion* (chemische Korrosion, Reibkorrosion = Passungsrost, Verzunderungen), *Deformation* (Eindrückungen, Riffelbildung, plastische Verformung). Für bestimmte Maschinenelemente gibt es spezielle Normenwerke (z. B. Gleitlager: DIN 31661, Zahnräder: DIN 3979, Wälzlager: ÖNORM M6328), die typische Schadensbilder für die o. g. Schädigungsmechanismen zeigen und zusätzliche, nur anwendungsspezifische Bauteilschäden dokumentieren.

4.8 Literatur

Bartz, W. J.: Grundlagen der Tribologie. Technische Akademie Esslingen, 2002

Bartz, W. J.: Schäden an geschmierten Maschinenelementen; Schadensanalyse. Technische Akademie Esslingen, 2002

Brändlein, J., Eschmann, P., Hasbargen, L., Weigand, K.: Die Wälzlagerpraxis. 3. Aufl. Mainz: Vereinigte Fachverlage GmbH, 1995

Czichos, H., Habig, K. H.: Tribologie Handbuch; Reibung und Verschleiß. 2. Aufl. Wiesbaden: Vieweg, 2003

DIN 3979: Zahnradschäden an Zahnradgetrieben; Bezeichnung, Merkmale, Ursachen. Berlin: Beuth, 1979

DIN 31661: Gleitlager; Begriffe, Merkmale und Ursachen von Veränderungen und Schäden. Berlin: Beuth, 1983

Dubbel: Taschenbuch für den Maschinenbau. 21. Aufl. Berlin: Springer, 2005

Klamann, D.: Schmierstoffe und verwandte Produkte; Herstellung, Eigenschaften und Anwendung. Weilheim: Verlag Chemie, 1982

Krause, W., Möller, U. J., Nassar, J.: Schmierstoffe im Betrieb. 2. Aufl. Berlin: Springer, 2001

Klüber Lubrication*:* Mineralöle und Syntheseöle; Klassifikation, Auswahl und Anwendung. München: 1995

Niemann, G., Winter, H., Höhn, B. R.: Maschinenelemente, Band 1. 4. Aufl. Berlin: Springer, 2005

5 Kleb- und Lötverbindungen

5.1 Klebverbindungen

5.1.1 Funktion und Wirkung

Aufgaben und Einsatz

Kleben (Leimen, Kitten) ist das Verbinden gleicher oder verschiedenartiger metallischer und nichtmetallischer Werkstoffe durch Oberflächenhaftung mittels geeigneter Klebstoffe. Klebverbindungen gehören zu den unlösbaren Verbindungen (Verbindung ist ohne Zerstörung der Klebschicht bzw. der Bauteile nicht lösbar).

Vorteile: Verbinden gleicher und verschiedenartiger Werkstoffe; keine ungünstigen Werkstoffbeeinflussungen durch Ausglühen, Aushärten und Oxidieren; keine bzw. nur geringe thermische Werkstoffbeanspruchung und damit geringer Wärmeverzug; dichte, spaltfreie und isolierende Verbindung; keine Oberflächenschädigung; keine Kontaktkorrosion; keine Querschnittsminderung der Bauteile durch Löcher wie bei Schrauben- oder Nietverbindungen und damit z. T. große Gewichtsersparnis; kerbfreies Verbinden der Bauteile; gleichmäßige Kraft- und Spannungsverteilung; schwingungsdämpfend; optisch anspruchsvolle Konstruktionen möglich; Sandwichbauweise ermöglicht hohe Steifigkeit und Gewichtsersparnis (Leichtbau).

Nachteile: Meist aufwändige Oberflächenbehandlung der Fügeteile erforderlich; z. T. lange Abbindezeiten bis zur Endfestigkeit der Verbindung; vielfach Flächendruck und Wärme zum Abbinden notwendig; Kriechneigung bei Langzeitbeanspruchung; geringe Schäl-, Warm- und Dauerfestigkeit; empfindlich gegen Schlag- und Stoßbelastung; zerstörungsfreies Prüfen der Verbindung vielfach nicht möglich.

Neben dem problemlosen Kleben nichtmetallischer Werkstoffe, wie Pappe, Papier, Leder, Gummi, Holz, nehmen Klebverbindungen metallischer Werkstoffe aufgrund der Entwicklung immer wirksamerer Klebstoffe und Klebtechnologien anstelle von Niet-, Schweiß- und Lötverbindungen zu. Die Grenzen der Metallklebverbindungen liegen u. a. in der geringeren Warmfestigkeit und den vielfach geringeren Festigkeitswerten der Klebstoffe gegenüber denen der zu verbindenden Bauteile. Das Anwendungsgebiet des Metallklebens erstreckt sich über den gesamten technischen Bereich (Maschinen-, Kraftfahrzeug-, Flugzeug- und Anlagenbau, Elektroindustrie u. a.). Vor allem in der Großserienfertigung kann das Metallkleben fertigungstechnische und somit vielfach auch wirtschaftliche Vorteile bringen, s. hierzu Bild 5-1.

Das Wirken der physikalischen Kräfte in der Klebverbindung (Haftmechanismus)

Der Erfolg jeder Klebverbindung ist von den jeweiligen physikalischen Eigenschaften der zu verbindenden Werkstoffe und des Klebstoffes als Verbindungsmittel abhängig, so u. a. von der *Adhäsion*[1] und von der *Kohäsion*[2]. Die Moleküle im Grenzflächenbereich streben zum Zusammenschluss mit gleichen als auch mit ungleichen Molekülen, s. Bild 5-2.
Würden die zu verbindenden Teile im Klebbereich eine Oberflächenrautiefe von $R\,max \leq 0{,}003$ µm aufweisen, so wäre nach dem einfachen Aufeinanderlegen der Teile ein Trennen auf Zug nur unter erheblichem Kraftaufwand möglich (z. B. frisch gespaltener Glimmer).

---

[1] Anziehungskräfte an der Grenzfläche zweier Stoffe.
[2] Kräfte zwischen den Molekülen eines Stoffes.

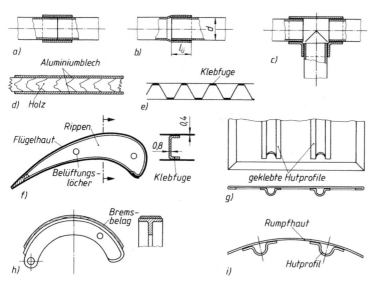

Bild 5-1
Ausgeführte
Klebverbindungen
a) bis c) Rohrverbindun-
gen,
d) kaschierte Holzplatte,
e) Leichtbauplatte,
f) geklebter Vorflügel
eines Sportflugzeuges,
g) Tankdeckel mit aufge-
klebten Hutprofilen,
h) Bremsbacke mit aufge-
klebtem Bremsbelag,
i) Versteifung einer Flug-
zeug-Rumpfhaut durch
Hutprofile

Ursache hierfür sind *zwischenmolekulare Kräfte*, deren Reichweite max. 0,003 µm beträgt, s. Bild 5-2b. Da technische Oberflächen selbst bei Feinstbearbeitung Rautiefen von mehr als 0,025 µm aufweisen, ist es Aufgabe des Klebstoffes, in die Oberflächenrauheiten einzudringen und die zwischenmolekularen Kräfte wirksam werden zu lassen. Der Klebstoff muss somit zur Benetzung der freien Flächen anfangs eine geringe Viskosität und Oberflächenspannung haben, nach dem Abbinden dagegen eine große Viskosität, um eine hohe Kohäsion im Klebstoff zu erreichen. Die Klebverbindung ist festigkeitsmäßig daher abhängig von der Adhäsion zwischen Klebstoff und Werkstoff 1, von der Kohäsion des Klebstoffes selbst und der Adhäsion zwischen Klebstoff und Werkstoff 2. Je nach Größe von Adhäsion und Kohäsion wird bei übermäßiger Belastung der Klebverbindung der Bruch an der Grenzfläche, in der Klebstoffschicht oder aber im Bauteil selbst eintreten. Verunreinigte Werkstoffoberflächen (s. Bild 5-2c) verringern insgesamt die Adhäsionskraft, so dass zur Vermeidung von Schmutzeinschlüssen eine sorgfältige Vorbehandlung der Oberfläche *vor* dem Aufbringen des Klebstoffes erfolgen muss (s. hierzu 5.1.2). Adhäsionsfehler einer ausgeführten Klebverbindung sind im Gegensatz zu eventuell vorhandenen Kohäsionsfehlern, ohne Zerstören der Verbindung nicht feststellbar und damit ein Unsicherheitsfaktor für die Festigkeit der Klebverbindung.

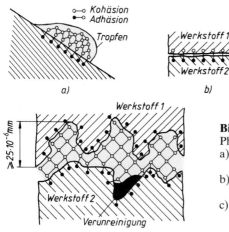

Bild 5-2
Physikalische Kräfte in der Klebverbindung
a) Adhäsion und Kohäsion am Beispiel eines Flüssig-
keitstropfens auf der schiefen Ebene
b) das Wirken der zwischenmolekularen Kräfte (spezifische Adhäsion)
c) Kräfte in einer Klebverbindung mit bearbeiteten
Oberflächen der Bauteile

Klebstoffarten

Eine Einteilung der Klebstoffe kann entweder nach anwendungstechnischen Kriterien, nach der Art des Abbindemechanismus, des Grundwerkstoffes, der Bindefestigkeit oder anderen Gesichtspunkten erfolgen. In der VDI-Richtlinie 2229 sind die Klebstoffe für das konstruktive Kleben von Metallen mit Metallen und anderen Werkstoffen nach der Art des Abbindens eingeteilt in *physikalisch abbindende* und *chemisch abbindende Klebstoffe*, wobei Überschneidungen möglich sind. So können u. U. Lösungsmittelklebstoffe durch bestimmte Zusätze die Eigenschaften von Reaktionsklebstoffen annehmen und umgekehrt.

1. Physikalisch abbindende Klebstoffe (Lösungsmittel- und Dispersionsklebstoffe)

Diese Klebstoffe sind oft Lösungen von natürlichen oder synthetischen makromolekularen Grundstoffen (z. B. Kunstharzen, Nitrocellulose, Kautschuk) in organischen Lösungsmitteln (insbesondere Kohlenwasserstoffen) bzw. Dispersionsmitteln. Während bei den Lösungsmittelklebstoffen die Grundstoffe als Hauptträger der Klebeeigenschaften in einer flüchtigen Flüssigkeit *aufgelöst* sind, sind diese bei den Dispersionsklebstoffen darin *ungelöst*.

Das Entstehen der Klebschicht beruht auf physikalischen Vorgängen (Ablüften der Lösungsmittel vor dem Fügen, Erstarren der Klebstoffschmelze oder Gelieren bei einem mehrphasigen System), teilweise jedoch auch auf bestimmten chemischen Reaktionen der Grundstoffe, z. B. mit dem Luftsauerstoff. Daher sind diese Klebstoffe besonders zum Verbinden von Metallen mit porösen Werkstoffen, wie Holz, Leder und teilweise auch Kunststoffen, oder von porösen Werkstoffen untereinander geeignet. Das Verbinden von Metallen oder anderen *undurchlässigen* Werkstoffen untereinander mit Lösungsmittelklebstoffen ist nicht zu empfehlen, da bei ihnen die restlose Verflüchtigung des Lösungsmittels, besonders bei größeren Klebflächen, stark behindert oder gar unmöglich ist. Physikalisch abbindende Klebstoffschichten sind thermoplastisch oftmals wärmeempfindlich und haben unter Belastung eine stärkere Kriechneigung und eine geringere Lösungsmittelbeständigkeit als chemisch reagierende Klebstoffe.

Physikalisch abbindende Klebstoffe werden unterteilt in:

Kontaktklebstoffe (gelöste Kautschuke, mit Harzen und Füllstoffen versehen). Sie werden beidseitig auf die Fügeteiloberflächen aufgetragen und nach dem Ablüften des Lösungsmittels werden die Teile innerhalb der Kontaktklebezeit[1] unter starkem Druck gefügt.

Schmelzklebstoffe werden im geschmolzenen Zustand aufgetragen (meist zwischen 150 °C und 190 °C) und bevor der Klebstoff erstarrt, sind die Teile zu fügen.

Plastisole (Dispersionen von PVC zusammen mit Weichmachern, Füllstoffen und Haftvermittlern) sind lösungsmittelfreie Klebstoffe, die bei Temperaturen zwischen 140 °C und 200 °C abbinden.

2. Chemisch abbindende Klebstoffe (Reaktionsklebstoffe)

Die *Reaktionsklebstoffe* sind die technisch wichtigsten Klebstoffe. Es sind hochmolekulare, härtbare Kunstharze (Kohlenwasserstoffverbindungen), von denen die Phenol- und die Epoxidharze die größte Bedeutung haben. Die zunächst noch löslichen und schmelzbaren Harze können unter Einwirkung geeigneter *Katalysatoren* zu unlöslichen und unschmelzbaren Substanzen umgewandelt werden, die sich durch eine ungewöhnlich hohe Haftfestigkeit und innere Festigkeit auszeichnen. Wegen des Zusammenwirkens zweier Stoffe werden sie auch als *Zweikomponentenkleber* bezeichnet, deren eine Komponente der Grundstoff (das Bindemittel), die andere der Härter (Katalysator) ist. Die Abbindereaktion wird durch den Katalysator eingeleitet oder auch durch Einwirken erhöhter Temperaturen, Luftfeuchtigkeit oder bei anaerob[2] abbindenden Klebstoffen durch Sauerstoffentzug herbeigeführt. Die Abbindezeit (Vernetzungsdauer), die

---

[1] Zeitspanne nach dem Klebstoffauftrag, innerhalb deren ein Kontaktkleben möglich ist.
[2] unter Abwesenheit von Luft(-Sauerstoff)

u. U. mehrere Tage betragen kann, lässt sich durch Zusatz eines *Beschleunigers* als dritte Komponente erheblich verkürzen. Warm abbindende Klebstoffe (bis ca. 200 °C) verfestigen sich bei entsprechenden Arbeitstemperaturen gegenüber den bei Raumtemperatur kaltabbindenden schneller, sie sind jedoch ungeeignet, wenn Einzelteile mit großen Montageteilen zu fügen sind und wenn Klebungen an wärmeempfindlichen Gegenständen vorzunehmen sind. Da das Abbinden der Reaktionsklebstoffe ohne Abspaltung flüchtiger Substanzen vor sich geht, sind sie besonders zum Verbinden von Metallen, Glas, Keramik, Kunststoffen u. a. untereinander und auch mit sonstigen Werkstoffen aller Art geeignet.

Chemisch abbindende Klebstoffe werden unterteilt in:

Polymerisationsklebstoffe (Ein- oder Zweikomponentensystem). Die Polymerisation wird katalytisch ausgelöst. Bei den anaerob abbindenden Klebstoffen bleibt der Katalysator im flüssigen Klebstoff inaktiv, solange er mit dem Luftsauerstoff in Berührung kommt. Die Reaktionsgeschwindigkeit kann durch die Katalysatormenge oder auch durch Temperaturänderungen beeinflusst werden.

Polyadditionsklebstoffe (Ein- oder Mehrkomponentensystem). Diese Klebstoffe entstehen durch die Reaktion von mindestens zwei chemisch unterschiedlichen, reaktionsfähigen Stoffen, die im stöchiometrischen Verhältnis gemischt werden. Grundstoff ist oft Epoxidharz oder Polyurethan.

Polykondensationsklebstoffe reagieren unter Abspalten flüchtiger Stoffe bei einem Anpressdruck von $\geq 0{,}4\,\text{N/mm}^2$ (für Metallklebungen meist Klebstoffe auf der Basis eines flüssigen Phenol/Formaldehydharzes und festem Polyvinylformal) und einer Abbindetemperatur von ca. 120 °C bis 160 °C.

5.1.2 Herstellen der Klebverbindungen

Wegen der Vielfalt der Klebstoffe mit ihren unterschiedlichen Eigenschaften können nur folgende allgemeine Richtlinien gegeben werden. Im Einzelnen sind die Verarbeitungsvorschriften der Hersteller unbedingt zu beachten!

Vorbehandlung der Klebflächen

Ein sorgfältiges Vorbereiten (Aktivieren) der Klebflächen vor dem Auftragen des Klebstoffes ist unerlässlich, damit die Adhäsion zwischen Klebstoff und Oberflächen der zu verbindenden Teile voll wirksam werden kann. Dazu gehören gründliches *Säubern* der Klebflächen von Schmutz, Oxidschichten, Rost usw. sowie das *Entfetten* der Oberfläche. Für höhere Ansprüche bei Metallklebverbindungen ist noch eine chemische Behandlung der Klebflächen durch *Beizen* (Ätzen) erforderlich; bei Al und Al-Legierungen werden die Klebflächen nach dem *Picklingsprozess*[1] vorbereitet. Bei Stahl und anderen Schwermetallen erfolgt das Beizen mit Salpetersäure, verdünnter Salzsäure, Chromsäure und anderen Säuren. Bei Kunststoffen genügt das Entfetten der Klebflächen bzw. ein leichtes Abschmirgeln der glatten und harten Oberfläche. Hinweise zur Oberflächenbehandlung s. TB 5-1.

Klebvorgang

Bei *Lösungsmittelklebstoffen* werden beide Klebflächen mit Klebstoff gleichmäßig, entsprechend der Konsistenz mittels Pinsel, feingezahntem Spachtel o. ä., nach Herstellerangaben bestrichen. Danach soll der größte Teil des Lösungsmittels verdunsten und der Grundstoff sich durch Adhäsion fest mit den Oberflächen verbinden. Wenn der Klebstoff genügend abgebunden hat, werden die Klebflächen unter Druck zusammengefügt und die Verbindung wird jetzt durch Kohäsion der Klebstoffteilchen hergestellt. Wichtig dabei ist der richtige Zeitpunkt des Zusammenfügens der Teile, wobei der Fingertest oft sicherer ist als die Uhrzeit. Das restlose Verflüchtigen des Lösungsmittels und damit das völlige Abbinden des Klebstoffes ist nach ca. ein bis drei Tagen erreicht.

---

[1] Schwefelsäure-Natriumdichromat-Verfahren

Bei *Reaktionsklebstoffen* wird die Mischung aus den Komponenten nur auf eine der vorbereiteten Klebflächen durch Aufstreichen, Spachteln oder auch durch Aufstreuen (Klebstoff in Pulverform) und Auflegen (Klebfolien) aufgebracht. Die Klebschichtdicke beträgt allgemein $0,1 \ldots 0,3$ mm, was einer Menge von $100 \ldots 300$ g/m^2 entspricht. Die Teile können, selbst bei größeren Klebflächen, sofort zusammengefügt werden, da ja bei den Reaktionsklebstoffen keine flüchtigen Lösungsmittel verdunsten müssen. Je nach Klebstoff erfolgt das Abbinden unter Wärme oder bei Raumtemperatur mit oder ohne Anpressdruck in wenigen Minuten (bei Warmklebstoffen) oder in mehreren Tagen (bei Kaltklebstoffen), s. auch TB 5-2.

Da die Reaktion unmittelbar nach der Vermischung der Komponenten einsetzt, soll stets nur soviel Klebstoff angesetzt werden, wie während der *Topfzeit*[1] verarbeitet werden kann.

5.1.3 Gestalten und Entwerfen

1. Beanspruchung und Festigkeit

Beanspruchung und Spannungsverlauf Klebverbindungen sind konstruktiv so zu gestalten, dass sie möglichst nur auf Scherung und/oder Zug/Druck beansprucht werden. Biege- und Schälbeanspruchungen sollten vermieden werden, da sie ungünstig auf die Klebverbindung wirken, s. hierzu Bild 5-3.

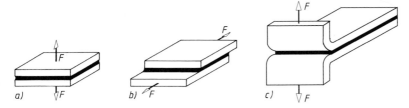

Bild 5-3 Beanspruchungsarten der Klebverbindungen
a) Zug-/Druckbeanspruchung
b) Scherbeanspruchung
c) Schälbeanspruchung

Ein wesentlicher Vorteil der Klebverbindung – vor allem gegenüber der Nietverbindung – ist u. a. die durch die Beanspruchung hervorgerufene gleichmäßige Spannungsverteilung im *Bauteil*. Bei Klebverbindungen treten weder Querschnittsschwächungen noch schädliche Spannungsspitzen im Bauteil selbst auf, s. Bild 5-4.

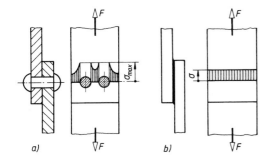

Bild 5-4
Spannungsverlauf im Bauteil
a) Nietverbindung
b) Klebverbindung

In der *Klebstoffschicht* dagegen können aufgrund des ungleichen elastischen Verhaltens von Klebstoff und Bauteil Schubspannungsspitzen und bei nicht biegesteifen Bauteilen Normalspan-

---

[1] Zeitspanne der Verarbeitungsfähigkeit

nungsspitzen auftreten (s. Bild 5-5), die nur durch entsprechendes Gestalten des Bauteils im Bereich der Klebstelle abgebaut werden können. In der Praxis ist somit besonders auf ein *klebgerechtes* Gestalten der zu verbindenden Teile zu achten.

Bindefestigkeit Die wichtigste Kenngröße für die Berechnung der Klebverbindungen ist die *Bindefestigkeit (Zug-Scherfestigkeit)* τ_{KB}. Sie ergibt sich aus dem Verhältnis Zerreißkraft (Bruchlast) F_m zur Klebfugenfläche A_K bei zügiger Beanspruchung zu $\tau_{KB} = F_m/A_K = F_m/(l_{ü} \cdot b)$ mit der Überlappungslänge $l_{ü}$ und der Breite der Klebfugenfläche b.
Die Bindefestigkeit wird an Prüfkörpern mit einschnittiger Überlappung ermittelt, s. Bild 5-6.
Die Bindefestigkeitswerte sind keine konstanten Größen, sondern sie sind abhängig vom Klebstoff, von Korrosionseinflüssen, von der Temperatur, der Klebschichtdicke, der Oberflächenrauheit, vom Werkstoff der Bauteile u. a. Die in TB 5-2 angegebenen Bindefestigkeitswerte gelten somit nur unter den Voraussetzungen der Prüfbedingungen. Hiervon abweichende Betriebsbedingungen sind durch entsprechende Korrekturbeiwerte zu berücksichtigen (Informationen vom Klebstoffhersteller einholen).

Schälfestigkeit *Schälbeanspruchungen*, s. Bild 5-7, sind für Klebverbindungen festigkeitsmäßig sehr ungünstig und konstruktiv unbedingt zu vermeiden. Die hohen Spannungsspitzen verursachen ein Einreißen der Klebfuge schon bei relativ kleinen Beanspruchungen.
Der Widerstand gegen Schälbeanspruchung in N je mm Klebfugenbreite wird mit *Schälfestigkeit* $\sigma' = F/b$ bezeichnet. Da das Anreißen die etwa drei- bis vierfache Kraft erfordert als das eigentliche fortlaufende Schälen, sind für den Schälbeginn der Begriff *absolute Schälfestigkeit* σ'_{abs} und für das

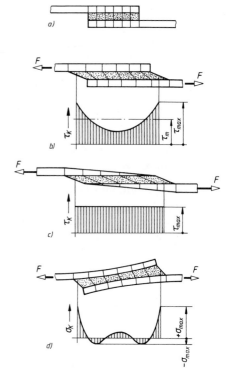

Bild 5-5 Spannungsverlauf in einer Klebverbindung
a) Verbindung unbelastet
b) Schubspannungsverlauf in der Klebschicht bei biegesteifen, einfach überlappten Bauteilen
c) Bauteile angeschrägt überlappt (konstante Dehnung im Bauteil)
d) Normalspannungsverlauf in der Klebstoffschicht bei nicht biegesteifen Bauteilen

fortlaufende Schälen der Begriff *relative Schälfestigkeit* σ'_{rel} eingeführt worden. Die Schälfestigkeit wird von ähnlichen Faktoren wie die Bindefestigkeit beeinflusst.

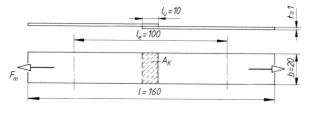

Bild 5-6
Prüfkörper zur Ermittlung der Bindefestigkeit (l_e = Einspannlänge)

Beispiel: Für 1 mm dicke mit Araldit geklebte Bleche ergaben sich bei

Reinaluminium	$\sigma'_{abs} \approx 5\,\text{N/mm}$
Legierung AlMg	$\sigma'_{abs} \approx 25\,\text{N/mm}$
Legierung AlCuMg	$\sigma'_{abs} \approx 35\,\text{N/mm}$

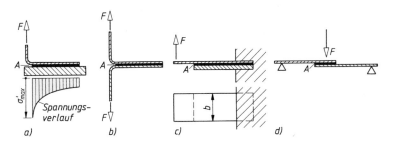

Bild 5-7
Schälbeanspruchungen
a) und b) Zugschälung
c) und d) Biegeschälung

5

Zeitstands- und Dauerfestigkeit Im Gegensatz zu kurzzeitig belasteten Klebverbindungen neigen die mit einer konstanten Dauerlast langzeitig belasteten Verbindungen zu einer plastischen Verformung der Klebschicht. Diese *Kriechneigung* hängt bei Metallklebverbindungen von Belastungshöhe, Temperatur, Eigenschaften der Fügeteile und dem Zustand des ausgehärteten Klebstoffes ab. Bei Zeitstandsbelastungen kann bereits eine wesentlich geringere Last zum Bruch der Verbindung führen als die statische Bruchlast im Kurzzeitversuch. Für geklebte Konstruktionen besteht somit ein Zusammenhang zwischen Belastungshöhe und Lebensdauer (mit zunehmender Last nimmt die Lebensdauer ab). So haben z. B. Versuche an Klebverbindungen mit *SICOMET-Klebstoffen* ergeben, dass eine spezifische Belastung von ca. $0,6 \cdot \tau_{KB}$ über 6000 Stunden ertragen wurde, so dass bei diesen Klebstoffen von einer statischen *Dauerstandsfestigkeit* von $\approx 0,5 \cdot \tau_{KB}$ ausgegangen werden kann. Die Dauerfestigkeit bei dynamischer (schwingender) Belastung ist neben den o. g. Einflussgrößen hauptsächlich von dem Spannungsverhältnis $\kappa = \sigma_u / \sigma_o$ abhängig. Genaue Angaben über Dauerfestigkeitswerte für Klebverbindungen liegen nicht vor und sollten – vor allem in der Großserienfertigung – individuell in Zusammenarbeit mit dem Klebstoffhersteller durch Versuche für den entsprechenden Anwendungsfall ermittelt werden. Einzelversuche ergaben bei Lastspielzahlen bis zu $N = 10^7$ je nach Art der Beanspruchung und dem Spannungsverhältnis folgende *dynamische Bindefestigkeiten*

$$\boxed{\begin{array}{ll} \text{wechselnd:} & \tau_{KW} \approx (0,2 \ldots 0,4) \cdot \tau_{KB} \\ \text{schwellend:} & \tau_{KSch} \approx 0,8 \cdot \tau_{KB} \end{array}} \tag{5.1}$$

τ_{KB} Bindefestigkeit nach TB 5-2

2. Einflüsse auf die Festigkeit

Korrosionsbeständigkeit Im Gegensatz zu den Lösungsmittelklebstoffen sind Reaktionsklebstoffe vielfach sowohl gegenüber Lösungsmitteln (z. B. Aceton, Benzin, Alkohol, Äther) als auch gegenüber anderen Flüssigkeiten (z. B. Öl, Wasser, Kochsalzlösungen, Laugen, verdünnten Säuren) beständig. Bei längerer Einwirkung von Wasser jedoch ergeben sich bei einigen Klebstoffarten, besonders bei höheren Temperaturen, Festigkeitsminderungen. Hauptursache hierfür ist die in die Klebschicht eindiffundierende Feuchtigkeit, die das Bindemittel teilweise plastifiziert und somit zu einer Beeinträchtigung der Kohäsion und Adhäsion führt, s. Bild 5-8.

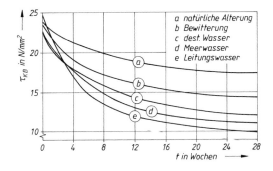

Bild 5-8
Festigkeitsverhalten von Klebverbindungen bei unterschiedlichen Umwelteinflüssen (Klebstoff: SICOMET-Standardtyp; Werkstoff: EN AW 2024 [AlCuMg 1] plattiert, $100 \times 25 \times 1,5$, entfettet und geätzt, 10 mm überlappt)

Alterungsbeständigkeit Die Alterungsbeständigkeit von Metallklebungen wird hauptsächlich gekennzeichnet durch die Art des Klebstoffes, die zu verbindenden Werkstoffe, die Oberflächenvorbehandlung und vor allem auch durch die schädlichen Umwelteinflüsse. Warmabbindende Klebstoffe haben gegenüber den kaltabbindenden in der Regel eine bessere Alterungsbeständigkeit. Die höchste Bindefestigkeit ist nach dem Abbinden erreicht, danach stellt sich häufig ein – unter Umständen mehrere Wochen dauernder – Festigkeitsabfall ein, s. auch Bild 5-8.

Warmfestigkeit Die Festigkeit von Klebverbindungen ist stark temperaturabhängig. Warmabbindende Klebstoffe zeigen dabei ein günstigeres Verhalten als kaltabbindende. Kurzzeitige Temperaturbeanspruchungen von +150 ... +250 °C sind bei einzelnen Klebstoffen unter Berücksichtigung der Festigkeitsminderung möglich (bei speziellen warmfesten Klebstoffen bis ca. +350 °C). Die zulässige Dauertemperatur liegt je nach Klebstoff zwischen +80 °C und +150 °C (bei warmfesten Klebstoffen bei max. ca. +260 °C), s. Bild 5-9.

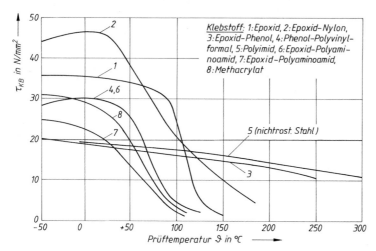

Bild 5-9 Kurzzeit-Bindefestigkeit von Überlappungsverklebungen (aus VDI-Richtlinie 2229; 1–6 warmabbindende; 7 und 8 kaltabbindende Klebstoffe; Werkstoff: ENAW-2024 [AlCuMg1] plattiert; 12 mm Überlappungslänge)

3. Gestalten der Klebverbindung

Die Konstruktion von Bauteilen bei Anwendung von Klebverbindungen erfordert die Beachtung einiger Gestaltungsregeln; es muss klebgerecht konstruiert werden. Die Auswahl des Klebstoffes richtet sich nach dem zu klebenden Werkstoff, den Festigkeitsanforderungen, den äußeren Einflüssen (Temperatur, Feuchtigkeit, Korrosion u. a.) sowie nach den vorhandenen Betriebseinrichtungen, wobei die betreffenden Angaben der Hersteller zu beachten sind. Wegen der Vielgestaltigkeit der Klebverbindungen können nur einige allgemeine Gestaltungsregeln genannt werden:

1. Um genügend große Klebflächen zu erhalten, sind möglichst Überlappungsverbindungen zu bevorzugen (Bild 5-10, Zeile 1). Die beste Ausnutzung der Bindefestigkeit bei Leichtmetallen ergibt sich bei einer Überlappungslänge

$$\boxed{l_{\ddot{u}} \approx 0{,}1 \cdot R_{p0,2} \cdot t \quad \text{bzw.} \quad (10 \ldots 20) \cdot t}$$

$l_{\ddot{u}}$	t	$R_{p0,2}$
mm	mm	N/mm²

(5.2)

t, $l_{\ddot{u}}$ s. Bild 5-11

Größere Überlappungen ergeben an den Enden der Verbindung wegen ungleicher Dehnungen von Bauteil und Klebstoff Spannungsspitzen, die die Verbindung stark gefährden, s. Bild 5-5. Die Bruchlast wächst nicht im gleichen Maße mit der Überlappungslänge, d. h. die Bindefestigkeit nimmt ab.

2. Stumpfstöße sind wegen zu kleiner Klebfläche kaum anwendbar (Bild 5-10, Zeile 2).
3. Schäftverbindungen, wie sie vielfach bei Lederverklebungen angewendet werden, haben den Vorteil eines ungestörten, glatten Kraftflusses, sind aber wegen zusätzlicher aufwendiger Vorarbeiten (z. B. Fräsen oder Hobeln bei Metallteilen) teuer und bei dünnen Bauteilen ohnehin nicht möglich (Bild 5-10, Zeile 2).
4. Klebverbindungen sind so auszubilden, dass möglichst nur Scher-, Druck- oder (Zug)-beanspruchungen auftreten.
5. Schäl- und Biegebeanspruchungen müssen durch geeignete konstruktive Maßnahmen vermieden werden (Bild 5-10, Zeile 3).
6. Klebstellen, die Witterungs- und Feuchtigkeitseinflüssen ausgesetzt sind, sollten durch Lacküberzüge oder dgl. geschützt werden.

	ungünstig	besser	Hinweise
1	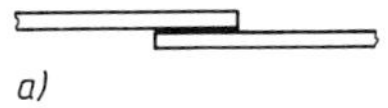 *a)*	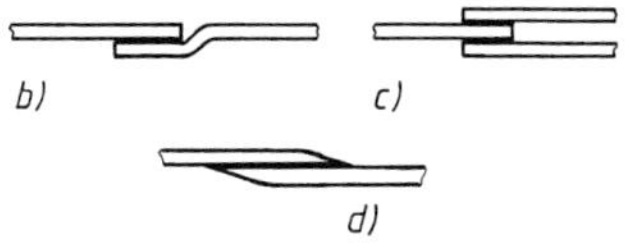 *b)* *c)* *d)*	Überlappungsverbindungen bevorzugen! Sie ergeben günstige Ausnutzung der Bindefestigkeit
2	 *a)*	 *b)*	Zu kleine Klebeflächen bei Stumpfstößen. Schäftung bei b) besser, aber teurer
3	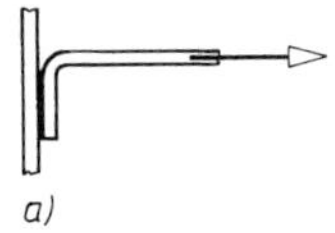 *a)*	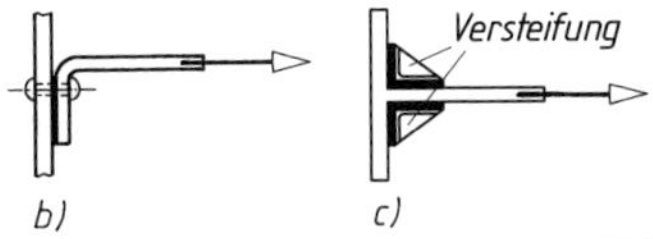 *b)* *c)* Versteifung	Schälbeanspruchung vermeiden. Wenn unumgänglich, Heftniete bzw. Schweißpunkte vorsehen. Ausführung c) am besten
4	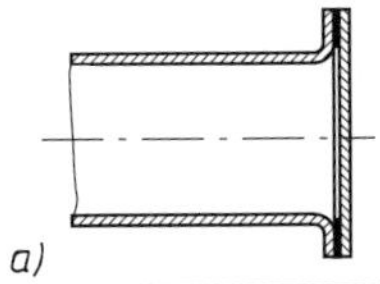 *a)*	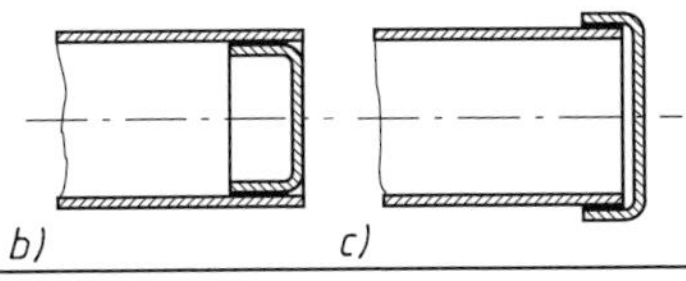 *b)* *c)*	Behälterboden. Bei Bodenbelastung ist Verbindung bei a) gefährdet. Ausführungen b) und c) sind klebgerecht
5	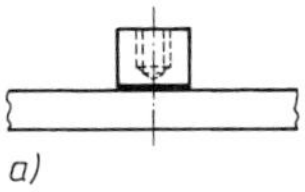 *a)*	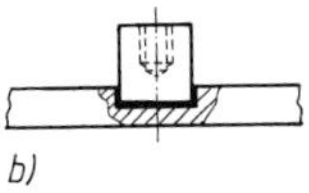 *b)*	Eingeklebten Zapfen zentrieren (b), um ein Verschieben zu vermeiden
6	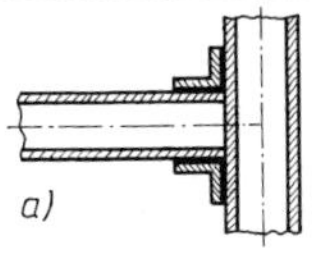 *a)*	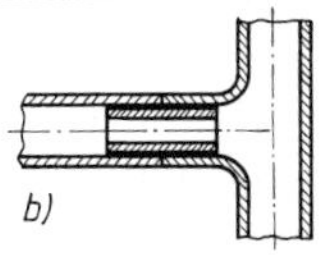 *b)*	Klebgerechter Rahmenstoß (b). Klebnaht kann hier nur auf Schub beansprucht werden

Bild 5-10 Gestaltungsrichtlinien für Klebverbindungen (Beispiele für ausgeführte Klebverbindungen s. Bild 5-1)

5.1.4 Berechnungsgrundlagen

Die Berechnung von Klebverbindungen erfolgt meist als Nachprüfung konstruktiv gestalteter Verbindungen. Zugbeanspruchte Klebverbindungen (Stumpfstöße, s. Bild 5-11 a) sind wegen der oft zu kleinen Klebfläche und damit der geringeren Kohäsion des ausgehärteten Klebstoffes gegenüber der Bauteilefestigkeit zu vermeiden. Ebenso sollten Schäl- und Biegebeanspruchungen durch entsprechende Gestaltung der Verbindung umgangen werden.

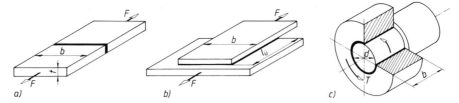

Bild 5-11 Klebnahtformen und ihre Beanspruchung
a) Zugbeanspruchter Stumpfstoß unter Längskraft F, b) zugscherbeanspruchte einfache Überlappung unter Längskraft F, c) schubbeanspruchte Rundklebung (rotationssymmetrische Überlappung) unter Torsionsmoment T

Mit ausreichender Genauigkeit berechnet man die unter der Belastung F bzw. T auftretende Beanspruchung als gleichmäßig verteilte Nennspannungen nach den Gln. (5.3), (5.4) und (5.5) und stellt diese den zulässigen Spannungen gegenüber.

Mit den Bezeichnungen des Bildes 5-11 gilt für den *zugbeanspruchten Stumpfstoß* (Bild 5-11 a)

$$\sigma_K = \frac{F}{A_K} = \frac{F}{b \cdot t} \leq \frac{\sigma_{KB}}{S} \qquad (5.3)$$

den *zugscherbeanspruchten einfachen Überlappstoß* (Bild 5-11 b)

$$\tau_K = \frac{F}{A_K} = \frac{F}{b \cdot l_{ü}} \leq \frac{\tau_{KB}}{S} \qquad (5.4)$$

und die in Umfangsrichtung *schubbeanspruchte Rundklebung* (Bild 5-11 c)

$$\tau_K = \frac{2 \cdot T}{\pi \cdot d^2 \cdot b} \leq \frac{\tau_{KB}}{S} \qquad (5.5)$$

F	größte zu übertragende Längskraft, bei dynamischer Belastung auch $F_{eq} = K_A \cdot F$ bzw. $F_m + K_A \cdot F_a$, mit K_A nach TB 3-5c
T	größtes zu übertragendes Drehmoment, bei dynamischer Belastung auch $T_{eq} = K_A \cdot T$ bzw. $T_m + K_A \cdot T_a$, mit K_A nach TB 3-5c
A_K	Klebfugenfläche
b	Klebfugenbreite
d	Wellendurchmesser
$l_{ü}$	Überlappungslänge
t	kleinste Bauteildicke
$\tau_{KB} \approx \sigma_{KB}$	Bindefestigkeit, z. B. nach TB 5-2 und TB 5-3; bei schwellender oder wechselnder Belastung dynamische Bindefestigkeit nach Gl. (5.1)
S	Sicherheit, die neben der eigentlichen Sicherheit noch die Unsicherheiten durch die vielen Einflussfaktoren beinhaltet. Man wählt $S \approx 1,5 \ldots 2,5$ (kleinerer Wert, wenn für die Bindefestigkeit die Einflussfaktoren bereits berücksichtigt sind, höherer Wert, wenn die Einflussfaktoren nicht bekannt sind).

Diese vereinfachte Berechnung ergibt lediglich Richtwerte, weil viele Einflussfaktoren vom verwendeten Klebstoff abhängen, die nur schwer zu erfassen sind und somit hier nur überschlägig berücksichtigt sind. In allen Anwendungsfällen sind die Angaben der Klebstoffhersteller maßgebend.

5.1.5 Berechnungsbeispiele

■ **Beispiel 5.1:** Welche ruhende Zugkraft kann die Klebverbindung zweier Aluminiumrohre (Bild 5-1b) von $d = 30$ mm Außendurchmesser und $l_{\ddot{u}} = 40$ mm Überlappungslänge aufnehmen? Der Klebstoff hat nach Herstellerangaben für diese Überlappungslänge eine Bindefestigkeit $\tau_{KB} \approx 14$ N/mm².

▶ **Lösung:** Bei der Rohrverbindung handelt es sich um einen runden Überlappstoß, bei dem die Klebfugenbreite b gleich dem Rohrumfang $\pi \cdot d$ ist, Bild 5-11b. Für die Längskraft gilt nach Gl. (5.4) $F \leq b \cdot l_{\ddot{u}} \cdot \tau_{KB}/S = \pi \cdot d \cdot l_{\ddot{u}} \cdot \tau_{KB}/S$. Mit der gewählten Sicherheit $S = 1,5$ (Einflussgrößen bereits berücksichtigt) beträgt die gesuchte Zugkraft

$$F = \pi \cdot 30 \text{ mm} \cdot 40 \text{ mm} \cdot 14 \text{ N/mm}^2/1,5 = 35 \text{ kN}.$$

Ergebnis: Die Rohrverbindung kann eine Zugkraft in Längsrichtung von 35 kN aufnehmen.

■ **Beispiel 5.2:** Für die Verbindung eines Zahnrades aus Stahl mit einer Breite $b = 30$ mm und einem Wellenzapfen $d = 20$ mm wurde ein Kaltklebstoff mit einer Bindefestigkeit $\tau_{KB} \approx 20$ mm² vorgesehen. Es liegt ein schwellend wirkendes Drehmoment $T = 12$ Nm an. Die Betriebsverhältnisse sind mit einem Anwendungsfaktor $K_A = 1,3$ zu berücksichtigen. Wie groß ist die Sicherheit gegen Dauerbruch?

▶ **Lösung:** Die Sicherheit gegen Dauerbruch kann aus der umgeformten Gl. (5.5) berechnet werden:

$$S = \frac{\tau_{KB} \cdot \pi \cdot d^2 \cdot b}{2 \cdot T_{eq}}.$$

Mit der dynamischen Bindefestigkeit $\tau_{KBSch} = 0,8 \cdot \tau_{KB} = 0,8 \cdot 20 \text{ N/mm}^2 = 16 \text{ N/mm}^2$ nach Gl. (5.1)

und $T_{eq} = K_A \cdot T$ erhält man $S = \dfrac{16 \text{ N/mm}^2 \cdot \pi \cdot 20^2 \text{ mm}^2 \cdot 30 \text{ mm}}{2 \cdot 1,3 \cdot 12000 \text{ Nmm}} = 19$

Ergebnis: Die Klebverbindung weist eine 19fache (rechnerische) Sicherheit gegen Dauerbruch auf.

5.1.6 Literatur (Kleben)

Aluminium-Zentrale e. V. (Hrsg.): Kleben von Aluminium (Aluminium-Merkblatt V6)

Bornemann u. a.: Berechnung und Auslegung von Klebverbindungen Teil 7. Adhäsion – Kleben & Dichten 48 (2004), H. 12, S. 36–42

Brandenburg, A.: Kleben metallischer Werkstoffe. Düsseldorf: DVS, 2001

Deutscher Verband für Schweißen und verwandte Verfahren (Hrsg.): Fügen von Kunststoffen. Taschenbuch DVS-Merkblätter und Richtlinien. 12. Aufl. Düsseldorf: DVS, 2008 (Fachbuchreihe Schweißtechnik 68/IV)

DIN Deutsches Institut für Normung (Hrsg.): Materialprüfnormen für metallische Werkstoffe 3. 5. Aufl. Berlin: Beuth 2006 (DIN-Taschenbuch 205)

Forschungsvereinigung e. V. des DVS (Hrsg.): Gemeinsame Forschung in der Klebtechnik. DVS-Berichte Band 222. Düsseldorf: DVS, 2003

Habenicht, G.: Kleben – Grundlagen, Technologien, Anwendungen. 6. Aufl. Berlin: Springer, 2009

Habenicht, G.: Kleben – erfolgreich und fehlerfrei. 5. Aufl. Wiesbaden: Vieweg+Teubner, 2008

Hennemann, O.-D.; Brockmann, W.; Kollek, H.: Handbuch Fertigungstechnologie Kleben. München: Hanser, 1992

Hahn, O.; Wender, B.: Beanspruchungsanalyse von geometrisch und werkstoffmechanisch „unsymmetrischen" Metallklebverbindungen mit der Finite-Elemente-Methode. Opladen: Westdeutscher Verlag, 1984 (Forschungsberichte des Landes NRW, Nr. 3187)

Industrieverband Klebstoffe e. V. (Hrsg.): Handbuch Klebetechnik 2006/2007. Wiesbaden: Vieweg, 2006

Klein, B.: Leichtbau-Konstruktion. 8. Aufl. Wiesbaden: Vieweg+Teubner, 2009

Matting, A.: Metallkleben. Berlin: Spinger, 1969

Schliekelmann, R. J.: Metallkleben – Konstruktion und Fertigung in der Praxis. Düsseldorf: DVS, 1972

Stahl-Informations-Zentrum (Hrsg.): Das Kleben von Stahl und Edelstahl Rostfrei. 5. Aufl. Merkblatt 382. Düsseldorf, 1998

Theuerkauff, R.; Groß, A.: Praxis des Klebens. Berlin: Springer, 1989

VDI-Richtlinie 2229: Metallkleben – Hinweise für Konstruktion und Fertigung. Berlin: Beuth, 1979
VDI-Richtlinie 3821: Kunststoffkleben. Berlin: Beuth, 1978
Wiedemann, J.: Leichtbau. Elemente und Konstruktion. 3. Aufl. Berlin: Springer, 2007

Weitere Informationen:
3M Deutschland GmbH, Neuss (www.3M-klebtechnik.de); Collano AG, Sempach-Station (Schweiz) (www.collano.com); Degussa-Goldschmidt AG, Essen (www.tego-rc.com); Henkel Teroson GmbH, Heidelberg (www.henkel-klebestoffe.de); IFAM Fraunhofer-Institut, Bremen (www.ifam.fraunhofer.de); Panoasol-Elosol GmbH, Oberursel (www.panacol.de); Sika Deutschland GmbH, Bad Urach (www.sika-industry.de); UHU GmbH & Co. KG, Bühl (Baden) (www.uhu.de); WEVO-Chemie GmbH, Ostfildern-Kemnat (www.wevo-chemie.de).

5.2 Lötverbindungen

5.2.1 Funktion und Wirkung

Aufgaben und Einsatz

In DIN 8505 wird das Löten definiert als ein thermisches Verfahren zum stoffschlüssigen Fügen und Beschichten von Werkstoffen, wobei eine flüssige Phase durch Schmelzen eines Lotes (Schmelzlöten) oder durch Diffusion an den Grenzflächen (Diffusionslöten) entsteht. Die Schmelztemperatur der Grundwerkstoffe wird dabei nicht erreicht.

Je nach Höhe der Liquidustemperatur, bei der das Lot vollständig flüssig ist, wird unterschieden zwischen *Weichlöten WL* (unter 450 °C), *Hartlöten HL* (über 450 °C) und *Hochtemperaturlöten HTL* (über 900 °C).

Bei Weichtlötverbindungen, z. B. Dosen, Kühler und elektrische Kontakte, stehen dichtende und/oder elektrisch leitende Eigenschaften im Vordergrund. Das Hartlöten wird zum Fügen von höher belasteten Bauteilen verwendet, z. B. Fahrzeugrahmen, Rohrflansche und Auflöten von Hartmetallen. Das Hochtemperaturlöten wird flussmittelfrei im Vakuum oder in einer Schutzgasatmosphäre durchgeführt. Damit werden hohe Füllgrade mit geringen Poren- und Lunkeranteilen erreicht. In vielen Fällen entspricht die Nahtfestigkeit, wie beim Hartlöten, der Festigkeit der Grundwerkstoffe; Anwendungsschwerpunkt ist das Fügen von Stählen, Nickel- und Cobaltlegierungen, z. B. im Gasturbinenbau und in der Vakuumtechnik.

Nach der Art der Lötstelle wird beim Verbindungslöten das *Spalt-* und das *Fugenlöten* unterschieden. Beim Spaltlöten wird ein zwischen den Teilen befindlicher enger Spalt (s. hierzu TB 5-9) durch kapillaren Fülldruck mit Lot gefüllt, beim Fugenlöten mit Hilfe der Schwerkraft dagegen ein weiter Spalt (Fuge >0,5 mm).

Nach der Art der Lotzuführung können das Löten mit angesetztem oder eingelegtem Lot, mit Lotdepot, von lotbeschichteten Teilen und das Tauchlöten unterschieden werden. Nach der Art der Fertigung sind möglich: Handlöten, teilmechanisches, vollmechanisches und automatisches Löten.

Die niedrigen Arbeitstemperaturen ermöglichen beim Weichlöten einen gut steuerbaren Erwärmungsprozess. Das Weichlöten erfolgt hauptsächlich als Flamm-, Kolben- und Ofenlöten. Beim Hartlöten kommt das Flamm- und Induktionslöten in Frage. Eine vollständige Übersicht der nach den Energieträgern eingeteilten Lötverfahren zeigt DIN 8505-3.

Der Vergleich mit anderen unlösbaren Verbindungen macht die Eigenschaften der Lötverbindungen deutlich und lässt Anwendungsmöglichkeiten erkennen.

Vorteile: Es lassen sich unterschiedliche Metalle miteinander verbinden. Wegen verhältnismäßig niedriger Arbeitstemperaturen erfolgt kaum eine schädigende Werkstoffbeeinflussung und kaum ein Zerstören von Oberflächen-Schutzschichten (z. B. von Zinküberzügen bei Weichlötung). Lötstellen sind gut elektrisch leitend. Bauteile werden nicht durch Löcher geschwächt, wie z. B. bei Nietverbindungen, Lötverbindungen sind weitgehend dicht gegen Gase und Flüssigkeiten. Je nach Verfahren sind Lötvorgänge automatisierbar, mehrere Lötungen können gleichzeitig an einem Werkstück hergestellt werden.

Nachteile: Größere Lötstellen benötigen viel des meist aus teuren Legierungsmetallen (z. B. Zinn oder Silber) bestehenden Lotes und sind daher unwirtschaftlich. Bei einigen Metallen, besonders bei Aluminium, besteht die Gefahr des elektrolytischen Zerstörens der Lötstelle, da in der Spannungs-reihe der Elemente der Abstand zwischen dem Werkstoff und den Legierungsbestandteilen des Lotes groß ist; Aluminium soll darum möglichst geschweißt, genietet oder geklebt werden. Flussmittelreste können zu chemischer Korrosion der Verbindung führen. Die Festigkeit der Lötverbindungen ist ge-ringer als die der Schweißverbindungen. Lötverbindungen benötigen aufwendigere Vorbereitungsar-beiten als Schweißverbindungen.

5

Das Wirken der physikalischen Kräfte in der Lötverbindung

Gegenseitige Diffusion von Lot und Grundwerkstoff Im Gegensatz zum Schweißen wird beim Löten der Grundwerkstoff nicht geschmolzen, sondern nur das Lot als Zusatzwerkstoff. Auf metallisch sauberen und auf Arbeitstemperatur gebrachten Metallen als Grundwerkstoff geht der Lottropfen in den Fließzustand über, vergrößert seine Oberfläche, der Grundwerkstoff wird durch das Lot benetzt, welches nach dem Erstarren am Grundwerkstoff haftet. Dabei ist nach-weisbar, dass sich in der Lotschicht Bestandteile des Grundwerkstoffes befinden und umge-kehrt. Lot und Grundwerkstoff haben sich im Benetzungsbereich legiert, obwohl der Grund-werkstoff im festen Zustand verblieb. Dieser Vorgang wird als *Diffusion* (s. Bild 5-12) bezeichnet. Die Diffusionstiefe beträgt ca. 2 µm bis zu einigen mm und ist abhängig von der Art der beiden Partner. Die Ausbildung der Diffusionszone ist für die Festigkeit der Lötverbin-dung von entscheidender Bedeutung.

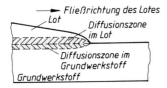

Bild 5-12
Diffusion von Lot und Grundwerkstoff

Kapillarer Fülldruck Flüssige Lote breiten sich nicht nur auf metallisch sauberen und auf Arbeitstemperatur gebrachten Grundwerkstoffen aus, sondern sie fließen auch in vorhan-dene enge Spalte. Wie bei der Kapillarwirkung des Wassers steigen flüssige Lote entgegen der Schwerkraft ebenfalls um so höher, je enger der Spalt ist. Diese Eigenschaften des Lotes machen es möglich, das Löten zu automatisieren durch Verwendung von Lotformtei-len. Versuche haben ergeben, dass bei engen Spalten bis ca. 0,3 mm die Steighöhe *h* unge-fähr umgekehrt proportional der Spaltbreite *b* ist. Bei Spaltbreiten über 0,3 mm sind die Steighöhen dagegen geringer (s. Bild 5-13). Aus der Steighöhe des Lotes kann man auf den kapillaren Fülldruck schließen, der in Bild 5-14 in Abhängigkeit von der Spaltbreite dargestellt ist.

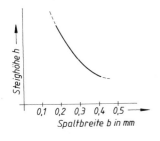

Bild 5-13 Kapillare Steighöhe in Abhängig-keit von der Spaltbreite

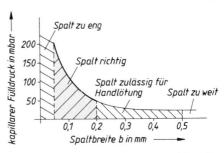

Bild 5-14 Kapillarer Fülldruck in Abhängig-keit von der Spaltbreite

Lotarten und Flussmittel

Lote sind als Zusatzwerkstoffe geeignete Legierungen oder reine Metalle in Form von z. B. Drähten, Stäben, Formteilen oder Pulvern. Im Regelfall kann ein Lot für verschiedenartige Grundwerkstoffe eingesetzt werden.

Für die Lotauswahl sind deshalb neben Art und Behandlungszustand der zu lötenden Grundwerkstoffe meist noch die Einsatztemperatur, die verfügbare Betriebseinrichtung, die Herstellungstoleranzen und die auftretende Beanspruchung zu berücksichtigen.

Hartlote DIN EN 1044 legt die Zusammensetzung von Lotzusätzen fest, die zum Hartlöten verwendet werden. Zur Kennzeichnung werden dabei drei Systeme benutzt. Das erste System teilt die Hartlote nach den Hauptlegierungselementen in Gruppen ein: Al (Aluminium), AG (Silber), CP (Kupfer und Phosphor), CU (Kupfer), NI (Nickel), CO (Kobalt), PD (enthalten Palladium) und AU (enthalten Gold). Das Kurzzeichen für jedes Hartlot besteht aus den zwei Buchstaben für die Gruppe, gefolgt von drei fortlaufend zugeordneten Ziffern. Ein Silberhartlot erhält z. B. das Kurzzeichen AG203, s. TB 5-4.

Das zweite Bezeichnungssystem nach EN ISO 3677 kann einem Kurzzeichen verschiedene Lotzusätze zuordnen und gibt außerdem den Schmelzpunkt an. Das erwähnte Silberlot AG203 trägt danach die Kennzeichnung B-Ag44CuZn – 675/735, s. TB 5-4. Zusätzlich soll ein drittes System nur erwähnt werden, welches die europäische Bezeichnung von Aluminium- und Kupferlegierungen festlegt.

TB 5-4 enthält auch einen Vergleich der Hartlote nach DIN EN 1044 mit den Hartloten entsprechend der zurückgezogenen DIN 8513-1 bis DIN 8513-5.

Silberhartlote (AG) sind niedrig schmelzende Lote, die ein werkstück- und werkstoffschonendes Hartlöten bei kurzen Lötzeiten ermöglichen. Hierbei nimmt das Hartlot AG304 (B-Ag40ZnCdCu – 595/630) wegen seiner ausgezeichneten Löteigenschaften eine Sonderstellung ein. Cadmium senkt die Arbeitstemperatur der Hartlote bis herab auf 610 °C. Bei unsachgemäßer Verarbeitung cadmiumhaltiger Lote, besonders bei starker Überhitzung, können jedoch gesundheitsschädliche Cadmiumdämpfe entstehen. Entsprechende Unfallverhütungsvorschriften sind dann unbedingt zu beachten (UVV-VBG 15). Muss, z. B. in der Lebensmittelindustrie, auf cadmiumhaltige Lote verzichtet werden, so können an ihrer Stelle niedrigschmelzende cadmiumfreie Hartlote wie z. B. AG104 (B-Ag45CuZnSn – 640/680) und AG203 (B-Ag44CuZn – 675/735) eingesetzt werden. Die nickel- und manganhaltigen Hartlote AG503 (B-Cu38AgZnMnNi – 680/830) und AG502 (B-Ag49ZnCuMnNi – 680/705) werden zum Auflöten von Hartmetallen auf Stahlträger und zum Hartlöten von schwer benetzbaren Werkstoffen (Wolfram- und Molybdänwerkstoffe) eingesetzt. Die phosphorhaltigen Hartlote, z. B. CP104 (B-Cu89PAg – 645/815), können durch den „Selbstfließeffekt" bei Kupferwerkstoffen an der Atmosphäre ohne Flussmittel verarbeitet werden. Für Eisen- und Nickelwerkstoffe sind sie nicht geeignet, da spröde Übergangszonen entstehen. Von den Aluminiumhartloten hat nur das eutektische Lot AL104 (B-Al88Si – 575/585) Bedeutung. Die Verarbeitung erfolgt an der Atomsphäre entweder unter Anwendung von Flussmittel oder bei lotbeschichteten Teilen im Salzbad (Kühlerlötungen). Von den Lotherstellern wird empfohlen, bei hoher Zugbeanspruchung AG 304, bei hoher Scherbeanspruchung AG203 und bei hoher Biegebeanspruchung AG502 einzusetzen.

Die meist verwendeten Lote für das Hochtemperaturlöten sind Kupfer-, Nickel-, Gold- und andere Edelmetalllote. Sie werden im Vakuum oder unter Schutzgas verarbeitet. Nickel- und Kobalthartlote, z. B. NI1A1 (B-Ni74CrFeSiB – 980/1070), ermöglichen den Einsatz gelöteter Bauteile bei Betriebstemperaturen bis 800 °C. Auf Grund ihrer Zusammensetzung (Ni, Cr, Fe, Si, B, P) sind sie von annähernd gleicher Korrosions- und Temperaturbeständigkeit wie die Chrom-Nickel-Grundwerkstoffe. Die Legierungselemente bilden harte und sehr spröde intermetallische Verbindungen. Die Lote selbst und die Lötstellen sind spröde und können nicht verformt werden. Bei den Loten auf Edelmetallbasis handelt es sich um zink- und cadmiumfreie Lote mit ausgezeichneter Verformbarkeit. Die Lötstellen sind duktil und gut für schwingbeanspruchte Werkstücke geeignet. Entsprechend den Forderungen, z. B. der Kern- und Vakuumtechnik nach erhöhter Oxidationsbeständigkeit, hoher Kriechfestigkeit und Beständigkeit gegenüber geschmolzenen Alkalimetallen wurden palladiumhaltige Hochtemperaturlote entwickelt, z. B. PD 101 (B-Ag 54 Pd Cu – 900/950). Sie verfügen über ein gutes Benetzungsvermögen und schließen die Lötbrüchigkeit aus. Trotz ihres hohen Preises haben sie Bedeutung beim Löten schwieriger Werkstoffe wie Wolfram, Tantal und Molybdän. Eine Auswahl genormter Hartlote mit Hinweisen für Verarbeitung und Verwendung gibt TB 5-4.

Weichlote Die zum Weichlöten verwendeten Lote sind nach ihrer chemischen Zusammensetzung und dem Schmelzbereich in DIN EN 29453 und DIN 1707-100 genormt. Sie werden dabei in folgende Gruppen eingeteilt: Zinn-Blei, mit und ohne Antimon; Zinn-Silber, mit und ohne Blei; Zinn-Kupfer, mit und ohne Blei; Zinn-Antimon; Zinn-Blei-Wismuth; Wismuth-Zinn; Zinn-Blei-Cadmium; Zinn-Indium und Blei-Silber, mit und ohne Zinn. Mit Ausnahme des niedrig schmelzenden Lotes S-Sn50Pb32Cd18 sind in DIN 29453 keine cadmium- und zinkhaltigen Weichlote für Aluminium mehr enthalten.
Die insgesamt 34 Lotlegierungen werden mit einem Legierungs-Kurzzeichen und einer Legierungs-Nummer bezeichnet. TB 5-5 enthält eine Auswahl genormter Weichlote mit Hinweisen für die Verarbeitung und Verwendung, sowie die bisherigen Kurzzeichen nach DIN 1707.
Mit Weichlötverbindungen lassen sich leitende und dichte Verbindungen herstellen, z. B. Wärmetauscher, Behälter, Elektrotechnik. Bei Dauerbeanspruchung neigen sie stark zum Kriechen und sind deshalb für die Übertragung von Kräften nicht geeignet.

Flussmittel sind nicht metallische Stoffe in Form von Pasten, Pulvern oder Flüssigkeiten, deren vorwiegende Aufgabe es ist, vorhandene Oxide von der Lötfläche zu beseitigen und ihre Neubildung zu verhindern. Der Schmelzpunkt des Flussmittels soll etwa 50 °C unter dem des Lotes liegen. In erwärmtem Zustand sind Flussmittel nur begrenzt wirksam. Die Zusammensetzung des Flussmittels muss immer der Lötaufgabe angepasst werden. Es gibt kein Flussmittel für alle Zwecke!
DIN EN 1045 erfasst zwei Klassen von *Flussmitteln zum Hartlöten*, FH und FL. Die Kurzzeichen für jeden Flussmitteltyp bestehen aus den Buchstaben FH bzw. FL und zwei Ziffern. Nach der Zusammensetzung, dem Wirktemperaturbereich und den sich bildenden Rückständen erfolgt eine Einteilung in Typen, s. TB 5-6
Die Klasse FH umfasst sieben Typen von Flussmitteln und wird zum Hartlöten von Schwermetallen verwendet: Stähle, Kupfer und Kupferlegierungen, Nickel und Nickellegierungen, Molybdän, Wolfram und Edelmetallen. Ein Flussmittel mit breitem Einsatzbereich ist z. B. der Typ FH 21. Er wird für Löttemperaturen oberhalb 800 °C eingesetzt und weist nich korrosive Rückstände auf.
Die Klasse FL zum Hartlöten von Leichtmetallen umfasst lediglich zwei Typen. Diese Flussmittel wirken oberhalb 550 °C. Beim Typ FL 20 können die Rückstände auf dem Werkstück verbleiben, wenn die Lötverbindung vor Wasser und Feuchtigkeit geschützt wird. TB 5-6 erleichtert die gezielte Auswahl von Hartlöt-Flussmitteln.
Die *Flussmittel zum Weichlöten* nach DIN EN 29454-1 werden nach ihren chemischen Hauptbestandteilen in Gruppen eingeteilt und entsprechend TB 5-7 gekennzeichnet. Zum Beispiel ist ein mit Phosphorsäure aktiviertes anorganisches, als Paste geliefertes Flussmittel zu kennzeichnen mit 3.2.1.C, ein nicht halogenhaltiges flüssiges Harz-Flussmittel mit 1.1.3.A.
Die bisherige Einteilung der Flussmittel zum Weichlöten von Schwer- und Leichtmetallen nach DIN 8511-2 war detaillierter und praxisgerechter. Sie enthielt Typkurzzeichen, Typbeschreibungen, Lieferformen und Hinweise für die Verwendung. Um den Übergang auf die neuen Typ-Kurzzeichen zu erleichtern, sind in TB 5-8 die bisher festgelegten Flussmittel zum Weichlöten nach DIN 8511-2 denen nach DIN EN 29454-1 gegenübergestellt.
Flussmittel enthalten meist Produkte, die gesundheitliche Schäden oder Gefahren durch Korrosion usw. hervorrufen können, wenn nicht entsprechende Vorsorge getroffen wird. Unfallverhütungsvorschriften sind zu beachten.

Lötbarkeit

Lötbarkeit ist die Eigenschaft eines Bauteils, durch Löten derart hergestellt werden zu können, dass es die gestellten Forderungen erfüllt (DIN 8514-1).
Die Eigenschaften eines gelöteten Bauteils werden von einer größeren Anzahl von Einflussfaktoren bestimmt. Ein Beurteilungssystem, in das alle Einflussfaktoren eingeordnet sind, erleichtert die Frage, ob ein Fügeproblem durch Anwenden des Lötens gelöst werden kann. Bei der

Fertigungsplanung geht man davon aus, dass die vorgesehenen Grundwerkstoffe, die verfügbaren Fertigungsverfahren und die Betriebsbedingungen des Lötteils die Bezugsgrößen sind, denen alle Einflussfaktoren zugeordnet werden können.

Im Einzelnen sind dabei zu beurteilen und zu bewerten:

— Die *Löteignung* als eine planbare Werkstoffeigenschaft.

— Die *Lötmöglichkeit* als eine planbare Fertigungs- bzw. Verfahrenseigenschaft, bei der auch die Wirtschaftlichkeit eine große Rolle spielt.

— Die *Lötsicherheit* als eine planbare Konstruktionseigenschaft und die sich daraus ergebende Festigkeitseigenschaft.

Zwischen diesen drei Eigenschaften bestehen, wie aus Bild 5-15 ersichtlich, mehr oder weniger starke Abhängigkeiten. Änderungen einer dieser Größen können zu Wechselwirkungen mit den anderen beiden Größen führen. Erhöht sich z. B. die Beanspruchung eines gelöteten Bauteils, so müssen möglicherweise andere Grundwerkstoffe und Lote gewählt werden, für die das ursprünglich vorgesehene Lötverfahren nicht mehr anwendbar ist.

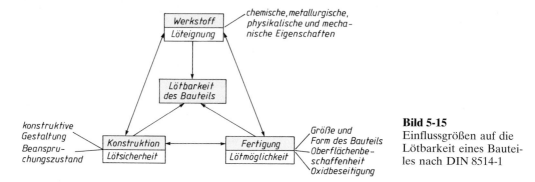

Bild 5-15
Einflussgrößen auf die Lötbarkeit eines Bauteiles nach DIN 8514-1

5.2.2 Herstellen der Lötverbindungen

Löttechnologie

Das Herstellen jeder Lötverbindung läuft in folgenden Arbeitsgängen ab:

1. Reinigen der Lötflächen von Fremdschichten entsprechend Merkblatt DVS 2606. Sie kann mechanisch und/oder chemisch erfolgen, wobei die Löteignung sowie die Werkstoffeigenschaften nicht nachteilig beeinflusst werden dürfen.

2. Fixieren der zu lötenden Teile unter Beachtung günstiger Spaltbreiten (TB 5-9). In der Serienfertigung Einsatz von Lötvorrichtungen. Meist auch Zugabe von ein- bzw. angelegtem Lot und Flussmittel.

3. Erwärmen des Lötstoßes und des Lotes auf Löttemperatur. Dabei Oxidbeseitigung durch geeignete Lötatmosphäre oder mit Hilfe von Flussmitteln.

4. Langsames Abkühlen der Lötverbindung.

5. Nachbehandlung der gelöteten Teile. Störende Anlauffarben, Zunder und Flussmittelrückstände werden durch geeignete Verfahren entfernt.

6. Prüfungen zur Sicherung der Qualität gelöteter Bauteile.

Bei verlangter hoher Zuverlässigkeit hartgelöteter Bauteile muss vor dem Löten eine Lötanweisung erstellt werden. Erforderliche Daten werden an Lötproben ermittelt. Für hart- und hochtemperaturgelötete Bauteile der Luft- und Raumfahrt ist DIN 65170 zu beachten.

Prüfen der Lötverbindungen

Zur Sicherung der Qualität und Zuverlässigkeit wichtiger Lötverbindungen sind Prüfungen erforderlich. Sie richten sich nach Bauteil und Lötverfahren. Obligatorisch sind Maß- und Sichtprüfungen. Die Oberflächenrissprüfung (Farbeindring- und Magnetpulververfahren) dient zum Nachweis von Rissen und Poren.

Zum Beurteilen des Füllgrades und innerer Lötfehler wird die Durchstrahlungs- und Ultraschallprüfung eingesetzt. Metallografische Schliffproben sind zum Beurteilen der Übergangszone, Lötnahtbreite, Erosion und des Gefügezustandes geeignet. Für Behälter und Rohrleitungen sind Druck- und Dichtigkeitsprüfungen vorgeschrieben.

In DIN EN ISO 18279 ist eine Einteilung von Unregelmäßigkeiten zusammengestellt, wie sie in hartgelöteten Verbindungen auftreten können. Entstehung und Ursachen der Unregelmäßigkeiten sind nicht angegeben. Die Einteilung erfolgt in sechs Gruppen: I Risse, II Hohlräume, III feste Einschlüsse, IV Bindefehler, V Form- und Maßabweichungen und VI sonstige unregelmäßigkeiten. Die Unregelmäßigkeiten sind durch Ordnungsnummern gekennzeichnet. Der Bindefehler „unvollständige Spaltfüllung" erhält z. B. die Ordnungsnummer 4BAAA. Außerdem wird eine Anleitung für drei Bewertungsgruppen (D niedrigste, C mittlere, B strengste) gegeben und konkrete Bewertungskriterien vorgeschlagen.

5.2.3 Gestalten und Entwerfen

Um eine ausreichende Zuverlässigkeit des gelöteten Bauteils zu gewährleisten (Lötsicherheit), sind eine Reihe von Einflussgrößen zu berücksichtigen und wesentliche Konstruktionsrichtlinien einzuhalten:

1. Hinsichtlich Lötspalt- und Lötflussverhalten, Kraftübertragung und Fertigungserleichterung ist Bild 5-16 zu beachten. Noch weitergehende Ausführungen für lötgerechtes Gestalten enthält DIN 65169 „Konstruktionsrichtlinien für hart- und hochtemperaturgelötete Bauteile".

2. Lötnähte sollen möglichst auf Schub beansprucht werden.

Lfd. Nr.	unzweckmäßig	zweckmäßig	Hinweise
1	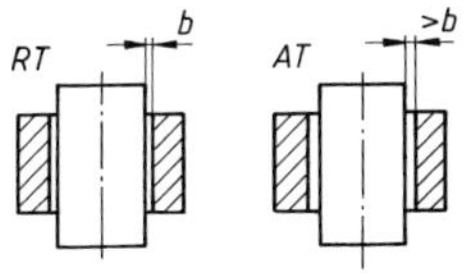	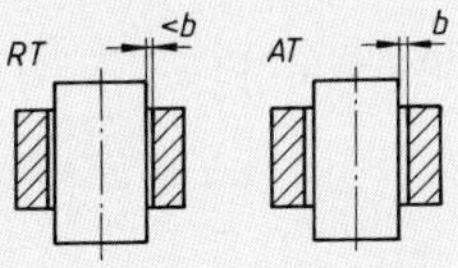	*Lötspaltverhalten* Die erforderliche Lötspaltbreite b muss bei der Arbeitstemperatur vorhanden sein. Der Lötspalt soll parallel oder in Lötflussrichtung enger werdend verlaufen.
2	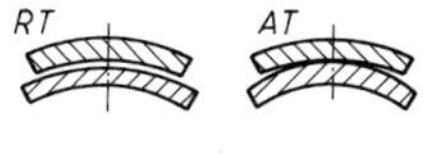	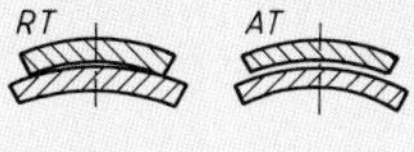	RT = Raumtemperatur AT = Arbeitstemperatur
3	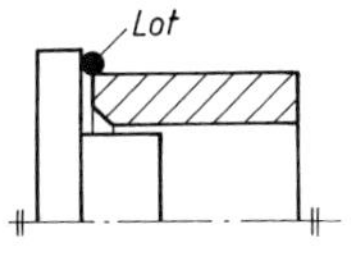	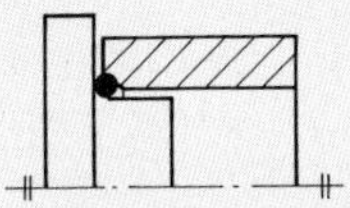	*Lötflussverhalten* Lötspalt darf nicht unterbrochen werden. Lot kann Spalterweiterung nicht überbrücken.
4	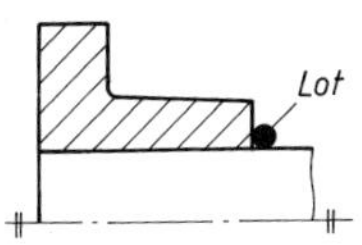	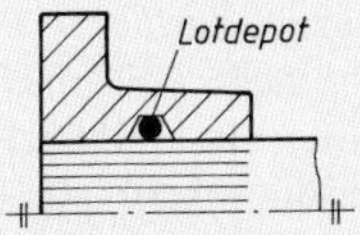	Lotfließweg wird durch eingelegten Lotdrahtring halbiert. Steigerung der Festigkeit durch achsparallele Rändelspalte.
5	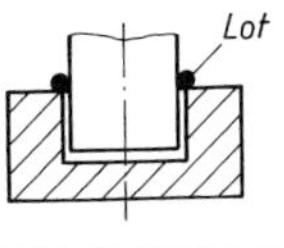	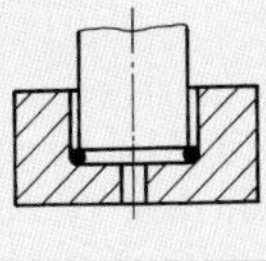	Lot fließt von innen nach außen, Flussmittel kann entweichen. Zusätzliche Kontrolle über Ausfüllung des Lotspaltes möglich.

Bild 5-16 Beispiele für lötgerechte Gestaltung und Ausführung

5

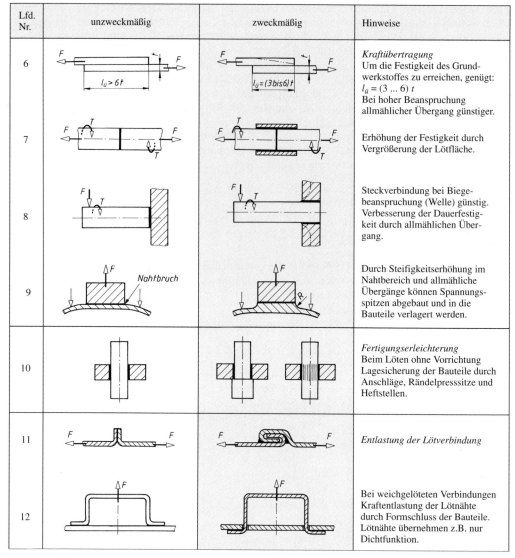

Lfd. Nr.	unzweckmäßig	zweckmäßig	Hinweise
6	$l_{\ddot u} > 6\,t$	$l_{\ddot u} = (3\,bis\,6)\,t$	*Kraftübertragung* Um die Festigkeit des Grundwerkstoffes zu erreichen, genügt: $l_{\ddot u} = (3 \ldots 6)\,t$ Bei hoher Beanspruchung allmählicher Übergang günstiger.
7			Erhöhung der Festigkeit durch Vergrößerung der Lötfläche.
8			Steckverbindung bei Biegebeanspruchung (Welle) günstig. Verbesserung der Dauerfestigkeit durch allmählichen Übergang.
9	*Nahtbruch*		Durch Steifigkeitserhöhung im Nahtbereich und allmähliche Übergänge können Spannungsspitzen abgebaut und in die Bauteile verlagert werden.
10			*Fertigungserleichterung* Beim Löten ohne Vorrichtung Lagesicherung der Bauteile durch Anschläge, Rändelpresssitze und Heftstellen.
11			*Entlastung der Lötverbindung*
12			Bei weichgelöteten Verbindungen Kraftentlastung der Lötnähte durch Formschluss der Bauteile. Lötnähte übernehmen z.B. nur Dichtfunktion.

Bild 5-16 (Fortsetzung)

3. Spannungskonzentration, geometrische Kerbwirkungseffekte und Biegebeanspruchung sind im Lötstoßbereich möglichst zu vermeiden.
4. Die Lötstoßoberfläche soll mit einem Mittenrauhwert $Ra \leq 12{,}5\,\mu m$ ausgeführt werden. Kostenerhöhende Feinstbearbeitung ist nicht erforderlich. Liegt durch spanende Bearbeitung eine ausgeprägte Rillenrichtung vor, so soll – besonders bei $Ra \geq 6{,}3\,\mu m$ – die Lötung so ausgeführt werden, dass der Rillenverlauf mit der Fließrichtung des Lotes übereinstimmt.
5. Die Lötverbindung muss so konstruiert sein, dass Rückstände von Fluss-, Lötstopp- und Bindemitteln leicht zu beseitigen sind (Hohlräume!).
6. In den Fertigungsunterlagen sind die Lötverbindungen durch symbolische Darstellung nach DIN EN 22553 zu kennzeichnen. Beispiele für die symbolische Darstellung von häufig vorkommenden Lötnähten zeigt Bild 5-17.

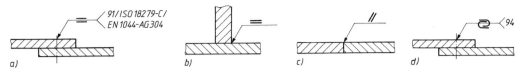

Bild 5-17 Typische Lötnähte in symbolischer Darstellung nach DIN EN 22553
a) Überlappstoß mit Flächennaht; hergestellt durch Hartlöten (Kennzahl 91), geforderte Bewertungsgruppe (C) nach ISO 18279, Silberhartlot AG304 (B-AG40ZnCdCu-595/630) nach EN 1044
b) T-Stoß mit Flächennaht
c) Stumpfstoß mit Schrägnaht
d) Falzstoß mit Falznaht; hergestellt durch Weichlöten (Kennzahl 94)

7. Beim Löten von Hohlkörpern, bei denen die Lötnaht ein Luftvolumen abschließt, ist ein
   vollständiges Füllen des Lötspaltes nur möglich, wenn eine Ausdehnungsmöglichkeit vorgesehen wird (Entlüftungsloch).

5.2.4 Berechnungsgrundlagen

Festigkeitsberechnungen

Lötteile werden meistens zunächst konstruktiv gestaltet und dann die Festigkeit nachgewiesen.
Bei *Stumpfstößen* ($t \geq 1$ mm) gilt bei Belastung durch eine Normalkraft F und unter Berücksichtigung des Anwendungsfaktors K_A für die *Normalspannung* σ_l in der Lötnaht

$$\sigma_l = \frac{K_A \cdot F_{nenn}}{A_l} \leq \frac{\sigma_{lB}}{S} \tag{5.6}$$

A_l Lötnahtfläche = Bauteilquerschnittsfläche $b \cdot t_{min}$
σ_{lB} Zugfestigkeit der Lötnaht nach TB 5-10
S Sicherheit ($2\ldots3$)

Für die überwiegend ausgeführten *Überlappstöße* (Bild 5-18a) ergibt sich bei Belastung in der
Bauteilebene in der Lötnahtfläche A_l die (mittlere) Scherspannung

$$\tau_l = \frac{K_A \cdot F_{nenn}}{A_l} \leq \frac{\tau_{lB}}{S} \tag{5.7}$$

K_A Anwendungsfaktor nach TB 3-5c
F_{nenn} zu übertragende Nennscherkraft
A_l Lötnahtfläche (s. Bild 5-18)
τ_{lB} Scherfestigkeit der Lötnaht nach TB 5-10
S Sicherheit ($2\ldots3$)

Die Überlappungslänge wird meist so gewählt, dass die Lötnaht die gleiche Tragfähigkeit wie
die zu verbindenden Bauteile aufweist. Für einen Überlappstoß nach Bild 5-18a) gilt dann:

$$b \cdot t_{min} \cdot R_m = b \cdot l_{ü} \cdot \tau_{lB}$$

Daraus ergibt sich bei vollem Anschluss die *erforderliche Überlappungslänge*

$$l_{ü} = \frac{R_m}{\tau_{lB}} \cdot t_{min} \tag{5.8}$$

R_m Zugfestigkeit des Grundwerkstoffs nach TB 1-1
τ_{lB} Scherfestigkeit der Lötnaht nach TB 5-10
t_{min} kleinste Bauteildicke

Die Gl. (5.8) gilt überschlägig auch für die Überlappungslänge der Rohrverbindung nach
Bild 5-18b und mit $d/4$ anstatt t_{min} auch für die Steckverbindung (Welle) nach Bild 5-18c. Bei

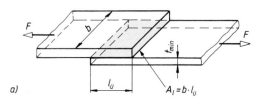
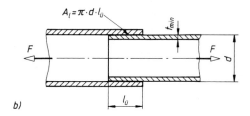
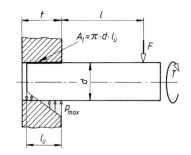

Bild 5-18
Beanspruchung von Spaltlötverbindungen
a) Überlappstoß
b) Rohrsteckverbindung
c) Steckverbindung (Vollstab)

Torsionsbelastung von runden Steckverbindungen (Bild 5-18c) nimmt die ringförmige Lötfläche $A_l = \pi \cdot d \cdot l_{\ddot{u}}$ das Torsionsmoment T auf und die in der Lötnaht auftretende Scherspannung in Umfangsrichtung beträgt

$$\tau_l = \frac{2 \cdot K_A \cdot T_{nenn}}{\pi \cdot d^2 \cdot l_{\ddot{u}}} \leq \frac{\tau_{lB}}{S} \tag{5.9}$$

K_A Anwendungsfaktor nach TB 3-5c
T_{nenn} zu übertragendes Nenntorsionsmoment
d Durchmesser des Lötnahtringes = Durchmesser des eingelöteten Rundstabes
$l_{\ddot{u}}$ Überlappungslänge (Einstecktiefe)
τ_{lB} Scherfestigkeit der Lötnaht nach TB 5-10
S Sicherheit $(2 \ldots 3)$

Für mit einem Biegemoment $M_b = F \cdot l$ belastete Steckverbindungen entsprechend Bild 5-18c kann die maximale Pressung in der Lötnaht überschlägig wie für Steckstiftverbindungen nach Gl. (9.19) ermittelt werden. Als Anhaltswert für p_{zul} kann dabei, unter Beachtung der üblichen Sicherheit $(S = 2 \ldots 3)$, die meist aus Versuchen bekannte Zugfestigkeit der Lötverbindung (z. B. nach TB 5-10) herangezogen werden, soweit keine genaueren Werte vorliegen.
Gelötete *Druckbehälter* werden grundsätzlich wie geschweißte nach 6.3.4 berechnet. Nach AD 2000-Merkblatt B0 sind jedoch zusätzlich folgende Festlegungen zu beachten:
Weichgelötete Längsnähte sind an Druckbehältern nicht zulässig. Überlappt weichgelötete Rundnähte an Kupferrohrteilen sind bei einer Überlappungsbreite von mindestens $10t_e$ ($t_e =$ ausgeführte Wanddicke) bis zu einer Wanddicke von 6 mm und bis zu $D_a \cdot p_e \leq 2500$ mm bar zulässig. Auch weichgelötete Verbindungen an Kupferblechen mit durchlaufender Lasche bei einer Laschenbreite $\geq 12t_e$ auf beiden Seiten des Stoßes, einer Wanddicke ≤ 4 mm und einem zulässigen Betriebsüberdruck ≤ 2 bar sind möglich. Für die oben genannten Weichlötverbindungen und für alle hartgelöteten Verbindungen kann der Faktor zur Berücksichtigung der Ausnutzung der zulässigen Berechnungsspannungen $v = 0,8$ gesetzt werden.

Zulässige Beanspruchung der Lötverbindungen

Die Festigkeit der Lötverbindung hängt ab vom Lot, vom Grundwerkstoff und dessen Vor- und Nachbehandlung, der konstruktiven Gestaltung, vom Lötverfahren und von Überlappung und

Lötspalt. Es ist also nicht möglich, von der Eigenfestigkeit des Lotes Rückschlüsse auf die mechanischen Eigenschaften der Lötverbindung zu ziehen. Vergleichbare Festigkeitswerte können nur am Lötteil selbst oder mit Hilfe von standardisierten Proben nach DIN EN 12797 gewonnen werden. Durch Zug- und Scherzugprüfungen ermittelte Festigkeitswerte von Hartlötverbindungen s. TB 5-10.

Diese Versuchswerte gelten nur für dort angegebene Bedingungen und dürfen nicht einfach als zulässige Spannungen für Lötkonstruktionen übernommen werden. Die zulässigen Scher- und Zugspannungen sind, unter Berücksichtigung der Form und Abmessungen der Lötkonstruktion, durch eine zwei- bis dreifache Sicherheit gegenüber den Versuchswerten zu ermitteln.

Nach Angabe der Lothersteller kann für Lötverbindungen (Baustähle) bei Raumtemperatur und vorwiegend ruhender Belastung mit folgenden „Faustwerten" gerechnet werden:

$$\text{Hartlötverbindungen:} \quad \sigma_{\text{l zul}} = \frac{\sigma_{\text{lB}}}{S} \approx 200\ \text{N/mm}^2, \quad \tau_{\text{l zul}} = \frac{\tau_{\text{lB}}}{S} \approx 100\ \text{N/mm}^2$$

$$\text{Weichlötverbindungen:} \quad \tau_{\text{l zul}} = \frac{\tau_{\text{lB}}}{S} \approx 2\ \text{N/mm}^2$$

Allgemein gilt für die

$$\text{Zugfestigkeit von Lötverbindungen:} \quad \sigma_{\text{l}} \approx (1{,}5 \ldots 2) \cdot \tau_{\text{l}}$$

Aufgrund von Versuchen kann für Hartlötverbindungen bei Baustählen bei dynamischer Belastung festgelegt werden:

$$\text{Biegewechselfestigkeit:} \quad \sigma_{\text{bW}} \approx 160\ \text{N/mm}^2$$

Die ermittelten Werte entsprechen 50 bis 75% der Dauerfestigkeit des Grundwerkstoffes.

Die Festigkeit von Hartlötverbindungen sinkt je nach Lot geringfügig bei Langzeitbelastung gegenüber dem Kurzzeitversuch und wird stark beeinflusst durch die Betriebstemperatur und die Schwingspielzahl. Die Festigkeitswerte lassen sich durch begrenztes Nachwärmen während des Lötvorganges deutlich erhöhen. Lötverbindungen mit Ag-, CuZn- und CuNi-Loten an für den Tieftemperatureinsatz geeigneten Grundwerkstoffen (z. B. CrNi-Stähle und Cu-Legierungen) erleiden auch bei tiefen Temperaturen ($-196\,°\text{C}$) keine Zähigkeitseinbuße. Ihre Festigkeit entspricht dabei den Werten bei Raumtemperatur.

Hartlötverbindungen sollten beim Einsatz von cadmiumhaltigen Hartloten keinen Betriebstemperaturen über $200\,°\text{C}$ und bei cadmiumfreien Hartloten nur bis $300\,°\text{C}$ ausgesetzt werden. Für die meisten Hartlötverbindungen gilt bei höheren Betriebstemperaturen in etwa, dass bei $300\,°\text{C}$ der Kurzzeitfestigkeitswert die Hälfte des Wertes bei Raumtemperatur erreicht, während die 1000-Stunden-Zeitstandsfestigkeit nur noch ein Zwanzigstel dieses Wertes beträgt.

Die Festigkeitswerte von Lötverbindungen an Werkstoffpaarungen (z. B. S235/CuZn37) liegen in der Regel zwischen den Werten, die für Lötungen an gleichartigen Grundwerkstoffen gelten. Vorsicht ist beim Hartlöten von blei-, aluminium- und siliziumhaltigen Grundwerkstoffen geboten (z. B. Automatenstähle, -messing, Dynamobleche). Bereits kleine Beimengungen dieser Stoffe führen beim Stahlpartner zu Haftzonenschädigungen und damit zu deutlich geringeren Festigkeitswerten. Hartlötverbindungen an Aluminium und Aluminiumlegierungen (z. B. AlMn und AlMnMg) weisen hohe Zug- und Scherfestigkeitswerte auf: $\sigma_{\text{lB}} = 100$ bis $200\ \text{N/mm}^2$ und $\tau_{\text{lB}} = 50$ bis $100\ \text{N/mm}^2$. Sie erreichen bei Reinaluminium (z. B. Al 99,5) die Eigenfestigkeit des Grundwerkstoffes. Das Weichlöten von Alu-Werkstoffen wird wegen der damit verbundenen Schwierigkeiten (Korrosion durch zinkhaltige Lote) kaum angewendet.

Überlappte Weichlötverbindungen (Stähle, Kupfer- und Kupferlegierungen) zeigen im Kurzzeitversuch Scherfestigkeitswerte von 25 bis 35 N/mm². Diese fallen mit der Dauer der Belastung, sowie bei steigenden Temperaturen, rasch ab (Kriecherscheinungen). Bei Dauerbeanspruchung (bei Raumtemperaturen) ist die zulässige Scherspannung auf 2 N/mm² zu begrenzen.

5.2.5 Berechnungsbeispiel

■ Mit der Längskraft F belastete Kopfbolzen $\varnothing$ 12 mm sollen entsprechend Bild 5-19 in Grundkörper hart eingelötet werden. Bolzen und Grundkörper bestehen aus S235JR.
Zu berechnen sind:

a) Die Überlapplänge $l_{\ddot{u}}$ (Einstecktiefe), wenn Bolzen und Lötnaht die gleiche Tragfähigkeit aufweisen sollen,

b) die zulässige ertragbare Längskraft F, wenn die Verbindung mit dreifacher Sicherheit gegen Bruch ausgelegt werden soll und die Last ruhend und stoßfrei auftritt.

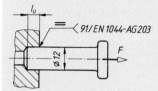

Bild 5-19 Hart eingelöteter Kopfbolzen

▶ **Lösung a):** Wenn Bolzen und Lötnaht die gleiche Tragfähigkeit aufweisen sollen, beträgt für Steckverbindungen die erforderliche Überlappungslänge nach Gl. (5.8)

$$l_{\ddot{u}} \approx (R_m/\tau_{lB}) \cdot d/4 \,.$$

Mit der Mindestfestigkeit des Bolzenwerkstoffs S235JR $R_m = 360 \text{ N/mm}^2$ (siehe TB 1-1a), der Scherfestigkeit der Hartlötverbindung $\tau_{lB} = 205 \text{ N/mm}^2$ nach TB 5-10 (für Silberhartlot AG 203 und Grundwerkstoff S235JR) und $d = 12$ mm wird

$$l_{\ddot{u}} \approx (360 \text{ N/mm}^2)/(205 \text{ N/mm}^2) \cdot 12 \text{ mm}/4 \approx 5 \text{ mm} \,.$$

Ergebnis: Die erforderliche Überlappungslänge (Einstecktiefe) beträgt 5 mm.

▶ **Lösung b):** Die übertragbare Längskraft ergibt sich aus Gl. (5.7) zu

$$F = \tau_{lB} \cdot A_1/(K_A \cdot S) \,.$$

Mit $\tau_{lB} = 205 \text{ N/mm}^2$, $A_1 = \pi \cdot 12 \text{ mm} \cdot 5 \text{ mm} = 188 \text{ mm}^2$, $K_A = 1{,}0$ (stoßfreie Belastung) und $S = 3$ wird dann

$$F = 205 \text{ N/mm}^2 \cdot 188 \text{ mm}^2/(1{,}0 \cdot 3) = 12{,}8 \text{ kN} \,.$$

Ergebnis: Die Hartlötverbindung kann bei einer dreifachen Sicherheit eine ruhende Längskraft von 12,8 kN übertragen.

5.2.6 Literatur (Löten)

Aluminium-Zentrale e. V. (Hrsg.): Löten von Aluminium (Merkblatt V4)

DIN, DVS (Hrsg.): Schweißtechnik 5. Hartlöten. 5. Aufl. Berlin, Düsseldorf: Beuth, DVS, 2008 (DIN-DVS-Taschenbuch 196/1)

DIN, DVS (Hrsg.): Schweißtechnik 12. Weichlöten, Berlin, Düsseldorf: Beuth, DVS, 2008 (DIN-DVS-Taschenbuch 196/2)

Deutscher Verband für Schweißen und verwandte Verfahren (Hrsg.): Merkblätter Lichtbogenlöten (DVS 0938-1), Löten in der Hausinstallation-Kupfer (DVS 1903-1, -2), Hartlöten mit der Flamme (DVS 2602), Prüfung der Weichlötbarkeit (DVS 2603-1), Öfen für das Hart- und Hochtemperaturlöten (DVS 2604), Bindemittel für pulverförmige Lote und Vakuum oder Schutzgas (DVS 2605), Hinweise auf mögliche Oberflächenvorbereitungen für das flussmittelfreie Hart- und Hochtemperaturlöten (DVS 2606).

Fahrenwaldt, H. J.; Schuler, V.: Praxiswissen Schweißtechnik. Werkstoffe, Prozesse, Fertigung. 3. Aufl. Wiesbaden: Vieweg+Teubner, 2009

Iversen, K.: Innovative Schweiß- und Lötreparaturen. Schadenbeispiele und Problemlösungen. Düsseldorf: DVS, 2002

Müller, W.: Metallische Lotwerkstoffe. Arten, Eigenschaften, Verwendung. Düsseldorf: DVS, 1990 (Fachbuchreihe Schweißtechnik Bd. 108)

Müller, W.; Müller, J.-U.: Löttechnik. Düsseldorf: DVS, 1995
Niemann, G.; Winter, H.; Höhn, B.-R.: Maschinenelemente. Bd. 1: Konstruktion und Berechnung von Verbindungen, Lagern, Wellen. Berlin: Springer, 2001
Pintat, Th.: Werkstofftabellen der Metalle. 8. Aufl. Stuttgart: Kröner, 2000
Ruge, J.: Handbuch der Schweißtechnik. Bd. II, III und IV. Berlin: Springer, 1984, 1985, 1988
Stahl-Informationszentrum, Düsseldorf (Hrsg.): Hartlöten von überzugsfreiem Stahl (Merkblatt 237); Weich- und Hartlöten von bandverzinktem Feinblech (Merkblatt 235)
Zaremba, P.: Hart- und Hochtemperaturlöten. Düsseldorf: DVS, 1988 (Die Schweißtechnische Praxis, Bd. 20)
Zimmermann, K.-F.: Hartlöten. Düsseldorf: DVS. 1968

5

Weitere Informationen:
Braze Tec GmbH, Hanau-Wolfgang (www.BrazeTec.de); Chemet GmbH, Wirges (www.chemet.de); Fachgemeinschaft „Löten" im DVS, Düsseldorf (www.dvs-loeten.de/loeten); FIRINIT GmbH, Langenhagen (www.firinit.de); JL Goslar, Goslar (www.jlgoslar.de); Solvay, Hannover (www.solvay-fluor.de).

6 Schweißverbindungen

6.1 Funktion und Wirkung

6.1.1 Wirkprinzip und Anwendung

Beim Verbindungsschweißen werden die Teile am Schweißstoß durch Schweißnähte unlösbar zu einem Schweißteil zusammengefügt. Durch Schweißen von Schweißteilen entstehen Schweißgruppen. Das fertige Bauteil (Schweißkonstruktion) kann aus einer oder mehreren Schweißgruppen bestehen.

Als feste Stoffschlussverbindungen sind Schweißverbindungen besonders geeignet

– zum Übertragen von Kräften, Biege- und Torsionsmomenten,
– zum kostengünstigen Verbinden von Einzelstücken bis zu größten Abmessungen und bei Kleinserien,
– zum Einsatz bei höheren Betriebstemperaturen,
– als instandhaltungsfreundliche Konstruktionen,
– für dichte Fügestellen.

Als Auswahlhilfe soll folgende Gegenüberstellung dienen:

Vorteile:

– *gegenüber Gusskonstruktionen:* Gewichtsersparnis durch wesentlich geringere Wanddicken und kleinere Bauteilquerschnitte (Leichtbau). Entbehrliches Gießmodell führt zu geringeren Kosten (wenigstens bei kleinen Stückzahlen) und kürzeren Lieferzeiten. Keine Wanddickenempfindlichkeit. Größere Formsteifigkeit gegenüber Graugussausführung durch größeren E-Modul des Stahls. Schwingungsdämpfung (Werkzeugmaschinen-Gestelle) durch Scheuerplatten-Bauweise (Bild 6-26b) u. U. höher als bei Grauguss. Große konstruktive Gestaltungsfreiheit.
– *gegenüber Niet- und Schraubkonstruktionen:* Gewichtsersparnis durch Wegfall der Überlappungen, Laschen und Niet-(Schrauben-)köpfe. Glatte Wände genügen ästhetischen Ansprüchen und erleichtern Reinigung und Korrosionsschutzmaßnahmen. Keine Schwächung der Stäbe und Bleche durch Niet- oder Schraubenlöcher.
– *allgemein:* Ermöglicht werkstoffsparende, wirtschaftliche Leichtbauweisen.

Nachteile:

Da der Schweißvorgang naturgemäß zu Schrumpfungen, hohen inneren Spannungen und Gefügeveränderungen im Nahtbereich führt, kann oft nur mit beträchtlichem Aufwand der Gefahr des Sprödbruches (vgl. 6.1.3-3) und der Rissbildung begegnet werden, was mit hohen Anforderungen an die Qualifikation des Schweißpersonals verbunden ist.

Das Richten „verworfener" Schweißteile ist zeit- und kostenaufwendig. Schweißen auf Baustellen im Stahlbau häufig schwieriger und teurer als Nieten oder Schrauben; Ausrichten der Stäbe bei Fachwerken schwieriger als bei Niet- und Schraubkonstruktionen, bei denen die Stablagen durch die Löcher eindeutig gegeben sind. Kontrolle der häufig verwendeten Kehlnähte kaum möglich.

Im *Stahlbau* hat das Schweißen die Nietverbindung verdrängt, z. B. bei Vollwandträgern von Brücken und Kranen, bei Trägeranschlüssen im Stahlhochbau, bei Blech-, Profilstahl- und besonders bei Rohrkonstruktionen von Konsolen, Gerüsten und Fachwerken.

Im *Kessel-* und *Behälterbau* wird fast nur noch geschweißt. Die Bleche stoßen stumpf gegeneinander; es entstehen glatte Flächen, wodurch sich ein ungestörter Kraftfluss ergibt. Besonders durch automatische Schweißverfahren lassen sich bei Druckbehältern, Rohrleitungen u. dgl. festigkeitsmäßig bessere Verbindungen als beim Nieten erzielen.

Schweißprozess (DIN EN 14610)	Kurzzeichen (DIN 1910-2) Ordnungs-nummer (DIN EN ISO 4063) Bildzeichen (DIN 32520)	Mögliche Art der Fertigung [1]	Prinzip	Erzeugnisbereich	Besonderheiten Hinweise
Gasschmelz-schweißen Gasschweißen mit Sauerstoff-Acetylen-Flamme	G 3 311	m t v a	Das Schweißbad entsteht durch unmittelbares, örtlich begrenztes Einwirken einer Brenngas-Sauerstoff-Flamme; Wärme und Schweißzusatz werden getrennt zugeführt.	Dünnbleche Rohrleitungen	Geringe Investitionskosten. Günstig für Zwangslagen-schweißung und für beengte Schweißstellen (Zugänglich-keit). Niedrige Schweiß-eigenspannungen. Geeignet für Stumpf- und Ecknähte; ungeeignet für T-Stöße und ungleiche Blechdicken.
Lichtbogen-handschweißen	E 111 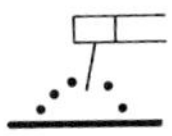	m t	Der Lichtbogen brennt zwischen einer manuell zugeführten Stab-elektrode (Schweißzusatz) und dem Werkstück. Lichtbogen und Schweißbad werden gegen die Atmosphäre nur durch Gase bzw. Schlacken abgeschirmt, die von der Elektrode stammen.	universell	Geeignet für alle Stoß- und Nahtarten.
Unterpulver-schweißen	UP 12 	t v a	Ein oder mehrere Lichtbogen brennen unsichtbar zwischen einer bzw. mehreren ab-schmelzenden Elektroden und dem Werkstück. Lichtbogen und Schweißzone werden durch eine Pulverschicht abgedeckt. Die aus dem Pulver gebildete Schlacke schützt das Schweiß-bad vor der Atmosphäre.	Behälterbau Stahlbau Schiffbau Fahrzeugbau Maschinenbau	Hohe Abschmelzleistung, gute Nahtformung, hohe Röntgensicherheit. Für dicke Bleche und lange Nähte.
Metall-Inertgas-Schweißen	MIG 131 	t v a	Der Lichtbogen brennt sichtbar zwischen der abschmelzenden Elektrode und dem Werkstück. Als Schutzgase dienen inerte (reaktionsträge) Gase, z.B. Argon, Helium oder ihre Gemische.	Apparatebau Behälterbau Schiffbau Flugzeugbau	Für legierte Stähle, Al- und Cu-Legierungen. Alle Stoß- und Nahtarten und Schweiß-positionen. Hohe Abschmelz-leistung. Roboterschweißen.
Metall-Aktivgas-Schweißen	MAG 135	t v a	Wie MIG-Schweißen. Als Schutz-gase dienen (chemisch) aktive Gase: CO_2 und Mischgase.	Alle Industrie-zweige und metallverarbeiten-des Handwerk.	Für un- und niedriglegierte Stähle. Hohe Abschmelz-leistung. Dünnblech- und Wurzelschweißung. Roboterschweißen.
Wolfram-Inertgas-Schweißen	WIG 141 	m t v a	Der Lichtbogen brennt sichtbar zwischen der Wolfram-Elektrode und dem Werkstück. Der Schweißzusatz wird stromlos zugeführt. Als Schutzgase werden Edelgase (meist Argon) verwendet.	Apparatebau Behälterbau Kernreaktorbau Hausgeräte	Für nahezu alle metal-lischen Werkstoffe. Wurzelschweißen dicker Bleche. Geringe Abschmelz-leistung. Alle Stoß- und Naht-arten und Schweißpositionen. Orbitalschweißen von Rohren.
Elektronen-strahl-schweißen	EB 51	t v a	Die Energie eines auf wenige zehntel mm Durchmesser gebündelten Elektronenstrahls wird in Wärme umgewandelt.	Tiefschweißen: Fahrzeugbau Maschinenbau Flugzeugbau Mikroschweißen: Elektronische Bauelemente Feinwerktechnik	Hohe Anlagekosten. Verbindung unterschied-licher Werkstoffe möglich. Mikroschweißung aus-führbar. Fertig bearbeitete Werkstücke können ver-zugsfrei und ohne Nach-bearbeitung zusammen-geschweißt werden.

[1] m = Handschweißen, t = teilmechanisches Schweißen, v = vollmechanisches Schweißen, a = automatisches Schweißen.

Bild 6-1 Schmelzschweißverfahren (Auswahl)

Im *Maschinenbau* dient das Schweißen im Wesentlichen der Gestaltung, besonders bei Einzelfertigungen oder geringen Stückzahlen, z. B. von Hebeln, Radkörpern, Rahmen, Getriebegehäusen, Schutzkästen, Lagergehäusen, Seiltrommeln und Bandrollen. Neben der *Konstruktionsschweißung* sind noch die *Reparaturschweißung* bei Rissen oder Brüchen, die *Auftragsschweißung* zur Panzerung und Plattierung von Bauteilen oder zur Beseitigung von Verschleißstellen und das mit der Schweißtechnik verbundene *Brennschneiden* zu nennen. Mit Handschneidbrennern und auf Schneidmaschinen mit photoelektrischer oder CNC-Steuerung lassen sich aus Blechtafeln äußerst wirtschaftlich beliebig geformte Bauteile schneiden und deren Schweißfugen vorbereiten. Zum Zwecke der Rationalisierung und Produktivitätserhöhung ist die schweißtechnische Fertigung durch eine zunehmende Mechanisierung des Schweißprozesses gekennzeichnet. Dabei werden neben Vorrichtungen in steigendem Maße Industrieroboter eingesetzt.

6.1.2 Schweißverfahren

Eine ausführliche Darstellung der Schweißverfahren gehört nicht in das Gebiet der Maschinenelemente, sondern in das der Fertigungstechnik. Darum sollen nur einige kurze Hinweise über die wichtigsten Schweißverfahren gegeben werden, soweit sie in konstruktiver Hinsicht von Bedeutung sind. Eine allgemeine Übersicht über die Schweißverfahren mit den zugehörigen Begriffserklärungen enthält DIN 1910 (Schweißen; Begriffe, Einteilung der Schweißverfahren).

1. Schmelzschweißen

Beim Schmelzschweißen werden die Teile durch örtlich begrenzten Schmelzfluss ohne Anwendung von Kraft mit oder ohne Zusatzwerkstoff vereinigt. Die in der Schweißzone wirkende Arbeit wird von außen durch Energieträger (z. B. Lichtbogen) zugeführt. Nach der Art der Fertigung ist zu unterscheiden zwischen Handschweißen und mechanischem bzw. automatischem Schweißen. Während das Schweißen von Hand die Herstellung auch verwickelter Schweißkonstruktionen ermöglicht, ist das mechanische und automatische Schweißen sehr wirtschaftlich und daher anzustreben. Bild 6-1 gibt eine Übersicht über die gebräuchlichsten Schmelzschweißverfahren.

2. Pressschweißen

Beim Pressschweißen werden die Teile unter Anwendung von Kraft ohne oder mit Schweißzusatz vereinigt. Örtlich begrenztes Erwärmen (u. U. bis zum Schmelzen) ermöglicht oder erleichtert das Schweißen. Die in der Schweißzone wirkende Arbeit wird von außen durch Energieträger (z. B. elektrischer Strom) zugeführt. Alle Pressschweißverfahren sind äußerst wirtschaftlich. Die besten Festigkeitswerte werden durch das Abbrennstumpfschweißen erzielt. Bild 6-2 gibt eine Übersicht über die gebräuchlichsten Pressschweißverfahren.

3. Wahl des Schweißverfahrens

Der Konstrukteur hat häufig schon beim Entwurf – meist in Zusammenarbeit mit der Werkstatt – über das technisch und wirtschaftlich beste Schweißverfahren zu entscheiden. Dabei sind außer der zu fertigenden Stückzahl, den Güteanforderungen, der Stoßart und den vorhandenen Betriebseinrichtungen besonders der Werkstoff und die Dicke der Bauteile zu berücksichtigen. Bild 6-3 gibt Entscheidungshilfen für einen geeigneten Einsatz gebräuchlicher Schweißverfahren.

6.1.3 Auswirkungen des Schweißvorganges

1. Entstehung der Schrumpfungen und Spannungen

Die Vorgänge beim Erwärmen und Abkühlen von Schweißteilen lassen sich anschaulich an einem Spannungsgitter-Modell (Bild 6-4a) erläutern.
Wird das Modell gleichmäßig erwärmt, so dehnt es sich dem Gesetz der Wärmedehnung zufolge allseitig aus. Beim Abkühlen schrumpft es wieder und weist bei Raumtemperatur die anfänglichen Maße wieder auf.

Schweißprozess (DIN EN 14610)	Kurzzeichen (DIN 1910-2) Ordnungs-nummer (DIN EN ISO 4063) Bildzeichen (DIN 32520)	Mögliche Art der Fertigung [1]	Prinzip	Erzeugnisbereich	Besonderheiten Hinweise
Widerstands-Punkt-schweißen	RP 21 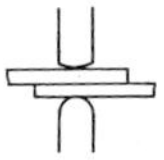	t v a	Strom und Kraft werden durch Punktschweißelektroden über-tragen. Die aufeinandergepressten Flächen der Werkstücke werden nach ausreichendem Erwärmen unter Druck punktförmig (linsenförmig!) geschweißt.	Blechverarbeitung: Fahrzeugbau Waggonbau Gerätebau Bauindustrie	Sehr wirtschaftliches Verfahren anstelle von Nietungen.
Rollennaht-schweißen	RR 22 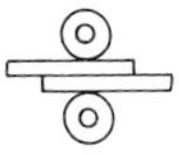	t v a	Strom und Kraft werden von beiden Werkstückseiten durch ein Rollenelektrodenpaar über-tragen. Die Werkstücke werden an den Stoßflächen nach aus-reichendem Erwärmen unter Druck geschweißt. Je nach Abstand der Schweißpunkte entsteht eine Rollen-Punktnaht oder Rollen-Dichtnaht.	Blechverarbeitung: Karosseriebau Waggonbau Behälterbau	Begrenzt auf einfach ge-formte Bauteile mit gleichen Punktabständen. Arbeitsgeschwindigkeit und Elektrodenstandzeit höher als beim Punkt-schweißen.
Abbrenn-stumpf-schweißen	RA 24 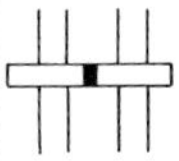	m t v a	Strom und Kraft werden von Spannbacken übertragen. Die stromdurchflossenen Werkstücke werden unter leichtem Berühren erwärmt, wobei schmelzflüssiger Werkstoff herausgeschleudert wird (Abbrennen). Nach aus-reichendem Erwärmen werden die Werkstücke durch schlag-artiges Stauchen geschweißt.	Stumpfschweißen von Blechbändern zu Felgen und von Rundstählen zu Ketten. Stumpf-und Gehrungs-schweißen von Flach-und Profil-erzeugnissen. Maschinenbau: Achsen, Wellen, Schienen, Werkzeuge	Vorteilhaft zum Schweißen von Kompaktquerschnitten (z.B. Rundstahl) und Groß-oberflächenquerschnitten (z.B. Rohre) bis 100 000 mm^2 (bei Stahl). Die Schweiß-stelle kann in der Maschine einer Wärmebehandlung (z.B. Vergüten) unter-zogen werden.
Reibschweißen	FR 42	v a	Die Werkstücke werden an den Stoßflächen durch Reiben erwärmt und unter Anwen-dung von Kraft geschweißt.	Automobil-industrie: Kardanwellen Ventilstößel Antriebsritzel Werkzeug-industrie: Anschäften von Bohrern, Reib-ahlen und Fräsern	Geeignet zum Verbinden unterschiedlicher Werk-stoffe (z.B. GJL-St, Cu-St, Al-St). Mindestens ein Fügeteil muss rotations-symmetrisch sein.
Bolzen-schweißen (mit Hub-, Spitzen- oder Ringzündung)	B (BH, BS, BR) 78 783 784 785 786	m t v a	Die Werkstücke, von denen eines ein Bolzen oder bolzenförmig ist, werden nach Anschmelzen der Stoßflächen durch den Lichtbogen unter Anwendung von Kraft ohne Schweißzusatz geschweißt. Die verschiedenen Verfahren unterscheiden sich besonders durch den Zünd-vorgang.	Fassadenbau Stahlverbundbau Stahlbetonbau Maschinenbau Kesselbau Rohrleitungsbau	Bolzenförmige Teile mit rundem, ovalem, quadra-tischem und rechteckigem Querschnitt lassen sich vollflächig in sehr kurzer Zeit hochwertig ver-schweißen. Die Verbindung unterschiedlicher Werk-stoffe ist möglich.

[1] siehe zu Bild 6-1

Bild 6-2 Press-Schweißverfahren (Auswahl)

Das aus drei, durch sehr starre Querjoche verbundenen Stäben, bestehende Modell, bei dem der Querschnitt des mittleren Stabes S_I gleich der Summe der Querschnitte der beiden äuße-ren Stäbe S_{II} sein soll (Bild 6-4b), sei zu Beginn des Versuches spannungslos. Erwärmt man nur den mittleren Stab S_I ähnlich wie beim Schweißen in einem schmalen Bereich, so dehnt er sich bis ca. 600 °C stetig aus. Die angrenzenden kalten Querschnitte behindern die Wärme-dehnung, dabei werden die äußeren Stäbe S_{II} elastisch gereckt. Im mittleren Stab S_I entste-hen Druck-, in den äußeren Stäben S_{II} Zugspannungen, die aus Gleichgewichtsgründen gleich groß sind. Wird der mittlere Stab S_I über 600 °C erwärmt, so fällt im Glühbereich die Werk-stofffestigkeit sehr stark ab. Die unter Zugspannung stehenden äußeren Stäbe S_{II} stauchen nun die Glühzone des mittleren Stabes S_I und verkürzen ihn bleibend, während sie sich selbst entspannen.

Werkstoff	C-Stahl						Legierter Stahl						GS			GJMW	GJL	GJS	GJMB	Al und Al-Legierung						Cu und Cu-Legierung					
Dickenbereich [1]	1	2	3	4	5	6	1	2	3	4	5	6	4	5	6	3	4	5	6	1	2	3	4	5	6	1	2	3	4	5	6
Gasschweißen																															
Lichtbogenschweißen – Elektrode – blank																															
Lichtbogenschweißen – Elektrode – umhüllt ohne B [2]																											•			•	
Lichtbogenschweißen – Elektrode – umhüllt B																															
Lichtbogenschweißen – UP																															
Lichtbogenschweißen – Schutzgas – MIG																													•	•	•
Lichtbogenschweißen – Schutzgas – MAG																															
Lichtbogenschweißen – Schutzgas – WIG																															
Elektronenstrahl																															
Widerstandsschweißen – Punkt-																															
Widerstandsschweißen – Rollen-																										•	•				
Widerstandsschweißen – Abbrenn-																															•

• nur Cu-Legierungen

[1] Dickenbereich: 1: ≤ 1 mm, 2: $>1\ldots3$ mm, 3: $>3\ldots6$ mm, 4: $>6\ldots15$ mm, 5: $>15\ldots40$ mm, 6: >40 mm.

[2] s. unter 6.2.1-4

Bild 6-3 Entscheidungshilfen zur Wahl des geeigneten Schweißverfahrens (s. auch 6.2.1-1)

Bei der nachfolgenden Abkühlung steigt unterhalb von ca. 600 °C die Festigkeit des Werkstoffes im erwärmten Bereich wieder an und der durch die plastische Stauchung verkürzte mittlere Stab S_{I} beginnt zu schrumpfen; dadurch werden die äußeren Stäbe S_{II} elastisch gestaucht. Bei Raumtemperatur sind die Zugspannungen im mittleren Stab S_{I} und die Druckspannungen in den äußeren Stäben S_{II} im Gleichgewicht (Bild 6-4c).

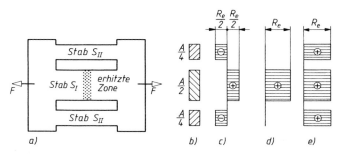

Bild 6-4 Spannungsgitter-Modell zur Entstehung und zum Abbau von Schweißeigenspannungen.
a) Spannungsgitter-Modell aus elastischem Werkstoff (Stahl),
b) Stabquerschnitte,
c) keine äußere Kraft, Eigenspannungen $\sigma_e = \pm R_e/2$ (R_e = Streckgrenze),
d) äußere Kraft F bewirkt $\sigma = +R_e/2$, Eigenspannungen $\sigma_e = \pm R_e/2$,
e) äußere Kraft $2F$ bewirkt $\sigma = +R_e$, Eigenspannungen $\sigma_e = 0$

Weil beim Schmelzschweißen das Bauteil durch eine stetig bewegte Wärmequelle punktförmig erhitzt wird, lassen sich die beschriebenen Vorgänge modellhaft auf geschweißte Bauteile übertragen. Insoweit die Spannungen ohne Einwirkung äußerer Kräfte vorhanden sind, werden sie als Eigenspannungen bezeichnet. Verteilung und Größe der Eigenspannungen in einem geschweißten I-Querschnitt zeigt Bild 6-5. Im Nahtbereich erreichen die Schweißeigenspannungen in der Regel die Streckgrenze R_e des Grundwerkstoffes!

2. Auswirkungen der Schweißschrumpfung

Die in jedem geschweißten Bauteil vorhandenen Schrumpfkräfte führen zu Schrumpfungen (Verkürzungen), Eigenspannungen und – abhängig von der Form und Steifigkeit des Bauteiles – zu Änderungen der Querschnittsform und des Achsenverlaufes (Verwerfungen und Verzug).

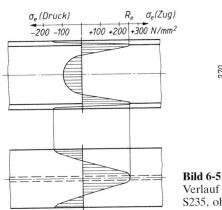

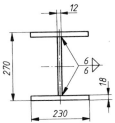

Bild 6-5
Verlauf der Längseigenspannung σ_e in einem I-Querschnitt aus S235, ohne Wärmenachbehandlung (nach Versuchen)

Bezogen auf die Schweißnaht unterscheidet man drei Bewegungsrichtungen der Schrumpfung: Längs-, Quer- und Winkelschrumpfung. Obwohl diese drei Schrumpfungen stets gleichzeitig wirken, sind sie im Bild 6-6 zum besseren Verständnis einzeln dargestellt. Am Beispiel eines geschweißten T-Querschnitts sind im Bild 6-6 auch einige Anhaltwerte über Einzelgrößen der Schrumpfungen angegeben.

Hinweis: Die durch die örtliche Erwärmung bedingte behinderte Wärmeausdehnung führt bei geschweißten Bauteilen stets zu Schrumpfungen, Eigenspannungen und oft zu beträchtlichen Verformungen.

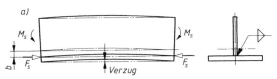

Schrumpfkraft $F_s \approx 6\,kN$ je mm^2 Nahtquerschnitt
Schrumpfmoment $M_s = F_s \cdot b$
Schrumpfmaß 0,1...1mm je m Nahtlänge

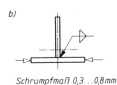

Schrumpfmaß 0,3...0,8mm   Schrumpfwinkel $\alpha = 3°...7°$

Bild 6-6
Auswirkungen der Schweißschrumpfung bei mittleren Querschnitten.
a) Längsschrumpfung mit Krümmung,
b) Querschrumpfung,
c) Winkelschrumpfung

3. Zusammenwirken von Eigen- und Lastspannungen

Da die Schweißeigenspannungen allein schon die Streckgrenze des Werkstoffes erreichen (vgl. Bild 6-5), soll geklärt werden, welche Sicherheit dem Bauteil bleibt, wenn durch Betriebslasten noch Lastspannungen erzeugt werden. Diese Vorgänge sollen wieder an einem Modell erläutert werden.

Durch die unter 6.1.3-1 beschriebenen Vorgänge beim Erwärmen und Abkühlen seien im Spannungsgitter-Modell (Bild 6-4a) im mittleren Stab S_I Zugeigenspannungen und in den äußeren Stäben S_{II} gleich große Druckeigenspannungen, z. B. in Höhe der halben Streckgrenze $R_e/2$ des Werkstoffes, vorhanden (Bild 6-4c). Wird nun durch eine äußere Zugkraft F in den Stäben eine zusätzliche Zugspannung $R_e/2$ aufgebracht, so ergibt sich im mittleren Stab S_I wegen der bereits vorhandenen Zugeigenspannungen eine Gesamtspannung R_e, während die äußeren Stäbe S_{II} wegen der vorhandenen Druckeigenspannung spannungslos werden (Bild 6-4d). Bei weiterer Erhöhung der Last F beginnt der mittlere Stab S_I zu fließen, weil dort die Streckgrenze R_e erreicht ist, er dehnt sich bleibend und kann keine weiteren Spannungen mehr aufnehmen, die Streckgrenze wirkt wie ein „Sicherheitsventil". Die äußeren Stäbe S_{II} (halber Modellquerschnitt) müssen nun die weitere Laststeigerung allein tragen und sollen durch die Last $2F$ bis an die Streckgrenze elastisch gedehnt werden (Bild 6-4e). Da nun im ganzen Querschnitt eine gleichmäßig verteilte Zugspannung herrscht, müssen die Eigenspannungen vollständig abgebaut worden sein.

Die bei der Schweißschrumpfung hervorgerufene und für die Eigenspannungen verantwortliche Längendifferenz zwischen den Stäben S_I und S_{II} ist durch Fließen des Stabes S_I beseitigt. Nach der Entlastung sind also keine Eigenspannungen mehr vorhanden.

Der Modellversuch führt zu der Erkenntnis, daß bei gutem Formänderungsvermögen der Bauteile im Nahtbereich die Schweißeigenspannungen durch äußere Lasten teilweise oder vollständig abgebaut werden können. Die Gefahr der Rissbildung und eines vorzeitigen Bruches besteht bei zähen (schweißgeeigneten) Werkstoffen nur, wenn das Formänderungsvermögen durch mehrachsige Spannungszustände, hervorgerufen z. B. durch Schweißeigenspannungen, behindert wird. Die Schweißeigenspannungen sind dann durch Spannungsarmglühen abzubauen (s. 6.2.1-1).

Allgemein gilt für die Schweißbarkeit der Bauteile:

1. Bei überwiegend *ruhender Beanspruchung* (z. B. Stahlhochbau) findet bei Verwendung schweißgeeigneter Grund- und Zusatzwerkstoffe (z. B. S235, S355) unter Last ein Spannungsabbau durch örtliches Fließen statt. Die Tragfähigkeit der Bauteile wird durch die Schweißeigenspannungen nicht gemindert.

2. Bei *dynamischer Beanspruchung*, z. B. im Maschinen- und Kranbau, haben die Schweißeigenspannungen bei Verwendung schweißgeeigneter Grund- und Zusatzwerkstoffe und bei schweißgerechter Gestaltung nur geringen Einfluss auf die Dauerhaltbarkeit. Nur bei kompliziert gestalteten Bauteilen mit starker Kerbwirkung ist Spannungsarmglühen erforderlich. Unbedingt zu beachten ist, dass die Maschinenbauwerkstoffe E295, E335 und E360 nicht für das Lichtbogen- und Gasschmelzschweißen vorgesehen sind, da sie zu Sprödbruch und Aufhärtung neigen.

3. Bei *mehrachsig auftretenden Zugeigenspannungen* können, begünstigt durch tiefe Temperaturen und hohe Verformungsgeschwindigkeit, verformungslose Gewaltbrüche, so genannte *Sprödbrüche*, ausgelöst werden, deren Ausbreitung schlagartig erfolgt.

Maßnahmen zur Verringerung der Eigenspannungen und des Verzuges s. unter 6.2.5.

6.2   Gestalten und Entwerfen

6.2.1 Schweißbarkeit der Bauteile

Die Schweißbarkeit eines Bauteiles ist nach DIN 8528-1 (Schweißbarkeit metallischer Werkstoffe, Begriffe) gegeben, wenn die erforderliche Belastbarkeit bei ausreichender Sicherheit und Wirtschaftlichkeit gewährleistet ist. Dabei müssen drei Einflussgrößen berücksichtigt werden, von denen jede für sich entscheidend sein kann: der Werkstoff, die Konstruktion und die Fertigung (Bild 6-7). Es ist z. B. sinnlos, die Schweißbarkeit durch einen geeigneteren Werkstoff anzuheben und sie gleichzeitig durch eine Konstruktion mit schlechtem Kraftfluss oder durch eine nicht fachgerechte Fertigung wieder zu schwächen.

1. Schweißeignung der Werkstoffe

Die Schweißeignung eines Werkstoffes ist vorhanden, wenn bei der Fertigung aufgrund der werkstoffgegebenen chemischen, metallurgischen und physikalischen Eigenschaften eine den jeweils gestellten Anforderungen entsprechende Schweißung hergestellt werden kann.

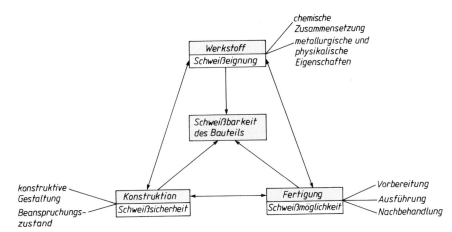

Bild 6-7 Einflussgrößen auf die Schweißbarkeit eines Bauteils nach DIN 8528-1

Stähle
Die Schweißeignung der Stähle ist im Wesentlichen von deren Kohlenstoffgehalt (Aufhärtung), von der Erschmelzungs- und Vergießungsart (Begleitelemente, Seigerungen) und bei legierten Stählen noch von der Menge der Legierungsbestandteile abhängig.
Allgemein gilt: Kohlenstoffarme Stähle ($\leq 0{,}22\,\%$ C) sind gut, kohlenstoffreiche Stähle nur bedingt schweißbar; beruhigt vergossene Stähle (FF) sind den unberuhigt vergossenen (FU) und normal geglühte Stähle (N) den unbehandelten Stahlgüten vorzuziehen.
Bei den un- und niedrig legierten Stählen wird die Schweißeignung hauptsächlich von der Härtungsneigung bestimmt. Durch Vorwärmen des Nahtbereiches kann die Abkühlgeschwindigkeit gesenkt und damit die gefährliche Aufhärtung (Martensitbildung) vermindert werden. *Unlegierte Stähle* sollten bei einem C-Gehalt von 0,2 % bis 0,3 % auf 100 bis 150 °C, von 0,3 % bis 0,45 % auf 150 bis 275 °C und von 0,45 % bis 0,8 % auf 275 bis 425 °C vorgewärmt werden.
Bei *niedrig legierten Stählen* kann zur Beurteilung der Härtungsneigung das Kohlenstoffäquivalent herangezogen werden:

$$CE\,(\%) = \%\,C + \frac{\%\,Mn}{6} + \frac{\%\,Cu + \%\,Ni}{15} + \frac{\%\,Cr + \%\,Mo + \%\,V}{5}$$

Für die Schweißbedingungen gilt dann:

CE bis 0,45 %:	Gute Schweißeignung, Vorwärmen erst bei Bauteildicken über 30 mm
CE = 0,45 % bis 0,6 %:	Bedingte Schweißeignung, Vorwärmen auf 100 bis 200 °C
CE über 0,6 %:	Nicht gewährleistete Schweißeignung, Vorwärmen auf 200 bis 350 °C

(Höhere Vorwärmtemperaturen für große Bauteildicken)

Spannungsarmglühen geschweißter Bauteile wird erforderlich bei großen Bauteildicken, mehrachsigen Spannungszuständen (Sprödbruchgefahr) und wenn bei nachfolgender spanender Bearbeitung Verzug vermieden werden soll. Beim Glühvorgang wird die Streckgrenze des Werkstoffes herabgesetzt und die elastischen Eigenspannungen durch plastische Verformung beseitigt. Un- und niedrig legierte Stähle werden auf 600 bis 650 °C erwärmt. Die Haltezeit soll je mm Wanddicke 2 Minuten, mindestens aber eine halbe Stunde betragen.
Unlegierte Baustähle (DIN EN 10025-2, s. TB 1-1a) werden normalisierend gewalzt (+N), thermomechanisch gewalzt (+M) oder „wie gewalzt" (+AR) eingesetzt. Es sind acht Sorten festgelegt, die sich in ihren mechanischen Eigenschaften unterscheiden. Sie sind nicht für eine Wärmebehandlung vorgesehen. Die Sorten S 235 und S 275 sind in den Gütegruppen JR, JO und J2, die Sorte S 355 in den Gütegruppen JR, JO, J2 und K2 und die neue Sorte S 460 in der Gütegruppe JO lieferbar. Die Schweißeignung verbessert sich bei jeder Sorte von der Gütegrup-

pe JR bis zur Gütegruppe K2. Die zunehmende Sprödbruchsicherheit ist gekennzeichnet durch eine zunehmende gewährleistete Kerbschlagarbeit, verbunden mit einer abnehmenden Übergangstemperatur.

Für die Stähle ohne Gütegruppe S185, E295, E335 und E360 werden keine Angaben zur Schweißeignung gemacht und auch keine Kerbschlagarbeit gewährleistet. Aus ihnen hergestellte Erzeugnisse dürfen nicht mit CE gekennzeichnet werden. Nach der DASt-Richtlinie 009 „Empfehlungen zur Wahl der Gütegruppen für geschweißte Bauteile" kann für jede Schweißaufgabe in Abhängigkeit des Spannungszustandes, der Bedeutung des Bauteils, der Werkstückdicke und der Temperatur eine hinreichend sprödbruchsichere Stahlsorte (Gütegruppe) bestimmt werden.

Schweißgeeignete *Feinkornbaustähle* (DIN EN 10025-3, -4; s. TB 1-1b) werden in normal geglühtem (normalisierend gewalztem) und thermomechanisch gewalztem Zustand im Druckbehälter- und Stahlbau eingesetzt. Sie sind zum Schweißen nach allen üblichen Verfahren geeignet. Voraussetzung für gute Zähigkeit und Rissfreiheit der Verbindung ist beim Schweißen mit umhüllten Stabelektroden und beim UP-Schweißen die Verwendung basischer Zusatz- und Hilfsstoffe. Vorwärmen zwischen 100 und 200 °C ist vielfach angebracht.

Wegen der Gefahr der Kaltrissneigung muss besonders bei vergüteten Feinkornstählen der Wasserstoffgehalt auf kleinste Werte begrenzt werden. Das Wasserstoffarmglühen („Soaken") nach dem Schweißen gilt bei diesen Stählen als Standardwärmebehandlung.

Ausführliche Richtlinien für die schweißtechnische Verarbeitung von Feinkornbaustählen enthält das Stahl-Eisen-Werkstoffblatt 088 (SEW 088). Auf Anforderung liefert der Hersteller Angaben über geeignete Schweißbedingungen, die auf der Grundlage von Schweißverfahrensprüfungen beruhen.

Die *Vergütungsstähle* (DIN EN 10083-1, s. TB 1-1c) sind alle für Abbrennstumpfschweißen, die Stähle C22, 25CrMo4 und 28Mn6 auch für Schmelz- und Widerstandspunktschweißen geeignet. Wegen des höheren C-Gehaltes ($\leq 0,6\,\%$) sind beim Schweißen der übrigen Stähle besondere Maßnahmen erforderlich (Vorwärmen, artfremder Zusatzwerkstoff).

Die *Einsatzstähle* (DIN EN 10084, s. TB 1-1d) sind vor dem Aufkohlen alle zum Schmelzschweißen und Abbrennstumpfschweißen geeignet, jedoch erfordern die höher legierten Stähle wie z. B. 16MnCr5, 20MnCr5 und 17CrNi 6-6 Vorwärmen und Sonderverfahren.

Hoch legierte Stähle werden als nichtrostende, warmfeste, hitzebeständige und kaltzähe Werkstoffe eingesetzt (vgl. TB 1-1i bzw. TB 6-15b). Sie sollen mit möglichst geringer Wärmezufuhr geschweißt werden. Für die schweißtechnische Verarbeitung teilt man sie nach ihrer Gefügeausbildung in ferritische, martensitische und austenitische Stähle ein.

Die *ferritischen* Chromstähle (z. B. X6Cr17) sind grundsätzlich schweißgeeignet (Probleme: Chromstahlversprödung und Kornwachstum). Bei nicht stabilisierten Stählen (ohne Ti oder Nb) langsames Abkühlen oder kurzzeitiges Diffusionsglühen erforderlich.

Die *martensitischen* Stähle (z. B. X20Cr13) sind Lufthärter und daher nur bedingt schweißgeeignet. Diese Stähle werden meist zwischen 300 und 400 °C vorgewärmt und nach dem Schweißen ohne Zwischenabkühlung bei 650 bis 750 °C anlassgeglüht.

Die *austenitischen* Stähle (z. B. X5CrNi18-10) sind grundsätzlich schweißgeeignet (Probleme: Warmrissigkeit und interkristalline Korrosion). Bei stabilisierten Stählen (mit Ti oder Nb) mit weniger als 0,07 % C und üblicher Korrosionsbeanspruchung ist keine Wärmenachbehandlung erfoderlich.

Schwefelhaltige Automatenstähle (z. B. X8CrNiS18-9) sollen wegen erhöhter Warmrissgefahr nicht geschweißt werden.

Als Schweißverfahren eignen sich WIG, MIG, E und UP.

Eisen-Kohlenstoff-Gusswerkstoffe

Je nach Anwendungsfall wird zwischen *Fertigungsschweißung* (z. B. zur Beseitigung von Gießfehlern), *Instandsetzungsschweißung* (Reparaturschweißung) und *Konstruktionsschweißung* unterschieden. Die Konstruktionsschweißung bietet die Möglichkeit, große und komplizierte Werkstücke in mehrere einfacher zu fertigende Gussteile aufzulösen (Guss-Schweißkonstruktion) oder Gussteile mit Schmiedestücken bzw. Walzprofilen (Guss-Verbund-Schweißkonstruktion) zu verbinden und dadurch die Fertigungskosten zu senken.

Stahlguss für allgemeine Anwendungen (DIN EN 10293, TB 1-2g) umfasst unlegierte, niedrig- und hochlegierte (rostbeständige) Sorten, so z. B. GE 200, G 17 Mn 5 und GX CrNi 16-4, normal- geglüht oder vergütet. Gussstücke aus unlegiertem Stahl mit mehr als 0,25 % C, sowie legierter nichtaustenitischer Stahlguss müssen vor dem Schweißen meist bis auf 350 °C vorgewärmt und wärmenachbehandelt werden, sofern nicht Vergüten oder Normalglühen erforderlich ist.

Zum Schweißen von nichtrostendem Stahlguss (SEW 410), hochfestem Stahlguss (SEW 520) und Stahlguss für Druckbehälter (DIN EN 10213-1) zur Verwendung bei Raumtemperatur und erhöh- ten Temperaturen (DIN EN 10213-2), bei tiefen Temperaturen (DIN EN 10213-3) und aus austen- itischen und austenitisch-ferritischen Stahlsorten (DIN EN 10213-4) gelten die gleichen Richtli- nien wie für das Schweißen von Walz- und Schmiedestählen entsprechender Zusammensetzung. DIN EN 10213-1 und DIN EN 10293 enthalten Bedingungen für Vorwärmen, Zwischenlagen und Spannungsarmglühen. So beträgt z. B. für die Sorte G17CrMo5-5 die Vorwärmtemperatur 150 bis 250 °C, die Zwischenlagentemperatur max. 350 °C, und die Wärmebehandlung soll bei mindestens 650 °C erfolgen.

Beim *entkohlend geglühten (weißen) Temperguss* (GJMW, DIN EN 1562, s. TB 1-2e) ermöglicht die Sorte EN-GJMW-360-12 bei Wanddicken bis 8 mm Fertigungs- und Konstruktionsschwei- ßungen nach allen Schweißverfahren ohne Nachbehandlung.

Bei *nicht entkohlend geglühtem (schwarzen) Temperguss* (GJMB) sind, wie bei den übrigen GJMW-Sorten, Konstruktionsschweißungen bei niedriger Beanspruchung und Fertigungsschwei- ßungen möglich, wenn die geschweißten Teile nachträglich geglüht werden. Bei allen Temper- gusssorten lassen sich, wirtschaftlich vertretbar bei Wanddicken unter 8 mm, durch intensiv ent- kohlende Glühung die Voraussetzungen für Konstruktionsschweißung herstellen.

Gusseisen mit Lamellengraphit (GJL, DIN EN 1561, s. TB 1-2a) und *Gusseisen mit Kugelgraphit* (GJS, DIN EN 1563, s. TB 1-2b) werden bei hoher bzw. dynamischer Beanspruchung mit art- gleichem Zusatzwerkstoff unter gleichzeitigem Vorwärmen und nachträglicher Wärmebehand- lung (Warmschweißen, Güteklasse A), bei geringeren Anforderungen mit artfremdem Zusatz- werkstoff ohne Wärmebehandlung (Kaltschweißen, Güteklasse B) geschweißt.

Für das Schmelzschweißen der Gusswerkstoffe sind folgende Verfahren geeignet: G (nur für Warmschweißen), E, MIG und WIG. Für Gusseisen und Temperguss werden dabei überwiegend Zusatzwerkstoffe nach DIN 8573 verwendet, z. B. FeC-G zu artgleichem oder Ni zu artfremdem Schweißen. Die Hinweise der Merkblätter DVS 0602 und DVS 0603 sind zu beachten.

Die überlieferten Vorbehalte gegen das Schweißen von Gusswerkstoffen sind durch die mo- derne Schweißtechnologie hinfällig geworden!

Nichteisenmetalle

Aluminium und dessen Legierungen (s. TB 1-3b) sind unter Schutzgas (WIG und MIG) meist gut schweißbar. In der Wärmeeinflusszone verlieren die nicht aushärtbaren Knetlegierungen (AlMg, AlMn, AlMgMn) ihre durch Kaltverfestigung erzielte hohe Festigkeit bis auf die Werte des Zustandes „weich", aushärtbare Legierungen (AlMgSi, AlZnMg) können die ursprüngliche Festigkeit durch erneute Wärmebehandlung wieder erreichen. Ein günstiges Verhalten zeigt die Legierung ENAW-AlZn4,5Mg1, sie härtet nach dem Schweißen in der Wärmeeinflusszone selbsttätig wieder aus. Zum Schmelzschweißen nicht geeignet sind Legierungen, die Kupfer, Blei oder Wismut enthalten, sowie Druckgussteile. Weitere Hinweise s. Merkblatt DVS 1608.

Bei *Kupferlegierungen* ist die Beurteilung der Schweißeignung wegen vieler oft schwer erfassba- rer Einflüsse schwierig. Probleme bereiten oft niedrigsiedende Bestandteile (Zinkausdamp- fung), Gefahr von Warmrissen und Porenbildung, erhöhte Deckschichtbildung (Al) u. a. Gut geeignet für das Schmelzschweißen mit Schutzgasverfahren sind Kupfer-Zinn-Legierungen (Zinnbronzen), Kupfer-Nickel-Legierungen (z. B. CuNi10Fe1Mn) und Kupfer-Aluminium-Legie- rungen (Aluminiumbronze, z. B. CuAl10Ni3Fe2-C). Wenn keine ausreichenden Erfahrungen vorliegen, sind Probeschweißungen zu empfehlen. Bleihaltige Automatenlegierungen werden nicht geschweißt.

Unterschiedliche Metalle

Wirtschaftliche Verbundkonstruktionen erfordern oft das Verbindungsschweißen unterschied- licher Bauteilwerkstoffe und ermöglichen so die optimale Nutzung der jeweiligen Werkstoffeigenschaften. Von besonderem Einfluss auf die Schweißeignung ist die Möglichkeit der Legierungsbildung zwischen den beteiligten Werkstoffen, weiterhin deren thermische Ausdehnungskoeffizienten, die Warmrissneigung der Grund- und Zusatzwerkstoffe und das verwendete Schweißverfahren. Viele Metallkombinationen, die auch mit Hilfe geeigneter Schmelzschweißverfahren wie z. B. Lichtbogen- und Elektronenstrahlschweißen, nicht oder nur bedingt schweißbar sind, lassen sich durch Pressschweißen herstellen. Besonders bewährte Verfahren sind das Reibschweißen (FR), das Ultraschallschweißen (US), das Diffusionsschweißem (D) und das Widerstands-Punktschweißen (RP), Bild 6-2.

Innerhalb der eigenen Werkstoffgruppe lassen sich bei Stählen, Kupfer-, Aluminium- und Magnesium-Legierungen in fast jeder Sortenkombination brauchbare Verbindungen durch Schmelzschweißen herstellen. Liegen über die Schweißeignung der zu verbindenden Metalle keine Erfahrungen vor, so helfen oft die Fachliteratur bzw. die Angaben der Werkstofflieferanten oder eigene Versuche weiter. In schwierigen Fällen kann auch ein anderes Fügeverfahren, wie z. B. Kleben oder Löten, zu brauchbaren Ergebnissen führen.

Thermoplastische Kunststoffe

Nur die Thermoplaste sind mit oder ohne Zusatz von artgleichem Kunststoff schweißbar. Anwendungsbeispiele sind der chemische Apparatebau und der Rohrleitungsbau (s. DIN 16 928, Merkblatt DVS 2205). Dort werden überwiegend Halbzeuge aus Polyvinylchlorid (PVC hart), Polyethylen (PE hart) und Polypropylen (PP) durch Warmgas- oder Heizelementschweißen verarbeitet.

2. Konstruktionsbedingte Schweißsicherheit

Die Schweißsicherheit einer Konstruktion ist vorhanden, wenn mit dem verwendeten Werkstoff das Bauteil aufgrund seiner konstruktiven Gestaltung unter den vorgesehenen Betriebsbedingungen funktionsfähig bleibt. Sie wird überwiegend von der *konstruktiven Gestaltung* (z. B. Kraftflussverlauf, s. 6.2.5) und vom *Beanspruchungszustand* (z. B. Art und Größe der Spannungen, s. 6.1.3 und 6.3.1) beeinflusst.

3. Fertigungsbedingte Schweißsicherheit (Schweißmöglichkeit)

Die Schweißmöglichkeit in einer schweißtechnischen Fertigung ist vorhanden, wenn die an einer Konstruktion vorgesehenen Schweißungen unter den gewählten Fertigungsbedingungen fachgerecht hergestellt werden können. Sie wird überwiegend von der *Schweißvorbereitung* (z. B. Stoßarten, Vorwärmung), der *Ausführung* der Schweißarbeiten (z. B. Schweißfolge) und der *Nachbehandlung* (z. B. Glühen) beeinflusst.

4. Schweißzusatzwerkstoffe

Die Zusatzwerkstoffe müssen auf die Grundwerkstoffe, das Schweißverfahren und die Fertigungsbedingungen abgestimmt sein. Während beim Schweißen von unlegierten Stählen und Gusseisen die verlangte Festigkeit oft auch mit Zusatzwerkstoffen erreichbar ist, deren Zusammensetzung wesentlich vom Grundwerkstoff abweicht, muss bei korrosionsbeanspruchten Schweißteilen (meist aus nicht rostendem Stahl oder Al-Legierungen) der Grundsatz der *artgleichen Schweißung* eingehalten werden.

Gasschweißstäbe für un- und niedrig legierte Stähle (DIN EN 12536) sind nach ihrer chemischen Zusammensetzung und der gewährleisteten Kerbschlagarbeit in sechs Klassen (O I bis O VI) eingeteilt. Den allgemeinen Baustählen, Rohrstählen und Kesselblechen sind geeignete Schweißstabklassen zugeordnet.

Umhüllte Stabelektroden für unlegierte Stähle und Feinkornstähle (DIN EN ISO 2560) werden in der Praxis nach der chemischen Charakteristik der Umhüllung, der Festigkeit des Schweißguts, dem Anwendungsgebiet und der Umhüllungsdicke eingeteilt.

Die am meisten verwendete Elektrode ist rutilumhüllt (Typ R). Sie ist bei guten bis sehr guten mechanischen Eigenschaften in allen Lagen gut verschweißbar und neigt wenig zu Warmrissen. Die basischumhüllte Elektrode (Typ B) wird wegen der hervorragenden Verformbarkeit des Schweißgutes für dicke Bauteile und starre Konstruktionen benutzt. Sie ist sehr gut für schweißempfindliche Stähle geeignet. Sauer- und zelluloseumhüllte Elektroden (Typ A und C) sind von geringer Bedeutung. Dünn umhüllte Elektroden eignen sich nur für Schweißteile mit geringer ruhender Beanspruchung und für Dünnblechschweißungen, mitteldick umhüllte ergeben gute Zähigkeitswerte, während dick umhüllte Elektroden die besten Eigenschaften aufweisen.

Einzelheiten über Zusatzwerkstoffe für Gusseisen und Temperguss (DIN EN ISO 1071), warmfeste Stähle (DIN EN 1599, DIN EN ISO 21952), nichtrostende und hitzebeständige Stähle (DIN 8556), Aluminium- und Aluminiumlegierungen (DIN EN ISO 18273) sowie Kupfer- und Kupferlegierungen (DIN EN 14640) s. in ( ) angeführte Normblätter.

Bezeichnungsbeispiele:

ISO 2560-A-E 38 2 RB 12: Umhüllte Stabelektrode mit garantierter Streckgrenze und Kerbschlagzähigkeit (A, E), Streckgrenze des Schweißgutes $R_e = 380$ N/mm^2 (38), Kerbschlagzähigkeit 47 J bei $-20\,°C$ (2), rutil-basisch-umhüllt (RB), Ausbringung $> 105\,\%$ (1), alle Schweißpositionen außer Fallnaht (2)

EN 440-G 46 3 M G 3 Si 1: Schweißgut einer Drahtelektrode zum Metall-Schutzgasschweißen (G), Streckgrenze $R_e = 460$ N/mm^2 (46), Kerbschlagarbeit 47 J bei $-20\,°C$ (3), Mischgas (M), chem. Zusammensetzung: 0,7 … 1 % Si, 1,3 … 1,6 % Mn (G 3 Si 1)

6.2.2 Stoß- und Nahtarten

1. Begriffe

Der *Schweißstoß* ist der Bereich, in dem die Teile durch Schweißen miteinander vereinigt werden. Nach der konstruktiven Anordnung der Teile zueinander (Verlängerung, Verstärkung, Abzweigung) lassen sich die im Bild 6-10 zusammengefassten Stoßarten unterscheiden.

Die *Schweißnaht* vereinigt die Teile am Schweißstoß. Die Nahtart hängt im Wesentlichen von der Stoßart, der Nahtvorbereitung (z. B. Fugenform), dem Werkstoff und dem Schweißverfahren ab. Die Naht muß am Schweißstoß so vorbereitet werden (Fuge, Spalt), dass z. B. bei Stumpfnähten ein gutes Aufschmelzen der Blechkanten, ein gutes Durchschweißen der Wurzel und ein vollkommenes Füllen des Nahtquerschnitts möglich ist. Ausführliche Richtlinien zur Wahl der Fugenform in Abhängigkeit von der Werkstoffart, der Werkstückdicke und vom Schweißverfahren sind in den Normen enthalten (z. B. DIN EN ISO 9692-1, s. Bild 6-11). Die Fugenform für eine HY-(halbe Y-)Naht mit Badsicherung (z. B. Unterlage) zeigt Bild 6-8.

Die Schweißnähte werden durch einzelne Raupen in einer Schweißlage oder in mehreren Schweißlagen aufgebaut. Der Nahtaufbau und die Lagenfolge für eine Y-Naht mit Gegenlage geht aus Bild 6-9 hervor. Je nachdem, ob die Nähte in ihrer Länge ganz oder nur teilweise

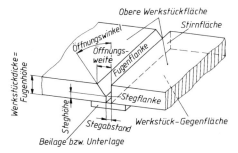

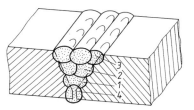

Bild 6-8 Nahtvorbereitung für HY-Naht. Fugenform und Begriffe nach DIN EN 12345. Badsicherung bleibt nach dem Schweißen am Schweißteil (Beilage) oder wird entfernt (Unterlage)

Bild 6-9 Nahtaufbau und Lagenfolge für Y-Naht mit Gegenlage. Mittel- und Decklage aus mehreren Raupen. Die Zahlen geben auch die Lagenfolge an.
1 Wurzellage, **2** Mittellage, **3** Decklage,
4 Gegenlage

6

Stoßart	Anordnung der Teile [1]	Erläuterung der Stoßart	Geeignete Naht-formen (Symbole) Hinweise
Stumpfstoß		Die Teile liegen in einer Ebene. Sie stoßen stumpf gegeneinander.	 人 ‖ ∨ X Y Y Ungestörter Kraftfluss (bevorzugt anwenden)
Parallelstoß	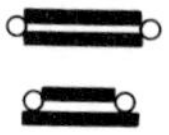	Die Teile liegen parallel aufeinander.	 ◺ ◿ ⌐ ‖‖ Häufig bei Gurt-platten von Biegeträgern.
Überlappstoß		Die Teile liegen parallel aufeinander. Sie überlappen sich.	 ◺ ◿ Häufig als Stab-anschluss im Stahlbau.
T-Stoß		Die Teile stoßen rechtwinklig (T-förmig) aufeinander.	 ◺ ◿ K Bei Querzug-beanspruchung Maßnahmen erforderlich. [2]
Doppel-T-Stoß (Kreuzstoß)		Zwei in einer Ebene liegende Teile stoßen rechtwinklig auf ein dazwischenliegendes drittes.	 ◺ ◿ K Bei Querzug-beanspruchung Maßnahmen erforderlich. [2]
Schrägstoß		Ein Teil stößt schräg gegen ein anderes.	◺ Kehlwinkel ≥ 60°. Bei Querzug-beanspruchung Maßnahmen erforderlich. [2]
Eckstoß		Zwei Teile stoßen unter beliebigem Winkel aneinander (Ecke).	◺ Weniger belastbar als T-Stoß.
Mehrfachstoß		Drei oder mehr Teile stoßen unter beliebigem Winkel aneinander.	Erfassen aller Teile schwierig. Für höhere Beanspruchung ungeeignet.
Kreuzungsstoß	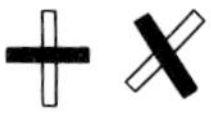	Zwei Teile liegen kreuzend übereinander.	◺ Vereinzelt im Stahlbau.

[1] ○ mögliche Lage der Schweißnaht.
[2] Im Querblech Gefahr durch Brüche parallel zur Oberfläche durch Doppelungen oder durch schlechtes Formänderungsvermögen in Dickenrichtung infolge nichtmetallischer Einschlüsse (Terrassenbrüche). Abhilfemaßnahmen: Ultraschallprüfung im Anschlussbereich, Querzugbeanspruchung konstruktiv vermeiden, Vergrößerung der Schweißanschlussfläche, Werkstoffe mit verbesserten Querzugeigen-schaften verwenden (Z-Güten nach DIN EN 10164, Symbol für Mindestbrucheinschnürung senkrecht zur Oberfläche von z. B. 15 %: +Z15)

Bild 6-10 Stoßarten nach DIN EN 12345

Nahtart	Nahtform (Fugenform)	Werkstückdicke t	Ausführung	Symbol	Kennzahl	Maße Winkel α, β Grad	Spalt b mm	Empfohlener Schweißprozess (siehe Bild 6-1)	Relative Herstellkosten (Fuge)	Bemerkungen Anwendung
Bördelnaht	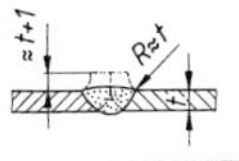	bis 2	einseitig	ハ	1.1	–	–	G, E, WIG, MIG, MAG		Dünnblechschweißung ohne Zusatzwerkstoff
I-Naht		bis 4	einseitig	‖	1.2	–	≈ t	G, E, WIG	0,5	Keine Nahtvorbereitung, wenig Zusatzwerkstoff. Bei einseitigem Schweißen sind Wurzel- und Bindefehler nicht auszuschließen.
		bis 8	beid-[1] seitig		2.2	–	≈ t/2	E, WIG (MIG, MAG)		
V-Naht	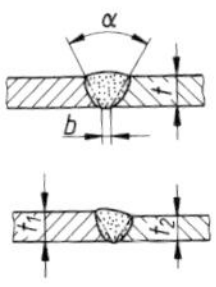	3 bis 10	einseitig	V	1.3	40 bis 60	≤ 4	G	1	Bei dynamischer Beanspruchung beachten: 1. Wurzel ausarbeiten und gegenschweißen. 2. Bei t₁ – t₂ > 3 mm dickeres Teil mit Neigung 1: 4 abschrägen (Kraftfluss!)
		3 bis 40	beid-[1] seitig	V	2.3.9	≈ 60 / 40 bis 60	≤ 3	E, WIG / MIG, MAG		
DV-Naht	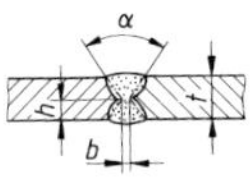	über 10	beid-[1] seitig	X	2.3.3	≈ 60	1 bis 4	E, WIG / MIG MAG	2	Bei größeren Blechdicken günstiger als V-Naht, da bei gleichem α nur die halbe Schweißgutmenge benötigt wird. Fast keine Winkelschrumpfung bei wechselseitigem Schweißen. Wurzel vor dem Schweißen der Gegenlage ggf. ausarbeiten.
	h = t/2					40 bis 60				
Y-Naht	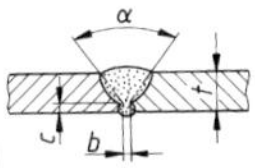	5 bis 40	einseitig	Y	1.5	≈ 60	1 bis 4	E, WIG MIG, MAG	1,5	Steghöhe c = 2 … 4 mm
U-Naht	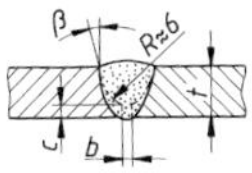	über 12	einseitig	Y	1.7	8 bis 12	1 bis 4	E, WIG, MIG, MAG	4	Steghöhe c = 3 mm Vorteilhaft bei unzugänglicher Gegenseite. Vorbereitung teuer (Hobeln).
HV-Naht		3 bis 10	einseitig	V	1.4	35 bis 60	2 bis 4	E, WIG, MIG, MAG	0,7	Häufig in Verbindung mit einer Kehlnaht beim T-Stoß. Ausführung mit unverschweißtem Steg (HV-Stegnaht) vermindert Fertigungskosten. Steghöhe c ≤ 2 mm
		3 bis 30	beid-[1] seitig	V	2.4.9		1 bis 4			
DHV-Naht (Doppel-HV-Naht, K-Naht)	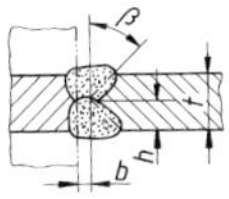	über 10	beid-[1] seitig	K	2.4.4	35 bis 60	1 bis 4	E, WIG, MIG, MAG	1	Häufig in Verbindung mit Kehlnähten beim T-Stoß. Ausführung mit unverschweißtem Mittelsteg (K-Stegnaht) vermindert Fertigungskosten. Flankenhöhe h = t/2 oder t/3

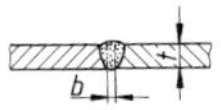

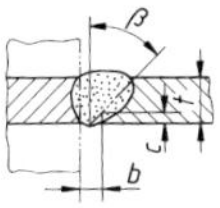

Bezeichnung einer Fugenform der Kennzahl 1.5 für das Metall-Inertgasschweißen (131): Fugenform DIN EN ISO 9692-1.5-131

[1] Fertigungstechnisch nicht immer auszuführen.
  Beachte: Zugänglichkeit, Zwangslage bzw. Wendbarkeit.

Bild 6-11 Stumpfnahtformen an Stahl und deren Vorbereitung nach DIN EN ISO 9692-1 (Auswahl)

geschweißt sind, unterscheidet man *nicht unterbrochene* und *unterbrochene* Nähte (Nahtverlauf).

2. Stumpfnaht

Bei der Stumpfnaht stoßen die Bauteile stumpf gegeneinander und bilden einen *Stumpfstoß* mit Schweißfuge. Wenn es die Anordnung der Bauteile zulässt, soll die Stumpfnaht gegenüber der Kehlnaht möglichst bevorzugt werden. Die Stumpfnaht ist bei gleicher Dicke festigkeitsmäßig

besser als die Kehlnaht, besonders bei dynamischer Belastung (glatter, ungestörter Kraftfluss, geringere Kerbwirkung). Außerdem ist sie beispielsweise durch Röntgenstrahlen oder Ultraschallwellen leichter und sicherer zu prüfen.
Als nachteilig muss die teurere Herstellung mancher Fugenformen genannt werden.
In Bild 6-11 sind die wichtigsten Stumpfnahtformen, deren Anwendung und Vorbereitung für Bauteile aus Stahl aufgeführt.
Aus Kostengründen werden bei dickeren Blechen auch nicht durchgeschweißte Stumpfnähte ausgeführt, s. Bild 6-12. Bei der Doppel-I-Naht (Bild 6-12c) wird die rechnerische Nahtdicke a durch eine Verfahrensprüfung festgelegt. Die Spaltbreite b ist verfahrensabhängig, z. B. $b = 0$ bei UP-Schweißung.

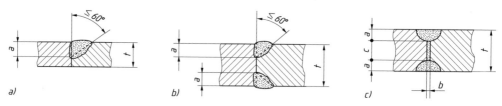

Bild 6-12 Nicht durchgeschweißte Stumpfnähte nach DIN 18800-1.
a) HY-Naht, b) D(oppel)HY-Naht, c) Doppel-I-Naht ohne Nahtvorbereitung (vollmechanische Naht), a = rechnerische Nahtdicke

3. Kehlnaht

Bei der Kehlnaht liegen die Teile in zwei Ebenen rechtwinklig zueinander (z. B. T-, Überlapp- und Eckstoß) und bilden dadurch eine Kehlfuge zur Aufnahme der Schweißnaht (Bild 6-13). Da sie keiner besonderen Vorbereitung bedarf und leicht herstellbar ist, ist sie die wirtschaftlichste Nahtform. Kehlnähte sind durch die Umlenkung des Kraftflusses und durch die starke Kerbwirkung (unverschweißter Spalt, Bild 6-13g und h), besonders bei dynamischer Belastung, festigkeitsmäßig ungünstiger als Stumpfnähte.
Zur Anwendung kommen folgende Nahtformen:

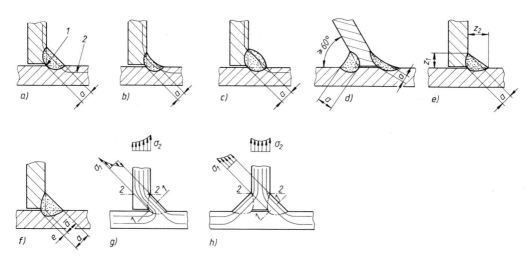

Bild 6-13 Kehlnähte.
a) Flachnaht (**1** theoretischer Wurzelpunkt, **2** Kraftlinie, a Nahtdicke), b) Hohlnaht, c) Wölbnaht,
d) Nahtdicke a am Schrägstoß, e) Nahtdicke a bei ungleichschenkliger Kehlnaht:
$a = 0{,}5 \cdot \sqrt{2} \cdot z_1 (z_1 < z_2)$, f) Kehlnaht mit tiefem Einbrand: $a = \bar{a} + e$, g) und h) Spannungsverteilung und Kraftfluss in einseitiger Kehlnaht bzw. Doppelkehlnaht

Flachnaht (Bild 6-13a) mit wirtschaftlichem Nahtquerschnitt, fast ausschließlich angewandt, günstig für ruhende und dynamische Belastung.

Hohlnaht (Bild 6-13b) für dynamisch belastete Bauteile (guter Einbrand, sanfter Nahtübergang, bester Kraftfluss) nur in Wannenlage schweißbar.

Wölbnaht (Bild 6-13c) wird am Eckstoß ausgeführt, leicht herstellbar, aber Nahtquerschnitt und Kraftfluss ungünstig.

Spitzwinklige Naht am Schrägstoß (Bild 6-13d) mit Kehlwinkel größer als 60°, kleinerer Kehlwinkel nur zulässig, wenn sichere Wurzelerfassung nachgewiesen wird, häufig bei Rohrknoten von Fachwerken.

Ungleichschenklige Naht (Bild 6-13e) mit allmählicher Kraftflussumlenkung bei Stirnkehlnaht am Gurtplattenende bzw. Muffennaht.

Nach der Anordnung unterscheidet man einseitige Kehlnaht (Bild 6-13g), Doppelkehlnaht (Bild 6-13h), Ecknaht, Stirn- und Flankenkehlnaht (Bild 6-40d) beim Stab- und Laschenanschluss und die Halsnaht (Bild 6-39a) beim Biegeträger. Die einseitige Kehlnaht ist nur anzuwenden, wenn die Doppelkehlnaht wegen Unzugänglichkeit nicht ausgeführt werden kann oder die Beanspruchung niedrig liegt. Kehlnähte können mit der Magnetpulver- oder der Farbeindringprüfung auf Risse untersucht werden. Die Durchstrahlungs- und Ultraschallprüfung ist nur bedingt anwendbar (unverschweißter Spalt).

Empfehlungen für die Nahtabmessungen s. 6.3.1-4.1.

4. Sonstige Nähte

Als solche werden Nahtformen bezeichnet, die weder der Stumpfnaht noch der Kehlnaht zugeordnet werden können (z. B. Punktnaht) oder Kombinationen aus beiden sind (z. B. HV-Naht mit Kehlnaht).

Im Stahlbau werden die durch- oder gegengeschweißten Nähte nach Bild 6-14a und b am T- und Schrägstoß eingesetzt, um gegenüber Kehlnähten eine Verbesserung der Tragfähigkeit bzw. eine Verringerung des Nahtquerschnittes zu erzielen. Die außen liegenden Kehl- bzw. Doppelkehlnähte werden mit ihrer Nahtdicke für die Festigkeitsberechnung nicht berücksichtigt.

Nicht durchgeschweißte Nähte (Bild 6-14c und d) weisen wegen des unverschweißten Spaltes eine hohe Kerbwirkung auf und sind statisch und vor allem dynamisch weniger belastbar.

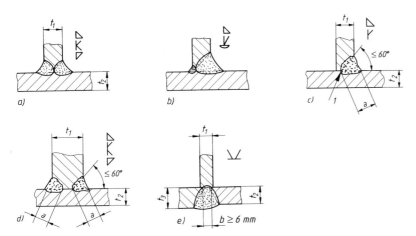

Bild 6-14 Sonstige (zusammengesetzte) Nähte nach DIN 18800-1.
a) D(oppel)HV-Naht (DHV) mit Doppelkehlnaht (K-Naht),
b) HV-Naht mit Kehlnaht, Kapplage gegengeschweißt,
c) HY-Naht mit Kehlnaht (**1** theoretischer Wurzelpunkt, a = rechnerische Nahtdicke),
d) D(oppel)HY-Naht (K-Stegnaht) mit Doppelkehlnaht,
e) Dreiblechnaht, Steilflankennaht

Die HY-Naht mit Kehlnaht („versenkte Kehlnaht", Bild 6-14c) ist gegenüber der Kehlnaht wesentlich wirtschaftlicher, da bei gleicher rechnerischer Nahtdicke nur das halbe Schweißvolumen erforderlich ist.

Wegen der rechnerischen Nahtdicke s. 6.3.1-4.1.

5. Fugenvorbereitung

Die Herstellung der geraden Schweißfugen für V-, HV-, Y- und X-Nähte erfolgt bis zu Blechdicken von ca. 20 mm am wirtschaftlichsten mit Scheren und tragbaren Elektro- oder Druckluftwerkzeugen (Schweißkantenformer). Für größere Blechdicken und bei kurvenförmigen Fugen werden fast ausschließlich thermische Trennverfahren eingesetzt. Das Brennfugen (Fugenhobeln) ermöglicht auch die Herstellung von U-Fugenflanken und das Ausarbeiten der Wurzelseite von Schweißnähten.

Fugen mit gekrümmten Flanken, z. B. für U-Nähte, werden häufig durch Fräsen oder Hobeln hergestellt. Die spanende Fugenvorbereitung ist am wirtschaftlichsten bei Drehteilen oder Werkstücken, bei denen außer der Schweißfuge noch andere Flächen bearbeitet werden müssen.

6.2.3 Gütesicherung

1. Bewertungsgruppen für Schmelzschweißverbindungen an Stahl nach DIN EN ISO 5817

Die Bewertungsgruppen dienen der einheitlichen Bewertung der Nahtqualität in allen Anwendungsbereichen des Lichtbogenschweißens, wie z. B. im Stahlbau, für Druckbehälter und geschweißte Rohrleitungen. Sie schaffen die Voraussetzungen, die Schweißverbindungen als definierte Konstruktionselemente einzusetzen und die gegenseitige Anerkennung von Qualitätsnachweisen durch verschiedene zuständige Stellen zu erreichen.

DIN EN ISO 10042 und DIN EN ISO 13919 enthalten weitere Richtlinien über Bewertungsgruppen für das Schmelz- und Strahlschweißen an Stahl- und Aluminiumwerkstoffen.

Ohne Unterscheidung nach Stumpf- und Kehlnähten werden für die Unregelmäßigkeiten an Schweißverbindungen drei Bewertungsgruppen festgelegt, und zwar niedrig (D), mittel (C) und hoch (B). Die Grenzwerte der Unregelmäßigkeiten (z. B. Poren, Kantenversatz) sind also in der Gruppe D am höchsten, in der Gruppe B am geringsten. Für Stahl ist der Dickenbereich mit 3 bis 63 mm festgelegt.

In der Praxis werden die Bewertungsgruppen durch Anwendernormen (geregelter Bereich, z. B. Kranbau) oder vom Konstrukteur zusammen mit dem Betreiber festgelegt. Sie beziehen sich nur auf die Fertigungsqualität und nicht auf die Gebrauchstauglichkeit der gelieferten Erzeugnisse.

Für *statische* Beanspruchung werden in dem Merkblatt DVS 0705[1] für 26 Unregelmäßigkeiten und deren Grenzwerte Empfehlungen für die Auswahl von Bewertungsgruppen gegeben, s. TB 6-2.

Je nach Ausnutzung der zulässigen Spannungen werden die Beanspruchungen eingestuft in

- etwa 50 % $(\sigma_{vorh} \leq 0{,}5\sigma_{zul})$
- etwa 75 % $(0{,}5\sigma_{zul} \leq \sigma_{vorh} \leq 0{,}75\sigma_{zul})$
- etwa 100 % $(0{,}75\sigma_{zul} \leq \sigma_{vorh} \leq \sigma_{zul})$

Die Richtwerte für die genannten zulässigen Spannungen für die Schweißverbindungen sind bei

- Stumpfnähten gleich der zulässigen Spannung des Grundwerkstoffs,
- Kehlnähten gleich 65 % der zulässigen Spannung des Grundwerkstoffs.

In TB 6-2 sind auch Vorschläge für die Auswahl einer einheitlichen Bewertungsgruppe für alle Unregelmäßigkeiten ausgeführt, und zwar ohne Sonderbestimmungen, d. h. bei exakter Beibehaltung aller Grenzwerte nach DIN EN ISO 5817, und mit einer Sonderbestimmung für die Änderung des Grenzwertes bei einer Unregelmäßigkeit (Einbrandkerbe) zur Steigerung des Tragverhaltens der Schweißverbindung.

Für die Berechnung der Schwingfestigkeit geschweißter Bauteile nach den Empfehlungen des Internationalen Instituts für Schweißtechnik (IIW) kann das Merkblatt DVS 0705 herangezogen werden. Es enthält für wesentliche Nahtarten Empfehlungen für die Zuordnung der Schwingfestigkeitsklassen nach IIW zu den Unregelmäßigkeiten und den Bewertungsgruppen nach DIN EN ISO 5817.

---

[1] zurückgezogen

Bewertungsgruppe nach DIN EN ISO 5817	Empfehlungen für den Einsatz im ungeregelten Bereich
B (hohe Anforderungen)	– schwingend hoch beanspruchte Schweißnähte – volle Ausnutzung der Dauerfestigkeitswerte – Leichtbaukonstruktionen – hoch beanspruchte bewegte Bauteile – z.B. Hebel, Schwingen, Rahmen, Achsen, Wellen, Läufer, Zugstangen
C (mittlere Anforderungen)	– bei mittlerer Schwingbeanspruchung – z.B. Ständer, Rahmen, Gehäuse, Kästen, Maschinengestelle
D (niedrige Anforderungen)	– schwingend niedrig beanspruchte Schweißgruppen – z.B. Einsatz für Schweißteile, die auf Steifigkeit bemessen (überdimensioniert) sind, Gestelle, Ständer, Grundplatten, Regale, Vorrichtungskörper

Bild 6-15 Empfehlungen für den Einsatz von Bewertungsgruppen für Schweißverbindungen bei schwingender Beanspruchung

Für den ungeregelten Bereich sind in Bild 6-15 Empfehlungen für den Einsatz von Bewertungsgruppen für Schweißverbindungen bei schwingender Beanspruchung zusammengestellt.

2. Allgemeintoleranzen für Schweißkonstruktionen nach DIN EN ISO 13 920

Allgemeintoleranzen nach DIN EN ISO 13 920 für Längen- und Winkelmaße, sowie für Form und Lage, sind auf werkstattüblichen Genauigkeiten basierende zulässige Abweichungen für Nennmaße, die in den Zeichnungen nicht mit Toleranzangaben versehen sind. Sie gelten für Schweißteile, Schweißgruppen und Schweißkonstruktionen, wenn in Fertigungsunterlagen auf diese Norm verwiesen wird. Die Festlegung von je vier Toleranzklassen (A, B, C und D für Längen- und Winkelmaße; E, F, G und H für Geradheit, Ebenheit und Parallelität) nimmt Rücksicht auf die unterschiedlichen Anforderungen in den verschiedenen Anwendungsgebieten (s. TB 6-3). Der Aufwand wächst mit der jeweils höheren Toleranzklasse.
Nach DIN ISO 8015 gelten Maß-, Form- und Lagetoleranzen unabhängig voneinander. Bei einer Wahl der Toleranzklasse B für Längen- und Winkelmaße und Toleranzklasse F für Ebenheit, Geradheit und Parallelität ist z. B. in die Zeichnung einzutragen: DIN EN ISO 13 920-BF. Obwohl keine allgemeinen Auswahlempfehlungen für Toleranzklassen getroffen werden können, seien Anhaltswerte genannt: B und F für Aufbauten und Drehgestelle von Schienenfahrzeugen, B/C und F für Getriebeteile und Druckbehälter, B/C/D und F/G/H im allgemeinen Maschinenbau. Stets sollte aber geprüft werden, ob der höhere Fertigungsaufwand die Wahl einer engen Toleranz rechtfertigt.

6.2.4 Zeichnerische Darstellung der Schweißnähte nach DIN EN 22 553

Schweißnähte sollen unter Beachtung der allgemeinen Zeichenregeln dargestellt werden. Zur Zeichnungsvereinfachung wird empfohlen, für gebräuchliche Nähte die symbolische Darstellung anzuwenden. Wenn die eindeutige Darstellung durch Symbole und Kurzzeichen nicht möglich ist, sind die Nähte gesondert zu zeichnen und vollständig zu bemaßen (vgl. Bild 6-23).

1. Symbole

Die verschiedenen Nahtarten werden durch jeweils ein Symbol gekennzeichnet, das im Allgemeinen ähnlich der zu fertigenden Naht ist. Das Symbol soll nicht das anzuwendende Verfahren bestimmen. Die Grundsymbole sind auszugsweise in TB 6-1a angegeben. Falls erforderlich, dürfen Kombinationen von Grundsymbolen angewendet werden. Typische Beispiele zeigt TB 6-1b. Grundsymbole dürfen durch ein Symbol, das die Form der Oberfläche oder die Ausführung der Naht kennzeichnet, ergänzt werden. Die empfohlenen Zusatzsymbole sind in TB 6-1c angegeben. Beispiele für die Kombinationen von Grundsymbolen und Zusatzsymbolen enthält TB 6-1e. Ergänzungssymbole geben Hinweise auf den Verlauf der Nähte, s. TB 6-1d. Sie werden im Knickpunkt zwischen Bezugs- und Pfeillinie eingetragen.

2. Lage der Symbole in Zeichnungen

Die zeichnerische Verbindung des Symbols mit dem Schweißstoß wird durch ein Bezugszeichen hergestellt. Es besteht aus einer Pfeillinie je Stoß und einer Bezugs-Volllinie mit der dazu parallelen Bezugs-Strichlinie, Bild 6-16. Die Strichlinie kann entweder unter oder über der Volllinie angegeben werden.

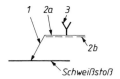

Bild 6-16
Bezugszeichen.
1 Pfeillinie, **2a** Bezugs-Volllinie, **2b** Bezugs-Strichlinie, **3** Symbol

Die Seite des Stoßes, auf die die Pfeillinie hinweist, ist die Pfeilseite. Die andere Seite des Stoßes ist die Gegenseite, s. Bild 6-17. Wenn das Symbol auf die Seite der Bezugs-Volllinie gesetzt wird, dann befindet sich die Schweißnaht (die Nahtoberfläche) auf der Pfeilseite des Stoßes, s. Bild 6-17b.

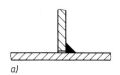

Bild 6-17 Pfeil- und Gegenseite am Schweißstoß.
a) *T*-Stoß mit Kehlnaht, b) Naht auf der Pfeilseite, c) Naht auf der Gegenseite

Wird dagegen das Symbol auf die Seite der Bezugs-Strichlinie gesetzt, dann befindet sich die Schweißnaht auf der Gegenseite des Stoßes, s. Bild 6-17c. Bei beidseitig angeordneten, symmetrischen Schweißnähten, die durch ein zusammengesetztes Symbol dargestellt werden, entfällt die Strichlinie, z. B. Bild 6-20c.
Die Bezugslinie ist vorzugsweise parallel zur Unterkante der Zeichnung zu zeichnen. Ist dies nicht möglich, kann sie senkrecht eingetragen werden.
Die Richtung der Pfeillinie zur Naht hat bei symmetrischen Nähten keine besondere Bedeutung. Bei unsymmetrischen Nähten (HV-, HY- und HU-Nähte) muss jedoch die Pfeillinie zu dem Teil zeigen, an dem die Fugenvorbereitung vorgenommen wird, s. Bild 6-18.
Um ein zu bearbeitendes Bauteil noch eindeutiger zu kennzeichnen, kann die Pfeillinie auch gewinkelt dargestellt werden, s. Bild 6-18c.

Bild 6-18
Lage der Pfeillinie bei unsymmetrischen Nähten

3. Bemaßung der Nähte

Das Maß der Nahtdicke wird links vom Symbol, das Maß der Nahtlänge und weitere Längenangaben werden rechts vom Symbol eingetragen, Bild 6-21. Wenn nichts anderes angegeben ist, gelten Stumpfnähte als voll angeschlossen, Bild 6-20a. Fehlende Angaben zur Schweißnahtlänge bedeuten, daß die Naht ununterbrochen über die ganze Länge des Werkstücks verläuft. Für Kehlnähte sind weltweit zwei Methoden der Maßeintragung üblich, Bild 6-19. In Deutschland

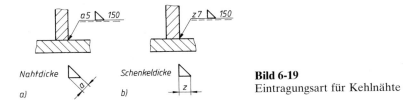

Bild 6-19
Eintragungsart für Kehlnähte

Nahtdicke a)

Schenkeldicke b)

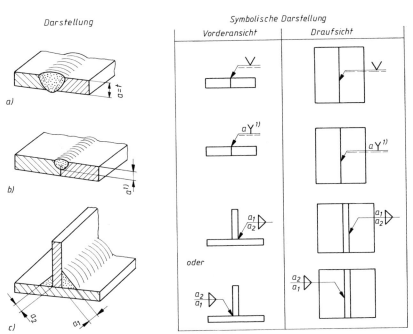

$^{1)}$ DIN EN 22553 benutzt s als Maßbuchstaben für die Nahtdicke nicht voll durchgeschweißter Stumpfnähte.

Bild 6-20 Bemaßung durchgehender Stumpf- und Kehlnähte.
a) durchgeschweißte V-Naht, b) nicht durchgeschweißte Y-Naht, c) Doppelkehlnaht mit verschiedenen Nahtdicken
(In Zeichnungen sind Nähte nur einmal anzugeben.)

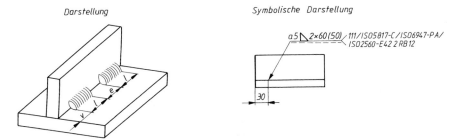

Bild 6-21 Bemaßung unterbrochener Nähte am Beispiel einer Kehlnaht mit Vormaß und Fertigungsangaben
Erläuterung: $n = 2$ Einzelnähte mit der Nahtdicke $a = 5$ mm, der Einzelnahtlänge $l = 60$ mm mit Nahtabstand $(e) = 50$ mm und Vormaß $v = 30$ mm; hergestellt durch Lichtbogenhandschweißen (Kennzahl 111), geforderte Bewertungsgruppe C nach ISO 5817, Wannenposition PA nach DIN EN ISO 6947, verwendete Stabelektrode ISO 2560-E 42 2 RB 12

und anderen europäischen Ländern wird die Nahtdicke *a* angegeben. Nach DIN 18 800-1 ist die rechnerische Nahtdicke *a* gleich der bis zum theoretischen Wurzelpunkt gemessenen Höhe des einschreibbaren gleichschenkligen Dreiecks. Diese Norm verwendet den Maßbuchstaben *a* stets für die rechnerische Nahtdicke, unabhängig von der Nahtart. Bei unterbrochenen Nähten wird nach dem Symbol die Anzahl *n* und die Länge *l* der jeweiligen Einzelnähte sowie der Nahtabstand (*e*) angegeben. Beginnt die Einzelnaht nicht an der Werkstückkante, so ist das Vormaß *v* in der Zeichnung anzugeben, Bild 6-21.

4. Arbeitspositionen nach DIN EN ISO 6947

Die Arbeitspositionen werden durch die Lage der Schweißnaht im Raum und die Arbeitsrichtung bestimmt. Sie können mit Hilfe eines Neigungswinkels und eines Drehwinkels genau beschrieben werden. Damit stehen z. B. für das Schweißen mit Robotern alle geometrischen Angaben zur Verfügung. Für die Schweißpraxis wesentliche Hauptpositionen sind mit ihren Kurzzeichen in Bild 6-22 angegeben. Wenn irgend möglich, sollte die PA-Position (Wannenlage) eingesetzt werden. Mit ihr ergeben sich folgende Vorteile: hohe Abschmelzleistung, geringe Fehlerhäufigkeit, gute Nahtausbildung, ergonomisch günstig und geringe Schadstoffimmission.

Benennung	Beschreibung der Hauptposition	Darstellung	Kurzzeichen
Wannenposition	waagerechtes Arbeiten, Nahtmittellinie senkrecht, Decklage oben **stets anstreben**	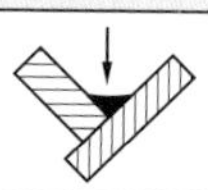	PA
Horizontal-Vertikalposition	horizontales Arbeiten, Decklage nach oben **wenn Wannenposition nicht ausführbar**	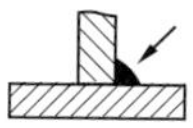	PB
Querposition	waagerechtes Arbeiten, Nahtmittellinie horizontal	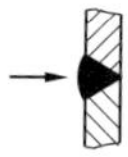	PC
Horizontal-Überkopfposition	horizontales Arbeiten, Überkopf, Decklage nach unten	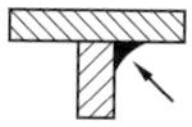	PD
Überkopfposition	waagerechtes Arbeiten, Überkopf, Nahtmittellinie senkrecht, Decklage unten		PE
Steigposition	steigendes Arbeiten	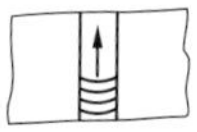	PF
Fallposition	fallendes Arbeiten	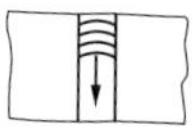	PG

Bild 6-22 Beschreibung und Kurzzeichen der Schweißnaht-Hauptpositionen (DIN EN ISO 6947)

5. Ergänzende Angaben

Diese können erforderlich sein, um bestimmte andere Merkmale der Naht, wie Rundum-Naht, Baustellennaht oder die Angabe des Schweißverfahrens festzulegen, s. TB 6-1d. Außerdem können die Angaben für die Nahtart und die Bemaßung durch weitere Angaben in einer Gabel ergänzt werden, und zwar in folgender Reihenfolge:
- Schweißprozess durch ISO-Kennzahlen nach DIN EN ISO 4063, Bild 6-1 und 6-2
- Bewertungsgruppe (Nahtgüte) der Schweißverbindung, z. B. nach DIN EN ISO 5817 oder DIN EN ISO 10042 unter Zuhilfenahme des Merkblattes DVS 0705, s. TB 6-2
- Schweißnaht-Hauptposition nach DIN EN ISO 6947, Bild 6-22

– Schweißzusatzwerkstoff nach einschlägigen Normen, z. B. DIN EN 440 und DIN EN ISO 2560, s. unter 6.2.1-4

Die einzelnen Angaben sind durch Schrägstriche voneinander abzugrenzen. Bild 6-21 zeigt eine vollständige Schweißnahtangabe. Meist fallen diese zusätzlichen Angaben in die Kompetenz der verantwortlichen Schweißaufsichtsperson.

6. Beispiel

Bild 6-23 zeigt die Schweißteil-Zeichnung eines Zahnrades und Bild 6-27 die eines geschweißten Druckbehälters mit symbolhafter Darstellung der Schweißnähte. Hierin sind jedoch nur die für die Kennzeichnung der Schweißnähte erforderlichen Angaben eingetragen. Da die Angaben für die Schweißnähte, z. B. Schweißverfahren, Bewertungsgruppe usw., fast gleich sind, werden diese vereinfacht z. B. über dem Schriftfeld angegeben. In der Praxis brauchen vom Konstrukteur meist nur einige, unbedingt zu beachtende Angaben vermerkt zu werden. Viele Maßnahmen, wie Schweißposition, Nahtfolge u. a., können der Schweißaufsicht überlassen bleiben.

6.2.5 Schweißgerechtes Gestalten

Die wesentliche Aufgabe beim Errichten von Konstruktionen ist, die für den Verwendungszweck erforderliche Belastbarkeit bei ausreichender Sicherheit und geringen Kosten zu erzie-

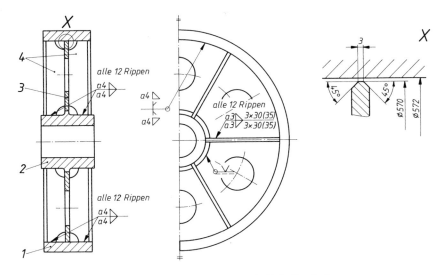

Schweißverfahren: vMIG (131, vollmechanisch) für Rundnähte
                          MAG (135) für Kehlnähte (Rippen)
Zusatzwerkstoff: EN 440 - G3Si1
Arbeitsposition: DIN EN ISO 6947 - PA, - PB
Bewertungsgruppe: DIN EN ISO 5817 - B
Vorbereitung: Kranz und Nabe auf 350 °C vorgewärmt
Nachbehandlung: spannungsarm geglüht
Prüfung: rissgeprüft (Rundnähte)
Allgemeintoleranzen: DIN EN ISO 13920 - BF
Tolerierung: ISO 8015

Pos.	Menge	Benennung	Werkstoff
1	1	Kranz	34CrMoS 4
2	1	Nabe	C35E
3	1	Scheibe	S235JR
4	12	Rippe	S235JR

Bild 6-23
Schweißteil-Zeichnung eines Zahnrades (Rohteil) mit symbolischer Darstellung der Schweißnähte nach DIN EN 22553

len. Wenn dies gelingt, ist die Schweißbarkeit der Konstruktion oder des Bauteils gewährleistet (nach DIN 8528-1), vgl. 6.2.1.

1. Allgemeine Konstruktionsrichtlinien

Die nachstehend aufgeführten Richtlinien sollten bei der Entwurfsarbeit unbedingt beachtet werden. Sie sind entsprechend den die Schweißbarkeit bedingenden Einflussgrößen Werkstoff, Konstruktion und Fertigung geordnet (s. Bild 6-7).

a) Werkstoffgerecht
1. Schweißeignung der Grund- und Zusatzwerkstoffe unbedingt beachten. Bei komplizierten Bauteilen mit Schweißnahtanhäufung nur fließfähige Baustähle verwenden (Feinkornbaustähle, S235 und S355). Hochfeste, teure Stähle bringen bei starker Kerbwirkung im Bereich der Wechselfestigkeit kaum Vorteile.
2. In Hohlkehlen von Walzprofilen aus unberuhigt vergossenen Stählen und in kaltverformten Bereichen von Bauteilen Schweißnähte vermeiden (Alterung, Sprödbruch).

b) Beanspruchungsgerecht
3. Bei der Gestaltung Eigenart der Schweißtechnik beachten. Grundsätzlich Niet-, Guss- oder Schraubenkonstruktionen nicht einfach nachahmen.
4. Einfache Bauelemente wie Flachstähle, Profilstähle, abgekantete Bleche, Rohre und dgl. verwenden.
5. Die sicherste Schweißverbindung, vor allem bei dynamischer Beanspruchung, ist die Stumpfnaht.
6. Ungestörten Kraftlinienfluss anstreben, Kerben und Steifigkeitssprünge vermeiden.
7. Die beste Schweißkonstruktion ist die, bei der am wenigsten geschweißt wird, d. h. möglichst wenig Schweißnähte und möglichst wenig Schweißgut einbringen. Eigenspannungen und Verzug werden dadurch gering gehalten. Wenn Nahtanhäufungen nicht zu vermeiden sind, Einschweißteile aus Stahlguss, Schmiedeteile oder abgekantete Blechteile verwenden.
8. Schweißnähte in den „Spannungsschatten", d. h. an weniger benspruchte Stellen der Konstruktion legen. Ist dies nicht möglich, so sind erhöhte Güteanforderungen vorzusehen.
9. Nähte nicht in Passflächen legen.
10. Nahtwurzel nicht in die Zugzone legen (Kerbwirkung).
11. Kehlnähte möglichst doppelseitig und bei dynamischer Belastung als Hohlkehlnähte ausführen.
12. Auf Torsion beanspruchte Bauteile möglichst als geschlossene Hohlquerschnitte ausbilden (Rohr, Kastenquerschnitt).
13. Zur Biegeebene unsymmetrische Profile nur im Schubmittelpunkt belasten oder paarweise zu symmetrischem Trägerprofil zusammensetzen (z. B. U-Stahl, Hinweise TB 1-10).

c) Fertigungsgerecht
14. Lässt sich bei Bauteilen eine Zugbeanspruchung in Dickenrichtung nicht vermeiden, so sind geeignete konstruktive Maßnahmen zu treffen (s. DASt-Richtlinie 014) und Stähle mit der erforderlichen Brucheinschnürung in Dickenrichtung auszuwählen.
15. Die Schweißstellen müssen zugänglich und mit dem gewählten Schweißverfahren einwandfrei ausführbar sein.
16. Stets Schweißen in Wannenposition (waagerechtes Arbeiten, Nahtmittellinie senkrecht, Decklage oben, s. unter PA, Bild 6-22) anstreben.
17. Wirtschaftliches Schweißverfahren wählen, z. B. Punktschweißen bei dünnen Querschnitten, mechanisches oder automatisches Schweißen oft günstiger als Handschweißen u. a.
18. Keine zu hohe Bewertungsgruppe vorschreiben (vgl. 6.2.3-1).
19. Wärmebehandlungen nur dann vorschreiben, wenn die Sicherheit des Bauteiles oder die Bearbeitungsgenauigkeit diese auch wirklich erfordern.
20. Die vorgeschriebenen zerstörungsfreien Nahtprüfungen müssen durchführbar sein. Die Durchstrahlungs- und Ultraschallprüfung ist bei Nähten mit unverschweißtem Spalt (z. B. Kehlnaht) nur bedingt anwendbar.

2. Gestaltungsbeispiele

Geschweißte Bauteile setzen sich meist aus immer wiederkehrenden Gestaltungselementen zusammen (z. B. Rippen, Naben, Stabanschlüsse). Bild 6-24 zeigt unter Berücksichtigung der vorstehend aufgestellten Richtlinien einige grundlegende Gestaltungsbeispiele. Weitere Beispiele aus dem Stahl-, Maschinen- und Druckbehälterbau sind in den entsprechenden Kapiteln und in DIN EN 1708 zu finden.

Zeile	ungünstig	besser	Hinweise
1	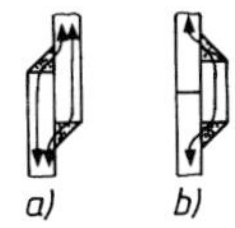 a) b)	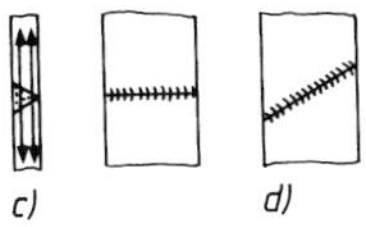 c) d)	Stumpfnähte bevorzugen. Auf ungestörten Kraftfluss achten. Bei (a) und (b) ist Nietverbindung nachgeahmt.
2	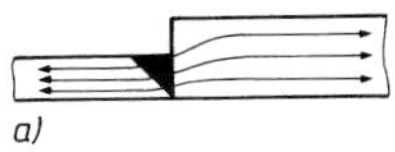 a)	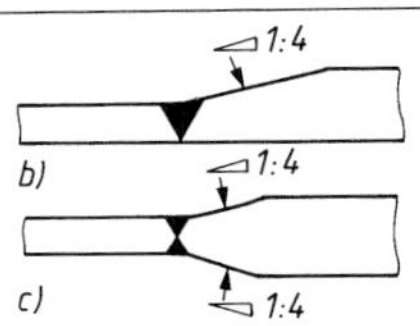 b) 1:4 c) 1:4 1:4	Bei Stumpfstößen schroffen Wechsel der Blechdicke vermeiden. Günstiger Kraftfluss durch allmählichen Übergang (b und c). Bei hoher Belastung Neigung nicht steiler als 1:4. Zentrischen Stoß bevorzugen (c).
3	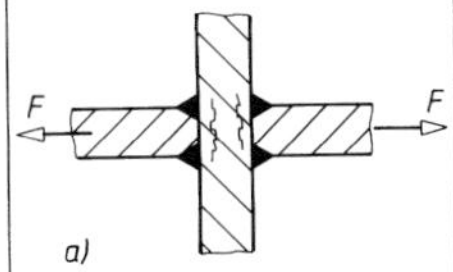 F F a)	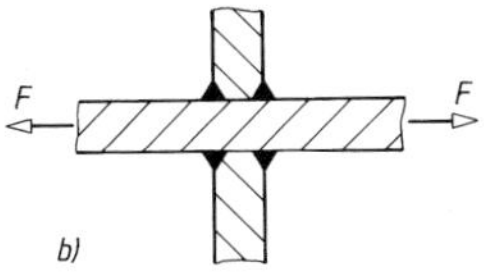 F F b)	Zugbeanspruchung geschweißter Bleche in Dickenrichtung vermeiden. Gefahr von Terrassenbrüchen durch vermindertes Formänderungsvermögen in Dickenrichtung infolge nichtmetallischer Einschlüsse.
4	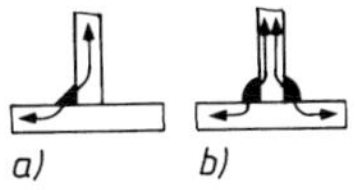 a) b)	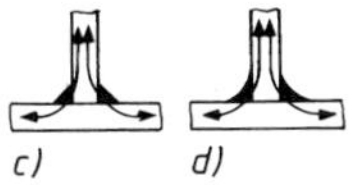 c) d)	Kehlnähte möglichst doppelseitig ausführen. Hohlkehlnähte (d) sind am günstigsten, besonders bei dynamischen Belastungen (geringe Kerbwirkung).
5	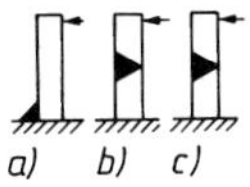 a) b) c)	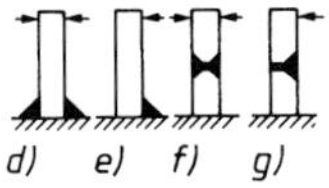 d) e) f) g)	Nahtwurzeln nicht in Zugzonen legen.
6	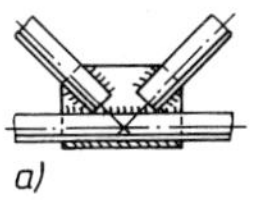 a)	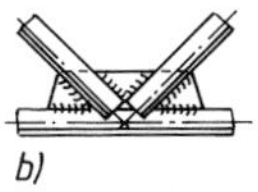 b)	Nicht die Nietverbindung als Vorbild wählen. Knotenbleche mit L- oder T-Stählen möglichst stumpf verschweißen.
7	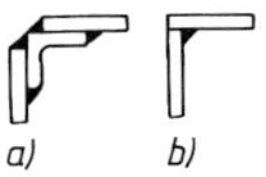 a) b)	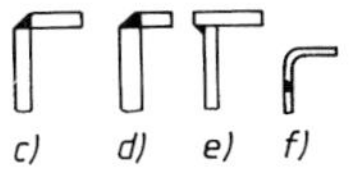 c) d) e) f)	Eckstöße: Bei (a) ist die Nietverbindung nachgeahmt. Dünne Bleche abkanten und stumpf verschweißen (f).
8	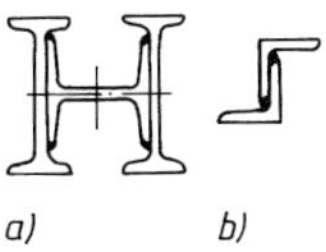 a) b)	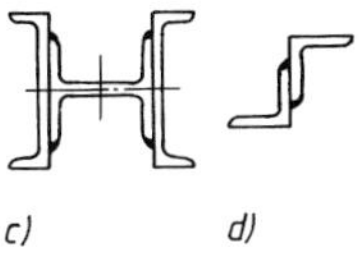 c) d)	Auf gute Zugänglichkeit der Nähte achten. Bei (a) sind die Nähte kaum zugänglich.
9	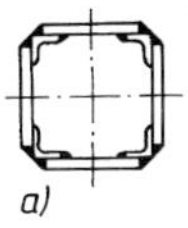 a)	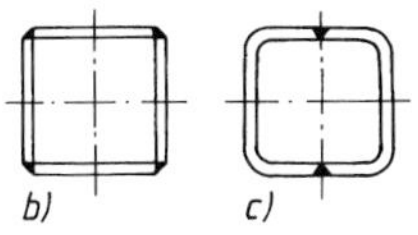 b) c)	Kastenprofil: Ausführung (a) nicht schweißgerecht, Nietkonstruktion war Vorbild, zu viele Nähte, zu teuer. Bei dickeren Blechen nach (b), bei dünneren nach (c) ausführen.

Bild 6-24 Gestaltungsbeispiele für Schweißkonstruktionen

Zeile	ungünstig	besser	Hinweise
10	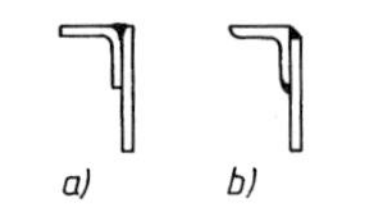 a) b)	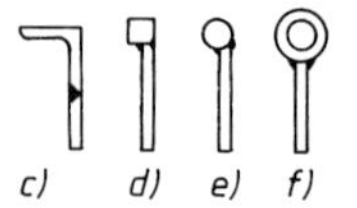 c) d) e) f)	Randversteifungen: Auch hierbei nicht die Nietkonstruktion als Vorbild wählen wie bei (a) und (b).
11	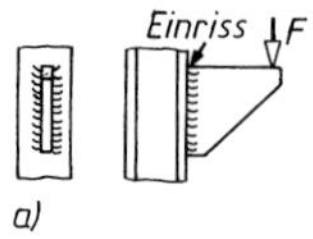 *Einriss* ↓F a)	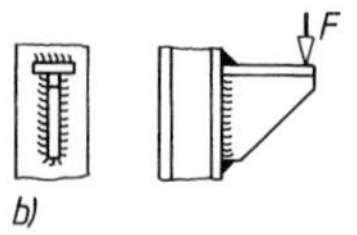 ↓F b)	Konsol: Einrissgefahr verringern durch richtige Nahtanordnung; durch T-Querschnitt in der Zugzone geringere Spannungen (b).
12	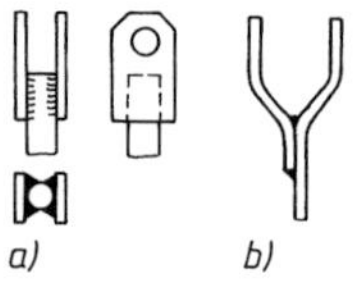 a) b)	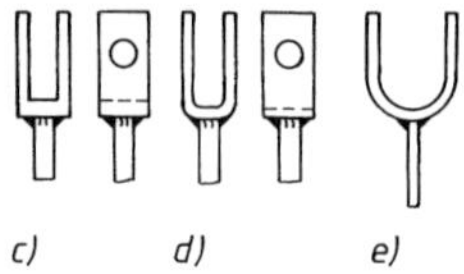 c) d) e)	Gabelköpfe: Ausführung (a) nicht schweißgerecht, Nahtwurzel nicht zugänglich (Öffnungswinkel!)
13	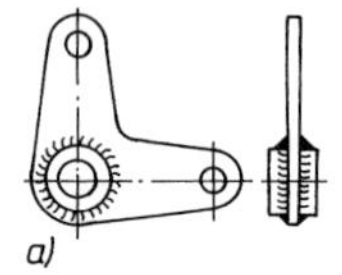 a)	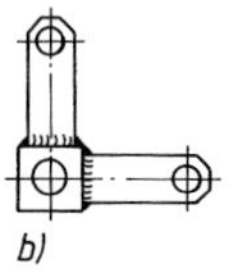 b)	Hebel: Ausführung (a) ist festigkeitsmäßig gut, aber teuer; (b) ist schweißgerecht ausgeführt, billig und einfach
14	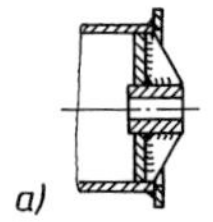 a)	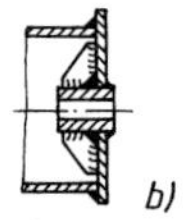 b)	Seiltrommel: Ausführung (b) hat weniger Einzelteile, gefälligeres Aussehen durch glatte Außenflächen.
15	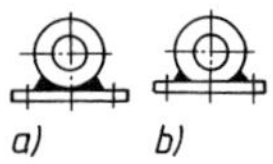 a) b)	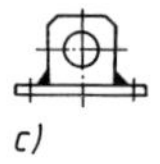 c)	Lager: Ausführung (a) und (b) nicht schweißgerecht, vgl. Zeile 12a, Ausführung (c) ist einfach und billig.
16	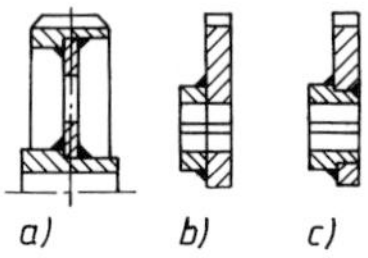 a) b) c)	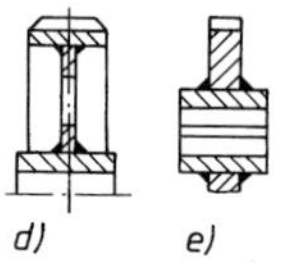 d) e)	Radkörper: Vorarbeiten der Naben bei (a) und (c) möglichst einsparen. Zentrierung der Nabe bei (b) ist schwierig, ferner ist die Bohrung durch Fuge unterbrochen.
17	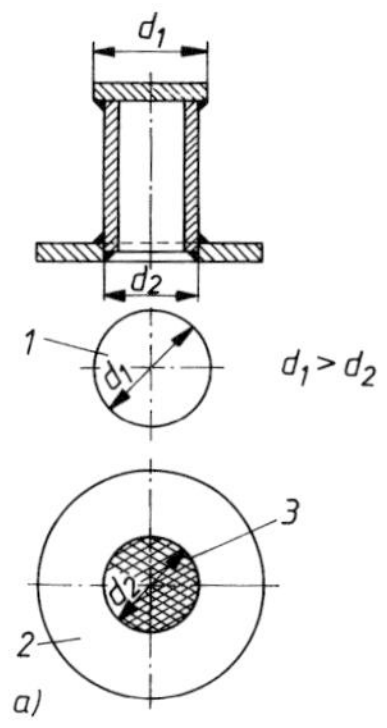 d_1 d_2 1 $d_1 > d_2$ 3 2 a)	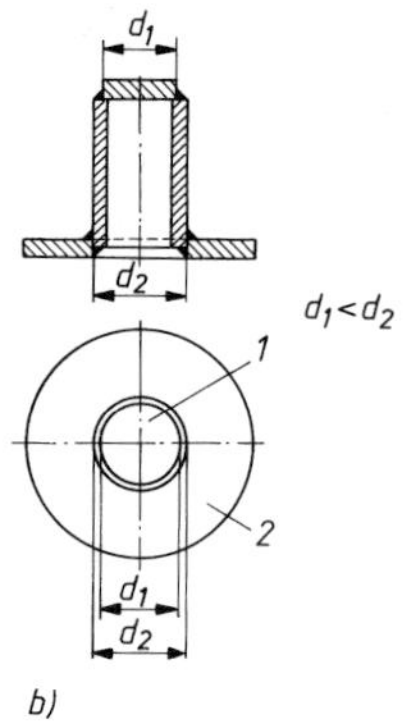 d_1 d_2 $d_1 < d_2$ 1 2 $\dfrac{d_1}{d_2}$ b)	Werkstoffausnutzung: Beim Ausschneiden des Flansches (2) anfallendes Abfallstück (3) kann als Deckel (1) verwertet werden, wenn $d_1 < d_2$ ausgeführt wird.

Bild 6-24 (Fortsetzung)

Zeile	ungünstig	besser	Hinweise
18	a)	b)	Schweißnähte möglichst nicht in spanend zu bearbeitende Flächen legen. Sonst Naht so tief versenken, daß ausreichende Nahtdicke verbleibt.
19	a)	b) c)	Bearbeitungsleisten: Bei dünnen Blechen, Ausführung (a), Ausbeulen infolge Nahtschrumpfung oder durch Ausdehnung der eingeschlossenen Luft beim Spannungsarmglühen. Deshalb Luftloch (b) vorsehen oder Bearbeitungs-teil (c) einsetzen (teuer).
20	a)	b)	Rippen, Stützbleche: Ecken freischneiden und Überstände vorsehen (b). Bei (a) Nahtanhäufung (Rissgefahr), Einpassarbeit und Abschmelzen der Ecken. Richtwerte: $b \approx a + 1,5\,t$ $c \approx t$ $e \approx 2\,a$
21	a) b)	c) d)	Einschweißen von Stahlguss- und Schmiede-stücken (c) und (d) bei hoher Bean-spruchung zur Vermeidung von Naht-anhäufung und zur Verbesserung des Kraftflusses. Nähte prüfbar.
22	a)	b)	In kalt geformten Bereichen einschließlich der angrenzenden Bereiche von 5 × Blech-dicke darf nur dann geschweißt werden (Reckalterung!), wenn – die Teile vor dem Schweißen normal geglüht werden – bei Baustählen folgende Grenzwerte min (r/t) eingehalten werden:

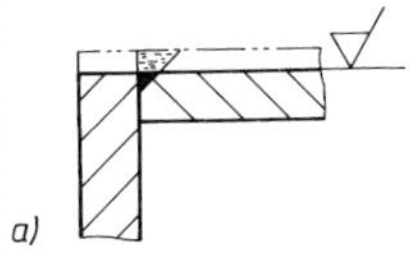

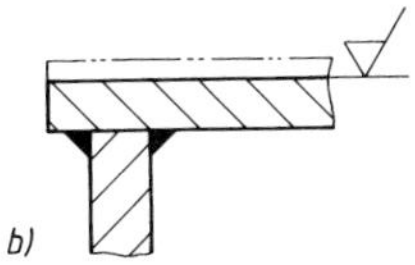

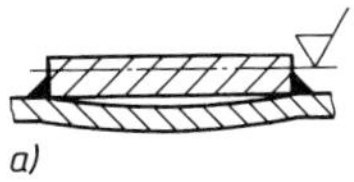

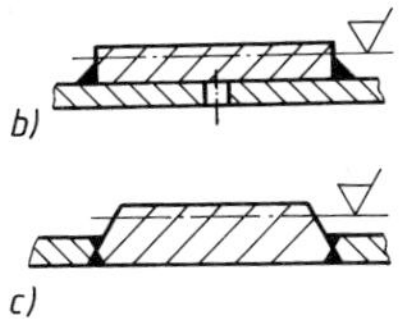

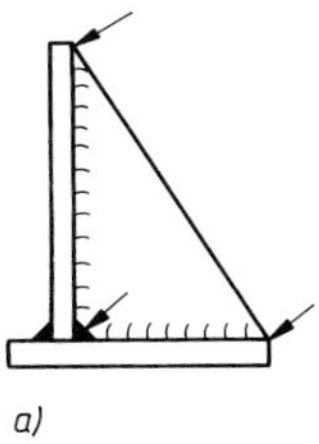

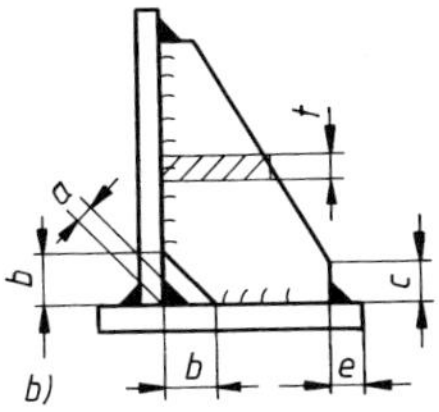

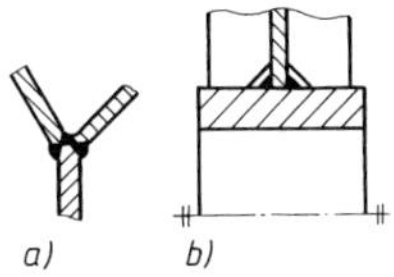

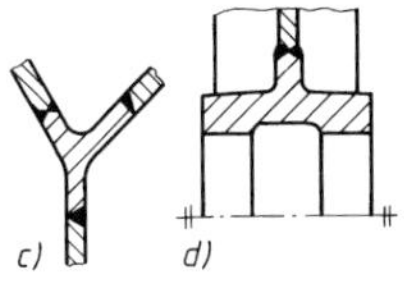

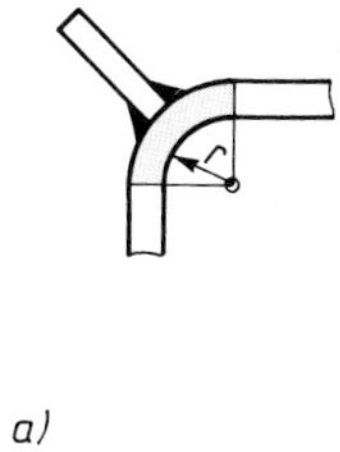

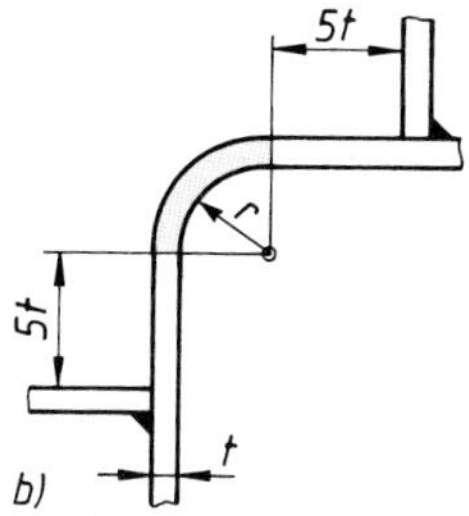

<table>
<tr><td>max t in mm</td><td>50</td><td>24</td><td>12</td><td>8</td><td>4</td></tr>
<tr><td>min (r/t)</td><td>10</td><td>3</td><td>2</td><td>1,5</td><td>1</td></tr>
</table>

Zeile	ungünstig	besser	Hinweise
23	a) b) d)	c) e)	Sprunghafte Querschnitts-(Steifigkeits-)Änderungen (a) und (d) verursachen im Übergangsbereich hohe Spannungsspitzen. Kleines Steifigkeitsgefälle anstreben! Maßnahme (b) bei Torsion nicht ausreichend.

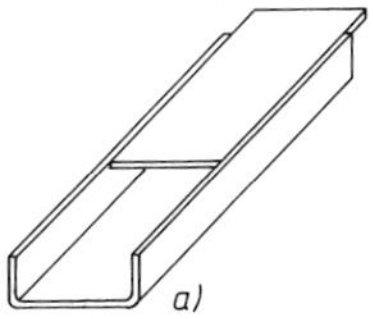

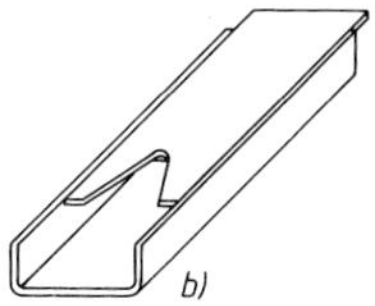

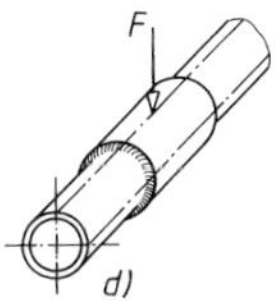

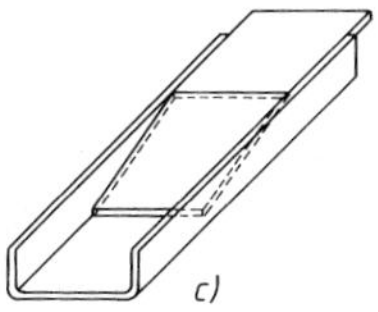

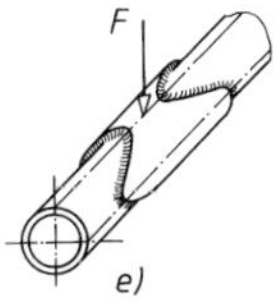

Bild 6-24 (Fortsetzung)

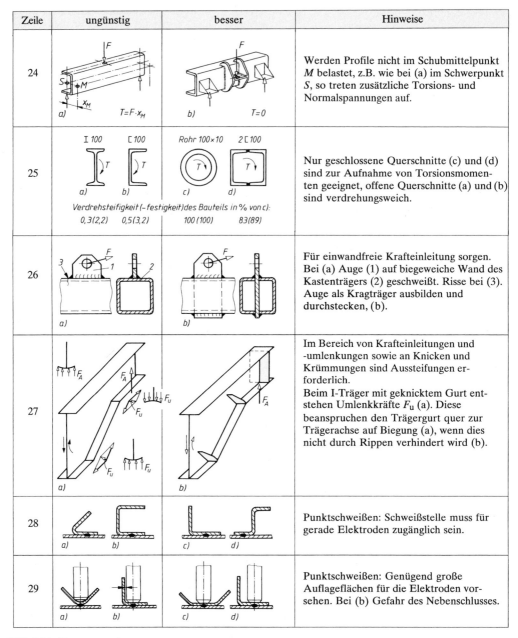

Zeile	ungünstig	besser	Hinweise
24			Werden Profile nicht im Schubmittelpunkt M belastet, z.B. wie bei (a) im Schwerpunkt S, so treten zusätzliche Torsions- und Normalspannungen auf.
25			Nur geschlossene Querschnitte (c) und (d) sind zur Aufnahme von Torsionsmomenten geeignet, offene Querschnitte (a) und (b) sind verdrehungsweich.
26			Für einwandfreie Krafteinleitung sorgen. Bei (a) Auge (1) auf biegeweiche Wand des Kastenträgers (2) geschweißt. Risse bei (3). Auge als Kragträger ausbilden und durchstecken, (b).
27			Im Bereich von Krafteinleitungen und -umlenkungen sowie an Knicken und Krümmungen sind Aussteifungen erforderlich. Beim I-Träger mit geknicktem Gurt entstehen Umlenkkräfte F_u (a). Diese beanspruchen den Trägergurt quer zur Trägerachse auf Biegung (a), wenn dies nicht durch Rippen verhindert wird (b).
28			Punktschweißen: Schweißstelle muss für gerade Elektroden zugänglich sein.
29			Punktschweißen: Genügend große Auflageflächen für die Elektroden vorsehen. Bei (b) Gefahr des Nebenschlusses.

Bild 6-24 (Fortsetzung)

Beachte: Eine Konstruktionsaufgabe ist nicht allein durch die rezepthafte Anwendung bekannter Richtlinien und Gestaltungsregeln optimal zu lösen. Sie muss jedes Mal unter Beachtung aller Einflussgrößen (Betriebsbedingungen, Kraftfluss) neu durchdacht werden.

3. Vorwiegend ruhend beanspruchte Stahlbauten

Neben den grundsätzlichen Konstruktions- und Gestaltungsrichtlinien sind für geschweißte Stahlbauten noch folgende Hinweise zu beachten:

1. Werden verschiedene Verbindungsmittel in einem Anschluss oder Stoß verwendet, ist auf die Verträglichkeit der Formänderung zu achten. So übertragen z. B. Schraubenverbindungen mit Lochspiel die Kräfte erst nach Überwindung des Lochspiels.
   Daher darf gemeinsame Kraftübertragung angenommen werden bei
   – GVP-Verbindungen und Schweißnähten oder
   – Schweißnähten in einem oder beiden Gurten und Niete und Passschrauben in den übrigen Querschnittsteilen bei vorwiegender Beanspruchung durch Biegemomente um die Querschnitt-Hauptachse (M_x, vgl. TB 1-11)
   Die Grenztragfähigkeit der Verbindung ergibt sich dann aus der Summe der Grenztragfähigkeiten der einzelnen Verbindungsmittel.
2. Bei Fachwerkkonstruktionen sollen die Schwerachsen der Stäbe sich mit den Systemlinien decken (Bild 6-25), um zusätzliche Biegebeanspruchung in den Stäben wegen des sonst einseitigen Kraftangriffes zu vermeiden. Daher Ausführung möglichst mit einteiligen, mittig angeschlossenen Stäben (Bild 6-25c).
3. Einzelne Profile dürfen entsprechend den Bildern 6-40c bis f angeschlossen werden. Die daraus entstehenden Exzentrizitäten brauchen beim Festigkeitsnachweis der Schweißverbindung nicht berücksichtigt werden.
   Wird gefordert, dass in der Anschlussebene der Schwerpunkt des Schweißanschlusses auf der Stabschwerlinie liegt, so zerlegt man die von den Nähten aufzunehmende Stabkraft nach dem Hebelgesetz, z. B. in die anteiligen Nahtkräfte F_{w1}, F_{w2} und F_{w3}, Bild 6-25e, und bemisst damit die einzelnen Nähte. Für den Anschluss mit alleinigen Flankenkehlnähten findet man: $F_{w1} \cdot e = F_{w2} \cdot (b - e)$ oder $l_1 \cdot a_1 \cdot e = l_2 \cdot a_2 \cdot (b - e)$.
4. Geschweißte Tragwerke aus statisch günstigen Hohlprofilen sind leicht, formschön und gut instand zu halten, Bild 6-25d. Die Anschlussnähte der aufgesetzten Hohlprofile werden als Kehlnähte (Bild 6-25d), im Bereich 3 bei Anschlusswinkeln <45° auch als HV-Nähte ausgeführt. Bei großen Eckradien des Gurtstabes und breiten Füllstäben ist Schweißen im Bereich 2 schwierig. Die Schweißnähte brauchen nicht gesondert nachgewiesen zu werden, wenn die Schweißnahtdicke gleich der Wanddicke des aufgesetzten Profiles ist. Für die einzelnen Stäbe wird der übliche Festigkeitsnachweis nach DIN 18800-1 bis -3 geführt, s. 6.3.1-3. Der Nachweis der Knotentragfähigkeit kann nach DIN 18808 bzw. Eurocode 3 erfolgen.
5. Die Berechnung der Schweißnähte ist durch eine ausreichende Bemessung der Bauteile abgegolten, wenn die Schweißnähte den gleichen Querschnitt wie die gestoßenen Bauteile haben und außerdem ihre zulässigen Spannungen gleich groß sind.
   Damit brauchen nach DIN 18801 nicht berechnet zu werden:
   a) Stumpfnähte in Stößen von Stegblechen.
   b) Halsnähte in Biegeträgern, die als HV-Naht, DHV-Naht, HY-Naht und DHY-Naht ausgeführt sind.
   c) Auf Druck beanspruchte Stumpfnähte, HV-Nähte, DHV-Nähte, HY-Nähte, DHY-Nähte und Dreiblechnähte für eine Kraftübertragung von t_2 nach t_3 (Bild 6-14e).
   d) Auf Zug beanspruchte Stumpfnähte, HV-Nähte, DHV-Nähte, jeweils mit Nachweis der Nahtgüte.
6. Müssen Stumpfstöße in Formstählen ausnahmsweise ausgeführt werden, so sind in den Schweißnähten bei Beanspruchung durch Zug oder Biegezug die zulässigen Spannungen herabzusetzen (s. DIN 18800-1 und DIN 18801).
7. Geschweißte Vollwandträger zeichnen sich gegenüber Walzträgern aus durch niedriges Verhältnis von Werkstoffaufwand zu Tragfähigkeit und durch die Möglichkeit der Querschnittsanpassung an die Belastung. Aus wirtschaftlichen Gründen wird die Trägerhöhe 1/10 bis 1/15 der Trägerlänge gewählt. Bild 6-25g, links: aus Blechen geschweißter Träger mit verstärktem Obergurt, Bild rechts: in Längsrichtung halbierter breiter T-Träger (DIN 1025-2) mit eingeschweißtem Stegblech.

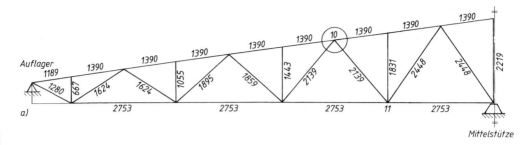

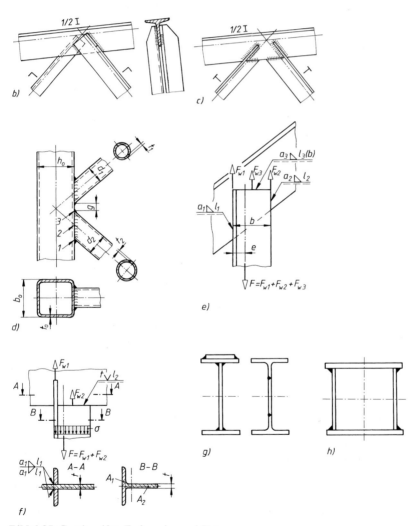

Bild 6-25 Geschweißte Fachwerke und Träger.
a) System eines Fachwerkes (Dachbinders) mit eingetragenen Systemlinienlängen, b) Knoten mit einteiligen Winkelstählen, c) Knoten mit mittig angeschlossenen T-Stählen, d) unversteifter Knoten aus
Hohlprofilen (K-Knoten mit Spalt g), e) Berechnung eines mit dem Schwerpunkt auf der Stabschwerlinie liegenden Schweißanschlusses (Prinzip), f) Berechnung eines mit den anteiligen Kräften angeschlossenen T-Stahles (Prinzip), g) Vollwandträger, h) Kastenträger

8. Geschlossene Kastenträger eignen sich besonders für große Verdrehbeanspruchung. Bild 6-25 h zeigt die Normalausführung mit von außen geschweißten Kehlnähten.
9. In einem Tragwerk und in einem Querschnitt dürfen verschiedene Stahlsorten verwendet werden.
10. Wechselt an Stumpfstößen von Querschnittsteilen die Dicke, so sind bei Dickenunterschieden von mehr als 10 mm die vorstehenden Kanten im Verhältnis 1 : 1 oder flacher zu brechen, vgl. Bild 6-24, Zeile 2.
11. Kräfte aus druckbeanspruchten Querschnitten oder Querschnittsteilen dürfen durch Kontakt übertragen werden. Die ausreichende Sicherung der gegenseitigen Lage der zu stoßenden Teile ist nachzuweisen. Dabei dürfen Reibkräfte nicht berücksichtigt werden. Die Stoßflächen der in der Kontaktfuge aufeinander treffenden Teile müssen eben und zueinander parallel sein. Bei Kontaktstößen, deren Lage durch Schweißnähte gesichert wird, darf der Luftspalt nicht größer als 0,5 mm sein.

4. Geschweißte Maschinenteile

Allgemeines

Das Schweißen im Maschinenbau dient im Wesentlichen der Gestaltung *dynamisch* beanspruchter Maschinenteile. Die Dauerfestigkeit dieser Schweißverbindungen hängt von zahlreichen Einflussgrößen ab, so z. B. vom Werkstoff, der Kerbwirkung, den Eigenspannungen und dem Oberflächenzustand. Diese bedingen eine große Streuung der Dauerfestigkeitswerte selbst für vergleichbare Versuchsreihen, so dass eine Festigkeitsrechnung nur eine Näherungslösung darstellen kann. *Ziel des Konstrukteurs muss es sein, den Kraftfluss richtig zu führen und alle Verbindungen und Übergänge möglichst kerbfrei auszuführen.* So bewirkt z. B. eine Quernaht oder eine endende Längsnaht, auch wenn sie unbelastet ist, bereits einen starken Abfall der Dauerfestigkeit an dieser Stelle. Die Konstruktionsrichtlinien nach 6.2.5-1 sind unbedingt zu beachten. Auch in der Praxis bewährte Schweißkonstruktionen können Vorbild bei der Gestaltung sein (Bild 6-24).

Weiterhin ist zu beachten, dass höherfeste Werkstoffe kerbempfindlich sind und ihre dynamische Festigkeit wesentlich weniger wächst als ihre statische. Der ertragbare Spannungsausschlag ist bei starker Kerbwirkung fast unabhängig von der statischen Festigkeit des Werkstoffs, weshalb auch für Schweißkonstruktionen meist der preiswerte Baustahl S235JR gewählt wird. *Ein hochfester Werkstoff lohnt nur bei höherer Vorspannung oder bei kleinen Lastwechselzahlen*, also im Bereich der Zeitfestigkeit.

Bauweisen bei Schweißkonstruktionen im Maschinenbau

In allen Bereichen des Maschinenbaus überwiegen *einfache Schweißteile*, bei denen ein Grundkörper mit Naben, Rippen oder Flanschen verschweißt wird.

Bei der *Trägerbauweise* für Gestelle, Hebel, Balken u. dgl. stellen Träger mit offenem oder geschlossenem Querschnitt das tragende Element dar. Bei Torsionsbeanspruchung werden Kastenträger bevorzugt. Zur Erhöhung der Steifigkeit werden Träger mit offenem Querschnitt verrippt (Diagonalrippen oder Zick-Zack-Steg).

Bei der *Zellenbauweise* werden in kastenförmige Querschnitte zur Bildung von Zellen dünne Versteifungsrippen eingeschweißt (Bild 6-26a). Sie ermöglicht den *Leichtbau starrer Werkzeugmaschinengestelle*. Konstruktiv bedingte Durchbrüche können zu hohem Steifigkeitsverlust führen.

Die *Plattenbauweise* ermöglicht den einfachen Aufbau von kastenförmigen Maschinengestellen mit nutzbarem freiem Innenraum und großer Biege- und Torsionssteifigkeit. Die großen ebenen Blechwände neigen bei Druckbeanspruchung zum Ausbeulen und sind entsprechend auszusteifen (Rippen, zwischengeschweißte Rohre).

Bei der *Scheuerplatten-(Lamellen-)Bauweise*, z. B. für schwere Pressenständer, werden mehrere Blechplatten aufeinander geschichtet und an den Außen- und Durchbruchstellen miteinander verschweißt. Über die Plattenfläche verteilt werden Bolzen eingepresst und diese mit den äußeren Blechen verschweißt (Bild 6-26b). Die bei Belastung in den vorgespannten Fugen auftreten-

6

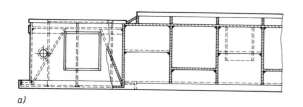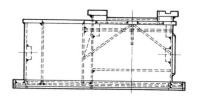

a)

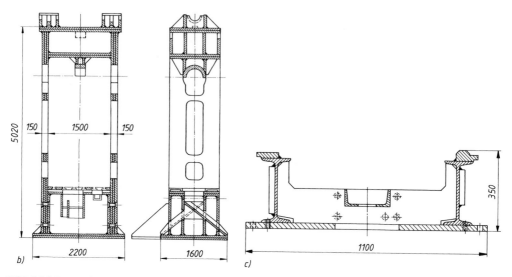

b)   c)

Bild 6-26 Bauweisen bei Schweißkonstruktionen im Maschinenbau (nach Merkblatt 379 des Stahl-Informationszentrums).
a) Bett eines Waagerechtbohrwerkes in Zellenbauweise,
b) Ständer einer 8000-kN-Exzenterpresse in Scheuerplatten-Bauweise,
c) Fundamentrahmen in Profilbauweise

de Relativbewegung führt durch die damit verbundene Reibung zu einer „Scheuerwirkung" zwischen den Platten. Bei Schwingungsbelastung kann dadurch eine höhere Dämpfung erzielt werden als bei Gusskonstruktionen. Die Aufteilung in geringe Blechdicken erhöht außerdem die Tragfähigkeit und die Bruchsicherheit (Wanddickenabhängigkeit der Festigkeit, Sprödbruchgefahr).
Bei der *Verbund- oder Gemischtbauweise* werden hoch beanspruchte Teilstücke der Konstruktion als Stahlguss- oder Schmiedestück ausgeführt, um die Nahtbeanspruchung zu senken oder Nahtanhäufung zu vermeiden (Bild 6-24, Zeile 21).
Die *Profilbauweise* unter Verwendung von Walzprofilen (I, U, T) und Blechen ermöglicht beanspruchungsgerechtes Gestalten bei einem Minimum an Schweißarbeit (Bild 6-26c).
Bauweisen des Leichtmetall-Leichtbaues s. unter 7.6.1 mit Bild 7-14.

5. Druckbehälter

Nach der Europäischen Druckgeräterichtlinie (97/23/EG, 1997) müssen Druckbehälter so ausgelegt, hergestellt, überprüft u. ggf. ausgerüstet und installiert sein, dass ihre Sicherheit im Betrieb gewährleistet ist. Ihre Berechnung erfolgt nach DIN EN 13445-3: Unbefeuerte Druckbehälter, Teil 3: Konstruktion oder dem AD 2000-Regelwerk der Arbeitsgemeinschaft Druckbehälter (AD).[1]

---

[1] Herausgeber: Verband der Technischen Überwachungs-Vereine e. V., Essen.

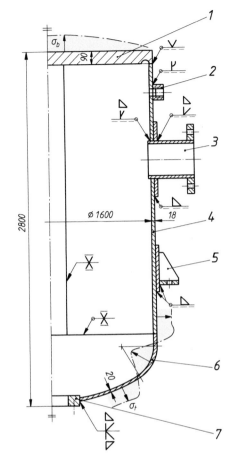

Bild 6-27
Geschweißter Druckbehälter mit Nahtsymbolen und Hauptmaßen (Behälterinhalt 5000 *l*, Betriebsdruck 20 bar, Betriebstemperatur 200 °C, Werkstoff X5CrNi18-10).
1 Ebener Boden (Kreisplatte) mit Entlastungsnut ($-\cdot-$ Verlauf der Biegespannung σ_b)
2 Vorschweißnippel (Aufbohren und Gewindeschneiden nach dem Schweißen)
3 Durchgesteckter Stutzen mit Flansch, Verstärkung des Mantels durch aufgesetzte Scheibe
4 Mantel
5 Tragpratze
6 Klöpperboden ($-\cdot-$ Verlauf der Tangentialspannung σ_t über Kugelkalotte – Krempe – zyl. Teil)
7 Blockflansch

Die meisten Druckbehälter sind der Grundform nach dünnwandige, durch Böden geschlossene Hohlzylinder (vgl. Bild 6-27). Die Schüsse des Mantels und die Böden werden mit- bzw. untereinander *ausschließlich durch Stumpfnähte* verbunden. Diese müssen die durch den Betriebsüberdruck, Eigengewichte und Wärmespannungen verursachten Kräfte aufnehmen und absolut dicht sein. Die Längs- und Rundnähte werden nicht als gesonderte Fügeverbindungen berechnet, wie z. B. im Stahlbau, sondern es wird die Ausnutzung der zulässigen Berechnungsspannung in der Schweißnaht durch einen Faktor v berücksichtigt.

Werkstoffe
Die Werkstoffe für drucktragende Behälterteile (Bleche, Rohre, Schmiede- und Gussstücke) sind so zu wählen, dass sie in ihren Eigenschaften den mechanischen, thermischen und chemischen Beanspruchungen beim Betrieb genügen. Diese Güteeigenschaften müssen durch entsprechende Prüfungen festgestellt und durch Werksbescheinigungen, Werks- oder Abnahmeprüfzeugnisse (EN 10204) nachgewiesen werden. Im Druckbehälterbau werden überwiegend verformungsfähige Walz- und Schmiedestähle, aber auch Stahlguss und Gusseisen verwendet (s. TB 6-15 und AD 2000-Merkblätter der Reihe W). Außerdem kommen je nach Verwendungszweck auch nicht rostende Stähle, plattierte Bleche, NE-Metalle und nichtmetallische Werkstoffe (glasfaserverstärkte Kunststoffe, Elektrographit, Glas) in Frage.

Hinweise zur Gestaltung und Ausführung
Die Gestaltung erfolgt im Wesentlichen nach den vorstehenden Richtlinien unter Beachtung der schweißtechnischen Grundsätze nach DIN 8562, der Ausführungsbeispiele nach DIN EN 1708-1 und der AD 2000-Merkblätter Reihe HP.

Zusammenfassend sind bei der Gestaltung und Ausführung von Druckbehältern folgende *Grundsätze* zu beachten:

1. Längs- und Rundnähte sind in der Regel als Stumpfnähte in den Bewertungsgruppen B bzw. C (vgl. unter 6.2.3-1) auszuführen und über den ganzen Querschnitt voll durchzuschweißen.
2. Wenn bei ungleichen Wanddicken ein bestimmter Kantenversatz überschritten wird (s. HP5/1), ist die dickere Wand unter einem Winkel von höchstens 30° auf die dünnere Wand abzuschrägen.
3. Längsnähte bei mehrschüssigen Behältern sind gegeneinander zu versetzen (Bild 6-48).
4. Überlappte Kehlnahtschweißungen sind in der Regel nicht zulässig.
5. Eckstöße mit einem Winkel $\geq$60° und mit einseitig geschweißten Nähten sind zu vermeiden.
6. Bohrungen und Ausschnitte sind nach Möglichkeit außerhalb des Bereiches 3 $\times$ Wanddicke von Schweißnähten entfernt anzuordnen.
7. An Rändern von Ausschnitten scharfe Kanten vermeiden.

Die Schweißnähte der Anschlussteile zum Einleiten und Übertragen äußerer Kräfte, z. B. für Sättel, Füße, Standzargen, Pratzen und Traglaschen nach DIN 28080 bis DIN 28087, sind so zu bemessen und zu gestalten (z. B. Ecken abrunden), dass diese Zusatzkräfte ohne Schädigung der Behälterwand übertragen werden können. Hinweise zur Berechnung der dabei auftretenden örtlichen Beanspruchung der Behälterwand geben die AD 2000-Merkblätter Reihe S3. Wenn die Zusatzkräfte die Auslegung des Druckbehälters wesentlich beeinflussen, ist ein zusätzlicher Spannungsnachweis zu führen.

Hinweis: Die *kleinste Wanddicke* nahtloser, geschweißter oder hartgelöteter Mäntel und Kugeln unter Innendruck ist wie die gewölbter Böden mit 2 mm festgelegt. Bei Aluminium und dessen Legierungen ist eine Wanddicke von mindestens 3 mm erforderlich.

Auf den Fertigungsunterlagen sind auch die entsprechenden Allgemeintoleranzen für Behälter nach DIN 28005 anzugeben.

Für die in dieser Norm nicht im Einzelnen tolerierten Maße gilt als Allgemeintoleranz DIN EN ISO 13920-D, s. TB 6-3.

6. Punktschweißverbindungen

Allgemeine Richtlinien

Beim Punktschweißen werden die aufeinander gepressten flächigen Teile meist linsenförmig geschweißt (Bild 6-46). Das Punktschweißen ist ein sowohl in der Massen- und Serienfertigung als auch in der Einzelfertigung bewährtes wirtschaftliches Fügeverfahren (vgl. Bild 6-2). Gut schweißgeeignet sind unlegierte Stähle mit einem C-Gehalt $\leq$0,1 %, also z. B. Bänder und Bleche aus DC03, DC04, DX52D+Z und S235JR. Es können aber auch legierte Stähle, Leichtmetalle, Nickel- und Kupferlegierungen, Werkstoffe mit Überzügen und Beschichtungen sowie Kombinationen zwischen unterschiedlichen Metallen bzw. Stählen punktgeschweißt werden (vgl. Bild 6-3). Beim einschnittigen Punktschweißen (Zweiblechschweißen) können Stahlbleche ab 0,1 + 0,1 mm, beim mehrschnittigen Punktschweißen (Mehrblechschweißen) solche bis 20 + 20 + 20 mm geschweißt werden. In der Praxis überwiegt der Dickenbereich 0,5 ... 2 mm. Punktschweißungen an Blechen, Profilen oder sonstigen flächigen Bauelementen können für die Krafteinleitung, die Kraftübertragung, die Positionierung von Teilen sowie für die Herstellung dichter Nähte an Behältern angewandt werden. Ausführungsbeispiele aus verschiedenen Bereichen des Leichtbaues zeigt Bild 6-28.

Je nach Gestaltung der Verbindungen werden die Schweißpunkte im Überlapp- bzw. Parallelstoß durch *Scherzug, Kopfzug, Schälen* oder *Torsion* beansprucht (Bild 6-29). Stets sollte die Beanspruchung auf Scherzug angestrebt werden. Bei der Kopfzugbeanspruchung kann ein Schweißpunkt in der Regel nur ein Drittel der Last wie bei der Scherzugbeanspruchung übertragen.

Im Stahlhochbau ist die Punktschweißung für Kraft- und Heftverbindungen mit vorwiegend ruhender Belastung ab 1,5 mm Bauteildicke zulässig, wenn nicht mehr als 3 Teile durch einen Schweißpunkt verbunden werden (DIN 18801).

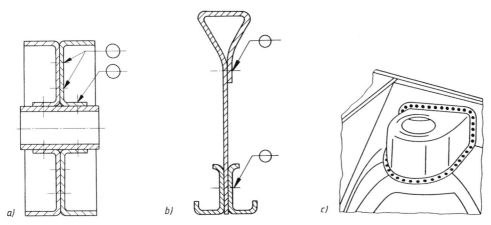

Bild 6-28 Punktschweißverbindungen im Leichtbau.
a) Scheibenrad aus Rohrabschnitt und zwei gezogenen Blechteilen,
b) Biegeträger aus Kaltprofilen mit torsionssteifem Obergurt,
c) Federbeinaufnahme im Radhaus einer Pkw-Karosserie

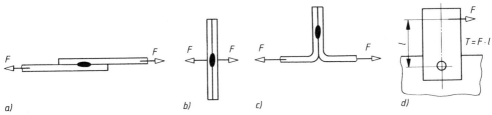

Bild 6-29 Beanspruchungsarten der Punktschweißungen. a) Scherzug (anzustreben), b) Kopfzug (ungünstig), c) Schälen (vermeiden), d) Torsion bei Einzelpunkt (vermeiden)

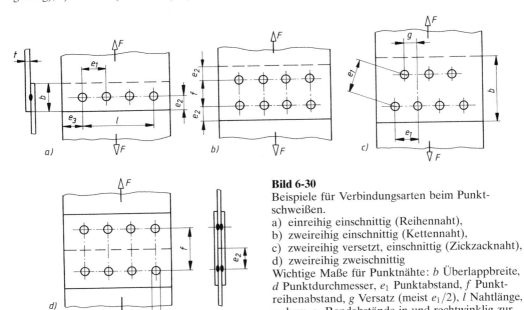

Bild 6-30
Beispiele für Verbindungsarten beim Punktschweißen.
a) einreihig einschnittig (Reihennaht),
b) zweireihig einschnittig (Kettennaht),
c) zweireihig versetzt, einschnittig (Zickzacknaht),
d) zweireihig zweischnittig
Wichtige Maße für Punktnähte: b Überlappbreite, d Punktdurchmesser, e_1 Punktabstand, f Punktreihenabstand, g Versatz (meist $e_1/2$), l Nahtlänge, e_2 bzw. e_3 Randabstände in und rechtwinklig zur Kraftrichtung

Gestaltung der Punktschweißverbindungen

Beispiele für gebräuchliche Verbindungsarten beim Punktschweißen zeigt Bild 6-30. Für die Abstände der Schweißpunkte untereinander und zum Rand sind im Stahlhochbau die Grenzwerte nach TB 6-4 einzuhalten.

Für die Wahl des Schweißpunktdurchmessers d gelten folgende Richtwerte:

kleinste Blechdicke t in mm: 1,5   2   3   4   5
zugehöriger Punktdurchmesser d in mm: 5   6   8 10 12

Durch bereits geschweißte Punkte oder durch Berührung der Stahlteile können Ströme im „Nebenschluss" fließen, wodurch die Größe der Schweißpunkte verringert wird. Diese Eigenart des Punktschweißverfahrens ist bei der Anordnung und Gestaltung der Schweißstelle unbedingt zu berücksichtigen. Weitere Richtlinien s. unter 6.2.5-1 und -2, insbesondere Bild 6-24, Zeilen 28 und 29.

Anzustreben sind symmetrisch ausgeführte Laschenverbindungen (Bild 6-30d). Eine Erhöhung der Tragfähigkeit lässt sich durch kombinierte Punktschweiß-Kleb-Verbindungen erzielen, wobei allerdings mit einer Alterung des Klebers zu rechnen ist.

Ein weiterer Vorteil ist, dass zum Korrosionsschutz im überlappten Bereich auf Punktschweißfarben, Dichtbänder oder Dichtmassen verzichtet werden kann.

Bei mehrschnittigen Verbindungen sind die dünneren Bleche zwischen den dickeren anzuordnen. Blechdickenunterschiede $t_2/t_1 > 4$ sind zu vermeiden.

Im Stahlhochbau sind in Kraftrichtung hintereinander wenigstens zwei Schweißpunkte anzuordnen, nach oben dürfen nur fünf Schweißpunkte hintereinander als tragend in Rechnung gestellt werden. Diese Einschränkung gilt nicht für die Verbindung von Blechen, die vorwiegend Schub in der Blechebene abtragen.

6.3   Berechnung von Schweißkonstruktionen

6.3.1 Schweißverbindungen im Stahlbau

Seit der Einführung der Stahlbaunorm DIN 18800 und des Eurocode 3 (EN 1993-1, T1 bis T12) erfolgt die Bemessung der Stahlbauten nach Grenzzuständen mittels Teilsicherheitsbeiwerten und nicht mehr auf der Grundlage zulässiger Spannungen oder globaler Sicherheitsbeiwerte.
Die neuen Begriffe und Formelzeichen werden nicht durchgehend benutzt.[1]

1. Berechnung der Beanspruchungen (z. B. Schnittgrößen, Spannungen, Durchbiegungen) aus den Einwirkungen (Lasten)

Es ist der Nachweis zu führen, dass die Beanspruchungen S_d kleiner sind als die Beanspruchbarkeiten R_d des Bauteils. Die Beanspruchungen sind mit den Bemessungswerten der Einwirkungen F_d zu bestimmen.

Nach ihrer zeitlichen Veränderlichkeit werden die Einwirkungen eingeteilt in

– ständige Einwirkungen G, z. B. wahrscheinliche Baugrundbewegungen
– veränderliche Einwirkungen Q, z. B. Temperaturänderungen und
– außergewöhnliche Einwirkungen F_A, z. B. Anprall von Fahrzeugen.

Die Bemessungswerte der Einwirkungen sind die mit dem Teilsicherheitsbeiwert S_F und ggf. mit dem Kombinationsbeiwert ψ vervielfachten charakteristischen Werte F_k der Einwirkungen:
$F_d = S_F \cdot \psi \cdot F_k$.

---

[1] Benutzte Begriffe und Formelzeichen (abweichend von den übrigen Kapiteln): F Einwirkung, allgemeines Formelzeichen (F = force = Kraft), $G/Q/F_A$, ständige/veränderliche/außergewöhnliche Einwirkung, M Widerstandsgröße (M = material), $S_F/S_M(\gamma_F/\gamma_M)$ Teilsicherheitsbeiwert für Einwirkungen/Widerstandsgrößen, R_d Beanspruchbarkeit (R = resistance = Widerstand, d = design = Entwurf), S_d Beanspruchung (S = Stress), Index k: charakteristischer Wert (Nennwert) einer Größe.

Als charakteristische Werte der Einwirkungen gelten die Werte der einschlägigen Normen über Lastannahmen, z. B. DIN 1055-1 bis -10 und Eurocode 1 (EN 1991-1).
Für den Nachweis der Tragsicherheit sind Einwirkungskombinationen zu bilden aus

– den ständigen Lasten G und *allen* ungünstig wirkenden veränderlichen Einwirkungen Q_i und
– den ständigen Einwirkungen G und jeweils *einer* der ungünstig wirkenden veränderlichen Einwirkungen Q_i.

Für die Bemessungswerte der ständigen Einwirkungen gilt: $G_d = S_F \cdot G_k$, mit $S_F = 1{,}35$.
Für die Bemessungswerte der veränderlichen Einwirkungen gilt bei Berücksichtigung aller ungünstig wirkenden veränderlichen Einwirkungen: $Q_{id} = S_F \cdot \psi \cdot Q_{ik}$, mit $S_F = 1{,}5$ und $\psi = 0{,}9$; und bei Berücksichtigung nur jeweils einer ungünstigen Einwirkung: $Q_{id} = S_F \cdot Q_{ik}$, mit $S_F = 1{,}5$.
Beim Auftreten von außergewöhnlichen Einwirkungen F_A (z. B. Erdbeben, Explosion, Brand), sind Einwirkungskombinationen aus den ständigen Einwirkungen G, allen ungünstig wirkenden veränderlichen Einwirkungen Q_i und einer außergewöhnlichen Einwirkung F_A zu bilden. Der Teilsicherheitsbeiwert beträgt dann $S_F = 1{,}0$.
Wenn ständige Einwirkungen Beanspruchungen aus veränderlichen Einwirkungen verringern, z. B. Windsog bei Dächern, so muss mit $S_F = 1{,}0$, $G_d = G_k$ gesetzt werden. Falls Erddruck die vorhandenen Beanspruchungen verringert, gilt für den Bemessungswert des Erddrucks $F_{Ed} = 0{,}6 \cdot F_{Ek}$ ($S_F = 0{,}6$).

Berechnungsbeispiel

Für einen 5 m langen Einfeldträger mit drei Einwirkungen entsprechend Bild 6-31 sollen die für die Bemessung maßgebenden Beanspruchungen – das Biegemoment in Feldmitte und die Auflagerkraft – ermittelt werden.

a) Charakteristische Werte
Ständige Einwirkungen
g Eigengewicht (Träger und Decke)

$\quad g_k = 10$ kN/m

Veränderliche Einwirkungen
q Verkehrslasten

$\quad q_k = 8$ kN/m

F Einzellast aus Hebeeinrichtung

$\quad F_k = 120$ kN

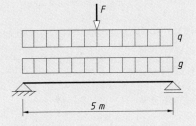

Bild 6-31 Statisches System und Einwirkungen

b) Bemessungswerte der Einwirkungen
Grundkombination 1: Es werden die ständigen und alle ungünstig wirkenden veränderlichen Einwirkungen berücksichtigt.

$\quad G_d = S_F \cdot G_k \qquad$ mit $S_F = 1{,}35$,

$\quad g_d = 1{,}35 \cdot 10$ kN/m $\qquad = 13{,}5$ kN/m ,

$\quad Q_{id} = S_F \cdot \psi \cdot Q_{ik} \qquad$ mit $S_F = 1{,}5$ und $\psi = 0{,}9$,

$\quad q_d = 1{,}5 \cdot 0{,}9 \cdot 8$ kN/m $\qquad = 10{,}8$ kN/m ,

$\quad F_d = 1{,}5 \cdot 0{,}9 \cdot 120$ kN $\qquad = 162$ kN .

Grundkombination 2: Es werden die ständigen und die am ungünstigsten wirkende veränderliche Einwirkung – hier die Einzellast – berücksichtigt.

$\quad g_d = 1{,}35 \cdot 10$ kN/m $\qquad = 13{,}5$ kN/m ,,

$\quad Q_{id} = S_F \cdot Q_i \qquad$ mit $S_F = 1{,}5$,

$\quad F_d = 1{,}5 \cdot 120$ kN $\qquad = 180$ kN .

c) Beanspruchungen

Mit den Bemessungswerten der Einwirkungen werden das Moment in Feldmitte sowie die Auflager-kraft berechnet.

Für Grundkombination 1:

$$M = 0,125 \ (13,5 \ \text{kN/m} + 10,8 \ \text{kN/m}) \ 5^2 \ \text{m}^2 + 162 \ \text{kN} \cdot 5 \ \text{m/4} \quad = 278,4 \ \text{kNm},$$

$$F_A = (13,5 \ \text{kN/m} + 10,8 \ \text{kN/m}) \ 5 \ \text{m/2} + 162 \ \text{kN/2} \qquad = 141,8 \ \text{kN}.$$

Für Grundkombination 2:

$$M = 0,125 \cdot 13,5 \ \text{kN/m} \cdot 5^2 \ \text{m}^2 + 180 \ \text{kN} \cdot 5 \ \text{m/4} \quad = 267,2 \ \text{kNm},$$

$$F_A = 13,5 \ \text{kN/m} \cdot 5 \ \text{m/2} + 180 \ \text{kN/2} \qquad = 123,8 \ \text{kN}.$$

Ergebnis: Die Beanspruchungen der Grundkombination 1 sind für die Bemessung des Trägers maß-gebend.

2. Nachweisverfahren

Je nachdem, ob die Berechnung der Beanspruchungen und der zugehörigen Beanspruchbarkei-ten nach der Elastizitäts- oder der Plastizitätstheorie erfolgt, unterscheidet DIN 18 800-1 beim Tragsicherheitsnachweis die drei Verfahren Elastisch-Elastisch, Elastisch-Plastisch und Plastisch-Plastisch.

Die nachfolgenden Ausführungen beschränken sich auf das Nachweisverfahren Elastisch-Elastisch. Grenzzustand der Tragfähigkeit ist dabei der Fließbeginn an der ungünstigsten Stelle des Bauteilquerschnitts. Plastische Reserven werden also nicht berücksichtigt. Die aus den Schnittgrößen (Kräfte, Momente) – ermittelt nach der Elastizitätstheorie mit den Be-messungswerten der Einwirkungen – errechneten Spannungen werden den Grenznormal-bzw. Grenzschubspannungen $R_e/1,1$ bzw. $R_e/(1,1 \cdot \sqrt{3})$ gegenübergestellt. Sie werden bei den folgenden Nachweisen vereinfachend als „zulässige" Spannungen ausgewiesen. Unter be-stimmten Bedingungen ist eine örtlich begrenzte Plastifizierung der Bauteilquerschnitte er-laubt, s. DIN 18 800-1.

Beim Verfahren Elastisch-Plastisch ist der durchplastifizierte Querschnitt der Grenzzustand der Tragfähigkeit. Die nach der Elastizitätstheorie aus den Bemessungswerten der Einwirkungen errechneten Schnittgrößen (Längs- und Querkräfte, Biegemomente) werden den Schnittgrößen im vollplastischen Zustand gegenübergestellt.

Beim Verfahren Plastisch-Plastisch werden nach der Fließgelenktheorie plastische Querschnitts-und Systemreserven ausgenutzt. Es ist nur auf statisch unbestimmte Tragwerke (z. B. Durchlauf-träger) anwendbar, da nur sie Systemreserven aufweisen.

3. Berechnung der Bauteile

Die Berechnung der Bauteile geht der Berechnung der Verbindungsmittel voraus, da deren Abmessungen (z. B. Schweißnahtdicke, Schraubendurchmesser) auch von der Bauteilgröße ab-hängen. Es sollen hier nur die Berechnungsgrundlagen für Zug- und Druckstäbe von ebenen Fachwerken, einfachen Trägern und konsolartigen Bauteilen behandelt werden. Wegen der Fol-gen möglicher Querschnittsverluste durch Korrosion (vgl. unter 7.6.6) sind für tragende Bau-teile Mindestdicken vorgeschrieben, so z. B. 1,5 mm im Stahlhochbau und zwischen 2 mm und 7 mm im Kranbau, je nach Korrosionsgefährdung. Für geschweißte Bauteile ergibt sich aus der kleinsten zulässigen Kehlnahtdicke $a_{min} = 2$ mm eine Mindestdicke $t_{min} = 2$ mm/0,7 ≈ 3 mm.

3.1 Einzuhaltende Grenzwerte der Schlankheit $(b/t)_{grenz}$ von Querschnittsteilen

Um das Beulen voll mittragender gedrückter Flansche und Stege an Schweiß- und Walzprofilen zu vermeiden, ist stets nachzuweisen, dass die Grenzwerte der Schlankheit nach TB 6-7 einge-halten sind

$$b/t \leq (b/t)_{grenz}$$

Die zur Berechnung der Schlankheit (b/t) notwendigen Maße b und t, s. Bilder in TB 6-7, lassen sich mit Hilfe von Profiltabellen (z. B. TB 1-11) bzw. Schweißzeichnungen unter Beachtung der Stegausrundung R bzw. der Kehlnahtdicke a bestimmen. In TB 6-7 sind die maximalen b/t-Verhältnisse $(b/t)_{grenz}$ für verschiedene Lagerungsarten der als Plattenstreifen betrachteten Trägerstege und -flansche, für wesentliche Sonderfälle des Spannungsverlaufs und für übliche Baustahlsorten angegeben. Für $b/t > (b/t)_{grenz}$ ist ausreichende Beulsicherheit nach DIN 18800-3 nachzuweisen. Bei Walzprofilen aus S235 sind für Biegung ohne Druckkraft die geforderten b/t-Werte für alle praktischen Fälle eingehalten. Das Berechnungsbeispiel 6.1 unter 6.4 zeigt für ein geschweißtes I-Profil den Nachweis ausreichender Bauteildicken.

3.2 Zugstäbe

Sie treten zusammen mit Druckstäben als Bauglieder in Fachwerken und Verbänden auf. In dem aus oberem und unterem Begrenzungsstab (Ober- und Untergurt) und den Füllstäben (Vertikal- und Diagonalstäben) bestehenden Fachwerk nach Bild 6-25a werden z. B. jeder zweite Diagonalstab und der Untergurt auf Zug beansprucht. Für die *Tragfähigkeit* der Zugstäbe ist nur die *Werkstofffestigkeit* und die *Querschnittsfläche* maßgebend. Biegeweiche Flach- und Rundquerschnitte werden aber trotzdem kaum verwendet, da ihre Steifigkeit für Bearbeitung, Montage und Transport zu gering ist. Wie für Druckstäbe verwendet man in der Regel Walzprofile, die sich gut an den Knotenpunkten anschließen lassen. Da bei geschweißten Stabanschlüssen *keine Querschnittsschwächung* durch Löcher auftritt, ergibt sich gegenüber geschraubten oder genieteten Zugstäben eine *Werkstoffersparnis* bis zu 20%.

Mittig angeschlossene Zugstäbe
Bei ihnen geht die Schwerachse durch die Anschlussebene mit dem anderen Bauteil (Knotenblech, Gurtsteg) hindurch, wie bei dem Anschluss nach Bild 6-25c oder dem zweiteiligen Stab (Doppelstab), Bild 6-32a. Bei letzterem würden allerdings die Einzelstäbe, hier Winkelstähle, wegen des außermittigen Anschlusses durch das Moment $M_b = 0{,}5F(e + t/2)$ nach innen ausbiegen, was aber durch die eingeschweißten Futterstücke verhindert wird. Die Außermittigkeit gleicht sich also beim Doppelstab durch geringe Zusatzspannungen im Stab selbst und in den Anschlüssen aus und braucht bei der Berechnung nicht berücksichtigt zu werden.
Damit gilt für die vorhandene Zugspannung im Stabquerschnitt

$$\sigma_z = \frac{F}{A} \leq \sigma_{zul} \qquad (6.1)$$

F Zugkraft im Stab
A Querschnittsfläche des gesamten Stabes
σ_{zul} zulässige Spannung (Grenznormalspannung)
        218 N/mm² für Bauteilwerkstoff S235
        327 N/mm² für Bauteilwerkstoff S355
        berechnet aus: $\sigma_{zul} = R_e/S_M$, mit R_e nach TB 6-5 und $S_M = 1{,}1$

Für die Entwurfsberechnung ergibt sich die erforderliche Stabquerschnittsfläche aus

$$A_{erf} = \frac{F}{\sigma_{zul}} \qquad (6.2)$$

F, σ_{zul} wie zu Gl. (6.1)

Mit der ermittelten Querschnittsfläche A_{erf} wird aus Profiltabellen (s. TB 1-8 bis TB 1-13) ein passender Querschnitt gewählt. Für Gurtstäbe werden dabei häufig T- oder 1/2 I-Profile gewählt, damit die Füllstäbe ohne Knotenbleche angeschlossen werden können (Bild 6-25c). Bei Füllstäben herrschen Winkel- und T-Stähle vor.

Außermittig angeschlossene Zugstäbe
Bei diesen fällt die Schwerachse des Stabes erheblich aus der Anschlussebene heraus, wie bei dem U-Stahl Bild 6-32b. Durch das Moment $M_b = F \cdot (e + t/2)$ entsteht eine zusätzliche Biege-

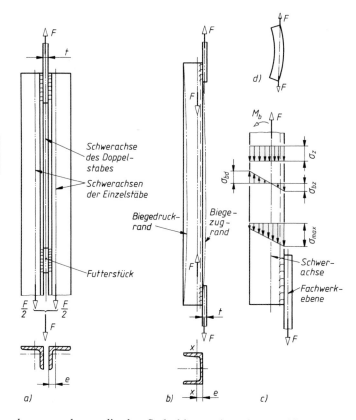

Bild 6-32
Zugstäbe.
a) Mittig angeschlossener
   Doppelwinkel,
b) außermittig angeschlossener U-Stahl,
c) Spannungsverlauf
   im einseitig angeschlossenen U-Stahl nach b),
d) außermittig gezogenes
   Gummiband

beanspruchung, die den Stab, hier nach rechts, ausbiegt und nicht ohne weiteres vernachlässigt werden kann. Dieses Ausbiegen lässt sich deutlich an einem außermittig gezogenen Gummiband (Bild 6-32d) zeigen. Außermittig angeschlossene Zugstäbe sind also allgemein auf *Zug und Biegung* zu berechnen.

Eine überschlägige Entwurfsberechnung kann zunächst nur auf Zug erfolgen, da die Biegung vorerst ja nicht erfasst werden kann wegen des noch unbekannten Abstandes e der Außermittigkeit. Dabei kann der noch unbekannte Biegeanteil durch einen Zuschlag zur Stabquerschnittsfläche berücksichtigt werden.

Für ein gewähltes Profil ist zunächst die vorhandene Zugspannung nach Gl. (6.1) zu ermitteln. Die vorhandene Biegespannung ist für den Biegezugrand (Bild 6-32b) zu bestimmen, da sich hier die Zug- und Biegezugspannungen addieren: $\sigma_{bz} = M_b/W_z$.

Mit dem Biegemoment $M_b = F \cdot (e + t/2)$ und dem auf den Biegezugrand bezogenen Widerstandsmoment $W_z = I/e$ ergibt sich die *vorhandene Biegezugspannung am Biegezugrand:*

$$\sigma_{bz} = \frac{M_b}{W_z} = \frac{F(e+0{,}5t)\,e}{I} \qquad\qquad (6.3\,\text{a})$$

F Zugkraft im Stab
e Abstand der Stab-Schwerachse vom Biegezugrand, normalerweise gleich Abstand der Schwerachse von der Anschlussfläche
I Flächenmoment 2. Grades des Stabes für die Biegeachse $x-x$ (Bild 6-32b) aus den Profilstahl-Tabellen (s. TB 1-8 bis TB 1-12)

Hinweis: Das Widerstandsmoment W_z in Gl. (6.3a) entspricht nicht dem W in den Profiltabellen, mit dem sich die maximale Biegespannung in der äußeren Randfaser errechnet. Die Spannung in dieser Faser (Biegedruckrand) interessiert hier aber nicht, da sich ja für die Zugfaser die maximale Spannung ergibt.

Für die *maximale Spannung am Biegezugrand* (Bild 6-32c) gilt dann:

$$\boxed{\sigma_{max} = \sigma_z + \sigma_{bz} \leq \sigma_{zul}}$$

(6.3b)

Dieser Nachweis der Biegespannungen gilt nur, wenn das Biegemoment in der Ebene einer der beiden Hauptachsen des Querschnitts wirkt. Bei Winkel- und Z-Stählen sowie bei beliebigen Querschnitten muss das Biegemoment in Richtung der beiden Hauptachsen zerlegt werden. Die so ermittelten Einzelspannungen sind dann algebraisch zu addieren (schiefe Biegung).

Hinweis: Für Zugstäbe mit Winkelquerschnitt gelten folgende Vereinfachungen:

1. Werden die Flankenkehlnähte mindestens so lang wie die Schenkelbreite ausgeführt, darf die aus der Ausmittigkeit stammende Biegespannung unberücksichtigt bleiben, wenn die aus der mittig gedachten Längskraft stammende Zugspannung $0{,}8\sigma_{zul}$ nicht überschreitet (DIN 18801, 6.1).
2. Werden bei der Berechnung der Beanspruchung schenkelparallele Querschnittsachsen (x, y) anstelle der Hauptachsen (u, v) benutzt, so sind die ermittelten Beanspruchungen um 30 % zu erhöhen (DIN 18800-1, 751).

3.3 Druckstäbe

Druckbeanspruchte Stäbe versagen erfahrungsgemäß bei Erreichen der Knicklast. Unter idealen Voraussetzungen handelt es sich um ein Stabilitätsproblem. Erreicht bei Laststeigerung die Druckkraft F eines idealen Stabes den Wert der Knicklast F_{ki} (Eulersche Knicklast), so weicht die Stabachse plötzlich aus. Der ursprünglich gerade Stab knickt aus.

Auf reale Bauteile treffen die idealisierten Voraussetzungen nicht zu. Es treten baupraktisch unvermeidliche Abweichungen (Imperfektionen) auf, so z. B. gekrümmte Stabachsen, nicht gleich bleibende Querschnitte, abweichende Auflagerbedingungen und meist hohe Eigenspannungen.

Dies hat zur Folge, dass beim realen Druckstab mit zunehmender Last von Anfang an Ausbiegungen auftreten. Bei weiterer Steigerung der Druckkraft wird der Stab durchgehend plastiziert. Damit ist die Traglast F_{pl} des Stabes erreicht. Sie liegt unter der idealen Knicklast F_{ki}. Am realen Druckstab liegt also ein Spannungsproblem vor.

Im Stahlbau regelt DIN 18800-2 die Tragsicherheitsnachweise für stabilitätsgefährdete Stäbe und Stabwerke aus Stahl. Sie unterscheidet Biegeknicken und Biegedrillknicken. Beim allgemeinen Fall des Biegedrillknickens treten Verschiebungen in Richtung der Hauptachsen und gleichzeitig Verdrehungen um die Stabachse auf. Diese Verdrehungen müssen berücksichtigt werden. Beim Sonderfall des Biegeknickens treten nur Verschiebungen auf, oder die Verdrehungen dürfen vernachlässigt werden. Nur dieser einfache Nachweis wird behandelt. Er gilt für doppelt-symmetrische, mittig belastete gerade Stäbe und Hohlquerschnitte.

Grobe Vorbemessung der Druckstäbe
Zur groben Vorbemessung des gesuchten Querschnitts wird im Stahlbau die folgende „Gebrauchsformel" benutzt.
Die Querschnittswerte des gesuchten Profils müssen danach folgende Bedingungen erfüllen:

$$\boxed{A_{erf} \approx \frac{F}{12} \cdots \frac{F}{10}} \qquad \begin{array}{c|c} A_{erf} & F \\ \hline cm^2 & kN \end{array}$$

(6.4a)

$$\boxed{I_{erf} \approx 0{,}12 \cdot F \cdot l_k^2} \qquad \begin{array}{c|c|c} I_{erf} & F & l_k \\ \hline cm^4 & kN & m \end{array}$$

(6.4b)

F Druckkraft im Stab
l_k Knicklänge des Druckstabes

Aus den Profiltabellen der Maßnormen oder entsprechend aus TB 1-8 bis TB 1-13 werden dann entsprechende Profile ausgesucht, wobei zu beachten ist, dass die Querschnittswerte dort *in cm*, d. h. A in cm^2, W in cm^3 und I in cm^4 angegeben werden.

Biegeknicken einteiliger Druckstäbe
Für einteilige Druckstäbe mit mittigem Druck erfolgt die Biegeknickuntersuchung in folgenden Schritten.

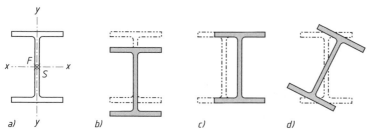

Bild 6-33 Knickmöglichkeit bei mittig belasteten, doppeltsymmetrischen Querschnitten.
a) Im Schwerpunkt belasteter Querschnitt mit Hauptachsen x und y , b) Biegeknicken um $x-x$, c) Biegeknicken um $y-y$, d) Drillknicken (übliche I-Profile sind nicht drillknickgefährdet.)

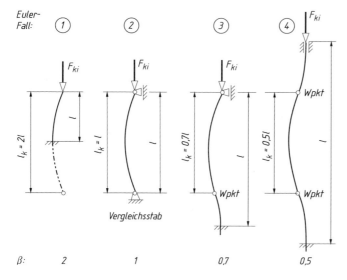

Bild 6-34
Knicklängen der vier Euler-Fälle.
Knickbiegelinien mit Wendepunkten (Wpkt), Knicklängen l_k und Knicklängenbeiwerten $\beta = l_k/l$

Stäbe können um die x- und die y-Achse[1] eines Querschnitts knicken, Bild 6-33. Da die System- und Querschnittsgrößen um beide Achsen oft verschieden sind, ist der Tragfähigkeitsnachweis um beide Hauptachsen zu führen, wenn die maßgebende Achse nicht ohne weiteres erkennbar ist.

Als Maß für die Knickgefährdung wird für die Querschnittsachsen der Schlankheitsgrad gebildet

$$\lambda_{kx} = \frac{l_{kx}}{i_x} \qquad (6.5\,a)$$

$$\lambda_{ky} = \frac{l_{ky}}{i_y} \qquad (6.5\,b)$$

l_{kx}, l_{ky} Knicklänge des Stabes für Knicken um die x- bzw. y-Achse
Vier einfache Fälle für Knicklängen sind in Bild 6-34 angegeben, weitere Fälle können nach DIN 18800-2 berechnet oder der Literatur entnommen werden.
Für Fachwerkstäbe mit unverschieblich festgehaltenen Enden gilt für das Ausweichen
a) in der Fachwerkebene: $l_k \approx 0{,}9l \approx l_s$,
b) rechtwinklig zur Fachwerkebene: $l_k = l$,
mit $l =$ Systemlänge des Stabes und $l_s =$ Schwerpunktabstand des Anschlusses.

i_x, i_y Trägheitsradius des Stabquerschnitts, z. B. aus Profiltabellen TB 1-8 bis TB 1-13
Mit dem Flächenmoment 2. Grades I_x bzw. I_y und der Stabquerschnittsfläche A gilt allgemein: $i_x = \sqrt{I_x/A}$ und $i_y = \sqrt{I_y/A}$

---

[1] Die Bezeichnung der Hauptachsen ist so gewählt, dass bei einteiligen Stäben $I_x > I_y$.

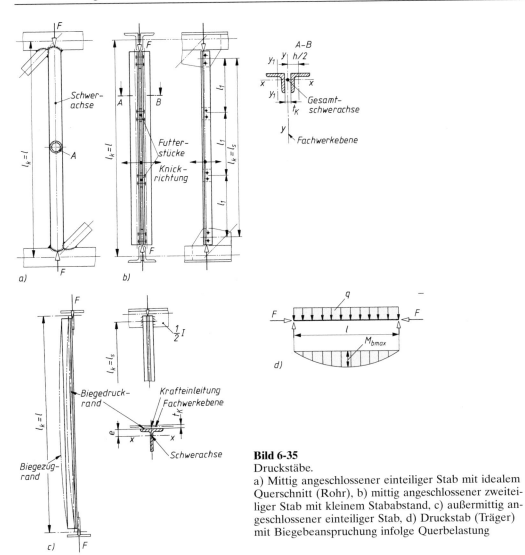

Bild 6-35
Druckstäbe.
a) Mittig angeschlossener einteiliger Stab mit idealem Querschnitt (Rohr), b) mittig angeschlossener zweiteiliger Stab mit kleinem Stababstand, c) außermittig angeschlossener einteiliger Stab, d) Druckstab (Träger) mit Biegebeanspruchung infolge Querbelastung

Der Schlankheitsgrad, bei dem die ideale Knickspannung der Streckgrenze des Stabwerkstoffes entspricht, heißt Bezugsschlankheitsgrad

$$\lambda_a = \pi \sqrt{\frac{E}{R_e}} \qquad (6.6)$$

E Elastizitätsmodul des Stabwerkstoffes, für Walzstahl $E = 210\,000$ N/mm^2
R_e Streckgrenze des Stabwerkstoffs nach TB 6-5

Da λ_a nur werkstoffabhängig ist, lässt er sich für die Stahlsorten angeben. Für Erzeugnisdicken $t \leq 40$ mm beträgt $\lambda_a = 92{,}9$ für S235 und $\lambda_a = 75{,}9$ für S355.
Die dimensionslose Darstellung der Knickspannungslinien wird ermöglicht durch den bezogenen Schlankheitsgrad

$$\bar{\lambda}_k = \frac{\lambda_k}{\lambda_a} = \sqrt{\frac{F_{pl}}{F_{ki}}} \qquad (6.7)$$

$$\bar{\lambda}_{kx} = \frac{\lambda_{kx}}{\lambda_a} \tag{6.7a}$$

$$\bar{\lambda}_{ky} = \frac{\lambda_{ky}}{\lambda_a} \tag{6.7b}$$

λ_k, λ_a Schlankheitsgrad und bezogener Schlankheitsgrad nach Gln. (6.5) und (6.6)
F_{pl} Druckkraft im vollplastischen Zustand: $F_{pl} = A \cdot R_e / S_M$
F_{ki} Druckkraft unter der kleinsten Verzweigungslast nach der Elastizitätstheorie:
$F_{ki} = \pi^2 \cdot E \cdot I / (l_k^2 \cdot S_M)$

Der maßgebende bezogene Schlankheitsgrad ist der größere der beiden Werte $\bar{\lambda}_{kx}$ oder $\bar{\lambda}_{ky}$.
Das Verhältnis von idealer Knicklast zur plastischen Druckkraft F_{pl} wird als Abminderungsfaktor κ bezeichnet. Dieser lässt sich als Funktion des bezogenen Schlankheitsgrades darstellen, s. TB 6-9. Unter Voraussetzung idealer Annahmen ergibt sich eine bei $\kappa = 1$ abgeschnittene quadratische Hyperbel (Euler-Hyperbel), s. TB 6-9. Für reale Druckstäbe werden die Imperfektionen gewissen Querschnittskategorien (a bis d) zugeordnet. Mit Hilfe von Traglastberechnungen können dann die sogenannten Europäischen Knickspannungslinien festgelegt werden, s. TB 6-8. Der Abminderungsfaktor κ kann TB 6-9 entnommen oder in Abhängigkeit vom bezogenen Schlankheitsgrad $\bar{\lambda}_k$ und der dem jeweiligen Querschnitt nach TB 6-8 zugeordneten Knickspannungslinie (a bis d) rechnerisch ermittelt werden

$\bar{\lambda}_k \leq 0{,}2$:

$$\kappa = 1 \tag{6.8a}$$

$\bar{\lambda}_k > 0{,}2$:

$$\kappa = \frac{1}{k + \sqrt{k^2 - \bar{\lambda}_k^2}} \tag{6.8b}$$

wobei $k = 0{,}5[1 + \alpha(\bar{\lambda}_k - 0{,}2) + \bar{\lambda}_k^2]$

$\bar{\lambda}_k > 3{,}0$: vereinfachend

$$\kappa = \frac{1}{\bar{\lambda}_k \cdot (\bar{\lambda}_k + \alpha)} \tag{6.8c}$$

α Parameter zur Berechnung des Abminderungsfaktors κ

Knickspannungslinie	a	b	c	d
α	0,21	0,34	0,49	0,76

$\bar{\lambda}_k$ bezogener Schlankheitsgrad nach Gl. (6.7)

Für $\bar{\lambda}_k \leq 0{,}2$, also $\kappa = 1{,}0$, genügt der einfache Spannungsnachweis.
Für die maßgebende Ausweichrichtung lautet der Tragsicherheitsnachweis

$$F \leq \kappa \cdot F_{pl} \tag{6.9a}$$

oder

$$\frac{F}{\kappa \cdot F_{pl}} \leq 1 \tag{6.9b}$$

F Bemessungswert der Stab-Druckkraft
F_{pl} Druckkraft in vollplastischem Zustand: $F_{pl} = A \cdot R_e / S_M$, mit Stabquerschnittsfläche A (z. B. aus Profiltabellen TB 1-8 bis TB 1-13), Streckgrenze R_e des Stabwerkstoffs nach TB 6-5 und Teilsicherheitsbeiwert $S_M = 1{,}1$
κ Abminderungsfaktor nach Gl. (6.8) oder TB 6-9

Bei dünnwandigen, offenen und einfachsymmetrischen Querschnitten ist nach DIN 18800-2 ein Biegedrillknicknachweis zu führen. Bei Druckstabquerschnitten ist auch unbedingt darauf zu achten, dass die Grenzwerte der Schlankheit $(b/t)_{grenz}$ nach 3.1 eingehalten werden.

Mehrteilige Rahmenstäbe mit geringer Spreizung
Bei diesen, z. B. aus zwei Winkelprofilen bestehenden Stäben (Bild 6-35b), fällt die *Gesamt*-Schwerachse praktisch mit der Anschlussebene zusammen; sie können gewissermaßen wie mittig angeschlossene einteilige Stäbe behandelt werden. Um eine gemeinsame Tragwirkung zu erreichen, müssen sie durch Bindebleche schubfest verbunden werden.
Mehrteilige Stäbe aus U- und L-Profilen werden bevorzugt in geschraubten Fachwerken eingesetzt, wo sie direkt oder an Knotenbleche angeschlossen werden. Ihre Spreizung h ist dadurch nur wenig größer als die Dicke des Knotenbleches, Bild 6-36. Stäbe aus übereck gestellten Winkeln (Bild 6-37) sind hinsichtlich der Unterhaltung günstiger als Querschnitte nach Bild 6-36. Die Steifigkeit um die stofffreie Achse (y–y) ist größer als die Steifigkeit um die Stoffachse[1] (x–x), so dass nur ein Nachweis mit $\lambda_x = l_{kx}/i_x$ erforderlich ist.

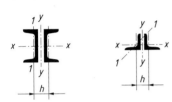

Bild 6-36
Mehrteilige Stäbe, deren Querschnitte eine Stoffachse $(x-x)$ haben

Dabei ist der Abstand der Bindebleche so zu wählen, dass der Schlankheitsgrad der Einzelwinkel $\lambda_1 = l_1/i_1 \leq 15$ ist.
Für die Knicklänge des Gesamtstabes darf der Mittelwert der Knicklängen für Ausknicken in und aus der Fachwerkebene gesetzt werden $l_{kx} \approx 0{,}5\,(l + l_s)$, vgl. Bild 6-35b.
Bei ungleichschenkligen Winkelprofilen ist der maßgebende Schlankheitsgrad anzunehmen mit $\lambda_x \approx 1{,}15 \cdot l_{kx}/i_0$. Hierbei ist i_0 der Trägheitsradius des Gesamtstabes bezogen auf die zum langen Winkelschenkel parallele Schwerachse (Bild 6-37b).

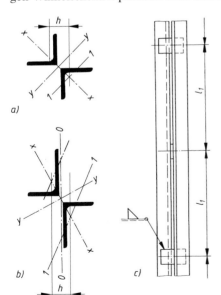

Bild 6-37
Druckstab aus zwei übereck gestellten Winkelprofilen.
a) bzw. b) Stabquerschnitt aus gleichschenkligen bzw. ungleichschenkligen Winkelprofilen, c) Anordnung der Bindebleche

---

[1] Die Hauptachse wird als „Stoffachse" bezeichnet, wenn sie alle Einzelstabquerschnitte durchschneidet.

Druckstäbe mit Biegebeanspruchung

Druckstäbe werden häufig durch außermittig angreifende Druckkräfte oder durch Querbelastung auf Biegung beansprucht, z. B. Bild 6-35d. Sie sind dann auf Biegeknicken (bzw. Biegedrillknicken) zu untersuchen. Bei Stäben (Trägern) mit geringer Druckkraft $F \leq 0,1 \cdot \kappa \cdot F_{pl}$ entfällt der Knicknachweis. Es genügt der Nachweis als Biegeträger. Der Tragsicherheitsnachweis für das Ausknicken in der Momentenebene kann nach dem Ersatzstabverfahren geführt werden

$$\frac{F}{\kappa \cdot F_{pl}} + \frac{\beta_m \cdot M}{M_{pl}} + \Delta n \leq 1 \qquad (6.10)$$

F Stabdruckkraft

F_{pl} Druckkraft in vollplastischem Zustand: $F_{pl} = A \cdot R_e/S_M$, mit Stabquerschnittsfläche A (z. B. aus Profiltabellen TB 1-8 bis TB 1-13), Streckgrenze R_e des Stabwerkstoffes nach TB 6-5 und Teilsicherheitsbeiwert $S_M = 1,1$

κ Abminderunsfaktor nach TB 6-9 in Abhängigkeit von $\bar{\lambda}_k$ nach Gl. (6.7) für die maßgebende Knickspannungslinie nach TB 6-8 und Ausknicken in der Momentenebene

β_m Momentenbeiwert für Biegeknicken nach TB 6-10

M größtes im Stab auftretendes Biegemoment

M_{pl} Biegemoment im vollplastischen Zustand, entweder aus Profiltabellen oder aus $M_{pl} = \alpha_{pl} \cdot W \cdot R_e/S_M$, mit dem Formbeiwert $\alpha_{pl} \leq 1,25$ (1,14 für Walzträger), dem elast. Widerstandsmoment W (z. B. nach Profiltabellen TB 1-8 bis TB 1-13), der Streckgrenze des Stabwerkstoffs nach TB 6-5 und dem Teilsicherheitsbeiwert $S_M = 1,1$

Δn Korrekturwert. Es darf $\Delta n = 0,1$ gesetzt werden.

$$\Delta n = \frac{F}{\kappa \cdot F_{pl}} \cdot \left(1 - \frac{F}{\kappa \cdot F_{pl}}\right) \cdot \kappa^2 \cdot \bar{\lambda}_k^2 \leq 0,1$$

oder vereinfacht
$$\Delta n = 0,25 \cdot \kappa^2 \cdot \bar{\lambda}_k^2 \leq 0,1$$

Bei doppeltsymmetrischen Querschnitten mit $A_{Steg} \geq 0,18 \cdot A$ (was bei üblichen Walzprofilen immer zutrifft) darf M_{pl} durch $1,1 M_{pl}$ ersetzt werden, wenn $F > 0,2 \cdot F_{pl}$ erfüllt ist.

3.4 Knotenbleche

Knotenbleche dienen zum Verbinden der im Knotenpunkt zusammenlaufenden Stäbe. Die Größe ist durch die Gestaltung der Knotenpunkte gegeben, die Dicke t_K soll etwa der Dicke der angeschlossenen Schenkel, Flansche usw. der Stäbe entsprechen:

Die Knotenblechdicke t_K wird etwa gleich oder etwas kleiner als die mittlere Dicke aller im Knotenpunkt zusammenlaufenden Stäbe gewählt.

Bei Doppelstäben ist die Summe der Dicken beider Stäbe als Stabdicke zu betrachten.
Die Tragfähigkeit des Knotenbleches ist im Stahlbau bei großen Stabkräften nachzuprüfen. Bei Füllstabanschlüssen (Diagonal- und Vertikalstäbe) wird dabei vereinfachend angenommen, dass die Stabkraft vom Nahtanfang, bei Schrauben-(Niet-)Anschlüssen von der ersten Schraube (Niet) an sich *unter 30° nach beiden Seiten ausbreitet* (Bild 6-38). Am Nahtende oder der letzten Schraube (Niet) soll dann ein Blechstreifen der „mittragenden Breite" b durch die Stabkraft gleichmäßig beansprucht werden. Damit gilt näherungsweise für die Spannung im Knotenblech:

$$\sigma = \frac{F}{b \cdot t_K} \leq \sigma_{zul} \qquad (6.11)$$

F anzuschließende Stabkraft

b mittragende Breite des Knotenbleches entsprechend Bild 6-38, bei zugbeanspruchten Schrauben-(Niet-)Anschlüssen mit Lochabzug ist dafür zu setzen: $b' = b - d$

t_K Knotenblechdicke

σ_{zul} zulässige Spannung (Grenznormalspannung)
      218 N/mm^2 für Bauteilwerkstoff S235
      327 N/mm^2 für Bauteilwerkstoff S355
      berechnet aus: $\sigma_{zul} = R_e/S_M$, mit R_e nach TB 6-5 und $S_M = 1,1$

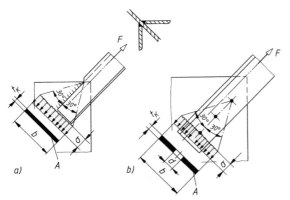

Bild 6-38
Überschlägiger Spannungsnachweis für
Knotenbleche.
a) beim geschweißten Stabanschluss,
b) beim geschraubten Stabanschluss

6

3.5 Einfache Biegeträger

Für Biegeträger mit gleichzeitiger Beanspruchung durch eine Normalkraft F_N und ein Biegemoment M_x, vgl. Bild 6-39, ist für die maßgebende Stelle der Nachweis zu führen

$$\sigma = \frac{F_N}{A} + \frac{M_x}{I_x} y \leq \sigma_{zul} \tag{6.12}$$

F_N Normalkraft, Längskraft
M_x Biegemoment um die Hauptachse x
A Gesamtquerschnittsfläche des Trägers; bei Walzprofilen nach TB 1-10 bis TB 1-12; evtl. unter Berücksichtigung der Lochschwächung im Zugbereich
I_x Flächenmoment 2. Grades für Hauptachse x; für Walzprofile nach TB 1-10 bis TB 1-12; evtl. unter Berücksichtigung der Lochschwächung im Zugbereich
y Abstand der betrachteten Querschnittsstelle von der x-Achse, z. B. $y = h/2$ für Randfaser, führt zum Sonderfall des Widerstandsmomentes $W_x = I_x/(h/2)$
σ_{zul} zulässige Spannung (Grenznormalspannung)
       218 N/mm² für Bauteilwerkstoff S235
       327 N/mm² für Bauteilwerkstoff S355
       berechnet aus: $\sigma_{zul} = R_e/S_M$, mit R_e nach TB 6-5 und $S_M = 1{,}1$
       Zweckmäßige Vorzeichenregelung: Zug und Biegezug $(+)$, Druck und Biegedruck $(-)$.

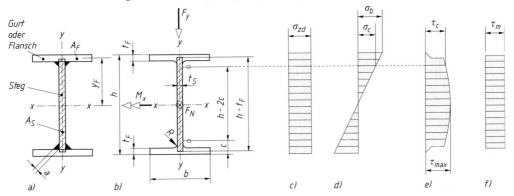

Bild 6-39 Spannungsverteilung in Biegeträgern.[1]
a) Geschweißter Träger (Blechträger) mit doppeltsymmetrischem I-Querschnitt, b) warmgewalzter
I-Träger mit Normalkraft F_N, Biegemoment M_x und Querkraft F_y, c) Zug-/Druckspannungen infolge
F_N, d) Biegespannungen infolge M_x, e) Schubspannungen infolge der Querkraft F_y, f) Mittelwert der
Schubspannungen $\tau_m = F_y/A_S$

---

[1] Entsprechend den Profilnormen wird ein ebenes Koordinatensystem mit den Achsen x und y benutzt. DIN 18 800 und EC3 benutzen ein räumliches Koordinatensystem mit den Hauptachsen y und z und x in Richtung der Stabachse.

Bei Trägern mit Querkraftbiegung, vgl. Bild 6-39, sind die Schubspannungen im Trägersteg zu berücksichtigen

$$\tau = \frac{F_q \cdot H}{I_x \cdot t} \leq \tau_{zul} \qquad (6.13)$$

F_q Querkraft in der Stegblechebene, z. B. F_y in Bild 6-39

I_x Flächenmoment 2. Grades für Hauptachse x, für Walzprofile nach Profiltabellen TB 1-10 bis TB 1-12

H Flächenmoment 1. Grades (statisches Moment) der Querschnittsfläche, welche durch die zu untersuchende Faser vom Querschnitt abgetrennt wird. In Bild 6-39a gilt z. B. für die Berechnung der Halsnähte: $H = A_F \cdot y_F$, mit A_F als angeschlossene Querschnittsfläche und y_F als deren Schwerpunktsabstand von der Schwerachse des Gesamtquerschnitts

t die zugehörige Querschnittsdicke(-breite) der untersuchten Faser; z. B. t_S für das Stegblech oder $2a$ für die Halsnähte, vgl. Bild 6-39a

τ_{zul} zulässige Schubspannung (Grenzschubspannung)
126 N/mm² für Bauteilwerkstoff S235
189 N/mm² für Bauteilwerkstoff S355
berechnet aus: $\tau_{zul} = R_e/(\sqrt{3} \cdot S_M)$, mit R_e nach TB 6-5 und $S_M = 1,1$

Die Verteilung der Schubspannungen über die Höhe des Querschnitts ist ungleichmäßig, der Größtwert liegt stets in der Schwerachse, Bild 6-39e. Bei I-förmigen Trägern mit ausgeprägten Flanschen ($A_F/A_S > 0,6$, Bild 6-39) darf mit der mittleren Schubspannung gerechnet werden

$$\tau_m = \frac{F_q}{A_S} \leq \tau_{zul} \qquad (6.14)$$

F_q Querkraft in der Stegblechebene

A_S rechnerische Stegfläche als Produkt aus Stegdicke t_S und mittlerem Abstand der Flansche $(h - t_F)$, Bild 6-39

τ_{zul} zulässige Schubspannung (Grenzschubspannung) wie zu Gl. (6.13)

Für die gleichzeitige Beanspruchung durch Biegung und Querkraft ist ein Vergleichsspannungsnachweis zu führen

$$\sigma_v = \sqrt{\sigma^2 + 3\tau^2} \leq \sigma_{zul} \qquad (6.15)$$

σ, τ Normalspannungen und Schubspannungen an derselben Querschnittsstelle.
Für Walzprofile liegt die maßgebende Stelle am Beginn der Ausrundung zwischen Steg und Flansch (Bild 6-39b: σ_c mit $y = 0,5\,(h - 2c)$), bei geschweißten I-Profilen am Trägerhals. Es darf meist mit der mittleren Schubspannung nach Gl. (6.14) gerechnet werden.

σ_{zul} zulässige Normalspannung, wie zu Gl. (6.11)

Die mit der Gestaltänderungsenergie-Hypothese (Gln. 3.2a und 6.15) berechneten Vergleichsspannungen eignen sich besonders zur Beurteilung zäher (duktiler) Werkstoffe. Sie wird im Stahlbau für den Nachweis ein- und mehrachsiger Spannungszustände im Bauteilwerkstoff angewandt. Für alle druckbeanspruchten Querschnittsteile ist stets nachzuweisen, dass die Grenzwerte $(b/t)_{grenz}$ nach TB 6-7 eingehalten sind.

4. Berechnung der Schweißnähte im Stahlbau

4.1 Abmessungen der Schweißnähte

Die rechnerischen Maße der Schweißnähte sind mit der Dicke a und der Länge l gegeben.

Stumpfnähte

Die *rechnerische Nahtdicke a* entspricht der Dicke t der zu verbindenden Bauteile, durchgeschweißte Nähte vorausgesetzt. Eine evtl. vorhandene Nahtüberhöhung wird nicht berücksichtigt. Bei verschieden dicken Bauteilen ist die kleinere Dicke maßgebend, also $a = t_{min}$ (Bild 6-11, 3. Zeile, unteres Bild). Wegen des besseren Überganges zum dickeren Teil (Kraft-

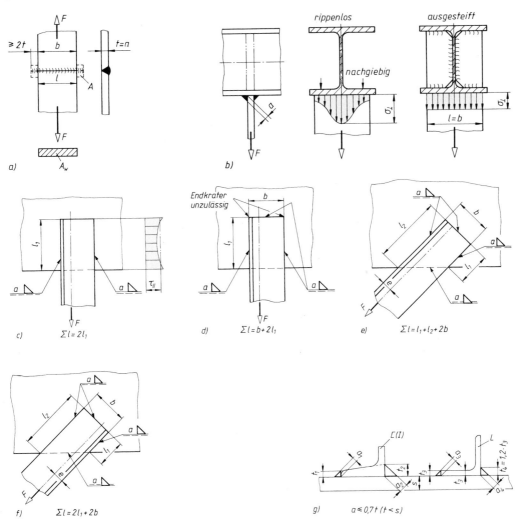

Bild 6-40 Zug- und schubbeanspruchte Schweißverbindungen im Stahlbau.
a) Zugbeanspruchte Stumpfnaht mit An- und Auslaufstück (A), b) nachgiebige und steife Anschluss-ebene am Beispiel eines Zuglaschenanschlusses, c) Stabanschluss mit Flankenkehlnähten und Vertei-lung der Nahtschubspannung, d) Stabanschluss mit Stirn- und Flankenkehlnähten, e) Stabanschluss mit ringsumlaufender Kehlnaht, Schwerachse näher zur längeren Naht, f) Stabanschluss mit ringsum-laufender Kehlnaht, Schwerachse näher zur kürzeren Naht, g) zulässige Flankenkehlnahtdicken an Stab- und Formstählen

fluss!) sind dabei die mehr als 10 mm vorstehenden Kanten im Verhältnis 1:1 oder flacher zu brechen, s. 6.2.5-3.
Die *rechnerische Nahtlänge l* ist ihre geometrische Länge. Sie ist gleich der Breite *b* des zu schweißenden Bauteiles, wenn durch Hilfsstücke (An- und Auslaufstücke, Bild 6-40a) oder an-dere geeignete Maßnahmen eine fehlerfreie Ausführung am Nahtanfang und am Nahtende er-reicht wird.

Kehlnähte
Die *rechnerische Nahtdicke a* ist gleich der bis zum theoretischen Wurzelpunkt gemessenen Höhe des im Nahtquerschnitt einschreibbaren gleichschenkligen Dreiecks (Bild 6-13a bis e). Bei Querschnittteilen mit Dicken $t \geq 3$ mm sollen folgende Grenzwerte für die Schweißnaht-

dicke a von Kehlnähten eingehalten werden

$$\boxed{2\,\text{mm} \leq a \leq 0{,}7t_{min}}$$ (6.16a)

$$\boxed{a \geq \sqrt{t_{max}} - 0{,}5\,\text{mm}} \qquad \frac{a}{\text{mm}} \bigg| \frac{t}{\text{mm}}$$ (6.16b)

a Kehlnahtdicke
t_{min}, t_{max} kleinste bzw. größte anzuschließende Bauteildicke

Bei Handschweißung ist in der Praxis die ausführbare Mindestdicke der Kehlnähte 3 mm. Eine Nahtdicke $a \geq 0{,}7t_{min}$ ist bei Doppelkehlnähten festigkeitsmäßig nicht ausnutzbar und bei einseitigen Kehlnähten wegen des unsymmetrischen Anschlusses nicht empfehlenswert. Der Mindestwert nach Gl. (6.16b) vermeidet ein Missverhältnis von Nahtquerschnitt und verbundenen Querschnittsteilen. Bei sorgfältigen Herstellungsbedingungen (z. B. Vorwärmen dicker Querschnittsteile) darf auf die Bedingung nach Gl. (6.16b) verzichtet werden, jedoch sollte für Blechdicken $t \geq 30$ mm die Kehlnahtdicke mit $a \geq 5$ mm gewählt werden.

Für Flankenkehlnähte bei Stab- und Formstählen gilt dabei als kleinste Bauteildicke das theoretische Maß t der Flansch- bzw. Schenkelenden nach Bild 6-40g (sofern $t < s$). An den gerundeten Flansch- oder Schenkelenden wird aus geometrischen Gründen die Nahtdicke nicht größer als halbe Flansch- oder Schenkeldicke ausgeführt, nach Bild 6-40g z. B. $a_3 \approx 0{,}5t_3$. Da bei Kehlnähten der Nahtquerschnitt (Schweißgutaufwand) proportional mit a^2, die Tragfähigkeit aber nur linear mit a wächst, sollten stets dünne Nähte angestrebt werden. Gebräuchliche Nahtdicken mit in ( ) größtzulässiger Bauteildicke: 2 (6) 2,5 (9) 3 (12) 3,5 (16) 4 (20) 4,5 (25) 5 (30) 6 (42) 7 (56) mm usw.

Bei Schweißverfahren, bei denen ein über den theoretischen Wurzelpunkt hinausgehender Einbrand gewährleistet ist, z. B. teil- oder vollmechanischen UP- oder Schutzgasverfahren, darf die rechnerische Nahtdicke um das in einer Verfahrensprüfung zu bestimmende Maß e vergrößert werden (e kleinster wirksamer Einbrand, Bild 6-13f).

Die *rechnerische Nahtlänge* l ist gleich der Länge der Wurzellinie, jedoch zählen Krater und Nahtanfänge bzw. Nahtenden, die die verlangte Nahtdicke nicht erreichen, nicht zur Nahtlänge. Kehlnähte dürfen beim Festigkeitsnachweis nur berücksichtigt werden, wenn ihre Länge $l \geq 6a$, mindestens jedoch 30 mm ist. In unmittelbaren Laschen- und Stabanschlüssen (Bilder 6-40c bis f) darf als rechnerische Schweißnahtlänge l der einzelnen Flankenkehlnähte maximal $150a$ angesetzt werden.

Wenn die rechnerische Schweißnahtlänge Σl nach den Bildern 6-40c bis f bestimmt wird, dürfen die Momente aus den Außermittigkeiten des Schweißnahtschwerpunktes zur Stabachse unberücksichtigt bleiben. Das gilt auch dann, wenn andere als Winkelprofile angeschlossen werden.

Die Begrenzung der rechnerischen Nahtlänge entfällt bei gleichmäßiger Krafteinleitung über die Anschlusslänge, so z. B. bei Querkraftübertragung vom Trägersteg zur Gurtplatte nach Bild 6-42a.

Sonstige Nähte

Bei den durch- oder gegengeschweißten Nähten, Bild 6-14a und b, ist die rechnerische Nahtdicke gleich der Dicke des anzuschließenden Teiles ($a = t_1$). Bei den nicht durchgeschweißten Nähten, Bild 6-12 und 6-14c und d, ist die rechnerische Nahtdicke gleich dem Abstand vom theoretischen Wurzelpunkt zur Nahtoberfläche. Die für einen Öffnungswinkel von 60° geltenden a-Maße sind jeweils eingetragen. Werden diese HY- und DHY-Nähte mit einem Öffnungswinkel von $< 45°$ ausgeführt, ist das rechnerische a-Maß um 2 mm zu verkleinern.

Für die Dreiblechnaht (Steilflankennaht) nach Bild 6-14e gilt für die Nahtdicke bei Kraftübertragung

      von t_2 nach t_3: $a = t_2$ (für $t_2 < t_3$)

      von t_1 nach t_2 und t_3: $a = b$

Als rechnerische Nahtlänge l gilt die Gesamtlänge der Naht.

4.2 Festigkeitsnachweis

Die komplizierten Beanspruchungsverhältnisse in Schweißnähten können nur mit einem in der Praxis oft nicht vertretbaren Aufwand rechnerisch erfasst werden. Man rechnet daher nur mit mittleren Spannungen und berücksichtigt die ungleichmäßige Spannungsverteilung durch eine Begrenzung der Nahtlängen und durch niedrige zulässige Spannungen. Eigenspannungen und Spannungsspitzen dürfen bei *schweißgerechter* Ausführung unberücksichtigt bleiben. Nicht zu berechnende Nähte s. unter 6.2.5-3.

Die zu ermittelnden Schweißnahtspannungen lassen sich nach Bild 6-41 unterscheiden in:

— Normalspannungen $\sigma_\perp$ quer zur Nahtrichtung.
  Sie sind maßgebend für die Berechnung der Stumpf- und Kehlnähte.
— Normalspannungen $\sigma_\parallel$ in Nahtrichtung.
  Sie haben geringe Bedeutung und werden bei Stahlbauten mit vorwiegend ruhender Belastung nicht berücksichtigt.
— Schubspannungen $\tau_\perp$ quer zur Nahtrichtung.
  Sie treten in Stirnkehlnähten auf (vgl. Bild 6-40d).
— Schubspannungen $\tau_\parallel$ in Nahtrichtung.
  Sie treten bei Hals- und Flankenkehlnähten und bei Querkraftanschlüssen auf (vgl. Bilder 6-40c und 6-39a).

Für Kehl- und Stumpfnähte können die einzelnen Spannungskomponenten $\sigma_\perp$, $\tau_\parallel$ und $\tau_\perp$ (Bild 6-41) nach den Gln. (6.18) bis (6.20) je für sich berechnet werden. Aus ihnen ist ein Vergleichswert zu bilden

$$\sigma_{wv} = \sqrt{\sigma_\perp^2 + \tau_\parallel^2 + \tau_\perp^2} \leq \sigma_{w\,zul} \qquad (6.17)$$

$\sigma_\perp$, $\tau_\parallel$, $\tau_\perp$ Schweißnahtspannungen nach Gln. (6.18) bis (6.20)
$\sigma_{w\,zul}$ zulässige Schweißnahtspannung (Grenzschweißnahtspannung) nach TB 6-6

Für Schweißnähte ist grundsätzlich nachzuweisen, dass der Vergleichswert der vorhandenen Spannungen σ_{wv} die zulässige Schweißnahtspannung $\sigma_{w\,zul}$ (Grenzschweißnahtspannung) nicht überschreitet. Die hier als zulässige Spannung $\sigma_{w\,zul}$ bezeichnete Grenzschweißnahtspannung wird mit R_e nach TB 6-5 und dem Beiwert α_w ermittelt, s. TB 6-6.

Hinweis:

1. Alle auf Druck beanspruchte und mit nachgewiesener Nahtgüte auf Zug beanspruchte *durchgeschweißte* Stumpfnähte entsprechen der Bauteilfestigkeit und brauchen rechnerisch nicht nachgewiesen werden.
2. Die Schweißnahtspannung $\sigma_\parallel$ in Richtung der Schweißnaht braucht beim Festigkeitsnachweis nicht berücksichtigt werden.

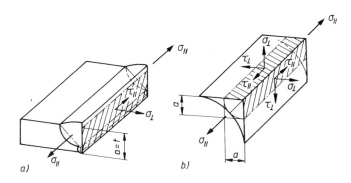

Bild 6-41
Kennzeichnung der Schweißnahtspannungen.
a) bei Stumpfnähten,
b) bei Kehlnähten

Beanspruchung auf Zug, Druck oder Schub

Für jede Beanspruchungsart allein gilt für die *vorhandene Nahtspannung:*

$$\left.\begin{array}{c}\sigma_\perp\\\tau_\perp\\\tau_\parallel\end{array}\right\} = \frac{F}{A_\mathrm{w}} = \frac{F}{\Sigma\,(a\cdot l)} \leq \sigma_\mathrm{w\,zul} = \tau_\mathrm{w\,zul} \tag{6.18}$$

F	Zug-, Druck- oder Schubkraft für die Naht
$A_\mathrm{w} = \Sigma\,(a\cdot l)$	rechnerische Schweißnahtflächen, gleich Summe aller Einzel-Nahtflächen einer Verbindung unter Beachtung der unten genannten Bedingungen; a Nahtdicke und l Nahtlänge, s. unter 6.3.1-4.1
$\sigma_\mathrm{w\,zul},\ \tau_\mathrm{w\,zul}$	zulässige Schweißnahtspannung (Grenzschweißnahtspannung) nach TB 6-6

Hinweis: Der Ausdruck $\Sigma\,(a\cdot l)$ umfasst bei der Übertragung von

– *Scherkräften* in Stab- und Laschenanschlüssen alle in der Anschlussebene liegenden Flanken- und Stirnkehlnähte entsprechend den Bildern 6-40c bis f.
– *Querkräften* in Stegblechquerstößen und Träageranschlüssen nur diejenigen Nähte, die auf Grund ihrer Lage imstande sind, Querkräfte zu übertragen, z. B. bei I-, U-, T- und ähnlichen Profilen nur die Stegnähte, s. Bild 6-42.
– *Kräften senkrecht zur Nahtrichtung* alle Nähte der Schweißverbindung, allerdings unter der Bedingung, dass ggf. durch konstruktive Maßnahmen (Rippen) ein örtliches Nachgeben der Anschlussebene verhindert wird. So ist z. B. beim Anschluss einer Zuglasche an den Flansch eines I-Trägers eine Verteilung der Nahtspannung $\sigma_\perp$ gemäß Bild 6-40b zu erwarten. Der rippenlose Anschluss weist dabei eine sehr ungünstige Spannungsverteilung auf, weil in den äußeren Bereichen die nicht ausgesteiften Trägerflansche nachgeben können und sich der Kraftaufnahme entziehen.

Grundsätzlich wird gefordert, dass die einzelnen Querschnittsteile, z. B. Flansche, Stege, je für sich nach den *anteiligen Kräften angeschlossen werden.* Beim Anschluss eines T-Profils (Bild 6-25f) wird z. B. der Flansch mit der anteiligen Stabkraft F_w1 über 2 Doppelkehlnähte und der Steg mit der anteiligen Stabkraft F_w2 über eine Stumpfnaht angeschlossen. Dabei betragen die anteiligen Stabkräfte $F_\mathrm{w1} = F\cdot (A_1/A)$ und $F_\mathrm{w2} = F\cdot (A_2/A)$ bzw. mit der Stabspannung $\sigma = F/A$: $F_\mathrm{w1} = \sigma\cdot A_1$ und $F_\mathrm{w2} = \sigma\cdot A_2$.

Auf Biegung und Querkraft beanspruchter Kehlnahtanschluss

Bei biegesteifen Trägeranschlüssen ist darauf zu achten, dass der Schwerpunkt der Schweißnaht-Anschlussfläche A_w möglichst in der Schwerachse des zu verbindenden Bauteils liegt. Größerer Achsversatz (Δy in Bild 6-42b und c) im Stoßbereich ist beim Festigkeitsnachweis zu berücksichtigen.

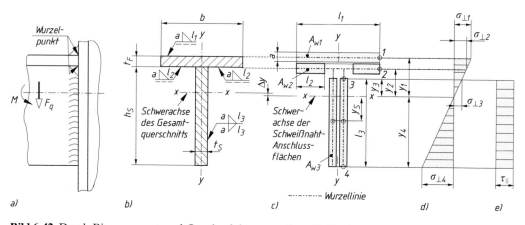

Bild 6-42 Durch Biegemoment und Querkraft beanspruchter Kehlnahtanschluss.
a) Kehlnahtanschluss mit M und F_q, b) Trägerquerschnitt mit Nahtangaben, c) auf Wurzellinie konzentrierte Schweißnahtflächen A_w der Kehlnähte, d) Verlauf der Schweißnaht-Biegespannung $\sigma_\perp$, e) mittlere Schweißnaht-Schubspannung $\tau_\parallel$

Zur Berechnung der Schweißnaht-Flächenmomente 2. Grades I_w sind bei Kehlnähten die Schweißnahtflächen-Schwerachsen an den theoretischen Wurzelpunkten anzusetzen, Bild 6-42 c. Für einen Kehlnahtanschluss verlaufen bei Beanspruchung durch ein Biegemoment die Biegespannungen entsprechend Bild 6-42 d

$$\sigma_\perp = \frac{M}{I_w} y \leq \sigma_{w\,zul} \tag{6.19}$$

M Biegemoment für Schweißnahtanschluss

I_w Flächenmoment 2. Grades des Nahtquerschnitts, z. B. für Nahtquerschnitt nach Bild 6-42 c: $I_{wx} \approx 2 \cdot a \cdot l_3^3/12 + A_{w1} \cdot y_1^2 + 2 \cdot A_{w2} \cdot y_2^2 + 2 \cdot A_{w3} \cdot y_S^2$, wobei $A_{w1} = a \cdot l_1$ usw.

y Abstand der betrachteten Querschnittsstelle von der Schwerachse x der Schweißnaht-Anschlussflächen; z. B. für Randspannung $\sigma_{\perp 1}$: $y = y_1$ oder für die Stegnahtspannung $\sigma_{\perp 3}$: $y = y_3$; für den Sonderfall des Randabstandes y_4 erhält man das Widerstandsmoment $W_w = I_w/y_4$

$\sigma_{w\,zul}$ zulässige Schweißnahtspannung (Grenzschweißnahtspannung) nach TB 6-6

Bei Kehlnahtanschlüssen entsprechend Bild 6-42 erfolgt die Querkraftübertragung nur über die Stegnähte. Ähnlich wie bei Biegeträgern darf vereinfachend mit den mittleren Schubspannungen gerechnet werden

$$\tau_\parallel = \frac{F_q}{A_{wS}} \leq \tau_{w\,zul} = \sigma_{w\,zul} \tag{6.20}$$

F_q Querkraft in der Stegblechebene

A_{wS} Schweißnahtfläche des Steganschlusses, z. B. nach Bild 6-42 c: $A_{wS} = 2 \cdot A_{w3} = 2 \cdot a \cdot l_3$

$\sigma_{w\,zul}, \tau_{w\,zul}$ zulässige Schweißnahtspannung (Grenzschweißnahtspannung) nach TB 6-6

Da im Stegbereich solcher Anschlüsse Biege- und Schubspannungen gemeinsam auftreten (vgl. Bild 6-42 d und e), ist nach Gl. (6.17) der Vergleichswert σ_{wv} zu bilden und nachzuweisen, dass für jede Querschnittsstelle $\sigma_{wv} < \sigma_{w\,zul}$. Für den Anschluss nach Bild 6-42 wäre z. B. der Nachweis mit den Randspannungen $\sigma_{\perp 4}$ und $\tau_\parallel$ zu führen: $\sigma_{wv} = \sqrt{\sigma_{\perp 4}^2 + \tau_\parallel^2}$.

Für biegesteife Anschlüsse und Stöße von I-Trägern gelten Sonderregelungen. So darf der Anschluss oder Querstoß von Walzträgern mit I-Querschnitt und I-Trägern mit ähnlichen Abmessungen ohne weiteren Nachweis nach Bild 6-43 ausgeführt werden. Die Regelung darf auch angewandt werden, wenn der rechnerische Nachweis möglicherweise nicht ganz erfüllt ist. Die Unterscheidung mit z. B. $a_F \geq 0,5 t_F$ für S235, aber $a_F = 0,7 t_F$ für S355, rührt daher, dass für S355 die größere Nahtdicke festigkeitsmäßig erforderlich ist, aber aus schweißtechnischen Gründen nicht überschritten werden darf, vgl. Gl. (6.16a).

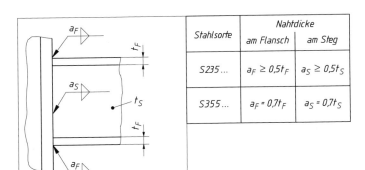

Stahlsorte	Nahtdicke	
	am Flansch	am Steg
S235...	$a_F \geq 0,5 t_F$	$a_S \geq 0,5 t_S$
S355...	$a_F = 0,7 t_F$	$a_S = 0,7 t_S$

Bild 6-43
Trägeranschluss oder -querstoß mit Doppelkehlnahtdicken, bei denen ein rechnerischer Nachweis entfällt

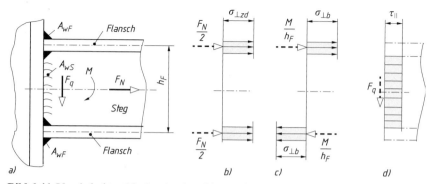

Bild 6-44 Vereinfachter Nachweis eines biegesteifen Trägeranschlusses.
a) Anschlussgrößen, b) Schweißnaht-Zug-/Druckspannung infolge $F_N/2$, c) Schweißnaht-Zug-/Druck-
spannung infolge M/h_F, d) Schweißnaht-Schubspannung infolge Querkraft F_q

Bei Anschlüssen mit doppeltsymmetrischen I-Profilen, die durch Längskraft, Biegemoment und
Querkraft beansprucht werden, dürfen die Normalspannungen aus Längskraft und Biegemo-
ment vereinfacht nur den Flanschnähten zugewiesen werden. Nach Bild 6-44 beträgt dann die
Flanschkraft $F_F = F_N/2 + M/h_F$. Mit der Schweißnahtfläche am Flansch A_{wF} erhält man die
Flansch-Schweißnahtspannungen

$$\sigma_\perp = \sigma_{\perp zd} + \sigma_{\perp b} = (F_N/2 + M/h_F)/A_{wF} \leq \sigma_{w\,zul} \qquad (6.21)$$

F_N	Träger-Längskraft
M	Biegemoment im Anschlussquerschnitt
h_F	Schwerpunktabstand der Flansche
A_{wF}	Schweißnahtfläche am Flansch
$\sigma_{w\,zul}$	zulässige Schweißnahtspannung (Grenzschweißnahtspannung) nach TB 6-6

Da die Querkraft von den Stegnähten übertragen wird, kann die Stegbeanspruchung mit
Gl. (6.20) nachgewiesen werden.

Längsnähte von Biegeträgern mit Querkraft
Vollwandträger werden aus Blechen, Flachstählen und Profilen zusammengesetzt (Bild 6-25 g
und h) und Walzträger oft durch Gurtplatten verstärkt. Da in der Querschnittsfläche wirkende
Schubspannungen stets auch in gleicher Größe in Trägerlängsrichtung auftreten, müssen die
Verbindungsmittel (Schweißnähte, Schrauben, Niete) die in Trägerlängsrichtung wirkenden
Schubspannungen aufnehmen (Bild 6-39 a).
Lose aufeinandergeschichtete Teile würden sich unter der Last gegeneinander verschieben
(Modellvorstellung: loser Bretterstapel), erst durch schubfeste Verbindung der einzelnen Teile
(Verleimen oder Verdübeln der Bretter = steifer Balken) wird eine gemeinsame Tragwirkung
erreicht. In Trägerlängsschnitten übernimmt jede Faser die auf sie entfallenden Zug- oder
Druckspannungen nur dann, wenn sie von benachbarten Fasern durch Schubspannungen ge-
dehnt oder gestaucht wird.
Für den Festigkeitsnachweis der so genannten Halsnähte gilt die Schubspannungsgleichung
(6.13) in der etwas veränderten Form („Dübelformel"): $\tau_\| = F_q \cdot H/(I_x \cdot \Sigma a) \leq \tau_{w\,zul}(\sigma_{w\,zul})$. Zu-
lässige Schweißnahtspannungen s. TB 6-6. Da $\sigma_\|$ nicht berücksichtigt werden muss, entfällt auch
der Nachweis des Vergleichswertes nach Gl. (6.17).

5. Berechnung der Punktschweißverbindungen

Am Schweißpunkt und in dessen Umgebung treten wegen der schroffen Kraftlinienumlenkung
große Spannungsspitzen auf (Bild 6-45). Durch den unverschweißten Spalt ist die Kerbwirkung

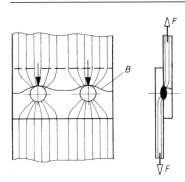

Bild 6-45
Kraftlinienverlauf am Schweißpunkt bei Scherzugbeanspruchung. Die Pfeile zeigen auf den möglichen Bruchausgang (B Dauerbruchverlauf)

sehr hoch. Während dadurch die statische Tragfähigkeit kaum beeinträchtigt wird, liegt die Dauerfestigkeit sehr niedrig und kann bei Wechselbeanspruchung bis auf ca. 10 % der statischen Bauteilfestigkeit abfallen. Bei Scherzugbeanspruchung sind der Scherquerschnitt des Punktes, der Blechquerschnitt rund um den Punkt (Herausreißen des Punktes bzw. Ausknöpfen) und der Blechquerschnitt unmittelbar neben den Punkten gefährdet.
Komplizierte Querschnitte, verformungsfähige Bauteile und dynamische Belastung erschweren die Berechnung der Punktschweißverbindungen und erfordern oft zusätzliche Belastungsversuche. Für vorwiegend ruhend belastete Verbindungen im Stahlhochbau wird die Berechnung im Prinzip wie

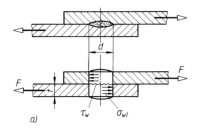
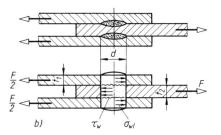

Bild 6-46 Berechnung der Punktschweißverbindungen. a) einschnittige, b) zweischnittige Verbindung

bei Nietverbindungen durchgeführt. Zur Vereinfachung stellt man sich den Schweißpunkt als einen auf Abscheren und Lochleibungsdruck beanspruchten Bolzen mit dem rechnerischen Durchmesser d vor (Bild 6-46). Der Schweißpunktdurchmesser richtet sich nach der kleinsten Blechdicke t der zu verbindenden Teile und darf höchstens mit $5\sqrt{t}$ in die Rechnung eingesetzt werden.
Damit gilt für die *Scherspannung*

$$\tau_{\mathrm{w}} = \frac{F}{n \cdot m \cdot A} \leq \tau_{\mathrm{w\,zul}} \tag{6.22}$$

F von der Punktnaht aufzunehmende Scherkraft
A rechnerischer Querschnitt eines Schweißpunktes; man setzt: $A = d^2 \cdot \pi/4$; mit rechnerischem Schweißpunktdurchmesser $d \leq 5\sqrt{t}$ in mm, wobei t die Dicke des dünnsten Teiles in mm bedeutet; Richtwerte für d s. unter 6.2.5-6
n Anzahl der Schweißpunkte
m Schnittigkeit der Verbindung (Bild 6-46)
$\tau_{\mathrm{w\,zul}}$ zulässige Schweißpunkt-Scherspannung (Grenzschubspannung) $R_{\mathrm{e}}/(\sqrt{3} \cdot S_{\mathrm{M}})$ nach DIN 18801, mit R_{e} des Bauteilwerkstoffes nach TB 6-5 und Teilsicherheitsbeiwert $S_{\mathrm{M}} = 1,1$

Ein Maß für die Gefährdung des Blechquerschnittes rund um den Schweißpunkt ist auf Grund der Vorstellung des Schweißpunktes als Niet oder Bolzen der Lochleibungsdruck. Bei Überschreitung des zulässigen Lochleibungsdruckes kann der Schweißpunkt aus dem Blech herausgerissen werden. Für den *Lochleibungsdruck* gilt

$$\sigma_{wl} = \frac{F}{n \cdot d \cdot t_{min}} \leq \sigma_{wl\,zul} \qquad (6.23)$$

F, d, n	wie zu Gl. (6.22)
t_{min}	kleinere Dicke der Bauteile (bei zweischnittiger Verbindung, Bild 6-46b, sind die Dicken beider Außenteile zu einer zusammenzufassen)
$\sigma_{wl\,zul}$	zulässige Lochleibungsspannung (Grenzlochleibungsspannung) nach DIN 18801 für

  – einschnittige Verbindung: $1,8 \cdot R_e / S_M$
  – zweischnittige Verbindung: $2,5 \cdot R_e / S_M$
  mit R_e des Bauteilwerkstoffs nach TB 6-5 und Teilsicherheitsbeiwert $S_M = 1,1$

Zur Konstruktion und Bemessung, insbesondere bei dynamischer Belastung, können außerdem die Merkblätter DVS 2902 und DVS 2906, sowie die DASt-Richtlinie 016 herangezogen werden. Für widerstandspressgeschweißte Bauteile in Luft- und Raumfahrtgeräten ist DIN 29 878 anzuwenden.

6.3.2 Schweißverbindungen im Kranbau

Nach dem „alten" Sicherheitskonzept werden noch Hauptlasten (H), Zusatzlasten (Z) und Sonderlasten (S) unterschieden. Aus gleichzeitig wirkenden Lasten werden dann Lastfälle gebildet, wobei die spannungserhöhende Wirkung schwingender Massen durch Beiwerte (z. B. Eigenlast- und Hubbeiwert) berücksichtigt wird. Für den ungünstigsten Lastfall lassen sich dann die Kräfte und Momente ermitteln. Wie im Stahlbau können daraus für Bauteile und Schweißnähte die Normal-, Schub- und Vergleichsspannungen berechnet werden, so z. B. mit Gl. (6.12) oder Gl. (6.18). Der allgemeine Spannungsnachweis auf Sicherheit gegen Erreichen der Streckgrenze ist getrennt für die Lastfälle H und HZ mit den zulässigen Spannungen nach TB 3-3 und TB 6-11 zu führen. Diese sind für die vorgesehenen Stahlsorten S235 und S355 und die H-, HZ- und HS-Lastfälle unterschiedlich groß. Maßgebend ist der Lastfall, der zum größten Querschnitt führt.
Für Schweißnähte ist nach DIN 15018 ein vom Stahlbau abweichender Vergleichswert zu bilden. Dabei sind die Spannungen jeweils mit dem Quotienten aus Bauteil- und Schweißnahtspannung zu multiplizieren.
Bei zusammengesetzten ebenen Spannungszuständen beträgt unter Beachtung der Vorzeichen der Schweißnaht-Vergleichswert

$$\sigma_{wv} = \sqrt{\bar{\sigma}_\perp^2 + \bar{\sigma}_\parallel^2 - \bar{\sigma}_\perp \cdot \bar{\sigma}_\parallel + 2(\tau_\perp^2 + \tau_\parallel^2)} \leq \sigma_{z\,zul} \qquad (6.24\,a)$$

Wirken nur eine Normal- und eine Schubspannung, so gilt für den Vergleichswert

$$\sigma_{wv} = \sqrt{\bar{\sigma}_\perp^2 + 2\tau_\parallel^2} \leq \sigma_{z\,zul} \qquad (6.24\,b)$$

$$\bar{\sigma}_\perp = \frac{\sigma_{z\,zul}}{\sigma_{\perp z\,zul}} \cdot \sigma_{\perp (z)} \quad \text{oder} \quad \bar{\sigma}_\perp = \frac{\sigma_{z\,zul}}{\sigma_{\perp d\,zul}} \cdot \sigma_{\perp (d)}$$

$$\bar{\sigma}_\parallel = \frac{\sigma_{z\,zul}}{\sigma_{\perp z\,zul}} \cdot \sigma_{\parallel (z)} \quad \text{oder} \quad \bar{\sigma}_\parallel = \frac{\sigma_{z\,zul}}{\sigma_{\perp d\,zul}} \cdot \sigma_{\parallel (d)}$$

darin sind:

$\sigma_{z\,zul}$	zulässige Zugspannung im Bauteil nach TB 3-3
$\sigma_{\perp z\,zul}, \sigma_{\perp d\,zul}$	zulässige Zug- bzw. Druckspannungen in den Schweißnähten nach TB 6-11
$\sigma_\perp, \sigma_\parallel$	vorhandene rechnerische Zug- oder Druckspannungen in den Schweißnähten
$\tau_\perp, \tau_\parallel$	vorhandene rechnerische Schubspannungen in den Schweißnähten

Wenn sich aus den einander zugeordneten Spannungen $\sigma_\perp$, $\sigma_\parallel$ und τ der für Gl. (6.24a) ungünstigste Fall nicht erkennen lässt, müssen die Nachweise getrennt für die Fälle $\sigma_{\perp\,max}$, $\sigma_{\parallel\,max}$, τ_{max} mit den zugeordneten, hierfür ungünstigsten Spannungen geführt werden.

Bei über $2 \cdot 10^4$ zu erwartende Spannungsspiele ist für Bauteile und Schweißnähte in den Lastfällen H ein Betriebsfestigkeitsnachweis auf Sicherheit gegen Dauerbruch zu führen.
Siehe auch unter 7.7.3 und TB 7-5. Einzelheiten s. DIN 15018-1 und DIN CEN/TS 13001-3-1.

6.3.3 Berechnung der Schweißverbindungen im Maschinenbau

Die Berechnung dynamisch beanspruchter Schweißverbindungen erfolgt im Prinzip wie im Stahlbau, und zwar meist als *Nachprüfung gefährdeter Nähte* sowie der durch die Anwesenheit einer auch unbelasteten Schweißnaht in der Dauerfestigkeit beeinträchtigten *Bauteilquerschnitte*. Dabei muss nachgewiesen werden, dass die größte in der Naht oder dem Bauteil auftretende Normal-, Schub- oder Vergleichsspannung gleich oder kleiner ist als die zulässige Spannung nach 6.3.3-5. Nicht genauer erfassbare dynamische Lasten (Stöße) werden durch den Anwendungsfaktor K_A erfasst (s. TB 3-5c).
Bei kurzen endlichen Nähten ($L \leq 15a$) ist die ausgeführte *Nahtlänge L* sicherheitshalber um die *Endkrater* zu vermindern. Das sind die nicht vollwertigen Stellen geringerer Güte am Anfang und Ende der Naht, deren Längen gleich der Nahtdicke a gesetzt werden (Bild 6-47a).
Die *rechnerische, nutzbare Nahtlänge* wird damit:

$$\boxed{l = L - 2a} \tag{6.25}$$

Der Endkraterabzug entfällt bei umlaufenden, geschlossenen Nähten (Bild 6-47b und d) oder, wenn eine endkraterfreie Ausführung gewährleistet ist, z. B. durch Auslaufbleche (s. Bild 6-40a).
Kehlnähte sollen mit einer Mindestdicke von 3 mm ausgeführt werden (bei $t < 3$ mm: $a \geq 1{,}5$ mm). Sonst gelten allgemein die gleichen Gesichtspunkte wie im Stahlbau (s. unter 6.3.1-4.1).

1. Ermittlung der angreifenden Belastung

Bei *allgemein-dynamischer Belastung* kann diese – bei Annahme eines sinusförmigen Verlaufs – zerlegt werden in eine ruhende Mittellast (Index m) und einen diese überlagernden Lastausschlag (Index a, Bild 3-6). Die in der Naht oder im Bauteil auftretende Spannung schwankt dabei zwischen der Unterspannung σ_u und der Oberspannung σ_o. Das *Verhältnis* κ der unter Beachtung der Vorzeichen (Wechselbereich $(-)$, Schwellbereich $(+)$) kleinsten zur größten Grenzspannung ist dabei maßgebend für die Art der Beanspruchung und somit auch für die Höhe der zulässigen Spannungen (Oberspannungen) nach 6.3.3-5.
Unter Berücksichtigung des Anwendungsfaktors K_A (s. TB 3-5c) für den Lastausschlag erhält man bei einfacher Beanspruchung durch Längskraft, Biegung, Schub oder Torsion die Grenzwerte für die rechnerische Belastung. So gilt z. B. für ein ruhend auftretendes Biegemoment M_{bm} mit überlagertem Momentausschlag M_{ba}:

$$M_{b\,eq\,max} = M_{bm} + K_A \cdot M_{ba} \quad \text{(äquivalente Oberlast)}$$
$$M_{b\,eq\,min} = M_{bm} - K_A \cdot M_{ba} \quad \text{(äquivalente Unterlast)}$$

Sinngemäß erhält man für die anderen Belastungsarten entsprechende Werte. Das Grenzspannungsverhältnis kann bei alleiniger Belastung, z. B. durch Biegung, dann als Quotient der Belastungswerte gebildet werden

$$\kappa = \frac{\sigma_{min}}{\sigma_{max}} = \frac{M_{b\,min}}{M_{b\,max}}$$

Der Bemessung ist die Lastkombination zugrunde zu legen, die den größten Querschnitt ergibt.

2. Beanspruchung auf Zug, Druck, Schub oder Biegung

Die in Schweißnähten und Bauteilen vorhandenen Spannungen werden *unter Berücksichtigung des Anwendungsfaktors* wie im Stahlbau ermittelt, und zwar bei Zug-, Druck- und Schubbeanspruchung nach Gl. (6.18) bei Biegebeanspruchung nach Gl. (6.19). Für Bauteile sind dabei die entsprechenden Bauteil-Querschnittswerte zu setzen. Die Nahtlänge l ist ggf. nach Gl. (6.25) zu bestimmen. Für die zulässigen Spannungen gilt TB 6-13.

3. Beanspruchung auf Verdrehen (Torsion)

Für verdrehbeanspruchte Schweißnähte und Bauteile gilt für die vorhandene *Verdrehspannung:*

$$\tau_{\parallel t} = \frac{T_{eq}}{W_{wt}} \leq \tau_{w\,zul} \quad \text{bzw.} \quad \tau_t = \frac{T_{eq}}{W_t} \leq \tau_{zul} \tag{6.26}$$

T_{eq} zu übertragendes Torsionsmoment unter Berücksichtigung des Anwendungsfaktors K_A (s. TB 3-5c)

W_{wt}, W_t Torsionswiderstandsmoment der Naht oder des Bauteiles nach TB 11-3 bzw. TB 1-14:
  - für Kreisquerschnitt $W_t \cong W_p = \dfrac{\pi}{16}\, d^3$ (Bild 6-47e, Bauteil)
  - für Kreisringquerschnitt $W_{wt} \cong W_p = \pi[(d+a)^4 - (d-a)^4]/[16(d+a)]$
    $\approx 2 \cdot A_m \cdot a$ (Bild 6-47c)
  - für beliebigen dünnwandigen Hohlquerschnitt nach Bredtscher Formel:
    $W_{wt} \approx 2 \cdot A_m \cdot a$ (Bild 6-47c)

$\tau_{w\,zul}, \tau_{zul}$ zulässige Schubspannung (Oberspannung) für die Schweißnaht bzw. das Bauteil nach TB 6-13

Wenn U-Träger nicht im Schubmittelpunkt belastet werden, entsteht ein zusätzliches Drehmoment und damit zusätzliche Verdrehspannungen, s. TB 1-10 und Bild 6-24, Zeile 24.

4. Zusammengesetzte Beanspruchung

Wird ein Querschnitt *gleichzeitig auf Biegung und Längskraft* beansprucht, so können die auftretenden Normalspannungen unmittelbar addiert werden (Bild 6-47c und e). Nach Gl. (6.12) erreicht die resultierende Spannung in der Randfaser ihren Größt- bzw. Kleinstwert. Für die Schweißnähte und die Bauteile gelten dabei die zulässigen Spannungen nach TB 6-13.

In den Naht- und Bauteilquerschnitten von Trägern, Hebeln, Wellen und dgl. treten *Normal- und Schubspannungen* stets gemeinsam auf (ebener Spannungszustand, vgl. Bild 6-47b und d). Da ihre Richtungen senkrecht aufeinander stehen, dürfen die Spannungen nicht arithmetisch addiert, sondern es muss eine *Vergleichsspannung* gebildet werden. Da σ_b am Rande den Größtwert erreicht, dort aber τ_s Null ist, muss die Vergleichsspannung in verschiedenen Höhen nach Gl. (6.27) bzw. (6.28) ermittelt werden, wie es z. B. bei der Berechnung der Halsnähte von Biegeträgern, also am Übergang vom Flansch zum Steg, geboten ist.

Häufig wird auch näherungsweise mit einer mittleren Schubspannung $\tau_m = F_q/A$ gerechnet oder bei stark überwiegendem Biegeanteil, z. B. bei langen Trägern, ihre Wirkung vernachlässigt.

Bei gleichzeitiger Wirkung von Biegenormalspannungen $\sigma_{\perp b}$ und Torsionsschubspannungen $\tau_{\parallel t}$ treten die Größtwerte gemeinsam in der Randfaser auf (vgl. Bild 6-47c und e). Häufig tritt noch eine Schubspannung $\tau_{\parallel s}$ aus der Querkraft hinzu, welche in der Schwerlinie zu der resultierenden Schubspannung $\tau_{\parallel res} = \tau_{\parallel s} + \tau_{\parallel t}$ führt.

Bei *allgemein-zusammengesetzter Beanspruchung*, wie z. B. beim Wellenzapfen nach Bild 6-47d, muss für die auf die gleiche Querschnittstelle (z. B. Randfaser) bezogenen Spannungen σ und τ nachgewiesen werden

– für die *Schweißnähte* mit der Normalspannungshypothese die *Vergleichsspannung*

$$\sigma_{wv} = 0{,}5(\sigma_\perp + \sqrt{\sigma_\perp^2 + 4 \cdot \tau_\parallel^2}) \leq \sigma_{w\,zul} \tag{6.27}$$

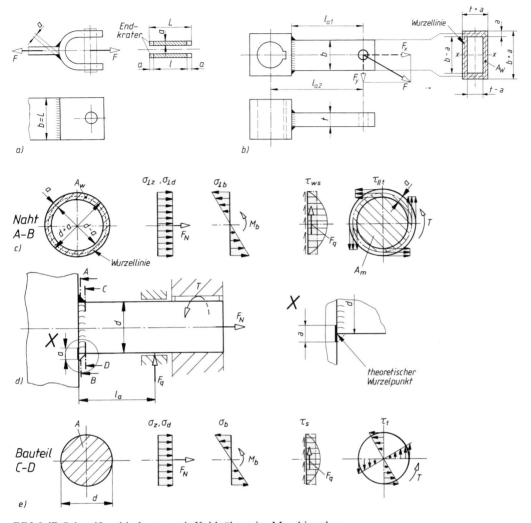

Bild 6-47 Schweißverbindungen mit Kehlnähten im Maschinenbau.

a) Geschweißte Gabel mit zugbeanspruchten, endlichen Nähten,

b) geschweißter Hebel mit biege-, zug- und schubbeanspruchter umlaufender Naht; Querschnittswerte für Kehlnahtanschluss (Hohlrechteck): Nahtlänge = Länge der Wurzellinie: $l = 2(b + t)$, Nahtfläche: $A_w = 2a(b + t)$, $W_{wx} = [(t + a)(b + a)^3 - (t - a)(b - a)^3]/[6(b + a)]$, $W_{wt} = 2A_m a = 2abt$,

d) geschweißter Wellenzapfen mit allgemein zusammengesetzter Beanspruchung,

c) und e) Spannungsverlauf bei d) in der Kehlnaht und im Anschlussquerschnitt des Bauteiles: Zug oder Druck, Biegung, Schub und Torsion mit $W_{wb} = \pi[(d + a)^4 - (d - a)^4]/[32(d + a)]$ und $W_{wt} = 2 \cdot W_{wb}$

— für *Bauteile* mit der Gestaltänderungsenergiehypothese die *Vergleichsspannung*

(6.28)

$$\boxed{\sigma_v = \sqrt{\sigma^2 + 3 \cdot \tau^2} \leq \sigma_{zul}}$$

$\sigma_\perp, \sigma$	Normalspannung oder Summe der Normalspannungen in der Schweißnaht bzw. im Anschlussquerschnitt des Bauteiles
$\tau_\parallel, \tau$	Schubspannung oder Summe der Schubspannungen in der Schweißnaht bzw. im Anschlussquerschnitt des Bauteiles
$\sigma_{w\,zul}, \sigma_{zul}$	zulässige Spannung (Oberspannung) für die Schweißnaht bzw. das Bauteil nach TB 6-13

Am einfachsten lässt sich der Festigkeitsnachweis führen, indem man auf die Berechnung einer Vergleichsspannung verzichtet und stattdessen *mit der Überlagerung der Teilbelastungen* rechnet (Festigkeitsellipse). Dabei muss für *zugeordnete Spannungen* in den *Nähten und Bauteilen* stets folgende Bedingung erfüllt sein (s. Berechnungsbeispiel 6.3):

$$\left(\frac{\sigma_\perp}{\sigma_{w\,zul}}\right)^2 + \left(\frac{\tau_\parallel}{\tau_{w\,zul}}\right)^2 \le 1 \quad \text{bzw.} \quad \left(\frac{\sigma}{\sigma_{zul}}\right)^2 + \left(\frac{\tau}{\tau_{zul}}\right)^2 \le 1 \tag{6.29}$$

$\sigma_\perp$, $\tau_\parallel$, $\sigma_{w\,zul}$, $\tau_{w\,zul}$ wie zu Gl. (6.27) und entsprechend ohne Index w wie zu Gl. (6.28)

Für die maßgebenden Bauteil- und Schweißnahtquerschnitte ist stets nachzuweisen, dass die größten auftretenden Oberspannungen σ_{max} und $\sigma_{w\,max}$, τ_{max} und $\tau_{w\,max}$, σ_v und $\sigma_{w\,v}$ je für sich kleiner sind als die nach TB 6-13 für den vorliegenden Kerbfall geltenden zulässigen Normal- und Schubspannungen, ermittelt mit dem ungünstigsten Grenzspannungsverhältnis.

5. Zulässige Spannungen im Maschinenbau

Da es für dynamisch beanspruchte Schweißteile im Maschinenbau keine Berechnungsvorschrift gibt, sollen die *zulässigen Spannungen* nach der Druckschrift „Schweißen metallischer Werkstoffe an Schienenfahrzeugen und maschinentechnischen Anlagen" (DS 952) der Deutschen Bahn AG bestimmt werden.

Für die Stähle S235 und S355, sowie für schweißgeeignete Aluminiumlegierungen sind die zulässigen Spannungen mit einer *1,5fachen Sicherheit* gegen die Dauerschwingfestigkeit in Abhängigkeit vom Grenzspannungsverhältnis κ in TB 6-13 jeweils grafisch dargestellt. Die κ-Werte kennzeichnen die Beanspruchungsbereiche: reine Wechselfestigkeit ($\kappa = -1$), Wechselbereich ($-1 < \kappa < 0$), reine Schwellfestigkeit ($\kappa = 0$), Schwellbereich ($0 < \kappa < +1$) und statische Festigkeit ($\kappa = +1$), s. auch 3.3.2.

Den *Linien A bis H* der zulässigen Spannungen sind dabei jeweils Gruppen von Schweißverbindungen gleicher Kerbschärfe zugeordnet. Beispiele für die Ausführung häufig vorkommender Schweißverbindungen und ihre Zuordnung zu den Spannungslinien gibt TB 6-12. Die *Linien A bis F* gelten, geordnet nach zunehmender Kerbschärfe, für Normal- und Vergleichsspannungen (Zug, Druck, Biegung, zusammengesetzte Beanspruchung), die *Linien G und H* für Schubspannungen.

Die zulässigen Spannungen gelten für *ungeschweißte* (ungekerbte) *Bauteile* (Linie A), für die *Schweißnähte* und für das durch die Anwesenheit einer Schweißnaht in seiner Dauerschwingfestigkeit *geschädigte Bauteil* (z. B. Linie C).

Bei Wanddicken über 10 mm ist sowohl bei Stahl als auch bei Aluminiumlegierungen die zulässige Spannung mit dem *Dickenbeiwert b* nach TB 6-14 abzumindern.

Bei der Bestimmung der zulässigen Spannungen kann entsprechend dem Berechnungsbeispiel 6.3 vorgegangen werden.

In DS 952 werden noch unterschiedliche zulässige Schweißnahtspannungen für die Stahlsorten S235 und S355 angegeben, vgl. TB 6-13. Es gilt als gesichert, dass bei wechselnder Beanspruchung und starker Kerbwirkung (z. B. Linie F) die zulässigen Schweißnahtspannungen von der statischen Festigkeit der Werkstoffe unabhängig sind. In neuen Regelwerken für die Bemessung von schwingend beanspruchten Schweißkonstruktionen, z. B. nach IIW[1] (Schwingfestigkeitsklassen FAT) und Eurocode 3, werden deshalb für alle schweißgeeigneten Stahlsorten die gleichen Schwingfestigkeitswerte eingesetzt.

6.3.4 Berechnung geschweißter Druckbehälter nach AD 2000-Regelwerk

Tragende Bauteile im Bauwesen und im Maschinenbau sind meist stabartige eindimensionale „Linienträger", deren Abmessungen in zwei Richtungen klein sind (Stabquerschnitt) gegenüber der 3. Richtung, der Stablänge (z. B. Träger und Stäbe im Stahlbau). Dem gegenüber bestehen

---

[1] Internationales Institut für Schweißtechnik

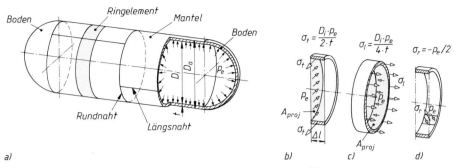

Bild 6-48 Beanspruchung des Behältermantels durch inneren Überdruck p_e.
a) Druckbehälter als geschlossener Hohlzylinder, am Ringelement: b) Tangentialspannung σ_t,
c) Längsspannung σ_l, d) Radialspannung σ_r

Mäntel und Böden dünnwandiger Behälter aus zweidimensionalen „Flächentragwerken", bei denen die Abmessungen in einer Richtung, nämlich senkrecht zur Fläche, klein sind gegenüber der Ausdehnung der Fläche. Durch ihre Krümmung können diese Schalen die durch den Betriebsdruck hervorgerufene gleichmäßige Flächenbelastung wie Membranen (vgl. Seifenblase, Luftballon) durch in der Schalenfläche liegende Normalspannungen σ_t und σ_l abtragen (Bild 6-48). Am Übergang vom Mantel zum Boden sind zusätzliche Biegemomente zu berücksichtigen (vgl. unter 6.3.4-2). Die nachstehenden Berechnungsregeln gelten für überwiegend ruhende Beanspruchung unter *innerem* Überdruck.

1. Zylindrische Mäntel und Kugeln

Durch Betrachtung des Gleichgewichts der inneren und äußeren Kräfte an einem Ringelement lassen sich für jede Stelle des dünnwandigen Behältermantels die im Bild 6-48 einzeln dargestellten Spannungen σ_t, σ_l und σ_r nachweisen.

Da die Druckkraft auf eine gewölbte Fläche gleich dem Produkt aus dem Druck p_e und der Projektionsfläche A_{proj} ist, ergibt sich mit dem jeweils tragenden Mantelquerschnitt aus den Gleichgewichtsbedingungen

$$2 \cdot \sigma_t \cdot \Delta l \cdot t = p_e \cdot D_i \cdot \Delta l \quad \text{(Bild 6-48b) und}$$

$$\sigma_l \cdot \pi \cdot D_i \cdot t \approx p_e \cdot \frac{D_i^2 \cdot \pi}{4} \quad \text{(Bild 6-48c)}$$

die Tangential-(Zug-)Spannung

$$\sigma_t = \frac{D_i \cdot p_e}{2 \cdot t} \quad \text{(Kesselformel) und}$$

die Längs-(Zug-)Spannung

$$\sigma_l \approx \frac{D_i \cdot p_e}{4 \cdot t}$$

Bei gleicher Nahtdicke ist also die Tangentialspannung σ_t in der Längsnaht doppelt so groß wie die Längsspannung σ_l in der Rundnaht (Bild 6-48). Zylindrische Behältermäntel reißen unter dem Berstdruck deshalb in Längsrichtung auf!

Beanspruchungsmäßig am günstigsten ist der in jeder Richtung nur durch σ_l beanspruchte Kugelbehälter.

Der innere Überdruck p_e erzeugt auf der Mantelinnenfläche außerdem eine radial gerichtete Druckspannung p_e, welche bis zur Mantelaußenfläche auf Null abnimmt. Gerechnet wird mit der mittleren Radialspannung $\sigma_r = -p_e/2$ (Bild 6-48d).

Durch den zweiachsigen Zugspannungszustand in der Behälterwand (überlagert durch Schweißeigenspannungen) kann das Verformungsvermögen des Werkstoffes erheblich herabgesetzt werden (Sprödbruchneigung), was im Grenzfall zu verformungslosen Trennbrüchen führen kann. Nach der Schubspannungshypothese wird mit der Differenz der größten und der kleinsten Hauptspannung die Vergleichsspannung

$$\sigma_v = \sigma_{max} - \sigma_{min} = \sigma_t - \sigma_r = \frac{D_i \cdot p_e}{2 \cdot t} + \frac{p_e}{2} \leq \sigma_{zul}$$

Wird hierin $\sigma_{zul} = K/S$ und $D_i = D_a - 2t$ gesetzt, dann ergibt sich unter Berücksichtigung der Wertigkeit der Schweißnaht und mit Zuschlägen − nach entsprechender Umformung − die im AD 2000-Merkblatt B1 für *zylindrische Druckbehälter-Mäntel* (mit $D_a/D_i \leq 1,2$) genannte Formel für die *erforderliche Wanddicke*

$$t = \frac{D_a \cdot p_e}{2 \dfrac{K}{S} v + p_e} + c_1 + c_2 \qquad\qquad (6.30\,\text{a})$$

Für die günstiger beanspruchte *Kugel* gilt entsprechend für die *erforderliche Wanddicke*

$$t = \frac{D_a \cdot p_e}{4 \dfrac{K}{S} v + p_e} + c_1 + c_2 \qquad\qquad (6.30\,\text{b})$$

D_a äußerer Mantel- bzw. Kugeldurchmesser

p_e höchstzulässiger Betriebs(über)druck (Berechnungsdruck) (1 N/mm^2 = 10 bar = 1 MPa)

K Festigkeitskennwert nach TB 6-15; maßgebend ist der niedrigste der beiden Werte: 0,2 %-Dehngrenze $R_{p0,2/\vartheta}$ (bzw. Streckgrenze) und Zeitstandfestigkeit $R_{m/10^5/\vartheta}$ für 100 000 h (oder falls zutreffend 1 %-Zeitdehngrenze $R_{p1,0/10^5/\vartheta}$), jeweils bei der Berechnungstemperatur nach TB 6-15.
Bei Werkstoffen ohne gewährleistete Streck- oder Dehngrenze ist die Mindestzugfestigkeit R_m bei der Berechnungstemperatur einzusetzen.

S Sicherheitsbeiwert nach TB 6-17

v Faktor zur Berücksichtigung der Ausnutzung der zulässigen Berechnungsspannung in den Schweiß-(Löt-)Nähten (Wertigkeit) nach AD 2000-Merkblätter B0 und HP0: üblich $v = 1,0$, bei verringertem Prüfaufwand $v = 0,85$; für nahtlose Bauteile $v = 1,0$ und für gelötete Verbindungen $v = 0,8$

c_1 Zuschlag zur Berücksichtigung von Wanddickenunterschreitungen. Bei Halbzeugen aus ferritischen Stählen Minustoleranz nach den Maßnormen (für Flacherzeugnisse nach TB 1-7), sonst $c_1 = 0$

c_2 Abnutzungszuschlag; bei ferritischen Stählen $c_2 = 1$ mm bzw. $c_2 = 0$ bei $t_e \geq 30$ mm, NE-Metallen und austenitischen Stählen; bei starker Korrosion $c_2 > 1$ mm, bei korrosionsgeschützten Stählen (Verbleiung, Gummierung) ist $c_2 = 0$

2. Gewölbte Böden

Die beste Werkstoffausnutzung erhält man bei *Halbkugelböden*, die die Druckbelastung gleichmäßig und biegungsfrei durch Membrankräfte abtragen, die schlechteste bei biegebeanspruchten ebenen Böden (vgl. Bild 6-27). Unter gleichen Voraussetzungen ist die Wanddicke eines zylindrischen Mantels doppelt so groß wie die des zugehörigen Kugelbodens.

In Form und Beanspruchung zwischen diesen Grenzfällen liegen die aus einer *Kugelkalotte* (Kugel R) und einer *Krempe* (Radius r) mit *zylindrischem Bord* (Höhe h_1) zusammengesetzten *Klöpper*- und *Korbbogenböden* (Bild 6-49a, s. DIN 28011 und DIN 28013). Wegen ihrer geringeren Bauhöhe und besseren Zugänglichkeit werden sie allgemein dem Halbkugelboden vorgezogen.

Bei diesen Böden wechselt wegen der ungleichmäßigen Krümmung die Spannung, z. B. in der Außenfaser, von Zug im Kalottenteil auf Biegedruck in der Krempe, wodurch es bei kleiner Wanddicke in diesem Bereich zur Faltenbildung kommen kann (Spannungsverlauf σ_t im Boden, Bild 6-27). Der Größtwert der Spannung liegt in der Krempe und wird umso größer, je kleiner r/D_a und je größer R/D_a wird. Daher ist der Korbbogenboden günstiger beansprucht als der

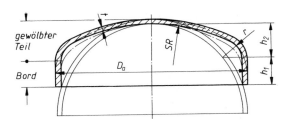

$—$ Klöpperboden: $R = D_a$, $r = 0,1 D_a$, $h_1 \geqslant 3,5 t$, $h_2 = 0,1935 D_a - 0,455 t$

$—\cdot—$ Korbbogenboden: $R = 0,8 D_a$, $r = 0,154 D_a$, $h_1 \geqslant 3 t$, $h_2 = 0,255 D_a - 0,635 t$

$—$ Halbkugelboden: $R = r = 0,5 D_i$, $h_1 = 0$

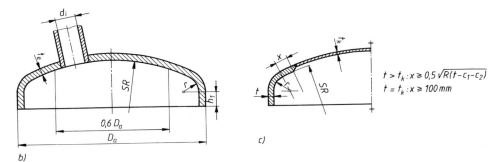

$t > t_k : x \geqslant 0,5 \sqrt{R(t - c_1 - c_2)}$

$t = t_k : x \geqslant 100\, mm$

Bild 6-49 Gewölbte Böden.
a) Übliche Bodenformen mit Abmessungen, b) Boden mit Ausschnitt (Stutzen), c) geschweißter Boden mit Mindestabständen x zwischen Naht und Krempe

Klöpperboden. Für beide sind Mindestwerte für r/D_a und die Bordhöhe h_1 vorgeschrieben (Bild 6-49a).
Der Kalottenteil des Bodens kann als Teil einer Kugel mit dem Außendurchmesser $D_a = 2(R + t)$ nach Gl. (6.30b) berechnet werden. Wird ein gewölbter Boden aus einem Krempen- und einem Kalottenteil zusammengeschweißt, so muss die Verbindungsnaht einen ausreichenden Abstand x von der Krempe haben (Bild 6-49c).
Für Vollböden und für Böden mit ausreichend verstärkten Ausschnitten im Scheitelbereich $0,6 D_a$[1] (Bild 6-49b) gilt für die *erforderliche Wanddicke der Krempe*

$$(6.31)$$

$$t = \frac{D_a \cdot p_e \cdot \beta}{4 \dfrac{K}{S} v} + c_1 + c_2$$

β Berechnungsbeiwert
Für Halbkugelböden gilt im Bereich $x = 0,5 \sqrt{R(t - c_1 - c_2)}$ neben der Anschlussnaht:
$\beta = 1,1$
Für Klöpper- und Korbbogenböden gilt mit $y = (t_e - c_1 - c_2)/D_a$ in den Grenzen $0,001 \leq y \leq 0,1$ bei der

— Klöpperform: $\beta = 1,9 + \dfrac{0,0325}{y^{0,7}} + y$

— Korbbogenform: $\beta = 1,55 + \dfrac{0,0255}{y^{0,625}}$

[1] Unverstärkte Ausschnitte und Ausschnitte außerhalb $0,6 D_a$ werden durch einen höheren Berechnungsbeiwert berücksichtigt, s. AD 2000-Merkblatt B3.

v Faktor zur Berücksichtigung der Ausnutzung der zulässigen Berechnungsspannung in der Schweißnaht. Bei einteiligen und geschweißten Böden in üblicher Ausführung kann $v = 1,0$ gesetzt werden.

t_e ausgeführte Wanddicke des gewölbten Bodens

D_a, p_e, K, S, c_1 und c_2 wie zu Gl. (6.30)

Die Wanddicke kann nur iterativ (wiederholend) ermittelt werden, weil der Berechnungsbeiwert β bereis von t_e abhängig ist!

Ausschnitte im Scheitelbereich $0{,}6D_a$ von Klöpper- und Korbbogenböden und im gesamten Bereich von Halbkugelböden sind nach 6.3.4-4 auf ausreichende Verstärkung zu überprüfen.

3. Ebene Platten und Böden

Ebene Platten und Böden, die einseitig durch gleichmäßigen Druck belastet werden, erfahren eine *Biegebeanspruchung*, die im Wesentlichen von der Art der Verbindung mit dem Behältermantel abhängt (Bilder 6-27 und 6-50). Sie sind durch die ungünstige Spannungsverteilung werkstoffmäßig schlecht ausgenutzt und sollen nur verwendet werden, wenn *ebene Trenn- oder Abschlussflächen* gefordert werden, z. B. bei Rohrböden und Deckeln.

Für runde ebene Platten und Böden nach Bild 6-50 beträgt die *erforderliche Wanddicke*

$$t = C \cdot D \sqrt{\frac{p_e \cdot S}{K}} + c_1 + c_2 \qquad (6.32)$$

C Berechnungsbeiwert (Einspannfaktor) nach TB 6-18. Allgemein:
$C = 0{,}3 \ldots 0{,}5$, je nach Art der Auflage bzw. Einspannung am Außenrand

D Berechnungsdurchmesser nach Bild 6-50

p_e, S, K, c_1, c_2 wie zu Gl. (6.30)

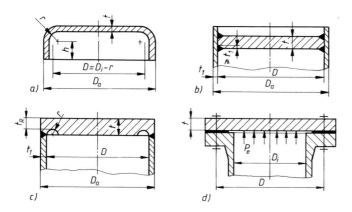

Bild 6-50
Runde ebene Platten und Böden (Beispiele).
a) Gekrempter ebener Boden,
b) beidseitig eingeschweißte Platte,
c) ebene Platte mit Entlastungsnut,
d) ebene Platte an einer Flanschverbindung mit durchgehender Dichtung

4. Ausschnitte in der Behälterwand

Funktionsbedingt müssen die Behälterwände vielfach durchbrochen werden für vorgeschriebene Öffnungen (Mannlöcher, Besichtigungsöffnungen), für Zu- und Abfuhr des Beschickungsmittels und für Meßeinrichtungen. Diese Verschwächung der Wand durch meist runde Ausschnitte kann oft nur durch entsprechende Verstärkungen ausgeglichen werden und ist festigkeitsmäßig nachzuprüfen.

Geht man davon aus, dass nach Bild 6-51 a und b der durch den Innendruck *einwirkenden Kraft* $p_e \cdot A_p$ (A_p = weit schraffierte projizierte Fläche) durch die in der Wand erzeugte *innere Kraft* $\sigma \cdot A_\sigma$ (A_σ = eng schraffierte Querschnittsfläche) das *Gleichgewicht* gehalten wird, so gilt die Bedingung

$$p_e \cdot A_p = \sigma \cdot A_\sigma$$

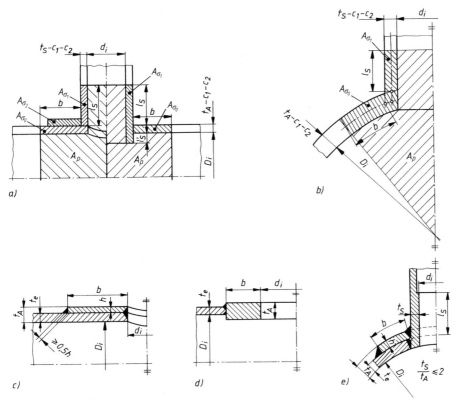

Bild 6-51 Ausschnitte in Behältern.
a) und b) Berechnungsschema für zylindrische und kugelige Grundkörper, c) aufgesetzte Verstärkung,
d) eingesetzte Verstärkung bzw. Blockflansch, e) rohr- und scheibenförmige Verstärkung

Als *mittragende Längen* dürfen dabei für den Grundkörper die Länge b und für den Stutzen die Länge l_S angenommen werden, s. zu Gl. (6.33) und Bild 6-51. Bei einem nach innen überstehenden Stutzenteil kann nur der Anteil $l'_S \le 0{,}5 \cdot l_S$ als tragend gerechnet werden (Bild 6-51a, rechte Bildhälfte).

Falls die ausgeführte Wanddicke t_e des Mantels geringer ist als die erforderliche Wanddicke am Ausschnitt t_A, so kann entweder die gesamte Wanddicke des Grundkörpers auf t_A vergrößert, eine Scheibe auf- oder eingesetzt (Bild 6-51c und d) oder ein Rohr angeschweißt werden. Scheiben- und rohrförmige Verstärkungen dürfen auch gemeinsam zur Ausschnittverstärkung herangezogen werden (Bild 6-51e). Bei scheibenförmigen Verstärkungen soll eine Mindestbreite $b \ge 3 \cdot t_A$ eingehalten werden, die Dicke t_A darf mit höchstens $2 \cdot t_e$ in die Rechnung eingesetzt werden. Führt man wie bei der Wanddickenberechnung als Vergleichsspannung die Schubspannungshypothese $\sigma_v = \sigma_{max} - \sigma_{min}$ ein, so erhält man mit

$$\sigma_{max} = p_e \cdot \frac{A_p}{A_\sigma} \quad \text{und} \quad \sigma_{min} = -\frac{p_e}{2}$$

die allgemeine Festigkeitsbedingung

$$\sigma_v = p_e \left(\frac{A_p}{A_\sigma} + \frac{1}{2} \right) \le \frac{K}{S} \tag{6.33a}$$

Ist der Festigkeitswert für die Verstärkung K_1 bzw. K_2 kleiner als der entsprechende Wert für die zu verstärkende Wand K_0, so ist die Bemessung z. B. entsprechend Bild 6-51a nach folgender Festigkeitsbedingung durchzuführen

$$\left(\frac{K_0}{S} - \frac{p_e}{2}\right) A_{\sigma_0} + \left(\frac{K_1}{S} - \frac{p_e}{2}\right) A_{\sigma_1} + \left(\frac{K_2}{S} - \frac{p_e}{2}\right) A_{\sigma_2} \geq p_e \cdot A_p \tag{6.33b}$$

A_p druckbelastete projizierte Fläche für zylindrische und kugelige Grundkörper nach Bild 6-51a und b

A_σ tragende Querschnittsfläche als Summe der mit den tragenden Längen

$$b = \sqrt{(D_i + t_A - c_1 - c_2) \cdot (t_A - c_1 - c_2)} \quad \text{und}$$
$$l_S = 1{,}25 \sqrt{(d_i + t_S - c_1 - c_2) \cdot (t_S - c_1 - c_2)}$$

berechneten Einzelflächen: $A_\sigma = A_{\sigma_1} + A_{\sigma_2} + A_{\sigma_3} + \dots$ nach Bild 6-51a und b

p_e, K, S wie zu Gl. (6.30)

Die Dicke t_A der durch Ausschnitte geschwächten Behälterwand kann mit Gl. (6.33) nicht unmittelbar, sondern nur durch evtl. mehrfaches Nachrechnen mit angenommenen Querschnittswerten, also iterativ (wiederholend) bestimmt werden. Die hiernach ermittelte Wanddicke darf aber nie kleiner gewählt werden, als für die Behälter ohne Ausschnitte erforderlich ist.

6.4 Berechnungsbeispiele

■ **Beispiel 6.1:** Für einen geschweißten I-Träger (Bild 6-52) aus S235 JR ist der Nachweis ausreichender Bauteildicke bei reiner Biegebeanspruchung durch M_x zu führen.

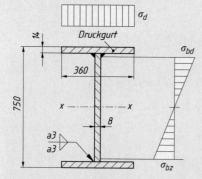

Bild 6-52
Geschweißter I-Biegeträger. Querschnitt, Maße und Spannungsverlauf

▶ **Lösung:** Um bis zum Erreichen der elastischen Grenztragfähigkeit sicherzustellen, dass alle Querschnittsteile ausreichend beulsicher sind, ist nach 6.3.1-3.1 nachzuweisen, dass die Grenzwerte $(b/t)_{grenz}$ eingehalten sind.

Druckgurt: $b = 0{,}5 (360\,\text{mm} - 8\,\text{mm} - 2 \cdot \sqrt{2} \cdot 3\,\text{mm}) = 171{,}8\,\text{mm}$
          $t = 14\,\text{mm}$
          $(t/b)_{vorh} = 171{,}8\,\text{mm}/14\,\text{mm} = \quad\quad 12{,}3$
          $(t/b)_{grenz} = 13$, nach TB 6-7 (einseitig gelagerter Plattenstreifen, gleichmäßige Druckspannung, Baustahl S235)

Nachweis: $(t/b)_{vorh} = 12{,}3 < (t/b)_{grenz} = 13$ d. h. Druckgurt beulsicher

Stegblech: $b = 750\,\text{mm} - 2 \cdot 14\,\text{mm} - 2 \cdot \sqrt{2} \cdot 3\,\text{mm} = 713{,}5\,\text{mm}$
          $t = 8\,\text{mm}$
          $(t/b)_{vorh} = 713{,}5\,\text{mm}/8\,\text{mm} = \quad\quad 89$
          $(t/b)_{grenz} = 133$ nach TB 6-7 (zweiseitig gelagerter Plattenstreifen, σ_d und σ_z betragsmäßig gleich groß, Baustahl S235)

Nachweis: $(t/b)_{vorh} = 89 < (t/b)_{grenz} = 133$ d. h. Stegblech beulsicher

■ **Beispiel 6.2:** Ein 12 mm dicker Breitflachstahl aus S235 JR ist für eine − aus ständigen und veränderlichen Einwirkungen mit Teilsicherheitsbeiwerten ermittelte − Zug-Kraft $F = 440$ kN stumpf zu stoßen, Bild 6-53. Durch Auslaufbleche (vgl. Bild 6-40a) wird erreicht, dass die Naht auf der ganzen Länge vollwertig ist.

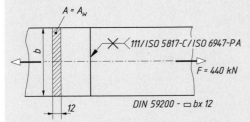

Bild 6-53
Stumpfstoß eines zugbeanspruchten Breitflachstahls

Nachzuweisen ist die erforderliche Flachstahlbreite nach der Stahlbauvorschrift DIN 18800-1 bei

a) nicht vorgeschriebener Nahtgüte und
b) vorgeschriebener Nahtgüte.

▶ **Lösung a):** Die zulässige Schweißnahtspannung ist nach TB 6-6 für durchgeschweißte (DV-Naht) auf Zug beanspruchte Nähte ohne Nachweis fehlerfreier Ausführung und Stahlsorte S235 JR: $\sigma_{w\,zul} = 207\,\text{N/mm}^2$.
Für eine vollwertig ausgeführte Stumpfnaht gilt $a = t$, $l = b$, somit $A_w = A$ und damit $b \cdot a \cdot \sigma_{w\,zul} = F$. Die erforderliche Stabbreite erhält man aus

$$b = \frac{F}{a \cdot \sigma_{w\,zul}} = \frac{440\,000\,\text{N} \cdot \text{mm}^2}{12\,\text{mm} \cdot 207\,\text{N}} = 177\,\text{mm}\,.$$

Ausgeführt nach DIN 59200: $\square$ 180×12.

▶ **Lösung b):** Nahtausführung wie unter a), jedoch mit Nachweis der Freiheit von Fehlern (Durchstrahlung). Nach TB 6-6 muss die Naht nicht nachgewiesen werden. Maßgebend ist die Bauteilfestigkeit. Es genügt ein Spannungsnachweis des Stabes.
Für mittig angeschlossene Zugstäbe gilt Gl. (6.2): $A_{erf} = b \cdot t = F/\sigma_{zul}$. Mit $\sigma_{zul} = 218\,\text{N/mm}^2$ für Bauteilwerkstoff S235 erhält man die Stabbreite

$$b = \frac{F}{t \cdot \sigma_{zul}} = \frac{440\,000\,\text{N} \cdot \text{mm}^2}{12\,\text{mm} \cdot 218\,\text{N}} = 168\,\text{mm}\,.$$

Ausgeführt nach DIN 59200: $\square$ 170×12.

Hinweis: Der Stabquerschnitt ist 5 % kleiner als ohne Durchstrahlungsprüfung. Die eingesparten Werkstoffkosten sind aber nur bei langen Stäben größer als der Prüfaufwand.

■ **Beispiel 6.3:** Eine hohle Hebelwelle soll zwischen $F = +12,5\,\text{kN}$ und $F = -8\,\text{kN}$ wechselnde Stangenkräfte über gleich lange Hebel von der waagerechten in die senkrechte Ebene umlenken (Bild 6-54). Sie führt dabei nur geringe Schwenkbewegungen aus. Bei der hin- und hergehenden Bewegung treten mittelstarke Stöße auf. Die Hohlwelle soll aus warmgefertigtem Hohlprofil EN 10210−S235 JRH−108 × 8 und die rundum geschweißten Hebel aus Blech EN 10029−S235 JR−8A gefertigt werden.

a) Die Hohlwelle ist auf Dauerfestigkeit nachzuprüfen.
b) Die Hebel und Hebelwelle verbindenden Rundnähte sind dauerfest zu bemessen.

▶ **Lösung a):** Zunächst sollen Art und Größe der Beanspruchung ermittelt werden. Durch die wechselnden, in zwei Ebenen wirkenden Stangenkräfte F wird die Welle auf Wechselbiegung und zwischen den Hebelarmen (1) und (2) außerdem auf wechselnde Verdrehung beansprucht (Bild 6-54). Die Lagerkräfte bei A und B lassen sich aus den statischen Gleichgewichtsbedingungen errechnen. Für die größte Kraft $F = 12,5\,\text{kN}$ in der waagerechten Ebene folgt aus $\Sigma M_{(A)} = 0$:

$$F_{Bx} = 12,5\,\text{kN} \cdot \frac{160\,\text{mm}}{720\,\text{mm}} = 2,778\,\text{kN}$$

und aus der Bedingung

$$\Sigma F_x = 0:\quad F_{Ax} = 12,5\,\text{kN} - 2,778\,\text{kN} = 9,722\,\text{kN}\,.$$

6

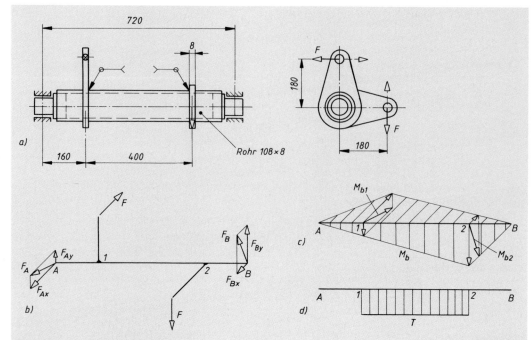

Bild 6-54 Geschweißte Hebelwelle.
a) Maßskizze, b) Kräfte, c) M_b-Verlauf, d) T-Verlauf

Die Auflagerkräfte in der senkrechten Ebene können aus Symmetriegründen unmittelbar angegeben werden:

$F_{Ay} = 2{,}778\,\text{kN}$ und $F_{By} = 9{,}722\,\text{kN}$.

Damit gilt für die resultierende Auflagerkraft bei A:

$$F_A = \sqrt{F_{Ax}^2 + F_{Ay}^2} = \sqrt{(9{,}722\,\text{kN})^2 + (2{,}778\,\text{kN})^2} = 10{,}11\,\text{kN} .$$

Die resultierende Auflagerkraft bei B ist betragsmäßig gleich groß, also $F_B = 10{,}11\,\text{kN}$. Nun können die resultierenden Biegemomente in den Krafteinleitungspunkten (1) und (2) bestimmt werden:

$M_{b1} = M_{b2} = 10{,}11\,\text{kN} \cdot 160\,\text{mm} = 1{,}618 \cdot 10^6\,\text{Nmm} .$

Mit den Hebelarmen $l = 180\,\text{mm}$ ergibt sich das größte Torsionsmoment zwischen den Krafteinleitungspunkten (1) und (2):

$T = 12{,}5\,\text{kN} \cdot 180\,\text{mm} = 2{,}25 \cdot 10^6\,\text{Nmm} .$

Nun können die an den Krafteinleitungspunkten (1) und (2) auftretenden größten Spannungen ermittelt werden. Die bei der Hin- und Herbewegung auftretenden mittelstarken Stöße werden durch den Anwendungsfaktor berücksichtigt. Nach TB 3-5c wird gewählt: $K_A = 1{,}5$.
Für die vorhandene größte Biegespannung gilt

$$\sigma_b = \frac{K_A \cdot M_b}{W_b} .$$

Mit dem axialen Widerstandsmoment gegen Biegung für den Kreisringquerschnitt

$$W_b \approx \frac{d_a^4 - d_i^4}{10 d_a}$$

ergibt sich mit $d_a = 108\,\text{mm}$ und $d_i = 92\,\text{mm}$:

$$W_b \approx \frac{108^4\,\text{mm}^4 - 92^4\,\text{mm}^4}{10 \cdot 108\,\text{mm}} = 59\,640\,\text{mm}^3$$

und damit die vorhandene größte Biegespannung bei (1) und (2)

$$\sigma_b = \frac{1{,}5 \cdot 1{,}618 \cdot 10^6\,\text{Nmm}}{59\,640\,\text{mm}^3} = 41\,\text{N/mm}^2\,.$$

Mit dem polaren Widerstandsmoment gegen Verdrehung

$$W_p = 2 \cdot W_b = 2 \cdot 59\,640\,\text{mm}^3 = 119\,280\,\text{mm}^3$$

ergibt sich nach Gl. (6.26) die vorhandene größte Verdrehspannung:

$$\tau_t = \frac{K_A \cdot T}{W_p}\,, \qquad \tau_t = \frac{1{,}5 \cdot 2{,}25 \cdot 10^6\,\text{Nmm}}{119\,280\,\text{mm}^3} = 28\,\text{N/mm}^2\,.$$

Da die Biege- und Verdrehspannungen gleichzeitig wirken, liegt eine zusammengesetzte Beanspruchung vor, die in Bauteilen durch die Vergleichsspannung nach Gl. (6.28) berücksichtigt wird:

$$\sigma_v = \sqrt{\sigma^2 + 3\tau^2}\,, \qquad \sigma_v = \sqrt{(41\,\text{N/mm}^2)^2 + 3 \cdot (28\,\text{N/mm}^2)^2} = 64\,\text{N/mm}^2 = \sigma_{max}\,.$$

Da die zulässigen Spannungen nach 6.3.3-5 vom Grenzspannungsverhältnis $\kappa = \sigma_{min}/\sigma_{max}$ abhängig sind, müsste mit der Kraft $F = 8\,\text{kN}$ noch die Spannung σ_{min} ermittelt werden. Im vorliegenden einfachen Beanspruchungsfall kann jedoch gesetzt werden:

$$\kappa = \frac{\sigma_{min}}{\sigma_{max}} = \frac{F_{min}}{F_{max}}\,, \qquad \kappa = \frac{-8\,\text{kN}}{+12{,}5\,\text{kN}} = -0{,}64 \text{ (Wechselbereich)}\,.$$

Zur Bestimmung der maßgebenden Spannungslinie ist aus den Beispielen ausgeführter Schweißverbindungen nach TB 6-12 zunächst die entsprechende Ausführung (Kerbfall) zu ermitteln. Wird zunächst angenommen, dass wie üblich die Hebel mit umlaufenden Doppelkehlnähten an die Hohlwelle angeschlossen werden, so wäre die Linie F maßgebend: „Durchlaufendes Bauteil mit einem durch nichtbearbeitete Kehlnähte aufgeschweißten Bauteil" (Nr. 2). Für Bauteile aus S235 und $\kappa = -0{,}64$ ergibt sich nach TB 6-13a für die Spannungslinie F: $\sigma_{zul} = 45\,\text{N/mm}^2$. (Der Dickenbeiwert b nach TB 6-14 braucht nicht berücksichtigt zu werden, da die Bauteildicken nicht über 10 mm liegen.) Damit ist die vorhandene größte Spannung

$$\sigma_{max} = \sigma_v = 64\,\text{N/mm}^2 > \sigma_{zul} = 45\,\text{N/mm}^2$$

und somit das Bauteil (Hohlwelle) im Bereich der Rundnähte (Doppelkehlnaht) nicht dauerfest.
Eine dauerhafte Ausführung kann auf zwei Wegen erreicht werden:
1. Durch gleichen Nahtanschluss und eine stärkere Welle.
2. Durch einen Nahtanschluss mit geringerer Kerbwirkung bei gleichem Wellenquerschnitt.

Ein Werkstoff mit höherer Festigkeit wäre keine gute Lösung, da bei der hier vorliegenden starken Kerbwirkung die zulässige Spannung im Nahtbereich fast unabhängig von der statischen Werkstofffestigkeit ist (vgl. unter 6.3.3-5). So beträgt z. B. für den S355 unter den vorliegenden Bedingungen die zulässige Spannung nur $\sigma_{zul} \approx 57\,\text{N/mm}^2$ (TB 6-13b).
Wird nun 2. eine andere Nahtausführung gewählt, nämlich kerbfrei bearbeitete und auf Risse geprüfte DHV-(K-)Nähte, so gelten die günstigeren zulässigen Spannungen nach Linie C:

$$\sigma_{zul} \approx 90\,\text{N/mm}^2 > \sigma_{max} = 64\,\text{N/mm}^2\,.$$

Die Hohlwelle ist damit dauerfest.
Der Dauerfestigkeitsnachweis kann auch nach Gl. (6.29) geführt werden:

$$\left(\frac{\sigma}{\sigma_{zul}}\right)^2 + \left(\frac{\tau}{\tau_{zul}}\right)^2 \leq 1\,.$$

Mit $\sigma_{zul} \approx 90\,\text{N/mm}^2$ nach Linie C und $\tau_{zul} \approx 75\,\text{N/mm}^2$ nach Linie G lautet die Bedingung

$$\left(\frac{41\,\text{N/mm}^2}{90\,\text{N/mm}^2}\right)^2 + \left(\frac{28\,\text{N/mm}^2}{75\,\text{N/mm}^2}\right)^2 \leq 1\,.$$

Da $0{,}21 + 0{,}14 = 0{,}35 < 1$, ist die Bedingung erfüllt und die Hebelwelle somit dauerfest.

Ergebnis: Die Hohlwelle kann, wie entwurfsmäßig vorgesehen, als Rohr 108×8 ausgeführt werden, wenn die Hebelarme durch kerbfrei bearbeitete und auf Risse geprüfte DHV-Nähte angeschlossen werden.

▶ **Lösung b):** Nach a muss die Rundnaht als DHV-Naht ausgeführt werden. Dadurch sind die Hebel über rechteckige Nahtflächen der Breite $b = 8\,\text{mm}$ und der Länge $l = d \cdot \pi = 108\,\text{mm} \cdot \pi = 339\,\text{mm}$ angeschlossen. Rechnet man das Drehmoment in eine am Hebelarm $d/2$ wirkende Umfangskraft

$$F_\text{u} = \frac{T_\text{eq}}{0{,}5d} = \frac{1{,}5 \cdot 2{,}25 \cdot 10^6\,\text{Nmm}}{0{,}5 \cdot 108\,\text{mm}} = 62{,}5\,\text{kN}$$

um, so kann damit die mittlere Schubspannung in der Naht errechnet werden:

$$\tau_\| = \frac{F_\text{u}}{A_\text{w}}, \qquad \tau_\| = \frac{62\,500\,\text{N}}{8\,\text{mm} \cdot 339\,\text{mm}} = 23\,\text{N/mm}^2.$$

Die zulässige Schubspannung kann nach Linie H mit $\kappa = -0{,}64$ nach TB 6-13a bestimmt werden: $\tau_\text{w zul} \approx 57\,\text{N/mm}^2$. Die Rundnähte sind also weit ausreichend bemessen, da

$$\tau_\| = 23\,\text{N/mm}^2 < \tau_\text{w zul} = 57\,\text{N/mm}^2.$$

Ergebnis: Die als DHV-Nähte ausgeführten Rundnähte sind dauerfest, da

$$\tau_\| = 23\,\text{N/mm}^2 < \tau_\text{w zul} = 57\,\text{N/mm}^2.$$

■ **Beispiel 6.4:** Es soll ein geschweißter Druckbehälter für 3000 l Inhalt bei 12 bar Betriebsüberdruck ausgelegt werden. Die höchste Temperatur des Beschickungsmittels beträgt 50 °C. Die Behälterwand ist unbeheizt. Den Aufbau des Druckbehälters und die Hauptmaße zeigt Bild 6-55. Für alle druckbeanspruchten Teile ist der Werkstoff S235 JR vorgesehen.

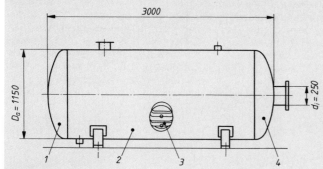

Bild 6-55 Geschweißter Druckbehälter (12 bar, 3000 l).
1 Klöpperboden
2 Mantel
3 Mannloch 300×400 mm
4 Klöpperboden mit Stutzen

Zu berechnen bzw. zu prüfen sind:
a) die Werkstoffwahl,
b) die erforderliche Wanddicke des Behältermantels (2) bei verringertem Prüfaufwand für die Schweißnähte,
c) die erforderliche Wanddicke des gewölbten Vollbodens in Klöpperform (1),
d) die erforderliche Wanddicke des gewölbten Bodens in Klöpperform mit Stutzenausschnitt $d_\text{i} = 250$ mm im Krempenbereich, also außerhalb $0{,}6D_\text{a}$ (dafür gilt $\beta = 1{,}9 + 0{,}933 \cdot z/\sqrt{y}$, mit $z = d_\text{i}/D_\text{a}$),[1]
e) die Verstärkung des Mannloch-Ausschnitts 300×400 mm (3) durch einen eingeschweißten Hochkantring 90×15 mm.
f) die Sicherheit des Mantels und der Böden bei der Wasserdruckprüfung.

▶ **Lösung a):** Nach TB 6-15b sind die unlegierten Baustähle nur bis zu einem Produkt aus innerem Durchmesser des Behälters in mm und Betriebsüberdruck in bar $D_\text{i} \cdot p_\text{e} \leq 20\,000$ zugelassen. Außerdem ist die Güteeigenschaft durch ein Abnahmeprüfzeugnis 3.1 B zu erbringen. Mit $D_\text{i} \approx 1130$ mm (vorläufig angenommen) und $p_\text{e} = 12$ bar wird $D_\text{i} \cdot p_\text{e} = 1130 \cdot 12 = 13\,560 < 20\,000$, der Werkstoff S235 JR ist also zulässig.

Ergebnis: Der vorgesehene Baustahl S235 JR mit Abnahmeprüfzeugnis 3.1 B darf als Behälterwerkstoff verwendet werden.

---

[1] Bei dem im Bild 6-55 dargestellten Ausschnitt in der Kalotte (Scheitelbereich $0{,}6D_\text{a}$) muss die Verstärkung Gl. (6.33) genügen.

▶ **Lösung b):** Für den geschweißten zylindrischen Behältermantel wird die erforderliche Wanddicke nach Gl. (6.30a) bestimmt:

$$t = \frac{D_a \cdot p_e}{2 \dfrac{K}{S} v + p_e} + c_1 + c_2 \,.$$

Da die Behälterwandung unbeheizt ist, gilt als Berechnungstemperatur die höchste Temperatur des Beschickungsmittels, also 50 °C (s. TB 6-16). Für diese Temperatur wird nach TB 6-15b der Festigkeitskennwert für den gewählten Baustahl S235JR bestimmt: $K = 235\,\text{N/mm}^2$ (*Beachte:* Die für 20 °C angegebenen Werte gelten bis 50 °C). Der Sicherheitsbeiwert ist nach TB 6-17 mit $S = 1{,}5$ zu wählen (für Walz- und Schmiedestähle). Wegen des verringerten Prüfaufwandes für die Schweißnähte darf die zulässige Berechnungsspannung in den Nähten nur zu 85 % ausgenutzt werden, somit $v = 0{,}85$. Der Zuschlag zur Berücksichtigung der Wanddickenunterschreitung beträgt nach TB 1-7 für den zu erwartenden Dickenbereich (z. B. warm gewalztes Stahlblech der Klasse A nach EN 10029): $c_1 = 0{,}4\,\text{mm}$. Der Abnutzungszuschlag kann mit $c_2 = 1{,}0\,\text{mm}$ eingesetzt werden. Mit dem äußeren Manteldurchmesser $D_a = 1150\,\text{mm}$ und dem Berechnungsdruck $p_e = 12\,\text{bar} = 1{,}2\,\text{N/mm}^2$ erhält man

$$t = \frac{1150\,\text{mm} \cdot 1{,}2\,\text{N/mm}^2}{2 \cdot \dfrac{235\,\text{N/mm}^2}{1{,}5} \cdot 0{,}85 + 1{,}2\,\text{N/mm}^2} + 0{,}4\,\text{mm} + 1{,}0\,\text{mm} = 5{,}2\,\text{mm} + 1{,}4\,\text{mm} = 6{,}6\,\text{mm}\,.$$

Damit ergibt sich eine ausgeführte Wanddicke $t_e = 7\,\text{mm}$.

Ergebnis: Die Manteldicke (= Stumpfnahtdicke) wird mit $t_e = 7\,\text{mm}$ ausgeführt.

▶ **Lösung c):** Der gewölbte Boden (1) soll einteilig (ungeschweißt) in Klöpperform (Bild 6-49a) ausgeführt werden. Die erforderliche Wanddicke der Krempe ist nach Gl. (6.31) zu berechnen:

$$t = \frac{D_a \cdot p_e \cdot \beta}{4 \dfrac{K}{S} v} + c_1 + c_2 \,.$$

Zur Bestimmung des Berechnungsbeiwertes muss die Wanddicke zunächst angenommen werden. Da der Boden im Krempenteil ungünstiger beansprucht wird als der Mantel (s. unter 6.3.4-2), wird $t_e = 9\,\text{mm}$ vorgewählt. Damit und mit den Zuschlägen $c_1 = 0{,}5\,\text{mm}$ (s. TB 1-7)[1] und c_2 wie unter b wird

$$y = \frac{t_e - c_1 - c_2}{D_a} \,, \qquad y = \frac{9\,\text{mm} - 0{,}5\,\text{mm} - 1{,}0\,\text{mm}}{1150\,\text{mm}} = 0{,}00652 \,.$$

Dieser Wert liegt im zulässigen Bereich $0{,}001 \ldots 0{,}1$. Für Vollböden in Klöpperform gilt für den Berechnungswert

$$\beta = 1{,}9 + \frac{0{,}0325}{y^{0{,}7}} + y \,, \qquad \beta = 1{,}9 + \frac{0{,}0325}{0{,}00652^{0{,}7}} + 0{,}00652 = 3{,}0 \,.$$

Mit dem Faktor $v = 1{,}0$ für einteilige Böden und den weiteren bereits unter b bestimmten Werten ist somit in der Krempe eine Wanddicke erforderlich von

$$t = \frac{1150\,\text{mm} \cdot 1{,}2\,\text{N/mm}^2 \cdot 3{,}0}{4 \cdot \dfrac{235\,\text{N/mm}^2}{1{,}5} \cdot 1{,}0} + 0{,}5\,\text{mm} + 1{,}0\,\text{mm} = 6{,}6\,\text{mm} + 1{,}5\,\text{mm} = 8{,}1\,\text{mm}\,.$$

Der Boden kann einteilig mit der Wanddicke $t_e = 9{,}0\,\text{mm}$ ausgeführt werden. Nach Bild 6-49a erhält er dann folgende Abmessungen: $R = D_a = 1150\,\text{mm}$, $r = 0{,}1 \cdot 1150\,\text{mm} = 115\,\text{mm}$, $h_1 \geq 3{,}5 \cdot 9\,\text{mm} \approx 32\,\text{mm}$, $h_2 = 0{,}1935 \cdot D_a - 0{,}455t = 0{,}1935 \cdot 1150\,\text{mm} - 0{,}455 \cdot 9\,\text{mm} = 218\,\text{mm}$.

Anmerkung: Im Kalottenteil des Bodens wäre nach 6.3.4-2 und Gl. (6.30b) mit $D_a \approx 2300\,\text{mm}$ nur eine Wanddicke

$$t = \frac{2300\,\text{mm} \cdot 1{,}2\,\text{N/mm}^2}{4 \cdot \dfrac{235\,\text{N/mm}^2}{1{,}5} \cdot 1{,}0 + 1{,}2\,\text{N/mm}^2} + 1{,}5\,\text{mm} \approx 5{,}9\,\text{mm}$$

erforderlich.

---

[1] $c_1 = 0{,}3\,\text{mm}$ nach DIN 28011

Bei sehr dünnwandigen Böden müsste nach AD 2000-Merkblatt B3 noch geprüft werden, ob der Boden gegen Faltenbildung in der Krempe ausreichend bemessen ist.

Ergebnis: Der Klöpperboden (1) wird einheitlich mit der Wanddicke $t_e = 9$ mm ausgeführt.

▶ **Lösung d):** Die Wanddickenberechnung des Klöpperbodens mit Stutzen (4) erfolgt grundsätzlich wie unter c). Da der Boden durch den Stutzenausschnitt geschwächt ist und somit höher beansprucht wird als der Boden (1), wird eine Wanddicke von $t_e = 11$ mm vorgewählt.

Nach den Angaben zur Gl. (6.31) und zur Aufgabe wird

$$y = \frac{t_e - c_1 - c_2}{D_a}, \qquad y = \frac{11\,\text{mm} - 0,5\,\text{mm} - 1,0\,\text{mm}}{1150\,\text{mm}} = 0,00826$$

und

$$z = \frac{d_i}{D_a}, \qquad z = \frac{250\,\text{mm}}{1150\,\text{mm}} = 0,2174\,.$$

Bei Klöpperböden mit Ausschnitten im Krempenbereich gilt für den Berechnungswert

$$\beta = 1,9 + \frac{0,933 \cdot z}{\sqrt{y}}, \quad \text{somit} \quad \beta = 1,9 + \frac{0,933 \cdot 0,2174}{\sqrt{0,00826}} = 4,13\,.$$

Mit den übrigen bereits weiter oben festgelegten Werten wird damit nach Gl. (6.31) die erforderliche Wanddicke des Bodens

$$t = \frac{1150\,\text{mm} \cdot 1,2\,\text{N/mm}^2 \cdot 4,13}{4 \cdot \dfrac{235\,\text{N/mm}^2}{1,5} \cdot 1,0} + 0,5\,\text{mm} + 1,0\,\text{mm} = 9,1\,\text{mm} + 1,5\,\text{mm} = 10,6\,\text{mm}\,.$$

Die vorgewählte Wanddicke war zutreffend, so dass ausgeführt werden kann: $t_e = 11$ mm.

Ergebnis: Der Klöpperboden mit unverstärktem Ausschnitt (4) wird mit der Wanddicke $t_e = 11$ mm ausgeführt.

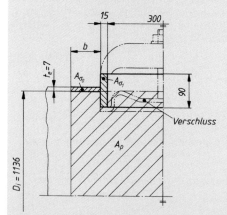

Bild 6-56
Berechnungsschema für die Ausschnittverstärkung des Mannloches durch einen Hochkantring A_{σ_1}

▶ **Lösung e):** Die Verschwächung des Behältermantels durch das ovale Mannloch 300×400 mm soll durch einen eingeschweißten Hochkantring ⊐ 90×15 mm ausgeglichen werden. Die Verschwächung wird mit der allgemeinen Festigkeitsbedingung Gl. (6.33a) berücksichtigt

$$\sigma_v = p_e \left(\frac{A_p}{A_\sigma} + \frac{1}{2} \right) \leq \frac{K}{S}\,.$$

Die Verhältnisse am Ausschnitt gehen aus Bild 6-56 hervor. Zur Berechnung der tragenden Querschnittsfläche A_σ darf als mittragende Länge des Mantels gesetzt werden:

$$b = \sqrt{(D_i + t_A - c_1 - c_2) \cdot (t_A - c_1 - c_2)}\,,$$

mit dem Innendurchmesser $D_i = 1150\,\text{mm} - 2 \cdot 7\,\text{mm} = 1136\,\text{mm}$, der Wanddicke $t_A = 7\,\text{mm}$, sowie c_1 und c_2 wie unter b wird

$$b = \sqrt{(1136\,\text{mm} + 7\,\text{mm} - 0,4\,\text{mm} - 1,0\,\text{mm}) \cdot (7\,\text{mm} - 0,4\,\text{mm} - 1,0\,\text{mm})} = 80\,\text{mm}.$$

Mit den tragenden Einzelflächen

$$A_{\sigma_0} = (t_A - c_1 - c_2) \cdot b = (7\,\text{mm} - 1,4\,\text{mm}) \cdot 80\,\text{mm} = 448\,\text{mm}^2$$

und

$$A_{\sigma_1} = 90\,\text{mm} \cdot (15\,\text{mm} - 0,6 - 1,0) = 1206\,\text{mm}^2$$

($c_1 = 0,6\,\text{mm}$ für $t_e = 15\,\text{mm}$, wenn unteres Grenzabmaß entsprechend Klasse A der EN 10029, s. TB 1-7) wird die tragende Querschnittsfläche

$$A_\sigma = A_{\sigma_0} + A_{\sigma_1} = 448\,\text{mm}^2 + 1206\,\text{mm}^2 = 1654\,\text{mm}^2.$$

Unter der auf der sicheren Seite liegenden Annahme, dass die druckbelastete projizierte Fläche bis zum Innendurchmesser des Mantels reicht (Bild 6-56), wird

$$A_p = (80\,\text{mm} + 15\,\text{mm} - 1,6\,\text{mm} + 300\,\text{mm}/2) \cdot \frac{1136\,\text{mm}}{2} = 138\,251\,\text{mm}^2.$$

Damit gilt

$$\sigma_v = 1,2\,\text{N/mm}^2 \left(\frac{138\,251\,\text{mm}^2}{1654\,\text{mm}^2} + \frac{1}{2}\right) < \frac{235\,\text{N/mm}^2}{1,5}, \qquad \sigma_v = 101\,\text{N/mm}^2 < 157\,\text{N/mm}^2.$$

Der Mannloch-Ausschnitt ist durch den eingeschweißten Hochkantring weit ausreichend verstärkt.

Ergebnis: Der Mannloch-Ausschnitt ist durch den eingeschweißten Hochkantring weit ausreichend verstärkt, da $\sigma_v = 101\,\text{N/mm}^2 < 157\,\text{N/mm}^2$.

▶ **Lösung f):** Bei der Druckprüfung mit Wasser oder anderen ungefährlichen Flüssigkeiten wird geprüft, ob Druckbehälter oder Druckbehälterteile unter Prüfdruck gegen das Druckprüfmittel dicht sind und keine sicherheitstechnisch bedenklichen Verformungen auftreten. Die Druckprüfung kann auch zum Ausgleich von Spannungsspitzen dienen (vgl. AD 2000-Merkblatt HP 30). Beim Prüfdruck $p' = 1,3p_e$ muss der Druckbehälter eine Sicherheit $S' = 1,05$ gegen Fließen ($R_{p\,0,2}$) aufweisen (TB 6-17). Da die Druckprüfung bei Raumtemperatur durchgeführt wird (oder bei höchstens 40 °C), gilt der gleiche Festigkeitskennwert wie oben.
Der Nachweis ausreichender Sicherheit gegen Fließen erfolgt zweckmäßigerweise, indem die maßgebenden Gleichungen nach S umgestellt werden, so gilt z. B. für den Behältermantel mit der umgestellten Gl. (6.30a)

$$S' = \frac{2 \cdot K \cdot v}{\dfrac{D_a \cdot p'}{t_e - c_1 - c_2} - p'}.$$

Mit $p' = 1,3 \cdot p_e$ und der ausgeführten Wanddicke $t_e = 7\,\text{mm}$ wird damit die vorhandene Sicherheit beim Prüfdruck

$$S' = \frac{2 \cdot 235\,\text{N/mm}^2 \cdot 0,85}{\dfrac{1150\,\text{mm} \cdot 1,3 \cdot 1,2\,\text{N/mm}^2}{7\,\text{mm} - 0,4\,\text{mm} - 1,0\,\text{mm}} - 1,3 \cdot 1,2\,\text{N/mm}^2} = 1,25.$$

Die beim Prüfdruck vorhandene Sicherheit $S' = 1,25$ ist somit größer als die erforderliche Sicherheit $S'_{erf} = 1,05$. In der gleichen Weise kann der Nachweis für die Klöpperböden erfolgen, worauf aber hier verzichtet werden soll. Sie sind für die Druckprüfung ebenfalls ausreichend bemessen.

Ergebnis: Mantel und Böden des Druckbehälters weisen eine ausreichende Sicherheit bei der Wasserdruckprüfung auf.

Hinweis: Die Längs- und Rundnähte des Behälters sind als Stumpfnähte in den Bewertungsgruppen B bzw. C auszuführen (s. unter 6.2.5-5). Der Hochkantring am Mannloch muss mit einer Schweißnaht, deren tragende Dicke mindestens der Behälterwanddicke entspricht (also 7 mm), angeschlossen werden.

6.5 Literatur

Ahrens, Ch.; Zwätz, R.: Schweißen im bauaufsichtlichen Bereich – Erläuterungen mit Berechnungs-beispielen. 3. Aufl. Düsseldorf: DVS, 2007 (Fachbuchreihe Schweißtechnik, Band 94)

Aichele, G.; Spreitz, W.: Kostenrechnen und Kostensenken in der Schweißtechnik. Handbuch zum Kalkulieren, wirtschaftlich Konstruieren und Fertigen. Düsseldorf: DVS, 2001 (Fachbuchreihe Schweißtechnik, Band 145)

Behnisch (Hrsg.): Kompendium der Schweißtechnik. Bd. 1 bis 4. 2. Aufl. Düsseldorf: DVS, 2002 (Fachbuchreihe Schweißtechnik, Bd. 128)

Bobek, K.; Heiß, A.; Schmidt, F.: Stahlleichtbau von Maschinen. 2. Aufl. Berlin: Springer, 1955 (Konstruktionsbücher, Bd. 1)

Boese, U.: Das Verhalten der Stähle beim Schweißen. Teil I: Grundlagen. 4. Aufl. Düsseldorf: DVS, 1995 (Fachbuchreihe Schweißtechnik, Band 44/I)

Deutsche Bundesbahn (Hrsg.): DS 952: Vorschrift für das Schweißen metallischer Werkstoffe in Pri-vatwerken. Anhang II: Richtlinien für die Berechnung der Schweißverbindungen (gilt seit 01.01.1977).

Dilthey, U.; Brandenburg, A.: Schweißtechnische Fertigungsverfahren. Bd. 3: Gestaltung und Festig-keit von Schweißkonstruktionen. 2. Aufl. Berlin: Springer, 2002

DIN (Hrsg.): Stahlbau – Ingenieurbau, Normen, Richtlinien. 6. Aufl. Berlin: Beuth, 2002 (DIN-Ta-schenbuch 144)

DIN CEN/TS 13001-3-1 (2005-03): Krane – Konstruktion allgemein – Teil 3-1: Grenzzustände und Sicherheitsnachweis von Stahltragwerken

DIN-DVS (Hrsg.): Schweißtechnik 1. Schweißzusätze. 15. Aufl. Berlin/Düsseldorf: Beuth/DVS, 2007 (DIN-DVS-Taschenbuch 8)

DIN-DVS (Hrsg.): Schweißtechnik 3. Begriffe, zeichnerische Darstellung, Normen. 7. Aufl. Berlin/ Düsseldorf: Beuth/DVS, 2006 (DIN-DVS-Taschenbuch 145)

DIN-DVS (Hrsg.): Schweißtechnik 4. Auswahl von Normen für die Ausbildung des schweißtechni-schen Personals. 8. Auflage. Berlin/Düsseldorf: Beuth/DVS, 2007 (DIN-DVS-Taschenbuch 191)

DIN-DVS (Hrsg.): Schweißtechnik 6. Strahlschweißen, Bolzenschweißen, Reibschweißen. 2. Auflage. Berlin/Düsseldorf: Beuth/DVS, 2003 (DIN-DVS-Taschenbuch 283)

DIN-DVS (Hrsg.): Schweißtechnik 8. Schweißtechnisches Personal, Verfahrensprüfung, Qualitätsan-forderung etc. 5. Auflage. Berlin/Düsseldorf: Beuth/DVS, 2007 (DIN-DVS-Taschenbuch 290)

DIN EN 1993-1-1 (2005-07): Eurocode 3: Bemessung und Konstruktion von Stahlbauten – Teil 1-1: Allgemeine Bemessungsregeln und Regeln für den Hochbau

DIN EN 1993-1-9 (2005-07): Eurocode 3: Bemessung und Konstruktion von Stahlbauten – Teil 1-9: Ermüdung

Dutta, D.; Mang, F.; Warenier, J.: Schwingfestigkeitsverhalten geschweißter Hohlprofilverbindungen. Düsseldorf: Stahl-Informationszentrum, 1981 (CIDECT-Monografie Nr. 7)

DVS (Hrsg.): Festigkeit gefügter Bauteile. DVS-Berichte Bd. 236. Düsseldorf: DVS, 2003

DVS (Hrsg.): Festigkeitsverhalten geschweißter Bauteile. Merkblatt DVS 2402. Düsseldorf: DVS, 1987

DVS (Hrsg.): Gestaltung und Dauerfestigkeitsbewertung von Schweißverbindungen an Stählen im Schienenfahrzeugbau. Richtlinie DVS 1612. Düsseldorf: DVS, 2007

DVS (Hrsg.): Jahrbuch Schweißtechnik 2009. Düsseldorf: DVS, 2008

Fahrenwaldt, H. J.; Schuler, V.: Praxiswissen Schweißtechnik. 3. Aufl. Wiesbaden: Vieweg+Teubner, 2009

Germanischer Lloyd (Hrsg.): Klassifikations- und Bauvorschriften. I Schiffstechnik. Teil 1 Seeschiffe. Kapitel 1 Schiffskörper. Kapitel 2 Maschinenanlagen. Hamburg: Germanischer Lloyd, 2008

Hänchen, R.: Schweißkonstruktionen. Berechnung und Gestaltung. Berlin: Springer, 1953 (Konstruk-tionsbücher, Band 12)

Hänsch, H.-J.; Krebs, J.: Eigenspannungen und Formänderungen in Schweißkonstruktionen. Düssel-dorf: DVS, 2006 (Fachbuchreihe Schweißtechnik, Band 138)

Hobbacher, A.: Empfehlungen zur Schwingfestigkeit geschweißter Verbindungen und Bauteile. IIW-Dokument XIII-1539-96/XV-845-96. Düsseldorf: DVS, 1997

Hofmann/Mortell/Sahmel/Veit: Grundlagen der Gestaltung geschweißter Stahlkonstruktionen. 10. Aufl. Düsseldorf: DVS, 2005 (Fachbuchreihe Schweißtechnik, Band 12)

Kahlmeyer/Hebestreit/Vogt: Stahlbau nach DIN 18800. Bemessung und Konstruktion. Träger, Stützen, Verbindungen. 5. Aufl. Köln: Werner, 2008

Kindmann, R.: Stahlbau. Teil 2: Stabilität und Theorie II. Ordnung. 4. Aufl. Berlin: Ernst & Sohn, 2008

Kindmann, R.; Kraus, M.; Niebuhr, H.-J.: Stahlbau kompakt. Bemessungshilfen, Profiltabellen. Düsseldorf: Stahleisen, 2006

Krüger, U.: Stahlbau. Teil 1: Grundlagen. 4. Aufl. Berlin: Ernst & Sohn, 2008

Kuhlmann, U. (Hrsg.): Stahlbau-Kalender 2009. Berlin: Ernst & Sohn, 2009

Lohse, W.: Stahlbau 1. 24. Aufl. Wiesbaden: Vieweg+Teubner, 2002

Lohse, W.: Stahlbau 2. 20. Aufl. Wiesbaden: Vieweg+Teubner, 2005

Neumann, A.: Schweißtechnisches Handbuch für Konstrukteure. Teil 1: Grundlagen, Tragfähigkeit, Gestaltung. 7. Aufl. 1996. Teil 3: Maschinen- und Fahrzeugbau. 5. Aufl. 1998. Teil 4: Geschweißte Aluminium-Konstruktionen, 1993. Düsseldorf: DVS (Fachbuchreihe Schweißtechnik, Bd. 80/1, 80/3 und 80/4)

Neumann, A.; Neuhoff, R.: Schweißnahtberechnung im geregelten und ungeregelten Bereich. Grundlagen mit Berechnungsbeispielen. Düsseldorf: DVS, 2003 (Fachbuchreihe Schweißtechnik, Bd. 132)

Petersen, Ch.: Stahlbau. 4. Aufl. Wiesbaden: Vieweg+Teubner, 2009

Piechatzek, E.; Kaufmann, E.-M.: Formeln und Tabellen Stahlbau nach DIN 18800 (1990). 3. Aufl. Wiesbaden: Vieweg, 2005

Radaj/Koller/Dilthey/Buxbaum: Laserschweißgerechtes Konstruieren. Düsseldorf: DVS, 1994 (Fachbuchreihe Schweißtechnik, Band 116)

Radaj, D.; Sonsino C. M.: Ermüdungsfestigkeit von Schweißverbindungen nach lokalen Konzepten. Düsseldorf: DVS, 2000 (Fachbuchreihe Schweißtechnik, Band 142)

Ruge, J.: Handbuch der Schweißtechnik, Bd. I: Werkstoffe, Bd. II: Verfahren und Fertigung, Bd. III: Konstruktive Gestaltung der Bauteile, Bd. IV: Berechnung der Verbindungen. Berlin: Springer, 1990, 1980, 1985, 1988

Scheermann, H.: Leitfaden für den Schweißkonstrukteur. 2. Aufl. Düsseldorf: DVS, 1997 (Schweißtechnische Praxis, Bd. 17)

Schwaigerer, S.: Festigkeitsberechnung von Bauelementen des Dampfkessel-, Behälter- und Rohrleitungsbaues. 4. Aufl. Berlin: Springer, 1990

Strassburg, F. W.; Wehner, H.: Schweißen nichtrostender Stähle. 3. Aufl. Düsseldorf: DVS, 2000 (Fachbuchreihe Schweißtechnik, Band 67)

Thum, A.; Erker, A.: Schweißen im Maschinenbau. Teil I: Festigkeit und Berechnung von Schweißverbindungen. Berlin: VDI, 1943

Titze, H.; Wilke, H.-P.: Elemente des Apparatebaues. 3. Aufl. Berlin: Springer, 1992

Verband der TÜV e.V. (Hrsg.): AD 2000 – Regelwerk. 5. Aufl. Taschenbuch-Ausgabe 2008. Berlin: Beuth, 2008

Warkenthin, W.: Tragwerke der Fördertechnik 1. Grundlagen der Bemessung. Wiesbaden: Vieweg 1999

Firmeninformationen: Böhler Schweißtechnik Deutschland GmbH, Hamm (www.t-put.com); Castolin GmbH, Kriftel (www.castolin.de); Carl Cloos Schweißtechnik GmbH, Haiger (www.cloos.de); ESAB GmbH, Solingen (www.esab.de); Kinkele GmbH & Co. KG, Ochsenfurt (www.kinkele.de); Linde AG, Pullach (www.linde-gas.de); Panasonic Industrial Europe GmbH, Ratingen (www.panasonic-industrial.com); Reis GmbH & Co. KG, Lohr (www.reis-robotics.de); UTP Schweißmaterial GmbH, Bad Krozingen (www.utp.de); Zinser Schweißtechnik GmbH, Albershausen (www.zinser.de).

7 Nietverbindungen

7.1 Allgemeines

Nieten gehört nach DIN 8593-0 zu den Fertigungsverfahren Fügen, wobei der Formschluss durch Umformen erreicht wird. Die nicht lösbare Verbindung kann nur unter Inkaufnahme einer Beschädigung oder Zerstörung der gefügten Teile wieder gelöst werden.

Nach DIN 8593-5 lassen sich folgende Nietverfahren unterscheiden:

Nieten durch Stauchen eines bolzenförmigen Hilfsfügeteils (Niet), s. Bild 7-1 a.

Hohlnieten durch Umlegen überstehender Teile eines Hohlniets, s. Bild 7-1 b.

Zapfennieten durch Stauchen des zapfenförmigen Endes an einem der beiden Fügeteile, s. Bild 7-1 c.

Hohlzapfennieten durch Umlegen überstehender Teile des hohlzapfenförmigen Endes an einem der beiden Fügeteile, s. Bild 7-1 d.

Zwischenzapfennieten durch Stauchen eines Zwischenzapfens an einem der beiden Fügeteile, s. Bild 7-1 e.

Hinsichtlich ihrer Verwendung, Berechnung und konstruktiven Ausführung unterteilt man die Nietverbindungen in:

feste Verbindungen (Kraftverbindungen) im Stahlhochbau, Kranbau und Brückenbau bei Trägeranschlüssen, Stützen, Knotenpunkten in Stabfachwerken von Dachbindern und Krantragwerken, bei Vollwandträgern usw., *feste und dichte Verbindungen* im Kessel- und Druckbehälterbau, *vorwiegend dichte Verbindungen* im Behälterbau bei Silos, Einschütttrichtern, Rohrleitungen usw. sowie *Haftverbindungen* (Heftnietung) für Blechverkleidungen im Karosserie-, Waggon- und Flugzeugbau.

Nietverbindungen erfordern einen hohen maschinellen Aufwand bei erheblichen Personalkosten. Wenn technisch möglich, werden sie durch andere unlösbare Verbindungen ersetzt. Im Druckbehälterbau sind sie völlig von Schweißverbindungen und im Stahlbau fast völlig von Schweiß- und Schraubenverbindungen abgelöst worden.

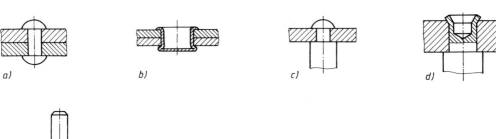

a)   b)   c)   d)

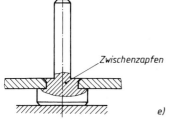

Zwischenzapfen

e)

Bild 7-1
Nietverfahren nach DIN 8593-5.
a) Nieten
b) Hohlnieten
c) Zapfennieten
d) Hohlzapfennieten
e) Zwischenzapfennieten

Eine Sonderstellung haben Nietverbindungen im Flugzeug- und Leichtbau. Die dort praktizierten hoch automatisierten Nietverfahren finden aber wegen den unterschiedlichen technischen und wirtschaftlichen Voraussetzungen kaum Eingang in andere Bereiche.

Vorteile gegenüber anderen Verbindungsmitteln: Keine ungünstigen Werkstoffbeeinflussungen wie Aufhärtungen oder Gefügeumwandlungen beim Schweißen. Kein Verziehen der Bauteile. Ungleichartige Werkstoffe lassen sich verbinden. Nietverbindungen sind leicht und sicher zu kontrollieren und besonders auf Baustellen einfacher und häufig billiger als andere Verbindungen herzustellen und notfalls durch Abschlagen der Köpfe lösbar. Nietverbindungen versagen bei Überlastung und Stoß nicht schlagartig, da sie hohe Deformationsarbeit durch „Setzen" aufnehmen können. Durch moderne Blindnietsysteme sind sehr schnell herstellbare, kostengünstige Verbindungen für höchste Ansprüche auch bei nicht zugänglicher Schließkopfseite möglich.

Nachteile: Bauteile werden durch Nietlöcher geschwächt, dadurch größere Querschnitte und allgemein schwere Konstruktionen. Stumpfstöße lassen sich nicht ausführen, Bauteile müssen überlappt oder durch Laschen verbunden werden (keine glatten Wände z. B. bei Behältern, ungünstiger Kraftfluss!). In der Fertigung kostenintensiver als Schweißen.

7.2 Die Niete

7.2.1 Nietformen

Nach der Ausführung des Nietschaftes unterscheidet man Vollniete mit vollem Schaft, Hohl- und Rohrniete mit hohlem Schaft, Halbhohlniete mit angebohrtem Schaft, Nietzapfen und Blindniete, Bild 7-2. Vollniete werden nach der Form ihres Setzkopfes benannt, z. B. Halbrundniete, Flachsenkniete u. a.

Blindniete sind geeignet, Bauteile fest zu verbinden, obwohl der Zugang zum Einbau oder zum Vernieten nur von einer Seite aus möglich ist, Bild 7-3c. Sie bestehen im Wesentlichen aus einer Niethülse, die einen Nietdorn enthält, der beim Einbau das Schaftende des Blindnietes verformt und meist auch aufweitet, Bild 7-3a. Mit einem Greif- und Zugmechanismus ausgestattete Werkzeuge erlauben das Einführen und Verarbeiten der Blindniete. Die Krafterzeugung kann von Hand, pneumatisch oder hydraulisch erfolgen.

Über Blindniete mit Sollbruchdorn liegen 14 Normblätter vor. Kennzeichnende Merkmale sind die Kopfform (Flach- und Senkkopf), die Dornarten (Zug-, Durchzugs-, Schaftbruch-, Kopfbruch- und Planbruchzugnietdorn), die Blindnietschäfte (offen, geschlossen, gespreizt und geschlitzt), die Blindniethülsenbohrungen (ausgefüllt, teilweise ausgefüllt und nicht ausgefüllt) und die verwendeten Werkstoffe, s. Übersicht TB 7-3. Grundsätzlich sollte der Werkstoff der Blindniete edler als der Werkstoff der Bauteile und der Nietdorn aus einem härteren Werkstoff als die Niethülse sein. Für Niethülsen und -dorne werden vorwiegend verwendet Aluminium, Aluminiumlegierungen, Kupfer, Kupfer-Zinn-Legierungen, Nickel-Kupfer-Legierungen, Baustahl und nichtrostender austenitischer Stahl, s. Übersicht TB 7-3. Niethülsen aus Stahl werden geschützt durch einen Zink-Chromatüberzug (Fe/Zn5c2C), Nietdorne aus Stahl erhalten einen Überzug aus Öl, Phosphat und Öl oder Zink.

Einheitlich für alle Ausführungen der internationalen Blindnietnorm werden die Hauptabmessungen auf den Schaftnenndurchmesser d_N (2,4 3 3,2 4 4,8 5 6 6,4 mm) bezogen, so dass sich folgender Gestaltaufbau ergibt (s. Bild 7-3b und c):

– Schaftdurchmesser $d_{max} = d_N + 0,08$ mm, $d_{min} = d_N - 0,15$ mm
– Kopfdurchmesser $d_{k\,max} = 2,1 \cdot d_N$ (Toleranz h16 bzw. h17)
– Kopfhöhe $k_{max} = 0,415 \cdot d_N$ (für Flach- und Senkkopf 120 °C)
– Nietlochdurchmesser $d_{h\,max} = d_N + 0,2$ mm, $d_{h\,min} = d_N + 0,1$ mm

Bei bekannter Klemmlänge Σt gilt für die erforderliche Schaftlänge die Faustregel $l \approx \Sigma t + 1,5 \cdot d_N$ und die zu beachtende Einbaulänge beträgt $b \approx l + d_N$, vgl. Bild 7-3c.
Für die Gestaltung der Blindnietverbindungen gilt grundsätzlich 7.5.4 und 7.6.5. Einzuhalten sind Nietabstände von ca. $4\,d$, Mindestrandabstände $e \geq 2\,d$ und $d/t_{ges} = 1$ bis 3.

Bild[1]	Bezeichnung	DIN	Abmessungen[2] mm	Werkstoffe	Verwendungs-beispiele
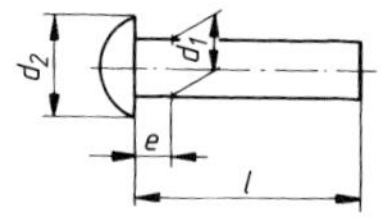	Halbrundniet	124	$d_1 = 10 \dots 36$ $d_2 \approx 1,6\, d_1$	QSt 32-3 QSt 36-3	Stahlbau
		660	$d_1 = 1 \dots 8$ $d_2 \approx 1,75\, d_1$	QSt 32-3 QSt 36-3 A2, A4 SF-Cu CuZn 37 Al 99,5	Metallbau Fahrzeugbau
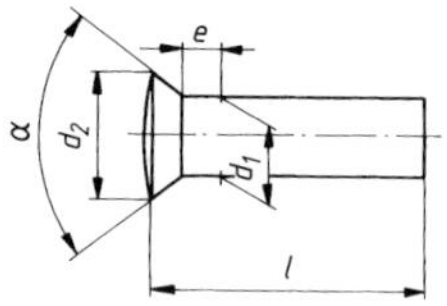	Senkniet	302	$d_1 = 10 \dots 36$ $\alpha = 75°, 60°,$ $45°$	QSt 32-3 QSt 36-3	Stahlbau
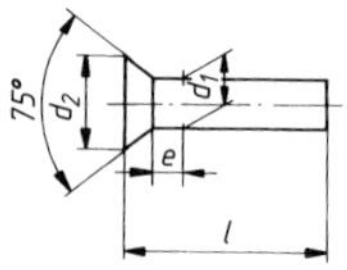		661	$d_1 = 1 \dots 8$ $d_2 \approx 1,75\, d_1$	QSt 32-3 QSt 36-3 A2, A4 SF-Cu CuZn 37 Al 99,5	Metallbau Fahrzeugbau
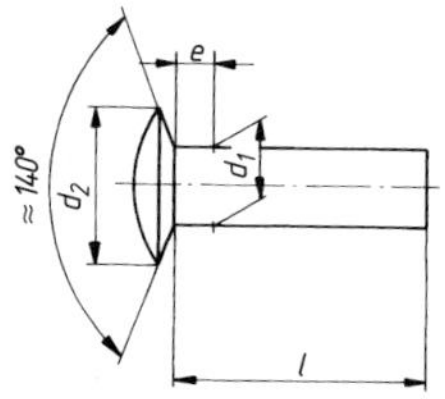	Linsenniet	662	$d_1 = 1,6 \dots 6$ $d_2 \approx 2\, d_1$	QSt 32-3 QSt 36-3 SF-Cu CuZn 37 Al 99,5	für Leisten, Beschläge, Trittflächen, Lauf-gänge; griffige Ober-fläche, gefälliges Aussehen
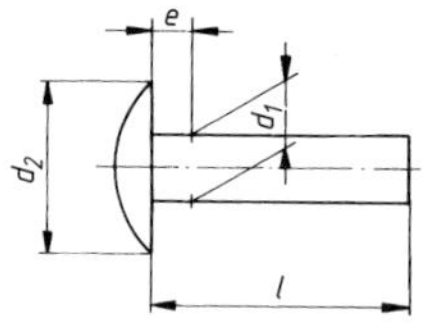	Flachrundniet	674	$d_1 = 1,4 \dots 6$ $d_2 \approx 2,25\, d_1$	QSt 32-3 QSt 36-3 SF-Cu CuZn 37 Al 99,5	Hautniet im Karosserie- und Flugzeugbau; für Beschläge, Feinbleche, Kunststoffe, Pappe
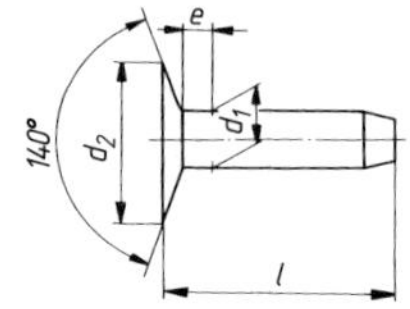	Flachsenkniet (Riemenniet)	675	$d_1 = 3 \dots 5$ $d_2 \approx 2,75\, d_1$	QSt 32-3 QSt 36-3 SF-Cu Al 99,5	für Leder-, Gewebe- und Kunst-stoffriemen, Gurte
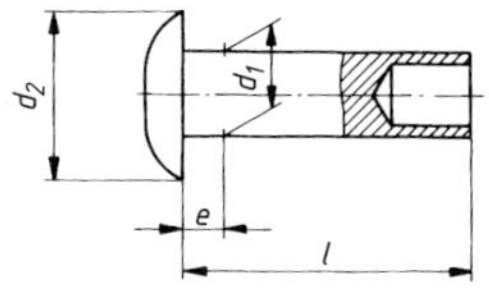	Halbhohlniet mit Flachrund-kopf	6791	$d_1 = 1,6 \dots 10$ $d_2 \approx 2\, d_1$	QSt 32-3 QSt 36-3 SF-Cu CuZn 37 Al 99,5	zum Verbinden empfindlicher Werk-stoffe, wirtschaftlich verarbeitbar durch den Einsatz von Nietmaschinen
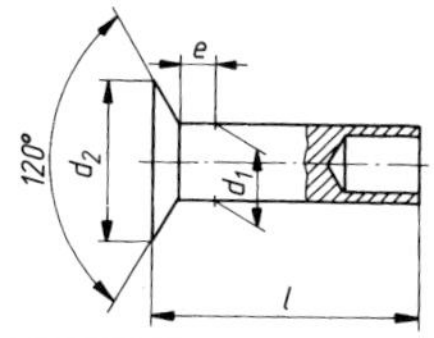	Halbhohlniet mit Senkkopf	6792	$d_1 = 1,6 \dots 10$ $d_2 \approx 2\, d_1$	QSt 32-3 QSt 36-3 SF-Cu CuZn 37 Al 99,5	zum Verbinden empfindlicher Werk-stoffe, wirtschaftlich verarbeitbar durch den Einsatz von Nietmaschinen

Bild 7-2 Gebräuchliche genormte Nietformen

Bild[1]	Bezeichnung	DIN	Abmessungen[2] mm	Werkstoffe	Verwendungs- beispiele
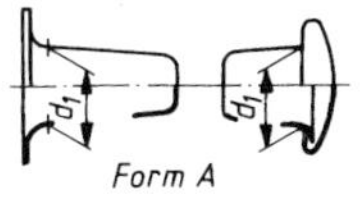 Form A	Hohlniet zweiteilig Form A: offen Form B: geschlossen	7331	$d_1 = 2 \dots 6$	USt 3 CuZn 37F30	zum Verbinden von Metallen mit Leder, Kunststoff, Hartpapier usw. und zum Ver- binden empfindlicher Metallteile
	Blindniet mit Sollbruch- dorn	ENISO 15975 bis 15984 16582 bis 16585	$d_1 = 2,4 \dots 6,4$ $d_2 \approx 2,1\ d_1$	übliche Kom- binationen Niethülse/ Nietdorn: Al/AlA, AlA/AlA AlA/St, Cu/St, Cu/Br, Cu/SSt, NiCu/St, NiCu/SSt, A2/A2, A2/SSt, St/St	zum Vernieten von Einzelelementen, bei denen die Schließkopf- seite im allgemeinen nicht zugänglich ist; schnelle, auch auto- matische Verarbei- tung; hohle Bauteile, Blechbau, Fahrzeug- bau, Metallbau, Aluminiumkonstruk- tionen
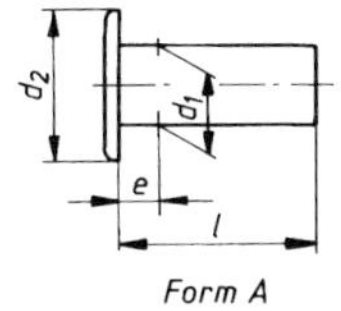 Form A	Niet Form A: Vollniet Form B: Halbhohlniet Form C: Hohlniet	7338	$d_1 = 3 \dots 10$ $d_2 \approx 1,9\ d_1$	QSt 32-3 QSt 36-3 USt 3, St 4 SF-Cu CuZn 37 Al 99,5	für Kupplungs- und Bremsbeläge
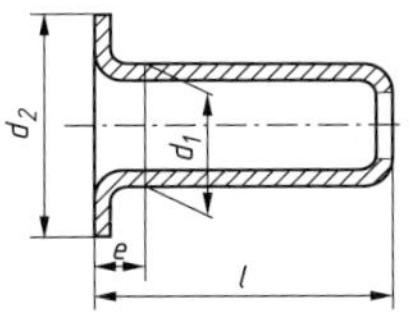	Hohlniet einteilig (aus Band gezogen)	7339	$d_1 = 1,5 \dots 6$	USt 3 St 4 Al 99 W8 CuZn 37F30 SF-Cu F22	zum Verbinden von Metallen mit empfind- lichen Werkstoffen (Leder, Gummi, Keramik u.a.) da nur geringe Schließkräfte erforderlich; E-Technik, Blechbau, hohle Bauteile
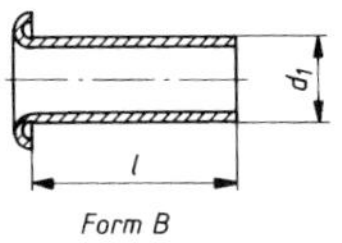 Form B	Rohrniet Form A: mit Flachkopf Form B: mit angerolltem Rundkopf	7340	$d_1 = 1 \dots 10$	St 35, Al 99,5 CuZn 37F37 SF-Cu F25	
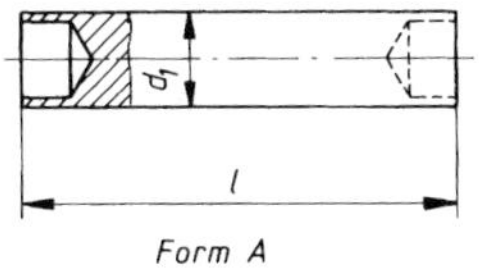 Form A	Nietstift Form A: angebohrt Form B: angesenkt	7341	$d_1 = 2,5 \dots 20$ (h9, h11)	9SMnPb28K St50K + G	bei großen Klemm- längen, zum Verbin- den zusammensteck- barer Teile, als Gelenkstifte und Achsen

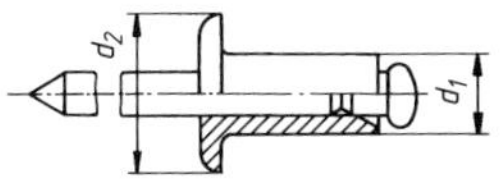

[1] Zwischen der Messebene für den Nenndurchmesser d_1 (Maß $e = 0{,}5 d_1$) und dem Nietkopf darf der Nietdurchmesser bis auf den Nietlochdurchmesser ansteigen und gegen das Schaftende bis auf den Nietdurchmesser abfallen.

[2] Genormte Nietdurchmesser d_1 und zugehörige Nietlochdurchmesser d in ( ) nach DIN 101: 1 (1,05) 1,2 (1,25) 1,4 (1,45) 1,6 (1,65) 1,7 (1,75) 2 (2,1) 2,5 (2,6) 2,6 (2,7) 3 (3,1) 3,5 (3,6) 4 (4,2) 5 (5,2) 6 (6,3) 7 (7,3) 8 (8,4) darüber s. TB 7-4.

Bild 7-2 (Fortsetzung)

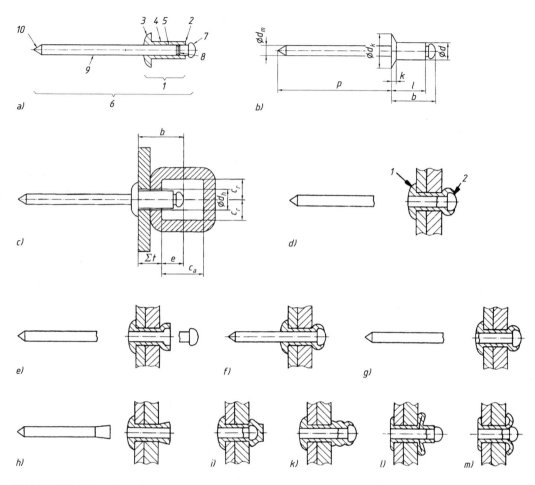

Bild 7-3 Blindniete. Begriffe und Definitionen nach DIN EN ISO 14588.
a) Blindnietelemente (1 Blindniethülse, 2 Schaftende, 3 Blindnietsetzkopf, 4 Blindnietschaft, 5 Blindniethülsenbohrung, 6 Nietdorn, 7 Nietdornkopf, 8 Sollbruchstelle, 9 Nietdornschaft, 10 Nietdornende), b) Blindnietmaße (b Einbaulänge, d Nietdurchmesser, d_k Kopfdurchmesser, d_m Nietdorndurchmesser, k Kopfhöhe, l Schaftlänge, p Nietdornüberstand), c) Einbaumaße (b Einbaulänge, c_a axialer Bauteilfreiraum, c_r radialer Bauteilfreiraum, d_h Nietlochdurchmesser, e schließseitiger Blindnietüberstand, Σt Klemmlänge), d) Schaftbruchnietdorn (1 Blindnietsetzkopf, 2 Schließkopf), e) Kopfbruchnietdorn, f) Nietdorn ohne Sollbruchstelle, g) Planbruchzugnietdorn (vergrößert Scherquerschnitt), h) Durchzugsnietdorn, i) geschlossener Nietschaft (für dichte Verbindungen), k) offener Nietschaft für Mehrbereichsblindniet, l) Presslaschenblindniet mit geschlitztem Schaft, m) Spreizblindniet.

Blindniete sind wie Vollniete Scher-Lochleibungs-Passverbindungen. Ein genormter Festigkeitsnachweis fehlt. Im Scher- und Zugversuch nach DIN EN ISO 14589 gewonnene statische Mindestscherkräfte und -zugkräfte sind für genormte Blindnieten in TB 7-7 zusammengestellt. Für die Auslegung der Nietverbindungen bei ruhender Beanspruchung können diese „Rechenwerte" unter Berücksichtigung entsprechender Sicherheits- und Betriebsfaktoren (s. TB 3-14 und -5) benutzt werden. Für Blindnietverbindungen aus dünnen Blechen ist die Lochleibungtragfähigkeit und nicht die in den Tabellen angegebene Schertragfähigkeit maßgebend. Es sollte daher stets der Lochleibungsdruck mit Gl. (7.4) kontrolliert werden.

Schließringbolzen (SRB, Bild 7-4a) sind im Prinzip zweiteilige Niete, bei denen der Bolzen wie ein Vollniet von der Setzkopfseite aus durch die Fügeteile gesteckt wird und der Schließkopf durch einen besonderen Schließring gebildet wird. Die mit Flachrund- oder Senkkopf ausgeführten Bolzen bestehen aus einem glatten Schaftteil (Nennklemmlänge 1), Schließrillen (2), in die der Schließring eingepresst wird, der Sollbruchstelle (3) und einem Zugteil (4) mit Zugrillen für das Setzwerkzeug. Der Schließring (5) mit glatt durchgehender Bohrung weist einen kegeligen Ansatz auf, der die Verformung des Ringes erleichtert. Dieser wird mit einem Setzgerät automatisch aufgezogen, indem ein Greifmechanismus über den Zugteil des Bolzens einen großen Anpressdruck erzeugt, durch den sich der Zugkopf des Setzgerätes über den Schließring zieht, bis dieser am Werkstück anliegt. Dabei wird der Schließring plastisch verformt und in die Schließrillen gequetscht. Bei weiterer Erhöhung der Zugkraft reißt der Bolzen an der Sollbruchstelle ab (Bild 7-4b und c). Die Verbindung kann mit einem Schließringschneider gelöst werden. Verbindungen mit Schließringbolzen gleichen in ihrer Wirkungsweise den Verbindungen mit planmäßig vorgespannten hochfesten Schrauben bzw. warm geschlagenen Nieten. Da Schließringbolzen nicht angezogen werden, erhält der Bolzen im Gegensatz zu den hochfesten Schrauben keine Verdrehbeanspruchung und kann deshalb höher vorgespannt werden. Die SRB-Verbindungen können als gleitfest vorgespannte Verbindungen (GV) oder − bei nicht vorbehandelten Bauteilflächen − als Scher-Lochleibungsverbindungen (SL) ausgelegt werden. Schließringbolzen der Festigkeitsklasse 8.8 dürfen unter vorwiegend ruhender Belastung im Stahlbau und in Aluminiumkonstruktionen eingesetzt werden (DASt-Richtlinie 001, s. TB 3-4). Sie lösen in vielen Einsatzgebieten (z. B. Containerbau, Waggonbau, Transportgeräte) Verbindungen mit Vollnieten und Schrauben ab.

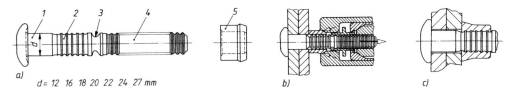

a)
d = 12 16 18 20 22 24 27 mm
b)
c)

Bild 7-4 Schließringbolzen.
a) Bolzen mit Schließring, b) Setzvorgang mit Setzwerkzeug, c) fertig gesetzter Schließringbolzen

Für viele Befestigungsaufgaben stellt die Fügetechnik mit Blindnieten und Schließringbolzen die wirtschaftlichste Lösung dar. Gegenüber herkömmlichen Nietverbindungen ergeben sich viele Vorteile:
Zeitersparnis durch Einmannarbeit und hohe Setzgeschwindigkeit (bis 1500 Nietungen/Stunde), keine Fachkräfte erforderlich, geräuscharmes Setzen, keine Blechverletzungen durch Hammerschläge und keine versetzten Schließköpfe.

7.2.2 Nietwerkstoffe

Grundsätzlich sollte der Niet aus dem gleichen, oder wenigstens aus einem gleichartigen Werkstoff wie die Bauteile bestehen, um eine Zerstörung durch elektrochemische Korrosion und eine Lockerung durch ungleiche Wärmedehnung zu vermeiden. Der Nietwerkstoff muss zur Bildung des Schließkopfes gut verformbar sein und ist meist weicher als der Bauteilwerkstoff. Für genormte Niete sind die Werkstoffe in den jeweiligen Maßnormen festgelegt (s. Bild 7-2). Üblich sind außer Stahl auch Kupfer, Kupfer-Zink-Legierungen, Reinaluminium und Aluminiumlegierungen.
Die Werkstoffe für Niete im Stahlbau, Kranbau und für Aluminiumkonstruktionen sind in den entsprechenden Planungsnormen vorgeschrieben (s. TB 3-3b und TB 3-4b, c).
Bei Blindnieten werden überwiegend Hülsen aus Aluminiumlegierungen verarbeitet, üblich sind auch Aluminium, Kupfer, Baustahl, nicht rostender Stahl, Kupferlegierungen und Polyamid.

Der im gesetzten Niet verbleibende Dorn ist meist aus Stahl oder aus dem gleichen Werkstoff wie die Hülse.
Bei Bedarf werden die Niete mit Oberflächenschutz geliefert.

7.2.3 Bezeichnung der Niete

Die Bezeichnung der Niete in Stücklisten, bei Bestellungen usw. ist in den jeweiligen Maßnormen festgelegt. Der Vollniet-Nenndurchmesser d_1 wird dabei im Abstand $e = d_1/2$ vom Nietkopf gemessen (Bild 7-2).
Bezeichnungsbeispiele:
Halbrundniet nach DIN 124 mit Nenndurchmesser $d_1 = 16$ mm und Länge $l = 36$ mm, aus QSt 36-3 (St):

   Niet DIN 124$-16 \times 36-$St

Halbhohl-Flachrundniet nach DIN 6791 mit Nenndurchmesser $d_1 = 6$ mm und Länge $l = 20$ mm, aus CuZn37 (CuZn):

   Niet DIN 6791$-6 \times 20-$CuZn

Nietstift nach DIN 7341, Form A, mit Nenndurchmesser $d_1 = 10$ mm in Toleranzklasse h9 und Länge $l = 40$ mm aus Automatenstahl (St):

   Nietstift DIN 7341$-$A10h9$\times 40-$St

Geschlossener Blindniet mit Sollbruchdorn und Flachkopf nach DIN EN ISO 16585, mit Nenndurchmesser $d = 4,8$ mm und Länge $l = 16$ mm, mit Niethülse aus austenitischem nichtrostendem Stahl (A2) und Nietdorn aus nichtrostendem Stahl (SSt):

   Blindniet ISO 16585 $- 4,8 \times 16 -$ A2/SSt

Die Bezeichnung der Sonderniete erfolgt nach der Werknorm der Hersteller.

7.3 Herstellung der Nietverbindungen

7.3.1 Allgemeine Hinweise

Niet- und Schraubenlöcher sind grundsätzlich zu bohren und zu entgraten. Die Nietlochränder am Setz- und Schließkopf sind zu brechen (Abrundung oder Versenk mit $d/20$), um die Kerbwirkung im geschlagenen Niet zu vermindern und ein gutes Nachfließen des Schaftwerkstoffes in die Bohrung zu ermöglichen (Bild 7-8a). Im Stahl-, Kran- und Brückenbau sollen Niet- und Schraubenlöcher in Bauteilen, die einzeln gebohrt werden, zunächst mit kleinerem Durchmesser hergestellt und nach dem Heften auf den vorgeschriebenen Lochdurchmesser aufgebohrt oder aufgerieben werden. Bei Stahlbauten mit vorwiegend ruhender Beanspruchung dürfen die Niet- und Schraubenlöcher auch gestanzt oder maschinell gebrannt werden. In zugbean-

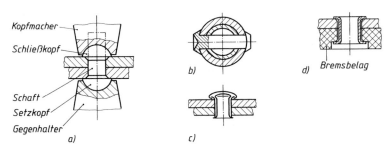

Bild 7-5 Nietverbindungen.
a) Halbrundniet, b) Nietstiftverbindung, c) Hohlnietverbindung (zweiteilig, offen), d) Hohlnietverbindung (einteilig, Vernietung eines Bremsbelages)

spruchten Bauteilen über 16 mm Dicke und bei nicht vorwiegend ruhender Beanspruchung sind gestanzte Löcher (Haarrißbildung) vor dem Zusammenbau im Durchmesser um mindestens 2 mm aufzureiben. Die Einzelteile sollen möglichst zwangsfrei zusammengebaut werden. Der Schließkopf ist voll auszuschlagen und der geschlagene Niet auf festen Sitz zu prüfen. Beim Auswechseln fehlerhafter Niete sind aufgeweitete Lochwandungen auf den nächstgrößeren Nietlochdurchmesser aufzureiben und Beschädigungen am Bauteil auszubessern.

Die Schließkopfbildung kann bei Vollnieten durch *Schlagen* mit dem Niethammer (von Hand, elektrisch, pneumatisch), durch langsames *Pressen* in einem Zug auf der Nietpresse, durch *Rollen* mit einem schnellumlaufenden Rollenpaar und durch *Taumeln* mit einem aus der senkrechten Lage ausgelenkten Nietwerkzeug erfolgen. Das Taumelnieten weist gegenüber den anderen Nietverfahren viele Vorzüge auf: Der Nietwerkstoff hat Zeit zum Fließen, wodurch die Nietzone keinerlei Anrisse, Strukturveränderungen oder Aufhärtung zeigt, galvanische Überzüge bleiben beim Nietvorgang erhalten, Niete und Bauteile brauchen nicht gespannt zu werden, es erfordert nur einfache Nietwerkzeuge und ermöglicht schnelles Arbeiten. Das Verfahren hat für kalt zu formende Voll- und Hohlniete bis 35 mm Durchmesser weite Verbreitung im Maschinen- und Gerätebau gefunden.

Hohl-, Halbhohl- und Rohrniete werden meist gepresst oder gerollt. Die Verarbeitung der Blindniete erfolgt mit Nietzange, Druckschere, pneumatischen bzw. hydraulischen Geräten oder auch automatisch. Die Formen des Setz- und Schließkopfes werden dem Verwendungszweck entsprechend gewählt, s. Verwendungsbeispiele im Bild 7-2 sowie Bild 7-1.

Beim Verbinden von *Formteilen aus Thermoplasten* (PC, POM, ABS) erfolgt das Schließen des Nietkopfes durch Kalt- oder Warmstauchen oder durch Ultraschall. Der Nietschaft ist in der Regel Teil der zu verbindenden Werkstücke (Bild 7-6a). Die beste Verbindung wird durch Spritzgießen der Niete erreicht (Bild 7-6b). Da hierzu ein weiteres Spritzgießwerkzeug benötigt wird, ist dieses Verfahren erst bei großen Stückzahlen lohnend.

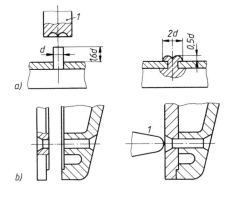

Bild 7-6
Kunststoff-Nietverbindungen.
a) Ultraschallnietung eines Ringwulstkopfes
   (**1** Sonotrode = Schallüberträger),
b) spritzgegossener Niet (**1** Anguss)

7.3.2 Warmnietung

Stahlniete ab 10 mm Durchmesser werden in hellrotwarmem Zustand geschlagen oder gepresst. Beim Erkalten des Niets schrumpft der Schaft. Die kalten Bauteile behindern die Schrumpfung, so dass sich im Nietschaft eine Schrumpfkraft (Zugkraft) aufbaut, die über Schließ- und Setzkopf die Bauteile zusammenpresst. Bei Belastung quer zur Nietachse (Bild 7-7) verhindern die in den Berührungsflächen der Bauteile auftretenden Reibungskräfte ein Verschieben der Bauteile (Gleitwiderstand). Warm geschlagene Niete werden auch bei dynamischer Belastung der Verbindung nur ruhend auf Zug beansprucht! Sie gleichen in ihrer Wirkungsweise den hochfesten, vorgespannten Schrauben und den Schließringbolzen, was aber bei der Berechnung nicht berücksichtigt wird, weil eine sichere Kraftübertragung durch Reibung nicht gewährleistet werden kann (vgl. unter 7.5.3-3).

Infolge der Durchmesserschrumpfung beim Abkühlen und der Verringerung des Schaftdurchmessers durch die Zugspannungen liegt der Nietschaft nicht an der Lochwandung an. Wird nun die Verbindung über den Reibungswiderstand hinaus belastet, so gleiten die Bauteile gegeneinander, bis der Nietschaft an der Lochwandung anliegt. Dieses Nachgeben der Verbindung nennt man Setzen oder Schlupf. Durch die hohe Arbeitsaufnahme beim Setzen haben Nietverbindungen bei Überlastung oder Stoßlasten große Tragreserven.

7.3.3 Kaltnietung

Stahlniete bis 8 mm Durchmesser sowie Niete aus Kupfer, Aluminium und deren Legierungen werden kalt genietet. Durch das Stauchen des Nietschaftes in Achsrichtung füllt dieser das Nietloch vollständig aus und wird dabei radial gegen die Lochwandung gepresst. Es entsteht nur geringer Reibschluss. Bei Belastung legt sich der Nietschaft gegen die Lochwandung und erzeugt dort eine Pressung (Lochleibungsdruck σ_l), während der Nietschaft in der Schnittebene auf Abscheren beansprucht wird (Bild 7-7 und 7-9). Der kalt geschlagene Niet wirkt also wie ein fest sitzender Zylinderstift. Kalt geschlagene Niete setzen sich weniger als warm geschlagene und erfordern wegen der fehlenden Schrumpfkraft kleinere Kopfdurchmesser und dadurch geringere Schließkräfte.

7.4 Verbindungsarten, Schnittigkeit

Je nach der Art, wie die zu vernietenden Bauteile zusammengefügt sind, unterscheidet man *Überlappungs-* und *Laschennietungen* (Bild 7-7). Für die Berechnung ist es wichtig, die Anzahl der *kraftübertragenden Nietreihen* richtig zu erkennen. Als Nietreihen sind stets die senkrecht zur Kraftrichtung stehenden zu zählen. Sicher und einfach läßt sich dieses erkennen, wenn man den *Kraftflussverlauf* verfolgt. Beispielsweise ist die Laschennietung in Bild 7-7d zweireihig, da die äußere Kraft F von zwei Nietreihen, und nicht von vier aufgenommen wird: Die Kraftflusslinie teilt sich, tritt durch zwei Nietreihen vom Blech auf die Lasche über und ebenso von der Lasche wieder auf das andere Blech. Angenommen jede Nietreihe hat 5 Niete, dann wird die Kraft F von $2 \cdot 5 = 10$ Nieten (und nicht von 20 Nieten) aufgenommen.

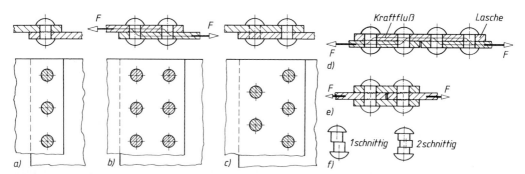

Bild 7-7 Nietverbindungsarten und Schnittigkeit. a) Überlappungsnietung, einreihig, einschnittig, b) Überlappung, zweireihig-parallel, einschnittig, c) Überlappung, zweireihig-zickzack, einschnittig, d) Laschennietung, zweireihig, einschnittig, e) Doppellaschen, einreihig, zweischnittig, f) Schnittigkeit

Unter *Schnittigkeit* versteht man die Anzahl der beanspruchten bzw. tragenden Querschnitte eines Nietes. Man unterscheidet danach einschnittige, zweischnittige usw. Verbindungen. Das Erkennen der Schnittigkeit ist ebenso wichtig wie das der beanspruchten Nietreihen. Die im Bild 7-7e dargestellte Doppellaschennietung ist einreihig und zweischnittig. Bei 5 Nieten je Reihe wird also die Kraft F von 5 Nieten aufgenommen. Jeder Niet trägt mit 2 Querschnitten, damit wird F von insgesamt $2 \cdot 5 = 10$ Nietquerschnitten aufgenommen.

In einschnittigen Verbindungen (z. B. Überlappungs- und einseitige Laschennietung) führt die exzentrische Kraftübertragung zu zusätzlichen Biegespannungen in den Bauteilen und Nieten sowie zu einer sehr ungleichmäßigen Verteilung des Lochleibungsdruckes (vgl. Bild 7-9 und 7.5.3-6). Die Dauerfestigkeit solcher Verbindungen ist sehr gering. Deshalb sollte stets eine weitgehend *biegungsfrei symmetrische Verbindung*, also z. B. die zweischnittige Doppellaschen-nietung nach Bild 7-7e, angestrebt werden.

7.5 Nietverbindungen im Stahl- und Kranbau

7.5.1 Allgemeine Richtlinien

Für die Bemessung, Konstruktion und Herstellung der Nietverbindungen sind für Stahlbauten und stählerne Straßen- und Wegbrücken die neuen Fachgrundnormen und Fachnormen der Reihe DIN 18 800 (DIN 18 800-1 und -7, DIN 18 801 und DIN 18 809) und für Krantragwerke DIN 15 018 maßgebend. Die auf die Kranbauteile und Verbindungsmittel einwirkenden Lasten werden in Haupt (H)-, Zusatz (Z)- und Sonderlasten (S) unterteilt und für die Berechnung zu Lastfällen H, HZ oder HS kombiniert. Nach dem Sicherheitskonzept der Stahlbau-Grundnorm erfolgt der Tragsicherheitsnachweis mit den Teilsicherheitsbeiwerten für Einwirkungen (Lasten) und Widerstände (Festigkeit) S_F und S_M. Er wird dort grundsätzlich in der allgemeinen Form Beanspruchungen/Beanspruchbarkeiten ≤ 1 vorgenommen.

7.5.2 Berechnung der Bauteile

Hierfür gelten allgemein die gleichen Richtlinien wie für geschweißte und geschraubte Bauteile. Für die Berechnung von Druckstäben s. unter 6.3.1-3.3 und für Zugstäbe bzw. momentbelastete Anschlüsse unter 8.4.3-4 bzw. 8.4.4.

7.5.3 Berechnung der Niete und Nietverbindungen

1. Niet- und Nietlochdurchmesser[1]

Es sind möglichst nur Halbrundniete nach DIN 124 (im Kranbau auch nach DIN 660) zu verwenden.

Da die wirkliche Beanspruchung des Nietschaftes sehr kompliziert und kaum erfassbar ist, wird der Rohnietdurchmesser in der Praxis nicht berechnet, sondern in Abhängigkeit der Bauteilab-messungen nach Erfahrungswerten gewählt. Die nicht erfassbaren Zusatzspannungen sind durch entsprechende Sicherheiten in den zulässigen Spannungen berücksichtigt.

Bei Stab- und Formstählen (L-, U-Stahl usw.) richtet sich der Rohnietdurchmesser d_1 nach den Schenkel- und Flanschbreiten, teilweise auch nach den Dicken, denn der Nietkopf muss ausreichend Platz haben und auch geschlagen werden können. Für diese Stähle sind die größten ausführbaren Lochdurchmesser d und damit die Rohnietdurchmesser in DIN 997 bis 999 festgelegt, s. Profiltabellen TB 1-8 bis TB 1-12.

Für Bleche und sonstige Walzerzeugnisse sind die Rohniet- (und Schrauben-)Durchmesser in Abhängigkeit von der kleinsten Blechdicke nach TB 7-4 zu wählen. In Abhängigkeit von der kleinsten zu verbindenden Blechdicke t wird im Stahlbau der Rohnietdurchmesser auch nach folgender Gebrauchsformel gewählt:

$$\boxed{d_1 \approx \sqrt{50 \cdot t} - 2\,\text{mm}} \qquad \frac{d_1}{\text{mm}} \ \bigg| \ \frac{t}{\text{mm}} \tag{7.1}$$

---

[1] Niet- und Nietlochdurchmesser werden in den einzelnen Normen mit unterschiedlichen Maßbuch-staben bezeichnet. So z. B. der Nietdurchmesser mit d_1, d_2 und d_{Sch} (DIN 101 und DIN 18 800-1); der Nietlochdurchmesser mit d_7, d, d_L und d_2 (DIN 101, DIN 18 800-1, DIN 997).

Festgelegt wird der nächstliegende genormte Nietdurchmesser nach DIN 124, s. TB 7-4.
Für alle Niete im Stahlbau mit $d_1 \geq 12$ mm ist der Nietlochdurchmesser $d = d_1 + 1$ mm.

2. Nietlänge

Der Rohniet muss so lang sein, dass genügend Werkstoff zum Ausfüllen des Nietloches und
zum Bilden des Schließkopfes bleibt. Die Rohniet-Schaftlänge ist also von der Klemmlänge Σt,
von der Form des Schließkopfes und vom Rohnietdurchmesser d_1 abhängig. Bei üblichem
Lochdurchmesser ergibt sich die Rohnietlänge (Bild 7-8) aus

$$\boxed{l = \Sigma t + l_{\ddot{u}}}$$ (7.2)

$l_{\ddot{u}}$ Überstand; man wählt bei einem Schließkopf als
       − Halbrundkopf: bei Maschinennietung $l_{\ddot{u}} \approx (4/3) \cdot d_1$
                              bei Handnietung $l_{\ddot{u}} \approx (7/4) \cdot d_1$
       − Senkkopf: $l_{\ddot{u}} = (0{,}6 \ldots 1{,}0) \cdot d_1$

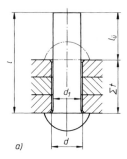 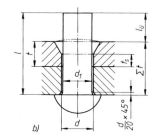

Bild 7-8
Klemmlänge Σt und Rohnietlänge l.
a) Halbrundkopf als Schließkopf,
b) Senkkopf als Schließkopf
     (t_S = bei Lochleibung maßgebender Schaftbereich)

Je größer die Klemmlänge, umso größer ist der Überstand $l_{\ddot{u}}$ zu wählen bzw. das Lochspiel zu
verkleinern, um damit das größere Lochvolumen auszufüllen. Je schlanker der Nietschaft ist,
desto unvollständiger kann beim Stauchen des Schaftes das Nietloch ausgefüllt werden. Die
zulässige Klemmlänge wird deshalb begrenzt

− für Halbrundniete nach DIN 124   auf $\Sigma t \leq 0{,}2d^2$
− für Halbrundniete mit verstärktem Schaft   auf $\Sigma t \leq 0{,}3d^2$

mit d in mm als Durchmesser des geschlagenen Niets.
Als endgültige Rohnietlänge l ist die nächstliegende genormte Länge festzulegen (s. TB 7-4). In
den Maßnormen der einzelnen Nietformen sind die Nietlängen in Abhängigkeit von Klemmlänge und Schließkopfform bereits festgelegt.

3. Tragfähigkeit der Niete

Nietverbindungen gelten in den Berechnungsvorschriften als Scher-Lochleibungs-Passverbindungen (SLP-Verbindungen). Sie werden festigkeitsmäßig also den nicht vorgespannten Passschrauben gleichgesetzt. Das gilt auch für warm geschlagene Niete, da bei ihnen der Reibschluss der Bauteile nicht unbedingt gesichert ist (vgl. unter 7.3.2).
Ungeachtet der wirklichen Spannungsverhältnisse wird für die Berechnung der übertragbaren
Kräfte senkrecht zur Nietachse ausschließlich die Beanspruchung auf Abscheren im Niet (τ_a)
sowie auf Lochleibung zwischen dem Niet und der Lochwand des zu verbindenden Bauteils
(σ_l) herangezogen. Man geht bei der Berechnung weiterhin davon aus, daß sich alle Niete
gleichmäßig an der Kraftübertragung beteiligen und die Spannungen gleichmäßig verteilt sind
(vgl. Bild 7-9).
Bei Senkniet- und Senkschraubenverbindungen treten durch Verbiegen des Senkkopfes größere
gegenseitige Verschiebungen der Bauteile auf als bei Verbindungsmitteln ohne Senkkopf. Nach

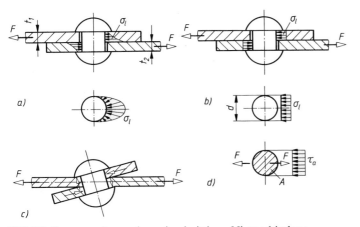

Bild 7-9 Beanspruchung einer einschnittigen Nietverbindung.
a) wirklicher Verlauf des Lochleibungsdruckes σ_l, b) und d) rechnerisch angenommener Verlauf der Lochleibungs- und Abscherspannungen σ_l und τ_a, c) Verformung unter Last (schematisch)

DIN 18 800-1 ist deshalb bei der Berechnung des zulässigen Lochleibungsdruckes (Grenzlochleibungskraft) auf der Seite des Senkkopfes anstelle der Bauteildicke t der größere der beiden folgenden Werte einzusetzen: $0{,}8t$ oder t_S (Bild 7-8).

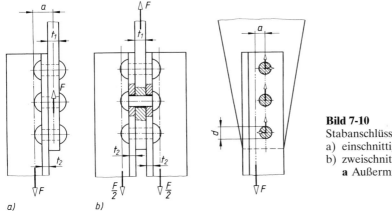

Bild 7-10
Stabanschlüsse.
a) einschnittige Nietverbindung,
b) zweischnittige Nietverbindung,
a Außermittigkeit, Exzentrizität

Für die Nachprüfung einer gegebenen Nietverbindung, Bild 7-10, sind die nach Gln. (7.3) und (7.4) berechneten (vorhandenen) Spannungen mit den zulässigen Spannungen zu vergleichen. Aus der Abscher-Hauptgleichung $\tau_a = F/A$ folgt für die Abscherspannung eines Nietes

$$\tau_a = \frac{F}{n \cdot m \cdot A} \leq \tau_{a\,zul} \tag{7.3}$$

Aus der Flächenpressungs-Hauptgleichung $p = \sigma_l = F/A_{proj} = F/(d \cdot t_{min})$ folgt für den Lochleibungsdruck eines Nietes

$$\sigma_l = \frac{F}{n \cdot d \cdot t_{min}} \leq \sigma_{l\,zul} \tag{7.4}$$

F von der Nietverbindung zu übertragende, dem Lastfall entsprechende Kraft
$A = d^2 \cdot \pi/4$ Querschnittsfläche des geschlagenen Nietes gleich Lochquerschnittsfläche

d	Durchmesser des geschlagenen Nietes
n	Anzahl der kraftübertragenden Niete
m	Anzahl der Scherfugen, $m = 1$ bei einschnittiger Verbindung (Bild 7-10a), $m = 2$ bei zweischnittiger Verbindung (Bild 7-10b)
t_{min}	kleinste Summe der Bauteildicken mit in gleicher Richtung wirkendem Lochleibungsdruck, z. B. bei zweischnittiger Verbindung (Bild 7-10b) der kleinere der beiden Werte t_1 oder $2t_2$; bei Senknieten der größere der beiden Werte $0{,}8t$ oder t_S nach Bild 7-8b
$\tau_{a\,zul}$, $\sigma_{l\,zul}$	zulässige Abscherspannung, zulässiger Lochleibungsdruck, abhängig vom Werkstoff der Niete und Bauteile und ggf. vom Lastfall

- im *Kranbau* (DIN 15018) für den Allgemeinen Spannungsnachweis nach TB 3-3
- für *Aluminiumkonstruktionen* unter vorwiegend ruhender Belastung (DIN 4113-1/A1) nach TB 3-4, unter Beachtung des Kriecheinflusses nach 7.6.4-1
- für *Stahlbauten* nach DIN 18 800-1
  - $\tau_{a\,zul}$
    158 N/mm² für Nietwerkstoff QSt32-3 oder QSt36-3
    mit $R_{m\,min} = 290$ N/mm² (nach DIN 124)
    berechnet aus: $\tau_{a\,zul} = \alpha_a \cdot R_m / S_M$, mit $\alpha_a = 0{,}6$ und $S_M{}^{[1]} = 1{,}1$
  - $\sigma_{l\,zul}$
    Der größtmögliche rechnerische Lochleibungsdruck (Beanspruchbarkeit) wird für die Rand- und Lochabstände e_1 und $e_3 = 3d$, $e_2 = 1{,}5d$ und $e = 3{,}5d$ erreicht, s. TB 7-2. Für Bauteildicken $t \geq 3$ mm gilt:
    655 N/mm² für Bauteilwerkstoff S235 ($R_e = 240$ N/mm²)²
    982 N/mm² für Bauteilwerkstoff S355 ($R_e = 360$ N/mm²)[2]
    berechnet aus: $\sigma_{l\,zul} = \alpha_l \cdot R_e / S_M$, mit Abstandsbeiwert max. $\alpha_l = 3{,}0$ und $S_M = 1{,}1$.[1]
    Für kleinere Rand- und Lochabstände bis zu den Mindestwerten nach TB 7-2 ist der Abstandsbeiwert nach den Angaben zu Gl. (8.40) zu berechnen. Die möglichen Werte für α_l liegen zwischen 0,68 und 3,0. Es ist stets zu untersuchen, ob der Randabstand e_1 oder der Lochabstand e den kleineren Wert α_l ergibt.
- für den *Betriebsfestigkeitsnachweis* dynamisch beanspruchter Bauteile (DIN 15018-1) s. unter 7.7.3
- für *Kunststoffnietungen* nach TB 7-6 und 7.7.3

Die Tragfähigkeit einer Verbindung wird bestimmt durch die Summe der Tragfähigkeiten der Niete (Schrauben) auf Abscheren oder auf Lochleibung bzw. durch die Tragfähigkeit der anzuschließenden Bauteile. Die kleinere der Tragfähigkeiten ist für die Bemessung maßgebend.

Mit der Abhängigkeit des zulässigen Lochleibungsdruckes von den Rand- oder Lochabständen nach DIN 18 800-1 ergeben sich für die einzelnen Niete (Schrauben) eines Anschlusses unterschiedliche Tragfähigkeiten. In der Praxis wird der Nachweis meist für den Niet (Schraube) mit der geringsten Lochleibungstragfähigkeit unter Annahme einer gleichmäßigen Nietkraftaufteilung geführt.

Hinweis: Niete sollen nicht planmäßig auf Zug beansprucht werden.

4. Maßgebende Beanspruchungsart, optimale Nietausnutzung

Im Kranbau (DIN 15018) stehen in Nietverbindungen der zulässige Lochleibungsdruck $\sigma_{l\,zul}$ und die zulässige Abscherspannung $\tau_{a\,zul}$ für alle Werkstoffe und Lastfälle stets im Verhältnis $\sigma_{l\,zul} / \tau_{a\,zul} = 2{,}5$. Im Stahlbau (DIN 18 800-1) ist dieses Verhältnis von der Festigkeit der Bauteile und Niete und den Loch- und Randabständen abhängig. So beträgt z. B. bei Niet-

---

[1] In DIN 18 800-1 Teilsicherheitsbeiwert der Festigkeiten γ_M.
[2] Für Erzeugnisdicken 40 mm $< t \leq 80$ mm betragen die festgelegten Werte der Streckgrenze entsprechend 215 N/mm² und 335 N/mm².

verbindungen mit Bauteilen aus S235 und Nieten aus QSt36-3 und voll ausgenutzter Lochleibungstragfähigkeit (durch entsprechend große Rand- und Lochabstände nach TB 7-2) $\sigma_{l\,zul}/\tau_{a\,zul} = 655/158 = 4{,}15$.

Durch Gleichsetzen der Tragfähigkeit eines Niets bei Beanspruchung auf Abscheren und auf Lochleibungsdruck ergibt sich der Grenzwert t_{lim} der Blechdicke, bei der die Nietverbindung gleichzeitig auf Abscheren und Lochleibungsdruck voll ausgenutzt ist. Mit den Gln. (7.3) und (7.4) ergibt sich

$$F_{zul} = A \cdot m \cdot \tau_{a\,zul} = d \cdot t_{min} \cdot \sigma_{l\,zul}$$

entsprechend

$$F_{zul} = \frac{d^2 \cdot \pi}{4} \cdot m \cdot \tau_{a\,zul} = d \cdot t_{min} \cdot \frac{\sigma_{l\,zul}}{\tau_{a\,zul}} \cdot \tau_{a\,zul}$$

und daraus

$$t_{lim} = \frac{d \cdot \pi \cdot m}{4 \cdot \dfrac{\sigma_{l\,zul}}{\tau_{a\,zul}}}$$

Durch Einsetzen von $m = 1$ bzw. 2 und $\sigma_{l\,zul}/\tau_{a\,zul} = 4{,}15$ bzw. 2,5 folgen die Formeln für die Grenzblechdicke

$$t_{lim} = 0{,}189 \cdot d \quad \text{bzw.} \quad 0{,}378 \cdot d$$

für ein- bzw. zweischnittige Verbindungen im Stahlbau bei den oben genannten Bedingungen und

$$t_{lim} = 0{,}314 \cdot d \quad \text{bzw.} \quad 0{,}628 \cdot d$$

für ein- bzw. zweischnittige Verbindungen im Kranbau.

Der in TB 7-4 für jeden Nietdurchmesser berechnete Grenzwert t_{lim} für ein- und zweischnittige Verbindungen des Stahl- und Kranbaus zeigt, bei welcher Blechdicke der Niet rechnerisch optimal ausgenutzt und welche Beanspruchungsart für die Berechnung maßgebend ist.

Hinweis: Bei ausgeführten Blechdicken $t_{min} > t_{lim}$ sind die Niete auf Abscheren und bei $t_{min} < t_{lim}$ auf Lochleibungsdruck zu berechnen.

Bei der üblichen Zuordnung der Nietdurchmesser zu den Blechdicken (TB 7-4) ist in der Regel bei einschnittigen Verbindungen das Abscheren und bei zweischnittigen Verbindungen der Lochleibungsdruck maßgebend.

5. Erforderliche Nietzahl

Für eine zu bemessende Nietverbindung, also eine Entwurfsberechnung, wird nach der Wahl eines geeigneten Nietdurchmessers nach 7.5.3-1 die Anzahl der erforderlichen Niete durch Umformen der obigen Gleichungen ermittelt.

Aus Gl. (7.3) bzw. (7.4) ergibt sich aufgrund der zulässigen Abscherspannung bzw. dem zulässigen Lochleibungsdruck die jeweils erforderliche Nietzahl

$$\boxed{n_a \geq \frac{F}{\tau_{a\,zul} \cdot m \cdot A}} \tag{7.5a}$$

$$\boxed{n_l \geq \frac{F}{\sigma_{l\,zul} \cdot d \cdot t_{min}}} \tag{7.5b}$$

F, A, d, m, t_{min}, $\tau_{a\,zul}$ und $\sigma_{l\,zul}$ wie zu Gln. (7.3) und (7.4).

Von den nach den Gln. (7.5) errechneten und ganzzahlig aufgerundeten Nietzahlen ist die größere für die Ausführung maßgebend. Um nicht beide Nietzahlen bestimmen zu müssen, kann nach 7.5.3-4 zuerst die maßgebende Beanspruchungsart ermittelt und damit die treffende Gl. (7.5) ausgesucht werden.

6. Stabanschlüsse und Stöße

Die einzelnen Querschnittsteile (z. B. Stege, Flansche) sind im Allgemeinen je für sich nach den *anteiligen* Kräften anzuschließen oder zu stoßen. Anschlüsse und Stöße sind gedrungen auszubilden. In Stößen ist deshalb unmittelbare Stoßdeckung und doppeltsymmetrische Verlaschung anzustreben. Einschnittige Niet-(Schrauben-)Verbindungen sind zu umgehen, da durch die außermittige Kraftübertragung die Verbindung infolge des Momentes $M = F \cdot (t_1 + t_2)/2$ zusätzlich auf Biegung $[\sigma_b \approx 16 \cdot F \cdot (t_1 + t_2)/(\pi \cdot n \cdot d^3)]$ beansprucht und dabei evtl. deformiert wird, Bild 7-10a und 7-9c. Im Kranbau wird dies durch kleinere zulässige Spannungen für einschnittige SLP-Verbindungen auch berücksichtigt (vgl. TB 3-3b).
Die Verbindungsmittel (Niete, Schrauben) eines Anschlusses werden nur gleichmäßig beansprucht, wie unter 3. angenommen, wenn ihr Schwerpunkt auf der Wirkungslinie der anzuschließenden Kraft F, also auf der Stabschwerachse liegt. Trifft dies, wie bei den meisten Anschlüssen, nicht zu, so werden Anschluss und Stab durch ein Moment belastet. Das durch die Außermittigkeit (Exzentrizität) *a* verursachte Moment $M = F \cdot a$ (Bild 7-10a), darf bei Anschlüssen von Zugstäben mit Winkelquerschnitt unberücksichtigt bleiben, wenn die Spannung aus der mittig gedachten Längskraft $0{,}8\sigma_{zul}$ nicht überschreitet (s. Hinweis unter 8.4.3-4). Größere Exzentrizitäten müssen aber beim Nachweis der Verbindung entprechend berücksichtigt werden.
Durch ungleiche Dehnung der Bauteile zwischen den in Kraftrichtung hintereinander liegenden Nieten ergibt sich eine ungleiche Kraftverteilung für die Niete. Die an den Enden sitzenden, äußeren Niete werden stärker beansprucht als die in der Mitte sitzenden, was durch einen „Gummiband-Versuch" (Bild 7-11a) veranschaulicht werden kann. In einem Überlappstoß verteilen sich die von den einzelnen Nieten zu übertragenden Kräfte ungefähr nach Bild 7-11b. Darum dürfen in Kraftrichtung höchstens 5 (Kranbau und Aluminiumkonstruktionen) bzw. 8 (Stahlbau) Niete oder Schrauben hintereinander angeordnet werden. Sind festigkeitsmäßig mehr Niete erforderlich, so sind diese auf mehrere Reihen aufzuteilen, Bild 7-7.

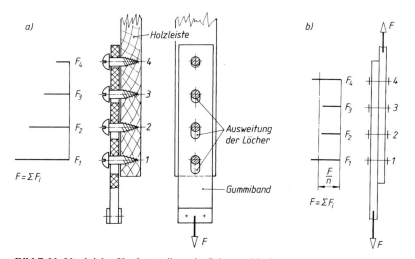

Bild 7-11 Ungleiche Kraftverteilung in Scherverbindungen.
a) Veranschaulichung durch Zugversuch mit Gummiband, b) Verteilung der Nietkräfte in einem Überlappstoß (schematisch)

Ist dies bei Winkelstählen nicht möglich, so sieht man *Bei-winkel* vor, Bild 7-12. Diese sind entweder an einem Schenkel mit dem 1,5fachen oder an beiden Schenkeln mit dem 1,25fachen der anteiligen Kraft anzuschließen. Mit dem Zuschlag gelten die Exzentrizitäten als abgedeckt.

Jedes Querschnittsteil ist mit mindestens 2 Nieten anzu-schließen (weil man ein Niet allein nicht vollwertig schla-gen kann), außer bei untergeordneten Bauteilen (z. B. Geländer, leichte Vergitterungen). In einer Verbindung dürfen Niete nur zusammen mit Passschrauben verwen-det werden.

7. Momentbelastete Nietanschlüsse

Die Niete werden hierbei nicht mehr gleichmäßig bean-sprucht, sondern der am weitesten vom Anschlussschwer-punkt entfernt liegende Niet erhält die größte Kraft. Eine etwaige Berechnung dieser größten Nietkraft er-folgt nach 8.4.4. Diese ist dann für die Nietberechnung nach den Gln. (7.3) und (7.4) maßgebend.

7.5.4 Gestaltung der Nietverbindungen

Nach der Ermittlung des Nietdurchmessers und der er-forderlichen Nietzahl wird das Nietbild festgelegt. Die genormten Abstände der Löcher untereinander und von den Rändern der Bauteile sind dabei einzuhalten, Bild 7-13. Sie werden in Abhängigkeit vom Lochdurch-

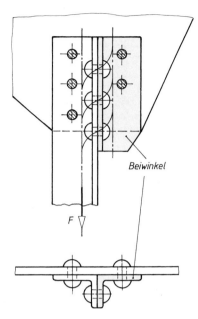

Bild 7-12 Anschluss eines Stabes durch Beiwinkel.
(Beispiel: $n_{erf} = 5$ Niete, davon im Tragwinkel 3 und im Beiwinkel 2 bzw. im abstehenden Schenkel $1,5 \cdot 2 = 3$)

messer d und von der Dicke des dünnsten außenliegenden Teils der Verbindung bestimmt, TB 7-2. Der jeweils kleinere Wert ist maßgebend. Rand- und Lochabstände dürfen nicht zu klein sein, damit die zu verbindenden Bauteile nicht ausreißen und genügend Platz zum Schlagen der Niete bzw. Anziehen der Schrauben vorhanden ist. Die Abstände dürfen nicht zu groß sein, damit die Bauteilflächen satt aufeinanderliegen und nicht klaffen (Korrosions-gefahr) bzw. in Druckstäben nicht ausknicken. Nach DIN 18 800-1 gehen die Rand- und Loch-abstände in die Berechnung der Lochleibungstragfähigkeit ein.

In Stößen und Anschlüssen werden die Lochabstände zweckmäßigerweise an der unteren Gren-ze gewählt, um Knotenbleche und Stoßlaschen klein zu halten.

Für Form- und Stabstähle ist die Lage der Löcher in den Schenkeln bzw. Flanschen durch die Anreißmaße in DIN 997 angegeben, TB 1-8 bis TB 1-12. Bei Winkelstählen müssen die in den

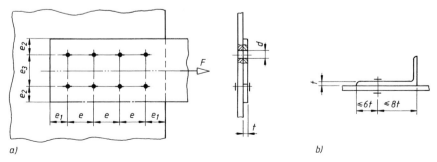

Bild 7-13 Rand- und Lochabstände von Nieten und Schrauben (Darstellung nach DIN ISO 5845-1).
a) Richtwerte, s. TB 7-2, b) größerer zulässiger Randabstand am versteiften Rand bei Stab- und Formstählen, z. B. 8 t statt 6 t im Stahlbau

Schenkeln gegenübersitzenden Niete meist versetzt angeordnet werden, damit genügend Platz für den Döpper bleibt. Mindestversatzmaße siehe DIN 998 und DIN 999. Die Lochteilung in den Stegen der U- und I-Stähle ist nicht vorgeschrieben und kann mit Hilfe der Richtwerte nach TB 7-2 festgelegt werden.

Für Zeichnungen besonders von Metallbau-Konstruktionen (einschließlich Fachwerken, Brücken usw.), Hebe- und Transporteinrichtungen, Behältern usw. gilt für die Darstellung, Bemaßung und Bezeichnung von Löchern, Nieten, Schrauben, Profilen und Blechen DIN ISO 5845-1: Vereinfachte Darstellung von Verbindungselementen für den Zusammenbau mit DIN ISO 5261: Vereinfachte Angabe von Stäben und Profilen, s. TB 7-1.

7.6 Nietverbindungen im Leichtmetallbau

7.6.1 Allgemeines

Leichtmetalle, insbesondere Aluminium und seine hochfesten Legierungen, ermöglichen Leichtbaukonstruktionen für das Verkehrs- und Bauwesen sowie den Maschinenbau (Bild 7-14a). Da-

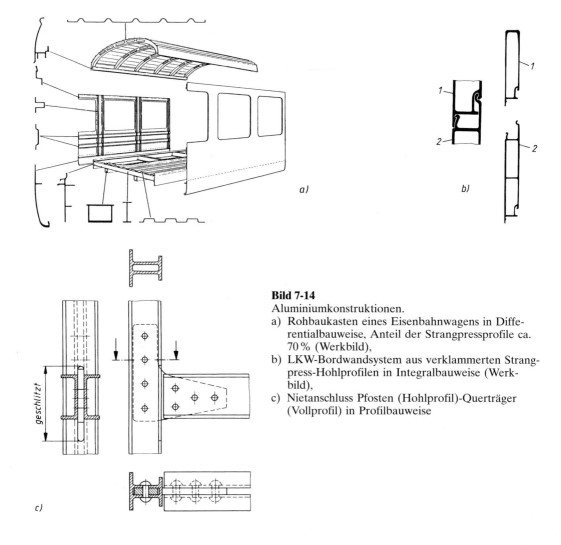

a)

b)

Bild 7-14
Aluminiumkonstruktionen.
a) Rohbaukasten eines Eisenbahnwagens in Differentialbauweise, Anteil der Strangpressprofile ca. 70 % (Werkbild),
b) LKW-Bordwandsystem aus verklammerten Strangpress-Hohlprofilen in Integralbauweise (Werkbild),
c) Nietanschluss Pfosten (Hohlprofil)-Querträger (Vollprofil) in Profilbauweise

geschlitzt

c)

bei wird Nieten gegenüber Schweißen der Vorzug gegeben, wenn die Festigkeit ausgehärteter oder kaltverfestigter Aluminiumlegierungen durch die Schweißwärme beeinträchtigt würde, schweißungeeignete AlCuMg- und AlZnMgCu-Legierungen gefügt werden müssen, Schweißverzug nicht tragbar ist oder verschiedenartige Werkstoffe zu verbinden sind.

Vorherrschend sind die reine *Profilbauweise* (z. B. Tragwerk, Bild 7-14c), die Kombination aus Profilen und Blechen in Form der *Differentialbauweise* (z. B. Wagenkasten, Bild 7-14a) und die *Integralbauweise*, bei welcher „Außenhaut" und Versteifungen als Strangpressprofil zu einem großflächigen Bauelement zusammengefasst sind (z. B. Bordwand, Bild 7-14b). Strangpressprofile ermöglichen die wirtschaftlichste Ausnutzung des Werkstoffes durch Anpassung der Querschnittsform an den Verwendungszweck und an die Beanspruchung. Sie ermöglichen z. B. die Verbindung von Bauteilen nur durch Verklammerung (Bild 7-14b).

Für die Berechnung und bauliche Durchbildung der Konstruktionsteile und Verbindungsmittel gilt bis zum Erscheinen europäischer Regelungen bei vorwiegend ruhender Belastung das bisherige σ_{zul}-Konzept der Normreihe DIN 4113 (DIN 4113-1, DIN 4113-1/A1 und DIN V 4113-3).

7.6.2 Aluminiumniete

Im Leichtmetallbau werden allgemein die auch im Stahl- und Metallbau üblichen, unter 7.2.1 und im Bild 7-2 aufgeführten Nietformen verwendet. Für den Schließkopf werden jedoch vielfach andere Formen als bei Stahlnieten bevorzugt, z. B. der *Tonnen- oder Flachkopf* (Bild 7-15a), dessen Bildung eine geringere Kraft als andere Schließkopfformen benötigt und bei dem das sonst genaue Einhalten einer bestimmten Nietschaftlänge nicht erforderlich ist, oder der *Kegelspitz (Konus-)Kopf* (Bild 7-15b), der gegenüber dem Tonnenkopf den Vorteil hat, dass er besser zentriert und angepresst ist, jedoch einen entsprechend geformten Döpper und eine größere Kraft zum Bilden benötigt.

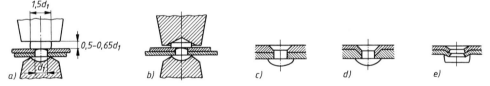

Bild 7-15 Nietungen im Leichtmetallbau.
a) Tonnen- oder Flachkopf, b) Kegelspitz- oder Konuskopf, c) bis e) Glatthautnietungen

Einige *Senk- oder Glatthautnietungen* sind in Bild 7-15c bis e gezeigt. Im Übrigen werden auch die sonst üblichen Schließkopfformen (Halbrund-, Linsen-, Flachrundkopf usw.) verwendet.

Ist die Schließkopfseite nur schwer oder gar nicht zugänglich, wie z. B. bei Hohlprofilen oder Rohren, werden die bereits in 7.2.1 beschriebenen und in Bild 7-3 gezeigten Blindniete verwendet. Ihnen wird gegenüber Vollnieten auch bei normalen Nietarbeiten der Vorzug gegeben, da sie sich schnell und sicher verarbeiten lassen.

Aluminiumniete werden nur kalt geschlagen oder gepresst.

7.6.3 Werkstoffe

Für Bauteile aus Aluminium-Halbzeug (Bleche, Voll- und Hohlprofile, Rohre, Gesenkschmiedeteile) und Niete sind vorzugsweise die in TB 3-4 aufgeführten Aluminium-Knetlegierungen zu verwenden. Niete und Bauteile sollen wegen der möglichen Zerstörung durch elektrochemische Korrosion unbedingt aus gleichen oder mindestens gleichartigen Werkstoffen bestehen. Bei hochbelasteten Verbindungen dürfen unter Beachtung des Korrosionsschutzes (s. unter 7.6.6) auch Verbindungsmittel aus Stahl (Niete, Schließringbolzen, Schrauben) eingesetzt werden.

7.6.4 Berechnung der Bauteile und Niete

1. Allgemeine Richtlinien

Nietverbindungen für Aluminiumkonstruktionen unter vorwiegend ruhender Belastung werden grundsätzlich wie im Stahlbau berechnet, s. 7.5.3-3. Die Abscher- und Lochleibungsspannungen können mit den Gln. (7.3) und (7.4), die erforderliche Nietzahl mit den Gln. (7.5) ermittelt werden, wobei sicherheitshalber mit dem Niet-Nenndurchmesser d_1 gerechnet wird. Für vollschäftige Verbindungsmittel gelten dabei die zulässigen Spannungen nach TB 3-4.

Bei Aluminiumkonstruktionen ist wegen des *Kriecheinflusses* zusätzlich zu den Lastfällen H und HZ der Lastfall H_S zu berücksichtigen. Er umfasst alle ständig wirkenden Hauptlasten, d. h. außer der Summe der unveränderlichen Lasten auch *langzeitig* einwirkende Verkehrslasten, wie z. B. Stapel- und Schneelasten. Wenn das aus den Lastfällen H_S und H sich ergebende Verhältnis der Spannungen σ_{H_S}/σ_H bzw. τ_{H_S}/τ_H den Wert 0,5 überschreitet, müssen die in TB 3-4 für Bauteile und Verbindungsmittel genannten zulässigen Spannungen mit dem aus einem Langzeitversuch (1000 Stunden) ermittelten Faktor c abgemindert werden; es gilt dann

$$\sigma_{c\,zul} = c \cdot \sigma_{zul} \quad \text{bzw.} \quad \tau_{c\,zul} = c \cdot \tau_{zul}$$

mit

$$c = 1 - 0{,}4 \left(\frac{\sigma_{H_S}}{\sigma_H} - 0{,}5 \right) \quad \text{bzw.} \quad 1 - 0{,}4 \left(\frac{\tau_{H_S}}{\tau_H} - 0{,}5 \right)$$

Der Faktor schwankt zwischen 1,0 und 0,8 und muss auch bei Stabilitätsnachweisen (z. B. Knicken) berücksichtigt werden.

Für Universal- und Senknietverbindungen in der Luftfahrt gelten besondere Vorschriften. Nietrechnungswerte bei statischer Beanspruchung s. Luftfahrtnormen.

Da im Leichtmetallbau ausschließlich kalt genietet wird, ist zu beachten, dass die äußere Kraft fast nur durch den Scherwiderstand und den Lochleibungsdruck des lochausfüllenden Nietschaftes übertragen wird. Bei großen Klemmlängen ist außerdem ein gleichmäßiges Stauchen des Nietschaftes über die Klemmlänge nicht sicher zu erwarten. Dieser Nachteil wird vermieden bei Verwendung von *Schließringbolzen* aus Stahl oder Aluminium (im Flugzeugbau System „hishear" und „hi-lok"), die kalt gesetzt werden und mindestens ebenso große Klemmkräfte wie warm geschlagene Stahlniete bewirken (s. unter 7.2.1).

Bedingt durch den kleinen *E*-Modul der Aluminium-Legierungen (1/3 von Stahl) ist der hohen elastischen Formänderung (z. B. Durchbiegung) und bei Druckstäben der Knickbeanspruchung durch entsprechende Gestaltung der Querschnitte – hohe Flächenmomente 2. Grades durch Verwendung von Hohl- und Abkantprofilen – zu begegnen.

2. Niet- und Nietlochdurchmesser

Da bei Aluminiumkonstruktionen der zulässige Lochleibungsdruck $\sigma_{l\,zul}$ vom Bauteilwerkstoff, die zulässige Abscherspannung $\tau_{a\,zul}$ dagegen vom Nietwerkstoff abhängig ist (DIN 4113-1/A1, TB 3-4), steht $\sigma_{l\,zul}/\tau_{a\,zul}$ in keinem festen Verhältnis wie im Kranbau (vgl. 7.5.3-4). Je nach Zuordnung der Bauteil- und Nietwerkstoffe ergibt sich für das optimale Verhältnis Blechdicke zu Nietdurchmesser t/d der gleichzeitig auf Lochleibung und Abscheren voll ausgenutzten Nietverbindung jedes Mal ein anderer Wert.

Der *Nietdurchmesser* d_1 wird deshalb in der Praxis in Abhängigkeit von der kleinsten Summe der Bauteildicken t_{min} mit in gleicher Richtung wirkendem Lochleibungsdruck wie folgt gewählt:

$$d_1 = 2 \cdot t_{min} + 2\,\text{mm} \quad \text{für einschnittige Verbindungen,}$$

$$d_1 = t_{min} + 2\,\text{mm} \quad \text{für zweischnittige Verbindungen.}$$

t_{min} ist bei einschnittigen Nietverbindungen also die Dicke des dünneren Bleches, bei zweischnittigen Nietverbindungen entweder die Dicke des inneren Bleches oder die Summe der Dicken der äußeren Bleche.

Bei Profilen aus Aluminium (Winkel, T, Doppel-T, U) können die Nietdurchmesser wie bei vergleichbaren Stahlprofilen gewählt werden (vgl. TB 1-8 bis TB 1-12). Ihre Abmessungen stimmen jedoch nicht genau überein.

Bei der üblichen Kaltnietung wird mit Rücksicht auf Staucharbeit und Lochfüllung das Nietspiel mit etwa 2% des Nietdurchmessers wesentlich kleiner gehalten als im Stahlbau.

Der *Nietlochdurchmesser* d wird − ab $d_1 = 4$ mm abweichend von den genormten Werten nach Bild 7-2, Fußnote 2 − bis $d_1 = 10$ mm meist nur mit $d = d_1 + 0,1$ mm ausgeführt.

3. Nietlänge

Die Rohniet-Schaftlänge l wird wie bei Stahlnieten nach Gl. (7.2) bestimmt. Für den *Überstand* $l_{\ddot{u}}$ wird gesetzt bei einem Schließkopf als Halbrundkopf: $l_{\ddot{u}} \approx 1,5 \cdot d_1$, Senkkopf: $l_{\ddot{u}} \approx d_1$, Flachkopf: $l_{\ddot{u}} \approx 1,8 \cdot d_1$. Die endgültigen Schaftlängen sind, wie bei Stahlnieten, nach den betreffenden Normen zu wählen. Die Klemmlängen sollen $5 \cdot d_1$ nicht überschreiten.

7.6.5 Bauliche Durchbildung

Die Gestaltung der Nietverbindungen im Leichtmetallbau erfolgt nach den gleichen Grundsätzen wie im Stahlbau, s. 7.5.4. Die zulässigen Niet- und Schraubenabstände nach DIN 4113-1 und DIN V 4113-3 sind TB 7-2 zu entnehmen.

Größere Rand- und Lochabstände sind zulässig, wenn durch geeignete Maßnahmen oder konstruktive Gestaltung die Möglichkeit von Spaltkorrosion ausgeschlossen wird und örtlich keine Beulgefahr besteht. Sind bei breiten Stäben mit mehr als zwei Lochreihen die äußeren Reihen nach TB 7-2 angeordnet, so ist für die inneren Reihen der doppelte Lochabstand zulässig. Nietabstände für Hals- und Kopfniete in Blechträgern außerhalb der Stoßteile dürfen wie bei Heftnieten gewählt werden.

Bauteile und Verbindungsmittel müssen nach DIN 4113-1 und DIN V 4113-3 folgende *Mindestabmessungen* besitzen:

Bleche und Rohrwandungen	2 mm
Stabprofile	Dicke 2 mm, Anschlussschenkelbreite 25 mm
Niete und Schließringbolzen	6 mm Durchmesser
Stahlschrauben	8 mm Durchmesser
Aluminiumschrauben	10 mm Durchmesser

7.6.6 Korrosionsschutz

Wenn die chemischen Eigenschaften der Al-Legierungen auf die vorliegenden Betriebseinflüsse abgestimmt sind, brauchen bei offenen, leicht zugänglichen Konstruktionen keine Schutzmaßnahmen ergriffen werden. Jedoch sind schon bei der Konstruktion folgende Einflüsse zu berücksichtigen:

Spaltkorrosion in engen Spalten ($0,05 \dots 0,4$ mm) an Überlappungs- und Verbindungsstellen, verursacht durch örtliche Unterschiede in der Sauerstoffkonzentration. Sie ist nahezu unabhängig von der Beständigkeit des Werkstoffes und tritt bei allen Metallen auf, wenn Feuchtigkeit in Spalte eindringt.

Schwitzwasserkorrosion durch die Kondensation von Wasser infolge Taupunktunterschreitung auf Metalloberflächen in geschlossenen und unbelüfteten Bauteilen oder an der Unterseite flächiger Konstruktionen. Konstruktionsregel: Unvermeidbare Hohlräume und Hohlprofile verschließen und „Wassersäcke" vermeiden.

Kontaktkorrosion vom Verbund von Metallen mit unterschiedlichem Potenzial bei Einwirkung eines geeigneten Elektrolyten (Feuchtigkeit). Sie kann auftreten, wenn Bauteile und Verbindungsmittel aus unterschiedlichen Werkstoffen bestehen.

Als mögliche *Schutzmaßnahmen* gegen Spalt- und Kontaktkorrosion dienen *Gesamtanstriche*, um generell den Zutritt von Feuchtigkeit zu unterbinden, das *Neutralisieren* von Anschluss- und Verbindungsflächen durch örtliche Oberflächenbehandlung sowie die Unterbrechung des metallisch leitenden Kontaktes durch *Isolierungsmaßnahmen*, z. B. Beschichtungen aus Zinkchromat, Bitumen oder durch eingelegte Isolierpasten und -binden. Genaue Anweisungen zum Korrosionsschutz enthält DIN V 4113-3.

Bild 7-16 zeigt Isolierungsmaßnahmen bei der Vernietung von Bauteilen aus Stahl und Aluminium mit Stahl- oder Aluminiumnieten. Der Nietschaft braucht gegen die Lochwand nicht isoliert zu werden, da kaum zu erwarten ist, dass z. B. Wasser als Elektrolyt an den Nietschaft gelangen kann. Die fertigen Vernietungsstellen sind möglichst noch mit einem Schutzanstrich zu versehen.

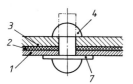 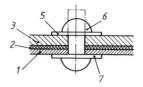

Bild 7-16 Isolierungsmaßnahmen bei der Vernietung von Aluminium mit Stahl.
1 Bauteile aus Aluminium, **2** isolierende Zwischenschicht, **3** Bauteile aus Stahl, **4** Stahlniet, **5** verzinkte oder kadmierte Unterlegscheibe, **6** Aluminiumniet, **7** mit oder ohne verzinkte Unterlegscheibe

7.7 Nietverbindungen im Maschinen- und Gerätebau

7.7.1 Anwendungsbeispiele

Das Nieten ist im Maschinen- und Gerätebau angebracht zur Befestigung und Verbindung von gering belasteten oder schweißungeeigneten Konstruktionselementen, z. B. durch Halbrund- oder Senkniete; zur Verbindung nichtmetallischer Werkstoffe untereinander oder mit Metallen, z. B. durch Riemenniete, Hohlniete, Halbhohlniete und Belagniete; zur Verbindung empfindlicher weicher oder spröder Werkstoffe (Gummi, Kunststoffe, Keramik), z. B. durch Hohl- oder Rohrniete mit geringer Schließkraft; zur Befestigung von teuren Schneidstoffen auf Baustahlträgern, z. B. HSS-Zahnsegmente auf Stammblättern durch Senkniete bei Kreissägen; für Ketten

 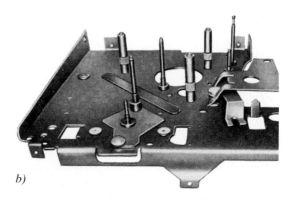

a)   b)

Bild 7-17 Nietverbindungen im Maschinen- und Gerätebau.
a) Kupplungsscheibe (Werkbild) **1** Halbrundniete, **2** Flachkopfniete, **3** Belagniete, b) Seitenwand für Filmprojektor (Werkbild). Mehrfach-Taumelnieten mit 13 Nietstellen

u. a. gelenkartige Verbindungen, z. B. durch Nietstifte. Außerdem werden häufig Sonderniete, überwiegend als Blindniete und Schließringbolzen, eingesetzt, wie unter 7.2.1 beschrieben. Einen Überblick über die Verwendung genormter Nietformen gibt Bild 7-2. Die vorstehend genannten Nietverbindungen werden meist nach konstruktiven Gesichtspunkten gestaltet und bemessen.

7.7.2 Maßnahmen zur Erhöhung der Dauerfestigkeit

Dynamisch belastete Niet- und Schraubenverbindungen sind stark schwingbruchgefährdet. So gehen im Flugzeugbau 70% der Ermüdungsschäden vom Bohrungsrand der Nietlöcher aus.
Als geeignete Maßnahme zur Lebensdauererhöhung hat sich der Einsatz von mit Übermaß eingepassten Befestigungselementen (Schließringbolzen, im Flugzeugbau als Schraub- oder Passniete bezeichnet) hoher Klemmkraft erwiesen. Mit zunehmender Klemmkraft können größere Kraftanteile zwischen den Blechen durch Reibung übertragen und dadurch die Spannungskonzentration an den Bohrungsrändern verringert werden. Durch den Presssitz wird die ovale Verformung der Bohrungen behindert und an den Lochrändern werden günstig radiale Druckspannungen erzeugt.
Eine weitere Steigerung der Dauerhaltbarkeit ist durch plastisches Aufweiten (Aufdornen) der Bohrungen oder örtliches Kaltverformen der Bleche möglich. Die dadurch erzeugten Druckspannungen überlagern sich den Lastspannungen und reduzieren die Schwingbreite der gefährlichen Zugspannungen.

7.7.3 Festigkeitsnachweise

Vorwiegend ruhend belastete Kraftverbindungen können nach den Richtlinien des Stahl- und Kranbaues bemessen werden (s. unter 7.5). Die im Maschinen- und Fahrzeugbau weit verbreiteten gewichtssparenden Verbindungen (Leichtbau) aus umgeformten Stahlblechen und Profilen sind häufig *dynamisch belastet* und verlangen eine sorgfältige Festigkeitsberechnung bzw. Dauerfestigkeitsversuche (Bild 7-17a).
Für ihre Berechnung kann der *Betriebsfestigkeitsnachweis* für Krantragwerke (DIN 15 018-1) herangezogen werden. Er gilt bei Kranen für Bauteile ab 2 mm Dicke aus S235 und S355 und für Halbrundniete nach DIN 124 und DIN 660 ab 6 mm Durchmesser. Werkstoffe für die Niete s. TB 3-3b.
Mit den von der geforderten Lebensdauer (Gesamtzahl der Spannungsspiele) und der Häufigkeit der Höchstlast abhängigen zulässigen Wechselspannungen nach TB 7-5 können die gelochten Bauteile aus S235 (Klammerwerte für S355) bemessen werden. Bei schwellender Belastung gelten die 1,6fachen Werte ($\sigma_{\text{Sch zul}} = 1{,}6 \cdot \sigma_{\text{w zul}}$).
Aus den zulässigen Bauteilspannungen $\sigma_{\text{zul}} = \sigma_{\text{w zul}}$ bzw. $\sigma_{\text{Sch zul}}$ können dann die zulässigen Scher- und Lochleibungsspannungen bestimmt werden. Es gilt bei

— einschnittigen Verbindungen:

$$\tau_{\text{a zul}} = 0{,}6 \cdot \sigma_{\text{zul}} \quad \text{und} \quad \sigma_{\text{l zul}} = 1{,}5 \cdot \sigma_{\text{zul}}$$

— mehrschnittigen Verbindungen:

$$\tau_{\text{a zul}} = 0{,}8 \cdot \sigma_{\text{zul}} \quad \text{und} \quad \sigma_{\text{l zul}} = 2{,}0 \cdot \sigma_{\text{zul}}$$

Die Berechnung der vorhandene Spannungen erfolgt dann mit den Gln. (7.3) und (7.4). Zur Berücksichtigung der Betriebsweise sollte bei dynamisch belasteten Verbindungen die von der Verbindung zu übertragende Kraft mit dem Anwendungsfaktor K_A (s. TB 3-5c) multipliziert werden, vgl. Berechnungsbeispiel 7.2.
Bei der *Werkstoffwahl* ist zu beachten, dass im Gebiet der Dauerfestigkeit (über $2 \cdot 10^6$ Spannungsspiele) die zulässigen Spannungen – bedingt durch die starke Kerbwirkung – fast unab-

hängig von der statischen Werkstofffestigkeit sind. Ein Werkstoff höherer Festigkeit lohnt also nur im Bereich der Zeitfestigkeit (vgl. auch unter 6.2.5-4).

Die oben genannte Betriebsfestigkeitsberechnung für Nietverbindungen gilt genauso auch *für Verbindungen mit Passschrauben* der Festigkeitsklasse 4.6 für Bauteile aus S235 bzw. der Festigkeitsklasse 5.6 für Bauteile aus S355, wenn bei Schwellbelastung die Passung H11/h11 und bei Wechselbelastung die Passung H11/k6 eingehalten wird.

Werden *Blindniete* nicht nur zur Befestigung, sondern als kraftübertragende Verbindungselemente eingesetzt, kann die übertragbare Kraft je Niet aus TB 7-3 entnommen werden. Die zulässigen Scher- und Zugkräfte je Niet erhält man durch Berücksichtigung einer ausreichenden Sicherheit S. Bei dynamischer Belastung ist die zu übertragende Kraft noch mit dem Anwendungsfaktor K_A (s. TB 3-5c) zu multiplizieren.

Nietverbindungen aus *thermoplastischen Kunststoffen* (Bild 7-6) zeigen ein anderes Tragverhalten wie Metallnietungen. Vor dem Bruch der Verbindung werden diese durch übermäßige Verformung oder Lockern bereits unbrauchbar und müssten eigentlich auf Verformung berechnet werden. Brauchbare Ergebnisse erzielt man in der Praxis, indem die Verbindungen mit den Gln. (7.3) und (7.4) auf Abscheren und Lochleibungsdruck nachgewiesen werden, wobei die zulässigen Spannungen nach TB 7-6 einzuhalten sind. Diese sind so niedrig angesetzt, dass keine störenden Verformungen zu erwarten sind.

7.8   Stanzniet- und Clinchverbindungen

7.8.1 Stanznieten

Stanznieten ermöglicht das mittelbare, nichtlösbare Verbinden von Blech- und Profilteilen ohne das bei anderen Nietverfahren notwendige Vorlochen. Das Nietverfahren ist nicht genormt, kann aber nach DIN 8593-5 der Untergruppe „Fügen durch Umformen" zugeordnet werden. Beim *Stanznieten mit Halbhohlniet* wirkt dieser zunächst als Schneidstempel und bildet anschließend durch plastische Verformung mit dem matrizenseitigen Blech den Schließkopf aus. Durch geeignete Abstimmung der Matrize auf die Nietlänge und die Gesamtblechdicke entsteht ein matrizenseitig geschlossenes Nietelement, das den Stanzbutzen des oberen Bleches einschließt,

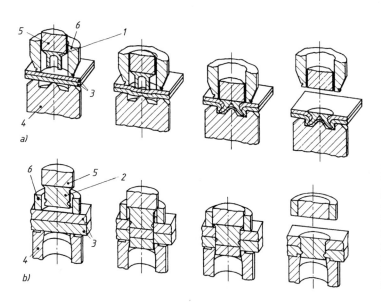

Bild 7-18
Verfahrensablauf beim Stanznieten (schematisch)
a) Stanznieten mit Halbhohlniet, b) Stanznieten mit Vollniet (1 Halbhohlniet, 2 Vollniet mit Ringnut, 3 Fügeteile, 4 Matrize, 5 Nietstempel, 6 Niederhalter)

Bild 7-18a. Da das matrizenseitige Blech nicht durchschnitten wird, entsteht eine gas- und flüssigkeitsdichte Verbindung.

Die Stanznieten mit Senk- oder Flachkopf werden durch Kaltumformen aus Vergütungsstahl, Aluminiumlegierungen oder rostfreiem Stahl hergestellt. Mit Nietdurchmessern zwischen 3 und 6 mm lassen sich Verbindungen bis einer Gesamtdicke von ca. 7 mm (bei Stahl) bzw. ca. 11 mm (bei Al) herstellen. Die Verarbeitung erfolgt meist in hydraulisch betätigten Stanzwerkzeugen bei Fügekräften bis 50 kN. In der Serienfertigung finden zunehmend handlingfähige Systeme Anwendung.

Beim *Stanznieten mit Vollniet* wirkt dieser als Schneidstempel, Bild 7-18b. Durch die Geometrie des Niets (Senkkopf und Ringnut oder konkave Form) und der Matrize fließt der Fügeteilwerkstoff dergestalt, dass sich eine Hinterschneidung ausbildet und ein beidseitig oberflächenebenes Fügeelement entsteht. Der Werkstoff des stempelseitigen Bleches muss nicht plastisch umformbar sein.

Meist werden Vollniete aus vergütetem Stahl, aber auch martensitische nichtrostende Stähle (z. B. X46Cr13) eingesetzt.

Anwendung findet das Stanznieten vor allem im Leichtbau zum Fügen höherfester Stahlbleche bis zu einer Dicke von ca. 2 mm. Unter vorwiegend schwingender Belastung sind stanzgenietete und geclinchte Verbindungen aus höherfesten Stählen vergleichbaren Punktschweißverbindungen überlegen, Bild 7-19.

Für die Gestaltung der Stanznietverbindungen gelten prinzipiell die gleichen Überlegungen wie für die anderen Nietverbindungen, vgl. unter 7.5.4. Bei den vorherrschend dünnen Blechen sind die Randabstände so zu wählen, dass sich der Blechrand nicht aufwirft oder aufreibt, also die Randabstände nicht zu groß bzw. zu klein sind.

Stanznietsysteme werden eingesetzt, wenn hochfeste visuell prüfbare Verbindungen gefordert werden, die gas- und flüssigkeitsdicht sein müssen, Werkstoffe unterschiedlicher Festigkeit und Dicke zu verbinden sind, veredelte bzw. beschichtete Bauteiloberflächen erhalten bleiben müssen, ein hoher Automatisierungsgrad und ein hohes Energieaufnahmevermögen bis zum Verbindungsversagen gefordert wird.

7

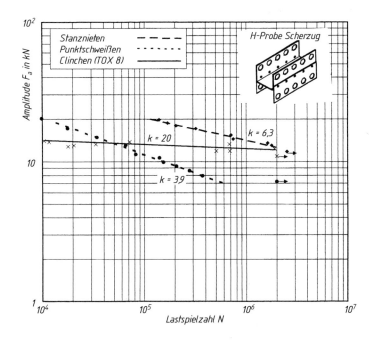

Bild 7-19
Festigkeit von Stanzniet-, Clinch- und Punktschweißverbindungen unter schwingender Scherzugbelastung (nach Forschungsbericht P283 der Studiengesellschaft für Stahlanwendung, Düsseldorf)

Versuchshinweis: Stanznieten mit Halbhohlniet $5{,}3 \times 5$ mm, Schweißpunktdurchmesser 5 mm, Rundpunktdurchmesser (Clinchen) 8 mm; Werkstoff ZSTE420, Blechdicke 1 mm, Kraftverhältnis $R = F_u/F_o = +0{,}1$; k: Steigungsexponent der Wöhlerlinie

7.8.2 Clinchen

Clinchen oder Durchsetzfügen wird nach DIN 8593-5 dem Fügen durch Umformen zuge-ordnet. Es ist ein Fügen von meist zwei überlappt angeordneten Blech- oder Profilteilen durch Kaltumformen mit Stempel und Matrize. Dabei werden die Fügeteile gemeinsam durchgesetzt und dann gestaucht, so dass durch Breiten und/oder Querfließpressen eine un-lösbare Verbindung entsteht, s. Bild 7-20a. Die Verbindung ist form- und kraftschlüssig (Quasiformschluss). Es sind keine Zusatzstoffe oder Hilfselemente erforderlich. Hinsichtlich des Schneidanteils wird zwischen schneidend und nicht schneidend hergestellten Verbindun-gen, und bezogen auf die Geometrie zwischen runden, balkenförmigen (rechteckigen) Ver-bindungen und Sonderformen unterschieden. Der Rundpunkt (Bild 7-21a) entsteht aus-schließlich durch lokale Umformung der Fügeteile und setzt gut umformbare Werkstoffe voraus. Der Balkenpunkt (Bild 7-21b) entsteht durch einen kombinierten Schneid-/Umform-vorgang und wird überwiegend für härtere Werkstoffe und rostfreien Stahl eingesetzt. Dicht-heit ist nicht gewährleistet.

Gut clinchgeeignet sind Werkstoffe mit einer Bruchdehnung $A_{80} \geq 12\,\%$, einem Streckgrenzen-verhältnis $R_{p0,2}/R_m \leq 0,7$ und einer Zugfestigkeit $R_m \leq 500\,\text{N/mm}^2$.

Dazu zählen naturharte Aluminium-Knetlegierungen, aushärtbare Aluminiumlegierungen vom Typ AlMgSi (Zustand weich), sowie weiche unlegierte Stähle zum Kaltumformen, höherfeste Streckziehstähle, nichtrostende Stähle, allgemeine Baustähle, phosphorlegierte und mikrole-gierte hochfeste Stähle.

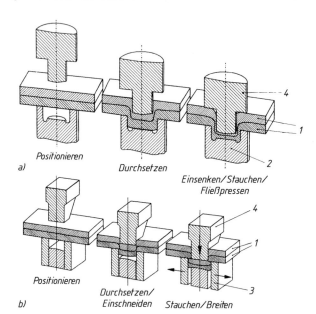

Positionieren
a)
Durchsetzen
Einsenken/Stauchen/
Fließpressen

Positionieren
b)
Durchsetzen/
Einschneiden
Stauchen/Breiten

Bild 7-20
Verfahrensablauf beim Clinchen (sche-matisch)
a) einstufiges Clinchen ohne Schneid-anteil mit starrer Matrize,
b) einstufiges Clinchen mit Schneidan-teil (1 Fügeteile, 2 starre Matrize, 3 be-wegliche Matrize, 4 Stempel, Niederhal-ter und Auswerfer nicht dargestellt)

Für die *konstruktive Gestaltung* von Bauteilen aus Stahlblech sind die Mindestabmessungen nach TB 7-8 zu beachten. Beim Clinchen unterschiedlicher Bauteildicken ist das dickere Bauteil möglichst stempelseitig (t_1) anzuordnen, wenn dies nicht möglich ist, sollte $t_1/t_2 \geq 0,5$ eingehal-ten werden, s. Bild 7-21a. Bei unterschiedlichen Grundwerkstoffen sollte der schwerer umform-bare auf der Stempelseite angeordnet werden (t_1).

Auf Grund der Fügeteilgeometrie sind Clinchverbindungen geeignet Scherzugbelastungen zu übertragen. Bei Schälzugbelastung werden geringere Festigkeiten erreicht. Die Verbindungsfes-tigkeit von balkenförmigen Clinchverbindungen ist richtungsabhängig.

Die übertragbaren Kräfte eines Clinchpunktes hängen von der Blechfestigkeit und -dicke und seiner Abmessungen ab. Anhaltswerte für maximal übertragbare Scherzugkräfte von runden

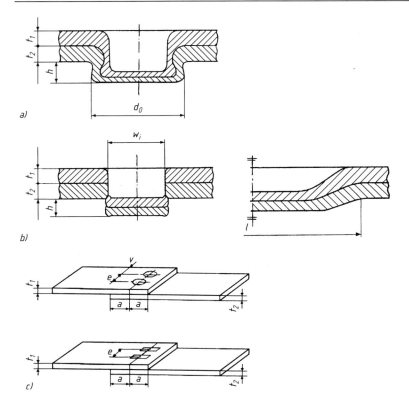

Bild 7-21 Bauteilkenngrößen bei Clinchverbindungen
a), b) Rund- und Balkenpunkt im Schnitt (d_0 Außendurchmesser; w_i Innenseite; t_1, t_2 Blechdicke stempel- und matrizenseitig; h Punkthöhe; l Punktlänge), c) einseitiger Überlappstoß, einreihig (a, v Randabstand; e Punktabstand; t_1, t_2 Blechdicke)

Clinchverbindungen können TB 7-9 entnommen werden. Die Wöhlerlinien Bild 7-19 lassen das günstige Verhalten der Clinchverbindungen unter schwingender Belastung (besonders ab $2 \cdot 10^6$ Lastwechsel) erkennen. Bei statischer Belastung werden allerdings nur 40–75 % der Festigkeit der Punktschweißverbindung erreicht. Trotz vergleichsweise höherer Fügekräfte werden zunehmend nichtschneidend hergestellte Rundpunkte ausgeführt, da diese höhere Schwingfestigkeit und bessere Korrisionsbeständigkeit aufweisen. Unter Kopfzug-Schälzug-Beanspruchung ist die erreichte Zeitfestigkeit dem Stanznieten und Widerstandspunktschweißen deutlich unterlegen. Im Einsatzfall ist eine Erprobung der Verbindungen unter Betriebsbedingung zu empfehlen, da zuverlässige Berechnungsansätze bisher fehlen.

Das umformtechnische Fügen höherfester Stahlbleche im Leichtbau bietet Vorteile in schwingend belasteten Konstruktionen, da der Festigkeitszuwachs durch zunehmende Verwendung höherfester Bleche weitgehend in erhöhte Verbindungsfestigkeit umgesetzt werden kann, was mit dem Punktschweißen nicht möglich ist. Eine optimierte Werkstoffausnutzung lässt sich durch die Kombination des umformtechnischen Fügens mit dem Kleben erzielen. So kann z. B. fehlende Dichtheit und geringe Steifigkeit durch geeignete Klebstoffwahl behoben werden.

Anwendung findet das Clinchen ähnlich wie das Stanznieten im Fahrzeugbau, in der Haushaltsgeräteindustrie, in der Klima- und Lüftungstechnik, in Bereichen der Elektrogeräteindustrie, also in Branchen in denen blechförmige Bauteile kostengünstig und sicher verbunden werden müssen.

7.9 Berechnungsbeispiele

■ **Beispiel 7.1:** Bei dem in Bild 7-22 abschnittsweise wiedergegebenen Aluminium-Fachwerk aus ENAW-AlSi1MgMn-T6 (AlMgSi1 F31/F32) bestehen Ober- und Untergurt (Stäbe O und U) aus offenen und die Füllstäbe (Stäbe V und D) aus hohlen Strangpressprofilen. Die Füllstabprofile ermöglichen durch Schlitzen der Stabenden einen knotenblechlosen Nietanschluss. Der Vertikalstab V wird im Lastfall H mit der Druckkraft $F_H = 9,6$ kN und im Lastfall H_S mit der Druckkraft $F_{H_S} = 7,8$ kN belastet. Seine Querschnittswerte betragen: $A = 7,0$ cm^2, $I_x = 26,8$ cm^4 und $I_y = 11,2$ cm^4. Der Diagonalstab D wird in den Lastfällen H bzw. H_S duch die Zugkräfte $F_H = 13,8$ kN bzw. $F_{H_S} = 11$ kN belastet. Seine Querschnittsfläche beträgt $A = 3,24$ cm^2.

(Die Netzlinien der Stäbe U, V und D schneiden sich ausnahmsweise nicht in einem Punkt, sondern 15 mm unter der Schwerachse des Stabes U, um Platz für den Anschluss des Stabes D zu gewinnen. Der Stab U erhält dadurch eine zusätzliche Biegebeanspruchung.)

Festigkeitsmäßig nachzuprüfen sind:

a) der Druckstab V,
b) der Zugstab D,
c) der Nietanschluss des Zugstabes D für Halbrundniete aus AlMg5 F31.

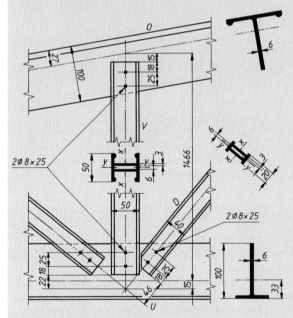

Bild 7-22
Genietetes Aluminium-Fachwerk aus
Strangpressprofilen

▶ **Lösung a):** Bei dem Vertikalstab V handelt es sich um einen einteiligen Druckstab mit mittiger Belastung. Nach DIN 4113-1 muss der Nachweis gegen Knicken noch mit dem ω-Verfahren (entsprechend der früheren DIN 4114-1) geführt werden:

$$\sigma_\omega = \frac{F \cdot \omega}{A} \leq \sigma_{d\,zul}.$$

Mit dem kleinsten Flächenmoment 2. Grades $I_{min} = I_y = 11,2$ cm^4 ($I_x = 26,8$ cm^4) ist der Stab auf Ausknicken rechtwinklig zur Stabachse $y - y$ (also rechtwinklig zur Fachwerkebene) zu untersuchen. Die rechnerische Knicklänge kann gleich der Netzlinienlänge gesetzt werden: $l_k = l = 146,6$ cm (Bild 7-22). Mit dem kleinsten Trägheitsradius der Querschnittsfläche $i_{min} = i_y = \sqrt{I_y/A}$, also $i_{min} = \sqrt{11,2 \text{ cm}^4 / 7 \text{ cm}^2} = 1,27$ cm ergibt sich der Schlankheitsgrad aus $\lambda = l_k/i_{min}$ zu $\lambda = 146,6 \text{ cm}/1,27 \text{ cm} = 115$. Dafür findet man in DIN 4113-1 für das Al-Profil aus AlMgSi1 F31/F32 die Knickzahl $\omega \approx 7,3$. Die zulässige Druckspannung ist nach TB 3-4a, Zeile 1, Spalte f: $\sigma_{d\,zul} = 145$ N/mm^2. Um den Kriecheinfluss zu berücksichtigen, muss nach 7.6.4-1 der Lastfall H_S herangezogen werden.

Da das Verhältnis $\sigma_{H_s}/\sigma_H \cong F_{H_s}/F_H = 7,8\,\text{kN}/9,6\,\text{kN} = 0,81$ den Wert 0,5 überschreitet, muss die zulässige Spannung mit dem Faktor c abgemindert werden: Mit $c = 1 - 0,4(0,81 - 0,5) \approx 0,88$, gilt dann:

$$\sigma_{c\,zul} = 0,88 \cdot 145\,\text{N/mm}^2 \approx 128\,\text{N/mm}^2\,.$$

Mit diesen Werten wird dann

$$\sigma_\omega = \frac{9600\,\text{N} \cdot 7,3}{700\,\text{mm}^2} = 100\,\text{N/mm}^2 < \sigma_{c\,zul} = 128\,\text{N/mm}^2\,.$$

Ergebnis: Der Druckstab V ist ausreichend bemessen, da $\sigma_\omega = 100\,\text{N/mm}^2 < \sigma_{c\,zul} = 128\,\text{N/mm}^2$ ist.

▶ **Lösung b):** Der einteilige Zugstab D ist mittig angeschlossen (s. unter 6.3.1-3.2 und 8.4.3-4). Für die vorhandenen Zugspannungen gilt im geschwächten Stabquerschnitt nach Gl. (8.44):

$$\sigma_z = \frac{F}{A_n} \le \sigma_{z\,zul}\,.$$

Unter Berücksichtigung des Nietlochdurchmessers 8,1 mm in den beiden 3 mm dicken Stegen und des 6 mm breiten Schlitzes in den 3 mm dicken Flanschen, gilt für die nutzbare Stabquerschnittsfläche:

$$A_n = 324\,\text{mm}^2 - 8,1\,\text{mm} \cdot 3\,\text{mm} \cdot 2 - 6\,\text{mm} \cdot 3\,\text{mm} \cdot 2 \approx 239\,\text{mm}^2\,.$$

Mit $\sigma_{H_s}/\sigma_H \cong F_{H_s}/F_H = 11\,\text{kN}/13,8\,\text{kN} = 0,80$ gilt nach 7.6.4-1 für den Minderungsfaktor:

$$c = 1 - 0,4(0,80 - 0,5) = 0,88\,.$$

Mit $\sigma_{z\,zul} = 145\,\text{N/mm}^2$ nach TB 3-4a, Zeile 1, Spalte f, wird damit die abgeminderte zulässige Spannung

$$\sigma_{c\,zul} = 0,88 \cdot 145\,\text{N/mm}^2 = 128\,\text{N/mm}^2\,.$$

Mit obigen Werten wird dann

$$\sigma_z = \frac{13\,800\,\text{N}}{239\,\text{mm}^2} = 58\,\text{N/mm}^2 < \sigma_{c\,zul} = 128\,\text{N/mm}^2\,.$$

Ergebnis: Der Zugstab ist ausreichend bemessen, da $\sigma_z = 58\,\text{N/mm}^2 < \sigma_{c\,zul} = 128\,\text{N/mm}^2$ ist.

▶ **Lösung c):** Für die Nachprüfung der Nietverbindung sind wie im Stahlbau die Bedingungen der Gln. (7.3) und (7.4) zu erfüllen.
Für die Abscherspannung gilt nach Gl. (7.3):

$$\tau_a = \frac{F}{n \cdot m \cdot A} \le \tau_{a\,zul}\,.$$

Mit der Querschnittsfläche des Nietes $A \approx d_1^2 \cdot \pi/4$, also $A = 8^2\,\text{mm}^2 \cdot \pi/4 = 50\,\text{mm}^2$, der Nietzahl $n = 2$, der Scherfugenzahl (Schnittigkeit) $m = 2$ und der zulässigen Abscherspannung nach TB 3-4b, Zeile 1, Spalte i: $\tau_{a\,zul} = 75\,\text{N/mm}^2$, gilt unter Berücksichtigung des Kriecheinflusses (mit $c = 0,88$ nach Lösung b): $\tau_{c\,zul} = 0,88 \cdot 75\,\text{N/mm}^2 = 66\,\text{N/mm}^2$ und damit für die vorhandene Abscherspannung

$$\tau_a = \frac{13\,800\,\text{N}}{2 \cdot 2 \cdot 50\,\text{mm}^2} = 69\,\text{N/mm}^2 > \tau_{c\,zul} = 66\,\text{N/mm}^2\,.$$

Für den Lochleibungsdruck gilt nach Gl. (7.4):

$$\sigma_l = \frac{F}{n \cdot d \cdot t_{min}} \le \sigma_{l\,zul}\,.$$

Mit $d_1 = 8\,\text{mm}$, der maßgebenden kleinsten Bauteildicke $t_{min} = 6\,\text{mm}$ und dem zulässigen Lochleibungsdruck nach TB 3-4a, Zeile 3.2, Spalte d: $\sigma_{l\,zul} = 215\,\text{N/mm}^2$, unter Berücksichtigung des Kriecheinflusses also $\sigma_{c\,zul} = 0,88 \cdot 215\,\text{N/mm}^2 = 189\,\text{N/mm}^2$, gilt für den vorhandenen Lochleibungsdruck

$$\sigma_l = \frac{13\,800\,\text{N}}{2 \cdot 8\,\text{mm} \cdot 6\,\text{mm}} = 144\,\text{N/mm}^2 < \sigma_{c\,zul} = 189\,\text{N/mm}^2\,.$$

Ergebnis: Die Nietverbindung ist auf Lochleibung ausreichend bemessen, dagegen wird auf Abscheren die zulässige Spannung geringfügig überschritten.

■ **Beispiel 7.2:** Eine Kettenradscheibe aus Stahlblech E295 mit 76 Zähnen, passend für eine Rollenkette mit 19,05 mm Teilung, soll durch 8 am Umfang angeordnete Halbrundniete mit einer Anbau- nabe aus E 295 verbunden werden (Bild 7-23). Das Kettenrad hat unter ständig wechselnder Drehrichtung eine Leistung $P = 1,8\,kW$ bei einer Drehzahl $n = 12,5\,min^{-1}$ zu übertragen. Die Arbeitsweise des Kettentriebs soll durch den Anwendungsfaktor $K_A = 1,5$ be- rücksichtigt werden.

Die Nietverbindung ist für eine regelmäßige Benutzung bei unter- brochenem Betrieb auszulegen.

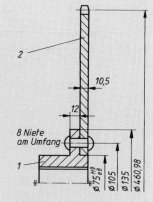

Bild 7-23 Genietetes Kettenrad
1 Anbaunabe,
2 Kettenradscheibe

▶ **Lösung:** Die Nietverbindung ist dynamisch belastet und soll deshalb nach der Betriebsfestigkeitsrechnung für Krantragwerke ausgelegt werden (s. unter 7.7.3).

Die Niete werden durch die am Lochkreis $d_L = 105$ mm wirkende Umfangskraft F_t auf Abscheren und Lochleibungsdruck bean- sprucht. Diese lässt sich aus dem Nenndrehmoment errechnen. (Die Achskraft soll dabei unberücksichtigt bleiben.)

Mit der Nennleistung $P = 1,8\,kW = 1800\,Nm/s$ und der Drehzahl $n = 12,5\,min^{-1} = 0,208\,s^{-1}$ erhält man nach Gl. (11.10)

$$T_{nenn} = \frac{P}{2\pi n} = \frac{1800\,Nm\,s^{-1}}{2 \cdot \pi \cdot 0,208\,s^{-1}} = 1375\,Nm\,.$$

Die bei der Leistungsübertragung auftretenden Stöße werden durch den Anwendungsfaktor berück- sichtigt. Mit $K_A = 1,5$ gilt entsprechend Gl. (11.11):

$$T = K_A \cdot T_{nenn}\,, \qquad T = 1,5 \cdot 1375\,Nm = 2063\,Nm\,.$$

Aus der Beziehung $T = F_t \cdot d_L/2$ folgt für die Umfangskraft:

$$F_t = \frac{2 \cdot T}{d_L}\,, \qquad F_t = \frac{2 \cdot 2063\,Nm}{0,105\,m} = 39,29\,kN\,.$$

Da die Nietverbindung einschnittig ist und die Bauteile (Radscheibe und Nabenbund) dick sind, wird Abscheren die maßgebende Beanspruchungsart sein. Die Nietverbindung muss also nach Gl. (7.3) berechnet werden. Zur Bestimmung des erforderlichen Nietdurchmessers soll diese Gl. (7.3) nach der Nietquerschnittsfläche oder besser nach dem Nietdurchmesser umgeformt werden:

$$A_{erf} = \frac{F}{\tau_{a\,zul} \cdot n \cdot m} \quad oder \quad d_{erf} = \sqrt{\frac{4 \cdot F}{\tau_{a\,zul} \cdot \pi \cdot n \cdot m}}\,.$$

Die zulässigen Spannungen können nach 7.7.3 bestimmt werden. Dazu müssen nach TB 7-5 zunächst die zulässigen Wechselspannungen für die Bauteile ermittelt werden. Geht man davon aus, dass der vorliegende Bauteilwerkstoff E 295 festigkeitsmäßig ungefähr dem Werkstoff S355 entspricht, so gilt bei regelmäßiger Benutzung bei unterbrochenem Betrieb und mittlerer Häufigkeit der Höchstlast für die Bauteile:

$$\sigma_{w\,zul} = 129\,N/mm^2\,.$$

Für einschnittige Nietverbindungen gilt damit nach 7.7.3 bei Wechsellast:

$$\tau_{a\,zul} = 0,6 \cdot \sigma_{w\,zul}\,, \qquad \tau_{a\,zul} = 0,6 \cdot 129\,N/mm^2 \approx 75\,N/mm^2\,,$$

$$\sigma_{l\,zul} = 1,5 \cdot \sigma_{w\,zul}\,, \qquad \sigma_{l\,zul} = 1,5 \cdot 129\,N/mm^2 \approx 195\,N/mm^2\,.$$

Wird angenommen, dass sich die Umfangskraft $F_t = 39,29$ kN gleichmäßig auf $n = 8$ Niete verteilt, so wird mit $m = 1$ der erforderliche Nietdurchmesser

$$d_{erf} = \sqrt{\frac{4 \cdot 39\,290\,N}{75\,N/mm^2 \cdot \pi \cdot 8 \cdot 1}} = 9,1\,mm\,.$$

Nach der Fußnote zu Bild 7-2 bzw. nach TB 7-4 wird ein Rohnietdurchmesser $d_1 = 10$ mm gewählt. Der Nietlochdurchmesser beträgt dann $d = 10,5$ mm.

Nach Gl. (7.4) soll noch der Lochleibungsdruck kontrolliert werden:

$$\sigma_l = \frac{F}{n \cdot d \cdot t_{min}} \leq \sigma_{l\,zul} \, ,$$

$$\sigma_l = \frac{39\,290\ \text{N}}{8 \cdot 10,5\ \text{mm} \cdot 10,5\ \text{mm}} = 45\ \text{N/mm}^2 < \sigma_{l\,zul} = 195\ \text{N/mm}^2 \, .$$

Die Verbindung ist also auf Lochleibungsdruck weit ausreichend bemessen, was wegen der dicken Bauteile auch zu erwarten war.

Da die Nietwerkzeuge beim Pressen der Niete einen bestimmten Platzbedarf erfordern, sind nach 7.5.4 noch die Niet- und Randabstände zu kontrollieren. Für die gleichmäßig auf dem Lochkreisdurchmesser $d_L = 105$ mm verteilt angeordneten Niete beträgt der Lochabstand $e = d_L \cdot \pi/n$, also $e_1 = 105$ mm $\cdot \pi/8 = 41,2$ mm.

Damit ist ausgeführt $e/d = 41,2$ mm$/10,5$ mm $= 3,9$. Da $e = 3 \cdot d \ldots 6 \cdot d$ betragen soll, kann die Verbindung wie vorgesehen ausgeführt werden. Auch der kleinste Randabstand senkrecht zur Kraftrichtung $e_2 = 1,5 \cdot d = 1,5 \cdot 10,5$ mm ≈ 15 mm ist eingehalten (vgl. Bild 7-23).

Die Ermittlung der Nietlänge erfolgt nach Gl. (7.2): $l = \Sigma t + l_{\ddot{u}}$.

Mit der Klemmlänge $\Sigma t = 12$ mm $+ 10,5$ mm $= 22,5$ mm und dem Überstand der Halbrund-Schließköpfe bei Maschinennietung (angenommen) $l_{\ddot{u}} \approx (4/3) \cdot d_1$, $l_{\ddot{u}} \approx (4/3) \cdot 10$ mm ≈ 13 mm ergibt sich die Rohnietlänge $l = 22,5$ mm $+ 13$ mm ≈ 36 mm.

Diese Länge ist nach TB 7-4 auch genormt. Mit dem Nietwerkstoff RSt 44 (für Bauteile aus S355 $\hat{=}$ E295, vgl. TB 3-3b) lautet nach 7.2.3 die Normbezeichnung der zu verwendenden Halbrundniete nach DIN 124:

Niet DIN 124−10×36−RSt 44.

Zuletzt soll noch die zulässige Klemmlänge kontrolliert werden. Nach 7.5.3-2 gilt für Halbrundniete nach DIN 124: $\Sigma t \leq 0,2 \cdot d^2$, $10,5$ mm $+ 12$ mm $\leq 0,2 \cdot 10,5^2$ in mm.

Da $22,05$ mm ≈ 22 mm, ist die Klemmlänge $\Sigma t = 22,5$ mm gerade noch ausführbar.

Ergebnis: Für den Nietanschluss sind 8 Niete aus RSt44 und $d_1 = 10$ mm Durchmesser und $l = 36$ mm Länge erforderlich. Normbezeichnung: Niet DIN 124−10×36−RSt44.

7.10 Literatur und Bildquellenverzeichnis

Aluminium-Zentrale, Düsseldorf (Hrsg.): Aluminium-Merkblätter: Konstruieren mit Aluminium-Profilen (K3); Zusammenbau von Aluminium mit anderen Werkstoffen (K4); Nieten von Aluminium (V5).

Aluminium-Zentrale, Düsseldorf (Hrsg.): Konstruktionstechnik. Düsseldorf: Aluminium-Verlag, 1980 (Der Aluminiumfachmann, Fachkunde Teil 3)

Budde, L.; Pilgrim, R.: Stanznieten und Durchsetzfügen. 3. Aufl. Landsberg/Lech: mi, 1999 (Die Bibliothek der Technik, Band 115)

DIN Deutsches Institut für Normung (Hrsg.): Mechanische Verbindungselemente 2: Normen über Bolzen, Stifte, Niete, Keile, Sicherungsringe. 9. Aufl. Berlin: Beuth, 2004 (DIN-Taschenbuch 43)

DVS/EFB (Hrsg.): Clinchen. Überblick. Düsseldorf: DVS, 2002 (Merkblatt 3420)

Erhard, G.; Strickle, E.: Maschinenelemente aus thermoplastischen Kunststoffen. Bd. 1: Grundlagen und Verbindungselemente. Düsseldorf: VDI, 1974

Huth, H.: Zum Einfluss der Nietnachgiebigkeit mehrreihiger Nietverbindungen auf die Lastübertragungs- und Lebensdauervorhersage. Fraunhofer-Institut für Betriebsfestigkeit (LBF), Darmstadt, Bericht Nr. FB-172 (1984)

Kammer, C.: Aluminium Taschenbuch. Bd. 1: Grundlagen und Werkstoffe. 16. Aufl. Düsseldorf: Aluminium-Verlag, 2002

Kammer, C. (Hrsg.): Aluminium Taschenbuch Bd. 3: Weiterverarbeitung und Anwendung. 16. Aufl. Düsseldorf: Aluminium-Verlag, 2003

Kennel, E.: Das Nieten im Stahl- und Leichtmetallbau. München: Hanser, 1951

Matthes, K.-J.; Riedel, F.: Fügetechnik. Leipzig: Fachbuchverlag, 2003

Norm LN 29730: Nietrechnungswerte bei statischer Beanspruchung für Universal-Nietverbindungen (Luft- und Raumfahrt)

Norm LN 29731: Nietrechnungswerte bei statischer Beanspruchung für Senknietverbindungen (Luft- und Raumfahrt)

Norm DIN 29734 und DIN 29735: Nietrechnungswerte bei statischer Beanspruchung für Blindniete (Luft- und Raumfahrt)

Petersen, Ch.: Stahlbau. 3. Aufl. Braunschweig/Wiesbaden: Vieweg, 1993

Studiengesellschaft für Stahlanwendung (Hrsg.): Eignung des Durchsetzfügens und des Stanznietens zum Fügen höherfester Stahlbleche. Düsseldorf, 2000 (Forschungsbericht P283)

Schwarmann, L.: Maßnahmen zur Lebensdauererhöhung von Passnietverbindungen. In: Verbindungstechnik 13 (1981), Heft 10, S. 41−45

Valtinat, G.: Aluminium im konstruktiven Ingenieurbau. Berlin: Ernst & Sohn, 2002

Valtinat, G.: Untersuchungen zur Festlegung zulässiger Spannungen und Kräfte bei Niet-, Bolzen- und HV-Verbindungen aus Aluminiumlegierungen. In: Aluminium 47 (1971), Heft 12, Seite 735−740

VDI Verein Deutscher Ingenieure (Hrsg.): Spektrum der Verbindungstechnik – Auswählen der besten Verbindungen mit neuen Konstruktionskatalogen. Düsseldorf: VDI, 1983 (VDI-Berichte 493)

Volkersen, O.: Die Nietkraftverteilung in zugbeanspruchten Nietverbindungen mit konstantem Laschenquerschnitt. In: Luftfahrtforschung 15 (1938), Heft 1/2

7

Firmeninformationen: Avdel Verbindungselemente GmbH, Langenhagen (www.avdel.de); Albert Berner Deutschland GmbH, Künzelsau (www.berner.de); Böllhoff Systemtechnik, Bielefeld (www.boellhoff.de); Gesipa Blindniettechnik GmbH, Mörfelden-Walldorf (www.gesipa.com); Gebr. Titgemeyer Befestigungstechnik, Osnabrück (www.titgemeyer.com); Kerb-Konus-Vertriebs-GmbH, Amberg (www.kerbkonus.de); Koenig Verbindungstechnik GmbH, Illerrieden (www.kvt-koenig.de); Tecfast Verbindungssysteme GmbH, Denkendorf (www.tecfast.de).

J. & A. Erbslöh, Wuppertal: Bild 7-14b
Fichtel & Sachs, Schweinfurt: Bild 7-17a
Paul Kocher AG, Biel-Bienne 8 (Schweiz): Bild 7-17b
Schweizerische Aluminium AG, Zürich: Bild 7-14a

8 Schraubenverbindungen

8.1 Funktion und Wirkung

8.1.1 Aufgaben und Wirkprinzip

Die Schraube ist das am häufigsten und vielseitigsten verwendete Maschinen- und Verbindungselement, das gegenüber allen anderen in den weitaus verschiedenartigsten Formen hergestellt und genormt ist. Die Schraubenverbindung beruht auf der Paarung von Schraube bzw. Gewindestift mit Außengewinde und Bauteil mit Innengewinde (meist Mutter), wobei zwischen beiden Formschluss im Gewinde erzielt wird.

Im Gewinde, das abgewickelt eine schiefe Ebene ergibt (s. Bild 8-1), erfolgt bei relativer Verdrehung von Schraube zur Mutter ein Gleiten der Gewindeflanken der Schraube auf den Gewindeflanken der Mutter und damit eine Längsbewegung.

Je nach Nutzung dieser Schraubfunktion unterscheidet man:

Befestigungsschrauben für die Herstellung von Spannverbindungen. Hier führt die Drehbewegung der Schraube zum Verspannen von (meist) zwei Bauteilen, d. h. kinetische Energie wird in potentielle Energie umgewandelt. Die potentielle Energie kann für Funktionen wie z. B. Kompensierung eines wesentlichen Teiles der Betriebskraft in Schraubenlängsrichtung, Reibschluss zwischen zwei Kupplungshälften, Sicherung der Verbindung gegen Losdrehen, Abdichtung von Trennfugen genutzt werden.

Bewegungsschrauben zum Umwandeln von Drehbewegungen in Längsbewegungen bzw. zum Erzeugen großer Kräfte, z. B. bei Spindeln von Drehmaschinen (Leitspindeln), Ventilen, Spindelpressen, Schraubenwinden, Schraubstöcken und Schraubzwingen oder zum Umwandeln von Längsbewegungen in Drehbewegungen (technisch selten genutzt). Das Wirkprinzip entspricht damit dem eines Schraubgetriebes.

Dichtungsschrauben zum Verschließen von Einfüll- und Auslauföffnungen, z. B. bei Getrieben, Lagern, Ölwannen und Armaturen; *Einstellschrauben* zum Ausrichten von Geräten und Instrumenten, zum Einstellen von Ventilsteuerungen u. a.; ferner *Messschrauben, Spannschrauben* (Spannschloss) u. a.

8.1.2 Gewinde

1. Gewindearten

Das Gewinde ist eine profilierte Einkerbung, die längs einer um einen Zylinder gewundenen Schraubenlinie verläuft (Bild 8-1).

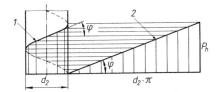

Bild 8-1
Entstehung der Schraubenlinie.
1 Schraubenlinie
2 abgewickelte Schraubenlinie

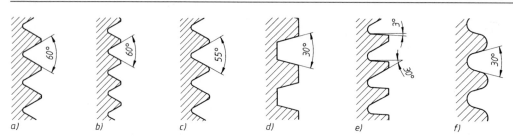

Bild 8-2 Grundformen der gebräuchlichsten Gewinde.
a) metrisches Gewinde, b) metrisches Feingewinde, c) Whitworth-Rohrgewinde, d) Trapezgewinde, e) Sägengewinde, f) Rundgewinde

Die Art des Gewindes wird durch die Profilform, z. B. Dreieck oder Trapez (Bild 8-2), die Steigung, die Gangzahl (ein- und mehrgängig) und den Windungssinn der Schraubenlinie (rechts- und linksgängig) bestimmt. Begriffe und Definitionen für zylindrische Gewinde sind in DIN 2244 festgelegt.
Die gebräuchlichsten Gewindearten (DIN 202 Gewinde; Übersicht) sind:

1. *Metrisches ISO-Gewinde:* Grundprofil und Fertigungsprofil mit Flankenwinkel 60° (Bild 8-2a und b) sind in DIN 13 T19 festgelegt. Je nach Größe der Steigung unterscheidet man Regel- und Feingewinde.
   Regelgewinde, DIN 13 T1: Durchmesserbereich 1 ... 68 mm mit (grober) Steigung 0,25 ... 6 mm. Vorzugsweise angewendet bei Befestigungsschrauben und Muttern aller Art. Abmessungen s. TB 8-1.
   Feingewinde, DIN 13 T2 bis 11: Durchmesserbereich 1 ... 1000 mm, geordnet nach Steigungen 0,2 ... 8 mm. Allgemein genügt eine Auswahl nach DIN 13 T12, mit Durchmesserbereich 8 ... 300 mm und zugeordneten Steigungen 1 ... 6 mm. Die hiervon vorzugsweise verwendeten Gewinde mit Hauptabmessungen enthält TB 8-2. Anwendung bei einigen Schrauben und Muttern, besonders bei größeren Abmessungen und hohen Beanspruchungen, bei dünnwandigen Teilen, Gewindezapfen von Wellenenden, bei Mess-, Einstell- und Dichtungsschrauben.

2. *Rohrgewinde* für nicht im Gewinde dichtende Verbindungen, DIN EN ISO 228: Zylindrisches Innen- und Außengewinde zur mechanischen Verbindung der Teile von Fittings, Hähnen usw. Gewindebezeichnung entspricht der Nennweite (Innendurchmesser) der Rohre in Zoll: G1/16 ... G6 (Nennweite 3 ... 150 mm), Flankenwinkel 55° (Bild 8-2c). Wenn solche Verbindungen druckdicht sein müssen, so kann das erreicht werden durch das Gegeneinanderpressen zweier Dichtflächen außerhalb der Gewinde und, wenn notwendig, durch das Zwischenlegen geeigneter Dichtungen. Whitworth-Rohrgewinde mit zylindrischem Innen- und Außengewinde nach DIN 259 T1 sollen nicht für Neukonstruktionen verwendet werden und sind durch DIN EN ISO 228, mit geändertem Kurzzeichen, zu ersetzen.
   Für druckdichte Verbindungen bei Rohren, Fittings, Armaturen, Gewindeflanschen usw. wird nach DIN EN 10226 (R1/16 ... R6) und DIN 3858 (R1/8 ... R1$^{1}/_{2}$) die Paarung eines kegeligen Außengewindes (Kegel 1:16) mit einem zylindrischen Innengewinde verwendet. Dabei ist ein Dichtmittel im Gewinde (Hanf oder PTFE-Band) zu benutzen.

3. *Metrisches ISO-Trapezgewinde,* DIN 103: Durchmesserbereich 8 ... 300 mm, wobei jedem Durchmesser bis 20 mm zwei, über 20 mm drei verschieden große Steigungen zugeordnet sind. Gewinde kann ein- oder mehrgängig sein. Flankenwinkel 30° (Bild 8-2d). Bevorzugtes Bewegungsgewinde z. B. für Leitspindeln von Drehmaschinen, Spindeln von Pressen, Ventilen, Schraubstöcken u. dgl. Abmessungen der Vorzugsreihe, s. TB 8-3.
   Flache metrische Trapezgewinde, DIN 380, sind höher belastbar und werden z. B. im Großschieberbau und bei Schraubzwingen verwendet. Trapezgewinde mit Spiel für Bremsspindeln, DIN 263, und gerundete Trapezgewinde für Federspannschrauben, DIN 30 295, finden bei Schienenfahrzeugen Anwendung.

4. *Metrisches Sägengewinde*, DIN 513: Durchmesserbereich 10...640 mm bei Steigungen 2...44 mm. Teilflankenwinkel der tragenden Flanke 3° und der Spielflanke 30° (Bild 8-2e). Gegenüber dem Trapezgewinde höhere Tragfähigkeit durch größeren Radius am Gewindegrund und größere Flankenüberdeckung, geringeres Reibungsmoment und kleinere radiale „Sprengwirkung" im Muttergewinde durch kleineren Teilflankenwinkel von nur 3°, kein Sperren beim Verkanten, da Durchmesser- statt Flankenzentrierung. Axialspiel $a = 0{,}1 \cdot \sqrt{P}$ (P = Steigung). Anwendung als ein- oder mehrgängiges Bewegungsgewinde bei hohen einseitigen Belastungen, z. B. bei Hub- und Druckspindeln.

   Sägengewinde 45°, DIN 2781, im Durchmesserbereich 100...1250 mm für größte Kräfte bei hydraulischen Pressen. Durch Teilflankenwinkel der tragenden Flanke von 0° wird jegliche radiale „Sprengwirkung" in den meist zweiteiligen Muttern vermieden.

5. *Rundgewinde*, DIN 405: Durchmesserbereich 8...200 mm bei $1/10''$...$^1/_4''$ Steigung, Flankenwinkel 30° (Bild 8-2f).

   Fast keine Kerbwirkung aber nur geringe Flankenüberdeckung ($= 0{,}0835 \times$ Steigung!). Reichlich vorhandenes Fuß- und Kopfspiel lassen starke Verschmutzung zu. Anwendung als Bewegungsgewinde bei rauhem Betrieb, z. B. Kupplungsspindeln von Eisenbahnwagen.

   Rundgewinde, DIN 15 403, als Befestigungsgewinde mit größerer Flankenüberdeckung und einem Traganteil der Flankenflächen von mindestens 50% zur dauerfesten Verbindung von Lasthaken und Lasthakenmuttern.

6. Sonstige Gewindearten: *Stahlpanzerrohr-Gewinde*, DIN 40430, Flankenwinkel 80°, Anwendung in der Elektrotechnik (Rohrverschraubungen). *Elektrogewinde* (früher Edison-Gewinde), DIN 40400, Anwendung in der Elektrotechnik, z. B. für Lampenfassungen und Sicherungen. Ferner *Spezialgewinde*, z. B. für Blechschrauben, Porzellankappen und Gasflaschen.

2. Gewindebezeichnungen

Die abgekürzten Gewindebezeichnungen (Kurzbezeichnungen) sind in den betreffenden Normblättern angegeben und in DIN 202 zusammengefasst. Die Kurzbezeichnung setzt sich normalerweise zusammen aus dem Kennbuchstaben für die Gewindeart und der Maßangabe für den Nenndurchmesser. Zusatzangaben für Steigung oder Gangzahl, Toleranz, Mehrgängigkeit, Kegeligkeit und Linksgängigkeit sind gegebenenfalls anzufügen.
Beispiele:
Metrisches ISO-Regelgewinde mit 16 mm Nenn-(gleich Außen-)durchmesser: M16.
Metrisches ISO-Feingewinde mit 20 mm Nenndurchmesser und 2 mm Steigung: M20 × 2.
Metrisches ISO-Trapezgewinde mit 36 mm Nenndurchmesser und 6 mm Steigung: Tr36 × 6;
   das gleiche Gewinde, zweigängig: Tr36×12P6, worin 12 die Steigung eines Gewindeganges und 6 die Teilung (gleich Abstand der Gewindegänge, gleich Steigung bei eingängigem Gewinde) in mm bedeuten; die Gangzahl ist durch den Quotienten 12/6 = 2 gegeben.
Besondere Anforderungen oder Ausführungen werden durch Ergänzungen zum Kennzeichen angegeben, z. B. für gas- und dampfdichtes Gewinde: M20 dicht, für linksgängiges Gewinde: M30-LH (LH = Left-Hand als internationale Kurzbezeichnung für Linksgewinde).

3. Geometrische Beziehungen

Bei der Abwicklung der Schraubenlinie (Bild 8-1) ergibt sich der *Steigungswinkel* φ, bezogen auf den Flankendurchmesser d_2 aus:

$$\tan \varphi = \frac{P_h}{d_2 \cdot \pi} \tag{8.1}$$

P_h Gewindesteigung (gleich Axialverschiebung bei einer Umdrehung)
d_2 Flankendurchmesser aus Gewindetabellen, z. B aus TB 8-1 bis TB 8-3

Bei mehrgängigem Gewinde wird die Steigung $P_h = n \cdot P$, wobei n die Gangzahl und P die Teilung des Gewindes bedeuten.

8.1.3 Schrauben- und Mutternarten

1. Schraubenarten

Die Schrauben unterscheiden sich im wesentlichen durch die Form des Kopfes, welche durch die Art des Kraftangriffs der Schraubwerkzeuge bedingt ist. Als günstige Antriebsformen haben sich bei Außenangriff Sechskant, Vierkant und Zwölfzahn und bei Innenangriff Innensechskant, Innenzwölfzahn, Kreuzschlitz (bis M10) und Schlitz (bis M5) erwiesen.

Schrauben mit ausreichend belastbarem Innenangriff (z. B. Innensechskant) erreichen die kleinsten Kopfdurchmesser und ermöglichen bei ausreichender Festigkeit der zu verspannenden Bauteile die leichteste Bauweise.

Manche Schrauben sind für Sonder- und Zusatzfunktionen ausgelegt. Dazu zählen z. B. gewindefurchende oder gewindebohrende Schrauben oder Schrauben mit Vierkantansatz oder Nase, die ein Mitdrehen beim Anziehen verhindern.

Eine ausführliche Aufzählung aller marktgängiger Schrauben ist hier nicht möglich. TB 8-5 erlaubt einen Überblick über die wesentlichen genormten Schraubenarten. Die zu den Bildern gesetzten Nummern sind die DIN- bzw. ISO-Hauptnummern der betreffenden DIN- bzw. DIN-EN-Normen. Nachfolgend sollen einige gebräuchliche Schraubenarten mit entsprechenden Hinweisen auf Werkstoffe, Ausführungen und Verwendung etwas genauer beschrieben werden.

1. *Sechskantschrauben* nach DIN EN ISO 4014 und DIN EN ISO 4017 (Gewinde annähernd bis Kopf), beide mit Regelgewinde, sowie entsprechend nach DIN EN ISO 8765 und DIN EN ISO 8676, jedoch mit Feingewinde, Produktklassen A und B, normal mit Telleransatz, Festigkeitsklassen 5.6, 8.8, 10.9, sind die im allgemeinen Maschinenbau meist verwendeten Schrauben. Schrauben nach DIN EN ISO 4016 und DIN EN ISO 4018 (Gewinde annähernd bis Kopf), beide mit Regelgewinde, Produktklasse C, Festigkeitsklasse 3.6, 4.6 und 4.8 werden im Blech- und Stahlbau bei geringen Anforderungen verwendet. Sechskant-Passschrauben nach DIN 609 mit langen Gewindezapfen, Produktklassen A und B und Festigkeitsklasse 8.8, mit Schaft mit Toleranzklasse k6 (für Bohrung H7) dienen zur Lagesicherung von Bauteilen und Aufnahme von Querkräften. Die Hauptabmessungen der Schrauben nach DIN EN ISO 4014 und DIN EN ISO 4017 enthält TB 8-8.

2. *Zylinderschrauben* mit Innensechskant nach DIN EN ISO 4762 mit hohem Kopf, Festigkeitsklasse 8.8, 10.9 und 12.9, nach DIN 6912 und 7984 mit niedrigem Kopf mit bzw. ohne Schlüsselführung, Festigkeitsklasse 8.8, alle Produktklasse A, werden verwendet für hochbeanspruchte Verbindungen bei geringem Raumbedarf. Bei versenktem Kopf ergeben sie ein gefälliges Aussehen, ggf. können Schutzkappen gegen Verschmutzung und Korrosion vorgesehen werden (Hauptabmessungen s. TB 8-9).

3. *Zylinder- und Flachkopfschrauben* nach DIN EN ISO 1207 und 1580, *Senk- und Linsensenkschrauben* mit Schlitz nach DIN EN ISO 2009 und 2010 oder entsprechend mit Kreuzschlitz nach DIN EN ISO 7046 und DIN EN ISO 7047, alle meist mit Regelgewinde, Produktklasse A und Festigkeitsklassen 4.8, 5.8, 8.8, A2-70 und CuZn-Leg., werden vielseitig im Maschinen-, Fahrzeug-, Apparatebau u. dgl. verwendet.

4. *Stiftschrauben* nach DIN 835 und DIN 938 bis 940, Produktklasse A, Festigkeitsklassen 5.6, 8.8 und 10.9, werden verwendet, wenn häufigeres Lösen der Verbindung erforderlich ist bei größtmöglicher Schonung von kaum ersetzbaren Innengewinden in Bauteilen, z. B. bei Gehäuseteilen von Getrieben, Turbinen, Motoren und Lagern. Kräftiges Verspannen des Einschraubendes verhindert ein Mitdrehen beim Anziehen und Lösen der Mutter. Die Länge des Einschraubendes l_e richtet sich nach dem Werkstoff, in den es eingeschraubt wird: $l_e \approx d$ bei Stahl und Stahlguss (Schrauben DIN 938), $l_e \approx 1{,}25 \cdot d$ bei Gusseisen und Cu-Leg. (Schrauben DIN 939), $l_e \approx 2 \cdot d$ bei Al-Leg. (Schrauben DIN 835), $l_e \approx 2{,}5 \cdot d$ bei Leichtmetallen (Schrauben DIN 940).

5. *Gewindestifte* mit Schlitz nach DIN EN 27 434, 27 435, 27 436 und 24 766 (Produktklasse A, Festigkeitsklassen 14H und 22H) oder mit Innensechskant nach DIN EN ISO 4026 bis 4029 (A, 45H) werden mit verschiedenen Enden ausgeführt (Spitze, Zapfen, Ringschneide, Kegelkuppe) und dienen hauptsächlich zur Lagesicherung von Bauteilen, z. B. von Radkränzen, Bandagen, Lagerbuchsen u. dgl.

2. Mutternarten

Durch die Verwendung von Muttern können Durchsteckverschraubungen ausgeführt werden. Bedingt durch ihre Form ist bei Muttern nur ein Antrieb von außen möglich (z. B. Sechskant und Vierkant). Ein Versagen der Schraubenverbindung kann durch Bruch der Schraube oder durch Abstreifen des Gewindes der Mutter und/oder der Schraube auftreten. Das Abstreifen des Gewindes tritt allmählich ein, ist daher im Vergleich zum Bruch der Schraube schwierig festzustellen und führt zu der Gefahr, dass teilweise unbrauchbar gewordene Teile in den Verbindungen verbleiben. Schraubenverbindungen werden deshalb so ausgelegt, dass ein Versagen nur durch Bruch der Schraube auftritt. Die kritische Mutterhöhe genormter, voll belastbarer Muttern ist $m \geq 0{,}9d$ (vgl. Einschraublängen nach TB 8-15). Eine festigkeitsmäßig sichere Zuordnung von Schraube und Mutter ist gegeben, wenn die Festigkeitsklasse der Mutter der ersten Zahl der Festigkeitsklasse der Schraube entspricht (z. B. Mutter 10, Schraube 10.9). Eine Auswahl der wichtigsten genormten Muttern zeigt TB 8-6. Einige gebräuchliche Mutternarten werden nachfolgend noch etwas genauer beschrieben.

1. Voll belastbare *Sechskantmuttern* Typ 1, DIN EN ISO 4032 (Produktklassen A und B, Festigkeitsklassen 6, 8 und 10) und DIN EN ISO 4034 (C, 4 und 5), sowie niedrige Sechskantmuttern DIN EN ISO 4035 (A und B, 04 und 05) werden zusammen mit Sechskantschrauben (Durchsteckschrauben) am häufigsten verwendet.
2. Hohe und niedrige *Vierkantmuttern*, DIN 557 und 562, werden vorwiegend mit Flachrund- oder Sechskantschrauben mit Vierkantansatz (Schlossschrauben) zum Verschrauben von Holzteilen benutzt.
3. *Hutmuttern*, DIN 917 und 1587 (hohe Form), schließen die Verschraubung nach außen dicht ab, verhindern Beschädigungen des Gewindes und schützen vor Verletzungen.
4. Für häufig zu lösende Verbindungen, z. B. im Vorrichtungsbau, kommen *Flügelmuttern*, DIN 315, und *Rändelmuttern*, DIN 466 und 467, in Frage.
5. *Nut- und Kreuzlochmuttern*, DIN 1804 und 1816, mit Feingewinde dienen vielfach zum Befestigen von Wälzlagern auf Wellen.
6. *Ringmuttern*, DIN 582, werden wie Ringschrauben als Transportösen verwendet.
7. Für Sonderzwecke, z. B. als versenkte Muttern, können *Schlitz- und Zweilochmuttern*, DIN 546 und 547, benutzt werden.

3. Sonderformen von Schrauben, Muttern und Gewindeteilen

Neben den genormten „normalen" Schrauben und Muttern seien noch einige in der Praxis häufig verwendete Sonderformen beschrieben.

1. *Dehnschrauben* aus hochfestem Stahl in verschiedenen Ausführungen werden insbesondere bei hohen dynamischen Belastungen verwendet (Bild 8-6, Zeile 5 und 6).
2. Sicherungsschrauben und -muttern mit Verriegelungszähnen oder -rippen an der Auflagefläche (Bild 8-3a und b) bzw. mit Keilsicherungsscheibenpaar (Nord-Lock). Sie können das innere Losdrehmoment blockieren und so zuverlässig gegen selbsttätiges Losdrehen sichern.
3. *Ensat-Einsatzbüchsen* (Bild 8-3c und d) sind Büchsen aus Stahl oder Messing mit Innen- und Außengewinde, die dauerhafte Verschraubungen mit Werkstücken aus Leichtmetall, Plasten oder Holz ermöglichen. Sie schneiden sich mit den scharfen Kanten der Schlitze (oder Querbohrungen) selbst ihr Gewinde in die vorgebohrten Löcher. Sie werden auch für Reparaturen (ausgerissene Gewindelöcher) und häufig zu lösende Schrauben verwendet. Bild 8-3e und f zeigen Einbaubeispiele. Für Holz auch Einschraubmuttern nach DIN 7965.
4. Ähnlich wie die Einsatzbüchse wird die Gewindespule *Heli Coil* angewendet. Die wie eine Schraubenfeder aus Stahl- oder Bronzedraht mit Rhombusquerschnitt gewundene Spule wird in ein mit Spezial-Gewindebohrern gefertigtes Gewinde eingedreht. Innen ergibt sich dann ein normales Gewinde (Bild 8-3g). Als Vorteile sind zu nennen: Abriebfestes Gewinde mit reduzierter Reibung, erhöhte Belastbarkeit sowie Beständigkeit gegen korrosive und thermische Einflüsse, geringes Bauvolumen; ermöglicht Reparatur defekter Gewinde noch dort, wo die umgebende Wand für Ensatbüchsen zu dünn ist.

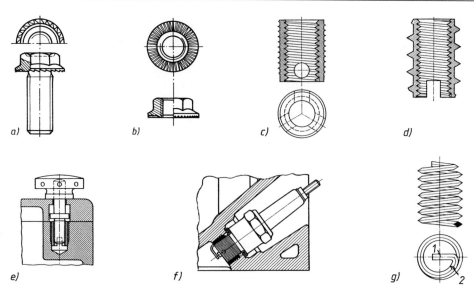

a)   b)   c)   d)

e)   f)   g)

Bild 8-3 Sonderformen. a) Sperrzahnschraube, b) Sperrzahnmutter, c) und d) Ensat-Einsatzbüchsen für metallische Werkstoffe und für Holz, e) und f) Einbau von Einsatzbüchsen in einer Vorrichtung und zur Aufnahme einer Zündkerze, g) Heli-Coil-Gewindeeinsatz (**1** Mitnehmerzapfen zum Eindrehen, **2** Bruchkerbe)

4. Bezeichnung genormter Schrauben und Muttern

Für den Aufbau der Bezeichnung genormter Schrauben und Muttern gilt das Schema nach Bild 8-4. Es ist noch nicht bei allen bestehenden Normen eingehalten, wird sich aber auf längere Sicht auch bei bereits vorhandenen Bezeichnungen durchsetzen.

Neben dem Bezeichnungssystem für Schrauben und Muttern sind in DIN 962 auch zusätzliche Formen für Schrauben, speziell für Schraubenenden aufgeführt. Die Norm ergänzt damit die bestehenden Produktnormen.

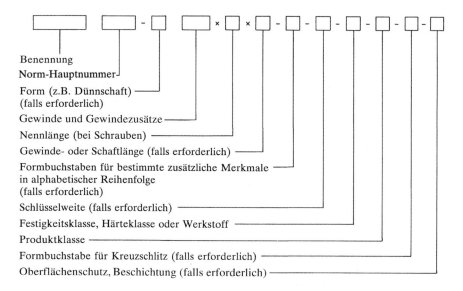

Benennung
Norm-Hauptnummer
Form (z.B. Dünnschaft)
(falls erforderlich)
Gewinde und Gewindezusätze
Nennlänge (bei Schrauben)
Gewinde- oder Schaftlänge (falls erforderlich)
Formbuchstaben für bestimmte zusätzliche Merkmale
in alphabetischer Reihenfolge
(falls erforderlich)
Schlüsselweite (falls erforderlich)
Festigkeitsklasse, Härteklasse oder Werkstoff
Produktklasse
Formbuchstabe für Kreuzschlitz (falls erforderlich)
Oberflächenschutz, Beschichtung (falls erforderlich)

Bild 8-4 Schema der Bezeichnung genormter Schrauben und Muttern nach DIN 962

Bezeichnungsbeispiel einer Sechskantschraube nach DIN EN ISO 4014 mit Gewinde M12, Nennlänge 50 mm, aus Stahl mit Festigkeitsklasse 8.8:
Sechskantschraube ISO 4014 – M12 × 50 – 8.8
Bezeichnungsbeispiel mit zusätzlichen Bestellangaben nach DIN 962:
Sechskantschraube ISO 4014 – B M12 × 50 – CHSk – 8.8 – B
Es bedeuten: B Schaftdurchmesser ≈ Flankendurchmesser, CH mit Kegelkuppe, Sk mit Draht-loch im Kopf, B Produktklasse
Bezeichnungsbeispiel einer Sechskantmutter nach DIN EN ISO 4032, Typ 1, mit Gewinde M12, Festigkeitsklasse 8:
Sechskantmutter ISO 4032 – M12 – 8

8.1.4 Scheiben und Schraubensicherungen

Diese mitverspannten Elemente sind als „Zubehörteile für Schraubenverbindungen" überwie-gend genormt. Eine Zusammenstellung und bildliche Darstellung der nachfolgend beschriebe-nen Elemente findet sich in TB 8-7.

1. Scheiben

Zwischen den Schraubenkopf bzw. die Mutter und die Auflagefläche werden Scheiben gelegt, wenn der Werkstoff der verschraubten Teile sehr weich oder deren Oberfläche rau und unbear-beitet ist oder auch, wenn diese z. B. poliert oder vernickelt ist und nicht beschädigt werden soll. Für Sechskantschrauben und -muttern der Produktklassen A und B und einsatzgehärtete ge-windefurchende Schrauben verwendet man flache Scheiben nach DIN EN ISO 7089 oder 7090 (mit Fase) bis Festigkeitsklasse 8.8 mit Härteklasse 200 HV und bis 10.9 mit Härteklasse 300 HV. Vorzugsweise für Sechskantschrauben und -muttern der Produktklasse C mit Festig-keitsklassen ≤ 6.8 reichen Scheiben nach DIN EN ISO 7091 (Härteklasse 100 HV, Produkt-klasse C) aus. Für Holzverbindungen werden *Vierkant-* oder *runde Scheiben* mit großem Außendurchmesser, DIN 436 und 440, benutzt. Zum Ausgleich der Schrägflächen bei Flanschen von U- bzw. I-Trägern dienen *Vierkantscheiben*, DIN 434 bzw. 435.
Die Scheiben für U-Stähle sind durch zwei Rillen, die Scheiben für I-Träger durch eine Rille in der Auflagefläche für den Schraubenkopf bzw. die Mutter gekennzeichnet. Bei Sechskantschrau-ben für Stahlkonstruktionen (DIN 7968 und 7990) werden *dicke Scheiben* nach DIN 7989 ver-wendet (s. unter 8.4.2). Für Schraubenverbindungen mit Spannhülse (Bild 9-28 unter Kapitel „Bolzen- und Stiftverbindungen") sind Scheiben mit großem Außendurchmesser nach DIN 7349 vorgesehen.
Bezeichnungsbeispiel einer flachen Scheibe nach DIN EN ISO 7089 für Sechskantschrauben M16, Nenngröße 16 (Gewinde-Nenndurchmesser) und Härteklasse 300 HV:
Scheibe ISO 7089 – 16 – 300 HV (s. auch Bild 8-4).

2. Schraubensicherungen

Schraubensicherungen sollen die Funktion einer Schraubenverbindung unter beliebig lange wir-kender Beanspruchung erhalten. Von der Art der Ausführung und Belastung der Verbindung hängt es ab, ob eine besondere Sicherung notwendig und welche zweckmäßig ist. Aus der Viel-zahl gebräuchlicher, meist genormter Sicherungselemente werden die wichtigsten genannt und entsprechend ihrer Funktion in fünf Gruppen zusammengefasst.
Mitverspannte federnde Sicherungselemente wirken durch ihre axiale Federung. Hierzu zählen Spannscheiben nach DIN 6796 und 6908, Kombischrauben mit Spannscheiben nach DIN 6900 und 6908 sowie Federringe, Feder- und Zahnscheiben. Bei hochfesten Schrauben sind Federringe, Feder- und Zahnscheiben unwirksam (Normen wurden zurückgezogen).
Formschlüssige Sicherungselemente sind solche, die durch ihre Form bzw. Verformung den Schraubenkopf oder die Mutter festlegen. Man unterscheidet *nicht mitverspannte* Sicherungen wie Kronenmuttern mit Splint oder Stift nach DIN 935, 937, 979 (TB 8-6), Drahtsicherungen oder Legeschlüssel und *mitverspannte* Sicherungen wie Sicherungsbleche nach DIN 462, 5406 und 70 952 für Nutmuttern.

Kraftschlüssige (klemmende) Sicherungselemente üben beim Verschrauben eine zusätzliche axiale oder radiale Anpresskraft auf die Gewindeflanken aus und bewirken dadurch einen erhöhten Reibungsschluss (Klemmmoment). Hierzu zählen z. B. selbstsichernde Ganzmetallmuttern nach DIN EN ISO 7042, 7719 und DIN EN 1664 mit an 3 Punkten nach innen verformtem Kragen, Sechskantmuttern mit Klemmteil mit nichtmetallischem Einsatz nach DIN EN ISO 7040, 10511, DIN EN 1663 und DIN 986 für Temperaturen bis 120 °C (TB 8-6). Der *Kraftschluss* kann *nachträglich erzeugt* werden mit Gegenmutter (Kontermutter), wobei die äußere Mutter stärker als die innere festgedreht werden muss.

Sperrende Sicherungselemente verhindern das Losdrehen durch eine Verzahnung. Bei der Sperrzahnschraube z. B. verhindert ein glatter, innen liegender Telleransatz stärkeres Setzen, während sich die am federnden Außenrand angeordneten radialen Verriegelungszähne in den Gegenwerkstoff eingraben und so gegen ein selbsttätiges Losdrehen der Schraube sperren (Bild 8-3a). Für weiche und empfindliche Oberflächen, bei dünnen Blechen oder gehärtetem Gegenwerkstoff finden gleichartige Federkopfschrauben mit abgerundeten Rippen oder flachen Verriegelungszähnen Verwendung (z. B. Verbus-Ripp- oder Durlok-Schrauben). Bei Keilsicherungsscheibenpaaren von Nord-Lock bewirken Radialrippen einen Formschluss mit Mutter und Bauteil, während Keilflächen zwischen den Scheiben die Vorspannung fast konstant halten.

Stoffschlüssige Sicherungselemente lassen sich durch Verkleben der Gewinde herstellen. Der Klebstoff wird entweder bei der Montage flüssig aufgetragen oder in Mikrokapseln eingeschlossen bereits beim Schraubenhersteller aufgebracht (DIN 267 T27). Die Kapseln bersten während des Einschraubvorganges und geben den Kleber frei. Zu beachten ist, dass die volle Sicherungswirkung erst nach ca. 24 Stunden erreicht wird und bei Betriebstemperaturen über 100 °C verloren geht.

Im Großmaschinen- und Stahlbau werden Schraubenverbindungen auch durch Verformung des Gewindeüberstandes (Meißelhieb) oder durch Schweißpunkte gesichert.

Wegen der zweckmäßigen Anwendung, des Betriebsverhaltens und der Wirksamkeit der verschiedenen Sicherungselemente, insbesondere unter dynamischer Belastung, s. unter 8.3.10-3 und TB 8-16.

8.1.5 Herstellung, Werkstoffe und Festigkeiten der Schrauben und Muttern

1. Herstellung

Für die Herstellung kommen in Frage die spanende Formung und die Kalt- oder Warmumformung. Bei Schrauben ergeben kalt geformte, gerollte Gewinde gegenüber geschnittenen wesentliche Vorteile: höhere Dauerhaltbarkeit, glattere Oberfläche, wirtschaftlichere Fertigung.

Um die Austauschbarkeit von Schrauben und Muttern zu gewährleisten, sind nach DIN 13 T14 und T15 (abgestimmt mit ISO 965/1), Toleranzen für die Abmessungen der Bolzen- und Muttergewinde festgelegt. Vorgesehen sind drei Toleranzklassen: „fein" für Präzisionsgewinde, „mittel" für allgemeine Verwendung und „grob" für Gewinde ohne besondere Anforderungen. Diesen Toleranzklassen sind in Abhängigkeit von Einschraubgruppen bestimmte Toleranzqualitäten und -lagen zugeordnet, wobei auch etwaige galvanische Schutzschichten berücksichtigt sind. Näheres s. Normblätter.

Für Gewinde handelsüblicher Schrauben und Muttern sind Toleranzangaben normalerweise nicht erforderlich.

2. Werkstoffe und Festigkeiten

Die Mindestanforderungen an Güte, die Prüfung und Abnahme der Schrauben und Muttern sind in den technischen Lieferbedingungen nach DIN 267 T1 bis T28 festgelegt und beziehen sich auf die fertigen Teile ohne Rücksicht auf Herstellungsverfahren und Aussehen.

Für die Güte der Schrauben und Muttern sind maßgebend:

1. *die Ausführung*, gekennzeichnet durch die Produktklassen A (bisher mittel), B (bisher mittelgrob) und C (bisher grob), wodurch maximale Rautiefen der Oberflächen (Auflage-, Gewinde-, Schlüsselflächen usw.), zulässige Toleranzen (Längenmaße, Kopfhöhen, Schlüsselweiten usw.) sowie Mittigkeit und Winkligkeit festgelegt sind.

2. *die Festigkeitsklasse* für Schrauben und Muttern aus Stahl bis 39 mm Gewindedurchmesser, bei Schrauben gekennzeichnet durch zwei mit einem Punkt getrennte Zahlen. Die erste Zahl (Festigkeitskennzahl) gibt 1/100 der Mindest-Zugfestigkeit R_m in N/mm^2, die zweite das 10-fache des Streckgrenzenverhältnisses R_{eL}/R_m bzw. $R_{p0,2}/R_m$ an. Für die Festigkeitsklasse, z. B. 5.6, bedeutet die 5: $R_m/100 = 500/100 = 5$, die 6: $10 \cdot R_{eL}/R_m = 10 \cdot 300/500 = 6$. Das zehnfache Produkt beider Zahlen ergibt die Mindest-Streckgrenze R_{eL} in N/mm^2, also $10 \cdot 5 \cdot 6 = 300 \, \text{N/mm}^2 = R_{eL}$.

Muttern werden nach ihrer *Belastbarkeit* in 3 Gruppen eingeteilt:

a) Muttern für Schraubenverbindungen mit *voller Belastbarkeit* (z. B. DIN EN ISO 4032, DIN 935). Das sind Muttern mit Nennhöhen $m \geq 0,85d$ und Schlüsselweiten bzw. Außendurchmesser $\geq 1,45d$. Sie werden mit einer Zahl gekennzeichnet, die 1/100 der auf einen gehärteten Prüfdorn bezogenen Prüfspannung in N/mm^2 angibt. Diese Prüfspannung ist gleich der Mindestzugfestigkeit einer Schraube, mit der die volle Haltbarkeit erreicht wird, ohne dass die Mutter abstreift.

b) Muttern für Schraubenverbindungen mit *eingeschränkter Belastbarkeit* (z. B. DIN EN ISO 4035). Ihre Nennhöhen betragen $m = 0,5d \dots 0,8d$. Sie erhalten als Kennzahl ebenfalls die auf den gehärteten Prüfdorn bezogene Prüfspannung. Eine vorangestellte Null weist darauf hin, dass die Gewindegänge vor Erreichen dieser Prüfspannung abstreifen können. Genormt sind die Festigkeitsklassen 04 und 05.

c) Muttern für Schraubenverbindungen *ohne festgelegte Belastbarkeit* (z. B. DIN 431 und 80 705). Sie werden mit einer Zahlen-Buchstabenkombination bezeichnet, wobei die Zahl für 1/10 der Mindesthärte nach Vickers und der Buchstabe H für Härte steht. Genormt sind die Festigkeitsklassen 11H, 14H, 17H und 22H.

Für auf Druck beanspruchte Teile mit Gewinde, wie zum Beispiel Gewindestifte nach DIN EN 24766 oder DIN EN ISO 4026, gelten im Prinzip die gleichen Festigkeitsklassen (Härteklassen) wie für Muttern ohne festgelegte Belastbarkeit. Vorgesehen sind die Festigkeitsklassen 14H, 22H, 33H und 45H.

Genormte Festigkeitsklassen, Werkstoffe und mechanische Eigenschaften von Schrauben aus Stahl sind in TB 8-4 zusammengestellt.

Bei der Paarung von Schrauben und Muttern gleicher Festigkeitsklasse (vgl. TB 8-4) entstehen Schraubenverbindungen, bei denen die Muttern an die Haltbarkeit der Schrauben angepasst sind. Dabei können Muttern höherer Festigkeitsklasse im Allgemeinen für Schrauben niedrigerer Festigkeitsklasse verwendet werden.

Sechskant-, Innensechskant- und Stiftschrauben ab 5 mm Gewindedurchmesser und ab Festigkeitsklasse 8.8 (Muttern ab Festigkeitsklasse 6) sind mit dem Kennzeichen der Festigkeitsklasse und einem Herstellerzeichen zu kennzeichnen.

Verbindungselemente aus *rost- und säurebeständigen Stählen* werden mit einer vierstelligen Buchstaben- und Ziffernfolge bezeichnet. Der Buchstabe bezeichnet die Werkstoffgruppe (A, C bzw. F für austenitische, martensitische bzw. ferritische Stähle), die erste Ziffer den Legierungstyp und die beiden angehängten Ziffern die Festigkeitsklasse; z. B. A2-70: austenitischer Stahl, kalt verfestigt, Zugfestigkeit mindestens 700 N/mm^2.

Außer Stahl kommen für einige Schrauben- und Mutterarten, z. B. Schlitzschrauben, auch Kupfer-Zink-Legierungen (z. B. CU2 $\hat{=}$ CuZn37), Aluminiumlegierungen (z. B. AL4 $\hat{=}$ AlCuMg1) und thermoplastische Kunststoffe in Frage.

8.2 Gestalten und Entwerfen

8.2.1 Gestaltung der Gewindeteile

Bei der Gestaltung einfacher Gewindeteile und -elemente stehen fertigungstechnische Belange im Vordergrund. Einige grundsätzliche Gestaltungsregeln zeigt Bild 8-5.

8

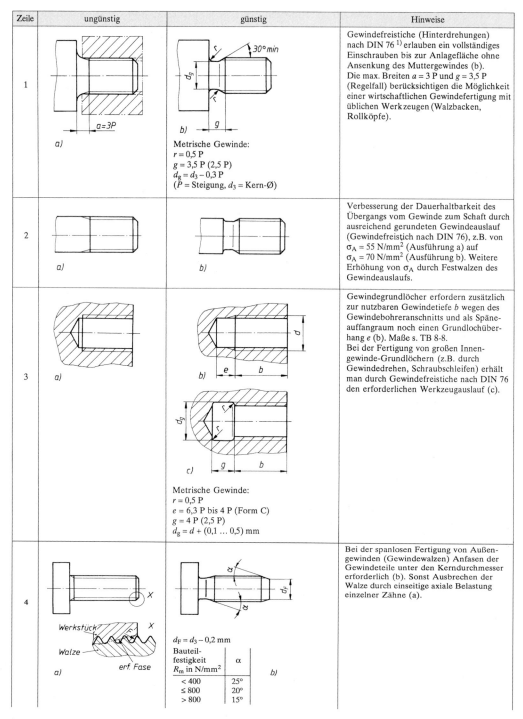

Zeile	ungünstig	günstig	Hinweise
1	a) $a=3P$	b) Metrische Gewinde: $r = 0,5\,P$ $g = 3,5\,P\ (2,5\,P)$ $d_g = d_3 - 0,3\,P$ (P = Steigung, d_3 = Kern-Ø)	Gewindefreistiche (Hinterdrehungen) nach DIN 76 [1] erlauben ein vollständiges Einschrauben bis zur Anlagefläche ohne Ansenkung des Muttergewindes (b). Die max. Breiten $a = 3\,P$ und $g = 3,5\,P$ (Regelfall) berücksichtigen die Möglichkeit einer wirtschaftlichen Gewindefertigung mit üblichen Werkzeugen (Walzbacken, Rollköpfe).
2	a)	b)	Verbesserung der Dauerhaltbarkeit des Übergangs vom Gewinde zum Schaft durch ausreichend gerundeten Gewindeauslauf (Gewindefreistich nach DIN 76), z.B. von $\sigma_A = 55$ N/mm² (Ausführung a) auf $\sigma_A = 70$ N/mm² (Ausführung b). Weitere Erhöhung von σ_A durch Festwalzen des Gewindeauslaufs.
3	a)	b) c) Metrische Gewinde: $r = 0,5\,P$ $e = 6,3\,P$ bis $4\,P$ (Form C) $g = 4\,P\ (2,5\,P)$ $d_g = d + (0,1 \ldots 0,5)$ mm	Gewindegrundlöcher erfordern zusätzlich zur nutzbaren Gewindetiefe b wegen des Gewindebohreranschnitts und als Späneauffangraum noch einen Grundlochüberhang e (b). Maße s. TB 8-8. Bei der Fertigung von großen Innengewinde-Grundlöchern (z.B. durch Gewindedrehen, Schraubschleifen) erhält man durch Gewindefreistiche nach DIN 76 den erforderlichen Werkzeugauslauf (c).
4	a) Werkstück Walze erf. Fase	b) $d_F = d_3 - 0,2$ mm	Bei der spanlosen Fertigung von Außengewinden (Gewindewalzen) Anfasen der Gewindeteile unter den Kerndurchmesser erforderlich (b). Sonst Ausbrechen der Walze durch einseitige axiale Belastung einzelner Zähne (a).

Bauteil-festigkeit R_m in N/mm²:

R_m in N/mm²	α
< 400	25°
≤ 800	20°
> 800	15°

[1] Teil 1: für metrische Gewinde, Teil 2: für Withworth-Gewinde, Teil 3: für Trapez-, Sägen-, Rund- und andere Gewinde mit grober Steigung

Bild 8-5 Gestaltungsbeispiele für Gewindeteile

Zeile	ungünstig	günstig	Hinweise
5	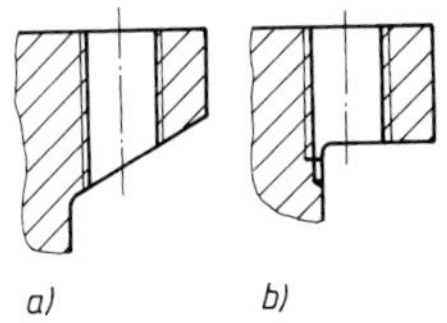 a) b)	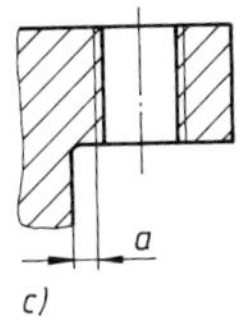 c)	Gewindebohrungen müssen einen ausreichenden Abstand a von Wandungen haben (c) und dürfen auch nicht übertrieben schräg austreten (a), sonst einseitige Belastung und infolgedessen Verlaufen oder gar Bruch des Werkzeugs.
6	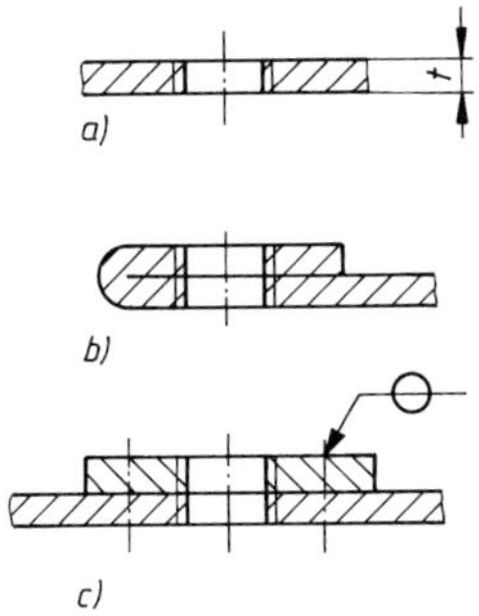 a) b) c)	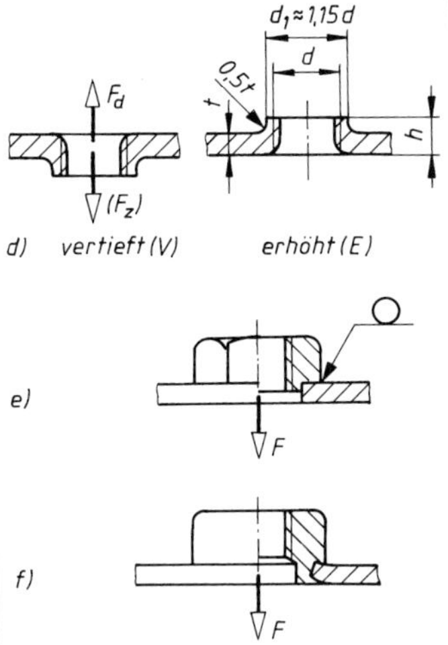 d) vertieft (V) erhöht (E) e) f)	Bei dünnen Blechen muss die Einschraublänge (Einschraubgruppe N: $l \geq 0,5 \cdot d$ für Regelgewinde und $l \geq 2,24 \cdot P \cdot d^{0,2}$ für Feingewinde) durch konstruktive Maßnahmen vergrößert werden: 1. Gezogene Kragen mit Innengewinde (d) (Blechdurchzüge); genormt nach DIN 7952 für M2 bis M10 (M2 × 0,25 bis M10 × 1), wobei $t > d/4$, mit Durchzughöhen h von 1,6 t, 1,8 t und 2 t; günstig Beanspruchung entgegen der Durchziehrichtung, es gilt: $F_d = 1,15 \cdot F_z$. 2. Sechskant- bzw. Vierkant-Schweißmuttern (e) nach DIN 929 bzw. DIN 928 (s. TB 8-6), voll belastbar bis Schrauben der Festigkeitsklasse 8.8. 3. Mittels „Gewindeträger" wie Einnietmutter (f), Schlagmutter und Blechmutter. 4. Gefaltetes Blech (b) und punktgeschweißtes Verstärkungsblech (c) bei nicht gewichtsoptimierten Bauteilen möglich, aber Gefahr durch Spaltkorrosion und Werkzeugbruch.
7	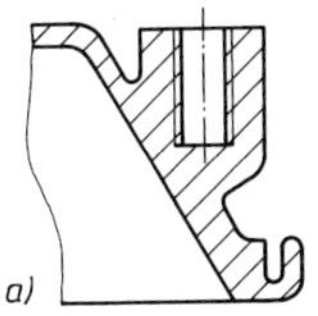 a)	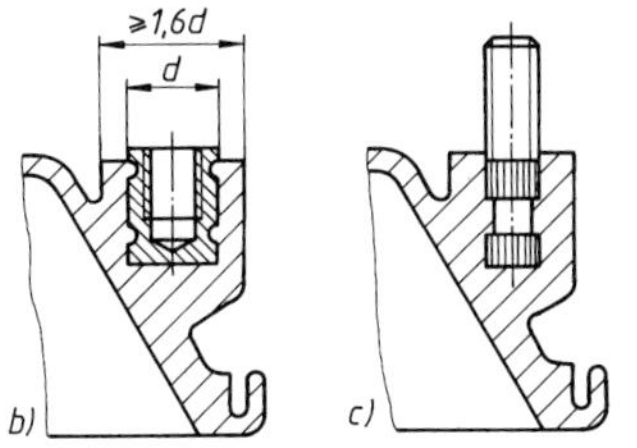 b) c)	Muttergewinde in Kunststoffteilen wegen der niedrigen mechanischen Eigenschaften der Kunststoffe und der geringen Gewindetiefe vermeiden (a). Ausreichend belastbar sind durch Umspritzen oder Ultraschall- und Warmeinsenken eingebettete Gewindeeinsätze (b) und Gewindebolzen (c), deren Außenkontur so profiliert ist (Rillen, Rändel), dass eine gute Verankerung im Kunststoff erzielt wird.
8	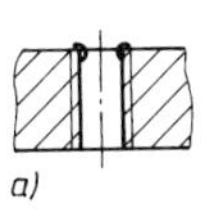 a)	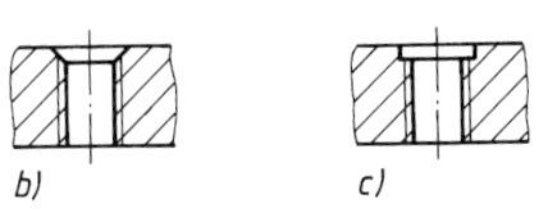 b)	c)	Bei galvanisierten Bauteilen lassen sich störende Niederschlagsverdichtungen an den Eintrittsöffnungen von Gewindelöchern (a) durch leichte Senkungen (b und c) vermeiden. Zu galvanisierende Schraubengewinde sind mit einem Untermaß zu fertigen, das bezogen auf den Durchmesser, das 5fache der Niederschlagsdicke beträgt.

Bild 8-5 (Fortsetzung)

8

8.2.2 Gestaltung der Schraubenverbindungen

Bestimmend für die Ausführung sind bei gegebenen Werkstoffen die Platzverhältnisse und die Montagemöglichkeiten, sichere und wirtschaftliche Lösungen erhält man in der Praxis oft durch die Übernahme erprobter Vorgängerlösungen. Der Trend zum Leichtbau und die Produkthaftung erfordern bei Neukonstruktionen eine mehr systematische Vorgehensweise. Dauerfeste Schraubenverbindungen verlangen eine sorgfältige Beachtung der Kerbwirkung und des Kraftflusses in den verspannten Teilen. Bild 8-6 gibt einige Hinweise für das beanspruchungsgerechte Gestalten von hochbeanspruchten Schraubenverbindungen.

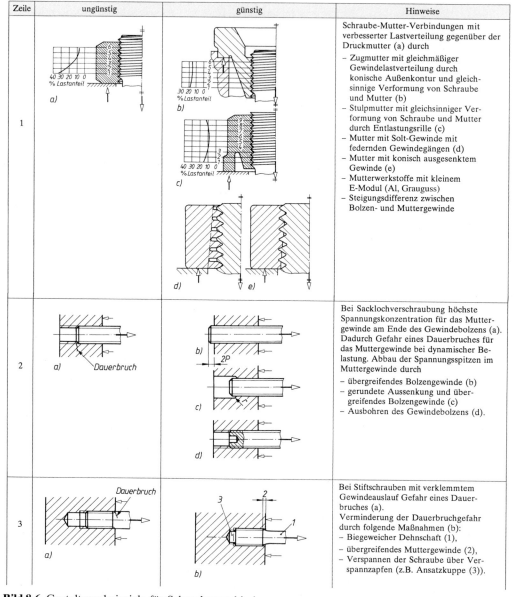

Zeile	ungünstig	günstig	Hinweise
1	a)	b) c) d) e)	Schraube-Mutter-Verbindungen mit verbesserter Lastverteilung gegenüber der Druckmutter (a) durch – Zugmutter mit gleichmäßiger Gewindelastverteilung durch konische Außenkontur und gleichsinnige Verformung von Schraube und Mutter (b) – Stulpmutter mit gleichsinniger Verformung von Schraube und Mutter durch Entlastungsrille (c) – Mutter mit Solt-Gewinde mit federnden Gewindegängen (d) – Mutter mit konisch ausgesenktem Gewinde (e) – Mutterwerkstoffe mit kleinem E-Modul (Al, Grauguss) – Steigungsdifferenz zwischen Bolzen- und Muttergewinde
2	a) Dauerbruch	b) c) d)	Bei Sacklochverschraubung höchste Spannungskonzentration für das Muttergewinde am Ende des Gewindebolzens (a). Dadurch Gefahr eines Dauerbruches für das Muttergewinde bei dynamischer Belastung. Abbau der Spannungsspitzen im Muttergewinde durch – übergreifendes Bolzengewinde (b) – gerundete Aussenkung und übergreifendes Bolzengewinde (c) – Ausbohren des Gewindebolzens (d).
3	Dauerbruch a)	b)	Bei Stiftschrauben mit verklemmtem Gewindeauslauf Gefahr eines Dauerbruches (a). Verminderung der Dauerbruchgefahr durch folgende Maßnahmen (b): – Biegeweicher Dehnschaft (1), – übergreifendes Muttergewinde (2), – Verspannen der Schraube über Verspannzapfen (z.B. Ansatzkuppe (3)).

Bild 8-6 Gestaltungsbeispiele für Schraubenverbindungen

Zeile	ungünstig	günstig	Hinweise
4	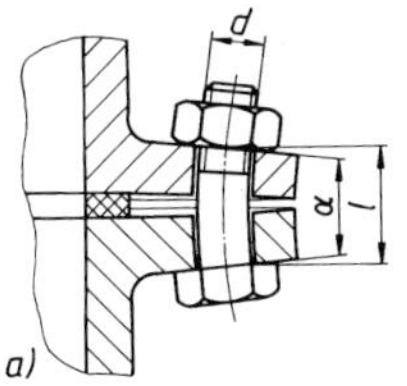 a) 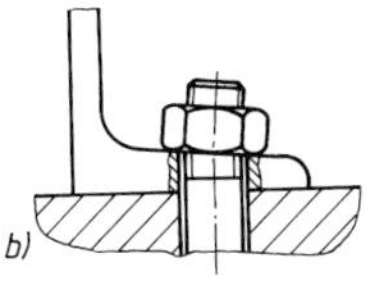 b)	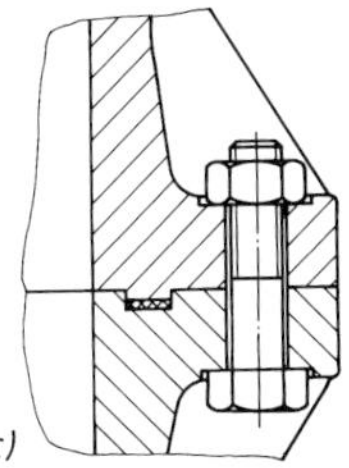 c) 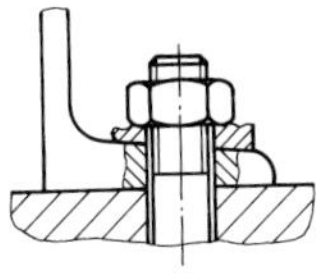 d) 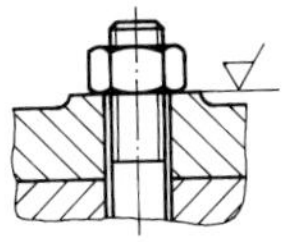 e)	Schraubenköpfe und Muttern müssen eine zur Schraubenachse senkrecht liegende Auflagefläche haben (c, d, e). Sonst zusätzliche Biegespannungen im Schraubenschaft (a): $\sigma_b = \widehat{\alpha} \cdot d \cdot E/(2\,l)$. Bei nicht vermeidbarer schräger Kopfauflage, z.B. durch Bauteildeformation (a), sind biegeweiche Schrauben günstig (d klein, l groß). Ausgleich der Flanschneigung bei Profilen durch Vierkantscheiben, z.B. U-Scheiben nach DIN 434 und I-Scheiben nach DIN 435 (d). Bei Gussteilen Senkungen nach DIN 974 (c) (s. TB 8-8) oder spanend zu bearbeitende Augen vorsehen (e).
5	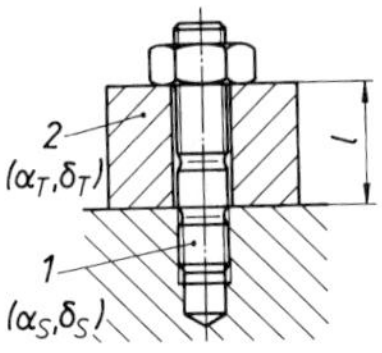 2 (α_T, δ_T) 1 (α_S, δ_S) a)	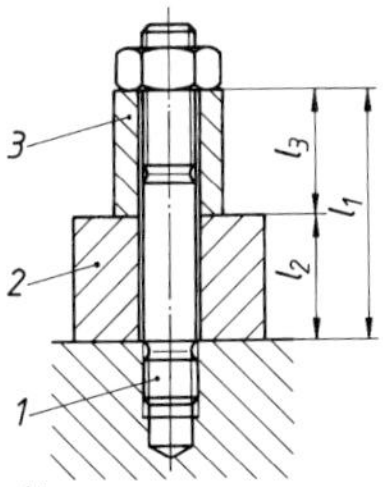 3 2 1 b) 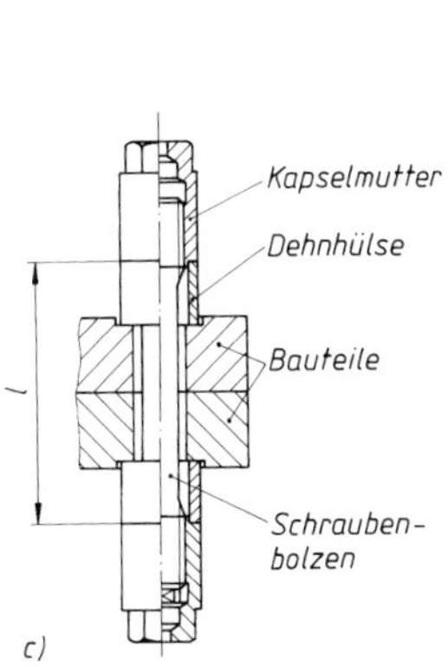 Kapselmutter Dehnhülse Bauteile Schraubenbolzen c)	Bestehen Schraube und zu verspannende Bauteile aus verschiedenen Werkstoffen, so bewirkt die unterschiedliche Wärmedehnung bei der Temperaturänderung $\Delta\vartheta$ in der Verbindung (a) eine Vorspannkraftänderung: $$\Delta F_V = \frac{(\alpha_S - \alpha_T) \cdot l \cdot \Delta\vartheta}{\delta_S + \delta_T}$$ (l bei Raumtemperatur) Maßnahmen um ΔF_V gering zu halten: 1. Für Schraube und verspannte Teile möglichst Werkstoffe mit ähnlichen Ausdehnungskoeffizienten wählen. 2. Ausgleich der thermischen Längenänderung durch entsprechende Werkstoffpaarung (b). Beispiel (b): Für Schraube (1) aus Stahl ($\alpha_1 = 12 \cdot 10^{-6}\,1/K$), Bauteil (2) aus Al.-Leg. ($\alpha_2 = 23 \cdot 10^{-6}\,1/K$) Dehnhülse (3) aus Invarstahl ($\alpha_3 = 1 \cdot 10^{-6}\,1/K$) ergibt sich bei gleichem $\Delta\vartheta$ aus $\alpha_1 \cdot l_1 - \alpha_2 \cdot l_2 - \alpha_3 \cdot l_3 = 0$ die erforderliche Dehnhülsenlänge $l_3 \approx l_2$. 3. Schraube und verspannte Teile mit großen elastischen Nachgiebigkeiten δ_S und δ_T ausführen, z.B. Dehnschrauben mit Dehnhülsen nach DIN 2510 (c). Die Dehnlänge soll dabei mindestens $4\,d$ betragen.
6	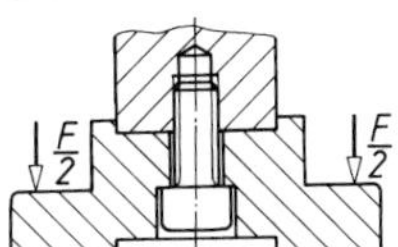 $\frac{F}{2}$ $\frac{F}{2}$ a)	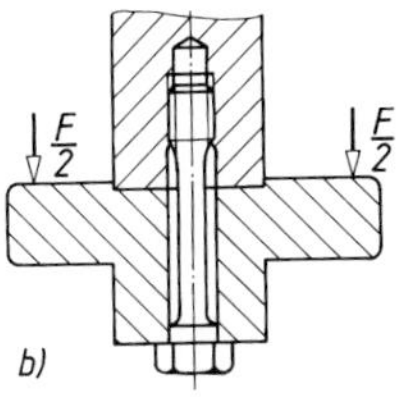 $\frac{F}{2}$ $\frac{F}{2}$ b)	Bei hoher dynamischer Beanspruchung Verbesserung der Dauerhaltbarkeit (b) durch – größere elastische Nachgiebigkeit der Schraube (δ_S groß) – Verschiebung des Betriebskraftangriffspunktes zur Trennfuge hin (n klein)

Bild 8-6 (Fortsetzung)

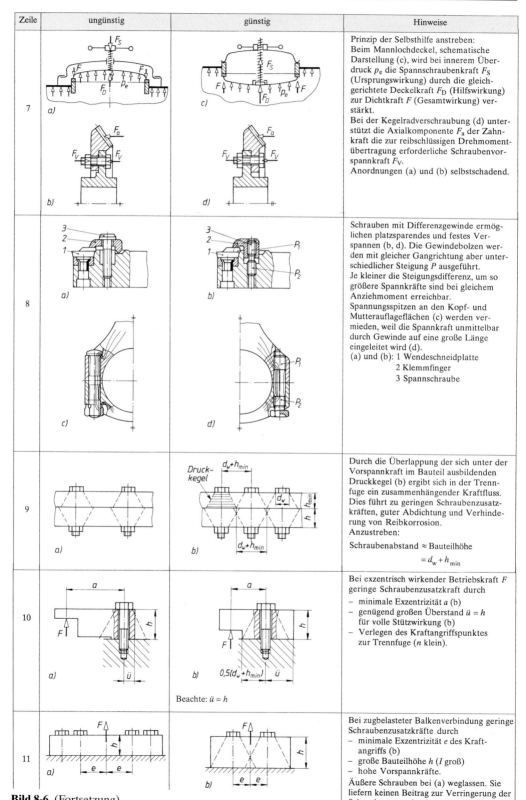

Zeile	ungünstig	günstig	Hinweise
7	a) / b)	c) / d)	Prinzip der Selbsthilfe anstreben: Beim Mannlochdeckel, schematische Darstellung (c), wird bei innerem Überdruck p_e die Spannschraubenkraft F_S (Ursprungswirkung) durch die gleichgerichtete Deckelkraft F_D (Hilfswirkung) zur Dichtkraft F (Gesamtwirkung) verstärkt. Bei der Kegelradverschraubung (d) unterstützt die Axialkomponente F_a der Zahnkraft die zur reibschlüssigen Drehmomentübertragung erforderliche Schraubenvorspannkraft F_V. Anordnungen (a) und (b) selbstschadend.
8	a) / c)	b) / d)	Schrauben mit Differenzgewinde ermöglichen platzsparendes und festes Verspannen (b, d). Die Gewindebolzen werden mit gleicher Gangrichtung aber unterschiedlicher Steigung P ausgeführt. Je kleiner die Steigungsdifferenz, um so größere Spannkräfte sind bei gleichem Anziehmoment erreichbar. Spannungsspitzen an den Kopf- und Mutterauflageflächen (c) werden vermieden, weil die Spannkraft unmittelbar durch Gewinde auf eine große Länge eingeleitet wird (d). (a) und (b): 1 Wendeschneidplatte 2 Klemmfinger 3 Spannschraube
9	a)	b)	Durch die Überlappung der sich unter der Vorspannkraft im Bauteil ausbildenden Druckkegel (b) ergibt sich in der Trennfuge ein zusammenhängender Kraftfluss. Dies führt zu geringen Schraubenzusatzkräften, guter Abdichtung und Verhinderung von Reibkorrosion. Anzustreben: Schraubenabstand $\approx$ Bauteilhöhe $= d_w + h_{min}$
10	a)	b)	Bei exzentrisch wirkender Betriebskraft F geringe Schraubenzusatzkraft durch – minimale Exzentrizität a (b) – genügend großen Überstand $\ddot{u} = h$ für volle Stützwirkung (b) – Verlegen des Kraftangriffspunktes zur Trennfuge (n klein).
11	a)	b)	Bei zugbelasteter Balkenverbindung geringe Schraubenzusatzkräfte durch – minimale Exzentrizität e des Kraftangriffs (b) – große Bauteilhöhe h (I groß) – hohe Vorspannkräfte. Äußere Schrauben bei (a) weglassen. Sie liefern keinen Beitrag zur Verringerung der Schraubenzusatzkraft.

In Zeile 9 (günstig): Druckkegel, $d_w + h_{min}$, d_w, h, h_{min}, $d_w + h_{min}$

In Zeile 10: Beachte: $\ddot{u} = h$, $0,5(d_w + h_{min})$, $\ddot{u}$, a, h, F

Bild 8-6 (Fortsetzung)

Zeile	ungünstig	günstig	Hinweise
12	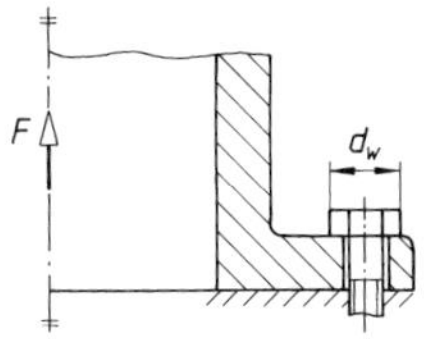	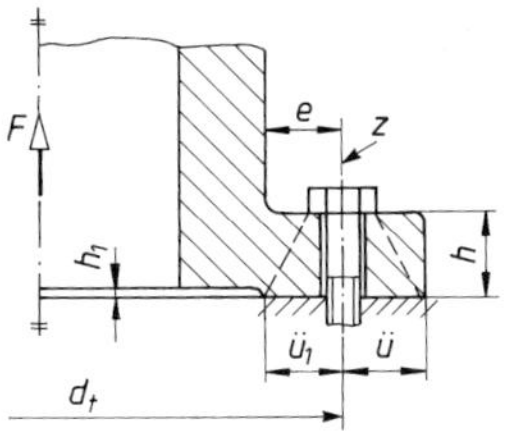 Richtwerte: $h \approx e$ $ü \geq h, ü_1 \approx 0,5\,(d_w + h)$ $h_1 \leq 0,1\,h$ $$z = \frac{d_t \cdot \pi}{d_w + h}$$	Bei rotationssymmetrischen Mehrschraubenverbindungen geringe Schraubenzusatzkräfte durch – möglichst dicke Flanschblätter $(h = e)$ – minimale Exzentrizität e, evtl. Zylinderschrauben wählen – großen Blattübstand $ü$ ($ü \geq h$) – große Anschlußsteifigkeit, ideal ist der volle Anschlußquerschnitt – große Schraubenanzahl z – hohe Vorspannkräfte.
13	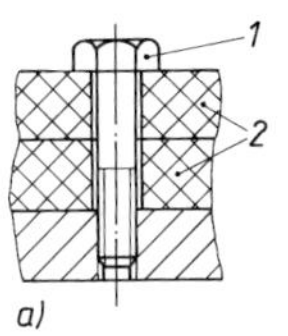 a)	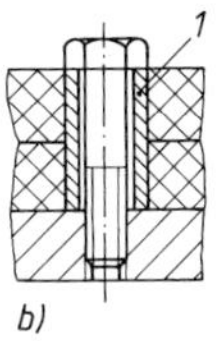 b) 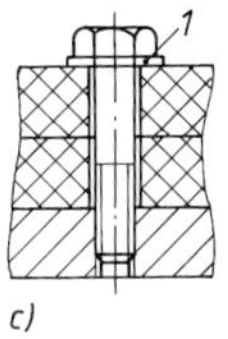 c)	Beim Verspannen mit Metallschrauben (1) kriechen Kunststoffbauteile (2) unter allmählichem Verlust der Vorspannung oder die Schraube reißt infolge der hohen thermischen Längenausdehnung des Kunststoffs (a). Maßnahmen: 1. Metallische Stützhülsen (1) übertragen die Vorspannkraft (b). 2. Mitverspannte Feder- oder Spannscheiben (1) halten die Vorspannkraft auch nach erfolgtem Kriechen und bei wechselnden Temperaturen weitgehend aufrecht (c).
14	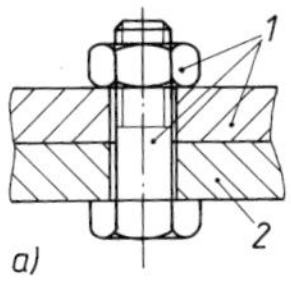 a) 1 Stahl 2 Al-Leg.	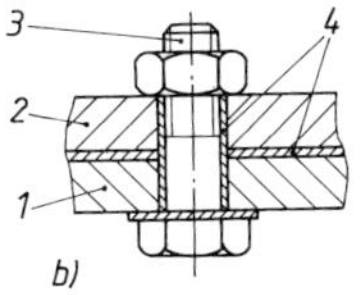 b) Beispiel: 1 Bauteil Al-Leg. 2 Bauteil Stahl 3 Schraube und Mutter aus Stahl 4 isolierende Zwischenschicht	Bei metallischen Bauteilen mit unterschiedlichem elektrischen Potential besteht bei einwirkender Feuchtigkeit (Elektrolyt) die Gefahr von Kontaktkorrosion (a). Sie kann durch isolierende Zwischenschichten (z.B. Kunststoffteile, Isolierpasten, Beschichtungen) verhindert werden (b).

Bild 8-6 (Fortsetzung)

8.2.3 Vorauslegung der Schraubenverbindung

Der für die Auslegung der Schraubenverbindung erforderliche Schraubendurchmesser kann mit Hilfe von TB 8-13 grob vorgewählt werden. Hierbei ist die axial (oder quer) wirkende Betriebskraft $F_B (F_Q)$ auf den nächsthöheren Tabellenwert aufzurunden.

Eine genauere Vorauslegung ist durch auf der sicheren Seite liegende Annahmen mit der Gleichung von Kübler möglich[1]. Aus der Konstruktion sind in der Regel die Betriebskraft F_B, die geforderte Klemmkraft F_{Kl} und die Klemmlänge l_k bekannt. Mit dem gewählten Anziehverfahren (Anziehfaktor k_A), dem Oberflächen- und Schmierzustand der Schraube (Reduktionsfaktor

---

[1] Kübler, K.-H.: Vereinfachtes Berechnen von Schraubenverbindungen, Verbindungstechnik (1978), Heft 6, S. 29/34, Heft 7/8, S. 35/39

κ), der Festigkeitsklasse und der Schraubenart (Schaft-, Ganzgewinde- oder Dehnschraube) wird der mindestens erforderliche Spannungs- bzw. Taillenquerschnitt

$$A_\text{s} \quad \text{bzw.} \quad A_\text{T} \geq \frac{F_\text{B} + F_\text{Kl}}{\dfrac{R_{\text{p0,2}}}{\kappa \cdot k_\text{A}} - \beta \cdot E \cdot \dfrac{f_\text{Z}}{l_\text{k}}}$$ (8.2)

F_B axiale Betriebskraft der Schraube
F_Kl geforderte Klemmkraft
$R_{\text{p0,2}}$ 0,2%-Dehngrenze des Schraubenwerkstoffes nach TB 8-4
E E-Modul des Schraubenwerkstoffes, $E \approx 210\,000 \,\text{N/mm}^2$ für Stahl
f_Z Setzbetrag, mittlerer Wert: 0,011 mm, genauer nach TB 8-10a
l_k Klemmlänge der verspannten Teile
k_A Anziehfaktor abhängig vom Anziehverfahren nach TB 8-11
β Nachgiebigkeitsfaktor der Schraube
        ca. 1,1 für Schaftschrauben (z. B. DIN EN ISO 4014 und DIN EN ISO 4762)
        ca. 0,8 für Ganzgewindeschrauben (z. B. DIN EN ISO 4017)
        ca. 0,6 für Dehnschrauben mit $d_\text{T} \approx 0,9 d_3$
κ Reduktionsfaktor ($= \sigma_\text{red}/\sigma_\text{VM}$), abhängig von μ_G (nach TB 8-12b) und der Schraubenart:

		μ_G	0,08	0,10	0,12	0,14	0,20
κ	Schaftschraube		1,11	1,15	1,19	1,24	1,41
	Dehnschraube		1,15	1,20	1,25	1,32	1,52

Mit dem errechneten Spannungs- bzw. Taillenquerschnitt kann nach TB 8-1 die Gewindegröße bestimmt werden.

Für den Fall, dass auf eine genauere Nachrechnung der Verbindung verzichtet wird, sollte zumindest bei starker dynamischer Belastung der Verbindung die Dauerhaltbarkeit der Schraube überschlägig kontrolliert werden. Für die Ausschlagspannung gilt

$$\pm\sigma_\text{a} \approx \pm k \, \frac{F_\text{Bo} - F_\text{Bu}}{A_\text{s}} \leq \sigma_\text{A}$$ (8.3)

k Faktor zur Berücksichtigung des Bauteilwerkstoffes. Man setze: 0,1 für Stahl, 0,125 für Grauguss, 0,15 für Aluminium
F_Bo oberer Grenzwert der axialen Betriebskraft
F_Bu unterer Grenzwert der axialen Betriebskraft
A_s Spannungsquerschnitt des Schraubengewindes aus Gewindetabellen, s. TB 8-1 und TB 8-2
σ_A Ausschlagfestigkeit der Schraube, für Festigkeitsklassen 8.8, 10.9 und 12.9 bei schlussvergütetem Gewinde (SV), also im Regelfall: $\pm\sigma_{\text{A(SV)}} \approx 0,85 \left(\dfrac{150}{d} + 45 \right)$

       (Schraubendurchmesser d in mm); bei schlussgewalztem Gewinde s. Gl. (8.22)

In der Entwurfsphase sollte ebenfalls eine Überprüfung der Flächenpressung unter Schraubenkopf bzw. Mutter erfolgen. Näherungsweise gilt

$$p \approx \frac{F_\text{sp}/0,9}{A_\text{p}} \leq p_\text{G}$$ (8.4)

F_sp Spannkraft der Schraube bei 90%iger Ausnutzung der Mindestdehngrenze des Schraubenwerkstoffes, Werte nach TB 8-14
A_p Fläche der Schraubenkopf- bzw. Mutterauflage, bei Sechskant- und Innensechskantschrauben aus TB 8-8 und TB 8-9
p_G Grenzflächenpressung, abhängig vom Werkstoff der verspannten Teile und vom Anziehverfahren, Richtwerte s. TB 8-10

8.3 Berechnung von Befestigungsschrauben

Die Berechnung unterscheidet sich in vor- und nicht vorgespannte Verbindungen.

Nicht vorgespannte Schraubenverbindungen sind solche, bei denen weder die Schrauben selbst noch diese durch Muttern festgedreht sind; die Schrauben sind also vor dem Angreifen einer äußeren Kraft F unbelastet, d. h. nicht vorgespannt. Diese Verbindungen kommen praktisch nur selten vor, z. B. bei Abziehvorrichtungen oder Spannschlössern (Bild 8-7a).

Bei *vorgespannten Verbindungen* sind die Schrauben vor dem Angreifen einer Betriebskraft F_B durch eine nach dem Festdrehen der Mutter oder der Schraube hervorgerufene Vorspannkraft F_V bereits belastet, d. h. vorgespannt. Solche Verbindungen liegen meist vor, z. B. bei Flansch-, Zylinderdeckelverschraubungen u. dgl. (Bild 8-7c).

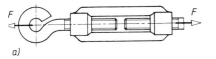 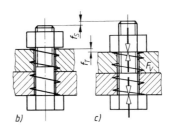 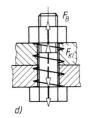

Bild 8-7 Kräfte an Schraubenverbindungen.
a) nicht vorgespannte Verbindung, b) vorgespannte Verbindung vor dem Festdrehen, c) nach dem Festdrehen (Montagezustand), d) nach Angreifen der Betriebskraft (Betriebszustand)

8.3.1 Kraft- und Verformungsverhältnisse bei vorgespannten Schraubenverbindungen

Um Schraubenverbindungen, die hohe Kräfte zu übertragen haben und deren Versagen schwerwiegende Folgen haben kann, rechnerisch und konstruktiv sicher auslegen zu können, müssen die Kräfte und Verformungen an Schrauben und verspannten Teilen untersucht werden.

Grundlage für die folgenden Betrachtungen und Berechnungen ist die VDI-Richtlinie 2230 Bl. 1: Systematische Berechnung hoch beanspruchter Schraubenverbindungen.

Es sollen hier nur Verbindungen mit Stahlschrauben bei relativ starren, gegeneinander liegenden Bauteilen und normalen Temperaturen untersucht werden, wie sie in der Praxis meist vorliegen.

1. Kräfte und Verformungen im Montagezustand

Das Prinzip des Kräfte- und Verformungsspieles sei an Bild 8-7 erläutert. Vor dem Festdrehen der Mutter sind Schraube und Bauteile noch unbelastet (Bild 8-7b). Wird die Mutter festgedreht, dann werden die zu verbindenden Teile – zur besseren Anschaulichkeit durch eine Feder ersetzt gedacht – um f_T zusammengedrückt, und gleichzeitig wird die Schraube um f_S verlängert (vorgespannt). In der Verbindung wirkt die axiale Vorspannkraft F_V, die als Rückführkraft der elastisch gedehnten Schraube die „Feder" elastisch zusammendrückt und umgekehrt als „Federspannkraft" die Schraube verlängert (*Montagezustand*, Bild 8-7c). Die Vorspannkraft F_V in der Schraube entspricht der Klemmkraft F_{Kl} der Bauteile.

Dieser Vorgang lässt sich durch Kennlinien darstellen, die im elastischen Bereich der Werkstoffe nach dem Hookeschen Gesetz Geraden sind. Die Vereinigung der Kennlinien ergibt das Verspannungsschaubild im Montagezustand (Bild 8-8).

Bild 8-8 zeigt die Verformungskennlinien für die Schraube (a) und für die verspannten Platten (b) und ihre Zusammenführung über die gespiegelte (c) und verschobene Platten-Kennlinie (d) zum Verspannungsschaubild.

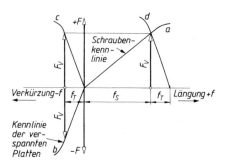

Bild 8-8
Kraft-Verformungs-Schaubild (Verspannungsschaubild) für den Montagezustand einer Schraubenverbindung

Für eine mit der Kraft F_V auf Zug beanspruchte Schraube mit dem Querschnitt A gilt nach dem Hookeschen Gesetz ($\varepsilon = \sigma/E$) für die *elastische Längenänderung*

$$f = \varepsilon \cdot l = \frac{l \cdot \sigma}{E} = \frac{F \cdot l}{E \cdot A} \qquad (8.5)$$

Das Verhältnis von Längenänderung f und Kraft F ist die *elastische Nachgiebigkeit*

$$\delta = \frac{1}{C} = \frac{f}{F} = \frac{l}{E \cdot A} \qquad (8.6)$$

Sie ist der Kehrwert der *Federsteifigkeit C* und kennzeichnet die Fähigkeit der Bauteile, sich unter Krafteinwirkung elastisch zu verformen.

Nachgiebigkeit der Schraube
Schrauben setzen sich aus einer Anzahl Einzelelemente der Länge l_i und dem Querschnitt A_i zusammen, Bild 8-9. Durch Addition der Nachgiebigkeiten der einzelnen Elemente erhält man die Nachgiebigkeit der gesamten Schraube

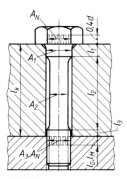

$$\delta_S = \delta_K + \delta_1 + \delta_2 + \delta_3 + \ldots + \delta_G + \delta_M \qquad (8.7)$$

Werden die elastischen Nachgiebigkeiten des Schraubenkopfes δ_K und der Mutterverschiebung δ_M sowie des eingeschraubten Gewindeteils δ_G durch Ersatzzylinder der Längen $0{,}4d$ bzw. $0{,}5d$ erfasst, so folgt für die elastische Nachgiebigkeit der Schraube

$$\delta_S = \frac{1}{E_S} \left(\frac{0{,}4d}{A_N} + \frac{l_1}{A_1} + \frac{l_2}{A_2} + \ldots + \frac{0{,}5d}{A_3} + \frac{0{,}4d}{A_N} \right) \qquad (8.8)$$

Bild 8-9 Mitfedernde Einzelelemente einer Dehnschraube

E_S Elastizitätsmodul des Schraubenwerkstoffes, für Stahl: $E_S = 210\,000\,\text{N/mm}^2$
d Gewindeaußendurchmesser (Nenndurchmesser)
l_i Länge des zylindrischen Einzelelements i der Schraube
A_i Querschnittsfläche des zylindrischen Einzelelements i der Schraube, bei nicht einge- schraubtem Gewinde der Kernquerschnitt A_3
A_N Nennquerschnitt des Schraubenschaftes, $A_N = \pi \cdot d^2/4$
A_3 Kernquerschnitt des Gewindes nach TB 8-1

Nachgiebigkeit der verspannten Teile
Schwieriger ist die Ermittlung der elastischen Nachgiebigkeit δ_T der von der Schraube ver- spannten Teile, weil zunächst festzustellen ist, welche Bereiche an der Verformung teilnehmen. Wenn die Querabmessungen der verspannten Teile D_A den Kopfauflagedurchmesser d_w über- schreiten, verbreitert sich die druckbeanspruchte Zone vom Schraubenkopf bzw. der Mutter ausgehend etwa nach Bild 8-10 zur Trennfuge hin. Dieser Druckkörper kann durch einen Hohl- zylinder mit annähernd gleichem Verformungsverhalten ersetzt werden.

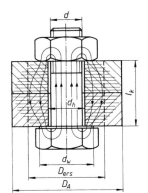

Bild 8-10
Gedrückte Bereiche in einer Durchsteckverschraubung (schematisch)

Bei einer flächenmäßigen Ausdehnung der verspannten Teile $d_w \leq D_A \leq d_w + l_k$ ist der Ersatzquerschnitt des Hohlzylinders

$$A_{ers} = \frac{\pi}{4}\,(d_w^2 - d_h^2) + \frac{\pi}{8}\,d_w(D_A - d_w)\,[(x+1)^2 - 1] \qquad (8.9)$$

d_w Außendurchmesser der ebenen Kopfauflage; bei Sechskantschrauben gleich Durchmesser des Telleransatzes oder gleich Schlüsselweite, bei Zylinderschrauben näherungsweise gleich Kopfdurchmesser, s. TB 8-8 und TB 8-9

D_A Außendurchmesser der verspannten Teile (s. Bild 8-10)

d_h Durchmesser des Durchgangsloches, meist nach DIN EN 20273 „mittel", s. TB 8-8

x $\sqrt[3]{\dfrac{l_k \cdot d_w}{D_A^2}}$, wobei l_k Klemmlänge der verspannten Teile

Bei $D_A > d_w + l_k$ kann für die Berechnung von δ_T der gleiche Ersatzquerschnitt zugrunde gelegt werden wie für die Grenzbedingung $D_A = d_w + l_k$, d. h. ab $D_A = d_w + l_k$ bleibt der Ersatzquerschnitt mit zunehmendem D_A der verspannten Teile annähernd konstant.
Für den selten vorkommenden Fall $D_A < d_w$ gilt $A_{ers} = \pi(D_A^2 - d_h^2)/4$.
Damit ergibt sich, entsprechend Gl. (8.6), die elastische Nachgiebigkeit der verspannten Teile

$$\delta_T = \frac{f_T}{F_V} = \frac{l_k}{A_{ers} \cdot E_T} \qquad (8.10)$$

l_k Klemmlänge der verspannten Teile

A_{ers} Ersatzquerschnitt nach Gl. (8.9)

E_T Elastizitätsmodul der verspannten Teile nach TB 1-2 und TB 1-3, für Stahl: $E_T = 210\,000\ \text{N/mm}^2$

2. Kräfte und Verformungen bei statischer Betriebskraft als Längskraft

Die Kraft- und Verformungsverhältnisse lassen sich am einfachsten erläutern, wenn zunächst angenommen wird, dass die Krafteinleitung über die äußeren Ebenen der Teile erfolgt (Bild 8-11b). Dieser Grenzfall liegt selten vor, sodass sich die Verhältnisse ggf. ändern können (s. unter 8.3.1-4).
Wirkt die Betriebskraft F_B auf die vorgespannte Verbindung, dann wird die Schraube zunächst auf Zug beansprucht und um Δf_S zusätzlich verlängert, die Teile werden um den gleichen Betrag Δf_T entspannt, d. h. entsprechend entlastet. Die Vorspannung F_V vermindert sich also auf eine (Rest-)Klemmkraft in den Teilen: $F_{Kl} = F_V - F_{BT}$, wobei F_{BT} der die Teile entlastende Anteil von F_B, die Entlastungskraft, bedeutet.
Die (Gesamt-)Schraubenkraft wird dann $F_{S\,ges} = F_{Kl} + F_B = F_V + F_{BS}$, wobei F_{BS} der die Schraube zusätzlich belastende Anteil von F_B, die Zusatzkraft, bedeutet.
Diese Verhältnisse lassen sich aus dem *Verspannungsschaubild* (Bild 8-11c) erkennen.

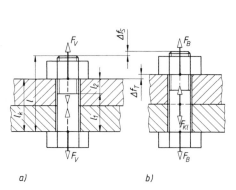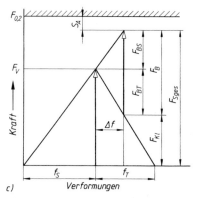

Bild 8-11 Kräfte und Verformungen an einer vorgespannten Schraubenverbindung.
a) Vorspannungs-(Montage-)Zustand, b) Betriebszustand, c) Verspannungsschaubild

Wegen der beim Festdrehen auftretenden Verdrehbeanspruchung (s. 8.3.6), die sich der Zugbeanspruchung überlagert, muss $F_{S\,ges}$ einen Sicherheitsabstand S_A zur Streckgrenzenkraft F_S bzw. $F_{0,2}$ haben, um bleibende Verformungen zu vermeiden.

Hört die Wirkung von F_B auf, dann stellt sich der ursprüngliche vorgespannte Zustand mit F_V wieder ein.

Aus Ähnlichkeitsbetrachtungen am Verspannungsschaubild und durch Einführung der elastischen Nachgiebigkeiten $\delta_S = f_S/F_V = \Delta f/F_{BS}$ und $\delta_T = f_T/F_V = \Delta f/F_{BT}$ sowie des Kraftverhältnisses $\Phi = F_{BS}/F_B$ lässt sich die *Zusatzkraft für die Schraube* ableiten:

$$F_{BS} = F_B \cdot \frac{\delta_T}{\delta_S + \delta_T} = F_B \cdot \Phi \qquad (8.11)$$

Die *Entlastungskraft für die Teile* wird

$$F_{BT} = F_B - F_{BS} = F_B \cdot (1 - \Phi) = F_B \cdot \frac{\delta_S}{\delta_S + \delta_T} \qquad (8.12)$$

damit die *Klemmkraft* zwischen den Bauteilen

$$F_{Kl} = F_V - F_{BT} = F_V - F_B \cdot (1 - \Phi) \qquad (8.13)$$

und die *Gesamtschraubenkraft*

$$F_{S\,ges} = F_V + F_{BS} = F_{Kl} + F_B \qquad (8.14)$$

F_B	Betriebskraft in Längsrichtung der Schraube
δ_S, δ_T	elastische Nachgiebigkeit der Schraube nach Gl. (8.8) bzw. der verspannten Teile nach Gl. (8.10)
Φ	Kraftverhältnis F_{BS}/F_B bei Krafteinleitung über die Schraubenkopf- und Mutterauflage gilt $\Phi_k = \delta_T/(\delta_S + \delta_T)$ und bei Krafteinleitung über die verspannten Teile $\Phi = n \cdot \Phi_k$ nach Gl. (8.17)
F_V	Vorspannkraft der Schraube

3. Kräfte und Verformungen bei dynamischer Betriebskraft als Längskraft

Bei mit einer dynamischen Zugkraft belasteten vorgespannten Schraubenverbindung schwankt die Betriebskraft F_B zwischen null und einem oberen Grenzwert F_{Bo} oder zwischen einem unteren Grenzwert F_{Bu} und einem oberen Grenzwert F_{Bo} (Bild 8-12a). Entsprechend wird die Schraube dauernd durch eine um eine ruhend gedachte Mittelkraft F_m pendelnde Ausschlag-

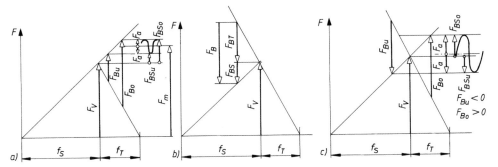

Bild 8-12 Verspannungsschaubild bei dynamischen Betriebskräften.
a) schwellende Zugkraft, b) Druckkraft, c) wechselnde Zug-Druckkräfte ($F_{Bo} > 0$, $F_{Bu} < 0$)

kraft F_a belastet, deren Größe für die Dauerhaltbarkeit der Schraube von entscheidender Bedeutung ist, s. unter 8.3.3.

Wie aus Bild 8-12 zu erkennen ist, wird die Schraube durch die Zusatzkraft F_{BS} schwingend belastet. Hieraus ergibt sich die *Ausschlagkraft*

$$\pm F_a = \pm \frac{F_{BSo} - F_{BSu}}{2} = \frac{F_{Bo} - F_{Bu}}{2} \cdot \Phi \qquad (8.15)$$

Die ruhend gedachte *Mittelkraft* ergibt sich aus

$$F_m = F_V + \frac{F_{Bo} + F_{Bu}}{2} \cdot \Phi \qquad (8.16)$$

F_V Vorspannkraft der Schraube
F_{Bo}, F_{Bu} oberer bzw. unterer Grenzwert der axialen Betriebskraft; bei rein schwellend wirkender Betriebskraft ist $F_{Bu} = 0$
Φ Kraftverhältnis nach Gl. (8.17)

Ist F_B eine zentrisch angreifende Druckkraft, so ist sie in den Gleichungen mit negativem Vorzeichen einzusetzen. Die Belastung der Schraube nimmt dann ab und die verspannten Teile werden zusätzlich gedrückt, Bild 8-12b. Die Restklemmkraft in der Trennfuge beträgt dann
$F_{Kl} = F_V + F_{BT}$.

Bild 8-12c zeigt die Verspannungsverhältnisse bei Zug-Druck-Betriebsbeanspruchung.

4. Einfluss der Krafteinleitung in die Verbindung

Im Normalfall wird die Betriebskraft F_B nicht wie die Vorspannkraft F_V durch die äußeren Ebenen der verspannten Teile (Bild 8-13a), sondern irgendwo innerhalb der verspannten Teile in die Verbindung eingeleitet (Bild 8-13b und c).

In diesen Fällen wird dann nur ein Teil des Verspannungsbereiches mit der Länge $n \cdot l_k$ entlastet, die Bauteile wirken dadurch starrer, ihre Kennlinie verläuft steiler. Die außerhalb von $n \cdot l_k$ liegenden Bereiche erfahren eine zusätzliche Belastung und sind der Schraube zuzurechnen, wodurch diese elastischer erscheint, ihre Kennlinie verläuft flacher. Damit werden Zusatzkraft F_{BS} und Ausschlagkraft F_a kleiner (Bild 8-13e).

Daraus ergibt sich, dass durch geeignete konstruktive Maßnahmen die Belastungsverhältnisse günstig beeinflusst werden und die Dauerhaltbarkeit der Schraubenverbindung dadurch erhöht werden kann, dass F_B näher an der Trennfuge eingeleitet wird.

Der durch F_B entlastete Bereich ist kaum exakt zu ermitteln und berechnungsaufwändig. Angaben zur Berechnung des Krafteinleitungsfaktors sind in der VDI-Richtlinie 2230 enthalten. Für den *Krafteinleitungsfaktor* setzt man den ungünstigen Grenzwert $n = 1$, wenn eine vereinfachte Rechnung durchgeführt wird oder die Schrauben nur querbeansprucht sind (Bild 8-13a und 8-14a); der andere Grenzwert $n = 0$ (trotz F_B keine Erhöhung der Schraubenkraft, da $F_{BS} = 0$!

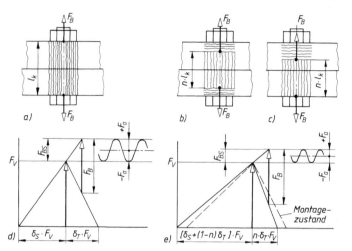

Bild 8-13
Krafteinteilung bei verspannten
Teilen.
a) Vereinfachter Fall
b) und c) normale Fälle
d) und e) zugeordnete Ver-
    spannungsschaubilder

– andererseits Restklemmkraft zwischen den Bauteilen wird minimal) gilt bei Kraftangriff di-
rekt in der Trennfuge, er ist kaum zu verwirklichen.
In der Praxis setzt man im Normalfall $n \approx 0,5$ (Bild 8-14c) und in günstigen Fällen auch $n \approx 0,3$
(Bild 8-14d).
Damit ändert sich auch das *Kraftverhältnis* (s. Gln. (8.11) bis (8.16)):

$$\Phi = n \cdot \Phi_k$$

(8.17)

n Krafteinleitungsfaktor je nach Krafteinleitung s. Bild 8-14.
Φ_k vereinfachtes Kraftverhältnis für Krafteinleitung in Ebenen durch die Schraubenkopf-
     und Mutterauflage aus $\Phi_k = \delta_T / (\delta_S + \delta_T)$

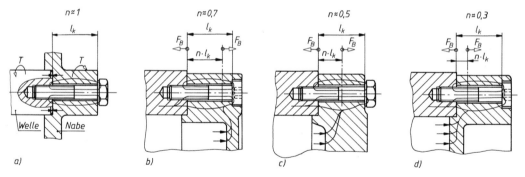

Bild 8-14 Krafteinleitungsfaktoren für typische Konstruktionsfälle.
a) Querbeanspruchte, reibschlüssige Schraubenverbindung, b) Deckelverschraubung mit weit von der
Trennfuge liegendem Kraftangriffspunkt (ungünstig), c) und d) mit näher zur Trennfuge rückendem
Kraftangriffspunkt (günstiger)

5. Kraftverhältnisse bei statischer oder dynamischer Querkraft

Wirkt die Betriebskraft senkrecht zur Schraubenachse, dann sollen die Schrauben ein Verschieben der Teile verhindern, um die sonst auftretende ungünstige Scherbeanspruchung zu vermeiden. Die statische oder dynamische Querkraft F_Q muss dabei durch Reibungsschluss aufgenommen werden, der durch eine entsprechend hohe Vorspannkraft zwischen den Berührungsflächen
der Teile entsteht, wobei die Reibungskraft $F_R \geq F_Q$ sein muss. Die Schrauben werden dann
nur noch statisch auf Zug beansprucht (Bild 8-15).

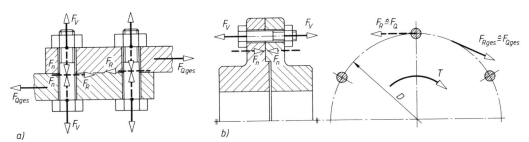

Bild 8-15 Querbeanspruchte, reibschlüssige Schraubenverbindungen
a) allgemeiner Fall, b) Drehmomentübertragung

Ist ein Drehmoment T durch Reibungsschluss zu übertragen, wie z. B. bei Kupplungsflanschen (Bild 8-15b), dann ergibt sich die Umfangskraft (gleich Gesamt-Querkraft) am Lochkreis mit Durchmesser D aus: $F_{Q\,ges} = 2 \cdot T/D$.
Die erforderliche Klemmkraft (Normalkraft) je Schraube und Reibfläche ergibt sich aus

$$F_{Kl} = \frac{F_{Q\,ges}}{\mu \cdot z} \qquad\qquad (8.18)$$

$F_{Q\,ges}$ von der Schraubenverbindung aufzunehmende Gesamtquerkraft
z Anzahl der die Gesamtquerkraft aufnehmenden Schrauben
μ Reibungszahl der Bauteile in der Trennfuge, sicherheitshalber gleich Gleitreibungszahl
nach TB 4-1

8.3.2 Setzverhalten der Schraubenverbindungen

Die zur Montage einer Verbindung erforderliche Montagevorspannkraft F_{VM} wird über die verhältnismäßig kleinen Auflageflächen des Schraubenkopfes bzw. der Mutter und der Gewindeflanken übertragen, sodass hohe Flächenpressungen Kriechvorgänge im Werkstoff auslösen und plastische Verformungen hervorrufen können. Dieses *Setzen der Verbindung* führt zu einem Vorspannkraftverlust F_Z, wodurch die Restvorspannkraft gleich Restklemmkraft F_{Kl} soweit abgebaut werden kann, dass die Verbindung gefährdet ist. Neben Art und Höhe der Beanspruchung ist die Größe der Setzbeträge insbesondere von der Festigkeit der Verbindungsteile, ihrer Rauigkeit und elastischen Nachgiebigkeit abhängig.
Die größten Setzungen treten beim Festdrehen auf und werden dabei schon ausgeglichen. Besonders bei dynamischer Belastung kann es jedoch zu weiterem Vorspannkraftverlust kommen, der durch elastische Längenänderung der Schraube aufgefangen werden muss. F_{VM} muss darum so hoch gewählt werden, dass während der Wirkdauer der Betriebskraft F_B die Restvorspannkraft nicht null bzw. nicht kleiner als eine geforderte Dicht- oder Klemmkraft F_{Kl} wird (s. Bild 8-16). Ist der Vorspannkraftverlust F_Z so groß, dass $F_{Kl} = 0$ wird, würden die Teile bei F_B lose aufeinander liegen, d. h. *die Verbindung wäre locker*. Bei schlagartiger Beanspruchung können weitere Setzungen entstehen, sodass F_Z zunimmt und wegen wachsender Ausschlagkraft ein Dauerbruch der Schraube eingeleitet wird.

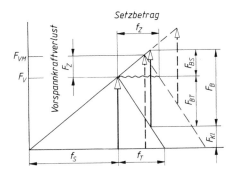

Bild 8-16
Darstellung des Vorspannkraftverlustes und des Setzbetrages am Verspannungsschaubild für $n = 1$

Es ist daher erforderlich, den Vorspannkraftverlust F_Z bei der Berechnung bereits zu berücksichtigen. Der Zusammenhang zwischen F_Z und dem Setzbetrag f_Z ist aus Bild 8-16 zu erkennen. Danach ist

$$\frac{F_Z}{f_Z} = \frac{F_V}{f_S + f_T} = \frac{1}{\delta_S + \delta_T}$$

Unter Berücksichtigung des Kraftverhältnisses $\Phi_k = \delta_T/(\delta_S + \delta_T)$ ergibt sich der *Vorspannkraftverlust* infolge Setzens

$$F_Z = \frac{f_Z}{\delta_S + \delta_T} = \frac{f_Z}{\delta_T} \, \Phi_k = \frac{f_Z}{\delta_S} \, (1 - \Phi_k) \qquad (8.19)$$

δ_S, δ_T und Φ_k wie zu den Gln. (8.11) bis (8.14)
f_Z Setzbetrag, Richtwerte s. TB 8-10a, Mittelwert 0,011 mm

Die Höhe der Setzbeträge ist von der Anzahl der Trennfugen und der Oberflächenrauheit abhängig. Bei querbeanspruchten Schrauben sind nach VDI 2230 höhere Setzbeträge zu berücksichtigen.

Hinweis: Setzbeträge an nicht massiven, sehr nachgiebigen Verbindungen müssen durch Versuche ermittelt werden.

8.3.3 Dauerhaltbarkeit der Schraubenverbindungen, dynamische Sicherheit

Im Maschinenbau treten meist dynamische Belastungen auf. Zugbeanspruchte Schrauben werden dabei schwingend belastet, wodurch ihre Haltbarkeit durch Kerbwirkung, z. B. am Übergang vom Schaft zum Kopf, insbesondere aber am Gewinde herabgesetzt wird.
Wie bereits unter 8.3.1-3 erläutert, wird die Schraube durch die Zusatzkraft F_{BS} schwingend belastet. Die dadurch gegebene Ausschlagkraft F_a führt zu einer *Ausschlagspannung* σ_a

$$\pm\sigma_a = \pm \frac{F_a}{A_s} \leq \sigma_A \qquad (8.20\,a)$$

F_a Ausschlagkraft nach Gl. (8.15)
A_s Spannungsquerschnitt des Gewindes aus Gewindetabellen TB 8-1 bzw. TB 8-2
σ_A Ausschlagfestigkeit des Gewindes für Festigkeitsklassen 8.8, 10.9 und 12.9

Für die dynamische Sicherheit gilt

$$S_D = \frac{\sigma_A}{\sigma_a} \geq S_{D\,erf} \qquad (8.20\,b)$$

$S_{D\,erf}$ erforderliche Sicherheit: $S_{D\,erf} \geq 1,2$

Die *Ausschlagfestigkeit des Gewindes* ist für die Festigkeitsklassen 8.8, 10.9 und 12.9 bei schlussvergütetem Gewinde (SV), also im Regelfall

$$\pm\sigma_{A(SV)} \approx 0,85 \left(\frac{150}{d} + 45 \right) \qquad \frac{\sigma_{A(SV)}}{N/mm^2} \; \begin{array}{c} d \\ \hline mm \end{array} \qquad (8.21)$$

bei schlussgewalztem Gewinde (SG), teuer

$$\pm\sigma_{A(SG)} \approx \left(2 - \frac{F_m}{F_{0,2}} \right) \sigma_{A(SV)} \qquad (8.22)$$

F_m Schrauben-Mittelkraft nach Gl. (8.16)
$F_{0,2}$ Schraubenkraft an der Mindestdehngrenze $F_{0,2} = A_s \cdot R_{p0,2}$ (bei Taillenschrauben mit A_T)
d Gewindenenndurchmesser

Bei Dauerfestigkeitsversuchen an schlussvergüteten Schrauben zeigte sich, dass deren Ausschlagfestigkeit σ_A unabhängig von der Höhe der Mittelspannung fast gleich bleibt, im Gegensatz zu einer normalerweise kleiner werdenden Ausschlagfestigkeit glatter Stäbe und schlussgewalzter Schrauben bei steigender Mittelspannung, Bild 8-17. Auch wächst die Ausschlagfestigkeit der Schrauben nur wenig mit deren Festigkeitsklasse. Den größten Einfluss haben der Durchmesser und insbesondere die Herstellungsart des Gewindes (schlussvergütet bzw. schlussgewalzt, also kalt verfestigt).

Im Bild 8-17 sind neben dem allgemeinen Dauerfestigkeitsschaubild der Schraube und eines gewindefreien glatten Stabes Spannungsausschläge bei verschiedenen Mittelspannungen σ_m für die Schraube im zeitlichen Ablauf dargestellt. Durch die Fließbehinderung im Gewinde (Stützwirkung) liegt die statische Tragfähigkeit der Schraube etwas höher als die des glatten Stabes entsprechender Festigkeit $R'_{p\,0,2} > R_{p\,0,2}$).

Zu beachten ist, dass die Dauerhaltbarkeit einer Schraubenverbindung nicht nur durch die Schraube selbst (Werkstoff, Form, Herstellung), sondern auch durch die Verspannungsverhältnisse und die Einschraubbedingungen bestimmt wird.

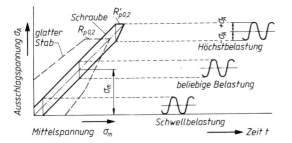

Bild 8-17
Dauerfestigkeitsschaubild einer Schraube
(schematisch)

8.3.4 Anziehen der Verbindung, Anziehdrehmoment

1. Kräfte am Gewinde, Gewindemoment

Die Kraftverhältnisse werden der Einfachheit halber zunächst am Flachgewinde untersucht und zwar an der durch die Abwicklung eines Gewindeganges entstehenden schiefen Ebene mit dem Neigungswinkel gleich Gewindesteigungswinkel φ. Das Muttergewinde wird durch einen Gleitkörper ersetzt, an dem die Längskraft F, die Umfangskraft F_u und die Ersatzkraft F_e als Resultierende der Normalkraft F_n und der Reibungskraft F_R angreifen, deren Krafteck bei Gleichgewicht geschlossen sein muss (Bild 8-18b). Bei „Last heben", entsprechend Festdrehen der Schraube (Bild 8-18b), ergibt sich aus dem Krafteck $F_u = F \cdot \tan(\varphi + \varrho)$. Bei „Last senken", entsprechend Lösen der Schraube (Bild 8-18c), wird $F_u = F \cdot \tan(\varphi - \varrho)$; bei Steigungswinkel $\varphi <$ Reibungswinkel ϱ (Bild 8-18d) wird $(\varphi - \varrho)$ negativ und damit auch F_u, d. h. dass F_u zusätzlich zum „Senken" aufgebracht werden muss, was dem Lösen der Schraube mit selbsthemmendem Gewinde entspricht.

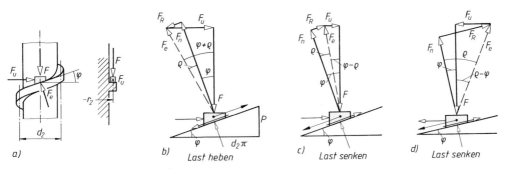

Bild 8-18 Kräfte am Flachgewinde

Die Flanken der genormten Gewinde sind – bis auf das Sägengewinde 45° – zur Gewindeachse um den Teilflankenwinkel geneigt. Ähnlich wie bei Keilnuten muss deshalb die Reibungskraft F_R aus der Normalkomponente der Längskraft F errechnet werden; für symmetrische Gewindeprofile mit dem Teilflankenwinkel $\beta/2$ wird diese $F/\cos(\beta/2)$ (Bild 8-19). Die gleichmäßig am Umfang verteilt wirkende Radialkomponente F_r drückt den Schraubenbolzen zusammen und versucht die Mutter aufzuweiten („Sprengkraft"). Da mit zunehmendem Teilflankenwinkel Normal- und Reibungskraft ansteigen, ergibt sich für Sägen- und Trapezgewinde eine kleine (Bewegungsgewinde!) und für das metrische Gewinde (Spitzgewinde) eine größere Reibungskraft (Befestigungsgewinde!).

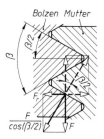

Bild 8-19
Kraftkomponenten am metrischen Gewinde (Spitzgewinde)

Die für das nicht genormte Flachgewinde entwickelten Gleichungen können beibehalten werden, wenn an Stelle der Reibungszahl μ die „Gewinde-Reibungszahl" ($\hat{=}$ Keil-Reibungszahl) $\mu_G' = \mu_G/\cos(\beta/2) = \tan\varrho'$ gesetzt wird.

Mit dem Hebelarm $r_2 = d_2/2$ der Kräfte ergibt sich beim Erreichen der Montagevorspannkraft F_{VM}, die der Längskraft F entspricht, das *Gewindemoment*

$$M_G = F_u \cdot d_2/2 = F_{VM} \cdot d_2/2 \cdot \tan(\varphi \pm \varrho') \qquad (8.23)$$

F_{VM} Montagevorspannkraft der Schraube
d_2 Flankendurchmesser des Gewindes aus Gewindetabellen TB 8-1 und TB 8-2
φ Steigungswinkel des Gewindes aus Gl. (8.1) bzw. TB 8-1 und TB 8-2; für metrisches Gewinde von M4 bis M30 ist $\varphi = 3{,}6°$ bis $2{,}3°$
ϱ' Reibungswinkel des Gewindes, abhängig vom Oberflächenzustand und von der Schmierung, ϱ' aus $\mu_G' = \mu_G/\cos(\beta/2) = 1{,}155 \cdot \mu_G$ bei metrischem Gewinde mit $\beta = 60°$, μ_G nach TB 8-12b

Das + in ( ) gilt beim Festdrehen, das – beim Lösen der Schraube.

2. Anziehdrehmoment

Beim Festdrehen der Schraube ist im letzten Augenblick, also beim Erreichen der Montage-Vorspannung F_{VM}, außer dem Gewindemoment noch das Reibungsmoment an der Auflagefläche des Schraubenkopfes bzw. der Mutter, das Auflagereibungsmoment M_{RA} zu überwinden (Bild 8-20). Damit ergibt sich das *Anziehdrehmoment allgemein:*

$$M_A = M_G + M_{RA} = F_{VM} \cdot d_2/2 \cdot \tan(\varphi + \varrho') + F_{VM} \cdot \mu_K \cdot d_K/2$$

oder

$$M_A = F_{VM} \cdot [d_2/2 \cdot \tan(\varphi + \varrho') + \mu_K \cdot d_K/2] \qquad (8.24)$$

F_{VM}, d_2, φ und ϱ' wie zu Gl. (8.23)
μ_K Reibungszahl für die Auflagefläche nach TB 8-12c
d_K wirksamer Reibungsdurchmesser für M_{RA} in der Schraubenkopf- oder Mutterauflage; mit dem Auflagedurchmesser d_w (Kleinstmaß) und dem Lochdurchmesser d_h gilt: $d_K/2 \approx (d_w + d_h)/4$; überschlägig gilt für Sechskant- und Zylinderschrauben: $d_K/2 \approx 0{,}65d$

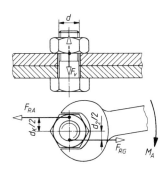

Bild 8-20
Reibung am Gewinde und an den Auflageflächen

Wird in Gl. (8.24) für $\tan(\varphi + \varrho') = \dfrac{\tan \varrho' + \tan \varphi}{1 - \tan \varrho' \cdot \tan \varphi}$ gesetzt und hierin $\tan \varrho' = \mu'_G$ und der

Nenner $1 - \tan \varrho' \cdot \tan \varphi = 1 - \mu'_G \cdot \tan \varphi \approx 1$ (mit $\tan \varphi < 0{,}06$ für $\varphi \approx 2{,}3 \ldots 3{,}6°$ und selbst mit einem hohen μ_G-Wert wird der Nenner nur wenig kleiner als 1) und wird ferner $d_K/2 = (d_w + d_h)/4$ gesetzt sowie μ_G und μ_K durch eine Gesamtreibungszahl μ_{ges} ersetzt, dann ergibt sich nach Umformen der Gl. (8.24) das *rechnerische Anziehdrehmoment für Befestigungsschrauben* mit metrischem Gewinde (Regel- und Feingewinde) aus

$$M_A = 0{,}5 \cdot F_{VM} \cdot d_2 \cdot \left[\mu_{ges} \cdot \left(\frac{1}{\cos(\beta/2)} + \frac{d_w + d_h}{2 \cdot d_2} \right) + \tan \varphi \right] \qquad (8.25)$$

F_{VM}, φ, d_2 wie zu Gl. (8.23)
d_h Durchmesser des Durchgangsloches nach DIN EN 20 273, s. TB 8-8
d_w äußerer Auflagedurchmesser des Schraubenkopfes bzw. der Mutter nach den Maßnormen; näherungsweise kann gesetzt werden: $d_w \approx 1{,}4d$ (mit d als Nenndurchmesser der Schraube)
μ_{ges} Gesamtreibungszahl nach TB 8-12 a
     $\mu_{ges} \approx 0{,}12$ für unbehandelte, geölte Schrauben; also im Normalfall

Für metrische ISO-Gewinde mit einem Flankenwinkel von 60° und bei Gleichsetzen der Reibungszahlen $\mu_G = \mu_K = \mu_{ges}$ lässt sich Gl. (8.25) auch in folgender Form schreiben

$$M_A = F_{VM}[0{,}159P + \mu_{ges}(0{,}577 d_2 + d_K/2)] \qquad (8.26)$$

Wenn die Reibungszahlen im Gewinde und in der Schraubenkopf- bzw. Mutterauflage unterschiedlich sind, gilt nach Gl. (8.24) für metrisches ISO-Gewinde nach entsprechender Umformung für das Anziehdrehmoment allgemein

$$M_A = F_{VM}(0{,}159P + 0{,}577 \cdot \mu_G \cdot d_2 + \mu_K \cdot d_K/2) \qquad (8.27)$$

F_{VM}, d_2, d_K, μ_G und μ_K wie zu Gl. (8.23) und (8.24)
P Gewindesteigung, für Regelgewinde nach TB 8-1

Gl. (8.27) lässt erkennen, dass nur der kleine Momentenanteil $M_{GSt} = 0{,}159 \cdot F_{VM} \cdot P$ der „schiefen Ebene" (Gewindesteigung) der eigentlichen Erzeugung der Vorspannkraft in der Schraube dient. Der überwiegende Teil (80−90 %!) des erforderlichen Anziehdrehmomentes muss bei den meisten Anziehverfahren zur Überwindung der Reibung in der Schraubenkopf- bzw. Mutterauflagefläche (M_{RA}) und zwischen den Gewindeflanken von Schraube und Mutter ($M_{GR} = 0{,}577 \cdot F_{VM} \cdot \mu_G \cdot d_2$) aufgebracht werden.
Wird der Klammerausdruck in Gl. (8.27) durch den Wert $K \cdot d$ ersetzt, so lässt sie sich in der Form $M_A = F_{VM} \cdot K \cdot d$ schreiben. Für Regelgewinde beträgt der Klammerausdruck bei Sechskantschrauben mit mittleren Abmessungen $K \approx 0{,}022 + 0{,}53 \cdot \mu_G + 0{,}67 \cdot \mu_K$. Die K-Werte liegen für die üblichen Reibungszahlen μ_G und μ_K von 0,08 bis 0,14 entsprechend zwischen 0,12 und 0,19. Für den Normalfall ($\mu_{ges} \approx 0{,}12$) lässt sich für Befestigungsschrauben das Anziehdreh-

moment oft hinreichend genau ermitteln durch die einfache Beziehung

$$M_A \approx 0{,}17 \cdot F_{VM} \cdot d \qquad\qquad (8.28)$$

F_{VM} Montagevorspannkraft
d Schraubennenndurchmesser

Meist wird die Vorspannkraft durch Drehen der Mutter oder der Schraube aufgebracht. Der Schraubenbolzen erfährt dabei Zug- und Torsionsbeanspruchungen, welche zu einer resultierenden Gesamtbeanspruchung (Vergleichsspannung) σ_{red} zusammengefasst werden können, vgl. 8.3.6. In der Regel werden die Schrauben so hoch vorgespannt, dass σ_{red} 90% der Streckgrenze des Schraubenwerkstoffes erreicht. Die dazu erforderlichen Anziehdrehmomente (= Spannmomente) $M_{A\,90} = M_{sp}$ [1] wurden nach Gl. (8.26) berechnet und lassen sich TB 8-14 entnehmen.

8.3.5 Montagevorspannkraft, Anziehfaktor und -verfahren

Die bei der Montage einer Schraube sich ergebende Vorspannkraft unterliegt je nach Reibungsverhältnissen und Anziehmethode einer Streuung zwischen einem Größwert $F_{V\,max}$ und einem Kleinstwert $F_{V\,min}$, was bei der Auslegung einer Schraubenverbindung entsprechend zu berücksichtigen ist.

Das Anziehen von Hand oder mit Schlagschraubern ohne Einstellkontrollen führt naturgemäß zu den größten Streuungen und sollte darum auf untergeordnete Verbindungen beschränkt bleiben. Bei wichtigen Verschraubungen ist ein kontrolliertes Anziehen (Anziehgeräte s. Bild 8-21) unbedingt erforderlich, um eine verlangte Vorspannkraft möglichst genau zu erreichen:
Drehmomentgesteuertes Anziehen mit anzeigenden oder signalgebenden Drehmomentschlüsseln (DIN ISO 6789, Bild 8-21 a). Die dabei auftretende Streuung der Montagevorspannkraft wird im Wesentlichen durch die Streuung des Anziehdrehmomentes und der Gewinde- und Kopfreibung hervorgerufen.

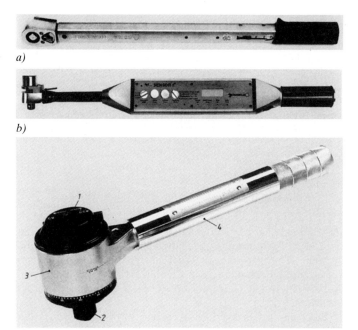

a)

b)

c)

Bild 8-21
Schrauben-Anziehgeräte.
a) Signalgebender Drehmomentschlüssel mit Schnellverstellung,
b) Elektronischer Messschlüssel für drehmoment-, drehwinkel- und streckgrenzgesteuertes Anziehen,
c) Kraftvervielfältiger zum drehmoment- und drehwinkelgesteuerten Anziehen (bis 4300 Nm) großer Schraubenverbindungen,
1 Antrieb (z. B. mit Drehmomentschlüssel), **2** Abtriebsvierkant, **3** Planetengetriebe ($i = 4 \dots 20$),
4 Abstützarm

---

[1] Der Index 90 steht für 90%ige Ausnutzung der Mindestdehngrenze des Schraubenwerkstoffes.

Drehwinkelgesteuertes Anziehen, bei dem die Schraubenverbindung zunächst auf ein Ausgangs-drehmoment vorgezogen wird, wodurch die zu verschraubenden Bauteile zur Anlage kommen. Von dieser Drehmomentschwelle aus wird die Schraube um einen errechneten Winkel weiter-bewegt und in den überelastischen Bereich vorgespannt.

Streckgrenzgesteuertes Anziehen, bei dem das Verhältnis von Anziehdrehmoment zu Anzieh-drehwinkel stetig gemessen und bei einem Rückgang dieses Wertes auf einen eingestellten Kleinstwert, also beim Erreichen der Schraubenstreckgrenze, der Anziehvorgang beendet wird.

Beim drehwinkel- und streckgrenzgesteuerten Anziehen beeinflussen hauptsächlich Schrauben-streckgrenze und Gewindereibung die Vorspannkraftstreuung.

Ein Maß für die Streuung der Vorspannkraft ist der *Anziehfaktor*

$$k_A = \frac{F_{V\,max}}{F_{V\,min}} > 1$$

Experimentell ermittelte Werte s. TB 8-11.

Um zu gewährleisten, dass eine Mindest-Vorspannkraft, z. B. als geforderte Klemm- oder Dich-tungskraft oder als Rest-Vorspannkraft oder als Normalkraft für Reibungsschluss, im Betriebs-zustand mit Sicherheit erreicht oder eingehalten wird, muss also mit einer max. Vorspannkraft $F_{V\,max} = k_A \cdot F_{V\,min}$ gerechnet werden, die als *Montagevorspannkraft* F_{VM} betrachtet werden kann.

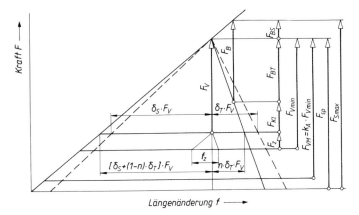

Bild 8-22
Verspannungsschaubild mit
Hauptdimensionierungsgrößen
--- Montagezustand

Ist eine Betriebskraft F_B in Längsrichtung der Schraube aufzunehmen und außerdem eine be-stimmte *Dichtungskraft* gleich *Klemmkraft* F_{Kl} im Betriebszustand gefordert, wie z. B. bei der Deckelverschraubung eines Druckbehälters (Bild 8-23 a), dann wird die (theoretische) Mindest-Vorspannkraft entsprechend Gl. (8.13) und Verspannungsschaubild Bild 8-11 c

$$F_{V\,min} = F_{Kl} + F_{BT} = F_{Kl} + F_B \cdot (1 - \Phi)$$

und bei Berücksichtigung des Setzens der Verbindung (Bild 8-16 und 8-22) durch F_Z nach Gl. (8.19)

$$F_{V\,min} = F_{Kl} + F_B \cdot (1 - \Phi) + F_Z$$

Unter Berücksichtigung der Streuung der Vorspannkraft beim Anziehen durch den Anziehfak-tor k_A wird die *Montagevorspannkraft*

$$\boxed{F_{VM} = k_A \cdot F_{V\,min} = k_A[F_{Kl} + F_B \cdot (1 - \Phi) + F_Z]} \tag{8.29}$$

k_A	Anziehfaktor, abhängig vom Anziehverfahren; Richtwerte nach TB 8-11
F_{Kl}	geforderte Dichtungs- gleich Klemmkraft
F_B	statische oder dynamische Betriebskraft in Längsrichtung der Schraube
Φ	Kraftverhältnis nach Gl. (8.17)
F_Z	Vorspannkraftverlust nach Gl. (8.19)

Ist *nur eine Betriebskraft* F_B in Längsrichtung der Schraube aufzunehmen und eine bestimmte Klemmkraft nicht gefordert, wie z. B. bei der Verschraubung eines Lagers (Bild 8-23b), dann sollte eine Mindest-Klemmkraft so gewählt werden, dass der Verspannungszustand der Bauteile auch nach dem Setzen gewährleistet ist.

Ist *allein* eine bestimmte *Klemmkraft* F_{Kl} aufzubringen, z. B. als Dichtungskraft (Bild 8-23c) oder als Spannkraft bei Kegelverbindungen u. dgl. (Bild 8-23f) oder als Normalkraft bei querbeanspruchten Schraubenverbindungen (Bild 8-23d und e), und fehlt eine zusätzliche Betriebskraft F_B in Längsrichtung der Schraube, also bei $F_B = 0$, so wird

$$\boxed{F_{VM} = k_A(F_{Kl} + F_Z)} \qquad (8.30)$$

F_{Kl} geforderte Dichtungskraft, Spannkraft oder Normalkraft, bei querbeanspruchten Verbindungen $F_{Kl} \cong F_n$ nach Bild 8-15b

Die zu wählende Schraube (Durchmesser und Festigkeitsklasse) sollte eine zugeordnete Spannkraft $F_{sp} = F_{VM\,90}$ (nach TB 8-14) aufweisen, die mindestens so groß wie die Montagevorspannkraft F_{VM} nach Gln. (8.29) bis (8.30) ist.

8.3.6 Beanspruchung der Schraube beim Anziehen

Bei den meisten Anziehverfahren wird ein Anziehdrehmoment M_A über den Schraubenkopf oder die Mutter in die Verbindung eingeleitet. Dieses erzeugt die Montagevorspannkraft F_{VM}, die eine Montagezugspannung σ_M im Schraubenbolzen bewirkt. Infolge des Gewindemomentes M_G wird zusätzlich eine Torsionsspannung τ_t hervorgerufen. Die aus dem vorliegenden zweiachsigen Spannungszustand resultierende Gesamtbeanspruchung lässt sich mit der Gestaltänderungsenergie-Hypothese $\sigma_{red} = \sqrt{\sigma_M^2 + 3\tau_t^2}$ auf einen gleichwertigen einachsigen Spannungszustand zurückführen.

Für den Fall, dass für die *Vergleichsspannung* σ_{red} eine 90%ige Ausnutzung der Mindestdehngrenze $R_{p0,2}$ (bzw.: Mindeststreckgrenze R_{eL}) der Schraube zugelassen wird, gilt mit $\nu = 0,9$ als Ausnutzungsgrad

$$\boxed{\sigma_{red} = \sqrt{\sigma_M^2 + 3\tau_t^2} \le \nu \cdot R_{p0,2} = 0,9 \cdot R_{p0,2}} \qquad (8.31)$$

Mit $\tau_t = M_G/W_t$ und $M_G = F_{VM}(0,159P + 0,577 \cdot \mu_G \cdot d_2)$ nach Gl. (8.27) bzw. (8.23) sowie $W_t = \pi \cdot d_0^3/12^{1)}$ mit d_0 als Durchmesser des kleinsten maßgebenden Querschnitts erhält man nach entsprechender Umformung die *Montagezugspannung*

$$\boxed{\sigma_M = \frac{0,9 \cdot R_{p0,2}}{\sqrt{1 + 3\left[\dfrac{3}{d_0}\left(0,159P + 0,577 \cdot \mu_G \cdot d_2\right)\right]^2}}} \qquad (8.32)$$

$R_{p0,2}$ Mindestdehngrenze (bzw. Mindeststreckgrenze) des Schraubenwerkstoffes nach TB 8-4
P Gewindesteigung, für Regelgewinde nach TB 8-1
μ_G Reibungszahl im Gewinde nach TB 8-12a, b
d_2 Flankendurchmesser des Gewindes aus Gewindetabellen, z. B. aus TB 8-1 und TB 8-2
d_0 man setzt für Schaftschrauben den zum Spannungsquerschnitt gehörenden Durchmesser $d_s = (d_2 + d_3)/2$, für Dehnschrauben (Taillenschrauben) den Schaftdurchmesser $d_T \approx 0,9d_3$

---

[1] Bei überelastisch angezogenen Schrauben wird die Fließgrenze des Schraubenwerkstoffes erst erreicht, wenn eine über den Querschnitt konstante Torsionsspannung vorliegt. Dies wird durch das korrigierte W_t berücksichtigt.

Damit können die *Spannkräfte* errechnet werden

- für Schaftschrauben $(d \geq d_s)$:

$$F_{sp} = F_{VM\,90} = \sigma_M \cdot A_s = \sigma_M \frac{\pi}{4} \left(\frac{d_2 + d_3}{2} \right)^2 \qquad (8.33\,a)$$

- für Dehnschrauben $(d_T < d_s)$:

$$F_{sp} = F_{VM\,90} = \sigma_M \cdot A_T = \sigma_M (\pi/4)\, d_T^2 \qquad (8.33\,b)$$

$F_{VM\,90}$ die Montagevorspannkraft, bei welcher 90% der Mindestdehngrenze des Schraubenwerkstoffes ausgenutzt werden

d_2, d_3 Flanken- bzw. Kerndurchmesser des Gewindes nach TB 8-1 und TB 8-2

d_T Schaftdurchmesser bei Dehnschrauben (Taillenschrauben), $d_T \approx 0.9 d_3$

d_s Durchmesser zum Spannungsquerschnitt A_s, also $d_s = (d_2 + d_3)/2$

σ_M Montagezugspannung infolge F_{sp} nach Gl. (8.32)

Die Spannkräfte F_{sp} in TB 8-14 wurden unter Berücksichtigung der beim Anziehen wirkenden Zug- und Torsionsspannungen für eine 90%ige Ausnutzung der Mindestdehngrenze nach Gl. (8.33) berechnet. Der Schraubenbolzen weist im Betrieb also noch eine Ausnutzungsreserve von 10% auf. Soll ein anderer Ausnutzungsgrad realisiert werden, z. B. beim streckgrenz- und drehwinkelgesteuerten Anziehen $\nu = 1.0$, also einer 100%igen Ausnutzung der Mindestdehngrenze, müssen die Tabellenwerte für F_{sp} nach TB 8-14 mit $\nu/0.9$ multipliziert werden. Neuere Untersuchungen zeigen, dass nach dem Anziehen infolge elastischer Rückfederung des verspannten Systems die Torsionsspannung in vielen Fällen auf 50% abfällt, bei überelastischem Anziehen oder wechselnder Belastung wegfallen kann. Für die Schrauben liegt im Betriebszustand also eine geringere Beanspruchung vor. So ist auch erklärbar, dass Schrauben selbst bei voller Ausnutzung der Mindestdehngrenze während der Montage, im Betrieb noch zusätzlich beansprucht werden können.

Bei allen Anziehverfahren, bei denen im Schraubenbolzen keine Torsionsbeanspruchung auftritt (z. B. hydraulisches und thermisches Anziehen), lassen sich höhere Montagezugspannungen erreichen. Für $\tau_t = 0$ gilt nach Gl. (8.31): $\sigma_{red} = \sigma_M = \nu \cdot R_{p0.2}$.

8.3.7 Einhaltung der maximal zulässigen Schraubenkraft, Berechnung der statischen Sicherheit

Bei mit F_{sp} vorgespannten Schrauben wird die Mindestdehngrenze durch $\sigma_{red} = 0.9 \cdot R_{p0.2}$ nur zu 90% ausgenutzt. Die Zusatzkraft $F_{BS} = \Phi \cdot F_B$, also der Anteil der Betriebskraft, mit dem die Schraube zusätzlich belastet wird, darf deshalb nicht größer werden als $0.1 \cdot R_{p0.2} \cdot A_s$.

Die maximal zulässige Schraubenkraft wird nicht überschritten, wenn die Zusatzkraft

- bei Schaftschrauben:

$$F_{BS} = \Phi \cdot F_B \leq 0.1 \cdot R_{p0.2} \cdot A_s \qquad (8.34\,a)$$

- bei Dehnschrauben:

$$F_{BS} = \Phi \cdot F_B \leq 0.1 \cdot R_{p0.2} \cdot A_T \qquad (8.34\,b)$$

F_B axiale Betriebskraft

$R_{p0.2}$ 0,2%-Dehngrenze bzw. Streckgrenze entsprechend der Festigkeitsklasse, Werte nach DIN EN 20 898 T1 oder nach TB 8-4

Φ Kraftverhältnis nach Gl. (8.17)

A_s Spannungsquerschnitt des Schraubengewindes nach TB 8-1 und TB 8-2, allgemein:

$$A_s = \frac{\pi}{4} \left(\frac{d_2 + d_3}{2} \right)^2$$

A_T Taillenquerschnitt: $A_T = (\pi/4) \cdot d_T^2$, wobei $d_T \approx 0.9 d_3$

Für die statische Sicherheit gilt

$$S_F = \frac{R_{p0,2}}{\sigma_{red}} \geq S_{F\,erf}$$

(8.35a)

$R_{p0,2}$ siehe Gl. (8.34)
$S_{F\,erf}$ erforderliche Sicherheit; $S_{F\,erf} \geq 1{,}0$ bei Längskraft; $S_{F\,erf} \geq 1{,}2$ bei Querkraft, statisch
       $S_{F\,erf} \geq 1{,}8$ bei Querkraft, wechselnd wirkend

mit der Vergleichsspannung

$$\sigma_{red} = \sqrt{\sigma_{z\,max}^2 + 3(k_\tau \cdot \tau_t)^2}$$

(8.35b)

$\sigma_{z\,max}$ maximale Zugspannung: $\sigma_{z\,max} = F_{S\,max}/A_0 = (F_{sp} + \Phi \cdot F_B)/A_0$ mit $A_0 = A_s$ bzw. A_T
       siehe Gl. (8.34)
k_τ Reduktionskoeffizient; berücksichtigt Rückgang der Torsionsspannung im Betrieb:
       Empfehlung $k_\tau = 0{,}5$
τ_t maximale Torsionsspannung: $\tau_t = M_G/W_t$ mit $M_G = F_{sp}(0{,}159P + 0{,}577 \cdot \mu_G \cdot d_2)$ und
       $W_t = \pi \cdot d_0^3/16$

8.3.8 Flächenpressung an den Auflageflächen

Damit bei maximaler Schraubenkraft an der Auflagefläche zwischen Schraubenkopf bzw. Mutter und verspannten Teilen keine weiteren Fließvorgänge und damit Setzerscheinungen ausgelöst werden, darf die Flächenpressung die Quetschgrenze des verspannten Werkstoffes nicht überschreiten. Da jedoch plastische Verformung der Auflagefläche eine Kaltverfestigung des Werkstoffes bewirkt, sind (Grenz-)Flächenpressungen zulässig, die zum Teil über der Quetschgrenze liegen.

Mit der maximalen Schraubenkraft $F_{S\,max} = F_{sp} + F_{BS} = F_{sp} + \Phi \cdot F_B \approx F_{sp}/0{,}9$ (Bild 8-22) gilt für die Flächenpressung unter der ebenen Kopf- bzw. Mutterauflage

$$p = \frac{F_{sp} + \Phi \cdot F_B}{A_p} \approx \frac{F_{sp}/0{,}9}{A_p} \leq p_G$$

(8.36)

F_{sp} Spannkraft der Schraube bei 90%iger Ausnutzung der Mindestdehngrenze durch σ_{red},
       nach Gl. (8.33) oder nach TB 8-14
Φ Kraftverhältnis nach Gl. (8.17)
F_B axiale Betriebskraft
A_p Fläche der Schraubenkopf- bzw. Mutterauflage, allgemein aus $A_p \approx \pi/4(d_w^2 - d_h^2)$ mit
       Auflagedurchmesser d_w (Kleinstmaß) und Durchgangsloch d_h; bei Sechskant- und Innensechskantschrauben aus TB 8-8 und TB 8-9
p_G Grenzflächenpressung, abhängig vom Werkstoff der verspannten Teile und vom Anziehverfahren, Richtwerte s. TB 8-10

Für streckgrenz- und drehwinkelgesteuerte Anziehverfahren, bei denen die tatsächliche (maximale) 0,2%-Dehngrenze ($R_{p0,2\,max}/R_{p0,2\,min} \approx 1{,}2$) zu 100% ausgenutzt wird, gilt

$$p = 1{,}2 \, \frac{F_{sp}/0{,}9}{A_p} \leq p_G$$

(8.37)

Wird $p > p_G$, müssen Maßnahmen zur Vergrößerung der Auflagefläche getroffen werden (z. B. durch Verwendung von Sechskantschrauben ohne Telleransatz, Schrauben mit Bund oder vergüteten Scheiben) oder Konstruktions- bzw. Werkstoffänderungen durchgeführt werden.

8.3.9 Praktische Berechnung der Befestigungsschrauben im Maschinenbau

Form und Größe der Schrauben werden meist nach den konstruktiven Gegebenheiten, Festigkeits- und Produktklasse nach dem Verwendungszweck gewählt. Dabei sind auch noch Gesichtspunkte der Montage, Lagerhaltung und Kosten maßgebend.

Befestigungsschrauben werden nur dann berechnet, wenn größere Kräfte zu übertragen sind und ein etwaiger Bruch schwerwiegende Folgen haben kann (z. B. bei Kraftmaschinen), wenn die Verbindung unbedingt dicht sein muss (z. B. bei Druckbehältern) oder nicht rutschen darf (z. B. bei Kupplungen), oder wenn eine „gefühlsmäßige" Auslegung zu unsicher ist.

1. Nicht vorgespannte Schrauben

Diese werden durch eine äußere, meist statische Kraft F auf Zug, selten auf Druck, beansprucht (s. auch unter 8.3). Werden die Schrauben „unter Last" angezogen (z. B. Spannschrauben, Bild 8-7a), so tritt dabei eine zusätzliche Verdrehbeanspruchung auf, die dann durch eine entsprechend kleinere zulässige Zugspannung berücksichtigt wird. Der *erforderliche Spannungsquerschnitt* ergibt sich aus:

$$A_s \geq \frac{F}{\sigma_{z(d)\,zul}}$$ (8.38)

F Zug-(oder Druck-)kraft für die Schraube
$\sigma_{z(d)\,zul}$ zulässige Zug-(Druck-)spannung; man setzt $\sigma_{z(d)\,zul} = R_{p0,2}/S$; Streck- bzw. 0,2%-Dehngrenze $R_{p0,2}$ nach TB 8-4, Sicherheit $S = 1,5$ bei „Anziehen unter Last", sonst $S = 1,25$

Gewählt wird der dem Spannungsquerschnitt A_s nächstgelegene Gewinde-Nenndurchmesser aus den Gewindetabellen TB 8-1 bzw. TB 8-2.
Bei dynamisch beanspruchten Schrauben wird mit Gl. (8.20a) außerdem noch deren Dauerhaltbarkeit nachgewiesen. Dabei gilt $F_a = (F_{Bo} - F_{Bu})/2$ oder bei rein schwellender Belastung $F_a = F_{Bo}/2$.

2. Vorgespannte Schrauben, Rechnungsgang

Verbindungen mit vorgespannten Schrauben haben verschiedenartige Aufgaben zu erfüllen. Einige Verschraubungsfälle sind in Bild 8-23 dargestellt. Die „äußeren" Kräfte (F, F_Q) und „Funktionskräfte" (Dichtungs-, Normal- und Spannkräfte) sowie die sich daraus ergebenden Schraubenkräfte sind hierbei in vereinfachter Weise eingetragen.

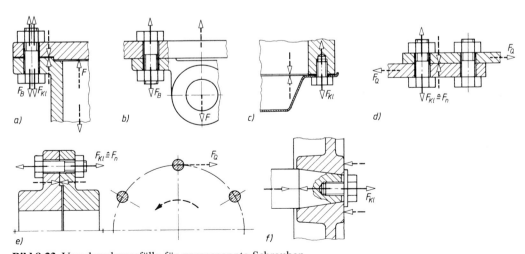

Bild 8-23 Verschraubungsfälle für vorgespannte Schrauben.
a) bei Längs- und Dichtungskraft, b) bei Längskraft, c) bei alleiniger Dichtungskraft, d) bei Querkraft, e) bei Querkraft aus Drehmoment, f) bei Klemm- oder Spannkraft (bei c−f $F_B = 0$)

Die Auslegung der Verbindung kann in der Regel nach folgender Reihenfolge erfolgen:

1) Grobe Vorwahl des Schraubendurchmessers d und der zugehörigen Festigkeitsklasse nach
   TB 8-13 mit dem der Betriebskraft F_B (Querkraft F_Q) nächsthöheren Tabellenwert und
   überschlägige Berechnung der Flächenpressung p nach Gl. (8.36) bzw. (8.37) oder Vorauslegung der Schraubenverbindungen nach 8.2.3.
2) Ermittlung der erforderlichen Montagevorspannkraft F_{VM} mit Gl. (8.29) oder (8.30), je
   nachdem welche Kräfte auf die Verbindung wirken. Tritt eine Querkraft auf ergibt sich die
   erforderliche Klemmkraft aus Gl. (8.18). Wenn $F_{VM} > F_{sp}$ nach TB 8-14 ist der Schraubendurchmesser oder die Festigkeitsklasse zu korrigieren.
3) Erforderliches Anziehmoment M_A mit Gl. (8.27) bestimmen. Meist wird $F_{VM} = F_{sp}$ gewählt;
   dann ist $M_A = M_{sp}$ aus TB 8-14. Bei streckgrenz- und drehwinkelgesteuertem Anziehen sind
   die Werte aus TB 8-14 durch $\nu = 0{,}9$ zu dividieren.
4) Nachprüfung der Schraube:
   a) Bei statischer Betriebskraft F_B ist es normalerweise ausreichend die Zusatzkraft F_{BS} nach
      Gl. (8.34) zu überprüfen; genauer ist die Berechnung der statischen Sicherheit mit
      Gl. (8.35a).
   b) Bei dynamischer Betriebskraft F_B zunächst Nachprüfung wie zu a), außerdem die Aus-
      schlagspannung σ_a nach Gl. (8.20a) prüfen bzw. die Sicherheit nach Gl. (8.20b) berech-
      nen.
5) Nachprüfung der Flächenpressung unter Kopf- bzw. Mutterauflage nach Gl. (8.36), bei
   streckgrenz- und drehwinkelgesteuertem Anziehen nach Gl. (8.37).

8.3.10 Lösen der Schraubenverbindung, Sicherungsmaßnahmen

1. Losdrehmoment

Das zum Lösen einer vorgespannten Schraubenverbindung erforderliche Losdrehmoment ist
normalerweise kleiner als das Anziehdrehmoment, da sich einmal die Montagevorspannkraft
F_{VM} wegen des Setzens auf eine „vorhande" Vorspannkraft F_V verringert hat, zum anderen die
mechanischen Zusammenhänge (s. unter 8.3.4-1) ein Lösen begünstigen.
Das erforderliche Losdrehmoment M_L ergibt sich aus der Gl. (8.24) mit $F_V = F_{VM} - F_Z$ zu

$$M_L = F_V \cdot [d_2/2 \cdot \tan(-\varphi + \varrho') + \mu_K \cdot d_K/2] \,.$$

2. Selbsttätiges Losdrehen, Lockern der Verbindung

Ist eine *dynamisch längsbelastete Verbindung*, auf die kein äußeres Losdrehmoment wirkt, ord-
nungsgemäß vorgespannt, dann kann normalerweise ein selbsttätiges Losdrehen nicht eintreten.
Die starke Pressung zwischen den Gewindeflanken der Mutter hält die Selbsthemmung (s. unter 8.5.5) aufrecht. Dennoch kann es zu Losdrehvorgängen kommen, die erfahrungsgemäß zum
Versagen der Verbindung führen.
Untersuchungen zeigen, dass bei sehr großem Verhältnis von schwingender Betriebskraft zu
Vorspannkraft, insbesondere bei stark verminderter Restvorspannkraft F_{Kl} unter der Druckam-
plitude der schwingenden Betriebskraft ein teilweises Losdrehen einsetzen kann. Ursache sind
radiale (oder auch tangentiale) Gleitbewegungen zwischen den Gewindeflanken wie auch zwischen den Kopf- und Mutterauflageflächen infolge von Verformungen in der Gewindeverbindung, vor allem nahe der Auflagefläche. Die Schraube wird nahezu reibungsfrei ähnlich wie bei
einem Gewicht auf einer in Schwingungen versetzten schiefen Ebene und damit die Selbsthem-
mung aufgehoben. Es wirkt nur das innere Losdrehmoment $M_{Li} = -F_V \cdot d_2/2 \cdot \tan\varphi = F_V \cdot P/2$.
Dieses kann zu einem teilweisen Losdrehen und damit zu einem Abbau von F_V aber auch zum
Stillstand des Vorgangs führen, da ein kleineres F_V ein kleineres Losdrehmoment erzeugt. Gegen das innere Losdrehmoment ist zu sichern. Anderenfalls erhöht der Vorspannungsabfall
oder gar der vollständige F_V-Verlust die Dauerbruchgefahr, weil die gesamte schwingende Betriebskraft F_B die Schraube belastet.

In *dynamisch querbelasteten Verbindungen* (z. B. Tellerrad- oder Schwungradverschraubungen) kann ein vollständiges selbsttätiges Losdrehen erfolgen, sobald die Klemmkraft in der Verbindung den Reibschluss zwischen den verspannten Teilen nicht mehr aufrechterhalten kann. Die auftretenden Querschiebungen zwingen der Schraube eine Pendelbewegung auf, die zu Relativbewegungen im Muttergewinde führt. Sind die Amplituden solcher Verschiebungen groß genug, kommt es auch zum Gleiten unter den Kopf- und Mutterauflageflächen, so dass *das innere Losdrehmoment* die Verbindung losdreht, sobald die Reibung ausgeschaltet ist. Geeignete Losdrehsicherungen können dieses selbsttätige Losdrehen verhindern. Bei hohen Lastwechselzahlen besteht aber die Gefahr des Schwingbruchs durch Biegewechselbelastung.

3. Sicherungsmaßnahmen, Anwendung und Wirksamkeit der Sicherungselemente

Nach ihrer Wirksamkeit lassen sich die Sicherungselemente in unwirksame Sicherungselemente, Verlier- und Losdrehsicherungen unterteilen:
Unwirksame „Sicherungselemente" sind z. B. Federringe, Feder-, Zahn- und Fächerscheiben (Normen zurückgezogen), aber auch Sicherungsbleche nach DIN 93, 432 und 463 (Normen zurückgezogen), Sicherungsmuttern nach DIN 7967 (zurückgezogen) sowie Kronenmuttern mit Splint nach DIN 935 und 979.
Verliersicherungen sind z B. Muttern und Schrauben mit Klemmteil und gewindefurchende Schrauben. Nach einem anfänglichen Losdrehen kommt es zum Stillstand, wenn das innere Losdrehmoment gleich dem Klemmdrehmoment im Gewinde ist. Das Auseinanderfallen der Verbindung wird so verhindert.
Losdrehsicherungen sollen entweder die Relativbewegungen bei Beanspruchung quer zur Schraubenachse verhindern (z. B. Kleber) oder in der Lage sein, das bei Vibration entstehende innere Losdrehmoment zu blockieren (z. B. Schrauben mit Verriegelungszähnen oder Sicherungsrippen) und so die Vorspannkraft annähernd erhalten.
Als Sicherungsmaßnahmen kommen nach 8.1.4-2 in Frage:
Mitverspannte federnde Sicherungselemente zum Ausgleich von zeitabhängigen Setzerscheinungen (insbesondere bei kurzen Klemmlängen, mehreren Trennfugen und Oberflächen mit großen Rauheiten und dicken Überzügen), wenn sie im Bereich der Spannkraft der längsbelasteten Schrauben noch nennenswerte Federwege aufweisen. Bei genormten Sicherungen trifft das nur für Spannscheiben zu, nicht aber bei den nicht mehr genormten Federringen und Zahnscheiben. Letztere sind nur bei unvergüteten Schrauben wirksam (wesentlich kleinere F_V, Verhaken in den Oberflächen).
Formschlüssige Sicherungselemente (Sicherungsbleche, Kronenmuttern mit Splint) erhöhen als mitverspannte Elemente durch zusätzliche Setzungen den Vorspannkraftverlust bei längsbeanspruchten Verbindungen; bei querbeanspruchten Verbindungen sind sie nur wirksam, wenn sie bei Aufhebung der Selbsthemmung das Moment in Losdrehrichtung aufnehmen können. In Versuchen wurde ihre Unwirksamkeit bei schwingender Querbelastung gezeigt, weshalb einige Normen zurückgezogen wurden. Nur bei Längsbelastung halten sie in der Regel eine Restvorspannkraft aufrecht und sichern die Verbindung gegen Verlieren.
Kraftschlüssige Sicherungselemente durch erhöhten *Reibungsschluss* der Gewindeflanken können meist nur einen Teil des bei Aufhebung der Selbsthemmung entstehenden Losdrehmomentes aufnehmen; F_V fällt ab, bis das Moment in Losdrehrichtung im Gleichgewicht mit dem Klemmmoment steht, das durch Verformung z. B. des Polyamidringes entsteht. Sie zählen zu den Verliersicherungen.
Schrauben und Muttern mit Verriegelungszähnen oder Rippen (Bild 8-3a) bzw. mit Keilsicherungsscheibenpaar können das bei Vibration entstehende innere Losdrehmoment blockieren und die volle Vorspannkraft aufrechterhalten. Die wellenförmigen Rippen sichern selbst auf Bauteilen mit einer Härte von 60 HRC und verhindern eine Beschädigung der Oberfläche.
Stoffschlüssige Sicherungselemente verhindern Relativbewegungen, sodass kein inneres Losdrehmoment entsteht. Bei gehärteten Bauteilen häufig an Stelle von Sperrzahnschrauben.
Konstruktive Maßnahmen, z. B. Erhöhung der Elastizität der Verbindung, Verminderung der Setzbeträge (s. unter 8.3.2), Vermeidung von Relativbewegungen der Berührungsflächen und Gewinde durch entsprechend hohe Vorspannung.

8

Hinweis: In der Regel müssen nur sehr kurze Schrauben der unteren Festigkeitsklassen (≤ 6.8) in dynamisch längsbelasteten Verbindungen und kurze bis mittellange Schrauben ($l_k/d \leq 5$) aller Festigkeitsklassen in dynamisch querbelasteten Verbindungen gesichert werden.

In TB 8-16 sind gebräuchliche Sicherungselemente, nach Funktion und Wirksamkeit geordnet, zusammengestellt.

8.4 Schraubenverbindungen im Stahlbau

8.4.1 Anwendung

Schraubenverbindungen im Stahlbau werden aus Gründen des leichteren Transportes und Zusammenbaus auf der Baustelle, z. B. von sperrigen Fachwerkkonstruktionen, oder bei schwer zugänglichen Stellen, wo Nieten oder Schweißen nicht möglich ist, angewendet. Ferner werden Schrauben gegenüber Nieten bei großen Klemmlängen (über 5facher Nenndurchmesser) bevorzugt, und wenn von der Verbindung größere Zugkräfte und stoßartige Lasten zu übertragen sind. Technische und wirtschaftliche Vorteile ergeben sich besonders durch gleitfeste Verbindungen (GV) mit hochfesten vorgespannten Schrauben (HV).

8.4.2 Schraubenarten

Sechskantschrauben, DIN 7990, Festigkeitsklassen 4.6 und 5.6, mit Sechskantmuttern sollen stets mit 8 mm dicken Futterscheiben (DIN 7989) verwendet werden. Das Gewinde soll dadurch außerhalb der verschraubten Bauteile zu liegen kommen, damit allein der Schaft die Scherkraft und den Lochleibungsdruck überträgt (Bild 8-24a). Durchmesserbereich: M12 bis M30, Löcher stets 1 mm größer als Schaftdurchmesser (s. TB 7-4). Anwendung: Als preiswerte Schrauben ohne Passung (rohe Schrauben) in Scher-Lochleibungsverbindungen bei vorwiegend *ruhender Belastung.*

Sechskant-Passschrauben, DIN 7968, Festigkeitsklasse 5.6, mit Sechskantmuttern und Futterscheiben (Bild 8-24b). Der Schraubenschaft mit Toleranzklasse b11 ist 1 mm größer als der Gewindedurchmesser (M12 bis M30) und soll im geriebenen Loch (Toleranzklasse H11) möglichst spielfrei sitzen. Im Kranbau ist bei Wechselbelastung die Passung H11/k6 oder fester vorgeschrieben. Der Schraubenschaft muss über die ganze Klemmlänge reichen.

Anwendung: Für verschiebungsfreie (schlupffreie) Anschlüsse (SLP-Verbindungen), z. B. biegefeste Stöße, und wenn höhere Tragfähigkeit verlangt wird.

Sechskantschrauben mit großen Schlüsselweiten (HV-Schrauben), DIN EN 14399, für gleitfeste Verbindungen (GV) und Scher-Lochleibungsverbindungen (SL); Festigkeitsklasse 10.9, mit Sechskantmuttern mit großen Schlüsselweiten, Festigkeitsklasse 10 und gehärteten Scheiben nach DIN EN 14399 (für I- und U-Stähle Schrägscheiben DIN 6917 und DIN 6918) (Bild 8-24c). Die Garnitur (Schraube, Mutter, Scheiben) muss das Kennzeichen „HV" tragen.

Sechskant-Passschrauben mit großen Schlüsselweiten, DIN EN 14399, Festigkeitsklasse 10.9, mit Muttern und Scheiben nach DIN EN 14399, DIN 6917 bis DIN 6918. Der Schraubenschaft ist 1 mm größer als der Gewindedurchmesser (M12 bis M36). Sie müssen auf dem Kopf mit „HVP" gekennzeichnet sein, eingesetzt für vorgespannte (GVP) und nicht vorgespannte Verbindungen (SLP).

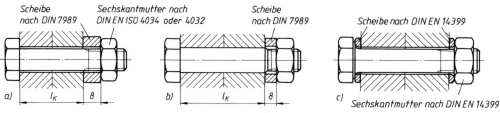

Bild 8-24 Schrauben für Stahlbau. a) Sechskantschraube DIN 7990, b) Sechskant-Passschraube DIN 7968, c) Sechskantschraube DIN EN 14399 (HV-Schraube)

Senkschrauben mit Schlitz, DIN 7969, Festigkeitsklasse 4.6, M10 bis M24, Senkwinkel 75° bzw. 60°, für Scher-Lochleibungsverbindungen.

8.4.3 Zug- und Druckstabanschlüsse

1. Gestaltung der Verbindungen

Für die Gestaltung geschraubter Verbindungen gelten sinngemäß die gleichen Richtlinien wie für Nietverbindungen. Verbindungen mit einer Schraube sind zulässig.
Bei GV-Verbindungen kommt man häufig mit kleineren Durchmessern als bei SL-Verbindungen aus. Auch wird bei diesen wegen der günstigen Kraftüberleitung für mehrreihige Verbindungen die rechteckige Schraubenanordnung bevorzugt gegenüber der sonst vorteilhafteren rautenförmigen Anordnung (Bild 8-25b und c).

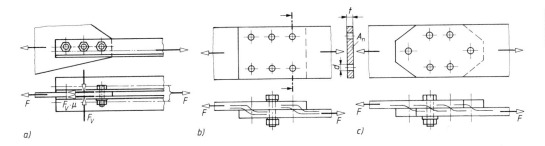

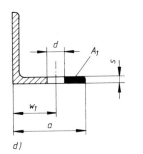

Bild 8-25
Geschraubte Stabanschlüsse.
a) Anschluss eines Zugstabes als GV-Verbindung mit Kraftwirkungen,
b) günstige rechteckige Schraubenanordnung,
c) rautenförmige Schraubenanordnungen verringern zwar den Lochabzug, führen aber zu einer Überlastung der ersten Schraube (vermeiden),
d) schwächerer Teil des Nutzquerschnittes A_1 bei „Ein-Schraubenanschlüssen" von Zugstäben aus Winkelstählen

2. Scher-Lochleibungsverbindungen

Die Berechnung *quer beanspruchter Schrauben* im Stahlbau erfolgt, wie bei Nieten, auf Abscheren und Lochleibungsdruck (s. auch „Nietverbindungen" unter 7.5.3-3), obgleich die äußeren Kräfte größtenteils oder auch vollkommen durch Reibungsschluss aufgenommen werden. Es gelten daher für die *vorhandene Abscherspannung* sowie den *vorhandenen Lochleibungsdruck* die entsprechenden Berechnungsgleichungen wie bei Nietverbindungen:

$$\tau_s = \frac{F}{A} \leq \tau_{s\,zul} \qquad\qquad (8.39)$$

$$\sigma_l = \frac{F}{d_{Sch} \cdot t_{min}} \leq \sigma_{l\,zul} \qquad\qquad (8.40)$$

F von der Verbindung je Schraube und je Scherfuge bzw. je Bauteildicke zu übertragende Kraft

A Schaftquerschnittsfläche; Spannungsquerschnitt, wenn das Gewinde in der Trennfuge liegt

d_{Sch} Schaftdurchmesser bei Sechskantschrauben nach DIN 7990, Passschaftdurchmesser gleich Lochdurchmesser bei Sechskant-Passschrauben nach DIN 7968 und DIN 7999

t_{min} kleinste Summe der Bauteildicken mit in gleicher Richtung wirkenden Lochleibungsdruck; bei Senkschrauben der größere der beiden Werte $0,8t$ oder t_s nach Bild 7-8b

$\tau_{s\,zul}$, $\sigma_{l\,zul}$ zulässige Abscherspannung, zulässiger Lochleibungsdruck, abhängig vom Werkstoff der Schrauben und Bauteile u. ggf. vom Lastfall

— im *Kranbau* (DIN 15018) für den Allgemeinen Spannungsnachweis nach TB 3-3b

— für *Aluminiumkonstruktionen* unter vorwiegend ruhender Belastung (DIN 4113-1) nach TB 3-4, unter Beachtung des Kriecheinflusses nach 7.6.4-1

— für *Stahlbauten* nach DIN 18800-1

$$\tau_{s\,zul} = \alpha_a \cdot R_m / S_M$$

mit $\alpha_a = 0,60$ für Schrauben der Festigkeitsklassen 4.6, 5.6 und 8.8 und $\alpha_a = 0,55$ (0,44) für Schrauben der Festigkeitsklase 10.9 (Scherfuge im Gewinde), Zugfestigkeit des Schraubenwerkstoffs R_m nach TB 8-4 und Teilsicherheitsbeiwert $S_M = 1,1$

$$\sigma_{l\,zul} = \alpha_l \cdot R_e / S_M$$

Abstandsfaktor α_l [1)	Randabstand in Kraftrichtung ist maßgebend	Lochabstand in Kraftrichtung ist maßgebend
$e_2 \geq 1,5 \cdot d$ und $e_3 \geq 3,0 \cdot d$	$\alpha_l = 1,1 \cdot e_1/d - 0,3$	$\alpha_l = 1,08 \cdot e/d - 0,77$
$e_2 = 1,2 \cdot d$ und $e_3 = 2,4 \cdot d$	$\alpha_l = 0,73 \cdot e_1/d - 0,2$	$\alpha_l = 0,72 \cdot e/d - 0,51$

[1) Für Zwischenwerte von e_2 und e_3 darf linear interpoliert werden.

— Der größtmögliche rechnerische Lochleibungsdruck wird für die Rand- und Lochabstände e_1 und $e_3 = 3d$, $e_2 = 1,5d$ und $e = 3,5d$ erreicht, s. TB 7-2 und Bild 7-13

— Zur Berechnung von α_l darf der Randabstand in Kraftrrichtung e_1 höchstens mit $3d$ und der Lochabstand in Kraftrichtung e höchstens mit $3,5d$ in Rechnung gestellt werden

— Es ist stets zu untersuchen, ob der Randabstand e_1 oder der Lochabstand e den kleineren Wert α_l ergibt

— Streckgrenze R_e der Bauteilwerkstoffe S235 und S355 nach TB 6-5, Teilsicherheitsbeiwert $S_M = 1,1$

Die bei einschnittigen ungestützten Verbindungen mit nur einer Schraube mögliche Verformung (s. Bild 7-9c) ist mit einem größeren Sicherheitsbeiwert bei der Lochleibung ($S_M = 1,32$) zu berücksichtigen.

Wegen der Wahl der geeigneten *Schraubengröße* bei Entwurfsberechnungen siehe unter 8.4.3-1. Bei Verbindungen mit Zugbeanspruchung in Richtung der Schraubenachse wird die äußere Belastung rechnerisch ausschließlich den Schrauben zugewiesen. Für den Spannungsnachweis siehe zu Gl. (8.49).

Bei gleichzeitiger Beanspruchung auf Zug und Abscheren sind der Einzelnachweis auf Zug und ein Interaktionsnachweis mit $(\sigma_z/\sigma_{z\,zul})^2 + (\tau_s/\tau_{s\,zul})^2 \leq 1$ unabhängig voneinander zu führen.

3. Verbindungen mit hochfesten Schrauben (HV-Schrauben)

Nach DIN 18800-1 können hochfeste Schrauben als Verbindungsmittel in Scher-Lochleibungsverbindungen, gleitfesten vorgespannten Verbindungen sowie in (gleichzeitig) zugfesten Verbindungen verwendet werden.

Scher-Lochleibungsverbindungen ohne oder mit teilweiser Vorspannung dürfen bei einem Lochspiel von 2 mm *(SL-Verbindungen)* nur für Bauteile mit vorwiegend ruhender Belastung, solche mit hochfesten Passschrauben *(SLP-Verbindungen*, Lochspiel $\leq 0,3$ mm) auch für Bauteile mit nicht vorwiegend ruhender Belastung angewendet werden.

Gegenüber den Schrauben nach 8.4.3-2 ergibt sich eine höhere Scher- und (bei Vorspannung) Lochleibungsfestigkeit.

Gleitfeste Verbindungen mit vorgespannten Schrauben (*GV-Verbindungen*, Lochspiel $>0,3$ bis ≤ 2 mm) und vorgespannten Passschrauben (*GVP-Verbindungen*, Lochspiel $\leq 0,3$ mm) übertragen in den vorbereiteten Berührungsflächen äußere (Quer-)Kräfte ausschließlich bzw. überwiegend durch „flächigen" Reibungsschluss.

Die Berechnung aller Ausführungsformen mit senkrecht zur Schraubenachse beanspruchten HV-Schrauben und HV-Passschrauben erfolgt wie unter 8.4.3-2 auf Abscheren und Lochleibungsdruck nach den Gln. (8.39) und (8.40).

In *gleitfesten Verbindungen* mit planmäßig vorgespannten hochfesten Schrauben (*GV-Verbindungen*) muss außerdem die zulässige übertragbare Kraft (Grenzgleitkraft) einer Schraube je Reibungsfläche senkrecht zur Schraubenachse nachgewiesen werden (Gebrauchstauglichkeitsnachweis):

$$F_{\text{zul}} = \mu \cdot \frac{F_{\text{V}}}{1,15 \cdot S_{\text{M}}} \tag{8.41}$$

F_{V} Vorspannkraft in der Schraube nach TB 8-17
$\mu = 0,5$ Reibungszahl der Berührungsflächen nach sorgfältiger Reibflächenvorbereitung, z. B. durch Sandstrahlen, gleitfeste Beschichtungsstoffe u. a.
S_{M} Teilsicherheitsbeiwert; $S_{\text{M}} = 1,0$

Aus der gegebenen Stabkraft F und dem gewählten Schraubendurchmesser lässt sich die zur gleitfesten Kraftübertragung (stets aufzurundende, ganzzahlige) erforderliche Schraubenanzahl bestimmen:

$$n \geq \frac{F}{F_{\text{V}}} \cdot \frac{1,15 \cdot S_{\text{M}}}{\mu \cdot m} \tag{8.42}$$

F vom geschraubten Stabanschluss zu übertragende Gesamtkraft
F_{V}, S_{M}, μ wie zu Gl. (8.41)
m Anzahl der Scher- bzw. Reibflächen zwischen den verschraubten Bauteilen

Bei *zugfesten vorgespannten Verbindungen* (z. B. Konsolanschlüsse und Stirnplattenverbindungen) wird die Zugbeanspruchung aus äußerer Belastung rechnerisch ausschließlich den Schrauben zugewiesen. Wegen Verringerung der Klemmkraft infolge der Zugkraft F_z muss die zulässige übertragbare Kraft je Reibungsfläche der vorgespannten Schraube bzw. Passschraube senkrecht zur Schraubenachse in GV- und GVP-Verbindungen im Gebrauchstauglichkeitsnachweis abgemindert werden auf

$$F_{\text{zul}} = \mu \cdot \frac{F_{\text{V}} - F_z}{1,15 \cdot S_{\text{M}}} \tag{8.43}$$

F_{V}, S_{M}, μ wie zu Gl. (8.41)
F_z in Richtung der Schraubenachse wirkende Zugkraft je Schraube
Anmerkung: der Wert 1,15 ist ein Korrekturfaktor für die vereinfachte Annahme der Wirkung der Zugkraft

4. Berechnung der Bauteile

Hier gelten allgemein die gleichen Richtlinien wie für genietete und geschweißte Bauteile, s. unter 6.3.1-3.

Bei zugbeanspruchten, gelochten Bauteilen muss beim allgemeinen Spannungsnachweis die *Querschnittsschwächung* berücksichtigt werden.

Für durch Schrauben- oder Nietlöcher geschwächte *Zugstäbe* gilt damit für den Nutzquerschnitt des Stabes

$$\sigma_z = \frac{F}{A_n} \leq \sigma_{z\,zul}$$ (8.44)

F Zugkraft im Stab
A_n nutzbare Stabquerschnittsfläche, die sich in der ungünstigsten Risslinie ergibt aus
       $A_n = A - (d \cdot t \cdot z)$
       Hierin sind: A volle, ungeschwächte Querschnittsfläche, d Lochdurchmesser, t Stabdicke, z Anzahl der den Stab schwächenden Löcher (für den Anschluss nach Bild 8-25b ist $z = 2$)
$\sigma_{z\,zul}$ $- R_e/S_m$ im Stahlbau (DIN 18800-1), mit Streckgrenze R_e nach TB 6-5 und Teilsicherheitsbeiwert $S_M = 1,1$
       $-$ nach TB 3-3a beim allgemeinen Spannungsnachweis im Kranbau (DIN 15018-1)
       $- R_m/S$ im nicht geregelten Bereich, mit Zugfestigkeit R_m nach TB 1-1a und Sicherheit $S \approx 2,0$

Hinweis: Im Stahlbau darf in zugbeanspruchten Querschnitten der Lochabzug entfallen, wenn $A/A_n \leq 1,2$ für S235 und $\leq 1,1$ für S355 ist. Außerdem darf in Querschnitten mit gebohrten Löchern der geschwächte Querschnitt mit der Zugfestigkeit des Bauteilwerkstoffs bemessen werden: $\sigma_{zul} = R_m/(1,25 \cdot S_M)$, mit R_M nach TB 6-5 und $S_M = 1,1$.

Bei Entwurfsberechnungen wird die erforderliche volle Stabquerschnittsfläche durch Einführung eines Schwächungsverhältnisses υ überschlägig ermittelt, das das Verhältnis der nutzbaren zur ungeschwächten Querschnittsfläche A_n/A ausdrückt und erfahrungsgemäß $\upsilon \approx 0,8$ beträgt. Hiermit ergibt sich dann die *erforderliche ungeschwächte Stabquerschnittsfläche* aus

$$A \approx \frac{F}{\upsilon \cdot \sigma_{zul}}$$ (8.45)

F, σ_{zul} wie zu Gl. (8.44)
υ Schwächungsverhältnis; erfahrungsgemäß $\upsilon = 0,8$, was einem Zuschlag von 25% entspricht

Hinweis: Bei Schweißanschlüssen entfällt die Lochschwächung und damit auch υ; es ist also A_n gleich A zu setzen.

Mit der ermittelten Querschnittsfläche A kann z. B. aus den Profilstahltabellen TB 1-8 bis TB 1-12 ein passender Querschnitt mit dem zugehörigen maximalen Lochdurchmesser nach DIN 997 gewählt werden. Für Bleche und Flachstähle enthält TB 7-4 Empfehlungen für die Wahl des Schraubendurchmessers in Abhängigkeit der Materialdicke.
Der Stab ist dann mit Gl. (8.44) nachzuprüfen.

Hinweis: Wenn die Zugkraft durch unmittelbaren Anschluss eines Winkelschenkels eingeleitet wird, darf bei Winkelstählen die Biegespannung aus Außermittigkeit unberücksichtigt bleiben, wenn
a) bei Anschlüssen mit mindestens 2 in Kraftrichtung hintereinander liegenden Schrauben die aus der mittig gedachten Längskraft stammende Zugspannung $0,8 \cdot \sigma_{zul}$ nicht überschreitet oder
b) bei einem Anschluss mit einer Schraube der Festigkeitsnachweis für den schwächeren Teil des Nutzquerschnittes mit der halben zu übertragenden Kraft geführt wird; nach Bild 8-25d wird $\sigma_z = 0,5F/A_1$, mit $A_1 = s(a - w_1 - 0,5d)$.

8.4.4 Moment(schub)belastete Anschlüsse

Bei diesen geht die Wirkungslinie der resultierenden äußeren Kraft F in größerem Abstand z am Schwerpunkt S der Schraubenverbindung vorbei, wie bei Anschlüssen von Biegeträgern, Konsolblechen u. dgl. (Bild 8-26a). Während die Kraft F bzw. deren Komponenten F_y und F_x die Schrauben gleichmäßig beanspruchen, erfahren durch die „Drehwirkung" des Momentes $M = F \cdot z = F_y \cdot a + F_x \cdot h$ die vom Schwerpunkt der Schraubengruppe am weitesten entfernten Schrauben die größte Kraft (Bild 8-26b). Wird davon ausgegangen, dass sich das Bauteil um

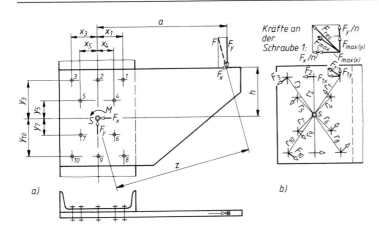

Bild 8-26
Moment(schub)belasteter
Anschluss.
a) Schraubengruppe mit
   Belastung und Abstän-
   den,
b) Schraubenkräfte infolge
   Momentbelastung

den Schwerpunkt S der Schraubengruppe drehen will, so gilt mit der Gleichgewichtsbedingung $\Sigma M_{(S)} = 0$ nach Bild 8-26b:

$$M_S = F_1 \cdot r_1 + F_2 \cdot r_2 + \ldots + F_n \cdot r_n .$$

Nimmt man an, dass sich die Reaktionskräfte der Schrauben wie Biegespannungen proportional zu ihrem Abstand vom Schwerpunkt der Schraubengruppe verteilen, so kann oben eingeführt werden:

$$F_2 = F_1 \cdot \frac{r_2}{r_1} , \qquad F_3 = F_1 \cdot \frac{r_3}{r_1} \ldots F_n = F_1 \cdot \frac{r_n}{r_1} .$$

Damit wird

$$M_S = F_1 \cdot \frac{r_1^2}{r_1} + F_1 \cdot \frac{r_2^2}{r_1} + F_1 \cdot \frac{r_3^2}{r_1} + \ldots + F_1 \cdot \frac{r_n^2}{r_1} = \frac{F_1}{r_1} \Sigma r^2 .$$

Hieraus ergibt sich für die äußersten Schrauben die größte tangential gerichtete Schraubenkraft:

$$\boxed{F_{max} = F_1 = \frac{M_S \cdot r_{max}}{\Sigma r^2} = \frac{M_S \cdot r_{max}}{\Sigma (x^2 + y^2)}} \qquad (8.46)$$

M_S　　im Schwerpunkt S der Schraubengruppe wirkendes Anschlussmoment, z. B. nach Bild 8-26a: $M_S = F \cdot z$

r_{max}　Abstand der am weitesten vom Schwerpunkt entfernten Schraube, z. B. nach Bild 8-26b: $r_{max} = r_1$

r　　　direkte Abstände der Schrauben vom Schwerpunkt der Verbindung

x, y　Koordinatenabstände der Schrauben vom Schwerpunkt

Die meist noch auftretenden Normal- und Querkräfte F_x und F_y (Bild 8-26a) werden berücksichtigt, indem man die größte tangential gerichtete Schraubenkraft F_{max} nach Gl. (8.46) in ihre Komponenten $F_{max\,(x)}$ und $F_{max\,(y)}$ zerlegt und die auf n Schrauben gleichmäßig verteilten Kraftanteile F_x/n und F_y/n addiert.

Für eine äußere Schraube wird mit der waagerechten Komponente von F_{max} bei Berücksichtigung der Normalkaft F_x

$$\boxed{F_{x\,ges} = F_{max} \cdot \frac{y_{max}}{r_{max}} + \frac{F_x}{n} = \frac{M_S \cdot y_{max}}{\Sigma (x^2 + y^2)} + \frac{F_x}{n}} \qquad (8.47\,a)$$

und in gleicher Weise die senkrechte Komponente

$$\boxed{F_{y\,ges} = F_{max} \cdot \frac{x_{max}}{r_{max}} + \frac{F_y}{n} = \frac{M_S \cdot x_{max}}{\Sigma (x^2 + y^2)} + \frac{F_y}{n}} \qquad (8.47\,b)$$

Die beiden Komponenten können zur resultierenden Schraubenkraft zusammengesetzt werden (Bild 8-26b)

$$F_{\text{res}} = \sqrt{F_{x\,\text{ges}}^2 + F_{y\,\text{ges}}^2} \qquad\qquad\qquad\qquad (8.47\,\text{c})$$

M_S, r, x, y wie zu Gl. (8.46)
$F_{\max}$ größte tangential gerichtete Schraubenkraft aus der Wirkung des Drehmomentes nach Gl. (8.46)
F_x, F_y auf den Anschluss wirkende Normal- bzw. Querkraft
n Anzahl der Schrauben im Anschluss

In der Praxis wird bei schmalen, hohen Schraubenfeldern der waagerechte Reihenabstand x in den Gln. (8.46) und (8.47) gleich null gesetzt, um den Rechenaufwand zu verringern. In gleicher Weise lassen sich auch momentbelastete Niet- und Punktschweißanschlüsse berechnen.

Mit F_{res} sind Scher-Lochleibungsverbindungen (rohe Schrauben, Niete, Punktschweißverbindungen) auf Abscheren und Lochleibungsdruck und gleitfeste Verbindungen auf die zulässige übertragbare Kraft je hochfeste Schraube nachzuprüfen.

Die durch Löcher geschwächten Bauteilquerschnitte müssen ggf. noch festigkeitsmäßig nachgeprüft werden.

8.4.5 Konsolanschlüsse

Zum Anschluss konsolartiger Bauteile, z. B. an Stützen, Träger u. dgl., können Sechskantschrauben nach DIN 7990, Sechskant-Passschrauben nach DIN 7968 oder hochfeste Schrauben nach DIN 6914 verwendet werden. Durchmesser und Anordnung sind sinngemäß wie bei Nietverbindungen (s. unter 7.5.3-1 und 7.5.4) zu wählen.

Der Anschluss hat außer der Auflagekraft F noch ein Biegemoment $M_b = F \cdot l_a$ aufzunehmen (Bild 8-27). Die Schubwirkung durch F wird von allen Schrauben gleichmäßig aufgenommen, möglichst durch Reibungsschluss. Wegen der Gefahr des Gleitens werden Scher-Lochleibungsverbindungen zunächst mit der Kraft F auf Abscheren und Lochleibung nach den Gln. (8.38) und (8.39) geprüft.

Durch die Kippwirkung von M_b entsteht am unteren Teil der Konsole (Bild 8-27a) eine Pressung, deren Verteilung wohl von der Größe der Schraubenvorspannung beeinflusst wird, sich

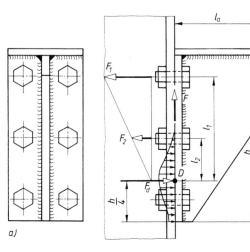

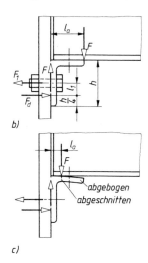

Bild 8-27
a) Konsolanschluss mit 6 Schrauben,
b) Winkelanschluss für Trägerauflage,
c) Winkelanschluss mit abgebogenem Auflageschenkel

aber angenähert nach der Darstellung in Bild 8-27a ausbreitet. Als Ersatz für die Pressung kann nach *Steinhardt*[1] eine Druckkraft F_d, angreifend im „Druckmittelpunkt" D im Abstand etwa $h/4$ von der Konsolunterkante, angenommen werden. Die Schrauben oberhalb von D haben die Zugkräfte F_1, $F_2 \dots F_n$ aufzunehmen, die sich wie ihre Abstände l_1, $l_2 \dots l_n$ von D verhalten: $F_1 : F_2 : \dots F_n = l_1 : l_2 : \dots l_n$.
Aus der Bedingung $\Sigma M_{(D)} = 0$ folgt

$$M_b = F \cdot l_a = F_1 \cdot l_1 + F_2 \cdot l_2 + \dots F_n \cdot l_n \,.$$

Nach Einsetzen und Umformen ergibt sich bei einer Anzahl z beanspruchter Schrauben ($z = 2$, $F_1 = F_{max}$ in Bild 8-27a) die *größte Zugkraft in einer Schraube*

$$F_{max} = \frac{M_b}{z} \cdot \frac{l_1}{l_1^2 + l_2^2 + \dots l_n^2} \tag{8.48}$$

Für die am Rand sitzenden, mit F_{max} belasteten Schrauben ist nachzuweisen

$$\sigma_z = \frac{F_{max}}{A} \leq \sigma_{z\,zul} \tag{8.49}$$

M_b	Biegemoment für die Verbindung; $M_b = F \cdot l_a$,
z	Anzahl der von der größten Zugkraft F_{max} beanspruchten Schrauben
l_1, $l_2 \dots l_n$	Abstände der zugbeanspruchten Schrauben vom Druckmittelpunkt
A	maßgebender Schraubenquerschnitt
	— Kernquerschnitt A_3 nach TB 8-1 im Kranbau und für Al-Konstruktionen
	— Spannungs- oder Schaftquerschnit A_s oder A_{Sch} nach TB 8-1 im Stahlbau
$\sigma_{z\,zul}$	zulässige Zugspannung in der Schraube
	— im Stahlbau (DIN 18800-1) der kleinere der beiden Werte $\sigma_{zul} = R_e/(1{,}1 \cdot S_M)$ bezogen auf A_{Sch} bzw. $\sigma_{zul} = R_m/(1{,}25 \cdot S_M)$ bezogen auf A_s, mit $S_M = 1{,}1$ und $R_e(R_{p0,2})$ bzw. R_m des Schraubenwerkstoffs (Festigkeitsklasse) nach TB 8-4
	— im Kranbau nach TB 3-3b
	— für Aluminiumkonstruktionen (DIN 4113-1) nach TB 3-4b und c

Bei entsprechend steifen Stirnplatten wird der Anschluss am zweckmäßigsten als zugfeste Verbindung mit planmäßig vorgespannten hochfesten Schrauben ausgeführt.
Die gleiche Berechnung kann auch für die Anschlüsse der Winkelstähle nach Bild 8-27b und c durchgeführt werden. Bei dem Anschluss nach Bild 8-27b wird der Angriffspunkt der Kaft F sicherheitshalber an der Außenkante des Auflageschenkels angenommen. Durch leichtes Abbiegen dieses Schenkels (um ≈ 2 mm) rückt der Angriffspunkt von F näher an die Anschlussebene, damit werden das Biegemoment M_b und die Schraubenkräfte kleiner (Bild 8-27c). Ähnliche Verhältnisse werden erreicht, wenn der Schenkel vor der Rundung einfach abgeschnitten wird.

8.5 Bewegungsschrauben

Bewegungsschrauben dienen zum Umformen von Dreh- in Längsbewegungen oder zum Erzeugen großer Kräfte, z. B. bei Leitspindeln von Drehmaschinen, bei Spindeln von Pressen, Ventilen, Schraubenwinden, Schraubstöcken, Schraubzwingen, Abziehvorrichtungen u. dgl. Als „Hubschrauben" haben sie jedoch wegen der zunehmenden Anwendung der Pneumatik und Hydraulik kaum noch Bedeutung.
Als Bewegungsgewinde soll möglichst Trapezgewinde und nur in Ausnahmefällen bei rauem Betrieb mit stoßartiger Beanspruchung, z. B. bei Kupplungsspindeln von Schienenfahrzeugen, Rundgewinde verwendet werden. Für nur in eine Richtung hoch beanspruchte Hubspindeln, z. B. für Hebebühnen, kommt auch Sägengewinde in Frage (s. auch unter 8.1.2-1).
Als Werkstoffe für Spindeln werden insbesondere die Baustähle E295 und E335 verwendet.

---

[1] Bericht in der Zeitschrift „Der Bauingenieur" 1952, Heft 7

8.5.1 Entwurf

Bei *kurzen druckbeanspruchten* Bewegungsschrauben ohne Knickgefahr oder *zugbeanspruchten* Bewegungsschrauben ergibt sich der *erforderliche Kernquerschnitt des Gewindes*

$$A_3 \geq \frac{F}{\sigma_{\mathrm{d(z)\,zul}}}$$
(8.50)

$\sigma_{\mathrm{d(z)\,zul}}$ zulässige Druck-(Zug-)spannung; man setzt bei
vorwiegend ruhender Belastung: $\sigma_{\mathrm{d(z)\,zul}} = R_{\mathrm{e}}(R_{\mathrm{p0,2}})/1,5$,
Schwellbelastung: $\sigma_{\mathrm{d(z)\,zul}} = \sigma_{\mathrm{zdSch}}/2$,
Wechselbelastung: $\sigma_{\mathrm{d(z)\,zul}} = \sigma_{\mathrm{zdW}}/2$,
R_{e} bzw. $R_{\mathrm{p0,2}}$ sowie σ_{zdSch} und σ_{zdW} aus TB 1-1

Lange, druckbeanspruchte Schrauben oder Spindeln (Bild 8-28), bei denen die Gefahr des Ausknickens besteht, werden zweckmäßig gleich auf Knickung berechnet. Aus der Euler-Knickgleichung ergibt sich der *erforderliche Kerndurchmesser des Gewindes*

$$d_3 = \sqrt[4]{\frac{64 \cdot F \cdot S \cdot l_{\mathrm{k}}^2}{\pi^3 \cdot E}}$$
(8.51)

F Druckkraft für die Spindel
S Sicherheit; man wählt zunächst $S \approx 6\ldots 8$
l_{k} rechnerische Knicklänge je nach vorliegendem Knickfall; für die Spindeln, Bild 8-28, setze man $l_{\mathrm{k}} \approx 0,7 \cdot l$, was dem „Euler-Knickfall" 3 entspricht und allgemein bei geführten Spindeln angenommen werden kann. Euler-Knickfälle s. Bild 6-34
E Elastizitätsmodul des Spindelwerkstoffes; für Stahl: $E = 2,1 \cdot 10^5$ N/mm^2

Gewählt wird die dem ermittelten Kernquerschnitt A_3 bzw. Kerndurchmesser d_3 nächstliegende Gewindegröße aus Gewindetabellen, für Trapezgewinde nach TB 8-3.
Die vorgewählte Spindel ist in jedem Fall auf Festigkeit und meist noch auf Knicksicherheit zu prüfen.

8.5.2 Nachprüfung auf Festigkeit

Bewegungsschrauben werden außer auf Druck oder Zug auch noch auf Verdrehung durch das aufzunehmende Drehmoment beansprucht. Bei der Festigkeitsprüfung ist zunächst festzustellen, welche Teile der Schraube oder Spindel welche Beanspruchung aufzunehmen haben, wobei zweckmäßig folgende Fälle unterschieden werden.

Beanspruchungsfall 1: Die Längskraft F wirkt in der Spindel, vom Muttergewinde aus betrachtet, auf der anderen Seite als das eingeleitete Drehmoment T, z. B. bei der Spindel einer Spindelpresse nach Bild 8-28a.
Dabei wird der eine Teil der Spindel, hier der obere, auf Verdrehung, der andere Teil (mit der Länge l) auf Druck bzw. Knickung (oder auch auf Zug) beansprucht, sofern kein nennenswertes zusätzliches (Reibungs-)Moment, z. B. das Lagerreibungsmoment M_{RL} an der Auflage bei A, auftritt.
Für den „Verdrehteil" gilt für die *Verdrehspannung:*

$$\tau_{\mathrm{t}} = \frac{T}{W_{\mathrm{t}}} \leq \tau_{\mathrm{t\,zul}}$$
(8.52)

T Drehmoment für die Spindel nach Gl. (8.55)
W_{t} Torsionswiderstandsmoment aus $W_{\mathrm{t}} = \pi/16 \cdot d_3^3$, d_3 Gewinde-Kerndurchmesser aus Gewindetabellen, für Trapezgewinde aus TB 8-3
$\tau_{\mathrm{t\,zul}}$ zulässige Verdrehspannung; man setzt bei vorwiegend ruhender Belastung: $\tau_{\mathrm{t\,zul}} = \tau_{\mathrm{tF}}/1,5$, bei Schwellbelastung: $\tau_{\mathrm{t\,zul}} = \tau_{\mathrm{t\,Sch}}/2$, bei Wechselbelastung: $\tau_{\mathrm{t\,zul}} = \tau_{\mathrm{tW}}/2$; τ_{tF} nach Bild 3-15; $\tau_{\mathrm{t\,Sch}}$ und τ_{tW} aus TB 1-1 (Umrechnung mit K_{t} beachten – s. Kapitel 3)

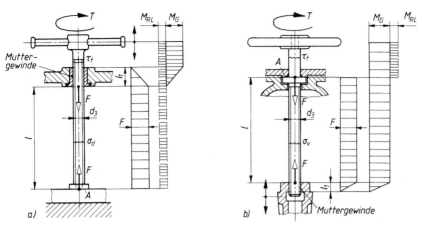

Bild 8-28 Beanspruchungsfälle bei Bewegungsschrauben mit Verlauf der Längskraft F sowie der Gewinde- und Lagerreibungsmomente M_G und M_{RL} (meist $M_G \gg M_{RL}$).
a) Beanspruchung der Spindel einer Spindelpresse (Fall 1),
b) Beanspruchung der Spindel eines Absperrschiebers (Fall 2)

Für den „Druckteil" („Zugteil") gilt für die *Druck-(Zug-)spannung:*

$$\sigma_{d(z)} = \frac{F}{A_3} \leq \sigma_{d(z)\,zul} \tag{8.53}$$

F	Druck-(Zug-)kraft für die Spindel
A_3	Kernquerschnitt des Gewindes aus Gewindetabellen, für Trapezgewinde aus TB 8-3
$\sigma_{d(z)\,zul}$	zulässige Druck-(Zug-)spannung wie zu Gl. (8.50); bei großen Spindeldurchmessern ist der Größeneinfluss auf die Festigkeitswerte zu beachten, s. Gl. (3.7)

Bei längeren druckbeanspruchten Spindeln ist dieser Teil unbedingt noch auf Knickung zu prüfen, s. unter 8.5.3.

Beanspruchungsfall 2: Die Längskraft F wirkt in der Spindel, vom Muttergewinde aus betrachtet, auf der gleichen Seite wie das eingeleitete Drehmoment T, z. B. bei der Spindel eines Absperrschiebers, nach Bild 8-28b.
Dabei wird der eine Teil der Spindel, hier der obere, auf Verdrehung, der andere Teil (mit der Länge l) auf Druck, seltener auf Zug, und Verdrehung beansprucht. Für diesen zu prüfenden Teil der Spindel gilt für die *Vergleichsspannung* nach Gl. (3.5):

$$\sigma_v = \sqrt{\sigma_{d(z)}^2 + 3 \cdot \left(\frac{\sigma_{zul}}{\varphi \cdot \tau_{zul}} \cdot \tau_t\right)^2} \leq \sigma_{d(z)\,zul} \tag{8.54}$$

$\sigma_{d(z)}$	vorhandene Druck-(Zug-)spannung in der Spindel nach Gl. (8.53)
σ_{zul}, τ_{zul}	zulässige Spannungen für die vorhandenen Beanspruchungsfälle; für übliche Fälle kann gesetzt werden $\sigma_{zul}/(\varphi \cdot \tau_{zul}) \approx 1$
φ	Faktor zur Berechnung des Anstrengungsverhältnisses: $\varphi = 1{,}73$
τ_t	vorhandene Verdrehspannung in der Spindel nach Gl. (8.52)
$\sigma_{d(z)\,zul}$	zulässige Spannung wie zu Gl. (8.50)

Bei längeren druckbeanspruchten Spindeln ist dieser Teil unbedingt noch auf Knickung zu prüfen, s. unter 8.5.3.
Das aufzuwendende Drehmoment T entspricht dem Gewindemoment M_G nach Gl. (8.23), sofern keine anderen nennenswerten Reibungsmomente, z. B. das Lagerreibungsmoment M_{RL} an der Spindelauflage oder in der Spindelführung (bei A in Bild 8-28) zu überwinden sind. Das

erforderliche Drehmoment wird damit

$$T = F \cdot d_2/2 \cdot \tan{(\varphi \pm \varrho')} \tag{8.55}$$

F   Längskraft in der Spindel
d_2 Flankendurchmesser des Gewindes aus Gewindetabellen, für Trapezgewinde aus TB 8-3
φ Steigungswinkel des Gewindes aus Gl. (8.1); für eingängiges Trapezgewinde ist
        $\varphi \approx 3° \ldots 5,5°$ (Richtwert)
ϱ' Gewinde-Gleitreibungswinkel[1]; man setzt bei Spindel aus Stahl und Führungsmutter
        aus Gusseisen, trocken: $\varrho' \approx 12°$
        aus CuZn- und CuSn-Legierungen, trocken: $\varrho' \approx 10°$
        aus vorstehenden Werkstoffen, geschmiert: $\varrho' \approx 6°$
        aus Spezial-Kunststoff, trocken: $\varrho' \approx 6°$
        aus Spezial-Kunststoff (s. TB 8-18), geschmiert: $\varrho' \approx 2,5°$

Das + in ( ) gilt bei dem für die Berechnung maßgebenden „Anziehen", das − beim „Lösen"
der Spindel.

8.5.3 Nachprüfung auf Knickung

Lange Spindeln sind außer auf Festigkeit auch auf Knicksicherheit zu prüfen. Zunächst ist festzustellen, ob elastische oder unelastische Knickung vorliegt. Dazu ist der Schlankheitsgrad zu
ermitteln. Aus der allgemeinen Gleichung

$$\lambda = \frac{l_k}{i} = \frac{\text{rechnerische Knicklänge}}{\text{Trägheitsradius}}$$

folgt mit

$$i = \sqrt{\frac{I}{A_3}} = \sqrt{\frac{\pi \cdot d_3^4 \cdot 4}{64 \cdot d_3^2 \cdot \pi}} = \frac{d_3}{4}$$

der *Schlankheitsgrad der Spindel*

$$\lambda = \frac{4 \cdot l_k}{d_3} \tag{8.56}$$

l_k rechnerische Knicklänge (s. auch zu Gl. (8.51))
d_3 Kerndurchmesser des Gewindes aus Gewindetabellen, für Trapezgewinde aus TB 8-3

Es liegt *elastische Knickung* vor, wenn $\lambda \geq \lambda_0 = 105$ für S235 bzw. $\lambda \geq 89$ für E295 und E335.
In diesem Fall ist die *Knickspannung nach Euler*

$$\sigma_K = \frac{E \cdot \pi^2}{\lambda^2} \approx \frac{21 \cdot 10^5}{\lambda^2} \tag{8.57}$$

Für den *unelastischen Bereich*, d. h. für $\lambda < 105$ ist für S235 die *Knickspannung nach Tetmajer*

$$\sigma_K = 310 - 1,14 \cdot \lambda \tag{8.58}$$

Für den Schlankheitsgrad $\lambda < 89$ wird für E295 und E335

$$\sigma_K = 335 - 0,62 \cdot \lambda \qquad \begin{array}{c|c} \sigma_K & \lambda \\ \hline \text{N/mm}^2 & - \end{array} \tag{8.59}$$

---

[1] Entsprechende Haftreibungswinkel ϱ_0' sind erfahrungsgemäß 10 bis 40% größer.

Hinweis: Im unelastischen Bereich, also bei $\lambda < \lambda_0 = \pi \sqrt{E/\sigma_{\mathrm{dP}}}$, gilt allgemein für die Knickspannung (Gleichung der Johnson-Parabel):

$$\sigma_{\mathrm{K}} = \sigma_{\mathrm{dS}} - (\sigma_{\mathrm{dS}} - \sigma_{\mathrm{dP}}) \cdot \left(\frac{\lambda}{\lambda_0}\right)^2$$

Setzt man darin näherungsweise $\sigma_{\mathrm{dS}} \approx R_{\mathrm{p}\,0,2}$ bzw. R_{e} (Quetschgrenze) und $\sigma_{\mathrm{dP}} \approx 0,8 \cdot \sigma_{\mathrm{dS}}$ (Proportionalitätsgrenze), dann lässt sich die Knickspannung, in Ergänzung zu den Gln. (8.58) und (8.59), auch für andere Spindelwerkstoffe als S235 bis E335 bestimmen.
Die Knickspannung muss gegenüber der vorhandenen Spannung eine ausreichende *Sicherheit* haben:

$$S = \frac{\sigma_{\mathrm{K}}}{\sigma_{\mathrm{vorh}}} \geq S_{\mathrm{erf}} \qquad\qquad (8.60)$$

σ_{vorh} vorhandene Spannung im druckbeanspruchten Spindelteil; für Beanspruchungsfall 1 ist $\sigma_{\mathrm{vorh}} = \sigma_{\mathrm{d}}$ nach Gl. (8.53), für Beanspruchungsfall 2 ist $\sigma_{\mathrm{vorh}} = \sigma_{\mathrm{v}}$ nach Gl. (8.54) zu setzen

S_{erf} erforderliche Sicherheit:
bei elastischer Knickung mit σ_{K} nach Gl. (8.57) soll sein: $S_{\mathrm{erf}} \approx 3 \ldots 6$ mit zunehmendem Schlankheitsgrad λ ($\lambda_{\mathrm{max}} = 250$)
bei unelastischer Knickung mit σ_{K} nach Gl. (8.58) bzw. (8.59) soll sein: $S_{\mathrm{erf}} \approx 4 \ldots 2$ mit abnehmendem Schlankheitsgrad λ

Hinweis: Bei Schlankheitsgrad $\lambda < 20$ erübrigt sich eine Nachrechnung auf Knickung, es braucht dann nur auf Festigkeit geprüft werden.

8.5.4 Nachprüfung des Muttergewindes (Führungsgewinde)

Die Länge l_1 des Muttergewindes einer Bewegungsschraube (Bild 8-28) ist so zu bemessen, dass die volle Tragkraft der Schraube bzw. Spindel vom Gewinde der Mutter ohne Schädigung übertragen wird. Dabei ist, im Gegensatz zu Befestigungsschrauben, nicht so sehr die Festigkeit, sondern vielmehr die Flächenpressung der Gewindeflanken entscheidend. Unter der Annahme einer gleichmäßigen Pressung aller Gewindegänge – in Wirklichkeit werden die ersten tragenden Gänge stärker beansprucht – ist die Flächenpressung $p = F/A_{\mathrm{ges}}$.
Wird für die Gesamtfläche der tragenden Gewindegänge $A_{\mathrm{ges}} = n \cdot A_{\mathrm{g}}$ gesetzt und hierin für die Fläche eines Ganges $A_{\mathrm{g}} = d_2 \cdot \pi \cdot H_1$ und für die Anzahl der Gänge $n = l_1/P$, dann ergibt sich für die *Flächenpressung des Gewindes*

$$p = \frac{F \cdot P}{l_1 \cdot d_2 \cdot \pi \cdot H_1} \leq p_{\mathrm{zul}} \qquad\qquad (8.61)$$

F von der Spindelführung aufzunehmende Längskraft

P Gewindeteilung gleich Abstand von Gang zu Gang, bei eingängigem Gewinde gleich Steigung, bei mehrgängigem Gewinde ist $P = P_{\mathrm{h}}/n$ mit Steigung P_{h} und Gangzahl n (s. auch zu Gl. (8.1))

l_1 Länge des Muttergewindes

d_2 Flankendurchmesser des Gewindes aus Gewindetabellen, für Trapezgewinde aus TB 8-3

H_1 Flankenüberdeckung des Gewindes aus Gewindetabellen, für Trapezgewinde aus TB 8-3

p_{zul} zulässige Flächenpressung der Gewindeflanken, Richtwerte s. TB 8-18

Durch Umformung der Gleichung kann mit p_{zul} auch die *erforderliche Mutterlänge* l_1 ermittelt werden, wobei wegen der ungleichmäßigen Verteilung der Flächenpressung im Gewinde $l_1 \approx 2,5 \cdot d$ (Gewindedurchmesser) nicht überschreiten soll.

8.5.5 Wirkungsgrad der Bewegungsschrauben, Selbsthemmung

Der Wirkungsgrad ist das Verhältnis von nutzbarer zu aufgewendeter Arbeit: $\eta = W_n/W_a$. Für eine Spindelumdrehung wird mit $W_n = F \cdot P_h$ und $W_a = F_u \cdot d_2 \cdot \pi = F \cdot \tan(\varphi + \varrho') \cdot d_2 \cdot \pi$ (s. unter 8.3.4-1) der Wirkungsgrad bei Umwandlung von Drehbewegung in Längsbewegung

$$\boxed{\eta \approx \frac{\tan\varphi}{\tan(\varphi + \varrho')}} \qquad (8.62)$$

φ, ϱ' wie zu Gl. (8.55)

Bei Umwandlung von Längsbewegung in Drehbewegung, was nur bei nicht selbsthemmendem Gewinde möglich ist, wird $\eta' = \tan(\varphi - \varrho')/\tan\varphi$.

Gewinde sind *selbsthemmend*, wenn Steigungswinkel $\varphi <$ Reibungswinkel ϱ', wie bei allen Befestigungsgewinden und eingängigen Bewegungsgewinden.

Bei *nicht selbsthemmenden* Gewinden ist $\varphi > \varrho'$, wie bei mehrgängigen Bewegungsgewinden.

Für den Grenzfall $\varphi = \varrho'$ wird, wie aus Gl. (8.62) folgt, der Wirkungsgrad $\eta < 0{,}5$, d. h. bei selbsthemmenden Schraubgetrieben ist stets $\eta < 0{,}5$; umgekehrt ist bei nicht selbsthemmenden Getrieben $\eta > 0{,}5$.

Die Frage, wann Selbsthemmung vorliegt und wann nicht, lässt sich durch folgende „Gedankenbrücke" leicht beantworten:

Selbsthemmend – Befestigungsschraube – *kleiner* Steigungswinkel – Steigungswinkel *kleiner* als Reibungswinkel

Nicht selbsthemmend – Drillbohrer – *großer* Steigungswinkel – Steigungswinkel *größer* als Reibungswinkel

8.6 Berechnungsbeispiele

■ **Beispiel 8.1:** Die Schraubenverbindung zwischen einem zweiteiligen Hydraulikkolben $\varnothing\,100$ mm aus S275 und einer Kolbenstange $\varnothing\,30$ mm aus C35E ist für einen größten Öldruck $p_e = 50$ bar zu berechnen (Bild 8-29). Der Schubmotor (Zylinder) hat stündlich ca. 90 Arbeitstakte auszuführen. Bei Entlastung durch die Betriebskraft F_B soll die Dichtungskraft gleich (Rest-)Klemmkraft noch mindestens $F_{Kl} = 15$ kN betragen. Vorgesehen ist eine unbehandelte Zylinderschraube nach DIN EN ISO 4762, die bei geöltem Gewinde mit einem messenden Drehmomentschlüssel angezogen wird.

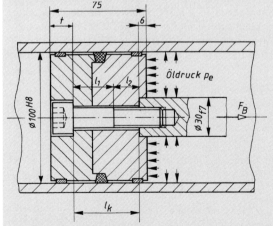

Bild 8-29
Hydraulikzylinder.
Verbindung von Kolben und Kolbenstange
durch eine zentrale Schraube

Allgemeiner Lösungshinweis: Es handelt sich hier um eine vorgespannte Befestigungsschraube, also ist der Berechnungsgang nach den Angaben unter 8.3.9-2 maßgebend. Da von der Schraube eine Betriebskraft F_B aufzunehmen ist und im Betriebszustand außerdem eine Dichtungskraft gleich (Rest-)Klemmkraft F_{Kl} gefordert wird, ist die Montagevorspannkraft F_{VM} mit Gl. (8.29) zu berechnen und für dynamisch (schwellende) Belastung nachzurechnen.

▶ **Lösung:** Unter Vernachlässigung der Reibungs- und Massenkräfte kann die schwellend wirkende Betriebs-kraft (Kolbenkraft) $F_B = p \cdot A$ = Druck × beaufschlagte Kolbenfläche berechnet werden. Mit der um den Stangenquerschnitt kleineren Kolbenfläche $A = \pi/4 \cdot (D^2 - d^2) = \pi/4 \, (10^2 - 3^2) \, \text{cm}^2 = 71,5 \, \text{cm}^2$ und dem Druck $p = 50 \, \text{bar} = 500 \, \text{N/cm}^2$ wird die Betriebskraft

$$F_B = 500 \, \text{N/cm}^2 \cdot 71,5 \, \text{cm}^2 = 35\,750 \, \text{N} = 35,7 \, \text{kN} \,.$$

Mit den Rechenschritten 1., 2. usw. kann jetzt die systematische Schraubenberechnung durchgeführt werden:

1. Die Wahl der geeigneten Festigkeitsklasse erfolgt nach folgenden Gesichtspunkten:

Festigkeits-klasse	allgemeine Anwendung für	Tragfähig-keit in %	Bruchdehnung in %	Preisver-gleich in %	Aufgrund der Flächenpressung geeignet für
8.8	normale Beanspruchung	100	12	100	alle Baustähle
10.9	hohe Vorspannkräfte	140	9	ca. 150	Baustähle ab S275
12.9	höchst-beanspruchte Verbindungen	168	8	ca. 150	Vergütungs-stähle Gusseisen

Gewählt wird (für Kopfauflage aus S275) eine Schaftschraube der Festigkeitsklasse 10.9.
Für die dynamisch axiale (zentrische) Betriebskraft $F_B = 35,7 \, \text{kN}$ und die Festigkeitsklasse 10.9 wird nach TB 8-13 zunächst grob vorgewählt (mit F_B bis 40 kN): Schaftschraube M16.
Für die gewählte Schraube muss wenigstens überschlägig noch geprüft werden, ob die zulässige Flä-chenpressung unter dem Schraubenkopf nicht überschritten wird. Nach Gl. (8.4) gilt

$$p \approx \frac{F_{sp}/0,9}{A_p} \leq p_G \,.$$

Mit $F_{sp} = 119 \, \text{kN}$ aus TB 8-14 bei $\mu_{ges} \approx 0,12$ (TB 8-12a für geölte Schrauben), $A_p = 181 \, \text{mm}^2$ nach TB 8-9 oder aus $A_p \approx \pi/4 \, (d_w^2 - d_h^2)$ ergibt sich

$$p \approx \frac{119\,000 \, \text{N}/0,9}{181 \, \text{mm}^2} \approx 730 \, \text{N/mm}^2 \,.$$

Die Grenzflächenpressung für S275 liegt nach TB 8-10 mit $R_m = 430 \, \text{N/mm}^2$ zwischen S235 und E295. Mit interpolierten $p_G \approx 600 \, \text{N/mm}^2$ ist sie zu klein. Da die Festigkeitsklasse 10.9 beibehalten werden soll, muss der Kolbenwerkstoff in E295 geändert werden. Bei der nun zugelassenen Grenzflächenpres-sung $p_G = 710 \, \text{N/mm}^2$ sind Kriechvorgänge unter dem Schraubenkopf kaum mehr zu befürchten.

2. Für die erforderliche Montagevorspannkraft gilt nach Gl. (8.29)

$$F_{VM} = k_A[F_{Kl} + F_B(1 - \Phi) + F_Z] \leq F_{sp} \,.$$

Den Anziehfaktor k_A erhält man entsprechend dem angegebenen Anziehverfahren (messender Drehmomentschlüssel bei $\mu = 0,12$) aus TB 8-11: $k_A = 1,7$.
Für die Ermittlung des Kraftverhältnisses $\Phi = F_{BS}/F_B = \delta_T/(\delta_S + \delta_T)$ sind zunächst die elastische Nachgiebigkeit der Schraube δ_S und der verspannten Teile δ_T zu berechnen.
Nach Gl. (8.7) gilt für die elastische Nachgiebigkeit der Schraube

$$\delta_S = \delta_K + \delta_1 + \delta_2 + \delta_G + \delta_M \,.$$

Nach Bild 8-29 wird mit der Senktiefe $t = k_1 + 0,6 \, \text{mm} = 16,6 \, \text{mm}$ (TB 8-9) und für eine Einschraub-tiefe $l_e \approx 1,0 \cdot 16 \, \text{mm} = 16 \, \text{mm}$ (TB 8-15) eine $l = 69 \, \text{mm} - 16,6 \, \text{mm} + 16 \, \text{mm} = 68,4 \, \text{mm}$ lange Schraube erforderlich. Gewählt wird nach TB 8-9 $l = 70 \, \text{mm}$.
Mit der Gewindelänge $b_1 = 44 \, \text{mm}$ (TB 8-9), der Länge des Schaftelementes $l_1 = 70 \, \text{mm} - 44 \, \text{mm} = 26 \, \text{mm}$, der Länge des gewindetragenden Elementes $l_2 = 69 \, \text{mm} - 16,6 \, \text{mm} - 26 \, \text{mm} = 26,4 \, \text{mm}$ und den Querschnitten $A_N = \pi \cdot 16^2 \, \text{mm}^2/4 = 201 \, \text{mm}^2$ und $A_3 = 144,1 \, \text{mm}^2$ (TB 8-1) lässt sich die

elastische Nachgiebigkeit der gesamten Schraube nach Gl. (8.8) wie folgt berechnen:

– für Schraubenkopf:
$$\delta_K = \frac{0{,}4 \cdot 16\ \text{mm}}{210\,000\ \text{N/mm}^2 \cdot 201\ \text{mm}^2} = 0{,}152 \cdot 10^{-6}\ \frac{\text{mm}}{\text{N}}$$

– für glatten Schaft:
$$\delta_1 = \frac{26\ \text{mm}}{210\,000\ \text{N/mm}^2 \cdot 201\ \text{mm}^2} = 0{,}616 \cdot 10^{-6}\ \frac{\text{mm}}{\text{N}}$$

– für nicht eingeschraubtes Gewinde:
$$\delta_2 = \frac{26{,}4\ \text{mm}}{210\,000\ \text{N/mm}^2 \cdot 144{,}1\ \text{mm}^2} = 0{,}872 \cdot 10^{-6}\ \frac{\text{mm}}{\text{N}}$$

– für eingeschraubtes Gewinde:
$$\delta_G = \frac{0{,}5 \cdot 16\ \text{mm}}{210\,000\ \text{N/mm}^2 \cdot 144{,}1\ \text{mm}^2} = 0{,}264 \cdot 10^{-6}\ \frac{\text{mm}}{\text{N}}$$

– für Muttergewinde:
$$\delta_M = \frac{0{,}4 \cdot 16\ \text{mm}}{210\,000\ \text{N/mm}^2 \cdot 201\ \text{mm}^2} = 0{,}152 \cdot 10^{-6}\ \frac{\text{mm}}{\text{N}}$$

$$\delta_S = 2{,}056 \cdot 10^{-6}\ \frac{\text{mm}}{\text{N}}$$

Die elastische Nachgiebigkeit der verspannten Teile wird nach Gl. (8.10) berechnet:

$$\delta_T = \frac{l_k}{A_{ers} \cdot E_T}\ .$$

Bei einer flächenmäßigen Ausdehnung des Kolbens $D_A = 100\ \text{mm} > d_w + l_k = 24\ \text{mm} + 52{,}4\ \text{mm} = 76{,}4\ \text{mm}$ gilt mit der Grenzbedingung $D_A = d_w + l_k = 76{,}4\ \text{mm}$ für den Ersatzquerschnitt nach Gl. (8.9)

$$A_{ers} = \frac{\pi}{4}\ (d_w^2 - d_h^2) + \frac{\pi}{8}\ d_w(D_A - d_w) \cdot [(x+1)^2 - 1]\ .$$

Mit $d_w \approx 24\ \text{mm}$, $d_h = 17{,}5\ \text{mm}$ (DIN EN 20 273 mittel, nach TB 8-8), der Grenzbedingung $D_A = d_w + l_k = 76{,}4\ \text{mm}$ und $x = \sqrt[3]{l_k \cdot d_w/D_A^2} = \sqrt[3]{52{,}4\ \text{mm} \cdot 24\ \text{mm}/76{,}4^2\ \text{mm}^2} = 0{,}6$ erhält man

$$A_{ers} = \frac{\pi}{4}\ (24^2\ \text{mm}^2 - 17{,}5^2\ \text{mm}^2) + \frac{\pi}{8}\ 24\ \text{mm}\ (76{,}4\ \text{mm} - 24\ \text{mm}) \cdot [(0{,}6+1)^2 - 1] = 982\ \text{mm}^2$$

und damit

$$\delta_T = \frac{52{,}4\ \text{mm}}{982\ \text{mm}^2 \cdot 210\,000\ \text{N/mm}^2} = 0{,}254 \cdot 10^{-6}\ \frac{\text{mm}}{\text{N}}\ .$$

Damit kann das Kraftverhältnis Φ_k für zentrische Krafteinleitung in Ebenen durch die Schraubenkopf- und Mutterauflage (s. zu Gl. (8.11) bis (8.14)) ermittelt werden

$$\Phi_k = \frac{\delta_T}{\delta_S + \delta_T} = \frac{0{,}254 \cdot 10^{-6}\ \text{mm/N}}{2{,}056 \cdot 10^{-6}\ \text{mm/N} + 0{,}254 \cdot 10^{-6}\ \text{mm/N}} = 0{,}11\ .$$

Entsprechend Bild 8-14 wird geschätzt, dass die Krafteinleitungsebenen im Abstand $n \cdot l_k \approx 0{,}3 l_k$ liegen. Damit wird nach Gl. (8.17) das tatsächliche Kraftverhältnis

$$\Phi = n \cdot \Phi_k = 0{,}3 \cdot 0{,}11 = 0{,}033\ .$$

Der Vorspannkraftverlust durch Setzen der Verbindung wird nach Gl. (8.19) bestimmt:

$$F_Z = \frac{f_Z}{\delta_S + \delta_T}\ .$$

Mit dem Gesamtsetzbetrag nach TB 8-10a für geschlichtete Oberflächen ($R_z = 16\ \mu\text{m}$ angenommen) $f_Z = 11\ \mu\text{m}$ bei einer inneren Trennfuge wird somit

$$F_Z = \frac{0{,}011\ \text{mm}}{2{,}056 \cdot 10^{-6}\ \text{mm/N} + 0{,}254 \cdot 10^{-6}\ \text{mm/N}} = 4{,}76\ \text{kN}\ .$$

Mit den vorstehend bestimmten Werten kann nun die Montagevorspannkraft bestimmt werden

$$F_{\text{VM}} = 1{,}7[15\,\text{kN} + 35{,}7\,\text{kN}\,(1 - 0{,}033) + 4{,}76\,\text{kN}] = 92{,}3\,\text{kN}\,.$$

Da $F_{\text{VM}} = 92{,}3\,\text{kN} < F_{\text{sp}} = 119\,\text{kN}$ ist die gewählte Zylinderschraube M16−10.9 weit ausreichend bemessen.

3. Bei drehmomentgesteuertem Anziehen ergibt sich das Anziehdrehmoment nach TB 8-14 zu

$$M_{\text{A}} = M_{\text{sp}} = 302\,\text{Nm}\,.$$

4. Wenn die Schraube bei der Montage auf $F_{\text{sp}} = 119\,\text{kN}$ vorgespannt wird, ist nach Gl. (8.34a) die Einhaltung der maximalen Schraubenkraft unter der Betriebskraft zu prüfen. Für Schaftschrauben muss dabei sein:

$$\Phi \cdot F_{\text{B}} \le 0{,}1 \cdot R_{\text{p0,2}} \cdot A_{\text{s}}\,.$$

Mit $R_{\text{p0,2}} = 940\,\text{N/mm}^2$ (Mindestwert nach TB 8-4) und $A_{\text{s}} = 157\,\text{N/mm}^2$ (TB 8-1) lautet die Beziehung

$$0{,}033 \cdot 35\,700\,\text{N} \le 0{,}1 \cdot 940\,\text{N/mm}^2 \cdot 157\,\text{mm}^2$$

$$1{,}18\,\text{kN} < 14{,}76\,\text{kN}\,.$$

Die Bedingung nach Gl. (8.34a) ist also erfüllt, die maximale Schraubenkraft wird nicht überschritten. Wegen der dynamischen Belastung ist die Schraubenverbindung nach Gl. (8.20a) noch auf Dauerhaltbarkeit zu prüfen:

$$\sigma_{\text{a}} = \pm \frac{F_{\text{a}}}{A_{\text{s}}} \le \sigma_{\text{A}}\,.$$

Mit der Ausschlagkraft nach Gl. (8.15) $F_{\text{a}} = \pm(F_{\text{Bo}} - F_{\text{Bu}}) \cdot \Phi/2$ wird mit $F_{\text{Bo}} = 35{,}7\,\text{kN}$ als oberem Grenzwert, $F_{\text{Bu}} = 0$ als unterem Grenzwert der schwellend wirkenden Betriebskraft und $\Phi = 0{,}033$

$$F_{\text{a}} = \pm \frac{35\,700\,\text{N} - 0}{2}\,0{,}033 = \pm 589\,\text{N}\,.$$

Hiermit und mit dem Spannungsquerschnitt $A_{\text{s}} = 157\,\text{mm}^2$ (TB 8-1) wird die Ausschlagspannung

$$\sigma_{\text{a}} = \pm \frac{589\,\text{N}}{157\,\text{mm}^2} \approx \pm 4\,\text{N/mm}^2\,.$$

Die Ausschlagfestigkeit für schlussvergütete Gewinde M16−10.9 ist nicht vorspannkraftabhängig und beträgt nach den Angaben zu Gl. (8.21)

$$\sigma_{\text{A(SV)}} \approx \pm 0{,}85 \left(\frac{150}{d} + 45 \right) = \pm 0{,}85 \left(\frac{150}{16} + 45 \right) = \pm 46{,}2\,\text{N/mm}^2\,.$$

Die Schraube ist dauerfest, da $\sigma_{\text{a}} = \pm 4\,\text{N/mm}^2 < \sigma_{\text{A}} = \pm 46{,}2\,\text{N/mm}^2$.

5. Abschließend soll die bereits unter 1. überschlägig vorgenommene Berechnung der Flächenpressung unter dem Schraubenkopf genauer ausgeführt werden. Für drehmomentgesteuertes Anziehen gilt nach Gl. (8.36)

$$p = \frac{F_{\text{sp}} + \Phi \cdot F_{\text{B}}}{A_{\text{p}}} \le p_{\text{G}}\,.$$

Mit den weiter vorn ermittelten Werten ergibt sich

$$p = \frac{119\,\text{kN} + 0{,}033 \cdot 35{,}7\,\text{kN}}{181\,\text{mm}^2} = 664\,\text{N/mm}^2 \le p_{\text{G}} = 710\,\text{N/mm}^2\,.$$

Ergebnis: Für die Verbindung von Kolben und Kolbenstange ist eine Zylinderschraube ISO 4762−M16 × 70−10.9 erforderlich.

■ **Beispiel 8.2:** Für die Verschraubung des Deckels eines Druckbehälters mit eingelegtem Welldichtring (gewellter Ring aus Alu-Blech mit Weichstoffauflage; $d_{\text{a}} = 545\,\text{mm}$, $d_{\text{i}} = 505\,\text{mm}$) sind Festigkeitsklasse und Anzahl der im Entwurf festgelegten Sechskantschrauben M16 *überschlägig* zu ermitteln (Bild 8-30).

Der Behälter hat einen Innendurchmesser $d_i = 500$ mm und steht unter dem konstanten inneren Gasdruck $p_e = 8$ bar. Die höchste Temperatur (Berechnungstemperatur) des Gases beträgt ca. 20 °C.

Allgemeiner Lösungshinweis. Bei der Deckelverschraubung handelt es sich streng genommen um eine exzentrisch verspannte und exzentrisch belastete Schraubenverbindung mit nicht direkt (Dichtung!) aufeinanderliegenden Teilen, an welche hohe sicherheitstechnische Anforderungen gestellt werden. Für derartige Berechnungen an Druckbehältern sind die AD-Merkblätter (Arbeitsgemeinschaft Druckbehälter) maßgebend (hier AD-Merkblatt B7, Schrauben). Diese sind als „Regeln der Technik" anerkannt; bei ihrer sinngemäßen Anwendung gilt im Zweifelsfall die „ingenieurmäßige Sorgfaltspflicht" als erfüllt.

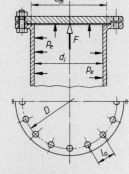

Bild 8-30 Deckelverschraubung eines Druckbehälters

TB 8-13 gestattet auch bei exzentrischem Kraftangriff (nächsthöhere Laststufe wählen!) eine für Entwürfe ausreichend genaue Wahl der Schrauben.

Konstruktionsregeln für die Gestaltung von Flanschverbindungen:

1. Möglichst große Schraubenzahl ergibt gleichmäßige und sichere Abdichtung ($n \geq 4$).
2. Verhältnis Schraubenabstand zu Lochdurchmesser $l_a/d_h \leq 5$.
3. Schrauben unter M10 sind nicht zulässig.

▶ **Lösung:** Auf Grund der Bedingung $l_a/d_h \leq 5$ wird zunächst die Schraubenzahl festgelegt. Bei normalem Durchgangsloch „mittel" nach TB 8-8 ist $d_h = 17,5$ mm und somit der größte zulässige Schraubenabstand $l_a \approx 5 \cdot 17,5$ mm ≈ 88 mm.

Damit ergibt sich bei einem geschätztem Lochkreisdurchmesser $D \approx 570$ mm:

$$n \approx \frac{D \cdot \pi}{l_a} = \frac{570 \text{ mm} \cdot \pi}{88 \text{ mm}} \approx 20.$$

Bei der Berechnung der auf den Deckel wirkenden Druckkraft wird sicherheitshalber davon ausgegangen, dass der Druck bis Mitte Dichtung, also bis zum mittleren Dichtungsdurchmesser d_m wirksam ist. Mit $d_a = 545$ mm und $d_i = 505$ mm wird $d_m = 525$ mm. Für die Druckkraft gilt (unter Beachtung der Beziehung 1 bar $= 10$ N/cm²):

$$F = p_e \frac{d_m^2 \cdot \pi}{4} = 80 \text{ N/cm}^2 \cdot \frac{52,5^2 \text{ cm}^2 \cdot \pi}{4} = 173\,090 \text{ N} \approx 173 \text{ kN}.$$

Die Betriebskraft je Schraube wird dann

$$F_B = \frac{F}{n} = \frac{173 \text{ kN}}{20} = 8,65 \text{ kN}.$$

Hierfür kann nun aus TB 8-13 die erforderliche Festigkeitsklasse überschlägig ermittelt werden. In Zeile „stat. axial" müsste bei zentrischem Kraftangriff in der Spalte „bis 10 kN" abgelesen werden, bei exzentrischem Kraftangriff ist aber die nächsthöhere Laststufe zu wählen, es gilt die Spalte „bis 16 kN". Danach werden für den Nenndurchmesser 16 mm (M16) empfohlen: 4.8, 5.6; gewählt wird die gängige Festigkeitsklasse 5.6.

Ergebnis: Im Entwurf sind 20 Sechskantschrauben M16 der Festigkeitsklasse 5.6 vorzusehen.

Die Kontrollrechnung nach dem AD-Merkblatt B7 ergibt für den Betriebszustand eine erforderliche Vorspannkraft $F_V \approx 10$ kN und für den Einbauzustand vor der Druckaufgabe eine erforderliche Vorspann-(Vorpress-)Kraft $F_V \approx 27$ kN pro Schraube.

Durch die „Vorpresskraft"

$$F_V \approx 27 \text{ kN} < F_{sp} = 38 \text{ kN (aus } F_{sp(5.6)} = F_{sp(8.8)} \frac{R_{p0.2(5.6)}}{R_{p0.2(8.8)}} = 80,9 \text{ kN} \frac{300 \text{ N/mm}^2}{640 \text{ N/mm}^2} \approx 38 \text{ kN}$$

mit $F_{sp(8.8)} \approx 80,9$ kN bei $\mu_{ges} \approx 0,12$ nach TB 8-14 und $R_{p0,2}$-Werten nach TB 8-4)

muss die Dichtung soweit verformt werden, dass sie sich den Unebenheiten der Auflageflächen bleibend anpasst.

Bedingt durch die Art der Bemessung sind sowohl für den Betriebs- als auch für den Einbauzustand rechnerisch 20 Schrauben M16 der Festigkeitsklasse 5.6 erforderlich. Der Entwurf kann also unverändert ausgeführt werden!

■ **Beispiel 8.3:** Ein geradverzahnter Stirnradkranz ($m = 4\,\text{mm}$, $z = 48$) aus C45E soll durch 8 Sechskantschrauben nach DIN EN ISO 4014 ein wechselnd wirkendes Drehmoment $T_{\text{max}} = 630\,\text{Nm}$ gleitfest auf einen Nabenkörper aus EN-GJL-250 übertragen (Bild 8-31). Der Lochkreisdurchmesser und die maximale Schraubengröße liegen mit $D = 150\,\text{mm}$ bzw. M12 bereits fest. Zu ermitteln sind:

a) alle für die konstruktive Ausführung erforderlichen Daten, wenn die mit mikroverkapseltem Klebstoff gesicherten Schrauben mit einem Signal gebenden Drehmomentschlüssel angezogen werden, wobei Erfahrungswerte aus einigen Einstellversuchen verfügbar sind,

b) eine geeignete Passung für den Sitz des Zahnkranzes auf dem Nabenkörper (∅ 120).

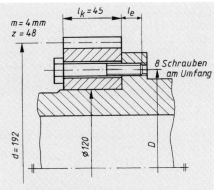

Bild 8-31 Verschraubung eines Zahnkranzes

Allgemeiner Lösungshinweis: Es handelt sich um eine querbeanspruchte Schraubenverbindung, welche wegen des wechselnden Drehmomentes unbedingt auf Reibungsschluss ausgelegt werden sollte. Danach ist für die vorgespannten Schrauben die Berechnung nach 8.3.9-2 maßgebend, wobei F_{VM} mit Gl. (8.30) zu berechnen ist ($F_{\text{B}} = 0$).

▶ **Lösung a):** Das Drehmoment $T_{\text{max}} = 630\,\text{Nm}$ wird durch die senkrecht zur Zahnflanke (längs der Eingriffslinie) wirkende Zahnkraft (Normalkraft) F_{n} in das Rad eingeleitet (Bild 8-32). F_{n} kann in 2 Komponenten, die auf den Teilkreis bezogene Umfangskraft F_{t} und die Radialkraft F_{r} zerlegt werden. Für die Umfangskraft gilt

$$F_{\text{t}} = \frac{2 \cdot T}{d} = \frac{2 \cdot 630 \cdot 10^3\,\text{N/mm}}{192\,\text{mm}} = 6563\,\text{N}\,.$$

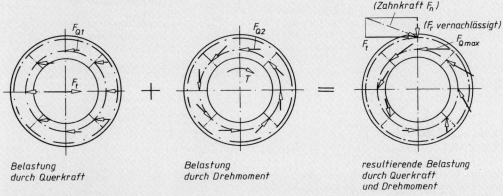

Bild 8-32 Angenommene Lastverteilung in einer Zahnkranzverschraubung

Die Radialkraft F_{r} wird im Interesse eines einfachen Lösungsansatzes vernachlässigt (Fehler ca. 6%). Die am Teilkreisdurchmesser angreifende Umfangskraft F_{t} belastet das „Schraubenfeld" durch die Querkraft F_{t} und durch das Drehmoment T_{max} (Lastverteilung in Wirklichkeit schwer durchschaubar!). Die von jeder Schraube zu übertragende Querkraft ergibt sich durch „Überlagerung" dieser Kraftwirkungen (Bild 8-32):

Aus Querkraftbelastung:

$$F_{\text{Q1}} = \frac{F_{\text{t}}}{n} = \frac{6563\,\text{N}}{8} = 820\,\text{N}\,,$$

aus Momentbelastung:

$$F_{\text{Q2}} = \frac{2 \cdot T}{D \cdot n} = \frac{2 \cdot 630 \cdot 10^3\,\text{Nmm}}{150\,\text{mm} \cdot 8} = 1050\,\text{N}\,.$$

Im Betrieb müssen die nacheinander am Eingriffspunkt der Verzahnung vorbeilaufenden Schrauben bei jeder Umdrehung einmal die größte Querkraft $F_{Q\,max} = 820\,\text{N} + 1050\,\text{N} = 1870\,\text{N}$ aufnehmen (Bild 8-32). Bei zu kleiner Vorspannkraft (durch Setzungen) der Schrauben oder durch unerwartete Spitzenbelastung kann es dann zu örtlichem Gleiten in der Trennfuge kommen. Das dabei auftretende innere Losdrehmoment der Schrauben müsste durch geeignete Sicherungsmaßnahmen aufgenommen werden (z.B. Verkleben des Gewindes).

Die erforderliche Normalkraft als Klemmkraft je Schraube und Reibfläche ergibt sich aus Gl. (8.18) zu

$$F_{Kl} = \frac{F_{Q\,ges}}{\mu \cdot z} \quad \text{bzw.} \quad \frac{F_{Q\,max}}{\mu}.$$

Mit $\mu = 0{,}20$ als Gleitreibungszahl für Stahl auf Grauguss bei trockenen und glatten Fugenflächen nach TB 1-14b wird

$$F_{Kl} = \frac{1870\,\text{N}}{0{,}20} = 9{,}35\,\text{kN}.$$

Die erforderliche Schraubengröße lässt sich ausreichend genau mit der Überschlagsgleichung Gl. (8.2) bestimmen

$$A_s \geq \frac{F_B + F_{Kl}}{\dfrac{R_{p0,2}}{\kappa \cdot k_A} - \beta \cdot E \cdot \dfrac{f_Z}{l_k}}.$$

Mit der Klemmkraft $F_{Kl} = 9{,}35\,\text{kN}$ ($F_B = 0$), der 0,2%-Dehngrenze $R_{p0,2} = 640\,\text{N/mm}^2$ für die „normale" Festigkeitsklasse 8.8 (TB 8-4), dem Anziehfaktor $k_A = 1{,}6$ nach TB 8-11 bei Anziehen mit dem Drehmomentschlüssel (Anziehdrehmoment versuchsmäßig bestimmt), dem Reduktionsfaktor $\kappa = 1{,}24$ für $\mu_G = 0{,}14$ bei mikroverkapseltem Klebstoff, dem Nachgiebigkeitsfaktor $\beta \approx 1{,}1$ für Schaftschrauben, dem Setzbetrag $f_Z = 0{,}011\,\text{mm}$ und der Klemmlänge $l_k = 45\,\text{mm}$ ergibt sich der mindestens erforderliche Spannungsquerschnitt

$$A_s \geq \frac{9350\,\text{N}}{\dfrac{640\,\text{N/mm}^2}{1{,}24 \cdot 1{,}6} - 1{,}1 \cdot 210\,000\,\text{N/mm}^2 \dfrac{0{,}011\,\text{mm}}{45\,\text{mm}}} = 35{,}1\,\text{mm}^2.$$

Nach TB 8-1 wird eine Schraube M8−8.8 mit $A_s = 36{,}6\,\text{mm}^2$ gewählt.

Mit dem Spannmoment $M_{sp} = 27{,}3\,\text{Nm}$ nach TB 8-14 bei Sicherung der Schraube mit mikroverkapseltem Klebstoff ($\mu_{ges} = 0{,}14$ nach TB 8-12) wird das erforderliche Anziehdrehmoment der Schraube

$$M_A \approx M_{sp} = 27{,}3\,\text{Nm}.$$

Eine Nachprüfung der Flächenpressung unter dem Schraubenkopf erübrigt sich bei 8.8-Schrauben auf vergüteten Bauteilen.

Ergebnis: Unter Berücksichtigung der Einschraubtiefe $l_e = 1{,}0 \cdot 8\,\text{mm} = 8\,\text{mm}$ (TB 8-15; 8.8, $d/P < 9$, GJL 250) sind für die Zahnkranzverschraubung Sechskantschrauben ISO 4014−M8 × 55−8.8 (mit Klebstoffbeschichtung) vorzusehen.

▶ **Lösung b):** Übergangspassung (z. B. H7/k6) um Rundlauf zu gewährleisten.

■ **Beispiel 8.4:** Für eine Spindelpresse, Bild 8-33, mit einer Druckkraft $F = 100\,\text{kN}$ und einer größten Spindellänge $l = 1{,}2\,\text{m}$ sind Spindel und Spindelführung zu berechnen.

a) Das erforderliche, nicht selbsthemmende Trapezgewinde der Spindel aus E295 ist zunächst durch überschlägige Berechnung zu ermitteln,

b) die vorgewählte Spindel ist auf Festigkeit nachzuprüfen,

c) die Nachprüfung auf Knickung ist durchzuführen und danach, falls erforderlich oder zweckmäßig, eine Änderung des Spindeldurchmessers vorzunehmen,

d) die erforderliche Länge l_1 der Führungsmutter ist festzulegen.

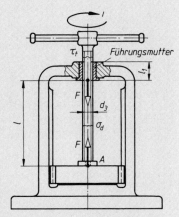

Bild 8-33 Hand-Spindelpresse

▶ **Lösung a):** Die überschlägige Berechnung und damit die Vorwahl des Spindelgewindes erfolgt nach 8.5.1. Da es sich um eine längere, druckbeanspruchte und damit knickgefährdete Spindel handelt, wird diese gleich auf Knickung nach Gl. (8.51) vorberechnet. Danach ergibt sich der erforderliche Gewinde-Kerndurchmesser

$$d_3 = \sqrt[4]{\frac{64 \cdot F \cdot S \cdot l_k^2}{\pi^3 \cdot E}} \,.$$

Es werden hierin gesetzt: Druckkraft $F = 10^5$ N, Sicherheit $S = 8$, rechnerische Knicklänge $l_k \approx 0,7 \cdot l \approx 0,7 \cdot 1200$ mm $= 840$ mm, Elastizitätsmodul für Stahl $E = 2,1 \cdot 10^5$ N/mm^2; damit wird

$$d_3 = \sqrt[4]{\frac{64 \cdot 10^5 \, \text{N} \cdot 8 \cdot 840^2 \, \text{mm}^2}{\pi^3 \cdot 2,1 \cdot 10^5 \, \text{N/mm}^2}} \approx 49 \, \text{mm} \,.$$

Es wird nun aus TB 8-3 ein Trapezgewinde mit dem nächstliegenden Kerndurchmesser gesucht. Danach wird zunächst vorgewählt ein Gewinde mit $d = 60$ mm Nenndurchmesser, $d_3 = 50$ mm Kerndurchmesser und $P = 9$ mm Teilung. Da ein nicht selbsthemmendes Gewinde gefordert ist, wird dieses als dreigängiges gewählt. Die Bezeichnung lautet nach den Angaben zu 8.1.2-2: Tr60 × 27P9.

Ergebnis: Vorgewählt wird ein dreigängiges Trapezgewinde: Tr60 × 27P9.

▶ **Lösung b):** Vor der Festigkeitsprüfung ist zunächst zu klären, welcher „Beanspruchungsfall" vorliegt. Nach den Angaben zu 8.5.2 und nach Bild 8-28 ist das eindeutig der „Beanspruchungsfall 1". Damit gilt zunächst für den oberen Teil der Spindel für die Verdrehspannung nach Gl. (8.52):

$$\tau_t = \frac{T}{W_t} \leq \tau_{t\,\text{zul}} \,.$$

Das Drehmoment für die Spindel wird nach Gl. (8.55):

$$T = F \cdot d_2/2 \cdot \tan(\varphi + \varrho') \,.$$

Hier sind: $F = 100$ kN $= 100\,000$ N; Flankendurchmesser aus TB 8-3: $d_2 = 55,5$ mm; Steigungswinkel aus Gl. (8.1): $\tan\varphi = P_h/(d_2 \cdot \pi)$, mit $P_h = n \cdot P = 3 \cdot 9$ mm $= 27$ mm wird $\tan\varphi = 27$ mm$/(55,5$ mm $\cdot \pi)$ $\approx 0,15$ und damit $\varphi \approx 8°30'$; der Gewindereibungswinkel wird $\varrho' = 6°$ gesetzt, geschmiertes Gewinde angenommen. Mit diesen Werten wird

$$T = 100\,000 \, \text{N} \cdot 55,5 \, \text{mm}/2 \cdot \tan(8°30' + 6°) = 2\,775\,000 \, \text{Nmm} \cdot \tan 14°30'$$
$$= 717\,660 \, \text{Nmm} \, (\approx 718 \, \text{Nm}) \,.$$

Das polare Widerstandsmoment wird $W_t = \pi/16 \cdot d_3^3 = \pi/16 \cdot 50^3$ mm$^3 = 24\,544$ mm^3 .

$$\tau_t = \frac{717\,660 \, \text{Nmm}}{24\,544 \, \text{mm}^3} = 29,2 \, \text{N/mm}^2 \,.$$

Diese Spannung ist so gering, dass sich ein Vergleich mit der zulässigen Spannung erübrigt. Für die im unteren Spindelteil auftretende Druckspannung gilt nach Gl. (8.53), wobei ein etwaiges Reibungsmoment M_{RL} in der Spindelführung bei A vernachlässigt wird:

$$\sigma_d = \frac{F}{A_3} \leq \sigma_{d\,\text{zul}} \,.$$

Mit $F = 100\,000$ N und Kernquerschnitt $A_3 = 1963$ mm^2 (aus TB 8-3) wird

$$\sigma_d = \frac{100\,000 \, \text{N}}{1963 \, \text{mm}^2} \approx 51 \, \text{N/mm}^2 \,.$$

Auch σ_d ist so klein, daß auf den Vergleich mit $\sigma_{d\,\text{zul}}$ verzichtet wird.

Ergebnis: Die vorgewählte Spindel ist festigkeitsmäßig weit ausreichend bemessen, da die vorhandene Verdrehspannung und Druckspannung wesentlich kleiner als die zulässigen Spannungen sind.

▶ **Lösung c):** Für die Nachprüfung auf Knickung wird zunächst der Schlankheitsgrad nach Gl. (8.56) festgestellt:

$$\lambda = \frac{4 \cdot l_k}{d_3} \,.$$

Mit der rechnerischen Knicklänge $l_k = 840$ mm (s. unter a)) und dem Kerndurchmesser $d_3 = 50$ mm wird

$$\lambda = \frac{4 \cdot 840 \, \text{mm}}{50 \, \text{mm}} = 67 < \lambda_0 = 89 \quad \text{für E295} \,.$$

Damit liegt unelastische Knickung vor, d. h. die Knickspannung muss nach Tetmajer aus Gl. (8.59) ermittelt werden:

$$\sigma_K = (335 - 0{,}62 \cdot \lambda)\,\text{N/mm}^2\,, \qquad \sigma_K = (335 - 0{,}62 \cdot 67)\,\text{N/mm}^2 \approx 293\,\text{N/mm}^2\,.$$

Mit $\sigma_\text{vorh} \cong \sigma_d = 51\,\text{N/mm}^2$ wird dann die Knicksicherheit nach Gl. (8.60):

$$S = \frac{\sigma_K}{\sigma_d}\,, \quad S = \frac{293\,\text{N/mm}^2}{51\,\text{N/mm}^2} = 5{,}7 \approx 6\,.$$

Nach Angaben zur Gl. (8.60) wird bei unelastischer Knickung eine erforderliche Sicherheit $S_\text{erf} \approx 3$ (bei $\lambda \approx 67$) empfohlen. Die vorhandene Sicherheit $S \approx 6$ ist also reichlich hoch. Darum soll das nächst kleinere Trapezgewinde gewählt werden: Tr52 × 24P8.

Damit müsste die Rechnung nun wiederholt werden. Auf die Festigkeitsprüfung kann zweifellos verzichtet werden, da auch hierbei die vorhandenen Spannungen unter den zulässigen bleiben werden. Die Nachprüfung auf Knickung muss jedoch wiederholt werden, wobei aber auf eine detaillierte Rechnung verzichtet werden soll. Entsprechend obigem Rechnungsgang werden:

$$\text{Druckspannung } \sigma_d \approx 69\,\text{N/mm}^2\,, \quad \lambda = 78 < \lambda_0 = 89\,, \quad \sigma_K = 287\,\text{N/mm}^2\,, \quad S \approx 4 > S_\text{erf} = 3\ldots 4\,.$$

Also auch hier ist die Sicherheit ausreichend.

Ergebnis: Es wird endgültig eine Spindel aus E295 mit dreigängigem Trapezgewinde gewählt: Tr52 × 24P8 nach DIN 103.

▶ **Lösung d):** Die Länge l_1 der Führungsmutter wird aufgrund der zulässigen Flächenpressung nach Gl. (8.61) ermittelt:

$$l_1 = \frac{F \cdot P}{p_\text{zul} \cdot d_2 \cdot \pi \cdot H_1}\,.$$

Es sind: Längskraft $F = 100\,000\,\text{N}$, Gewindeteilung $P = 8\,\text{mm}$, zul. Flächenpressung $p_\text{zul} \approx 10\,\text{N/mm}^2$ (nach TB 8-18 für Spindel aus Stahl und Mutter aus hier gewählter CuSn-Legierung und Dauerbetrieb), Flankendurchmesser $d_2 = 48\,\text{mm}$ (aus TB 8-3), Flankenüberdeckung des Gewindes $H_1 = 4\,\text{mm}$ (aus TB 8-3); hiermit wird

$$l_1 = \frac{100\,000\,\text{N} \cdot 8\,\text{mm}}{10\,\text{N/mm}^2 \cdot 48\,\text{mm} \cdot \pi \cdot 4\,\text{mm}} = 132{,}7\,\text{mm}; \quad \text{ausgeführt } l_1 = 130\,\text{mm}\,.$$

Die maximale Länge $l_1 \approx 2{,}5 \cdot d = 2{,}5 \cdot 52\,\text{mm} = 130\,\text{mm}$ ist damit allerdings gerade erreicht.

Ergebnis Die Länge der Führungsmutter wird $l_1 = 130\,\text{mm}$.

8.7 Literatur

Bauer, C. O. (Hrsg.): Handbuch der Verbindungstechnik. München: Hanser, 1991

Betschon, F.: Handbuch der Verschraubungstechnik. Grafenau: expert, 1982

Böllhoff GmbH (Hrsg.): Technik rund um Schrauben. 2. Aufl. Bielefeld: Böllhoff, 1987

DIN Deutsches Institut für Normung (Hrsg.): DIN-Taschenbücher. Berlin: Beuth
    Gewinde, 9. Aufl. 2006 (DIN-Taschenbuch 45)
    Grundnormen, 4. Aufl. 2005 (DIN-Taschenbuch 193)
    Schrauben, Nationale Normen, 22. Aufl. 2006 (DIN-Taschenbuch 10)
    Schrauben, Europäische Normen, 1. Aufl. 2006 (DIN-Taschenbuch 362)
    Schraubwerkzeuge, 9. Aufl. 2002 (DIN-Taschenbuch 41)
    Technische Lieferbedingungen für Schrauben, Muttern und Unterlegteile, 8. Aufl. 2005 (DIN-Taschenbuch 55)
    Muttern, Zubehörteile für Schraubenverbindungen, 8. Aufl. 2006 (DIN-Taschenbuch 140)

Deutscher Ausschuss für Stahlbau (Hrsg.): DASt-Richtlinie 010: Anwendung hochfester Schrauben im Stahlbau. Köln: Stahlbau-Verlagsgesellschaft, 1974

Dreger, H.: Beitrag zur rechnerischen Ermittlung von Krafteinleitungshöhen bei der Berechnung hochbeanspruchter Schraubenverbindungen nach der Richtlinie VDI 2230. In: VDI-Z 124 (1982), Heft 18, S. 85–89

8

Esser, J.: Ermüdungsbruch: Eine Einführung in die neuzeitliche Schraubenberechnung. 21. Aufl. Neuss: Bauer & Schaurte Karcher, 1991

Galwelat, M., Beitz, W.: Gestaltungsrichtlinien für unterschiedliche Schraubenverbindungen. In: Konstruktion 33 (1981), Heft 6, S. 213–218

Grode, H.-P., Kaufmann, M.: Internationale Gewindeübersicht. 2. Aufl. Berlin, Köln: Beuth, 1988 (Beuth-Kommentare)

Illgner, K.-H., Esser, J.: Schrauben-Vademecum. 9. Aufl. Bramsche: Rasch, 2001

Junker, G., Blume, D.: Neue Wege einer systematischen Schraubenberechnung. Düsseldorf: Triltsch, 1965

Kloos, K. H., Thomalla, W.: Zur Dauerhaltbarkeit von Schraubenverbindungen. In: Verbindungstechnik 11 (1979), Hefte 1 bis 4

Kübler, K.-H., Mages, W.: Handbuch der hochfesten Schrauben. Essen: Girardet, 1986

Kübler, K.-H.: Vereinfachtes Berechnen von Schraubenverbindungen. In: Verbindungstechnik 10 (1978), Heft 6 und 7/8

Pfaff, H., Thomalla, W.: Streuung der Vorspannkraft beim Anziehen von Schraubenverbindungen. In: VDI-Z 124 (1982), Heft 18, S. 76–84

Rieg, F., Kaczmareg, M. (Hrsg.): Taschenbuch der Maschinenelemente. Leipzig: Hanser, 2006

Schineis, M.: Vereinfachte Berechnung geschraubter Rahmenecken. In: Der Bauingenieur 44 (1969), Heft 12, S. 439–449

Schneider, W., Kloos, K.-H.: Haltbarkeit exzentrisch beanspruchter Schraubenverbindungen. In: VDI-Z 126 (1984), Nr. 19, S. 741–750

Sparenberg, H.: Mechanische Verbindungselemente: Schrauben, Muttern und Zubehörteile. 1. Aufl. Berlin, Köln: Beuth, 1985 (Beuth-Kommentare)

Stahl-Informations-Zentrum (Hrsg.):
Berechnung von Regelanschlüssen im Stahlhochbau. 2. Aufl. 1984 (Merkblatt 140)
Schrauben im Stahlbau. 2. Aufl. 1986 (Merkblatt 322)
Sicherungen für Schraubenverbindungen. 6. Aufl. 1983 (Merkblatt 302)

Verein Deutscher Ingenieure (Hrsg.): Schraubenverbindungen: beanspruchungsgerecht konstruiert und montiert. Düsseldorf: VDI, 1989 (VDI Berichte 766)

VDI-Richtlinie 2230 T1: Systematische Berechnung hochbeanspruchter Schraubenverbindungen. Zylindrische Einschraubenverbindungen. Düsseldorf: VDI, 2003

Verband der Technischen Überwachungsvereine (Hrsg.):
AD-Merkblatt B7: Schrauben
AD-Merkblatt W7: Schrauben und Muttern aus ferritischen Stählen

Wiegand, H., Kloos, K-H., Thomalla, W.: Schraubenverbindungen. 5. Aufl. Berlin: Springer, 2006 (Konstruktionsbücher Band 5)

Weitere Informationen z. B. von folgenden Firmen und Institutionen:

Atlas Copco, Essen (Schrauber, Zeitschrift „Druckluftkommentare"), (www.atlascopco.com)

Böllhoff GmbH & Co. KG, Bielefeld (Gewindetechnik), (www.boellhoff.com)

Eduard Wille GmbH & Co. KG, Wuppertal (Schraubwerkzeuge), (www.stahlwille.de)

Kamax-Werke Rudolf Kellermann, Osterode am Harz (Mitteilungen aus den Kamax-Werken), (www.kamax.de)

Richard Bergner, Verbindungstechnik GmbH & Co. KG, Schwabach (RIBE-Blauhefte), (www.ribe.de)

Textron Verbindungstechnik GmbH & Co. OHG, Neuss, (Sonderdrucke, Prospekte), (www.textronfasteningsystems.com)

8

9 Bolzen-, Stiftverbindungen und Sicherungselemente

9.1 Funktion und Wirkung

Bauteile lassen sich einfach und kostengünstig mit Bolzen, Stiften oder ähnlichen Formteilen verbinden. Diese Verbindungselemente werden sowohl für lose als auch für feste Verbindungen, für Lagerungen, Führungen, Zentrierungen, Halterungen und zum Sichern der Bauteile gegen Überlastung, z. B. als Brechbolzen in Sicherheitskupplungen, verwendet.

Bei losen Verbindungen und auch zur Aufnahme von Axialkräften müssen die Bolzen bzw. die gelagerten oder verbundenen Teile häufig durch Sicherungselemente, wie Splinte, Sicherungsringe oder Querstifte, gegen Verschieben oder Verdrehen gesichert werden.

9.2 Bolzen

9.2.1 Formen und Verwendung

Bolzen ohne Kopf nach DIN EN 22340 (Bild 9-1a und b) und *Bolzen mit Kopf* nach DIN EN 22341 (Bild 9-1c) entsprechen der ISO-Norm (Hauptabmessungen, s. TB 9-2). Sie sind ohne und mit Splintloch (Form A bzw. B) genormt und werden vorwiegend als Gelenkbolzen, z. B. für Stangenverbindungen (Bilder 9-2a und 9-21), verwendet.

Bolzen mit Kopf und Gewindezapfen nach DIN 1445 (Bild 9-1d) werden vorwiegend als festsitzende Lager- und Achsbolzen, z. B. für Seil- und Laufrollen (Bild 9-18), benutzt.

Für die Bolzendurchmesser empfehlen die Normen die Toleranzklasse h11 (nach Vereinbarung mit dem Hersteller z. B. auch a11, c11, f8).

Für die Bolzen wählt man meist einen härteren Werkstoff als für die Bauteile, um Fressgefahr und übermäßigen Verschleiß zu vermeiden. Normbolzen werden aus Automatenstahl (Härte 125 bis 245 HV) hergestellt. Hochbelastete Gelenkbolzen werden aus entsprechendem Vergütungs- und Einsatzstahl gefertigt, wärmebehandelt und geschliffen.

Bolzenverbindungen mit Schwenk- bzw. langsamen Umlaufbewegungen arbeiten meist im Bereich der Festkörper- bzw. Mischreibung und sind deshalb durch Fressen bzw. übermäßigen

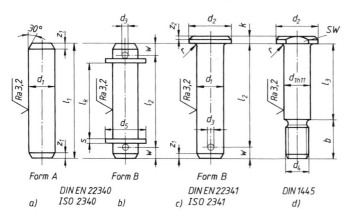

Bild 9-1
Bolzenformen
a) Bolzen ohne Kopf
b) Bolzen ohne Kopf und mit Splintlöchern
c) Bolzen mit Kopf und mit Splintloch (Form A ohne Splintloch)
d) Bolzen mit Kopf und mit Gewindezapfen
Maße siehe TB 9-2

Verschleiß (Ausschlagen) gefährdet. Betriebssichere Lösungen lassen sich durch die Wahl geeigneter Gleitpartner nach TB 9-1 finden. Bei weichen Bolzen und Bauteilbohrungen haben sich auch eingebaute gehärtete Spannbuchsen nach DIN 1498 und DIN 1499 (s. Bilder 9-9 und 9-31) bewährt. Bei höheren Anforderungen (extreme Temperaturen, höchste Lagerbelastung, Korrosion u. a.) ermöglicht eine dünne Gleitbeschichtung aus Festschmierstoffen (Graphit, MoS$_2$, PTFE) oft eine wartungsfreie Lebensdauerschmierung. Soll eine Schmierung der Lauffläche mittels Schmiernippel durch den Bolzen hindurch erfolgen, dann sind Schmierlöcher nach DIN 1442 vorzusehen (Bilder 9-17, 9-18 und 9-19).

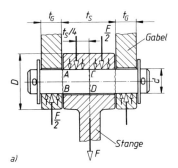

9.2.2 Gestalten und Entwerfen der Bolzenverbindungen im Maschinenbau

Bolzenverbindungen sind im Prinzip etwa nach Bild 9-2a gestaltet. Die Bolzen werden dabei auf Biegung, Schub und Flächenpressung beansprucht.

Bei den üblichen Ausführungen (proportional festgelegt) ist erfahrungsgemäß bei nicht gleitenden Flächen (ruhende Gelenke) die *Biegung* und bei gleitenden Flächen (einfache Gleitlager) die *Flächenpressung* für die Bemessung der Verbindung maßgebend.

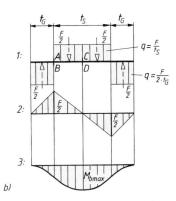

1. Einbaufälle und Biegemomente

Der freigemachte Bolzen (Bild 9-2a) stellt einen geraden Biegestab (Träger) dar, der mit der Stangenkraft F belastet wird. Je nach der Passung zwischen dem Bolzen und der Stangen- bzw. Gabelbohrung unterliegt der Bolzen dort verschiedenen *Einspannbedingungen*, die von erheblichem Einfluss auf die Größe der im Bolzen auftretenden Biegemomente sind. Vereinfachend wird eine gleichmäßige Pressungsverteilung über die Bolzenlänge und ein nicht vorhandenes seitliches Spiel des Stangenkopfes angenommen. Der tatsächlich vorliegende Beanspruchungszustand ist nur näherungsweise darstellbar.

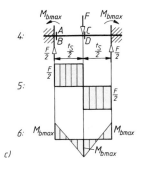

Von praktischer Bedeutung sind folgende *Einbaufälle*:

Einbaufall 1: *Der Bolzen sitzt in der Gabel und in der Stange mit einer Spielpassung* (Bild 9-2b).

1: Bolzen als frei aufliegender Träger
2: Querkraftfläche
3: Momentenfläche

Der Bolzen kann sich ungehindert verformen. Die Belastung (Stange) und die Stützung (Gabelwangen) erfolgen durch Streckenlasten (vgl. Bild 9-2a).

Das größte Biegemoment wirkt im Bolzenquerschnitt

$$M_{\mathrm{b\,max}} = \frac{F \cdot (t_S + 2t_G)}{8}$$

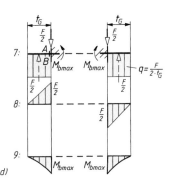

Bild 9-2 Bolzenverbindung
a) Prinzipielle Gestaltung, b) Einbaufall 1, c) Einbaufall 2, d) Einbaufall 3

Einbaufall 2: *Der Bolzen sitzt in der Gabel mit einer Übermaßpassung und in der Stange mit einer Spielpassung* (Bild 9-2c).

4: Bolzen als beidseitig eingespannter Träger
5: Querkraftfläche im Bereich der Stange
6: Momentenfläche im Bereich der Stange

Das Biegemoment ist in den Bolzenquerschnitten $A-B$ und $C-D$ gleich groß:

$$M_{b\,max} = \frac{F \cdot t_S}{8}$$

Die Nachgiebigkeit der Gabelwangen führt statt zu einer starren nur zu einer teilweisen Einspannung. Dies wird bei der Berechnung des Biegemomentes näherungsweise dadurch berücksichtigt, dass die Stangenkraft F als ungünstige mittige Einzellast angesetzt wird.

Einbaufall 3: *Der Bolzen sitzt in der Stange mit einer Übermaß- und in der Gabel mit einer Spielpassung* (Bild 9-2d).

7: Bolzen als mittig eingespannter Träger
8: Querkraftfläche im Bereich der Gabel
9: Momentenfläche im Bereich der Gabel

Die aus der Stange ragenden Enden bilden Kragträger. Das größte Biegemoment wirkt im Einspannquerschnitt $A-B$:

$$M_{b\,max} = \frac{F \cdot t_G}{4}$$

Ein Vergleich der Einbaufälle zeigt, dass sich durch Einspannen des Bolzens in der Gabel oder in der Stange die Biegebeanspruchung stark herabsetzen lässt. Dies setzt allerdings starre Bauteile und sehr feste Bolzensitze voraus.

2. Festlegen der Bauteilabmessungen

Günstige Stangenkopf- und Gabelwangendicken ergeben folgende Richtwerte für die Maßverhältnisse:

– nicht gleitende Flächen: $t_S/d = 1{,}0$ und $t_G/d = 0{,}5$
– gleitende Flächen: $t_S/d = 1{,}6$ und $t_G/d = 0{,}6$

Diese Richtwerte für t_S und t_G in die Momentengleichungen für die Einbaufälle eingesetzt und die Biegegleichung $\sigma_b \approx M_b/0{,}1 \cdot d^3$ nach d umgeformt, ergibt für eine angenommene reine Biegebeanspruchung folgende *einfache Bemessungsgleichung* für den *Bolzendurchmesser*

$$d \approx k \cdot \sqrt{\frac{K_A \cdot F_{nenn}}{\sigma_{b\,zul}}} \qquad\qquad (9.1)$$

F_{nenn} Stangenkraft
K_A Anwendungsfaktor zur Berücksichtigung stoßartiger Belastung nach TB 3-5
$\sigma_{b\,zul}$ zulässige Biegespannung
            Abhängig von der Mindestzugfestigkeit $R_m = K_t \cdot R_{mN}$ (mit K_t nach TB 3-11a und R_{mN} nach TB 1-1) gilt erfahrungsgemäß: $0{,}3 \cdot R_m$ bei ruhender, $0{,}2 \cdot R_m$ bei schwellender und $0{,}15 \cdot R_m$ bei wechselnder Belastung.
            Für nicht gehärtete Normbolzen und Normstifte (Härte 125 bis 245 HV) kann mit dem Richtwert $R_m = 400\ \text{N/mm}^2$ gerechnet werden.
k Einspannfaktor, abhängig vom Einbaufall (Klammerwerte bei Gleitverbindungen)
            $k = 1{,}6\ (1{,}9)$ für Einbaufall 1 (Bolzen lose in Stange und Gabel)
            $k = 1{,}1\ (1{,}4)$ für Einbaufall 2 (Bolzen mit Übermaßpassung in der Gabel)
            $k = 1{,}1\ (1{,}2)$ für Einbaufall 3 (Bolzen mit Übermaßpassung in der Stange)

Genormte Bolzen- bzw. Stiftdurchmesser s. TB 9-2 bzw. TB 9-3.
Die Augen der Stange und Gabel werden, wesentlich abhängig vom Spiel bzw. Übermaß zwischen Bolzen und Bohrung, vergleichsweise hoch beansprucht. Erfahrungsgemäß wählt man für den Augen(Naben)-Durchmesser: $D \approx (2{,}5 \ldots 3) \cdot d$ für Stahl und GS, $D \approx (3 \ldots 3{,}5) \cdot d$ für GJL (GG), vgl. Bild 9-2a. Die größeren Werte gelten bei stramm eingepressten Bolzen (Sprengkraft!).

9.2.3 Berechnen der Bolzenverbindungen im Maschinenbau

Nach Festlegung eines genormten Bolzendurchmessers, der Bolzenlänge und der endgültigen Abmessungen der Bauteile wird die Verbindung festigkeitsmäßig nachgeprüft.
Für die Biegespannung des Vollbolzens gilt:

$$\sigma_b = \frac{K_A \cdot M_{b\,nenn}}{W} \approx \frac{K_A \cdot M_{b\,nenn}}{0,1 \cdot d^3} \leq \sigma_{b\,zul} \tag{9.2}$$

$M_{b\,nenn}$	Biegemoment je nach Einbaufall
K_A	Anwendungsfaktor zur Berücksichtigung stoßartiger Belastung nach TB 3-5
d	Bolzendurchmesser
$\sigma_{b\,zul}$	zulässige Biegespannung wie zu Gl. (9.1); bei hoher Kerbwirkung genauer nach Kapitel 3

Im *Einbaufall 3* ist wegen des kleinen Hebelarmes die Biegespannung klein, die Schubspannung aber vergleichsweise groß und kann nicht mehr ohne weiteres vernachlässigt werden.
Bild 9.3 zeigt jedoch, dass die Verteilung der gemeinsam auftretenden Biege- und Schubspannungen günstig ist: In der Randfaser trifft $\sigma_{b\,max}$ mit $\tau = 0$ und in der Nulllinie τ_{max} mit $\sigma_b = 0$ zusammen.

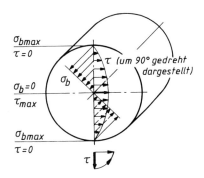

Bild 9-3
Spannungsverteilung im Bolzenquerschnitt

Für die *größte Schubspannung* in der *Nulllinie* gilt daher für Vollbolzen:

$$\tau_{max} = \frac{4}{3} \cdot \frac{K_A \cdot F_{nenn}}{A_S \cdot 2} \leq \tau_{a\,zul} \tag{9.3}$$

F_{nenn}	Stangenkraft
K_A	Anwendungsfaktor zur Berücksichtigung stoßartiger Belastung nach TB 3-5
A_S	Querschnittsfläche des Bolzens
$\tau_{a\,zul}$	zulässige Scherspannung

Abhängig von der Mindestzugfestigkeit $R_m = K_t \cdot R_{mN}$ (mit K_t nach TB 3-11a und R_m nach TB 1-1) gilt erfahrungsgemäß: $0,2 \cdot R_m$ bei ruhender, $0,15 \cdot R_m$ bei schwellender und $0,1 \cdot R_m$ bei wechselnder Belastung.
Für nicht gehärtete Normbolzen und Normstifte (Härte 125 bis 245 HV) kann mit dem Richtwert $R_m = 400 \text{ N/mm}^2$ gerechnet werden.

Bei der Verwendung von *Hohlbolzen* im Leichtbau (z. B. Kolbenbolzen) besteht bei Wanddicken $\leq d/6$ die Gefahr einer unzulässig großen Bolzendeformation (Ovaldrücken und Verklemmen). Die *größte Schubspannung* in der Nulllinie $\tau_{max} = 2 \cdot \tau_m = K_A \cdot F_{nenn}/A_S$ wird hier doppelt so groß als bei der Annahme einer gleichmäßigen Spannungsverteilung und ist deshalb stets nachzuprüfen. Da die Bolzen mit Spiel in den Augen der Stange und/oder Gabel sitzen, besteht bei dynamischer Belastung bzw. Gleitbewegung die Gefahr des vorzeitigen Verschleißes der Bauteile (Ausschlagen). Die *vorhandene mittlere Flächenpressung* ist darum niedrig zu halten und zu prüfen:

$$p = \frac{K_A \cdot F_{nenn}}{A_{proj}} \leq p_{zul} \tag{9.4}$$

F_{nenn} Stangenkraft
K_{A} Anwendungsfaktor zur Berücksichtigung stoßartiger Belastung nach TB 3-5
A_{proj} projizierte gepresste Bolzenfläche über der die Flächenpressung als gleichmäßig verteilt gedacht werden kann. Die durch den Stangenkopf im mittleren Teil des Bolzens gepresste Fläche ist damit $A_{\text{proj}} = d \cdot t_{\text{S}}$, die durch die Gabel gepresste Fläche $A_{\text{proj}} = 2 \cdot d \cdot t_{\text{G}}$ (s. Bild 9-2 a)
p_{zul} zulässige mittlere Flächenpressung
Abhängig von der Mindestzugfestigkeit $R_{\text{m}} = K_{\text{t}} \cdot R_{\text{mN}}$ der gepressten Bauteile (mit K_{t} nach TB 3-11 a, b und R_{mN} nach TB 1-1 bis TB 1-3) gilt bei *nicht gleitenden Flächen*: $0{,}35 \cdot R_{\text{m}}$ bei ruhender und $0{,}25 \cdot R_{\text{m}}$ bei schwellender Belastung. Maßgebend ist der festigkeitsmäßig schwächere Werkstoff. Richtwerte bei *niedriger Gleitgeschwindigkeit* s. TB 9-1. Für nicht gehärtete Normbolzen und Normstifte (Härte 125 bis 245 HV) kann mit dem Richtwert $R_{\text{m}} = 400\,\text{N/mm}^2$ gerechnet werden.

Die Stangenköpfe im Maschinenbau werden prinzipiell wie die Augenstäbe entsprechend Bild 9-4 beansprucht. Bei hochbelasteten zugbeanspruchten Gelenken muss außer dem Stangenquerschnitt unbedingt der am meisten gefährdete Wangenquerschnitt festigkeitsmäßig nachgeprüft werden. Nach Bild 9-4 wirken im Wangenquerschnitt die Zugkraft F/2, und da der Bolzen das Loch nicht satt ausfüllt, wird der Ringbereich in grober Näherung durch $M \approx F(d_L + c)/8$ auf Biegung beansprucht. Scheitel und Wange werden dabei meist gleich breit ausgeführt (Kreisringaugen). Für Stangenköpfe mit Bolzenspiel gilt für die größte Normalspannung im Wangenquerschnitt am Lochrand

$$\sigma = \frac{K_{\text{A}} \cdot F_{\text{nenn}}}{2 \cdot c \cdot t} + \frac{6 \cdot K_{\text{A}} \cdot F_{\text{nenn}} \cdot (d_L + c)}{8 \cdot c^2 \cdot t} = \frac{K_{\text{A}} \cdot F_{\text{nenn}}}{2 \cdot c \cdot t} \cdot \left[1 + \frac{3}{2} \left(\frac{d_L}{c} + 1 \right) \right] \leq \sigma_{\text{zul}} \qquad (9.5)$$

F_{nenn} Stangenzugkraft
K_{A} Anwendungsfaktor zur Berücksichtigung stoßartiger Belastung nach TB 3-5
d_L Lochdurchmesser
c Wangenbreite des Stangenkopfes (vgl. Bild 9-4)
t Dicke des Gabel- bzw. Stangenauges

		Stahl	GJL (GG)
σ_{zul}	statische Belastung	$0{,}5 \cdot R_{\text{e}}$	$0{,}5 \cdot R_{\text{m}}$
	dynamische Belastung	$0{,}2 \cdot R_{\text{e}}$	$0{,}2 \cdot R_{\text{m}}$

mit $R_{\text{e}} = K_{\text{t}} \cdot R_{\text{eN}}$ als Streckgrenze (0,2%-Dehngrenze) und $R_{\text{m}} = K_{\text{t}} \cdot R_{\text{mN}}$ als Mindestzugfestigkeit des Stangen- bzw. Gabelwerkstoffs nach TB 1-1 bzw. TB 1-2 und K_{t} nach TB 3-11 a, b

9.2.4 Gestalten und Entwerfen von Bolzenverbindungen nach Stahlbau-Richtlinien

1. Gestaltung

Im Stahlbau werden Laschenstäbe mit Bolzen verbunden, wenn häufiges und einfaches Lösen der Verbindung verlangt wird (z. B. Behelfsbrücken, Gerüste) oder wenn eine Drehfähigkeit gefordert wird (z. B. Zugstangen). Außer Bolzen mit Splint oder Gewindezapfen kommen Schrauben mit und ohne Passschaft zur Anwendung. Bild 9-4 zeigt eine solche Verbindung von Augenlaschen. Diese Form der Bolzenverbindung ist auch im Maschinenbau als Leichtbauausführung anwendbar.

2. Festlegen der Bauteilabmessungen

Die Stahlbaunorm DIN 18800-1 gibt für übliche Verbindungen mit Bolzen- und Laschenspiel Richtwerte für Grenzabmessungen an, mit deren Einhaltung ausgewogene Beanspruchungsverhältnisse erreicht werden, s. Gl. (9.6) und Gl. (9.7). Mit der Dicke der Mittellasche

$$t_{\text{M}} \geq 0{,}7 \cdot \sqrt{\frac{F}{R_{\text{e}}/S_{\text{M}}}} \qquad (9.6)$$

kann folgender Lochdurchmesser festgelegt werden

$$d_L \geq 2{,}5 \cdot t_{\text{M}} \qquad (9.7)$$

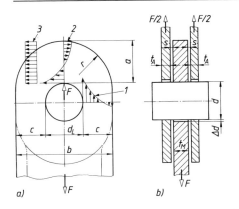

Bild 9-4
Bolzenverbindung mit Augenlaschen im Stahlbau
a) Mittellasche, b) Verbindung im Schnitt (schematisch)
Es bedeuten: *a* Scheitelhöhe, *b* Zugstabbreite, *c* Wangenbreite,
1 Normalspannungsverlauf in der Wange, *2* Biegespannungsverlauf im Scheitel, *3* mittlere Schubspannung im Scheitel

Mit den Richtwerten $c/d_L = 0,73$ und $a/d_L = 1,06$ lassen sich entsprechend Bild 9-4 die Abmessungen des Laschenauges bestimmen. Für Bolzenverbindungen mit einem Lochspiel $\Delta d \leq 0,1 \cdot d_L$, höchstens jedoch 3 mm, darf auf einen genauen Festigkeitsnachweis verzichtet werden, wenn folgende Grenzabmessungen eingehalten werden:

$$a \geq \frac{F}{2 \cdot t_M \cdot R_e/S_M} + \frac{2}{3} \cdot d_L \tag{9.8}$$

$$c \geq \frac{F}{2 \cdot t_M \cdot R_e/S_M} + \frac{d_L}{3} \tag{9.9}$$

F	aus maßgebender Einwirkungskombination ermittelte Stabkraft
R_e	Streckgrenze des Bauteilwerkstoffes unter Berücksichtigung der Erzeugnisdicke nach TB 6-5
S_M	Teilsicherheitsbeiwert 1,1 (in DIN 18800-1 mit γ_M bezeichnet)
d_L	Lochdurchmesser (s. Bild 9-4a)
t_M	Dicke der Mittellasche (s. Bild 9-4b)
a	Scheitelhöhe des Augenstabes (s. Bild 9-4a)
c	Wangenbreite des Augenstabes (s. Bild 9-4a)

9.2.5 Berechnen der Bolzenverbindungen nach Stahlbau-Richtlinien

Ist ein genauer Festigkeitsnachweis erforderlich, dann ist dieser nach der Stahlbaunorm DIN 18800-1 zu führen. Dieser Festigkeitsnachweis für den vorwiegend ruhend belasteten zweischnittigen Gelenkbolzen erfolgt grundsätzlich wie unter 9.2.3 auf Biegung, Schub (Abscheren) und Lochleibung (Flächenpressung).
Bei Annahme eines zu beiden Seiten der Mittellasche vorhandenen Laschenspiels *s* und den Bezeichnungen des Bildes 9-4 ergibt sich das größte Biegemoment in Bolzenmitte

$$M_{b\,max} = \frac{F \cdot (t_M + 2 \cdot t_A + 4 \cdot s)}{8} \tag{9.10}$$

Für die Biegerandspannung muss dann die Bedingung erfüllt sein:

$$\sigma_b = \frac{M_{b\,max}}{W} \leq \sigma_{b\,zul} \tag{9.11}$$

Der Nachweis auf Abscheren darf mit der mittleren Scherspannung geführt werden. Für die zweischnittige Verbindung gilt:

$$\tau_a = \frac{F}{2 \cdot A_S} \leq \tau_{a\,zul} \tag{9.12}$$

Einzuhalten ist auch die zulässige Lochleibungsspannung zwischen Bolzenschaft und Lochwand

$$\sigma_l = \frac{F}{d \cdot t_M} \quad \text{bzw.} \quad \frac{F}{2 \cdot d \cdot t_A} \leq \sigma_{l\,zul} \tag{9.13}$$

Für maßgebende Stellen des Bolzens (Moment- und Querkraftverlauf siehe Bild 9-2b) ist außerdem der Interaktionsnachweis zu führen

$$\left(\frac{\sigma_b}{\sigma_{b\,zul}}\right)^2 + \left(\frac{\tau_a}{\tau_{a\,zul}}\right)^2 \leq 1 \tag{9.14}$$

t_M Dicke der Mittellasche

t_A Dicke der äußeren Laschen, meist $t_A = t_M/2$

s Spiel zwischen Mittel- und Außenlasche

W Widerstandsmoment des Gelenkbolzens. Bei Vollbolzen: $W_b = \pi \cdot d^3/32$

A_S Querschnittfläche des Bolzens. Bei Vollbolzen: $A_S = \pi \cdot d^2/4$

d Bolzendurchmesser

$\sigma_{b\,zul}$ zulässige Biegespannung des Bolzenwerkstoffs $= 0{,}8 \cdot R_e/S_M$

$\tau_{a\,zul}$ zulässige Scherspannung des Bolzenwerkstoffs $= \alpha_a \cdot R_m/S_M$, wobei $\alpha_a = 0{,}6$ für Festigkeitsklassen 4.6, 5.6 und 8.8 und $\alpha_a = 0{,}55$ für Festigkeitsklasse 10.9 oder vergleichbare Bolzenwerkstoffe

$\sigma_{l\,zul}$ zulässige Lochleibungsspannung, maßgebend ist der festigkeitsmäßig schwächere Werkstoff (Bolzen oder Lasche) $= 1{,}5 \cdot R_e/S_M$
Streckgrenze R_e und Mindestzugfestigkeit R_m nach TB 6-5 und TB 8-4, Teilsicherheitsbeiwert $S_M = 1{,}1$

Bei Gelenken in Stahlkonstruktionen mit dynamischen Lastanteilen wird empfohlen, die zulässige Lochleibungsspannung nicht voll auszunutzen und den Bolzen zu schmieren (MoS_2).

9.3 Stifte und Spannbuchsen

9.3.1 Formen und Verwendung

Stiftverbindungen werden hergestellt, indem in eine durch alle zu verbindenden Teile gehende Aufnahmebohrung ein Stift mit Übermaß eingedrückt wird. Die entstehende Verbindung ist form- und kraftschlüssig. Stifte dienen zur Sicherung der Lage (Fixierung, Zentrierung) von Bauteilen (Passstifte, Bild 9-23), zur scherfesten Verbindung von Maschinenteilen (Verbindungsstifte, Bild 9-24), zur Halterung von Federn oder „fliegenden" Lagerung von Maschinenteilen (Steckstifte, Bild 9-26), zur Sicherung von Bolzen und Muttern (Sicherungsstifte) und zur Wegbegrenzung von Maschinenteilen (Anschlagstifte).
Bestimmend für den Einsatz der verschiedenen Stiftformen sind die verlangte Fixiergenauigkeit, die Herstellkosten für die Aufnahmebohrung (Passarbeit), die Sitzfestigkeit, die Lösbarkeit und die verlangte Scherkraft. Stifte sollen aus einem *härteren Werkstoff* als die zu verbindenden Bauteile sein. Ungehärtete Stifte werden fast ausschließlich aus Automatenstahl (Härte 125 bis 245 HV) hergestellt.

1. Kegelstifte

Kegelstifte mit dem Kegel 1:50 nach DIN EN 22339 (Bild 9-5a) können die bei häufigem Ausbau auftretende Abnutzung bzw. Lochaufweitung ausgleichen und stellen deshalb immer wieder die genaue Lage der Teile zueinander her. Sie werden überwiegend als Passstifte, aber auch als Verbindungsstifte, z. B. als Querstifte bei Stellringen (Bild 9-15b) und Wellengelenken (Bild 9-24), verwendet. Da die Aufnahmebohrung kegelig aufgerieben und der Stift eingepasst werden muss, ist ihre Anwendung kostspielig. Kegelstifte lassen sich leicht lösen, sind aber nicht rüttelfest. Kann der Kegelstift nicht herausgeschlagen werden wie z. B. bei Grundlöchern, so sind *Kegelstifte mit Gewindezapfen* nach DIN EN 28737 (Bild 9-5b) bzw. *mit Innengewinde* nach DIN EN 28736 (Bild 9-5c) zu verwenden, die mittels einer Mutter bzw. Schraube (Festigkeitsklasse 10.9) gelöst werden können (Bild 9-5b). Alle Kegelstifte werden in ungehärtetem Zustand eingesetzt (Härte 125 bis 245 HV).

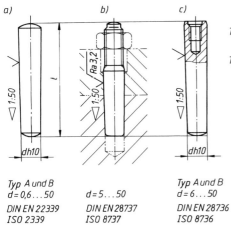

Typ A: $\sqrt{} = \sqrt{Ra\,0{,}8}$

Typ B: $\sqrt{} = \sqrt{Ra\,3{,}2}$

Bild 9-5
Kegelstifte, ungehärtet
a) für durchgehende Löcher
b) mit Gewindezapfen, für Grundlöcher,
c) mit Innengewinde, für Grundlöcher

Typ A und B
d = 0,6 ... 50

DIN EN 22339
ISO 2339

d = 5 ... 50

DIN EN 28737
ISO 8737

Typ A und B
d = 6 ... 50

DIN EN 28736
ISO 8736

2. Zylinderstifte

Zylinderstifte aus ungehärtetem Stahl und austenitischem nichtrostendem Stahl nach DIN EN-ISO 2338 werden in den Toleranzklassen m6 und h8 gefertigt, Bild 9-6a. Ihre Anwendung entspricht den Kegelstiften. Das erforderliche Aufreiben der Bohrung macht ihre Anwendung kostspielig. Sie sind schwerer lösbar als Kegelstifte und auch nicht rüttelfest. Hauptabmessungen s. TB 9-3.

Zum Verbinden und Fixieren von hochbeanspruchten und gehärteten Teilen an Vorrichtungen und Werkzeugen kommen durchgehärtete (Typ A) bzw. einsatzgehärtete (Typ B) Zylinderstifte nach DIN EN ISO 8734 mit der Toleranzklasse m6 in Frage, Bild 9-6a. Kann der Zylinderstift nicht herausgeschlagen werden, wie z. B. bei Grundlöchern, so sind Zylinderstifte mit Innengewinde nach DIN EN ISO 8733 aus ungehärtetem Stahl und austenitischem Stahl bzw. nach

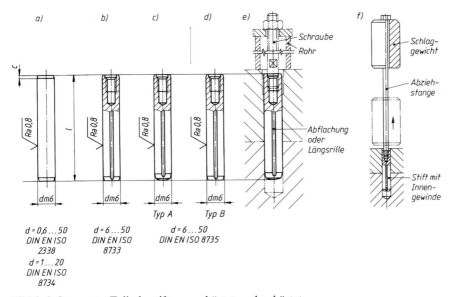

d = 0,6 ... 50
DIN EN ISO
2338

d = 1 ... 20
DIN EN ISO
8734

d = 6 ... 50
DIN EN ISO
8733

d = 6 ... 50
DIN EN ISO 8735

Bild 9-6 Genormte Zylinderstifte, ungehärtet und gehärtet
a) für durchgehende Löcher, b) bis d) mit Innengewinde und Abflachung oder Längsrille zur Druckentlastung, für Grundlöcher, e) Lösen eines Stiftes mit Hilfe einer Abziehschraube, f) Lösen eines Stiftes mit Hilfe eines von Hand geführten Schlaggewichtes

DIN EN ISO 8735 aus gehärtetem Stahl und martensitischem nichtrostenden Stahl (Typ A mit Kuppe und Fase) oder einsatzgehärtetem Stahl (Typ B mit Fase) zu verwenden, Bild 9-6b bis d. Sie werden in der Toleranzklasse m6 ausgeführt.

Durch eine leichte Abflachung oder Längsrille am Stiftmantel kann die beim Eindrücken des Stiftes verdrängte Luft (Öl) entweichen. Die Stifte können unter Zuhilfenahme von Abziehschrauben „gezogen" werden.

3. Kerbstifte und Kerbnägel

Im Gegensatz zu den glatten Kegel- und Zylinderstiften sind *Kerbstifte* und *Kerbnägel* (Bild 9-7) am Umfang mit 3 Kerbwulstpaaren versehen, die beim Einschlagen in das nur mit dem Spiralbohrer hergestellte Loch (Toleranzklasse H11) elastisch in die Kerbfurchen zurückgedrängt werden.

Die dadurch gegenüber der unbeschädigt bleibenden Bohrlochwandung entstehende radiale Verspannung hält den Kerbstift (Kerbnagel) rüttelfest. Er kann mehrfach wiederverwendet werden. Die Herstellung solcher Verbindungen ist aufgrund der einfachen Arbeitsweise sehr wirtschaftlich.

Kerbstifte nach DIN EN ISO 8739 bis 8745 werden sowohl als Befestigungs- und Sicherungsstifte an Stelle von Kegel- und Zylinderstiften sowie auch als Lager- und Gelenkbolzen vielseitig verwendet (Bild 9-25 und 9-26). Mit *Kerbnägeln* nach DIN EN ISO 8746 und 8747 können gering beanspruchte Teile, wie Rohrschellen und Schilder, einfach und schnell befestigt werden (Bild 9-27).

Kerbstifte werden in der Regel aus Stahl (Härte 125 bis 245 HV 30) oder austenitischem nichtrostendem Stahl (A1, Härte 210 bis 280 HV 30) hergestellt. Um ein Fressen der Stifte zu verhindern, muss ihre Festigkeit (Härte) größer als die der Bauteile sein. Bei gehärtetem Stahl und Guss ist stets ein Stiftwerkstoff hoher Festigkeit zu verwenden.

Beispiel für die Bezeichnung eines Zylinderkerbstiftes mit Fase, Nenndurchmesser $d_1 = 5$ mm und Nennlänge $l = 30$ mm, aus Stahl:

   Kerbstift ISO $8740 - 5 \times 30 - St$

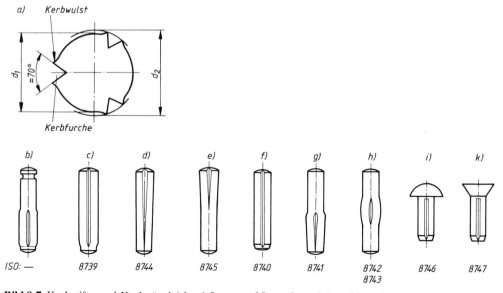

Bild 9-7 Kerbstifte und Kerbnägel ($d = 1{,}5$ mm ... 25 mm bzw. 1,4 ··· 20 mm)
a) Kerbprinzip, d_1 Stiftdurchmesser (h9 bzw. h11) = Lochdurchmesser (H11), d_2 Aufkerbdurchmesser, b) Passkerbstift mit Hals nach DIN 1469, c) Zylinderkerbstift mit Einführ-Ende, d) Kegelkerbstift, e) Passkerbstift, f) Zylinderkerbstift mit Fase, g) Steckkerbstift, h) Knebelkerbstift, 1/3 bzw. 1/2 der Länge gekerbt, i) Halbrundkerbnagel, k) Senkkerbnagel

4. Spannstifte (Spannhülsen)

Spannstifte (Bild 9-8a) werden aus gewalztem Federbandstahl gerollt. Die *leichte Ausführung* nach DIN EN ISO 13337 unterscheidet sich von der *schweren Ausführung* nach DIN EN ISO 8752 nur durch die Wanddicke ($0,1 \cdot d$ bzw. $0,2 \cdot d$). Die in Längsrichtung geschlitzten Hülsen haben gegenüber dem Lochdurchmesser (gleich Nenndurchmesser) je nach Größe ein Übermaß von 0,2 bis 0,5 mm, so dass sich nach dem Eintreiben ein rüttelfester Sitz ergibt. Die Stifte lassen sich leicht austreiben und können mehrfach wieder verwendet werden. Kegelige Stiftenden erleichtern das Einführen in die Aufnahmebohrung. Spannstifte sind zur Aufnahme von Stoß- und Schlagarbeit geeignet. Sie werden ähnlich wie Kerbstifte als Pass-, Befestigungs- und Sicherungsstifte verwendet. Als *Schrauben-* und *Bolzenhülsen (Scherhülsen)* werden sie dort eingesetzt, wo Scherkräfte zu übertragen sind und die Schrauben und Bolzen entlastet und klein gehalten werden sollen (Bild 9-28). Beim Einbau der Stifte ist die Lage des Schlitzes zur Kraftrichtung zu beachten (Bild 9-8b und c). Für große Scherkräfte können aus zwei ineinandergeschobenen Stiften *Verbundspannstifte* gebildet werden (Bild 9-8d).

Spiral-Spannstifte nach DIN EN ISO 8750 (Regelausführung), DIN EN ISO 8748 (schwere Ausführung) und DIN EN ISO 8751 (leichte Ausführung) werden durch spiralförmiges Aufwickeln (2 1/4 Windungen) von kaltgewalztem Bandstahl hergestellt (Bild 9-8e). Die Stiftenden sind konisch.

Alle Spannstifte sind erhältlich aus Stahl (St, vergütet auf 420 bis 545 HV 30), austenitischem nichtrostendem Stahl (A, kaltgehärtet) und martensitischem nichtrostendem Stahl (C, vergütet auf 460 bis 560 HV 30).

Beim *Connex-Spannstift* (Bild 9-8f) bewirken die versetzt angeordneten Zähne des Schlitzes eine zusätzliche Axialspannung.

Gegenüber Spannstiften mit offenem Schlitz weisen beide Stiftarten folgende Vorteile auf: Erhöhte Sitzfestigkeit, gleich hohe Scherfestigkeit in jeder radialen Richtung, beim automatischen Verstiften tritt kein gegenseitiges Verkrallen der Stifte auf. Sie sind unempfindlich gegen Stoß- und Schlagbeanspruchung und werden als Pass-, Verbindungs- und Gelenkstifte (Achsen) eingesetzt.

Die Aufnahmebohrungen (Toleranzklasse H12) für alle Spannstifte können einfach mit Spiralbohrern hergestellt werden.

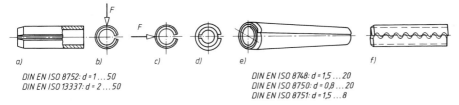

DIN EN ISO 8752: d = 1 ... 50
DIN EN ISO 13337: d = 2 ... 50

DIN EN ISO 8748: d = 1,5 ... 20
DIN EN ISO 8750: d = 0,8 ... 20
DIN EN ISO 8751: d = 1,5 ... 8

Bild 9-8 Spannstifte
a) Spannstift, b) weiche Federung (vermeiden), c) harte Federung, d) Verbundspannstift, e) Spiral-Spannstift, f) Connex-Spannstift

5. Spannbuchsen für Lagerungen

Spannbuchsen werden aus vergütetem Federbandstahl 55Si7 gerollt, wahlweise mit geradem, pfeilförmigem und schrägem Schlitz (Form G, P und S) ausgeführt und als *Einspannbuchsen für Bohrungen* (DIN 1498, Bild 9-9a) bzw. als *Aufspannbuchsen für Zapfen* (DIN 1499, Bild 9-9b) verwendet. Sie können bei großen Lagerdrücken mit geringen Schwingbewegungen und bei nicht aureichender Schmierung als Lager geeignet sein. Als leicht auswechselbare Verschleißteile erhöhen sie die Lebensdauer von Bauteilen, wie z. B. Bremsgestängen von Schienenfahrzeugen und Gelenken von Baumaschinen (Bild 9-21). Die aufnehmenden Bohrungen bzw. Zapfen werden in den Toleranzklassen H8 bzw. h8 ausgeführt.

Beispiel der Bezeichnung einer Einspannbuchse ohne Aussenkung (E) mit pfeilförmigem Schlitz (P) von Bohrung $d_1 = 32$ mm, Außendurchmesser (Nenndurchmesser) $d_2 = 40$ mm und Länge $l = 25$ mm:

Einspannbuchse DIN 1498 – EP32/40 × 25

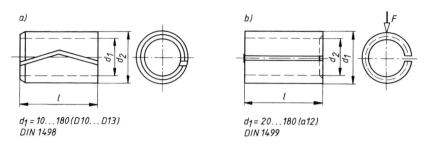

$d_1 = 10 \dots 180\,(D10 \dots D13)$
DIN 1498

$d_1 = 20 \dots 180\,(a12)$
DIN 1499

Bild 9-9 Spannbuchsen für Lagerungen
a) Einspannbuchse ohne Aussenkung (Form E) und mit pfeilförmigem Schlitz (Form P) für Lagerungen mit Umlaufbewegungen, b) Aufspannbuchse mit geradem Schlitz (Form G) für Lagerungen mit Schwenkbewegungen. Schlitz gegenüber der Kraftrichtung um 90° versetzt

9.3.2 Berechnung der Stiftverbindungen

Stiftverbindungen, die hauptsächlich der Zentrierung und Lagesicherung von Bauteilen dienen und nur geringe Kräfte aufzunehmen haben, werden nicht berechnet. Der Durchmesser der Stifte wird erfahrungsgemäß in Abhängigkeit von der Größe der zu verbindenden Teile gewählt, wobei die Angaben der betreffenden Normen zu beachten sind. Nur bei größeren Kräften erfolgt eine Festigkeitsprüfung der Verbindung. Stifte, die an Stelle von Bolzen verwendet werden, wie der Kerbstift als Gabelbolzen in Bild 9-25, werden sinngemäß auch wie Bolzen berechnet.

Da eine Festigkeitskontrolle der Spannstifte kaum möglich ist, sind in TB 9-4 die im einschnittigen Scherversuch ermittelten Abscherkräfte solcher Stiftformen gegeben. Diese bilden, je nach Belastungsfall und verlangter Sicherheit entsprechend herabgesetzt, eine aureichend genaue Bemessungsgrundlage für Spannstift-Verbindungen.

1. Querstift-Verbindungen

Querstiftverbindungen, die ein Drehmoment zu übertragen haben, wie bei der Hebelnabe (Bild 9-10a), werden bei größeren Kräften auf Abscheren und Flächenpressung nachgeprüft.

Nach Bild 9-10a sind nachzuweisen, dass die mittlere *Flächenpressung p_N in der Nabenbohrung* die max. mittlere *Flächenpressung p_W in der Wellenbohrung* und die *Scherspannung τ_a im Stift* die zulässigen Werte nicht übersteigen:

$$p_N = \frac{K_A \cdot T_{nenn}}{d \cdot s \cdot (d_W + s)} \leq p_{zul} \qquad (9.15)$$

$$p_W = \frac{6 \cdot K_A \cdot T_{nenn}}{d \cdot d_W^2} \leq p_{zul} \qquad (9.16)$$

$$\tau_a = \frac{4 \cdot K_A \cdot T_{nenn}}{d^2 \cdot \pi \cdot d_W} \leq \tau_{a\,zul} \qquad (9.17)$$

T_{nenn}	von der Verbindung zu übertragendes Nenndrehmoment
K_A	Anwendungsfaktor zur Berücksichtigung stoßartiger Belastung nach TB 3-5
d	Stiftdurchmesser
	Erfahrungsgemäß wird für den Entwurf gewählt: $d = (0{,}2 \dots 0{,}3) \cdot d_W$
d_W	Wellendurchmesser
s	Dicke der Nabenwand
	Erfahrungsgemäß wird für den Entwurf gewählt: $s = (0{,}25 \dots 0{,}5) \cdot d_W$ für St- und GS-Naben, $s = 0{,}75 \cdot d_W$ für GJL-(GG-)Naben
p_{zul}	zulässige mittlere Flächenpressung wie zu Gl. (9.4), für Kerbstifte gelten 0,7fache Werte
τ_{zul}	zulässige Schubspannung wie zu Gl. (9.3), für Kerbstifte gelten 0,8fache Werte

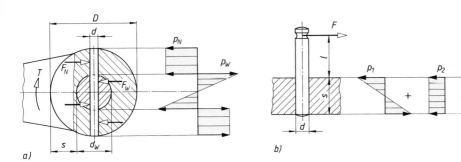

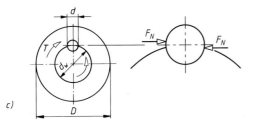

Bild 9-10
Kräfte an Stiftverbindungen
a) Querstift
b) Steckstift
c) Längsstift (Rundkeil)

9

2. Steckstift-Verbindungen

Bei Steckstift-Verbindungen nach Bild 9-10b wird der Stift durch das Moment $M_b = F \cdot l$ auf Biegung und durch F als Querkraft auf Schub beansprucht, der praktisch vernachlässigt werden kann. Es ist nachzuweisen, dass die *vorhandene Biegespannung*

$$\sigma_b = \frac{K_A \cdot M_{b\,nenn}}{W} \approx \frac{K_A \cdot M_{b\,nenn}}{0,1 \cdot d^3} \leq \sigma_{b\,zul} \tag{9.18}$$

$M_{b\,nenn}$ Nennbiegemoment
K_A Anwendungsfaktor zur Berücksichtigung stoßartiger Belastung nach TB 3-5
d Stiftdurchmesser
$\sigma_{b\,zul}$ Zulässige Biegespannung wie zu Gl. (9.1), für Kerbstifte gelten 0,8fache Werte

Ferner tritt in der Bohrung Flächenpressung auf. Diese setzt sich zusammen aus der durch die „Drehwirkung" von F entstehenden Flächenpressung p_1 und der durch die Schubwirkung von F entstehenden Flächenpressung p_2. Diese ergeben sich nach Bild 9-10b aus

$$p_1 = \frac{F \cdot (l + s/2)}{d \cdot s^2/6} \quad \text{und} \quad p_2 = \frac{F}{d \cdot s}$$

Für die *maximale mittlere Flächenpressung* gilt

$$p_{max} = p_1 + p_2 = \frac{K_A \cdot F_{nenn} \cdot (6 \cdot l + 4 \cdot s)}{d \cdot s^2} \leq p_{zul} \tag{9.19}$$

K_A Anwendungsfaktor zur Berücksichtigung stoßartiger Belastung nach TB 3-5
F_{nenn} senkrecht zur Stiftachse wirkende Nennbiegekraft
l Hebelarm der Biegekraft
s Einstecktiefe des Stiftes
d Stiftdurchmesser
p_{zul} zulässige mittlere Flächenpressung wie zu Gl. (9.4), für Kerbstifte gelten die 0,7fachen Werte

3. Längsstift-(Rundkeil-)Verbindungen

Längsstift-Verbindungen nach Bild 9-10c, die ein Drehmoment zu übertragen haben, werden auf Flächenpressung und Abscheren des Stiftes beansprucht. Da rechnerisch die mittlere Flächenpressung doppelt so groß wie die Abscherspannung ist, kann die Scherbeanspruchung in Vollstiften vernachlässigt werden, solange $2 \cdot \tau_{\text{a zul}} \geq p_{\text{zul}}$ ist, was für alle üblichen Werkstoffpaarungen zutrifft. Für die *maßgebende mittlere Flächenpressung* in Nabe und Welle gilt bei Anordnung eines Stiftes:

$$p = \frac{4 \cdot K_{\text{A}} \cdot T_{\text{nenn}}}{d \cdot d_{\text{W}} \cdot l} \leq p_{\text{zul}} \qquad (9.20)$$

T_{nenn}	von der Verbindung zu übertragendes Nenndrehmoment
K_{A}	Anwendungsfaktor zur Berücksichtigung stoßartiger Belastung nach TB 3-5
d	Stiftdurchmesser
	Erfahrungsgemäß wählt man für den Entwurf $d = (0,15 \ldots 0,2) \cdot d_{\text{W}}$
d_{W}	Wellendurchmesser
l	tragende Stiftlänge, abhängig von der Nabenbreite, üblich $l = (1 \ldots 1,5) \cdot d_{\text{W}}$
p_{zul}	zulässige mittlere Flächenpressung wie zu Gl. (9.4), für Kerbstifte gelten die 0,7fachen Werte

Bei großen Drehmomenten ist die Anordnung mehrerer Stifte am Umfang zweckmäßig. Um ein Verlaufen der Längsbohrung bei der Fertigung zu vermeiden, sollten Wellen- und Nabenwerkstoff ungefähr die gleiche Härte haben.

9.4 Sicherungselemente

Sicherungsringe, Splinte, Achshalter u. a. derartige Elemente dienen der Sicherung von Maschinenteilen gegen axiales Verschieben, z. B. bei Bolzen und Wälzlagern (s. z. B. 14.2.3).

9.4.1 Sicherungsringe (Halteringe)[1]

Axial montierbare *Sicherungsringe für Wellen* nach DIN 471 und für *Bohrungen* nach DIN 472 (Bild 9-11a und b) werden federnd in Ringnuten eingesetzt. Der aus der Nut ragende Siche-

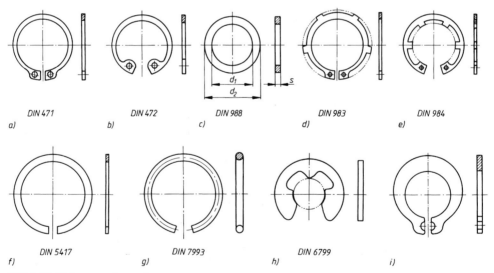

Bild 9-11 Sicherungselemente
a) Sicherungsring für Wellen, b) Sicherungsring für Bohrungen, c) Pass- bzw. Stützscheibe, d) Sicherungsring mit Lappen für Wellen, e) Sicherungsring mit Lappen für Bohrungen, f) Sprengring für Wälzlager mit Ringnut, g) Runddraht-Sprengring, h) Sicherungsscheibe für Wellen, i) Greifring (selbstsperrend) für Wellen ohne Nut

---

[1] Die bisherige Benennung „Sicherungsringe" wird beibehalten, obwohl diese Elemente nur zum axialen Halten von Bauteilen auf Wellen oder in Bohrungen dienen und keine Sicherungswirkung haben.

rungsring bildet dann eine axial belastbare Schulter und dient zum Festlegen von Bauteilen (z. B. Wälzlager). Konstruktionsdaten s. TB 9-7.

Durch die besondere Form der aus Federstahl bestehenden Ringe – die radiale Breite verkleinert sich zum freien Ende hin entsprechend dem Gesetz des gekrümmten Trägers gleicher Festigkeit – wird erreicht, dass diese beim Einbau (Spreizen bzw. Zusammenspannen mit Zangen nach DIN 5254 und DIN 5256) sich rund verformen und mit gleichmäßiger radialer Vorspannung in der Ringnut sitzen. Bei einseitiger Kraftübertragung kann die Nut nach der entlasteten Seite abgeschrägt werden. Sie lässt sich dadurch leichter fertigen und ihre Kerbwirkung ist geringer, Bilder 9-12b bis d.

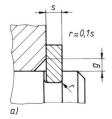  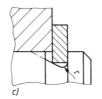 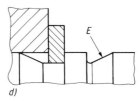

Bild 9-12 Nutausführungen für Wellen
a) Rechtecknut (Regelausführung), z. B. Anlage mit tragfähigkeitsminderndem Kantenabstand g
b) geschrägte Nut (einfacher zu fertigen), z. B. mit Überdeckung des Ringes
c) auf der Lastseite gerundete Nut, z. B. mit üblicher scharfkantiger Anlage, d) mit Entlastungsnut E zur Verbesserung der Dauerfestigkeit

Bei hohen Anforderungen an die Sicherheit kann eine radial formschlüssige Halterung des Ringes durch Überdeckung durch die Nabe vorgenommen werden, s. Bild 9-12b. Wegen der hohen Kerbwirkung der Nuten sollten Sicherungsringe möglichst nur an den biegungsfreien Enden von Bolzen, Achsen oder Wellen angeordnet werden.

Zur axialen Festlegung von Maschinenteilen mit großen Fasen oder Abrundungen verwendet man entweder „gewöhnliche" Sicherungsringe in Verbindung mit *Stützscheiben* nach DIN 988 (Bild 9-11c und TB 9-5) aus Federstahl, welche bei großen Axialkräften ein Umstülpen der Ringe verhindern oder Sicherungsringe mit am Umfang gleichmäßig verteilten *Lappen* nach DIN 983 und DIN 984 (Bild 9-11d und e).

Zum Spielausgleich und zur genauen Lagebestimmung von Maschinenbauteilen haben sich *Passscheiben* nach DIN 988 aus St2K50 bewährt (Bild 9-11c und TB 9-5). Diese werden mit den gleichen Durchmessern wie Stützscheiben und häufig mit diesen zusammen verwendet (Bild 9-30).

Sprengringe (zunächst geschlossene Ringe wurden durch „Sprengen" geöffnet) mit konstanter radialer Breite verformen sich bei der Montage unrund und sind aus Bohrungen oft nur schwer auszubauen. Die Verwendung von Wälzlagern mit Nut in Verbindung mit Sprengringen nach DIN 5417 (Bild 9-11f) bringt die Vorteile einer glatten Gehäusebohrung und kurzer Baulänge mit sich (Bild 9-29). Für untergeordnete Zwecke, insbesondere bei kleinen Axialkräften, können auch *Runddraht-Sprengringe* nach DIN 7993 (Bild 9-11g) verwendet werden. Im Büromaschinen- und Apparatebau werden für kleine Wellendurchmesser radial montierbare *Sicherungsscheiben* (Haltescheiben) nach DIN 6799 (Bild 9-11h) bevorzugt. Sie umschließen den Nutgrund federnd mit Segmenten und bilden eine verhältnismäßig hohe Schulter (Bild 9-26 und TB 9-7).

Von den zahlreichen Sonderausführungen seien noch die selbstsperrenden Ringe erwähnt, so z. B. der *Greif-* oder *Spannring* für Wellen ohne Nut (Bild 9-11i). Mit ihm lässt sich das axiale Spiel von Teilen einstellen bzw. Spielfreiheit erreichen. Vor der Anwendung dieser nur durch Reibschluss wirkenden Ringe ist eine gründliche Erprobung ratsam, da die ohnehin kleinen axialen Haltekräfte stark streuen.

Dass sich durch die funktionsgerechte Verwendung von Sicherungsringen oftmals konstruktive Vereinfachungen erzielen und damit Kosten einsparen lassen, zeigt die Wälzlagerung im Bild 9-13. Die Ausführung b) erfordert weniger bearbeitete Flächen, keine Gewinde und ermöglicht eine glatt durchgehende Gehäusebohrung.

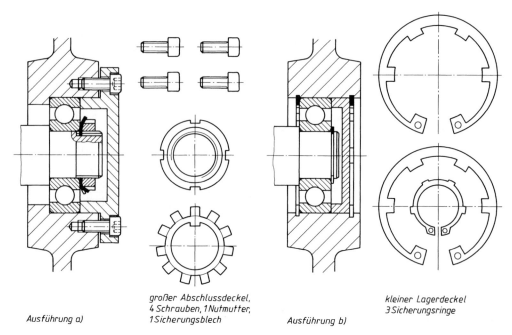

großer Abschlussdeckel,
4 Schrauben, 1 Nutmutter,
1 Sicherungsblech

kleiner Lagerdeckel
3 Sicherungsringe

Ausführung a)

Ausführung b)

Bild 9-13 Gestaltungsmöglichkeiten einer Wälzlagerung (Festlager)

9.4.2 Splinte und Federstecker

Die einfache und billige Splintsicherung wird vorwiegend bei losen, gelenkartigen Bolzenverbindungen und bei Schraubenverbindungen (Kronenmuttern) angewendet, s. Bilder 9-18 und 9-20.
Als Werkstoff für Splinte nach DIN EN ISO 1234 (Bild 9-14a) wird überwiegend weicher Baustahl angewendet; seltener Kupfer, Kupfer-Zink- und Aluminium-Legierungen. Sie dürfen bei
wichtigen Verbindungen (z. B. am Kfz) nur einmal verwendet werden.

Bezeichnung eines Splintes (z. B. für Bolzen $\varnothing$ 20 mm) von Nenndurchmesser (= Durchmesser des
zugehörigen Splintloches) $d = 5$ mm und Länge $l = 32$ mm, aus Stahl (St):

Splint ISO 1234$-5 \times 32-$St

Aus Federstahldraht hergestellte *Federstecker* nach DIN 11024 (Bild 9-14b) werden meist bei
häufig zu lösenden Bolzenverbindungen eingesetzt (z. B. bei Baumaschinen, Kranen, s. Bild 9-21).
Sie werden mit dem zu sichernden Bauteil unverlierbar verbunden, z. B. durch eine Kette.
Splinte und Federstecker dürfen *nicht zur Kraftübertragung* verwendet werden.
Ihre Abmessungen werden nach den Durchmessern der zu sichernden Bolzen (vgl. TB 9-2)
bzw. Schrauben gewählt.

Bezeichnung eines Federsteckers für einen Lochdurchmesser $d_1 = 5$ mm als Nenndurchmesser (zugeordnete Bolzendurchmesser $d_2 = 20 \ldots 26$ mm), verzinkt:

Federstecker DIN 11024-5-verzinkt

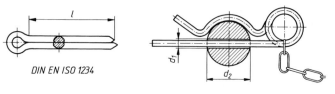

DIN EN ISO 1234

d_1

d_2

DIN 11024

a)

b)

Bild 9-14
Sicherungselemente
a) Splint
b) Federstecker, eingebaut

9.4.3 Stellringe

Stellringe nach DIN 705 (Norm ersatzlos zurückgezogen) sollen das axiale Spiel von Wellen, Achsen und Bolzen begrenzen oder lose auf diesen sitzende Teile (Scheiben, Räder u. dgl.) seitlich führen. Die Stellringe werden durch Gewindestifte mit Spitze oder bei größeren Axialkräften durch Kegel- bzw. Kegelkerbstifte (Bild 9-15) oder auch durch Spannstifte befestigt. Bei der *Form C* dient der Gewindestift als Montagehilfe zum Festsetzen des Stellringes beim Bohren des Stiftloches. Stellring-Maße s. TB 9-6. Um mögliche Unfallgefahren auszuschließen, dürfen die Stifte nicht überstehen.

Bezeichnung eines Stellringes Form A, mit Bohrung $d_1 = 28$ mm und Gewindestift (aus Automatenstahl 9SMnPb28):

    Stellring DIN 705 − A 28

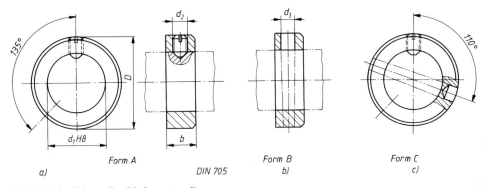

Bild 9-15 Stellringe (im Lieferzustand)
a) mit Gewindestift (über $d_1 = 70$ mm mit 2 Gewindestiften), b) mit Kegel- bzw. Kegelkerbstift (Spannstift), c) mit Gewindestift als Montagehilfe zum Bohren des Stiftloches

9.4.4 Achshalter

Achsen und Bolzen, besonders Rollen- und Trommelachsen von Hebezeugen, werden oft durch Achshalter nach DIN 15058 (Bild 9-16) gleichzeitig gegen Verschieben und Verdrehen gesichert. Sie sind entgegengesetzt oder parallel zur Belastungsrichtung der Achse anzuordnen, damit die Befestigungsschrauben durch die Achskraft nicht beansprucht werden. Bei Achsen mit Durchmesser >100 mm sind zwei einander parallel gegenüberliegende Achshalter vorzusehen.

Bezeichnung eines Achshalters (für Achsdurchmesser >40 bis 63 mm) von der Breite $a = 30$ mm und der Dicke $b = 8$ mm aus S235:

    Achshalter DIN 15058 − 30 × 8

Für die Achsdurchmesser 18 mm bis 250 mm sind 6 Achshaltergrößen genormt.

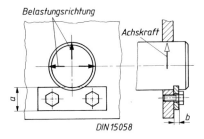

Bild 9-16
Achshalter

9.5 Gestaltungs- und Anwendungsbeispiele

Die folgenden Beispiele zeigen Anwendungen von Verbindungs- und Sicherungselementen, ergänzt durch Hinweise zu Passungen, Anordnungen usw.

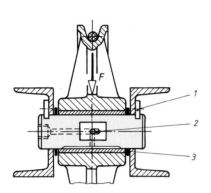

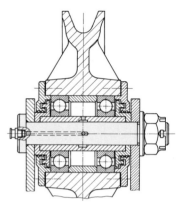

Bild 9-17 Gleitgelagerte Seilrolle

Bild 9-18 Wälzgelagertes Laufrad einer Seilschwebebahn

Bild 9-17: Seilrolle mit Lagerbuchse aus Kupfer-Zinn-Legierung läuft auf der durch beidseitige Achshalter (1) gesicherten Achse (Bolzen ohne Kopf). Achshalter entgegengesetzt zur Lastrichtung angeordnet. Das radiale Schmierloch (2) liegt, um Kerbwirkung zu vermeiden, in der Biegespannungsnullebene des Bolzens. Anlaufscheiben (3), z. B. nach DIN 15069 aus Kunststoff, verkleinern den Verschleiß an Nabenstirnfläche und Anschlussbauteil. Toleranzklasse z. B. D10 für Buchse und h11 bzw. h9 für Bolzen aus blankem Rundstahl.

Bild 9-18: Bolzen mit Kopf und Gewindezapfen ist durch Kronenmutter mit Splint gesichert. Schmierlöcher nach DIN 1442 gestaltet. Toleranzklasse z. B. h11 für Bolzen und H11 für Tragblechbohrungen.

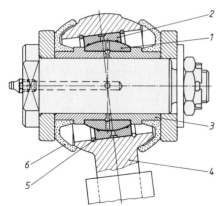

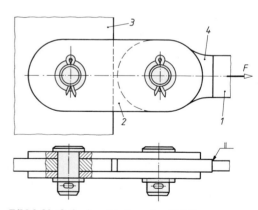

Bild 9-19 Räumlich einstellbares Lager eines Achslenkers

Bild 9-20 Gelenkverbindung im Stahlbau

Bild 9-19: Der Innenring (1) des Gelenklagers wird über Distanzbuchsen (3) auf Bolzen mit Kopf und Gewindezapfen axial festgelegt. Außenring (2) im Lenker (4) durch Runddraht-Sprengringe (5) axial gesichert. Nachschmierung durch den Bolzen über Ringnut und Schmierlöcher im Innenring. Bei rauem Betrieb Abdichtung durch Spezialdichtungen (6). Toleranzklasse z. B. j6 für Bolzen, M7 für Lenkerbohrung und H7 für Tragblechbohrungen.

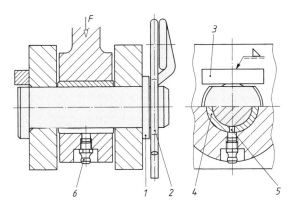

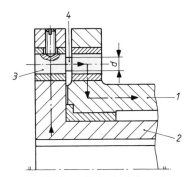

Bild 9-21 Hochbelastbare, rasch lösbare Gelenk-Bolzenverbindung

Bild 9-22 Brechbolzen-Sicherheitskupplung

9

Bild 9-20: Zugband (1) über zwei Laschen (2) gelenkig mit Knotenblech (3) verbunden. Kopfbolzen mittels Scheibe und Splint gesichert. Auge (4) stumpf an Zugband geschweißt. Als Lochspiel meist 1 bis 2 mm.

Bild 9-21: Einsatzgehärteter Bolzen mit Kopf, durch Scheibe (1) und Federstecker (2) gegen axiales Verschieben und durch angeschweißte Knagge (3) gegen Verdrehen gesichert. Nabe durch eine Einspannbuchse mit Schlitz (4) vor Verschleiß geschützt. Schlitz (5) liegt in unbelasteter Zone und dient als Schmiernut. Schmierung erfolgt durch Schmiernippel (6). Bolzen ist rasch ohne Hilfsmittel lösbar. Toleranzklasse z. B. h11 für Bolzen, D10 für Einspannbuchsen-Bohrung und H11 für Tragblech-Bohrungen.

Bild 9-22: Flanschnaben (1) und (2) mit mehreren gekerbten Brechbolzen (3) verbunden. Sollbruchquerschnitte (4) so bemessen, dass sie bei der Umfangslast, die dem höchst zulässigen Drehmoment entspricht, abscheren und den Kraftfluß $(-\cdot-)$ unterbrechen. Meist in Verbindung mit anderen Kupplungen.

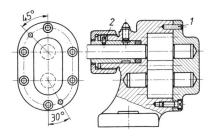

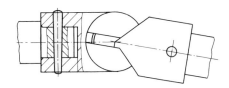

Bild 9-23 Lagesicherung mit Zylinderstift an einer Zahnradpumpe

Bild 9-24 Befestigung eines Wellengelenkes

Bild 9-23: Stifte (1) zur Lagesicherung des Gehäusedeckels unsymmetrisch angeordnet, um einen „verdrehten" Einbau des Deckels zu vermeiden. Stift (2) als Führungsstift für Lagerbuchse. Toleranzklasse meist m6 für Stifte und H7 für Bohrungen.

Bild 9-24: Gelenkschaft mit Wellenzapfen durch Querstift verbunden. Außer Kegelstiften auch Kerb- oder Spannstifte geeignet.

Bild 9-25: Hebel auf Schaltwelle durch Zylinderkerbstift (1) als Tangentialstift befestigt. Stange mit Hebel durch Knebelkerbstift (2) gelenkig verbunden. Stiftlöcher einfach mit Spiralbohrer hergestellt (H11). Gabelbohrung z. B. Toleranzklasse D10.

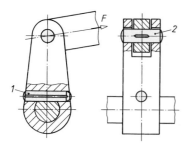

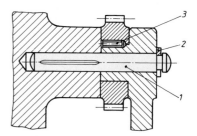

Bild 9-25 Schalthebel mit Tangential-
und Gelenkstift

Bild 9-26 Lagerung einer Kurbel
mit einem befestigten Zahnrad

Bild 9-26: Passkerbstift mit Hals (1) als Kurbelachse. Axiale Sicherung der Kurbelnabe durch Sicherungsscheibe (2). Zahnrad mit Kurbelnabe durch Zylinderkerbstift (3) als Längsstift (Rundkeil) verbunden. Stiftlöcher einfach mit Spiralbohrer hergestellt (H11). Bohrung der Kurbelnabe z. B. Toleranzklasse D10.

Bild 9-27: Befestigung von Schellen für kleinere Rohre, Kabel u. dgl. durch Halbrund- (oder Senk-)Kerbnägel. Löcher einfach mit Spiralbohrer hergestellt (H11). Ungeeignet für Befestigungen in Holz.

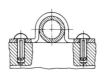

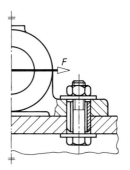

Bild 9-27
Befestigung von Rohr-
schellen

Bild 9-28
Befestigung eines
Stehlagers mit Spann-
stiften

Bild 9-28: Spannstifte (schwere Ausführung) sichern die Lage und entlasten die Schrauben weitgehend von dynamischer Querbelastung (Schlitzlage möglichst in Kraftrichtung). Eine einwandfreie Mutter- und Schraubenkopfauflage erfordert große Scheiben nach DIN 7349. Aufnahmebohrung (Toleranzklasse H12) mit Spiralbohrer herstellbar.

Bild 9-29: Sprengring (1) sichert Wälzlager mit Nut im Außenring (2) gegen axiales Verschieben (Festlager) im Gehäuse. Sicherungsring mit Lappen (3) legt Welle axial fest (vgl. 14.2.3).

Bild 9-30: Stützscheibe (1) verhindert bei großer Axialkraft F_a ein Umstülpen des Sicherungsringes (3) infolge der großen Rundung am Wälzlagerinnenring. Passscheibe (2) dient zur Einstellung des Axialspieles (vgl. 14.2.3).

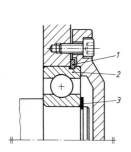

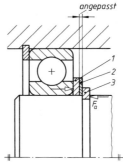

Bild 9-29
Axiale Festlegung
eines Wälzlagers

Bild 9-30
Axiale Festlegung
eines Wälzlagers
mit Sicherungsringen

9.6 Berechnungsbeispiele

■ **Beispiel 9.1:** Ein Bolzengelenk soll durch eine stark stoßhaft auftretende Kraft $F = 9$ kN schwellend belastet werden. Für Stangen- und Gabelkopf ist der Werkstoff S235 vorgesehen. Als Bolzen soll ein ungehärteter Zylinderstift nach DIN EN ISO 2338, Toleranzfeld h8 verwendet werden, der in der Bohrung des Stangenkopfes mit einer Übermaßpassung sitzt. Im Betrieb führt der Bolzen keine Gleitbewegung in der Gabelbohrung aus.

a) Die Hauptabmessungen des Gelenkes (d, t_S, t_G und D; vgl. Bild 9-2) sind durch eine Entwurfsberechnung zu ermitteln. Für den gewählten Bolzen ist die Normbezeichnung anzugeben.
b) Das Gelenk ist auf Abscheren und auf Flächenpressung in der Gabelbohrung zu prüfen.
c) Die Toleranzklasse der Gabel- und Stangenbohrung ist zu wählen.

▶ **Lösung a):** Der erforderliche Bolzendurchmesser wird nach Gl. (9.1) bestimmt.

$$d \approx k \cdot \sqrt{\frac{K_A \cdot F_{\text{nenn}}}{\sigma_{b\,\text{zul}}}}.$$

Da der Bolzen in der Stange mit einer Übermaßpassung und in der Gabel mit einer Spielpassung sitzt, liegt nach 9.2.2 der Einbaufall 3 vor, für den der Einspannfaktor $k = 1,1$ beträgt.
Für starke Stöße ergibt sich nach TB 3-5c der mittlere Anwendungsfaktor $K_A = 1,8$. Für den nichtgehärteten Normstift mit $R_m = 400$ N/mm^2 wird bei schwellender Belastung $\sigma_{b\,\text{zul}} = 0,2 R_m \approx 0,2 \cdot 400$ N/mm$^2 \approx 80$ N/mm^2. Mit den vorstehenden Werten und der Stangenkraft $F = 9$ kN ergibt sich ein Bolzendurchmesser von

$$d \approx 1,1 \cdot \sqrt{\frac{1,8 \cdot 9000 \, \text{N} \cdot \text{mm}^2}{80 \, \text{N}}} \approx 15,6 \, \text{mm}.$$

Nach TB 9-3 wird der Normdurchmesser $d = 16$ mm gewählt.
Mit den der Gl. (9.1) zugrunde liegenden Proportionen $t_S \approx 1,0 \cdot d$ und $t_G \approx 0,5 \cdot d$ wird die Stangendicke $t_S \approx 1,0 \cdot 16$ mm ≈ 16 mm und die Dicke der Gabelwangen $t_G \approx 0,5 \cdot 16$ mm ≈ 8 mm. Die erforderliche Stiftlänge ergibt sich damit zu $l = 16$ mm $+ 2 \cdot 8$ mm $= 32$ mm. Unter Beachtung der Fase $c \approx 3$ mm (vgl. TB 9-3) wäre eine Stiftlänge $l \approx 32$ mm $+ 2 \cdot 3$ mm ≈ 38 mm erforderlich. Um den Bolzenüberstand klein zu halten, wird die Normlänge $l = 35$ mm gewählt.
Für die Augen-(Naben-)Durchmesser gelten die unter 9.2.2 zur Entwurfsberechnung genannten Erfahrungswerte. Danach wählt man für das Stangenauge aus Stahl mit eingepresstem Bolzen $D \approx 2,5 \cdot d$, mit $d = 16$ mm wird $D \approx 2,5 \cdot 16$ mm $= 40$ mm. Das Gabelauge wird mit dem gleichen Durchmesser ausgeführt.

Ergebnis: Als Bolzen wird ein Zylinderstift ISO 2338 $-$ 16h8 $\times$ 35 $-$ St gewählt. Das Stangenauge wird 16 mm dick, die Gabelwangen werden 8 mm dick ausgeführt. Die Augen erhalten einen Durchmesser von 40 mm.

▶ **Lösung b):** Für die größte Schubspannung in der Nulllinie des Bolzens gilt nach Gl. (9.3):

$$\tau_{\text{max}} \approx \frac{4}{3} \cdot \frac{K_A \cdot F_{\text{nenn}}}{A_S \cdot 2} \leq \tau_{a\,\text{zul}}.$$

Mit dem bereits unter a) ermittelten Anwendungsfaktor $K_A \approx 1,8$, der Bolzenquerschnittsfläche

$$A_S = 16^2 \, \text{mm}^2 \cdot \pi/4 \approx 201 \, \text{mm}^2$$

und der Stangenkraft $F = 9$ kN wird die größte Schubspannung

$$\tau_{\text{max}} = \frac{4}{3} \cdot \frac{1,8 \cdot 9000 \, \text{N}}{2 \cdot 201 \, \text{mm}^2} = 54 \, \text{N/mm}^2.$$

Mit dem Norm-Richtwert $R_M = 400$ N/mm^2 wird bei schwellender Belastung

$$\tau_{a\,\text{zul}} \approx 0,15 \cdot R_m \approx 0,15 \cdot 400 \, \text{N/mm}^2 \approx 60 \, \text{N/mm}^2 > \tau_{\text{max}} = 54 \, \text{N/mm}^2.$$

Für die mittlere Flächenpressung in der Gabelbohrung gilt nach Gl. (9.4):

$$p = \frac{K_A \cdot F_{\text{nenn}}}{A_{\text{proj}}} \leq p_{\text{zul}}.$$

9

Mit dem Anwendungsfaktor $K_A \approx 1{,}8$, der projizierten gepressten Bolzenfläche (wobei $t_G = (35\,\text{mm} - 2 \cdot 3\,\text{mm} - 16\,\text{mm})/2 = 6{,}5\,\text{mm})$

$$A_{\text{proj}} = 2 \cdot d \cdot t_G = 2 \cdot 16\,\text{mm} \cdot 6{,}5\,\text{mm} = 208\,\text{mm}^2$$

und der Stangenkraft $F = 9\,\text{kN}$ wird die vorhandene mittlere Flächenpressung

$$p = \frac{1{,}8 \cdot 9000\,\text{N}}{208\,\text{mm}^2} = 78\,\text{N/mm}^2 \,.$$

Für S235 als den festigkeitsmäßig schwächeren Werkstoff gilt mit $R_{mN} = 360\,\text{N/mm}^2$ (nach TB 1-1, $K_t = 1{,}0$) bei schwellender Belastung:

$$p_{\text{zul}} \approx 0{,}25 R_m = 0{,}25 \cdot 360\,\text{N/mm}^2 = 90\,\text{N/mm}^2 > p = 78\,\text{N/mm}^2 \,.$$

Ergebnis: Das Bolzengelenk ist ausreichend bemessen, da die größte Schubspannung

$$\tau_{\text{max}} = 54\,\text{N/mm}^2 < \tau_{a\,\text{zul}} = 75\,\text{N/mm}^2$$

und die mittlere Flächenpressung $p = 78\,\text{N/mm}^2 < p_{\text{zul}} = 90\,\text{N/mm}^2$.

Lösung c): Der Bolzen soll mit merklichem Spiel in der Gabel und mit Übermaß in der Stange sitzen. Anhand von TB 2-5 wird im System Einheitswelle (glatter Bolzen h8) für die Gabelbohrung die Toleranzklasse F8 und für die Stangenbohrung die Toleranzklasse S7 gewählt.

■ **Beispiel 9.2:** Eine unter rauhen Betriebsbedingungen arbeitende Laufrolle, welche in der Minute 3 Umdrehungen ausführt, soll nach Bild 9-31 gelagert werden. Wegen der geringen Gleitgeschwindigkeit, verbunden mit unzureichender Schmierung, werden als Gleitpartner verschleißarme Spannbuchsen aus gehärtetem Federstahl eingesetzt. Dazu wird auf den Bolzen DIN 1445 – 30h8 × 92 × 120 – St eine Aufspannbuchse DIN 1499 – AG40/ 30 × 90 aufgezogen und in die Rolle eine Einspannbuchse DIN 1498 – FP40/ 50 × 50 (mit Pfeilschlitz) eingepresst. Durch die Kronenmutter wird der Bolzen nur so weit vorgespannt, dass er sich unter Last nicht verdrehen und verschieben kann.

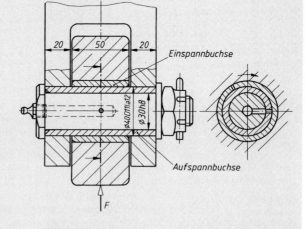

Bild 9-31 Lagerung einer Laufrolle

Für die lediglich nach konstruktiven Gesichtspunkten ausgelegte Lagerung sind für eine schwellend und mit leichten Stößen auftretende Rollenlast $F = 32\,\text{kN}$ zu prüfen:

a) der Bolzen auf Biegung und
b) die mittlere Flächenpressung (Lagerdruck) zwischen den Spannbuchsen.

Lösung a): Da die Aufspannbuchse den Bolzen auf der gesamten Schaftlänge umschließt, beträgt der tragende Bolzendurchmesser 40 mm. Der Verbundbolzen sitzt in der Gabel und in der Rolle mit einer Spielpassung, so dass nach 9.2.2-1 der Einbaufall 1 vorliegt. Danach wird unter Annahme einer Streckenlast und unter Vernachlässigung der geringen Vorspannung durch das Anziehen der Kronenmutter das maximale Biegemoment im Bolzenquerschnitt C–D (Bild 9-2)

$$M_{b\,\text{max}} = \frac{F \cdot (t_S + 2 \cdot t_G)}{8}$$

und damit die Biegespannung nach Gl. (9.2):

$$\sigma_b = \frac{K_A \cdot M_{b\,\text{nenn}}}{0{,}1 \cdot d^3} \leq \sigma_{b\,\text{zul}} \,.$$

Mit der Rollendicke $t_S = 50\,\text{mm}$, der Gabelwangendicke $t_G = 20\,\text{mm}$ und der Rollenlast $F = 32\,\text{kN}$ wird das maximale Biegemoment

$$M_{b\,\text{max}} = \frac{3{,}2 \cdot 10^4\,\text{N}\,(50\,\text{mm} + 2 \cdot 20\,\text{mm})}{8} = 3{,}6 \cdot 10^5\,\text{Nmm}\,.$$

Hiermit und mit dem Anwendungsfaktor $K_A \approx 1{,}1$ für leichte Stöße nach TB 3-5c sowie dem tragenden Bolzendurchmesser $d = 40\,\text{mm}$ wird unter Vernachlässigung der Schmierlöcher die vorhandene Biegespannung in der Randfaser der Aufspannbuchse

$$\sigma_b = \frac{1{,}1 \cdot 3{,}6 \cdot 10^5\,\text{Nmm}}{0{,}1 \cdot 40^3\,\text{mm}^3} \approx 62\,\text{Nmm}^2$$

und in der Randfaser des innen liegenden Bolzens (lineare Verteilung der Biegespannungen nach Bild 9-3)

$$\sigma_b \approx 62\,\text{N/mm}^2 \cdot \frac{15\,\text{mm}}{20\,\text{mm}} \approx 47\,\text{N/mm}^2\,.$$

Aus $\sigma_{b\,\text{zul}} \approx 0{,}2 \cdot R_m$ (wie zu Gl. (9.1)) erhält man bei schwellender Belastung für die Aufspannbuchse aus 55Si7 mit $R_m \approx 1300\,\text{N/mm}^2$ (nach DIN 17222 bzw. Herstellerangaben)

$$\sigma_{b\,\text{zul}} \approx 0{,}2 \cdot 1300\,\text{N/mm}^2 \approx 260\,\text{N/mm}^2$$

und für den Bolzen mit dem Richtwert $R_m = 400\,\text{N/mm}^2$

$$\sigma_{b\,\text{zul}} \approx 0{,}2 \cdot 400\,\text{N/mm}^2 \approx 80\,\text{N/mm}^2\,.$$

Ergebnis: Der Bolzen mit aufgepresster Aufspannbuchse ist ausreichend bemessen, da die näherungsweise ermittelten Biegespannungen

$$\sigma_b = 62\,\text{N/mm}^2 < \sigma_{b\,\text{zul}} \approx 260\,\text{N/mm}^2 \quad \text{bzw.} \quad \sigma_b = 47\,\text{N/mm}^2 < \sigma_{b\,\text{zul}} \approx 80\,\text{N/mm}^2\,.$$

▶ **Lösung b):** Für die mittlere Flächenpressung zwischen den Spannbuchsen gilt nach Gl. (9.4):

$$p = \frac{K_A \cdot F_{\text{nenn}}}{A_{\text{proj}}} \leq p_{\text{zul}}\,.$$

Die projizierte Fläche ist $A_{\text{proj}} = d \cdot t_S$ mit $d = 40\,\text{mm}$ und $t_S = 50\,\text{mm}$ also $A_{\text{proj}} = 40\,\text{mm} \cdot 50\,\text{mm} = 2000\,\text{mm}^2$; hiermit und mit $K_A \approx 1{,}1$ und $F = 32\,\text{kN}$ wird die mittlere Pressung der Gleitfläche

$$p = \frac{1{,}1 \cdot 3{,}2 \cdot 10^4\,\text{N}}{2 \cdot 10^3\,\text{mm}^2} \approx 18\,\text{N/mm}^2\,.$$

Für die Gleitpartner St gehärtet wird bei Fremdschmierung und Schwellbelastung nach TB 9-1, Zeile 11: $p_{\text{zul}} \approx 0{,}7 \cdot 25\,\text{N/mm}^2 \approx 18\,\text{N/mm}^2 = p_{\text{vorh}}$.

Ergebnis: Bei geringer Gleitgeschwindigkeit und Fremdschmierung (Fett) besteht für die Lagerung der Rolle keine Gefahr des Fressens oder vorzeitigen Verschleißes, da die mittlere Flächenpressung $p = 18\,\text{N/mm}^2$ den zulässigen Wert nicht überschreitet. Selbst wenn keine Wartung durch Schmierung möglich ist, bleibt die Lagerung funktionsfähig, da die aufeinander gleitenden Spannbuchsen hoch verschleißfest sind.

■ **Beispiel 9.3:** Die Nabe eines Schalthebels aus EN-GJL-200 soll mit einer Welle aus E295 mit $d_W = 20\,\text{mm}$ Durchmesser durch einen Kegelkerbstift nach DIN EN ISO 8744 als Querstift verbunden werden (Bild 9-32). Am Ende des Hebels mit der Länge $l_1 = 60\,\text{mm}$ ist zur Befestigung der Rückstellfeder ein Passkerbstift DIN 1469 – C6 × 25 – St (Kerbstift mit Hals und ungeordneter Nut am Ende) eingesetzt, so dass bei $s = 12\,\text{mm}$ die freie Stiftlänge $l_2 = 10\,\text{mm}$ beträgt. Die größte Federkraft $F = 300\,\text{N}$ greift schwellend an. Stöße treten nicht auf.

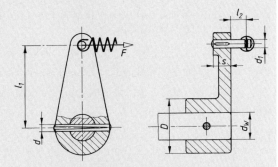

Bild 9-32 Schalthebel mit Stiftverbindungen

a) Der zum Wellendurchmesser d_W passende (mittlere) Durchmesser d des Querstiftes und dessen Länge l sind festzulegen, wenn der Nabendurchmesser $D = 2 \cdot d_W$ ausgeführt wird. Die Normbezeichnung des Kegelkerbstiftes ist anzugeben.

b) Die Querstiftverbindung ist zu prüfen.

c) Der Passkerbstift ist zu prüfen, für den zunächst ein Durchmesser $d_1 = 6$ mm vorgesehen wird, der ggf. zu ändern ist.

d) Die Flächenpressung für die Steckstift-Verbindung ist zu prüfen.

Lösung a): Nach den unter 9.3.2 für Querstift-Verbindungen genannten Erfahrungswerten wird für den Kegelkerbstift als (mittleren) Durchmesser gewählt:

$$d = (0{,}2 \ldots 0{,}3)\, d_W\,, \qquad d = 0{,}25 \cdot 20\,\text{mm} = 5\,\text{mm}\,.$$

Bei einem Nabendurchmesser $D = 2 \cdot d_W = 2 \cdot 20\,\text{mm} = 40\,\text{mm}$ wird auch für die Stiftlänge $l = 40\,\text{mm}$ festgelegt.

Ergebnis: Es wird ein Kerbstift ISO 8744 $- 5 \times 40 -$ St gewählt.

▶ **Lösung b):** Die Querstift-Verbindung wird nach 9.3.2 auf Flächenpressung und Abscheren geprüft. Für die in der Nabenbohrung auftretende mittlere Flächenpressung gilt nach Gl. (9.15):

$$p_N = \frac{K_A \cdot T_{\text{nenn}}}{d \cdot s \cdot (d_W + s)} \leq p_{\text{zul}}\,.$$

Das Drehmoment beträgt $T = F \cdot l_1 = 300\,\text{N} \cdot 60\,\text{mm} = 18\,000\,\text{Nmm}$. Da keine Stöße auftreten, kann der Anwendungsfaktor $K_A = 1{,}0$ gesetzt werden. Die Dicke der Nabenwand ist $s = (D - d_W)/2$ $= (40\,\text{mm} - 20\,\text{mm})/2 = 10\,\text{mm}$. Hiermit und mit dem Stiftdurchmesser $d = 5\,\text{mm}$ wird die vorhandene mittlere Flächenpressung

$$p_N = \frac{1{,}0 \cdot 18\,000\,\text{Nmm}}{5\,\text{mm} \cdot 10\,\text{mm} \cdot (20\,\text{mm} + 10\,\text{mm})} = 12\,\text{N/mm}^2\,.$$

Für den festigkeitsmäßig schwächeren Nabenwerkstoff EN-GJL-200 gilt mit $R_m = 200\,\text{N/mm}^2$ ($K_t = 1{,}0$), dem Kerbfaktor 0,7 und schwellender Belastung:

$$p_{\text{zul}} \approx 0{,}7 \cdot 0{,}25 \cdot 200\,\text{N/mm}^2 = 35\,\text{N/mm}^2 > p_N = 12\,\text{N/mm}^2\,.$$

Nun wird die größte in der Wellenbohrung auftretende mittlere Flächenpressung geprüft. Nach Gl. (9.16) gilt hierfür:

$$p_W = \frac{6 \cdot K_A \cdot T_{\text{nenn}}}{d \cdot d_W^2} \leq p_{\text{zul}}\,, \qquad p_W = \frac{6 \cdot 1{,}0 \cdot 18\,000\,\text{Nmm}}{5\,\text{mm} \cdot 20^2\,\text{mm}^2} = 54\,\text{N/mm}^2\,.$$

Für den festigkeitsmäßig schwächeren Stiftwerkstoff wird mit $R_m = 400\,\text{N/mm}^2$ entsprechend:

$$p_{\text{zul}} \approx 0{,}7 \cdot 0{,}25 \cdot 400\,\text{N/mm}^2 \approx 70\,\text{N/mm}^2 > p_W = 54\,\text{N/mm}^2\,.$$

Abschließend wird der Stift noch auf Abscheren nach Gl. (9.17) geprüft:

$$\tau_a = \frac{4 \cdot K_A \cdot T_{\text{nenn}}}{d^2 \cdot \pi \cdot d_W} \leq \tau_{a\,\text{zul}}\,, \qquad \tau_a = \frac{4 \cdot 1{,}0 \cdot 18\,000\,\text{Nmm}}{5^2\,\text{mm}^2 \cdot \pi \cdot 20\,\text{mm}} = 46\,\text{N/mm}^2\,.$$

Für den Kerbstift aus dem Standardwerkstoff entsprechend $R_m = 400\,\text{N/mm}^2$, dem Kerbfaktor 0,8 und schwellender Belastung ergibt sich:

$$\tau_{a\,\text{zul}} \approx 0{,}8 \cdot 0{,}15 \cdot 400\,\text{N/mm}^2 \approx 70\,\text{N/mm}^2 > \tau_a = 46\,\text{N/mm}^2\,.$$

Ergebnis: Die Querstiftverbindung ist ausreichend bemessen, da die mittlere Flächenpressung

$$p_N = 12\,\text{N/mm}^2 < p_{\text{zul}} \approx 35\,\text{N/mm}^2\,, \qquad p_W = 54\,\text{N/mm}^2 < p_{\text{zul}} \approx 70\,\text{N/mm}^2$$

und auch die Scherspannung $\tau_a = 46\,\text{N/mm}^2 < \tau_{a\,\text{zul}} \approx 48\,\text{N/mm}^2$ ist.

▶ **Lösung c):** Der Passkerbstift wird durch die Federkraft F, am Hebelarm l_2 angreifend, auf Biegung beansprucht. Es ist nachzuweisen, dass nach Gl. (9.18)

$$\sigma_b = \frac{K_A \cdot M_{b\,\text{nenn}}}{W} \leq \sigma_{b\,\text{zul}}\,.$$

Mit dem Biegemoment $M_b = F \cdot l_2 = 300\,\text{N} \cdot 10\,\text{mm} = 3000\,\text{Nmm}$, dem Widerstandsmoment des Stiftes $W \approx 0,1 \cdot d^3 \approx 0,1 \cdot 6^3 \approx 21,6\,\text{mm}^3$ und dem Anwendungsfaktor $K_A = 1,0$ wird die Biegespannung

$$\sigma_b = \frac{1,0 \cdot 3000\,\text{Nmm}}{21,6\,\text{mm}^3} = 139\,\text{N/mm}^2 \,.$$

Für den Normstift gilt mit $R_m = 400\,\text{N/mm}^2$, dem Kerbfaktor 0,8 und schwellender Belastung:

$$\sigma_{b\,\text{zul}} \approx 0,8 \cdot 0,2 \cdot 400\,\text{N/mm}^2 \approx 64\,\text{N/mm}^2 < \sigma_b = 139\,\text{N/mm}^2 \,.$$

Ergebnis: Der Passkerbstift ist zu knapp bemessen, da $\sigma_b = 139\,\text{N/mm}^2 > \sigma_{b\,\text{zul}} \approx 64\,\text{N/mm}^2$. Sicherheitshalber wird als Durchmesser $d_1 = 8\,\text{mm}$ gewählt, womit dann $W = 51,2\,\text{mm}^3$ und $\sigma_b = 59\,\text{N/mm}^2 < \sigma_{b\,\text{zul}} = 64\,\text{N/mm}^2$ werden.

Lösung d): Für die in der Bohrung des Hebelendes mit der Dicke $s = 12\,\text{mm}$ auftretende maximale mittlere Flächenpressung gilt nach Gl. (9.19)

$$p_{\text{max}} = \frac{K_A \cdot F_{\text{nenn}} \cdot (6 \cdot l + 4 \cdot s)}{d \cdot s^2} \le p_{\text{zul}} \,, \quad p_{\text{max}} = \frac{1,0 \cdot 300\,\text{N}(6 \cdot 10\,\text{mm} + 4 \cdot 12\,\text{mm})}{8\,\text{mm} \cdot 12^2\,\text{mm}^2} = 28\,\text{N/mm}^2 \,.$$

Die zulässige mittlere Flächenpressung beträgt $p_{\text{zul}} \approx 35\,\text{N/mm}^2$ (s. Lösung b)):

Ergebnis: Die Verbindung ist ausreichend bemessen, da die maximale mittlere Flächenpressung in der Hebelbohrung $p_{\text{max}} = 28\,\text{N/mm}^2 < p_{\text{zul}} \approx 35\,\text{N/mm}^2$.

9

■ **Beispiel 9.4:** Ein Zahnkranz mit $z = 52$ Zähnen, Modul $m = 6\,\text{mm}$, ist mit einem Kranlaufrad $\varnothing\,315\,\text{mm}$ drehfest zu verbinden. Zahnkranzbohrung und Laufradzapfen werden mit einem Fügedurchmesser von 210 mm und der Übergangspassung H7/m6 ausgeführt. Nach dem Aufpressen des Zahnkranzes auf das Laufrad wird die Verbindung durch zwei um 180° versetzte Zylinderstifte ISO 2338 − 16 m6 × 35 − St als Längsstifte (Rundkeile) gegen Verdrehen gesichert (Bild 9-33). Zahnkranz und Laufrad sind aus GE 300.
Es ist zu prüfen, ob die beiden Längsstifte ein von den Zahnkräften verursachtes, mit mittleren Stößen schwellend auftretendes Drehmoment $T = 1060\,\text{Nm}$ übertragen können. Evtl. vorhandener Reibschluß durch die Übergangspassung wird sicherheitshalber nicht berücksichtigt.

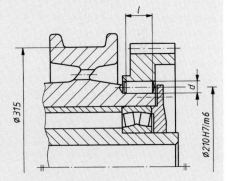

Bild 9-33 Befestigung eines Zahnkranzes durch Längsstifte

Lösung: Die Längsstift-Verbindung wird nach 9.3.2 auf Flächenpressung geprüft. Nach Gl. (9.20) gilt:

$$p = \frac{4 \cdot K_A \cdot T_{\text{nenn}}}{d \cdot d_W \cdot l} \le p_{\text{zul}} \,.$$

Mit dem Anwendungsfaktor $K_A \approx 1,3$ $(1,2 \ldots 1,4)$ für mittlere Stöße nach TB 3-5c und mit 2 Zylinderstiften der tragenden Länge $l = 29\,\text{mm}$ $(c = 3\,\text{mm}$ nach TB 9-3) wird die vorhandene mittlere Flächenpressung

$$p = \frac{4 \cdot 1,3 \cdot 1,06 \cdot 10^6\,\text{Nmm}}{2 \cdot 16\,\text{mm} \cdot 210\,\text{mm} \cdot 29\,\text{mm}} = 28\,\text{N/mm}^2 \,.$$

Für den festigkeitsmäßig schwächeren Stiftwerkstoff mit $R_m = 400\,\text{N/mm}^2$ gilt bei schwellender Belastung:

$$p_{\text{zul}} \approx 0,25 \cdot 400\,\text{N/mm}^2 \approx 100\,\text{N/mm}^2 > p = 28\,\text{N/mm}^2 \,.$$

Ergebnis: Die Längsstift-Verbindung ist ausreichend bemessen, da die mittlere Flächenpressung $p = 28\,\text{N/mm}^2 < p_{\text{zul}} \approx 100\,\text{N/mm}^2$.

9.7 Literatur

Beke, J: Beitrag zur Berechnung der Spannungen in Augenstäben. Eisenbau 12 (1921), S. 233–244

DIN Deutsches Institut für Normung e. V. (Hrsg.): Bolzen, Stifte, Niete, Keile, Sicherungsringe. 9. Aufl. Berlin: Beuth, 2004 (DIN-Taschenbuch 43)

Maaß, H.: Der Kolbenbolzen, ein einfaches Maschinenelement. Düsseldorf: VDI, 1975 (Fortschritt-Berichte VDI-Z, Reihe 1, Nr. 41)

Mathar, J.: Über die Spannungsverteilung in Schubstangenköpfen. Forsch.-Arbeit Ing.-Wesen, Heft 306, Düsseldorf: VDI, 1928

Schmitz, H.: Theoretische und experimentelle Untersuchungen an Stift-Verbindungen. In: Konstruktion 12 (1960), Heft 1, S. 5–13; Heft 2, S. 83–85

Stahl-Informations-Zentrum (Hrsg.): Stifte und Stiftverbindungen. 3. Aufl. Düsseldorf 1982 (Merkblatt 451)

Szakacsi, J.: Berechnung von Stangenköpfen unter Berücksichtigung des Bolzenspiels und der behinderten Verformung. In: Konstruktion 22 (1970), S. 172–178

Wilms, V.: Auslegung von Bolzenverbindungen mit minimalem Bolzengewicht. In: Konstruktion 34 (1982), Heft 2, S. 63–70

Firmeninformationen: Hugo Benzing GmbH & Co. KG, Stuttgart (www.hugobenzing.de); CONNEX AG, Wädenswil/Schweiz (www.connexch.com); Wilhelm Hedtmann GmbH & Co. KG, Hagen (www.hedtmann.com); Kerb-Konus-Vetriebs-GmbH, Amberg (www.kerbkonus.de); mbo Oßwald GmbH & Co. KG, Külsheim-Steinbach (www.mbo-osswald.com); Muhr & Bender KG, Attendorn (www.mubea.de); Seeger-Orbis GmbH & Co. KG, Königstein/Ts. (www.seeger-orbis.de)

9

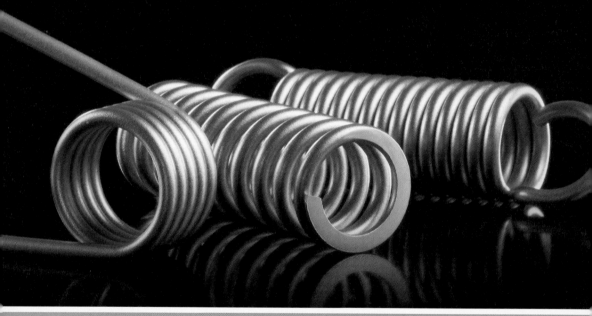

10 Elastische Federn

10.1 Funktion und Wirkung

Alle elastischen Körper „federn", d. h. unter Einwirkung einer Kraft F bzw. eines Kraftmomentes $M(T)$ verformen sie sich elastisch. Dabei wird potentielle Energie gespeichert, die bei der Rückfederung unter Berücksichtigung der Reibungsverluste in Form von Arbeit wieder abgegeben werden kann. Je nach Aufgabenstellung wird von der Feder ein kleiner/großer Verformungsweg oder eine kleine/große Dämpfung[1] gefordert. Beides kann erreicht werden durch

— eine entsprechende Werkstoffwahl (z. B. Federstahl, Gummi)
— eine günstige Formgebung (z. B. Federart, Bauabmessungen)
— den Grad der Kompressibilität von Gasen oder Flüssigkeiten (Wahl des Mediums, Bauabmessungen).

Typische Eigenschaften für Federn im technischen Anwendungsbereich entsprechend ihrer Funktion sind

— Gewährleistung des Kraftflusses und der Kraftverteilung (z. B. Federn in Kupplungen und Bremsen, Stromabnehmern bei E-Loks, Kontaktfedern, Spannfedern);
— Speicherung potentieller Energie und Rückfederung (z. B. Federmotoren, Ventilfedern in Verbrennungsmotoren);
— Ausgleich von Wärmeausdehnungen oder Verschleißwegen (z. B. bei Lagern und Kupplungen);
— Dämpfung durch Nutzung innerer oder äußerer Reibung (z. B. Fahrzeugfederung, Motoraufhängung);
— Federn als Schwingungssysteme (z. B. in der Regelungstechnik, Schwingtisch).

10.1.1 Federrate, Federkennlinie

Bei der Belastung durch die Kraft F bzw. dem Moment $M(T)$ verschiebt sich der Kraftangriffspunkt um den Federweg s bzw. um den Drehwinkel φ. Trägt man die Verformung in Abhängigkeit von der Belastung auf, so entsteht das *Federdiagramm*, s. Bild 10-1. Die Kraft-Weg-Linie hierin wird mit *Federkennlinie* bezeichnet.

Das Verhältnis aus Federkraft F und Federweg s (Federmoment T und Verdrehwinkel φ) — gleich dem Tangens des Neigungswinkels α der Federkennlinie — wird mit *Federrate*[2] R bezeichnet:

$$\boxed{\begin{array}{l} \text{für Federn mit linearer Kennlinie} \\[2mm] R = \tan \alpha = \dfrac{F_1}{s_1} = \dfrac{F_2}{s_2} = \dfrac{F_2 - F_1}{s_2 - s_1} \quad \text{bzw.} \quad R_\varphi = \tan \varphi = \dfrac{T_1}{\varphi_1} = \dfrac{T_2}{\varphi_2} = \dfrac{T_2 - T_1}{\varphi_2 - \varphi_1} \\[4mm] \text{für Federn mit nichtlinearer Kennlinie bzw. allgemein} \\[2mm] R = \tan \alpha = \dfrac{\Delta F}{\Delta s} \quad \text{bzw.} \quad R_\varphi = \tan \varphi = \dfrac{\Delta T}{\Delta \varphi} \end{array}}$$

(10.1)

---

[1] Energieentzug durch Reibungsarbeit.
[2] Vielfach auch als Federsteife c bezeichnet; der Kehrwert der Federrate ist die Federnachgiebigkeit $\delta = 1/R$ bzw. $\delta = 1/c$.

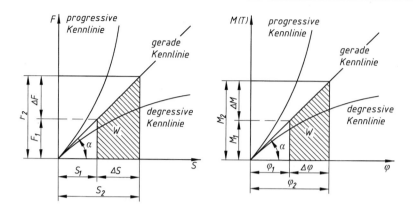

Bild 10-1 Darstellung der Federkennlinie
a) Kraft-Weg-Kennlinie, b) Moment-Verdrehwinkel-Kennlinie

Die Federrate wird entweder durch die Aufgabenstellung vorgegeben oder beim Entwurf festgelegt.

1. Federn mit linearer Kennlinie

Arbeitet eine Feder aus Werkstoffen, für die das Hookesche Gesetz gilt, reibungsfrei, so ist die Kennlinie linear (gerade). Belastung und Verformung sind proportional, d. h. die doppelte Federkraft ergibt auch den doppelten Federweg. Je steiler die Kennlinie verläuft, um so geringer sind bei gleicher Belastung die Verformungen, d. h. um so steifer (härter) ist die Feder.

Gerade oder annähernd gerade Kennlinien zeigen beispielsweise Blattfedern, Drehstabfedern und zylindrische Schraubenfedern.

2. Federn mit gekrümmter Kennlinie

Ist die Federrate R über den Arbeitsbereich der Feder veränderlich, so erhält man gekrümmte Kennlinien. Man unterscheidet:

— *progressive* (ansteigend gekrümmte) *Kennlinien*, die anzeigen, dass die Feder mit jeweils steigender Belastung härter wird. Dadurch wird beispielsweise ein Durchschlagen der Feder bei starken Belastungen verhindert und ein schnelles Abklingen von Schwingungen erreicht. Dies ist besonders bei Fahrzeugfedern erwünscht. Solche Kennlinien werden auch mit Sonderausführungen von geschichteten Blattfedern, bei bestimmten Kombinationen von Tellerfedern zu Federsäulen und auch mit kegeligen Schraubendruckfedern erreicht.

— *degressive* (abfallend gekrümmte) *Kennlinien*, die anzeigen, dass mit steigender Belastung die Feder weicher wird. Dies ist erwünscht, wenn nach einer bestimmten Belastung ein weiterer größerer Federweg bei kleinerem Kraftanstieg benötigt wird, wie zum Spiel- und Druckausgleich bei Reglern. Degressive Federung zeigen beispielsweise Gummifedern bei Zugbelastung und Tellerfedern bei bestimmten Bauabmessungen.

Aus messtechnischen Gründen wird bei Federn mit gekrümmten Kennlinien die Federrate mit $R = \Delta F / \Delta s$ bzw. $R_\varphi = \Delta T / \Delta \varphi$ entsprechend Gl. (10.1) angegeben.

3. Federsysteme

In vielen Fällen wird es aus praktischen Gründen nicht möglich sein, bestimmte Belastungen und Verformungen nur durch *eine* Feder zu erreichen; oft werden mehrere Federn gleicher oder auch unterschiedlicher Abmessungen *parallel* oder *hintereinander* geschaltet, z. B. zylindrische Schraubendruckfedern (sinnbildlich Bild 10-2).

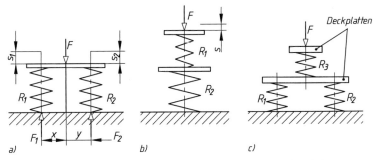

Bild 10-2 Anordnungsbeispiele von zylindrischen Schraubenfedern
a) Parallelschaltung, b) Reihenschaltung, c) Gemischtschaltung

Die *Federrate* $R_{\text{ges}}(R_{\varphi\,\text{ges}})$ wird für Federsysteme entsprechend der Anordnung

$$
\begin{array}{ll}
\text{für die Parallelschaltung, Bild 10-2a} & R_{\text{ges}} = R_1 + R_2 \\[2mm]
\text{für die Reihenschaltung, Bild 10-2b} & \dfrac{1}{R_{\text{ges}}} = \dfrac{1}{R_1} + \dfrac{1}{R_2} \\[2mm]
\text{für die Gemischtschaltung, Bild 10-2c} & \dfrac{1}{R_{\text{ges}}} = \dfrac{1}{R_1 + R_2} + \dfrac{1}{R_3}
\end{array}
\tag{10.2}
$$

Die aufgeführten Gleichungen gelten nur, wenn sich die Deckplatten der Federn bei Belastung durch F parallel zur Ausgangslage ohne Drehung verschieben, d. h. wenn die Wirkungslinien der Federkräfte mit den Federachsen zusammenfallen. Für die Parallelschaltung muss daher gelten (vgl. Bild 10-2a: $F \cdot y - F_1(x + y) = 0$ bzw. $F \cdot x - F_2(x + y) = 0$.

10.1.2 Federungsarbeit

Da der Kraftangriffspunkt infolge der Kraft F den Weg s zurücklegt, wird eine Federungsarbeit verrichtet. Diese wird im Federdiagramm durch die unter der Federkennlinie liegende Fläche dargestellt. Die theoretische *Federungsarbeit* ergibt sich aus

$$
\begin{array}{l}
\text{für Federn mit gerader Kennlinie:} \\[2mm]
W = \dfrac{F \cdot s}{2} = \dfrac{R \cdot s^2}{2} \quad \text{bzw.} \quad W_\varphi = \dfrac{M(T) \cdot \varphi}{2} = \dfrac{R_\varphi \cdot \varphi^2}{2} \\[2mm]
\text{für Federn mit gekrümmter Kennlinie:} \\[2mm]
W = \dfrac{\Sigma(\Delta F \cdot \Delta s)}{2} \quad \text{bzw.} \quad W_\varphi = \dfrac{\Sigma(\Delta M \cdot \Delta \varphi)}{2}
\end{array}
\tag{10.3}
$$

Die bei Belastung der Feder aufgebrachte Arbeit steht bei Entlastung nur im Idealfall bei Vernachlässigung der Reibungsverluste wieder zur Verfügung.

10.1.3 Schwingungsverhalten, Federwirkungsgrad und Dämpfung

Ohne Reibung stellt die Feder mit der Federrate $R(R_\varphi)$ zusammen mit der schwingenden Masse m (Massenträgheitsmoment J) ein ungedämpftes Schwingungssystem dar, s. Bild 10-3, mit der *Eigenfrequenz*

$$
\begin{array}{ll}
\text{für Längsschwinger:} & f_{\text{eL}} = [1/(2 \cdot \pi)] \cdot \sqrt{R/m} \\[2mm]
\text{für Drehschwinger:} & f_{\text{e}\varphi} = [1/(2 \cdot \pi)] \cdot \sqrt{R_\varphi/J}
\end{array}
\tag{10.4}
$$

$R; (R_\varphi)$	Federrate
m	die mit der Feder verbundene und Längsschwingungen ausübende Masse
J	Massenträgheitsmoment der mit der Feder verbundenen und Drehschwingungen ausübenden Masse m

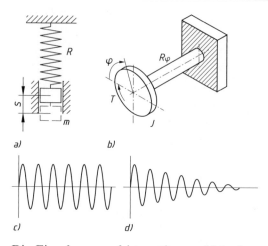

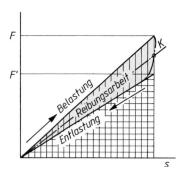

Bild 10-3
Einmassen-Schwingungssystem.
a) Längsschwinger, b) Drehschwinger, c) Darstellung der ungedämpften und d) der gedämpften Schwingung

Die Eigenfrequenz f ist somit nur abhängig von der abgefederten Masse m (Massenträgheitsmoment J) und der Federrate $R(R_\varphi)$, die Auslenkung $s(\varphi)$ selbst hat keinen Einfluss.

Aufgrund der äußeren und inneren Reibung ist jedoch die bei *Belastung* der Feder aufzuwendende Arbeit W_B größer als die bei *Entlastung* der Feder zur Verfügung stehende Federarbeit W_E. Die in Wärme umgesetzte Reibarbeit W_R (Verlustarbeit) stellt sich im Federdiagramm als Differenz der beiden Flächen unterhalb der Kennlinie dar, $W_R = W_B - W_E$; die Kennlinie wird zur Hysterese[1], s. Bild 10-4.

Bild 10-4
Federungsarbeit mit Reibungs-Hysterese (die Mittellinie K entspricht weitgehend der gerechneten Kennlinie)

Das Verhältnis von verfügbarer zu aufgenommener Arbeit ist der *Federwirkungsgrad*

$$\eta_F = \frac{\text{verfügbare Arbeit}}{\text{aufgenommene Arbeit}} = \frac{W_E}{W_B} < 1 \qquad (10.5)$$

Der Federwirkungsgrad entscheidet mit über den sinnvollen Einsatz der Feder. Für $\eta_F \approx 1$ ist der Einsatz als Energiespeicher und bei $\eta_F \ll 1$ zur Stoß- und Schwingungsdämpfung vorzusehen. Bei Schwingungsdämpfungen wird vielfach mit dem *Dämpfungswert* gerechnet, der das Verhältnis der Reibarbeit zur gesamten Arbeit angibt, die während einer Schwingung verrichtet wird (eine Be- und Entlastung).

$$\psi = \frac{W_R}{2 \cdot W - W_R} = \frac{1 - \eta_F}{1 + \eta_F} \qquad (10.6)$$

Der innere Dämpfungsfaktor für Metallfedern beträgt $\psi \approx 0$, der reibungsabhängige Dämpfungsfaktor bei Metallfedern $0 < \psi < 0,4$ (Ringfedern $\psi \approx 0,7$), bei Gummifedern bis $\psi > 1$. Wird insgesamt eine größere Dämpfung gewünscht, kann nur die *äußere* Reibung beeinflusst

---

[1] Der Federweg nimmt nach Rücknahme der Kraft nur unverhältnismäßig ab.

werden durch eine entsprechende Gestaltung der Feder bzw. des Umfeldes (z. B. mehrlagige Blattfeder, Ringfeder, Tellerfederpakete). Die *innere* Reibung ist vom Werkstoff abhängig und nicht beeinflussbar.

10.2 Gestalten und Entwerfen

Die Berechnung der Feder ist nur iterativ[1] möglich, da viele Einflussgrößen noch unbekannt und vielfach voneinander abhängig sind und sich erst während der Berechnung ergeben. Unter Beachtung des konstruktiven Umfeldes ist somit die Feder zunächst zu entwerfen mit dem Ziel der *vorläufigen* Festlegung aller die Gestalt bestimmenden Federgrößen wie Federart, Federabmessungen und Federwerkstoff.
Die *endgültige* Festlegung der Federdaten erfolgt mit dem *Festigkeits-* und *Funktionsnachweis*, für den *alle* Federdaten bereits bekannt sein müssen.

10.2.1 Federarten

Die Form der Feder bestimmt wesentlich die Kennlinie (s. 10.1.1), die Beanspruchung und die Baugröße der Feder. Im Bild 10-5 sind die in der Praxis eingesetzten Federn aus Metall entsprechend der Federwerkstoffbeanspruchung aufgeführt. Die einfachen (geraden) Formen weisen kleine Federwege auf, sind also relativ steif. Gewundene bzw. scheibenförmige Federn bauen wesentlich kleiner bei vergleichbarer Kennlinie. Kleine Federwege ergeben sich auch bei auf Zug/Druck beanspruchten Federn gegenüber auf Biegung oder Verdrehung beanspruchten. Die beste Werkstoffausnutzung ist bei Zug/Druck ($\eta_F \approx 1$), die schlechteste bei auf Biegung beanspruchten Federn vorhanden.

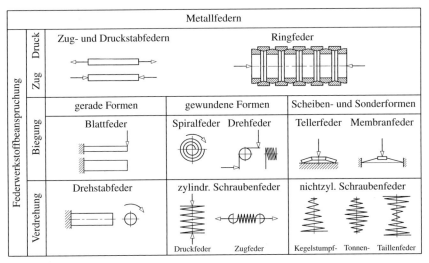

Bild 10-5 Einteilung der Metallfedern nach der Werkstoffbeanspruchung (nach Meissner)

10.2.2 Federwerkstoffe

Für die Wahl des Federwerkstoffes sind nicht nur die mechanischen Anforderungen (z. B. Festigkeit, Kennlinienverlauf), die äußere Form (z. B. Blattfeder, Schraubenfeder), der Platzbedarf und das Gewicht der Feder maßgebend, sondern auch besondere Anforderungen, z. B. hinsichtlich Korrosion, magnetischer Eigenschaften und Wärmebeständigkeit. Da nach dem Hoo-

---

[1] Sich schrittweise in wiederholten Rechengängen der Lösung annähern.

ke'schen Gesetz ($\sigma = \varepsilon \cdot E$ bzw. $\tau = \gamma \cdot G$) der Federweg $s \sim R_\mathrm{e}/E$ bzw. der Verdrehwinkel $\varphi \sim \tau_\mathrm{F}/G$ ist, werden für Metallfedern hochfeste Stähle eingesetzt. Festigkeitswerte der Federwerkstoffe enthält TB 10-1.

1. Federstahl

Stahl ist der am meisten verwendete Federwerkstoff, da bei diesem die für Federn maßgeblichen Eigenschaften durch chemische Zusammensetzung, Bearbeitung und Wärmebehandlung weitgehend beeinflusst werden können.

2. Nichteisenmetalle

Federn aus Nichteisenmetallen kommen im Wesentlichen für niedrigere Beanspruchungen bei besonderen Anforderungen an Korrosion, elektrische bzw. magnetische Eigenschaften und dgl. in Frage.

3. Nichtmetallische Werkstoffe

Als nichtmetallischer Werkstoff wird am häufigsten Natur- und synthetischer *Gummi* verwendet, und zwar vorwiegend für Druck- und Schubbeanspruchung zur Dämpfung von Schwingungen, Stößen und Geräuschen, z. B. zur Lagerung von Motoren, in elastischen Kupplungen und bei gummigefederten Laufrädern. Die Härte des Gummis kann durch die Menge der Füllstoffe, besonders bei Schwefel, weitgehend beeinflusst werden. Ebenso werden *Gase* (Gasdruckfedern, z. B. bei PKW-Heckklappen) und Gase auch in Verbindung mit *Flüssigkeiten* (z. B. als Stoßdämpfer) als „Federwerkstoffe" eingesetzt. Für relativ kleine Federkräfte kann auch das durch Magnetwirkung entstehende Luftkissen als Feder verwendet werden.

10.2.3 Federgröße (Optimierungsgrundsätze)

Bei der Ermittlung der Federabmessungen lassen sich viele Parameter so verändern, dass die gestellten Forderungen optimal erfüllt werden. Dabei können u. a. Optimierungsziele verfolgt werden hinsichtlich:

— der optimalen Funktionserfüllung,
— der minimalen Federmasse,
— des geringsten Einbauraumes,
— der maximalen Federarbeit,
— der optimalen Werkstoffausnutzung,
— der geringsten Kosten.

Auch werden für die sinnvolle Auswahl der Feder vielfach Beurteilungsfaktoren herangezogen, wie z. B. die Verhältnisse von

— Federarbeit/Federvolumen $\eta_\mathrm{W} = W_\mathrm{F}/V_\mathrm{F}$,
— Federarbeit/Einbauvolumen $\eta_\mathrm{W}' = W_\mathrm{F}/V_\mathrm{E}$,
— Federrate/Federvolumen $\eta_\mathrm{R} = R/V_\mathrm{F}$,
— Federrate/Einbauvolumen $\eta_\mathrm{R}' = R/V_\mathrm{E}$.

Im Rahmen dieses Buches wird hierauf nicht näher eingegangen; siehe hierzu die weiterführende Literatur.

10.3　Berechnungsgrundlagen und Eigenschaften der Einzelfedern

10.3.1　Zug- und druckbeanspruchte Federn

1. Zugstab

Bei einer stabförmigen Zugfeder wird bei Belastung das ganze Stabvolumen gleich hoch beansprucht, so dass die Werkstoffausnutzung optimal ist. Der Federweg ergibt sich nach dem Hooke'schen Gesetz aus $s = l \cdot \sigma/E$. Große Federwege lassen sich somit nur mit Federn aus hochfesten Stählen mit großem Streckgrenzwert R_e und großer Ausgangslänge l erreichen. Aufgrund des großen Raumbedarfs, besonders bei größeren Federwegen, kommt jedoch eine Verwendung von Stäben als Zug- oder Druckfedern praktisch kaum in Frage.

2. Ringfeder

Federwirkung

Im Gegensatz zum Zugstab ist bei der *Ringfeder* eine wesentlich günstigere Raumausnutzung gegeben. Die Ringfeder besteht in der Regel aus geschlossenen Außen- und Innenringen, die mit kegeligen Flächen ineinander greifen (Bild 10-6). Die axiale Druckkraft setzt sich über die Kegelflächen in Zugspannungen für den Außenring und in Druckspannungen für den Innenring um. Infolge elastischer Verformung schieben sich die Ringe ineinander, so dass sich die Federsäule verkürzt, und zwar um so mehr, je größer die Anzahl der Ringe und je kleiner der Kegelwinkel γ ist. Dieser soll etwa 12° (bei bearbeiteten) bis 15° (bei unbearbeiteten Ringen) betragen, um ein Steckenbleiben der Ringe bei Entlastung zu vermeiden (Kegelwinkel > Reibungswinkel). Die relativ kleinen Federwege der Einzelringe ergeben addiert den Gesamtfederweg (vgl. auch Kapitel 12 unter „Spannelement-Verbindungen"). Ringfedern müssen mit mindestens 5...10% von s vorgespannt eingebaut werden, um eine stabile Lage der einzelnen Ringe zu gewährleisten.

Die Kennlinie der Ringfeder ist eine Gerade. Sie verläuft bei Entlastung jedoch anders als bei Belastung (s. Bild 10-6b), da ein Zurückfedern erst dann erfolgt, wenn die Federkraft F auf eine bestimmte Entlastungskraft $F_E \approx F/3$ gesunken ist; die zum Einfedern aufgebrachte Energie wird größenteils als Reibungsarbeit in Wärme umgesetzt.

10

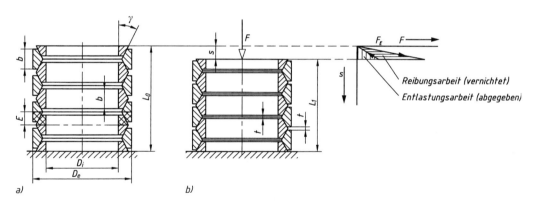

Bild 10-6 a) unbelastete Ringfedersäule aus $z = 7$ ganzen und 2 halben (=9) Ringen bzw. 8 Elementen (E gilt als ein Element), Ringbreite $b \approx D_e/5$,
b) belastete Feder mit Kennlinie; Sicherheitsspalt $t \approx (D_e + D_i)/200$ bei bearbeiteten Ringen

Verwendung

Da durch erhebliche Reibung viel mechanische Energie in (abzuführende) Wärme verwandelt wird und die dadurch bedingte Dämpfung je nach Schmierung bis zu 70% betragen kann, eignen sich Ringfedern besonders als Pufferfedern. Sie werden außerdem als Überlastungsfedern in schweren Pressen, Hämmern und Werkzeugen eingebaut, wobei besonders die hohe Energieaufnahme auf geringstem Raum ausgenutzt werden kann (Bild 10-7). Die Federn sind gegen Feuchtigkeit und Staub zu schützen, um die Schmierung nicht zu gefährden.

Ringfedern werden mit Außendurchmessern $D_e = 18...400\,\text{mm}$ und für Endkräfte von $F_B \approx 5...1800\,\text{kN}$ bei Federwegen $s = 0,4...7,6\,\text{mm}$ je Element geliefert.

Berechnung

Die Auslegung der nicht genormten Ringfedern, d. h. die Festlegung der Bauabmessungen, Anzahl der Ringe usw. erfolgt zweckmäßig nach Angaben des Herstellers.

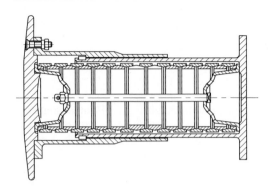

Bild 10-7 Ringfeder als Hülsenpuffer mit geschlitzten Innenringen zum Erzeugen einer progressiven Kennlinie (Werkbild Ringfeder GmbH)

10.3.2 Biegebeanspruchte Federn

1. Einfache Blattfeder

Federwirkung, Verwendung

Die einfache *Rechteck-Blattfeder* (Bild 10-8a) kann als Freiträger mit der Durchbiegung *s* bei der Belastung *F* betrachtet werden. Die Biegespannung, deren Höchstwert nur an der Einspannstelle auftritt, nimmt mit wachsendem Abstand von dieser gleichmäßig ab. Die Feder ist damit lediglich an der Einspannstelle festigkeits- und werkstoffmäßig voll ausgenutzt. Sie wird nur bei kleinen Kräften, insbesondere in der Feinwerktechnik, verwendet, z. B. als Kontakt-, Rast- oder Andrückfeder. Die *Dreieck-Blattfeder* (Bild 10-8b) entspricht einem Träger gleicher Festigkeit mit „angeformter" Breite, so dass in jedem Querschnitt die gleiche Biegespannung auftritt. Sie biegt kreisbogenförmig – die Rechteckfeder parabelförmig – durch. Die Federungsarbeit und damit die Werkstoffausnutzung ist dreimal so groß wie bei der Rechteckfeder (bei gleichem Volumen und gleicher Spannung). Die Vorteile werden aber durch die ungünstige und praktisch kaum verwendbare Form eingeschränkt, so dass auf eine volle Werkstoffausnutzung verzichtet und eine *Trapezform* mit *b* und *b'* bevorzugt wird (Bild 10-8b). Aus dieser ist die geschichtete Blattfeder entwickelt worden. Bei der *Parabelfeder* verläuft die Blattstärke nach einer quadratischen Parabel (Bild 10-8c), so dass die Federarbeit und ihre Durchbiegung um 1/3 größer sind als bei der Dreieckfeder. Nachteilig ist die schwierige und kostspielige Herstellung.

Hinweis: Die Durchbiegung unter der Kraft *F* einer Feder hängt ausschließlich von den Abmessungen und der Werkstoffart, nicht aber von der Werkstofffestigkeit ab.

Berechnung

Für die Federn in Bild 10-8 folgt mit $M = F \cdot l$ und $W = bh^2/6$ die *Biegespannung* σ_b und mit $\sigma_{b\,zul}$ aus TB 10-1 die maximale *Federkraft* F_{max}

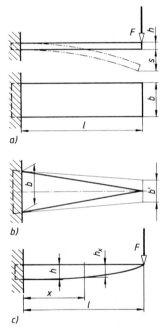

Bild 10-8 Einarmige Blattfeder
a) Rechteckblattfeder (Ansicht und Draufsicht) mit *h* und *b* = konstant,
b) Dreieck- bzw. Trapezfeder mit *h* = konstant (Draufsicht),
c) Parabelfeder (Ansicht) mit *b* = konstant, $h_x = h \cdot \sqrt{1 - (x/l)}$

$$\sigma_b = \frac{M}{W} = \frac{6 \cdot F \cdot l}{b \cdot h^2} \leq \sigma_{b\,zul} \quad \text{bzw.} \quad F_{max} = \frac{b \cdot h^2 \cdot \sigma_{b\,zul}}{6 \cdot l} \qquad (10.7)$$

Mit der Federkraft F wird der *Federweg (Durchbiegung)*

$$s = q_1 \cdot \frac{l^3}{b \cdot h^3} \cdot \frac{F}{E} \qquad (10.8)$$

q_1 Faktor zur Berücksichtigung der Bauform; $q_1 = 4$ für Rechteckfeder, $q_1 = 6$ für Dreieckfeder, $q_1 \approx 4 \cdot [3/(2 + b'/b)]$ für Trapezfeder, $q_1 = 8$ für Parabelfeder.

Mit der Länge l und den Festigkeitswerten ergibt sich der *zulässige Federweg s* bzw. die *zulässige Federblattdicke h*

$$s \leq q_2 \cdot \frac{l^2}{h} \cdot \frac{\sigma_{\text{b zul}}}{E} \quad \text{bzw.} \quad h \leq q_2 \cdot \frac{l^2}{s} \cdot \frac{\sigma_{\text{b zul}}}{E} \qquad (10.9)$$

q_2 Faktor zur Berücksichtigung der Bauformen; $q_2 = 2/3$ für Rechteckfeder, $q_2 = 1$ für Dreieckfeder, $q_2 \approx (2/3) \cdot [3/(2 + b'/b)]$ für Trapezfeder, $q_2 = 4/3$ für Parabelfeder.

Wird in die allgemeine Gleichung für die Federungsarbeit $W = F \cdot s/2$ mit F aus Gl. (10.7) und $s = l \cdot \sigma/E$ eingesetzt, dann ergibt sich nach Umformen die *Federungsarbeit*

$$W = q_3 \cdot \frac{V \cdot \sigma^2}{E} \quad \text{bzw.} \quad W_{\text{max}} = q_3 \cdot \frac{V \cdot \sigma_{\text{b zul}}^2}{E} \qquad (10.10)$$

q_3 Faktor zur Berücksichtigung der Bauform; man setzt $q_3 = 1/18$ für Rechteckfeder, $q_3 = 1/6$ für Dreieckfeder, $q_3 \approx (1/9) \cdot [3/(2 + b'/b)] \cdot [1/(1 + b'/b)]$ für Trapezfeder, $q_3 = 1/6$ für Parabelfeder
V Federvolumen: $V = b \cdot h \cdot l$ für Rechteck-, $V = b \cdot h \cdot l/2$ für Dreieck-, $V = h \cdot l \cdot (b' + b)/2$ für Trapez- oder $V = (2/3) \cdot b \cdot h \cdot l$ für Parabelfeder
E Elastizitätsmodul; Werte aus TB10-1
b Breite des Federblattes; bei der Dreieck- und Trapezfeder maximale Breite
b' Breite am freien Ende der Trapezfeder
$h(h_x)$ Höhe (Dicke im Abstand x) der Feder
$l(l_x)$ Länge im Abstand x der Feder
$\sigma_{\text{b zul}}$ zulässige Biegespannung; Werte aus TB 10-1

Hinweis: Die oben genannten Gleichungen gelten (streng genommen) nur für kleinere Federwege.

2. Geschichtete Blattfeder

Entwicklung, Verwendung

Die geschichtete Blattfeder ergibt sich aus der doppelarmigen Trapezfeder. Bei größerer Belastung und Federung würden sich sehr breite, baulich kaum unterzubringende Federblätter ergeben. Man zerlegt deshalb die Trapezfeder in gleichbreite Streifen und schichtet sie möglichst spaltlos aufeinander (Bild 10-9a). Das obere Hauptblatt ist zur Lagerung an den Enden meist eingerollt (für Schienenfahrzeuge s. DIN 5542). Die gebündelten Federblätter (s. auch DIN 4620) werden in der Mitte durch Spannbügel oder Bunde (Federklammern DIN 4621, Federschrauben DIN 4626) zusammengehalten. Zur Sicherung gegen seitliches Verschieben werden Führungsbügel oder gerippte Federblätter (DIN 1570) verwendet. Nach DIN 5544 werden für Schienenfahrzeuge Parabelfedern eingebaut. Zur Vermeidung von Reibkorrosion sind die gleichlangen, nach einer quadratischen Parabel in den federungswirksamen Bereichen geformten Federn durch Luftspalte voneinander getrennt. Zweistufige Federn bestehen aus einer Hauptfeder und einer Zusatzfeder, die beim Erreichen einer bestimmten Belastung nachträglich eingreift (Bild 10-9b), wodurch ein progressiver Verlauf der Kennlinie entsteht.
Bei geschichteten Blattfedern treten beim Ein- und Ausfedern zwischen den Blättern infolge von Relativbewegungen Reibkräfte auf, so dass die Kennlinie eine Hysterese zeigt (vgl. 10.1.3 mit Bild 10-4). Die Reibung kann reduziert werden durch Verringerung der Lagenzahl, durch Kunststoffplatten an den Enden und häufige Wartung (Schmierung).

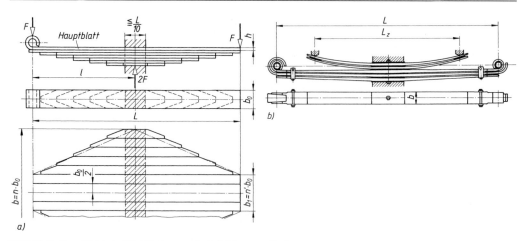

Bild 10-9 Geschichtete Blattfedern mit gleichlangen Federarmen
a) gedankliche Entstehung aus der Trapezfeder
b) zweistufige Parabelfeder (Haupt- und Zusatzfeder) mit Kunststoffzwischenlagen bei gleichlangen
   Blättern

Berechnung

Für die Berechnung der geschichteten Blattfeder kann als vereinfachte Draufsicht ein Doppel-trapez mit den Grundlinien $b = n \cdot b_0$ und $b_1 = n' \cdot b_0$ gewählt werden (Bild 10-9a, strichpunk-tiert), wenn n die Gesamtzahl der Blätter und n' die Zahl der Blätter mit der Länge L des Hauptblattes bedeuten. Im Bild 10-9a gilt $n = 7$ Lagen von der Breite b_0 und der Stärke h, sowie $n' = 2$. Es gelten allgemein die Gleichungen (10.7) und (10.9) für gleiche Blattdicken h, wenn $b = n \cdot b_0$ mit $q_1 \approx 4 \cdot [3/(2 + n'/n)] = 12/(2 + n'/n)$ und $q_2 \approx (2/3) \cdot [3/(2 + n'/n)]$ $= 2/(2 + n'/n)$ gesetzt werden. Die Spannung σ_b ist um so niedriger zu halten, je kürzer und biegesteifer die Federn sind; $\sigma_{b\,zul} \approx (0{,}4 \ldots 0{,}5) \cdot R_m$ (vgl. auch TB 10-1).

Die Reibung kann wegen der vielen Einflussgrößen (Oberfläche, Schmierung, Federkraft) rech-nerisch kaum erfasst werden; sie wird um so geringer, je kleiner n und h und je größer L ist. Erfahrungsgemäß ist die tatsächliche Tragkraft $\approx 2 \ldots 12\%$ höher als die rechnerische. Auf eine Berechnung kann meist verzichtet werden, da die Federn einbaufertig vom Hersteller bezogen werden können.

3. Drehfeder

Federwirkung, Verwendung

Drehfedern werden im Maschinen- und Apparatebau wie in der Feinmechanik hauptsächlich als Scharnier-, Rückstell- und Andrückfedern verwendet. Sie haben im Wesentlichen die gleiche Form wie zylindrische Schraubenfedern. Die Enden am Umfang des Federkörperdurchmessers sind als Schenkel abgebogen. Diese sind so ausgebildet, dass die Feder durch ein Verdrehen um die Federachse belastet werden kann. Infolge dieser Belastungsart ist die Beanspruchung des Federdrahtes eine Biegebeanspruchung.

Drehfedern werden meist durch Kaltformung aus rundem Federstahldraht nach DIN 10270 bis zu einem Drahtdurchmesser $d = 17$ mm gefertigt. Die zu bevorzugenden d sind TB 10-2 zu entnehmen. Schenkellängen und -formen werden hauptsächlich vom Gesichtspunkt der Über-tragung einer äußeren Verdrehkraft F am Hebelarm H bestimmt. Bei jeder Konstruktion ist anzustreben, dass beide Schenkel eindeutig geführt sind (s. Bild 10-10b, c und d) und die Feder *im Windungssinn* belastet wird, so dass die Außenseite der Windungen auf Zug beansprucht ist. Um eine wirtschaftliche Fertigung zu gewährleisten, sollten möglichst einfache Schenkelformen ausgeführt werden, wobei der kleinste innere Biegeradius $r = d$ nicht unterschritten werden soll. Fertigungsgünstig sind tangentiale Schenkel und Federn mit einem *Wickelverhältnis* $w = D/d = 4 \ldots 20$ (Bezeichnung s. Bild 10-10a). Um Reibungskräfte auszuschalten, sollen die

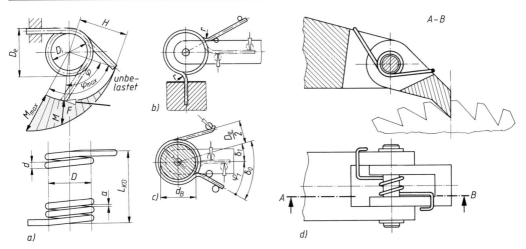

Bild 10-10 Drehfedern
a) mit kurzen tangentialen Schenkeln, b) mit abgebogenen Schenkeln (gespannter, bewegter Schenkel *Strich-Zweipunkt-Linie*), c) mit Bolzenführung; Schenkelwinkel δ_0 bei unbelasteter, δ_1 bei belasteter Feder dem Drehwinkel φ_1 zugeordnet, d) als Andrückfeder für eine Sperrklinke

Federn stets mit einem lichten Windungsabstand $a \geq (0{,}24 \cdot w - 0{,}63) \cdot d^{0,83}$ oder mit lose anliegenden Windungen gewickelt werden. Wird eine Feder auf einem Bolzen geführt (dies ist besonders bei sehr langen Federkörpern L_{K0} und bei nicht fest eingespanntem Schenkel wegen der Möglichkeit des Ausknickens erforderlich, vgl. Bild 10-10c), muss wegen der Verkleinerung des Innendurchmessers D_i und der Vermeidung von Reibung genügend Spiel zwischen Bolzen und Feder verbleiben. Als Anhalt kann für den Bolzen $d_B \approx (0{,}8 \ldots 0{,}9) \cdot D_i$ gewählt werden.

Berechnung[1])
Mit der zulässigen Biegespannung $\sigma_{b\,zul} = f\,(d,\,Drahtwerkstoff)$ nach TB 10-3, dem Korrekturbeiwert $q = f(D/d)$ zur Berücksichtigung der Spannungserhöhung infolge der Drahtkrümmung nach TB 10-4 mit dem abzuschätzenden Windungsdurchmesser D und einem gewählten Werkstoff nach TB 10-2c könnte aus der Beziehung $\sigma_b = q \cdot M/W \leq \sigma_{b\,zul}$ mit $M = F_{max} \cdot H$ und $W = (\pi/32) \cdot d^3$ der Drahtdurchmesser d durch Iteration bestimmt werden. Für die Auslegung einer Drehfeder sind meist der Innendurchmesser D_i des Federkörpers bekannt, so dass für den ersten Entwurf mit der Gebrauchsformel der *Drahtdurchmesser d* überschlägig ermittelt werden kann aus

$$d \approx 0{,}23 \cdot \frac{\sqrt[3]{F \cdot H}}{1 - k} = 0{,}23 \cdot \frac{\sqrt[3]{M}}{1 - k} \quad \text{mit } k \approx 0{,}06 \cdot \frac{\sqrt[3]{M}}{D_i}$$

F	H, d, D_i	M	k
N	mm	Nmm	1

(10.11)

Die endgültige Festlegung des Drahtdurchmessers d nach DIN EN 10270 (TB 10-2) kann erst nach dem Festigkeitsnachweis erfolgen, s. Gln. (10.15) und (10.16), da hierfür alle Bestimmungsgrößen bekannt sein müssen. Mit $D = D_i + d$, $M = F_{max} \cdot H$, der Drahtlänge $l = D \cdot \pi \cdot n$, dem Flächenmoment 2. Grades $I = (\pi/64) \cdot d^4$ und dem geforderten Drehwinkel φ kann aus der Beziehung $\varphi° = (180°/\pi) \cdot (M \cdot l)/(E \cdot I) = (180°/\pi) \cdot (M \cdot D \cdot \pi \cdot n)/[E \cdot (\pi/64) \cdot d^4]$ die Windungszahl n ermittelt werden aus

$$n = \frac{(\pi/64) \cdot \varphi° \cdot E \cdot d^4}{(180°/\pi) \cdot F \cdot H \cdot D \cdot \pi} = \frac{(\pi/64) \cdot \varphi° \cdot E \cdot d^4}{180° \cdot F \cdot H \cdot D} = \frac{(\pi/64) \cdot E \cdot d^4}{180° \cdot R_\varphi \cdot D}$$

(10.12)

Die Windungszahl soll aus fertigungstechnischen Gründen festgelegt werden auf $n = \ldots, 0 \ldots,$ $\ldots, 25 \ldots, 5 \ldots, 75$; s. Bild 10-11.

---

[1]) Die Berechnung der Drehfedern ist nach DIN EN 13906-3 genormt. Abweichend von DIN EN 13906-3 wird nachfolgend der Wirkabstand mit H (anstelle R) und der Drehwinkel mit φ (anstelle α) angegeben.

Bild 10-11
Ausführungsformen von Drehfedern hinsichtlich der Windungszahl

$n = ..., 0$ $..., 25$ $..., 5$ $..., 75$

Die *Länge* L_{K0} *des unbelasteten Federkörpers wird*

$$
\begin{array}{ll}
\text{bei anliegenden Windungen} & L_{K0} = (n + 1{,}5) \cdot d \\[2mm]
\text{bei Windungsabstand} & L_{K0} = n \cdot (a + d) + d
\end{array}
\tag{10.13}
$$

Mit der Anzahl der federnden Windungen n ergibt sich für den Federkörper (ohne Federschen-kel) die *gestreckte Länge l der Windungen*

$$
\begin{array}{lll}
\text{bei} & (a + d) \le D/4 & l = D \cdot \pi \cdot n \\[2mm]
\text{bei} & (a + d) > D/4 & l = n \cdot \sqrt{(D \cdot \pi)^2 + (a + d)^2}
\end{array}
\tag{10.14}
$$

Erläuterungen der Formelzeichen s. unter Gl. (10.16)

Für die Nachprüfung der festgelegten Feder gelten die folgenden Berechnungsgleichungen streng genommen nur für Federn mit fest eingespannten, kreisförmig geführten beweglichen Schenkeln ohne Berücksichtigung der Reibung. Vor jeder Berechnung ist zu klären, ob die Feder *ruhend* bzw. selten wechselnd (d. h. mit gelegentlichen Lastwechseln ($N < 10^4$ Lastspiele) während ihrer Lebensdauer) oder *schwingend* beansprucht wird. Bei Drehfedern mit praktisch unbegrenzter Lebensdauer ($N > 10^7$ Lastspiele) sind die Dauerfestigkeitswerte bis $d = 4$ mm nach TB 10-5 zu berücksichtigen, und in den Gleichungen wird dann anstelle F die Schwing-kraft $F_h = F_2 - F_1$ (zugeordnet dem Hubwinkel $\varphi_h = \varphi_2 - \varphi_1$) eingesetzt und die Hubspannung σ_h bzw. $\sigma_{qh} \le \sigma_{h\,zul}$ bzw. die Hubfestigkeit σ_H ermittelt.
Unter Berücksichtigung der Spannungserhöhung durch die Drahtkrümmung gelten mit dem Spannungsbeiwert q für die *Biegespannung*

$$
\sigma_q = q \cdot \frac{M}{W_b} = \frac{q \cdot M}{(\pi/32) \cdot d^3} = \frac{q \cdot F \cdot H}{(\pi/32) \cdot d^3} \le \sigma_{b\,zul}
\tag{10.15}
$$

und aus Gl. (10.12) wird mit $l = D \cdot \pi \cdot n$ für $(a + d) \le D/4$ und $M = F \cdot H$ der *Verdrehwinkel*

$$
\varphi^\circ = \frac{180^\circ}{\pi} \cdot \frac{M \cdot l}{E \cdot I} = \frac{180^\circ}{\pi} \cdot \frac{M \cdot l}{E \cdot (\pi/64) \cdot d^4} = \frac{180^\circ}{\pi} \cdot \frac{M \cdot D \cdot \pi \cdot n}{E \cdot (\pi/64) \cdot d^4}
\tag{10.16}
$$

F	Federkraft; F_1, $F_2 \ldots$ zugeordnet den Drehwinkeln φ_1, $\varphi_2 \ldots$
H	Hebelarm senkrecht zur Federkraft (s. Bild 10-8a)
d	Drahtdurchmesser; Werte aus TB 10-2
D	mittlerer Windungsdurchmesser aus $D = D_i + d = D_e - d$
E	Elastizitätsmodul aus TB 10-1
l	Drahtlänge des Federkörpers aus $l = D \cdot \pi \cdot n$,
$n \ge 2$	Anzahl der wirksamen (federnden) Windungen
a	Abstand zwischen den wirksamen Windungen der unbelasteten Feder
$\sigma_{b\,zul}$	zulässige Biegespannung vorwiegend ruhender Beanspruchung nach TB 10-3
q	Spannungsbeiwert zur Berücksichtigung der ungleichmäßigen Spannungsverteilung infolge der Drahtkrümmung, abhängig von $w = D/d$ bzw. r/d nach TB 10-4

Bei Federn mit wenig Windungen und/oder langen nicht fest eingespannten Schenkeln muss die Schenkeldurchbiegung berücksichtigt werden, wodurch sich der Drehwinkel φ vergrößert auf $\varphi' = \varphi + \beta$. Die *Vergrößerung des Drehwinkels* errechnet sich angenähert aus

$$\beta° \approx 97,4° \cdot \frac{F \cdot (4 \cdot H^2 - D^2)}{E \cdot d^4} \quad \text{tangentialer Schenkel}$$

$$\beta° \approx 48,7° \cdot \frac{F \cdot (2 \cdot H - D)^3}{E \cdot H \cdot d^4} \quad \text{abgebogener Schenkel}$$

F	H, D, d	E
N	mm	N/mm^2

4. Spiralfeder

Federwirkung, Verwendung
Spiralfedern werden meist aus kaltgewalzten Stahlbändern nach DIN EN 10132-4 hergestellt und nach einer Archimedischen Spirale, gekennzeichnet durch gleichen Windungsabstand a, gewunden. Der Windungssinn ist schließend. Alle Federn werden innen und außen eingespannt. Auf Grund ihrer Form ziehen sich jedoch im gespannten Zustand nicht alle Windungen gleichmäßig zusammen. Die einzelnen Windungen sollen sich auch bei arbeitender Feder nicht berühren, so dass Reibungseinflüsse unberücksichtigt bleiben können. Federwirkung und Beanspruchung sind ähnlich wie bei Drehfedern. Spiralfedern werden vorwiegend als Rückstellfedern in Messinstrumenten, als Arbeitsspeicher für Uhrwerke und Spielgeräte sowie in größeren Abmessungen für drehelastische Kupplungen verwendet.

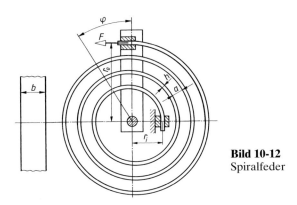

Bild 10-12
Spiralfeder

Berechnung
Ist in Einzelfällen die Berechnung einer Spiralfeder mit Rechteckquerschnitt notwendig, genügen vielfach nachfolgende Näherungsgleichungen. Bei Federn, deren Windungen sich nicht berühren und deren Enden eingespannt sind, wird mit dem Biegemoment (gleich Drehmoment) $M = F \cdot r_e$ die *Biegespannung* σ_i und der *Drehwinkel* φ

$$\sigma_i = \frac{M}{W} = \frac{6 \cdot F \cdot r_e}{b \cdot h^2} \leq \sigma_{b\,zul} \tag{10.17}$$

$\sigma_{b\,zul}$-Werte nach TB10-1

$$\varphi° = \frac{180°}{\pi} \cdot \frac{M \cdot l}{E \cdot I} = \frac{180°}{\pi} \cdot \frac{F \cdot r_e \cdot l}{E \cdot b \cdot h^3/12} = 2 \cdot \frac{180°}{\pi} \cdot \frac{\sigma_i \cdot l}{h \cdot E} \tag{10.18}$$

Bei gleichem Windungsabstand a und der Windungszahl n im unbelasteten Zustand ist die *gestreckte Federlänge*

$$l = \frac{\pi \cdot (r_e^2 - r_i^2)}{h + a} = \pi \cdot n(r_e + r_i) \tag{10.19}$$

Bei konstruktiv bedingtem inneren Radius r_i wird der *äußere Radius des Federkörpers*

$$r_e = r_i + n \cdot (h + a)$$ (10.20)

Mit dem Federvolumen $V = b \cdot h \cdot l$ ist die aufzuspeichernde *maximale Federungsarbeit*

$$W = \frac{1}{6} \cdot \frac{V \cdot \sigma^2}{E} \quad \text{bzw.} \quad W_{max} = \frac{1}{6} \cdot \frac{V \cdot \sigma_{b\,zul}^2}{E}$$ (10.21)

Wird die Spiralfeder so weit gespannt, dass sich ihre Windungen berühren, müssen die Abweichungen durch Versuche bestimmt werden.

5. Tellerfeder

Federwirkung, Verwendung

Tellerfedern sind schalenförmige Biegefedern (Bild 10-13). Günstige Federungseigenschaften bei guter Werkstoffausnutzung und ein hohes Arbeitsvermögen lassen sich bei Durchmesserverhältnissen $\delta = D_e/D_i = 1{,}7 \ldots 2{,}5$ erreichen. Die Tellerfedern sind nach DIN 2093 genormt (gestuft von $D_e = 8$ mm bis $D_e = 250$ mm). Dabei werden unterschieden: harte Federn der *Reihe A*, weiche Federn der *Reihe B* und besonders weiche Federn der *Reihe C*. Jede Reihe unterscheidet wiederum 3 Gruppen, entsprechend dem Herstellungsverfahren und der Bearbeitung:

Gruppe 1 mit $t \leq 1{,}25$ mm, kaltgeformt; $R_a < 12{,}5$ µm;

Gruppe 2 mit $t = 1{,}25$ bis 6 mm, kaltgeformt, D_e und D_i gedreht $R_a < 6{,}3$ µm bzw. feingeschnitten $R_a < 3{,}2$ µm;

Gruppe 3 mit $t > 6$ mm bis 14 mm, kalt- oder warmgeformt, allseits gedreht $R_a < 12{,}5$ µm; mit Auflageflächen von ca. $D_e/150$ an den Stellen I und III sowie einer reduzierten Tellerdicke $t' \approx 0{,}94 \cdot t$ der Reihen A, B bzw. $t' \approx 0{,}96 \cdot t$ der Reihe C.

Abmessungen der Tellerfedern siehe TB 10-6.

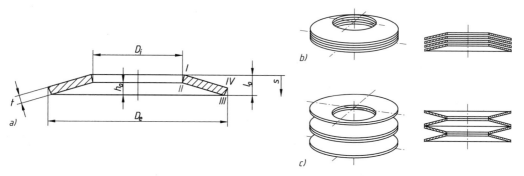

Bild 10-13 Tellerfeder
a) Einzelfeder im Schnitt, b) *Tellerfederpaket* aus vier Einzeltellern, c) *Tellerfedersäule* aus vier Federpaketen mit jeweils einer Einzelfeder

Die Federn werden aus Stahl nach DIN EN 10132-4 und DIN EN 10089 (z. B. 51CrV4, 52CrMoV4) hergestellt und nach der Wärmebehandlung vorgesetzt[1].

Da die Abstufung der genormten Federabmessungen und somit der Gebrauchseigenschaften verhältnismäßig grob ist, werden von den Herstellern zahlreiche Zwischengrößen mit gleichen oder auch abweichenden D_e, D_i, t bzw. l_0 angeboten.

---

[1] Vorbelastung der Feder in Richtung der Betriebsbeanspruchung über den elastischen Bereich des Werkstoffes hinaus, so dass nach Entlastung Eigenspannungen zurückbleiben, die in den Randzonen den Betriebsspannungen entgegengerichtet sind und damit eine günstigere Spannungsverteilung bewirken.

Das Verhältnis D_e/t entscheidet zusammen mit h_0 und t über die Belastbarkeit der Feder. h_0 muss um so kleiner sein, je größer t ist, damit selbst bei flachgedrückter Feder die zulässige Werkstoffbeanspruchung und ein zulässiges Nachsetzen nicht überschritten werden. Im Allgemeinen gelten bei kleineren (größeren) Werten für δ jeweils auch die kleineren (größeren) Werte von D_e/t und h_0/t. Bei gegebenem δ wird durch das Verhältnis h_0/t der Kennlinienverlauf des Einzeltellers im Einfederungsbereich bis zur Planlage $s_c \cong h_0$ bei F_c bestimmt, wie Bild 10-14 schematisch zeigt.

Kurz vor der Planlage des Einzeltellers steigt die Kennlinie stark progressiv an, weshalb bei zunehmendem s der zur Verfügung stehende theoretische Federweg $s \cong s_c = h_0$ nur bis zu $75\ldots80\%$ ausgenutzt werden soll.

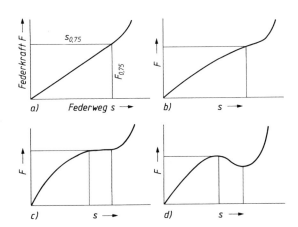

Bild 10-14
Kennlinien von Tellerfedern
a) bei $h_0/t \leq 0,4$ nahezu linearer Verlauf bis $s_{0,75} \approx 0,75 \cdot h_0$
b) bei größeren h_0/t zunehmend degressiver Verlauf
c) bei $h_0/t = 1,4$ oberer Kennlinienteil nahezu waagerecht verlaufend, d. h. $F = $ konstant bei zunehmendem s,
d) bei $h_0/t > 1,4$ nach Erreichen eines Kraftmaximums Kraftabfall mit zunehmendem s

Kombinationsmöglichkeiten von Einzeltellerfedern: Vielfach reichen einzelne Federelemente nicht aus, um den an Federweg und Federkraft gestellten Anforderungen zu genügen. Deshalb werden Tellerfedern zu *Federpaketen* oder zu *Federsäulen* zusammengesetzt (Bild 10-15). Federpakete bestehen üblicherweise aus $n = 2\ldots3(4)$ gleichsinnig geschichteten Einzeltellern; Federsäulen aus $i < 30$ wechselsinnig aneinander gereihten Einzeltellern oder $i < 20$ Federpaketen. Ebenso lässt sich durch wechselsinniges Aneinanderreihen von gleichdicken Tellerfedern zu Federpaketen mit zunehmender Zahl von Einzeltellern bzw. gleicher Zahl von Einzeltellern unterschiedlicher Dicke theoretisch eine progressiv geknickte Kennlinie erreichen (Bild 10-15c). Dabei muss jedoch bei den Säulenteilen 1 und 2 die Zulässigkeit der Spannung der Federn berücksichtigt und durch konstruktive Maßnahmen (Hubbegrenzung durch Zwischenringe oder durch Anschlag) ein Überschreiten von $s_{0,75}$ verhindert werden, s. Bild 10-15d und e.
Bei Platzmangel in Richtung des Federweges kann man durch Auflösung einer Federsäule die gleichen Kraft-Weg-Verhältnisse erzielen, wenn statt einer Säule aus i Pakten zu je n Einzeltellern auch n Säulen zu je i Einzeltellern verwendet werden (Bild 10-16).
Je größer die Länge einer Federsäule ist, desto größer wird mit zunehmender Lastwechselzahl die Neigung zum seitlichen Verschieben von Einzeltellern, wodurch erhebliche Reibung entsteht und nicht kalkulierbare Beanspruchungen auftreten. Daher sollte die Anzahl der Federn gering gehalten und dafür ein größtmöglicher D_e gewählt werden. Außerdem sollten wegen des stabilen Standes und wegen günstiger Krafteinleitung bei gerader i vorzugsweise die Endteller mit D_e und bei ungerader i sollte die Endfeder am bewegten Ende mit D_e an den Endplatten anliegen. (s. Bild 10-17b).
Zu Säulen angeordnete Tellerfedern müssen geführt und bei schwingender Belastung vorgespannt eingebaut werden, um ein seitliches Verrutschen der Teller unter Krafteinwirkung zu verhindern. Meist wird die Führung am D_i durch Bolzen erfolgen (Innenführung), aber gleichwertig ist auch eine Führung am D_e in einer Hülse möglich (Außenführung). Führungsbolzen und Auflageflächen sollen oberflächengehärtet (55 bis 60 HRC) und müssen glatt, möglichst geschliffen sein.

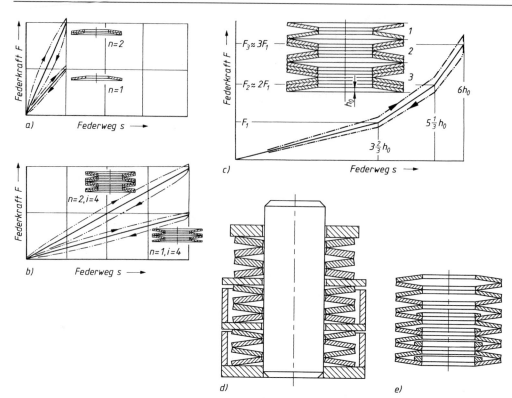

Bild 10-15 Kombinationen von Tellerfedern (Reihe A mit annähernd linearer Kennlinie) unter Berücksichtigung der Reibung (Strich-Zweipunkt-Linien, schematisch)
a) Einzelteller und Federpaket ($n = 2$), b) Federsäulen (für $i = 4$ mit $n = 1$ und $n = 2$), c) Federsäule aus Federpaketen mit zunehmender Tellerzahl gleicher Dicke, d) und e) Beispiele für eine Hubbegrenzung.

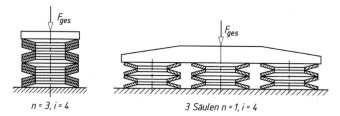

Bild 10-16 Auflösung einer Federsäule in Teilsäulen (sinnbildliche Darstellung nach DIN ISO 2162)

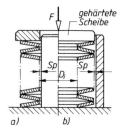

Bild 10-17
Einbau von Federsäulen
a) Innenführung durch Bolzen; allgemein dargestellt für anzustrebende gerade Tellerzahl
b) Außenführung durch Hülse; allgemein dargestellt für ungerade Tellerzahl

Um eine einwandfreie Führung zu gewährleisten, ist ein ausreichendes Spiel zwischen Bolzen und D_i bzw. zwischen Hülse und D_e vorzusehen, für das nach DIN 2093 folgende Werte empfohlen werden:

D_i bzw. D_e	Spiel	D_i bzw. D_e	Spiel
≤ 16 mm	$\approx 0{,}2$ mm	$> 31{,}5\ldots 50$ mm	$\approx 0{,}6$ mm
$> 16\ldots 20$ mm	$\approx 0{,}3$ mm	$> 50\ldots 80$ mm	$\approx 0{,}8$ mm
$> 20\ldots 26$ mm	$\approx 0{,}4$ mm	$> 80\ldots 140$ mm	$\approx 1{,}0$ mm
$> 26\ldots 31{,}5$ mm	$\approx 0{,}5$ mm	$> 140\ldots 250$ mm	$\approx 1{,}6$ mm

Tellerfedern ergeben eine wesentlich günstigere Raumausnutzung als andere Federarten. Sie eignen sich besonders für Konstruktionen, die große Federkräfte bei kleinen Federwegen verlangen. Wegen ihrer vielseitigen Eigenschaften und der Kombinationsmöglichkeiten von Einzeltellern werden verschiedenste Wirkungen erzielt, so dass ihre Anwendung z. B. im Werkzeug- und Vorrichtungsbau, bei Pressen, im Maschinen- und Apparatebau, Kran- und Brückenbau ständig zunimmt. Ein Einbaubeispiel zeigt Bild 10-18.

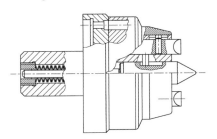

Bild 10-18
Einbaubeispiel: stirnseitiger, unter annähernd gleicher Federkraft stehender Mitnehmer für schnellen Werkstückwechsel beim Drehen

10

Berechnung[1]
Federgeometrie: Für den Einzelteller werden die zulässigen Federkräfte bei entsprechenden Federwegen in DIN 2093 (TB 10-6) bzw. vom Hersteller angegeben. Für Federkombinationen (Federpakete, Federsäulen) ergeben sich bei Vernachlässigung der Reibung mit den Werten F und s für die Einzelfeder je nach Anordnung der Federn

für das *Federpaket* aus n gleichsinnig geschichteten Einzeltellern

$$
\begin{aligned}
\text{Gesamtfederkraft} \quad & F_{ges} = n \cdot F \\
\text{Gesamtfederweg} \quad & s_{ges} = s \\
\text{Pakethöhe unbelastet} \quad & L_0 = l_0 + (n-1) \cdot t \\
\text{Pakethöhe belastet} \quad & L = L_0 - s_{ges}
\end{aligned}
\tag{10.22}
$$

für die *Federsäule* aus i wechselsinnig aneinandergereihten Federpaketen aus je n Einzelfedern

$$
\begin{aligned}
\text{Gesamtfederkraft} \quad & F_{ges} = n \cdot F \\
\text{Gesamtfederweg} \quad & s_{ges} = i \cdot s \\
\text{Säulenlänge unbelastet} \quad & L_0 = i \cdot [l_0 + (n-1) \cdot t] = i \cdot (h_0 + n \cdot t) \\
\text{Säulenlänge belastet} \quad & L = L_0 - s_{ges} = i \cdot [l_0 + (n-1) \cdot t] - i \cdot s \\
& \qquad = i \cdot (h_0 + n \cdot t - s)
\end{aligned}
\tag{10.23}
$$

s	Federweg je Einzelteller bzw. Paket
F	Federkraft je Einzelteller
l_0	Bauhöhe der unbelasteten Tellerfeder, s. TB 10-6
t	Dicke der Tellerfeder, s. TB 10-6
$h_0 = l_0 - t$	lichte Höhe der Tellerfeder, s. TB 10-6

---

[1] Die Berechnung der Tellerfeder ist nach DIN 2092 genormt.

Federkraft: Für Einzelteller ergeben sich in Anlehnung an DIN 2092 entsprechend einer Näherungsgleichung von Almen-Làszlò mit D_e, h_0, t aus TB 10-6 die *rechnerische Federkraft für den Federweg s*

$$F = \frac{4 \cdot E}{1 - \mu^2} \cdot \frac{t^4}{K_1 \cdot D_e^2} \cdot K_4^2 \cdot \frac{s}{t} \cdot \left[K_4^2 \cdot \left(\frac{h_0}{t} - \frac{s}{t} \right) \cdot \left(\frac{h_0}{t} - \frac{s}{2 \cdot t} \right) + 1 \right]$$ (10.24)

F, F_c	E	D_e, s, t, h_0	μ, K
N	N/mm^2	mm	1

E Elastizitätsmodul; für Federstahl $E = 206 \cdot 10^3$ N/mm^2 bei Raumtemperatur
μ Poissonzahl aus $\mu = \varepsilon_q / \varepsilon$; für Federstahl $\mu \approx 0{,}3$
D_e Außendurchmesser des Federtellers
h_0 Federweg bis zur Planlage (h_0' für Federn der Gruppe 3), Werte aus TB 10-6
t Dicke des Einzeltellers (t' für Federn der Gruppe 3), Werte aus TB 10-6
s Federweg des Einzeltellers
K_1 Kennwert aus TB 10-8a
K_4 Kennwert; $K_4 = 1$ für Federn *ohne* Auflageflächen (Gruppe 1 und 2), für Federn *mit* Auflageflächen (Gruppe 3) wird

$$K_4 = \sqrt{-0{,}5 \cdot c_1 + \sqrt{(0{,}5 \cdot c_1)^2 + c_2}} \quad \text{mit}$$ (10.25)

$$c_1 = \frac{(t'/t)^2}{(0{,}25 \cdot l_0/t - t'/t + 0{,}75) \cdot (0{,}625 \cdot l_0/t - t'/t + 0{,}375)}$$

$$c_2 = [0{,}156 \cdot (l_0/t - 1)^2 + 1] \cdot \frac{c_1}{(t'/t)^3}$$

Federkraft bei Planlage: Aus Gl. (10.24) wird mit $s = s_c \cong h_0$ die *theoretische Federkraft im plattgedrückten Zustand*

$$F_c = \frac{4 \cdot E}{1 - \mu^2} \cdot \frac{h_0 \cdot t^3}{K_1 \cdot D_e^2} \cdot K_4^2$$ (10.26)

Mit der Gl. (10.26) können auch für wirksame Federkräfte F_1, F_2 ... zugeordnete Federwege s_1, s_2 ... aus dem Verhältnis F/F_c angenähert aus dem Verlauf der *bezogenen rechnerischen Kennlinie* der Tellerfedern, Reihe *A*, *B*, *C* nach DIN 2093 aus TB 10-8c ermittelt werden.

Federrate R: Die Kennlinie der Tellerfeder ist degressiv. Der Verlauf wird durch das Verhältnis h_0/t bestimmt. Die rechnerische Federrate $R = \Delta F / \Delta s$ nimmt mit zunehmender Einfederung ab, s. Bild 10-14. Unter der Voraussetzung einer ungehinderten Verformung kann für den Federweg s die *Federrate R* ermittelt werden aus

$$R = \frac{4 \cdot E}{1 - \mu^2} \cdot \frac{t^3}{K_1 \cdot D_e^2} \cdot K_4^2 \cdot \left(K_4^2 \cdot \left[\left(\frac{h_0}{t} \right)^2 - 3 \cdot \frac{h_0}{t} \cdot \frac{s}{t} + \frac{3}{2} \cdot \left(\frac{s}{t} \right)^2 \right] + 1 \right)$$ (10.27)

Federungsarbeit W: Sie ist abhängig vom jeweiligen Einfederungsgrad und lässt sich für die ungehinderte (reibungsfreie) Einfederung s ermitteln aus

$$W = \frac{2 \cdot E}{1 - \mu^2} \cdot \frac{t^5}{K_1 \cdot D_e^2} \cdot K_4^2 \cdot \left(\frac{s}{t} \right)^2 \cdot \left[K_4^2 \cdot \left(\frac{h_0}{t} - \frac{s}{2 \cdot t} \right) + 1 \right]$$ (10.28)

Erläuterungen zu den Gleichungen s. o.

Tragfähigkeitsnachweis:

Rechnerische Lastspannungen σ: Im Gegensatz zur reinen Biegefeder gibt es im Querschnitt der Tellerfeder keine neutrale Faser, sondern nur einen neutralen Punkt S. Nach Almen-Làszlò wird das Verformungsverhalten als eine eindimensionale Stülpung um S angesehen; der Durchmesser des Stülpmittelkreises ist $D_O = (D_e - D_i)/\ln \delta$ (vgl. Bild 10-19).

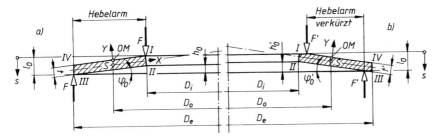

Bild 10-19 Ausführung von Tellerfedern
a) nach DIN 2093 Gruppe 1 und 2 ohne Auflageflächen, Tellerdicke t, Aufstellwinkel φ_0
b) nach DIN 2093 Gruppe 3 mit Auflageflächen und reduzierter Tellerdicke t', $\varphi_0' > \varphi_0$

Die errechneten Lastspannungen in Tellerumfangsrichtung sind nur Orientierungswerte, d. h. Nominalspannungen, die wegen der Vernachlässigung der durch die Herstellung bedingten Eigenspannungen und Fertigungstoleranzen nicht mit den wirklichen Spannungen übereinstimmen. Für die Beurteilung der Tellerfedern sind die Spannung σ_{OM} an der oberen Mantelfläche sowie die Spannungen $\sigma_I \ldots \sigma_{IV}$ an den Stellen I ... IV maßgebend:

$$\sigma_{OM} = -\frac{4 \cdot E}{1 - \mu^2} \cdot \frac{t^2}{K_1 \cdot D_e^2} \cdot K_4 \cdot \frac{s}{t} \cdot \frac{3}{\pi} \tag{10.29}$$

$$\sigma_{I, II} = -\frac{4 \cdot E}{1 - \mu^2} \cdot \frac{t^2}{K_1 \cdot D_e^2} \cdot K_4 \cdot \frac{s}{t} \cdot \left[K_4 \cdot K_2 \cdot \left(\frac{h_0}{t} - \frac{s}{2 \cdot t} \right) \pm K_3 \right]$$

$+K_3$ für die Stelle I; $-K_3$ für die Stelle II

$$\sigma_{III, IV} = -\frac{4 \cdot E}{1 - \mu^2} \cdot \frac{t^2}{K_1 \cdot D_e^2} \cdot K_4 \cdot \frac{s}{t} \cdot \frac{1}{\delta} \cdot \left[K_4 \cdot (K_2 - 2 \cdot K_3) \cdot \left(\frac{h_0}{t} - \frac{s}{2 \cdot t} \right) \mp K_3 \right]$$

$-K_3$ für die Stelle III; $+K_3$ für die Stelle IV

$$(10.30)$$

$E, \mu, t, h_0, s, \delta, D_e$ siehe zu Gl. (10.24)
$K_1 \ldots K_3$ Kennwerte aus TB 10-8a, b
K_4 Kennwert; für Tellerfedern *ohne* Auflagefläche wird $K_4 = 1$, *mit* Auflagefläche K_4 aus Gl. (10.25)

Hinweis: Positive Spannungen sind Zugspannungen, negative Spannungen sind Druckspannungen. Setzt man in Gl. (10.30) für $s = h_0 \cong s_c$, so erhält man die Spannung σ_c für die Planlage. Mit dem Verhältnis σ/σ_c können die Spannungen σ für jeden Federweg $0 < s \leq h_0$ nach TB 10-8d für die Stellen I ... IV und OM bestimmt werden.

Ruhende Beanspruchung[1]: Für Werkstoffe nach DIN EN 10089 und DIN EN 10132-4 soll die rechnerische Spannung an der oberen Mantelfläche $\sigma_{OM} \leq R_e = 1400 \ldots 1600 \, \text{N/mm}^2$ betragen.

---

[1] Ruhende Belastung oder selten wechselnde Belastung in größeren Zeitabständen und $N < 10^4$ Lastspiele.

Bei höheren Spannungen kann zusätzliches Nachsetzen eintreten. Eine Nachprüfung erübrigt sich bei Einhaltung des Federweges $s \leq s_{0,75}$. Die maximal zulässige Blockspannung $\sigma_{IC} = -2600 \text{ N/mm}^2$ für $\delta = 1{,}5$, $\sigma_{IC} = -3400 \text{ N/mm}^2$ für $\delta = 2$ und $\sigma_{IC} = -3600 \text{ N/mm}^2$ für $\delta = 2{,}5$ darf jedoch nicht überschritten werden.

Schwingende Beanspruchung[1]: Sie liegt vor, wenn die Einfederung dauernd zwischen einem Vorspannweg s_1 und einem Federweg s_2 wechselt. Maßgebend sind die rechnerischen Zugspannungen an der Tellerunterseite, da Brüche stets von den Stellen II oder III ausgehen. Um dem Auftreten von Anrissen an der Querschnittsstelle I (infolge von Zugeigenspannungen aus dem Setzvorgang) vorzubeugen, sind die Federn mit genügend hoher Vorspannung einzubauen. Anzustreben ist erfahrungsgemäß mindestens $\sigma_1 \cong \sigma_I \approx -600 \text{ N/mm}^2$, was einem Vorspannfederweg $s_1 \approx (0{,}15 \dots 0{,}2) \cdot h_0$ entspricht.

Um festzustellen, ob eine Tellerfeder im dauerfesten Bereich ($N \geq 2 \cdot 10^6$ Lastspiele) arbeitet, kann die Hubspannung $\sigma_h = \sigma_2 - \sigma_1$ zwischen dem Federweg s_2 bei F_2 und dem Vorspannfederweg s_1 bei F_1 nach der Gl. (10.30) errechnet werden. Aus den Dauer- und Zeitfestigkeitsschaubildern TB 10-9 wird entsprechend der Lastspielzahl N je nach Tellerdicke t für $\sigma_1 = \sigma_u \cong \sigma_U$ die zugehörige Oberspannung der Dauerschwingfestigkeit σ_O ermittelt. Der Einzelteller ist für N Lastspiele dauerfest, wenn sich $\sigma_O > \sigma_2 \cong \sigma_o$ oder die Dauerhubfestigkeit $\sigma_H = \sigma_O - \sigma_U > \sigma_h$ ergibt. Bei begrenzter Lebensdauer ($N < 2 \cdot 10^6$ Lastspiele) kann aus TB 10-9d für die Wöhlerlinie mit t die ertragbare bzw. zulässige Lastspielzahl N geschätzt werden.

Der dauerfeste Arbeitsbereich der Feder und der zulässige Hub $\Delta s_{zul} = s_{max} - s_1 \geq \Delta s = s_2 - s_1$ (vorhandener Hub) kann aus der F/s- und σ-Kennlinie (Feder- und Spannungskennlinie) anschaulich entsprechend Bild 10-20 bestimmt werden. (Zur Darstellung der Kennlinien werden die Angaben nach TB 10-6a, b, c für einen geeigneten Maßstab verwendet. Dabei können für Federn der Reihe A annähernd lineare Kennlinien angenommen werden.)

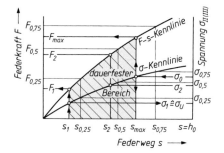

Bild 10-20
Feder- und Spannungskennlinie von Tellerfedern zur Feststellung des dauerfesten Arbeitsbereiches ohne Berücksichtigung der Reibung (rechnerische Werte)

Wird die Oberspannung σ_O der Dauerschwingfestigkeit für die Lastspielzahl N nach TB 10-9a, b, c eingetragen, dann liegt auch der maximal zulässige Federweg s_{max} für die Federkraft F_{max} fest und damit für den zulässigen Hub Δs_{zul}. Die Dauerhaltbarkeit der Feder ist für N gewährleistet, wenn $s_2 < s_{max}$ oder $\Delta s < \Delta s_{zul}$.

Hinweis: Die Dauer- und Zeitfestigkeitswerte nach TB 10-9 gelten nur bei annähernd sinusförmiger Belastung für $i \leq 10$ und sorgfältiger Führung und Schmierung der Federn; ungünstigere Bedingungen und besonders schlagartige Belastungen vermindern die Lebensdauer. Die Werte dürfen nur unter Berücksichtigung entsprechender Sicherheiten verwendet werden. Wegen des Rechnungsganges s. Berechnungsbeispiele 10.2 und 10.3 im Abschnitt 10.4.

Reibungseinfluss: In Gl. (10.24) ist der aus der Reibung entstehende Kraftanteil nicht berücksichtigt. Je nach Kombination der Einzeltellerfedern tritt jedoch bei Ein- und Ausfederung Reibung auf, deren Größe abhängt von der Anzahl der Federn/Paket bzw. Federpakete/Säule, von

---

[1] D. h. praktisch unbegrenzte Lebensdauer bei $N \geq 2 \cdot 10^6$ Lastspielen oder begrenzte Lebensdauer bei $10^4 \leq N < 2 \cdot 10^6$ Lastspielen.

der Oberflächenbeschaffenheit an den Kontaktstellen der Federn und von der Schmierung und ist rechnerisch nur in grober Annäherung erfassbar. Die Reibung bewirkt bei Belastung eine Vergrößerung und bei Entlastung eine Verringerung der errechneten Federkräfte. Die Kennlinie für die Be- und Entlastung weicht umso mehr voneinander ab, je größer die Reibung ist (vgl. Bild 10-15). Nach Bild 10-21 wirkt das Reibungsmoment durch die Reibkraft $\mu \cdot F_B$ bei der Einfederung dem Belastungsmoment entgegen und erhöht somit die erforderliche Einfederungskraft (bei der Ausfederung umgekehrt).

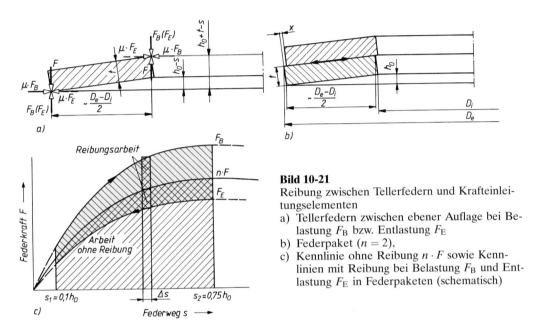

Bild 10-21
Reibung zwischen Tellerfedern und Krafteinleitungselementen
a) Tellerfedern zwischen ebener Auflage bei Belastung F_B bzw. Entlastung F_E
b) Federpaket $(n = 2)$,
c) Kennlinie ohne Reibung $n \cdot F$ sowie Kennlinien mit Reibung bei Belastung F_B und Entlastung F_E in Federpaketen (schematisch)

Für ein Federpaket aus n Federn treten neben der Eckenreibung an den Lasteinleitungsrändern (Faktor w_R) auch an den Mantelflächen (Faktor w_M) Reibungskräfte auf, die bei der Einfederung eine Krafterhöhung und bei der Ausfederung eine Kraftverminderung zur Folge haben. Bei der *Federsäule* besteht die Neigung zu evtl. Querverschiebungen der Pakete, was zu hohen Abstützkräften am Führungsdorn (-Hülse) führt mit der Folge hoher Reibungsverluste. Dies ist mathematisch nicht exakt erfassbar, so dass hier allein die Mantelreibung in den Paketen berücksichtigt wird.
Unter Berücksichtigung der Reibung können die Federkräfte ermittelt werden aus

$$
\begin{aligned}
&\text{für ein Federpaket } (s_{ges} = s)\text{:} \quad F_{ges\,R} \approx F \cdot \frac{n}{1 \mp w_M \cdot (n-1) \mp w_R} \\[2mm]
&\text{für Federsäulen } (s_{ges} = i \cdot s)\text{:} \quad F_{ges\,R} \approx F \cdot \frac{n}{1 \mp w_M \cdot (n-1)} \\[2mm]
&(-)\text{ Belastung,} \quad (+)\text{ Entlastung}
\end{aligned}
\tag{10.31}
$$

F	rechnerische Federkraft nach Gl. (10.24)
n	Telleranzahl je Federpaket
w_M, w_R	Reibungsfaktoren für **M**antel- und **R**andreibung nach TB 10-7, geschätzt entsprechend der jeweiligen Schmierungsart

Hinweis: In Gl. (10.31) wird beim *Federpaket* für $n = 1$ das Reibungsverhalten der Einzelfeder wiedergegeben.

10.3.3 Drehbeanspruchte Federn aus Metall

1. Drehstabfedern

Federwirkung, Verwendung

Drehstabfedern sind wegen der leichteren Bearbeitung mit optimaler Oberflächenqualität (schälen, schleifen, polieren) und der besten Werkstoffausnutzung meist Rundstäbe aus warmgewalztem, vergütbarem Stahl nach DIN EN 10089, vorteilhaft aus 51CrV4, die vorwiegend auf Verdrehung beansprucht werden. Zu diesem Zweck sind sie an einem Ende fest und am anderen drehbar gelagert, so dass der Schaft mit dem Durchmesser d und der federnden Länge l_f durch ein in Richtung seiner Achse wirkendes Moment T elastisch verdrillt werden kann. Für die Einleitung von T werden angestauchte Stabenden (Köpfe) meist mit Kerbverzahnung (DIN 5481, TB 12-4), aber auch mit Vier- oder Sechskant versehen. Eine optimale Werkstoffausnutzung kann nur dann erreicht werden, wenn die Köpfe mit einem Kopfkreisdurchmesser d_a für den Fußkreisdurchmesser d_f des Profils und einem Übergang zum zylindrischen Teil des Schaftes l_z mit ausreichend großem Hohlkehlenradius r so dimensioniert werden, dass alle Stabbereiche gleiche Lebensdauer aufweisen (Bild 10-22a). Dies ist zu erwarten, wenn für $d_f/d \geq 1,3$ die Kopflänge $0,5 \cdot d_f < l_k < 1,5 \cdot d_f$ und die Hohlkehlenlänge $l_h = 0,5 \cdot (d_f - d) \cdot \sqrt{4 \cdot r/(d_f - d) - 1}$ beträgt. Bei der freien Schaftlänge l gilt für die federnde Länge $l_f = l - 2(l_h - l_e)$ für die Ersatzlänge $l_e = v \cdot l_h$, wenn v abhängig von r/d und d_f/d aus TB 10-10a abgelesen wird. Im Anschluss an die Bearbeitung werden die Federn nach dem Vergüten zur Steigerung der Dauerfestigkeit kugelgestrahlt und, falls erforderlich, vorgesetzt. Solche Federn dürfen nur in Vorsetzrichtung beansprucht werden (Kennzeichnung an den Kopfstirnflächen). Die T/φ-Kennlinie ist eine Gerade (Bild 10-22b).

Ist der Einbauraum zu kurz, kann durch Verwendung mehrerer symmetrisch zur Drehachse angeordneter Einzelstäbe mit rechteckigen bzw. quadratischen Köpfen Abhilfe geschaffen werden; auch gebündelte Rechteckfedern können trotz schlechterer Werkstoffausnutzung verwendet werden. Die Kennlinie eines Stabbündels ist nicht linear.

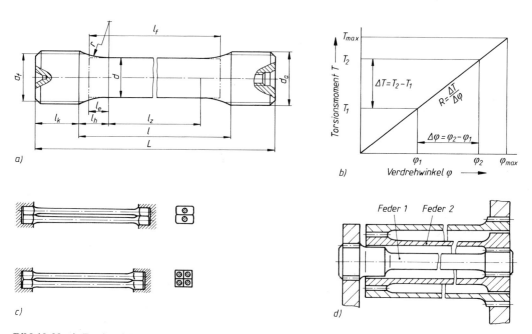

Bild 10-22 a) Drehstabfeder mit kerbverzahnten Köpfen für die zylindrische Teillänge l_z, b) Federkennlinie der Einzelfeder, c) Parallelschaltung aus 2 bzw. 4 Rundstäben, d) Reihenschaltung; Drehstab-Drehrohr (Feder 1 u. 2)

Drehstabfedern werden u. a. in Drehkraftmessern, in nachgiebigen Kupplungen und im Fahrzeugbau zur Fahrgestell- bzw. Achsabfederung verwendet. Sie werden sowohl als Einzelfedern als auch in Kombination mehrerer Stäbe in Parallel- oder Reihenschaltung eingesetzt.

Berechnung[1]

Mit dem polaren Widerstandsmoment $W_p = (\pi/16) \cdot d^3$ gilt für die *Schubspannung* (Verdrehspannung an der Schaftoberfläche)

$$\tau_t = \frac{T}{W_p} = \frac{T}{(\pi/16) \cdot d^3} \leq \tau_{t\,zul} \tag{10.32}$$

T maximal zu übertragendes Drehmoment

$\tau_{t\,zul}$ zulässige statische Schubspannung. Für die erforderliche Vergütungsfestigkeit 1600 N/mm² $< R_m < 1800$ N/mm² gilt bei nicht vorgesetzten Stäben $\tau_{t\,zul} = 700$ N/mm², bei vorgesetzten Stäben $\tau_{t\,zul} = 1020$ N/mm². Für dynamische Beanspruchung ist die Dauerhubfestigkeit τ_H maßgebend, siehe TB 10-10b.

Durch das Verdrillen des Stabes wird an seiner Oberfläche ein Gleiten (Schiebung) $\gamma = \tau_t/G = T/(W_p \cdot G) = T \cdot d/(2 \cdot I_p \cdot G)$ hervorgerufen (Schubmodul bzw. Gleitmodul G in N/mm² nach TB 10-1). Mit dem polaren Flächenmoment 2. Grades $I_p = (\pi/32) \cdot d^4$ ergibt sich aus dem Verdrehwinkel im Bogenmaß $\varphi = T \cdot l_f/(G \cdot I_p)$:

der *Verdrehwinkel* in Grad

$$\varphi° = (180°/\pi) \cdot \varphi = \frac{(180°/\pi) \cdot T \cdot l_f}{(\pi/32) \cdot d^4 \cdot G} = \frac{360° \cdot \tau_t \cdot l_f}{\pi \cdot G \cdot d} \tag{10.33}$$

die *Federrate* allgemein nach Bild 10-22b

$$R = \frac{T}{\varphi°} = \frac{I_p \cdot G}{(180°/\pi) \cdot l_f} = \frac{(\pi/32) \cdot d^4 \cdot G}{(180°/\pi) \cdot l_f} \tag{10.34}$$

die *Flächenpressung* näherungsweise bei Annahme einer über die Kopflänge konstanten und über den Querschnitt linearen Spannungsverteilung

$$
\begin{aligned}
\text{für verzahnte Köpfe} \quad & p \approx \frac{12 \cdot d_a \cdot T}{z \cdot l_k \cdot (d_a^3 - d_f^3)} \leq p_{zul} \\[2mm]
\text{für Sechskantköpfe} \quad & p \approx \frac{6 \cdot T}{l_k \cdot d_f^2} \leq p_{zul} \\[2mm]
\text{für Vierkantköpfe} \quad & p \approx \frac{3 \cdot T}{l_k \cdot d_f^2} \leq p_{zul}
\end{aligned}
\tag{10.35}
$$

z Zähnezahl (s. TB 12-4)

p_{zul} zulässige Flächenpressung nach TB 12-1b.

sonstige Formelzeichen nach Bild 10-22a.

Hinweis: Wird eine Drehstabfeder elastisch verformt und die aufgezwungene Form über längere Zeit konstant gehalten, dann tritt bei konstantem Drehwinkel ein Drehmomentverlust (Relaxation) bzw. bei konstantem Drehmoment eine Drehwinkelvergrößerung (Kriechen) auf.

2. Zylindrische Schraubenfedern mit Kreisquerschnitt

Federwirkung, Verwendung

Die meist aus Runddrähten oder Rundstäben gefertigten zylindrischen Schraubenfedern können als um eine Achse schraubenlinienförmig gewundene Drehstabfedern aufgefasst werden.

---

[1] Die Berechnung erfolgt in Anlehnung an DIN EN 13906-1, 2; aus Gründen der Einheitlichkeit werden einzelne Formelgrößen anders bezeichnet.

Sie sind die am häufigsten angewendeten Federn und werden vornehmlich als Druck- oder als Zugfedern verwendet (gute Werkstoffausnutzung).

Die Möglichkeit der Herstellung in kleinsten und größten Bauabmessungen, die Fertigung aus verschiedenartigsten Werkstoffen und wegen weitgehender Beeinflussung des Federungsverhaltens durch entsprechende Festlegung der Federabmessungen sowie durch Zusammenschalten von Federn verschiedener Abmessungen lassen sich praktisch fast alle Forderungen erfüllen.

Ausführung

Druckfedern: Je nach dem Fertigungsverfahren werden *kalt-* und *warmgeformte* Federn unterschieden, bis $d = 16$ mm Drahtdurchmesser werden die Federn meist kalt geformt.

Für *kaltgeformte Druckfedern* sind nach DIN 2095 Gütevorschriften für folgende Grenzwerte festgelegt: $d \leq 17$ mm; $D = (D_e + D_i)/2 \leq 200$ mm; $L_0 \leq 630$ mm; $n \geq 2$; Wickelverhältnis
$$w = D/d = 4 \dots 20.$$

Für *warmgeformte Druckfedern* gelten nach DIN 2096, T1 (bis 5000 Stück als Losgröße):
$$d = 8 \dots 60 \text{ mm}, \quad D_e \leq 460 \text{ mm}; \quad L_0 \leq 800 \text{ mm}; \quad n \geq 3;$$
$$\text{Wickelverhältnis } w = D/d = 3 \dots 12.$$

Kaltgeformte Federn werden meist aus patentiert-gezogenem unlegiertem Federdraht nach DIN EN 10270-1 in den Drahtsorten SL, SM, DM, SH, DH, sowie aus vergütetem Federdraht nach DIN EN 10270-2 in den Sorten FD, TD, VD (unlegiert und CrV- bzw. SiCr-legiert) hergestellt. Hinweise zur Auswahl der Drahtsorten ergeben sich aus TB 10-2. Zur wesentlichen Verbesserung der Dauerfestigkeitseigenschaften können fertige Federn kugelgestrahlt werden, wodurch deren Lebensdauer stärker erhöht wird als durch Wahl einer besseren Drahtsorte oder einer geeigneten Vergütung. Oberflächenschutz ist für solche Federn besonders zu beachten. Üblicherweise werden Federn geölt oder gefettet geliefert; andere Schutzverfahren sind mit dem Hersteller zu vereinbaren. Für die Ausführung, Toleranzen und Prüfung kaltgeformter Federn sind die Richtlinien nach DIN 2095, für warmgeformte die nach DIN 2096 maßgebend.

Die Federn werden in der Regel rechtssteigend ausgeführt. Zur einwandfreien Überleitung der Federkraft auf die Anschlussteile wird bei kaltgeformten Schraubendruckfedern die Steigung an je einer auslaufenden Windung vermindert, so dass das auslaufende Ende den vollen Querschnitt der folgenden Windung berührt (Bild 10-23). Um bei jeder Federstellung das möglichst axiale Einfedern bei genügend großer Auflagefläche zu erreichen, werden die Drahtenden plangeschliffen. Das Planschleifen der Federenden sollte bei Druckfedern mit $d < 1$ mm oder $w > 15$ aus wirtschaftlichen Gründen unterbleiben.

Kaltgeformte Druckfedern bestehen aus $n \geq 2$ wirksamen federnden Windungen mit in der Regel konstanter Steigung und zusätzlich aus 2 nicht federnden Windungen. Bei warmgeformten Druckfedern mit $n \geq 3$ ist zwischen den angelegten Windungen ein fertigungsbedingter Spalt vorhanden. Die Endwindungen werden auf $d/4$ plangeschliffen oder bei $d > 14$ mm geschmiedet und geschliffen, so dass 3/4 einer Windung an jedem Federende nicht federn.

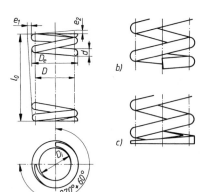

Bild 10-23
a) Unbelastete Schraubendruckfeder mit angelegten Federenden geschliffen
b) angelegtes, unbearbeitetes Federende
c) angelegtes, geschmiedetes Federende

Die *Gesamtzahl der Windungen* beträgt daher

$$
\begin{array}{ll}
\text{bei kaltgeformten Druckfedern} & n_t = n + 2 \\
\text{bei warmgeformten Druckfedern} & n_t = n + 1,5
\end{array}
\tag{10.36}
$$

Bei Druckfedern, besonders solche mit häufigen Lastwechseln, wird empfohlen, dass die Gesamtzahl der Windungen auf 1/2 (bzw. ..., 5) enden soll, d. h. anzustreben sind stets $n_t = 3,5 \; 4,5 \; 5,5 \ldots$ Windungen.
Die Steigung der unbelasteten federnden Windungen soll so gewählt werden, dass bei der größten zulässigen Federkraft immer noch ein Abstand zwischen den federnden Windungen vorhanden ist.
Die *Summe der Mindestabstände* ergibt sich bei kleinster zulässiger Federlänge L_n

$$
\begin{array}{ll}
\text{bei statischer Beanspruchung} & \\
\quad \text{für kaltgeformte Federn} & S_a = [0{,}0015 \cdot (D^2/d) + 0{,}1 \cdot d] \cdot n \\
\quad \text{für warmgeformte Federn} & S_a = 0{,}02 \cdot (D + d) \cdot n \\
\text{bei dynamischer Beanspruchung} & \\
\quad \text{für kaltgeformte Federn} & S_a' \approx 1{,}5 \cdot S_a \\
\quad \text{für warmgeformte Federn} & S_a' \approx 2 \cdot S_a
\end{array}
\tag{10.37}
$$

Bei Unterschreitung von S_a kann die Federkennlinie stark progressiv ansteigen.
Aus fertigungstechnischen Gründen müssen alle Federn auf *Blocklänge* L_c (alle Windungen liegen aneinander) zusammengedrückt werden können. Sie beträgt mit $d_{max} = d + es$ (oberes Grenzabmaß *es* nach TB 10-2a) für Federn

$$
\begin{array}{ll}
\text{kaltgeformt, Federenden} \ldots & \\
\quad \text{angelegt und geschliffen} & L_c \leq n_t \cdot d_{max} \\
\quad \text{angelegt und unbearbeitet} & L_c \leq (n_t + 1,5) \cdot d_{max} \\
\text{warmgeformt, Federenden} \ldots & \\
\quad \text{angelegt und planbearbeitet} & L_c \leq (n_t - 0,3) \cdot d_{max} \\
\quad \text{unbearbeitet} & L_c \leq (n_t + 1,1) \cdot d_{max}
\end{array}
\tag{10.38}
$$

Die der größten zulässigen Federkraft F_n zugeordnete *kleinste zulässige Federlänge* L_n muss daher stets sein

$$
L_n = L_c + S_a \quad \text{bzw.} \quad L_n = L_c + S_a'
\tag{10.39}
$$

Wird eine Druckfeder nach ihrer Fertigung zum ersten Mal zusammengedrückt, so wird nach der Entlastung die ursprüngliche unbelastete Länge nicht wieder erreicht, d. h. die Feder „setzt" sich. Erst nach mehreren weiteren Belastungen „steht" die Feder und behält die als Richtwert geltende *Länge der unbelasteten Feder*

$$
L_0 = s_c + L_c = s_n + L_c + S_a \quad \text{bzw.} \quad L_0 = s_c + L_c = s_n + L_c + S_a'
\tag{10.40}
$$

L_c Blocklänge (Windungen liegen aneinander) aus Gl. (10.38),
S_a, S_a' Summe der Mindestabstände aus Gl. (10.37),
s_c Federweg im Blockzustand
s_n der Federkraft F_n zugeordneter Federweg

Zugfedern: Hierfür sind die Richtlinien nach DIN 2097 maßgebend. Gegenüber den Druckfedern fallen bei Zugfedern die Führungselemente (Dorn, Hülse) weg, ebenso können die Federteller zur Federaufnahme vielfach eingespart werden und es besteht die Möglichkeit der zentrischen Kraftübertragung durch entsprechende Ausführung der Federenden. Nachteilig ist im Gegensatz zu den Druckfedern der meist größere Einbauraum, der sich je nach Ausführung der Federenden ergibt. Zugfedern werden daher zur Verringerung des Vorspannfederweges bis $d = 17$ mm Drahtdurchmesser meist mit (innerer) Vorspannung kaltgeformt, so dass die Windungen aneinander liegen, s. Bild 10-24; sie werden allgemein rechtsgewickelt. Federn mit $d > 17$ mm werden warmgewickelt und sind somit *ohne* Vorspannung; die Windungen brauchen nicht aneinander liegen. Zur Überleitung der Federkraft dienen die Ösen in verschiedenen Ausführungsformen sowie Anschlusselemente, deren Außendurchmesser nicht größer als D_e sein sollten, s. Bild 10-25. Die Ösen sind allgemein parallel mit ganzzahliger $n_t = n$ oder auf $\ldots, 5$ endend; um 90° bzw. 270° zueinander versetzt mit $n_t = n$ auf $\ldots, 25$ bzw. $\ldots, 75$ endend oder, je nach Ösenöffnung, seitlich hochgestellt angeordnet.

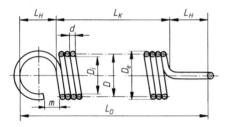

Bild 10-24
Darstellung der Zugfeder mit um 90° versetzter ganzer deutscher Öse. $L_H = (0,8 \ldots 1,1) \cdot D_i$; Ösenöffnung $m \geq 2 \cdot d$

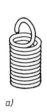      

a)   b)   c)   d)   e)   f)   g)

Bild 10-25 Ösenformen und Anschlusselemente zylindrischer Zugfedern (Auswahl)
a) halbe deutsche Öse ($L_H = (0,55 \ldots 0,8) \cdot D_i$), b) doppelte deutsche Öse (L_H s. Bild 10-24), c) ganze deutsche Öse seitlich hochgestellt ($L_H \approx D_i$), d) Hakenöse ($L_H \geq 1,5 \cdot D_i$ bis $30 \cdot d$), e) englische Öse ($L_H \approx 1,1 \cdot D_i$), f) Haken eingerollt ($n_t = n$ + Anzahl der durch Einrollen nicht federnder Windungen), g) Gewindestopfen ($2 \ldots 4$ eingeschraubte nicht federnde Windungen)

Mit der Gesamtwindungszahl n_t, dem Drahtdurchmesser d und der Ösenlänge L_H ergibt sich die *Länge des unbelasteten Federkörpers* L_K mit eingewundener Vorspannung bzw. die *Federlänge* L_0 zwischen den Innenkanten der Ösen (Bild 10-24) aus

$$L_K \approx (n_t + 1) \cdot d_{max} \quad \text{bzw.} \quad L_0 \approx L_K + 2 \cdot L_H \qquad (10.41)$$

Berechnung
Für *Druck- und Zugfedern* sind wegen rationeller Fertigung zulässige Abweichungen für Abmessungen und Kräfte je nach gefordertem Gütegrad entsprechend den betrieblichen Anforderungen vorgesehen (s. DIN 2095, 2096 und 2097). Zum Einhalten bestimmter Federkräfte und vorgeschriebener zugehöriger Längen muss dem Hersteller ein Fertigungsausgleich eingeräumt werden. Bei einer vorgeschriebenen Federkraft, zugehöriger Länge der gespannten Feder und L_0 für Druckfedern (für Zugfedern auch die innere Vorspannkraft F_0) sind n und eine der Größen d, D, D_e, D_i freizugeben; bei zwei vorgeschriebenen Federkräften und zugehörigen Längen der gespannten Feder ist auch L_0 (für Zugfedern auch F_0) freizugeben. Die Werte der freizugebenden Größen sind in der Zeichnung anzugeben und gelten als Richtwerte.

Zylindrische Schraubendruckfedern mit Kreisquerschnitt: Die Beanspruchung der Schraubenfedern erfolgt wie bei den Drehstabfedern vorwiegend auf Verdrehung, so dass die Berechnungsgleichungen für Drehstabfedern in entsprechend abgewandelter Form auch für Schraubenfedern gelten (sowohl für Druck- als auch für Zugfedern). Das Prinzip der Schraubenfederberechnung zeigt Bild 10-26, dargestellt für *eine* federnde Windung mit der Drahtlänge l'. Werden die mit den Endflächen des Bügels fest verbundenen Hebel mit der Kraft F um den Betrag s' zusammengedrückt, wird der Bügel durch das Moment $T = F \cdot D/2$ auf Verdrehen beansprucht und der Draht um den Betrag b' verdrillt. Mit $W_p = (\pi/16) \cdot d^3$ ist somit sicherzustellen, dass $\tau_{vorh} = T/W_p \approx F \cdot D/(0,4 \cdot d^3) \leq \tau_{zul}$ ist. Da $\tau_{zul} = f(d)$ und somit noch nicht bekannt ist, wird der Drahtdurchmesser zunächst überschlägig mit Gl. (10.42) ermittelt.

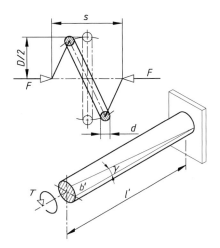

Bild 10-26
Halbkreisbügel als Teil der Schrauben-Druckfeder

Sind die Einbauverhältnisse begrenzt durch den Außendurchmesser D_e oder den Innendurchmesser D_i, kann beim Entwurf einer kaltgeformten Feder unter Einbeziehung einer Hilfsgröße k (siehe auch unter 10.3-3) mit der größten Federkraft F aus der Gebrauchsformel der *Drahtdurchmesser d angenähert* vorgewählt werden

$$\begin{array}{|l|l|}\hline \text{Außendurchmesser } D_e \text{ vorgegeben:} & d \approx k_1 \cdot \sqrt[3]{F \cdot D_e} \\ \hline \text{Innendurchmesser } D_i \text{ vorgegeben:} & d \approx k_1 \cdot \sqrt[3]{F \cdot D_i} + k_2 \\ \hline \end{array} \qquad \begin{array}{c|c|c} d, D_e, D_i & F & k \\ \hline mm & N & 1 \end{array} \qquad (10.42)$$

$k_1 = 0,15$ für Drahtsorten SL, SM, DM, SH, DH bei $d < 5$ mm
$k_1 = 0,16$ für Drahtsorten SL, SM, DM, SH, DH bei $d = 5 \ldots 14$ mm
$k_1 = 0,17$ für Drahtsorten FD,TD, VD bei $d < 5$ mm
$k_1 = 0,18$ für Drahtsorten FD, TD, VD bei $d = 5 \ldots 14$ mm

$$k_2 \approx \frac{2 \cdot (k_1 \cdot \sqrt[3]{F \cdot D_i})^2}{3 \cdot D_i}$$

Der so vorgewählte (oder auch vorerst geschätzte Durchmesser) ist festigkeitsmäßig auf Zulässigkeit nachzuprüfen. Für *statisch beanspruchte Druckfedern*[1] wird vereinfacht und genügend genau nur mit dem Drehmoment $T = F \cdot D/2$ (s. Bild 10-26) und dem polaren Widerstandsmoment $W_p = \pi \cdot d^3/16$ gerechnet. Aus der Torsionshauptgleichung $\tau_t = T/W_p \leq \tau_{t\,zul}$ ergibt sich (ohne Berücksichtigung des Einflusses der Drahtkrümmung) für den Belastungszustand 1,2

---

[1] Statische bzw. quasistatische Beanspruchung liegt vor, wenn die Beanspruchung zeitlich konstant bzw. zeitlich veränderlich ist mit kleiner Hubspannung (bis 10% der Dauerhubfestigkeit) bzw. mit größerer Hubspannung bis $N = 10^6$ Lastspielen.

(u, o) bzw. den Blockzustand c die *vorhandene Schubspannung*

$$\text{für den Zustand 1,2 } (u, o)\text{:} \quad \tau_{1,2(u,o)} = \frac{F_{1,2(u,o)} \cdot D/2}{\pi/16 \cdot d^3} \leq \tau_{zul}$$

$$\text{für den Blockzustand } c\text{:} \quad \tau_c = \frac{F_c \cdot D/2}{\pi/16 \cdot d^3} \leq \tau_{c\,zul}$$

(10.43)

F, F_c Federkraft bzw. Federkraft bei Blocklänge L_c
D mittlerer Windungsdurchmesser aus $D = (D_e + D_i)/2 = D_e - d = D_i + d$
τ_{zul} zulässige Schubspannung für kaltgeformte Federn (TB 10-11a)
$\tau_{c\,zul}$ zulässige Schubspannung bei Blocklänge L_c (TB 10-11b); für warmgeformte Federn
$\tau_{c\,zul}$-Werte nach TB 10-11c
Alle Federn müssen auf Blocklänge L_c zusammengedrückt werden können.

Für *dynamisch beanspruchte Druckfedern*[1], s. Bild 10-27, gelten unter Berücksichtigung der durch die Drahtkrümmung entstehenden Spannungserhöhung die *korrigierten Spannungen*

$$\text{korrigierte Schubspannung} \quad \tau_{k1,2} = k \cdot \tau_{1,2} \leq \tau_{kO}$$

$$\text{korrigierte Hubspannung} \quad \tau_{kh} = \tau_{k2} - \tau_{k1} \leq \tau_{kH}$$

(10.44)

k Spannungsbeiwert zur Berücksichtigung der Spannungserhöhung infolge der Drahtkrümmung aus (TB 10-11d)
$\tau_{1,2}$ Schubspannung nach Gl. (10.43)
τ_{kO} korrigierte Oberspannung; Zeit- oder Dauerfestigkeitswert
τ_{kH} desgl. korrigierte Hubspannung, Werte aus TB 10-13 bis TB 10-16

Hinweis: Auch bei dynamisch beanspruchten Druckfedern muss $\tau_{c\,zul}$ überprüft werden, s. zu Gl. (10.43).

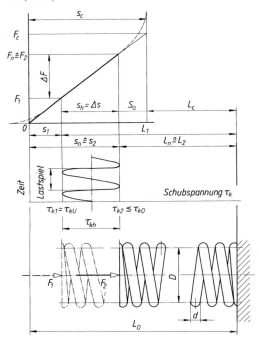

Bild 10-27
Schraubendruckfeder mit Belastungsdiagramm

---

[1] Kaltgeformte Federn mit Lastspielzahlen $N \geq 10^7$ bzw. warmgeformte Federn $N \geq 10^6$ im *Dauer-festigkeitsbereich*; und kaltgeformte Federn mit Lastspielzahlen $N < 10^7$ bzw. warmgeformte Federn $N < 10^6$ im *Zeitfestigkeitsbereich*.

Das elastische Verhalten der Feder mit dem festgelegten Drahtdurchmesser d (DIN EN 10270, TB 10-2a) und dem festgelegten Windungsdurchmesser D (DIN 323 R20', TB 1-16) wird durch die Windungszahl n bestimmt. Der Federweg s' für eine Windung ergibt sich aus der Verdrillung des gestreckten Federdrahtes von der Länge $l' = D \cdot \pi$ und der Schiebung $\gamma = \tau_t/G = b'/l'$. Hiermit und mit $s'/b' \approx D/d$ (siehe Bild 10-26) werden der Federweg $s = n \cdot s'$ und daraus die *Anzahl der wirksamen Windungen*

$$n' = \frac{G}{8} \cdot \frac{d^4 \cdot s}{D^3 \cdot F} = \frac{G}{8} \cdot \frac{d^4}{D^3 \cdot R_{soll}} \tag{10.45}$$

Die *Federrate* mit der „sinnvoll" festgelegten Windungszahl n wird

$$R_{ist} = \frac{G}{8} \cdot \frac{d^4}{D^3 \cdot n} \tag{10.46}$$

und damit die *Federkraft*

$$F = R_{ist} \cdot s = \frac{G}{8} \cdot \frac{d^4 \cdot s}{D^3 \cdot n} \tag{10.47}$$

bzw. der *Federweg*

$$s = \frac{F}{R_{ist}} = \frac{8}{G} \cdot \frac{D^3 \cdot n \cdot F}{d^4} \tag{10.48}$$

sowie die *Federungsarbeit*

$$W = \frac{F \cdot s}{2} = \frac{1}{4} \cdot \frac{V \cdot \tau^2}{G} \tag{10.49}$$

V federndes Volumen aus $V = (d^2 \cdot \pi/4) \cdot l$ mit der Drahtlänge $l = D \cdot \pi \cdot n$

Druckbeanspruchte Federn sind auf Knicksicherheit nachzuprüfen. Entsprechend dem Einbaufall kann mit dem Lagerungsbeiwert ν die Kontrolle auf Knicksicherheit nach TB 10-12 durchgeführt werden.

Bei Druckfedern, die schnellen Belastungsänderungen unterworfen sind (z. B. Ventilfedern), können Resonanzerscheinungen auftreten, die beträchtliche Spannungserhöhungen hervorrufen. Um Dauerbrüche auszuschließen, muss Resonanz zwischen der Frequenz der wechselnden Bewegung des Federendes und der Eigenfrequenz der Feder bzw. einem ganzzahligen Vielfachen vermieden werden. Für das Schwingungssystem nach Bild 10-3 errechnet sich die Eigenfrequenz des Systems nach Gl. (10.4). Hierbei ist m die schwingende Masse für den Längsschwinger, die Federmasse m_F bleibt unberücksichtigt. Für die Berechnung der Eigenfrequenz der Feder mit der Federmasse m_F gilt diese Beziehung somit nicht mehr; hier ist zu unterscheiden u. a. zwischen dem Verhältnis m/m_F, den unterschiedlichen Einspannverhältnissen, der evtl. vorliegenden Stoßbelastung (Näheres s. weiterführende Literatur).

Für eine an beiden Enden befestigte Druckfeder aus Federstahl ($\varrho = 7{,}85$ kg/dm³, $G \approx 83\,000$ N/mm²) kann jedoch aus folgender Gebrauchsformel die *niedrigere Eigenfrequenz* f_e angenähert errechnet werden

$$f_e \approx 3{,}63 \cdot 10^5 \cdot \frac{d}{n \cdot D^2} \quad \text{bzw.} \quad f_e \approx 13{,}7 \cdot \frac{(\tau_{kh}/k)}{\Delta s}$$

f_e	$d, D, \Delta s$	n, k	τ_{kh}	ϱ	
1/s	mm	1	N/mm²	kg/dm³	(10.50)

d	Federdrahtdurchmesser
D	mittlerer Windungsdurchmesser
n	Anzahl der federnden Windungen
$\tau_{kh} = \tau_{k2} - \tau_{k1}$	Hubspannung
$\Delta s = s_2 - s_1$	Federhub
k	Spannungsbeiwert, s. zu Gl. (10.44)

Um diese dynamischen Einflüsse auf die Spannung möglichst klein zu halten, ist eine hohe Eigenfrequenz anzustreben bzw. die Feder mit ungleichförmiger Steigung oder, insbesondere bei warmgeformten Federn, mit inkonstantem Stabdurchmesser D_e (progressive Kennlinie) herzustellen.

Berechnung zylindrischer Schraubenzugfedern mit Kreisquerschnitt: Die Berechnung der Zugfedern ist nach DIN EN 13906-2 genormt. In entsprechend abgewandelter Form gelten für die Zugfedern nach Bild 10-28 die gleichen Berechnungsgleichungen wie für die Druckfedern. Zugfedern sollten nur statisch beansprucht werden, da aufgrund der angebogenen Ösen bzw. Haken eine rechnerische Erfassung der dadurch vorliegenden wirklichen Spannungsverhältnisse nicht möglich und wegen der eng aneinander liegenden Windungen eine Oberflächenverfestigung durch Kugelstrahlen nicht durchführbar ist. Im Gegensatz zu den Druckfedern wird die zulässige Spannung bei Zugfedern mit $\tau_{zul} \approx 0{,}45 \cdot R_m$ niedriger angesetzt (TB 10-19).

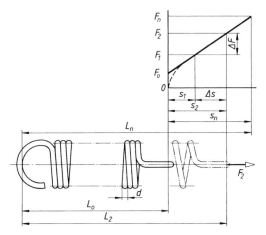

Bild 10-28
Schraubenzugfeder mit Belastungsdiagramm

Kaltgeformte Zugfedern werden in der Regel mit (gewünschter) innerer Vorspannung[1] hergestellt, so dass die Windungen stramm aneinander liegen. Bei linearer Kennlinie ist dann für die Zugfeder nach Bild 10-28 mit d nach Gl. (10.42) und festgelegt nach TB 10-2a die *Federrate*

$$R = \frac{\Delta F}{\Delta s} = \frac{F - F_0}{s} = \frac{G \cdot d^4}{8 \cdot D^3 \cdot n} \tag{10.51}$$

Hieraus ergibt sich die zum Öffnen der aneinander liegenden Windungen erforderliche *innere Vorspannkraft*

$$F_0 = F - R \cdot s = F - \frac{G \cdot d^4 \cdot s}{8 \cdot D^3 \cdot n} \tag{10.52}$$

F Federkraft (F_1, $F_2 \ldots$)
s Federweg (s_1, $s_2 \ldots$, zugeordnet den Federkräften)
D mittlerer Windungsdurchmesser, s. zu Gl. (10.43)
d Drahtdurchmesser aus TB 10-2a
$n \geq 3$ Anzahl der federnden (wirksamen) Windungen
G Gleitmodul; Werte aus TB 10-1

Die *erreichbare innere Vorspannkraft* F_0 richtet sich nach dem Drahtwerkstoff, dem Drahtdurchmesser d, dem Wickelverhältnis w sowie dem Herstellverfahren und kann ermittelt werden aus

$$F_0 \leq \tau_{0\,zul} \cdot \frac{0{,}4 \cdot d^3}{D} \tag{10.53}$$

$\tau_{0\,zul} = \alpha \cdot \tau_{zul}$ mit α entsprechend dem Herstellverfahren nach TB 10-19b und τ_{zul} nach TB 10-19a.

---

[1] Innere Vorspannkräfte verringern den Vorspannweg s_1 und damit die Einbaulänge L_1 der Feder.

Sind die Einbauverhältnisse durch den Außendurchmesser D_e vorgegeben, kann die Vorwahl von d näherungsweise nach Gl. (10.42) erfolgen.
Die *Anzahl der federnden Windungen* errechnet sich aus

$$n = \frac{G \cdot d^4 \cdot s}{8 \cdot D^3 \cdot (F - F_0)} \qquad (10.54)$$

Bei gegebener Länge L_K nach Gl. (10.41) des unbelasteten Federkörpers kann als Richtwert für die *Gesamtzahl der Windungen* angenommen werden

$$n_t = \frac{L_K}{d} - 1 \qquad (10.55)$$

Bei Zugfedern mit angebogenen Ösen ist $n_t = n$. Bei Federn mit eingerollten Haken oder mit Einschraubstücken ist n um die Zahl der nicht mitfedernden Windungen kleiner ($n < n_t$).
Für Federn mit innerer Vorspannkraft ist die *Federungsarbeit*

$$W = \frac{(F + F_0) \cdot s}{2} \qquad (10.56)$$

Als Richtlinie für den Rechnungsgang einer Zugfeder diene das Berechnungsbeispiel 10.5.

3. Zylindrische Schraubenfedern mit Rechteckquerschnitt

Federwirkung, Verwendung
Soll ein größeres Arbeitsvermögen bei vorgegebenem Einbauraum gespeichert werden, werden vielfach Schraubenfedern mit Rechteckquerschnitt eingesetzt. Die Herstellung ist teurer als die der Federn mit Kreisquerschnitt. Federn mit Rechteckquerschnitt sind daher möglichst zu vermeiden und nur dann vorzusehen, wenn Runddrahtfedern die gestellten Anforderungen nicht erfüllen können. Beim Wickeln von Rechteckstäben zu Schraubenfedern ergeben sich starke Verformungen, die eine ungleichmäßige Spannungsverteilung im Querschnitt zur Folge haben. Dadurch ist die Werkstoffausnutzung schlechter, die Raumausnutzung jedoch besser als bei Federn mit Kreisquerschnitt. Federn mit großem Seitenverhältnis b/h bzw. h/b, siehe Bild 10-29, sind Runddraht-Federn überlegen, wenn ein möglichst großes Verhältnis s/L_c erzielt werden soll.
Die flachgewickelte Feder (Bild 10-29a) hat gegenüber der hochkantgewickelten Feder (Bild 10-29b) die härtere Federung, d. h. bei gleichem Wickelverhältnis $w = D/b \geq 4$ und gleichem Seitenverhältnis ist für den Federweg s bei gleicher federnder Windungszahl n eine größere Federkraft F erforderlich, weil für $b < h$ der mittlere Windungsdurchmesser D kleiner ausfällt. Bleiben alle übrigen Federdaten gleich, wird die Feder um so weicher, je größer w und damit D ist.

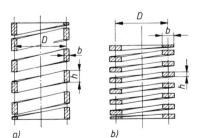

Bild 10-29
Schraubendruckfedern mit Rechteckquerschnitt, Seitenverhältnis b/h bzw. $h/b \geq 1$
a) flachgewickelt
b) hochkantgewickelt

Berechnung
Die Berechnung ist nach DIN 2090 durchzuführen und soll hier nicht behandelt werden, da zylindrische Schraubenfedern mit Rechteckquerschnitt in der Praxis verhältnismäßig selten vorkommen.

4. Kegelige Schraubendruckfedern

Federwirkung, Verwendung

Kegelstumpffedern werden mit Kreisquerschnitt, seltener mit Rechteckquerschnitt hergestellt (Bild 10-30a und b). Die größere Schubspannung tritt bei D_2 auf. Federn mit abnehmendem Rechteckquerschnitt (Bild 10-30c) werden hauptsächlich als Pufferfedern (z. B. bei Eisenbahnwagen) oder für kleinere Kräfte als Doppelkegelfedern bei Zangen und Scheren verwendet. Der Werkstoff solcher Federn ist nicht voll ausgenutzt, da die zulässige Beanspruchung nur im kleinsten Querschnitt erreicht werden kann. Pufferfedern haben jedoch eine gute Raumausnutzung, da sich die einzelnen Windungen ineinander schieben.

Die Kennlinie ist solange eine Gerade, bis die Windungen mit den größeren Durchmessern zu blockieren beginnen; danach verläuft die Kennlinie progressiv.

Berechnung

Die Berechnung von Kegelstumpffedern ist sehr aufwendig und sollte zweckmäßig dem Hersteller überlassen bleiben.

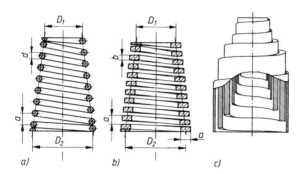

Bild 10-30
Kegelige Druckfedern
a) mit Kreisquerschnitt
b) mit Rechteckquerschnitt
c) mit abnehmendem Rechteckquerschnitt (Pufferfeder)

10.3.4 Federn aus Gummi

Das Gebiet der Gummifedern kann im Rahmen dieses Buches nicht umfassend behandelt werden. Zweck dieser Darlegung ist eine allgemeine Information über den Werkstoff *Gummi* als Federelement, seinen Eigenschaften und Anwendungsmöglichkeiten.

1. Eigenschaften

Zu den Rohstoffen zur Herstellung der Federelemente aus Gummi gehören bei Naturgummi Kautschuk (Guttapercha, Balata) und bei synthetischem Gummi Kohle und Kalk. Hauptbestandteile sind Kohlenwasserstoffe. Wichtige Bestandteile einer Gummiqualität sind Schwefel, Ruß, Alterungsschutzmittel, Weichmacher und Beschleuniger. Der technische Gummi entsteht durch den Vulkanisationsprozess.

Die Art und Menge der Mischungsbestandteile und deren Verarbeitung bestimmen die Eigenschaften des Gummis. Als Federwerkstoff kommt nur Weichgummi mit einem Schwefelgehalt bis etwa 10% in Frage. Der technische Weichgummi wird nach DIN 53505 durch die Shorehärte unterschieden; eine Kennzahl für den Eindringungswiderstand der Nadel eines Messinstrumentes. Sie liegt etwa zwischen 25 und 85 Einheiten. Die höheren Einheiten entsprechend den härteren Sorten. Gleitmodul G und Elastizitätsmodul E sind unmittelbar von der Shorehärte abhängig, der E-Modul außerdem noch von der Form des Federkörpers (Bild 10-31). Die Federkennlinie bei Gummi ist gekrümmt und hat je nach der Art der Beanspruchung einen progressiven oder degressiven Verlauf. Bei Schub- und Verdrehbeanspruchung zeigen Gummifedern eine erheblich höhere Elastizität als bei Zug- und Druckbeanspruchungen. Die Entlastungskennlinie liegt wegen innerer Reibung unter der Belastungskennlinie (Bild 10-32). Die innere Reibung setzt sich in Wärme um, die wegen der schlechten Wärmeleitfähigkeit des Gummis nur langsam abgeführt wird. Dies führt bei schwingender Belastung zu beträchtlicher Temperaturerhöhung und damit zum Härterwerden des Federelements und zur Verminderung der Lebensdauer.

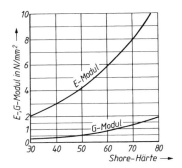

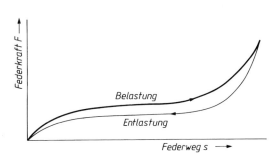

Bild 10-31 Elastizitäts- und Gleitmodul von Gummi (der E-Modul gilt nur für runde Gummifedern bei $d/h \approx 1$)

Bild 10-32 Federkennlinie für Gummifedern

Die Verwendungstemperaturen von Gummifedern liegen allgemein im Bereich zwischen $-30\,°C \ldots +80\,°C$. Bei niedrigen Temperaturen wachsen Dämpfung und Federhärte, bei höheren Temperaturen beginnt Gummi, sich chemisch zu zersetzen. Die Lebensdauer wird ferner durch äußere Einwirkungen, z. B. durch Feuchtigkeit und sogar durch Licht, besonders aber durch Öl und Benzin vermindert. Im Allgemeinen ist in dieser Hinsicht synthetischer Gummi beständiger als Naturgummi.

2. Ausführung, Anwendung

Gummifedern werden fast ausschließlich in Form einbaufertiger, im Gummi-Metall-Haftverfahren hergestellter Konstruktionselemente verwendet (Bild 10-33). Bei diesen werden die Kräfte reibungsfrei und gleichmäßig ohne örtliche Spannungserhöhungen in den Gummi eingeleitet. Der Gummi ist durch Vulkanisieren oder Kleben mit galvanisch oder chemisch vorbehandelten Metallteilen (Platten oder Hülsen) verbunden, wobei die Haftfähigkeit oft größer ist als die Festigkeit des Gummis selbst.

Neben diesen gebundenen gibt es auch gefügte Gummifedern, bei denen der Gummi zwischen Hülsen mechanisch so fest eingepresst ist, dass allein der Kraftschluss (Reibungsschluss) trägt.

Gummifedern werden hauptsächlich als Druck- und Schubfedern zur Abfederung von Maschinen und Maschinenteilen, zur Dämpfung von Stößen und Schwingungen und zur Minderung von Geräuschen verwendet, z. B. im Kraftfahrzeugbau für die Lagerung von Schwingarmen, Federbolzen, Spurstangen, Bremsgestängen und Stoßdämpfern (Bild 10-33d), zur Aufhängung von Motoren und Kühlern; im Maschinenbau für die Lager von Schwingsieben, Hebeln und anderen schwingenden und pendelnden Teilen.

Bild 10-33 zeigt Beispiele für den Einbau und die Gestaltung von Gummifederungen. Außer den in Bild 10-33 dargestellten Standardformen werden auch Sonderformen der Gummifedern

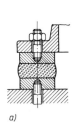
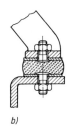
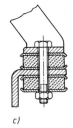
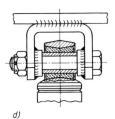

a) b) c) d)

Bild 10-33 Einbau von Druckfederelementen
a) und b) richtige Befestigungen von Federelementen (Gummi kann ausweichen), c) ungünstige Befestigung (Gummi wird beim Festdrehen der Schraube stark zusammengedrückt), d) Lagerung eines Stoßdämpfers durch ein Formelement.

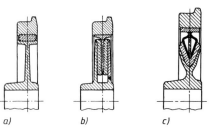

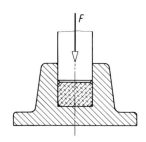

Bild 10-34
Gummigefederte Räder für Schienenfahrzeuge
a) druckbeanspruchte und
b) ältere schubbeanspruchte,
c) neuere Ausführung mit Schub-Druck-
   Elementen

Bild 10-35 Falsch gestaltete Gummifederung

verwendet, z. B. für elastische Kupplungen, Rohrverbindungen, Gelenke und gummigefederte Räder (Bild 10-34).

Grundsätzlich ist bei allen Gummifedern zu beachten, dass der federnde Gummikörper nie allseitig eingeschlossen werden darf, da Gummi bei Druckbeanspruchung sein Volumen kaum ändert und sich dabei wie ein fester, unelastischer Körper verhalten würde (Bild 10-35). Abschließend sei noch auf die VDI-Richtlinie 2005 hingewiesen, die Hinweise über die Gestaltung und Anwendung von Gummiteilen enthält.

3. Berechnung

Allgemein gültige Berechnungsgleichungen für Gummifedern können wegen der sehr unterschiedlichen Eigenschaften, Einflussgrößen und Ausführungsformen kaum gegeben werden. Da Gummifedern meist in Form einbaufertiger Einheiten geliefert werden, sind die Federdaten der Hersteller maßgebend. Für kleinere Verformungen für überschlägige Berechnungen siehe Angaben in Bild 10-36.

Schub-Scheibenfeder		
	Schubspannung $\quad \tau \approx \dfrac{F}{A} = \gamma \cdot G \leq \tau_{zul}$	
	Verschiebungswinkel $\quad \gamma^\circ \approx \dfrac{180^\circ}{\pi} \cdot \dfrac{\tau}{G} \leq 20^\circ$	(10.57)
	Federweg $\quad s \approx h \cdot \tan\gamma = \dfrac{h \cdot F}{A \cdot G} < 0,35 \cdot h$	
Schub-Hülsenfeder		
	Schubspannung $\quad \tau \approx \dfrac{F}{A_i} \approx \dfrac{F}{d \cdot \pi \cdot h} \leq \tau_{zul}$	(10.58)
	Federweg $\quad s \approx \ln\left[\dfrac{D}{d}\right] \cdot \dfrac{F}{2 \cdot \pi \cdot h \cdot G} < 0,2 \cdot (D - d)$	
Drehschubfeder		
	Schubspannung $\quad \tau \approx \dfrac{T}{A_i \cdot r} = \dfrac{T}{2 \cdot \pi \cdot r^2 \cdot h} \leq \tau_{zul}$	(10.59)
	Verdrehwinkel $\quad \varphi^\circ \approx \dfrac{180^\circ}{\pi} \cdot \dfrac{T}{4 \cdot \pi \cdot h \cdot G} \cdot \left[\dfrac{1}{r^2} - \dfrac{1}{R^2}\right] < 40^\circ$	

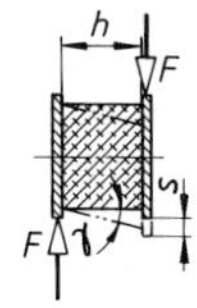

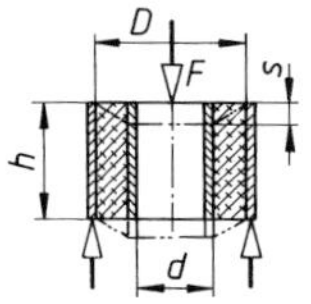

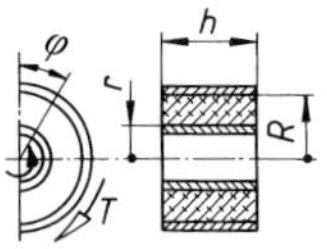

Bild 10-36 Gummifederelemente mit zugehörigen Berechnungsgleichungen für kleine Verformungen

Drehschub-Scheibenfeder	Schubspannung	$\tau \approx \dfrac{2}{\pi} \cdot \dfrac{T \cdot R}{R^4 - r^4} \le \tau_{zul}$	(10.60)
	Verdrehwinkel	$\varphi° \approx \dfrac{360°}{\pi^2} \cdot \dfrac{T \cdot h}{(R^4 - r^4) \cdot G} < 20°$	
Druckfeder	Druckspannung	$\sigma_d = \varepsilon \cdot E = \dfrac{s}{h} \cdot E$ bzw. $\sigma_d = \dfrac{F}{d^2 \cdot \pi/4} \le \sigma_{dzul}$	(10.61)
	Federweg	$s \approx \dfrac{4 \cdot F \cdot h}{d^2 \cdot \pi \cdot E} \le 0{,}2 \cdot h$	

F	Federkraft
A, A_i	Bindungs- bzw. innere Bindungsfläche zwischen Gummi und Metall
G	Gleitmodul des Gummis (TB10-1 bzw. Bild 10-31)
E	Elastizitätsmodul des Gummis (TB10-1 bzw. Bild 10-31)
h	Höhe, Dicke der Feder
T	von der Feder zu übertragendes Nenndrehmoment
ε	Dehnung
$\tau_{zul}, \sigma_{dzul}$	zulässige Spannung (TB10-1)

Bild 10-36 (Fortsetzung)

10.4 Berechnungsbeispiele

■ **Beispiel 10.1:** Eine Drehfeder mit kurzen, tangentialen Schenkeln $H = 40$ mm für einen Innendurchmesser $D_i = 20$ mm, Windungsabstand $a = 1$ mm, soll bei gelegentlichen Laständerungen durch eine maximale Federkraft $F = 600$ N bis zu einem Drehwinkel $\varphi_{max} \approx 120°$ beansprucht werden.
Für die geeignete Drahtsorte sind die Federabmessungen zu bestimmen, wenn die geringe Schenkeldurchbiegung unberücksichtigt bleibt.

▶ **Lösung:** Für die überwiegend ruhend beanspruchte Feder wird zunächst der Drahtdurchmesser überschlägig nach Gl. (10.11) vorgewählt.
Für $M = F_{max} \cdot H = 600$ N $\cdot 40$ mm $= 24 \cdot 10^3$ Nmm und

$$k \approx 0{,}06 \cdot \frac{\sqrt[3]{M}}{D_i} = 0{,}06 \cdot \frac{\sqrt[3]{24\,000}}{20} \approx 0{,}09$$

ergibt sich der Drahtdurchmesser

$$d \approx 0{,}23 \cdot \frac{\sqrt[3]{F \cdot H}}{1 - k} = 0{,}23 \cdot \frac{\sqrt[3]{24\,000}}{0{,}91} \approx 7{,}3 \text{ mm}.$$

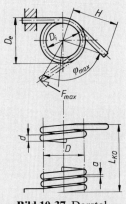

Bild 10-37 Darstellung der Drehfeder

Der Drahtdurchmesser wird nach TB 10-2 mit $d = 7$ mm zunächst vorgewählt. Damit wird $D = D_i + d = 20$ mm $+ 7$ mm $= 27$ mm; festgelegt nach DIN 323 (Vorzugszahl, s. TB 1-16) $D = 28$ mm.

Festigkeitsnachweis: Mit $q \approx 1{,}25$ (TB 10-4) für $w = D/d = \ldots = 4$ und $F \cdot H = M = 24 \cdot 10^3$ Nmm wird die Biegespannung aus Gl. (10-15)

$$\sigma_q = M \cdot q/((\pi/32) \cdot d^3) = \ldots \approx 890 \text{ N/mm}^2.$$

Die zulässige Biegespannung beträgt nach TB 10-3 für $d = 7$ mm und Drahtsorte SM $\sigma_{b\,zul} \approx 950$ N/mm². Der Drahtdurchmesser ist mit $d = 7$ mm festigkeitsmäßig somit ausreichend.

Funktionsverhalten: Die Anzahl der federnden Windungen aus Gl. (10.16) mit $\varphi° \triangleq \varphi_{max} = 120°$, $F \cdot H = M = 24 \cdot 10^3$ Nmm, $E = 206 \cdot 10^3$ N/mm², $d = 7$ mm und $D = 28$ mm

$$n = \varphi° \cdot E \cdot d^4 / (3667° \cdot M \cdot D) = \ldots \approx 24{,}1; \quad \text{festgelegt } n = 24{,}5 \text{ Windungen.}$$

Die Länge des unbelasteten Federkörpers wird bei der Feder mit $a = 1$ mm Windungsabstand nach Gl. (10.13)

$$L_{K0} = n \cdot (a + d) + d = \ldots = 203 \text{ mm} .$$

Mit $L_{K0} = 203$ mm und mit $\sigma_{b\,zul} \approx 950$ N/mm² (Drahtsorte B, TB 10-3) wird nach Umstellung der Gl. (10.15)

$$d = \sqrt[3]{\frac{M \cdot q}{(\pi/32) \cdot \sigma_{b\,zul}}} = \ldots = 6{,}85 \text{ mm}; \quad \text{endgültig festgelegt } d = 7 \text{ mm} .$$

Für $a + d = 8$ mm $> D/4 = 7$ und der Windungszahl $n = 24{,}5$ ergibt sich nach Gl. (10.14) die gestreckte Länge des Federkörpers

$$l = n \cdot \sqrt{(\pi \cdot D)^2 + (a + d)^2} = \ldots 2164 \text{ mm} .$$

Ergebnis: Vorzusehen ist eine Drehfeder aus Draht DIN EN 10270-1-SM-7,00 mit 24,5 federnden Windungen, Außendurchmesser $D_e = 35$ mm, Länge des unbelasteten Federkörpers $L_{K0} = 203$ mm und einer konstruktiv bedingten Schenkellänge (Hebelarm) von $H = 40$ mm.

10 ■ **Beispiel 10.2:** Für eine Spannvorrichtung (Bild 10-38) soll eine Federsäule berechnet werden, die eine vorwiegend ruhende Druckkraft von 2500 N bei einem Federweg von 6 mm aufzunehmen hat. Für den Führungsbolzen ist ein Durchmesser $d = 11{,}8$ mm vorgesehen. Die Berechnung soll ohne Berücksichtigung der Reibung und zum Vergleich mit Berücksichtigung der Reibung durchgeführt werden. Die Federn werden mit Fett geschmiert.

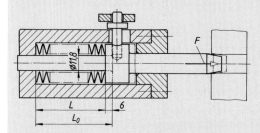

Bild 10-38
Tellerfeder für Spannvorrichtung

▶ **Lösung:** Ausgehend vom Bolzendurchmesser $d \approx 11{,}8$ mm kommen nach DIN 2093 (TB 10-6) bei einem Mindestspiel $Sp \approx 0{,}2$ mm in Frage:

> Tellerfeder DIN 2093-A25   mit $D_e = 25$ mm, $D_i = 12{,}2$ mm, $F_{0,75} = 2926$ N,
> $t = 1{,}5$ mm, $h_0 = 0{,}55$ mm   oder
> Tellerfeder DIN 2093-B25   mit $D_e = 25$ mm, $D_i = 12{,}2$ mm, $F_{0,75} = 862$ N,
> $t = 0{,}9$ mm, $h_0 = 0{,}7$ mm   und $l_0 = t + h_0 = 1{,}6$ mm.

Die geforderte Federkraft kann aus Überlegungen mit Gl. (10.22) ohne Berücksichtigung der Reibung wie folgt erreicht werden:

1. mit einer Säule aus wechselsinnig aneinandergereihten Tellern der Reihe A
   ($n = 1$ und damit $F_{ges} = F = 2500$ N $< F_{0,75} = 2926$ N)
2. mit einer Säule aus wechselsinnig aneinandergereihten Paketen zu je 3 Tellern der Reihe B
   ($n = 3$ und damit $F = F_{ges}/3 = 2500$ N$/3 \approx 833$ N $< F_{0,75} = 862$ N).

Zu 1. Bei Berücksichtigung der Reibung ergibt sich nach Gl. (10.31) mit $F_{ges\,R} \triangleq F = 2500$ N, $w_M \approx 0{,}02$, $w_R \approx 0{,}03$ (TB 10-7) die zur Verformung der Einzelfeder (Federpaket mit $n = 1$) zur Verfügung stehende Kraft aus

$$F' = \frac{1}{n} \cdot F_{ges\,R} \cdot [1 - w_M(n - 1) - w_R] = \ldots \approx 2425 \text{ N} .$$

Um den zugehörigen Federweg s je Teller nach TB 10-8c ermitteln zu können, muß mit Gl. (10.26) die rechnerische Federkraft in Planlage ermittelt werden mit $E = 206\,000\,\text{N/mm}^2$ (TB 10-1), $\mu \approx 0{,}3$, $h_0 = 0{,}55\,\text{mm}$, $t = 1{,}5\,\text{mm}$, für $\delta = D_e/D_i = 25\,\text{mm}/12{,}2\,\text{mm} = 2{,}05$ nach TB 10-8a $K_1 \approx 0{,}7$, $K_4 = 1$ (für Tellerfedern der Gruppe 1 und 2)

$$F_c = \frac{4 \cdot E}{1 - \mu^2} \cdot \frac{h_0 \cdot t^3}{K_1 \cdot D_e^2} \cdot K_4^2 = \ldots \approx 3840\,\text{N} \, .$$

Mit $F/F_c = 2425\,\text{N}/3840\,\text{N} \approx 0{,}63$ wird nach TB 10-8c für Reihe A abgelesen $s/h_0 \approx 0{,}61$; damit wird der Federweg je Einzelteller

$$s \approx 0{,}61 \cdot h_0 = \ldots \approx 0{,}34\,\text{mm} < s_{0{,}75} \, .$$

Zum Vergleich wird ohne Berücksichtigung der Reibung mit $F/F_c = 2500\,\text{N}/3840\,\text{N} \approx 0{,}65$ und damit nach TB 10-8c $s/h_0 \approx 0{,}63$ und daraus

$$s \approx 0{,}63 \cdot h_0 = \ldots \approx 0{,}35\,\text{mm} \, .$$

Um den geforderten Federweg $s = 6\,\text{mm}$ einhalten zu können, wird nach Gl. (10.23) die Zahl der wechselsinnig aneinandergereihten Einzelteller unter Berücksichtigung der Reibung (ohne Reibung)

$$i = s_{ges}/s = 6\,\text{mm}/0{,}34\,\text{mm}\ (0{,}35\,\text{mm}) \approx 17{,}65\ (17{,}14); \quad \text{festgelegt } i = 18 \, .$$

Der wirkliche Gesamtfederweg der Säule wird dann

$$s_{ges} = i \cdot s = 18 \cdot 0{,}34\,\text{mm}\ (0{,}35\,\text{mm}) = 6{,}12\,\text{mm}\ (6{,}3\,\text{mm}) \, .$$

Die Länge der unbelasteten Federsäule wird nach Gl. (10.23) mit $i = 18$, $h_0 = 0{,}55\,\text{mm}$, $n = 1$ und $t = 1{,}5\,\text{mm}$

$$L_0 = i \cdot (l_0 + (n-1) \cdot t) = i \cdot (h_0 + n \cdot t) = \ldots \approx 36{,}9\,\text{mm} \, .$$

Die Länge der belasteten Federsäule ergibt sich mit Gl. (10.23)

$$L = L_0 - s_{ges} = i \cdot (l_0 + (n-1) \cdot t - s) = i \cdot (h_0 + n \cdot t - s) = \ldots \approx 30{,}78\,\text{mm}\ (30{,}6)\,\text{mm} \, .$$

Zu 2. Bei Berücksichtigung der Reibung ergibt sich für die Reihe B, mit $w_M \approx 0{,}014$, $w_R \approx 0{,}02$ (TB 10-7, Reihe B) mit $n = 3$ der ähnliche Rechengang: die zur Verformung der Einzelfeder zur Verfügung stehende Kraft mit $F_{ges\,R} \cong F = 2500\,\text{N}$ aus Gl. (10.31)

$$F' = \frac{1}{n} \cdot F_{ges\,R} \cdot [1 - w_M(n-1) - w_R] = \ldots \approx 793\,\text{N} \, .$$

Mit $E = 206\,000\,\text{N/mm}^2$ (TB 10-1), $\mu \approx 0{,}3$, $h_0 = 0{,}7\,\text{mm}$, $t = 0{,}9\,\text{mm}$, für $\delta = D_e/D_i = 25\,\text{mm}/12{,}2\,\text{mm} = 2{,}05$ nach TB 10-8a $K_1 \approx 0{,}7$, $K_4 = 1$ (für Tellerfedern der Gruppe 1 und 2)

$$F_c = \frac{4 \cdot E}{1 - \mu^2} \cdot \frac{h_0 \cdot t^3}{K_1 \cdot D_e^2} \cdot K_4^2 = \ldots \approx 1056\,\text{N} \, .$$

Mit $F/F_c = 793\,\text{N}/1056\,\text{N} \approx 0{,}75$ wird nach TB 10-8c für Reihe B abgelesen $s/h_0 \approx 0{,}65$; damit wird der Federweg je Einzelteller

$$s \approx 0{,}65 \cdot h_0 = \ldots \approx 0{,}46\,\text{mm} < s_{0{,}75} \, .$$

Ohne Berücksichtigung der Reibung mit $F/F_c = (2500/3)\,\text{N}/1056\,\text{N} \approx 0{,}79$ wird nach TB 10-8c $s/h_0 \approx 0{,}72$ abgelesen und daraus

$$s \approx 0{,}72 \cdot h_0 = \ldots \approx 0{,}5\,\text{mm} \, .$$

Die Zahl der wechselsinnig aneinandergereihten Einzelteller unter Berücksichtigung der Reibung (ohne Reibung)

$$i = s_{ges}/s = 6\,\text{mm}/0{,}46\,\text{mm}\ (0{,}5\,\text{mm}) \approx 13\ (12) \, .$$

Der wirkliche Gesamtfederweg der Säule wird dann

$$s_{ges} = i \cdot s = 13 \cdot 0{,}46\,\text{mm}\ (= 12 \cdot 0{,}5\,\text{mm}) = 5{,}98\,\text{mm}\ (6{,}3\,\text{mm}) \, .$$

Die Länge der unbelasteten Federsäule wird nach Gl. (10.23) mit $i = 13\ (12)$, $h_0 = 0{,}7\,\text{mm}$, $n = 3$ und $t = 0{,}9\,\text{mm}$

$$L_0 = i \cdot (l_0 + (n-1) \cdot t) = i \cdot (h_0 + n \cdot t) = \ldots \approx 44{,}2\,\text{mm}\ (40{,}8\,\text{mm}) \, .$$

Die Länge der belasteten Federsäule ergibt sich mit Gl. (10.23)

$$L = L_0 - s_{\text{ges}} = i \cdot (l_0 + (n-1) \cdot t - s) = i \cdot (h_0 + n \cdot t - s) = \ldots \approx 38,2 \text{ mm } (34,8 \text{ mm}).$$

Ergebnis: Gewählt wird eine Federsäule aus 18 wechselsinnig aneinandergereihten Tellerfedern DIN 2093-A25. Diese Ausführung ist gegenüber der Säule aus Federpaketen zu je $n = 3$ Einzeltellern mit insgesamt 39 (36) Tellerfedern DIN 2093-B25 günstiger, weil weniger Einzelteller benötigt werden; außerdem ist die unbelastete Säule kürzer.

■ **Beispiel 10.3:** Eine Federsäule aus 10 wechselsinnig aneinandergereihten Tellerfedern DIN 2093-B100 soll zwischen einer Vorspannkraft $F_1 \approx 6000$ N und einer größten Federkraft $F_2 \approx 12\,000$ N schwingend belastet werden. Nach DIN 2092 ist zu prüfen, ob die Federn bei dieser Beanspruchung zeitfest sind bei $N = 5 \cdot 10^5$ Lastspielen.

▶ **Lösung:** Mit den Federabmessungen $D_e = 100$ mm, $D_i = 51$ mm (somit $\delta = D_e/D_i = \ldots = 1,96$), $t = 3,5$ mm, $h_0 = 2,8$ mm aus TB 10-6b, $E = 206\,000$ N/mm^2, $\mu \approx 0,3$, $K_1 \approx 0,684$ (TB 10-8a) und $K_4 = 1$ (s. zu Gl. (10.24) wird die Federkraft bei Planlage aus Gl. (10.26)

$$F_c = \frac{4 \cdot E}{1 - \mu^2} \cdot \frac{h_0 \cdot t^3}{K_1 \cdot D_e^2} \cdot K_4^2 = \ldots \approx 15\,892 \text{ N}.$$

Nach TB 10-8c wird für Reihe B mit $F_1/F_c = 6000$ N$/15\,892$ N $\approx 0,38$ abgelesen: $s/h_0 \cong s_1/h_0 \approx 0,29$; daraus wird der Vorspannfederweg je Einzelteller

$$s_1 = (s_1/h_0) \cdot h_0 = \ldots \approx 0,81 \text{ mm} > (0,15\ldots0,2) \cdot h_0.$$

Für $F_2/F_c = 12\,000$ N$/15\,892$ N $\approx 0,755$ wird $s_2/h_0 \approx 0,67$ abgelesen und

$$s_2 = (s_2/h_0) \cdot h_0 = \ldots \approx 1,88 \text{ mm}.$$

Entsprechend Gl. (10.30) wird für die Stelle III (s. Bild 10-19) mit $K_1 \approx 0,684$ (TB 10-8a), $K_2 \approx 1,208$, $K_3 \approx 1,358$ (TB 10-8b), $K_4 = 1$, s. zu Gl. (10.24)

$$\sigma_1 = -\frac{4 \cdot E}{1 - \mu^2} \cdot \frac{t^2}{K_1 \cdot D_e^2} \cdot K_4 \cdot \frac{s}{t} \cdot \frac{1}{\delta} \left[K_4 \cdot (K_2 - 2 \cdot K_3) \cdot \left(\frac{h_0}{t} - \frac{s}{2 \cdot t} \right) - K_3 \right] = \ldots \approx 457 \text{ N/mm}^2$$

dgl. für $s_2 = 1,88$ mm wird nach Gl. (10.30) $\sigma_2 \approx 959$ N/mm^2.
Damit ergibt sich die Hubspannung im Betriebszustand

$$\sigma_h = \sigma_2 - \sigma_1 = 959 \text{ N/mm}^2 - 457 \text{ N/mm}^2 \approx 500 \text{ N/mm}^2.$$

Wird nun $\sigma_1 \cong \sigma_U = 457$ N/mm^2 in das Dauerfestigkeitsschaubild (TB 10-9c) übertragen, kann für $t = 3,5$ mm die Oberspannung (Grenzspannung) $\sigma_O \approx 1070$ N/mm^2 abgelesen werden. Die Federn sind dauerfest, da

$$\sigma_O \approx 1070 \text{ N/mm}^2 > \sigma_2 \cong \sigma_o \approx 959 \text{ N/mm}^2 \quad \text{bzw.}$$

$$\sigma_H = \sigma_O - \sigma_U = 1070 \text{ N/mm}^2 - 457 \text{ N/mm}^2 = 613 \text{ N/mm}^2 > \sigma_h = 500 \text{ N/mm}^2.$$

Ergebnis: Die Tellerfedern DIN 2093-B 100 der Federsäule haben bei schwingender Beanspruchung zwischen den Kräften $F_1 = 6000$ N und $F_2 = 12\,000$ N eine praktisch unbegrenzte Lebensdauer.

Hinweis: Das gleiche Ergebnis kann anschaulich durch Aufzeichnen der F/s- und σ/s-Kennlinien entsprechend Bild 10-20 für einen zweckmäßigen Maßstab gefunden werden. Für die angenäherte Darstellung sind die Werte nach TB 10-6b vorgegeben für

$s_{0,75} = 0,75 \cdot h_0 = 2,1$ mm $F_{0,75} = 13700$ N $\sigma_{0,75} = 1050$ N/mm^2

$s_{0,5} = 0,5 \cdot h_0 = 1,4$ mm $F_{0,5} = 9820$ N $\sigma_{0,5} = 901$ N/mm^2

$s_{0,25} = 0,25 \cdot h_0 = 0,7$ mm $F_{0,25} = 5620$ N $\sigma_{0,25} = 402$ N/mm^2.

Für F_1 und F_2 können die Federwege s_1 und s_2 sowie die Zugspannungen σ_1 und σ_2 genügend genau abgelesen werden, so dass der Dauerfestigkeitsnachweis wie oben durchgeführt werden kann.

■ **Beispiel 10.4:** Eine Schraubendruckfeder mit beidseitig geführten Einspannungen wird als Ventilfeder zwischen den Federkräften $F_1 = 400$ N und $F_2 = 600$ N bei einem Hub $\Delta s = 12$ mm schwingend beansprucht (Bild 10-39). Der äußere Windungsdurchmesser soll etwa $D_e = 30$ mm, die gespannte Länge $L_2 \approx 80\ldots100$ mm betragen. Die erforderlichen Federdaten sind zu ermitteln.

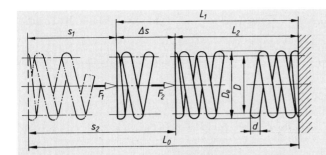

Bild 10-39
Schwingend belastete Schrauben-
Druckfeder

▶ **Lösung:** Die Berechnung erfolgt auf Dauerfestigkeit. Für unbegrenzte Lebensdauer wird ein vergüte-
ter Ventilfederdraht (VDCrV) nach DIN EN 10270-2 (s. TB 10-1 und TB 10-2) gewählt. Zunächst
wird der Drahtdurchmesser nach Gl. (10.42) mit $F \cong F_{max} = F_2 = 600\,\text{N}$, $D_e = 30\,\text{mm}$ und $k_1 \approx 0{,}17$
vorgewählt

$$d \approx k_1 \cdot \sqrt[3]{F \cdot D_e} = \ldots \approx 4{,}46\,\text{mm}\,.$$

Nach DIN EN 10270 (TB 10-2) wird vorerst festgelegt $d = 4{,}5\,\text{mm}$. Damit wird $D = D_e - d = \ldots$
$\approx 25{,}5\,\text{mm}$; festgelegt $D = 25\,\text{mm}$ (Vorzugszahl nach DIN 323) und damit $D_e = D + d = \ldots 29{,}5\,\text{mm}$.
Für dynamisch belastete Federn wird nach Gl. (10.44) mit der Schubspannung nach Gl. (10.43)

$$\tau_1 = (F_1 \cdot D)/(0{,}4 \cdot d^3) = \ldots \approx 275\,\text{N/mm}^2$$
$$\tau_2 = (F_2 \cdot D)/(0{,}4 \cdot d^3) = \ldots \approx 412\,\text{N/mm}^2$$

und dem Korrekturfaktor $k \approx 1{,}26$ (für $w = D/d = 25\,\text{mm}/4{,}5\,\text{mm} \approx 5{,}6$) nach (TB 10-11d) die korrigierte Schubspannung

$$\tau_{k1} = k \cdot \tau_1 = \ldots \approx 347\,\text{N/mm}^2$$
$$\tau_{k2} = k \cdot \tau_2 = \ldots \approx 519\,\text{N/mm}^2\,.$$

Für die Unterspannung $\tau_{ku} \cong \tau_{k1} = 347\,\text{N/mm}^2$ wird nach TB 10-15b für den Draht VD (ungestrahlt)
die obere Grenzspannung mit $\tau_{kO} \approx 670\,\text{N/mm}^2$ abgelesen. Die Hubfestigkeit beträgt mit
$\tau_{kU} \cong \tau_{ku} = \tau_{k1} = 347\,\text{N/mm}^2$

$$\tau_{kH} = \tau_{kO} - \tau_{kU} = 670\,\text{N/mm}^2 - 347\,\text{N/mm}^2 \approx 323\,\text{N/mm}^2$$

und ist damit größer als die auftretende Hubspannung aus

$$\tau_{kh} = \tau_{k2} - \tau_{k1} = 519\,\text{N/mm}^2 - 347\,\text{N/mm}^2 \approx 172\,\text{N/mm}^2\,.$$

Die Anzahl der federnden Windungen wird aus Gl. (10.45) mit $R_{soll} = \Delta F/\Delta s = (600 - 400)\,\text{N}/12\,\text{mm}$
$= 16{,}7\,\text{N/mm}$, $G = 81\,500\,\text{N/mm}^2$ (TB 10-1), $d = 4{,}5\,\text{mm}$ und $D = 25\,\text{mm}$

$$n' = \frac{G}{8} \cdot \frac{d^4}{D^3 \cdot R_{soll}} = \ldots \approx 16; \quad \text{festgelegt } n = 16{,}5\,.$$

Damit wird die vorhandene Federrate nach Gl. (10.46)

$$R_{ist} = \frac{G}{8} \cdot \frac{d^4}{D^3 \cdot n} = \ldots \approx 16{,}2\,\text{N/mm}$$

und die Gesamtwindungszahl $n_t = n + 2 = 16{,}5 + 2 = 18{,}5$.

Abmessungen des Federkörpers:
Blocklänge aus Gl. (10.38) mit $d_{max} = d + \Delta d = 4{,}5\,\text{mm} + 0{,}035\,\text{mm} = 4{,}535\,\text{mm}$ (TB 10-2)

$$L_c = n_t \cdot d_{max} = 18{,}5 \cdot 4{,}535\,\text{mm} \approx 84\,\text{mm}\,;$$

Summe der Mindestabstände zwischen den Windungen nach Gl. (10.37) mit $D = 25\,\text{mm}$, $d = 4{,}5\,\text{mm}$
und S_a für kaltgeformte Federn

$$S_a = (0{,}0015 \cdot (D^2/d) + 0{,}1 \cdot d) \cdot n = \ldots \approx 10{,}86\,\text{mm}\,;$$
$$S_a' \approx 1{,}5 \cdot S_a = \ldots \approx 16{,}5\,\text{mm}\,.$$

Mit $s_2 = F_2/R_{ist} = 600\,\text{N}/16{,}2\,\text{(N/mm)} \approx 37\,\text{mm}$ wird die Länge des unbelasteten Federkörpers aus

$$L_0 \geq s_2 + S_a' + L_c = 37\,\text{mm} + 16{,}5\,\text{mm} + 84\,\text{mm} \approx 137\,\text{mm}\,.$$

10

Die gespannte Länge wird damit $L_2 = L_0 - s_2 = 137\,\text{mm} - 37\,\text{mm} = 100\,\text{mm}$. Die gestellte Bedingung $L_2 \approx 80\ldots100\,\text{mm}$ ist damit erfüllt.

Blockspannung:
Mit dem Federweg bis zum Blockzustand $s_c = L_0 - L_c = 137\,\text{mm} - 84\,\text{mm} = 53\,\text{mm}$ wird die Blockkraft

$$F_c = R_{\text{ist}} \cdot s_c = 16{,}2\,\text{N/mm} \cdot 53\,\text{mm} = 860\,\text{N}$$

und damit wird die Blockspannung aus Gl. (10.43)

$$\tau_c = (F_c \cdot D)/(0{,}4 \cdot d^3) = \ldots \approx 590\,\text{N/mm}^2$$

und ist damit kleiner als die zulässige Blockspannung nach TB 10-11b mit $R_m \approx 1910 - 520 \cdot \log d = \ldots \approx 1570\,\text{N/mm}^2$ (TB 10-2)

$$\tau_{c\,\text{zul}} \approx 0{,}56 \cdot R_m = \ldots \approx 880\,\text{N/mm}^2 .$$

Knicksicherheit:
Nach TB 10-12 wird mit $s_2/L_0 = 37\,\text{mm}/137\,\text{mm} \approx 0{,}27$, $v \approx 0{,}5$ (beidseitig geführt) und damit

$$v \cdot L_0/D = 0{,}5 \cdot 137\,\text{mm}/25\,\text{mm} \approx 2{,}74 \text{ die Knicksicherheit bestätigt.}$$

Merke: Werden mit der ersten Berechnung die gewünschten und zulässigen Werte nicht erreicht, ist die Rechnung mit geänderten Annahmen zu wiederholen. Eine zweite Berechnung unter Zugrundelegung eines Federdrahtdurchmessers $d = 4{,}25\,\text{mm}$ (4,0 mm) ist zu empfehlen.
Ergebnis: Die Schraubendruckfeder aus Draht DIN EN 10270-2-VDCrV-4,5 erhält folgende Abmessungen: $D = 25\,\text{mm}$; $D_e = 29{,}5\,\text{mm}$; $n_t = 18{,}5$, $L_0 = 137\,\text{mm}$.

■ **Beispiel 10.5:** Die Rückholfeder für eine Bremswelle ist zu berechnen. Sie soll mit einer äußeren Vorspannkraft $F_1 = 400\,\text{N}$ bei $s_1 = 20\,\text{mm}$ Federweg eingebaut werden. Der zusätzliche Lüftweg beträgt $s = 50\,\text{mm}$, wobei eine bestimmte maximale Federkraft F_2 erreicht wird. Die Einbaulänge (gleich Abstand von Innenkante zu Innenkante der Ösen) soll $L_1 \approx 250\,\text{mm}$, der Außendurchmesser der Feder $D_e \approx 50\,\text{mm}$ sein. Zur Aufhängung wird die ganze deutsche Öse mit $L_H \approx 0{,}8 \cdot D_i$ gewählt. Vorgesehen ist eine kaltgeformte zylindrische Schrauben-Zugfeder. Die Beanspruchung tritt vorwiegend statisch auf.
Zu bestimmen sind die noch fehlenden erforderlichen Federdaten und der Federwerkstoff.

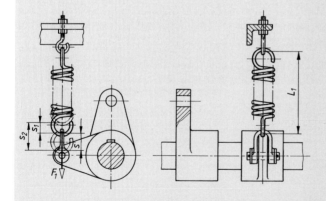

Bild 10-40
Rückholfeder einer Bremswelle

▶ **Lösung:** Zunächst wird der Drahtdurchmesser nach Gl. (10.42) vorgewählt. Da die maximale Federkraft noch unbekannt ist, wird sie vorerst ohne Berücksichtigung einer inneren Vorspannkraft ermittelt aus $F_1/s_1 = F_2'/s_2$ und daraus

$$F_2' = F_1/s_1 \cdot s_2 = 400\,\text{N}/20\,\text{mm} \cdot (20\,\text{mm} + 50\,\text{mm}) \approx 1400\,\text{N} .$$

Die Feder soll, wie allgemein üblich, mit innerer Vorspannkraft hergestellt werden. Dadurch vermindert sich die größte Federkraft F_2' schätzungsweise auf $F_2 \approx 1000\,\text{N}$. Hiermit wird dann mit $D_e = 50\,\text{mm}$, $F \cong F_2$ und $k_1 = 0{,}16$ ($d > 5\,\text{mm}$ geschätzt) aus Gl. (10.42)

$$d \approx k_1 \cdot \sqrt[3]{F \cdot D_e} = \ldots \approx 5{,}9\,\text{mm}; \quad \text{vorgewählt } d = 6{,}3\,\text{mm} \text{ (TB 10-2).}$$

Der mittlere Windungsdurchmesser wird voläufig aus

$$D = D_e - d = 50\,\text{mm} - 6{,}3\,\text{mm} = 43{,}7\,\text{mm}\,;$$

festgelegt mit $D = 45\,\text{mm}$ (Vorzugswert nach DIN 323 und damit $D_e = 51{,}3\,\text{mm}$).
Die vorhandene Schubspannung wird nach Gl. (10.43) mit $D = 45\,\text{mm}$, $d = 6{,}3\,\text{mm}$ und $F \cong F_2 = 1000\,\text{N}$

$$\tau_2 = \frac{F \cdot D}{0{,}4 \cdot d^3} = \ldots \approx 459\,\text{N}/\text{mm}^2\,.$$

Nach TB 10-19a vorläufig festgelegt: Federdraht SL.
Unter Annahme einer inneren Vorspannkraft $F_0 \approx 250\,\text{N}$ wird die Federrate aus Gl. (10.51) mit $F \cong F_1 = 400\,\text{N}$ und $s \cong s_1 = 20\,\text{mm}$

$$R = (F_1 - F_0)/s_1 = \ldots \approx 7{,}5\,\text{N}/\text{mm}\,.$$

Damit kann aus Gl. (10.54) mit $d = 6{,}3\,\text{mm}$, $D = 45\,\text{mm}$, $s \cong s_1 = 20\,\text{mm}$, $F \cong F_1 = 400\,\text{N}$, $F_0 = 250\,\text{N}$ und $G = 81\,500\,\text{N}/\text{mm}^2$ die Anzahl der federnden Windungen bestimmt werden

$$n = \frac{G \cdot d^4 \cdot s}{8 \cdot D^3 \cdot (F - F_0)} = \ldots \approx 23{,}45$$

festgelegt aufgrund der konstruktiven Anordnung (s. Bild 10-40) $n = 23{,}25$.
Die innere Vorspannkraft wird damit nach Gl. (10.52)

$$F_0 = F - R \cdot s = F - \frac{G \cdot d^4 \cdot s}{8 \cdot D^3 \cdot n} = \ldots \approx 248{,}5\,\text{N}\,.$$

Mit Gl. (10.53) ist die Zulässigkeit der inneren Vorspannkraft F_0 nachzuweisen. Setzt man für $\tau_{0\,\text{zul}} = \alpha \cdot \tau_{\text{zul}}$ mit $\alpha \cong \alpha_1 \approx 0{,}2$ (TB 10-19b für $w = D/d = 45\,\text{mm}/6{,}3\,\text{mm} \approx 7{,}2$ und Fertigung auf Wickelbank) und $\tau_{\text{zul}} \approx 530\,\text{N}/\text{mm}^2$ (TB 10-19a für Draht SL bei $d = 6{,}3\,\text{mm}$), so wird mit $\tau_{0\,\text{zul}} = \alpha \cdot \tau_{\text{zul}} = 0{,}2 \cdot 530\,\text{N}/\text{mm}^2 \approx 115\,\text{N}/\text{mm}^2$ die zulässige Vorspannkraft

$$F_0 \leq \tau_{0\,\text{zul}} \cdot \frac{0{,}4 \cdot d^3}{D} = \ldots \approx 255\,\text{N}\,.$$

Die Länge des unbelasteten Federkörpers wird mit $n_t = n = 23{,}25$, $d_{\max} = d + \Delta d = 6{,}3\,\text{mm} + 0{,}04\,\text{mm} = 6{,}34\,\text{mm}$ aus Gl. (10.41)

$$L_K \approx (n_t + 1) \cdot d_{\max} = \ldots \approx 154{,}2\,\text{mm} \quad \text{bzw. mit} \quad L_H \approx 0{,}8 \cdot D_i = \ldots \approx 31\,\text{mm}$$

$$L_0 = L_K + 2 \cdot L_H = \ldots \approx 216\,\text{mm}\,.$$

Abschließend wird noch die tatsächliche Federkraft F_2 bei dem Lüftweg $s = 50\,\text{mm}$, also bei dem größten Federweg $s_2 = s_1 + s = 20\,\text{mm} + 50\,\text{mm} = 70\,\text{mm}$, festgestellt. F_2 ergibt sich aus Gl. (10.52) mit $D = 45\,\text{mm}$, $d = 6{,}3\,\text{mm}$, $G = 81\,500\,\text{N}/\text{mm}^2$

$$F_2 = F_0 + (G \cdot d^4 \cdot s_2)/(8 \cdot D^3 \cdot n) = \ldots \approx 785\,\text{N}\,.$$

Geschätzt war als Höchstlast $F_2 \approx 1000\,\text{N}$. An den Abmessungen der Feder ändert sich im vorliegenden Fall nichts. Abschließend sei bemerkt, dass man mit der ersten Rechnung nicht immer die gewünschten und zulässigen Werte erreicht. Die Rechnung muß dann mit anderen Annahmen wiederholt werden.

Ergebnis: Die Rückholfeder aus Draht EN 10270-1-SL-6,30 erhält folgende Abmessungen: $D = 45\,\text{mm}$, $D_e = 51{,}3\,\text{mm}$, $n = n_t = 23{,}25$, $L_0 = 216\,\text{mm}$.

10.5 Literatur

DIN Deutsches Institut für Normung (Hrsg.): Federn, Normen. Berlin: Beuth 2006 (DIN Taschenbuch 29)

Almen, I. O.; Làslò, A.: The Uniform-Section Disk-Spring. Transactions of American Society of Mechanical Engineers, 58. Jahrgang, 1936

Denecke, K.: Dauerfestigkeitsuntersuchungen an Tellerfedern. Diss. TH Ilmenau 1970

Göbel, E. F.: Berechnung und Gestaltung von Gummifedern. Berlin/Göttingen/Heidelberg: Springer, 1969

Gross, S.: Berechnung und Gestaltung von Metallfedern. Berlin/Göttingen/Heidelberg: Springer, 1960

Hoesch: Warmgeformte Federn. Konstruktion und Fertigung. Bochum: W. Stumpf KG, 1987

Meissner, M.; Wanke, K.: Handbuch Federn. Berechnung und Gestaltung im Maschinenbau. 2. Aufl. Berlin: Verlag – Technik, 1993

Meissner, M.; Schorch, H. J.: Metallfedern. Grundlagen Werkstoffe, Berechnung und Gestaltung. Berlin/Heidelberg/New York: Springer, 1997

Niemann, G.; Winter, H.; Höhn, B.-R.: Maschinenelemente Band I, 2. Aufl. Berlin/Heidelberg/New York: Springer, 2005

Schremmer, G.: Dynamische Festigkeit von Tellerfedern. Diss TH Braunschweig 1965

Steinhilper, W.; Röper, R.: Maschinen- und Konstruktionselemente. Berlin/Heidelberg/New York: Springer, 1994

Wächter, K.: Konstruktionslehre für Maschineningenieure. Berlin: Verlag – Technik, 1987

Wahl, A. M.: Mechanische Federn. Düsseldorf: Triltsch, 1966

Wolf, W. A.: Die Schraubenfeder. Essen: Giradet, 1966

10

11 Achsen, Wellen und Zapfen

11.1 Funktion und Wirkung

Achsen sind Elemente zum Tragen und Lagern von Laufrädern, Seilrollen, Hebeln u. ä. Bauteilen (Funktion). Sie werden im wesentlichen durch Querkräfte auf *Biegung*, seltener durch Längskräfte zusätzlich noch auf Zug oder Druck beansprucht. Achsen übertragen im Gegensatz zu Wellen kein Drehmoment. *Feststehende Achsen* (Bild 11-1a), auf denen sich die gelagerten Teile, z. B. Seilrollen, lose drehen, sind wegen der nur ruhend oder schwellend auftretenden Biegung beanspruchungsmäßig günstig. *Umlaufende Achsen* (Bild 11-1b), die sich mit den festsitzenden Bauteilen, z. B. Laufrädern, drehen, werden wechselnd auf Biegung beansprucht, so dass ihre Tragfähigkeit geringer ist als die bei feststehenden Achsen gleicher Größe und gleichem Werkstoff. Hinsichtlich der Lagerung sind sie jedoch vorteilhafter. Ein- und Ausbau, Reinigen und Schmieren der Lager sind bei der hierbei gegebenen Anordnung leichter möglich als in den häufig schwer zugänglichen umlaufenden Radnaben auf feststehenden Achsen.

Wellen (Bild 11-1c) laufen ausschließlich um und dienen dem Übertragen von Drehmomenten (Funktion), die z. B. durch Zahnräder, Riemenscheiben und Kupplungen ein- und weitergeleitet werden. Sie werden auf *Torsion* und vielfach durch Querkräfte zusätzlich auf *Biegung* beansprucht. Bestimmte Übertragungselemente, z. B. Kegelräder oder schrägverzahnte Stirnräder, leiten zusätzliche Längskräfte ein, die von der Welle und von den Lagern aufzunehmen sind.

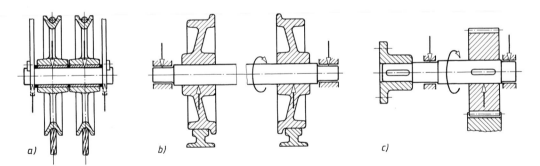

Bild 11-1 Achsen und Wellen
a) feststehende Achse, b) umlaufende Achse mit Achszapfen, c) Welle mit Wellenzapfen

Zapfen sind die zum Tragen und Lagern (Funktion) dienenden, meist abgesetzten Enden von Achsen und Wellen oder auch Einzelelemente, wie z. B. Spurzapfen und Kurbelzapfen. Sie können zylindrisch, kegelig oder kugelförmig ausgebildet sein (s. Bilder 11-13 und 11-14).

Zu erwähnen sind noch zwei Wellen-Sonderausführungen, die aber in diesem Kapitel nicht weiter behandelt werden.

Gelenkwellen: Sie werden verwendet zum Übertragen von Drehbewegungen zwischen nicht fluchtenden und in ihrer Lage veränderlichen Wellenteilen (Funktion), z. B. im Werkzeugmaschinenbau bei Tischantrieben von Fräsmaschinen, bei Mehrspindelbohrmaschinen und im Kraftfahrzeugbau zur Verbindung von Wechsel- und Achsgetriebe. Sie bestehen aus der Antriebswelle, den beiden Einfach-Gelenken und der ausziehbaren Zwischenwelle, der Teleskop-welle. Einzelheiten siehe Kapitel 13 „Kupplungen".

Biegsame Wellen: Zum Antrieb (Funktion) ortsveränderlicher Maschinen kleiner Leistung, wie Handschleifmaschinen und Handfräsen oder ortsfester Geräte mit starkem Versatz zum Antrieb, wie Tachos, werden vorwiegend biegsame Wellen verwendet. Sie bestehen aus schrauben-förmig in mehreren Lagen und mehrgängig gewickelten Stahldrähten (1), die von einem beweg-lichen Metallschutzschlauch (3) umhüllt und häufig noch durch ein schraubenförmig gewundenes Stahlband (2) verstärkt sind (Bild 11-2).

Die Drehung biegsamer Wellen hat entgegen dem Windungssinn der äußeren Drahtlage zu erfolgen, um ein Abwickeln dieser Lage auszuschließen. Die im Bild 11-2 gezeigte Welle ist für Rechtsdrehung vorgesehen, da die äußere Lage linksgängig gewunden ist. Die Normalausfüh-rung ist für Rechtslauf. Die anzuschließenden Teile werden meist durch aufgelötete Muffen verbunden.

Das von der biegsamen Welle übertragbare Drehmoment ist abhängig vom Durchmesser der Wellenseele, der Ausführungsart, der Länge, dem kleinsten Biegeradius u. a. Einflussgrößen. Werte sind unter Angabe der Einsatzbedingungen vom Hersteller zu erfragen.

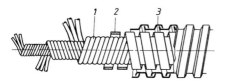

Bild 11-2
Biegsame Welle mit Metallschutzschlauch

11.2 Gestalten und Entwerfen

11.2.1 Gestaltungsgrundsätze

1. Gestaltungsrichtlinien hinsichtlich der Festigkeit

Die äußere Form der Achsen, Wellen und Zapfen wird sowohl durch ihre Verwendung, z. B. als Radachse, Kurbelwelle, Getriebewelle und Lagerzapfen, als auch durch die Anordnung, Anzahl und Art der Lager, der aufzunehmenden Räder, Kupplungen, Dichtungen u. dgl. bestimmt. Die Aufgaben des Konstrukteurs bestehen darin, kleine Abmessungen anzustreben, die Dauer-bruchgefahr auszuschalten und eine möglichst einfache und kostensparende Fertigung zu errei-chen. Hierfür sind konstruktive Maßnahmen, insbesondere zur Vermeidung gefährdeter Kerb-stellen, oft entscheidender als die Verwendung von Stählen höherer Festigkeit.

Folgende Gestaltungsregeln sollten beachtet werden:

1. *Gedrängte Bauweise* mit kleinen Rad- und Lagerabständen anstreben, um kleine Biegemo-mente und damit kleine Durchmesser zu erreichen. Die mit den Achsen und Wellen zusam-menhängenden Bauteile (Radnaben, Lager usw.) können dann ebenfalls kleiner ausgeführt werden, wodurch sich Größe, Gewicht und Kosten der Gesamtkonstruktion wesentlich ver-ringern können (s. auch Bild 11-8).

2. Bei *abgesetzten Zapfen* das Verhältnis $D/d = 1,4$ nicht überschreiten. Übergänge gut run-den mit $r = d/20 \ldots d/10$ (Bild 11-3a).

3. *Keil- und Passfedernuten bei Umlaufbiegung* nicht bis an die Übergänge heranführen, damit die Kerbwirkungen aus beiden Querschnittsveränderungen wegen erhöhter Dauerbruchge-fahr nicht in einer Ebene zusammenfallen (Bild 11-3a). Liegt nur statische Torsion (und statische Biegung) vor, s. Passfederverbindungen (Kap. 12.2.1-1).

4. Festigkeitsmäßig sehr günstig, konstruktiv jedoch nicht immer ausführbar, ist der Übergang mit zwei Rundungsradien, einem *Korbbogen* mit $r \approx d/20$ und $R \approx d/5$ (Bild 11-3b). Bei aufgesetzten Wälzlagern ist hierbei ein Stützring erforderlich, da die Lager nicht direkt an die Wellenschulter gesetzt werden können.

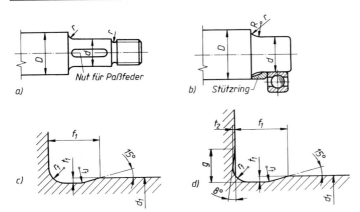

Bild 11-3
Gestaltung der Zapfenübergänge.
a) normaler Übergang,
b) Übergang mit Korbbogen
c) und d) Freistich *E* und *F*
nach DIN 509

5. *Rundungsradien* nach DIN 250 wählen; Vorzugsreihe (Nebenreihe): 0,2 (0,3) 0,4 (0,5) 0,6
   (0,8) 1 (1,2) 1,6 (2) 2,5 (3) 4 (5) 6 (8) 10 (12) 16 (18) 20 usw. nach den Normzahlreihen R5,
   R10, R20. Bei direkt an den Wellenschultern sitzenden Wälzlagern sind die den Lagern zugeordneten Rundungsradien (auch Schulterhöhen) nach DIN 5418 (s. TB 14-9) zu beachten.

6. *Freistich* vorsehen, wenn ein Zapfen, z. B. für eine Gleitlagerung, geschliffen werden soll,
   damit die Schleifscheibe freien Auslauf hat (Bild 11-3c, Freistich nach DIN 509, Form E).
   Soll auch die Absatzfläche geschliffen werden, so kommt ein Freistich nach Bild 11-3d
   (DIN 509 Form F) in Frage (Werte s. TB 11-4).

7. *Wellenübergänge* ohne Schulter festigkeitsmäßig am günstigsten nach Bild 11-4 ausführen;
   Rundung $R \approx d/5$. Aufgeschrumpfte Naben von der Übergangsstelle etwas zurücksetzen
   (Maß a) und Bohrungskanten leicht brechen, um die Kerbwirkung klein zu halten.

11

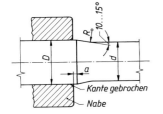

Bild 11-4
Wellenübergang ohne Schulter

8. Räder und Scheiben gegen *axiales Verschieben* möglichst durch Distanzscheiben oder -hül-
   sen, Stellringe oder Wellenabsätze (Wellenschultern) und nicht durch Sicherungsringe
   sichern. Die Nuten für diese Ringe haben eine große Kerbwirkung und erhöhen damit die
   Dauerbruchgefahr. Sicherungsringe deshalb möglichst nur an den Wellenenden anordnen
   (Bild 11-5a).

9. *Nuten* etwas kürzer als Naben ausführen (Abstand $a > 0$), damit Distanzhülsen einwandfrei
   an der Nabe anliegen, Einbauungenauigkeiten durch Verschieben der Räder ausgeglichen
   werden können und die Kerbwirkungen von Nutende und Nabensitz nicht zusammenfallen
   (Bild 11-5a).

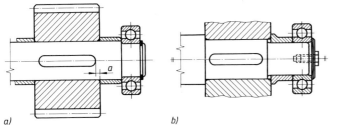

Bild 11-5
Festlegen von Rädern bzw.
Scheiben.
a) durch Distanzhülsen, b)
durch Wellenschultern

10. *Axiale Führung* der Achsen und Wellen durch Ansatzflächen der Lagerzapfen (Bild 11-6a) oder bei glatter Ausführung z. B. durch Stellringe (Bild 11-6b) an beiden Lagern (*A* und *B*) sichern. Ausreichend Spiel vorsehen, um ein Verspannen bei Wärmedehnung zu vermeiden und um Einbauungenauigkeiten ausgleichen zu können (bei Wälzlagerung s. Stützlagerung und Fest-Loslagerung im Kapitel 14). Durch die Führung an nur einem Lager (*B*₁) kann ein „Schwimmen" vermieden werden. Bei mehrfacher Lagerung (Bild 11-6c) übernimmt ein Lager (*B*), bei Wälzlagerung das *Festlager*, die axiale Führung, alle anderen Lager, die *Loslager* müssen sich in Längsrichtung frei einstellen können.

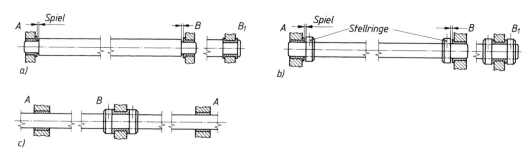

Bild 11-6 Axiale Führung von Achsen und Wellen.
a) durch Wellenschultern, b) durch Stellringe, c) bei mehrfacher Lagerung

11

11. Möglichst *Fertigwellen* (s. auch unter 11.2.2-1) verwenden, um Bearbeitungskosten zu sparen.
12. *Feststehende Achsen* wegen günstiger Beanspruchungsverhältnisse gegenüber umlaufenden bevorzugen (s. auch unter 11.2.2-2).
13. Lager dicht an Scheiben und Räder setzen, damit die Durchbiegung der Welle klein bleibt und die kritische Drehzahl hoch liegt (s. unter 11.3.3).
14. Bei hochtourig laufenden und deshalb genauestens auszuwuchtenden Wellen sollen Nuten, Bohrungen usw. *vor* der Endbearbeitung der Oberflächen gefertigt werden, um Druckstellen und Verformungen durch das Einspannen beim Fräsen oder Bohren zu vermeiden.
15. Liegt *Umlaufbiegung* vor, ist eine Erhöhung der Dauerschwingfestigkeit durch Oberflächenverfestigung möglich, z. B. durch Drücken, Kugelstrahlen oder auch Härten (durch Überlagern der Druckeigenspannung und der Betriebsspannung wird die resultierende Mittelspannung in den Druckbereich verlagert, d. h. die „gefährlichere" Zugspannung wird kleiner).

2. Gestaltungsrichtlinien hinsichtlich des elastischen Verhaltens

Die Neigung der Achse/Welle in den Lagern kann für die Auswahl der Lager, die Durchbiegung und Neigung kann an den Stellen, wo Bauteile aufgesetzt sind, für deren einwandfreie Funktion bzw. die Genauigkeit der Baugruppe entscheidend sein. Bei längeren Wellen ist evtl. die Verdrehung für die Auslegung entscheidend. Bei hohen Drehzahlen ($n > 1500\,\text{min}^{-1}$) sind Schwingungen des Systems zu beachten (kritische Drehzahl).

Eine genauere rechnerische Ermittlung der Neigung, Durchbiegung und biege- bzw. torsionskritischen Drehzahl ist, besonders bei mehrfach abgesetzten Wellen mit mehreren Scheiben oder Rädern, oft schwierig und zeitaufwendig. In der Praxis werden hierfür Rechnerprogramme eingesetzt; die kritischen Drehzahlen sind, falls erforderlich, wegen der schwer erfassbaren versteifenden Wirkung der Lager, Räder usw. nur durch Versuche genauer ermittelbar.

Allgemein ist eine möglichst *hohe* kritische Drehzahl anzustreben, die mindestens 10 … 20 % über, oder, wenn dieses nicht zu erreichen ist, ebensoviel unter der Betriebsdrehzahl liegt. Zum Erreichen einer hohen kritischen Drehzahl sind konstruktiv anzustreben:

1. Lager möglichst dicht an umlaufende Scheiben, Räder usw. setzen, um die Durchbiegung klein zu halten.
2. Wellen mit umlaufenden Teilen bei hohen Drehzahlen sorgfältig auswuchten, damit die Fliehkräfte und ihre Wirkungen klein bleiben.
3. Umlaufende Scheiben, Räder, Kupplungen usw. leicht bauen, um ein kleines Massenträgheitsmoment (und auch eine geringere Durchbiegung) zu erhalten.

Zu beachten ist, dass die kritischen Drehzahlen nur von der Gestalt (Masse und Verformung) und dem Werkstoff (nur E-Modul) abhängig sind, nicht von den äußeren Kräften oder der Lage der Welle (liegend oder stehend).

Werden steife Wellen gefordert, z. B. für Spindeln von Werkzeugmaschinen, sind die Wellen kurz zu gestalten oder wenn nicht möglich, als Hohlwellen auszuführen, da Hohlwellen ein deutlich größeres Widerstandsmoment bei gleichem Querschnitt aufweisen.

11.2.2 Entwurfsberechnung

1. Werkstoffe und Halbzeuge

Für *normal beanspruchte Achsen und Wellen* von Getrieben, Kraft- und Arbeitsmaschinen, Fördermaschinen, Hebezeugen, Werkzeugmaschinen u. dgl. kommen insbesondere die unlegierten Baustähle nach DIN EN 10025, z. B. S235, S275, E295 und E335 in Frage. Für *höher beanspruchte Wellen*, z. B. von Kraftfahrzeugen, Motoren, schweren Werkzeugmaschinen, Getrieben, Turbinen u. dgl. werden vorzugsweise die Vergütungsstähle nach DIN EN 10083, z. B. 25CrMo4, 28Mn6 u. a., bei *Beanspruchung auf Verschleiß* auch die Einsatzstähle nach DIN EN 10084, z. B. C15, 17CrNiMo6 u. a. verwendet. Siehe hierzu TB 1-1.

Achsen und Wellen können ohne Nacharbeit aus geraden blanken Rundstäben nach DIN EN 10278 mit gezogener, geschälter und geschliffener Oberfläche (Kurzzeichen: +C, +SH und +SL) in Längen bis 9 m hergestellt werden, siehe TB 1-6. Die Toleranzfelder betragen für gezogene und geschälte Rundstäbe h10 (h9, h11 und h12) und für geschliffene bzw. polierte Rundstäbe h9 (h6, h7, h8, h10, h11 und h12). Die Rundstäbe können auch mit den in ( ) angegebenen Toleranzfeldern geliefert werden.

Nach den technischen Lieferbedingungen DIN EN 10277-2 bis -5 können diese blanken Rundstäbe mit den mechanischen Eigenschaften gewalzt + geschält (+SH), kaltgezogen (+C), vergütet und kaltgezogen (+QT + C) und gewalzt und geschält (+SH) als Stähle für allgemeine technische Verwendung, z. B. E295GC + C, C60 + SH; als Automatenstähle, z. B. 11SMn37 + C, 44SMn28 + QT + C; als Einsatzstähle, z. B. C15R + C, 16MnCrS5 + A + C und als Vergütungsstähle, z. B. C60E + C + QT, 25CrMoS4 + QT + C verwendet werden, s. TB1-1h. Oberflächenfehler werden in vier Güteklassen berücksichtigt. Die Oberflächengüteklasse 4 „herstellungstechnisch rissfrei" ist nur in geschältem und/oder geschliffenem Zustand erreichbar.

Achsen und Wellen mit anderen Toleranzen oder teilweise unbearbeiteter Oberfläche sind zweckmäßig aus warmgewalztem Rundstahl von 10 ... 250 mm Durchmesser nach DIN EN 10060 zu fertigen, s. TB 1-6. Bei größeren Abmessungen oder besonderen Formen, z. B. Vorderachsen von Kraftfahrzeugen, Kurbelwellen, stärker abgesetzte oder angeformte Achsen und Wellen (s. Bild 11-11), werden sie vorgeschmiedet, gepresst oder auch gegossen.

Werkstoffe und Halbzeuge sollen aus wirtschaftlichen Gründen nicht hochwertiger als unbedingt erforderlich gewählt werden. Nur wenn Raum- und Gewichtsbeschränkungen bei hohen Beanspruchungen zu kleinen Abmessungen zwingen, z. B. bei Kfz-Getrieben, oder wenn besondere Anforderungen an Verschleiß, Korrosion, magnetische Eigenschaften, Warmfestigkeit usw. gestellt werden, sollten entsprechende Werkstoffe wie höherlegierte Vergütungs- und Einsatzstähle oder korrosionsbeständige Stähle verwendet werden. Gegebenenfalls können auch noch Forderungen nach guter Schweiß-, Zerspan- und Schmiedbarkeit für die Werkstoffwahl mitbestimmend sein. Empfehlungen über die für bestimmte Anforderungen und Verwendungszwecke zu wählenden Stähle enthält die Werkstoffauswahl TB 1-1.

2. Berechnungsgrundlagen

Achsen und Wellen lassen sich nur unter Einbeziehung der mit diesen verbundenen Bauteilen wie Räder, Lager u. dgl., also unter Zugrundelegung des gesamten Konstruktionsumfeldes gestalten und berechnen, wobei von folgenden Fällen ausgegangen werden kann.

Fall 1: Der Einbauraum für die Achse oder Welle ist durch die bereits festliegenden Abmessungen der Gesamtkonstruktion vorgegeben, z. B. für eine Fahrzeugachse durch die Breite des Fahrzeuges (Bild 11-1b) oder für die Antriebswelle eines Kettenförderers durch die aufgrund der Förderleistung bedingte Trogbreite (z. B. $B = 315$ mm in Bild 11-7). In solchen Fällen liegen die Abstandsmaße für Lager, Räder u. dgl. fest oder lassen sich zumindest gut abschätzen, so dass mit den relativ genau zu bestimmenden Biege- und Torsionsmomenten die Achsen bzw. Wellen für den Entwurf schon ausreichend genau berechnet werden können.

Fall 2: Der Einbauraum ist nicht vorgegeben, da die Abmessungen der Gesamtkonstruktion im wesentlichen erst durch die vom zunächst noch unbekannten Achsen- bzw. Wellendurchmesser d abhängigen Größen der Radnaben, Lager u. dgl. bestimmt werden müssen, wie z. B. bei der Getriebewelle (Bild 11-8). In solchen Fällen liegen die Lager- und Radabstände und damit auch

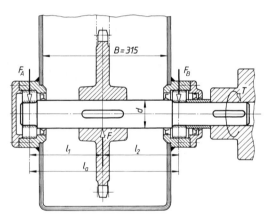

Bild 11-7 Antriebswelle eines Förderers mit vorgegebenen Einbaumaß (schematisch)

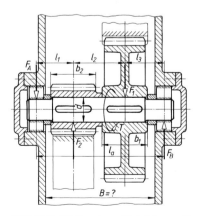

Bild 11-8 Welle eines Getriebes mit vorerst nicht bekannten Einbaumaßen (schematisch)

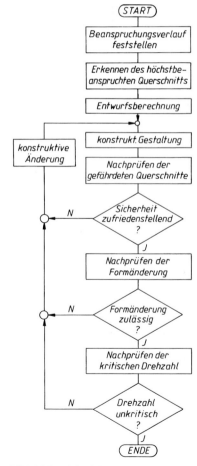

Bild 11-9 Ablaufplan zur Berechnung von Achsen und Wellen

die Wirklinien der Kräfte noch nicht fest, so dass die Biegemomente auch nicht ermittelt werden können. Hier muss durch eine *Entwurfsberechnung* nach 11.2.2-3 der Durchmesser d' zunächst überschlägig ermittelt werden und damit die Größen der Radnaben, Lager u. dgl. annähernd bestimmt und die Abstandsmaße durch einen Vorentwurf festgelegt werden. Erst danach kann eine „genauere" Berechnung nach 11.3 (meist in der Form der Nachprüfung) erfolgen und anschließend, falls erforderlich, eine entsprechende Korrektur der Abmessungen vorgenommen und der endgültige Entwurf erstellt werden.

Die Vorgehensweise für eine überschlägige rechnerische Auslegung von Achsen und Wellen ist im Bild 11-9 dargestellt.

Festigkeitsbetrachtungen

Bei der Berechnung der Achsen und der Wellen werden die äußeren Kräfte (Radkräfte, Lagerkräfte) der Einfachheit halber meist als punktförmig angreifende Kräfte angenommen, wobei deren Wirklinien allgemein durch die Mitten der Angriffsflächen, also der Zahnbreiten, Scheibenbreiten, Lagerbreiten u. dgl. gelegt werden (s. Bilder 11-1 und 11-8). Nur bei der Krafteinleitung über verhältnismäßig lange Naben ist ggf. die Betrachtung als Streckenlast angebracht.

Gewichtskräfte aus den Eigengewichten von Achse bzw. Welle, Rädern usw. können – im Gegensatz zu den Untersuchungen von Verformungen und kritischen Drehzahlen (s. unter 11.3.3) – bei der Festigkeitsberechnung meist vernachlässigt werden.

Achsen: Achsen werden auf Biegung und auf Schub beansprucht (s. Bild 11-10a). Wie aus Bild 11-10b zu erkennen ist, hat die Biegespannung σ_b (Normalspannung) in der Randzone ihren Maximalwert, während die Schubspannung τ_s in der Randzone annähernd Null ist. Nach Gl. (3.5) wird die Vergleichsspannung in der Randzone $\sigma_v \approx \sigma \approx \sigma_b$ sein. Zur Biegeachse hin wird der Einfluss der Schubspannung zwar größer, aber infolge der Abnahme der Biegespannung wird die Vergleichsspannung zur Mitte hin für „normale" Anwendungsfälle immer kleiner sein als die Randspannung σ_b. Nur für kleine Abstände l_x, z. B. bei Bolzen, Stiften, evtl. auch bei kurzen Lagerzapfen (s. Bild 11.10) ist der Einfluss der Schubspannung (τ_s) zu berücksichtigen. Allgemein kann gesagt werden, dass bei der Ermittlung des Achsdurchmessers d die Schubspannung vernachlässigt werden kann, wenn $l_x > d$ ist.

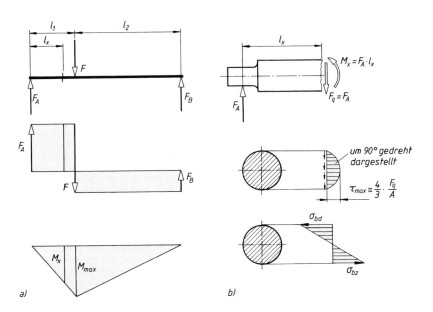

Bild 11-10 Beanspruchung einer Achse.
a) Querkraft- und Biegemomentenverlauf, b) Schnittgrößen und Spannungsverlauf

Zylindrische Achsen: Bei einer *zylindrischen Achse* muss bei reiner Biegebeanspruchung die Biegehauptgleichung $\sigma_b = M/W \leq \sigma_{b\,zul}$ erfüllt sein. Mit $W = (\pi/32) \cdot d^3$ für den Kreisquerschnitt wird der *Mindestdurchmesser der Achse*

$$d \geq \sqrt[3]{\frac{32 \cdot M}{\pi \cdot \sigma_{b\,zul}}} \approx 2{,}17 \cdot \sqrt[3]{\frac{M}{\sigma_{b\,zul}}} \tag{11.1}$$

bzw. mit $k = d_i/d_a$ und $W = (\pi/32) \cdot (d_a^4 - d_i^4)/d_a = (\pi/32) \cdot d_a^3 \cdot (1 - k^4)$ wird der *Außendurchmesser der Hohlachse*

$$d_a \geq \sqrt[3]{\frac{32 \cdot M}{\pi \cdot (1 - k^4) \cdot \sigma_{b\,zul}}} \approx 2{,}17 \cdot \sqrt[3]{\frac{M}{(1 - k^4) \cdot \sigma_{b\,zul}}} \tag{11.2}$$

sowie der Innendurchmesser der Hohlachse

$$d_i \leq k \cdot d_a \tag{11.3}$$

M größtes Biegemoment
           Der Begriff „maximales Biegemoment" ist für den statischen Nachweis vergeben und berücksichtigt die höchste mögliche auch einmalige Belastung; der Begriff „equivalentes Biegemoment" gilt für den dynamischen Nachweis $-M_{eq} = K_A \cdot M_{nenn}$. S. Kap. 3
$\sigma_{b\,zul}$ zulässige Biegespannung. Für Überschlagsrechnungen $\sigma_{b\,zul} = \sigma_{bD}/S_{D\,min}$ nach Gl. (3.26)
k angenommenes Durchmesserverhältnis d_i/d_a der Hohlachse, mit Innendurchmesser d_i und Außendurchmesser d_a. Das Widerstandsmoment von Hohlachsen (und -wellen) nimmt bei Werten $k \leq 0{,}5$ nur geringfügig bei bereits merklicher Reduzierung der Querschnittsfläche bzw. der Gewichtskraft ab.

Angeformte Achsen: Schwere Achsen (und auch Wellen), z. B. für große, hochbelastete Seilscheiben von Förderanlagen werden aus Gründen der Werkstoff- und Gewichtsersparnis häufig einem *Träger gleicher Festigkeit* angeformt. Der nach Gl. (11.1) ermittelte Durchmesser ist theoretisch nur an der Stelle des größten Biegemomentes M erforderlich. An allen anderen Querschnittsstellen könnte der Durchmesser entsprechend der Größe des dort auftretenden Biegemomentes u. U. kleiner sein. Für die im Bild 11-11 dargestellte Seilrollenachse ergibt sich der Durchmesser d_x an der Stelle x mit dem Biegemoment $M_x = F_A \cdot x$ und $\sigma_{b\,zul}$ wie zu Gl. (11.1) aus

$$d_x \geq \sqrt[3]{\frac{32 \cdot M_x}{\pi \cdot \sigma_{b\,zul}}} \approx 2{,}17 \cdot \sqrt[3]{\frac{F_A \cdot x}{\sigma_{b\,zul}}} \tag{11.4}$$

Hiermit ergibt sich ein Rotationskörper, der durch eine kubische Parabel begrenzt ist. Die Achse ist zweckmäßig durch zylindrische oder kegelige Abstufungen so auszubilden, dass ihre Begrenzungskanten die Parabel an keiner Stelle einschneiden, s. Bild 11-11. Die Übergänge sind sanft zu runden, um die Kerbwirkung möglichst klein zu halten.

Ein Gestalten nach diesen Gesichtspunkten lohnt sich jedoch nur bei Achsen größeren Durchmessers, die vor der spanenden Bearbeitung ohnehin vorgeschmiedet werden, und wenn die höheren Fertigungskosten durch Werkstoffeinsparung, durch kleinere und damit preiswertere Lager an den kleineren Achsenden und durch geringere Transport- und Montagekosten sich wieder ausgleichen.

Achszapfen: Die Durchmesser d_1 von *Lagerzapfen* umlaufender Achsen werden nach der

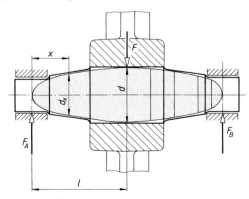

Bild 11-11 Angeformte Achse

Berechnung des Achsdurchmessers d meist konstruktiv festgelegt und nur in ungünstigsten Fällen ist die Kontrolle des Querschnittes $A-B$ im Bild 11-12 erforderlich. Die Beanspruchung des Lagerzapfens erfolgt vorwiegend wechselnd auf Biegung. Die zusätzliche Schubbeanspruchung kann erfahrungsgemäß vernachlässigt werden.

Tragzapfen feststehender Achsen werden wie Lagerzapfen festgelegt und überprüft. Die Beanspruchung erfolgt bei diesen jedoch vorwiegend ruhend oder dynamisch schwellend auf Biegung. Einzelzapfen als *Führungszapfen* (z. B. bei Schwenkrollen, Bild 11-13a), als *Kurbel-*

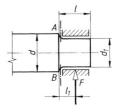

Bild 11-12 Achszapfen

zapfen (z. B. bei Kurvenscheiben, Bild 11-13b) und als *Halszapfen* (z. B. bei Kransäulen, Bild 11-13c) werden im wesentlichen auf Biegung durch das Moment $M = F \cdot l$ bzw. $M = F \cdot l/2$ beansprucht und entsprechend wie Lagerzapfen konstruktiv festgelegt und nur in ungünstigen Fällen in den gefährdeten Querschnitten $A-B$ geprüft.

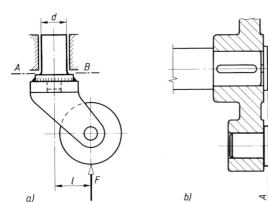
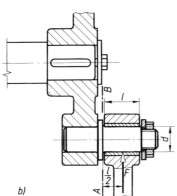
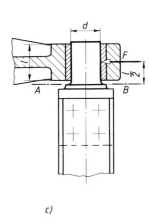

Bild 11-13 Einzelzapfen.
a) als Führungszapfen, b) als Kurbelzapfen, c) als Halszapfen

Einzelzapfen als *Spur-* oder *Stützzapfen* (z. B. bei Wanddrehkranen, Bild 11-14a) werden auf Flächenpressung und meist noch auf Biegung durch das Moment $M = F_r \cdot l$ beansprucht. Die noch auftretenden Beanspruchungen auf Druck und Schub können vernachlässigt werden. *Kugelzapfen* dienen einer gelenkartigen Lagerung von Achsen, Wellen und Stangen, die räumliche Bewegungen ausführen, z. B. Schubstangen bei Kurbeltrieben von Exzenterpressen (s. Bild 11-14b). Die Beanspruchung erfolgt hauptsächlich auf Flächenpressung: $p = F_a/A \le p_{zul}$. Als Fläche A gilt die Fläche der Projektion der gepressten Kugelzone.

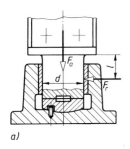
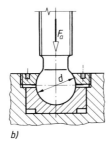

Bild 11-14 Einzelzapfen.
a) Spur-, b) Kugelzapfen

Wellen: Für die Berechnung der Wellenabmessungen sind in erster Linie Höhe und Art der Beanspruchung (Torsion, Torsion und Biegung) maßgebend. In manchen Fällen können jedoch auch die elastische Verformung (Drillwinkel, Durchbiegung), eine geforderte Steifigkeit (z. B.

bei Werkzeugmaschinen) und etwaige Schwingungen (kritische Drehzahl) für die Bemessung entscheidend sein (s. unter 11.3).

Torsionsbeanspruchte Wellen: Reine Torsionsbeanspruchung liegt selten vor, denn häufig tritt noch eine zusätzliche Biegebeanspruchung auf. Wird diese jedoch nur durch die Gewichtskräfte hervorgerufen, dann kann sie meist vernachlässigt werden. Annähernd reine Torsionsbeanspruchung tritt z. B. bei Kardanwellen, bei direkt mit einem Motor oder Getriebe gekuppelten Wellen von Lüftern, Zentrifugen, Kreiselpumpen u. dgl. auf.

Für *Vollwellen mit Kreisquerschnitt* ergibt sich mit $W_t = (\pi/16) \cdot d^3$ aus der Torsionshauptgleichung $\tau_t = T/W_t \leq \tau_{t\,zul}$ der Mindestdurchmesser

$$d \geq \sqrt[3]{\frac{16 \cdot T}{\pi \cdot \tau_{t\,zul}}} \approx 1{,}72 \cdot \sqrt[3]{\frac{T}{\tau_{t\,zul}}} \qquad (11.5)$$

Hohlwellen werden vorgesehen, wenn eine hohe Steifigkeit bei möglichst kleiner Masse gefordert wird, z. B. bei Arbeitsspindeln von Dreh- und Fräsmaschinen, bei Gelenkwellen (Bild 11-15) oder wenn z. B. Spann-, Schalt- und Steuerstangen hindurchzuführen sind.

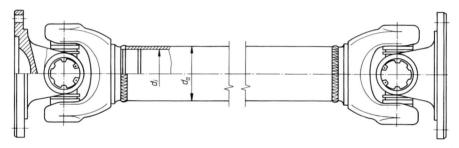

Bild 11-15 Gelenkwelle in Rohrausführung (Hohlwelle)

Aus der Torsionshauptgleichung lässt sich für *Hohlwellen mit Kreisquerschnitt* für $W_t = (\pi/16) \cdot (d_a^4 - d_i^4)/d_a$ und dem Durchmesserverhältnis $k = d_i/d_a$ und somit $W_t = (\pi/16) \cdot d_a^3 \cdot (1 - k^4)$ der *Außendurchmesser* ermitteln aus

$$d_a \geq \sqrt[3]{\frac{16 \cdot T}{\pi \cdot (1 - k^4) \cdot \tau_{t\,zul}}} \approx 1{,}72 \cdot \sqrt[3]{\frac{T}{(1 - k^4) \cdot \tau_{t\,zul}}} \qquad (11.6)$$

T das von der Welle zu übertragende größte Torsionsmoment

$\tau_{t\,zul}$ zulässige Torsionsspannung nach Angaben zu Gl. (3.26); $\tau_{t\,zul} = \tau_{tD}/S_{D\,min}$

k s. zu Gl. (11.3)

Der Innendurchmesser d_i wird nach Gl. (11.3) errechnet und sinnvoll festgelegt.

Gleichzeitig torsions- und biegebeanspruchte Wellen: Gleichzeitige Torsions- und Biegebeanspruchung liegt bei Wellen am häufigsten vor. Durch das zu übertragende Torsionsmoment werden Torsionsspannungen, durch Riemenzug-, Zahn- oder andere auf die Welle wirkende Kräfte zusätzlich Biege- und auch Schubspannungen hervorgerufen, s. Bild 11-16. Die Schubspannungen sind erfahrungsgemäß jedoch vernachlässigbar klein und müssen nur in extrem ungünstigen Fällen mit in die Berechnung einbezogen werden (s. auch unter Achsen).

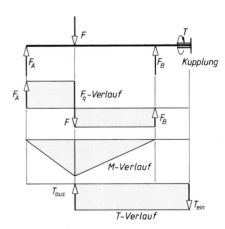

Bild 11-16 Torsions- und biegebeanspruchte Welle

Die aus Torsion und Biegung zusammengesetzten Beanspruchungen treten allgemein bei Wellen mit Zahnrädern, Riemenscheiben, Hebeln u. ä. Übertragungselementen auf, wie z. B. bei Getriebe- und Kurbelwellen. Bild 11-16 zeigt, dass im Bereich zwischen der Wirklinie der Kraft F und dem Lager B die größte Beanspruchung (Torsion, Schub, Biegung) liegt. Beim Zusammenwirken von Torsion und Biegung (die Schubbeanspruchung soll in nachfolgender Betrachtung vernachlässigt werden) treten die jeweils höchsten Spannungen in den Randfasern auf. Die Gesamtwirkung lässt sich für duktile Werkstoffe mit der GE-Hypothese nach Gl. (3.5) ermitteln. Setzt man hierin für $\sigma_b = M/W_b$ und für $\tau_t = T/W_t = T/(2 \cdot W_b)$ kann das *Vergleichsmoment*[1] berechnet werden aus

$$M_v = \sqrt{M^2 + 0{,}75 \cdot \left(\frac{\sigma_{b\,zul}}{\varphi \cdot \tau_{t\,zul}} \cdot T \right)^2} = \sqrt{M^2 + \left(\frac{\sigma_{b\,zul}}{2 \cdot \tau_{t\,zul}} \cdot T \right)^2} \qquad (11.7)$$

M	Biegemoment für den gefährdeten Querschnitt
T	von der Welle zu übertragendes Torsionsmoment
$\sigma_{b\,zul}, \tau_{t\,zul}$	zulässige Spannungen für die vorhandenen Beanspruchungsfälle $\sigma_{b\,zul}/(\varphi \cdot \tau_{t\,zul}) \approx 0{,}7$ wenn die Torsion ruhend oder schwellend, die Biegung wechselnd auftritt; $\sigma_{b\,zul}/(\varphi \cdot \tau_{t\,zul}) \approx 1$, wenn Torsion und Biegung im gleichen Belastungsfall auftreten, z. B. beide wechselnd
φ	Faktor zur Berechnung des Anstrengungsverhältnisses; $\varphi = 1{,}73$

Aus der zu erfüllenden Bedingung $\sigma_v = \sqrt{\sigma_{b\,max}^2 + 3 \cdot (\sigma_{b\,zul}/(\varphi \cdot \tau_{t\,zul}) \cdot \tau_{t\,max})^2} \le \sigma_{b\,zul}$ kann analog zu den Gln. (11.1) bis (11.4) jeweils der *erforderliche Wellendurchmesser* ermittelt werden. Für *Vollwellen mit Kreisquerschnitt* gilt dann

$$d \ge \sqrt[3]{\frac{32 \cdot M_v}{\pi \cdot \sigma_{b\,zul}}} \approx 2{,}17 \cdot \sqrt[3]{\frac{M_v}{\sigma_{b\,zul}}} \qquad (11.8)$$

11

und für *Hohlwellen mit Kreisquerschnitt*

$$d_a \ge \sqrt[3]{\frac{32 \cdot M_v}{\pi \cdot (1 - k^4) \cdot \sigma_{b\,zul}}} \approx 2{,}17 \cdot \sqrt[3]{\frac{M_v}{(1 - k^4) \cdot \sigma_{b\,zul}}} \qquad (11.9)$$

M_v	Vergleichsmoment (ideelles Biegemoment)
W_b, W_t	Biege-, Torsions-Widerstandsmoment
$\sigma_{b\,zul}, k$	wie zu Gln. (11.1 und 11.3)

Der Innendurchmesser der Hohlwelle wird nach Gl. (11.3) ermittelt.

Beachte: In vielen Fällen lässt sich das Biegemoment vorerst nicht genau ermitteln, da die zu dessen Berechnung erforderlichen Abstände der Lager, Räder u. dgl. sowie teilweise auch deren Kräfte noch unbekannt sind, wie bereits ausführlich unter 11.2.2-2 zu *Fall 2* beschrieben. In solchen Fällen wird der Durchmesser durch eine Entwurfsberechnung zunächst überschlägig ermittelt und nach der konstruktiven Gestaltung entsprechend nachgeprüft, s. unter 11.3.

Wellenzapfen: Die nur zur Lagerung dienenden Wellenzapfen, die *Lagerzapfen* (Bild 11.17a) werden wie Achszapfen vorwiegend wechselnd auf Biegung beansprucht und auch wie diese nach 11.3.1 geprüft.

Der *Antriebszapfen* (Bild 11-17b) überträgt ausschließlich das von der Kupplung eingeleitete Torsionsmoment T und wird nur auf Torsion beansprucht. Gefährdet sind der Übergangsquerschnitt $C-D$ und der Nutquerschnitt $E-F$, wobei meist nur der Nutquerschnitt wegen der Schwächung durch die Nuttiefe und auch wegen der häufig höheren Kerbwirkung nach 11.3.1 nachgeprüft zu werden braucht.

Der *Antriebszapfen* (Bild 11-17c) wird im wesentlichen durch das von der Kupplung eingeleitete Torsionsmoment T auf Verdrehung beansprucht. Die durch die Lagerkraft F im Querschnitt $G-H$ zusätzlich entstehende Biegebeanspruchung ist wegen des meist kleinen Abstandes l_1, z. B. bei Wälzlagern, im Verhältnis zur Verdrehbeanspruchung gering und kann normalerweise

---

[1] Vergleichbares Biegemoment mit gleicher Wirkung wie Biege- und Torsionsmoment gemeinsam

vernachlässigt werden. Es braucht also praktisch nur der Nutquerschnitt $I-K$ auf Torsion nach 11.3.1 nachgeprüft zu werden.

Bei dem *Antriebszapfen* (Bild 11-17d) wird das Torsionsmoment T über eine „fliegend" angeordnete Riemenscheibe (oder ein Zahnrad) eingeleitet. Neben der Verdrehbeanspruchung entsteht durch die Scheiben- oder Radkraft F_2 für den Übergangsquerschnitt $L-M$ eine nicht mehr zu vernachlässigende Biegebeanspruchung. Unter Zugrundelegung des Vergleichsmomentes M_v ist der Querschnitt $L-M$ und sicherheitshalber auch der überwiegend auf Verdrehung beanspruchte Querschnitt $N-O$ nach 11.3.1 nachzuprüfen.

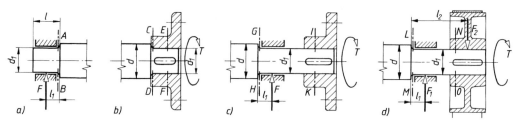

Bild 11-17 Wellenzapfen.
a) biegebeansprucht, b) torsionsbeansprucht, c) und d) torsions- und biegebeansprucht

Wellenenden: Zur Aufnahme von Riemenscheiben, Zahnrädern und Kupplungen sollen möglichst genormte Wellenenden verwendet werden: Zylindrische Wellenenden nach DIN 748 T1 und T3 (s. TB 11-1); kegelige Wellenenden mit langem und kurzem Kegel und Außengewinde nach DIN 1448 (s. TB 11-2); solche mit Innengewinde nach DIN 1449.

Torsions- und Biegemomente

Für die Dimensionierung der Achsen und der Wellen sind in erster Linie die sich aus der zu übertragenden Leistung und der zugehörigen Drehzahl ergebenden Torsions- und Biegemomente ausschlaggebend. Querkräfte, die sich aus schweren Massen, umlaufenden exzentrischen Massen und anderen von der Achse oder Welle aufzunehmenden Bauteilen (z. B. Steuernocken) ergeben, sind vielfach mit zu berücksichtigen wie auch die z. B. bei Riemenantrieben sich aus der Vorspannung ergebenden Querkräfte, die oftmals um ein vielfaches größer sind als die aus dem Drehmoment resultierende Tangentialkraft (Umfangskraft). Schwierigkeiten bei der genauen Erfassung der von der Achse und Welle aufzunehmenden Kräfte und Momente bereiten die dynamischen Vorgänge der gesamten Leistungsübertragung, wie z. B. Beschleunigen und Abbremsen der Massen, die Art der Antriebs- und Belastungsverhältnisse, z. B. Verbrennungsmotor oder Elektromotor bzw. selten Volllast oder Volllast mit starker Stoßwirkung.

Torsionsmomente[1]**:** Aus der Grundbeziehung $P = T \cdot \omega = T \cdot 2 \cdot \pi \cdot n$ wird das zu übertragende *Nenndrehmoment*

$$\boxed{T_{\mathrm{nenn}} = \frac{P}{2 \cdot \pi \cdot n}} \tag{11.10}$$

und mit den in der Praxis üblichen Einheiten sowie unter Berücksichtigung der dynamischen Vorgänge durch den Anwendungsfaktor K_A (s. Bild 3-8) ergibt sich das für die Berechnung maßgebende äquivalente Drehmoment aus der Gebrauchsformel

$$\boxed{T = T_{\mathrm{eq}} = K_A \cdot T_{\mathrm{nenn}} \approx 9550 \cdot \frac{K_A \cdot P}{n}} \qquad \begin{array}{c|c|c} T & P & n \\ \hline \mathrm{Nm} & \mathrm{kW} & \mathrm{min}^{-1} \end{array} \tag{11.11}$$

K_A Anwendungsfaktor[2] zur Berücksichtigung dynamischer Vorgänge nach TB 3-5
P größte zu übertragende Nennleistung
n zur Nennleistung P gehörige (kleinste) Drehzahl

---

[1] Nach DIN 1304 wird unterschieden zwischen dem Drehmoment (Kraftmoment) M und dem Torsionsmoment T als inneres Moment. Der Einfachheit halber wird – wie in der weiterführenden Literatur meist üblich – generell als Formelzeichen für das Dreh- und Torsionsmoment T eingesetzt.

[2] Die Festlegung des Anwendungsfaktors muss sehr gewissenhaft vorgenommen werden, denn eine hierbei erfolgte Fehleinschätzung wird durch keine noch so genaue Berechnung wieder wettgemacht.

Biegemomente: Das Ermitteln der von den Achsen und Wellen aufzunehmenden Biegemomente ist oft erheblich aufwendiger und schwieriger als das der Torsionsmomente. Grundsätzlich werden die sich bei der Leistungsübertragung ergebenden Aktionskräfte (Lagerkräfte, Riemenzugkräfte, Zahnkräfte, u. a.) aus dem äquivalenten Torsionsmoment nach Gl. (11.11) ermittelt, um auch für die benachbarten Bauteile den schwer erfassbaren Einfluss der dynamischen Vorgänge mit zu berücksichtigen. Für die Berechnung maßgebend ist häufig das größte Biegemoment, dessen Bestimmung an einigen Beispielen gezeigt werden soll. In allen Fällen sind – falls nicht aus vorangegangenen Berechnungen bereits bekannt – die Lagerkräfte zu ermitteln. Der einfachste Fall liegt bei nur einer angreifenden Kraft vor, z. B. einer Achse mit einer Seilrolle oder einem Laufrad bzw. einer Welle mit einer Riemenscheibe, s. Bild 11-18. Hier liegt das größte Biegemoment M im Angriffspunkt der Gesamtzugkraft F bei einer Scheibenanordnung zwischen den Lagern; bei „fliegender" Anordnung der Scheibe dagegen im Lager B (Strichlinie).

Aus den statischen Gleichgewichtsbedingungen $\Sigma M_{(A)} = 0$ bzw. $\Sigma M_{(B)} = 0$ lassen sich die Lagerkräfte F_B bzw. F_A ermitteln. Im Bild 11-18 sind die Verläufe für das Biegemoment (M), die Querkraft (F_Q) und das Torsionsmoment (T) dargestellt.

Die Ermittlung der Lagerkräfte und der benötigten Biegemomente für Systeme mit mehreren, in verschiedenen Richtungen wirkenden

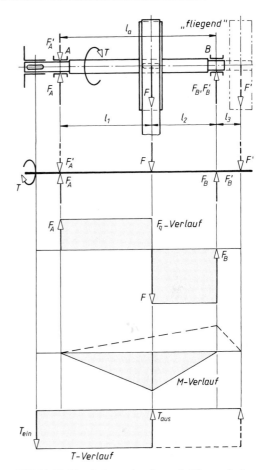

Bild 11-18 Ermittlung der Lagerkräfte und der Biegemomente

Kräften wird mit den Bildern 11-19 und 11-20 gezeigt. Zunächst wird die Zahnnormalkraft F_{bn} in ihre einzelnen Komponenten zerlegt. Bei einer Geradverzahnung nach Bild 11-19 sind das die Umfangskraft F_t und die Radialkraft F_r, bei der Schrägverzahnung nach Bild 11-20 kommt zusätzlich noch die Axialkraft F_a hinzu. Als nächstes wird für die Bestimmung der Biegemomente das vorhandene räumliche Kräftesystem in zwei ebene Kräftesysteme zerlegt. Die Aufteilung der äußeren Kräfte F_t, F_r und F_a auf die zwei Ebenen wird wie folgt vorgenommen: Eine Kraft wird in einer Ebene berücksichtigt, wenn Sie unverzerrt sichtbar ist und nicht mit der Wellenmitte zusammenfällt. Für die Welle nach Bild 11-19 wirken danach in der x-z-Ebene die Kräfte F_{t1} und F_{t2} (bestimmt werden damit die Lagerkräfte F_{Ax}, F_{Bx} und der M_x-Verlauf des Biegemoments), in der y-z-Ebene die Kräfte F_{r1} und F_{r2} (bestimmt werden damit die Lagerkräfte F_{Ay}, F_{By} und der M_y-Verlauf des Biegemoments). Alle Kräfte können für eine anschaulichere Darstellung zur Biegemomentenberechnung in der Wellenmitte angreifend dargestellt werden, die Kräfte F_{r1} und F_{r2} durch ein Verschieben entlang ihrer Wirkungslinien, die Kräfte F_{t1} und F_{t2} durch Parallelverschiebung. Für die Welle nach Bild 11-20 wirkt der der x-z-Ebene die Kraft F_t (bestimmt werden damit die Lagerkräfte F_{Ax}, F_{Bx} und der M_x-Verlauf des Biegemoments), in der y-z-Ebene sind die parallel zur Welle mit dem Abstand $d_1/2$ wirkende Kraft F_a und die Kraft F_r (bestimmt werden damit die Lagerkräfte F_{Ay}, F_{By} und der M_y-Verlauf des Biegemoments) zu berücksichtigen. Zur Veranschaulichung werden in Bild 11-20 die in der y-z-Ebene durch F_r und F_a entstehenden Biegemomentenverläufe separat dargestellt (wirken zusammen in dieser Ebene in aufsummierter Form), ebenfalls die anteiligen Lagerreaktionskräfte F_{Ay1}, F_{Ay2}, F_{By1} und F_{By2}. Im letzten Berechnungsschritt erfolgt dann die Zusammenführung beider Ebenen, indem die resultierenden Lagerkräfte F_{Ar} und F_{Br} und das resultierende Biegemoment M_{res} ermittelt werden.

3. Ermittlung des Entwurfsdurchmessers

Im Rahmen des eigentlichen Konstruktionsprozesses werden für Achsen und Wellen selten punktuell die jeweils erforderlichen Durchmesser errechnet. Ausgehend von dem z. B. nach

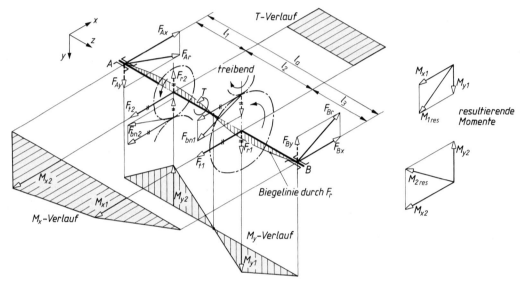

Bild 11-19 Ermittlung der Lagerkräfte und Biegemomente bei einer Getriebezwischenwelle mit zwei Geradstirnrädern

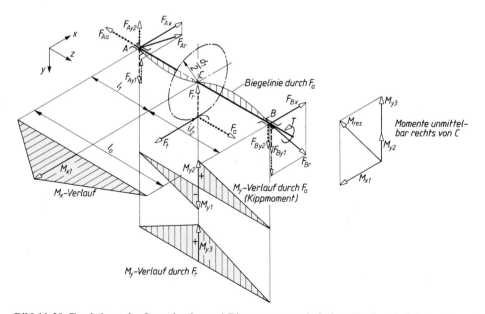

Bild 11-20 Ermittlung der Lagerkräfte und Biegemomente bei einer Welle mit Schrägstirnrad

Bild 11-21 ermittelten *Richtdurchmesser* wird vielfach das Bauteil erst konstruktiv gestaltet und dann auf ausreichende Sicherheit gegenüber statischer und Dauerfestigkeit, der zulässigen Formänderung und evtl. der kritischen Drehzahl nachgeprüft, s. auch Bild 11-9.

Die in 11.2.2-2 aufgeführten Gleichungen zur Durchmesserberechnung setzen voraus, dass u. a. die jeweils zulässige Spannung bereits bekannt ist. Diese kann aber erst nach Vorliegen der entsprechenden Konstruktionsdaten ermittelt werden. So sind erst *nach* der Gestaltung viele z. T. voneinander abhängige Einflussgrößen (Durchmesser, Kerbform, Oberflächenbeschaffenheit) zur Ermittlung der zulässigen Spannung bekannt. Um trotzdem einen Durchmesser für die zu konstruierenden Achsen und Wellen auslegen zu können, wird eine mögliche Überschlagsberechnung für die zulässigen Spannungen durchgeführt. Dazu dienen die in Kap. 3, Abschnitt 3.7 dargestellten Zusammenhänge. Bei dynamischer Beanspruchung wird der nach Gl. (3.26) angegebene maximale Wert für die Mindestsicherheit $S_{D\,min} = 4$ verwendet. Für Achsen und Wellen ergeben danach folgende Beziehungen: $\sigma_{b\,zul} = \sigma_{bD}/S_{D\,min} \approx \sigma_{bD}/4$ bzw.

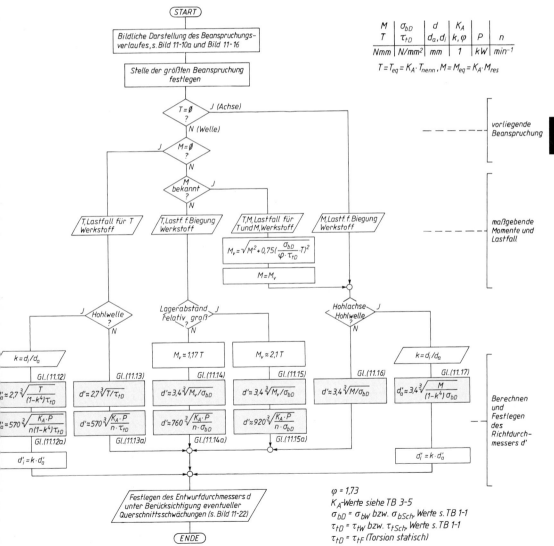

Bild 11-21 Ablaufplan zur Ermittlung des Richtdurchmessers für Achsen und Wellen

$\tau_{t\,zul} = \tau_{tD}/S_{D\,min} \approx \tau_{tD}/4$, wobei für σ_{bD} (τ_{tD}) der für den vorliegenden Beanspruchungsfall maßgebende Wert σ_{bSch} ($\tau_{t\,Sch}$) bzw. σ_{bW} (τ_{tW}) zu verwenden ist. Mit diesen Beziehungen zur überschlägigen Bestimmung der zulässigen Spannungen ergeben sich: aus Gl. (11.6) neu Gl. (11.12), aus Gl. (11.5) neu Gl. (11.13), aus Gl. (11.8) neu Gl (11.14) und Gl. (11.15), aus Gl. (11.1) neu Gl. (11.16) und aus Gl. (11.2) neu Gl. (11.17).

Benötigt wird nun noch das Vergleichsmoment M_v in den Gln. (11.14) und (11.15), welches bei Wellen mit gleichzeitiger Torsions- und Biegebeanspruchung maßgebend ist. Nachdem nur die Torsionsbeanspruchung bekannt ist, das wirkende Biegemoment aber erst nach ausgeführter Konstruktion, muss das Verhältnis M/T überschlägig abgeschätzt werden. Für typische Konstruktionen liegt das Verhältnis M/T zwischen den Werten $M/T = 1$ für sehr kompakte Konstruktionen und $M/T = 2$ für Konstruktionen mit relativ großem Lagerbestand. Wird damit das Vergleichsmoment nach Gl. (11.7) – hergeleitet nach der GE-Hypothese, gültig deshalb nur für duktile Werkstoffe – für den Fall berechnet, dass die Torsion ruhend oder schwellend wirkt, liegen die Vergleichsmomente zwischen den zwei Werten $M_v \approx 1,17 \cdot T$ und $M_v \approx 2,1 \cdot T$.

Bei Wellen, die nur statisch auf Torsion beansprucht werden, wird die zulässige Spannung nach Gl. (3.24) mit einer Mindestsicherheit $S_{F\,min} = 1,8$ bestimmt. Die Verwendung der Gln. (11.12) und (11.13) in angegebener Weise auch bei einer geänderten Sicherheit von $S_{F\,min} = 1,8$ gegenüber $S_{D\,min} = 4$ wird durch einen angepassten Festigkeitswert ($2,1 \cdot \tau_{tF}$) ermöglicht. Wird für T nach Gl. (11.11) $T = 9550 \cdot 10^3 \cdot K_A \cdot (P/n)$ (in Nmm) eingesetzt, ergeben sich für die Überschlagsrechnung die Gln. (11.12a) ... (11.15a).

Die mit den Gleichungen nach Bild 11-21 überschlägig ermittelten *Richtdurchmesser* d' sind sinnvoll auf den Entwurfsdurchmesser d aufzurunden, unter Beachtung der oft genormten Abmessungen von zu montierenden Bauteilen wie Lager, Sicherungselemente und Dichtungen und von Herstellungswerkzeugen und Prüfmitteln (Lehren).

Letzteres wird erreicht, wenn wie in Bild 11-22 der auszuführende Entwurfsdurchmesser gewählt wird (d' entspricht dem Durchmesser d in TB 3-9, auf welchen sich die Kerbwirkungszahlen beziehen).

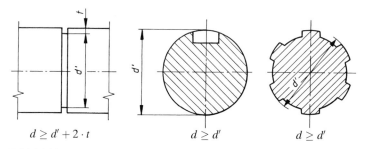

$$d \geq d' + 2 \cdot t \qquad\qquad d \geq d' \qquad\qquad d \geq d'$$

Bild 11-22 Rechnerisch ermittelter Richtdurchmesser d' und auszuführender Entwurfsdurchmesser d

11.3 Kontrollberechnungen

11.3.1 Festigkeitsnachweis

Nachdem das Bauteil (Achse, Welle) unter Zugrundelegung des nach Bild 11-21 ermittelten Richtdurchmessers d' mit Berücksichtigung der evtl. vorhandenen Querschnittsschwächungen entworfen und gestaltet ist, kann für die *kritischen Querschnitte*, z. B. Wellenabsätze, Eindrehungen, Gewindefreistiche u. a., der Festigkeitsnachweis geführt werden (s. Kap. 3 unter 3.7). Danach ist für dynamisch belastete Bauteile nicht nur der dynamische Festigkeitsnachweis mit den äquivalenten Momenten (Berücksichtigung des Anwendungsfaktors K_A) zu führen, sondern auch der statische Festigkeitsnachweis mit den maximalen Momenten (s. Kap. 3, Bild 3-8), da in Einzelfällen die Sicherheit des statischen Nachweises (besonders, wenn T_{max} viel größer als T_{eq} bei seltenen sehr großen Stößen ist) für die endgültige konstruktive Festlegung des Durchmes-

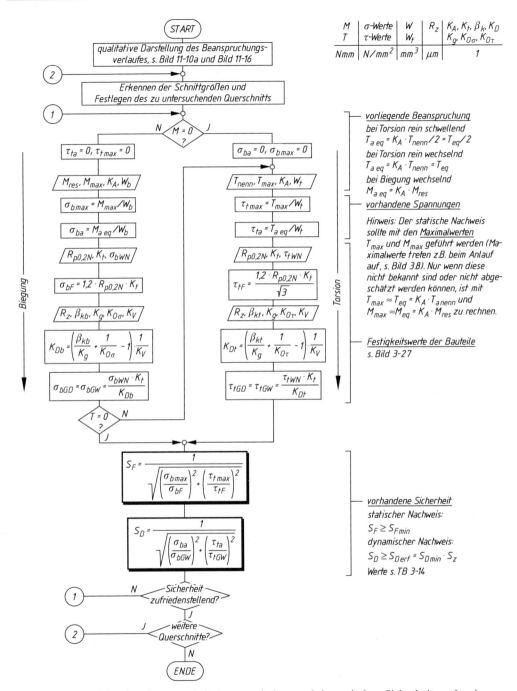

M	σ-Werte	W	R_z	K_A, K_t, β_k, K_D
T	τ-Werte	W_t		$K_g, K_{O\sigma}, K_{O\tau}$
Nmm	N/mm^2	mm^3	μm	1

vorliegende Beanspruchung
bei Torsion rein schwellend
$T_{a\,eq} = K_A \cdot T_{nenn}/2 = T_{eq}/2$
bei Torsion rein wechselnd
$T_{a\,eq} = K_A \cdot T_{nenn} = T_{eq}$
bei Biegung wechselnd
$M_{a\,eq} = K_A \cdot M_{res}$

vorhandene Spannungen

Hinweis: Der statische Nachweis
sollte mit den Maximalwerten
T_{max} und M_{max} geführt werden (Maximalwerte treten z.B. beim Anlauf
auf, s. Bild 3.8). Nur wenn diese
nicht bekannt sind oder nicht abgeschätzt werden können, ist mit
$T_{max} \approx T_{eq} = K_A \cdot T_{anenn}$ und
$M_{max} \approx M_{eq} = K_A \cdot M_{res}$ zu rechnen.

Festigkeitswerte der Bauteile
s. Bild 3-27

vorhandene Sicherheit
statischer Nachweis:
$S_F \geq S_{Fmin}$
dynamischer Nachweis:
$S_D \geq S_{Derf} = S_{Dmin} \cdot S_z$
Werte s. TB 3-14

Bild 11-23 Ablaufplan für einen vereinfachten statischen und dynamischen Sicherheitsnachweis
Die Momentengleichungen sind für Wellen angegeben, beansprucht nach Bild 3-8 (Anfahren mit Anlaufkupplung)

sers d maßgebend sein kann. Alle für den Sicherheitsnachweis benötigten Angaben sind nach der Gestaltungsphase bekannt bzw. können bestimmt werden.

Bild 11-23 zeigt einen möglichen Ablaufplan zur *vereinfachten* Ermittlung der vorhandenen Sicherheit für den jeweils betrachteten Querschnitt (Vereinfachungen s. unter 3.7.3). Genauere Berechnungen sind mit den Angaben im Kapitel 3.7 durchzuführen, wobei aufgrund des hier z. T. sehr hohen Rechenaufwandes der Einsatz von Maschinenelemente-Berechnungsprogrammen empfehlenswert ist.

11.3.2 Elastisches Verhalten

1. Verformung bei Torsionsbeanspruchung

Bei längeren Wellen, z. B. Fahrwerkwellen von Laufkranen, Drehwerkwellen von Drehkranen, bei denen der Abstand zwischen den das Torsionsmoment übertragenden Bauteilen, wie Zahnräder, Riemenscheiben und Kupplungen verhältnismäßig groß ist, wird vielfach die Verdrehverformung für die Berechnung maßgebend. Erfahrungsgemäß soll der Verdrehwinkel $\varphi_{zul} \approx 0{,}25° \ldots 0{,}5°$ je m Wellenlänge nicht überschreiten, s. Bild 11-24.

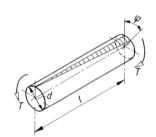

Bild 11-24 Elastische Verformung bei Torsionsbeanspruchung

Durch die Verformung wird in der Welle, wie in einer Drehstabfeder, eine Formänderungsarbeit gespeichert. Bei auftretenden Drehmomentenschwankungen wird diese z. T. wieder frei, wodurch Schwingungen erzeugt werden können. Außerdem ergibt ein großer Verdrehwinkel eine kleine Federsteife und damit eine niedrige kritische Drehzahl (s. unter 11.3.3-3).

Der *Verdrehwinkel für glatte Wellen* ergibt sich aus

$$\varphi = \frac{180°}{\pi} \cdot \frac{l \cdot \tau_t}{r \cdot G} = \frac{180°}{\pi} \cdot \frac{T \cdot l}{G \cdot I_t} \tag{11.18}$$

Werden hierin gesetzt: Verdrehwinkel $\varphi = 0{,}25°$, Wellenlänge $l = 1000$ mm, Torsionsspannung $\tau_t = (T/W_p)$ in N/mm^2, Wellenradius $r = d/2$ in mm, Torsionsmoment T in Nmm nach Gl. (11.11), polares Flächenmoment 2. Grades $I_t = (\pi/32) \cdot d^4$ in mm^4, Schubmodul (für Stahl) $G = 81\,000$ N/mm^2, dann ergibt sich für Wellen aus Stahl nach Umformen obiger Gleichung unter Berücksichtigung der vorliegenden Betriebsverhältnisse der überschlägige Wellendurchmesser, bei dem ein Verdrehwinkel von $0{,}25°$ je m Wellenlänge nicht überschritten wird, aus

$$d \approx 2{,}32 \cdot \sqrt[4]{T} \approx 129 \cdot \sqrt[4]{K_A \cdot \frac{P}{n}}$$

d	T	K_A	P	n
mm	Nmm	1	kW	min^{-1}

(11.19)

Eine anschließende Kontrolle auf Dauerfestigkeit nach 11.3.3 ist erforderlich.

Wellen mit einer Länge, bei der nicht sicher vorauszusehen ist, ob die Festigkeit oder die Formänderung maßgebend ist, können zunächst auf Festigkeit nach 11.2.2 und 11.3.1 berechnet werden. Danach wird der Verdrehwinkel nachgeprüft und nötigenfalls der Durchmesser geändert.

Für *abgesetzte Wellen* mit den Durchmessern $d_1, d_2 \ldots d_n$ und den dazugehörigen Längen $l_1, l_2 \ldots l_n$ ergibt sich der *Verdrehwinkel* φ angenähert aus

$$\varphi \approx \frac{180°}{\pi} \cdot \frac{(32/\pi) \cdot T}{G} \cdot \Sigma\left(\frac{l}{d^4}\right) \tag{11.20}$$

T, G wie zu Gln. (11.18) und (11.19), $\Sigma(l/d^4) = l_1/(d_1^4) + l_2/(d_2^4) + \ldots l_n/(d_n^4)$

2. Verformung bei Biegebeanspruchung

Die Durchbiegung f und die Neigung $\tan \alpha$ im Bild 11-25 werden durch die Art, Größe und Lage der hierfür maßgebenden Kräfte, sowie durch die elastischen Eigenschaften des Wellen- (oder Achsen-)Werkstoffes bestimmt.

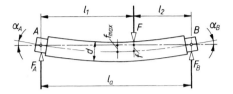

Bild 11-25
Elastische Verformung bei Biegebeanspruchung

Für einige oft vorkommende Beanspruchungsfälle lassen sich die Verformungen von glatten Wellen oder Achsen nach TB 11-6 ermitteln. Greifen Kräfte in verschiedenen Ebenen an, so sind sie in zweckmäßig gerichtete, z. B. waagerechte und senkrechte, Komponenten zu zerlegen. Die Durchbiegungen in beiden Ebenen ergeben die resultierende Durchbiegung

$$f_{\text{res}} = \sqrt{f_x^2 + f_y^2} \qquad (11.21)$$

f_x, f_y Einzeldurchbiegung in x- und y-Richtung

Entsprechend ergibt sich die resultierende Neigung aus

$$\alpha_{\text{res}} = \sqrt{\alpha_x^2 + \alpha_y^2} \qquad (11.22)$$

Treten mehrere Beanspruchungsfälle nach TB 11-6 gleichzeitig auf, so addieren sich die Lager-kräfte, Durchbiegungen und Neigungen aus den Einzelfällen.
Schwieriger ist das Ermitteln der Durchbiegung und Neigung abgesetzter Wellen oder Achsen, also bei verschiedenen Durchmessern. In vereinfachter Form wird nachfolgend ein rechnerisches Verfahren dargestellt.

Rechnerische Ermittlung der Durchbiegung abgesetzter Achsen und Wellen

Für den am häufigsten vorkommenden Fall einer zweifach gelagerten, abgesetzten Welle mit einer Punktlast nach Bild 11-26 kann die Durchbiegung unter der Kraft F wie folgt berechnet werden: Im Angriffspunkt der Kraft F denke man sich die Achse bzw. Welle mit den Durchmessern d_{an} bzw. d_{bn} fest eingespannt (zwei Freiträger, s. auch Bild 11-27). Die durch die jeweilige Lager-kraft F_A und F_B hervorgerufene Durchbiegung f_A und f_B wird angelehnt an die allgemeine

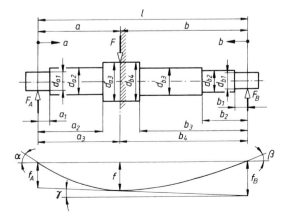

Bild 11-26
Zweifach gelagerte, abgesetzte Welle mit einer Punktlast

Beziehung für Freiträger $f = F \cdot l^3/(3 \cdot E \cdot I)$ mit $I = (\pi/64) \cdot d^4$ zunächst für jede Lagerstelle (A und B) getrennt nach Gln. (11.23) und (11.24) errechnet. Die Durchbiegung f unter der Kraft F kann dann nach Gl. (11.25) ermittelt werden

$$f_A = \frac{6{,}79 \cdot F_A}{E} \cdot \left(\frac{a_1^3}{d_{a1}^4} + \frac{a_2^3 - a_1^3}{d_{a2}^4} + \frac{a_3^3 - a_2^3}{d_{a3}^4} + \cdots \right) \tag{11.23}$$

$$f_B = \frac{6{,}79 \cdot F_B}{E} \cdot \left(\frac{b_1^3}{d_{b1}^4} + \frac{b_2^3 - b_1^3}{d_{b2}^4} + \frac{b_3^3 - b_2^3}{d_{b3}^4} + \cdots \right) \tag{11.24}$$

$$f = f_A + \frac{a}{l} \cdot (f_B - f_A) \tag{11.25}$$

Mit $\tan \alpha' \approx \alpha'$ und $\tan \beta' \approx \beta'$ in den Gln. (11.26) sowie mit $\tan \gamma \approx \gamma = (f_B - f_A)/l$ (s. Bild 11.26) ergeben sich die Neigungen der Zapfen in den Lagern mit hinreichender Genauigkeit aus den Gln. (11.27)

$$\alpha' \approx \frac{10{,}19 \cdot F_A}{E} \cdot \left(\frac{a_1^2}{d_{a1}^4} + \frac{a_2^2 - a_1^2}{d_{a2}^4} + \cdots \right) \tag{11.26a}$$

$$\beta' \approx \frac{10{,}19 \cdot F_B}{E} \cdot \left(\frac{b_1^2}{d_{b1}^4} + \frac{b_2^2 - b_1^2}{d_{b2}^4} + \cdots \right) \tag{11.26b}$$

$$\alpha \approx \alpha' + \frac{f_B - f_A}{l} \tag{11.27a}$$

$$\beta \approx \beta' - \frac{f_B - f_A}{l} \qquad \begin{array}{c|c|c|c} f & F & E & a,\, b,\, d \\ \hline \mathrm{mm} & \mathrm{N} & \mathrm{N/mm^2} & \mathrm{mm} \end{array} \tag{11.27b}$$

Hinweis: Obige Betrachtungen wurden unter der Annahme punktförmig angreifender Kräfte angestellt, was praktisch jedoch nicht ganz zutrifft. So können versteifende Wirkungen von festsitzenden Naben kaum erfasst werden; die tatsächlichen Durchbiegungen und Neigungen werden somit etwas kleiner sein als die rechnerischen Werte.

Um Funktionsstörungen an Maschinen (Verkanten von Zahnrädern, Kantenpressung in den Lagern u. dgl.) zu vermeiden, sollen die Verformungen die Werte nach TB 11-5 nicht überschreiten.

Bei mehreren äußeren Kräften sind die Durchbiegungen und Neigungen für jede Kraft separat zu bestimmen und diese dann vorzeichengerecht aufzusummieren. Bei räumlichen Kräftesystemen sind mit den Kräften zwei ebene Kräftesysteme zu bilden. Nach der Berechnung der Gesamtdurchbiegung und Gesamtneigungen beider Ebenen sind diese entsprechend zu überlagern (Kräfteaufteilung auf zwei Ebenen und Überlagerung der Ergebnisse beider Ebenen s. Hinweise im Text zu den Bildern 11-19 und 11-20 bzw. Gln. (11.21), (11.22)). Die Berechnungsgleichungen für unterschiedliche Kraftangriffe sind in TB 11-7 angegeben. Zu beachten ist, dass bei umgekehrt wirkender Kraftrichtung die Kräfte mit negativem Vorzeichen in die Gleichungen nach TB 11-7 einzusetzen und für die spiegelbildende Seite B die Bezeichnungen nach Bild 11-16 bzw. Gl. (11.26a) zu verwenden sind.

Beispiel: Für die nach Bild 11-27a gegebene Welle sollen die Lagerneigungen und die Durchbiegung unter der Kraft F_2 ermittelt werden. Bestimmt wurden bereits die Lagerkräfte F_A und F_B. Bild 11-27b zeigt für die Berechnung verwendeten zwei Freiträger A und B. Mit den Gleichungen nach TB 11-7 werden jeweils für die Kräfte F_A, F_1 und F_4 für die Seite A die Einzeldurchbiegungen f_{AA}, f_{A1} und f_{A4} sowie die Einzelneigungen α_A', α_1' und α_4' bestimmt. Jeweils für die Kräfte F_B und F_3 werden für die

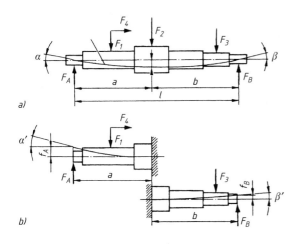

Bild 11-27
Getriebewelle, a) durch eine
Kräfteaufteilung erhaltene
Berechnungsebene, b) Freiträger A und B
für eine Verformungsberechnung

Seite B die Einzeldurchbiegungen f_{BB} und f_{B3} sowie die Einzelneigungen β'_B und β'_3 ermittelt. Für die Seite A werden dann die Einzeldurchbiegungen zur Gesamtdurchbiegung f_A und die Einzelneigungen zur Gesamtneigung α' aufsummiert. Die Gesamtdurchbiegung f_B und Gesamtneigung β' für die Seite B werden entsprechend berechnet. Die gesuchte Durchbiegung f unter der Kraft F_2 und die Lagerneigungen α und β können jetzt mit den Gln. (11.25), (11.27a) und (11.27b) bestimmt werden.

11.3.3 Kritische Drehzahl

1. Schwingungen, Resonanz

Wird ein Körper, z. B. ein Federstab (Bild 11-28a), durch eine kurzzeitig wirkende Kraft F elastisch verformt, so wird er nach Aufhören dieser Kraftwirkung durch eine gleich große, aber entgegengesetzt gerichtete Rückstellkraft in *Biegeschwingungen* versetzt. Die Schwingungsfrequenz (Schwingungszahl je Zeiteinheit) ist dabei um so größer, je größer die Elastizität (Federkonstante) und je kleiner die Masse des Körpers ist. Sie ist jedoch unabhängig von der Größe der erregenden Kraft, die nur die *Amplitude* (Weite des Schwingungsausschlages) bestimmt. Alle Körper haben somit eine bestimmte *Eigenfrequenz*. Bei einer einmaligen Erregung werden die Schwingungen durch Luftwiderstand, Reibung oder dgl. allmählich bis zum Stillstand gedämpft. Wird jedoch ein Körper immer wieder durch Kraftstöße im Rhythmus der Eigenfrequenz von neuem angeregt, dann kommt es zur *Resonanz* (Überlagerung der Erregerfrequenz mit der Eigenfrequenz); die Schwingungsausschläge werden nach jedem Anstoß größer, so dass unter Umständen sogar ein Bruch eintreten kann.

Zu gleichen Erscheinungen kann es auch bei *Drehschwingungen* kommen (Bild 11-28b).

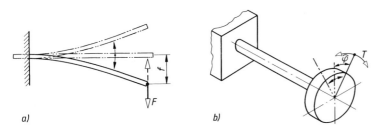

Bild 11-28 Elastische Schwingungen.
a) Biegeschwingungen, b) Drehschwingungen

2. Biegekritische Drehzahl

Bei umlaufenden Wellen (und Achsen) entstehen schwingungserregende Kräfte durch *Unwuchten* der umlaufenden Massen, z. B. der Riemenscheiben, Zahnräder, Kupplungen als auch der Wellen selbst. Eine Unwucht entsteht, wenn der Schwerpunkt der Massen nicht mit der Drehachse zusammenfällt (Exzentrizität). Eine solche Unwucht verursacht an den umlaufenden Massen eine *Fliehkraft F_z* als schwingungserregende Kraft (Bild 11-29).

Anhand einfacher Beispiele soll das grundsätzliche Verhalten umlaufender Wellen dargestellt und erläutert werden.

Fall 1: Zweifach gelagerte Welle mit einer Einzelmasse (Bild 11-29). Die gewichtslos gedachte Welle trägt eine Scheibe mit der Masse $m = G/g$, deren Schwerpunkt S um den Betrag e außerhalb der Wellenmitte M liegt. Bei der Winkelgeschwindigkeit ω wird die Welle durch die Fliehkraft $F_z = m \cdot r \cdot \omega^2 = m \cdot (y + e) \cdot \omega^2$ um den Betrag y ausgelenkt. Bedingt durch den *Verformungswiderstand* (Federsteife) der Welle wirkt dieser Fliehkraft die Rückstellkraft $F_R = c \cdot y$ entgegen, so dass im Beharrungszustand der Welle Gleichgewicht herrscht: $F_z - F_R = 0$; mit obigen Werten: $m \cdot (y + e) \cdot \omega^2 - c \cdot y = 0$. Die Gleichung umgestellt, ergibt die Auslenkung des Scheibenmittelpunktes $y = (m \cdot e \cdot \omega^2)/(c - m \cdot \omega^2) = e/[c/(m \cdot \omega^2) - 1]$.

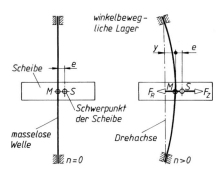

Bild 11-29
Entstehung von Biegeschwingungen bei Wellen

Würde in dieser Gleichung die Winkelgeschwindigkeit ω so erhöht, dass $\omega^2 = c/m$ wird, ergebe sich theoretisch eine unendlich große Auslenkung y, die zum Bruch der Welle führen würde. Es kommt zur gefürchteten *Resonanz*. Diese *Eigenkreisfrequenz* (kritische Winkelgeschwindigkeit) ergibt sich somit aus

$$\omega_k = \sqrt{\frac{c}{m}} \qquad (11.28)$$

c Federsteife für elastische Biegung
m Masse der umlaufenden Scheibe

Mit $c = G/f$ und $m = G/g$ wird $\omega_k = 99 \cdot \sqrt{(1/f)}$. Wird für $\omega_k = \pi \cdot n_k/30$ gesetzt, dann ergibt sich aus der Zahlenwertgleichung die *biegekritische Drehzahl* zu

$$n_k \approx 946 \cdot \sqrt{\frac{1}{f}}$$

n_k	f
min^{-1}	mm

(11.29)

Unter Berücksichtigung der Lagerung oder „Einspannung" wird die *biegekritische Drehzahl* für Achsen und Wellen

$$n_{kb} \approx k \cdot 946 \cdot \sqrt{\frac{1}{f}}$$

n_{kb}	k	f
min^{-1}	1	mm

(11.30)

f Durchbiegung an der Stelle der umlaufenden Masse

k Korrekturfaktor für die Art der Lagerung:
$k = 1$ bei frei gelagerten, d. h. nicht eingespannten, in den Lagern umlaufenden Achsen oder Wellen (Normalfall),
$k = 1,3$ bei an den Enden eingespannten feststehenden Achsen mit darauf umlaufenden Scheiben, Rädern u. dgl.

Fall 2: Zweifach gelagerte Welle mit mehreren Einzelmassen
Für mehrfach gelagerte und mit mehreren Einzelmassen besetzte Wellen (allgemeiner Fall) gilt prinzipiell der gleiche Sachverhalt, jedoch hat die mit n Einzelmassen belegte Welle auch n kritische Drehzahlen. In der Regel interessiert jedoch nur die niedrigste kritische Drehzahl, weil alle anderen ein vielfaches höher liegen.
Eine exakte rechnerische Ermittlung der kritischen Drehzahl ist sehr aufwendig, wenn außer mehreren Scheibenmassen die Welle noch mehrfach gelagert und darüber hinaus nicht glatt, sondern mehrfach abgesetzt ist. Sie wird, wenn erforderlich, meist mit Berechnungsprogrammen durchgeführt.
Zur Ermittlung der kritischen Drehzahl bzw. Winkelgeschwindigkeit von zweifach gelagerten Wellen mit mehreren Drehmassen können folgende Näherungsverfahren angewandt werden.
a) Die maximale Durchbiegung f_{max} wird rechnerisch oder zeichnerisch ermittelt (s. unter 11.3.2-2). Die kleinste (niedrigste) kritische Drehzahl ergibt sich dann (bis zu 5 % zu niedrig) aus Gl. (11.30), wobei $k = 1$ zu setzen ist und $f = f_{max}$ die maximale Durchbiegung an den Stellen der umlaufenden Massen bedeutet (ist nicht identisch mit der maximalen Durchbiegung der Welle).
b) Zunächst werden, jeweils für sich, die kritischen Winkelgeschwindigkeiten (Eigenkreisfrequenzen) ω_{k0} der Welle allein (häufig vernachlässigbar) und aller Scheiben mit masselos gedachter Welle ω_{k1}, ω_{k2} ... errechnet. Die niedrigste kritische Winkelgeschwindigkeit der ganzen Welle ω_k kann nach *Dunkerley* ermittelt werden (meist 5 % bis 10 % zu niedrig) aus

$$\frac{1}{\omega_k^2} = \frac{1}{\omega_{k0}^2} + \frac{1}{\omega_{k1}^2} + \frac{1}{\omega_{k2}^2} + \ldots + \frac{1}{\omega_{kn}^2} \tag{11.31}$$

Bei Vernachlässigung der Wellenmasse geht durch Einsetzen von $1/\omega^2 = [(30/\pi) \cdot n]^2 = f/g$ dieses „Dunkerleysche Gesetz" über in die o. a. Näherungsgleichung Gl. (11.30) mit $k = 1$ und $f = \Sigma f = f_1 + f_2 + f_3 + \ldots + f_n = f_{max}$. Hierunter ist die maximale Durchbiegung der Welle zu verstehen, die sich an der Stelle einer umlaufenden Masse aus den Einzelbeträgen f_1, $f_2 \ldots f_n$ durch die Einzelmassen m_1, $m_2 \ldots m_n$ an dieser Stelle ergibt.

Fall 3: Glatte Wellen ohne Scheiben
Wie im Fall 2 dargelegt, gibt es für ein n-Massensystem auch n verschiedene kritische Drehzahlen. Denkt man sich die stetig verteilte Eigenmasse der glatten Welle zusammengesetzt aus unendlich vielen kleinen Einzelmassen, so folgt daraus, dass es in diesem Fall unendlich viele kritische Drehzahlen gibt. In den meisten Fällen interessiert nur die kleinste dieser Drehzahlen (Grundfrequenz). Ohne näher auf die mathematischen Zusammenhänge einzugehen, sollen für die praktischen Anwendungsfälle je nach Art der Lagerung Anhaltswerte gegeben werden für *glatte Stahlwellen mit dem Durchmesser d und der Wellenlänge l* jeweils in mm:
a) Feiaufliegende („kugelig gelagerte") Welle (z. B. Pendellager)
$n_{k1} = 122,5 \cdot 10^6 \cdot d/l^2$ in min^{-1}; $n_{k2} = 4 \cdot n_{k1}$; $n_{k3} = 9 \cdot n_{k1}$; $n_{k4} = 16 \cdot n_{k1}$ usw.
b) An beiden Enden eingespannte Welle (z. B. bei sehr starren Lagern)
$n_{k1} = 277,7 \cdot 10^6 \cdot d/l^2$ in min^{-1}; $n_{k2} = 2,8 \cdot n_{k1}$; $n_{k3} = 5,49 \cdot n_{k1}$; $n_{k4} = 8,9 \cdot n_{k1}$
c) „Fliegende Welle" (ein Ende eingespannt, ein Ende frei)
$n_{k1} = 43,6 \cdot 10^6 \cdot d/l^2$ in min^{-1}; $n_{k2} = 6,276 \cdot n_{k1}$; $n_{k3} = 17,55 \cdot n_{k1}$; $n_{k4} = 34,41 \cdot n_{k1}$

Durchbiegungen durch Zahnkräfte, Riemenzugkräfte und sonstige radial auf die Welle wirkenden Kräfte dürfen zur Ermittlung der biegekritischen Drehzahl nicht eingesetzt werden, da sie keine Fliehkräfte verursachen und somit auch keinen Einfluss auf die Höhe der kritischen Drehzahl haben.

Die biegekritische Drehzahl ist unabhängig von einer späteren etwaigen schrägen oder sogar senkrechten Lage der Welle oder Achse.

3. Verdrehkritische Drehzahl

Zu gefährlichen Drehschwingungen kann es bei Wellen kommen, wenn sie durch Drehmomentenstöße mit einer solchen Frequenz angeregt werden, die mit der Eigenkreisfrequenz der Welle übereinstimmt. Diese Gefahr besteht insbesondere bei Kurbelwellen von Kolbenmaschinen. Drehschwingungsresonanzen können bei konstruktiv ungünstig ausgelegten Antriebssträngen beobachtet werden, wenn sie bei einer bestimmten Drehzahl in starke Schwingungen geraten und diese sich auf die gesamte Maschine übertragen.

Die Erregerfrequenzen sind z. B. bei Verbrennungsmotoren von der Anzahl der Zündungen pro Umdrehung abhängig. Mit der Wellendrehzahl n betragen die Erregungsdrehzahlen z. B. für einen 4-Zylinder-Zweitaktmotor (4 Zündungen je Kurbelwellenumdrehung) $4n$, $8n$, $12n$ usw. Das einfachste Drehschwingungssystem besteht aus zwei durch eine Drehfeder (Welle) verbundene Massen, s. Bild 11-30.

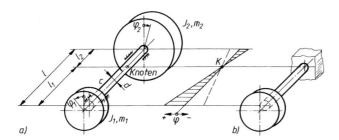

Bild 11-30
Drehschwinger.
a) mit zwei Scheibenmassen (Zweimassensystem)
b) Torsionspendel (ein Wellenende fest eingespannt)

Fall 1: Torsionspendel
Die Welle ist an einem Ende fest eingespannt (eine Masse ist unendlich groß). Für dieses System beträgt die *Eigenkreisfrequenz*

$$\omega_k = \sqrt{\frac{c_t}{J}} \qquad (11.32)$$

c_t (Dreh-)Federsteife aus $c_t = I_p \cdot G/l$ mit dem polaren Flächenmoment I_p des Wellenquerschnitts (für Kreisflächen ist $I_p = (\pi/32) \cdot d^4$); G Schubmodul; l Länge der Welle.
Besteht eine Welle aus mehreren Absätzen mit verschiedenen Durchmessern, so errechnet sich die Federsteife aus $(1/c_t) = (1/c_{t1}) + (1/c_{t2}) + \ldots + (1/c_{tn})$
J Trägheitsmoment (Massenmoment 2. Grades)

Wird für $\omega_k = (\pi/30) \cdot n_k$; $c_t = T/\bar{\varphi}$; $\bar{\varphi} = (\pi/180°) \cdot \varphi° \approx \varphi°/57{,}3°$ gesetzt, dann ergibt sich die *verdrehkritische Drehzahl* aus

$$n_{kt} = \frac{30}{\pi} \cdot \sqrt{\frac{c_t}{J}} \approx 72{,}3 \cdot \sqrt{\frac{T}{\varphi \cdot J}}$$

n_{kt}	c_t	T	φ	J
min^{-1}	Nm	Nm	°	kg m^2

(11.33)

T von der Welle zu übertragendes Torsionsmoment
φ Verdrehwinkel der Welle nach Gl. (11.18)
J wie zu Gl. (11.32)
z. B. für Vollzylinder (Wellen, Scheiben): $J = (1/8) \cdot m \cdot d^2$;
für Hohlzylinder: $J = (1/8) \cdot m \cdot (d_a^2 + d_i^2)$

Fall 2: Welle mit zwei Massen

Für eine Welle mit zwei Massen m_1 und m_2 und den zugehörigen Trägheitsmomenten J_1 und J_2 (s. Bild 11-30) gilt die Eigenkreisfrequenz der beiden um den Knotenpunkt K schwingenden Wellenenden

$$\omega_k = \sqrt{c_t \cdot \left(\frac{1}{J_1} + \frac{1}{J_2}\right)} \tag{11.34}$$

c_t, J_1 und J_2 wie zu Gl. (11.32)

Die Welle hat dieselbe Eigenkreisfrequenz wie die im Knotenpunkt eingespannt gedachten Wellenstücke l_1 mit dem Trägheitsmoment J_1 bzw. l_2 mit J_2. Es gilt: $J_1 \cdot l_1 = J_2 \cdot l_2$ und $\varphi_1/l_1 = \varphi_2/l_2$. Auf der Seite der größeren Masse liegt somit der kleinere Ausschlag und der geringere Abstand zum Schwingungsknoten. Das entstehende Torsionsmoment ist wechselnd und über die Wellenlänge konstant. Wird für $\omega_k = n_k \cdot (\pi/30)$, für $c_t = T/\bar{\varphi}$ und für $\bar{\varphi} = (\pi/180°) \cdot \varphi°$ gesetzt, so ergibt sich die *verdrehkritische Drehzahl* aus

$$n_{kt} = \frac{30}{\pi} \cdot \sqrt{c_t \cdot \left(\frac{1}{J_1} + \frac{1}{J_2}\right)} \approx 72{,}3 \cdot \sqrt{\frac{T}{\varphi} \cdot \left(\frac{1}{J_1} + \frac{1}{J_2}\right)} \tag{11.35}$$

n_{kt}	c_t	φ	T	J
min^{-1}	Nm	°	Nm	kg m^2

Fall 3: Wellen mit mehr als zwei Drehmassen

Systeme mit mehr als zwei Drehmassen besitzen mehrere Eigenkreisfrequenzen. Die Berechnung derartiger Systeme ist sehr aufwendig, so dass hier darauf verzichtet werden soll. Die kritischen Drehzahlen werden mit Programmen oder auch experimentell ermittelt. Allgemein soll nur gesagt werden, dass ein System mit n Massen (also $n - 1$ Wellenabschnitten) auch $n - 1$ verschiedene Eigenkreisfrequenzen hat.

11.4 Berechnungsbeispiele

■ **Beispiel 11.1:** Der auf Biegung und Torsion beanspruchte Wellenabsatz einer Getriebewelle aus E335 in Bild 11-31 (Rohteildurchmesser $d = 110$ mm) soll überschlägig nachgerechnet werden. Bereits bekannt sind das Biegemoment mit $M_{res} = 2600$ Nm und das Torsionsmoment $T_{nenn} = 3400$ Nm. Aufgrund der sehr häufigen An- und Abschaltvorgänge wird das Torsionsmoment schwellend angenommen. Der Anwendungsfaktor wird mit $K_A \approx 1{,}3$ geschätzt.

Allgemeiner Lösungshinweis: Um schnell eine Aussage zu den vorhandenen Sicherheiten zu erhalten wird die Berechnung stark vereinfacht durchgeführt. Eine genauere Nachrechnung ist z. B. mit dem Excelprogramm auf der CD möglich. Da keine genaueren Angaben vorliegen wird der statische Nachweis mit $M_{max} \approx M_{eq}$ und $T_{max} \approx T_{eq}$ durchgeführt. Zuerst werden die Festigkeitswerte der Welle ermittelt, danach die statische und dynamische Sicherheit.

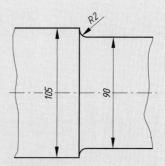

Bild 11-31
Wellenabsatz einer Getriebewelle

Erforderliche Festigkeitswerte:

Probestab (Werte aus TB 1-1)				Bauteildurchmesser (Rohling: $d = 110$ mm)			
R_{mN}	R_{eN}	σ_{bWN}	τ_{tWN}	R_m	R_e	σ_{bW}	τ_{tW}
				$K_t = 0{,}99$	$K_t = 0{,}86$	$K_t = 0{,}99$	$K_t = 0{,}99$
590 N/mm²	335 N/mm²	290 N/mm²	180 N/mm²	584 N/mm²	288 N/mm²	287 N/mm²	178 N/mm²

Umrechnung mit dem technologischen Größeneinflussfaktor K_t aus TB 3-11a mit Gl. (3.7) bzw. (3.9).

Statischer Nachweis: Mit den Gleichungen des Ablaufplanes nach Bild 11-23 ergibt sich:

$\begin{aligned}W &= \pi \cdot d^3/32 \\ &= 71\,569 \text{ mm}^3\end{aligned}$	$\begin{aligned}M_{max} &\approx M_{eq} \\ &= K_A \cdot M_{res} \\ &= 3380 \text{ Nm}\end{aligned}$	$\begin{aligned}\sigma_{b\,max} &= M_{max}/W_b \\ &= 47{,}2 \text{ N/mm}^2\end{aligned}$	$\begin{aligned}\sigma_{bF} &\approx 1{,}2 \cdot R_e \\ &= 346 \text{ N/mm}^2\end{aligned}$	$S_F = \dfrac{1}{\sqrt{\left(\dfrac{\sigma_{b\,max}}{\sigma_{bF}}\right)^2 + \left(\dfrac{\tau_{t\,max}}{\tau_{tF}}\right)^2}}$
$\begin{aligned}W_t &= \pi \cdot d^3/16 \\ &= 143\,139 \text{ mm}^3\end{aligned}$	$\begin{aligned}T_{max} &\approx T_{eq} \\ &= K_A \cdot T_{nenn} \\ &= 4420 \text{ Nm}\end{aligned}$	$\begin{aligned}\tau_{t\,max} &= T_{max}/W_t \\ &= 30{,}9 \text{ N/mm}^2\end{aligned}$	$\begin{aligned}\tau_{tF} &\approx 1{,}2 \cdot R_e/\sqrt{3} \\ &= 200 \text{ N/mm}^2\end{aligned}$	$= 4{,}85$

Die Berechnung der Spannungen erfolgt immer mit den größten auftretenden Momenten.

Ergebnis: Die Sicherheit gegen die Fließgrenze ist entsprechend der Mindestsicherheit $S_{F\,min} = 1{,}5$ nach TB 3-14 ausreichend.

Dynamischer Nachweis: Der dynamische Nachweis erfolgt ebenfalls nach Bild 11-23. Zusätzlich wird vereinfachend der Konstruktionsfaktor für Biegung auch für Torsion verwendet (Ergebnis liegt auf der sicheren Seite da $\beta_{kb} > \beta_{kt}$ und $K_{0\sigma} < K_{0\tau}$). Die Berechnung erfolgt mit den Ausschlagspannungen. Bei schwellend angenommener Torsion gilt damit $T_a = T_{nenn}/2$.

$\begin{aligned}M_{a\,eq} &= K_A \cdot M_{res} \\ &= 3380 \text{ Nm}\end{aligned}$	$\begin{aligned}\sigma_{b\,a} &= M_{a\,eq}/W_b \\ &= 47{,}2 \text{ N/mm}^2\end{aligned}$	$\begin{aligned}K_{Db} &= \left(\dfrac{\beta_{kb}}{K_g} + \dfrac{1}{K_{0\sigma}} - 1\right) \\ &\times \dfrac{1}{K_V} = 1{,}89\end{aligned}$	$\begin{aligned}\sigma_{bGW} &= \sigma_{bW}/K_{Dt} \\ &= 152 \text{ N/mm}^2\end{aligned}$	$S_D = \dfrac{1}{\sqrt{\left(\dfrac{\sigma_{b\,a}}{\sigma_{bGW}}\right)^2 + \left(\dfrac{\tau_{t\,a}}{\tau_{tGW}}\right)^2}}$
$\begin{aligned}T_{a\,eq} &= K_A \cdot T_a \\ &= 2210 \text{ Nm}\end{aligned}$	$\begin{aligned}\tau_{t\,a} &= T_{a\,eq}/W_t \\ &= 15{,}4 \text{ N/mm}^2\end{aligned}$	$K_{Dt} \approx K_{Db}$ vereinfachend gesetzt	$\begin{aligned}\tau_{tGW} &= \tau_{tW}/K_{Dt} \\ &= 94 \text{ N/mm}^2\end{aligned}$	$= 2{,}85$

Die Werte für den Konstruktionsfaktor K_D werden mit den Tabellen TB 3-9 bis TB 3-12 bestimmt. Die Kerbwirkungszahl ist nach TB 3-9a $\beta_{kb} \approx \beta_{kb\,(Probe)} = 1 + c_b(\beta_{kb\,(2,0)} - 1) = 1 + 0{,}4(2{,}25 - 1) = 1{,}5$ (Bei kleinen Kerbwirkungszahlen kann $\beta_{kb} \approx \beta_{kb\,(Probe)}$ gesetzt werden). Der Größeneinflussfaktor ergibt sich nach TB 3-11c zu $K_g = 0{,}83$, der Oberflächeneinflussfaktor mit Rz = 6,3 µm zu $K_{0\sigma} = 0{,}92$. Der Oberflächenverfestigungsfaktor ist nach TB 3-12 bei größeren Bauteilen ($d > 40$ mm) immer 1 zu setzen.

Ergebnis: Mit $S_{D\,min} = 1{,}5$ und $S_z = 1{,}2$ für Biegung wechselnd, Torsion schwellend nach TB 3-14a und c wird die erforderliche Sicherheit

$$S_{D\,erf} = S_{D\,min} \cdot S_z = \ldots = 1{,}8\,.$$

Die vorhandene Bauteilsicherheit gegen dynamische Beanspruchung ist damit ausreichend.

■ **Beispiel 11.2:** Für die Antriebswelle aus E295 des Becherwerkes nach Bild 11-32a sind die Durchmesser zu berechnen und festzulegen. Aufgrund der Fördermenge $Q = 50$ t/h Getreide und der Förderhöhe $h = 30$ m ergab sich die erforderliche Leistung des Getriebemotors von $P = 7{,}5$ kW bei $n = 80$ min⁻¹. Der Wirkungsgrad des Getriebes ist mit $\eta = 80\,\%$ anzunehmen. Die Betriebsbedingungen sind durch den Anwendungsfaktor $K_A \approx 1{,}2$ zu berücksichtigen. Aus konstruktiven Überlegungen wurden bereits der Gurtscheibendurchmesser mit $D_S = 800$ mm und der Lagerabstand mit $l_a = 560$ mm festgelegt. Untersuchungen ergaben unter Nennbelastung eine die Welle radial belastende Gesamtkraft aus Eigengewichten und Gewicht des Fördergutes von

$$F_{ges} = F_1 + F_2 \approx 9{,}2 \text{ kN}\,.$$

Im Einzelnen sind

a) der Durchmesser d der Antriebswelle überschlägig zu berechnen und nachfolgend auf Festigkeit zu prüfen.

b) der Durchmesser d_1 des Wellenzapfens zum Aufnehmen der Kupplung konstruktiv festzulegen und nachzuprüfen.

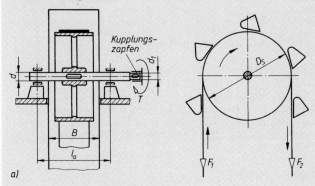

a)

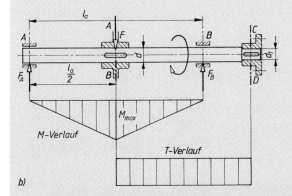

b)

Bild 11-32
Antriebswelle eines Becherwerkes.
a) Darstellung des Becherwerkes
b) Antriebswelle mit Darstellung der Beanspruchungsverläufe

Allgemeine Lösungshinweise: Es gilt der Fall 1 nach 11.2.2-2, da der Abstand zwischen den Lagern bekannt ist. Durch die Einleitung des Drehmomentes über die Kupplung wird der Wellenzapfen nur auf Torsion beansprucht.

Zwischen dem Lager B und der Stelle $A-B$ liegt, die Querkraft vernachlässigt, zusammengesetzte Beanspruchung aus Biegung und Torsion, zwischen $A-B$ und Lager A nur Biegebeanspruchung vor. Die Berechnung des Entwurfsdurchmessers erfolgt nach Gl. (11.16) im Bild 11-21 mit den Werten aus den Belastungen an der Stelle $A-B$.

Der Festigkeitsnachweis der Welle ist statisch und dynamisch für den Querschnitt $A-B$ zu führen, da hier neben der Torsionsspannung die größte Biegespannung vorliegt und durch die Passfedernut Querschnittsschwächung bzw. Kerbeinfluss vorhanden ist.

Der Festigkeitsnachweis des Wellenzapfens ist wegen der statisch wirkend angenommenen Torsion nur statisch für den durch die Passfedernut geschwächten Querschnitt $C-D$ erforderlich.

▶ **Lösung a):** *Entwurfsdurchmesser:* Mit der von der Welle zu übertragenden Leistung

$$P = P_{\text{Motor}} \cdot \eta_{\text{Getriebe}} = 7{,}5\,\text{kW} \cdot 0{,}8 = 6\,\text{kW}$$

ergibt sich das von der Welle zu übertragende äquivalente Drehmoment nach Gl. (11.11)

$$T_{\text{eq}} = 9550 \cdot K_{\text{A}} \cdot P/n = 9550 \cdot 1{,}2 \cdot 6/80 \approx 860\,\text{Nm}.$$

Das äquivalente Biegemoment ist

$$M_{\text{eq}} = K_{\text{A}} \cdot M = K_{\text{A}} \cdot F_{\text{ges}} \cdot \frac{l_{\text{a}}}{4} = 1{,}2 \cdot 9200\,\text{N} \cdot \frac{0{,}56\,\text{m}}{4} \approx 1546\,\text{Nm}.$$

Mit Gl. (11.7) wird das Vergleichsmoment (Biegung wechselnd, Torsion schwellend bzw. statisch)

$$M_v = \sqrt{M_{eq}^2 + 0{,}75 \cdot (\sigma_{bD}/(\varphi \cdot \tau_{tD}) \cdot T_{eq})^2} = \sqrt{(1546\,\text{Nm})^2 + 0{,}75 \cdot (0{,}7 \cdot 860\,\text{Nm})^2} \approx 1632\,\text{Nm}\,.$$

Mit $\sigma_{bD} = \sigma_{bWN} = 245\,\text{N/mm}^2$ für E295 aus TB 1-1 ergibt die Gl. (11-16) im Bild 11-21 für die Antriebswelle einen Richtdurchmesser

$$d' \approx 3{,}4 \cdot \sqrt[3]{M_v/\sigma_{bD}} = 3{,}4 \cdot \sqrt[3]{1632 \cdot 10^3\,\text{Nmm}/245\,\text{N/mm}^2} \approx 64\,\text{mm}\,.$$

Konstruktiv wird unter Berücksichtigung der genormten Lagerdurchmesser zunächst $d = 65\,\text{mm}$ festgelegt.

Statischer Nachweis: Der Ablauf des Nachweises erfolgt nach Bild 11-23. Mit maximaler Belastung ist zu rechnen, wenn gegebenenfalls das Becherwerk mit vollgefüllten Bechern anlaufen muss. Ist keine Anlaufkupplung (s. Kapitel 13) vorgesehen, kann das Anlaufdrehmoment des Motors, ein Mehrfaches des Nenndrehmoments (s. Motorenkatalog), wirksam werden. Für das Beispiel wird $T_{max} \approx 2{,}5 \cdot T_{nenn}$ angenommen. Damit ergibt sich

$$T_{max} = 2{,}5 \cdot 9550 P/n = 2{,}5 \cdot 9550 \cdot 6/80 \approx 1790\,\text{Nm}\,,$$

$$M_{max} = 2{,}5 \cdot F_{ges} \cdot l_a/4 = 2{,}5 \cdot 9200\,\text{N} \cdot 0{,}56\,\text{m}/4 \approx 3220\,\text{Nm}\,.$$

Mit $d_{rechn} = d' - t_1 = 65\,\text{mm} - 7\,\text{mm} = 58\,\text{mm}$ (t_1 nach TB 12-2) werden nach TB 11-3 die Widerstandsmomente

$$W_b \approx 0{,}012 \cdot (D+d)^3 \approx 0{,}012 \cdot (d'+d)^3 \approx 0{,}012 \cdot (65\,\text{mm} + 58\,\text{mm})^3 \approx 22\,330\,\text{mm}^3\,,$$

$$W_t \approx 0{,}2 \cdot d^3 \approx 0{,}2 \cdot (58\,\text{mm})^3 \approx 39\,000\,\text{mm}^3$$

und damit die Maximalspannungen

$$\sigma_{b\,max} = M_{max}/W_b = 3220 \cdot 10^3\,\text{Nmm}/22\,330\,\text{mm}^3 \approx 144\,\text{N/mm}^2\,,$$

$$\tau_{t\,max} = T_{max}/W_t = 1790 \cdot 10^3\,\text{Nmm}/39\,000\,\text{mm}^3 \approx 46\,\text{N/mm}^2\,.$$

Für den Werkstoff E295 ist nach TB 1-1 $R_{p0,2N} = 295\,\text{N/mm}^2$ und für $d = 65\,\text{mm}$ ist nach TB 3-11 $K_t \approx 0{,}92$ (Streckgrenze). Es ergeben sich dann die Fließgrenzen

$$\sigma_{bF} = 1{,}2 \cdot R_{p0,2N} \cdot K_t = 1{,}2 \cdot 295\,\text{N/mm}^2 \cdot 0{,}92 \approx 326\,\text{N/mm}^2\,,$$

$$\tau_{tF} = (1{,}2 \cdot R_{p0,2N} \cdot K_t)/\sqrt{3} \approx 326\,\text{N/mm}^2/\sqrt{3} \approx 188\,\text{N/mm}^2\,.$$

Mit den Maximalspannungen und den Werten der Fließgenzen wird die Sicherheit gegen die Fließgrenze

$$S_F = \cfrac{1}{\sqrt{\left(\dfrac{\sigma_{b\,max}}{\sigma_{bF}}\right)^2 + \left(\dfrac{\tau_{t\,max}}{\tau_{tF}}\right)^2}} = \cfrac{1}{\sqrt{\left(\dfrac{144\,\text{N/mm}^2}{326\,\text{N/mm}^2}\right)^2 + \left(\dfrac{46\,\text{N/mm}^2}{188\,\text{N/mm}^2}\right)^2}} \approx 1{,}98\,.$$

Ergebnis: Die Sicherheit gegen die Fließgrenze ist entsprechend des Mindestwertes $S_{F\,min} = 1{,}5$ nach TB 3-14 ausreichend.

Dynamischer Nachweis: Der Berechnungsablauf erfolgt nach Bild 11-23. Nach Bild 3-8 tritt auch bei Torsion statisch wirkend ein dynamischer Anteil des Torsionsmomentes $T_{a\,eq} = (K_A - 1) \cdot T_{nenn}$ auf. Dieser soll hier vernachlässigt werden. Die Gl. (3.29) für die Bauteilsicherheit vereinfacht sich damit zu

$$S_D = \cfrac{1}{\sqrt{\left(\dfrac{\sigma_{ba}}{\sigma_{bGW}}\right)^2}} = \frac{\sigma_{bGW}}{\sigma_{ba}}\,.$$

Hierfür sind σ_{ba}, K_{Db} und σ_{bGW} zu ermitteln.

Für die rein wechselnd wirkende Biegung mit $M_{a\,eq} = M_{eq} = K_A \cdot M \approx 1546 \cdot 10^3\,\text{Nmm}$ und $W_b = d^3 \cdot \pi/32 = (65\,\text{mm})^3 \cdot \pi/32 \approx 26\,960\,\text{mm}^3$ wird $\sigma_{ba} = M_{a\,eq}/W_b = \ldots \approx 57{,}3\,\text{N/mm}^2$ (die Passfedernut wird durch β_k berücksichtigt).

Für die Passfedernut, Nutform N1, ist nach TB 3-9b mit $R_m = R_{mN} \cdot K_t = 470 \, \text{N/mm}^2$ ($R_{mN} = 470 \, \text{N/mm}^2$ aus TB 1-1, $K_t = 1$ aus TB 3-11a) die Kerbwirkungszahl $\beta_{kb} = \beta_{kb(\text{Probe})}$ $\cdot K_{\alpha\text{Probe}}/K_\alpha \approx 1{,}75$ (Gl. 3.15c) ($K_{\alpha\text{Probe}}/K_\alpha \approx 1$ nach TB 3-11d).

Wird die Oberflächenrauheit an der Schnittstelle mit Rz = 12,5 µm festgelegt, ergibt sich nach TB 3-10 ein Oberflächeneinflussfaktor $K_{O\sigma} \approx 0{,}91$ und für Biegung sowie $d = 65 \, \text{mm}$ wird nach TB 3-11c der Größeneinflussfaktor $K_g \approx 0{,}85$.

Nach Gl. (3.16) wird mit $K_V = 1{,}0$ (keine Oberflächenverfestigung) der Gesamteinflussfaktor

$$K_{Db} = \left(\frac{\beta_{kb}}{K_g} + \frac{1}{K_{O\sigma}} - 1 \right) \cdot \frac{1}{K_V} = \ldots \approx 2{,}16 \, .$$

Mit $K_t = 1{,}0$ nach TB 3-11a (Zugfestigkeit) und $\sigma_{bWN} = 245 \, \text{N/mm}^2$ nach TB 1-1 für E295 wird die Gestaltfestigkeit

$$\sigma_{bGW} = \frac{\sigma_{bWN} \cdot K_t}{K_{Db}} = \frac{245 \, \text{N/mm}^2 \cdot 1{,}0}{2{,}16} \approx 113 \, \text{N/mm}^2 \, .$$

Damit ergibt sich eine Bauteilsicherheit

$$S_D = \sigma_{bGW}/\sigma_{ba} = 113 \, \text{N/mm}^2 / 57{,}3 \, \text{N/mm}^2 \approx 1{,}97 \, .$$

Mit $S_{D\,\text{min}} = 1{,}5$ nach TB 3-14a und $S_z = 1{,}2$ für Biegung wechselnd, Torsion statisch nach TB 3-14c wird die erforderliche Sicherheit

$$S_{D\,\text{erf}} = S_{D\,\text{min}} \cdot S_z = \ldots = 1{,}8 \, .$$

Ergebnis: Die vorhandene Bauteilsicherheit gegen dynamische Beanspruchung ist damit ausreichend.

11

▶ **Lösung b):** Der Durchmesser des Antriebszapfens zur Aufnahme der Kupplung wird rein konstruktiv auf $d_1 = 60 \, \text{mm}$ (Normzahl nach TB 1-16) abgesetzt. Damit ist eine genügend große Wellenschulter als Anlagefläche für die Kupplung vorhanden. Das Verhältnis ist mit $D/d = d/d_1 = \ldots \approx 1{,}08 < 1{,}4$ nach 11.2.1-1

Statischer Nachweis: Ablauf der Berechnung nach Bild 11-23.

Für den Querschnitt $C-D$ (Rundquerschnitt mit Passfedernut) wird mit $d_{\text{rechn}} = d_1 - t_1$ $= 60 \, \text{mm} - 7 \, \text{mm} = 53 \, \text{mm}$ (t_1 nach TB 12-2) nach TB 11-3 das Widerstandsmoment

$$W_t = \pi/16 \cdot d^3 = \pi/16 \cdot d_{\text{rechn}}^3 = \ldots = 29\,232 \, \text{mm}^3 \, .$$

Mit $T_{\text{max}} = 1790 \cdot 10^3 \, \text{Nmm}$ (s. Lösung a)) wird die Maximalspannung

$$\tau_{t\,\text{max}} = T_{\text{max}}/W_t = \ldots \approx 61 \, \text{N/mm}^2 \, .$$

Da nur Torsionsspannung vorliegt, ergibt sich mit $\tau_{tF} \approx 188 \, \text{N/mm}^2$ (s. Lösung a)) die Sicherheit gegen die Fließgrenze aus

$$S_F = \frac{1}{\sqrt{\left(\dfrac{\tau_{t\,\text{max}}}{\tau_{tF}} \right)^2}} = \tau_{tF}/\tau_{t\,\text{max}} = 188 \, \text{N/mm}^2 / 61 \, \text{N/mm}^2 \approx 3{,}1 > S_{F\,\text{min}} = 1{,}5 \text{ nach TB 3-14} \, .$$

Ergebnis: Die vorhandene Sicherheit ist ausreichend.

■ **Beispiel 11.3:** Eine Welle aus E 295 + C mit $d = 60 \, \text{mm}$ Durchmesser hat ein Drehmoment $T = 750 \, \text{Nm}$ bei $n = 630 \, \text{min}^{-1}$ zu übertragen (Bild 11-33). Der Lagerabstand beträgt $l_a \approx 2{,}4 \, \text{m}$, die Abstände $l_1 \approx 2{,}1 \, \text{m}$, $l_2 = 0{,}3 \, \text{m}$, $l_3 = 150 \, \text{mm}$. Die Gewichtskraft der Welle wurde mit $F_{G1} = 600 \, \text{N}$, die der Riemenscheibe mit $F_{G2} = 500 \, \text{N}$ ermittelt.

Zu ermitteln sind:
a) Die Durchbiegungen $f_1(x)$ und $f_2(x)$ der Welle durch die Gewichtskräfte F_{G1} und F_{G2} und die sich hieraus ergebende Gesamtdurchbiegung $f_{ges}(x)$,
b) die biegekritische Drehzahl n_{kb} für das System,
c) die Verdrehwinkel $\varphi°$ der Welle bei Belastung.

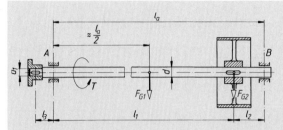

Bild 11-33
Antriebswelle

▶ **Lösung a):** Bei dieser und den folgenden Berechnungen bleiben die Gewichtskraft der Kupplungszapfen und der Kupplung wegen ihres geringen Einflusses unberücksichtigt.
Nach TB 11-6, Zeile 4 kann für die Gewichtskraft F_{G1} und nach Zeile 2 für die Gewichtskraft F_{G2} die jeweilige Durchbiegung der Welle in der Form $f_1 = f(x)$ bzw. $f_2 = f(x)$ rechnerisch ermittelt werden. Die Gesamtdurchbiegung der Welle an der Stelle x ergibt sich durch Addition der Einzeldurchbiegungen

$$f_{ges}(x) = f_1(x) + f_2(x).$$

Setzt man in die angegebenen Gleichungen nach TB 11-6 für $F' = F_{G1}/l_a = 600\,\text{N}/2400\,\text{mm} = 0{,}25\,\text{N/mm}$, $E = 210\,000\,\text{N/mm}^2$, $I = (\pi/64) \cdot d^4 = \ldots \approx 636\,172\,\text{mm}^4$ und $l \mathrel{\hat{=}} l_a = 240\,\text{mm}$, dann beträgt die Durchbiegung durch das Eigengewicht der Welle

x mm	0	200	400	600	800	1000	1200	1400	1600	1800	2000	2100	2200	2400
$f_1(x)$ mm	0	0,213	0,409	0,576	0,703	0,782	0,808	0,782	0,703	0,576	0,409	0,314	0,213	0

bzw. die Durchbiegung durch das Scheibengewicht mit $F \mathrel{\hat{=}} F_{G2} = 500\,\text{N}$, $a \mathrel{\hat{=}} l_1 = 2100\,\text{mm}$, $b \mathrel{\hat{=}} l_2 = 300\,\text{mm}$, $l \mathrel{\hat{=}} l_a = 2400\,\text{mm}$, E und I s. o.

x mm	0	200	400	600	800	1000	1200	1400	1600	1800	2000	2100	2200	2400
$f_2(x)$ mm	0	0,088	0,172	0,248	0,314	0,364	0,396	0,405	0,388	0,341	0,26	0,206	0,143	0

Damit wird die Gesamtdurchbiegung $f_{ges}(x) = f_1(x) + f_2(x)$

x mm	0	200	400	600	800	1000	1200	1400	1600	1800	2000	2100	2200	2400
$f_{ges}(x)$ mm	0	0,301	0,581	0,824	1,017	1,146	1,204	1,187	1,091	0,917	0,669	0,52	0,356	0

Ergebnis: Durch Aufzeichnen der Werte $f_{ges}(x)$ ergibt sich die maximale Durchbiegung $f_{max} \approx 1{,}21\,\text{mm}$.

▶ **Lösung b):** Mit der nur aus den Gewichtskräften sich ergebenden maximalen Durchbiegung an der Stelle einer umlaufenden Masse $f_{max} \approx 1{,}204\,\text{mm}$ wird die biegekritische Drehzahl nach Gl. (11.29) für die in den Lagern frei umlaufende Welle ($k = 1$)

$$n_{kb} \approx k \cdot 946 \cdot \sqrt{(1/f)} = \ldots \approx 862\,\text{min}^{-1}.$$

Ergebnis: Die biegekritische Drehzahl beträgt etwa $860\,\text{min}^{-1}$. Da die Betriebsdrehzahl mit $n = 630\,\text{min}^{-1} < n_{bk}$, besteht keine Gefahr der Resonanz.

▶ **Lösung c):** Zur Ermittlung des Verdrehwinkels φ der Welle darf nur der Wellenabschnitt berücksichtigt werden, der das Drehmoment überträgt, also hier der Teil von der Kupplung bis zur Riemenscheibe. Der etwas kleinere Durchmesser d_1 des Kupplungszapfens gegenüber dem Wellendurchmesser d ist von geringem Einfluss und soll bei der Berechnung unberücksichtigt bleiben. Nach Gl. (11.18) wird mit $T = 750 \cdot 10^3\,\text{Nmm}$, $l = l_1 + l_3 = 2250\,\text{mm}$, Gleitmodul $G = 81\,000\,\text{N/mm}^2$, polarem Flächenmoment $I_p = (\pi/32) \cdot d^4 = \ldots \approx 1272 \cdot 10^3\,\text{mm}^4$, der Verdrehwinkel

$$\varphi^\circ = (180^\circ/\pi) \cdot T \cdot l/(G \cdot I_p) = \ldots \approx 0{,}95^\circ.$$

■ **Beispiel 11.4:** Für die mit $F = 8\,\text{kN}$ belastete abgesetzte Welle nach Bild 11-34 sind die Durchbiegung f unter der Kraft F sowie die Neigungen α und β in den Lagerstellen A und B rechnerisch mit den unter 11.3.2-2 angegebenen Beziehungen zu ermitteln.

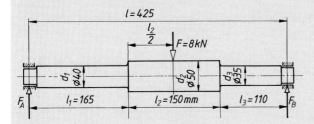

Bild 11-34
Ermittlung der Durchbiegung
einer abgesetzten Achse

▶ **Lösung:** Rechnerisch kann die Durchbiegung unter der Last F sowie die Neigungen in den Lagern A und B mit den Gln. (11.23) bis (11.27) ermittelt werden. Mit $F_A = 3482\,\text{N}$, $F_B = 4518\,\text{N}$, $E = 210\,000\,\text{N/mm}^2$, $a_1 = 165\,\text{mm}$, $a_2 = (165 + 150/2)\,\text{mm} = 240\,\text{mm}$, $d_{a1} = 40\,\text{mm}$, $d_{a2} = 50\,\text{mm}$ wird nach Gl. (11.23) $f_A = \ldots \approx 0{,}3657\,\text{mm}$; mit $b_1 = 110\,\text{mm}$, $b_2 = (110 + 150/2) = 185\,\text{mm}$, $d_{b1} = 35\,\text{mm}$, $d_{b2} = 50\,\text{mm}$ wird nach Gl. (11.24) $f_B = \ldots \approx 0{,}2464\,\text{mm}$. Nach Gl. (11.25) wird die Durchbiegung unter der Last

$$f = f_A + a/l \cdot (f_B - f_A) = \ldots \approx 0{,}3\,\text{mm}\,.$$

Nach Gl. (11.26a) wird $\alpha' = \ldots \approx 0{,}002\,618$ und analog nach Gl. (11.26b) $\beta' = \ldots \approx 0{,}002\,543$. Mit der Korrektur $\gamma = (f_B - f_A)/l = -0{,}000\,28$ wird die Neigung im Lager A nach Gl. (11.27a) $\alpha \approx \alpha' + r = \ldots \approx 0{,}002\,337$ und analog die Neigung im Lager B nach Gl. (11.27b) $\beta \approx \beta' - r = \ldots \approx 0{,}002\,824$.

11

Hinweis: Obige Betrachtungen wurden unter der Annahme punktförmig angreifender Kräfte angestellt, was praktisch jedoch nicht ganz zutrifft. So können versteifende Wirkungen von festsitzenden Radnaben kaum erfasst werden, so dass die tatsächlichen Durchbiegungen und Neigungen etwas kleiner sein werden als die ermittelten Werte.

Ergebnis: Für die Achse ergeben sich die größte Durchbiegung $f_{\text{max}} \approx 0{,}3\,\text{mm}$; die Neigungen $\alpha \approx 0{,}0023$ und $\beta = 0{,}0028$.

■ **Beispiel 11.5:** Für die im Bild 11.35 dargestellte zweifach gelagerte Welle mit einer Einzelmasse ist die Abhängigkeit der relativen Auslenkung y/e (s. unter 11.3.3.2, Fall 1) von der relativen Winkelgeschwindigkeit ω/ω_k darzustellen.

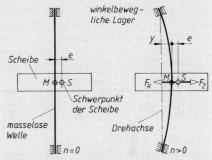

Bild 11-35 Zweifach gelagerte Welle mit Einzelmasse

▶ **Lösung:** Die im o. a. Abschnitt entwickelte Beziehung $y = e/[(\omega_k/\omega)^2 - 1]$ wird zweckmäßig umgeformt in

$$(y/e) = 1/[(\omega_k/\omega)^2 - 1] = \omega^2/(\omega_k^2 - \omega^2) = (\omega/\omega_k)^2/(1 - (\omega/\omega_k)^2\,.$$

In einer Wertetabelle werden für (ω/ω_k)-Werte die entsprechenden (y/e)-Werte zusammengestellt.

ω/ω_k	0	0,5	0,8	0,9	1	1,1	1,3	2	3	∞
$(\omega/\omega_k)^2$	0	0,25	0,64	0,81	1	1,21	1,69	4	9	∞
$1 - (\omega/\omega_k)^2$	1	0,75	0,36	0,19	0	$-0{,}21$	$-0{,}69$	-3	-8	$-\infty$
$\dfrac{y}{e} = \dfrac{(\omega/\omega_k)^2}{1 - (\omega/\omega_k)^2}$	0	0,33̄	1,77̄	4,26	∞	$-5{,}76$	$-2{,}45$	$-1{,}33$	$-1{,}13$	-1

Trägt man die ermittelten Werte in das Schaubild ein (Bild 11-36), so wird deutlich, dass bei $\omega/\omega_k = 1$ die relative Auslenkung (y/e) unendlich groß wird, d. h. wenn Eigenkreisfrequenz und die Erregerfrequenz gleich groß sind, kommt es zur gefürchteten Resonanz!

Im überkritischen Bereich dagegen ($\omega/\omega_k > 1$) wird (y/e) im Betrag wieder kleiner, die Welle läuft ruhiger. Das negative Vorzeichen weist darauf hin, dass im überkritischen Bereich der Abstand zwischen Drehachse und dem Scheibenschwerpunkt S mit steigender Drehzahl kleiner wird; im Grenzfall $\omega = \infty$ wird $y = -e$, die Drehachse geht durch den Schwerpunkt der Scheibe. Die Welle zentriert sich selbst.

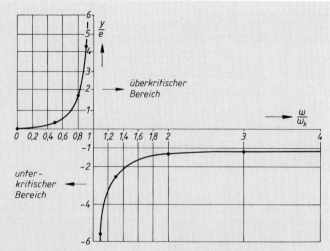

Bild 11-36 Resonanzkurve der umlaufenden Welle mit einer Einzelmasse

11.5 Literatur

Beitz, W., Grote, K.-H. (Hrsg.): *Dubbel:* Taschenbuch für den Maschinenbau. Berlin: Springer, 2007

Fronius, St.: Maschinenelemente, Antriebselemente. Berlin: Verlag Technik, 1982

DIN 743: Tragfähigkeitsberechnung von Wellen und Achsen. Berlin: Beuth, 2008

Haberhauer, H., Bodenstein, F.: Maschinenelemente. Berlin: Springer, 2008

Hähnchen, R., Decker, K. H.: Neue Festigkeitsberechnung für den Maschinenbau. München: Hanser, 1967

Klotter, K.: Technische Schwingungslehre. Berlin: Springer, 1978

Kollmann, G.: Welle-Nabe-Verbindungen. Berlin: Springer, 1984

Künne, B.: Köhler/Rögnitz Maschinenteile 1. Wiesbaden: B. G. Teubner, 2003

Niemann, G., Winter, H., Höhn, B.-R.: Maschinenelemente Bd. 2. Berlin: Springer, 2005

Schmidt, F.: Berechnung und Gestaltung von Wellen. Berlin: Springer, 1967

Steinhilper, W., Röper, R.: Maschinen- und Konstruktionselemente. Berlin: Springer, 1992

Wächter, K.: Konstruktionslehre für Maschineningenieure. Berlin: Verlag Technik, 1987

12 Elemente zum Verbinden von Wellen und Naben

12.1 Funktion und Wirkung

Über die zahlreichen und vielgestaltigen Verbindungen von Wellen und Achsen mit den Naben von Laufrädern, Zahnrädern, Seilrollen, Hebeln und ähnlichen Bauteilen müssen die auf die Bauteile wirkenden Kräfte/Momente übertragen werden (*Funktion*). Je nach Art der Kraftübertragung (*Wirkprinzip*) lassen sich die Verbindungen unterteilen in:

1. *Formschlüssige Verbindungen,* bei denen die Verbindung durch bestimmte Formgebung (z. B. durch Keilwellenprofil, Kerbverzahnung und Polygonprofil) oder durch zusätzliche Elemente (z. B. Passfeder, Gleitfeder oder Querstift) als „Mitnehmer" hergestellt wird. Die Kraftübertragung erfolgt an den Wirkflächen durch Flächenpressung. An den Bauteilen tritt oft erhöhte Kerbwirkung auf. Als Zusatzfunktion ist die Realisierung von Relativbewegungen außerhalb der Belastungsrichtung möglich, z. B. Verschieberäder in Getrieben.
2. *Reibschlüssige Verbindungen,* bei denen die Kraftübertragung reibschlüssig durch Aufklemmen und Aufpressen erfolgt (z. B. Pressverband, Kegelsitz, besondere Spannelemente). Es gilt das Coulombsche Reibungsgesetz.
3. *Vorgespannte formschlüssige Verbindungen,* die eine Kombination von Reib- und Formschlussverbindungen darstellen und vorwiegend durch Keile verschiedener Formen hergestellt werden. Zu diesen sind auch die z. B. durch Passfedern zusätzlich gesicherten Klemmverbindungen zu zählen.
4. *Stoffschlüssige Verbindungen,* bei denen die Verbindung durch Stoffschluss erfolgt (z. B. Kleben, Löten und Schweißen). Das Lösen dieser Verbindungen ist vielfach nur durch Zerstörung möglich. Die Beanspruchungen in der Verbindung sind nach den Gesetzen der Festigkeitslehre zu ermitteln.

Auswahl der Welle-Nabe-Verbindung

Maßgebend für die Wahl der geeigneten Verbindungsart sind die Anforderungen, die an die Verbindung gestellt werden (Pflichtenheft). Bild 12-1 zeigt in einer Übersicht die typischen Eigenschaften und Merkmale von Welle-Nabe-Verbindungen. Der Konstrukteur ist vielfach zur Kompromißlösung gezwungen und nicht immer fällt die Entscheidung eindeutig für eine einzige Verbindungsart aus. In diesem Fall können Kosten- und Beschaffungsgründe für die Festlegung der Verbindung ausschlaggebend sein. Hinsichtlich der Leistungsdaten sind die neuesten Ausgaben der Normen und der Firmenschriften ausschlaggebend; ebenso sollte bei komplizierten Beanspruchungsfällen der Rat des jeweiligen Herstellers eingeholt werden.

12.2 Formschlüssige Welle-Nabe-Verbindungen

12.2.1 Pass- und Scheibenfederverbindungen

1. Gestalten und Entwerfen

Pass- und Scheibenfederverbindungen sind gebräuchliche Formschlussverbindungen für Riemenscheiben, Zahnräder, Kupplungen u. dgl. mit Wellen bei vorwiegend einseitig wirkenden Drehmomenten (Passfederverbindungen mit Einschränkung auch bei wechselnden oder stoßbehafteten Drehmomenten). Sie sind einfach montier- bzw. demontierbar.

12

geeignet, wenn ... gefordert	Welle-Nabe-Verbindungen																					
	a	b	c	d	e	f	g	h	i	j	k	l	m	n	o	p	q	r	s	t	u	v
Übertragung großer einseitiger Drehmomente	4	4	4	3	4	4	2	3	0	0	2	2	4	2	4	4	4	2	1	3	4	4
– wechselnder und stoßhafter Drehmomente	4	4	4	3	4	4	2	3	0	0	2	2	3	2	3	3	4	0	0	1	4	4
Aufnahme hoher Axialkräfte	4	4	4	2	3	3	2	3	1	1	2	2	4	0	0	0	0	0	1	3	4	4
Nabe axial zu verschieben[1]	0	0	0	0	0	0	0	0	0	0	0	0	0	2	4	4	2	0	0	0	0	0
Nabe axial unter Last zu verschieben[1]	0	0	0	0	0	0	0	0	0	0	0	0	0	2	4	2	2	0	0	0	0	0
Nabe in Drehrichtung versetzbar	3	3	4	4	4	4	4	4	4	4	4	0	0	0	2	2	2	0	0	0	0	0
Verbindung nachstellbar	0	0	4	4	4	4	4	0	4	4	4	1	3	0	0	0	0	0	0	0	0	0
geringer Fertigungsaufwand	4	4	2	2	2	2	3	4	4	4	2	2	1	3	1	1	1	2	2	3	3	2
geringer Montageaufwand	2	2	4	4	4	4	4	4	4	4	3	3	4	3	3	3	3	3	4	2	2	2
gute Wiederverwendbarkeit	1	1	4	4	4	4	4	4	4	4	4	2	3	4	4	4	4	2	2	2	2	2
Selbstzentrierung der Verbindung	4	4	4	0	4	4	0	4	0	0	2	0	3	3	4	4	4	4	4	2	2	2
geringe Unwucht	4	4	4	2	3	3	1	3	0	0	0	0	3	2	3	3	4	1	1	3	3	3
geringe Kerbwirkung auf Welle[2]	1	1	2	2	3	3	2	2	3	4	1	0	1	1	1	1	1	1	0	4	4	1

(4) sehr gut geeignet ... (0) nicht geeignet bzw. entfällt

Reibschlüssige Verbindungen
a   Querpressverband
b   Längspressverband
c   Kegelpressverband
d   Kegelspannring
e   Kegelspannsatz
f   Schrumpfscheibe
g   Sternscheibe
h   Druckhülse
i   hydraulische Spannbuchse
j   Toleranzring
k   Klemmverbindung
l   Keilverbindung
m   Kreiskeilverbindung

Formschlüssige Verbindungen
n   Pass- und Gleitfeder
o   Keilwelle
p   Zahnwelle
q   Polygonprofil
r   Längsstift
s   Querstift

Stoffschlüssige Verbindungen
t   Klebverbindung
u   Lötverbindung
v   Schweißverbindung

[1] bei Spielpaarung
[2] die Kerbwirkung kann durch günstige Gestaltung z.T. reduziert werden

Bild 12-1 Auswahlmatrix für geeignete Welle-Nabe-Verbindungen

Formen

Die Formen und Abmessungen der Passfedern sind (abhängig vom Wellendurchmesser) nach DIN 6885 genormt (s. TB12-2a). Die „normale", meist verwendete *hohe Form* der Passfeder mit runden Stirnflächen nach DIN 6885 T1 (Form A) zeigt Bild 12-2a. Von den zahlreichen anderen Ausführungsformen sind in Bild 12-2b und c die geradstirnige Form, DIN 6885 (Form B), und die Ausführung mit Halte- und Abdrückschrauben (Form E) dargestellt, die insbesondere für Gleitfedern in Frage kommt. Für Werkzeugmaschinen sind Passfedern mit gleichen Formen und Abmessungen vorgesehen, jedoch bei größerer Wellennut- und kleinerer Nabennuttiefe, s. DIN 6885 T2.

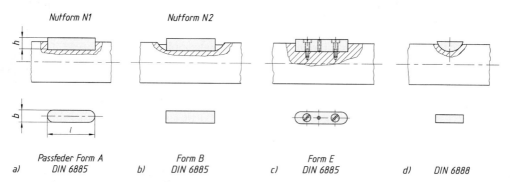

Bild 12-2 Passfederformen. a) Rundstirnige Passfeder, b) geradstirnige Passfeder, c) rundstirnige Form für Halte- und Abdrückschrauben, d) Scheibenfeder

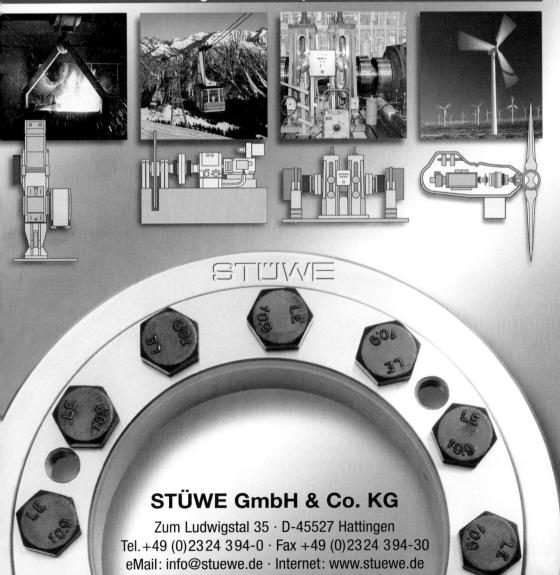

Für längsbewegliche Naben wird die Passfeder mit entsprechenden Toleranzen zur *Gleitfeder*, z. B. bei Verschieberädern in Getrieben und Spindelführungen bei Werkzeugmaschinen. Bei kleineren Drehmomenten wird die Scheibenfeder nach DIN 6888 verwendet (Bild 12-2d), insbesondere im Feingerätebau als Lagesicherung bei Kegelverbindungen (auf Kosten des sicheren Reibschlusses, Ausführungen unter 12.3.2 beachten!) sowie im Kraftfahrzeugbau.

Die in der Wellen- und Nabennut sitzende, als „Mitnehmer" wirkende Passfeder trägt, im Gegensatz zum baulich ähnlichen (Nuten-)Keil, nur mit den Seitenflächen, die Rückenfläche hat Spiel (Bild 12-3).

Als Werkstoff für Passfedern ist für normale Ansprüche E 295 GC+C vorgesehen; andere Werkstoffe sind nach Vereinbarung mit dem Hersteller ebenfalls möglich.

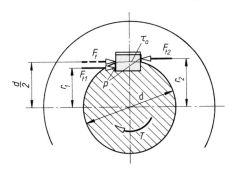

Bild 12-3
Kräfte an der Passfederverbindung

Gestaltung

Auf die Gestaltung der Verbindung haben die Kraftverteilung über die Nabe und die Art der zu übertragenden Kräfte Einfluss.

Bild 12-4 zeigt die bei unterschiedlichen Nabenausführungen auftretende Kraftverteilung auf das Übertragungselement Passfeder. Bei Ausführung a) muss vor allem der unmittelbare Bereich neben der Wellenschulter die Kräfte übertragen; bei der Ausführung c) wird ein größerer Bereich der zur Verfügung stehenden Passfederlänge an der Kraftübertragung beteiligt. Noch günstigere Verhältnisse könnten erreicht werden, wenn die Verdrillsteifigkeit der Nabe reduziert und dem elastischen Verhalten der Welle angepasst wird (Strichlinie Ausführung c). Die wirkliche Verteilung der Flächenpressung ist rechnerisch nur schwer zu erfassen. Der Konstrukteur sollte in Kenntnis dieser Verhältnisse einen günstigen Kompromiss wählen zwischen einer gleichmäßigeren Verteilung der Flächenpressung einerseits und dem zu erwartenden Biegemoment am Wellenabsatz andererseits durch Vergrößerung des Wirkabstandes l_w.

In Bild 12-5 sind Gestaltungsmöglichkeiten der Passfederanordnung aufgezeigt. Wirkt nur statische Torsion, ist eine Ausführung der Verbindung nach Bild 12-5a am günstigsten, liegt statische Biegung vor ist die Nutform N2 (Scheibenfräsernut) sowie der Einsatz von Passfedern Form E vorteilhaft, die Lage der Nut hat keinen Einfluss auf die Festigkeit.

Bei (quasi-)statischer Torsion und Umlaufbiegung (Regelfall) sollte die Verbindung entsprechend Bild 12-5b gestaltet werden, d. h. die Passfeder sollte etwas kürzer als die Nabe sein und einen ausreichenden Abstand zum Wellenabsatz haben ($a/b \geq 0,5$). Die Nutform N2 und die Passfeder Form E weisen geringere Kerbwirkung auf gegenüber Nutform N1 (Fingerfräser) und

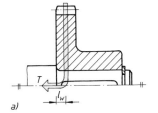
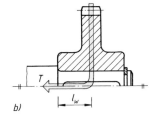
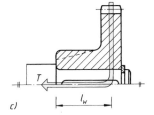

Bild 12-4 Kraftverteilung bei unterschiedlicher Nabenausführung

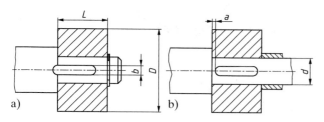

Bild 12-5
Gestaltung von Passfederverbindungen.
a) bei statischer Torsion und Biegung,
b) bei Torsion und Umlaufbiegung

Passfeder Form A. Vor allem technologische Maßnahmen (z. B. Nitrieren) können zu erheblichen Verbesserungen der Dauerfestigkeit der Verbindungteile führen.

Die tragende Federlänge sollte $l' \leq 1{,}3 \cdot d$ sein, s. zu Gl. (12.1). Die Sicherung der Nabe gegen axiales Verschieben kann bei kleineren Axialkräften durch einen Gewindestift, bei größeren Kräften durch Stellringe, Distanzhülsen oder Wellenschultern, oder an Wellenenden auch durch Sicherungsringe erfolgen, s. Bild 12-5.

Die *Nabenabmessungen D* und *L* werden erfahrungsgemäß in Abhängigkeit vom Wellendurchmesser gewählt nach TB 12-1.

Bei statischer Torsion und Biegung sind je nach Nabenanordnung auf Wellenenden oder auf längeren Wellen enge oder weite Übergangspassungen (leichter Einbau) zu wählen, bei Umlaufbiegung sollte die von der Fertigung her größtmögliche Übermaßpassung (Erhöhung der Dauerfestigkeit – bei spröden Werkstoffen nicht zulässig!) gewählt werden, s. TB 12-2b.

Die Toleranzklassen des für die Herstellung der Federn benutzten Keilstahles (DIN 6880) sind: Höhe h11 (teilweise h9), Breite h9. Toleranzklassen für die Nutbreite s. TB 12-2b.

2. Berechnung

Bei Passfedern ist eine Nachprüfung der Flächenpressung an den Seitenflächen (Tragflächen) der Nuten des festigkeitsmäßig schwächeren Teiles (meist Nabe) und der Passfeder erforderlich. Die ebenfalls auftretende Scherspannung ist bei zum Wellendurchmesser gehörigen Passfederabmessungen unkritisch.

Unter Vernachlässigung der Unterschiede zwischen Tangentialkraft F_t und den Anpresskräften F_{t1} und F_{t2} wird nach Bild 12-3 bei Vernachlässigung von Fasen oder Radien bei der Bestimmung der tragenden Flächen die *vorhandene mittlere Flächenpressung*:

$$p_m \approx \frac{F_t \cdot K_\lambda}{h' \cdot l' \cdot n \cdot \varphi} \approx \frac{2 \cdot T \cdot K_\lambda}{d \cdot h' \cdot l' \cdot n \cdot \varphi} \leq p_{zul} \tag{12.1}$$

F_t	Tangentialkraft am Fugendurchmesser d; bei dynamischer Belastung $F_t = K_A \cdot F_{t\,nenn}$, bei statischer Belastung $F_t = F_{t\,max}$
T	zu übertragendes Drehmoment; bei dynamischer Belastung $T = T_{eq} = K_A \cdot T_{nenn}$, bei statischer Belastung $T = T_{max}$
K_A	Anwendungsfaktor nach TB 3-5
K_λ	Lastverteilungsfaktor: $K_\lambda = 1$ für Überschlagsrechnung (Methode C); K_λ nach TB 12-2c (Methode B)
n	Anzahl der Passfedern; Regelfall $n = 1$, Ausnahme $n = 2$
φ	Tragfaktor zur Berücksichtigung des ungleichmäßigen Tragens beim Einsatz mehrerer Passfedern: $\varphi = 1$ bei $n = 1$, $\varphi \approx 0{,}75$ bei $n = 2$
$h' \approx 0{,}45 \cdot h$	tragende Passfederhöhe; Werte für h aus TB 12-2a
p_{zul}	zulässige Flächenpressung des „schwächeren" Werkstoffes; Methode C: $p_{zul} = R_e/S_F$ bzw. $= R_m/S_B$ (bei sprödem Werkstoff); Richtwerte für $S_F(S_B)$ nach TB 12-1; $R_e = K_t \cdot R_{eN}$; $R_m = K_t \cdot R_{mN}$ s. Gl. (3.7) Methode B: $p_{zul} = f_S \cdot f_H \cdot R_e/S_F$ bzw. $= f_S \cdot R_m/S_B$ (bei sprödem Werkstoff) mit Stützfaktor f_S und Härteeinflussfaktor f_H; Werte nach TB 12-1 und TB 12-2d
l'	tragende Passfederlänge (nur der prismatische Teil der Passfeder trägt) rundstirnige Passfederformen (A, E, C): $l' = l - b$ mit b nach TB 12-2a (Form A) geradstirnige Passfederformen (B, D, F ... J): $l' = l$.

Welle-Nabe-Verbindung
Entwicklung • Engineering • Beratung • Vertrieb

IKON-Technik GmbH entwickelt seit 1972 neue lösbare Kegel-Spannsysteme und hat weltweit mehr als 90 Patente erlangt.

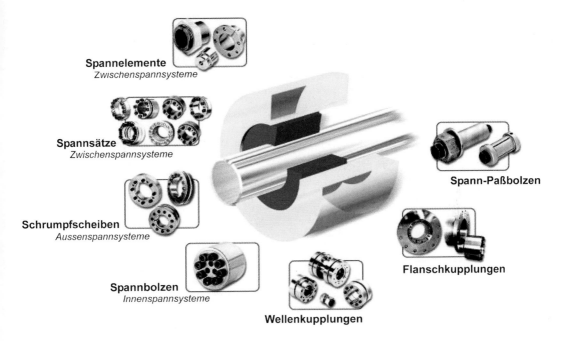

Spannelemente
Zwischenspannsysteme

Spannsätze
Zwischenspannsysteme

Schrumpfscheiben
Aussenspannsysteme

Spannbolzen
Innenspannsysteme

Spann-Paßbolzen

Flanschkupplungen

Wellenkupplungen

Mehr als 40 Systeme für wirtschaftliche Bauteilgestaltung
Wellendurchmesser: von 6 bis über 1000 Millimeter
Metrische und Zoll-Abmessungen

•

Rostfreie und chemisch vernickelte Ausführungen
Sonderausführungen für individuelle Anwendungen

•

Beratung und Auswahl von Spannsystemen für Anwendungen
Erfahrener Partner für weltweite Geschäfte und Vertrieb
Ursprung: ausschl. European Community

"BIKON"- und "DOBIKON"-Produkte sind nur bei BIKON-Technik GmbH, 41468 Neuss, Germany, erhältlich

BIKON-Technik GmbH
Hansemannstr. 11 • 41468 Neuss • Germany
Tel: ++49 (0)2182 9006 • Fax: ++49 (0)2182 60778 • www.bikon.com • Email: info@bikon.de

Hinweis: Der Nachweis ist auch für das maximale Spitzendrehmoment T_{max} zu führen. Hier gelten höhere zulässige Werte, die über einen Lastspitzenhäufigkeitsfaktor f_L berücksichtigt werden können (z. B. bei bis zu 10^3 Lastspitzen ist das 1,3 bis 1,5-fache (kleiner Wert für spröde, großer Wert für zähe Werkstoffe) der dauernd ertragbaren Flächenpressung zulässig). Außerdem kann bei Presspassungen das reibschlüssig übertragbare Drehmoment berücksichtigt werden.

Bei wechselnd wirkendem Drehmomenten ist eine Berechnung nach DIN 6892, Methode B erforderlich, wobei das reibschlüssig übertragbare Drehmoment zu berücksichtigen und die zulässigen Flächenpressungen durch einen Lastrichtungswechselfaktor f_W zu verringern sind (s. DIN).

Aufgrund der ungleichmäßigen Flächenbelastung wegen der relativen Verdrillung von Welle und Nabe sollte, unabhängig von der wirklichen Federlänge l, bei Methode C nur mit einer tragenden Länge $l' \leq 1,3 \cdot d$ gerechnet werden. Gleiches gilt sinngemäß für Keil- und Kerbzahnwellen.

Die vereinfachte Berechnung nach Methode B berücksichtigt näherungsweise die inhomogene Kraftverteilung und unterschiedliche Krafte in- und Kraftableitungsverhältnisse bei Passfederverbindungen nach Bild 12-4 durch einen Lastverteilungsfaktor.

12.2.2 Keil- und Zahnwellenverbindungen

1. Gestalten und Entwerfen

Keilwellenverbindungen

Keilwellenprofile werden als drehstarre Verbindungen von Welle und Nabe (z. B. bei Antriebswellen von Kraftfahrzeugen) und als längsbewegliche Verbindungen (z. B. Verschieberädergetriebe von Werkzeugmaschinen) überall dort eingesetzt, wo aufgrund der zu übertragenden größeren, wechselnden und stoßartigen Drehmomente der Einsatz von Pass- und Gleitfedern nicht in Betracht kommt.

Im Maschinenbau (einschl. Kfz-Bau) werden Keilwellenprofile nach DIN ISO 14 (leichte und mittlere Reihe) sowie DIN 5464 (schwere Reihe) eingesetzt. Wenn genauer Rundlauf gefordert wird ist *Innenzentrierung* (hohe Zentriergenauigkeit), bei stoßhaftem Betrieb oder wechselnden Drehmomenten dagegen *Flankenzentrierung* zu wählen, s. Bild 12-6. *Außenzentrierung* ist nicht üblich. Die Naben sind, je nach vorgesehener Toleranz, relativ zur Keilwelle festgelegt oder verschiebbar angeordnet (vgl. TB 12-3b). Bei Schiebesitz ist Ölschmierung zu bevorzugen. Keilwellenprofile werden mit Scheibenfräsern oder wirtschaftlicher im Abwälzverfahren hergestellt.

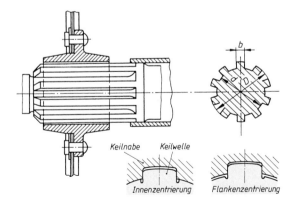

Bild 12-6
Keilwellenverbindung

Zahnwellenverbindungen

Im Gegensatz zu den Keilwellen sind die Mitnehmer bei den Zahnwellen entweder als dreieckförmige Zähne beim *Kerbzahnprofil* nach DIN 5481 (meist flankenzentriert) oder als Zahnprofil mit Evolventenflanken als *Evolventenzahnprofil* nach DIN 5480 (entweder flanken- oder außenzentriert) ausgebildet, s. Bild 12-7. Die Profile werden in der Regel im Abwälzverfahren hergestellt. Zahnwellenprofile können aufgrund der vielen „Zähne" große und stoßhaft wirken-

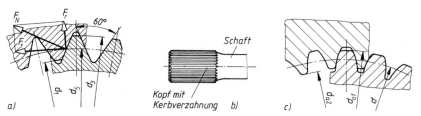

Bild 12-7 Zahnwellenprofile. a) Kerbzahnprofil, b) Drehstabfeder mit Kerbverzahnung, c) Evolventenzahnprofil

de Drehmomente übertragen. Die größere Zähnezahl erlaubt eine feinere Verstellmöglichkeit in Drehrichtung. Gegenüber den Keilwellenverbindungen werden Welle und Nabe weniger geschwächt, sodass sie im Durchmesser kleiner und auch in der Länge kürzer ausgeführt werden können. Nachteilig sind die durch die schrägen Zahnflanken entstehenden Radialkomponenten F_r, die eine Aufweitung schwacher Naben bewirken können.

Das Kerbzahnprofil wird vorwiegend für feste Verbindungen verwendet (z. B. bei Achsschenkeln und Drehstabfedern in Kraftfahrzeugen) und eignet sich nicht für Schiebesitze; das Evolventenzahnprofil für leicht lösbare, verschiebbare oder auch feste Verbindungen.

Die *Nabenabmessungen* sind für den Entwurf nach TB 12-1 zu wählen.

2. Berechnung[1]

Eine Berechnung von *Keilwellenverbindungen* ist bei ausreichendem Wellendurchmesser (maßgebend ist der Kerndurchmesser) und normalen Nabenabmessungen (s. TB 12-1) nicht erforderlich. Nur bei sehr kurzen Naben ist eine Nachprüfung der Flächenpressung an den „Keil"-Flächen zweckmäßig. Mit der Annahme, dass durch nicht zu vermeidende Herstellungsungenauigkeiten nur $\approx 75\,\%$ der „Keile" tragen, wird die *vorhandene mittlere Flächenpressung*

$$p_\mathrm{m} \approx \frac{2 \cdot T}{d_\mathrm{m} \cdot L \cdot h' \cdot 0{,}75 \cdot n} \le p_\mathrm{zul} \tag{12.2}$$

T zu übertragendes Drehmoment; bei dynamischer Belastung $T = K_\mathrm{A} \cdot T_\mathrm{nenn}$, bei statischer Belastung $T = T_\mathrm{max}$

K_A Anwendungsfaktor nach TB 3-5

d_m mittlerer Profildurchmesser aus $d_\mathrm{m} = (D + d)/2$ mit D und d nach TB 12-3a

L Nabenlänge gleich tragende Keillänge

h' tragende Keilhöhe; unter Berücksichtigung der Fase f wird $h' = (D - d)/2 - 2 \cdot f$ $\approx 0{,}4 \cdot (D - d)$

n Anzahl der Keile aus TB 12-3a

p_zul zulässige Flächenpressung des „schwächeren" Werkstoffes (meist Nabe). Anhaltswerte für p_zul nach TB 12-1

Hinweis: $L \le 1{,}3 \cdot d$ wählen, siehe Hinweis zur Gleichung (12.1)

Bei der *Zahnwellenverbindung* kommt, wie bei der Keilwellenverbindung, eine Nachprüfung auf Flächenpressung nach Gl. (12.2) in Frage. Abweichend von den hierin benutzten Größen sind entsprechend den in DIN 5480 bzw. DIN 5481 und im Bild 12-7 angegebenen zu setzen: für

$d_\mathrm{m} = d_5 = d$ Teilkreisdurchmesser der Verzahnung

$h' \approx 0{,}5[d_\mathrm{a1} - (d_\mathrm{a2} + 0{,}16 \cdot m)]$ für das Evolventenzahnprofil DIN 5480

$h' \approx 0{,}5(d_3 - d_1)$ für das Kerbzahnprofil DIN 5481

(Werte aus TB 12-4 oder den jeweiligen DIN-Normen entnehmen).

---

[1] Genauere Berechnung s. DIN 5466

12.2.3 Polygonverbindungen

1. Gestalten und Entwerfen

Polygonprofile sind Unrundprofile und werden sowohl im Bereich des allgemeinen Maschinenbaus als auch im Werkzeugmaschinen-, Kraftfahrzeug- und Flugzeugbau sowie in der Elektroindustrie eingesetzt. Sie sind zum Übertragen von stoßartigen Drehmomenten geeignet und werden vorgesehen für lösbare Verbindungen, Schiebesitze und für Presspassungen. Die Verbindungen sind selbstzentrierend, d. h. bei Verdrehung gleicht sich ein evtl. vorhandenes Spiel symmetrisch aus. Polygonprofile sind hinsichtlich der Kerbwirkung vielfach günstiger als andere Formschlussverbindungen (bei Gleitsitzen kann mit $\beta_k \approx 1$ gerechnet werden). Außerdem ist ihre Herstellung, die allerdings Spezialmaschinen erfordert, einfacher, genauer und preiswerter als die der Keil- und Zahnwellen.

Die Grundform des *Profils P3G* nach DIN 32 711 ist ein gleichseitiges Dreieck, dessen Seiten und Ecken derart gerundet sind, dass ein sogenanntes „Gleichdick" entsteht (Bild 12-8a). Dieses Profil wird vorzugsweise angewendet, wenn das Nabenprofil geschliffen werden soll. Die P3G-Profile sind ungeeignet für unter Last längsverschiebbare Verbindungen.

Die Grundform des *Profils P4C* nach DIN 32 712 ist ein Quadrat, dessen Ecken von einem konzentrischen Kreiszylinder angeschnitten sind (Bild 12-8b). Dieses Profil ist besonders für Verbindungen geeignet, die unter Last (Drehmoment) längsverschiebbar sein sollen. Gegenüber dem Profil P3G ergeben sich günstigere Beanspruchungsverhältnisse zwischen Welle und Nabe. Abmessungen und Vorzugspassungen der Polygonprofile s. TB 12-5.

Für den Entwurf können Richtwerte für die Nabenabmessungen TB 12-1 entnommen werden.

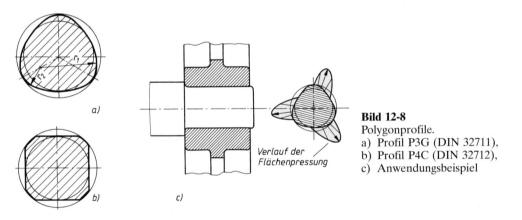

Verlauf der Flächenpressung

Bild 12-8
Polygonprofile.
a) Profil P3G (DIN 32711),
b) Profil P4C (DIN 32712),
c) Anwendungsbeispiel

2. Berechnung

Die Berechnung der Verbindung erfolgt in Anlehnung an die DIN 32 711 bzw. DIN 32 712. Mit hinreichender Genauigkeit wird die *vorhandene mittlere Flächenpressung*

$$
\begin{aligned}
&\text{Profil P3G} \quad p_m \approx \frac{T}{l' \cdot (0{,}75 \cdot \pi \cdot e_1 \cdot d_1 + 0{,}05 \cdot d_1^2)} \le p_{zul} \\
&\text{Profil P4C} \quad p_m \approx \frac{T}{l' \cdot (\pi \cdot e_r \cdot d_r + 0{,}05 \cdot d_r^2)} \le p_{zul}
\end{aligned}
\tag{12.3}
$$

T	zu übertragendes Drehmoment, bei dynamischer Belastung $T = K_A \cdot T_{nenn}$, bei statischer Belastung $T = T_{max}$
K_A	Anwendungsfaktor nach TB 3-5
$e_r = (d_1 - d_2)/4$	rechnerische Exzentergröße
$d_r = d_2 + 2e_r$	rechnerischer theoretischer Durchmesser
$d_1,\ d_2,\ e$	Profilgrößen, Werte aus TB 12-5
l'	tragende Profillänge ($\approx$ Nabenlänge L)
p_{zul}	zul. Pressung, Werte nach TB 12-1.

Die *Mindest-Nabenwandstärke* kann errechnet werden aus

$$s \geq c \cdot \sqrt{\dfrac{T}{\sigma_{z\,zul} \cdot L}}$$

s, L	T	$\sigma_{z\,zul}$	c
mm	Nmm	N/mm²	1

(12.4)

T　　wie zu Gl. (12.3)
c　　Profilfaktor; Richtwerte für das
　　　　Profil P3G:　$c \approx 1{,}44$ für $d_4 \leq 35$ mm
　　　　　　　　　　$c \approx 1{,}2$　für $d_4 > 35$ mm
　　　　Profil P4C:　$c \approx 0{,}7$
L　　Nabenlänge
$\sigma_{z\,zul}$　zulässige Spannung ($= R_e/S_F$ bzw. R_m/S_B); Anhaltswerte für $S_F(S_B)$ aus TB 12-1;
　　　　$R_e = K_t \cdot R_{eN}$; $R_m = K_t \cdot R_{mN}$ s. Gl. (3.7).

12.2.4 Stirnzahnverbindungen

Bauteile, deren Herstellung in einem Stück schwierig und unwirtschaftlich ist oder die aus verschiedenen Werkstoffen bestehen (z. B. Verbindung von Zahnrädern aus hochwertigen Stählen mit Wellenenden; Zahnräder verschiedener Werkstoffe untereinander), können durch eine an den Stirnflächen angebrachte Plan-Kerbverzahnung starr und zentrisch miteinander verbunden werden (Bild 12-9a).
Die axiale Verspannung der durchweg hohl ausgebildeten (Naben-)Teile erfolgt durch Schrauben, wie bei der Verbindung des Kegelrades mit dem Wellenende nach Bild 12-9b.
Die Stirnverzahnung zeichnet sich aus durch hohe Teilgenauigkeit, Selbstzentrierung und Verschleißfestigkeit. Sie wird vielfach im Werkzeugmaschinenbau sowie in vielen Bereichen des allgemeinen Maschinenbaues verwendet.
Eine Berechnung der Stirnverzahnung erfolgt zweckmäßig nach Angaben des Herstellers.

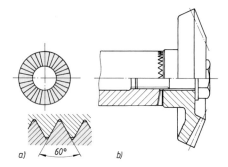

Bild 12-9
Stirnverzahnung (Hirthverzahnung).
a) Grundform.
b) Anwendungsbeispiel: Verbindung eines Kegelrades mit einer Welle

12.2.5 Stiftverbindungen

Stiftverbindungen als Welle-Nabe-Verbindungen eignen sich nur für das Übertragen kleiner, stoßfreier Drehmomente. Sie werden als *Quer-* und *Längsstiftverbindungen* ausgeführt, s. Bild 12-10.
Die Berechnung von Stiftverbindungen s. unter Kapitel 9.

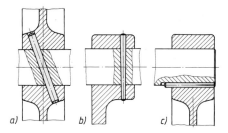

Bild 12-10
Stiftverbindungen.
a), b) Querstiftverbindungen.
c) Längsstiftverbindung

12.3 Kraftschlüssige Welle-Nabe-Verbindungen

12.3.1 Zylindrische Pressverbände

1. Gestalten und Entwerfen

Pressverbände entstehen durch das Fügen von Teilen, die vor dem Zusammenbau ein Übermaß $Ü$ haben. Dadurch wird eine über den Fugenumfang gleichmäßige Fugenpressung p_F und damit eine Haftkraft zur Übertragung wechselnder und stoßartiger Drehmomente und Längskräfte erzeugt. Pressverbände werden vorwiegend für nicht zu lösende Verbindungen verwendet (z. B. Schwungräder, Riemenscheiben, Kupplungen mit Wellen, Lauf- und Zahnkränze mit Radkörpern und Lagerbuchsen in Gehäusen). Ein Verstellen der Teile nach dem Fügen ist nicht mehr möglich.

Die Verbindungen sind preiswert und einfach herzustellen. Bei glatten Wellen entstehen je nach Pressung hohe Kerbwirkungen an den Übergangsstellen, die möglichst durch konstruktive Maßnahmen wie Verstärkung der Welle am Nabensitz (um ca. 10...20%), durch Kaltumformung oder Oberflächenhärtung der Welle zu vermindern sind (Bild 12-11).

Je nach Art des Zusammenfügens unterscheidet man:

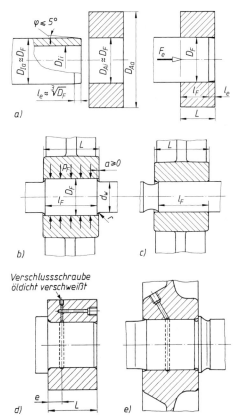

- *Längspressverbände*, bei denen die Teile kalt in Längsrichtung ineinander gepresst werden. Wichtig ist eine Abfasung am Wellenende, um beim Fügen ein Wegschaben von Werkstoff zu verhindern (Fasenwinkel maximal 5° und Fasenlänge $l_e \approx \sqrt[3]{D_F}$, mit D_F als Fugendurchmesser). Volle Haftkraft ist erst nach einer gewissen „Sitzzeit" (≈ 24 h) erreicht. Wegen Glättung der Fugenflächen beim Einpressen (möglichst mit Öl) ist die Haftkraft geringer als bei vergleichbaren Querpressverbänden.

- *Querpressverbände* als *Schrumpfpressverbände*, bei denen vor dem Fügen die Nabe erwärmt (in Öl, in elektrisch oder gasbeheizten Öfen) und auf die Welle aufgeschrumpft wird oder als *Dehnpressverbände*, bei denen die Welle unterkühlt (in Trockeneis bei $\approx -78\,°C$ oder in verflüssigtem Stickstoff bei $\approx -196\,°C$) und in das Außenteil gefügt wird.

- *Ölpressverbände*, bei denen Öl unter hohem Druck zwischen die meist schwach kegeligen Fugenflächen gepresst wird. Die Nabe weitet sich und kann mit geringem Kraftaufwand gefügt werden. Anwendung u. a. für den Ein- und Ausbau schwerer Wälzlager. Hydraulisch gefügte Verbände sollten erst nach erfolgtem Ölfilmabbau (bis ca. 2 h) beansprucht werden. Bei zylindrischen Passflächen lässt sich dieses Verfahren nur zum *Lösen* des Pressverbandes anwenden (Drucköl-Pressverbände siehe DIN 15 055).

Richtwerte für die Abmessungen aufgepresster Naben s. TB 12-1.

Pressverbände werden vorwiegend schwellend oder wechselnd durch Torsion und vielfach zusätzlich durch Umlaufbiegung schwingend beansprucht. Eine optimale konstruktive Gestaltung

Bild 12-11 Pressverbände. a) *Längspressverband vor* und *nach* dem Fügen, b) *Querpressverband* auf verstärkter Welle, c) Entlastungskerbe in der Welle, d) *Ölpressverband* auf Wellenende mit Ringnut in der Welle für $L \le 100$ mm, $e \approx (0,3...0,4)L$, e) *Ölpressverband* mit Wellenbund als Nabenanlage und Ringnut in der Nabe

und Ausführung der Verbindung setzt eine Reduzierung der schädigenden Einflüsse voraus. Im Einzelnen sind zu beachten:

— die *Kerbwirkung* im Randzonenbereich. Günstige Verhältnisse sind zu erwarten, wenn nach Bild 12-11 die Werte $D_F/d_w \approx 1{,}1$ und $r/(D_F - d_w) \approx 2$ sowie der Randabstand $a \geq 0$ eingehalten werden. ($a < 0$ wirkt sich nachteilig aus und sollte vermieden werden);
— die *Verformungssteifigkeit*. Die Verbindung sollte relativ verformungssteif ausgebildet werden (Naben *ohne* äußere Entlastungskerben ausführen), da sich anderenfalls durch die schwingenden Momente am Fugenrand ein örtliches Mikrogleiten einstellen kann, das auf den Fügeflächen Erscheinungen der Reibkorrosion (Entstehung von Mikrorissen) hervorruft;
— *Vollwellen* sind günstiger als Hohlwellen. Hohlwellen sind bei großen wechselnden oder umlaufenden Biegemomenten zu vermeiden;
— *keine Nuten* oder Einstiche im Innen- und Außenteil innerhalb des Pressverbandes vorsehen; *Passfedern sind unbedingt zu vermeiden*;
— der *Elastizitätsmodul* der Nabe sollte kleiner oder gleich der Welle sein; eventuell Ring zwischen Welle und Nabe anordnen;
— der *Haftbeiwert* ist in den Fügeflächen möglichst hochzuhalten (z. B. bei Querpressverbänden durch Entfetten vor der Montage). Bei Längspressverbänden sollte die Fugenfläche leicht eingeölt sein, da hier insbesondere bei elastisch-plastischen Verformungen die Gefahr des Passungsrostes besteht. Große Haftbeiwerte lassen sich auch durch kleine R_z der Fügeflächen (z. B. durch Läppen) erreichen;
— bei Einpressen von Teilen in Grundlöcher Entlüftungsbohrung vorsehen.

Bei zusätzlicher Verwendung eines Klebstoffes (z. B. Loctite) kann das übertragbare Drehmoment erhöht werden infolge der Vergrößerung des Tragflächenanteils durch Aushärtung des Klebstoffes in den Rautiefen.

2. Berechnung[1)]

Bei der Berechnung einfugiger Pressverbände geht man von der Überlegung aus, dass beim Fügen der mit Übermaß Ü versehenen zylindrischen Teile (Welle und Nabe) eine Fugenpressung p_F entsteht, die sowohl in der Nabe als auch in der Welle Spannungen in radialer und tangentialer Richtung hervorruft (s. Bild 12-12) und somit die Kraftübertragung durch Reibschluss ermöglicht.

Für die rein elastische Pressung können diese Spannungen mit den *Durchmesserverhältnissen* $Q_A = (D_F/D_{Aa}) < 1$ bzw. $Q_I = (D_{Ii}/D_F) < 1$ bei einem Innenteil als Hohlwelle ermittelt werden

für das Außenteil

$$\sigma_{tAi} = p_F \cdot \frac{1 + Q_A^2}{1 - Q_A^2} \; ; \quad \sigma_{tAa} = p_F \cdot \frac{1 + Q_A^2}{1 - Q_A^2} - p_F \; ; \quad |\sigma_{rAi}| = |p_F| \tag{12.5}$$

für das Innenteil

$$-\sigma_{tIi} = p_F \cdot \frac{1 + Q_I^2}{1 - Q_I^2} + p_F = \frac{2 \cdot p_F}{1 - Q_I^2} \; ; \quad -\sigma_{tIa} = p_F \cdot \frac{1 + Q_I^2}{1 - Q_I^2} \; ; \quad |\sigma_{rIa}| = |p_F| \tag{12.6}$$

Die gefährdeten Stellen des Pressverbandes sind nach Bild 12-12 entweder am Außenteil innen oder bei dünnwandigen Hohlwellen am Innenteil innen. Die an den betreffenden Stellen auftretenden Tangential- und Radialspannungen σ_t und σ_r können unter Beachtung der Vorzeichen zu einer Vergleichsspannung zusammengefasst werden. Nach DIN 7190 wird hierzu die Schubspannungshypothese SH $\sigma_v = 2\tau_{max} = \sqrt{(\sigma_t - \sigma_r)^2 + 4\tau^2}$ (τ vernachlässigbar klein) verwendet.

[1)] Zur Kennzeichnung der zu fügenden Teile werden folgende Indizes benutzt: A (Außenteil, z. B. Nabe); I (Innenteil, z. B. Welle); a (außen); i (innen); t (tangential); r (radial); F (Fuge)

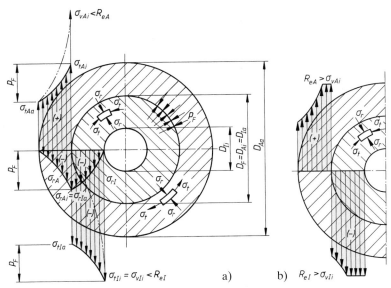

Bild 12-12 Spannungsverlauf im Pressverband. a) elastischer Pressverband, b) elastisch-plastischer Pressverband

Da diese mit dem Verhalten elastischer Metalle schlechter übereinstimmt als die Gestaltänderungsenergiehypothese GEH, wird die Fließgrenze nach der GEH mit $\tau_{max} \leq \tau_F = R_e/\sqrt{3}$ eingesetzt (MSH)[1], sodass sich für elastische Pressverbände die Bedingungen ergeben

$$\text{für das Außenteil:} \quad \sigma_{vAi} = \frac{2 \cdot p_F}{1 - Q_A^2} \leq \frac{2}{\sqrt{3}} \cdot \frac{R_{eA} \ (\text{bzw. } R_{p\,0,2A})}{S_{FA}}$$

$$\text{für das Innenteil:} \quad \sigma_{vIi} = \sigma_{tIi} = \left| -\frac{2 \cdot p_F}{1 - Q_I^2} \right| \leq \frac{2}{\sqrt{3}} \cdot \frac{R_{eI} \ (\text{bzw. } R_{p\,0,2I})}{S_{FI}}$$

(12.7)

R_e (bzw. $R_{p\,0,2}$)	Streckgrenze oder 0,2-Dehngrenze der Werkstoffe des Außen- bzw. des Innenteiles; bei spröden Werkstoffen z. B. bei Gusseisen mit Lamellengrafit ist R_e durch R_m zu ersetzen; $R_e = K_t \cdot R_{eN}$; $R_m = K_t \cdot R_{mN}$ s. Gl. (3.7)
$Q_A = D_F/D_{Aa}, \ Q_I = D_{Ii}/D_F$	Durchmesserverhältnisse;
p_F	Flächenpressung im Fugenbereich;
S_F	Sicherheit gegen plastische Verformung bei duktilen Werkstoffen: $S_F \approx 1 \ldots 1,3$; bei spröden Werkstoffen ist S_F durch $S_B \approx 2 \ldots 3$ zu ersetzen

Hinweis: R_e (bzw. R_m) ist von den Rohteilabmessungen abhängig. Bei Guss- und Schmiedeteilen ist z. B. die größte Bauteildicke des Rohteiles entscheidend, bei gewalzten Zahnradrohlingen z. B. die Bauteildicke t nach TB 3-11e.

Für die *Vollwelle als Innenteil* mit $Q_I = 0$ wird $\sigma_{vI} = -p$ (Die Tangentialspannung ist bei der Vollwelle überall $\sigma_{tI} = -p$).
Bei der Auslegung von Pressverbänden sollte sicherheitshalber mit der kleineren *Rutschkraft* F_R gerechnet werden, wenn auch zum ersten Lösen des Pressverbandes die anfangs aufzubringende *Lösekraft* F_L größer ist ($F_R \approx 0,66 \cdot F_L$).

---

[1] Die modifizierte Schubspannungshypothese MSH wird verwendet, da mit ihr auch elastisch-plastische Pressverbände einfach berechnet werden können.

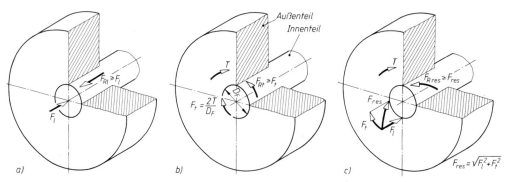

Bild 12-13 Vom Pressverband zu übertragende Kräfte (schematische Darstellung der Kraftwirkungen).
a) Längskraft, b) Umfangskraft (Tangentialkraft), c) resultierende Kraft

Zur sicheren Übertragung der äußeren Kräfte wird unter Berücksichtigung der jeweiligen
Betriebsverhältnisse die *Rutschkraft* in *Längs-, Umfangs-* bzw. *resultierender Richtung* angenommen, s. Bild 12-13:

$$F_{Rl} = S_H \cdot F_l \quad \text{bzw.} \quad F_{Rt} = S_H \cdot F_t \quad \text{bzw.} \quad F_{R\,res} = S_H \cdot F_{res}$$
(12.8)

F in der Trennfuge wirkende Kräfte; bei statischem Nachweis ist F_{max}, bei dynamischem
Nachweis $F_{eq} = K_A \cdot F$ einzusetzen

K_A Anwendungsfaktor zur Berücksichtigung der dynamischen Betriebsverhältnisse; Werte
nach TB 3-5

S_H Haftsicherheit; $S_H \approx 1{,}5 \ldots 2$ (kleiner Wert bei statischer, größter Wert bei schwellender Belastung)

Mit der nach Gl. (12.8) ermittelten Rutschkraft ergibt sich die *kleinste erforderliche Fugenpressung*

$$p_{Fk} = \frac{F_{Rl}}{A_F \cdot \mu} \; ; \qquad p_{Fk} = \frac{F_{Rt}}{A_F \cdot \mu} \; ; \qquad p_{Fk} = \frac{F_{R\,res}}{A_F \cdot \mu}$$
(12.9)

$A_F = D_F \cdot \pi \cdot l_F$ Fugenfläche
μ Haftbeiwert für Rutschen, Werte nach TB 12-6a

Die elastischen Formänderungen der zu fügenden Bauteile zum Erzeugen dieses Fugendruckes
werden nach dem Hooke'schen Gesetz $\varepsilon = \sigma/E$ ermittelt. Mit der Querdehnzahl $\nu = 1/m$
$= \varepsilon_q/\varepsilon < 1$ wird die relative Dehnung des Außenteiles an der Innenseite in tangentialer Richtung

$$\varepsilon_{Ai} = \frac{p_F}{E_A} \cdot \left(\frac{1 + Q_A^2}{1 - Q_A^2} + \nu_A \right)$$
(12.10)

und analog die (negative) Dehnung des Innenteils an der Außenseite

$$-\varepsilon_{Ia} = \frac{p_F}{E_I} \cdot \left(\frac{1 + Q_I^2}{1 - Q_I^2} - \nu_I \right)$$
(12.11)

Mit diesen Beziehungen lässt sich unter Berücksichtigung des Vorzeichens für ε_{Ia} das absolute
Haftmaß (wirksames Übermaß) berechnen aus $Z = D_F(\varepsilon_{Ai} + \varepsilon_{Ia})$.
Für die kleinste Fugenpressung ergibt sich mit der Hilfsgröße

$$K = \frac{E_A}{E_I} \left(\frac{1 + Q_I^2}{1 - Q_I^2} - \nu_I \right) + \frac{1 + Q_A^2}{1 - Q_A^2} + \nu_A$$
(12.12)

das *kleinste Haftmaß*

$$Z_k = \frac{p_{Fk} \cdot D_F}{E_A} \cdot K$$ (12.13)

ν Querdehnzahl, Werte nach TB 12-6b
E Elastizitätsmodul, Werte nach TB 12-6b
K Hilfsgröße. Für gebräuchliche Werkstoffe kann der K-Werte für Vollwellen ($Q_I = 0$) dem Diagramm TB 12-7 entnommen werden.

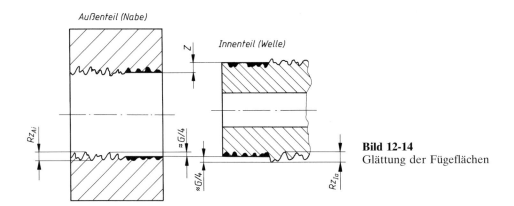

Bild 12-14
Glättung der Fügeflächen

Da sich durch den Fügevorgang die mit den Rautiefen Rz vorhandenen Oberflächen der zu fügenden Bauteile teils durch elastische, teils durch plastische Verformung der Rauigkeiten glätten (Bild 12-14), ist das kleinste Haftmaß (wirksames Übermaß) als Übermaß nicht ausreichend.

Die beim Fügen auftretende *Glättung G* der Oberflächen am Fugendurchmesser beträgt erfahrungsgemäß

$$G \approx 0,8 \cdot (Rz_{Ai} + Rz_{Ia})$$ (12.14)

Rz_{Ai}, Rz_{Ia} gemittelte Rautiefen Rz der Fugenflächen des Außen- bzw. des Innenteiles; Werte nach TB 2-12

Damit ergibt sich das vor dem Fügen messbare *kleinste Übermaß* aus

$$\ddot{U}_u = Z_k + G$$ (12.15)

Aus der Bedingung, dass beim Fügen der Bauteile die auftretende Vergleichsspannung σ_{vAi} im Außenteil innen und bei Hohlwellen auch σ_{vIi} im Innenteil innen den Grenzwert des Werkstoffes nicht überschreiten darf, ergibt sich nach Gl. (12.7) die *größte zulässige Flächenpressung*

für das Außenteil: $p_{Fg} \leq \dfrac{R_{eA}\,(\text{bzw. } R_{p\,0,2A})}{S_{FA}} \cdot \dfrac{1 - Q_A^2}{\sqrt{3}}$

für das hohle Innenteil: $p_{FgI} \leq \dfrac{R_{eI}\,(\text{bzw. } R_{p\,0,2I})}{S_{FI}} \cdot \dfrac{1 - Q_I^2}{\sqrt{3}}$ (12.16)

für das volle Innenteil: $p_{FgI} \leq \dfrac{R_{eI}\,(\text{bzw. } R_{p\,0,2I})}{S_{FI}} \cdot \dfrac{2}{\sqrt{3}}$

R_e (bzw. $R_{p\,0,2}$), Q_A, Q_I, S_F wie zu Gl. (12.7)

Für die weitere Berechnung ist stets der kleinere Wert p_{Fg} oder p_{FgI} maßgebend. Hiermit ergibt sich das *größte zulässige Haftmaß* (wirksames Übermaß) aus

$$Z_g = \frac{p_{Fg} \cdot D_F}{E_A} \cdot K \tag{12.17}$$

und somit das *vor dem Fügen messbare größte zulässige Übermaß*

$$\ddot{U}_o = Z_g + G \tag{12.18}$$

Mit den Übermaßen $\ddot{U}_o$ und $\ddot{U}_u$ liegt die mögliche Maßschwankung, die *Passtoleranz* P_T fest, s. Bild 12-15:

$$P_T = \ddot{U}_o - \ddot{U}_u \tag{12.19}$$

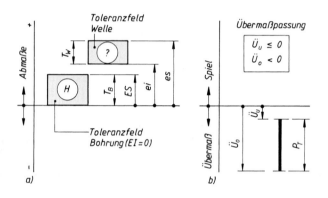

Bild 12-15
a) Darstellung der Passtoleranz P_T
b) Lage der Toleranzfelder für Welle und Bohrung für das System Einheitsbohrung

Nach ISO werden für die Wahl der Passung aus Gründen der Lehrenbegrenzung folgende Paarungen bei Einheitsbohrung empfohlen:

1. Bohrung H6 mit Welle des 5. Toleranzgrades,
2. Bohrung H7 mit Welle des 6. Toleranzgrades,
3. Bohrung H8 mit Welle des 7. Toleranzgrades,
4. Bohrungen H8, H9 usw. mit Wellen der gleichen Toleranzgrade.

Für die Wahl wird die *Passtoleranz* P_T in *Bohrungs-* und *Wellentoleranz* aufgeteilt:

$$P_T = T_B + T_W \tag{12.20}$$

Bei Paarungen 1. bis 3. gilt: $T_B \approx 0{,}6 \cdot P_T$, bei 4: $T_B \approx 0{,}5 \cdot P_T$.
Aus TB 2-1 wird dann für den betreffenden Nennmaßbereich die Toleranz herausgesucht, die sicherheitshalber unterhalb der berechneten Toleranz T_B liegt bzw. ihr am nächsten kommt. Damit sind die Grundtoleranz und somit das Toleranzfeld der Bohrung festgelegt.
Für die *H*-Bohrung (System *Einheitsbohrung*) ist das untere Abmaß $EI = 0$, das obere Abmaß $ES = T_B$.
Für die Wellentoleranz T_W liegt zunächst das untere Abmaß fest: $ei = ES + \ddot{U}_u$; das obere Abmaß wird dann $es = ei + T_W$ bzw. $es = EI + \ddot{U}_o$ (s. Bild 12-15).
Aus den Abmaßtabellen TB 2-2 und TB 2-3 wird hiermit für den betreffenden Nennmaßbereich die zu den berechneten Abmaßen ei und es nächstgrößere oder nächstliegende Toleranz der Welle festgelegt, wobei die Empfehlungen zu Gl. (12.19) möglichst einzuhalten sind.
Bei elastischen Pressverbänden soll sein:

$$P_{T(berechnet)} \geq (T_{B(gewählt)} + T_{W(gewählt)}) \, .$$

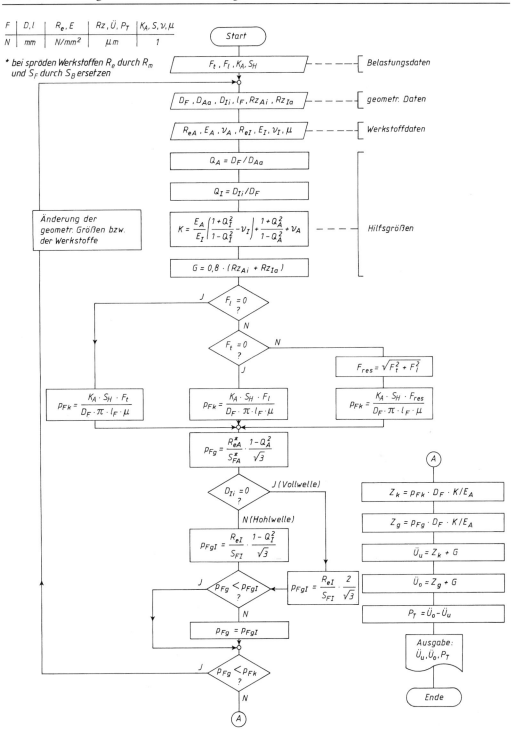

Bild 12-16 Ablaufplan zur Bestimmung der Übermaße $\ddot{U}_u$ und $\ddot{U}_o$ für elastische Pressverbände

Hinweis: Wird $P_{T(berechnet)} < (T_{B(gewählt)} + T_{W(gewählt)})$, ist ein Pressverband im elastisch-plastischen Bereich der Werkstoffe möglich. Dies zieht ein Absinken der Spannungen σ_{tAi} bzw. σ_{tHi} nach sich, was vorteilhaft zum Abbau der Spannungsspitzen beiträgt, d. h. besonders bei Stahlverbindungen wird eine gleichmäßigere Spannungsverteilung erreicht. Entsprechend dem Werkstoffverhalten könnte P_T größer bis z. B. Toleranzgrad 11 festgelegt werden. Davon wird besonders dann Gebrauch gemacht, wenn die Berechnung eine unwirtschaftlich kleine Passtoleranz P_T ergibt, d. h. es müssten Toleranzgrade kleiner als 5 oder kleine Oberflächenrauigkeiten gewählt werden. Für Kleinbetriebe sind daher solche elastisch-plastischen Pressverbände einfacher herzustellen auch in Bezug auf die Einhaltung der Oberflächengüten.

Berechnung der elastisch-plastisch beanspruchten Pressverbände s. DIN 7190.
Mit der gewählten Passung sind die wirklichen Übermaße $\ddot{U}'_u = ei - ES$; $\ddot{U}'_o = es - EI$ bzw. die wirklichen Haftmaße $Z'_k = \ddot{U}'_u - G$ und $Z'_g = \ddot{U}'_o - G$ gegeben.
Da bei elastischer Presspassung zwischen Spannung und Dehnung ein linearer Zusammenhang besteht, können mit den Beziehungen $p'_{Fk}/p_{Fk} = Z'_k/Z_k$ bzw. $p'_{Fg}/p_{Fg} = Z'_g/Z_g$ die wirklichen Fugenpressungen p'_{Fk} und p'_{Fg} sowie die wirkliche Rutschkraft $F'_R = p'_{Fk} \cdot A_F \cdot \mu$ (s. Gl. 12.9) und die rechnerische wirkliche Haftsicherheit $S'_H = F'_R/(K_A \cdot F)$ berechnet werden.
Die Ermittlung des von einem gegebenen Pressverband übertragbaren Drehmoments wird durch Umstellen von Gl. (12.9) nach $F_{Rt} = 2T/D_F$ und Einsetzen von Gl. (12.13) möglich. Mit Z'_k für Z_k ergibt sich das kleinste, mit Z'_g für Z_k das größte übertragbare Drehmoment.
Vorstehende Berechnungsgleichungen gelten nur für zylindrische Bauteile und mit gleichbleibendem Durchmesser D_{Aa}. Bei *Pressverbänden mit unterschiedlichen Außenteildurchmessern* D_{Aa} (s. Bild 12-17) wird zweckmäßig für jede Teillänge ($l_{F1} \dots l_{Fn}$) mit den jeweils zugehörigen Außendurchmessern ($D_{Aa1} \dots D_{Aan}$) des Außenteiles das übertragbare Moment ($T_1 \dots T_n$) einzeln ermittelt und anschließend zum Gesamtmoment addiert zu $T_{ges} = T_1 + T_2 + \dots T_n$.

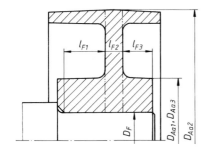

Bild 12-17
Pressverband mit unterschiedlichen Nabendurchmessern

3. Angaben zur Herstellung von Pressverbänden

Längspressverband
Für die gewählte Passung errechnet sich die *größte Einpresskraft*

$$F_e = A_F \cdot p'_{Fg} \cdot \mu_e \qquad (12.21)$$

p'_{Fg} *wirkliche größte Fugenpressung*, sie ergibt sich aus $p'_{Fg} = Z'_g \cdot p_{Fg}/Z_g$ $= (\ddot{U}'_o - G) \cdot p_{Fg}/Z_g$, worin $\ddot{U}'_o$ das wirklich vorhandene Größtübermaß ist
$A_F = D_F \cdot \pi \cdot l_F$ Fugenfläche
μ_e Haftbeiwert für Lösen, Werte nach TB 12-6a

Die Einpressgeschwindigkeit sollte $v \le 2$ mm/s betragen.

Querpressverband
Für das Fügen ist durch Erwärmen des Außenteiles bzw. Unterkühlen des Innenteils, bei großen Übermaßen durch Kombinieren beider Verfahren, das erforderliche Übermaß sowie ein zusätzliches Spiel für die Montage (um ein Haften während der Montage auszuschließen) zu erreichen. Die erforderliche Fügetemperatur des Außenteils errechnet sich bei in der Regel

bekannter Fügetemperatur des Innenteiles zu

$$\vartheta_A \approx \vartheta + \frac{\ddot{U}_o' + S_u}{\alpha_A \cdot D_F} + \frac{\alpha_I}{\alpha_A}(\vartheta_I - \vartheta)$$

(12.22)

ϑ Raumtemperatur
ϑ_I Fügetemperatur des Innenteils (s. 12.3.1-1.)
$\ddot{U}_o'$ wirklich vorhandenes Größtübermaß
S_u kleinstes notwendiges Einführspiel aus $S_u = D_F/1000$ oder vorteilhaft $S_u = \ddot{U}_o'/2$
α_A, α_I Längenausdehnungskoeffizienten, Werte s. TB 12-6

Die Temperatur soll bei gleichmäßigem Erwärmen wegen erhöhtem Festigkeitsabbau je nach Werkstoff bestimmte Grenzwerte nicht überschreiten (s. TB 12-6c).

4. Drehzahleinfluss bei Pressverbänden

Bei rotierenden Pressverbindungen wird mit steigender Drehzahl n der Fugendruck p_F durch die Fliehkraft $F_z = m \cdot r \cdot \omega^2$ abgebaut, sodass die übertragbaren Kräfte kleiner werden. Die *Grenzdrehzahl* (Fugendruck $p_F = 0$) kann für Vollwellen und wenn $E_A = E_I$; $\nu_A = \nu_I = \nu$ sowie $\varrho_A = \varrho_I = \varrho$ ist, bei Vorliegen rein elastischer Beanspruchungen berechnet werden zu

$$n_g = \frac{2}{\pi \cdot D_{Aa}} \sqrt{\frac{2 \cdot p_{Fk}'}{(3 + \nu) \cdot (1 - Q_A^2) \cdot \varrho}}$$

(12.23a)

bzw. mit der Gebrauchsformel zu

$$n_g \approx 29{,}7 \cdot 10^6 \sqrt{\frac{p_{Fk}'}{D_{Aa}^2 \cdot (1 - Q_A^2) \cdot \varrho}}$$

n_g	D_{Aa}	Q_A	p_{Fk}'	ϱ
min^{-1}	mm	1	N/mm^2	kg/m^3

(12.23b)

p_{Fk}' *wirkliche* kleinste Fugenpressung bei $n = 0$
D_{Aa} Außendurchmesser des Außenteiles
ϱ Dichte des Naben- und Wellenwerkstoffes, Werte nach TB 12-6b
ν Querdehnzahl, Werte nach TB 12-6b

Damit ergibt sich für die Betriebsdrehzahl n das *übertragbare Drehmoment* T_n aus

$$T_n = T \left[1 - \left(\frac{n}{n_g}\right)^2 \right]$$

(12.24)

T übertragbares Drehmoment bei $n = 0$ (liegt den vorstehenden Berechnungsgleichungen zugrunde)

Der Einfluss der Fliehkraft macht sich jedoch erst bei relativ hohen Betriebsdrehzahlen bemerkbar, sodass bei „normalen" Verhältnissen der Verlust $\Delta T = T - T_n$ durch die vorgesehenen Sicherheitsbeiwerte (Haftsicherheit, Rutschkraft anstelle Lösekraft, Anwendungsfaktor) erfasst wird.

12.3.2 Kegelpressverbände

1. Gestalten und Entwerfen

Kegelverbindungen werden zum Befestigen von Rad-, Scheiben- und Kupplungsnaben vorwiegend auf Wellenenden, von Werkzeugen (z. B. Bohrern) in Arbeitsspindeln und von Wälzlagern (mit Spann- oder Abziehhülsen) auf Wellen verwendet. Sie gewährleisten einen genau zentrischen Sitz, wodurch eine hohe Laufgenauigkeit und damit Laufruhe erreicht wird. Ein nachträgliches axiales Verschieben oder Nachstellen ist jedoch nicht möglich.

Die Neigung des Kegels wird durch das *Kegelverhältnis* C (Werte für C siehe TB 12-8) angegeben (s. Bild 12-18)

$$C = \frac{1}{x} = \frac{D_1 - D_2}{l} \qquad\qquad (12.25)$$

Der *Kegel-Neigungswinkel* $\alpha/2$ (*Einstellwinkel*) errechnet sich aus

$$\tan\left(\frac{\alpha}{2}\right) = \frac{D_1 - D_2}{2 \cdot l} \qquad\qquad (12.26)$$

D_1, D_2 größer bzw. kleiner Kegeldurchmesser
l Kegellänge

Mit Rücksicht auf Herstellungswerkzeuge und Lehren sollen möglichst genormte Kegel verwendet werden, z. B. für *Radnaben* und dgl.: kegelige Wellenenden mit $C = 1:10$ und Außengewinde nach DIN 1448 (TB 11-2), solche mit Innengewinde nach DIN 1449; für *Werkzeuge*: metrische Werkzeugkegel mit $C = 1:20$ und Morsekegel mit $C = 1:19{,}212$ bis $1:20{,}02$ nach DIN 228. Nähere Angaben und sonstige Kegel s. TB 12-8. Die Selbsthemmung bei Kegelpressverbänden liegt etwa beim Kegelverhältnis $C \leq 1:5$.

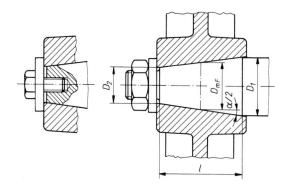

Bild 12-18
Kegelverbindungen

Bei der Herstellung des Außen- und Innenkegels können selbst bei gleichem Einstellwinkel herstellungsbedingte Abweichungen (innerhalb der zulässigen Toleranz) auftreten, die die Berechnungsergebnisse beeinflussen. Im Gegensatz zu DIN 1448 (s. TB 11-2) sollten bei richtig ausgelegten Kegelpressverbänden *keine* zusätzlichen Passfedern vorgesehen werden, da bei der ersten Belastung der Verbindung durch das Drehmoment T das verspannte Außenteil sich schraubenförmig auf das Innenteil aufschiebt. Passfedern würden diesen natürlichen Vorgang behindern und somit *keine* reibschlüssige Verbindung ermöglichen. Zusätzliche Passfedern könnten lediglich zur Lagesicherung vom Außen- zum Innenteil dienen, jedoch auf Kosten des sicheren Reibschlusses. Kegelverbindungen sollten leicht geölt montiert werden. Nach der ersten Belastung durch das Drehmoment T ist die zur Erzeugung der Aufpresskraft vorgesehene Schraube bzw. Mutter entsprechend nachzuziehen.

2. Berechnung

Die nachfolgenden Überlegungen gehen davon aus, dass für den Idealfall die Einstellwinkel $(\alpha/2)$ (s. Bild 12-18) für das Außen- und Innenteil gleich groß sind und keine herstellungsbedingten Abweichungen aufweisen (Toleranz $T = 0$).
Kegelverbindungen (Kegelpressverbände) werden durch das axiale Verspannen von Außen- und Innenteil mittels Schraube, Mutter oder beim thermischen Fügen durch kontrolliertes Aufschieben des erwärmten Außenteiles hergestellt. Die axiale Relativverschiebung a (Aufschub) der zu fügenden Teile führt zu Querdehnungen und damit zum Aufbau eines entsprechenden Fugendruckes p_F in den Wirkflächen, s. Bild 12-19.

Der Aufschubweg a wird unter Berücksichtigung der Glättung G nach Gl. (12.14) bestimmt von dem zu übertragenden Drehmoment (a_{min}) sowie durch den zulässigen Fugendruck (Flächenpressung) des „schwächsten" Bauteiles (a_{max}) und ergibt sich nach Bild 12-19 aus:

$$a_{min} = \frac{\ddot{U}_u/2}{\tan(\alpha/2)} = \frac{(Z_k + G)/2}{\tan(\alpha/2)} \; ; \qquad a_{max} = \frac{\ddot{U}_o/2}{\tan(\alpha/2)} = \frac{(Z_g + G)/2}{\tan(\alpha/2)} \qquad (12.27)$$

Mit $D_F = D_{mF}$ (mittlerer Fugendurchmesser) kann mit den Gleichungen für den zylindrischen Pressverband der Aufschub a ermittelt werden.

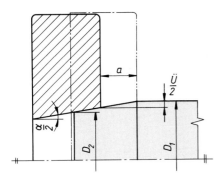

Bild 12-19
Verschiebeweg zum Erzeugen des erforderlichen Fugendruckes

Wird in Gl. (12.13) für $p_{Fk} \cong p_{rFk} = p_{Fk}/\cos(\alpha/2)$ (kleinste radiale Fugenpressung) gesetzt, so wird mit der Hilfsgröße K nach Gl. (12.12) das *kleinste Haftmaß* Z_k und analog für $p_{Fg} \cong p_{rFg}$ $= p_{Fg}/\cos(\alpha/2)$ mit p_{Fg} nach Gl. (12.16) das *größte zulässige Haftmaß* Z_g

$$Z_k = \frac{p_{Fk} \cdot D_{mF} \cdot K}{E_A \cdot \cos(\alpha/2)} \; ; \qquad Z_g = \frac{p_{Fg} \cdot D_{mF} \cdot K}{E_A \cdot \cos(\alpha/2)} \qquad (12.28)$$

D_{mF} mittlerer Kegel-Fugendurchmesser aus $D_{mF} = (D_1 + D_2)/2$
K Hilfsgröße; Berechnung nach Gl. (12.12) oder aus TB 12-7 mit $Q_A = D_{mF}/D_{Aa}$ bzw. $Q_I = D_{Ii}/D_{mF}$

Hinweis: Bei $(\alpha/2) = 0$ und somit $\cos(\alpha/2) = 1$ liegen die Verhältnisse des zylindrischen Pressverbandes vor!

Bild 12-20 zeigt eine Kegelverbindung mit den an dieser wirkenden Kräften, die zur Vereinfachung der Betrachtung am mittleren Kegelumfang konzentriert dargestellt werden. Bei Rei-

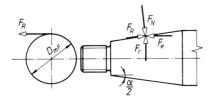

Bild 12-20
Kräfte am Kegel

bungsschluss ist das Reibungsmoment $M_R \geq$ dem äußeren Drehmoment T. Mit der auf den mittleren Kegelumfang bezogenen Umfangs-Reibungskraft

$$F_{Rt} = F_R = F_N \cdot \mu$$

wird

$$M_R = F_R \cdot D_{mF}/2 = F_N \cdot \mu \cdot D_{mF}/2 \geq T.$$

Hieraus ergibt sich die *erforderliche Anpresskraft* gleich Normalkraft $F_N \geq 2 \cdot T/(\mu \cdot D_{mF})$. Nach Bild 12-20 ist mit F_{res} (Resultierende aus F_N und F_R)

$$\sin(\alpha/2 + \varrho_e) = F_e/F_{res} \quad \text{und} \quad F_{res} = F_N/\cos\varrho_e.$$

Mit $F_N = 2 \cdot T/(\mu \cdot D_{mF})$ wird somit unter Berücksichtigung der Betriebsverhältnisse die zur sicheren Übertragung des Drehmoments T *erforderliche Einpresskraft*

$$F_e \geq \frac{2 \cdot S_H \cdot T}{D_{mF} \cdot \mu} \cdot \frac{\sin(\varrho_e + \alpha/2)}{\cos\varrho_e} \tag{12.29}$$

T von der Verbindung zu übertragendes Drehmoment, bei dynamischer Belastung $T = K_A \cdot T_{nenn}$, bei statischer Belastung $T = T_{max}$

K_A Anwendungsfaktor nach TB 3-5

S_H Haftsicherheit; $S_H \approx 1{,}2\dots1{,}5$

$\alpha/2$ Kegelneigungswinkel (Einstellwinkel) nach Gl. (12.26); genormte Kegelwinkel α nach DIN 254, s. TB 12-8

D_{mF} mittlerer Kegel-Fugendurchmesser aus $D_{mF} = (D_1 + D_2)/2$

ϱ_e Reibungswinkel aus $\tan\varrho_e = \mu_e$; mit dem Haftbeiwert μ_e gegen Lösen je nach Schmierzustand der Fugenflächen, Werte s. TB 12-6a.

Für den nach DIN 254 genormten Kegel mit $C = 1:10$ kann mit $\alpha \approx 6°$ und $\varrho_e \approx 3°\dots6°$ (entsprechend $\mu_e \approx 0{,}05\dots0{,}1$) für Überschlagrechnungen die Einpresskraft angenähert aus $F_e \approx (3\dots4) \cdot S_H \cdot T/D_{mF}$ ermittelt werden.

Die in der Fugenfläche wirkende Fugenpressung p_F wird durch die Einpresskraft bestimmt, mit der die zu fügenden Teile aufeinander geschoben werden. Da sich die Einpresskraft bei Kegelverbindungen annähernd gleichmäßig über den Fugenumfang verteilt, kann aus $p_F = F_N/A_F = F_N/(D_{mF} \cdot \pi \cdot l_F)$ mit $l_F = l/\cos(\alpha/2)$ und $F_N = F_e \cdot \cos\varrho_e/\sin(\varrho_e + \alpha/2)$, s. Bild 12-19, die *Fugenpressung* ermittelt werden aus

$$p_F = \frac{F_e \cdot \cos\varrho_e \cdot \cos(\alpha/2)}{D_{mF} \cdot \pi \cdot l \cdot \sin(\varrho_e + \alpha/2)} \tag{12.30}$$

Mit F_e aus Gl. (12.29) ergibt sich die *kleinste erforderliche Fugenpressung* zu

$$p_{Fk} = \frac{2 \cdot S_H \cdot T \cdot \cos(\alpha/2)}{D_{mF}^2 \cdot \pi \cdot \mu \cdot l} \leq p_{Fg} \tag{12.31}$$

Das von der Kegelverbindung *übertragbare Drehmoment* kann ermittelt werden aus

$$T \geq \frac{Z_k \cdot E_A \cdot D_{mF} \cdot \pi \cdot \mu \cdot l}{2 \cdot S_H \cdot K} \tag{12.32}$$

F_e axiale Einpresskraft nach Gl. (12.29) bzw. die Montagevorspannkraft

$T, S_H, D_{mF}, \alpha, \varrho_e$ wie zu Gl. (12.29)

μ Haftbeiwert gegen Rutschen je nach Schmierzustand der Fugenflächen, Werte s. TB 12-6a

l tragende Kegellänge

Z_k kleinstes Haftmaß nach Gl. (12.27). Maximal übertragbares Drehmoment mit Z_g für Z_k und Gl. (12.28).

Hinweis: Ist $(\alpha/2) = 0$ liegt ein zylindrischer Pressverband vor!

Die vorstehenden Berechnungsgleichungen gelten für Kegel-Pressverbände unter folgenden Einschränkungen:

– Die Wandstärke des Außenteiles (z. B. Radnabe) ist konstant. Vielfach vorhandene Stege und Rippen ändern das elastische Verhalten des Radkörpers und somit auch die Spannungsverteilung in der Radnabe;
– Drehzahl $n = 0$. Mit zunehmender Drehzahl wirken die sich aufbauenden Fliehkräfte dem Fugendruck entgegen und vermindern damit das übertragbare Drehmoment. Dies ist besonders bei hohen Drehzahlen zu berücksichtigen (s. hierzu auch unter 12.3.1-4).

12.3.3 Spannelement-Verbindungen

1. Lösbare Kegelspannsysteme (LKS)

Anwendung, Gestaltung und Auswahl
Kegelspannsysteme sind reibschlüssige, lösbare Welle-Nabe-Verbindungen, die sich zur Übertragung statischer, wechselnder oder stoßartig wirkender Kräfte und Momente eignen. Sie bestehen aus mindestens zwei Ringen mit einem kegeligen Wirkflächenpaar. Bei der Montage werden die Ringe durch axiales Verspannen so stark radial verformt, dass es nach Überwindung des Passungsspiels zum Aufbau einer hohen Anpresskraft (Fugendruck p_F) zwischen Spannsystem und Nabe bzw. Welle kommt, die den erforderlichen Reibschluss zwischen Welle und Nabe bewirkt. Das Kegelspannsystem ist damit vom Wirkprinzip her außen ein zylindrischer und im Inneren ein Kegelpressverband, s. Bild 12-21. Die Nabe kann axial und tangential frei festgelegt werden.

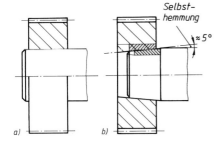

Bild 12-21 Basis des Kegelspannsystems
a) zylindrischer Pressverband,
b) Kegelpressverband

Kegelspannsysteme können unterteilt werden in

– Innenspannsysteme (Spannbolzen), Bild 12-24
– Zwischenspannsysteme (Spannelemente, Spannsätze), Bild 12-23 und 12-24,
– Außenspannsysteme (Schrumpfscheiben, Flanschnaben), Bild 12-24.

Bei Innenspannsystemen wird die Hohlwelle durch den Spannbolzen nach außen geweitet und damit gegen die Nabe gepresst. Der Kraftfluss erfolgt direkt von der Welle auf die Nabe. Zwischenspannsysteme sitzen zwischen Welle und Nabe, sodass der Kraftfluss über das Spannsystem erfolgt. Außenspannsysteme stauchen die Nabe auf die Welle (Schrumpfscheibe) bzw. werden zur axialen Befestigung von Bauteilen genutzt (Flanschnabe). Der Kraftfluss erfolgt bei der Schrumpfscheibe direkt von der Welle auf die Nabe (Bild 12-24e) oder anteilig über die Schrumpfscheibe (Bild 12-24g), bei den Flanschnaben über das Spannsystem. Beim Kraftfluss über das Spannsystem hat das Spannsystem Einfluss auf den Plan- und Rundlauf.
In den Spannsystemen werden die kegeligen Flächen mit selbsthemmenden oder nicht selbsthemmenden Neigungswinkeln ausgeführt, Bild 12-22. Bei Neigungswinkeln größer dem Reibwinkel (z. B. $\beta \approx 14° > \varrho = 8{,}5°$ bei $\mu = 0{,}15$) tritt keine Selbsthemmung auf, was ein einfaches und schnelles Lösen der Verbindung ermöglicht. Nachteilig ist die Belastung der Spannschrauben im Betrieb. Die Spannringe können selbstzentrierend oder nicht selbstzentrierend sein. Bei nicht selbstzentrierenden Spannsystemen muss die Nabe direkt auf der Welle zentriert werden

(Bild 12-23), was zusätzliche Kosten verursacht (teure Bohrungsabsätze). Im Zentrierbereich besteht die Gefahr des Festrostens von Welle und Nabe. Diese Spannsätze neigen zum funktionsbeeinträchtigenden Setzen. Die Verteilung der Anpresskräfte auf die Welle ist ungünstig (Bild 12-22c), was die Kerbwirkung auf die Welle erhöht. Treten zusätzlich hohe Biegemomente auf, kann es an den Ringenden zum Unterschreiten einer Mindestpressung kommen, wodurch Passungsrost[1] ermöglicht wird. Biegemomente auf die Nabe bewirken eine noch ungünstigere Verteilung der Anpresskräfte und zusätzliche Beanspruchungen aller Bauteile.

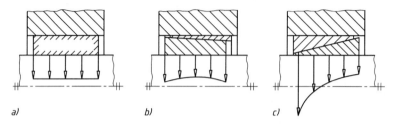

a)   b)   c)

Bild 12-22 Druckverteilung bei Kegelspannsystemen.
      a) theoretisch,
      b) bei selbsthemmendem,
      c) nicht selbsthemmendem Einstellwinkel

Bei kleinen Neigungswinkeln der Spannringe werden die Spannschrauben infolge Selbsthemmung im Betrieb nicht belastet. Die Verteilung der Anpresskräfte ist wesentlich gleichmäßiger, damit die Kerbwirkung und Passungsrostgefahr kleiner. Es können größere Biegemomente übertragen werden. Für die Demontage sind Abdrückgewinde erforderlich.

Zur axialen Verspannung der Verbindung (axiale Verspannelemente) sind zwei Lösungen handelsüblich:

— *Spannelemente* werden über einen Druckring (Druckflansch) verspannt, der mit Schrauben gegen die Nabe oder Welle gezogen wird (Bild 12-23). Die Nabe oder Welle wird durch die erforderlichen Gewindebohrungen geschwächt.

— *Spannsätze.* Bei diesen sind die Verspannmittel (Schrauben, Mutter, Hydraulik) im Spannsystem integriert. Gewindebohrungen in Nabe oder Welle sind hier nicht erforderlich.

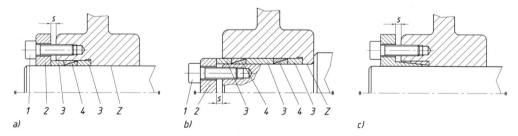

1 2 3 4 3 Z   1 2   3 4 3 4 3 Z
a)   b)   c)

Bild 12-23 Verbindungen mit Spannelementen. a) nabenseitig verspannte Verbindung mit einem Spannelement RfN 8006, b) wellenseitig verspannt mit zwei Elementen RfN 8006, c) nabenseitig verspannt mit integriertem Druckflansch (BIKON 1011)

    1 Spannschrauben   4 Spannelement
    2 Druckring   Z Zentrierung
    3 Distanzbuchse   s Spannweg (einschließlich Sicherheitsabstand)

---

[1] Unter Passungsrost wird das Mikrogleiten der Kontraktflächen zueinander verstanden, was zu Dauerbruch führen kann.

Spannelemente werden nur noch selten mit getrenntem Druckring (Bild 12-23a und b) eingesetzt. Wegen der fehlenden Selbstzentrierung (Kegelwinkel $\approx 17°$) muss hier die Zentrierung über die Nabe erfolgen. Bei Spannelementen mit integriertem Druckflansch (Bild 12-23c) sind kleine selbsthemmende Kegelwinkel möglich, die sebstzentrieren.

Spannsätze werden als einbaufertige Einheiten entsprechend der Anwendungsvielfalt von der Industrie in unterschiedlichen Bauformen für Wellen von 6 bis über 1000 mm angeboten, s. Bild 12-24. Die kegeligen Ringe der Spannsysteme sind oft geschlitzt.

Spannsysteme können nach folgenden Kriterien aus Herstellerkatalogen ausgewählt werden:

1. Drehmoment, Biege-/Kippmoment, Axialkraft: Die auf die Verbindung wirkenden maximalen Kräfte sind entscheidend.
2. Ausführung/Betriebseigenschaften: Innen-, Zwischen- oder Außenspannsystem; selbsthemmend oder nicht selbsthemmend; selbstzentrierend oder nicht selbstzentrierend; Höhe des Kerbfaktors ($\beta_k \approx 1,4 \ldots 2,5$ – kleinerer Wert bei kleinen Kegelwinkeln); Plan- und Rundlaufeigenschaften; Montage- und Demontagefreundlichkeit und -zeiten.
3. Gestaltung der zu fügenden Bauteile: erforderliche Naben- und Wellenabmessungen unter Berücksichtigung des Kerbfaktors und der Formfaktoren (s. Gl. (12-36)), Gesamtkosten der Verbindung.

Da die Kosten im Schadensfall erheblich über den Anschaffungskosten liegen und die Auswahl des Spannsystems Baugröße und Masse der Konstruktion erheblich beeinflussen können, sollte der fachkundige Rat des Herstellers eingeholt werden.

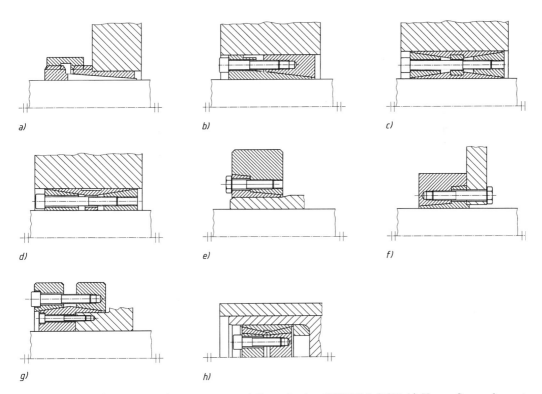

Bild 12-24 Beispiele für Kegelspannsysteme. a) Spannbuchse BIKON-LOCK, b) Konus-Spannelement RLK 130, c) Konus-Spannelement RfN 7015/RLK 400, d) Spannsatz DOBIKON 1012, e) Schrumpfscheibe HSD/RfN 4171, f) Außen-Spannsatz Typ AS, g) Schrumpfscheibe DOBIKON 2019, h) Spannbolzen DOBIKON 2000 (Werkbilder)

Empfohlene Toleranzen an den Pressflächen für die Welle h6...h8 und für die Nabenbohrung H7...H8 je nach Spannsatztyp.

Rautiefen je nach Spannsatztyp $Rz \leq 10$ μm bzw. $Rz \leq 16$ μm.

Richtwerte für den Entwurf der Nabenabmessungen können TB 12-1 entnommen werden.

Berechnung

Bild 12-25a zeigt am Beispiel eines kegeligen Spannelements die in Kegelspannsystemen wirkenden Kräfte. Das von der Verbindung übertragbare Drehmoment ist weitgehend von der axialen Spannkraft F_S abhängig, die sich aus der Kraft zur Überwindung des Passungsspieles F_o und der zum eigentlichen Klemmen erforderlichen Kraft F_{So} zusammensetzt. Werden mehrere Spannelemente hintereinandergeschaltet (Bild 12-25b) nehmen bei einem Neigungswinkel $\beta \approx 17°$ der kegeligen Flächen und einer Reibungszahl $\mu \approx 0,12$ für geölte Elemente deren Anpresskräfte F_N stark ab, etwa im Verhältnis $1:0,55:0,30:0,17$. Damit erhöhen sich die übertragbaren Kräfte/Momente bei gleicher Anpresskraft nur wenig, sodass sich ein Hindereinanderschalten von mehr als 3 Elementen kaum lohnt.

Die Bestimmung der zum Übertragen des geforderten Momentes erforderliche Spannkraft ist sehr aufwendig, da sie von vielen Faktoren wie dem tatsächlich vorhandenen Passungsspiel, den sich im Betrieb verändernden Reibungsverhältnissen infolge Gleiten der Ringe, Setzerscheinungen an den Wirkflächen, Schwächungen durch Schraubenlöcher usw. abhängt.

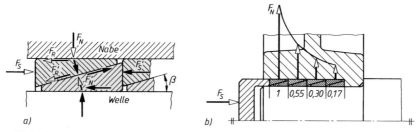

Bild 12-25 Kräfte in der Spannverbindung. a) Kräfte am Spannelement (Innenring: ausgefüllte Pfeile), b) Verteilung der Anpresskräfte

In der Praxis werden die Spannkräfte bzw. die hierfür erforderlichen Anzugsmomente der Schrauben M_A meist Tabellen entnommen, die vom Hersteller angegeben wurden. TB 12-9 enthält beispielhaft erforderliche Spannkräfte/Anzugsmomente und übertragbare Kräfte/Momente für ein Spannelement und verschiedene Spannsysteme.

Der Auswahl des geeigneten Kegelspannsystems ist das zu übertragende Torsionsmoment T bzw. die zu übertragende Axialkraft F_a zugrunde zu legen, wobei bei Spannelementen die Anzahl der hintereinandergeschalteten Elemente mit einem Faktor f_n berücksichtigt wird:

$$T \leq T_{Tab} \cdot f_n = T_{ges} \quad \text{bzw.} \quad F_a \leq F_{a\,Tab} \cdot f_n = F_{a\,ges} \tag{12.33}$$

f_n Anzahlfaktor, abhängig von der Zahl n der hintereinandergeschalteten Elemente:

Anzahl der Elemente	1	2	3	4
Faktor f_n bei geölten Elementen	1	1,55	1,85	2,02

Sind gleichzeitig ein Drehmoment T und eine Axialkraft F_a zu übertragen, so muss sichergestellt sein, dass das *resultierende Moment* T_{res} nach Gl. (12.34) kleiner als das übertragbare Moment T_{ges} ist, da sonst die Verbindung durchrutscht:

$$T_{res} \approx \sqrt{T^2 + \left(F_a \cdot \frac{D_F}{2}\right)^2} \leq T_{ges} = T_{Tab} \cdot f_n \tag{12.34}$$

T zu übertragendes Drehmoment; bei dynamischer Belastung $T = K_A \cdot T_{nenn}$, bei statischer Belastung $T = T_{max}$

F_a zu übertragende Axialkraft; $F_a = K_A \cdot F_{a\,nenn}$ bzw. $F_a = F_{a\,max}$

D_F Wellendurchmesser = Innendurchmesser des Spannelementes

$T_{Tab}, F_{a\,Tab}$ von einem Element bzw. dem Spannsystem übertragbares Drehmoment bzw. übertragbare Axialkraft nach Herstellerangaben (bei angegebenem Fugendruck).

Bei Spannelementen kann die Spannkraft F_S gegenüber dem Tabellenwert erhöht oder verringert werden. Die Tabellenwerte T, F_a, p_W und p_N ändern sich etwa proportional mit F_S, wobei die größte zulässige Fugenpressung nicht überschritten werden darf

$$\frac{F'_S}{F_S} = \frac{T}{T_{ges}} = \frac{p'_N}{p_N} = \frac{p'_W}{p_W} \leq \frac{p_{Fg}}{p_N} \tag{12.35}$$

F'_S, p'_N, p'_W in der Verbindung tatsächlich realisierte Werte

T, T_{ges} s. Gl. (12.34)

p_N, p_W s. Gl. (12.36)

p_{Fg} größte zulässige Fugenpressung nach Gl. (12.16) mit den Verhältnissen $Q_A = D/D_{Aa}$ (Außendurchmesser des Spannelements/Außendurchmesser der Radnabe) bzw. $Q_I = D_{Ii}/D_F$ (Innendurchmesser der Hohlwelle/Wellendurchmesser)

Auf Grund der ungünstigen Pressungsverteilung bei großen Kegelwinkeln ist die zulässige Flächenpressung bei diesen meist auf 100 N/mm² begrenzt.

Die Anzahl der erforderlichen Schrauben bei Spannelementen ergibt sich zu $i = F'_S/F_V \approx F'_S/F_{sp}$ mit F_{sp} aus TB 8-14 (s. Kapitel 8). Üblich sind Schrauben der Güte 8.8 bis 12.9.

Umfangreiche Berechnungen mit FEM haben gezeigt, dass in Abhängigkeit vom Winkel der kegeligen Ringe und deren Lage die Verteilung der Radialspannung und damit der Fugenpressung über der Nabenbreite sehr unterschiedlich ist. Biegemomente können Spannungsspitzen wesentlich vergrößern. Zulässige Biegemomente (diese liegen bei $M_K = 0{,}25\,T$ bis ca. $M_K = 0{,}65\,T$) sind für die jeweiligen Spannsysteme den Katalogen zu entnehmen oder von den Herstellern zu erfragen.

Analog zu den Querpressverbänden ist die Nabe und bei Hohlwellen auch diese auf Einhaltung der größten zulässigen Fugenpressung zu überprüfen. Bei entsprechender Umstellung der Gleichungen ergibt sich der *Außendurchmesser der Radnaben* D_{Aa} sowie der *Innendurchmesser der Welle* D_{Ii} bei Hohlwellen überschlägig unter Vernachlässigung der Radialspannungen wie folgt

$$D_{Aa} \geq D \cdot \sqrt{\frac{R_{eA} + p_N \cdot C}{R_{eA} - p_N \cdot C}} + d \quad \text{bzw.} \quad D_{Ii} \geq D_F \cdot \sqrt{\frac{R_{eI} - 2 \cdot p_W \cdot C_W}{R_{eI}}} - d \tag{12.36}$$

D Außendurchmesser des Spannelements (TB 12-9)

D_F Außendurchmesser der Welle

R_{eA}, R_{eI} Streckgrenze des Naben- bzw. Wellenwerkstoffes; bei spröden Werkstoffen ist ersatzweise $0{,}5 \cdot R_m$ zu setzen; $R_e = K_t \cdot R_{eN}$; $R_m = K_t \cdot R_{mN}$ s. Gl. (3.7)

p_N, p_W örtliche Fugenpressung an der Nabenbohrung bzw. an der Welle im Bereich des Spannelements, Werte nach Herstellerangaben bzw. aus TB 12-9; siehe auch Berechnungsbeispiel 12.3

C Formfaktor zur Berücksichtigung von Nabenlängen > Spannsatzbreite; $C \approx 1$ wenn Nabenlänge = Spannsatzbreite; $C \approx 0{,}6$ wenn Nabenlänge $\geq 2 \cdot$ Spannsatzbreite und Nabe entsprechend Bild 12-24a $C \approx 0{,}8$ wenn Nabenlänge $\geq 2 \cdot$ Spannsatzbreite und Nabe entsprechend Bild 12-23a

C_W Formfaktor bei Hohlwellen; $C_W \approx 0{,}8 \ldots 1{,}0$

d Zuschlag bei Spannelementen zur Berücksichtigung der Querschnittsschwächung durch die Gewindebohrungen für die Spannschrauben im Nabenquerschnitt bzw. in der Welle; $d \approx$ Gewinde-Nenndurchmesser

2. Sternscheiben

Sternscheiben aus gehärtetem Federstahl sind dünnwandige Ringscheiben, die abwechselnd von ihrem inneren und äußeren Rand ausgehende radiale Schlitze aufweisen, s. Bild 12-26. Durch eine von außen eingeleitete Axialkraft wird durch Flachdrücken der Scheibe der Außendurchmesser vergrößert und der Innendurchmesser verkleinert und damit eine spielfreie und dauerhafte Verbindung ermöglicht. Zur Erhöhung des übertragbaren Drehmomentes können bis zu 25 Sternscheiben axial hintereinander geschaltet werden. Da sie selbst nicht zentrieren, ist die Zentrierung der Bauteile durch eine entsprechende konstruktive Gestaltung der Verbindung sicherzustellen, s. Bild 12-26b. Die Berechnung der Verbindung ist nach Herstellerangaben durchzuführen.

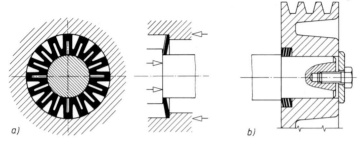

a)   b)

Bild 12-26 Sternscheibe. a) Grundelement, b) Einbaubeispiel: mit Sternscheiben befestigte Keilriemenscheibe (Werkbild)

3. Druckhülsen

Druckhülsen sind Reibschlusselemente aus federhartem Stahl mit zylindrischer Außenfläche und Bohrung. Sie eignen sich für eine schnelle und genaue Verbindung von Maschinenteilen. Die zum axialen Verspannen der Druckhülse, zum Überwinden des Passungsspieles und zum Aufbau des erforderlichen Fugendruckes erforderliche Spannkraft wird je nach Ausführung entweder von den benachbarten Bauteilen oder aber von den eingebauten Spannschrauben aufgebracht, s. Bild 12-27. Für den Einbau empfiehlt der Hersteller Toleranzen für die Welle h5/h6, für die Nabenbohrung H6/H7. Die Berechnung erfolgt nach Herstellerangaben.

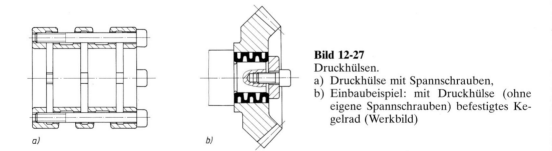

a)   b)

Bild 12-27
Druckhülsen.
a) Druckhülse mit Spannschrauben,
b) Einbaubeispiel: mit Druckhülse (ohne eigene Spannschrauben) befestigtes Kegelrad (Werkbild)

4. Hydraulische Spannbuchsen

Hydraulische Spannbuchsen, z. B. ETP-Spannbuchsen, bestehen aus einem doppelwandigen mit Fluid gefüllten Hohlzylinder aus gehärtetem Stahl. Beim Spannen wird mittels ein oder mehreren Schrauben ein Kolben gegen das Fluid gedrückt. Dieses drückt die Mantelflächen gleichmäßig gegen die Welle und die Nabe, wodurch eine gute Zentrierung, d. h. hohe Rundlaufgenauigkeit erreicht wird, s. Bild 12-28. Es können relativ hohe Drehmomente übertragen werden, die dem Herstellerkatalog entnehmbar sind. Zu beachten ist der unterschiedliche Temperaturausdehnungskoeffizient des Fluids in der Spannbuchse und des Buchsen- bzw. Welle/Nabe-Werkstoffes. Die ETP-Spannbuchse darf deshalb nur bis +85 °C eingesetzt werden.

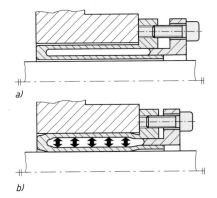

a)

b)

Bild 12-28
ETP-Spannbuchse.
a) ungespannt (Ein-, Ausbau),
b) verspannt (während Betrieb)

Montage und Demontage der Spannbuchsen sind einfach und wirtschaftlich, das Schraubenanzugsmoment gegenüber den Kegelspannsätzen wesentlich geringer, da keine Reibung überwunden werden muss. Sie sind für Toleranzfelder der Welle h8 bis k6 sowie der Bohrung H7 ausgelegt.

5. Toleranzring

Toleranzringe sind geschlitzte Ringe aus dünnem Blech mit vielen gleichmäßig auf dem Umfang verteilten Längssicken, s. Bild 12-29a, b. Die umlaufenden flachen Ränder liegen je nach Bauart entweder am Außen- oder am Innendurchmesser des Ringes an, s. Bild 12-29c. Sie ermöglichen die Überbrückung relativ großer Passungsspiele und eine einfache und wirtschaftliche Montage. Aufgrund ihrer Konstruktion sind die übertragbaren Drehmomente relativ klein. Ist ein genauer Rundlauf gefordert, so muß die Zentrierung durch die zu verbindenden Bauteile erfolgen, s. Bild 12-29d. Die Auslegung der Verbindungen mit Toleranzringen erfolgt zweckmäßig nach den Herstellerangaben.

12

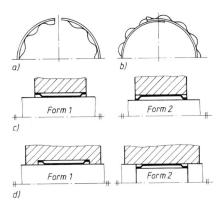

a)

b)

c)

Form 1   Form 2

d)

Form 1   Form 2

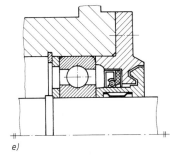

e)

Bild 12-29
Toleranzring.
a) und b) Grundelement,
c) freier Einbau,
d) zentrierter Einbau,
e) Einbaubeispiel: Befestigung eines Labyrinthringes auf einer Welle (Werkbild)

12.3.4 Klemmverbindung

1. Gestalten und Entwerfen

Die Klemmverbindung wird vorwiegend bei Riemen-, Gurtscheiben und Hebeln angewendet, die auf glatte, längere Wellen aufzubringen oder bei geteilter Ausführung nachträglich zwischen Lager zu setzen sind oder in Längs- und Drehrichtung einstellbar sein sollen. Aufzuklemmende Scheiben sind geteilt, Naben von Hebeln einseitig geschlitzt. Das Aufklemmen sollte mit Durchsteckschrauben (Einsatz von Passschrauben vermeiden) erfolgen (Bild 12-30), die möglichst nah an der Welle anzuordnen sind (kurze Kraftwege). Klemmverbindungen eignen sich zur Übertragung kleiner bis mittlerer nur gering schwankender Drehmomente. Bei größeren Drehmomenten wird die Verbindung häufig noch durch Passfedern oder Tangentkeile zusätzlich gesichert, die auch zur Lagesicherung dienen können (s. unter 12.3.5-1 und Bild 12-32).

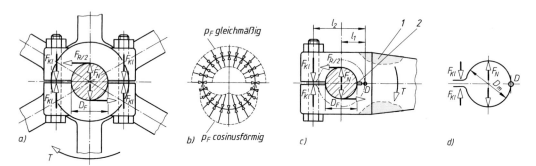

Bild 12-30 Klemmverbindungen. a) und b) Scheibennabe, c) und d) Hebelnabe

Die *Nabenabmessungen* werden erfahrungsgemäß nach TB 12-1 festgelegt. Zusätzliche gestalterische Maßnahmen bei geschlitzten Naben (s. Bild 12-30c gestrichelte Bereiche **1** und **2**) bringen keine (Verlängerung des Schlitzes auf die andere Nabenseite **2**) bzw. nur geringe (äußere Ausnehmungen **1**) Erhöhungen der Klemmkraft der Schraube, die zur Erzeugung des Rutschmomentes erforderlich ist.

Bei *geteilten Scheiben* ist eine *Übergangspassung mit geringem Passmaß* nach TB 2-4 zu wählen; bei *geschlitzten*, aufzuschiebenden *Hebelnaben* ist eine *enge Spielpassung* zweckmäßig, z. B. H7/g6.

2. Berechnung

Der wirksamste Reibungsschluss ergibt sich bei einer über den ganzen Fugenumfang gleichmäßig verteilten Fugenpressung p_F. Dieser z. B. bei Kegelverbindungen und Pressverbänden gegebene Zustand lässt sich bei geteilten Scheiben mit einer vorgesehenen engen Übergangspassung nur annähernd erreichen, während bei der geschlitzten Hebelnabe mit einer empfohlenen engen Spielpassung (Naben werden zusätzlich auf Biegung beansprucht) eine überwiegend linienförmige Pressung zu erwarten ist. In beiden Fällen muss Reibungsschluss gewährleistet sein, sodass die am Fugenumfang übertragbare Reibkraft F_R gleich oder größer ist als die durch das äußere Drehmoment T dort wirkende Tangentialkraft F_t.

Geteilte Scheibennabe

Bei einer gleichmäßigen Flächenpressung gilt analog dem Pressverband (Gl. (12.8) und (12.9)) für die *kleinste erforderliche Fugenpressung*

$$p_{Fk} = \frac{F_{Rt}}{A_F \cdot \mu} \geq \frac{2 \cdot K_A \cdot T_{nenn} \cdot S_H}{\pi \cdot D_F^2 \cdot l_F \cdot \mu} \cdot K \leq p_{Fzul} \tag{12.37}$$

Die den tatsächlichen Verhältnissen besser entsprechende cosinusförmige Verteilung der Flächenpressung (Bild 12-30b) wird mit dem Korrekturfaktor K berücksichtigt.

Beim Anziehen wird durch die Schrauben die Pressung $p = F_{Kl} \cdot n/A_{proj}$ auf die Welle erzeugt. Wird diese in Gl. (12.37) eingesetzt, ergibt sich die von jeder Schraube aufzubringende *Klemmkraft* zu

$$F_{Kl} \geq \frac{2 \cdot K_A \cdot T_{nenn} \cdot S_H \cdot K}{n \cdot \pi \cdot D_F \cdot \mu} \qquad (12.38)$$

T_{nenn}	von der Klemmverbindung zu übertragendes Nenndrehmoment
K_A	Anwendungsfaktor zur Berücksichtigung der dynamischen Betriebsverhältnisse nach TB 3-5
S_H	Haftsicherheit; $S_H \approx 1{,}5 \ldots 2$
μ	Haftbeiwert (Reibwert) nach TB12-6a (Querpresspassung)
D_F	Fugendurchmesser = Wellendurchmesser
l_F	Fugenlänge
n	Anzahl der Schrauben
K	Korrekturfaktor für die Flächenpressung; $K = 1$ für gleichmäßige Flächenpressung
	$K = \pi^2/8$ für cosinusförmige Flächenpressung
	$K = \pi/2$ für linienförmige Berührung
$p_{F\,zul}$	zulässige Fugenpressung des „schwächeren" Werkstoffes; Anhaltswerte nach TB 12-1.

Da bei der Montage der Verbindung in der Schraube die Vorspannkraft $F_{VM} > F_{Kl}$ wirkt, ergibt sich für den Montagezustand die *tatsächliche Flächenpressung* aus

$$p_F = \frac{n \cdot F_{VM}}{D_F \cdot l_F} \leq p_{F\,zul} \qquad (12.39)$$

F_{VM} Montagevorspannkraft der Schraube nach Kapitel 8 „Schraubenverbindungen"

12

Geschlitzte Hebelnabe

Die geschlitzte Hebelnabe (Bild 12-30c) kann als „Schelle"[1] mit dem Gelenk D angesehen werden, deren Durchmesser D_m etwa dem mittleren Nabendurchmesser entspricht (Bild 12-30d). Für den ungünstigen Fall der linienförmigen Pressung ergibt sich aus der Beziehung $M_R = F_{Rt} \cdot D_F/2 = F_N \cdot \mu \cdot D_F \geq K_A \cdot T_{nenn}$ die *erforderliche Anpresskraft je Nabenhälfte*

$$F_N \geq \frac{K_A \cdot T_{nenn}}{D_F \cdot \mu} \qquad (12.40)$$

Mit $F_N = F_{Kl} \cdot l_2/l_1$ (s. Bild 12-30c) wird bei n Schrauben mit einer Haftsicherheit S_H die *erforderliche Klemmkraft je Schraube*

$$F_{Kl} \geq \frac{K_A \cdot T_{nenn} \cdot S_H \cdot l_1}{n \cdot D_F \cdot \mu \cdot l_2} \qquad (12.41)$$

l_1, l_2 Abstände der Kräfte F_N, F_{Kl} vom „Drehpunkt" D
K_A, T_{nenn}, n, D_F, S_H und μ wie zu Gl. (12.38)

Für den Montagezustand ergibt sich die *tatsächliche Flächenpressung* aus

$$p_F = \frac{n \cdot F_{VM}}{D_F \cdot l_F} \cdot \frac{l_2}{l_1} \leq p_{F\,zul} \qquad (12.42)$$

Erläuterungen der Formelzeichen s. unter Gl. (12.38) und (12.41)

---

[1] In Wirklichkeit handelt es sich um ein Problem der elastischen Formänderung, die zu einer Dreipunktanlage führt. Da die Abweichung zur beim Gelenk vorhandenen Zweipunktanlage nicht sehr groß ist, kann die Aufgabe auf eine statische zurückgeführt werden.

12.3.5 Keilverbindungen

1. Gestalten und Entwerfen

Anwendung

Keile werden zum festen Verbinden von Wellen und Naben vorwiegend schwerer Scheiben, Räder, Kupplungen u. dgl. bei Großmaschinen, Baggern, Kranen, Landmaschinen, schweren Werkzeugmaschinen (Stanzen, Schmiedehämmer), also bei rauhem Betrieb und wechselseitigen, stoßhaften Drehmomenten verwendet.

Im Gegensatz zur Passfeder trägt der Keil mit der unteren und der oberen Fläche (Anzugsfläche mit Neigung 1:100); die Seitenflächen haben geringes Spiel (Nutbreite hat Toleranz D10, Keilbreite h9 bei gleichen Nennmaßen). Die Kräfte werden also im Wesentlichen durch Reibungsschluss übertragen; falls dieser aber überwunden wird, bei Nutenkeilen auch noch durch deren Seitenflächen, also durch Formschluss.

Vorteile gegenüber Passfederverbindungen: Keilverbindungen ergeben einen unbedingt sicheren und festen Sitz der Naben; eine zusätzliche Sicherung gegen axiales Verschieben ist nicht erforderlich.
Nachteile: Verkanten und außermittiger Sitz der Naben durch das einseitige Eintreiben des Keiles; jeder Keil muss eingepasst werden (zusätzliche Kosten); das Lösen, besonders von Nasenkeilen, ist schwierig, bei älteren Verbindungen kaum mehr möglich (Gefahr des „Festrostens"); bei zu kräftigem Eintreiben besteht die Gefahr des Reißens, besonders bei Naben aus Grauguss.

Keilformen

Wie bei Passfedern sind Höhe und Breite der Keile in Abhängigkeit vom Wellendurchmesser genormt. Die Hauptabmessungen sind in TB 12-2a zusammengestellt. Je nach den durch die Bauverhältnisse gegebenen Einbaumöglichkeiten sind verschiedene Keilformen zu verwenden.
Nasenkeile nach DIN 6887 kommen in Frage, wenn die Verbindung nur von einer Seite zugänglich ist (Bild 12-31a). Die „Nase" dient zum Ein- und Austreiben, sie darf wegen der Unfallgefahr nicht am Wellenende herausragen. Die Wellennut muss zum Einführen des Keiles eine ausreichende Länge haben (s. auch Bild 12-33).

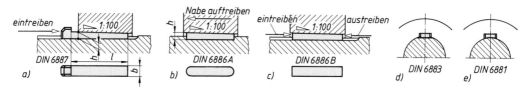

Bild 12-31 Keilformen. a) Nasenkeil, b) Einlegekeil, c) Treibkeil, d) Flachkeil, e) Hohlkeil

Bei *Nasenflachkeilen,* DIN 6884, hat die Welle an der Stelle der Nut nur eine Abflachung. Bei *Nasenhohlkeilen,* DIN 6889, ist die untere Fläche entsprechend dem Wellendurchmesser gerundet. Sie ergeben also eine reibschlüssige Verbindung, da nur die Nabe genutet ist. Beide Keilarten sind nur für kleinere Drehmomente geeignet.
Einlegekeile nach DIN 6886, Form A, mit runden Stirnflächen liegen wie eine Passfeder in der Wellennut (Bild 12-31b). Hierbei muss die Nabe aufgetrieben bzw. die Welle mit Keil in die Nabenbohrung eingeführt werden.
Der *Treibkeil* nach DIN 6886, Form B, mit geraden Stirnflächen wird verwendet, wenn die Verbindungsstelle von beiden Seiten zugänglich ist, der Keil also von der einen Seite eingetrieben und von der anderen Seite ausgetrieben werden kann (Bild 12-31c).
Wie der Nasenkeil ist auch der Treibkeil als *Flachkeil* (DIN 6883) und als *Hohlkeil* (DIN 6881) vorgesehen (Bild 12-31 d und e).
Als *Rundkeile* an Stirnflächen können auch Längsstifte verwendet werden. Schwere, meist geteilte und aufgeklemmte Naben werden bei hohen, wechselseitigen und stoßhaften Drehmomenten häufig noch durch *Tangentkeile* nach DIN 268 und DIN 271 gesichert. Sie werden, wie Bild 12-32 zeigt, paarweise unter 120° versetzt so eingebaut, dass die Keilkräfte F nicht den Schrauben-Klemmkräften F_{Kl} entgegenwirken.

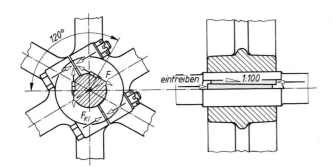

Bild 12-32
Tangentkeilverbindung

Als *Werkstoff* ist C45+Q vorgesehen; andere Werkstoffe nach Vereinbarung.
Normbezeichnung eines Nasenkeiles mit Breite $b = 18$ mm, Höhe $h = 11$ mm und Länge $l = 125$ mm: *Nasenkeil DIN 6887−18×11×125.*

Gestaltung

Bild 12-33 zeigt die Gestaltung einer Nasenkeilverbindung. Bei einzutreibenden Nutenkeilen, also auch bei Treibkeilen, ist eine ausreichende Wellennutlänge zum einwandfreien Einführen in die Nut vorzusehen:

freie Nutlänge a ≈ Keillänge l ≈ Nabenlänge L .

Ein Sichern der Keile gegen selbsttätiges Lösen ist im Allgemeinen nicht erforderlich. Nur bei starken Erschütterungen ist eine zusätzliche Sicherung angebracht. Die in Bild 12-33 gezeigte preiswerte Keilsicherung aus Stahlblech wird einfach in die Nut eingeschlagen und lässt sich auch leicht wieder lösen.

12

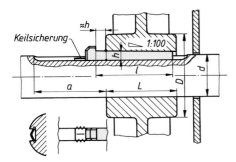

Bild 12-33
Gestaltung einer Keilverbindung (Nasenkeilverbindung mit Keilsicherung)

Keile sind stets leicht geölt einzutreiben, um ein Fressen und Festrosten zu vermeiden. Zwischen Welle und Nabe ist eine enge *Übergangs-* oder *leichte Übermaßpassung* zu wählen, um das Verkanten und außermittige „Sitzen" der Nabe möglichst zu vermeiden, z. B.: H7/k6, m6, n6 bei Einheitsbohrung; K7, N7/h6, h8 bei Einheitswelle. Je weiter eine Nabe über die Welle zu schieben ist, umso leichter soll der Sitz sein, um den Einbau nicht unnötig zu erschweren.
Die *Nabenabmessungen* D und L werden in Abhängigkeit vom Wellendurchmesser gewählt nach TB 12-1.

2. Berechnung

Eine Berechnung der Keilverbindung ist kaum möglich und praktisch auch nicht erforderlich. Das übertragbare Drehmoment ist weitgehend von der Eintreibkraft des Keiles abhängig und daher rechnerisch nur schwer zu erfassen. Erfahrungsgemäß überträgt eine normal gestaltete Keilverbindung mit genormten Keilabmessungen (TB 12-2a) und üblichen Nabengrößen (TB 12-1) auch mit Sicherheit das von der Welle aufzunehmende Drehmoment.

12.3.6 Kreiskeil-Verbindung

1. Gestalten und Entwerfen

Wie bei Polygonprofilen sind bei der Kreiskeil-Verbindung Welle und Nabenbohrung Unrundprofile, die aufeinander abgestimmt sind, Bild 12-34. Die Welle weist mindestens zwei sogenannte Kreiskeile auf, die die Form logarithmischer Spiralen haben. Durch diese Form kommt
es beim Verdrehen der Nabe zur Welle zum gleichmäßigen Anlegen der Kreiskeile der Nabe
an die der Welle und danach zum Aufbau einer gleichmäßigen Flächenpressung wie bei Pressverbänden. Damit können Kräfte und Momente in Dreh- und Längsrichtung übertragen werden. Das übertragbare Drehmoment beträgt ca. 60 % (bis 80 %) des Fügemomentes und liegt
etwa in der Größe von Pressverbänden. Wenn die Nabe nur begrenzte Fügetemperaturen zulässt, z. B. bei einsatzgehärteten Stahlnaben, kann es über dem von Querpressverbänden liegen.
Vorteilhaft sind die kleineren Montage- und Demontagezeiten, nachteilig die höheren Herstellungskosten gegenüber Pressverbänden. Bei Anordnung von drei Kreiskeilen auf der Welle ist
die Verbindung selbstzentrierend. Mit höherer Anzahl von Keilen wird der Rundlauf bei dünnwandigen Naben verbessert, die nutzbare Umfangsfläche zur Übertragung der Kräfte und Momente aber verringert. Zwei Keile werden nur bei Spezialanwendungen eingesetzt, z. B. als
Türscharnier, wo die Keile bremsend und als Endanschlag wirken. Das Montagespiel und die
Steigung der Keilspirale, üblich sind Steigungen zwischen 1:20 und 1:200, richten sich nach
dem Anwendungsfall. Ein größeres Montagespiel erleichtert die Montage, verringert aber die
nutzbare Umfangsfläche für die Kraftübertragung. Über das Montagemoment ist die sich in der
Verbindungsfuge aufbauende Flächenpressung kontrollierbar.

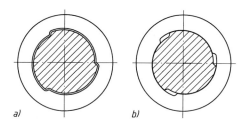

a)   b)

Bild 12-34
Kreiskeilverbindung. a) Montagestellung,
b) Betriebszustand (verkeilt)

Die Kreiskeil-Verbindung wird eingesetzt in der Antriebstechnik, z. B. zur Befestigung von
Zahnrädern, Nocken und Riemenscheiben, als Verbindungselement, z. B. zur Schnellverbindung
zweier Teile oder als Passzentrierstift, als Schnellspannsystem, z. B. für Werkzeugaufnahmen
und längenverstellbare Stative.

2. Berechnung

Die Berechnung ist wegen der vom Verdrehwinkel, üblich sind 10 bis 20 Grad, dem Steigungswinkel der Keilspirale, dem Montagespiel (Passung) und der Anzahl der Keile abhängigen Größe der tragenden Fügefläche relativ aufwendig. Da diese Größen je nach Anwendungsfall zu
wählen sind, sollte der Hersteller hier herangezogen werden.

12.4 Stoffschlüssige Welle-Nabe-Verbindungen

Zu den stoffschlüssigen Verbindungen zählen die *geklebten*, *gelöteten* und *geschweißten* Welle-
Nabe-Verbindungen. Sie kommen vielfach dann zum Einsatz, wenn aus konstruktiven Gründen
die Nabenbreite besonders klein gehalten werden muss. Der Nachteil dieser Verbindungen besteht vor allem in ihrer schlechten Lösbarkeit zu Reparatur- und Wartungszwecken; das Lösen
der stoffschlüssigen Verbindungen ist außer bei Kleb- und Weichlötverbindungen nur durch Zerstören möglich. Die Anwendbarkeit dieser Verbindungsart ist dadurch stark eingeschränkt. Die
Berechnung dieser Verbindungen siehe unter den entsprechenden Abschnitten des Lehrbuches.

12.5 Berechnungsbeispiele

■ **Beispiel 12.1:** Eine Keilriemenscheibe aus EN-GJL-250 soll mit einer Welle aus E295 durch einen Querpressverband (Schrumpfverband) verbunden werden (Bild 12-35). Der Wellendurchmesser wurde mit $d = 80$ mm festgelegt; das zu übertragende äquivalente Drehmoment beträgt $T_{eq} = K_A \cdot T_{Nenn} = 1200$ Nm.
Zu berechnen sind:

a) die erforderlichen Toleranzklassen für Bohrung und Welle;
b) die zum Aufbringen der Nabe erforderliche Fügetemperatur.

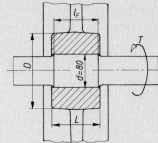

Bild 12-35
Aufgeschrumpfte Riemenscheibe

▶ **Lösung a):** Zunächst sind die zur Berechnung noch fehlenden Abmessungen und Daten festzulegen bzw. zu ermitteln:
Fugendurchmesser $D_F = d = 80$ mm;
Umfangskraft $F_t = T_{eq}/(d/2) = 1200 \cdot 10^3$ Nmm/80 mm/2 $= 30 \cdot 10^3$ N;
Außendurchmesser des Außenteils gleich Nabendurchmesser (Stützwirkung der Radarme vernachlässigt) wird nach TB 12-1 festgelegt:
für die Übermaßpassung und Grauguss-Nabe wird gewählt $D_{Aa} = D \approx 2,4 \cdot 80$ mm ≈ 190 mm;
Innendurchmesser des Innenteils $D_{Ii} = 0$ (Vollwelle);
Fugenlänge l_F wird etwas kleiner als die Nabenlänge L ausgeführt;
Nabenlänge L vorgewählt aus TB 12-1 mit $L \approx 1,4 \cdot d = 1,4 \cdot 80$ mm $= 112$ mm, festgelegt $L = 120$ mm und $l_F = 115$ mm s. Bild 12-35.

Mit diesen Werten kann die systematische Berechnung durchgeführt werden:
Nach Gl. (12.8) wird die *Rutschkraft* mit $K_A = 1$ (bereits bei F_t berücksichtigt) und $S_H \approx 1,5$

$$F_{Rt} = K_A \cdot S_H \cdot F_t = 1 \cdot 1,5 \cdot 30 \cdot 10^3 \text{ N} = 45 \cdot 10^3 \text{ N}.$$

Mit der Fugenfläche $A_F = D_F \cdot \pi \cdot l_F = 80$ mm $\cdot \pi \cdot 115$ mm $= 28\,900$ mm^2 und dem Haftbeiwert $\mu \approx 0,16$ (TB 12-6 für Gusseisen, trocken, Schrumpfpassung) wird nach Gl. (12.9) die *kleinste erforderliche Fugenpressung*

$$p_{Fk} = F_{Rt}/(A_F \cdot \mu) = 45\,000 \text{ N}/(28\,900 \text{ mm}^2 \cdot 0,16) \approx 9,7 \text{ N/mm}^2.$$

Mit den Querdehnzahlen $\nu_I \approx 0,3$, $\nu_A \approx 0,25$ (TB 12-6), den Durchmesserverhältnissen $Q_I = 0$ (Vollwelle), $Q_A = D_F/D_{Aa} = 80$ mm/190 mm $\approx 0,42$ und den Elastizitätsmodulen $E_I \approx 210\,000$ N/mm^2, $E_A \approx 115\,000$ N/mm^2 (TB 1-2) wird nach Gl. (12.12) die *Hilfsgröße*

$$K = \frac{E_A}{E_I} \left(\frac{1 + Q_I^2}{1 - Q_I^2} - \nu_I \right) + \frac{1 + Q_A^2}{1 - Q_A^2} + \nu_A = \dots = 2,06.$$

Damit wird nach Gl. (12.13) das *kleinste Haftmaß* (wirksames Übermaß)

$$Z_k = p_{Fk} \cdot D_F \cdot K/E_A = \dots \approx 0,014 \text{ mm} = 14 \text{ μm}.$$

Nach Gl. (12.14) beträgt für die angenommenen Beträge $Rz_{Ai} = Rz_{Ia} \approx 6,3$ μm die *Glättung*

$$G \approx 0,8(Rz_{Ai} + Rz_{Ia}) = \dots \approx 10 \text{ μm}.$$

Damit ergibt sich das vor dem Fügen messbare *Mindestübermaß* aus Gl. (12.15)

$$\ddot{U}_u = Z_k + G = 14 \text{ μm} + 10 \text{ μm} = 24 \text{ μm}.$$

Mit $R_m = K_t \cdot R_{mN} = 0,72 \cdot 250$ N/mm$^2 = 180$ N/mm^2 ($K_t \approx 0,72$ aus TB 3-11b, wobei von einer Rohteilabmessung $d \approx D_{Aa} - D_F = 110$ mm ausgegangen wird, s. Hinweis zu Gl. (12.7) und TB 3-11e; R_{mN} aus TB 1-2) und $Q_A = 0,42$ (s. o.) ergibt sich die *größte zulässige Fugenpressung* aus Gl. (12.16) mit $S_{FA} = 2$

$$p_{Fg} \leq R_m \cdot (1 - Q_A^2)/\sqrt{3}/S_{FA} = \dots = 42,8 \text{ N/mm}^2$$

und somit aus Gl. (12.17) das *größte zulässige Haftmaß* (wirksames Übermaß)

$$Z_g = p_{Fg} \cdot D_F \cdot K / E_A = \ldots = 0{,}061 \text{ mm} = 61 \text{ μm}.$$

Daraus ergibt sich das *Höchstübermaß* aus Gl. (12.18)

$$\ddot{U}_o = Z_g + G = 61 \text{ μm} + 10 \text{ μm} = 71 \text{ μm}.$$

Nach Gl. (12.19) wird die *Passtoleranz*

$$P_T = \ddot{U}_o - \ddot{U}_u = 71 \text{ μm} - 24 \text{ μm} = 47 \text{ μm}.$$

Für die Bohrung wird gewählt (System Einheitsbohrung)

$$T_B \approx 0{,}6 \cdot P_T = 0{,}6 \cdot 47 \text{ μm} \approx 28 \text{ μm}.$$

Nach TB 2-1 wird für $N = 50 \ldots 80$ mm der Toleranzgrad 6 mit der Grundtoleranz $IT = 19$ μm festgelegt. Die Abmaße der Bohrung betragen damit

$$EI = 0; \quad ES = IT = 19 \text{ μm}.$$

Für die Wellentoleranz T_W liegt zunächst das untere Abmaß fest:

$$ei = ES + \ddot{U}_u = 19 \text{ μm} + 24 \text{ μm} = 43 \text{ μm};$$

das obere Abmaß der Welle wird dann

$$es = ei + T_W \quad \text{bzw.} \quad es = EI + \ddot{U}_o = 0 + 71 \text{ μm} = 71 \text{ μm}.$$

Aus TB 2-2 wird für den Nennmaßbereich >65 ... 80 mm für $ei = 43$ μm die Feldlage r mit $ei' = 43$ μm festgelegt. Für die sich daraus ergebende Wellentoleranz $T_W = es - ei' = 71 \text{ μm} - 43 \text{ μm} = 28 \text{ μm}$ wird nach TB 2-1 der Toleranzgrad 6 ($IT = 19$ μm) gewählt.

Ergebnis: Die Bohrung erhält die Toleranzklasse H6, die Welle r6.

▶ **Lösung b):** Die zum Fügen erforderliche Temperaturdifferenz zwischen Nabe und Welle errechnet sich mit dem *vorhandenen Größtübermaß*

$$\ddot{U}_o' = es' - EI = (ei' + T_W) - EI = (43 \text{ μm} + 19 \text{ μm}) - 0 = 62 \text{ μm},$$

dem Einführspiel $S_u \approx \ddot{U}_o'/2 = 31$ μm, dem Längenausdehnungskoeffizient für die Nabe aus Gusseisen $\alpha_A = 10 \cdot 10^{-6}$ 1/K (TB 12-6) und $\vartheta_I = \vartheta$ (keine Unterkühlung) aus Gl. (12.22)

$$\Delta \vartheta = \vartheta_A - \vartheta = \frac{\ddot{U}_o' + S_u}{\alpha_A \cdot D_F} + \frac{\alpha_I}{\alpha_A} (\vartheta_I - \vartheta) = \ldots \approx 116 \,°C.$$

Bei einer angenommenen Raumtemperatur $\vartheta = 20\,°C$ ist die Radnabe zu erwärmen auf die Fügetemperatur

$$\vartheta_A = \vartheta + \Delta \vartheta = 20\,°C + 116\,°C \approx 140\,°C.$$

Ergebnis: Zum Fügen der Passteile muss das Außenteil (Radnabe) bei der angenommenen Umgebungstemperatur von 20 °C auf die erforderliche Fügetemperatur $\vartheta_A = 140\,°C$ erwärmt werden.

■ **Beispiel 12.2**

Die im Bild 12-36 dargestellte Kegelverbindung eines Zahnrades aus Vergütungsstahl ($R_{p\,0{,}2} = 600$ N/mm²) mit dem Ende einer Getriebewelle aus E295 mit $D_1 = 60$ mm und der Fugenlänge $l = 50$ mm ist zu berechnen. Die zu übertragende Leistung beträgt $P = 7{,}5$ kW bei $n = 80$ min⁻¹. Die dynamischen Betriebsverhältnisse sind mit dem Anwendungsfaktor $K_A \approx 1{,}2$ zu berücksichtigen.
Zu berechnen bzw. zu ermitteln sind:

a) die erforderliche axiale Einpresskraft zum Erreichen einer sicheren reibschlüssigen Verbindung,
b) die mit der Einpresskraft sich einstellende Fugenpressung zwischen Welle und Zahnrad,
c) der für die Montage der Verbindung messbare Mindestaufschub a_{min} und der maximal zulässige Aufschub a_{max}, wenn der Nabenaußendurchmesser $D_{Aa} \approx 2 \cdot D_{mF}$ ausgeführt wird und die Rautiefen an den Fugenflächen jeweils $Rz = 10$ μm betragen.

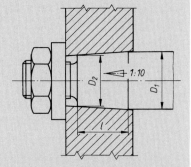

Bild 12-36 Kegelpressverband

▶ **Lösung a):** Die erforderliche Einpresskraft wird nach Gl. (12.29)

$$F_e \geq \frac{2 \cdot K_A \cdot S_H \cdot T_{nenn}}{D_{mF} \cdot \mu} \cdot \frac{\sin(\varrho_e + \alpha/2)}{\cos\varrho_e} = \ldots \approx 79 \cdot 10^3 \, \text{N} = 79 \, \text{kN}$$

mit den Einzelwerten

- Nenndrehmoment aus der Zahlengleichung $T_{nenn} = 9550 \cdot P/n = 9550 \cdot 7{,}5/80 \approx 896 \, \text{Nm}$,
- Haftsicherheit $S_H \approx 1{,}2$ s. zu Gl. (12.29),
- Kegelneigungswinkel (Einstellwinkel) aus TB 12-8: für $C = 1 : 10$ wird $(\alpha/2) \approx 2{,}85°$,
- Reibwinkel $\varrho_e = \arctan\mu_e = \arctan 0{,}1 = 5{,}7°$ mit Haftbeiwert $\mu_e \approx 0{,}1$; Haftbeiwert $\mu \approx 0{,}085$ (TB 12-6, Längspressverband, trocken),
- mittlerer Kegel-Fugendurchmesser D_{mF} mit D_2 aus
  $D_2 = D_1 - 2 \cdot l \cdot \tan(\alpha/2) = 60 \, \text{mm} - 2 \cdot 50 \, \text{mm} \cdot \tan 2{,}85° \approx 55 \, \text{mm}$
  $D_{mF} = (D_1 + D_2)/2 = (60 \, \text{mm} + 55 \, \text{mm})/2 = 57{,}5 \, \text{mm}$.

Ergebnis: Die erforderliche Einpresskraft beträgt unter Berücksichtigung der Haftsicherheit $S_H = 1{,}2$ und der Betriebsverhältnisse $F_e = 79 \, \text{kN}$.

▶ **Lösung b):** Die in der Pressfuge bei der Montage vorhandene Fugenpressung aus Gl. (12.30)

$$p_F = \frac{F_e \cdot \cos\varrho_e \cdot \cos(\alpha/2)}{D_{mF} \cdot \pi \cdot l \cdot \sin(\varrho_e + \alpha/2)} = \ldots \approx 58{,}5 \, \text{N/mm}^2$$

mit den Einzelwerten

- Einpresskraft $F_e = 79 \cdot 10^3 \, \text{N}$ (s. o.),
- Fugendurchmesser $D_{mF} = 57{,}5 \, \text{mm}$ (s. o.),
- Kegellänge $l = 50 \, \text{mm}$ (Aufgabenstellung),
- Kegelneigungswinkel $(\alpha/2) = 2{,}85°$ (s. o.),
- Reibwinkel $\varrho_e = 5{,}7°$ (s. o.).

Ergebnis: Mit der Einpresskraft $F_e = 79 \, \text{kN}$ ist eine Fugenpressung von $p_F \approx 58{,}5 \, \text{N/mm}^2$ zu erwarten.

12

▶ **Lösung c):** Unter der Voraussetzung, dass die Kegelneigungswinkel für das Außen- und das Innenteil gleichgroß sind, kann der Mindestaufschub errechnet werden aus Gl. (12.27)

$$a_{min} = (\ddot{U}_u/2)/\tan(\alpha/2) = (Z_k + G)/(2 \cdot \tan(\alpha/2)) = \ldots \approx 593 \, \mu\text{m}$$

mit der Glättung nach Gl. (12.14)

$$G \approx 0{,}8 \cdot (Rz_{Ai} + Rz_{Ia}) = 0{,}8 \cdot (10 \, \mu\text{m} + 10 \, \mu\text{m}) = 16 \, \mu\text{m}$$

und dem Mindesthaftmaß nach Gl. (12.28)

$$Z_k = p_{Fk} \cdot D_{mF} \cdot K/(E_A \cdot \cos(\alpha/2)) = \ldots \approx 0{,}043 \, \text{mm} = 43 \, \mu\text{m}$$

mit den Einzelwerten

- Fugenpressung $p_{Fk} \triangleq p_F = 58{,}5 \, \text{N/mm}^2$ (s. o.),
- mittlerer Fugendurchmesser $D_{mF} = 57{,}5 \, \text{mm}$ (s. o.),
- Kegelneigungswinkel $\alpha/2 = 2{,}85°$ (s. o.),
- Hilfsgröße K aus Gl. (12.12) mit den Durchmesserverhältnissen $Q_A = D_{mF}/D_{Aa} = 0{,}5$, $Q_I = 0$, $E_A = E_I = 210\,000 \, \text{N/mm}^2$ und der Querdehnzahl $\nu_A = \nu_I \approx 0{,}3$ (TB 12-6b)

$$K = \frac{E_A}{E_I}\left(\frac{1 + Q_I^2}{1 - Q_I^2} - \nu_I\right) + \frac{1 + Q_A^2}{1 - Q_A^2} + \nu_A = \ldots = 2{,}67$$

der maximal zulässige Aufschub a_{max} aus Gl. (12.27)

$$a_{max} = (\ddot{U}_o/2)/\tan(\alpha/2) = (Z_g + G)/(2 \cdot \tan(\alpha/2)) = \ldots \approx 1900 \, \mu\text{m} = 1{,}9 \, \text{mm}$$

mit der Glättung $G = 16 \, \mu\text{m}$ (s. o.) und dem größtzulässigen Haftmaß aus Gl. (12.28)

$$Z_g = p_{Fg} \cdot D_{mF} \cdot K/(E_A \cdot \cos(\alpha/2)) = \ldots \approx 0{,}173 \, \text{mm}$$

mit den Einzelwerten

- $D_{mF} = 57,5$ mm, $K = 2,67$, $(\alpha/2) = 2,85°$ siehe oben,
- maximal zulässige Fugenpressung aus Gl. (12.16) mit $Q_A = 0,5$, $R_{p\,0,2} = 600$ N/mm² und der Sicherheit gegen plastische Verformung $S_{FA} \approx 1,1$

$$p_{Fg} \leq \frac{R_{eA}\,(\text{bzw. }R_{p0,2A})}{S_{FA}} \cdot \frac{1 - Q_A^2}{\sqrt{3}} = \dots \approx 236\,\text{N/mm}\,.$$

Ergebnis: Der Aufschub muss $0,6$ mm $\leq a \leq 1,9$ mm betragen.

■ **Beispiel 12.3**
Eine Keilriemenscheibe aus EN-GJL-200 soll mit dem Wellenende der Spindel aus E335 einer Werkzeugmaschine durch Spannelemente reibschlüssig verbunden werden (Bild 12-37). Die zu übertragende Leistung beträgt $P = 25$ kW bei einer kleinsten Drehzahl $n = 100$ min⁻¹.
Aufgrund der vorliegenden Betriebsverhältnisse ist mit einem Anwendungsfaktor $K_A \approx 1,1$ zu rechnen. Die Spannelemente sollen wellenseitig durch Zylinderschrauben mit Innensechskant nach DIN EN ISO 4762 verspannt werden. Der Durchmesser des Wellenendes beträgt $d_1 = 80$ mm.

Zu berechnen sind:

a) die erforderliche Anzahl n der Spannelemente,
b) die für die Berechnung der Spannschrauben aufzubringende Spannkraft,
c) der erforderliche Mindestnabendurchmesser.

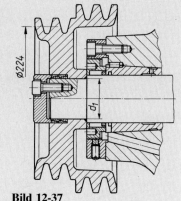

Bild 12-37
Befestigung einer Keilriemenscheibe mit Spannelementen

▶ **Lösung a):** Das von der Verbindung zu übertragende Nenndrehmoment ist mit der Gebrauchsformel

$$T_{nenn} = 9550 \cdot P/n = 9550 \cdot 25/100 = 2388\,\text{Nm}\,.$$

Durch Umstellen der Gl. (12.33) nach dem Anzahlfaktor f_n und mit dem übertragbaren Drehmoment $T_{Tab} = 1810$ Nm für $p_W = 100$ N/mm² aus TB 12-9 für das Spannelement 80×91 kann die Anzahl der erforderlichen Spannelemente ermittelt werden aus:

$$f_n \geq (K_A \cdot T_{nenn})/T_{Tab} = 1,1 \cdot 2388\,\text{Nm}/1810\,\text{Nm} = 1,45\,.$$

Nach den Angaben zu Gl. (12.34) würden 2 Spannelemente ausreichen, die zusammen ein Drehmoment

$$T_{ges} = 1,55 \cdot T_{Tab} = 1,55 \cdot 1810\,\text{Nm} \approx 2800\,\text{Nm} > 2388\,\text{Nm}$$

übertragen können.

Ergebnis: Es sind zwei Spannelemente RfN 8006−80×91 erforderlich.

▶ **Lösung b):** Die von den Schrauben aufzubringende Vorspannkraft beträgt nach Gl. (12.35) $F_S' = F_S \cdot T_{eq}/T_{ges} = 251$ kN $\cdot 1,1 \cdot 2388$ Nm/2800 Nm ≈ 235 kN mit $F_S = F_o + F_{So} = 48$ kN + 203 kN $= 251$ kN nach TB 12-9 und $T_{eq} = K_A \cdot T_{nenn}$.

▶ **Lösung c):** Der Mindestdurchmesser der Radnabe wird nach Gl. (12.36) errechnet. Hierin ist $D = 91$ mm (TB 12-9), für R_{eA} ist $0,5 \cdot R_m = 0,5 \cdot K_t \cdot R_{mN} \approx 80$ N/mm² ($K_t \approx 0,79$ aus TB 3-11b, wobei von einer Rohteilabmessung = Stegbreite t von 35 mm und damit $d = 2t = 70$ mm nach TB 3-11e ausgegangen wird; $R_{mN} = 200$ N/mm² aus TB 1-2), für p_N ist $p_N' = p_N \cdot T_{eq}/T_{ges} = 87,9$ N/mm² $\cdot 1,1 \cdot 2388$ Nm/2800 Nm $\approx 82,5$ N/mm² mit $p_N = 87,9$ N/mm² aus TB 12-9 und für $C \approx 0,6$ nach Angaben zur Gl. (12.36) zu setzen. Da die Radnabe nicht durch Gewindebohrungen zur Aufnahme der Spannschrauben geschwächt wird, ist $d = 0$. Damit wird der Mindestnabendurchmesser

$$D_{Aa} \geq D \cdot \sqrt{\frac{R_{eA} + p_N \cdot C}{R_{eA} - p_N \cdot C}} + d = \dots \approx 188\,\text{mm}\,.$$

Ergebnis: Die konstruktive Ausführung der Keilriemenscheibe sieht im Bereich der Spannelemente einen genügend großen „Außendurchmesser" vor, sodass der errechnete Mindestwert $D_{Aa} = 188$ mm eingehalten wird.

12.6 Literatur und Bildquellennachweis

Altmiks, K.: Untersuchung des Festigkeits- und Verformungsverhaltens geklebter Welle-Nabe-Verbindungen. Braunschweig/Wiesbaden: Westdeutscher Verlag, 1982

Dietz, P.: Lastaufteilung und Zentrierverhalten von Zahn-, Keilwellenverbindungen. In Konstruktion 31, (1979), Heft 7 und 8

Grote, K.-H., Feldhusen, J. (Hrsg.): Dubbel – Taschenbuch für den Maschinenbau. Berlin: Springer, 2007

Kittsteiner, H. J.: Die Auswahl und Gestaltung von kostengünstigen Welle-Nabe-Verbindungen. München: Hanser, 1989

Kollmann, F. G.: Welle-Nabe-Verbindungen: Gestaltung, Auslegung. Berlin: Springer, 1984

Köhler, E. und *Frei, H.:* Konstruktion von Klemmverbindungen mit geschlitzter Nabe. In Konstruktionspraxis 6, (1995) Heft 5

Niemann, G., Winter. H., Höhn, B.-R.: Maschinenelemente, Bd. I, 4. Auflage Berlin: Springer, 2005

Wilcke, E.: Die Kreiskeilverbindung: Eine Alternative zu herkömmlichen Welle-Nabe-Verbindungen. In Antriebstechnik 37, (1998), Heft 8

Prospekte, Kataloge und Beiträge der Firmen: Bikon-Technik, Grevenbroich; Bosch Rexroth AG, Schweinfurt; Kühl GmbH, Schlierbach; Lenze GmbH, Waiblingen; Ringfeder GmbH, Krefeld; Ringspann GmbH, Bad Homburg; Stüwe GmbH, Hattingen; Spieth-Maschinenelemente GmbH, Esslingen

Bildquellennachweis

Bikon-Technik GmbH, Grevenbroich, Bild 12-23c und 12-24a, d, g (www. bikon.com)

Bosch Rexroth AG, Schweinfurt, Bild 12-29 (www.boschrexroth.com)

Kühl GmbH, Schlierbach, Bild 12-34

Lenze GmbH, Waiblingen, Bild 12-28 (www.Lenze.com)

Ringfeder VBG GmbH, Krefeld, Bild 12-23a, b und 12-24c, e (www.ringfeder.de)

Ringspann GmbH, Bad Homburg, Bild 12-24b, c und 12-26 (www.ringspann.com)

Spieth-Maschinenelemente GmbH & Co.KG, Esslingen, Bild 12-27 (www.spieth-maschinenelemente.de)

Stüwe GmbH & Co.KG, Hattingen, Bild 12-24e, f (www.stuewe.de)

12

13 Kupplungen und Bremsen

13.1 Funktion und Wirkung von Kupplungen

Kupplungen dienen vor allem zur Übertragung von Rotationsenergie (Drehmomenten, Drehbewegungen) zwischen zwei Wellen oder einer Welle mit einem auf ihr drehbeweglich sitzenden Bauteil, z. B. Zahnrad. Neben dieser Hauptfunktion (Leitungsfunktion) können Kupplungen folgende Zusatzfunktionen haben:
Ausgleich von radialen, axialen und winkligen Wellenverlagerungen sowie Drehmomentstöße mildern oder dämpfen (Ausgleichsfunktion); Ein- und Ausschalten der Drehmomentübertragung (Schaltfunktion).

Leitungsfunktion
Das Drehmoment, auch in Verbindung mit Längs- und Querkräften wird durch Form- und/oder Kraftschluss an einer oder mehreren Wirkflächen übertragen, wobei zwischengeschaltete Elemente eine große Variation der Eigenschaften zulassen.
Kraftfluss kann erreicht werden durch Reibung (mögliche Reibflächenanordnungen siehe z. B. Bild 13-34), elektromagnetisch oder hydrodynamisch.

Ausgleichsfunktion
Fluchtungs- oder Lagefehler von Wellen zueinander sollen ausgeglichen, Stöße bzw. Schwingungen gemildert oder gedämpft werden. Ursache von Fluchtungs- oder Lagefehler können u. a. elastische Verformungen der Wellen und Lager unter Belastung, unterschiedliche Erwärmung der Maschinenteile und Ausrichtfehler bei der Montage sein. Der Versatz kann *axial, radial, winklig* oder *in Drehrichtung* sein (Bild 13-1) und durch Gelenke bzw. formschlüssige Schiebesitze als bewegliche Zwischenglieder oder elastische Elemente ausgeglichen werden.

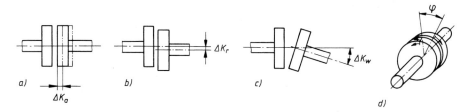

Bild 13-1 Möglicher Versatz der Kupplungshälften bei nachgiebigen Kupplungen (schematisch).
a) Axiale Nachgiebigkeit ΔK_a, b) radiale Nachgiebigkeit ΔK_r, c) winklige Nachgiebigkeit ΔK_w, d) Drehnachgiebigkeit (Verdrehwinkel φ = Drehmoment T/Drehfedersteife C_T)

Die Wirkung elastischer Elemente in Drehrichtung zeigt Bild 13-2. Die *stoßmildernde* (Linie 2) bzw. *stoßdämpfende Wirkung* (Linie 3) wird erreicht durch Energiespeicherung, wobei bei den stoßdämpfenden Elementen zusätzlich zur Speicherung ein Teil der Energie durch Reibung in Wärme umgesetzt wird. Energiespeichernde Elemente sind elastische Federn, deren Eigenschaften und Berechnung in Kapitel 10 erfolgt.
Durch Kombination der vier Versatzmöglichkeiten (axial, radial, winklig und in Drehrichtung) mit der möglichen Steifigkeit des Zwischengliedes (starr, elastisch nachgiebig oder beweglich) können verschiedene Kupplungsmöglichkeiten gefunden werden.

13

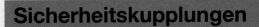

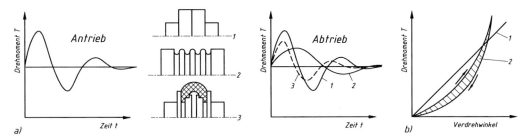

Bild 13-2 Drehnachgiebigkeit von Kupplungen (schematisch).
a) Zeitlicher Verlauf von T vor und nach der Kupplung bei: **1** drehstarrer Kupplung, z. B. Scheiben-kupplung; **2** stoßmildernder Kupplung, z. B. Metallbalgkupplung; **3** stoßdämpfender Kupplung, z. B. hochelastische Wulstkupplung, b) Drehfederkennlinie: **1** linear ansteigend, z. B. für metallelastische Kupplung ohne Dämpfung; **2** progressiv gekrümmte Be- und Entlastungskurve, z. B. für elastische Bolzenkupplung mit Dämpfung (schraffierte Fläche = Dämpfungsarbeit).

Schaltfunktion

Bei Schaltkupplungen ist zusätzlich das Schalten zu betrachten, welches *fremdbetätigt* (durch Signal von außen) oder *selbstschaltend* erfolgen kann. Zum Selbstschalten kann genutzt werden das Drehmoment (Sicherheitskupplung), die Drehzahl (Fliehkraftkupplung), die Drehrichtung (Freilauf, Überholkupplung).

Auch hier kann durch Kombination der für das Aufbringen der Schaltkraft nutzbaren physikali-schen Effekte (energiespeichernde Feder, Fliehkraft, hydraulische, pneumatische, elektromagne-tische Kraft) sowie derer zur Momentübertragung (Reibung, elektromagnetisch, hydrodyna-misch) die für die jeweilige Aufgabe angepasste Kupplung ausgewählt bzw. entwickelt werden.

Zusätzlich ist zu entscheiden, ob die Kupplung nur *trennbar* (Trennen ist immer möglich, Ver-binden nur in Ruhe oder bei Synchronlauf) oder *schaltbar* (Trennen und Verbinden sind immer möglich) ausgeführt sein muss.

Bild 13-3 (nach VDI-Richtlinie 2240) zeigt eine mögliche Einteilung von Kupplungen nach ihren Funktionen und Wirkprinzipien.

Bild 13-58 enthält eine Übersicht der in 13.3 und 13.4 beschriebenen marktgängigen Kupplun-gen mit Angaben bzgl. ihrer Eignung sowie Angaben physikalischer Eigenschaften.

13

13.2 Berechnungsgrundlagen zur Kupplungsauswahl

Die folgenden Berechnungsgrundlagen beziehen sich nicht auf die Berechnung der Kupplungs-bauteile, sondern auf die Auswahl einer geeigneten Bauart und Größe aus der Vielzahl der von den Herstellern angebotenen einbaufertigen Kupplungen.

13.2.1 Anlaufdrehmoment, zu übertragendes Kupplungsmoment

Für die Auswahl einer geeigneten Kupplung sind das zu übertragende Drehmoment und die Betriebsweise des Antriebes, z. B. bestehend aus Antriebsmaschine – Getriebe – Arbeitsma-schine (s. hierzu Bild 13-4), maßgebend. Ohne Berücksichtigung von Wirkungsgraden gelten für die Drehmomente folgende Beziehungen:

$$\frac{T_2}{T_1} \approx \frac{n_1}{n_2} = \frac{\omega_1}{\omega_2} = i \qquad (13.1)$$

T_1, T_2 Drehmoment der Antriebsmaschine, Arbeitsmaschine
n_1, n_2 Drehzahl der Antriebsmaschine, Arbeitsmaschine
ω_1, ω_2 Winkelgeschwindigkeit der Antriebsmaschine, Arbeitsmaschine

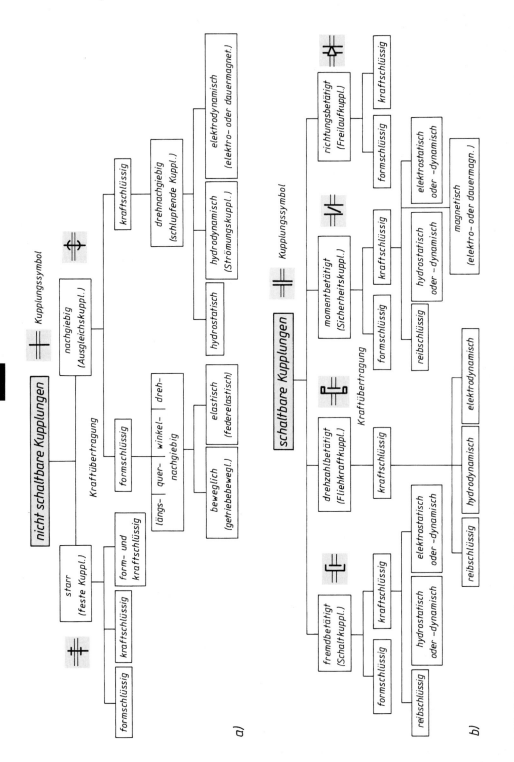

Bild 13-3 Systematische Einteilung der Kupplungen. Kupplungssymbole. a) Nicht schaltbare Kupplungen, b) schaltbare Kupplungen

ELFALT, DIE BEWEGT!

METALLBALGKUPPLUNGEN - BK

VERDREHSTEIF UND FLEXIBEL

Für 0,05 - 10.000 Nm
Wellendurchmesser 1 - 180 mm

- für hochdynamische Servoachsen
- absolut spielfrei
- montagefreundliche, steckbare Varianten
- universell einsetzbar
- Drehzahlen bis 50.000 $^1/_{min}$ möglich
- versatzausgleichend
- verschleißfrei
- niedriges Massenträgheitsmoment

CHERHEITSKUPPLUNGEN - SK / ST

PIELFREI UND KOMPAKT

r 0,1 - 160.000 Nm
ellendurchmesser 3 - 290 mm
inkelsynchrone Wiedereinrastung, durchrastend, sperrt oder freischaltend

- kompakte einfache Bauweise
- steife, absolut spielfreie Ausführung durch R+W-Prinzip
- geringe Restreibung nach dem Ausrasten
- niedriges Trägheitsmoment
- hoher Schaltweg bei Überlast
- Schnellabschaltung im Millisekundenbereich

ELASTOMERKUPPLUNGEN, SERVOMAX - EK

PRÄZISE UND KOMPAKT

Für 2 - 2.000 Nm
Wellendurchmesser 3 - 80 mm

- schwingungsdämpfend
- elektrisch isolierend
- spielfrei
- steckbar
- versatzausgleichend

ELENKWELLEN - ZA / ZAE / EZ / EZV

ERSCHLEISS- UND WARTUNGSFREI

r 10 - 4.000 Nm
ellendurchmesser 10 - 100 mm

- leichte Montage und Demontage
- Standardlängen bis 6 Meter
- keine Zwischenlagerung
- optimaler Versatzausgleich
- Zwischenrohr kardanisch gelagert
- geringes Trägheitsmoment

R+W Antriebselemente GmbH | Alexander-Wiegand-Straße 8 | D-63911 Klingenberg/Germany
Tel. +49-(0)9372 – 9864-0 | Fax +49-(0)9372 – 9864-20 | info@rw-kupplungen.de | www.rw-kupplungen.de

Karl Jousten, (Hrsg.)

Wutz Handbuch Vakuumtechnik

Theorie und Praxis

9., überarb. u. erw. Aufl. 2006. XXVI, 854 S. mit 569 Abb. u. 109 Tab. Geb. EUR 72,00
ISBN 978-3-8348-0133-3

Dieses Standardwerk gibt dem Leser umfassend Auskunft über Theorie und Praxis der Vakuumtechnik. Eine große Anzahl von numerischen Beispielen sowie aussagekräftigen Abbildungen erläutert und visualisiert die theoretischen Sachverhalte.

Neusten Entwicklungen der Vakuummess- und lecksuchtechnik wurde in der vorliegenden Auflage Rechnung getragen und ein Abschnitt zur Anbindung von Vakuumsystemen an EDV-gestützte Kontrollsysteme aufgenommen.

Autoren | Herausgeber

Dr. Karl Jousten ist Leiter des Vakuummesstechnischen Labors an der Physikalisch-Technischen Bundesanstalt (PTB) in Berlin und derzeit Präsident der Deutschen Vakuumgesellschaft.

Pressestimmen

„Das von ca. 600 auf jetzt ca. 850 Seiten erweiterte „Handbuch Vakuumtechnik" verbindet wissenschaftliche Gründlichkeit und präzise Darstellung der vakuum-physikalischen Grundlagen mit umfassender Vermittlung der Funktionsweise von Vakuumapparaturen, der Arbeitstechnik in den verschiedenen Vakuumbereichen und der Anwendung von vakuumgestützten Prozessen. [...] Der neue „Wutz" bietet eine gelungene Synthese von Vakuum-Theorie und -Praxis und hat weiter an Substanz gewonnen; er wird auch in Zukunft für Studierende und Wissenschaftler in Forschung und Entwicklung eine unentbehrliche Informationsquelle zu allen Fragen der Vakuumtechnik sein." Vakuum in Forschung und Praxis, 3/2007

„Es ist zur Zeit das aktuellste und umfassendste Werk, das die verschiedenen Aspekte der Vakuumtechnik behandelt." Filtrieren & Separieren, 2/2001

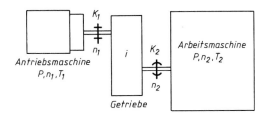

Bild 13-4
Schema eines Antriebsstranges (K_1 und K_2 Kupplungen, Symbole s. Bild 13-3)

Von der Antriebsmaschine sind zwei Drehmomente zu erbringen:

1. das *Lastdrehmoment* T_L, welches sich aus der Belastung der Arbeitsmaschine und aus den Reibkräften des Antriebes ergibt,
2. das *Beschleunigungsdrehmoment* T_a, welches für die Beschleunigung aller zu bewegenden Massen des Antriebes erforderlich ist (s. unter 13.2.2).

Während der Anfahrzeit ist damit das von der Antriebsmaschine aufzubringende größte *Anlaufdrehmoment*

$$T_{an} = T_L + T_a$$ (13.2)

T_L Lastdrehmoment aus allen Belastungs- und Reibungsmomenten der Arbeitsmaschine
T_a Beschleunigungsdrehmoment aller zu bewegenden Massen des Antriebes; s. unter 13.2.2

Nach dem Anfahren hat die Antriebsmaschine nur noch das Lastdrehmoment T_L der Arbeitsmaschine aufzubringen, d. h. im Betriebszustand herrscht Gleichgewicht zwischen dem Lastdrehmoment und dem Antriebsdrehmoment (nach Bild 13-6 Betriebspunkt B als Schnittpunkt der Kennlinien von Antriebs- (E) und Arbeitsmaschine (A)).

13.2.2 Beschleunigungsdrehmoment, Trägheitsmoment

Wird eine Masse m, z. B. der Tisch einer Werkzeugmaschine nach Bild 13-5a, durch eine Antriebs-(Spindel-)Kraft F_{an} in der Zeit t_a von v_1 auf v_2 geradlinig beschleunigt und wirkt ihr eine hemmende Kraft F_L (z. B. Reibungs- und Schnittkräfte) entgegen, so gilt mit der gleichmäßigen Beschleunigung $a = (v_2 - v_1)/t_a$ für die Beschleunigungskraft das newtonsche Gesetz:

$$F_a = F_{an} - F_L = m \cdot a = m(v_2 - v_1)/t_a \, .$$

Wird entsprechend eine Drehmasse mit dem Trägheitsmoment J in der Zeit t_a von der Winkelgeschwindigkeit ω_1 auf die Winkelgeschwindigkeit ω_2 gleichmäßig beschleunigt, so gilt mit der

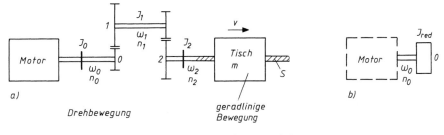

Bild 13-5 Reduziertes Trägheitsmoment J_{red} eines Antriebes.
a) Schema eines Tischantriebes: Wellen 0, 1 und 2 bewegen über die Gewindespindel S die Tischmasse m mit der Geschwindigkeit v, b) bei gleichbleibender kinetischer Energie auf die Motorwelle reduziertes Trägheitsmoment J_{red} des Antriebes

Winkelbeschleunigung $\alpha = (\omega_2 - \omega_1)/t_a$, unter Berücksichtigung der Gl. (13.2) für das *Beschleunigungsdrehmoment*

$$T_a = T_{an} - T_L = J \cdot \alpha = J \cdot \frac{\omega_2 - \omega_1}{t_a} \tag{13.3}$$

T_{an}	Anlaufdrehmoment der Antriebsmaschine, z. B. mittleres Anlaufdrehmoment nach Bild 13-6e
T_L	das auf die Drehzahl n der Antriebsmaschine reduzierte Lastdrehmoment aus $T_L = T_L' \cdot n'/n$, worin T_L' das Lastdrehmoment der Arbeitsmaschine mit der Drehzahl n' ist
J	Trägheitsmoment der gesamten Anlage, s. auch Gl. (13.4)
α	Winkelbeschleunigung
ω_1, ω_2	Winkelgeschwindigkeit zu Beginn und Ende des Beschleunigungsvorganges, z. B. aus $\omega = \pi \cdot n/30$
t_a	Beschleunigungszeit

Wird der Antrieb aus dem Stillstand heraus gleichmäßig beschleunigt, ist also $\omega_1 = 0$, so gilt: $T_a = J \cdot \omega_2/t_a$.

Hinweis: Die Gleichung gilt für jede Stelle des Antriebes, wenn die dort auftretenden Werte (z. B. T_{an} und T_L) eingesetzt werden. Da die zu berechnende Kupplung meist auf der Motorwelle sitzt, müssen alle Werte auch auf diese bezogen werden. Bei gleichmäßig verzögerter Bewegung (Brems- oder Auslaufvorgang) wird α negativ.

In Antrieben gemäß Bild 13-5a treten meist Drehmassen (z. B. Zahnräder) mit verschiedenen Winkelgeschwindigkeiten und geradlinig bewegte Massen (z. B. Maschinentische) gemeinsam auf. Unter der Voraussetzung, dass ihre kinetische Energie erhalten bleibt, lässt sich die Wirkung aller Massen auf ein einziges Trägheitsmoment J_0 mit der Winkelgeschwindigkeit ω_0 zurückführen (reduzieren).
Die kinetische Energie einer Drehmasse ist allgemein $W = J \cdot \omega^2/2$. Soll nach Bild 13-5a z. B. das Trägheitsmoment J_1 der sich mit der Winkelgeschwindigkeit ω_1 drehenden Welle 1 auf die sich mit der Winkelgeschwindigkeit ω_0 drehenden Motorwelle 0 reduziert werden, so gilt: $W = J_1 \cdot \omega_1^2/2 = J_0 \cdot \omega_0^2/2$, also wird das reduzierte Trägheitsmoment

$$J_0 = J_1 \left(\frac{\omega_1}{\omega_0}\right)^2 = J_1 \left(\frac{n_1}{n_0}\right)^2 = \frac{J_1}{i^2} \,.$$

Trägheitsmomente werden also quadratisch mit dem Verhältnis der Winkelgeschwindigkeiten oder Drehzahlen bzw. den Übersetzungen i umgerechnet (reduziert). Wird das reduzierte Trägheitsmoment auf eine höhere Winkelgeschwindigkeit bezogen, so wird es mit der Übersetzung quadratisch kleiner und umgekehrt.
Soll eine mit der Geschwindigkeit v geradlinig bewegte Masse m (z. B. Maschinentisch) durch ein gleichwertiges Trägheitsmoment J bei der Winkelgeschwindigkeit ω ersetzt werden, so ergibt sich mit $W = m \cdot v^2/2 = J \cdot \omega^2/2$ das reduzierte Trägheitsmoment $J_{red} = m \cdot (v/\omega)^2$.
Das meist auf die Motorwelle (Kupplungswelle) reduzierte Trägheitsmoment des gesamten Antriebes (vgl. Bild 13-5) wird dann

$$J_{red} = J_0 + J_1 \left(\frac{\omega_1}{\omega_0}\right)^2 + J_2 \left(\frac{\omega_2}{\omega_0}\right)^2 + \ldots + m_1 \left(\frac{v_1}{\omega_0}\right)^2 + m_2 \left(\frac{v_2}{\omega_0}\right)^2 + \ldots \tag{13.4}$$

J_0	Trägheitsmoment der mit der Winkelgeschwindigkeit ω_0 (z. B. Motor-Winkelgeschwindigkeit) umlaufenden Drehmasse, auf die alle anderen Trägheitsmomente bezogen (reduziert) werden sollen
$J_1, J_2 \ldots$	Trägheitsmomente der mit $\omega_1, \omega_2 \ldots$ umlaufenden Drehmassen
ω_0	Winkelgeschwindigkeit auf die alle Massen bezogen (reduziert) werden sollen
$\omega_1, \omega_2 \ldots$	Winkelgeschwindigkeiten der Drehmassen $J_1, J_2 \ldots$
$m_1, m_2 \ldots$	geradlinig bewegte Massen
$v_1, v_2 \ldots$	Geschwindigkeiten der geradlinig bewegten Massen m_1, m_2

Richard Zahoransky

Energietechnik

Systeme zur Energieumwandlung. Kompaktwissen für Studium und Beruf

4., akt. u. erw. Aufl. 2009. XXVIII, 454 S. mit 389 Abb. u. 44 Tab. Br. EUR 27,90
ISBN 978-3-8348-0488-4

Das Buch umfasst die gesamte Palette der Energietechnik, angefangen bei den Grundlagen der Energie-Verfahrenstechnik über die Beschreibung ausgeführter aktuellster Anlagen (alle Kraftwerkstypen) bis zur Energieverteilung und -speicherung. Schwerpunkte sind regenerative/nachhaltige Energietechniken, Kombianlagen (z.B. Gas- und Dampfturbinen-Kraftwerke) und Anlagen mit Kraft-Wärme-Kopplung (z.B. BHKW). Die 4. Auflage beinhaltet erstmals Übungsaufgaben mit ausführlichen Lösungen zu den einzelnen Kapiteln. Mehrere Kapitel sind aktualisiert. Das Kapitel 18 „Liberalisierung der Energiemärkte" ist neu gefasst.

Der Autor

Prof. Dr.-Ing. Richard A. Zahoransky ist nach langjähriger Lehrtätigkeit an der Hochschule Offenburg und Gastprofessur an der YALE University heute Geschäftsführer für Technik bei der Firma Heinzmann GmbH & Co. KG.

Holger Watter

Nachhaltige Energiesysteme

Grundlagen, Systemtechnik und Anwendungsbeispiele aus der Praxis

2009. XII, 340 S. mit 180 Abb. u. 46 Tab. Br. EUR 23,90
ISBN 978-3-8348-0742-7

Erneuerbare Energien und nachhaltige Energiesysteme stehen auf Grund der Klimaveränderung im Mittelpunkt der gesellschaftlichen Diskussion. Das Ziel dieses Lehrbuches ist es, wesentliche Funktionsmechanismen wichtiger nachhaltiger Energiesysteme darzustellen, Einflussparameter zu erläutern und Potentiale durch Überschlagsrechnungen aufzuzeigen. Beispielanlagen aus der Praxis geben zuverlässige Informationen für die tägliche Arbeit. Dabei liegt der Schwerpunkt auf kleinen, dezentralen Anlagen. Übungen mit Lösungen erleichtern den Zugang zu den verschiedenen Stoffgebieten.

Der Autor

Prof. Dr.-Ing. Holger Watter lehrt am Fachbereich Maschinenbau der HAW Hamburg u.a. die Fachgebiete Erneuerbare Energien und Nachhaltige Energiesysteme.

Einfach bestellen:

buch@viewegteubner.de Telefax +49(0)611. 7878-420

VIEWEG+
TEUBNER

TECHNIK BEWEGT.

Hinweise: Die Trägheitsmomente von Kupplungen, Riemenscheiben, Getrieben, Läufern von E-Motoren, Pumpen und Gebläsen sind den Katalogen der Hersteller, teilweise aus TB 13-1 bis TB 13-7 und TB 16-21 zu entnehmen.

Trägheitsmoment für Vollzylinder: $\quad J = m \cdot d^2/8$
Trägheitsmoment für Hohlzylinder: $\quad J = m(d_a^2 + d_i^2)/8$
Verschiebesatz für Trägheitsmoment: $\quad J_x = J + m \cdot e^2$

13.2.3 Betriebsverhalten von Antriebs- und Arbeitsmaschinen

Als Antriebsmaschinen werden am häufigsten Elektromotoren verwendet. Darum soll hier das Verhalten insbesondere von diesen und den damit gekuppelten Arbeitsmaschinen beim Anfahren und im Betriebszustand betrachtet werden und zwar zweckmäßig anhand der *Drehmoment-Drehzahl-Kennlinien* (*T-n*-Kennlinien) nach Bild 13-6.

Ein Motor ist so auszuwählen, dass er im Betriebspunkt B bei seiner Nenndrehzahl n_N mit seinem Nenndrehmoment T_N belastet wird.

Alle Nebenschlussmotoren, Käfig- und Schleifringläufer, haben Kennlinien (E) nach Bild 13-6a und b. Nach dem Einschalten unter Last entwickeln diese das Anlaufdrehmoment $T_{an} \approx (1{,}5 \ldots 2) \cdot T_N$, die Drehzahl n steigt an. Das Drehmoment nimmt zu bis zum Kippdrehmoment $T_{ki} \approx (2 \ldots 3) \cdot T_N$ als Maximaldrehmoment, wodurch der Motor beschleunigt und nach Überschreiten von T_{ki} mit dem Nenndrehmoment T_N und der Nenndrehzahl n_N stabil arbeitet. Wird das Motordrehmoment jetzt reduziert steigt die Drehzahl bis auf die Leerlauf-(Synchron-)drehzahl n_S an.

Gleich- und Wechselstrom-Reihenschlussmotoren haben Kennlinien nach Bild 13-6c, bei denen $T_{an} = T_{ki} \approx (2{,}5 \ldots 3) \cdot T_N$ ist. Das Drehmoment nimmt bei steigender Drehzahl ab, bei Leerlauf würden solche Motoren „durchgehen".

Bei Arbeitsmaschinen hängt der Kennlinienverlauf (A) von der Art des Betriebes ab. Bei konstanter oder nahezu konstanter Hub-, Reibungs- und Formänderungsarbeit ist auch T_L konstant (Bild 13-6a) und $P \sim n$.

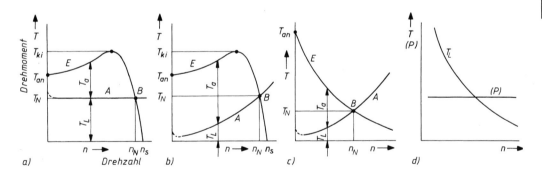

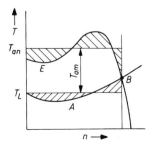

Bild 13-6
Drehmoment-Drehzahl-Kennlinien von Elektromotoren (E) und Arbeitsmaschinen (A).
a) Drehstrom-Nebenschlussmotor mit Käfigläufer und Fördermaschine
b) Drehstrom-Nebenschlussmotor mit Schleifringläufer und Lüfter (Ventilator)
c) Wechselstrom-Reihenschlussmotor und Kreiselpumpe
d) Kennlinie (Drehmoment- und Leistungsverlauf T und P) einer Wickelmaschine mit konstanter Material-Zugkraft und -Geschwindigkeit oder einer Plandrehmaschine mit konstantem Spanquerschnitt
e) Bestimmung des mittleren Beschleunigungsdrehmomentes T_{am}

Bei Lüftern, Gebläsen, Zentrifugen, Rührwerken, Kreiselpumpen und -kompressoren, Fahrzeugen und Fördermaschinen mit hohen Geschwindigkeiten steigen bei Überwindung von Luft- und Flüssigkeitswiderständen $T_L \sim n^2$ und $P \sim n^3$ an (Bild 13-6b und c).

Bei Arbeitsmaschinen, die eine konstante Antriebsleistung P erfordern, wie z. B. Wickelmaschinen mit gleichbleibender Materialzugkraft und -geschwindigkeit, nimmt das Drehmoment proportional mit der Drehzahl ab: $T_L \sim 1/n$ (Bild 13-6d).

Die Werte für Nenndrehzahlen, Anlauf- und Kippdrehmomente sind in den Motoren-Katalogen angegeben (s. TB 16-21).

13.2.4 Kupplungsdrehmoment

1. Stoßfreies Anfahren mit konstantem Betriebsdrehmoment

Die Antriebsmaschine sei mit der Arbeitsmaschine über eine nichtschaltbare Kupplung verbunden (Bild 13-7).

Wenn während des Anfahrens noch kein Lastdrehmoment T_L vorhanden ist, dient das von der Antriebsmaschine abgegebene Drehmoment T_A dazu, die gesamten Drehmassen zu beschleunigen. Mit J_A als Trägheitsmoment der Antriebsseite und J_L als Trägheitsmoment der Lastseite, jeweils einschließlich der Kupplungsanteile J_1 bzw. J_2, gilt nach Gl. (13.3) für die Winkelbeschleunigung: $\alpha = T_A/(J_A + J_L)$.

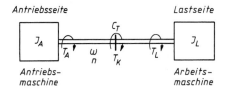

Bild 13-7
Antriebsstrang schematisch als Zweimassensystem

Die Kupplung beschleunigt beim *Anfahren ohne Last* die Drehmasse J_L und muss dabei ein Drehmoment aufnehmen von

$$T_K = \alpha \cdot J_L = \frac{J_L}{J_A + J_L}\, T_A \tag{13.5}$$

α	Winkelbeschleunigung
J_A, J_L	Trägheitsmoment der Antriebsseite, Lastseite
T_A	Drehmoment der Antriebsmaschine

Läuft die *Anlage unter Last* an, so dient das von der Antriebsmaschine abgegebene Drehmoment T_A dazu, J_A und J_L zu beschleunigen und außerdem das Lastdrehmoment T_L zu überwinden. Mit $T_A = \alpha \cdot (J_A + J_L) + T_L$ wird $\alpha = (T_A - T_L)/(J_A + J_L)$.

Die Kupplung beschleunigt beim *Anfahren mit Last* die Drehmasse J_L und überwindet das Lastdrehmoment T_L, sodass

$$T_K = \alpha \cdot J_L + T_L = \frac{J_L}{J_A + J_L}\,(T_A - T_L) + T_L = \frac{J_L}{J_A + J_L}\, T_A + \frac{J_A}{J_A + J_L}\, T_L \tag{13.6}$$

T_L	Lastdrehmoment
α, J_A, J_L, T_A	wie zu Gl. (13.5)

Die Größe des Kupplungsdrehmoments T_K hängt also vom Verhältnis der Trägheitsmomente J_A und J_L ab. Ist J_A groß im Verhältnis zu J_L, beschleunigt also ein großer Motor eine kleine Anlage, so wird das Kupplungsdrehmoment T_K klein und nähert sich dem Wert T_L. Hat dagegen ein kleiner Motor eine große Anlage zu beschleunigen (Schweranlauf), so wird $T_K \approx T_A$.

Die oben genannte Voraussetzung, dass T_A konstant ist, trifft bei ausgeführten Anlagen nie zu, da beim Anfahren und Reversieren Drehmoment- und Geschwindigkeitsstöße auftreten.

2. Drehmomentstoß

Beim Einschalten eines Drehstrommotors treten Drehmomentschwingungen auf. Das Drehmoment im Luftspalt des Motors schwingt entsprechend der Netzfrequenz mit 50 Hz. Damit kein Aufschwingen (Resonanz) stattfindet, muss die Eigenkreisfrequenz[1] der Anlage genügend weit von der erregenden Drehmomentschwingung entfernt liegen. Läuft ein Käfigläufermotor mit dem Kippdrehmoment T_{ki} lastfrei an, so ergibt sich für ein Zweimassensystem (Bild 13-7) mit der Eigenkreisfrequenz ω_e und der Wirkzeit t des Drehmomentstoßes für die Kupplung ein *antriebsseitiges Stoßdrehmoment*

$$T_{KS} = \frac{J_L}{J_A + J_L} \, T_{ki} [1 - \cos (\omega_e \cdot t)] \, .$$

Setzt man für den Klammerwert $[1 - \cos (\omega_e \cdot t)]$ den Stoßfaktor S_A, so erhält man

$$T_{KS} = \frac{J_L}{J_A + J_L} \, T_{ki} \cdot S_A \, .$$

Für $\omega_e \cdot t = \pi$, also $\cos \pi = -1$, ergibt sich der Größtwert $S_{A\,max} = (1 - \cos \pi) = 2$. Für die üblichen Anfahrstöße wird meist mit dem Stoßfaktor $S_A = 1{,}8$ gerechnet. Dieser Stoßfaktor tritt sowohl bei drehstarren als auch bei drehelastischen Kupplungen auf. Er wird bei einem Geschwindigkeitsstoß meist noch überschritten.

Tritt während des Anfahrens zusätzlich ein lastseitiges Stoßdrehmoment T_{LS} auf, so wird entsprechend Gl. (13.6) für die Kupplung das *beidseitige Stoßdrehmoment*

$$T_{KS} = \frac{J_L}{J_A + J_L} \, T_{ki} \cdot S_A + \frac{J_A}{J_A + J_L} \, T_{LS} \cdot S_L \qquad (13.7)$$

J_A, J_L Trägheitsmoment der Antriebsseite, Lastseite

T_{ki} Spitzenwert der nichtperiodischen Drehmomentstöße auf der Antriebsseite, bei Elektromotoren das Kippdrehmoment

T_{LS} Spitzenwert der nichtperiodischen Drehmomentstöße auf der Lastseite (z. B. bei Laständerungen oder Bremsungen)

S_A, S_L Stoßfaktor der Antriebsseite, Lastseite. Für übliche Anfahrstöße kann $S_A = S_L = 1{,}8$ eingesetzt werden.

3. Geschwindigkeitsstoß

Ein Geschwindigkeitsstoß entsteht, wenn die Kreisfrequenz der zu kuppelnden Drehmassen unterschiedlich groß ist. Er wird meist durch Drehspiel in der Kupplung bzw. in den Antriebselementen verursacht, z. B. Flankenspiel der Zahnräder.

Um die Auswirkung der schwer erfassbaren Geschwindigkeitsstöße klein zu halten, sollten bei schwerem Schaltbetrieb absolut drehspielfreie Kupplungen mit hoher Elastizität und guter Dämpfung eingesetzt werden (z. B. Wulstkupplung nach Bild 13-29).

4. Periodisches Wechseldrehmoment

Bei Antrieben mit periodischer Drehmomentschwankung (Kolbenmaschinen, Sägegatter) kann die Anlage zu Drehschwingungen angeregt werden. Im Resonanzfall (Erregerfrequenz = Eigenfrequenz) kann die Schwingungsbelastung zur Zerstörung der Antriebselemente führen. Deshalb sind Massenverteilung und elastische Kupplung in einer Anlage so aufeinander abzustimmen, dass Betriebsfrequenz und Resonanzfrequenz weit genug auseinander liegen.

---

[1] Bei Sinusschwingungen sind Formelzeichen und Zahlenwerte von Kreisfrequenz (2π-faches der Periodenfrequenz) in s^{-1} und Winkelgeschwindigkeit (Quotient aus ebenem Winkel und Zeitspanne gleiche 2π-faches der Drehzahl) in rad/s gleich.

Für ein aus Antriebsmaschine (Trägheitsmoment J_A), Arbeitsmaschine (Trägheitsmoment J_L) und elastischer Kupplung (Drehfedersteife C_{Tdyn}) bestehendes Zweimassensystem gilt nach Bild 13-7 für die *Eigenkreisfrequenz*

$$\omega_e = \sqrt{C_{Tdyn}\frac{J_A + J_L}{J_A \cdot J_L}} \qquad \frac{J_A, J_L \quad C_{Tdyn} \quad \omega_e}{\text{kg m}^2 \quad \text{Nm/rad} \quad \text{s}^{-1}} \tag{13.8}$$

J_A, J_L Trägheitsmoment der Antriebsseite, Lastseite; bezogen auf die Kupplungswelle
C_{Tdyn} dynamische Drehfedersteife der elastischen Kupplung nach Herstellerangaben
       (s. auch TB 13-4 und TB 13-5)

Da das erregende Wechseldrehmoment T_i *i*-fach während einer Umdrehung auftreten kann, z. B. bei Dieselmotoren, wird mit *i* Schwingungen pro Umdrehung die *kritische Kreisfrequenz* (Resonanz-Kreisfrequenz)

$$\omega_k = \frac{\omega_e}{i} \tag{13.9}$$

ω_e Eigenkreisfrequenz der Anlage nach Gl. (13.8)
i Anzahl der Schwingungen je Umdrehung (Ordnungszahl), z. B. bei Verbrennungsmotoren
      Anzahl der Zündungen je Umdrehung (bei Zweitaktmotoren: $i \cong$ Zylinderzahl, bei Vier-
      taktmotoren: $i \cong$ halbe Zylinderzahl)

Die Beanspruchung der elastischen Kupplung wird günstiger, wenn die Betriebskreisfrequenz $\omega > \sqrt{2} \cdot \omega_k$ ist.

Das von der Antriebs- oder Arbeitsmaschine in das Schwingungssystem eingeleitete periodische Wechseldrehmoment T_i facht in Resonanznähe gefährlich große Wechseldrehmomente an. Diese Vergrößerung des erregenden Drehmomentes wird durch den Vergrößerungsfaktor V angegeben, welcher in Resonanznähe den Wert des Resonanzfaktors V_R annimmt. Beim Durchfahren der Resonanz wird das sich in der Kupplung einstellende Wechseldrehmoment umso kleiner, je größer die Dämpfung der elastischen Kupplung ist. Die verhältnismäßige Dämpfung ψ bestimmt sich aus dem Verhältnis der Dämpfungsarbeit zur elastischen Formänderungsarbeit einer Schwingungsperiode. Bei gummielastischen Kupplungen kann mit $\psi = 0,8 \dots 2$ gerechnet werden, abhängig von Werkstoff, Temperatur, Einsatzdauer u. a. Resonanzfaktor V_R und verhältnismäßige Dämpfung ψ werden durch Versuche ermittelt und von den Kupplungsherstellern angegeben (vgl. TB 13-4 und TB 13-5).

Mit dem Drehmoment T_{Ai} bei meist antriebsseitiger Schwingungserregung (z. B. Dieselmotor) und dem von der verhältnismäßigen Dämpfung ψ und dem Kreisfrequenzverhältnis ω/ω_k abhängigen Vergrößerungsfaktor V ist das *in der Kupplung auftretende Wechseldrehmoment*

$$T_w = \pm T_{Ai} \cdot \frac{J_L}{J_A + J_L} \cdot V \tag{13.10}$$

J_A, J_L Trägheitsmoment der Antriebsseite, Lastseite; bezogen auf die Kupplungswelle
$\pm T_{Ai}$ von der Antriebsseite ausgehender Drehmomentausschlag (Amplitude), nach Anga-
      ben der Hersteller z. B. von Dieselmotoren
V Vergrößerungsfaktor (vgl. TB 13-4 und TB 13-5)
      in Resonanznähe: $V_R \approx 2\pi/\psi$, mit ψ als verhältnismäßige Dämpfung
      außerhalb der Resonanz:

$$V \approx \frac{1}{\left| \left(\dfrac{\omega}{\omega_k}\right)^2 - 1 \right|}$$

mit ω als Betriebskreisfrequenz und ω_k als kritische Kreisfrequenz nach Gl. (13.9).

13.2.5 Auslegung nachgiebiger Wellenkupplungen

Eine Kupplung ist dann optimal ausgelegt, wenn sie leicht montierbar, wartungsfreundlich und kostengünstig ist, während der erwarteten Lebensdauer unter den vorgesehenen Belastungs- und Betriebsbedingungen ohne Schaden arbeitet und keine unnötigen Lastreserven besitzt.

> Die Lösung schwieriger Kupplungsprobleme, insbesondere bei schweren Antrieben mit elastischen oder schaltbaren Kupplungen unter extremen Betriebsbedingungen soll man unbedingt den Herstellern überlassen. Den Prospekten liegen häufig Fragebogen bei, oder es können solche angefordert werden, die alle für die richtige Auswahl von Kupplungsart und -größe erforderlichen Fragen enthalten.

1. Nach Herstellerangaben

Im Maschinenbau werden die nachgiebigen Wellenkupplungen häufig unmittelbar auf die Welle der Drehstrommotoren gesetzt. Die meisten Kupplungshersteller geben für diesen Fall eine für normale Betriebsbedingungen ausreichende größenmäßige Zuordnung der Kupplungen zu den Motoren an (vgl. TB 16-21). Bei stark ungleichförmigen Antrieben muss die Eignung der Kupplung rechnerisch nachgeprüft werden.

2. Mit Hilfe von Anwendungsfaktoren

In der Praxis lassen sich die zur genaueren Kupplungsbestimmung erforderlichen Betriebsdaten wie Lastdrehmomente, Trägheitsmomente und andere betrieblich bedingten Einflussgrößen häufig nur schwer rechnerisch erfassen. Die Hersteller geben darum in ihren Katalogen zur Wahl einer geeigneten Kupplungsgröße Sicherheits-(Anwendungs-)faktoren an, die sowohl die Art der Antriebs- und der Arbeitsmaschine (z. B. Elektromotor, Turbine bzw. Ventilator, Zentrifuge, Werkzeugmaschine usw.), die Art des Betriebes (z. B. gleichmäßiger Betrieb bei kleineren zu beschleunigenden Massen), die tägliche Betriebsdauer und ggf. noch sonstige Einflüsse berücksichtigen. Hiermit kann die Kupplungsgröße dann angenähert ermittelt werden mit dem *fiktiven (angenommenen) Kupplungsdrehmoment*

$$T'_K = T_N \cdot K_A \leq T_{KN} \qquad (13.11)$$

T_N von der Kupplung zu übertragendes Nenndrehmoment aufgrund der gegebenen Betriebsdaten, z. B. bei Leistung P und Drehzahl n aus $T_N = 9550P/n$ (vgl. Gl. (11.11))

K_A Anwendungsfaktor aus Katalogen der Hersteller oder auch allgemein nach Richter-Ohlendorf aus TB 3-5b

T_{KN} Nenndrehmoment der Kupplung nach Angaben der Hersteller; s. auch TB 13-2 bis TB 13-5

Dieses auf Erfahrung gestützte Verfahren erfordert wenig Rechenaufwand, berücksichtigt aber die bei stark ungleichförmigen Antrieben gefährlichen Drehschwingungen nicht und arbeitet im Allgemeinen mit zu hoch angesetzten Sicherheitsfaktoren. Soll eine wirtschaftlich optimale Kupplung gefunden werden, muss die Auslegung nach DIN 740 T2 erfolgen.

3. Nach der ungünstigsten Lastart (DIN 740 T2)

Nach 13.2.4 gilt der nachstehende Rechnungsgang unter der häufig anzutreffenden Voraussetzung, dass die Kupplung das einzig drehelastische Glied in der Anlage ist und sich diese drehschwingungsmäßig auf ein Zweimassensystem reduzieren lässt.

Anfahrhäufigkeit, Festigkeitsminderung der elastischen Elemente mit steigender Betriebstemperatur und Frequenzabhängigkeit des Dauerwechseldrehmomentes werden durch die Faktoren S_A, S_t und S_z (s. TB 13-8) zugunsten einer einfachen Auslegung so angegeben, als würden sie eine Änderung der Kupplungsbelastung bewirken. Verbindliche Angaben über die Faktoren S_A, S_t und S_z bleiben den Kupplungsherstellern überlassen.

Die für eine einsatzgerechte Auslegung nachgiebiger Kupplungen erforderlichen Kennwerte sind in DIN 740 T2 definiert und von den Herstellern anzugeben (s. auch TB 13-2 bis TB 13-5).

Neben dem zulässigen Versatz der Kupplungshälften und den Federsteifen sind dies vor allem

- das im gesamten Drehzahlbereich dauernd übertragbare Nenndrehmoment T_{KN} (gleich Baugröße der Kupplung nach DIN 740 T1);
- das kurzzeitig mehr als 100 000 Mal als schwellender Drehmomentstoß im gleichen Drehsinn oder mehr als 50 000 Mal als wechselnder Drehmomentstoß übertragbare Maximaldrehmoment $T_{K\,max} \approx 3T_{KN}$, wobei die Kupplungstemperatur 30 °C nicht überschreiten darf;
- das frequenzabhängige Dauerwechseldrehmoment $\pm T_{KW} \approx 0{,}4T_{KN}$ als Ausschlag der dauernd zulässigen periodischen Drehmomentschwankung bei einer Frequenz von 10 Hz ($\omega \approx 63\ \mathrm{s}^{-1}$) und einer Grundlast bis zum Nenndrehmoment T_{KN}.

Die Baugröße der Kupplung wird über fiktive Drehmomente T'_K bestimmt, welche unter Berücksichtigung der an- und abtriebsseitigen Trägheitsmomente (Massenverteilung) und der Faktoren S_A, S_t und S_z mit der auftretenden Belastung berechnet werden. Aus den Herstellerkatalogen bzw. den Kupplungstabellen im Tabellenbuch ist dann eine Kupplung zu wählen, deren zulässige Drehmomente in jedem Betriebszustand *über* den nach den Gleichungen (13.12) bis (13.15) berechneten fiktiven Drehmomenten liegen müssen. Zur endgültigen Auslegung gehört ferner die Nachprüfung auf zulässige Wellenverlagerungen nach den Gleichungen (13.16) und die Kontrolle der daraus entstehenden Momente und Rückstellkräfte auf die benachbarten Bauteile nach den Gleichungen (13.17).

3.1. Belastung durch das Nenndrehmoment

$$T'_K = T_{LN} \cdot S_t \le T_{KN}$$
(13.12)

T_{LN} Nenndrehmoment der Lastseite, als Größwert des aus Leistung und Drehzahl errechneten Lastdrehmomentes der Arbeitsmaschine
S_t Temperaturfaktor nach TB 13-8b
T_{KN} Nenndrehmoment der Kupplung, nach Herstellerangaben bzw. TB 13-2 bis TB 13-5

3.2. Belastung durch Drehmomentstöße (vgl. 13.2.4-2)

Antriebsseitiger Stoß (z. B. Anfahren mit Drehstrommotor):

$$T'_K = \frac{J_L}{J_A + J_L} \cdot T_{AS} \cdot S_A \cdot S_z \cdot S_t \le T_{K\,max}$$
(13.13a)

Lastseitiger Stoß (z. B. bei Laständerungen und Bremsungen):

$$T'_K = \frac{J_A}{J_A + J_L} \cdot T_{LS} \cdot S_L \cdot S_z \cdot S_t \le T_{K\,max}$$
(13.13b)

Beidseitiger Stoß (z. B. Anfahren mit Drehstrommotor bei veränderlicher Last):

$$T'_K = \left(\frac{J_L}{J_A + J_L} \cdot T_{AS} \cdot S_A + \frac{J_A}{J_A + J_L} \cdot T_{LS} \cdot S_L \right) \cdot S_z \cdot S_t \le T_{K\,max}$$
(13.13c)

T_{AS} Stoßdrehmoment der Antriebsseite, bei Drehstrommotoren das Kippdrehmoment T_{ki} (vgl. TB 16-21)
T_{LS} Stoßdrehmoment der Lastseite
$T_{K\,max}$ Maximaldrehmoment der Kupplung, nach Herstellerangaben bzw. TB 13-2 bis TB 13-5
J_A, J_L Trägheitsmoment der Antriebsseite, Lastseite (bezogen auf die Kupplungswelle)
S_A, S_L Stoßfaktor der Antriebsseite, Lastseite. Für übliche Anfahrstöße kann $S_A = S_L = 1{,}8$ eingesetzt werden.
S_z, S_t Anlauffaktor, Temperaturfaktor nach Herstellerangaben bzw. TB 13-8a und b

Kupplungen mit Verdrehspiel können durch einen Geschwindigkeitsstoß zusätzlich belastet werden (vgl. 13.2.4-3).

3.3. Belastung durch ein periodisches Wechseldrehmoment

Für das Durchfahren der Resonanz gilt

— bei antriebsseitiger Schwingungserregung (z. B. Antrieb durch Dieselmotor):

$$T'_K = \frac{J_L}{J_A + J_L} \cdot T_{Ai} \cdot V_R \cdot S_z \cdot S_t \le T_{K\,max} \qquad (13.14a)$$

— bei lastseitiger Schwingungserregung (z. B. durch Kolbenverdichter):

$$T'_K = \frac{J_A}{J_A + J_L} \cdot T_{Li} \cdot V_R \cdot S_z \cdot S_t \le T_{K\,max} \qquad (13.14b)$$

Für die Betriebsfrequenz muss das fiktive Wechseldrehmoment noch mit dem Dauerwechseldrehmoment der gewählten Kupplung verglichen werden. Es gilt

— bei antriebsseitiger Schwingungserregung:

$$T'_K = \frac{J_L}{J_A + J_L} \cdot T_{Ai} \cdot V \cdot S_t \cdot S_f \le T_{KW} \qquad (13.15a)$$

— bei lastseitiger Schwingungserregung:

$$T'_K = \frac{J_A}{J_A + J_L} \cdot T_{Li} \cdot V \cdot S_t \cdot S_f \le T_{KW} \qquad (13.15b)$$

$\pm T_{Ai}, \pm T_{Li}$	erregendes Drehmoment (Ausschlag der periodischen Drehmomentschwankung i-ter Ordnung) auf der Antriebsseite bzw. Lastseite
$T_{K\,max}, \pm T_{KW}$	Maximaldrehmoment, Dauerwechseldrehmoment der Kupplung nach Herstellerangaben bzw. TB 13-2 bis TB 13-5
J_A, J_L, V, V_R	wie zu Gl. (13.10)
S_z, S_t, S_f	Anlauffaktor, Temperaturfaktor, Frequenzfaktor nach Angaben der Kupplungshersteller bzw. TB 13-8

Mit Hilfe der Gleichungen (13.8) und (13.9) ist stets zu prüfen, ob die kritische Kreisfrequenz außerhalb des Betriebs-Kreisfrequenz-Bereiches liegt. In der Regel sollte $\omega/\omega_k > \sqrt{2}$ sein, sonst ist eine Kupplung mit anderer Drehfedersteife zu wählen.

3.4 Belastung durch Wellenverlagerungen

Während axiale Verlagerungen nur statische Kräfte in den Kupplungen erzeugen, ergeben radiale und winklige Verlagerungen Wechselbelastungen, die u. U. berücksichtigt werden müssen. Es sind folgende Bedingungen einzuhalten (s. Bild 13-1):

$$\Delta K_a \ge \Delta W_a \cdot S_t \qquad (13.16a)$$

$$\Delta K_r \ge \Delta W_r \cdot S_t \cdot S_f \qquad (13.16b)$$

$$\Delta K_w \ge \Delta W_w \cdot S_t \cdot S_f \qquad (13.16c)$$

$\Delta K_a, \Delta K_r$	ΔK_w	$\Delta W_a, \Delta W_r$	ΔW_w	S_t, S_f
mm	rad	mm	rad	1

$\Delta K_a, \Delta K_r, \Delta K_w$	zulässiger axialer, radialer und winkliger Versatz der Kupplungshälften nach Angaben der Kupplungshersteller bzw. TB 13-2, TB 13-4 und TB 13-5
$\Delta W_a, \Delta W_r, \Delta W_w$	maximal auftretende axiale, radiale und winklige Verlagerung der Wellen
S_t, S_f	Temperaturfaktor, Frequenzfaktor nach Angaben der Kupplungshersteller bzw. TB 13-8b, TB 13-8c

Durch Verlagerungen entstehen mit den Kupplungsfederwerten C_a, C_r und C_w Rückstellkräfte und -momente, die die benachbarten Bauteile (Wellen, Lager) belasten.

Axiale Rückstellkraft:

$$F_a = \Delta W_a \cdot C_a$$

(13.17a)

Radiale Rückstellkraft:

$$F_r = \Delta W_r \cdot C_r$$

(13.17b)

Winkliges Rückstellmoment:

$$M_w = \Delta W_w \cdot C_w$$

(13.17c)

F_a, F_r	M_w	C_a, C_r	C_w
N	Nm	N/mm	Nm/rad

ΔW_a, ΔW_r, ΔW_w wie zu Gl. (13.16)
C_a, C_r, C_w Axialfedersteife, Radialfedersteife, Winkelfedersteife nach Angaben der Kupplungshersteller bzw. TB 13-2 und TB 13-5

Hinweis: Die von den Kupplungsherstellern angegebenen Nachgiebigkeiten ΔK stellen Maximalwerte dar. Sie dürfen meistens nicht gleichzeitig durch Wellenversatz ΔW_a, ΔW_r und ΔW_w entsprechender Größe ausgenutzt werden (vgl. Beispiel 13.2).

13.2.6 Auslegung von schaltbaren Reibkupplungen

Bei schaltbaren Kupplungen ist insbesondere auf kleine Schaltkräfte, kurze Wege der Wärmeabfuhr mit großen Abstrahlflächen, Einstell- und Nachstellmöglichkeit des Grenzdrehmomentes sowie Wartungsfreundlichkeit zu achten.

1. Anlaufvorgang

Der Anlaufvorgang einer aus Antriebsmaschine, fremdbetätigter Reibkupplung und Arbeitsmaschine bestehenden Anlage (vgl. Bild 13-7) läßt sich schematisch nach Bild 13-8 beschreiben.

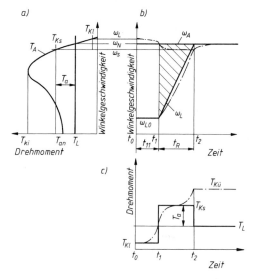

Bild 13-8
Schematische Darstellung des Schaltvorganges einer reibschlüssigen Kupplung (Strichpunktlinien: annähernd wirklicher Verlauf).
a) Drehmomentverlauf von Antriebsmaschine, Kupplung und Arbeitsmaschine
b) Hochlaufverhalten des Antriebes
c) zeitlicher Verlauf des Kupplungsdrehmomentes

Beim Einschalten der Kupplung zum Zeitpunkt t_0 ist die Antriebsseite bereits auf die Winkelgeschwindigkeit ω_A hochgelaufen, während die Lastseite mit der Winkelgeschwindigkeit ω_{L0} in gleicher Drehrichtung umläuft. Nach der bauartbedingten Verzögerungszeit t_{11} (Ansprechverzug) beginnt die Antriebsseite die Lastseite mit der Differenz zwischen dem schaltbaren Drehmoment der Kupplung T_{Ks} und dem Lastdrehmoment T_L zu beschleunigen: $T_a = T_{Ks} - T_L$ (Bild 13-8c). Während der Rutschzeit $t_R = t_2 - t_1$ gleiten die Reibflächen der Kupplung mit der relativen Winkelgeschwindigkeit $\omega_A - \omega_L$ aufeinander (Bild 13-8b). Solange die Kupplung rutscht, ist das Kupplungsdrehmoment gleich dem schaltbaren Drehmoment T_{Ks}. Dabei darf die Rutschzeit nicht zu lange dauern, weil die Kupplung sonst zu stark erwärmt wird.

2. Drehmomente bei Reibkupplungen

Bei Reibkupplungen ist zu unterscheiden zwischen dem schaltbaren und dem übertragbaren Drehmoment. Das schaltbare (dynamische) Drehmoment T_{Ks} kann bei schlupfender Kupplung, also während des Anlaufs, weitergeleitet werden; mit dem *übertragbaren* (statischen) *Drehmoment* $T_{Kü}$ dagegen kann die Kupplung belastet werden, ohne dass Schlupf eintritt. Sie sind durch die Reibzahlen der jeweiligen Reibstoffpaarung bestimmt ($\mu/\mu_0 \approx T_{Ks}/T_{Kü}$). Von den Kupplungsherstellern werden die Nenndrehmomente T_{KNs} und $T_{KNü}$ angegeben, die von den Kupplungen in jedem zulässigen Betriebszustand sicher erreicht werden (s. TB 13-6 und TB 13-7). Allerdings sind die Nenndrehmomente verschiedener Kupplungshersteller nicht ohne weiteres vergleichbar, da die eingesetzten Sicherheitsfaktoren voneinander abweichen.
Meist nicht zu vermeiden ist das über die ausgeschaltete Kupplung weitergeleitete Leerlauf- oder Restdrehmoment T_{Kl}.

3. Bestimmung der Kupplungsgröße

Für die Größenbestimmung einer Reibkupplung kann das schaltbare oder übertragbare Drehmoment, die geforderte Schaltzeit oder die zulässige Erwärmung der Kupplung maßgebend sein.
Die Bestimmung der Kupplungsgröße geschieht zunächst nach dem Drehmoment. Bei Lastschaltungen sollte das schaltbare Drehmoment T_{Ks} in der Regel mindestens doppelt so groß sein wie das Lastdrehmoment T_L, damit genügend Reserve für die Beschleunigung der Drehmassen bleibt.
Unter der Voraussetzung, dass T_A, T_L und T_{Ks} während des Schaltvorganges konstant sind und die Rutschzeit (Beschleunigungszeit) t_R bekannt ist, errechnet sich aus der Beziehung $T_{Ks} = T_a + T_L = \alpha \cdot J_L + T_L$ nach 13.2.4-1 das erforderliche *schaltbare Drehmoment* der Kupplung

$$T_{Ks} = J_L \frac{\omega_A - \omega_{L0}}{t_R} + T_L \leq T_{KNs} \qquad (13.18)$$

J_L Trägheitsmoment der Lastseite, reduziert auf die Kupplungswelle
ω_A Winkelgeschwindigkeit der Kupplungswelle auf der Antriebsseite
ω_{L0} Winkelgeschwindigkeit der Kupplungswelle auf der Abtriebs-(Last-)Seite vor dem Schalten
t_R Rutschzeit (Beschleunigungszeit)
T_L Lastdrehmoment bezogen auf die Kupplungswelle
T_{KNs} schaltbares Nenndrehmoment der Kupplung, nach Herstellerangaben bzw. TB 13-6 und TB 13-7

Bei entgegengesetzter Drehrichtung der An- und Abtriebsseite, z. B. bei Reversierbetrieb, tritt an Stelle von ($\omega_A - \omega_{L0}$) der Ausdruck ($\omega_A + \omega_{L0}$).
Bei fehlendem Lastdrehmoment T_L und Beschleunigung der Arbeitsmaschine aus der Ruhe ($\omega_{L0} = 0$) wird nach Gl. (13.18) das notwendige schaltbare Drehmoment einfach $T_{Ks} = J_L \cdot \omega_A / t_R$.

Bei gegebenem schaltbaren Nenndrehmoment der Kupplung T_{KNs} wird nach Gl. (13.18) die auftretende *Rutschzeit* (Beschleunigungszeit)

$$t_R = \frac{J_L}{T_{KNs} - T_L}(\omega_A - \omega_{L0}) \qquad\qquad (13.19)$$

J_L, T_{KNs}, T_L, ω_A, ω_{L0} wie zu Gl. (13.18)

Nach abgeschlossenem Schaltvorgang muss die Reibungskupplung die betriebsmäßig auftretenden Drehmomente ohne Schlupf übertragen können (außer sie dient gleichzeitig als Sicherheitskupplung). Bei gleichförmigen Antrieben kann das erforderliche übertragbare Drehmoment $T_{Kü}$ nach dem Nenndrehmoment der Antriebs- bzw. Arbeitsmaschine bestimmt werden. Bei ungleichförmigen Antrieben sind die auftretenden Maximaldrehmomente zu berücksichtigen, so z. B. das Kippdrehmoment bei Drehstrom-Asynchronmotoren oder das Wechseldrehmoment bei Kolbenmaschinen (vgl. 13.2.4).

Wenn das zu übertragende maximale Drehmoment $T_{Kü}$ nicht ohne weiteres bestimmt werden kann, so hilft man sich in der Praxis mit Anwendungsfaktoren (vgl. 13.2.5-2).
Gl. (13.11) gilt dann entsprechend: $T'_K = T_N \cdot K_A \leq T_{KNü}$, mit $T_{KNü}$ als übertragbarem Nenndrehmoment der Kupplung, z. B. nach TB 13-6 und TB 13-7.
Abschließend wird die *Wärmebelastung der Kupplung* geprüft.

Bei einmaliger Schaltung geht man davon aus, dass die Kupplung die während des Schaltvorganges in Wärme umgesetzte Schaltarbeit speichern kann und sich bis zur nächsten Schaltung wieder auf die Umgebungstemperatur abkühlt.

Mit dem schaltbaren Drehmoment T_{KNs} und dem aus der gemittelten Differenz der Winkelgeschwindigkeiten $(\omega_A - \omega_{L0})/2$ in der Rutschzeit t_R errechneten Drehwinkel $\varphi = 0{,}5(\omega_A - \omega_{L0})\,t_R$ wird, nach der Gleichung für die Dreharbeit $W = T \cdot \varphi$, die bei *einmaliger Schaltung anfallende Schaltarbeit*

$$W = 0{,}5\,T_{KNs}(\omega_A - \omega_{L0})\,t_R = 0{,}5\,J_L(\omega_A - \omega_{L0})^2\,\frac{T_{KNs}}{T_{KNs} - T_L} < W_{zul} \qquad (13.20)$$

W_{zul} zulässige Schaltarbeit der Kupplung nach Angaben der Kupplungshersteller bzw. TB 13-6 und TB 13-7
J_L, T_{KNs}, T_L, ω_A, ω_{L0}, t_R wie zu Gl. (13.18)

Diese Arbeit entspricht im Bild 13-8b der schraffierten Fläche. Bei fehlendem Lastdrehmoment T_L und Beschleunigung der Arbeitsmaschine aus der Ruhe ($\omega_{L0} = 0$) wird nach Gl. (13.20) die anfallende Schaltarbeit pro Schaltung

$$W = 0{,}5 \cdot T_{KNs} \cdot \omega_A \cdot t_R = 0{,}5 \cdot J_L \cdot \omega_A^2 \,.$$

Hinweis: Die Gleichung (13.20) gilt in der Form nur bei gleicher Drehrichtung der An- und Abtriebsseite. Liegt entgegengesetzte Drehrichtung vor (z. B. Wendegetriebe), so ist ω_{L0} mit negativem Vorzeichen einzusetzen.

Für Dauerschaltungen wird die Gleichung für die Einzelschaltungen (13.20) mit der Schaltzahl z_h pro Stunde multipliziert. Damit wird die *pro Stunde anfallende Schaltarbeit*

$$W_h = W \cdot z_h < W_{h\,zul} \qquad\qquad (13.21)$$

W Schaltarbeit für Einzelschaltung nach Gl. (13.20)
z_h Schaltzahl
$W_{h\,zul}$ zulässige Schaltarbeit der Kupplung bei Trocken- bzw. Nasslauf, nach Angaben der Kupplungshersteller bzw. TB 13-6 und TB 13-7

Beim Schalten der Kupplung wird ca. die Hälfte der zugeführten Energie in Wärme verwandelt. Voraussetzung für die von den Kupplungsherstellern angegebene zulässige Schaltarbeit ist deshalb eine gute Wärmeabfuhr. Im Trockenlauf geschieht dies durch gute Luftzirkulation bzw.

zusätzliche Ventilation. Im Nasslauf erfolgen Kühlung und Schmierung durch Spritzöl oder Ölnebel. Für Lamellenkupplungen mit großer Wärmebelastung oder hohen Leerlaufdrehzahlen wird Innenölung empfohlen (Bild 13-41b und Bild 13-43). Ein durch das Lamellenpaket fließender Ölstrom von 0,1 bis 0,5 *l*/min, je nach Baugröße, reicht meist aus.

13.3 Nicht schaltbare Kupplungen

Nicht schaltbare Kupplungen sind entweder als vollkommen starre (feste) Kupplungen oder als nachgiebige Kupplungen (Ausgleichskupplungen) ausgeführt (s. Bild 13-3 a).

13.3.1 Starre Kupplungen

Starre Kupplungen weisen keinerlei Nachgiebigkeit auf und verbinden die Wellenenden genau zentrisch. Mit ihnen werden vorwiegend Wellenstücke zu langen, durchgehenden Wellensträngen verbunden, z. B. Transmissionswellen und Fahrwerkswellen von Kranen. Starre Kupplungen unterliegen keinem Verschleiß, sind wartungsfrei und für beide Drehrichtungen verwendbar. Drehmomentstöße und Schwingungen werden ungedämpft übertragen. Schon geringfügige Verlagerungen der Wellen führen zu unkontrollierbaren Zusatzbeanspruchungen in der Kupplung, in den Wellen und den Wellenlagern.

Starre Kupplungen nur anordnen, wenn fluchtende Wellenlage gewährleistet ist.

Scheibenkupplung
Die Scheibenkupplungen nach DIN 116 (s. Bild 13-9) eignen sich für hochbeanspruchte Wellen, bei denen Stöße, wechselnde Belastung und axiale Kräfte auftreten oder große Einzelkräfte die Wellen vorwiegend auf Biegung beanspruchen.
Die Kupplungshälften sind gegenseitig zentriert, bei der Form B mittels geteiltem Zentrierring. Die Herausnahme dieses Zentrierringes gestattet den Ein- und Ausbau der zu kuppelnden Bauteile ohne axiales Verschieben derselben.
Die dreh- und biegesteife Verbindung der Kupplungshälften erfolgt durch Passschrauben, die so hoch vorzuspannen sind, dass das Drehmoment reibschlüssig übertragen wird.
Bei senkrechtem Einbau, z. B. an Rührerwellen, wird die Scheibenkupplung mit Axialdruckscheiben nach DIN 28 135 versehen (Form C, Bild 13-9 c). Sind die Durchmesser der zu kuppelnden Wellen verschieden groß, so ist die der dickeren Welle entsprechende Kupplung zu wählen.

13

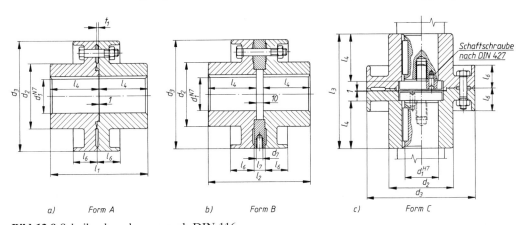

a) Form A   b) Form B   c) Form C

Bild 13-9 Scheibenkupplungen nach DIN 116.
a) Form A mit Zentrieransatz, b) Form B mit zweiteiliger Zwischenscheibe (Zentrierring), c) Form C mit Ausdrehung für Axialdruckscheiben nach DIN 28 135 (für d_1 bis 160 mm). Maße s. TB 13-1

Die mit der Bohrungstoleranz N7 bzw. H7 ausgeführten Kupplungsnaben werden mit einer Übergangspassung auf die zu verbindenden Wellenenden gesetzt (z. B. N7/h8 bzw. H7/k6) und mit einer Passfeder gegen Verdrehen gesichert, bei stoßhaften wechselseitigen Drehmomenten auch aufgekeilt oder aufgeschrumpft und auf der Welle nachgedreht. Bei Kupplungen mit Bohrungen $d_1 > 100$ mm wird die Anwendung von Pressverbänden empfohlen (Berechnung s. 12.3.1).

Schalenkupplung

Schalenkupplungen nach DIN 115 (s. Bild 13-10) werden ähnlich wie Scheibenkupplungen eingesetzt, sind aber nicht so hoch belastbar, lassen sich dafür einfacher ein- und ausbauen.

Die Halbschalen werden auf die zu verbindenden Wellenenden gelegt und reibschlüssig mit diesen durch die in Taschen angeordneten Schrauben verspannt. Die Schrauben werden in wechselnder Durchsteckrichtung angeordnet, um Unwuchten zu vermeiden. Ab 55 mm Wellendurchmesser werden Passfedern (keine Keile!) zum sicheren Übertragen des Drehmomentes vorgesehen.

Für sicherheitstechnische Anforderungen sind die Kupplungen mit zusätzlichem Stahlblechmantel lieferbar (Kennzeichnung AS, BS, CS, s. Bild 13-10).

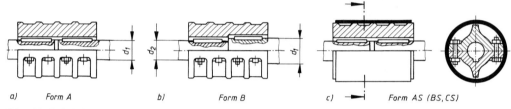

a)   Form A   b)   Form B   c) ⊢⊣   Form AS (BS, CS)

Bild 13-10 Schalenkupplungen nach DIN 115.
a) Form A für Wellenenden mit gleichen Durchmessern, b) Form B für Wellenenden mit verschiedenen Durchmessern, c) mit Stahlblechmantel; Form AS (BS, CS)

13

Stirnzahnkupplungen
Die platz- und gewichtssparende Plan-Kerbverzahnung (z. B. Voith-Hirth-Verzahnung) überträgt große Drehmomente und übernimmt gleichzeitig die Zentrierung der Teile (Bild 12-9). Näheres ist unter 12.2.4 ausgeführt.

13.3.2 Nachgiebige Kupplungen (Ausgleichskupplungen)

Nachgiebige Kupplungen sollen Fluchtungs- und Lagefehler der zu kuppelnden Wellen ausgleichen (s. Ausgleichsfunktion unter 13.1). Je nach Bauart weisen sie eine oder mehrere Nachgiebigkeiten auf, die sich im Betrieb überlagern können. Der zulässige axiale, radiale und winklige Versatz der Kupplungshälften ΔK_a, ΔK_r und ΔK_w (vgl. Bild 13-1a bis c) wird von den Kupplungsherstellern angegeben (s. auch TB 13-3, 13-4 und 13-5) und darf von den im Betrieb auftretenden Wellenverlagerungen ΔW (vgl. Gl. (13.16)) nicht überschritten werden. Der Ausgleich der Verlagerungen erfolgt im Allgemeinen nicht kräftefrei, es entstehen Rückstellkräfte und -momente, die die Kupplung selbst und die Wellen und Lager zusätzlich belasten (vgl. 13.2.5−3.4). Nachgiebige Wellenkupplungen sind in DIN 740 T1 aufgeführt.

1. Getriebebewegliche (drehstarre) Kupplungen

Drehstarre Kupplungen übertragen Drehmomente und leiten Drehmomentstöße und damit Schwingungen ungedämpft weiter. Meist gleiten die Kupplungshälften bzw. -teile aufeinander, was eine Schmierung der Gleitflächen erfordert; andernfalls tritt übermäßiger Verschleiß auf.

Klauenkupplung
Bei der Klauenkupplung tragen die Kupplungshälften stirnseitig drei (oder fünf) Klauen, welche wechselseitig in entsprechende Lücken der anderen Kupplungshälfte eingreifen (Bild 13-11b).

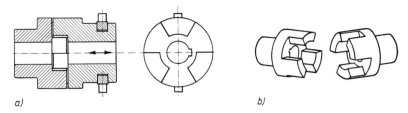

Bild 13-11 Klauenkupplung.
a) trennbar, b) nicht trennbar (schaltbar) ausgeführt

Die Klauenkupplung ermöglicht eine Längsverlagerung der Welle, z. B. hervorgerufen durch Erwärmung oder Einbauungenauigkeit, und wird deshalb in lange Wellenstränge eingebaut (Ausdehnungskupplung).

Kreuzscheiben-Kupplung
Den Kreuzscheibenkupplungen liegt das Doppelschleifengetriebe mit zwei Dreh- und zwei benachbarten Schubgelenken zugrunde (Bild 13-12 a). Der rechtwinklige Kreuzschieber (3) gleitet in den Schleifen (1) und (2), die gleichförmig um zwei parallele Achsen vom Abstand ΔK_r umlaufen. Die Drehbewegung wird auch dann winkelgetreu übertragen, wenn sich der Achsabstand ΔK_r während des Betriebes ändert.
Werden die Schleifen (1) und (2) als Naben mit stirnseitiger Quernut und der Kreuzschieber (3) als Scheibe mit zwei um 90° versetzten Leisten ausgeführt, die in die Nabennuten passen, so entsteht die Grundform der Oldham-Kupplung (Bild 13-12 b). Diese eignet sich zum Ausgleich geringer axialer und radialer Wellenverlagerungen.
Bei der Ringspann-Ausgleichskupplung (Bild 13-12 c) greifen die Mitnehmernocken der beiden gleichen Nabenteile (Stahl oder Grauguss) um 90° zueinander versetzt in entsprechende Schlitze der aus verschleißfestem Kunststoff bestehenden Zwischenscheibe ein. Durch Stütznocken wird eine zusätzliche winklige Nachgiebigkeit erreicht. Es treten keine nennenswerten Rückstellkräfte auf.

13

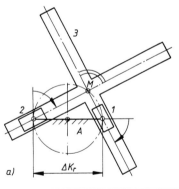

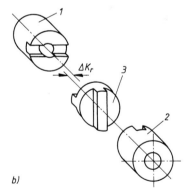

Bild 13-12
Kreuzscheiben-Kupplungen.
a) Prinzipdarstellung
b) (Doppelschleifengetriebe) Oldham-Kupplung
c) Ringspann-Ausgleichskupplung (Werkbild)

Parallelkurbel-Kupplung

Die Schmidt-Kupplung (Bild 13-13) eignet sich zur Verbindung extrem radial verlagerter Wellen auf kürzestem Raum. Sie besteht aus der ortsfesten Lagerscheibe (1), der Mittelscheibe (2) und der radial verstellbaren Lagerscheibe (3). Die Scheiben sind untereinander über Bolzen mit gleich langen Lenkern so verbunden, dass zwei hintereinander angeordnete Parallelkurbelgetriebe entstehen und die Drehbewegung winkelgetreu übertragen wird. Die Wellen sind sowohl in Ruhe, als auch während des Betriebes und unter Last, radial nach allen Seiten innerhalb der zulässigen Grenzwerte $\Delta K_r = (0{,}25 \ldots 0{,}95) \cdot 2l$ verstellbar (l Lenkerlänge). Die Kupplung darf aus kinematischen Gründen weder in der Strecklage noch in der neutralen Lage (fluchtende Wellen) betrieben werden. Für einen gegebenen radialen Versatz behält die Mittelscheibe (2) ihre Lage im Raum bei, sie rotiert also zentrisch, sodass keine Unwucht erzeugt wird.

Die Schmidt-Kupplung eignet sich z. B. für den Antrieb von Walzen und Bodenverdichtern, für den stufenlosen radialen Vorschub von rotierenden Werkzeugen (unabhängig vom Antriebsmotor) und bei Wellensträngen zur Umgehung von Hindernissen.

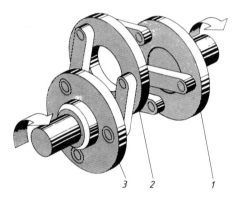

Bild 13-13
Parallelkurbel-Kupplung (Schmidt-Kupplung, Werkbild)

13

Biegenachgiebige Ganzmetallkupplung (Membran- bzw. Ringkupplung, auch Thomas-Kupplung genannt)

Die Nachgiebigkeit der Kupplungen wird durch flexible Elemente (s. Bild 13-14a) erreicht. Ein solches Element besteht aus einem wechselseitig mit zwei Scheiben (1) verschraubten Lamellenpaket (2). Die Scheiben werden jeweils mit den Kupplungsnaben (3) bzw. dem Zwischenstück (4) verschraubt. Bei axialen bzw. windigen Wellenverlagerungen verformen sich die Lamellen, dabei wirken die Unterlegscheiben (5) als Distanzstücke. Die Doppelkupplung (Bild 13-14b) gleicht

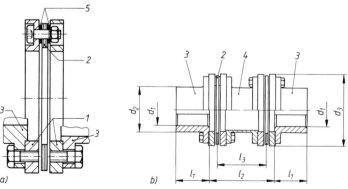

Bild 13-14 Biegenachgiebige Ganzmetallkupplung. (Thomas-Kupplung, Werkbild). a) Flexibles Element (Bauform 900), b) Kupplung aus zwei flexiblen Elementen und Zwischenstück (Bauform 901). Maße s. TB 13-2

auch radiale Wellenverlagerungen aus. Die Ausgleichskupplungen sind wartungs-, verschleiß- und spielfrei (kein Ausschlagen!) und auch bei höheren Temperaturen (bis 270 °C) einsetzbar. Sie sind empfindlich gegen Stoßbelastung und bauen größer als Zahnkupplungen. Sie werden bei Turbomaschinen, Hubschraubern und im allgemeinen Maschinenbau eingesetzt. Hauptmaße und Auslegungsdaten dieser Kupplungen s. TB 13-2.

Zahnkupplungen
Die allseitig frei beweglichen Zahnkupplungen sind zur Übertragung großer Drehmomente und hoher Drehzahlen geeignet. Bei der Zahnkupplung nach Bild 13-15 d greift die bogenförmig und ballig ausgebildete Verzahnung der Kupplungsnaben (1) axial verschiebbar und allseitig winkelbeweglich in die gerade Innenverzahnung der Hülse (2).
Die übliche Ausführung als Doppelkupplung ermöglicht den Ausgleich von radialen Wellenverlagerungen. Zur Überbrückung großer Abstände sowie zum Ausgleich größerer Radialverlagerungen werden die Kupplungshälften durch Zwischenstücke verbunden. Da die Zahnflanken bei Ausgleichsbewegungen aufeinander gleiten, müssen sie geschmiert werden (meist Öl- oder Fettvorratsschmierung). Kunststoffe (z. B. Hülse aus Polyamid) ergeben wartungsfreie, gegen Öl und Chemikalien beständige Zahnkupplungen von geringem Trägheitsmoment und Gewicht. Die Zahnkupplung nach Bild 13-15 d ist zur Begrenzung des Drehmomentes mit einem Brechbolzenteil (3) ausgestattet (Näheres unter 13.4.2).

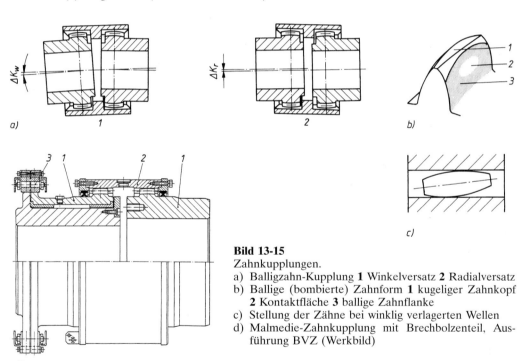

Bild 13-15
Zahnkupplungen.
a) Balligzahn-Kupplung **1** Winkelversatz **2** Radialversatz
b) Ballige (bombierte) Zahnform **1** kugeliger Zahnkopf **2** Kontaktfläche **3** ballige Zahnflanke
c) Stellung der Zähne bei winklig verlagerten Wellen
d) Malmedie-Zahnkupplung mit Brechbolzenteil, Ausführung BVZ (Werkbild)

13

Gelenke und Gelenkwellen
Gelenke und Gelenkwellen können Drehmomente auch zwischen winklig zueinander stehenden Wellen übertragen.
Das Bild 13-16 zeigt schematisch ein *Kreuzgelenk* (Kardangelenk). Beim Umlauf beschreiben die Gelenklager sphärische Bahnen. Dadurch wird die Winkelgeschwindigkeit ω_1 der Welle 1 nicht gleichförmig, sondern sinusförmig auf die Welle 2 übertragen, d. h. der Drehwinkel φ_1 ist beim Umlauf gegenüber φ_2 abwechselnd vor- und nachlaufend (Kardanfehler, s. Bild 13-17b)).

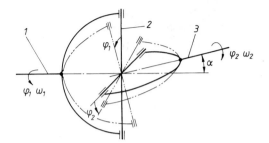

Bild 13-16
Einfaches Kreuzgelenk (schematisch).
1 treibende Welle
2 Zwischenglied (Kreuz),
3 getriebene Welle
ω_1, ω_2 Winkelgeschwindigkeiten der An- bzw. Abtriebswelle; α Ablenkungswinkel;
φ_1, φ_2 Drehwinkel der An- bzw. Abtriebswelle

Es gilt: $\tan \varphi_2 = \tan \varphi_1/\cos \alpha$

$$\boxed{\omega_2 = \frac{\cos \alpha}{1 - \cos^2 \varphi_1 \cdot \sin^2 \alpha} \cdot \omega_1}$$ (13.22)

ω_1, ω_2 Winkelgeschwindigkeit der Welle 1 bzw. 2
φ_1, φ_2 Drehwinkel der Welle 1 bzw. 2
α Ablenkungswinkel zwischen An-
              bzw. Abtriebswelle

Die Grenzwerte sind:

$$\omega_{2\,\text{max}} = \frac{\omega_1}{\cos \alpha}; \qquad \omega_{2\,\text{min}} = \omega_1 \cdot \cos \alpha$$

Der Kardanfehler kann durch ein in Z- oder W-Anordnung eingebautes zweites Gelenk (s. Bild 13-18) ausgeglichen werden. Dabei sind folgende Bedingungen einzuhalten:

1. Alle Wellenteile (1, 2 und 3) müssen in einer Ebene liegen.
2. Die Ablenkwinkel α der beiden Gelenke müssen gleich groß sein.
3. Die inneren Gelenkgabeln müssen in einer Ebene liegen.

Die Drehzahlen der Gelenkwellen sind wegen der ungleichförmig umlaufenden Zwischenwelle begrenzt (Laufruhe, Biegeschwingungen).
Das Ablenken des Drehmomentes T bewirkt in den Gelenken Momentenkomponenten, welche die Welle auf Biegung beanspruchen und die Lager belasten (Bild 13-19). Diese Biegemomente M ändern sich periodisch und erreichen beim Drehwinkel $\varphi_1 = 90°$ bei der Z- und W-Anordnung den Größwert $M = T \cdot \tan \alpha$ (Bild 13-19a). Bei der W-Anordnung wirkt außerdem bei $\varphi_1 = 0°$ auf die Zwischenwelle das größte Biegemoment $M = 2 \cdot T \cdot \sin \alpha$ und entsprechend auf das Gelenk der An- und Abtriebswelle die Kraft $F = 2 \cdot T \cdot \sin \alpha/l$ (Bild 13-19b).
Wellengelenke nach DIN 808 sind als Einfach- und Doppelgelenke genormt (Bild 13-20) und eignen sich zur Übertragung kleiner Drehmomente. Sie werden für Drehzahlen bis 1000 min^{-1} mit Gleitlagern, für höhere Drehzahlen bevorzugt mit Nadel-

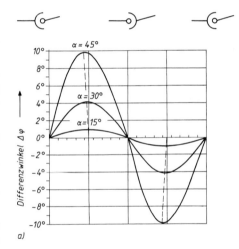

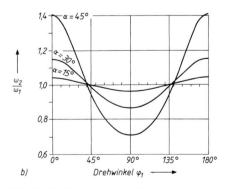

Bild 13-17 Kardanfehler. Verlauf des
a) Differenzwinkels $\Delta\varphi = \varphi_2 - \varphi_1$,
b) der Winkelgeschwindigkeit ω_2

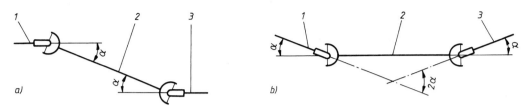

Bild 13-18 Hintereinander geschaltete Kreuzgelenke (Doppelgelenke) zur gleichförmigen Bewegungsübertragung (schematisch).
a) Z-Anordnung, b) W-Anordnung **1** Antriebswelle, **2** Zwischenwelle, **3** Abtriebswelle

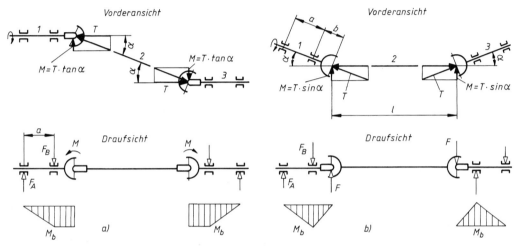

Bild 13-19 Biegemomente und Lagerkräfte bei Kreuzgelenkwellen (schematisch).
a) Z-(W-)Anordnung beim Wellendrehwinkel $\varphi_1 = 90°$ (270°), b) W-Anordnung beim Wellendrehwinkel $\varphi_2 = 0°$ (180°), **1** Antriebswelle, **2** Zwischenwelle, **3** Abtriebswelle

13

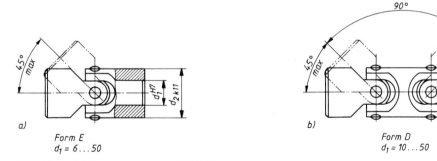

Bild 13-20 Wellengelenke nach DIN 808.
a) Einfach-Wellengelenk Form E, b) Doppel-Wellengelenk Form D

lagern ausgeführt. Der größte Ablenkungswinkel beträgt 45° (bei Doppelgelenken 90°). Ihre Befestigung auf der Welle erfolgt mit Querstift, Passfeder oder Vierkant.

Für größere Drehmomente kommen *Kreuzgelenkwellen* zur Anwendung (Bild 13-21). Die Zapfenkreuze der Gelenke sind mit nachschmierbaren abgedichteten Nadellagern versehen (Bild 13-21c). Der Wellenanschluss erfolgt über Rundflansche durch vorgespannte Schrauben. Verändern während des Betriebes die Gelenke ihre Lage, so werden Gelenkwellen mit Längenausgleich eingesetzt (Bild 13-21a). Der teleskopartige Längenausgleich wird oft kunststoffbeschich-

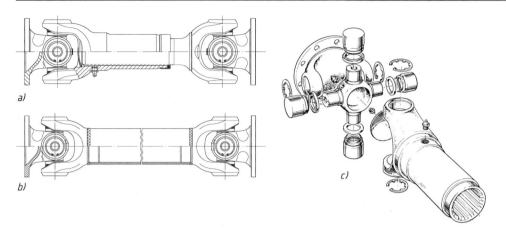

Bild 13-21 Gelenkwellen (Werkbild). a) mit Längenausgleich, b) ohne Längenausgleich in Rohraus-führung, c) konstruktiver Aufbau des Gelenkes

tet, um den Reibwert der Verzahnung gering zu halten und um Wartungsfreiheit zu erreichen. Bei der Kreuzgelenkwelle ohne Längenausgleich (Bild 13-21b) werden die Gelenke durch ein angeschweißtes Stahlrohr (kleine Masse) verbunden und ausgewuchtet.

Gleichlaufgelenke (Bild 13-22) sind schwerer und teurer als Kreuzgelenke, sie übertragen aber die Drehbewegung gleichförmig (homokinetisch) und bauen bei Ablenkungswinkeln bis ca. 45° sehr kurz. Sie haben im Kfz-Bau die Kreuzgelenke fast verdrängt und finden zunehmend Anwendung im allgemeinen Maschinenbau (z. B. Werkzeugmaschinen, Walzen- und Pumpenan-triebe).

Bedingung für Gleichlauf zwischen An- und Abtriebswelle bei beliebigem Ablenkungswinkel ist, dass die Bewegung der beiden Gelenkteile spiegelbildlich zur winkelhalbierenden Ebene (Gleichlaufebene) erfolgt (Bild 13-22a).

13

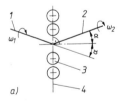

Bild 13-22
Gleichlaufgelenke (Wälzgelenke).
a) Spiegelbildliche Lage der An- und Abtriebswelle zur „Gleichlaufebene"
    1 Antriebswelle, **2** Abtriebswelle, **3** kraftübertragende Kugeln,
    4 „Gleichlaufebene"
b) Gleichlaufgelenkwelle mit Längenausgleich (Werkbild)
    1 Achszapfen, **2** Kugelnabe, **3** Kugel, **4** Kugelkäfig, **5** Faltenbalg, **6** Welle,
    7 Gelenkstück

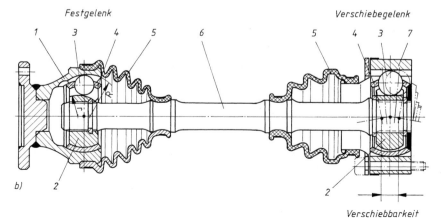

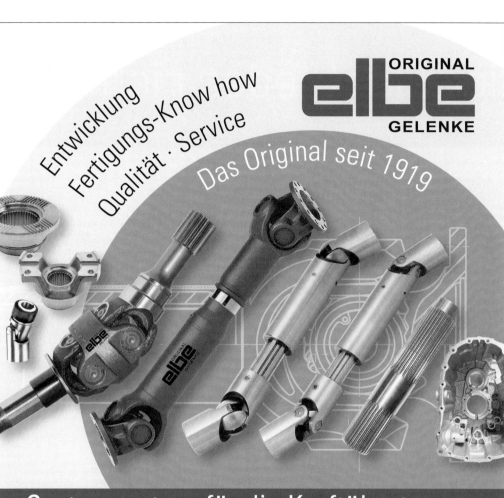

Beim Festgelenk nach Bild 13-22 b wird der glockenförmige Achszapfen (1) mit der Kugelnabe (2) durch sechs im Käfig (4) geführte Kugeln (3) verbunden. Die Mittelpunkte der Radien für die Kugellaufbahnen R und r im Achszapfen und in der Kugelnabe sind nach entgegengesetzten Richtungen um gleiche Beträge versetzt, wodurch die Einstellung der Kugeln in der Gleichlaufebene erzwungen wird.

Verschiebegelenke nach Bild 13-22 b gestatten neben der gleichförmigen Übertragung von Drehbewegungen unter Ablenkungswinkeln auch eine Verschiebung der Abtriebs- und Antriebswelle zueinander bzw. Längenänderungen der kompletten Gelenkwelle. Gegenüber dem Längenausgleich mit axial gegeneinander gleitender Profilwelle und Profilnabe (vgl. Bild 13-21 a) treten bei der Verschiebung über Kugeln (rollende Reibung) geringere Reibungskräfte und kleinerer Verschleiß auf. Die mit Gleichlauf-Verschiebegelenken erreichbaren Ablenkungswinkel sind allerdings auf ca. 18° begrenzt.

Das Verschiebegelenk (Bild 13-22 b) besteht aus einem ringförmigen Gelenkstück (7), der Kugelnabe (2), dem Kugelkäfig (4) und sechs Kugeln (3). Die Kugelbahnen sind schraubenförmig in Gelenkstück und Kugelnabe so eingearbeitet, dass sich ihre Bahnen kreuzen und damit in jeder Stellung die Lage der das Drehmoment übertragenden Kugeln in der Gleichlaufebene fixiert ist.

2. Drehnachgiebige Kupplungen

Drehnachgiebige Kupplungen haben die Aufgabe, Drehmomentstöße zu mildern bzw. zu dämpfen (s. 13.1).

2.1 Metallelastische Kupplungen

Ihr Aufbau und ihre Funktionsweise wird durch die verwendete Feder bestimmt. Die meist lineare Federkennlinie wird häufig durch entsprechende Maßnahmen in eine progressive geändert (vgl. 10.1.1). Durch Reibung in den Federelementen weisen Metallfeder-Kupplungen vereinzelt ein gutes Dämpfungsvermögen auf; sie sind ölfest und temperaturbeständig.

Bei der *Schlangenfeder-Kupplung* (Bild 13-23 a) erfolgt die Kraftübertragung durch schlangenförmig gewundene Stahlfedern (4), die in die nutenförmige Verzahnung der beiden Kupplungsscheiben (1 und 2) eingelegt werden. Diese Nuten erweitern sich zur Mitte der Kupplung hin. Dadurch wird die freie Stützweite der Stahlfeder mit steigendem Drehmoment verkürzt (vgl. Bild 13-23 b) und die Kupplung erhält eine progressive Drehfederkennlinie. Bei großen Stoßdrehmomenten kommen die Stahlfedern an den Nutflanken voll zur Anlage, die Kupplung verliert dann ihre Drehnachgiebigkeit und verhält sich wie eine drehstarre Kupplung. Ein geteiltes Federgehäuse (3) erlaubt den Ein- und Ausbau von Wellen ohne deren axiale Verschiebung und nimmt das Schmierfett auf.

Die *Schraubenfederkupplung* (Bild 13-24) besteht aus zwischen den Kupplungsnaben (1) in Umfangsrichtung vorgespannten Schraubendruckfedern (4), die sich über schwenkbare Führungs-

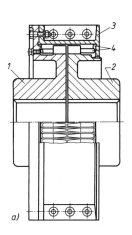

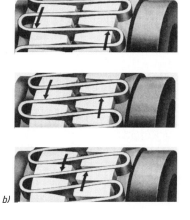

Bild 13-23
Schlangenfederkupplung (Werkbild).
a) Bibby-Kupplung mit waagerecht geteiltem Federgehäuse (Bauart WB)
b) Elastische Verformung der Federn bei Halblast, Normallast und Stoßlast (von oben nach unten)

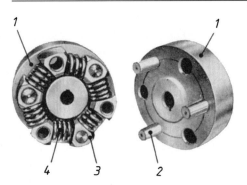

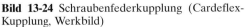

Bild 13-24 Schraubenfederkupplung (Cardeflex-Kupplung, Werkbild)

Bild 13-25 Mehrlagen-Schraubenfeder-Kupplung (Simplaflex-Kupplung, Bauform MM, Werkbild)

körper (3) und Mitnehmerbolzen (2) wechselseitig an den Naben abstützen. Durch Hintereinanderschalten der verdrehspielfreien, allseitig verlagerungsfähigen und robusten Kupplungen lassen sich elastische Gelenkwellen ausführen.

Bei der *Mehrlagen-Schraubenfeder-Kupplung* (Bild 13-25) ist der aus drei gegenläufigen Schraubenfedern gewundene Federkörper in die Anschlussnaben eingelötet. Da sich bei der Übertragung des Drehmomentes immer zwei Federlagen aufeinander abstützen können, sind die Kupplungen für beide Drehrichtungen verwendbar und weisen ein gutes Dämpfungsvermögen auf. Sie zeichnen sich ferner durch einen kleinen Außendurchmesser, glatte Oberfläche und völlige Wartungsfreiheit aus.

2.2 Gummielastische Kupplungen mittlerer Elastizität

Dabei handelt es sich überwiegend um Bolzen- oder Klauenkupplungen mit auf Druck beanspruchten elastischen Zwischenelementen. Sie weisen einen kleinen Verdrehwinkel und geringe Dämpfung auf. Sie eignen sich in einfachen Antrieben (z. B. Ventilatoren, Kreiselpumpen) zum Ausgleich von Anfahrstößen und Wellenverlagerungen, erlauben relativ große axiale Verlagerungen, sind wartungsfrei und arbeiten auch nach der Zerstörung der elastischen Elemente noch durchschlagsicher (wichtig bei Hubwerken, Aufzugsantrieben). Diese preisgünstigen Kupplungen sind dank ihrer progressiven Drehfederkennlinie robust und hoch überlastbar.

Die *elastische Klauenkupplung* (Bild 13-26) überträgt das Drehmoment über elastische Pakete aus Perbunan, die sich in gleichmäßig auf dem Umfang verteilten Taschen der einen Kupplungshälfte befinden. In die Zwischenräume greifen die entsprechend ausgebildeten Finger der anderen Kupplungshälfte ein. Für Reversierbetrieb und bei starken Drehmomentstößen kann durch Einbau erhöhter Pakete das schädliche Drehspiel ausgeschaltet werden. Eine dreiteilige Bauart gestattet das Auswechseln der elastischen Elemente und den radialen Ausbau der Kupplungswelle, ohne dass die An- oder Abtriebsseite verschoben werden muss.

Die elastische Klauenkupplung (Bild 13-27) besteht aus zwei Kupplungshälften mit konkav ausgebildeten Klauen, die in die Zwischenräume eines Sternes aus Vulkolan greifen. Die Zähne des Sternes sind ballig gestaltet, um bei Wellenverlagerungen Kantenpressung zu vermeiden.

Bei der *elastische Bolzenkupplung* (Bild 13-28) greifen die in einem Kupplungsflansch befestigten Bolzen mit ihren axial vorgespannten Profilhülsen in entsprechende Bohrungen des anderen Kupplungsflansches ein. Mehrere verschieden tiefe Rillenprofile am Umfang der Hülsen bewirken eine progressive Drehfederkennlinie, ein gutes Arbeitsvermögen und bei Wellenverlagerungen nur geringe Rückstellkräfte. Profilhülsen mit unterschiedlichen elastischen Eigenschaften erlauben eine Abstimmung der Kupplung auf den jeweiligen Belastungsfall.

2.3 Gummielastische Kupplungen hoher Elastizität

Diese Kupplungen übertragen das Drehmoment spielfrei über wulst-, scheiben- oder ringförmige Gummielemente. Da Drehmomentstöße durch die große Dämpfung rasch abgebaut werden,

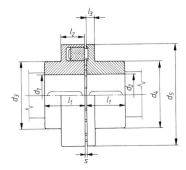

Bild 13-26 Elastische Klauenkupplung
(N-Eupex-Kupplung, Bauform B, Werkbild).
Maße und Auslegungsdaten s. TB 13-3

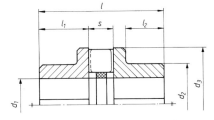

Bild 13-27 Elastische Klauenkupplung
(Hadeflex-Kupplung, Bauform XW1, Werkbild).
Maße und Auslegungsdaten s. TB 13-4

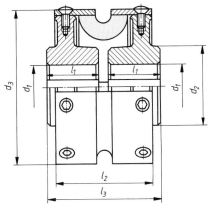

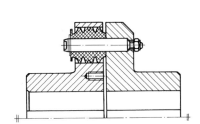

Bild 13-28 Elastische Bolzenkupplung

Bild 13-29 Hochelastische Wulstkupplung (Radaflex-Kupplung, Bauform 300, Werkbild).
Maße und Auslegungsdaten s. TB 13-5

eignen sich diese Kupplungen für stark ungleichförmige Antriebe (z. B. Kolbenmaschinen, Pressen). Durch ihre hohe Elastizität können sie große Wellenverlagerungen ausgleichen. Die Dreh-
federkennlinien sind linear, bei Zwischenring-Kupplungen meist leicht progressiv.
Die *hochelastische Wulstkupplung* (Bild 13-29) überträgt Drehmomente über auf Stahlhalbscha-
len vulkanisierte, nach innen gewölbte Gummihalbreifen. Die Halbschalen werden mit den Naben verschraubt und ermöglichen eine einfache Montage.
Bei der *hochelastischen Scheibenkupplung* (Bild 13-30) ist eine kegelförmige Gummischeibe an
Nabe und Flansch der Kupplung vulkanisiert. Durch unterschiedliche Gummisorten kann die
Drehfederkennlinie verändert werden.

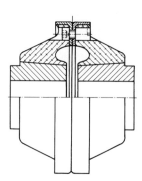

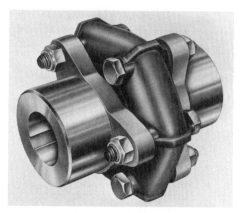

Bild 13-30 Hochelastische zweiseitige Scheibenkupplung (Kegelflex-Kupplung, Werkbild)

Bild 13-31 Hochelastische Zwischenring-Kupplung (Werkbild)

Die *hochelastische Zwischenring-Kupplung* (Bild 13-31) überträgt das Drehmoment über einen
vier-, sechs- oder achteckigen Ring, welcher wechselseitig mit den beiden Stahl-Flanschnaben
verschraubt ist. Der hochelastische Zwischenring aus zylindrischen Gummikörpern, mit an den
Eckpunkten einvulkanisierten Stahlblechhülsen, wird beim Einbau radial vorgespannt. Dadurch
treten auch bei Belastung keine für Gummi ungünstigen Zugspannungen auf, außerdem besitzt
auf Druck beanspruchter Gummi ein großes Arbeitsvermögen.

13.4 Schaltbare Kupplungen

13

Schaltbare Kupplungen dienen dem betrieblichen Unterbrechen und Wiederherstellen der Verbindung von Antriebsteilen und bilden die umfangreichste Gruppe innerhalb der Kupplungen.
Sie lassen sich nach folgenden Gesichtspunkten gliedern:

1. Nach *Art ihrer Betätigung* (vgl. Bild 13-3b) in fremdbetätigte Kupplungen (z. B. mechanisch,
   elektromagnetisch, hydraulisch und pneumatisch betätigt) als eigentliche Schaltkupplungen
   und selbsttätig schaltende, d. h. drehzahl-, moment- oder richtungsbetätigte Kupplungen entsprechend als Fliehkraft-, Sicherheits- oder Freilaufkupplungen, womit auch schon ihre Funktionen (Einsatzgebiete) festgelegt sind.
2. Nach der *Art ihrer Kraftübertragung* bzw. des Schlusses in formschlüssige, kraftschlüssige und
   reibschlüssige Kupplungen (vgl. Bild 13-3b). Da Reibungskupplungen äußere Anpresskräfte
   erfordern, werden sie häufig unter den kraftschlüssigen Kupplungen aufgeführt.
3. Nach ihrer *konstruktiven Gestaltung* in Klauenkupplungen, Zahnkupplungen, Lamellenkupplungen usw.

Die magnetischen und hydrodynamischen Kupplungen, welche zur Aufrechterhaltung der Funktion einen gewissen Schlupf erfordern (Schlupfkupplungen), lassen sich bei den kraftschlüssigen
Kupplungen einordnen. Sie werden in den Abschnitten 13.4.5 und 13.4.6 gesondert behandelt.
Aus der Vielzahl dieser Kupplungen können hier nur einige typische Bauformen exemplarisch
beschrieben werden.

13.4.1 Fremdbetätigte Kupplungen (Schaltkupplungen)

1. Formschlüssige Schaltkupplungen

Formschlüssige Schaltkupplungen sind nur trennbar (s. 13.1), d. h. sie lassen sich nur bei (an-
näherndem) Stillstand oder Synchronlauf und nur in bestimmten Stellungen der Kupplungshälf-

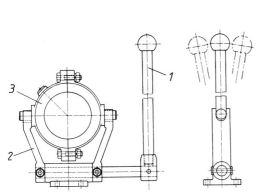

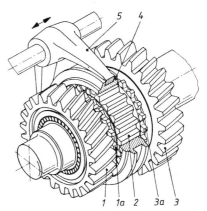

Bild 13-32 Kupplungsschalter.
1 Handhebel, **2** Schaltgabel, **3** Schaltring
(Seitenansicht ohne Schaltring dargestellt)

Bild 13-33 Schaltbare Zahnkupplung im ZF-Allklauengetriebe (Werkbild)

ten zueinander kuppeln. Sie lassen sich unter Last entkuppeln, wenn die durch die Umfangskraft (Drehmoment) bedingten Reibkräfte dies zulassen. Die Betätigung erfolgt meistens mechanisch über Gleitmuffe, Schaltring und Schaltgabel (vgl. Bild 13-32). Die verschiebbare Kupplungshälfte wird auf die zeitweise stillstehende Welle gesetzt, um Verschleiß und Erwärmung zu vermeiden.

Bei der *trennbaren Klauenkupplung* (Bild 13-11 a) erfolgt das Ein- und Entkuppeln durch mittels Gleitfedern geführtes axiales Verschieben einer Kupplungshälfte um etwas mehr als die Klauenhöhe. Das Einkuppeln wird durch abgerundete oder abgeschrägte Klauen erleichtert. *Schaltbare Zahnkupplungen* nach Bild 13-33 werden in Kraftfahrzeuggetrieben verwendet. Die zu kuppelnden Zahnräder (1) und (3), die je mit einem Kupplungszahnkranz (1a) und (3a) versehen sind, sitzen drehbar (lose) auf der Welle, während das Kupplungszahnrad (2) fest mit der Welle verbunden ist. Die Kupplung wird betätigt, indem die innenverzahnte Kupplungsmuffe (4) durch die Schaltgabel (5) nach rechts oder links verschoben wird.

Das Schalten während des Betriebes wird durch Gleichlaufeinrichtungen (Synchronisierung) erleichtert, die im Prinzip aus vorgeschalteten Kegelkupplungen bestehen. Eine Schaltsperre (Synchronsperre) sorgt dafür, dass erst bei völligem Gleichlauf die Muffe (4) über die Verzahnung (1a oder 3a) geschoben werden kann und damit Welle und Zahnrad (1 oder 3) formschlüssig verbunden sind.

2. Kraft-(Reib-)schlüssige Schaltkupplungen

Die reibschlüssigen Schaltkupplungen lassen sich im Betrieb unter Last schalten. Sie können ein Drehmoment nur übertragen, wenn auf die Reibflächen eine der Größe des Drehmomentes entsprechende Normal-(Anpress-)Kraft wirkt. Nachteilig ist die beim Einschalten (Rutschen) entstehende Reibungswärme und der unvermeidbare Verschleiß der Reibungsflächen. Je nach Form (eben, kegelig oder zylindrisch) und Anzahl der Reibungsflächen unterscheidet man Einflächen-, Zweiflächen-(Einscheiben-), Mehrflächen-(Lamellen-), Kegel- und Zylinderkupplungen (Bild 13-34). Die Kupplungen bestehen aus einem Betätigungsteil (z. B. Magnetspule) und einem Kraftübertragungsteil (z. B. Lamellen). Nach dem Aufbau unterscheidet man die Gehäuseausführung (Betätigungs- und Kraftübertragungsteil bilden mit dem Außenmitnehmer eine Einheit) und die Trägerausführung (Betätigungs- und Kraftübertragungsteil bilden mit dem Innenmitnehmer oder Träger eine Einheit). Außerdem wird noch zwischen Nass- und Trockenlauf unterschieden, je nachdem ob die Reibflächen geölt werden oder trocken bleiben müssen (Reibungszahl!). Als Reibstoffpaarungen werden für Nasslauf meist Stahl/Stahl und Stahl/Sinterbronze und für Trockenlauf Stahl (Grauguss)/Reibbelag und Stahl/Sinterbronze eingesetzt.

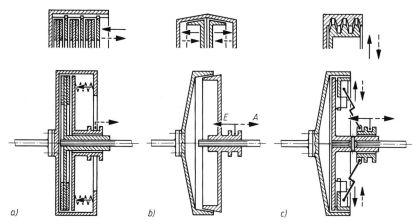

Bild 13-34 Einteilung der reibschlüssigen Schaltkupplungen nach der Form der Reibflächen. a) Scheibenkupplung (Ein-, Zwei- oder Mehrflächenkupplung), b) Kegelkupplung, c) Zylinder-(Backen-)Kupplung, E Einschalten (Kuppeln), A Ausschalten (Entkuppeln).

2.1 Mechanisch betätigte Schaltkupplungen

Bei mechanisch betätigten Schaltkupplungen wird die für den Reibungsschluss notwendige Anpresskraft meist über selbstsperrende Hebelsysteme oder Federn aufgebracht. Diese einfachste Art der Betätigung ist anwendbar, wenn keine Fernsteuerung verlangt wird und die Schaltgenauigkeit ausreicht.

Zweiflächen-Kupplung

Bei der Zweiflächen-(Einscheiben-)Kupplung mit Rastung nach Bild 13-35 a wird das Drehmoment von der Mitnehmerscheibe (2) über eine Zahn- oder Bolzenverbindung in die Reib-

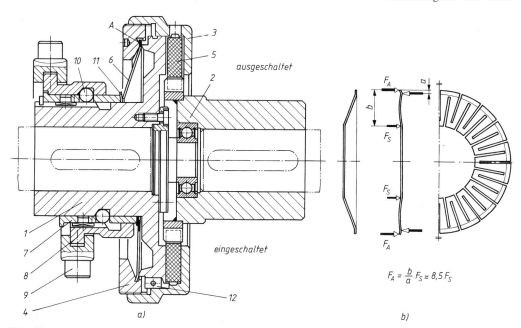

$$F_A = \frac{b}{a}\, F_S \approx 8{,}5\, F_S$$

Bild 13-35 Mechanisch betätigte Zweiflächen-(Einscheiben-)Kupplung (Werkbild). a) Ringspann-Schaltkupplung mit Rastung (Bauform KSW) in ausgeschaltetem (oben) und eingeschaltetem (unten) Zustand, b) Ringspann-Anpressfeder mit an ihr wirkender Schalt-(F_S) und Anpresskraft (F_A).

scheibe (5) eingeleitet. Beim Einkuppeln wird der Kupplungsring (3) über den Einstellring (4) durch die Anpressfeder (6) nach links gedrückt und damit gegen die Reibscheibe (5) und die Kupplungsnabe (1) gepresst. Die Anpressfeder wird mittels Schaltring (9) über die Schaltmuffe (8), die Schaltbuchse (7) und die Tellerfeder (11) verspannt (eingeschalteter Zustand) oder entlastet, wobei die Kugeln (10) in den jeweiligen Endstellungen in Ringnuten einrasten und dadurch den Schaltring entlasten. Das Ein- und Nachstellen der Kupplung erfolgt über den in den Kupplungsring eingeschraubten Einstellring.

Gegenüber Lamellenkupplungen haben Zweiflächenkupplungen den Vorteil, dass die anfallende Reibungswärme besser gespeichert und abgeführt werden kann und das Leerlaufmoment kleiner ist. Sie bauen allerdings größer und sind teurer.

Lamellenkupplungen

Die Lamellenkupplungen (z. B. Bild 13-36) haben heute den größten Anwendungsbereich. Durch mehrere hintereinandergeschaltete, abwechselnd mit den Kupplungshälften verbundene Reibscheiben (Lamellen) wird die Anzahl der Reibungsflächen und damit in gleichem Maße das übertragbare Drehmoment erhöht. Ihre Vorteile gegenüber allen anderen Bauarten sind ihre kleineren Abmessungen und ihr günstiger Preis. Nachteilig ist, dass sie keine großen Wärmemengen speichern und abgeben können und dass stets ein kleines Leerlaufdrehmoment auftritt.

Bei der Sinus-Lamellenkupplung (Bild 13-36) trägt der mit der Welle durch eine Passfeder verbundene Innenmitnehmer (1) eine Außenverzahnung, in die die Zähne der gehärteten und in Umfangsrichtung gewellten Sinus-Innenlamellen (3) eingreifen. Die in gleicher Weise mit dem Außenmitnehmer (2) verbundenen Außenlamellen (4) sind entweder gehärtete und plangeschliffene Stahllamellen (Nasslauf) oder Stahllamellen mit Sinterbelag. Das Kuppeln erfolgt durch Verschieben der Schaltmuffe (5) über drei im Innenmitnehmer angeordnete Winkelhebel (6). Diese drücken mit ihren kurzen Enden auf das Lamellenpaket und bewirken den Reibschluss zwischen den Lamellen. Die federnde Ausbildung der Kupplungshebel verhindert einen stärkeren Drehmomentabfall bei Lamellenverschleiß und vermeidet häufiges Nachstellen der Kupplung.

Die Sinus-Lamellen bewirken durch ihre Federwirkung ein weiches Kuppeln, da während des Schaltvorganges eine stetige Vergrößerung der Reibungsflächen durch allmähliches Abflachen der Sinuslinie bis zum Tragen der ganzen Fläche erfolgt.

Ein sicheres Entkuppeln wird durch die Eigenfederung der Sinus-Lamellen bewirkt, die im Leerlauf der Kupplung nur Linienberührung haben, sodass Leerlaufmitnahme, Erwärmung und Verschleiß unbedeutend sind.

13

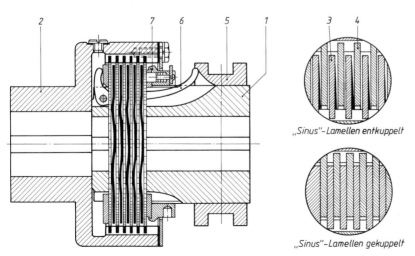

Bild 13-36 Mechanisch betätigte Sinus-Lamellenkupplung (Werkbild)

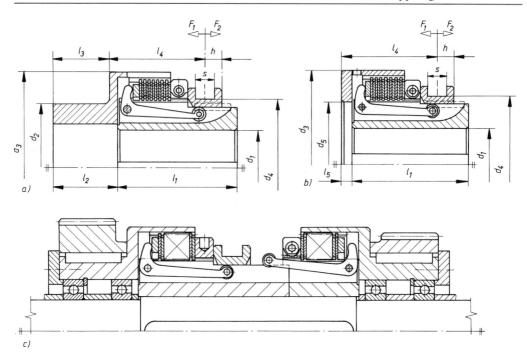

Bild 13-37 Mechanisch betätigte BSD-Lamellen-Kupplungen (Werkbild).
a) mit Nabengehäuse (Bauform 493), b) mit Topfgehäuse (Innenflansch, Bauform 491), c) Doppelkupplung mit Nabengehäuse in einem Wendegetriebe. Maße und Auslegungsdaten zu a) und b) s. TB 13-6.

13

Die Stellmutter (7) dient zur Einstellung des Drehmomentes und zur Verschleißnachstellung. Mechanisch betätigte Lamellenkupplungen mit verschieden gestalteten Außengehäusen als lose Außenmitnehmer zeigt Bild 13-37a bis c. Betätigungsteil und Kraftübertragungsteil der Kupplung bilden mit dem Innenmitnehmer eine Einheit. Bei der Doppelkupplung (Bild 13-37c) sind zwei Einfachkupplungen mit Nabengehäuse zu einer Einheit verbunden. Wahlweise kann die eine oder die andere Kupplung geschaltet werden.

Reibungsring-Kupplung
Eine Kombination von Kegel- und Zylinder-Reibungskupplung stellt die Reibungsring-Kupplung mit schwimmendem Keilreibring dar (Bild 13-38). Sie verfügt durch die weit außen liegenden Reibflächen über eine gute Wärmeabführung und benötigt durch die kegelförmigen Reibflächen geringe Schaltkräfte.

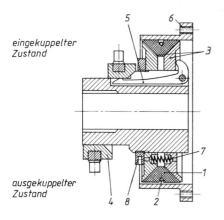

eingekuppelter Zustand

ausgekuppelter Zustand

Bild 13-38
Mechanisch betätigte Reibungsring-Kupplung (Conax-Kupplung, Bauart STA, Werkbild)

Das Kuppeln erfolgt wie bei den mechanischen Lamellenkupplungen durch Verschieben der Schaltmuffe (4) über die Winkelhebel (5), die die Tellerscheiben (3) zusammendrücken und dabei den in Segmente geteilten Reibring (1) nach außen gegen den Kupplungsmantel (6) pressen und damit Reibschluss herstellen. Beim Entkuppeln drücken die Druckfedern (7) die Tellerscheiben auseinander und die Zugfeder (2) den Reibring nach innen. Ein- und Nachstellen der Kupplung erfolgt über den Gewindering (8). Durch die Konusflächen erfolgt eine Zentrierung der beiden Kupplungshälften.

Kupplungen dieser Bauart („Doppelkonus-Kupplungen") werden auch mit hydraulischer und pneumatischer Betätigung ausgeführt und überwiegend für Trockenlauf im allgemeinen Maschinenbau eingesetzt.

2.2 Elektromagnetisch betätigte Kupplungen

Bei den elektromagnetisch betätigten Kupplungen handelt es sich meist um Einscheiben-, Lamellen- oder Zahnkupplungen, bei welchen eine stromdurchflossene Spule ein magnetisches Feld aufbaut, dessen Kraftwirkung die für den Reibschluss erforderliche Anpresskraft aufbringt (*arbeitsbetätigt*) oder die durch Federkraft geschlossene Kupplung öffnet (*ruhebetätigt*). Ruhebetätigte Kupplungen werden dann gewählt, wenn die Kupplung fast ständig eingeschaltet ist oder wenn bei Stromausfall die Drehmomentübertragung nicht unterbrochen werden darf (z. B. bei Hubwerken). Unterschieden werden zwei Grundformen: Kupplungen mit magnetisch durchfluteten und solche mit magnetisch nicht durchflutetem Kraftübertragungsteil. Bei letzteren wird durch die Magnetkraft eine Ankerscheibe angezogen, welche die auf sie ausgeübte Kraft an dem mechanischen Kraftübertragungsteil abstützt und dadurch Reibschluss bewirkt. Zwischen Ankerscheibe und Magnetkörper verbleibt in eingeschaltetem Zustand ein Luftspalt (deshalb auch "Luftspaltkupplung", vgl. Bild 13-41a).

Nach der Art der Stromzuführung werden Kupplungen mit Schleifringen und schleifringlose Kupplungen unterschieden, letztere mit stillstehendem Magnetkörper (z. B. Bild 13-39).

Die elektromagnetische Betätigung wird am häufigsten verwendet. Sie ermöglicht den Bau fernbedienbarer Kupplungen mit kleinem Bauvolumen, welche sich besonders für die Automation eignen. Nachteilig sind die Wärmeentwicklung durch die Magnetspule, die Magnetisierung der Umgebung und der dauernde Stromverbrauch während des Betriebes.

13

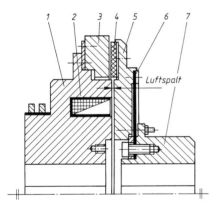

Bild 13-39
Elektromagnetisch betätigte Schleifring-Einflächen-Kupplung mit Luftspalt und Membran (Bauform MBA, Werkbild)

Einflächenkupplung

Trocken laufende Einflächenkupplungen *mit Luftspalt* und *Schleifring* haben sich bei hoher Wärmebelastung im gesamten Maschinenbau und insbesondere bei Antrieben mit Dieselmotoren (z. B. Notstromaggregatebau) bewährt. Sie arbeiten ohne Leerlaufdrehmoment. Der sich durch Verschleiß verkleinernde Luftspalt muss nachgestellt werden.

Bei der Einflächenkupplung nach Bild 13-39 ist der Magnetkörper (1) mit Spule (2) und Reibring (3) auf der Antriebswelle befestigt. Durch Erregen der Spule wird die über die Stahlmembran (6) und Nabe (7) mit der Abtriebswelle verbundene Ankerscheibe (5) gegen den Reibring gezogen und überträgt damit reibschlüssig das Drehmoment. Bei Unterbrechung des Stromes drücken Membran (6) und zusätzliche Rückholfeder die Ankerscheibe (5) zurück.

Der auf der Ankerscheibe (5) befestigte Reibbelag (4) ist zweiteilig und daher leicht austausch-bar. Der Luftspalt ist über Beilegscheiben oder Gewinde zwischen Magnetkörper (1) und Reib-ring (3) einstellbar.

Einflächenkupplungen *ohne Luftspalt* werden meist in schleifringloser Ausführung gebaut. Da der Reibschluss unmittelbar über die Polflächen erfolgt, werden sie auch als Polflächen-Reib-kupplungen bezeichnet. Sie haben einen einfachen Aufbau, kurze Schaltzeiten und sind war-tungsfrei. Sie werden als Kleinstkupplungen z. B. in Büromaschinen, Tonbändern und EDV-An-lagen, in größeren Ausführungen z. B. in Genauigkeitsschaltungen bei Werkzeugmaschinen und als Lüfterkupplung im Kfz-Bau eingesetzt.

Bei der Einflächenkupplung nach Bild 13-40 zur Verbindung zweier Wellen ist der stillstehende Magnetkörper (1) durch ein Kugellager auf der Rotornabe (5) zentriert und mit dem Halte-blech (4) gegen Verdrehen gesichert. Der Rotor (6) weist zwei magnetisch gegeneinander iso-lierte Polflächen auf, zwischen denen der Reibbelag (7) liegt. Er ist mit der Rotornabe (5) verschraubt.

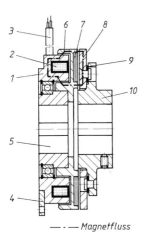

Bild 13-40
Elektromagnetisch betätigte schleifringlose Einflächenkupplung ohne Luftspalt (Bauform 160, Werkbild)

— · — *Magnetfluss*

Die Verbindung zwischen Ankerscheibe (8) und Ankernabe (10) über die Membranfeder (9) erfolgt drehspielfrei durch Niete. Die Kupplung eignet sich daher zur Übertragung von Wech-seldrehmomenten (kein Ausschlagen wie bei Kupplungen mit Verzahnungen!). Zur Reduzie-rung magnetischer Streuflüsse sind beide Naben (5 und 10) aus einer hochfesten Al-Cu-Legie-rung hergestellt.

Bei Erregung des Magneten (2) mit Gleichstrom über das Anschlusskabel (3) entsteht im Mag-netkörper (1) ein magnetischer Fluss, der über die Luftspalte radial in den Rotor (6) eindringt und sich in der Ankerscheibe (8) schließt. Diese wird nun luftspaltlos gegen die Pole und den Reibbelag (7) gepresst. In stromlosem Zustand holt die Membranfeder (9) die Ankerscheibe (8) zurück.

Lamellenkupplung

Bei der Lamellenkupplung mit *nicht durchfluteten Lamellen* bleibt im eingeschalteten Zustand zwischen Magnetkörper und Ankerscheibe ein Luftspalt, sie wird deshalb häufig als „Luft-spaltkupplung" bezeichnet. Da die Lamellen magnetisch nicht durchflutet werden, kann die Reibstoffpaarung beliebig gewählt und die Kupplung auch im Trockenlauf betrieben werden. Bei Verschleiß der Lamellen muss der sich verkleinernde Luftspalt nachgestellt werden.

Bei der Kupplung nach Bild 13-41 a wird der Kraftfluss zwischen den Kupplungshälften über die auf dem Innenmitnehmer (1) sitzenden Innenlamellen (9) und die auf dem Außenmitneh-mer (3) sitzenden Außenlamellen (10) erreicht. Der Reibschluß zwischen den Lamellen er-

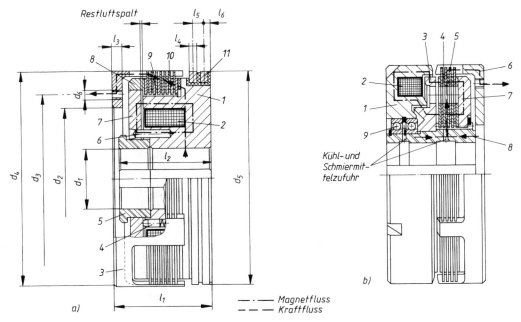

Bild 13-41 Elektromagnetisch betätigte Lamellenkupplungen (Werkbild).
a) mit magnetisch nicht durchfluteten Lamellen und Schleifring, Bauform 100, b) mit magnetisch durchfluteten Lamellen ohne Schleifring, Bauform 137. Maße und Auslegungsdaten s. TB 13-7

folgt, indem bei Erregung der Magnetspule (2) durch über die Schleifringe (11) zugeführten Gleichstrom ein Magnetfeld entsteht, das die Ankerscheibe (7) mit der Stellmutter (8) anzieht. Hierzu ist die Ankerscheibe beweglich auf der Buchse (5) gelagert und gegen Verdrehen mit Zylinderstiften (6) gesichert. Im stromlosen Zustand wird die Ankerscheibe mittels federbeaufschlagter Druckbolzen (4) von den Lamellen weggedrückt und damit der Kraftfluss unterbrochen.

Die Kupplung mit *magnetisch durchfluteten Lamellen* bedingt magnetisierbare Stahllamellen. Damit kann sie in der Regel nur im Nasslauf betrieben werden. Bei Lamellenverschleiß braucht sie nicht nachgestellt zu werden. Die schleifringlose Ausführung (Bild 13-41b) benötigt als zusätzliches Bauelement eine Leitscheibe (3) zur Umlenkung der Feldlinien vom stillstehenden Magnetkörper (1) in das umlaufende Lamellenpaket. Dafür entfällt die Wartung der Schleifbürsten.

Bei der schleifringlosen Kupplung nach Bild 13-41b wird der Kraftfluss von der Antriebswelle über die Nabe mit Außenverzahnung (8) und den darauf geführten gehärteten Innenlamellen (4) auf die in Umfangsrichtung gewellten Außenlamellen (5), die auf den gehärteten Fingern der Außenmitnehmer (6) sitzen, weitergeleitet. Der Außenmitnehmer wird mit dem Abtriebsteil (z. B. Zahnrad) verschraubt.

Bei Erregung der Magnetspule (2) entsteht infolge der magnetischen Durchflutung in den Reibungsflächen der Lamellen der für den Reibschluss erforderliche Anpressdruck. Die in der Außenverzahnung der Nabe mit gelagerte Ankerscheibe (7) hat nur die Aufgabe, den Magnetfluss zu führen. Hierzu dient auch die mittige Unterbrechung der Lamellen und Leitscheibe, die stegförmig miteinander verbundene Polflächen bilden. Die Kugellager (9) trennen den stillstehenden Magnetkörper (1) von der umlaufenden Nabe (8).

Zahnkupplung
Die elektromagnetisch betätigten Zahnkupplungen übertragen das Drehmoment über eine Stirnverzahnung (Bild 13-42 b). Obwohl sie Merkmale der formschlüssigen Kupplungen aufweisen (Schalten im Stillstand bzw. Synchronlauf) rechnet man sie zu den kraftschlüssigen Kupp-

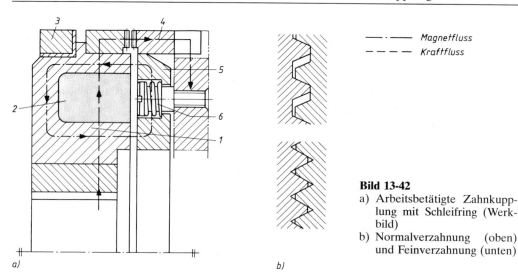

Bild 13-42
a) Arbeitsbetätigte Zahnkupplung mit Schleifring (Werkbild)
b) Normalverzahnung (oben) und Feinverzahnung (unten)

a)   b)

lungen, weil sie zur Kraftübertragung eine Schließkraft benötigen. Gegenüber Lamellenkupplungen gleicher Abmessung können sie wesentlich größere Drehmomente übertragen und weisen kein Leerlaufdrehmoment auf. Bei der Ausführung mit Normalverzahnung (Trapezverzahnung, Bild 13-42 b oben) liegt geringes Umfangsspiel vor, sodass die Kupplung auch bei kleinen Drehzahldifferenzen eingeschaltet werden kann. Ausgeschaltet werden kann sie bei jeder Drehzahl und unter Last. Zahnkupplungen können nass oder trocken betrieben werden, sind wartungsfrei und eignen sich z. B. für genaue Steuerungen bei Werkzeugmaschinen.

Die Schleifring-Zahnkupplung nach Bild 13-42 a wird durch die Magnetkraft der im Magnetkörper (1) eingegossenen Spule (2) über den Schleifring (3) eingeschaltet und durch die Federkraft der Druckfedern (6) ausgeschaltet (arbeitsbetätigt). Der Kraftfluss erfolgt über den am Magnetkörper befestigten Zahnkranz zum Gegenzahnkranz (4), der mit der Ankerscheibe (5) und über sechs Außenmitnehmer (Klauen) mit dem Abtriebsteil (z. B. Zahnrad) verbunden ist.

2.3 Hydraulisch und pneumatisch betätigte Kupplungen

Hydraulisch betätigte Kupplungen werden überwiegend als Lamellenkupplungen und vereinzelt als Kegelkupplungen ausgeführt. Hydraulisch betätigte Lamellenkupplungen zeichnen sich aus durch geringe Abmessungen, Fernbedienbarkeit, Steuerbarkeit des Drehmomentes, Eignung für hohe Drehzahlen und hohe Schalthäufigkeit, geringes Leerlaufdrehmoment und selbsttätige Verschleißnachstellung.

Ihre Anwendung bietet sich bei Maschinen mit ohnehin vorhandenem Ölversorgungssystem an. Sie werden häufig in Verbindung mit Hydromotoren eingesetzt, so z. B. in Baumaschinen, Raupen- und Schienenfahrzeugen und in Hubwerken. Häufig verwendet man sie auch in den Getrieben großer Werkzeugmaschinen.

Eine *hydraulisch betätigte Lamellenkupplung* zeigt Bild 13-43 a. Durch Beaufschlagung des Kolbens (2) mit Drucköl wird das Lamellenpaket (3) zusammengepresst, wodurch Innen- und Außenmitnehmer (1 und 4) reibschlüssig verbunden werden. Bei Entlastung des Kolbens vom Öldruck wird der Kolben durch die Druckfeder (7) zurückgedrückt und die Kupplung ausgeschaltet. Die von dem schrägverzahnten Zahnrad (5) verursachte axiale Zahnkraft wird von dem zwischen Topfgehäuse (Außenmitnehmer) (4) und Innenmitnehmer (1) angeordneten Axialgleitlager (6) aufgenommen.

Das Drucköl wird über die Bohrung (9), das Schmier- bzw. Kühlöl über Bohrung (10) zugeführt, die Abdichtung erfolgt durch die Buchse (8).

Eine Lamellenkupplung die *sowohl hydraulisch als auch pneumatisch* betätigt werden kann und bei der das Druckmittel über das feststehende Zylindergehäuse radial von außen zugeführt wird, zeigt Bild 13-43 b.

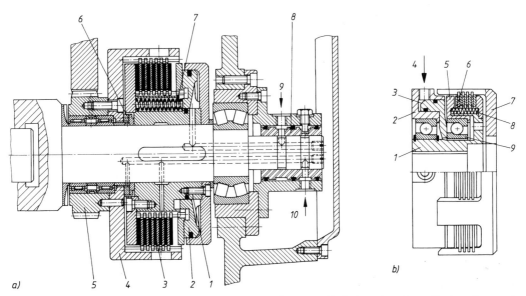

Bild 13-43 Druckmittelbetätigte Lamellenkupplung. a) Hydraulisch betätigte Lamellenkupplung mit Öleinführung (Werkbild), b) Hydraulisch oder pneumatisch betätigte Lamellenkupplung mit radialer Druckmittelzufuhr von außen (Werkbild)

Auf dem antriebseitigen Innenmitnehmer (1) sind jeweils über Schrägkugellager das Zylindergehäuse (2) und die Druckplatte (5) gelagert. Wird dem Druckraum über eine flexible Zuführungsleitung, welche das Zylindergehäuse auch gegen Verdrehung sichert, Druckmittel (4) zugeführt, so drückt der Kolben (3) über das Schrägkugellager (9) und die Druckplatte (5) das Lamellenpaket (6) zusammen. Innen- und Außenmitnehmer (1 und 7) sind dann reibschlüssig verbunden. Beim Abschalten des Druckes wird der Kolben durch die Lüftfedern (8) in seine Ausgangsstellung gebracht und damit der Reibschluss unterbrochen.

Pneumatisch betätigte Kupplungen werden als Scheiben-, Kegel- und Zylinderkupplungen ausgeführt. Sie gleichen den hydraulisch betätigten Kupplungen und schalten besonders schnell und genau. Druckluftkupplungen werden eingesetzt, wenn kurze Schaltzeiten gefordert werden oder große Massen beschleunigt und verzögert werden müssen. Sie haben bei Pressen, Scheren, Holzbearbeitungs- und Baumaschinen große Verbreitung gefunden.

Bei der *Luftreifen-Kupplung*, Bild 13-44, überträgt ein aufblähbarer Gummireifen (3) das Drehmoment. Dieser ist am Träger (4) anvulkanisiert und trägt an seinem inneren Umfang Reibschuhe (2) mit aufgeklebten Reibbelägen. Durch Befüllen des Reifens mit Druckluft werden die Reibbeläge gegen die Reibtrommel (1) gepresst.

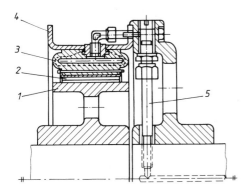

Bild 13-44
Pneumatisch betätigte Zylinderkupplung (Nachgiebige Luftreifen-Kupplung, Bauform SI, Werkbild)

Die Druckluft wird über Bohrungen in der Welle und über Rohrleitungen (5) zugeführt. Im ausgeschalteten Zustand ist zwischen Reibtrommel und Reibbelägen stets ein großer Luftspalt vorhanden.

Wesentliche Vorzüge sind: Übertragung großer Drehmomente, gute Wärmeabfuhr, Aufnahme von Wellenverlagerungen, kein Nachstellen erforderlich und Steuerung des Drehmomentes über den Luftdruck.

13.4.2 Momentbetätigte Kupplungen (Sicherheitskupplungen)

Die momentbetätigten Kupplungen werden durch das zu übertragende Drehmoment betätigt. Wird das eingestellte Drehmoment überschritten, so unterbrechen formschlüssige Sicherheitskupplungen den Kraftfluss ganz, während reibschlüssige Sicherheitskupplungen den Kraftfluss auf das schaltbare Drehmoment begrenzen. Wenn durch längeres Rutschen Gefahr (Wärme, Verschleiß) für die Kupplung besteht, so müssen sie durch Endschalter, Drehzahlwächter oder ähnliche Einrichtungen geschützt werden, welche den Antrieb stillsetzen.

Geeignet sind grundsätzlich alle Kupplungen, die eine genaue Einstellung des Schaltdrehmomentes zulassen, also auch die in den folgenden Kapiteln beschriebenen Fliehkraft- und Induktionskupplungen sowie die hydrodynamischen Kupplungen. Aus Sicherheitsgründen werden die Kupplungen meist so ausgeführt, dass das eingestellte Höchstdrehmoment vom Betreiber der zu schützenden Anlage nicht ohne weiteres verändert (erhöht!) werden kann.

Elastische Kupplungen und Zahnkupplungen werden häufig mit einem *Brechbolzenteil* als Sollbruchstelle ausgerüstet (vgl. Bild 13-15 d). Dazu werden zwei im Kraftfluss liegende Flanschnaben am Umfang durch gekerbte Brechbolzen miteinander verbunden. Diese sind nach dem größten zu übertragenden Drehmoment bemessen. Wird dieses überschritten, so werden die Bolzen im Kerbquerschnitt abgeschert und dadurch der Kraftfluss vollständig unterbrochen; die Kupplung kann ohne Schaden leer weiterlaufen. Nachteilig ist, dass das Drehmoment wegen der starken Streuung der Festigkeitswerte der Bolzenwerkstoffe nur ungenau bestimmt werden kann und die Anlage zum Auswechseln der gebrochenen Bolzen jedes Mal stillgelegt werden muss.

Die *Rutschnabe* nach Bild 13-45 ist eine trocken laufende *Zweiflächen-Sicherheitskupplung*, welche unmittelbar auf das Wellenende der Getriebe und Motoren gesetzt wird. Auf dem Nabenteil (1) befindet sich zwischen schwimmend angeordneten Reibbelägen (2) das zu kuppelnde Antriebselement (3). Dieses wird direkt auf der mit einem Dauergleitschutz behandelten Nabe oder – bei häufigem Rutschen – mittels einer Gleitbuchse (4) gelagert.

Die einstellbaren Schraubenfedern (5) pressen die Reibflächen mit der notwendigen Vorspannkraft zusammen. Durch Ändern der Anzahl der Federn sind verschiedene Drehmomente einstellbar. Die Kennlinie der verwendeten Schraubenfedern verläuft so flach, dass selbst bei starker Belagabnutzung die Anpresskraft und damit das Drehmoment kaum abfallen und eine Nachstellung nicht erforderlich ist.

Bei kraftschlüssigen *Sperrkörper-Sicherheitskupplungen* dienen Kugeln oder Bolzen als Sperrkörper.

Bei der Kugelratsche nach Bild 13-46 wird das Drehmoment von der als Kugelscheibe ausgebildeten Nabe (6) über die Sperrkörper (4) auf den Flansch (5) übertragen, an den ein abtriebsseitiges Bauteil (z. B. ein Zahnrad) angeschraubt werden kann. Bei Überschreiten des mit der Mutter (1) einstellbaren Grenzmomentes drücken die Sperrkörper (4) die Tellerfedern (2) zusammen und rutschen aus den Vertiefungen des Flansches (5), die Kupplung rutscht durch. Über die Scheibe (3) kann ein Endschalter (7) betätigt werden zum Stilllegen des Motors.

Bei der *Anlauf- und Überlastkupplung* nach Bild 13-47 wird das Drehmoment vom Nockenteil (3), das mit seinen zwei Paar gegenüberliegenden Nocken in die beiden Mitnehmerringe (2) eingreift, über die Mitnehmerringe und Segmente mit Reibbelag (5) auf das Schalenteil (1) übertragen. Die zwei Druckfedern (4) drücken im Ruhezustand die Mitnehmerringe und Segmente mit Reibbelag gegen das Schalenteil (Reibschluss). Im Betrieb wirkt das über das Nockenteil eingeleitete Drehmoment der Federkraft entgegen, indem es die gegenseitig geführten Mitnehmerringe zusammendrückt, sodass die Segmente entlastet werden. Die Kupplung rutscht durch,

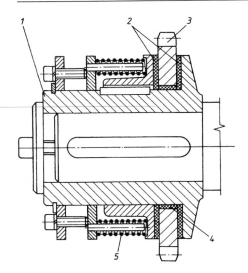

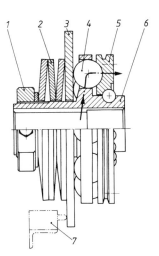

Bild 13-45 Zweiflächen-Sicherheitskupplung (Werkbild).
Rimostat-Rutschnabe mit eingebautem Kettenrad auf der Arbeitswelle eines Getriebemotors

Bild 13-46 Sperrkörper-Sicherheitskupplung (Werkbild).
Kugelratsche mit Endschalter (Kraftfluss)

wenn sich die Wirkung der Federn und deren Entlastung durch das äußere Drehmoment aufheben. Dadurch ist das Haft- und Rutschmoment annähern gleich groß und das übertragbare Drehmoment unterscheidet sich kaum vom schaltbaren Drehmoment (Rutschdrehmoment). Das Rutschdrehmoment kann durch Einbau verschieden starker Federn verändert werden.

Die *Klauen-Sicherheitskupplung* (ESKA-Kupplung) nach Bild 13-48 bewirkt eine vollständige Trennung des Kraftflusses bei Überlastung.

Im Normalbetrieb wird das Drehmoment von der Nabe (6) über eine Verzahnung auf den Ring (4), von diesen über abgeschrägte Klauen (3) auf den Kupplungsflansch (1) übertragen. Der Ring wird durch am Nabenabsatz anliegende, in abgeschrägten Ringen geführte Kugeln axial fixiert.

Bei Überlastung werden die angeschrägten Klauen auseinandergedrückt, dadurch der Ring axial verschoben und die Kugeln durch die Schräge angehoben. Der Kupplungsflansch (1) ist dadurch von dem anderen Kupplungsteil vollständig getrennt und kann sich frei in dem Gleitlager (2) drehen.

Das Einstellen des Abschaltdrehmomentes erfolgt über den Ring (5). Zum Wiedereinrücken werden die Klauen in eine markierte Lage und durch Verschieben des gesamten Außenteils die Kugeln wieder in die Ausgangslage gebracht.

13

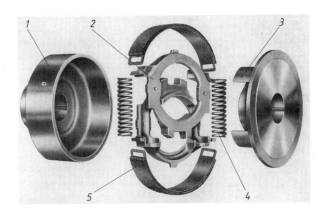

Bild 13-47
Zylinder-Sicherheitskupplung
(Werkbild)

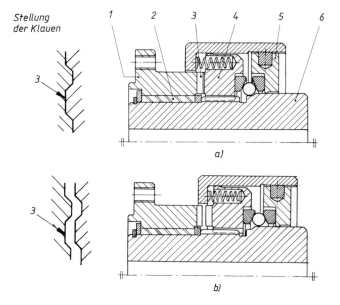

Stellung der Klauen

Bild 13-48
Klauen-Sicherheitskupplung
(Werkbild).
a) Normalbetrieb (eingeschaltet)
b) Überlastung (ausgeschaltet)

13.4.3 Drehzahlbetätigte Kupplungen (Fliehkraftkupplungen)

Bei drehzahlbetätigten Kupplungen sind auf der Antriebsseite radial bewegliche Massen (Fliehgewichte) angeordnet, welche unter dem Einfluss der Fliehkraft auf der Abtriebsseite die zur reibschlüssigen Übertragung eines Drehmomentes erforderliche Anpresskraft erzeugen. Das übertragbare Drehmoment steigt mit der Antriebsdrehzahl quadratisch (parabelförmig) an. Sie werden vorwiegend als *Anlaufkupplungen* bei Antrieben von Arbeitsmaschinen verwendet, bei denen ein hohes Anlaufdrehmoment wegen großer zu beschleunigender Massen erforderlich ist, z. B. bei Antrieben von Zentrifugen, Zementmühlen, schweren Fahrzeugen, Förderanlagen u. dgl. Wegen des durch die Arbeitsweise der Fliehkraftkupplungen gegebenen lastfreien Anlaufes der Antriebsmaschinen können für solche Antriebe die kostengünstigen, schnelllaufenden Verbrennungsmotoren und Drehstrom-Käfigläufer-Motoren eingesetzt werden. Diese brauchen nicht für die kurzzeitige hohe Anlaufleistung ausgelegt zu werden, da sie erst nach Erreichen einer bestimmten Drehzahl selbsttätig und allmählich einkuppeln. Sie schützen ferner die Antriebsmaschine vor Überlastung. Fliehkraftkupplungen arbeiten nur bei ausreichend hoher Antriebsdrehzahl wirtschaftlich.

Bei der *Fliehkörper-Kupplung* nach Bild 13-49 sind Fliehkörper (2) auf der Profilnabe (1) gelagert. Sie werden durch Zugfedern (3) über Belagbügel (4) zusammengehalten und axial

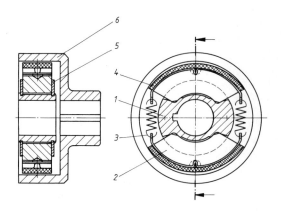

Bild 13-49
Fliehkörper-Kupplung mit Servowirkung
(Suco-Fliehkraft-Kupplung, Werkbild)

13

durch Scheiben (5) gesichert. Beginnt die Antriebsseite zu rotieren, so überwinden bei genügend hoher Drehzahl die Fliehkörper die Federkraft, wandern dabei radial nach außen und werden gegen den Innendurchmesser der auf der Abtriebsseite angeordneten Glocke (6) gepresst, wodurch diese mitgenommen wird. Die Form der Profilnabe bewirkt eine Erhöhung der Anpresskraft der Fliehkörper an die Glocke (Servowirkung) und erhöht dadurch die Leistung der Kupplung auf rund das Fünffache. Wenn die Drehzahl abfällt, holen die Zugfedern die Fliehkörper zurück, sodass An- und Abtriebsseite vollständig voneinander getrennt sind. Durch Veränderung der Federkraft kann die Einschaltdrehzahl beeinflusst werden.

13.4.4 Richtungsbetätigte Kupplungen (Freilaufkupplungen)

Freilaufkupplungen, kurz Freiläufe genannt, sind Maschinenelemente, deren An- und Abtriebsteil in einer Drehrichtung gegeneinander frei beweglich (Leerlaufrichtung) und in der anderen gekoppelt sind (Sperrrichtung).

Sie werden verwendet als *Rücklaufsperre* bei Pumpen und Becherwerken; als *Überholkupplung* in Zweimotorenantrieben zur Trennung des Hilfsantriebes vom Hauptantrieb bei $n_1 > n_2$, sowie bei Hubschrauberantrieben und Fahrradnaben und als *Schrittschaltwerk* in Vorschubeinrichtungen bei Verpackungs-, Textil- und Landmaschinen.

Die Übertragungsglieder zwischen An- und Abtriebsteil arbeiten entweder formschlüssig (z. B. Klinkenfreilauf, Bild 13-50a) oder reibschlüssig (z. B. Klemmrollenfreilauf, Bild 13-50b).

Formschlüssige Klinkenfreilaufkupplungen haben gezahnte Sperrräder und Klinken, die durch Eigengewicht oder Federbelastung selbsttätig einfallen (vgl. Bild 13-50a). Wenn eine an der Zahnspitze fassende Klinke sicher in die Zahnlücke gedrückt werden soll und dabei die Reibungskraft $\mu \cdot F_N$ zu überwinden ist, muss die Normalkraft F_N im Winkel $\alpha > \arctan \mu$ zur Klinkenkraft F stehen. Meist wird $\alpha = 14 \dots 17°$ ausgeführt.

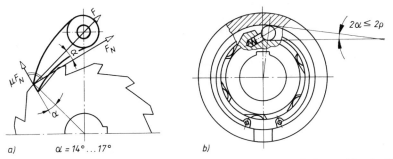

Bild 13-50 Grundformen richtungsbetätigter Kupplungen. a) Formschlüssig (Klinkenfreilauf), b) reibschlüssig (Klemmrollenfreilauf)

Der Klinkenfreilauf kann seiner Nachteile wegen (Klappergeräusche, Verschleiß, toter Gang) nur bei langsam laufenden Antrieben mit geringen Anforderungen an die Schaltgenauigkeit eingesetzt werden.

Die *reibschlüssigen* Freilaufkupplungen zeichnen sich gegenüber den formschlüssigen durch einwandfreie Funktion in jeder Stellung (Klemmbereitschaft), Geräuschlosigkeit, Eignung für hohe Drehzahlen und geringen Verschleiß aus.

Bei *radialer* Kraftübertragung werden Klemmrollen oder Klemmkörper zwischen dem Innen- und Außenring angeordnet (vgl. Bild 13-50b). Wird nach Bild 13-51a und b der Außenring der Klemmfreilaufkupplung im Uhrzeigersinn gedreht (linkes Bild), so stellen die Klemmelemente eine reibschlüssige Verbindung zwischen Innen- und Außenring her. Aufgrund der Gleichgewichtsbedingungen am Klemmelement müssen die dort angreifenden Kräfte F auf derselben Wirkungslinie liegen, die durch die Berührungspunkte A und B geht. Damit lassen sie sich in

Normalkräfte F_N und Tangentialkräfte F_T zerlegen, die durch den Klemmwinkel α festgelegt sind. Eine selbsthemmende Wirkung ist nur möglich, wenn der Klemmwinkel kleiner ist als der Reibungswinkel, also unter der Bedingung $\tan \alpha < \mu$. Bei Stahl mit der Reibungszahl $\mu \approx 0{,}1$ ergibt sich ein Klemmwinkel $\alpha = 3 \dots 4°$. Die Klemmelemente werden meist durch Federn in Eingriffsbereitschaft gehalten (Bild 13-51 a).

Wird der Freilaufaußenring in Leerlaufdrehrichtung gedreht, so ruft bei einem Klemmrollenfreilauf nach Bild 13-51 a (rechtes Bild) die Federkraft F_f die Reaktionskräfte F_{Na} und F_{Ni} hervor. Der dadurch verursachte Bewegungswiderstand im Leerlauf wird als „Schleppmoment" bezeichnet. Bei leerlaufendem Innenring wirkt zusätzlich noch die Reaktion zur Fliehkraft F_F der Rolle in Richtung F_{Na}. Reibung und Verschleiß sind also bei leerlaufendem Außenring am geringsten.

Zur Ausschaltung des Leerlaufverschleißes können die Klemmflächen durch Flieh-, Reib- oder hydrodynamische Kräfte abgehoben werden. Das in Bild 13-51 c gezeigte Abheben mittels Fliehkraft ist nur anwendbar, wenn der Außenring gleichmäßig umläuft, im abgehobenen Zustand keine Eingriffsbereitschaft des Freilaufes verlangt wird und im gesperrten Zustand die Drehzahl unter der Abhebedrehzahl bleibt, also z. B. bei Rücklaufsperren. Beim fliehkraftabhebenden Klemmkörperfreilauf nach Bild 13-51 c liegt der Schwerpunkt S des Klemmkörpers so, dass er von der Fliehkraft F_F entgegen der Anfederkraft F_f gedreht wird. Bedingung für das Abheben des Klemmkörpers vom Innenring um den Abhebeweg $s = 0{,}1 \dots 0{,}2$ mm ist: $F_F \cdot b > F_f \cdot a$.

Grundsätzlich müssen alle Freilaufkupplungen ohne eigene Lagerung zusätzlich zentriert werden (vgl. Bild 13-52 b). Klemmfreiläufe sind ausreichend zu schmieren (keine Graphit- oder Molybdändisulfid-Zusätze!).

Bild 13-52 b zeigt den Antrieb der Zuführung einer Richtmaschine. Da die Richtrollen sich schneller drehen als die dargestellten Zuführrollen, verhindert eine Freilaufkupplung das „Durchziehen" des Antriebes der Zuführung.

Ob für den jeweiligen Anwendungsfall ein Klemmkörper- oder ein Klemmrollenfreilauf vorzuziehen ist, lässt sich nicht allgemein beantworten. In der Regel liegen die Vorteile des Klemmkörperfreilaufs in der (bei gleicher Größe) etwas höheren Drehmomentaufnahme, die des Klemmrollenfreilaufs in größerer Robustheit.

13

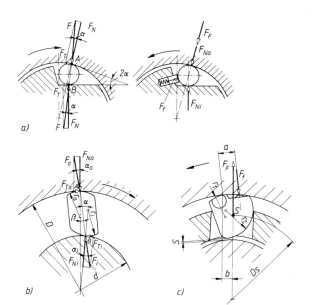

Bild 13-51
Prinzip der Klemmfreilaufkupplungen.
a) Klemmrollenfreilauf im Sperr- (links) bzw. Leerlaufzustand (rechts)
b) Klemmkörperfreilauf,
c) fliehkraftabhebender Klemmkörperfreilauf

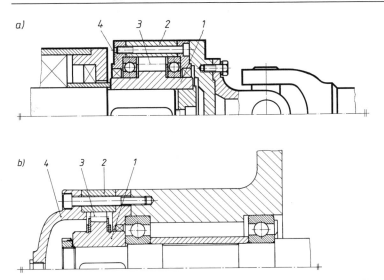

Bild 13-52 Aufbau und Einsatz von Klemmrollen-Freiläufen (Werkbild).
a) Als Rücklaufsperre mit eigener Lagerung in einem Schwenkwerk
b) als Überholkupplung ohne eigene Lagerung in einer Richtmaschine
   1 Sperrrad mit Klemmrampen, **2** glatter Außenring, **3** einzeln angefederte Klemmrollen, **4** Deckel

13.4.5 Induktionskupplungen

Induktionskupplungen übertragen das Drehmoment durch rotierende Magnetkräfte (Drehfeld-kupplungen). Sie arbeiten im Prinzip wie Drehstrommotoren. Nach Bild 13-53 besteht eine Induktionskupplung aus den durch einen Arbeitsluftspalt voneinander getrennten Kupplungs-hälften Ankerring (1) sowie Polkörper (2) mit den wechselseitig angeordneten Polfingern (vgl. Bild 13-54a) und der Erregerspule (3). Die Eigenschaften der Kupplung werden durch den Aufbau des Ankerringes – gepolt oder glatt – bestimmt. Die Anordnung der Kupplungsteile zueinander kann sich je nach Bauform unterscheiden. Bei umlaufender Spule wird der Erreger-strom durch Schleifringe (4) zugeführt. Wird die Spule erregt, so bildet sich ein magnetisches Feld aus, dessen Kraftlinienverlauf im Bild 13-53 strichpunktiert dargestellt ist. Das Drehmo-ment T_K wird ohne mechanische Berührung der Kupplungshälften und damit verschleißfrei mit-tels magnetischen Kraftschluss übertragen.

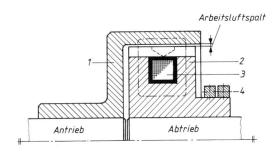

Bild 13-53
Prinzip einer Induktionskupplung

1. Synchronkupplung

Das Hauptmerkmal dieser Induktionskupplung mit *gepoltem Ankerring* ist die Eigenschaft, dass sie sowohl dynamisch (mit Schlupf) als auch statisch (schlupffrei) ein Drehmoment übertragen kann. Das wird durch gleiche Anzahl von Polen im Ankerring und Polfingern am Polkörper erreicht (vgl. Bild 13-54 b).

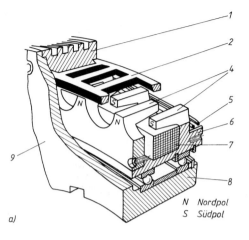

a)

N Nordpol
S Südpol

Bild 13-54
Induktionskupplung als Synchronkupplung
(Werkbild) und Asynchronkupplung.
a) Aufbau
b) Stellung der Pole von Ankerring (1) und Spulenkörper (6) zueinander für Synchronlauf bei
unbelasteter Synchronkupplung
c) Polverteilung bei der Asynchronkupplung
d) statisches Kupplungsmoment $T_{K\,stat}$ der Synchronkupplung in Abhängigkeit vom Verdrehwinkel φ und vom Erregerstrom I (schematisch)
e) dynamisches Kupplungsmoment $T_{K\,dyn}$ der
Synchronkupplung in Abhängigkeit von der
Schlupfdrehzahl n_s und vom Erregerstrom I
(schematisch)
f) Kupplungsmoment $T_{K\,dyn}$ der Asynchronkupplung in Abhängigkeit von n_s und I (schematisch)

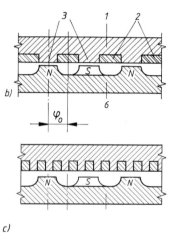

b)

c)

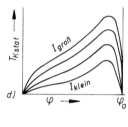

d)

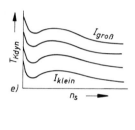

e)

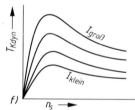

f)

Bild 13-54a zeigt den Aufbau einer Synchronkupplung. Er entspricht im Wesentlichen der Prin-
zipskizze Bild 13-53. Die Antriebsseite besteht aus der Ankerringnabe (8), welche über einen
Flansch (9) mit dem Ankerring (1) verschraubt ist. Der Ankerring trägt zwischen den Polen (3)
(Bild 13-54b) elektrisch gut leitende und an den Stirnflächen leitend verbundene Ankerstäbe
(2) (wie bei Asynchronmotoren mit Käfigläufer). Der auf der Ankernabe gelagerte Spulenkörper (6) mit der Erregerspule (7) bildet die Abtriebsseite der Kupplung.
Wird der Spule über die Schleifringe (5) Gleichstrom zugeführt, so stellt sich in unbelastetem
Zustand der Magnetkreis so ein, dass der magnetische Widerstand ein Minimum wird. Die Pole
von Spulenkörper und Ankerring stehen sich gemäß Bild 13-54b gegenüber. Es herrscht stabi-
les Gleichgewicht. Bei Belastung der Kupplung durch ein Drehmoment verschieben sich die
Pole von Spulenkörper und Ankerring entsprechend den statischen Kennlinien (Bild 13-54d)
gegeneinander. Das übertragbare Drehmoment steigt bis zum Erreichen des von der Erregung
abhängigen Kippdrehmoments an und fällt gegen null ab, sobald Spulenkörper und Ankerring
um φ_0 zueinander versetzt sind.
Die Synchronkupplung hat in statischem Zustand also die Eigenschaft einer drehelastischen
Kupplung.
Ist zwischen den beiden Kupplungshälften der Synchronkupplung ein Drehzahlunterschied
(z. B. beim Anlauf) vorhanden, so ändert sich die Größe des magnetischen Flusses im Rhythmus der Überdeckung der Pole. Dadurch wird in den Stäben des Ankerringes ein elektrischer

Strom induziert, der ein sekundäres Magnetfeld aufbaut, das den Spulenkörper in Drehrichtung mitnimmt. Dabei wird auf den Spulenkörper ein dynamisches Drehmoment ausgeübt, das von dem Drehzahlunterschied (Schlupfdrehzahl n_s) zwischen An- und Abtriebsseite abhängt und mit der Größe des Erregerstromes veränderlich ist (vgl. Bild 13-54e). Das dynamische Drehmoment (bei Schlupf) ist kleiner als das statische Drehmoment (bei Synchronlauf).

Die Synchronkupplung kann als *Anlauf- und Sicherheitskupplung* eingesetzt werden. Da sie gegenüber Reibkupplungen mehr Schaltarbeit aufnehmen kann und viel weniger temperaturempfindlich ist, eignet sie sich sehr gut für lange Anlaufvorgänge, wie sie beim Beschleunigen von großen Massen, also bei Rührwerken, Zentrifugen u. a. auftreten, weniger gut bei hoher Schalthäufigkeit wegen der relativ großen Massenträgheitsmomente. Der Anfahrvorgang kann durch entsprechende Einstellung des Erregerstromes zeitlich beliebig gestaltet werden.

2. Asynchron- und Wirbelstromkupplung

Abweichend von der Synchronkupplung beträgt bei Asynchronkupplungen die Anzahl der Pole im Polring ein Vielfaches der Anzahl der Polfinger des Spulenkörpers (Bild 13-54c). Die Wirbelstromkupplung besitzt im Ankerring keine Pole. Beide Kupplungsarten besitzen nur ein dynamisches Moment, sie können damit nur bei Schlupf ein Moment übertragen. Die Größe des Drehmomentes hängt ab von der Schlupfdrehzahl n_s und dem eingestellten Erregerstrom I. Die anfallende große Schlupfwärme wird zweckmäßig abgeführt, indem die Verbindung zwischen Ankerring und Ankerringnabe als Lüfterrad ausgebildet wird (Bild 13-55a).

Die Drehmomentkennlinie der Asynchronkupplung zeigt Bild 13-54f, die der Wirbelstromkupplung Bild 13-55. Aufgrund des Kennlinienverlaufes eignen sich beide Kupplungen gut als Anlaufkupplung und zur Drehzahlsteuerung bzw. -regelung, die Asynchronkupplung außerdem als Überlastungsschutz, die Wirbelstromkupplung als Wickelkupplung bei Draht-, Papier- oder Stoffwicklern (weiche Kennlinie).

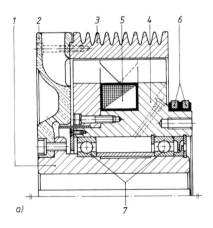

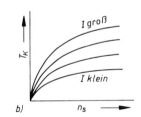

Bild 13-55
Induktionskupplung als Wirbelstromkupplung (Werkbild).
a) Aufbau: **1** Nabe, **2** Lüfterrad, **3** Ankerring, **4** Spulenkörper, **5** Spule, **6** Schleifring, **7** Lager
b) Kupplungsdrehmoment T_K in Abhängigkeit von der Schlupfdrehzahl n_s und vom Erregerstrom I (schematisch)

13.4.6 Hydrodynamische Kupplungen

1. Mit konstanter Füllung

Bei der hydrodynamischen Kupplung, häufig auch Strömungs-, Turbo- oder Föttingerkupplung genannt, wird das Drehmoment durch die dynamische Wirkung einer umlaufenden Flüssigkeit übertragen. Das Prinzip der hydrodynamischen Kraftübertragung kann am Flüssigkeitskreislauf nach Bild 13-56a erläutert werden. Die Pumpe (1) ist mit der Turbine (2) durch eine Rohrleitung und einen gemeinsamen Behälter verbunden. Die Pumpe wandelt die zugeführte mechanische Energie in kinetische Energie (Strömungsenergie) um, welche in der Turbine in mechanische Energie rückgewandelt wird und an der Welle verfügbar ist. Föttinger (1877 bis 1945) beschränkte die im Kreislauf liegenden Teile auf die Laufräder von Pumpe und Turbine und schuf damit die hydrodynamische Kupplung in gedrängter Bauweise und hohem Wirkungsgrad (Bild 13-56b).

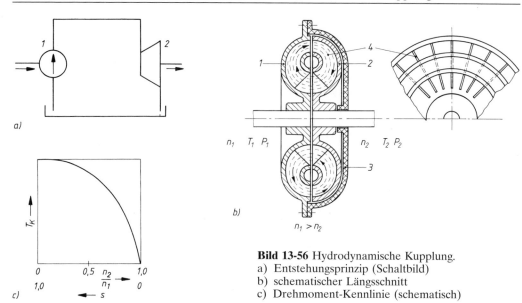

Bild 13-56 Hydrodynamische Kupplung.
a) Entstehungsprinzip (Schaltbild)
b) schematischer Längsschnitt
c) Drehmoment-Kennlinie (schematisch)

In ihrer einfachsten Form besteht die Kupplung (Bild 13-56 b) aus dem antriebsseitigen Pumpenrad (Primärteil 1) mit Abschlußschale (3) und dem abtriebsseitigen Turbinenrad (Sekundärteil 2). Die Schaufeln (4) der Räder stehen radial und achsparallel und bilden Strömungskanäle. Wird das Pumpenrad der zu 50 ... 80 % mit Mineralöl gefüllten Kupplung angetrieben, so führt das Öl einen Kreislauf in der radialen Schnittebene (Pfeile in Bild 13-56 b) und eine Umfangsbewegung in der Drehrichtung aus. Das durch die Pumpe in Drehrichtung beschleunigte Öl gibt beim Durchströmen des Schaufelgitters der langsamer laufenden Turbine seine kinetische Energie an diese ab, die Turbine wird angetrieben. Abgesehen von minimalen äußeren Luftventilationsverlusten ist das Antriebsdrehmoment gleich dem Abtriebsdrehmoment: $T_K = T_1 \approx T_2$.
Der Kreislauf des Öles bleibt erhalten, solange eine Drehzahldifferenz (Schlupf) $n_1 - n_2$ zwischen Pumpe und Turbine besteht. Bei Synchronlauf ($n_1 = n_2$) heben sich die Fliehkräfte im Pumpenrad und die Gegenfliehkräfte im Turbinenrad auf; damit findet kein Flüssigkeitskreislauf mehr statt und das Drehmoment wird null.
Bei gegebener Antriebsdrehzahl n_1 ändert sich das übertragbare Drehmoment T_K mit dem Schlupf $s = (n_1 - n_2)/n_1$ (Bild 13-56 c – Sekundärkennung). Bei gleichbleibendem Schlupf s steigt das übertragbare Drehmoment T_K mit dem Quadrat, die übertragbare Leistung P mit der 3. Potenz der Antriebsdrehzahl (Primärkennung). Die Kupplung wird in der Regel so ausgelegt, dass beim Nenndrehmoment der Schlupf 2 ... 3 % beträgt. Der Wirkungsgrad liegt dann bei 97 ... 98 %.
Die hydrodynamische Kupplung mit *konstanter Füllung* wird vorwiegend als Anlauf- und Sicherheitskupplung sowie zur Stoß- und Schwingungsdämpfung eingesetzt.

2. Mit veränderlicher Füllung

Die Größe des übertragbaren Drehmomentes ist nicht nur vom Schlupf, sondern auch von der Menge der kreisenden Flüssigkeit (Füllungsgrad) abhängig. Bei hydrodynamischen Kupplungen mit veränderlicher Füllung (Stellkupplungen oder Turboregelkupplungen) kann die Füllung während des Betriebes beliebig zwischen voller Füllung und Entleerung verändert werden. Dadurch ist die Übertragungsfähigkeit der Kupplung einstellbar und gestattet beim Fahren gegen die Lastkennlinie die stufenlose Drehzahlregelung der Arbeitsmaschine (z. B. Gebläse, Förderbandantriebe, Rührwerke).
Bild 13-57 zeigt eine hydrodynamische Kupplung mit veränderlicher Füllung und getrennt angetriebener Füllpumpe.

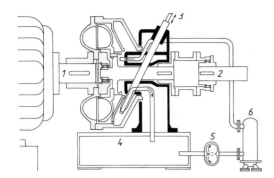

Bild 13-57
Turboregelkupplung (Werkbild)

Eine ständig mitlaufende Zahnradpumpe (5) fördert Betriebsflüssigkeit aus dem Ölsammelbehälter (4) in den Arbeitskreislauf. Die Höhe des Flüssigkeitsspiegels im Arbeitsraum (und damit die Übertragungsfähigkeit der Kupplung) wird durch die radiale Stellung eines verschiebbar angeordneten Schöpfrohres (3) bestimmt. Arbeits- und Schöpfraum sind kommunizierend verbunden. Das Schluckvermögen des Schöpfrohres ist erheblich größer als die Fördermenge der Pumpe. Dadurch werden für Steuer- und Regelvorgänge kurze Reaktionszeiten erreicht. Die Betätigung des Schöpfrohres erfolgt je nach Einsatzzweck von Hand oder vollautomatisch. Die in der Kupplung anfallende Schlupfwärme muss (sofern die Eigenkühlung nicht ausreicht) über einen Wärmetauscher (6) abgeführt werden.

13.5 Hinweise für Einsatz und Auswahl von Kupplungen

1. Bild 13-58 gibt einen Überblick über die physikalischen Eigenschaften und die Eignung aller unter 13.3 und 13.4 beschriebenen Kupplungen. Nach einem vorliegenden Anforderungsprofil kann daraus, ähnlich wie nach Bild 13-3, eine geeignete Kupplungsbauart systematisch ausgewählt werden.

   Beispiel: Ausgleichskupplung zwischen Drehstrommotor und Kolbenverdichter mit folgendem Anforderungsprofil: axial nachgiebig – radial nachgiebig – winkelnachgiebig – schwingungsdämpfend – wartungsfrei – radial (ohne axiales Verschieben der gekuppelten Wellen und Maschinen) montierbar – Nenndrehmoment $T_{KN} = 250$ Nm.
   Nach Bild 13-58 erfüllen z. B. die hochelastische Wulstkupplung (vgl. Bild 13-29) und die hochelastische Zwischenringkupplung (vgl. Bild 13-31) alle Anforderungen.

2. Ist es in manchen Anwendungsfällen nicht möglich, den gestellten Anforderungen mit *einer* Kupplung gerecht zu werden, so werden mehrere Kupplungen mit entsprechenden Eigenschaften kombiniert. Nach der Anordnung im Kraftfluss des Antriebes unterscheidet man:

   a) Die *Reihenschaltung* (Bild 13-59a), bei der das Drehmoment konstant bleibt und die Kupplungseigenschaften sich addieren. Von dieser Anordnung macht man häufig bei Antrieben mit stoßartiger Belastung und unvermeidlichen Wellenverlagerungen Gebrauch, indem man auf die Seite, von der die Stöße und Wellenverlagerungen zu erwarten sind, eine Ausgleichskupplung vor die empfindliche Schaltkupplung setzt.

   b) Die *Parallelschaltung* (Bild 13-59b), bei der sich die Drehmomente addieren und die Kupplungseigenschaften erhalten bleiben. So angeordnet können Schaltkupplungen mit kleinen Kupplungsdurchmessern und kurzen Schaltzeiten erzielt werden (große elektromagnetisch betätigte Lamellenkupplungen benötigen oft lange Schaltzeiten!). Eine reibschlüssige mit einer formschlüssigen Schaltkupplung parallelgeschaltet ergibt eine Synchronkupplung. Nachdem über die reibschlüssige Kupplung Gleichlauf der An- und Abtriebsseite erreicht ist, kann die formschlüssige Kupplung geschaltet werden und das volle Drehmoment synchron übernehmen.

   c) *Gemischte Schaltung*, bei der z. B. parallelgeschaltete Schalt- oder Anlaufkupplungen durch in Reihe geschaltete Ausgleichskupplungen ergänzt werden.

13

Lfd. Nr.	Bauart	Bild-Nr.	drehstarr	ΔK_a [2] axial mm	ΔK_r [2] radial mm	ΔK_w [2] winklig °	Verdreh-winkel φ °	schlupfend	schaltbar unter Last	fernbedienbar	steuerbar	wartungsfrei	Schmierzwang	radial montierbar [3]	schwingungsdämpfend	feste Kupplung	Ausgleichskupplung	Schaltkupplung	Anlaufkupplung	Sicherheitskupplung	Freilaufkupplung	Stellkupplung	Drehmoment-bereich Nm	typische Einsatzmerkmale
1	Scheibenkupplung [4]	13-9	x									x		(x)		x							46 … 118000	hochbeanspruchte Wellen
2	Schalenkupplung	13-10	x									x		x		x							25 … 40000	lange Wellen
3	Stirnzahnkupplung	12-9	x									x				x							1)	hochbeanspruchte Wellen
4	Klauenkupplung	13-11	x	1)								x					x	x					1)	Ausdehnungskupplung
5	Oldham-Kupplung	13-12b	x	1)	5	3							x				x						1)	querverlagerte Wellen
6	Ringspann-Ausgleichskupplung	13-12c	x			3							x	x			x						2 … 8000	querverlagerte Wellen
7	Parallelkurbel-Kupplung	13-13	x	2	1)								x	x			x						1 … 250000	extrem querverlagerte Wellen
8	Biegenachgiebige Ganzmetallkupplung [4]	13-14	x	4,8	5,4	0,75						x		x			x						100 … 213000	höhere Temperaturen
9	Zahnkupplung	13-15d	x	1)	1)	1							x	x			x			(x)			250 … 200000	große Drehmomente
10	Wellengelenk	13-20a	x	1)	1)	45							x				x						… 2000	größere winklige bzw. allseitige Wellen-verlagerungen; z.B. Kfz, Werkzeugmaschinen
11	Kreuzgelenkwelle	13-21	x	1)	1)	40						(x)	x				x						$135 \ldots 3,2 \cdot 10^6$	
12	Gleichlaufgelenkwelle	13-22b	x	1)	1)	40						(x)	x	x			x						580 … 40000	
13	Schlangenfederkupplung	13-23		15	3	1,25	1,2						x	x			x						$18 \ldots 5 \cdot 10^6$	gleichförmige und ungleichförmige Antriebe; Wellenverlagerungen
14	Schraubenfederkupplung	13-24		150	30	2	5						x	(x)	x		x						$10 \ldots 2 \cdot 10^6$	
15	Mehrlagen-Schraubenfeder-Kupplung	13-25		1)	3,5	6	4							x	x		x						5 … 900	
16	Elastische Klauenkupplung [4]	13-26		5	1)	1)	2,5					x		(x)	x		x						19 … 3900	
17	Elastische Klauenkupplung [4]	13-27		6	1,2	0,7	1,5					x			x		x						30 … 9000	
18	Elastische Bolzenkupplung	13-28		1,2	3	0,7	3					x		x	x		x	(x)					40 … 15000	
19	Hochelastische Wulstkuppung [4]	13-29		4	4	4	17					x		x	x		x						16 … 1000	stark ungleichförmige Antriebe Verlegung der Resonanzdrehzahl
20	Hochelastische Scheibenkupplung	13-30		1)	1)	1)	20					x		x	x		x						8 … 3500	
21	Hochelastische Zwischenring-Kupplung	13-31		14	3	4	6					x		x	x		x						25 … 3600	

Bild 13-58 Anhaltswerte zur Kupplungsauswahl

22	Schaltbare Zahnkupplung	13-33															x					1)	Kfz-Getriebe
23	Zweiflächen-Kupplung	13-35							x								x		(x)			15 … 7160	robuste Antriebe
24	Sinus-Lamellenkupplung	13-36							x								x		(x)			20 … 5300	universell
25	BSD-Lamellen-Kupplung 4)	13-37							x								x		(x)			40 … 29000	
26	Reibungsring-Kupplung	13-38							x	(x)				x			x		(x)			100 … 5000	ohne Wellenzentrierlager
27	Schleifring-Einflächen-Kupplung	13-39							x	x				x			x		(x)			160 … 10000	robuste Antriebe
28	Polflächen-Kupplung	13-40							x	x		x		x			x		(x)			8 … 1300	kurze Schaltzeichen
29	Elektromagnet-Lamellen-Kupplung 4)	13-41a							x	x							x		(x)			55 … 22000	universell
30	Elektromagnet-Lamellen-Kupplung	13-41b							x	x		x					x		(x)			63 … 8000	Nasslauf, nachstellbar
31	Elektromagnet-Zahnkupplung	13-42a								x		x					x					20 … 16000	kleines Einbauvolumen
32	Hydraul. Lamellenkupplung	13-43a							x	x	(x)	x					x		(x)			100 … 75000	kleines Einbauvolumen
33	Pneum. Lamellenkupplung	13-43b							x	x	(x)	x					x		(x)			20 … 400	kurze Schaltzeiten
34	Luftreifen-Kupplung	13-44		1)	1)	1)	1)		x	x	(x)	x		x	x	(x)	x		(x)			210 … 63000	robuste Antriebe
35	Zweiflächen-Sicherheitskupplung	13-45										x						(x)	x			2 … 6000	durch Überlastung oder Blockierung gefährdete Anlagen
36	Sperrkörper-Sicherheitskupplung	13-46										x							x			140 … 2100	
37	Zylinder-Sicherheitskupplung	13-47										x						(x)	x			19 … 3500	
38	Klauen-Sicherheitskupplung	13-48										x							x			20 … 2800	
39	Fliehkörper-Kupplung	13-49										x						x	x			… 1850	Schweranläufe durch Kurzschlußläufer- oder Verbrennungsmotoren
40	Klemmrollenfreilauf	13-52											x							x		… 150000	Rücklaufsperre u.a.
41	Synchronkupplung	13-54						(x)	x	x	x	x					(x)	x	x		x	1,5 … 850	Schweranläufe
42	Wirbelstromkupplung	13-55						x	x	x	x	x					(x)	x	x		x	1,7 … 760	Wickelantriebe
43	Hydrodynamische Kupplung	13-56b						x							x			x	x			… 25000	ungleichförmige Antriebe
44	Turboregelkupplung	13-57						x	x	x	x				x		(x)	x	x		x	… 140000	stufenlose Drehzahlregelung

1) Werte abhängig von den jeweiligen Betriebsverhältnissen (Firmenangaben)
2) für jeweils maximale Baugröße
3) Wellen und Maschinen können ohne axiales Verschieben ein- und ausgebaut werden
4) Hauptmaße und Auslegungsdaten s. Tabellenbuch

Bild 13-58 (Fortsetzung)

13

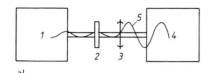

Bild 13-59 Kupplungskombinationen (schematisch).
a) Reihenschaltung (z. B. zur Dämpfung von Drehschwingungen) **1** Drehstrommotor, **2** Schaltkupplung, **3** hochelastische Kupplung, **4** Kolbenverdichter, **5** periodische Drehmomentschwankung,
b) Parallelschaltung (z. B. zur Übertragung großer Drehmomente) **1** Zahnrad, **2** durchgehende Welle, **3, 4** Kupplungen

3. Um Gewicht, Abmessungen und Preis der Kupplung gering zu halten, sollte diese möglichst dort eingebaut werden, wo das Drehmoment klein und die Drehzahl hoch ist, in der Regel also auf der Motorwelle.

4. Kupplungen sollen das Auswechseln ihrer Verschleißteile (z. B. Gummielemente) sowie der benachbarten Wellen und Maschinen ermöglichen, ohne dass letztere dabei axial verschoben werden müssen (Eigenschaft „radial montierbar" nach Bild 13-58).

5. Bei Lamellenkupplungen sind die Kupplungsteile durch entsprechende Anordnung der Lager genau zu zentrieren und zueinander axial unverschiebbar zu fixieren (vgl. Bild 13-43 a).

6. Wellen sind dicht neben den Kupplungen zu lagern und bei Einsatz nichtausgleichender Kupplungen zur Gewährleistung der Kupplungslebensdauer genauestens auszurichten. Unbedingt Ausrichtkontrolle durchführen! Genau fluchtende Wellen sind die wichtigste Voraussetzung zur Gewährleistung der Kupplungslebensdauer.

7. In Antrieben mit Reibkupplungen sind ggf. ausreichende Inspektionsöffnungen vorzusehen, damit die Reibbeläge nachgestellt und ausgewechselt werden können.

8. Maschinenanlagen sollen möglichst auf einem Fundament aus einer Werkstoffart aufgestellt werden, weil sonst temperaturbedingte Höhenunterschiede und damit radiale Wellenverlagerungen unvermeidbar sind.

9. Bei der Anordnung momentbetätigter Kupplungen in Anlagen mit schaltbaren Getrieben ist die Kupplung auf der Motorseite anzuordnen, wenn eine konstante Leistung begrenzt werden soll, und auf der Abtriebsseite des Getriebes, wenn ein konstantes Drehmoment begrenzt werden soll (z. B. Vorschubantrieb von Werkzeugmaschinen).

10. Überstehende Kupplungsteile sind zu vermeiden oder wenigstens abzudecken (vgl. Maschinenschutzgesetz).

13.6 Bremsen

13.6.1 Funktion und Wirkung

Bremsen haben die Funktionen: Verzögern sich bewegender Massen (Regel- oder Stoppbremse); Erzeugen eines Gegenmomentes für Antriebsaggregate (Leistungsbremse) oder Festhalten einer Last (Haltebremse).
Diese Funktionen können wie bei der Kupplung realisiert werden durch
— Moment leiten und
— Schalten (Trennen oder Verbinden).

Leitungsfunktion
Im Gegenteil zu den Kupplungen, bei denen sich beide Teile der Wirkpaarung drehen, erfolgt bei den Bremsen die Drehmomentübertragung zwischen einem beweglichen und einem fest mit dem Maschinen- bzw. Anlagengehäuse verbundenen Bauteil, welches das Gegenmoment aufnimmt (s. z. B. Bild 13-60). Ein verlustfreies Leiten ist damit nur im Stillstand möglich (als Haltemoment).

Schaltfunktion

Alle bei Kupplungen nutzbaren physikalischen Effekte zur Krafterzeugung und Übertragung können auch bei Bremsen verwendet werden. Damit ist jede kraftschlüssige Kupplung als Bremse ausführbar, d. h. Bild 13-3 kann auch für die Einteilung von Bremsen verwendet werden. Da bei Bremsen der Schaltvorgang (Bremsung) wesentlich länger als bei Kupplungen dauern kann, ist die Umwandlung der kinetischen Energie der sich bewegenden Bauteile durch Reibung in Wärmeenergie und deren Abführung besonders zu beachten. Eine Einteilung der Bremsen erfolgt daher oft auch nach der Art der Energieumwandlung in mechanische Bremsen (z. B. Backenbremse, Scheibenbremse), hydrodynamische Bremsen (z. B. Strömungsbremse, Wasserwirbelbremse) und elektrische Bremsen (z. B. Motorbremse, Induktionsbremse).

13.6.2 Berechnung

Die Berechnung der für die Auswahl der Bremse wichtigen Größen, das erforderliche Bremsmoment, die Bremszeit und die Wärmebelastung erfolgt analog der Berechnung bei Schaltkupplungen in 13.2.6.

Hiernach ergibt sich das *erforderliche* (schaltbare) *Bremsmoment* zu

$$T'_{Br} = J_L \frac{\omega_A}{t_R} \pm T_L \leq T_{Br} \qquad\qquad (13.23)$$

J_L Trägheitsmoment der Lastseite, reduziert auf die Bremswelle
ω_A Winkelgeschwindigkeit der Bremswelle
t_R Rutschzeit (Bremszeit)
T_L Lastdrehmoment bezogen auf die Bremswelle
T_{Br} in der Bremse erzeugtes Bremsmoment

Beim Einsetzen des Lastdrehmomentes ist auf die Wirkrichtung von T_L zu achten, z. B. ist bei Hubwerken T_L negativ beim Heben der Last (Last bremst mit ab), positiv beim Absenken der Last einzusetzen. Das sich aus der Konstruktion der Bremse ergebende Bremsmoment T_{Br} muss mindestens so groß sein wie das erforderliche Bremsmoment T'_{Br}, einschließlich aller dynamischen Wirkungen. Für Haltebremsen sollte aus Sicherheitsgründen $T_{Br} \geq 2 \cdot T'_{Br}$ gewählt werden.

Zur Berechnung der Bremszeit und Wärmebelastung sind in die Gl. (13.19) und (13.20) T_{Br} für T_{KNs} und $\omega_{L0} = 0$ einzusetzen.

13

13.6.3 Bauformen

Da viele Bremsen fast baugleich mit Kupplungen sind, wird im Folgenden vor allem auf Besonderheiten bei Bremsen eingegangen.

Bei den überwiegend eingesetzten *mechanischen Bremsen* wird wie bei den reibschlüssigen Schaltkupplungen das Drehmoment über Reibflächen nach dem Reibungsgesetz übertragen.

Bild 13-60 zeigt die prinzipiell mögliche Anordnung der Reibflächen. Die Anpresskraft wird über mechanische Hebelsysteme, hydraulisch, pneumatisch, elektromagnetisch oder über Federn erzeugt. Die Bremsflächen können dabei axial oder radial zueinander bewegt werden. Je nach Bauart sind sie als Haltebremse, Stopp- und Regelbremse oder Leistungsbremse einsetzbar.

Haltebremsen sollen das unbeabsichtigte Anlaufen von Wellen aus dem Stillstand verhindern. Sie sind so konstruiert, dass im Ruhezustand die bewegliche Bremsfläche, in der Regel durch Federn (oder Dauermagnete), gegen die feststehende Bremsfläche gedrückt und beim Anlaufen meist selbständig gelöst wird. Bild 13-61 zeigt eine nach diesem Prinzip arbeitende Kegelbremse (als Stopp- und Haltebremse verwendet), bei der durch die kegelige Form des Stators (1) beim Einschalten die Magnetkraft den Anker (2) nach links zieht und damit die Bremse löst. Wird der Strom unterbrochen, drückt die Druckfeder (3) über den drehbar gelagerten

Betätigungs-richtung	Radial				Axial		
Reibkörper-paarung	Backen Zylinder		Band Zylinder		Scheibe Scheibe	Kegel Kegel	Scheibe Backen
Grundmodell	Außenbacken-bremse	Innenbacken-bremse	Außenband-bremse	Innenband-bremse	Vollscheiben-bremse	Kegel-bremse	Teilscheiben-bremse
Konstruktions-prinzip							

Bild 13-60 Reibungsbremsen, prinzipieller Aufbau

Dämpfer (4) die Motorwelle (5) und damit die Bremsscheibe (6) gegen das Bremsgehäuse (7). Die Anlage wird abgebremst und im Stillstand gehalten.

Reine Haltebremsen eignen sich nur bedingt zum Verzögern auslaufender Bewegungen bis zum Stillstand. Gegenüber Regelbremsen sind sie für größere Bremskräfte (größere Anpresskräfte) bei nur geringer zulässiger Reibleistung (kleinerer zulässiger Verschleißweg) ausgelegt. Ihr Einsatz erfolgt z. B. im Hebezeug-, Aufzugs- und Bergbau als Sicherheitsbremse, im allgemeinen Maschinenbau als (Not-)Stopp- und Haltebremse.

Die *Stopp- und Regelbremse* soll eine bestimmte Wellendrehzahl konstant halten sowie in kurzer Zeit die Welle zum Stillstand bringen, einschließlich einem gewollten Notstopp. Als Stopp- und Regelbremse werden am häufigsten Scheiben- und Backenbremsen eingesetzt. Bild 13-62 zeigt eine Trommel-Außenbackenbremse, die für raue Betriebsverhältnisse geeignet ist, z. B. in Kran-, Förder- und Walzwerksanlagen. Bild 13-63 zeigt eine Innenbackenbremse mit symmetrischen Backen (Simplexbremse). Die Backen können auch gleichsinnig (Duplexbremse) oder mit Anlenkung der zweiten Backe an die erste (Servobremse) ausgebildet sein. Ihr Einsatz erfolgt vor allem in Fahrzeugen, Flurförderern und Baggern.

Vollbelag-Scheibenbremsen (der Reibbelag ist als voller Kreis- oder Kegelmantelring ausgebildet), als Ein- oder Mehrflächen-(Lamellen-)bremsen ausgeführt, werden verstärkt in Antriebssystemen aufgrund zunehmenden Automatisierungsgrades und kurzer Taktzeiten eingesetzt. Oft ist die Bremse als Anbau- oder Einbaubremse direkt mit dem Antriebsmotor verbunden (*Bremsmotor*, s. z. B. Bild 13-61) oder bildet eine Einheit mit einer fast baugleichen Kupplung als Schrittmodul zum Positionieren und Takten. Bei Letzterem trennt die Kupplung den Antrieb ab und die Bremse bringt die Anlage schnell und positionsgenau zum Halt (z. B. bei hohen Geschwindigkeiten von Webmaschinen oder großen Massen bei Pressen, Stanzen).

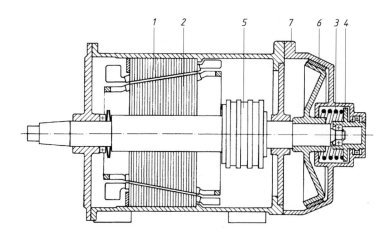

Bild 13-61
Verschiebeankermotor mit Kegelbremse (schematisch)

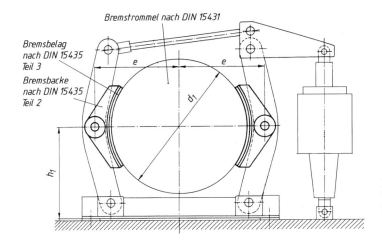

Bremstrommel nach DIN 15431

Bremsbelag nach DIN 15435 Teil 3

Bremsbacke nach DIN 15435 Teil 2

Bild 13-62
Trommel-Außenbacken-bremse (nach DIN)

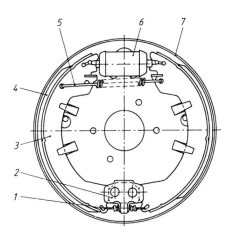

Bild 13-63
Innenbackenbremse (Symplexbremse) mit hydraulischer Betätigung.
1, **5** Zugfeder, **2** Backenlagerung mit Wälzgelenken, **3** Bremsbacke, **4** Reibbelag, **6** Hydraulikzylinder, **7** Bremstrommel

13

Bild 13-64 zeigt eine elektromagnetisch betätigte Kupplungs-Bremseinheit. Durch wechselseitiges Schalten von Kupplungs- und Bremsspule wird das Drehmoment über Reibschluss übertragen. Kupplung (rechts) und Bremse (links) sind hier arbeitsstrombetätigt, d. h. bei eingeschalteter Spule (1) bzw. (2) wird die Ankerscheibe (3) bzw. (4) gegen den Bremsbelag (5) bzw. (6) gedrückt. Bei der Kupplung wird das Moment von der Nabe (7) über die Ankerscheibe (3) auf die mit der Welle (8) verbundene Mitnehmerscheibe (9) übertragen, beim Bremsen wird die Welle (8) über Mitnehmerscheibe (9), Ankerscheibe (4) gegen das Gehäuse (10) abgebremst. Im stromlosen Zustand löst eine Membranfeder die Kupplung bzw. Bremse. Bild 13-64b zeigt die Bremse einzeln, hier ruhestrombetätigt. Die Schraubenfedern (1) drücken die Ankerscheibe (2) gegen den Rotor mit Bremsbelägen (3) und die feststehende Maschinenwand (4). Die mit dem Rotor über die Zahnnabe verbundene Welle wird abgebremst. Beim Einschalten der Spule wird die Ankerscheibe durch die Magnetkraft gegen den Spulenträger (5) gezogen. Die Bremse ist frei, die Welle kann durchlaufen.

Teilbelag-Scheibenbremsen (an kreisförmige, glatte Bremsscheibenringe greifen seitlich eine oder mehrere Bremszangen oder -sattel mit Doppelbacken an, s. Bild 13-65) werden zunehmend anstelle von Backen- und Bandbremsen vor allem bei langen Bremszeiten, wie sie bei Fahrzeugen und Fördermaschinen vorkommen, eingesetzt. Gegenüber der Doppelbackenbremse haben sie ein kleineres Massenträgheitsmoment, geringen Platzbedarf und eine bessere Wärmeabfuhr, die beträchtlich höheren zulässigen Flächenpressungen führen zu einer geringe-

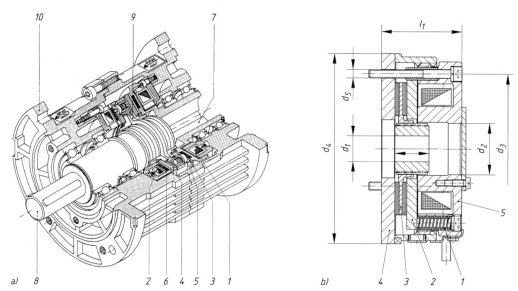

Bild 13-64 a) Kupplungs-Bremseinheit, elektromagnetisch (ROBA-Takt Schrittmodul – Werkbild), b) ROBA-Stopp Positionierbremse (Werkbild)

ren Streuung der Reibzahl (exakteres Bremsen), die Reibbeläge sind schneller austauschbar. Zu beachten sind aber die höheren Preise und die Biegebeanspruchung der Bremswelle. Die Bremsscheibe kann für höhere Kühlleistung selbstlüftend ausgeführt werden, s. Bild 13-65 b (bei Kurzzeitbetrieb, wie z. B. bei Sicherheitsbremsen, ist die massive Scheibe wegen des größeren Wärmespeichervermögens besser).

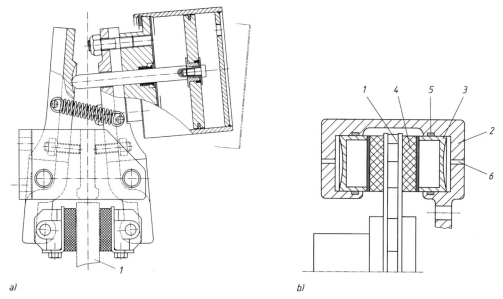

Bild 13-65 Scheibenbremse.
a) mit Bremszange, pneumatisch betätigt (Typ DV30PA, Werkbild), b) mit Bremssattel und innenbelüfteter Bremsscheibe: **1** Bremsscheibe, **2** Bremssattel, **3** Druckkolben, **4** Bremsbelag, **5** Dichtung, **6** Ölzufuhr

Als verschleißfreie Regelbremse mit Haltemoment eignen sich Induktionsbremsen mit Synchronlauf (auch Hysteresebremse genannt) dort, wo Zugkräfte sehr fein und exakt reguliert werden müssen.

Leistungsbremsen (hierzu zählen vor allem Prüfstandsbremsen, aber auch Bremsen zum Lastsenken und Fahrzeugbremsen beim Bergabfahren) sind für größere Bremsleistungen auszulegen. Daher werden neben mechanischen Bremsen oft verschleißfreie elektrische Bremsen (Induktionsbremsen), Strömungs- und Wasserwirbelbremsen eingesetzt. Die in Bild 13-55 abgebildete Wirbelstromkupplung kann z. B. als Bremse eingesetzt werden, indem der Spulenträger fest mit einer Maschinenwand verbunden wird. Bei stromdurchflossener Spule werden im Ankerring Wirbelströme induziert, die ein Bremsmoment entgegen der Drehrichtung erzeugen. Dem Vorteil der leichten Ableitung der anfallenden Energie steht die stark drehzahlabhängige Bremswirkung entgegen.

Strömungsbremsen werden vor allem zum Abbremsen größerer Kräfte wegen der Sicherheit vor Überhitzung bei längeren Bremsstrecken und des weichen Einsetzens der Bremsung eingesetzt. Wird bei einer hydromechanischen Kupplung das abtriebsseitige Turbinenrad (s. auch Bild 13-56) fest mit dem Gehäuse verbunden entsteht aus der Kupplung die hydromechanische Bremse, auch *Strömungsbremse* genannt. Das Bremsmoment wird über die Füllmenge der Bremse mit Öl geregelt.

Bild 13-66 zeigt eine pendelnd gelagerte *Wasserwirbelbremse* mit Schlagstiften. Die Abbremsung der Rotorwelle erfolgt durch die an den Stiften des Gehäuses sich bildenden Wasserwirbel; die hierbei entstehende Wärme wird über das Gehäuse, bei größerer Wärmemenge über einen Wasserkühlkreislauf abgeleitet. Das Bremsmoment kann über die Federkraft abgelesen werden und ist über die Wassermenge regulierbar.

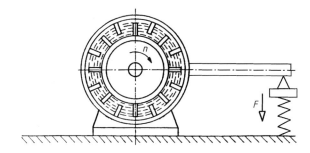

Bild 13-66
Wasserwirbelbremse (schematisch)

13.7 Berechnungsbeispiele

■ **Beispiel 13.1:** Ein Bandförderer wird nach Bild 13-67 durch einen Drehstrom-Käfigläufer-Motor (Baugröße 160L) mit $P = 15$ kW und $n = 1460$ min^{-1} über ein Kegelstirnradgetriebe mit der Übersetzung $i = 22,4$ angetrieben. Die bereits ermittelten Durchmesser der Wellenenden der Antriebsstation sind in das Bild 13-67 eingetragen. Die Umgebungstemperatur beträgt $+45\,°$C. Weitere Betriebsdaten sind nicht bekannt.

Für die Kupplung K_1 zwischen Drehstrommotor und Getriebe und die Kupplung K_2 zwischen Getriebe und Antriebstrommel ist jeweils

a) eine geeignete Bauart zu wählen, wobei montagemäßig bedingt, geringe radiale, axiale und winklige Wellenverlagerungen unvermeidbar sind und, betrieblich bedingt, mit kleineren Drehmomentschwankungen durch etwaige stoßweise Förderung zu rechnen ist;

b) die Baugröße zu bestimmen, wobei eine tägliche Laufzeit von 8 Stunden anzunehmen ist.

▶ **Lösung a):** Zunächst steht fest, dass es sich um nicht schaltbare Kupplungen handelt. Zum Ausgleich der unvermeidbaren Wellenverlagerungen kommen nachgiebige, also Ausgleichskupplungen in Frage. Nach Bild 13-3 a können nun systematisch Kupplungen mit den geforderten Eigenschaften ausgewählt werden: nichtschaltbare Kupplungen – nachgiebig – formschlüssig – längs-, quer-, winkel-, drehnach-

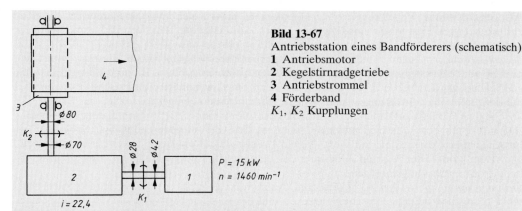

Bild 13-67
Antriebsstation eines Bandförderers (schematisch)
1 Antriebsmotor
2 Kegelstirnradgetriebe
3 Antriebstrommel
4 Förderband
K_1, K_2 Kupplungen

giebig – elastisch. Nach den Anhaltswerten zur Kupplungsauswahl (Bild 13-58) wird nun eine markt-gängige Bauart festgelegt. In Frage kommen elastische Bolzen- und Klauenkupplungen. Sie erfüllen alle gestellten Anforderungen und sind außerdem noch wartungsfrei und schwingungsdämpfend. Für die Kupplungen K_1 und K_2 wird jeweils eine elastische Klauenkupplung gewählt, z. B. eine N-Eupex-Kupplung nach Bild 13-26 bzw. TB 13-3.

Ergebnis: Für die Kupplungen K_1 und K_2 wird jeweils eine elastische Klauenkupplung gewählt, z. B. eine N-Eupex-Kupplung.

Lösung b): Da keine genauen Betriebsdaten (z. B. Lastdrehmoment, Trägheitsmomente) vorliegen und wohl nur schwer zu ermitteln sind, muss die Kupplungsgröße nach Herstellerangaben bzw. mit Hilfe von Anwendungsfaktoren bestimmt werden (s. 13.2.5-1 bzw. 13.2.5-2).

Kupplung K_1
Für die auf dem Wellenende des Drehstrommotors sitzende N-Eupex-Kupplung K_1 gibt nach TB 16-21 der Kupplungshersteller für die Motorbaugröße 160L die Baugröße 110 an. Diese Baugröße reicht bei normalen Betriebsbedingungen aus, sie soll aber mit Hilfe des Anwendungsfaktors geprüft wer-den. Nach Gl. (13.11) wird das fiktive Kupplungsdrehmoment

$$T_K' = T_N \cdot K_A \leq T_{KN}.$$

Mit $P = 15$ kW und $n = 1460$ min^{-1} ergibt sich das Nenndrehmoment aus

$$T_N = 9550 \, \frac{P}{n} = 9550 \, \frac{15}{1460} = 98 \, \text{Nm}.$$

Der Anwendungsfaktor wird nach Richter-Ohlendorf (TB 3-5b) ermittelt und zwar für den vorliegen-den Betriebsfall nach Bild 13-68 anhand des eingezeichneten Linienzuges. Danach ergibt sich für An-trieb Elektromotor – Anlauf leicht – Belastung Volllast, mäßige Stöße – Kupplung – tägliche Lauf-zeit 8 h: $K_A \approx 1,7$.
Damit wird das fiktive Kupplungsdrehmoment

$$T_K' = 98 \, \text{Nm} \cdot 1,7 \approx 167 \, \text{Nm}.$$

Nach TB 13-3 ist damit die vom Hersteller zugeordnete N-Eupex-Kupplung Größe B110 mit $T_{KN} = 160$ Nm gerade noch vertretbar. Auch der Bohrungsbereich ≤ 48 mm der Kupplungsnaben passt zu den Durchmessern 28 mm und 42 mm der zu verbindenden Wellen.

Kupplung K_2
Das Nenndrehmoment der Kupplung K_2 ergibt sich, ohne Berücksichtigung des Wirkungsgrades des Getriebes, aus Gl. (13.1) zu $T_2 = i \cdot T_1$. Mit dem Nenndrehmoment der Antriebsseite $T_1 = 98$ Nm und der Übersetzung des Getriebes $i = 22,4$ wird

$$T_2 = 22,4 \cdot 98 \, \text{Nm} \approx 2195 \, \text{Nm}.$$

Mit dem oben ermittelten Anwendungsfaktor $K_A \approx 1,7$ wird damit das fiktive Drehmoment der Kupplung K_2

$$T_K' = 2195 \, \text{Nm} \cdot 1,7 \approx 3730 \, \text{Nm}.$$

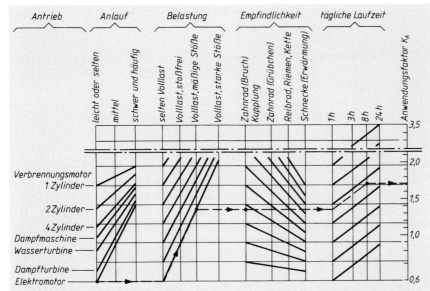

Bild 13-68 Ermittlung des Anwendungsfaktors zur Auswahl der Kupplungsgröße

Damit ist nach TB 13-3 geeignet: N-Eupex-Kupplung Bauform B, Baugröße 280 mit $T_{KN} = 3900$ Nm. Auch bleiben die Durchmesser 70 mm bzw. 80 mm der zu verbindenden Wellen unter der maximal zulässigen Nabenbohrung von 110 mm.

Ergebnis: Für die vorgesehenen N-Eupex-Kupplungen, Bauform B, wird für die Kupplung K_1 die Baugröße 110 und für die Kupplung K_2 die Baugröße 280 gewählt.

■ **Beispiel 13.2:** Für die Ganzmetallkupplung (Thomas-Kupplung) der Baugröße 100, Bild 13-69a, ist zu ermitteln:

a) ob eine alleinige radiale Wellenverlagerung $\Delta W_r = 1,4$ mm zulässig ist,
b) die bei der Wellenverlagerung nach a) auftretende radiale Rückstellkraft F_r,
c) welchen radialen und winkligen Versatz die Kupplung bei einem bereits vorhandenen axialen Versatz von 1,2 mm noch kompensieren kann.

Lösung a): Nach Gl. (13.16 b) ist folgende Bedingung einzuhalten:

$$\Delta K_r \geq \Delta W_r \cdot S_t \cdot S_f .$$

Für die hier vorliegende Ganzmetallkupplung kann der Temperaturfaktor S_t und der nur für gummielastische Kupplungen geltende Frequenzfaktor S_f jeweils gleich 1 gesetzt werden (vgl. TB 13-8).
Nach TB 13-2 weist die Thomas-Kupplung, Baugröße 100, einen zulässigen radialen Versatz $\Delta K_r = 2,0$ mm auf. Damit ist die Bedingung nach Gl. (13.16b) erfüllt:

$$2,0 \text{ mm} > 1,4 \text{ mm} \cdot 1 \cdot 1 .$$

Ergebnis: Für eine Thomas-Kupplung der Baugröße 100 ist eine alleinige radiale Wellenverlagerung $\Delta W_r = 1,4$ mm zulässig.

▶ **Lösung b):** Die radiale Rückstellkraft beträgt nach Gl. (13.17b)

$$F_r = \Delta W_r \cdot C_r .$$

Für die Thomas-Kupplung, Baugröße 100, beträgt die Radialfedersteife $C_r = 520$ N/mm (TB 13-2). Mit der auftretenden radialen Wellenverlängerung $\Delta W_r = 1,4$ mm ergibt sich eine radiale Rückstellkraft

$$F_r = 1,4 \text{ mm} \cdot 520 \text{ N/mm} \approx 730 \text{ N} .$$

Ergebnis: Bei einer radialen Wellenverlagerung $\Delta W_r = 1,4$ mm beträgt die radiale Rückstellkraft $F_r \approx 730$ N. Sie belastet die Wellen und die der Kupplung benachbarten Lager.

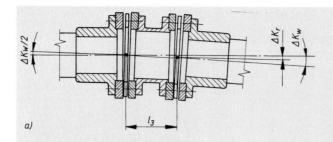

a)

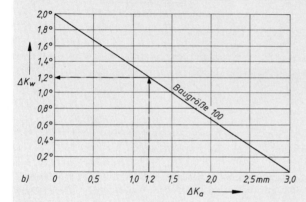

b)

Bild 13-69
Ganzmetallkupplung (Thomas-
Kupplung)
a) Bauform 923 mit winkligem und
   radialem Versatz der Kupplungshälften
b) Abhängigkeit der winkligen Nachgiebigkeit ΔK_w vom axialen Versatz ΔK_a für die Kupplungsgröße
   100

▶ **Lösung c):** Nach Bild 13-69 a ist die radiale Nachgiebigkeit der Thomas-Kupplung eine Funktion des zulässigen winkligen Versatzes der Kupplungshälften $\Delta K_w/2$ sowie des Abstandes l_3 zwischen den beiden Lamellenpaketen. Es gilt: $\Delta K_r = l_3 \cdot \tan \Delta K_w/2$. Bei der im TB 13-2 für die Baugröße 100 genannten radialen Nachgiebigkeit $\Delta K_r = 2$ mm ist jedes Lamellenpaket bereits um $\Delta K_w/2 = 1°$ gebeugt. Ein zusätzlicher axialer Versatz ΔK_a wäre nicht zulässig. Wird ein axialer Versatz $\Delta K_a = 1,2$ mm in Anspruch genommen, so reduziert sich der Wert für ΔK_w und damit auch für ΔK_r ungefähr nach Bild 13-69b. Durch Auftragen der jeweils für sich allein zulässigen Werte $\Delta K_w = 2°$ und $\Delta K_a = 3$ mm wird bei einem vorhandenen axialen Versatz $\Delta K_a = 1,2$ mm der abgeminderte winklige Versatz $\Delta K_w = 1,2°$ gefunden (eingezeichneter Linienzug). Der zugehörige radiale Versatz kann damit nach der oben angegebenen Beziehung bestimmt werden. Mit dem Abstand $l_3 = 116$ mm ergibt sich

$$\Delta K_r = 116 \text{ mm} \cdot \tan 0,6° \approx 1,2 \text{ mm} .$$

Ergebnis: Bei einem bereits vorhandenen axialen Versatz von 1,2 mm kann die Thomas-Kupplung, Baugröße 100, noch einen radialen Versatz $\Delta K_r \approx 1,2$ mm und einen winkligen Versatz $\Delta K_w \approx 1,2°$ ausgleichen.

■ **Beispiel 13.3:** Am Rollgang[1] eines Walzgerüstes nach Bild 13-70 sollen die Arbeitsrollen (3) jeweils durch Getriebemotoren (1) angetrieben werden. Diese haben eine Leistung $P = 3$ kW bei einer Drehzahl $n = 118$ min^{-1}. Die anteilige Masse (4) des zu fördernden Walzgutes beträgt $m' = 800$ kg je Rolle. Eine geeignete nichtschaltbare Kupplung (2) zwischen Getriebemotor und Rolle ist auszulegen.

a) Eine geeignete wartungsfreie Kupplungsart ist zu wählen, wobei allseitige Wellenverlagerungen nicht zu vermeiden und Stöße zu dämpfen sind. Die Umgebungstemperatur der Kupplung kann während des Betriebes bis auf +60 °C ansteigen.
b) Zunächst soll die Belastung durch das Nenndrehmoment festgestellt und danach eine entsprechende Baugröße gewählt werden. Als Nenndrehmoment der Lastseite soll dabei das durch Reibschluss zwischen Rolle und Walzgut begrenzte Drehmoment gesetzt werden ($\mu \approx 0,15$).

---

[1] Schwere Rollenförderer, vorwiegend in Walzwerken, zum Transport des Walzgutes zu und von den Walzen bzw. zu den Scheren, Sägen und zum Lager.

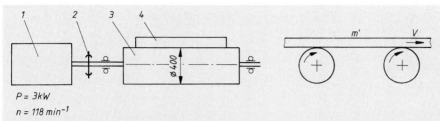

$P = 3\,kW$

$n = 118\ min^{-1}$

Bild 13-70 Rollgangantrieb (schematisch).
1 Getriebemotor, 2 Kupplung, 3 Rolle, 4 Walzgut

c) Die nach b) bemessene Kupplung soll unter Beachtung folgender Betriebsdaten auf Belastung durch Anfahrstöße geprüft werden:
   – Stoßdrehmoment = Kippdrehmoment des Drehstrommotors = 2,4 × Nenndrehmoment des Drehstrommotors
   – Reversierbetrieb mit 80 Drehrichtungswechseln in der Stunde
   – Trägheitsmoment des Getriebemotors ca. 1,7 kg m² und der Arbeitsrolle ca. 6,1 kg m², jeweils bezogen auf die Kupplungswelle.

d) Abschließend ist noch zu prüfen, ob eine zu erwartende radiale Wellenverlagerung von 1,5 mm von der Kupplung ausgeglichen werden kann und welche Rückstellkraft hierbei ggf. auftritt.

Lösung a): Zum Ausgleich nicht vermeidbarer Wellenverlagerungen und zur Dämpfung von Stößen kommt eine nachgiebige, also eine Ausgleichskupplung in Frage. Nach Bild 13-3 a kann nun systematisch gewählt werden: nicht schaltbare Kupplung – nachgiebig – formschlüssig – längs-, quer-, winkel-, drehnachgiebig – elastisch. Wegen der laufend wechselnden Drehrichtung (Reversierbetrieb) sollte eine absolut spielfreie Kupplung mit hoher Elastizität und guter Dämpfung gewählt werden (s. 13.2.4-3). Nach Bild 13-58 findet man unter Berücksichtigung der Anforderungen „wartungsfrei" und „schwingungsdämpfend" und den entsprechenden Hinweisen auf die Einsatzmerkmale, dass gummielastische Kupplungen hoher Elastizität allen gestellten Anforderungen genügen (vgl. auch 13.3.2-2.3). Gewählt wird eine hochelastische Wulstkupplung (Radaflex-Kupplung) nach Bild 13-29. Für die mit Reifen aus Naturgummi (NR) ausgestattete Radaflex-Kupplung ist auch die auftretende Temperatur von max. +60 °C noch zulässig (TB 13-8b).

Ergebnis: Gewählt wird eine hochelastische Wulstkupplung mit elastischen Elementen aus Naturgummi (Radaflex-Kupplung).

▶ **Lösung b):** Die Reibungskraft $F_R = \mu \cdot F_N = \mu \cdot m' \cdot g$ am Rollenumfang begrenzt das übertragbare Drehmoment auf das Nenndrehmoment der Lastseite

$$T_{LN} = F_R \cdot \frac{d}{2} = \mu \cdot m' \cdot g \cdot \frac{d}{2}\ .$$

Mit $\mu \approx 0,15$, $m' = 800$ kg, $g = 9,81$ m/s² und $d = 0,4$ m beträgt das Nenndrehmoment der Lastseite damit

$$T_{LN} = 0,15 \cdot 800\ \text{kg} \cdot 9,81\ \frac{\text{m}}{\text{s}^2} \cdot \frac{0,4\ \text{m}}{2} = 235\ \text{Nm}\ .$$

Da eine wirtschaftlich optimale Kupplungsgröße gefunden werden soll, erfolgt die Auslegung nach der ungünstigsten Lastart (s. 13.2.5-3). Für die Belastung durch das Nenndrehmoment der Lastseite gilt nach Gl. (13.12)

$$T'_K = T_{LN} \cdot S_t \leq T_{KN}\ .$$

Mit dem oben bestimmten Nenndrehmoment und dem Temperaturfaktor $S_t = 1,4$ für Kupplungsreifen aus NR bei $t = +60$ °C (TB 13-8b) wird das fiktive Kupplungsdrehmoment

$$T'_K = 235\ \text{Nm} \cdot 1,4 = 330\ \text{Nm}\ .$$

13

Danach ist aus TB 13-5 eine Radaflex-Kupplung mit einem Nenndrehmoment $T_{KN} \geq 330$ Nm auszuwählen. Gewählt wird somit die Baugröße 40 (Bauform 300) mit folgenden Daten:

Nenndrehmoment	$T_{KN} = 400$ Nm
Maximaldrehmoment	$T_{K\,max} = 3 \cdot 400$ Nm $= 1200$ Nm
Trägheitsmoment der Kupplungshälften	$J_1 = J_2 = 0{,}175$ kg m^2/2 $\approx 0{,}09$ kg m^2.

Ergebnis: Nach dem Nenndrehmoment wird eine Radaflex-Kupplung der Baugröße 40 gewählt.

▶ **Lösung c):** Bei Antrieben mit Drehstrommotoren treten beim Anfahren Drehmomentstöße auf (s. 13.2.4-2). Nach Gl. (13.13 a) gilt dabei für den antriebsseitigen Stoß

$$T'_K = \frac{J_L}{J_A + J_L} \cdot T_{AS} \cdot S_A \cdot S_z \cdot S_t \leq T_{K\,max}.$$

Das auf die Motor-(Kupplungs-)Welle reduzierte Trägheitsmoment der Lastseite J_L wird nach Gl. (13.4) berechnet. Für das mit der Geschwindigkeit v bewegte Walzgut der Masse m' ergibt sich dabei ein auf die Winkelgeschwindigkeit ω der Kupplungswelle reduziertes Trägheitsmoment

$$J_{red} = m \left(\frac{v}{\omega}\right)^2.$$

Mit der anteiligen Masse des zu fördernden Walzgutes je Rolle $m' = 800$ kg, der Walzgutgeschwindigkeit $v = d \cdot \pi \cdot n = 0{,}4$ m $\cdot \pi \cdot 118/60$ s $= 2{,}47$ m/s und der Winkelgeschwindigkeit der Kupplungswelle $\omega = 2 \cdot \pi \cdot n = 2 \cdot \pi \cdot 118/60$ s $= 12{,}36$ s^{-1} wird

$$J_{red} = 800 \text{ kg} \cdot \left(\frac{2{,}47 \text{ m/s}}{12{,}36 \text{ s}^{-1}}\right)^2 \approx 32 \text{ kg m}^2.$$

Mit den mit ω umlaufenden Einzelträgheitsmomenten der Kupplungshälfte und der Rolle ergibt sich das gesamte Trägheitsmoment der Lastseite zu

$$J_{red} = 0{,}09 \text{ kg m}^2 + 6{,}1 \text{ kg m}^2 + 32 \text{ kg m}^2 = 38{,}19 \text{ kg m}^2.$$

Damit und mit dem Trägheitsmoment der Antriebsseite $J_A = 1{,}7$ kg m$^2 + 0{,}09$ kg m$^2 = 1{,}79$ kg m^2, dem Stoßdrehmoment der Antriebsseite $T_{AS} = 2{,}4 \cdot T_{AN} = 2{,}4 \cdot 243$ Nm $= 583$ Nm (mit T_{AN} in Nm aus $9550 \cdot 3/118 = 243$), dem Stoßfaktor der Antriebsseite $S_A = 1{,}8$, dem Anlauffaktor $S_z = 1{,}3$ für $z = 80 \cdot 2 = 160$ (wegen Reversierbetrieb) nach TB 13-8 a und dem Temperaturfaktor $S_t = 1{,}4$ ergibt sich für den antriebsseitigen Stoß ein fiktives Drehmoment

$$T'_K = \frac{38{,}19 \text{ kg m}^2}{1{,}79 \text{ kg m}^2 + 38{,}19 \text{ kg m}^2} \cdot 583 \text{ Nm} \cdot 1{,}8 \cdot 1{,}3 \cdot 1{,}4 \approx 1824 \text{ Nm} > T_{K\,max} = 1200 \text{ Nm}.$$

Die nach dem Nenndrehmoment ausgewählte Kupplung ist zu klein; es wird die nächste Baugröße gewählt.

Die Baugröße 63 hat nach TB 13-5 folgende Daten:

Nenndrehmoment	$T_{KN} = 630$ Nm
Maximaldrehmoment	$T_{K\,max} = 3 \cdot 630$ Nm $= 1890$ Nm
Trägheitsmoment der Kupplungshälften	$J_1 = J_2 = 0{,}309$ kg m^2/2 $\approx 0{,}15$ kg m^2.

Durch die größere Kupplung ändert sich das Verhältnis der Trägheitsmomente $J_L/(J_A + J_L)$ und damit das oben errechnete fiktive Drehmoment kaum, es kann deshalb unmittelbar mit dem neuen Maximaldrehmoment der Kupplung verglichen werden:

$$T'_K = 1823 \text{ Nm} < T_{K\,max} = 1890 \text{ Nm}.$$

Die Baugröße 63 reicht aus.

Ergebnis: Wegen der großen Drehmomentstöße ist für die vorgesehene Radaflex-Kupplung endgültig die Baugröße 63 zu wählen:

▶ **Lösung d):** Für radiale Wellenverlagerungen ist nach Gl. (13.16b) folgende Bedingung einzuhalten:

$$\Delta K_r \geq \Delta W_r \cdot S_t \cdot S_f.$$

Die gewählte Radaflex-Kupplung (Baugröße 63) weist nach TB 13-5 eine radiale Nachgiebigkeit $\Delta K_r = 3{,}5$ mm auf.

Mit der maximal auftretenden radialen Verlagerung der Wellen $\Delta W_r = 1,5$ mm, dem Temperaturfaktor $S_t = 1,4$ und dem Frequenzfaktor $S_f = 1,0$ (für $\omega = 12,36$ s^{-1} < 63 s^{-1}, s. TB 13-8c) lautet die Gl. (13.16b) somit

$$3,5 \text{ mm} > 1,5 \text{ mm} \cdot 1,4 \cdot 1,0 = 2,1 \text{ mm}.$$

Eine radiale Wellenverlagerung von 1,5 mm ist somit ohne weiteres zulässig.
Die radiale Rückstellkraft beträgt nach Gl. (13.17b)

$$F_r = \Delta W_r \cdot C_r.$$

Die gewählte Radaflex-Kupplung (Baugröße 63) weist eine Radialfedersteife von $C_r = 280$ N/mm auf (TB 13-4).
Bei einer auftretenden Wellenverlagerung $\Delta W_r = 1,5$ mm wird die radiale Rückstellkraft

$$F_r = 1,5 \text{ mm} \cdot 280 \text{ N/mm} \approx 0,4 \text{ kN}.$$

Ergebnis: Eine radiale Verlagerung der Wellen von 1,5 mm ist zulässig. Die dadurch verursachte radiale Rückstellkraft beträgt ca. 0,4 kN.

■ **Beispiel 13.4:** Ein Zweizylinder-Viertakt-Dieselmotor mit der Nennleistung $P = 25$ kW und der Drehzahl $n = 1500$ min^{-1} treibt über eine nicht schaltbare Kupplung eine Arbeitsmaschine an. Nach Angaben der Hersteller beträgt das erregende Wechseldrehmoment 0,5. Ordnung des Dieselmotors $T_{A0,5} = \pm 360$ Nm und das mittlere Lastdrehmoment der Arbeitsmaschine $T_{LN} = 140$ Nm. Das Trägheitsmoment des Dieselmotors ist 5,1 kg m^2, das der Arbeitsmaschine 1,8 kg m^2. Der Maschinensatz läuft höchstens 10-mal in der Stunde an. Die Umgebungstemperatur der Kupplung beträgt bis zu +50 °C.

a) Eine geeignete Kupplungsart ist zu wählen.
b) Die Kupplung ist den Betriebsverhältnissen entsprechend auszulegen.

▶ **Lösung a):** In Antrieben mit Kolbenmaschinen treten periodische Drehmomentschwankungen auf, welche den Maschinensatz zu u. U. gefährlichen Drehschwingungen anregen können (s. 13.2.4-4). Die für diesen stark ungleichförmigen Antrieb zu wählende nichtschaltbare Kupplung hat also vor allem die Aufgabe, Drehschwingungen zu dämpfen und die Resonanzfrequenz weit genug unter die Betriebsfrequenz zu senken. Außerdem sind betrieblich bedingte geringe Wellenverlagerungen auszugleichen. Nach Bild 13-3a kann nun systematisch gewählt werden: nicht schaltbare Kupplung – nachgiebig – formschlüssig – längs-, quer-, winkel-, drehnachgiebig – elastisch. Nach den Anhaltswerten zur Kupplungsauswahl (Bild 13-58) wird nun eine marktgängige Bauart festgelegt. In Frage kommen gummielastische Kupplungen hoher Elastizität. Sie erfüllen alle gestellten Anforderungen und sind außerdem noch wartungsfrei und radial montierbar, d. h., dass Wellen und Maschinen ohne axiales Verschieben ein- und ausgebaut werden können. Gewählt wird z. B. eine hochelastische Wulstkupplung (Radaflex-Kupplung) nach Bild 13-29.

Ergebnis: Gummielastische Kupplungen hoher Elastizität erfüllen alle Anforderungen. Gewählt wird z. B. eine hochelastische Wulstkupplung (Radaflex-Kupplung).

▶ **Lösung b):** Beim Einsatz elastischer Kupplungen in Drehschwingungssystemen mit periodischem Wechseldrehmoment ist eine sorgfältige Berechnung der auftretenden Belastung für die Kupplung und den gesamten Maschinensatz unbedingt erforderlich (vgl. unter a). Die Auslegung der Kupplung kann also nur nach der ungünstigsten Lastart erfolgen (s. 13.2.5-3). In besonders schwierigen Fällen wird man sie den Kupplungsherstellern überlassen.
Da keine Drehmomentstöße auftreten und die Wellenverlagerungen unerheblich sind, wird die Kupplung nach dem Nenndrehmoment bzw. dem periodischen Wechseldrehmoment ausgelegt.
Nach Gl. (13.12) gilt für die Belastung durch das Nenndrehmoment

$$T_K' = T_{LN} \cdot S_t \leq T_{KN}.$$

Mit dem Temperaturfaktor $S_t = 1,4$ nach TB 13-8b (für $t = +50$ °C und Kupplungsreifen aus Naturgummi), und dem Nenndrehmoment der Lastseite $T_{LN} = 140$ Nm ergibt sich ein fiktives Drehmoment

$$T_K' = 149 \text{ Nm} \cdot 1,4 = 196 \text{ Nm}.$$

13

Danach ist aus TB 13-5 eine Radaflex-Kupplung mit einem Nenndrehmoment $T_{KN} \geq 196$ Nm auszuwählen. Gewählt wird somit die Baugröße 25 (Bauform 300) mit folgenden Daten:

Nenndrehmoment	$T_{KN} = 250$ Nm
Maximaldrehmoment	$T_{K\,max} = 3 \cdot 250$ Nm $= 750$ Nm
Dauerwechseldrehmoment	$T_{KW} = \pm 0{,}4 \cdot 250$ Nm $= \pm 100$ Nm
Drehfedersteife	$C_{T\,dyn} = 1364$ Nm/rad (bei T_{KN})
verhältnismäßige Dämpfung	$\psi = 1{,}2$
Trägheitsmoment je Kupplungshälfte	$J_1 = J_2 = 0{,}08$ kg m^2/2 $= 0{,}04$ kg m^2
maximale Drehzahl	$n_{max} = 2000$ min^{-1}

Für das schnelle Durchfahren der Resonanz gilt bei antriebsseitiger Schwingungserregung nach Gl. (13.14 a)

$$T'_K = \frac{J_L}{J_A + J_L} \cdot T_{Ai} \cdot V_R \cdot S_z \cdot S_t \leq T_{K\,max}.$$

Mit dem Trägheitsmoment der Lastseite $J_L = 1{,}8$ kg m$^2 + 0{,}04$ kg m$^2 = 1{,}84$ kgm^2; dem Trägheitsmoment der Antriebsseite $J_A = 5{,}1$ kg m$^2 + 0{,}04$ kg m$^2 = 5{,}14$ kg m^2; dem erregenden Wechseldrehmoment 0,5. Ordnung $T_{A0,5} = \pm 360$ Nm; dem Vergrößerungsfaktor in Resonanznähe $V_R \approx 2\pi/1{,}2 \approx 5{,}2$ (nach Legende zu Gl. (13.10), mit $\psi = 1{,}2$ als verhältnismäßige Dämpfung); dem Anlauffaktor $S_z = 1{,}0$ (für $z = 10 < 120$ Anläufe je Stunde, nach TB 13-8a) und dem Temperaturfaktor $S_t = 1{,}4$ wird somit das fiktive Wechseldrehmoment in Resonanz

$$T'_K = \frac{1{,}84 \text{ kg m}^2}{5{,}14 \text{ kg m}^2 + 1{,}84 \text{ kg m}^2} \cdot 360 \text{ Nm} \cdot 5{,}2 \cdot 1{,}0 \cdot 1{,}4 = 691 \text{ Nm} < T_{K\,max} = 750 \text{ Nm}.$$

Die nach dem Nenndrehmoment ausgewählte Kupplungsgröße 25 ist also auch für das Durchfahren der Resonanz ausreichend bemessen.

Als nächstes ist zu prüfen, ob die Resonanz außerhalb der Betriebsfrequenz liegt. Unter der Voraussetzung, dass die Kupplung praktisch das einzig drehelastische Glied des Antriebes ist, gilt nach Gl. (13.8) für die Eigenkreisfrequenz

$$\omega_e = \sqrt{C_{T\,dyn} \cdot \frac{J_A + J_L}{J_A \cdot J_L}} = \sqrt{1364 \text{ Nm/rad} \; \frac{5{,}14 \text{ kg m}^2 + 1{,}84 \text{ kg m}^2}{5{,}14 \text{ kg m}^2 \cdot 1{,}84 \text{ kg m}^2}} = 31{,}7 \text{ s}^{-1}\,[1]$$

Mit der Ordnungszahl $i = 0{,}5$ für den Zweizylinder-Viertaktmotor (i weicht hier von der unter Gl. (13.9) angegebenen Regel, $i =$ halbe Zylinderzahl, bauartbedingt ab!) wird nach Gl. (13.9) die kritische Kreisfrequenz

$$\omega_k = \frac{\omega_e}{i} = \frac{31{,}7 \text{ s}^{-1}}{0{,}5} = 63{,}4 \text{ s}^{-1}, \quad \text{entsprechend} \quad n_k = 605 \text{ min}^{-1}.$$

Mit $\omega/\omega_k = n/n_k = 1500$ min$^{-1}/605$ min$^{-1} \approx 2{,}5 > \sqrt{2}$ liegt die erregende Frequenz (Betriebsfrequenz) weit genug über der Eigenfrequenz und ermöglicht einen ruhigen Lauf der Arbeitsmaschine (vgl. 13.2.5-3.3).

Abschließend ist die Dauerwechselfestigkeit der Kupplung nachzuweisen. Nach Gl. (13.15a) gilt bei antriebsseitiger Schwingungserregung

$$T'_K = \frac{J_L}{J_A + J_L} \cdot T_{Ai} \cdot V \cdot S_t \cdot S_f \leq T_{KW}.$$

Mit dem Vergrößerungsfaktor außerhalb der Resonanz

$$V \approx \frac{1}{\left|\left(\dfrac{\omega}{\omega_k}\right)^2 - 1\right|} = \frac{1}{\left|\left(\dfrac{157 \text{ s}^{-1}}{63{,}4 \text{ s}^{-1}}\right)^2 - 1\right|} = \frac{1}{5{,}14} \approx 0{,}19$$

---

[1] Wird unter der Wurzel für $N \to$ kg m s^{-2} und für rad $\to 1$ gesetzt, so ergibt sich ω_e in s^{-1}.

(nach Legende zu Gl. (13.10), mit $\omega = 157\,\text{s}^{-1}$ bzw. $\omega_k = 63,4\,\text{s}^{-1}$ als Betriebskreisfrequenz bzw. kritische Kreisfrequenz); dem Frequenzfaktor bei

$$\omega = 157\,\text{s}^{-1} > 63\,\text{s}^{-1}: S_f = \sqrt{\frac{\omega}{63\,\text{s}^{-1}}} = \sqrt{\frac{157\,\text{s}^{-1}}{63\,\text{s}^{-1}}} \approx 1,6$$

nach TB 13-8c und den bereits oben bestimmten Werten wird das fiktive Wechseldrehmoment der Kupplung

$$T'_K = \frac{1,84\,\text{kg}\,\text{m}^2}{5,14\,\text{kg}\,\text{m}^2 + 1,84\,\text{kg}\,\text{m}^2} \cdot 360\,\text{Nm} \cdot 0,19 \cdot 1,4 \cdot 1,6 = 40\,\text{Nm} < T_{KW} = \pm 100\,\text{Nm}\,.$$

Die Kupplung ist dauerfest, da das errechnete fiktive Wechseldrehmoment unter dem zulässigen Dauerwechseldrehmoment liegt.

Ergebnis: Es wird eine Radaflex-Kupplung der Baugröße 25 gewählt.

■ **Beispiel 13.5:** Ein Drehstrom-Asynchronmotor, Baugröße 132M, treibt über eine elektromagnetisch betätigte Lamellenkupplung eine Werkzeugmaschine an. Der Motor läuft bei ausgeschalteter Kupplung an und bleibt während des Betriebes dauernd eingeschaltet. Er leistet $P = 7,5\,\text{kW}$ bei $n = 1445\,\text{min}^{-1}$. Mit der auf der Motorwelle sitzenden, nasslaufenden Kupplung sollen 115 Schaltungen pro Stunde ausgeführt werden. Dabei ist jedes Mal das (auf die Kupplungswelle reduzierte) Trägheitsmoment der Arbeitsmaschine $J_L = 0,23\,\text{kg}\,\text{m}^2$ innerhalb von 1 s aus dem Stillstand auf $n = 1445\,\text{min}^{-1}$ zu beschleunigen. Während der Anlaufzeit beträgt das (auf die Kupplungswelle bezogene) Lastdrehmoment der Arbeitsmaschine $T_L = 22\,\text{Nm}$, nach dem Schalten erhöht es sich auf 50 Nm.
Die Kupplungsgröße ist zu bestimmen.

▶ **Lösung:** Maßgebend für die Größenbestimmung von schaltbaren Reibkupplungen können nach 13.2.6.-3 sein:

– Das schaltbare Drehmoment während des Anlaufs.
– Das übertragbare Drehmoment im Betrieb.
– Die Wärmebelastung der Kupplung.

Das erforderliche schaltbare Drehmoment der Kupplung kann nach Gl. (13.18) bestimmt werden:

$$T_{Ks} = J_L \frac{\omega_A - \omega_{L0}}{t_R} + T_L \leq T_{KNs}\,.$$

Mit dem auf die Kupplungswelle reduzierten Trägheitsmoment der Arbeitsmaschine (ohne Kupplungsanteil) $J_L = 0,23\,\text{kg}\,\text{m}^2$, der Winkelgeschwindigkeit der Antriebsseite

$$\omega_A = 2 \cdot \pi \cdot n = 2 \cdot \pi \cdot \frac{1445}{60}\,\text{s} = 151,2\,\text{s}^{-1}\,,$$

der Winkelgeschwindigkeit der Abtriebsseite zu Beginn des Anlaufes $\omega_{L0} = 0$, der geforderten Beschleunigungszeit $t_R \leq 1\,\text{s}$ und dem Lastdrehmoment $T_L = 22\,\text{Nm}$ wird das erforderliche schaltbare Drehmoment hiermit

$$T_{Ks} = 0,23\,\text{kg}\,\text{m}^2 \cdot \frac{151,2\,\text{s}^{-1} - 0\,\text{s}^{-1}}{1\,\text{s}} + 22\,\text{Nm} \approx 57\,\text{Nm}\,.$$

Damit ist z. B. nach TB 13-7 bei Nasslauf eine elektromagnetisch betätigte Lamellenkupplung der Baugröße 6,3 zu wählen.
Sie hat folgende Daten:

schaltbares Nenndrehmoment	$T_{KNs} = 63\,\text{Nm}$
übertragbares Nenndrehmoment	$T_{KNü} = 90\,\text{Nm}$
zulässige Schaltarbeit/Schaltung	$W_{zul} = 50 \cdot 10^3\,\text{Nm}$
zulässige Schaltarbeit pro Stunde (Dauerschaltung bei Nasslauf)	$W_{hzul} = 50 \cdot 10^3 \cdot 20 = 10^6\,\text{Nm/h}$
maximal zulässige Drehzahl (Trägheitsmomente vernachlässigbar klein)	$n_{max} = 3000\,\text{min}^{-1}$

Da die Kupplung nach dem Anlaufvorgang nur mit einem Lastdrehmoment $T_L = 50$ Nm belastet wird, ist das übertragbare Nenndrehmoment $T_{KNü} = 90$ Nm der Baugröße 6,3 ausreichend.

Bei Überlastung der Arbeitsmaschine kann der vorgesehene Drehstrom-Asynchronmotor das 3,1fache seines Nenndrehmomentes abgeben (s. TB 16-21: $T_{ki}/T_N = 3,1$ für die Baugröße 132M). Bei einem Motor-Nenndrehmoment $T_N = 9550 \cdot 7,5/1445 \approx 50$ Nm beträgt also sein Kippdrehmoment $T_{ki} = 3,1 \cdot 50$ Nm $= 155$ Nm (vgl. Bild 13-8 a). Bei $T_K > 90$ Nm rutscht die Kupplung bereits durch und schützt so die Maschine vor Überlastung.

Abschließend ist die Wärmebelastung der Kupplung mit Hilfe der Gl. (13.20) und Gl. (13.21) zu prüfen.

Mit dem schaltbaren Nenndrehmoment der gewählten Kupplung $T_{KNs} = 63$ Nm und den bereits oben genannten Daten wird nach Gl. (13.19) die tatsächlich auftretende Rutschzeit (Beschleunigungszeit) beim Anlauf

$$t_R = \frac{J_L}{T_{KNs} - T_L}(\omega_A - \omega_{L0}) = \frac{0,23 \text{ kg m}^2}{63 \text{ Nm} - 22 \text{ Nm}}(151,2 \text{ s}^{-1} - 0 \text{ s}^{-1}) \approx 0,85 \text{ s}.$$

Die bei einmaliger Schaltung anfallende Schaltarbeit beträgt nach Gl. (13.20)

$$W = 0,5 \cdot T_{KNs}(\omega_A - \omega_{L0})\, t_R < W_{zul}.$$

Mit dem schaltbaren Nenndrehmoment $T_{KNs} = 63$ Nm, den Winkelgeschwindigkeiten

$$\omega_A = 151,2 \text{ s}^{-1} \quad \text{und} \quad \omega_{L0} = 0 \text{ s}^{-1},$$

sowie der Rutschzeit $t_R = 0,85$ s erhält man

$$W = 0,5 \cdot 63 \text{ Nm}(151,2 \text{ s}^{-1} - 0 \text{ s}^{-1})\, 0,85 \text{ s} = 4048 \text{ Nm} < W_{zul} = 50 \cdot 10^3 \text{ Nm}.$$

Mit $z_h = 115$ Schaltungen pro Stunde wird nach Gl. (13.21) noch die stündlich anfallende Schaltarbeit geprüft

$$W_h = W \cdot z_h = 4048 \text{ Nm} \cdot 115/\text{h} \approx 0,466 \cdot 10^6 \text{ Nm/h} < W_{h\,zul} = 10^6 \text{ Nm/h}.$$

Die gewählte Kupplungsgröße ist wärmemäßig nicht ausgelastet. Besondere Maßnahmen zu besserer Wärmeabfuhr sind nicht erforderlich.

Ergebnis: Gewählt wird eine elektromagnetisch betätigte BSD-Lamellenkupplung der Baugröße 6,3.

Beispiel 13.6: An den Antriebsmotor (Elektromotor mit $P = 1,5$ kW bei $n = 1500$ min^{-1}) einer Arbeitsmaschine soll an das freie Wellenende eine Positionierbremse zum taktmäßigen Abbremsen der Arbeitsmaschine angeflanscht werden, s. Bild 13-71. Das Lastdrehmoment der Arbeitsmaschine ist laut Herstellerangaben $T_{LA} = 30$ Nm bei $n_{LA} = 450$ min^{-1} (Arbeitsdrehzahl). Die Drehzahl der Arbeitsmaschine wird über einen Keilriementrieb realisiert. Das Trägheitsmoment der kleinen Keilriemenscheibe ist $J_{K1} = 0,003$ kg m^2, das der großen Keilriemenscheibe $J_{K2} = 0,09$ kg m^2, das des Motor-Läufers $J_M = 0,00383$ kg m^2 und das der Arbeitsmaschine $J_{LA} = 0,25$ kg m^2. Die Bremse soll für 20 Bremsungen pro Minute ausgelegt werden.

Es ist die Baugröße der Bremse zu bestimmen.

▶ **Lösung:** Bei der Bestimmung der Bremsengröße kann wie bei Schaltkupplungen vorgegangen werden (s. auch Beispiel 13.5). Maßgebend für die Baugröße sind:

– Das Bremsmoment während des Bremsens (Schaltens) und
– die Wärmebelastung der Bremse.

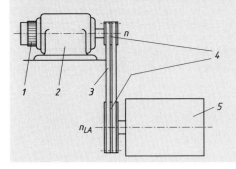

Bild 13-71
Antriebsschema der Arbeitsmaschine.
1 Bremse
2 Antriebsmotor
3 Riementrieb
4 Keilriemenscheiben
5 Arbeitsmaschine

Da keine Bremszeit vorgegeben ist, erfolgt die Auswahl der Bremsengröße vereinfacht aus dem abzubremsenden Motor-Nenndrehmoment

$$T_{Br} \geq T_N = 9550 \, \frac{P}{n} = 9550 \, \frac{1,5}{1500} = 9,55 \, \text{Nm}.$$

Damit ist nach TB 13-9 geeignet: Positionierbremse ROBA-stopp Baugröße 5 mit einem Bremsmoment $T_{Br} = 12$ Nm.

Anmerkung: Das Lastmoment wirkt hier bremsend, d. h. die Berechnung liegt auf der sicheren Seite. Wirkt das Lastmoment entgegen dem Bremsmoment, z. B. beim Lastabsenken von Winden, muss es bei der Berechnung unbedingt berücksichtigt werden.
Bei Forderung einer bestimmten Bremszeit erfolgt die Baugrößenauswahl nach Gl. (13.23). Das Bremsmoment sollte aber aus Sicherheitsgründen nicht unter dem Motor-Nenndrehmoment liegen.

Die Wärmebelastung der Kupplung kann mit den Gl. (13-20) und Gl. (13-21) erfolgen. Hierzu erfolgt zunächst die Berechnung der erforderlichen Bremszeit mit Gl. (13.19) (mit T_{Br} für T_{KNs} und $\omega_{L0} = 0$) oder durch Umstellung von Gl. 13.23:

$$t_R = \frac{J_L \cdot \omega_A}{T_{Br} \pm T_L}$$

Das auf die Bremswelle = Motorwelle reduzierte Trägheitsmoment des gesamten Antriebsstranges ergibt sich mit Gl. (13.4) zu

$$J_{red} = J_L = J_{Br} + J_M + J_{K1} + (J_{K2} + J_{LA}) \cdot \left(\frac{n_{LA}}{n}\right)^2$$

$$= 0,000\,068 \, \text{kg m}^2 + 0,003\,83 \, \text{kg m}^2 + 0,003 \, \text{kg m}^2 + (0,09 + 0,25) \, \text{kg m}^2 \left(\frac{450 \, \text{min}^{-1}}{1500 \, \text{min}^{-1}}\right)^2$$

$$= 0,0375 \, \text{kg m}^2$$

mit dem Trägheitsmoment der Bremse $J_{Br} = 0,000\,068$ kg m² aus TB 13-9.
Das auf die Bremswelle bezogene Lastdrehmoment der Arbeitsmaschine ist $T_L = T_{LA}/i = 30$ Nm/3,33 $= 9$ Nm, bei $i = n/n_{LA} = 1500$ min^{-1}/450 min^{-1} $= 3,33$; die Winkelgeschwindigkeit der Bremswelle $\omega_A = \pi \cdot n/30 = \pi \cdot 1500/30 = 157$ s^{-1}.
Damit wird die Bremszeit

$$t_R = \frac{0,0375 \, \text{kg m}^2 \cdot 157 \, \text{s}^{-1}}{12 \, \text{Nm} + 9 \, \text{Nm}} \approx 0,28 \, \text{s},$$

wobei das Lastmoment bremsend wirkt und damit mit positivem Vorzeichen eingesetzt werden muss. Die Reibarbeit (Schaltarbeit) pro Bremsung beträgt nach Gl. (13.20)

$$W = 0,5 \cdot T_{Br} \cdot \omega_A \cdot t_R = 0,5 \cdot 12 \, \text{Nm} \cdot 157 \, \text{s}^{-1} \cdot 0,28 \, \text{s} \approx 264 \, \text{Nm} < W_{zul} = 1000 \, \text{Nm}.$$

Die Reibleistung (= anfallende Schaltarbeit pro Stunde) wird mit $z_h = 20 \cdot 60 = 1200$ **Bremsungen** (Schaltungen) pro Stunde

$$W_h = W \cdot z_h = 264 \, \text{Nm} \cdot 1200/\text{h} \approx 0,317 \cdot 10^6 \, \text{Nm/h} = 88W < W_{h\,zul} = 105W.$$

Die gewählte Bremse ist für den vorgesehenen Einsatz geeignet, da die zulässigen Werte (aus TB 13-9) nicht überschritten werden.

Ergebnis: Gewählt wird eine Positionierbremse der Baugröße 5.

13.8 Literatur und Bildquellennachweis

Bederke, H.-J., Ptassek, R., Rothenbach, G., Vaske, P.: Elektrische Antriebe und Steuerungen. 2. Aufl. Stuttgart: Teubner, 1975 (Moeller, Leitfaden der Elektrotechnik, Bd. VIII)
Desch KG (Hrsg.): Antriebstechnik. Antriebstechnische Informationen für den Konstrukteur. Firmenschriften, Arnsberg
Fuest, K., Döring, P.: Elektrische Maschinen und Antriebe 6. Aufl. Braunschweig: Vieweg, 2004
Dittrich, O., Schumann, R.: Kupplungen. Mainz: Krausskopf, 1974 (Krausskopf-Taschenbücher „antriebstechnik", Bd. II)
Künne, B.: Köhler/Rögnitz. Maschinenteile 2, 10. Aufl. Wiesbaden: Teubner 2007

Niemann, G., Winter, H.: Maschinenelemente. Bd. III. Schraubrad-, Kegelrad-, Schnecken-, Ketten-, Riemen-, Reibradgetriebe, Kupplungen, Bremsen, Freiläufe, 2. Aufl. Berlin: Springer, 2004

Peeken, H., Troeder, C.: Elastische Kupplungen. Ausführungen, Eigenschaften, Berechnungen. Berlin: Springer, 1986 (Konstruktionsbücher, Bd. 33)

Pelezewski, W.: Elektromagnetische Kupplungen. Braunschweig: Vieweg, 1971

Schalitz, A.: Kupplungs-Atlas. Bauarten und Auslegung von Kupplungen und Bremsen, 4. Aufl. Ludwigsburg: Georg Thum, 1975

Scheffler, M.: Grundlagen der Fördertechnik – Elemente und Triebwerke. Braunschweig/Wiesbaden: Vieweg, 1994

Seefried, E., Mildenberger, O.: Elektrische Maschinen und Antriebstechnik. Grundlagen und Betriebsverhalten. Wiesbaden: Vieweg, 2001

SEW-EURODRIVE (Hrsg.): Handbuch der Antriebstechnik. München: Hanser, 1980

Steinhilper, W., Sauer, B. (Hrsg): Konstruktionselemente des Maschinenbaus 2, 5. Aufl. Berlin: Springer, 2006

Stübner, K, Rüggen, W.: Kupplungen. Einsatz und Berechnung. München: Hanser, 1980

VDI-Berichte Nr. 299: Die Wellenkupplung als Systemelement. Auslegung – Einsatz – Erfahrungen, Düsseldorf: VDI, 1977

VDI-Richtlinie 2240: Wellenkupplungen. Systematische Einteilung nach ihren Eigenschaften (VDI-Handbuch Konstruktion). 1971

VDI-Richtlinie 2241 Blatt 1: Schaltbare fremdbetätigte Reibkupplungen und -bremsen. Begriffe, Bauarten, Kennwerte, Berechnungen (VDI-Handbuch Konstruktion). 1982

Winkelmann, S., Harmuth, H.: Schaltbare Reibkupplungen. Grundlagen, Eigenschaften, Konstruktionen. Berlin: Springer, 1985 (Konstruktionsbücher, Bd. 34)

Bildquellennachweis

Chr. Mayr GmbH & Co. KG, Mauerstetten, Bild 13-64 (www.mayr.de)

Desch Antriebstechnik GmbH & Co. KG, Arnsberg , Bilder 13-27, 13-38 (www.desch.de)

Flender AG, Bocholt, Bild 13-26 (www.flender.com)

Hochreuter & Baum GmbH Maschinenfabrik, Ansbach, Bild 13-24

Kauermann KG, Düsseldorf, Bilder 13-30, 13-44 (www.kauermann.de)

Kendrion Binder Magnete GmbH, Villingen-Schwenningen, Bild 13-43 b (www.kendrion AT.com)

Lenze GmbH & Co. KG, Extertal, Bild 13-25 (www.lenze.de)

GKN Driveline Deutschland GmbH, Offenbach/Main, Bild 13-22 b (www.gknplc.com)

M.A.T. Malmedie Antriebstechnik GmbH, Solingen, Bilder 13-15d, 13-23, 13-48 (www.malmedie.com)

Metalluk, Bauscher GmbH & Co. KG, Bamberg, Bild 13-50 (www.metalluk.com)

Ortlinghaus-Werke GmbH, Wermelskirchen, Bilder 13-31, 13-36, 13-43 a (www.ortlinghaus.com)

PIV Drives GmbH, Bad Homburg, Bild 13-47 (www.piv-drives.com)

Rexnord Antriebstechnik GmbH, Dortmund, Bilder 13-14, 13-29, 13-37, 13-40, 13-41, 13-52, (www.rexnord-antrieb.de)

Ringspann GmbH, Bad Homburg, Bilder 13-12, 13-35, 13-45, 13-65 (www.ringspann.com)

Schmidt-Kupplung GmbH, Wolfenbüttel, Bild 13-13 (www.schmidt-kupplung.de)

Spicer Gelenkwellenbau GmbH, Essen, Bild 13-21 (www.gwb-essen.de)

Stromag AG, Unna, Bilder 13-39, 13-54, 13-55 (www.stromag.com)

Suco Robert Scheuffele GmbH & Co. KG, Bissingen/Bietigheim, Bild 13-49 (www.suco.de)

Voith Turbo GmbH & Co. KG, Crailsheim, Bild 13-57 (www.voithturbo.com)

GKN Walterscheid GmbH, Lohmar, Bild 13-46 (www.walterscheid.com)

ZF Friedrichshafen AG, Friedrichshafen, Bilder 13-33,13-42 (www.zf.com)

13

14 Wälzlager und Wälzlagerungen

14.1 Funktion und Wirkung

14.1.1 Aufgaben und Wirkprinzip

Lager haben die Aufgabe, relativ zueinander bewegliche, insbesondere drehbewegliche Teile in Maschinen und Geräten abzustützen und zu führen und die wirkenden äußeren Kräfte (quer, längs und/oder schräg zur Bewegungsachse) aufzunehmen und auf Fundamente, Gehäuse oder ähnliche Bauteile zu übertragen (Funktion). Die gestaltete Baugruppe wird als Lagerung bezeichnet.

Wellen bzw. Achsen sollten möglichst zweifach gelagert werden, da dann die Reaktionskräfte in den Lagern statisch bestimmbar sind. Meist greifen die äußeren Kräfte zwischen den Lagern an (vgl. 11.2.2-2.). Ein Kraftangriff außerhalb der Lager ergibt eine *fliegende Lagerung*. Bereits bei einer einfachen Lagerung ist eine notwendige Verschiebbarkeit der Welle bzw. Achse in einem Lager, dem *Loslager*, gegenüber dem *Festlager* zu berücksichtigen. Diese Verschiebbarkeit ist nötig, um Toleranzen, unterschiedliche Wärmedehnungen und Belastungsverformungen der Bauteile auszugleichen. Werden größere Durchbiegungen bzw. Fluchtungsfehler erwartet, sind winklig einstellbare Lager oder sonstige elastische Glieder vorzusehen.

Ergibt sich bei festliegendem Wellen- oder Achsdurchmesser eine zu große Durchbiegung, ist eine Lagerung mit mehr als zwei Lagern vorzusehen. Die Lagerkräfte für diesen statisch unbestimmten Fall lassen sich zwar berechnen, die tatsächlich auftretenden werden aber durch die Genauigkeit bei der Fertigung bzw. beim Ausrichten bei der Montage beeinflusst und können daher von den errechneten abweichen. Das gilt auch beim Zusammenschalten zweier Maschinen, jedoch kann hier auch eine ausgleichende Kupplung (s. Kapitel 13) vorgesehen werden.

Die im Lager zwischen den bewegten Teilen unter Last auftretende Reibung wird durch kleine Berührungsflächen und Schmierstoffe (bei Wälzlagern und -führungen), durch große Gleitflächen mit trennenden Fluiden (bei Gleitlagern und -führungen) oder durch Magnetfelder, die die Welle/Achse in Schwebe halten, gering gehalten, s. hierzu Bild 14-1.

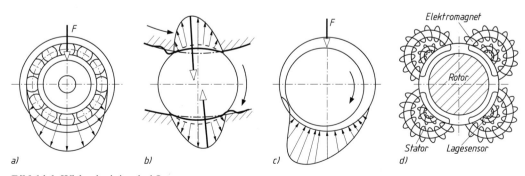

Bild 14-1 Wirkprinzipien bei Lagern
a) Lastverteilung beim Wälzlager, b) Druckverteilung und Verformung an einem Wälzkörper,
c) Druckverteilung bei einem Gleitlager, d) prinzipieller Aufbau eines Magnetlagers

14.1.2 Einteilung der Lager

Lager lassen sich nach folgenden wesentlichen Kriterien einteilen:

1. Wirkprinzip: in *Gleitlager*, s. Bild 14-2a (Gleitbewegung zwischen Lager und gelagertem Teil), in *Wälzlager*, s. Bild 14-2b (Wälzbewegung der zwischen den Laufbahnen angeordneten Wälzkörper) und in *Magnetlager*, s. Bild 14-1d (berührungsfreies Trennen durch Magnetkraft)
2. Richtung der Lagerkraft F: in *Radiallager* (Bild 14-3a) und in *Axiallager* (Bild 14-3b)
3. Funktion: in *Festlager* (Aufnahme von Längskräften in beiden Richtungen und Querkräften), in *Stützlager* (Aufnahme von Längskräften nur in einer Richtung und Querkräften) und in *Loslager* (Aufnahme nur von Querkräften und Verschiebungsmöglichkeit in Längsrichtung), s. 14.2.1
4. Bauform: in Stehlager (Bild 14-45), Augenlager, Flanschlager (Bild 14-46), Gelenk- bzw. Pendellager (z. B. Pendelrollenlager, s. Bild 14-14b), Einbaulager
5. Montagemöglichkeit: in geteilte (z. B. Stehlager, s. Bild 14-45) und ungeteilte (z. B. Flanschlager, s. Bild 14-46) bzw. zerlegbare Lager (z. B. Axial-Rillenkugellager, s. Bild 14-3b)

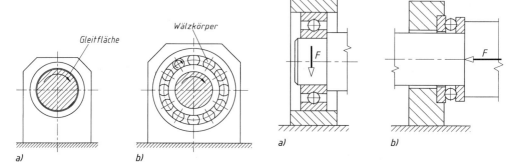

Bild 14-2 a) Gleitlager, b) Wälzlager   **Bild 14.3** a) Radiallager, b) Axiallager

14

14.1.3 Richtlinien zur Anwendung von Wälzlagern

Vorteile: Richtig eingebaut laufen Wälzlager fast reibungslos ($\mu = 0{,}002 \cdots 0{,}01$), weshalb das Anlaufmoment nur unwesentlich größer ist als das Betriebsmoment (wesentlicher Vorteil bei Antrieben!); kein Ruckgleiten (stick slip); der Schmierstoffverbrauch ist gering; sie sind anspruchlos in Pflege und Wartung; sie benötigen keine Einlaufzeit; die weitgehende Normung gestattet ein leichtes Beschaffen und Austauschen von Ersatzlagern.

Nachteile: Sie sind, besonders im Stillstand und bei kleinen Drehzahlen, empfindlich gegen Erschütterungen und Stöße; ihre Lebensdauer und die Höhe der Drehzahl ist begrenzt; die Empfindlichkeit gegenüber Verschmutzung erfordert vielfach einen hohen Abdichtungsaufwand (Verschleißstellen, Leistungsverlust).

Verbindliche Regeln dafür, wann Gleit- und wann Wälzlager anzuwenden sind, lassen sich kaum geben. Für die Wahl sind einmal die Vor- und Nachteile entscheidend, zum anderen die betrieblichen Anforderungen wie Größe und Art der Belastung, Höhe der Drehzahl, geforderte Lebensdauer und die im praktischen Betrieb gesammelten Erfahrungen.
Wälzlager werden bevorzugt für

1. möglichst wartungsfreie und betriebssichere Lagerungen bei normalen Anforderungen, wie z. B. bei Getrieben, Motoren, Werkzeugmaschinen, Fördermaschinen, Fahrzeugen
2. Lagerungen, die aus dem Stillstand und bei kleinen Drehzahlen und hohen Belastungen reibungsarm arbeiten sollen und bei sich ändernden Drehzahlen, z. B. bei Kranhaken, Spindelführungen, Drehtürmen, Fahrzeugantrieben.

Wir bewegen Technologie

IMO Antriebseinheit   IMO Energy   IMO Momentenlager

Die Unternehmen der IMO Gruppe zählen zu den führenden Herstellern von Großwälzlagern und Getriebebaugruppen. Mit über 1000 Mitarbeiterinnen und Mitarbeitern gehören wir zu den internationalen Technologieführern.

Weltweit führen Schwenktriebe
der **IMO Antriebseinheit** Photovoltaikanlagen der Sonne nach.

Windkraftanlagen auf der ganzen Welt drehen sich mit Blatt-, Turm- und Hauptlagern der **IMO Energy**.

Baumaschinen auf allen Kontinenten bewegen Lasten mit Großwälzlagern der **IMO Momentenlager**.

Unsere Produkte finden Sie auch in: Gezeitenkraftwerken, Hubarbeitsbühnen, Kranen, Getränkeabfüllanlagen, in der Medizintechnik, der Tunnelvortriebstechnik uvm.

Mitarbeiterinnen und Mitarbeiter der **IMO Holding** übernehmen zentrale Dienstleistungen für die Unternehmensgruppe. Hier finden sich unter anderem die Bereiche Personal- und Finanzwesen, Ausbildung, Maschinen- und Anlagenbau.

EUROPE'S 500 *CHAMPION OF GROWTH* *2005, 2006 & 2007*

Mehr über unsere Unternehmensgruppe und unsere Produkte finden Sie auf unserer Homepage.

IMO Holding GmbH
Imostraße 1, 91350 Gremsdorf

BAYERNS BEST 50

Preisträger 2003, 2005 & 2007

www.imo.de

14.1.4 Ordnung der Wälzlager

1. Aufbau der Wälzlager, Wälzkörperformen, Werkstoffe

Wälzlager bestehen aus Rollbahnelementen – bei Radiallagern dem Außenring (1) und dem Innenring (2), bei Axiallagern der Wellenscheibe (1) und der Gehäusescheibe (2) – und den dazwischen angeordneten Wälzkörpern (3) (s. Bild 14-4). Die Wälzkörper sind meist mit einem Käfig (4) zu einem Wälzkörperkranz zusammengefasst, werden damit auf gleichmäßigen Abstand gehalten und an der gegenseitigen Berührung gehindert. Der Wälzlagerkranz erleichtert bei zerlegbaren Lagern den Einbau.

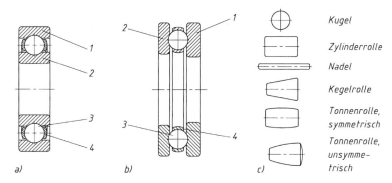

Bild 14-4 Aufbau und Bestandteile eines Wälzlagers
a) Radiallager, b) Axiallager, c) Wälzkörperformen

Die zwecks Aufnahme sehr großer Punkt- bzw. Linienlasten (Hertzsche Pressung bis 4600 N/mm^2) gehärteten und geschliffenen Ringe bzw. Scheiben (Rollbahnen poliert) und Wälzkörper bestehen aus Wälzlagerstahl (z. B. 100Cr6 nach DIN 17230), in Sonderfällen aus legiertem Einsatzstahl, unmagnetischem oder rostfreiem Stahl oder aus keramischen Werkstoffen. Neuere Wälzlagerstähle sind **L**ow **N**itrogen **S**teel (LNS) für sehr harte, ermüdungs- und verschleißfeste Randschichten bei weichem und zähem Kern und Cronidur 30 (extrem korrosionsbeständig, hohe Warmhärte). Die Käfige werden bei kleinen Lagern aus Stahl- oder Messingblech gepresst. Bei großen Lagern werden Massivkäfige aus Stahl oder Messing, bei Nadellagern aus Leichtmetall, für geräuscharmen Lauf auch aus Kunststoff verwendet.

2. Grundformen der Wälzlager, Druckwinkel, Lastwinkel

Die Grundformen unterscheiden sich nach der Art der Wälzkörper in Kugellager, Zylinderrollenlager, Nadellager, Kegelrollenlager und Tonnenlager.
Ein wesentliches Merkmal der Lager ist der *Druckwinkel* α (Berührungswinkel), s. Bild 14-5. Das ist der Nennwinkel zwischen der Radialebene (senkrecht zur Lagerachse) und der Drucklinie. Die Lage der Drucklinie ist von der Gestaltung der Rollbahnen und der Wälzkörper ab-

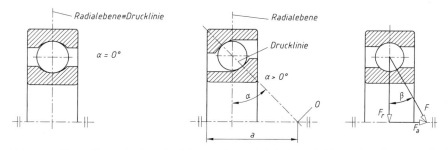

Bild 14-5 Darstellung des Druckwinkels α, Lastwinkels β und Abstandsmaßes *a* am Radiallager

hängig, s. Bild 14-5. Daraus resultierend haben die Radiallager einen Druckwinkel zwischen $\alpha = 0° \ldots 45°$ und die Axiallager einen Druckwinkel zwischen $\alpha > 45° \ldots 90°$.

Die Drucklinie ist die Wirkungslinie, auf der eine äußere Lagerkraft von einem Rollbahnelement über die Wälzkörper auf das andere Rollbahnelement übertragen wird. Die Drucklinie schneidet im Punkt 0 die Wälzlagerachse (Druckmittelpunkt). Die Lage des Druckmittelpunkts 0 wird für die betreffenden Lager als Abstandsmaß a (s. Bilder 14-5, 14-7, 14-8 und 14-13) in den Herstellerkatalogen (s. auch TB 14-1a und b) angegeben (Bezugspunkt für die Lagerkräfte, vgl. Bild 14-36).

Wirken auf Wälzlager kombiniert radiale und axiale Kräfte, wird das Verhältnis Axialkraft F_a zur Radialkraft F_r durch den Lastwinkel β (Richtung der resultierenden Lagerkraft F; s. Bild 14-5) gekennzeichnet. Zu beachten ist, dass bei Radiallagern mit größerem Druckwinkel α infolge der Ablenkung des Kraftflusses im Lager nicht vernachlässigbare innere Axialkräfte (s. Bild 14-36c) wirken, die das Lager zusätzlich belasten, ferner, dass sich bei manchen Lagerbauformen (z. B. Rillenkugellager) der Druckwinkel α unter einer Belastung ändert.

Um die Tragfähigkeit eines Lagers voll zu nutzen, sollte eine Lagerbauform mit einem Druckwinkel α gewählt werden, der nicht wesentlich vom Lastwinkel β abweicht.

3. Standardbauformen der Wälzlager, ihre Eigenschaften und Verwendung

Rillenkugellager (DIN 625)

Das einreihige (Radial-)Rillenkugellager (Bild 14-6) ist selbsthaltend (unzerlegbar), wegen seines einfachen Aufbaus das preiswerteste und der vielfältigen Eignung das meist verwendete Wälzlager.

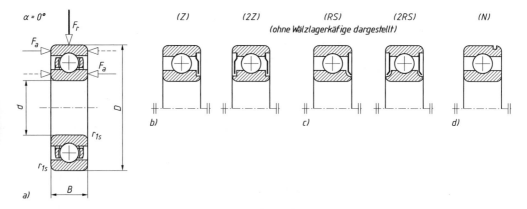

Bild 14-6 Rillenkugellager – Bauformen, Maßangaben, Belastbarkeit
a) Regelausführung, b) mit Abdeckscheiben (Z, 2Z), c) mit Dichtscheiben (RS, 2RS), d) mit Ringnut (N)
Die Maß- und Belastbarkeitsangaben gelten auch für b, c und d
Die dargestellten Kraftpfeile geben die möglichen Belastbarkeiten, die unterschiedliche Dicke der Pfeile vergleichsweise die Höhe der Belastbarkeit an. Dies gilt auch für alle folgenden Wälzlagerabbildungen

Die Kugeln schmiegen sich eng an die verhältnismäßig tiefen Laufrillen, wodurch das Lager neben relativ hohen Radialkräften F_r auch beträchtliche Axialkräfte F_a in beiden Richtungen aufnehmen kann. Insbesondere bei hohen Drehzahlen eignet es sich besser zur Aufnahme von Axialkräften als ein Axial-Rillenkugellager. Einige Rillenkugellager werden zwecks Verhinderung des Eindringens von Verunreinigungen auch mit Deckscheiben (Z, 2Z) und des Austritts von Schmiermittel mit Dichtscheiben (RS, 2RS), mit Ringnut am Außenring (N) zur raumsparenden axialen Festlegung im Gehäuse mit Sprengring (DIN 5417, s. hierzu auch Bild 14-29b) geliefert. Rillenkugellager sind starre Lager, können also keine Wellenverlagerungen ausgleichen und verlangen deshalb genau fluchtende Lagerstellen.

Aus dem Programm Grundlagen Maschinenbau

Busch, Rudolf
Elektrotechnik und Elektronik
für Maschinenbauer und
Verfahrenstechniker
5., vollst. überarb. und erw. Aufl. 2008.
XIV, 399 S. mit 429 Abb. Br. EUR 34,90
ISBN 978-3-8351-0248-4

Hering, Lutz / Hering, Heike
Technische Berichte
Verständlich gliedern, gut gestalten,
überzeugend vortragen
6., akt. u. erw. Aufl. 2009. VIII, 280 S.
29 Checklisten Br. EUR 26,90
ISBN 978-3-8348-0571-3

Jayendran, Ariacutty
Englisch für Maschinenbauer
Lehr- und Arbeitsbuch
6., erw. Aufl. 2007. VIII, 248 S.
mit 90 Abb. (Viewegs Fachbücher
der Technik) Br. EUR 24,90
ISBN 978-3-8348-0131-9

Knaebel, Manfred / Jäger, Helmut /
Mastel, Roland
Technische Schwingungslehre
7., korr. u. überarb. Aufl. 2009.
IX, 238 S. mit 247 Abb. 40 Bsp. u.
72 Aufg. Br. ca. EUR 21,90
ISBN 978-3-8351-0180-7

Linse, Hermann / Fischer, Rolf
Elektrotechnik für Maschinenbauer
Grundlagen und Anwendungen
12., überarb. u. erg. Aufl. 2005. 366 S.
mit 419 Abb. 111 Beispiele Br. EUR 29,90
ISBN 978-3-519-46325-2

Nahrstedt, Harald
Excel + VBA für Maschinenbauer
Programmieren erlernen und
Problemstellungen lösen
2., überarb., akt. u. erw. Aufl. 2009.
XII, 258 S. mit 221 Abb. u. 43 Tab. Br.
EUR 23,90
ISBN 978-3-8348-0480-8

**VIEWEG+
TEUBNER**

Abraham-Lincoln-Straße 46
65189 Wiesbaden
Fax 0611.7878-400
www.viewegteubner.de

Stand Januar 2009.
Änderungen vorbehalten.
Erhältlich im Buchhandel oder im Verlag.

Verwendung: universell auf allen Gebieten des Maschinen- und Fahrzeugbaus. Zweireihige Rillenkugellager mit Füllnuten werden für Verhältnisse $F_a/F_r \leq 0{,}3$ nur in besonderen Fällen, z. B. im Landmaschinenbau verwendet.

Einreihiges Schrägkugellager (DIN 628)

Beim selbsthaltenden (nicht zerlegbaren) einreihigen Schrägkugellager (Bild 14-7) hat jeder Ring eine niedrige und eine hohe Schulter. Die Laufrillen auf der hohen Schulterseite sind so ausgeführt, dass im Normalfall der Druckwinkel $\alpha = 40°$ ist (Sonderausführungen: $\alpha = 15°$ und $25°$ und auch zerlegbar). Es kann neben Radialkräften aufgrund der größeren Kugelanzahl höhere Axialkräfte in einer Richtung (hin zur hohen Schulter) aufnehmen als ein Rillenkugellager. Infolge der Rollbahnneigung werden bei Radialbelastung axiale Reaktionskräfte erzeugt, die bei der Auslegung zu berücksichtigen sind (s. Bild 14-36). Wegen der nur einseitigen axialen Belastbarkeit sind im Allgemeinen zwei Lager in entgegengesetzter Richtung einzubauen (s. Bild 14-36). Oft werden die Lager paarweise nach Richtung der Drucklinien, und zwar in O-, X- oder Tandemanordnung, eingebaut, s. 14.2.1-3.

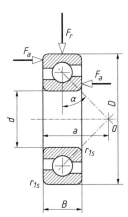

Bild 14-7
Einreihiges Schrägkugellager

Vierpunktlager (DIN 628)

Das *Vierpunktlager* (Bild 14-8a) ist eine Sonderbauform des Schrägkugellagers mit $\alpha \approx 35°$. Die Laufbahnen bestehen aus zwei in der Mitte spitz zusammenlaufenden Kreisbögen, so dass die Kugeln diese an vier Punkten berühren. Der geteilte Innenring ermöglicht es, mehr Kugeln unterzubringen, wodurch bei geringerer Baubreite eine hohe radiale und eine besonders hohe axiale Tragfähigkeit in beiden Richtungen erreicht wird.
Verwendung: Spindellagerungen bei Werkzeugmaschinen, Fahrzeuggetrieben, Rad- und Seilrollenlagerungen.

Zweireihiges Schrägkugellager (DIN 628)

Das zweireihige Schrägkugellager (Bild 14-8b) entspricht im Aufbau einem Paar spiegelbildlich zusammengesetzter einreihiger Schrägkugellager (O-Anordnung) mit $\alpha \approx 25°$ bzw. $35°$ ($45°$ bei geteiltem Innenring) und ist radial und in beiden Richtungen axial hoch belastbar.
Verwendung: Lagerungen von möglichst kurzen, biegesteifen Wellen bei größeren Radial- und Axialkräften, z. B. Schneckenwellen, Wellen mit Schrägstirnrädern oder Kegelrädern, Fahrzeugachsen.

Schulterkugellager (DIN 615)

Das Schulterkugellager (Bild 14-8c) ist ein zerlegbares Lager, dessen abnehmbarer Außenring nur eine Schulter hat. Der Innenring ist ähnlich dem eines Rillenkugellagers ausgebildet. Die Tragfähigkeit ist infolge der gegebenen Schmiegungsverhältnisse in radialer und einseitig axialer Richtung relativ gering. Die Lager sind deshalb allgemein nur bis 30 mm Bohrung genormt.
Verwendung: Lagerungen in Messgeräten, kleinen elektrischen Maschinen, Haushaltsgeräten u. ä.

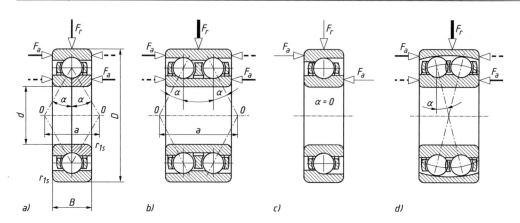

Bild 14-8 Weitere Kugellagerarten
a) Vierpunktlager, b) zweireihiges Schrägkugellager, c) Schulterkugellager, d) Pendelkugellager

Pendelkugellager (DIN 630)
Das Pendelkugellager mit $\alpha \approx 15°$ (Bild 14-8d) ist ein zweireihiges Lager mit zylindrischer oder kegeliger Bohrung ($\lhd$ 1:12), das durch die hohlkugelige Laufbahn im Außenring winklige Wellenverlagerungen und Fluchtfehler bis ca. 4° Schiefstellung ausgleichen kann; es ist radial und in beiden Richtungen axial belastbar, wird vorwiegend in Steh- und Flanschlagergehäusen und zwecks einfachen Ein- und Ausbaus häufig mit Spann- oder Abziehhülsen eingesetzt (s. Bild 14-45 und 14-46).
Verwendung: Lagerungen, bei denen Einbauungenauigkeiten bzw. größere Wellendurchbiegungen auftreten können, wie z. B. bei Transmissionen, Förderanlagen, Landmaschinen u. dgl.

Zylinderrollenlager (DIN 5412)
Die radiale Tragfähigkeit der zerlegbaren Zylinderrollenlager ist durch die linienförmige Berührung zwischen den Rollen und Rollbahnen größer als bei gleichgroßen Kugellagern (Berührung punktförmig!). Axial dagegen sind sie nicht oder nur gering belastbar; sie verlangen genau fluchtende Lagerstellen. Nach Anordnung der Borde unterscheiden sich die Bauarten N und NU mit bordfreiem Außen- bzw. Innenring (Bild 14-9a, b) zur Verwendung als Loslager, die Bauart NJ (Bild 14-9c) als Stützlager, die Bauarten NUP mit Bordscheibe und NJ mit Winkelring (Bild 14-9d, e) als Festlager oder als Führungslager zur axialen Wellenführung in beiden Richtungen.

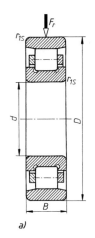

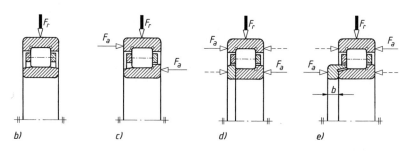

Bild 14-9
Zylinderrollenlager
a) Bauart N (Innenbordlager), b) Bauart NU (Außenbordlager), c) Bauart NJ (Stützlager), d) Bauart NUP mit loser Bordscheibe (Führungslager), e) Bauart NU mit Winkelring (Führungslager)

Zylinderrollenlager werden konventionell vollrollig oder käfiggeführt geliefert. Vollrollige Lager haben eine *höhere Tragfähigkeit* als käfiggeführte *(infolge geringerer Rollenzahl etwa 85 ... 65%)*, ihre Grenzdrehzahl ist jedoch infolge größerer Reibungswärme geringer (etwa 50%). Innovativ wurde das Zylinderrollenlager mit Scheibenkäfig (s. Bild 14-10) entwickelt, das eine gute Lösung zu den o. g. Vor- und Nachteilen bildet.

Verwendung: in Getrieben, Elektromotoren, für Achslager von Schienenfahrzeugen, für Walzenlagerungen (Walzwerke); allgemein für Lagerungen mit hohen Radialbelastungen und als Loslager.

Bild 14-10
Zylinderrollenlager mit Scheibenkäfig

Nadellager

Das Nadellager DIN 617 (Bild 14-11a) stellt eine Sonderbauform des Zylinderrollenlagers dar. Bei der Käfigausführung werden die Nadeln auf Abstand und achsparallel gehalten. Geliefert werden Nadellager mit und ohne Innenring, Nadelkränze (DIN 5405, Bild 14-11c), Nadelhülsen (DIN 618, Bild 14-11d), Nadelbüchsen (DIN 618, Bild 14-11e) und kombinierte Nadel-Axial-Rillenkugellager DIN 5429 (Bild 14-11b). Bis auf letzteres können Nadellager nur Radialkräfte übertragen. Nadellager zeichnen sich durch kleine Baudurchmesser (kleinste Bauabmessungen sind mit Nadelkränzen erzielbar), größere radiale Starrheit gegenüber anderen Wälzlagerbauformen und durch geringere Empfindlichkeit gegen stoßartige Belastungen aus. Laufen die Nadeln direkt auf der Welle bzw. im Gehäuse, müssen deren Laufflächen mit einer Härte 58 ... 65 HRC und einer entsprechenden Genauigkeit sowie Oberflächengüte ($R_a \leq 0{,}2\ \mu m$) ausgeführt sein.

Verwendung: vorwiegend bei kleineren bis mittleren Drehzahlen und Pendelbewegungen, z. B. bei Pleuellagerungen, Kipphebellagerungen, Spindellagerungen, für Schwenkarme, Pendelachsen (Kraftfahrzeuge) u. dgl., allgemein bei radial begrenztem Einbauraum.

14

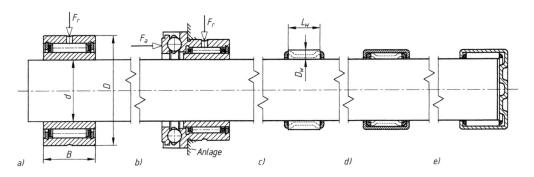

Bild 14-11 Nadellager (Welle/Achse wegen Größenvergleich angedeutet)
a) Nadellager mit Innenring, b) kombiniertes Nadel- und Axialkugellager, c) Nadelkranz, einreihig, d) Nadelhülse, e) Nadelbüchse

CARB-Lager
Mit Zylinderrollen- und Nadellagern lassen sich auf einfachste Weise Loslager gestalten. Sie erfordern aber fluchtgenaue Lagerstellen, da sonst hohe Kantenpressungen zwischen den Rollkörpern und Laufbahnen auftreten, die zu hohem Verschleiß an diesen führen. Das CARB-Lager
(**C**ompact **A**ligning **R**oller **B**earing), s. Bild 14-12, löst das Problem der Schiefstellung. Die Rollen des CARB-Lagers sind länger als Zylinderrollen und ballig mit einem wesentlich größerem
Radius als bei Pendelrollen ausgeführt. Damit vereint das CARB-Lager Eigenschaften des Zy-
linderrollen-, des Nadel- und des Pendelrollenlagers. CARB-Lager ermöglichen einen *Ausgleich
von Schiefstellungen*, erlauben *Axialverschiebungen*, haben eine *hohe radiale Tragfähigkeit*, weisen eine *geringe Querschnittshöhe* (kompaktere Bauweise möglich) und eine *geringe Reibung*
auf, laufen *sehr ruhig* und verursachen *geringe Schwingungen*. Innen- bzw. Außenring erfordern *keinen Schiebesitz*, damit werden ein Wandern der Ringe und ein Bilden von Passungsrost
ausgeschlossen. Zu beachten ist jedoch der wesentlich höhere Preis dieser Lager.
Verwendung: in Konstruktionen, bei denen das CARB-Lager Einsparungen an Kosten durch
kompaktere, leichtere und nachgiebigere Bauweise ermöglicht, die den höheren Preis des Lagers ausgleichen, z. B. bei Trockenwalzenlagerungen in Papiermaschinen.

Bild 14-12
CARB-Lager

Kegelrollenlager (DIN 720)
Die Laufbahnen der Ringe von Keglrollenlagern (Bild 14-13) sind Kegelmantelflächen, deren verlängerten Mantellinien sich, kinematisch bedingt, in einem Punkt auf der Lagerachse
schneiden. Für Kegelrollenlager sind nach DIN ISO 355 sechs Druckwinkelbereiche, gekenn-

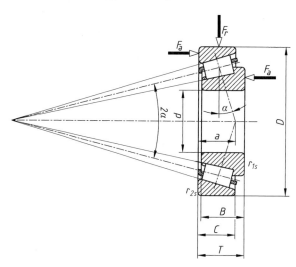

Bild 14-13
Kegelrollenlager

Neue SKF energieeffiziente Lager mindestens

30%

weniger
Energieverbrauch

Diese Lager mit extrem niedrigen Reibmomenten verbrauchen mindestens 30 % weniger Energie verglichen mit SKF Standardlagern.

SKF E2 Rillenkugellager können in Anwendungen mit niedriger bis normaler Belastung sogar zweimal länger laufen. In vielen Fällen haben sie bei gleichen Belastungen und Drehzahlen sogar niedrigere Betriebstemperaturen. Das führt zu geringerem Schmierstoffverbrauch und somit zu längerer Gebrauchsdauer der Maschinen.

Nehmen Sie eine kleine Änderung vor – und Sie erzielen eine große Wirkung. Ersetzen Sie Ihre konventionellen Rillenkugellager mit den neuen energieeffizienten (E2) Rillen-kugellagern von SKF. Weitere Informationen erhalten Sie von Ihrem SKF Vertragshändler.

SKF energieeffiziente E2 Rillen-kugellager sind geeignet für Anwendungen mit niedriger bis normaler Belastung. Für Anwen-dungen mit höheren Belas-tungen sind SKF Explorer Lager noch immer die beste Lösung.

www.skf.com/E2

The Power of Knowledge Engineering

Das Standardwerk der Ingenieurmathematik

Papula, Lothar
**Mathematik für Ingenieure
und Naturwissenschaftler
Band 1**
11., verb. u. erw. Aufl. 2007.
XXII, 683 S. mit 493 Abb. zahlr. Beisp.
und 307 Übungsaufg. mit ausführl.
Lösungen Br. EUR 28,90
ISBN 978-3-8348-0224-8

Papula, Lothar
**Mathematik für Ingenieure
und Naturwissenschaftler -
Klausur- und Übungsaufgaben**
Über 600 Aufgaben mit ausführlichen
Lösungen zum Selbststudium und zur
Prüfungsvorbereitung
3., durchges. u. erw. Aufl. 2009. X, 576 S.
mit 293 Abb. Br. EUR 32,90
ISBN 978-3-8348-0609-3

Papula, Lothar
**Mathematik für Ingenieure
und Naturwissenschaftler
Band 2**
Ein Lehr- und Arbeitsbuch für das
Grundstudium
11., überarb. Aufl. 2007. XXII, 801 S. mit
377 Abb. zahlr. Beisp. und 310 Übungs-
aufg. mit ausführl. Lösungen Br. EUR 31,00
ISBN 978-3-8348-0304-7

Papula, Lothar
**Mathematische
Formelsammlung**
für Ingenieure und Naturwissenschaftler
9., durchges. u. erw. Aufl. 2006. XXXII,
526 S. über 400 Abb., zahlr. Rechen-
beisp. und einer ausführl. Integraltafel
(Viewegs Fachbücher der Technik) Br.
EUR 25,90
ISBN 978-3-8348-0156-2

Papula, Lothar
**Mathematik für Ingenieure
und Naturwissenschaftler
Band 3**
Vektoranalysis, Wahrscheinlichkeitsrech-
nung, Mathematische Statistik, Fehler-
und Ausgleichsrechnung
5., verb. u. erw. Aufl. 2008. XX, 834 S.
mit 549 Abb. zahlr. Beisp. und 285
Übungsaufg. Br. EUR 32,90
ISBN 978-3-8348-0225-5

**VIEWEG+
TEUBNER**

Abraham-Lincoln-Straße 46
65189 Wiesbaden
Fax 0611.7878-400
www.viewegteubner.de

Stand Januar 2009.
Änderungen vorbehalten.
Erhältlich im Buchhandel oder im Verlag.

zeichnet durch die Winkelreihen 2 bis 7, festgelegt (2: $10°\ldots13°52'$, 3: $13°52'\ldots15°59'$, 4: $15°59'\ldots18°55'$, 5: $18°55'\ldots23°$, 6: $23°\ldots27°$, 7: $27°\ldots30°$). Kegelrollenlager sind radial und axial hoch belastbar. Der bordlose und somit abnehmbare Außenring (Lager also nicht selbsthaltend) ermöglicht einen leichten Ein- und Ausbau der Lager. Kegelrollenlager werden paarweise spiegelbildlich zueinander eingebaut (X- oder O-Anordnung, s. Bild 14-21). Infolge der Rollbahnneigung erzeugen radiale Kräfte innere axiale Reaktionskräfte (s. 14.3.2-3), die bei der Lagerberechnung unbedingt zu berücksichtigen sind. Das Lagerspiel muß ein- und nötigenfalls nachgestellt werden.

Verwendung: Radnabenlagerungen von Fahrzeugen, Lagerungen von Seilscheiben, Spindellagerungen von Werkzeugmaschinen, Wellenlagerungen von Schnecken- und Kegelradgetrieben.

Tonnen- und Pendelrollenlager (DIN 635)

Das einreihige *Tonnenlager* (Bild 14-14a) ist winkeleinstellbar (bis zu $4°$ aus der Mittellage) und eignet sich besonders dort, wo hohe stoßartige Radialkräfte auftreten und Fluchtfehler ausgeglichen werden müssen. Die axiale Belastbarkeit ist gering.

Pendelrollenlager (Bild 14-14b) besitzen zwei Reihen symmetrischer Tonnenrollen und sind für höchste radiale und axiale Belastung geeignet. Durch die hohlkugelige Laufbahn des Außenringes sind die Lager winkeleinstellbar ($0,5°$, bei niedriger Belastung bis $2°$ aus der Mittellage) und können winklige Wellenverlagerungen sowie Fluchtfehler der Lagersitzstellen ausgleichen. Pendelrollenlager werden auch in verstärkter Ausführung (Kennzeichen E) angeboten, die am Innenring keinen Mittelbord besitzen, wodurch längere Tonnenrollen und damit höhere Tragzahlen möglich werden. Tonnen- und Pendelrollenlager sind nicht zerlegbar und werden mit zylindrischer und mit kegeliger Bohrung ($\triangleleft 1:12$) geliefert.

Verwendung: für Schwerlastlaufräder, Seilrollen, Schiffswellen, Ruderschäfte, Kurbelwellen und sonstige hochbelastete Lagerungen.

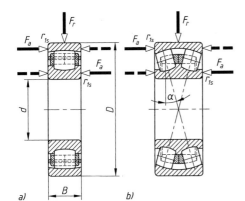

Bild 14-14
a) Tonnenlager
b) Pendelrollenlager

Axial-Rillenkugellager (DIN 711, 715)

Das *einseitig wirkende Axial-Rillenkugellager* (Bild 14-15a) besteht aus einer Wellenscheibe (1) mit dem Durchmesser d_w und einer Gehäusescheibe (2) mit $d_g > d_w$. In den Rillen dieser Scheiben läuft ein Kugelkranz. Diese Lager nehmen hohe Axialkräfte in nur einer Richtung auf.

Das *zweiseitig wirkende Axial-Rillenkugellager* (Bild 14-15b) besteht aus der Wellenscheibe (1), zwei Gehäusescheiben (2) und zwei Kugelkränzen. Diese Lager nehmen hohe Axialkräfte in beiden Richtungen auf.

Beide Lager eignen sich nicht für radiale Belastung und weniger bei hohen Drehzahlen (die wirkenden Fliehkräfte auf den Kugelkranz führen zu ungünstigen Laufverhältnissen). Der Druckwinkel beträgt $\alpha = 90°$. Die Gehäusescheiben haben in der Regelausführung ebene Auflageflächen, es gibt sie aber auch mit kugeligen Auflageflächen (3) und mit zusätzlichen Unterlagscheiben (4) (Kennzeichen U) zum Ausgleich von Winkelfehlern, s. Bild 14-15c).

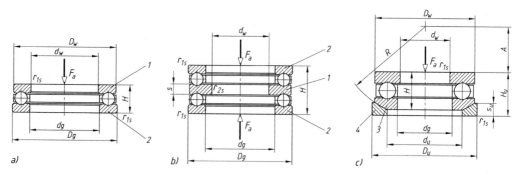

Bild 14-15 Axial-Rillenkugellager
a) einseitig wirkend, b) zweiseitig wirkend, c) einseitig wirkend mit kugeliger Gehäusescheibe (3) und kugeliger Unterlagscheibe (4)

Verwendung: bei hohen Axialkräften, die von Radiallagern nicht mehr aufgenommen werden können, sowie bei Lagerungen mit hohen Axial- und geringen Radialkräften, wo ein Radiallager nicht sinnvoll ist, z. B. Bohrspindeln, Reitstockspitzen, Schnecken- und Schraubentriebe.

Axial-Pendelrollenlager (DIN 728) (Bild 14-16)
Bei diesem Lager erfolgt die Druckübertragung zwischen den Scheiben und den Tonnen unter $\approx 45°$ zur Lagerachse, sodass neben hohen Axialkräften auch begrenzt Radialkräfte ($F_r \leq 0{,}55 F_a$) aufgenommen werden können. Das Lager kann sich pendelnd einstellen und dadurch Fluchtfehler ausgleichen (mögliche Schiefstellung bis 2°).
Verwendung: Spurlager bei Kransäulen, Drucklager bei Schiffsschrauben und Schneckenwellen.

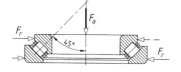

Bild 14-16
Axial-Pendelrollenlager

4. Weitere Bauformen

Sonderbauformen
Neben den Standardbauformen bieten die Wälzlagerhersteller noch eine Vielzahl von Sonderbauformen (z. B. UFK-Lager, Axial-Schrägkugellager) an, siehe hierzu Wälzlagerkataloge[1]. Zunehmend werden Lager auf den konkreten Einsatzfall abgestimmt, z. B. in Pkw-Vorderachsen. Oft liefern die Wälzlagerhersteller Lagerungseinheiten, bei denen die Lager in die entsprechenden Funktionsbauteile integriert sind, z. B. Radlagerungen, Wasserpumpen, Riemenspanner. Für den Anwender bringt dies Vorteile bezüglich einer geringeren Anzahl von Einzelteilen bei gleichzeitiger Gewichtseinsparung, kleinerem Bauvolumen sowie Kosteneinsparungen auf Grund des geringeren Aufwands für Fertigung, Kontrolle und Montage. Die Lagerungseinheiten werden vom Hersteller meist auf Lebensdauer geschmiert und abgedichtet, sodass die Zuverlässigkeit gesteigert und oft auch Dauerfestigkeiten erzielt werden, s. hierzu 14.3.5.

Hybridwälzlager, Keramikwälzlager
Bei besonderen Ansprüchen an die Lagerung ist der Einsatz von Lagern mit Wälzkörpern aus Keramik (Hybridlager) bzw. von Voll-Keramikwälzlagern möglich. Als Werkstoff wird zur Zeit hauptsächlich Siliziumnitrid, selten Zirkonoxid, verwendet.

---

[1] Wälzlagerkatalog wird im folgenden Text mit WLK bezeichnet.

Hybridlager werden vorzugsweise bei hohen Drehzahlen (geringere Fliehkräfte der Wälzkörper durch geringere Dichte) und bei erschwerten Schmierbedingungen angewendet. *Keramikwälzlager* können aufgrund ihrer Werkstoffeigenschaften vorteilhaft bei folgenden Bedingungen eingesetzt werden: hohe Temperaturen (beständig und tragfähig bis über 1000 °C), Korrosion (chemisch beständig gegenüber nahezu allen Substanzen), Verschleiß (extrem verschleißfest durch eine Härte von 80 HRC), Trockenlauf (Schmierung durch Umgebungsmedien wie Wasser, Säuren, Laugen ist möglich), Leichtlauf (40% geringeres Reibmoment als bei Stahllagern), Leichtbau (60% geringeres spezifisches Gewicht als bei Stahllagern) sowie bei geforderter Isolation (unmagnetisch und elektrisch nicht leitend).

Keramikwälzlager können in einer vorhandenen Konstruktion nicht einfach gegen Wälzlager aus Stahl getauscht werden, wenn hoher Temperatureinfluss vorliegt. Die wesentlich geringere Wärmedehnung von Keramik erfordert entsprechende konstruktive Maßnahmen zum Ausgleich der Längenänderungen der anderen Bauteile (z. B. Wellen, Achsen, Gehäuse).

Zu beachten ist ferner, daß die statischen und dynamischen Tragzahlen sowohl der Hybrid- als auch der Keramikwälzlager niedriger sind als die der Wälzlager aus Stahl.

5. Baumaße und Kurzzeichen der Wälzlager

Die äußeren Abmessungen der Radiallager, Kegelrollenlager und Axiallager sind in Maßplänen nach DIN 616 und DIN ISO 355 (metrische Kegelrollenlager), übereinstimmend mit ISO 15, ISO 355 und ISO 104, festgelegt. Danach sind jedem Nenndurchmesser d bzw. d_W der Lagerbohrung (= Wellendurchmesser) bei Radiallagern mehrere Außendurchmesser D und Breitenmaße B des Innen-/Außenringes (vgl. Bild 14-6a), bei Axiallagern mehrere Außendurchmesser D_g der Gehäusescheibe und Bauhöhen H (vgl. Bild 14-15) zugeordnet.

Die Zuordnung erfolgt in Maßreihen, gekennzeichnet durch eine zweiziffrige Zahl. Die erste Zahl gibt die Breiten- bzw. Höhenreihe, die zweite Zahl die Durchmesserreihe an.

Bild 14-17 zeigt schematisch für eine Bohrung d die Querschnitte der gebräuchlichsten Maßreihen der Radiallager (außer Kegelrollenlager) im Verhältnis zueinander.

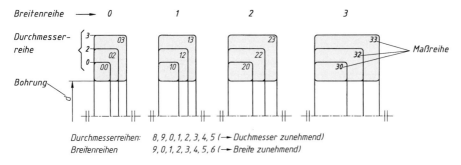

Bild 14-17 Aufbau der Maßpläne für Radiallager

Lagerbauformen mit gleicher Bohrung und Maßreihe sind gegenseitig austauschbar, d. h. sie haben gleiche Abmessungen bei unterschiedlicher Tragfähigkeit.

Die Maße der Ring- bzw. Scheibenabfasung sind als Kantenabstände r_{1s} (in radialer Richtung) und r_{2s} (in axialer Richtung) in DIN 5418 festgelegt (s. TB 14-9). Mit diesen Maßen ist die erforderliche Schulterhöhe bei Wellen und Gehäusen zu bestimmen.

Genormte Wälzlager werden durch Kurzzeichen nach DIN 623 gekennzeichnet. Sie setzen sich aus dem *Basiszeichen* und möglichen Zusatzzeichen in Form von *Vorsetz-* und/oder *Nachsetzzeichen* zusammen. Das *Basiszeichen* besteht aus den Zeichen für die *Lagerreihe* (Zeichen für die Lagerart + Maßreihe) und der *Bohrungskennzahl* (BKZ). Die BKZ 00, 01, 02, 03 entsprechen in Reihenfolge den Bohrungen $d = 10, 12, 15, 17$ mm. Für $d = 20\dots480$ mm ergibt sich die BKZ aus $d/5$, vor die bis $d = 45$ mm eine Null vorgesetzt wird. Die Lagerbohrungen $d = 0{,}6\dots9$ mm werden unmittelbar, die Lagerbohrungen $d = 22, 28, 32$ und ≥ 500 mm durch Schrägstrich getrennt an das Zeichen der Lagerreihe angefügt. Bild 14-18 zeigt den Aufbau der Bezeichnung.

Benennung	Identifizierung					
	Norm-Nr.	Merkmale-Gruppen der Kurzzeichen				
		Vorsetzzeichen	Basiszeichen			Nachsetzzeichen
Bsp. Pendel- rollenlager	Bsp. DIN 635	• Einzelteile • Werkstoffe	Lagerreihe		Lager- bohrung	• Innere Konstruk- tion • Äußere Form • Käfigausführung • Genauigkeit • Lagerluft • Abdichtung • Wärme- behandlung u. a.
			Lagerart	Maßreihe		
				Breiten-/ Höhen- reihe	Durch- messer- reihe	
			2	2	3	16

Bild 14-18 Aufbau der Bezeichnung (Basiszeichen für das nachfolgende Bezeichnungsbeispiel)

Durch *Vorsetzzeichen* werden in der Regel Einzelteile von vollständigen Lagern (Ringe, Käfi-ge) gekennzeichnet. So bedeutet das Vorsetzzeichen **K**: Käfig mit Wälzkörper, z. B. KNU 207: Käfig mit Rollen des Zylinderrollenlagers NU 207.

Durch *Nachsetzzeichen* werden zusätzliche Angaben über Abweichungen der inneren Konstruk-tion, über die äußere Form, Abdichtung, Käfigausführung, Toleranzen, Lagerluft sowie Wärme-beständigkeit ausgedrückt. So bedeuten z. B. **P6**: Lager mit erhöhter Maß-, Form- und Laufge-nauigkeit (höher als PN) der ISO-Toleranzklasse 6; z. B. **C2**: Lagerluft kleiner als CN; z. B. **P53**: Toleranzklasse P5 und Lagerluft C3, die Ziffern für die Genauigkeit und die Lagerluft können zusammengefasst werden, Buchstabe C entfällt; z. B. **MA**: Massivkäfig aus Kupfer-Zink-Legierung mit Führung auf dem Außenring. Weitere Angaben und nähere Einzelheiten siehe DIN 623 bzw. WLK.

Bezeichnungsbeispiel nach DIN 616 für Pendelrollenlager DIN 635-22316:

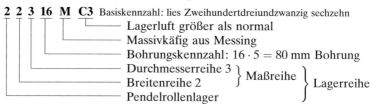

2 2 3 16 M C3 Basiskennzahl: lies Zweihundertdreiundzwanzig sechzehn
Lagerluft größer als normal
Massivkäfig aus Messing
Bohrungskennzahl: $16 \cdot 5 = 80$ mm Bohrung
Durchmesserreihe 3 ⎱ Maßreihe ⎱
Breitenreihe 2 ⎰ ⎰ Lagerreihe
Pendelrollenlager ⎭

Die Kennzeichnung der Kegelrollenlager nach DIN ISO 355 weicht von der nach DIN 616 ab. Einzelheiten siehe DIN ISO 355 oder WLK.

Bezeichnungsbeispiel:

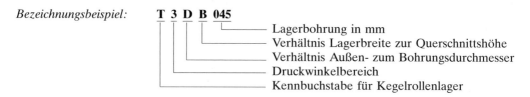

T 3 D B 045
Lagerbohrung in mm
Verhältnis Lagerbreite zur Querschnittshöhe
Verhältnis Außen- zum Bohrungsdurchmesser
Druckwinkelbereich
Kennbuchstabe für Kegelrollenlager

Es bedeuten: **3**: $13°52' \ldots 15°59'$; **D**: $D/d^{0,77} = 4{,}4 \ldots 4{,}7$; **B**: $T/(D-d)^{0,95} = 0{,}50 \ldots 0{,}68$

Tabelle TB 14-1 enthält für gebräuchliche Durchmesser- und Maßreihen die Maße d, D, B, r_{1s}, r_{2s} für Radiallager (a) sowie d, D, B, C, T, r_{1s}, r_{2s} für Kegelrollenlager (b) und d_w, D_g, H, r_{1s}, r_{2s} für Axiallager (c).

14

14.2 Gestalten und Entwerfen von Wälzlagerungen

14.2.1 Lageranordnung

Die zu bevorzugenden zweifachen Lagerungen, die dem statisch bestimmten Träger mit einem Festlager und einem Loslager in der Technischen Mechanik entsprechen, können grundsätzlich als *Fest-Loslagerung* oder als *Stützlagerung*, unterteilt in die *schwimmende Lagerung* und die *angestellte Lagerung* gestaltet werden.

1. Fest-Los-Lagerung (Bild 14-19)

Das *Festlager* muss Radial- und beidseitig Axialkräfte aufnehmen können. Hierfür sind nur Lager geeignet, die in sich nicht verschiebbar sind oder Lagerkombinationen. Ihre Ringe müssen gegen axiales Verschieben auf der Welle (Achse) und im Gehäuse gesichert werden (s. Bilder 14-22, 14-28 und 14-29).

Das *Loslager* darf nur Radialkräfte aufnehmen, damit ein axiales Verschieben zum Ausgleich von Wärmespannungen bzw. zum Kompensieren von Fertigungstoleranzen möglich ist. Das axiale Verschieben erfolgt im Lager bei Nadel-, CARB- oder Zylinderrollenlagern der Bauform N bzw. NU, wobei beide Ringe axial wie Festlager gesichert werden. Bei nicht zerlegbaren Lagern ist ein Verschieben nur an dem Ring mit Spielpassung (punktbelasteter Ring) ohne axiale Zwangskräfte möglich. Der andere Ring (mit Umfanglast) wird axial gesichert.

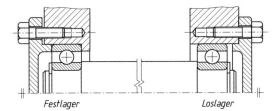

Bild 14-19
Fest-Los-Lagerung

Festlager   *Loslager*

2. Stützlagerung

Bei dieser Lagerung teilt sich die Radialkraft wie bei der Fest-Los-Lagerung auf die zwei Lager auf, während jedes der beiden Lager nur in einer Richtung eine Axialkraft aufnehmen kann. Ein solches Lager wird als Stützlager bezeichnet. Die Stützlagerung kann als *schwimmende Lagerung* oder als *angestellte Lagerung* ausgeführt werden.

Schwimmende Lagerung (Bild 14-20): Diese Lagerung ist eine fertigungsgünstige Lösung und kann angewendet werden, wenn keine enge axiale Führung der Welle oder Achse gefordert wird.
Bei dieser Lagerung werden die Lager auf der Welle (Achse) und im Gehäuse spiegelbildlich diagonal axial gesichert (s. Bild 14-20). Am Ring mit Spielpassung (punktbelasteter Ring) wird ein Axialspiel S vorgesehen, um das sich die Welle verschieben kann. Bei Verwendung von Zylinderrollenlager der Bauform NJ erfolgt der Längenausgleich innerhalb des Lagers, die Ringe dürfen dann keinen Schiebesitz haben. Die beiden Lager der *schwimmenden Lagerung* nehmen jeweils nur in einer Richtung Axialkräfte (Führungskräfte) auf. Das Axialspiel S ist nach konstruktiven Bedingungen festzulegen, bei Verwendung von Zylinderrollenlagern ist das mögliche Axialspiel durch die Bauform eingeschränkt.

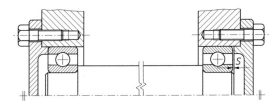

Bild 14-20
Schwimmende Lagerung

14

Angestellte Lagerung (Bild 14-21): Bei dieser Lagerung werden in der Regel zwei Schrägkugellager oder zwei Kegelrollenlager spiegelbildlich angeordnet. Durch z. B eine Mutter oder einen Gewindering wird ein Lagerring axial bis auf ein funktionsbedingtes Spiel (enge axiale Führung) oder eine notwendige Vorspannung *angestellt*. Die Lage ist anschließend geeignet zu sichern (Sicherungsring, Splint, Kleben o. ä.). Die *angestellte Lagerung* wird z. B. angewendet bei Radnabenlagerungen (s. Bild 14-44), Spindellagerungen bei Werkzeugmaschinen u. dgl.

Die Anstellung kann in O- oder X-Anordnung erfolgen (s. Bild 14-21). Bei der O-Anordnung zeigen die Kegelspitzen der Drucklinien nach außen, bei der X-Anordnung nach innen, wodurch sich unterschiedliche Stützabstände A der Auflagerreaktionen ergeben (s. Bild 14-21 und 14-36). Die O-Anordnung weist ein geringeres Kippspiel als die X-Anordnung auf. Bei der Wahl der Anordnung ist die sich unterschiedlich auswirkende Wärmedehnung zu beachten.

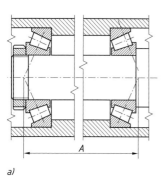

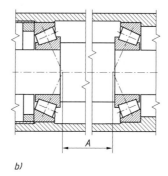

Bild 14-21
Angestellte Lagerungen
a) O-Anordnung
b) X-Anordnung

a)   b)

3. Lagerkombinationen

Festlager und Stützlager können auch aus zwei Lagern gebildet werden (kleinere Bauweise; geringere Reibungswärme). Die Kraftzuordnung muss hierbei eindeutig sein. Bild 14-22a zeigt z. B. ein Festlager, bestehend aus einem Zylinderrollenlager zur Aufnahme radialer Kräfte und einem Vierpunktlager zur Aufnahme axialer Kräfte (durch die Hinterdrehung kann dieses Lager keine radialen Kräfte aufnehmen). Die gleiche Kraftaufteilung wird durch die Kombination eines reinen Radiallagers und einem Axiallager erreicht (s. Bild 14-22b). Das Axiallager muss hierbei angestellt werden (z. B. Passring). Bei einreihigen Axiallagern ist keine Anstellung erforderlich (s. z. B. Bild 14-41). Andere Kombinationen sind auch möglich.

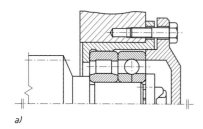

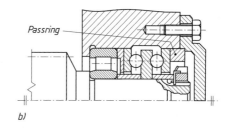

Passring

a)   b)

Bild 14-22 Festlager, bestehend aus a) Zylinderrollenlager und Vierpunktlager, b) Zylinderrollenlager und Axial-Rillenkugellager

In Bild 14-23 besteht das Fest- bzw. Stützlager aus zwei baugleichen Lagern (Lagerpaar, z. B. Schrägkugellager) in O-, X- bzw. Tandemanordnung (s. hierzu auch Bilder 14-33 und 14-43). Die Lager sollten dann paarweise bestellt werden.

Die X- bzw. O-Anordnung (Bild 14-23a, b) kann Axialkräfte in beiden Richtungen aufnehmen. Die O-Anordnung ergibt bei Kippmomenten eine starre Lagerung und neigt bei Wärmedifferenzen während des Betriebes weniger zum Verspannen der Ringe (Axialspiel vorsehen!).

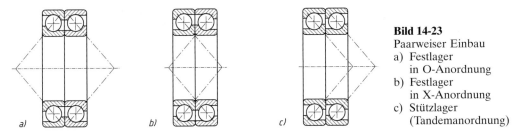

Bild 14-23
Paarweiser Einbau
a) Festlager
   in O-Anordnung
b) Festlager
   in X-Anordnung
c) Stützlager
   (Tandemanordnung)

Die Tandemanordnung kann vorgesehen werden, wenn eine einseitige Axialkraft so groß ist, dass sie von einem Lager nicht aufgenommen werden kann. Das Lagerpaar ist dann gegen ein drittes, entgegengesetztes Lager anzustellen.

Zu beachten ist grundsätzlich, dass nur Fest-Loslagerungen oder Stützlagerungen (Stützlagerpaar) statisch bestimmt sind.

4. Mehrfache Lagerung

Bei mehrfacher Wellenlagerung darf wegen der Herstellungstoleranzen, des verspannungsfreien Einbaus und der möglichen auftretenden Wärmedehnungen nur ein Lager, das *Festlager*, die Welle in Längsrichtung führen und etwaige Axialkräfte aufnehmen, alle anderen Lager müssen sich als *Loslager* in Längsrichtung frei einstellen können (vgl. Bild 11-6c).

14.2.2 Lagerauswahl

Geeignete Wälzlager für gegebene Betriebsverhältnisse und Anforderungen an die Lagerung können nach den in 14.1.3-3. beschriebenen Eigenschaften und Merkmalen, nach den in Bild 14-24 aufgeführten Anforderungs- und Ausführungskriterien oder mittels PC-Auswahlprogrammen der Wälzlagerhersteller ausgewählt werden.

14

Anforderungen/Ausführung	Wälzlagerbauformen																
	a	b	c	d	e	f	g	h	i	k	l	m	n	o	p	q	r
radial belastbar	3	3	3	3	1	3	4	4	4	4	4	4	4	4	0	0	1
axial belastbar	2	3[1]	3	3	3	1	0	2[1]	2	0	4[1]	4	2	3	3	3[1]	3[1]
Längenausgleich im Lager	0	0	0	0	0	0	4	2[1]	0	2	0	0	0	0	0	0	0
Längenausgleich durch Schiebesitz	2	2[2]	2	2	0	2	0	0	2[5]	0	0	2	2	2	0	0	0
Lager selbsthaltend	j	j[2]	j	0	0	j	0	0	0	0	0	0	j	j	0	0	0
Festlager	3	4[2]	4	3	3	2	0	2[2]	3	0	4	3	3	3	0	0	0
Loslager	2	2[2]	2	2	0	2	4	2[1]	1	4	0	1	2	2	0	0	0
schwimmende Lagerung	4	4	0	j	0	3	0	2	0	0	4	0	2	2	3[1]	4	4
Einstellen eines Lagerspiels	0	0	0	0	0	0	0	0	0	0	j	j	0	0	j	j	j
Ausgleich von Fluchtfehlern	1	0	0	0	0	4	0	0	0	0	0	0	4	4	2[6]	2[6]	4
hohe Drehzahlen	4	4[3]	3	2	1	3	4	3[4]	3[4]	2[4]	2	1	2	2	2	1	1
hohe Steifigkeit	2	3[2]	3	3	2	1	3	3	3	3	2	4	3	3	2	2	3
geringe Reibung	4	3	2	2	2	3	3	3[4]	3[4]	3[4]	2	2	2	2	2	1	1
geräuscharmer Lauf	4	3	2	1	1	1	2	1	1	1	1	1	1	1	1	0	0
mit Kegelbohrung lieferbar	0	0	0	0	0	0	j	j	0	0	0	0	0	j	j	0	0

a Rillenkugellager
b Schrägkugellager, einreihig
c Schrägkugellagerpaar, je einreihig
d Schrägkugellager, zweireihig
e Vierpunktlager
f Pendelkugellager
g Zylinderrollenlager N, NU
h Zylinderrollenlager NJ
i Zylinderrollenlager NUP
k Nadellager
l Kegelrollenlager
m Kegelrollenlagerpaar
n Tonnenlager
o Pendelrollenlager
p Axial-Rillenkugellager, einseitig
q Axial-Rillenkugellager, zweiseitig
r Axial-Pendelrollenlager

4 sehr gut geeignet
3 gut geeignet
2 geeignet/möglich
1 Eignung eingeschränkt
0 nicht geeignet/nein
j ja
1) nur in einer Richtung
2) bei paarweisem Einbau
3) vermindert bei paarweisem Einbau
4) bei geringer Axialbelastung
5) nur am Außenring
6) mit kugeligen Stützflächen

Bild 14-24 Entscheidungshilfen für die Auswahl der Wälzlager

Beachte: Das Rillenkugellager sollte wegen seiner hohen Laufgenauigkeit, des niedrigen Preises und wegen des günstigen Einbauraumes bevorzugt werden. Nur wenn die gestellten Anforderungen nicht erfüllt werden, ist ein geeigneteres Lager zu wählen.

14.2.3 Gestaltung der Lagerungen

1. Tolerierung der Anschlussbauteile

Toleranzen und Messverfahren für die Maß- und Formgenauigkeit der Wälzlager sind international festgelegt und nach DIN 620 genormt (s. auch WLK). Die Bohrungsdurchmesser d, Außendurchmesser D und die Breite B haben grundsätzlich Minustoleranzen, d. h. das Nennmaß ist immer das zulässige Größtmaß. Nach DIN 620 sind abweichend von den ISO-Toleranzklassen für d das Toleranzfeld KB und für D das Toleranzfeld hB (Ball-Bearing) festgelegt.

Wichtig für den Einbau der Wälzlager ist die Befestigung der Ringe bzw. Scheiben auf der Welle/Achse und in der Gehäusebohrung. Sie dürfen auf den Gegenstücken unter Belastung, besonders tangential, nicht rutschen. Die Befestigung wird am sichersten und einfachsten durch die richtige Wahl einer Passung erreicht, die durch entsprechende ISO-Toleranzklassen für Wellen und Bohrungen bestimmt wird. Bild 14-25 zeigt schematisch die Lage der gebräuchlichen ISO-Toleranzfelder für Wellen und Bohrungen zur Bohrungstoleranz KB und zur Außendurchmessertoleranz hB der Wälzlager.

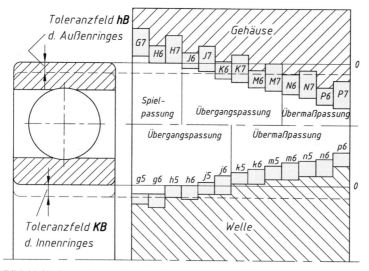

Bild 14-25 Darstellung der Wäzlagertoleranzen KB und hB und der Wellen- und Gehäusetoleranzklassen nach ISO

Ein strammer Sitz auf bzw. in möglichst formgenauen und starren Gegenstücken gibt den verhältnismäßig dünnen Ringen auf ihrem ganzen Umfang eine gute Unterstützung, so dass die Tragfähigkeit und damit die Lebensdauer der Lager voll ausgenutzt werden können. Stramme Sitze vermindern aber gleichzeitig das Radialspiel (d. i. die Lagerluft als Maß, um das sich ein Ring gegenüber dem anderen radial verschieben lässt) im eingebauten Zustand, wodurch ein einwandfreier Lauf beeinträchtigt wird (in diesem Falle Lager mit vergrößerter Lagerluft einbauen, s. hierzu 14.1.3-5.). Entscheidend für die Wahl der Passung sind Größe und Art der Wälzlager, die Belastung, die axiale Verschiebemöglichkeit von Loslagern und insbesondere die *Umlaufverhältnisse.* Hierunter wird die relative Bewegung eines Lagerringes zur Lastrichtung verstanden. Es wird unterschieden:

Umfangslast: Der Ring läuft relativ zur Lastrichtung um (Ring läuft um, Last steht still oder Ring steht still, Last läuft um), d. h. während einer Umdrehung wird der ganze Umfang des Ringes einmal beansprucht.

Punktlast: Der Ring steht relativ zur Lastrichtung still (Ring steht still, Last steht still oder Ring und Last laufen mit gleicher Drehzahl um), d. h. es wird ständig derselbe Punkt der Laufbahn belastet. Ein Ring mit Umfangslast würde beim losen Sitz „wandern", d. h. sich fortlaufend abwälzen oder bei stoßartigen Belastungen auch rutschen (s. Bild 14-26). Beschädigungen der Sitzflächen sind dann unvermeidlich. Dagegen neigt ein lose sitzender Ring unter Punktbelastung, in Bild 14-26 der Innenring, nicht zum „Wandern". Die Umlaufverhältnisse sind meist leicht zu erkennen und werden bei den Beispielen ausgeführter Lagerungen in 14.4 besonders herausgestellt.

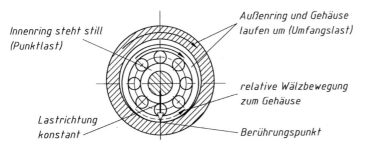

Bild 14-26
Wandern des lose sitzenden Ringes mit Umfangslast

Einbauregel: Der Ring mit Umfangslast muss festsitzen, der Ring mit Punktlast kann lose (oder auch fest) sitzen.

Für die *Wahl der Passung* gilt allgemein: Der Ring mit Umfangslast soll mit zunehmender Belastung und Lagergröße sowie zunehmenden Stößen eine enge Übergangs- bis mittlere Übermaßpassung, der Ring mit Punktlast kann eine enge Spiel- bis weite Übergangspassung erhalten. Neben der Lagergröße spielt auch die Lagerart eine Rolle. Große Lager werden meist, vor allem auf der Welle, strammer gepasst als kleine Lager; Rollenlager erhalten einen strammeren Sitz als Kugellager. Um die Gefahr des Verspannens zu vermeiden, ist bei geteilten Gehäusen für den Außenring das Toleranzfeld H, höchstens J (bei Leichtmetallgehäusen K) angebracht. Die Befestigung des Außenringes in einer Stahlbuchse (Lagertopf) kann bei geteiltem Gehäuse oder Leichtmetallgehäuse bzw. aus Montagegründen vorteilhaft sein (s. Bild 14-27a, Zahnradmontage). Die Buchse sollte bei ungeteiltem Gehäuse einen Außendurchmesser von mindestens $1,12 \cdot D$, bei geteiltem Gehäuse von mindestens $1,15 \cdot D$ (D = Außendurchmesser des Lagers) haben und lose gepasst werden; axial wird sie durch einen Bund, Flansch, Deckel oder Sprengring festgelegt.

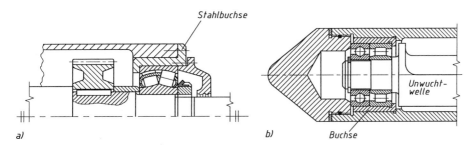

Bild 14-27 Befestigung der Außenringe in Buchsen
a) wegen der Zahnradmontage, b) zur Erleichterung des Ein- und Ausbaus (Darstellung: Rüttlerflasche zur Betonverdichtung)

Richtlinien für die Auswahl von Wellentoleranzen (allgemein Toleranzgrad 6) und Gehäusetoleranzen (allgemein Toleranzgrad 7) sind nach DIN 5425 in TB 14-8 angegeben oder aus WLK zu entnehmen.

Hinweis: Ein Wälzlager funktioniert nur so gut (oder so schlecht) wie sorgfältig es eingebaut wurde. Für Sonderfälle, z. B. Lagerungen mit hoher Genauigkeit, hoher Stoßbelastung, schwierigem Ein- und Ausbau, bei besonderen Temperaturverhältnissen u. ä. wird zweckmäßig eine Beratung mit dem Wälzlagerhersteller empfohlen.

2. Konstruktive Gestaltung der Lagerstelle

Dem Passungscharakter ist die Rauheit der Passflächen zuzuordnen. DIN 5425 empfiehlt: Toleranz IT7 für Durchmesser bis $d = 80$ mm $Rz = 10\,\mu$m[1], $d > 80 \ldots 500$ mm $Rz = 16\,\mu$m; IT6 bis $d = 80$ mm $Rz = 6,3\,\mu$m, $d > 80 \ldots 500$ mm $Rz = 10\,\mu$m; IT5 bis $d = 80$ mm $Rz = 4\,\mu$m, $d > 80 \ldots 500$ mm $Rz = 6,3\,\mu$m. Bei höherer Qualitätsanforderung sind kleinere Rz-Werte anzustreben. In Gehäusen mit losem Passungscharakter sind bis 1,5fach größere Werte zugelassen.

Zur *axialen Festlegung* des Lagerringes reicht eine stramme Passung nur aus, wenn keine oder nur kleine Axialkräfte zu übertragen sind. Lagerringe mit strammer Passung müssen i. Allg. einseitig an eine Wellen- bzw. Gehäuseschulter oder einen Bund anliegen (Bild 14-28a). Die *Anschlussmaße* nach DIN 5418 (s. TB 14-9 oder WLK) sind zu beachten. Der Radius r_{as}, r_{bs} an der Welle bzw. dem Gehäuse muss kleiner als der Kantenabstand r_{1s}, r_{2s} des Lagers sein (s. TB 14-9a, Maße r_{1s}, r_{2s} s. TB 14-1 oder WLK); die Schulterhöhe h ist so groß vorzusehen, dass die seitliche Anlage genügt, aber auch das Ansetzen von Abziehvorrichtungen an den Lagerinnenring möglich ist; andererseits soll der Maximalwert den 1,5fachen Wert nach DIN 5418 nicht überschreiten. Bei Axiallagern soll die Schulter mindestens bis zur Mitte der Wellen- bzw. Gehäusescheibe reichen. Bei Zylinder- und Kegelrollenlagern, deren Ringe einzeln eingebaut werden können, sind eine Reihe von Maßen zu beachten, die je nach Lagerreihe der Norm oder den WLK (s. TB 14-1a, b) entnommen werden können; dgl. gilt für Lager mit Spann- und Abziehhülsen (Bild 14-28e, f). Beim *Festlager* müssen sowohl der Innenring als auch der Außenring auf der Welle und im Gehäuse axial festgelegt werden (vgl. auch 9.4.1). Der Innenring wird auf der der Wellenschulter gegenüberliegenden Seite durch eine Nutmutter (DIN 981, Kurzzeichen KM mit Gewindebohrungskennzahl) und ein Sicherungsblech (DIN 5406, Kurzzeichen MB mit Bohrungskennzahl) oder durch eine an der Stirnseite der Welle angeschraubte Scheibe oder durch Sicherungs- bzw. Sprengringe festgelegt (s. Bild 14-28b, c, d); häufig werden auch Abstands- oder Zwischenhülsen oder Stütz- bzw. Passscheiben (s. Bild 9-30 und TB 9-5) angeordnet. Werden Spannhülsen (DIN 5415, Kurzzeichen H mit Spannhülsenreihe und Bohrungskennzahl), besonders bei Pendellagern mit kegeliger Bohrung, verwendet, sind größere Wellentoleranzen (h7 … h9, zulässige Abweichung von der Zylinderform IT5 bzw. IT6)

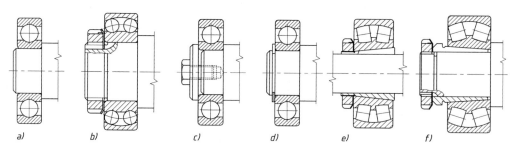

a)   b)   c)   d)   e)   f)

Bild 14-28 Befestigung der Lager auf Wellen
a) durch leichte Übermaßpassung, b) durch Wellenmutter, c) durch angeschraubte Scheibe, d) durch Sicherungsring (bei Axialkräften Sicherungsring mit Lappen, DIN 983, s. 9.4.1), e) durch Spannhülse, f) durch Abziehhülse

---

[1] Rz mittlere Rauheit (gemittelte Rautiefe), s. DIN 4768, Teil 1 (vgl. Abschnitt 2.3.1).

möglich. Spann- bzw. Abziehhülsen und Wälzlager gleicher Bohrungskennzahl passen zueinander (Bild 14-28e, f und Maße s. TB 14-1d, e).

Der Außenring wird meist durch den Zentrieransatz des Lagerdeckels gegen einen Sicherungsring mit Lappen oder Absatz in der Gehäusebohrung geklemmt (Bild 14-29a). Bei beschränkten Raumverhältnissen, z. B. im Fahrzeugbau, ermöglichen ein Lager mit Ringnut und ein Sprengring eine einfache axiale Festlegung (Bild 14-29b und Bild 9-29).

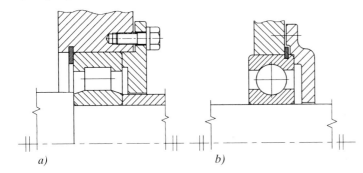

Bild 14-29
Befestigung von Außenringen in Gehäusebohrungen
a) durch Zentrieransatz des Lagerdeckels und Sicherungsring
b) durch Ringnut und Sprengring

Beim *Loslager* mit einem *selbsthaltenden Lager* muss der punktbelastete Ring durch einen losen Sitz axial verschiebbar sein. Bei Zylinderrollenlagern der Bauform N und NU erfolgt das axiale Verschieben im Lager, ein weiteres Verschieben der Ringe auf der Welle oder im Gehäuse muss durch eine entsprechende Sicherung vermieden werden.

Erlaubt die Welle eine geringe Axialverschiebung, z. B. bei Getriebewellen, werden häufig auch beide Lager als *Loslager* mit geringem seitlichen Spiel ausgebildet. Die Gehäusebohrungen können dann kostengünstig in einem Arbeitsgang durchgehend glatt gebohrt werden (Bild 14-40). Bei *zerlegbaren, paarweise einzubauenden Lagern*, z. B. Schrägkugellager und Kegelrollenlager, sowie bei Axial-Rillenkugellagern ist eine sorgfältige axiale Anstellung wichtig. Sie darf weder zu straff noch zu lose sein. Die Einbaubeispiele in Bild 14-30 zeigen das axiale An- und Nachstellen eines Kegelrollenlagerpaares (Achslager) sowie eines zweiseitig wirkenden Axial-Rillenkugellagers durch Muttern (M). Eine Lagesicherung (L) der Mutter ist erforderlich (z. B. durch Splint, Klebstoff im Gewinde, Sicherungsblech o. ä.).

Auch zum schnelleren und einfacheren Ausbau der Lager, z. B. wegen eines notwendigen Austausches, sind gegebenenfalls geeignete konstruktive Maßnahmen zu treffen. Mögliche Demontagetechnologien sind den WLK zu entnehmen. Die konstruktive Gestaltung ist diesen Technologien individuell anzupassen.

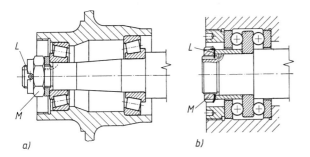

Bild 14-30
Axiale Festlegung von Wälzlagern
a) eines Kegelrollenlagerpaares
b) eines zweiseitig wirkenden Axial-Rillenkugellagers

14.2.4 Schmierung der Wälzlager

Die Schmierung soll eine unmittelbare metallische Berührung zwischen Wälzkörpern, Lagerringen und Käfig verhindern und deren Oberflächen vor Verschleiß und Korrosion schützen. Voraussetzung hierfür ist, dass bei allen Betriebszuständen die Funktionsflächen stets ausreichend Schmierstoff erhalten. Die Wirksamkeit der Schmierung beeinflusst wesentlich die Gebrauchsdauer der Wälzlager (vgl. 14.3.5).

Wälzlager können mit Schmierfett, Öl oder Festschmierstoff (Sonderfälle) geschmiert werden. Die Art der Schmierung und des Schmiermittels richtet sich wesentlich nach der Höhe der Beanspruchung der Drehzahl und der Betriebstemperatur des Lagers.

Vor dem Entwurf einer Lagerung muss die Schmierungsart entschieden werden, da die Gestaltung der Gehäuse, insbesondere die Schmiermittelzufuhr, von der Art des Schmiermittels, der Lagerabdichtung und den Nachschmierfristen abhängt. Auswahlkriterium ist zunächst der *Drehzahlkennwert* $n \cdot d_m$ in 10^6 mm/min mit der Betriebsdrehzahl n und dem mittleren Lagerdurchmesser $d_m = (D + d)/2$. Die *Höchstdrehzahlen*, s. 14.3.6 bzw. WLK, der einzelnen Lager sind zu beachten.

1. Fettschmierung

Die Fettschmierung wird bei Drehzahlkennwerten $n \cdot d_m < 0,5 \cdot 10^6$ mm/min (bis $1,3 \cdot 10^6$ bei Sonderfetten) bevorzugt. Sie erfordert eine geringe Wartung und schützt meist ausreichend gegen Verschmutzung, so dass einfache und billige Lagerabdichtungen gestaltbar sind.

Zur Schmierung von Wälzlagern werden meist *Kalcium-, Natrium-, Aluminium- und Lithiumseifenfette* (s. TB 4-2) angewendet. Die Wahl der Fettsorte erfolgt nach der Gebrauchstemperatur, dem Verhalten gegen Feuchtigkeit, dem Dichteverhalten und der Konsistenz (Charaktereigenschaft des Fettes, ohne zu kleben streichfähig und leicht plastisch verformbar zu sein), die stark von der Viskosität des Grundöles abhängt.

Für Wälzlager kommen i. Allg. die NLGI-Klassen 1 . . . 3 in Frage, s. Bild 4-13.

Als grober Anhalt kann nach Lagerart sowie der Einbau- und Betriebsbedingungen gelten: NLGI-Klasse 1: gute Förderbarkeit des Fettes gewünscht. NLGI-Klasse 2: für Nadel-, Rollen- und Kugellager mit $d < 50$ mm sowie geringes Anlaufmoment und gefordertes geringes Laufgeräusch. NLGI-Klasse 3: für Rollen- und Kugellager mit $d > 50$ mm, senkrechte und schräge Einbaulage sowie geforderte gute Abdichtwirkung.

Maßgebende Eigenschaften der wichtigsten Wälzlagerfette sind (GT = Gebrauchstemperatur):

Kalciumseifenfette: GT $(-30) -20 \ldots + 50$ (130) °C, wasserabweisend
Aluminiumseifenfette: GT $(-30) -20 \ldots + 70$ (150) °C, gute Dichtwirkung gegen Wasser
Natriumseifenfette: GT $(-30) -20 \ldots +100$ (130) °C, nicht beständig gegen Wasser
Lithiumseifenfette: GT $(-40) -20 \ldots +130$ (170) °C, gegen Wasser bis 90 °C beständig

Kalcium- und Lithiumseifenfette mit EP[2]-Zusätzen (Hochdruckzusätze, meist Bleiverbindungen) werden zur Schmierung hochbelasteter Wälzlager benutzt. Lithiumseifenfett mit Siliconöl hat bessere Temperatureigenschaften (Klammerwerte), ist jedoch geringer belastbar.

Die für die Lagerung erforderliche *Fettmenge* richtet sich nach der Drehzahl. Grundsätzlich sind die Lager selbst voll mit Fett auszustreichen, um damit alle Funktionsteile sicher zu schmieren. Dagegen soll der Lagergehäuseraum unterschiedlich mit Fettvorrat gefüllt werden, um zu große Walkarbeit, Reibung und Erwärmung zu vermeiden. Es wird empfohlen, den Gehäuseraum

     bei $n/n_g < 0,2$ vollzufüllen
     bei $n/n_g = 0,2 \ldots 0,8$ zu einem Drittel zu füllen (Grenzdrehzahl n_g für Fettschmierung
     bei $n/n_g > 0,8$ leer zu lassen.   nach WLK)

Das natürliche Altern und Verschmutzen des Fettes erfordert es, dieses in bestimmten Zeitabständen, der Schmierfrist, zu erneuern. Die Schmierfrist hängt wesentlich von der Fettsorte, der Konstruktion der Lagerung sowie von betrieblichen Größen und Einflüssen ab. Erforderliche Schmierfristen in Betriebsstunden für bestimmte Bedingungen können u. a. nach Herstellerunterlagen errechnet oder aus Diagrammen bestimmt werden.

Ist die Schmierfrist größer als die Lebensdauer des Wälzlagers oder größer als die Überholzeit der Baugruppe, wird *Dauerschmierung* angewendet, d. h. das Lager erhält beim Einbau eine

---

[1] National Lubricating Grease Institute (USA)
[2] Extreme Pressure

einmalige Fettfüllung, wie z. B. Rillenkugellager mit Deck- oder Dichtscheiben (vgl. 14.2.3 Bild 14-6). Ist häufiges Nachschmieren erforderlich, z. B. bei starker Verschmutzung oder Wassereinwirkung, ist am Lagergehäuse ein Schmierloch mit Schmiernippel (DIN 71412, 3402, 3404, 3405) unmittelbar neben der Außenring-Seitenfläche vorzusehen (Bild 14-31). Um beim Nachschmieren den Fettaustritt sicherzustellen, sind ausreichend bemessene Gehäuseräume oder Fettaustrittspalte vorzusehen. Die Gefahr des Heißlaufens von Lagern durch Überschmieren, insbesondere bei hohen Drehzahlen, und damit Betriebsunterbrechung kann sicher und einfach durch Einbauen eines Fettmengenreglers (Bild 14-31b) vermieden werden. Er besteht aus einer mit der Welle umlaufenden Reglerscheibe R, die mit dem Gehäusedeckel einen schmalen radialen Spalt bildet. Überschüssiges und verbrauchtes Fett wird von der Scheibe in den Spalt mitgenommen, in den Ringkanal am Deckel geschleudert und durch eine Auslassöffnung A nach unten gedrängt.

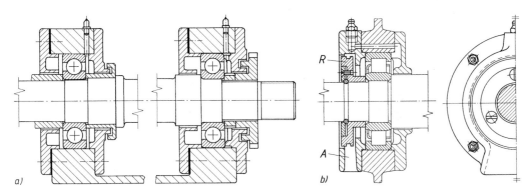

Bild 14-31 Schmierungsbeispiele
a) Fettzuführung über Schmiernippel, b) Lagergehäuse mit Fettmengenregler für waagerechte Wellen

2. Ölschmierung

Wälzlager werden ölgeschmiert, wenn hohe Drehzahlen bzw. mittlere Drehzahlen bei höheren Belastungen bzw. die Betriebstemperatur keine Fettschmierung mehr zulassen oder wenn das Öl zur Wärmeabfuhr (Kühlung) dient oder dort, wo bereits benachbarte Bauteile ölgeschmiert werden, z. B. Zahnräder in Getriebegehäusen (vgl. bild 14-42). Die auszuwählende Ölsorte richtet sich nach den Erfordernissen der Bauteile, ohne dass sich Nachteile für die Wälzlager ergeben. Zur Schmierung der Wälzlager eignen sich Öle auf Mineralbasis, die die Mindestanforderungen nach DIN 51501 erfüllen; zu bevorzugen sind jedoch solche mit besserer Alterungsbeständigkeit nach DIN 51517. Eine wesentliche Eigenschaft ist die *kinematische Viskosität* ν in mm²/s bzw. m²/s (Näheres hierzu s. Kapitel 4). Damit sich nach der Theorie der elastohydrodynamischen Schmierung (EHD-Theorie) zwischen den Berührungsflächen des Lagers ein ausreichender Schmierfilm bilden kann, muss entsprechend der Drehzahl n und dem mittleren Lagerdurchmesser $d_m = (D + d)/2$ eine Bezugsviskosität ν_1 in mm²/s nach TB 14-11 vorhanden sein. Bei der Wahl der Ölsorte empfiehlt es sich, mit Rücksicht auf die Lebensdauer des Lagers ein Öl auszusuchen, dessen Betriebsviskosität ν bei Betriebstemperatur ϑ in °C höher ist als die Bezugsviskosität ν_1. Beim Viskositätsverhältnis $\nu/\nu_1 > 1$ sollte, bei $\nu/\nu_1 < 0{,}4$ muss ein Öl mit EP-Zusätzen (Hochdruckzusätze) verwendet werden.
Unter normalen Bedingungen, d. h. bei Raumtemperatur, Tragsicherheit $C/P > 10$ und Drehzahlen $n < n_{\vartheta r}$ (thermische Bezugsdrehzahl $n_{\vartheta r}$ nach WLK), genügt Öl mit $\nu = 12$ mm²/s.
Die *Ölbad-* oder *Öltauchschmierung* (Bild 14-32a) ist die einfachste Schmierung für waagerecht gelagerte Wellen bei $n \cdot d_m \leq 0{,}5 \cdot 10^6$ mm/min und $n/n_g < 0{,}4$ (n_g s. oben).
Das Öl wird von den umlaufenden Lagerteilen mitgenommen, im Lager verteilt und fließt dann wieder in das Ölbad zurück. Das Öl soll bei stillstehendem Lager etwa mittig des untersten

14

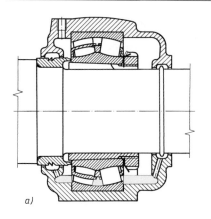

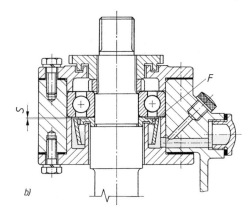

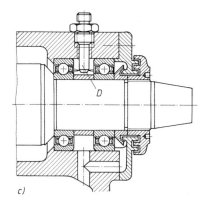

Bild 14-32
Ölschmierverfahren
a) Ölbad- oder Öltauchschmierung
b) Spritz-(Schleuder)Ölschmierung (F Förderscheibe mit Zulauföffnungen; S Spalt, von dessen Weite die zugeführte Ölmenge abhängt)
c) Öleinspritzschmierung (D Düse)

Wälzkörpers stehen (bei Getriebegehäusen die Eintauchtiefe der Zahnräder beachten). Bei Drehzahlen $n > 5000\ \text{min}^{-1}$ sind, um unzulässiges Erwärmen ($> 80\,^\circ\text{C}$) zu vermeiden, die sparsame *Tropfölschmierung* ($n/n_\text{g} < 1$) oder die *Spritz-* bzw. *Schleuderölschmierung* (Bild 14-32 b) mit Förderscheibe günstig.

Die *Öleinspritzschmierung* (Bild 14-32 c) ist bei schwierigen Betriebsbedingungen ($n \cdot d_\text{m} > 0{,}8 \cdot 10^6$ mm/min) besonders wirksam. Das Öl wird von der Seite mittels Düsen in den Spalt zwischen Innenring und Käfig gespritzt (Strahlgeschwindigkeit ≥ 15 m/s).

Die *Ölumlauf-* oder *Öldurchlaufschmierung* wird angewendet, wenn $n \cdot d_\text{m} \leq 0{,}8 \cdot 10^6$ mm/min ist und wenn Eigen- und Fremdwärme abgeführt werden soll, um häufige Ölwechsel zu vermeiden. Der Ölumlauf wird durch eine Pumpe aufrechterhalten, jedoch muss das Lager teilweise in einem Ölbad stehen, um das Schmieren während des Anlaufs bzw. bei Pumpenausfall zu gewährleisten. Das Öl durchläuft das Lager, wird im Filter gereinigt und wieder zum Lager, evtl. über Kühler, zurückgeführt. Das zurücklaufende Öl soll möglichst eine Temperatur $\vartheta \leq 70\,^\circ\text{C}$ haben. Die konstruktive Anordnung der Schmierbohrungen zeigt Bild 14-33.

Bei der *Ölnebelschmierung* wird Öl fein zerstäubt mit Druckluft ($0{,}5\ldots 1$ bar) der Lagerstelle zugeführt. Das Verfahren gestattet dosierbare Ölmengen und wird bei schnelllaufenden Lagerungen mit $n \cdot d_\text{m} \leq 1 \cdot 10^6$ mm/min (z. B. Schleifspindellager) oft angewendet.

3. Feststoffschmierung

Sie wird angewendet, wenn eine Schmierung mit Fett oder Öl unerwünscht bzw. unzulässig ist, z. B. Wälzlager bei tiefen und hohen Temperaturen, im Vakuum, bei radioaktiver Strahlung oder wenn die Gefahr des Beschlagens, z. B. bei optischen Systemen, durch Schmierstoffverdunstung besteht.

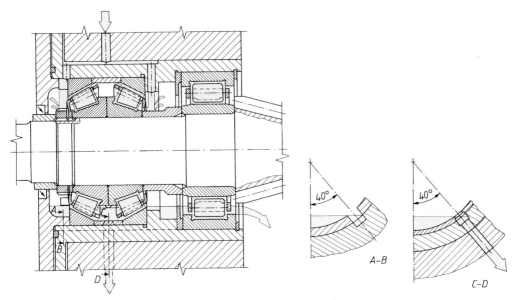

Bild 14-33 Konstruktive Anordnung der Schmierbohrungen bei Ölschmierung (Empfehlung nach Arbeitsblatt 2.4.1 der Gesellschaft für Tribologie)

Die wichtigsten Festschmierstoffe sind Graphit, Molybdändisulfid (MoS_2) und Polytetrafluorethylen (PTFE). Sie werden als Trockenschicht aufgebracht, wobei zur besseren Bindung die Lagerflächen gebeizt oder phosphatiert werden sollten.
Eine andere Möglichkeit bilden $2 \ldots 4\,\mu m$ dünne Gleitlackschichten, die einen entsprechenden Vorrat an Festschmierstoff enthalten. Sie werden für Lagerungen bei niedrigen Drehzahlen eingesetzt. Sind bei Lagerungen die Gesetzmäßigkeiten der hydrodynamischen Schmiertheorie nicht erfüllbar, werden Festschmierstoffe in Form von Suspensionen (Kombination von Pulver mit Trägerölen bzw. Fetten) für hochbelastete Wälzlager, insbsondere Rollenlager, bei niedrigen Drehzahlen verwendet.

14.2.5 Lagerabdichtungen

Die Betriebssicherheit und die Gebrauchsdauer von Wälzlagerungen hängen sehr von der Wirksamkeit des Abdichtens gegen das Eindringen von Schmutz und Feuchtigkeit und gegen einen Verlust des Schmiermittels ab. Fremdkörper, die in das Lager eindringen, führen beim Überrollen an den Rollkörpern und Laufbahnen zu Eindrückungen und als Folge zu erhöhten Laufgeräuschen und zu einer geminderten Gebrauchsdauer. Schmirgelnde Verunreinigungen dagegen führen zum Verschleiß, wodurch sich das Lagerspiel vergrößert. Dies mindert die Laufgenauigkeit und damit die Funktion des Lagers. Eindringendes Wasser, Dämpfe und ätzende Flüssigkeiten setzen die Wirksamkeit des Schmiermittels herab bzw. heben sie völlig auf und greifen korrodierend die Rollkörper und Laufbahnen an. Eine Abdichtung gegen diese Einflüsse ist deshalb notwendig, wobei die Art der Abdichtung von den äußeren Betriebsbedingungen (Schmutzanfall, Feuchtigkeit, ätzende Medien), der geforderten Lebensdauer und der Funktion sowie der Drehzahl des Lagers abhängig ist.
Mögliche konstruktive und genormte Abdichtungen sowie konstruktive Erfordernisse werden in Kapitel 19 behandelt. Darüber hinaus bieten die Wälzlagerhersteller einige Rillenkugellager mit Abdichtung an. Diese wird in Form von *Deckscheiben* (nicht berührende Dichtungen, s. Bild 14-6b) oder *Dichtscheiben* (berührende Dichtungen, s. Bild 14-6c) ausgeführt. Diese Lager werden bei der Herstellung mit einem nach Herstellervorschriften geprüften Qualitätsfett

gefüllt und sind somit einbaufertig. Zu beachten sind die geringeren Höchstdrehzahlen dieser Lager.

14.2.6 Vorauswahl der Lagergröße

Zur Vorauswahl der Lagergröße kann die *erforderliche dynamische Tragzahl C* (s. hierzu 14.3.2) nach Gl. 14.1 ermittelt werden

$$C_{\text{erf}} \geq P \cdot \frac{f_L}{f_n} = P \sqrt[p]{\frac{60 \cdot n \cdot L_{10h}}{10^6}}$$

P, C	f_L, f_n	n	L_{10h}	p
kN	—	min^{-1}	h	—

(14.1)

P dynamische Lagerbelastung
f_L dynamische Kennzahl (Lebensdauerfaktor), Richtwerte s. Bild 14-35
f_n Drehzahlfaktor, s. TB 14-4
p Lebensdauerexponent: Kugellager $p = 3$; Rollenlager $p = 10/3$
n Drehzahl des Lagers
L_{10h} anzustrebende nominelle Lebensdauer, Richtwerte TB 14-7

Die für das Wälzlager *einzusetzende Lebensdauer* wird erfahrungsgemäß gewählt. Bestimmend sind dabei die Art der Maschine, die Dauer ihres Einsatzes und die verlangte Betriebssicherheit. Für häufig vorkommende Betriebsfälle gibt TB 14-7 bzw. die WLK L_{10h}-Werte an. Bei der Vorauswahl kann für die Lagerbelastung P häufig überschlägig nur die größere Kraftkomponente (Axial- oder Radialkraft) eingesetzt werden.
Liegt nur statische Belastung vor (s. 14.3.1), ist die vorläufige Lagerauswahl über die *statische Tragzahl C_0* nach Gl. 14.2 vorzunehmen.

$$C_{0\text{erf}} \geq P_0 \cdot S_0$$

(14.2)

P_0 statische Lagerbelastung
S_0 statische Tragsicherheit; Richtwerte nach SKF:

Betriebsweise	umlaufende Lager Anforderungen an die Laufruhe						nicht umlaufende Lager	
	gering		normal		hoch			
	Kugel-lager	Rollen-lager	Kugel-lager	Rollen-lager	Kugel-lager	Rollen-lager	Kugel-lager	Rollen-lager
ruhig erschütterungsfrei	0,5	1	1	1,5	2	3	0,4	0,8
normal	0,5	1	1	1,5	2	3,5	0,5	1
stark stoßbelastet	$\geq 1,5$	$\geq 2,5$	$\geq 1,5$	≥ 3	≥ 2	≥ 4	≥ 1	≥ 2

Axial-Pendelrollenlager $S_0 \geq 4$

Die der erforderlichen Tragzahl C oder C_0 entsprechende Lagergröße wird aus TB 14-2 oder aus dem WLK abgelesen.

14.3 Berechnung der Wälzlager

Die erforderliche Wälzlagerart und -größe wird von den Anforderungen an die Tragfähigkeit, Lebensdauer und Betriebssicherheit bestimmt.
Nach dem Betriebsverhalten, nicht nach der Wirkungsweise der Belastung, wird zwischen der *statischen* und der *dynamischen Tragfähigkeit* unterschieden.

14.3.1 Statische Tragfähigkeit

Ein Wälzlager gilt als nur statisch beansprucht, wenn es unter einer Belastung stillsteht, kleine Pendelbewegungen ausführt oder sich mit einer Drehzahl $n \leq 10\,\mathrm{min}^{-1}$ dreht. Für diese Betriebszustände ist eine solche Belastung noch zulässig, die maximal eine plastische Gesamtverformung an den Wälzkörpern (Abplattung) und Laufbahnen (Eindrückungen) hervorruft, welche die geforderten Laufeigenschaften des Lagers nicht beeinträchtigen.
Der Nachweis für ein ausreichend tragfähiges Lager ist die *statische Tragsicherheit* S_0

$$S_0 = \frac{C_0}{P_0} \qquad\qquad (14.3)$$

C_0 statische Tragzahl nach TB 14-2 bzw. WLK
P_0 statisch äquivalente Belastung des Lagers
S_0 statische Tragsicherheit, Richtwerte s. unter Gl. 14.2

1. Statische Tragzahl C_0

Die *statische Tragzahl* C_0 ist eine rein radiale (bei Axiallagern eine rein axiale) Lagerbelastung, die bei stillstehenden Lagern an der höchstbeanspruchten Berührungsstelle zwischen Wälzkörper und Rollbahn eine bleibende Verformung von 0,01 % des Wälzkörperdurchmessers hervorruft; sie wird in Listen der Wälzlagerhersteller bzw. ist in TB 14-2 angegeben.

2. Statisch äquivalente Belastung

Die *statisch äquivalente (= gleichwertige) Belastung* P_0 ist eine rechnerische, rein radiale Belastung bei Radiallagern bzw. rein axiale und zentrische Belastung bei Axiallagern, die an den Wälzkörpern und Rollbahnen die gleiche plastische Verformung bewirkt, wie die tatsächlich wirkende kombinierte Belastung. Sie ergibt sich, ausgenommen für die Axial-Pendelrollenlager, allgemein aus

$$P_0 = X_0 \cdot F_{r0} + Y_0 \cdot F_{a0} \qquad\qquad (14.4)$$

F_{a0} statische radiale Lagerkraft
F_{a0} statische axiale Lagerkraft
X_0 statischer Radialfaktor nach TB 14-3b bzw. WLK
Y_0 statischer Axialfaktor nach TB 14-3b bzw. WLK

Bei nur radial belasteten Lagern, also bei $F_{a0} = 0$, wird $P_0 = F_{r0}$,
bei nur axial belasteten Lagern, also bei $F_{r0} = 0$, wird $P_0 = F_{a0}$.

14.3.2 Dynamische Tragfähigkeit

Die dynamische Tragfähigkeit eines Wälzlagers wird vom Ermüdungsverhalten des Lagerwerkstoffes bestimmt. Der Zeitraum bis zum Auftreten von Ermüdungserscheinungen ist die *Lebensdauer* des Wälzlagers. Sie ist abhängig von der Belastung, den Betriebsbedingungen und der statistischen Zufälligkeit des ersten Schadenseintritts. Die äußeren Kräfte werden zwischen den Ringen bzw. Scheiben und den Wälzkörpern (Punkt- oder Linienberührung) über, durch elastische Verformung entstehende, sehr kleine Kontaktflächen übertragen. Übersteigen die örtlichen Spannungen der überrollten Werkstoffbereiche ständig die ertragbare Spannung, entstehen zuerst unter der Werkstoffoberfläche sehr feine Risse, die sich bei weiterer Beanspruchung bis zur Oberfläche fortsetzen und zur Bildung von feinen Poren, Pittings bzw. Grübchen führen. Die Zerstörung schreitet danach sehr rasch fort. Schälungen (schollenartige Ausbröckelungen, meist am Innenring, s. Bild 14-34) größerer Rollbahnteile treten auf. Die Folgen sind gestörte Abrollverhältnisse, Erschütterungen und zunehmendes Laufgeräusch. Letzten Endes kann es zum Gewaltbruch des Ringes kommen.

14

Bild 14-34
Schälung am Innenring

Da die Grübchenbildung Lagerausfall verursacht, ist die *Ermüdungslaufzeit* – die Laufzeit, bis diese Ermüdungsschäden auftreten – von Interesse. Untersuchungen an einer größeren Anzahl offensichtlich gleicher Lager auf gleichen Prüfständen unter gleichen Betriebsbedingungen (Drehzahl, Schmierung, Belastung) zeigten bis zum Auftreten der ersten Ermüdungserscheinungen weit gestreute Laufzeiten. Deshalb sind die Aussagen über die Ermüdungslaufzeit von Wälzlagern statistischen Charakters; es sind also nur Wahrscheinlichkeitsangaben über die Ermüdungslaufzeit eines Lagerkollektivs möglich.

1. Bestimmungsgrößen nach DIN ISO 281

Die statistische Lebensdauer, die *nominelle Lebensdauer* L_{10}, ist die Anzahl der Umdrehungen oder bei unveränderlicher Drehzahl die Anzahl der Stunden, die 90% einer größeren Menge offensichtlich gleicher Lager (Kollektiv) erreichen oder überschreiten, bevor erste Ermüdungserscheinungen auftreten. Die Erlebenswahrscheinlichkeit entspricht 90%, die Ausfallwahrscheinlichkeit 10% (10% der Lager fallen vorher aus).

Die *dynamische Tragzahl C* ist für Radiallager bei umlaufendem Innenring und stillstehendem Außenring eine rein radiale (für Axiallager rein axiale) Belastung unveränderlicher Größe und Richtung, bei der 90% eines Kollektivs offensichtlich gleicher Lager eine nominelle Lebensdauer von 10^6 Umdrehungen bzw. 500 Laufstunden bei konstanter Drehzahl von $33\,^1/_3$ min^{-1} erreichen. Sie ist eine Lagerkonstante, wird von den Wälzlagerherstellern durch zahlreiche Versuche ermittelt und in Listen herausgegeben (s. TB 14-2).

Die *dynamisch äquivalente (= gleichwertige) Belastung P* ist eine rechnerische, in Größe und Richtung konstante Radiallast, bei Axiallagern zentrische Axiallast, die die gleiche Lebensdauer ergibt wie die, die das Lager unter der tatsächlich vorliegenden kombinierten Belastung erreicht.

2. Lebensdauergleichung nach DIN ISO 281

Durch Versuche ergab sich zwischen den Bestimmungsgrößen nach 1. die folgende Gleichung für die *nominelle Lebensdauer* in 10^6 Umdrehungen bzw. in Betriebsstunden

$$L_{10} = \left(\frac{C}{P}\right)^p \quad \text{bzw.} \quad L_{10h} = \frac{10^6 \cdot L_{10}}{60 \cdot n}$$

L_{10}	L_{10h}	C, P	n
10^6 Umdr.	h	kN	min^{-1}

(14.5a)

L_{10}; L_{10h}	nominelle Lebensdauer
C	dynamische Tragzahl, aus TB 14-2 oder WLK
P	dynamisch äquivalente Lagerbelastung nach 14.3.2-3
p	Lebensdauerexponent: Kugellager $p = 3$; Rollenlager $p = 10/3$
n	Drehzahl des Lagers

Der Quotient C/P wird als dynamische Tragsicherheit bezeichnet.

Werden in Gl. (14.5a) die 10^6 Umdrehungen durch die Werte $500\,\mathrm{h}$, $33\frac{1}{3}\,\mathrm{min}^{-1}$ und $60\,\mathrm{min/h}$ ersetzt, ergibt sich

$$L_{10} = \frac{500 \cdot 33\frac{1}{3} \cdot 60}{60 \cdot n} \left(\frac{C}{P}\right)^p \quad \text{oder} \quad \frac{L_{10h}}{500} = \left(\frac{C}{P}\right)^p \frac{33\frac{1}{3}}{n} \quad \text{bzw.} \quad \sqrt[p]{\frac{L_{10h}}{500}} = \frac{C}{P}\sqrt[p]{\frac{33\frac{1}{3}}{n}}$$

Hierin sind

$$\sqrt[p]{\frac{33\frac{1}{3}}{n}} = f_n = \text{Drehzahlfaktor}; \qquad \sqrt[p]{\frac{L_{10h}}{500}} = f_L = \text{Lebensdauerfaktor}$$

Die umgeformte Zahlenwertgleichung ergibt für normale Anwendungsfälle ohne Berücksichtigung eventueller Minderungen (s. 14.3.3) die dimensionslose *Kennzahl der dynamischen Beanspruchung*

$$\boxed{f_L = \frac{C}{P} \cdot f_n} \tag{14.5b}$$

Der Drehzahlfaktor f_n ist abhängig von der Drehzahl n in min^{-1} für Kugel- oder Rollenlager aus TB 14-4 ablesbar.

Als Nachweis für die ausreichende Laufzeit eines Wälzlagers kann die errechnete dynamische Kennzahl f_L bzw. die nominelle Lebensdauer L_{10h} einem Richtwert (s. Bild 14-35 und TB 14-7) gegenübergestellt werden.

Falls notwendig sind in einer erweiterten Lebensdauerberechnung auch die Einflüsse von Schmierung, Sauberkeit im Schmierspalt und Temperatur zu berücksichtigen.

Betriebsart	Betriebsablauf wird durch Lagerwechsel	
	sehr gestört	weniger gestört
Aussetzbetrieb	$f_L = 2 \dots 3{,}5$	$f_L = 1 \dots 2{,}5$
Zeitbetrieb (~8h/Tag)	$f_L = 3 \dots 4{,}5$	$f_L = 2 \dots 4$
Dauerbetrieb	$f_L = 4 \dots 5{,}5$	$f_L = 3{,}5 \dots 5$

Bild 14-35
Richtwerte für die Kennzahl f_L

14

3. Bestimmen der dynamisch äquivalenten Lagerbelastung (P und n = konstant)

Die dynamisch äquivalente (= gleichwertige) Lagerbelastung (Definition s. 14.3.2-1.) ergibt sich aus

$$\boxed{P = X \cdot F_r + Y \cdot F_a} \tag{14.6}$$

F_r radiale Lagerkraft
F_a axiale Lagerkraft
X Radialfaktor, der den Einfluss der Größe des Verhältnisses von Radial- und Axialkraft berücksichtigt; Werte aus TB 14-3a und 14-2 bzw. aus WLK
Y Axialfaktor zum Umrechnen der Axialkraft bei Radiallagern in eine äquivalente Radialkraft; Werte aus TB 14-3a und TB 14-2 bzw. aus WLK

Bei vorliegenden dynamischen Zusatzkräften berechnet man die äquivalente Lagerbelastung $P_{eq} = K_A \cdot P$, mit dem Anwendungsfaktor K_A nach TB3-5a.
Bei nur radial belasteten Radiallagern, also bei $F_a = 0$, wird $P = F_r$; bei nur axial belasteten Axiallagern, also bei $F_r = 0$, wird $P = Y \cdot F_a$.
P wird bei einreihigen Radiallagern erst beeinflusst, wenn $F_a/F_r > e$ als Grenzwert abhängig vom inneren Aufbau des Lagers ist; bei zweireihigen Radiallagern gilt dies schon für $F_a/F_r < e$. Bei Rillenkugellagern stellt sich unter F_a für $F_a/F_r > e$ ein Druckwinkel $\alpha > 0°$ ein, so dass bei normaler Lagerluft $X = 0{,}56$ ist und e sowie Y vom Verhältnis F_a/C_0 abhängig sind (vgl. TB 14-3).

Bei *einreihigen Schrägkugel-* und *Kegelrollenlagern* bewirkt eine Radialkraft F_r, bedingt durch den Druckwinkel α (s. 14.1.3-2.), eine zusätzliche innere Axialkraftkomponente, wodurch sie instabil werden. Daher werden diese Lager allgemein in O- bzw. X-Anordnung (Bild 14-21) eingebaut, so dass sich beide Lager gegenseitig abstützen. Die Axialkraftkomponenten wirken dann jeweils als äußere Kraft F_a auf das Gegenlager. Hat die Lagerung (s. Bild 14-36) zusätzlich eine Axialkraft F_a aufzunehmen, dann ist das Lager zu ermitteln, auf das die resultierende Axialkraft wirkt. Das Lager, das unabhängig von den inneren Axialkräften die äußere Axialkraft F_a aufnimmt, wird als Lager „I", das andere als Lager „II" gekennzeichnet. Diese Lager werden durch die Axialkräfte F_{aI} und F_{aII} belastet, die sich bei Berücksichtigung des Vorzeichens aus F_a und der Axialkomponente des Gegenlagers ergeben. Die äquivalenten Belastungen P_I bzw. P_{II} werden entsprechend $F_{aI}/F_{rI} > e$ bzw. $F_{aII}/F_{rII} > e$ nach Gl. (14.6) errechnet, je nachdem, wie die Verhältnisse der Kräfte nach Bild 14-36c) erfüllt sind.

In den Belastungsfällen, für die keine Formeln angegeben sind, wird die Axialkraft F_{aI} bzw. F_{aII} rechnerisch nicht berücksichtigt.

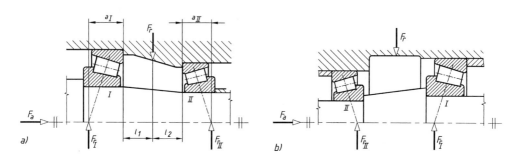

Kräfteverhältnisse	bei Berechnungen einzusetzende Axialkräfte F_{aI} und F_{aII}	
	Lager I	Lager II
1. $\dfrac{F_{rI}}{Y_I} \leq \dfrac{F_{rII}}{Y_{II}}$	$F_{aI} = F_a + 0{,}5 \dfrac{F_{rII}}{Y_{II}}$	—
2. $\dfrac{F_{rI}}{Y_I} > \dfrac{F_{rII}}{Y_{II}}$; $F_a > 0{,}5\left(\dfrac{F_{rI}}{Y_I} - \dfrac{F_{rII}}{Y_{II}}\right)$	$F_{aI} = F_a + 0{,}5 \dfrac{F_{rII}}{Y_{II}}$	—
3. $\dfrac{F_{rI}}{Y_I} > \dfrac{F_{rII}}{Y_{II}}$; $F_a \leq 0{,}5\left(\dfrac{F_{rI}}{Y_I} - \dfrac{F_{rII}}{Y_{II}}\right)$	—	$F_{aII} = 0{,}5 \cdot \dfrac{F_{rI}}{Y_I} - F_a$

c) Y-Werte s. TB 14-2 und TB 14-3

Bild 14-36 Lagerkräfte bei Kegelrollenlagern
a) O-Anordnung, b) X-Anordnung, c) Tabelle zur Ermittlung der Axialkräfte (gelten näherungsweise auch für einreihige Schrägkugellager)

Voraussetzung für die Ermittlung der Kräfte ist, dass die Lager im Betriebszustand spielfrei ohne Verspannung sind.

Die Radialkräfte F_{rI} und F_{rII} sind auf die Druckmittelpunkte zu beziehen, also die Abstände a_I und a_{II} zu beachten (in den WLK bzw. in TB 14-1 als Abstandsmaß a enthalten). F_{rI} und F_{rII} ergeben sich aus der Gleichgewichtsbedingung $\Sigma M = 0$, z. B. für F_{rII} in Bild 14-36a aus $F_r(a_I + l_1) = F_{rII}(a_I + a_{II} + l_1 + l_2)$. Die Axialfaktoren Y_I, Y_{II} sind entsprechend Y des jeweiligen Lagers aus TB 14-2, TB 14-3 oder WLK zu entnehmen.

4. Bestimmen der dynamisch äquivalenten Lagerbelastung (P und $n \neq$ konstant)

Die Ermittlung der äquivalenten Belastung nach Gl. (14.6) setzt eine konstante Belastung bei einer annähernd konstanten Drehzahl voraus. Bei vielen Lagerungen ändern sich jedoch zeitlich Belastung und Drehzahl regellos oder zyklisch. Die äquivalente Belastung ist in diesen Fällen aus den zeitanteiligen Belastungs- und Drehzahlwerten zu ermitteln. Bei regellos wirkenden Belastungen und Drehzahlen ist ein entsprechend geeignetes statistisches Kollektiv zu erstellen, welches dann wie ein Belastungs- bzw. Drehzahlzyklus behandelt werden kann. Ändern sich Belastung und Drehzahl *periodisch* (s. Bild 14-37), dann wird der Kurvenverlauf durch eine Reihe von Einzelbelastungen und -drehzahlen mit einer entsprechenden Wirkungsdauer q in % angenähert und zunächst für die einzelnen Laststufen 1, 2 ... n die äquivalenten Belastungen $P_1, P_2 ... P_n$ aus jeweils F_a und F_r ermittelt.

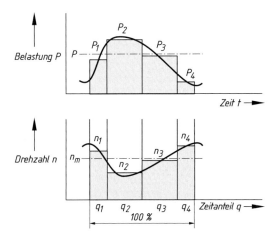

Bild 14-37
Periodischer Belastungs- und Drehzahlzyklus

Für den Belastungszyklus ergibt sich dann die *dynamisch äquivalente Belastung P* aus

$$P = \left(P_1{}^p \cdot \frac{n_1}{n_m} \cdot \frac{q_1}{100\%} + P_2{}^p \cdot \frac{n_2}{n_m} \cdot \frac{q_2}{100\%} + \ldots + P_n{}^p \cdot \frac{n_n}{n_m} \cdot \frac{q_n}{100\%} \right)^{\frac{1}{p}} \qquad (14.7)$$

$P_1, P_2 ... P_n$ dynamisch äquivalente Teilbelastungen aus $F_{r1}, F_{a1}; F_{r2}, F_{a2}; \ldots; F_{rn}, F_{an}$
p Lebensdauerexponent wie in Gl. (14.6); näherungsweise kann für Rollenlager auch $p = 3$ gesetzt werden
$n_1, n_2 ... n_n$ zugehörige konstante Drehzahlen
n_m mittlere Drehzahl s. Gl. (14.8)
$q_1, q_2 ... q_n$ Wirkungsdauer der einzelnen Betriebszustände in %

mit der mittleren Drehzahl n_m aus

$$n_m = n_1 \cdot \frac{q_1}{100\%} + n_2 \cdot \frac{q_2}{100\%} + \ldots + n_n \cdot \frac{q_n}{100\%} \qquad (14.8)$$

Angaben wie zu Gl. (14.7)

Bei *veränderlicher Belastung* und *konstanter Drehzahl* wird aus Gl. (14.7)

$$P = \left(P_1^p \cdot \frac{q_1}{100\%} + P_2^p \cdot \frac{q_2}{100\%} + \ldots + P_n^p \cdot \frac{q_n}{100\%} \right)^{\frac{1}{p}} \qquad (14.9)$$

Angaben wie zu Gl. (14.7)

Nimmt bei *konstanter Drehzahl* die Belastung von einem Kleinstwert P_{min} auf einen Größtwert P_{max}, wie in Bild 14-38 dargestellt, linear zu (z. B. bei Pressenantrieben), dann ergibt sich nähe-

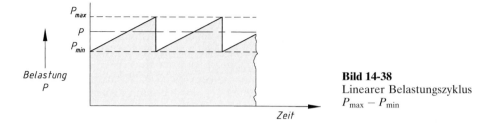

Bild 14-38
Linearer Belastungszyklus
$P_{\max} - P_{\min}$

rungsweise die *äquivalente Belastung P* aus

$$P = \frac{P_{\min} + 2P_{\max}}{3}$$

(14.10)

14.3.3 Minderung der Lagertragzahlen C und C_0

Einfluss der Betriebstemperatur: Wälzlager können i. Allg. bis 120 °C, kurzzeitig bis 150 °C ohne Einfluss auf die Lagertragzahlen eingesetzt werden. Lager, die dauernd höheren Temperaturen ausgesetzt sind, müssen stabilisiert sein (Nachsetzzeichen S1 . . . S3). Die Stabilisierung ist mit einem Härteabfall verbunden. Für diese Lager sind die Tragzahlen $C_T = C \cdot f_T$ einzusetzen. Für f_T gilt: bei 200 °C (S1) $f_T = 0{,}9$; bei 250 °C (S2) $f_T = 0{,}75$; bei 300 °C (S3) $f_T = 0{,}6$ (s. auch TB 14-6a).
Einfluss der Härte der Laufflächen bei Direktlagerung: Bei Direktlagerung (Einsatz von Zylinderrollen- oder Nadellager ohne Innen- bzw. Außenring) müssen die Laufflächen der Welle bzw. des Gehäuses eine Härte von min. 58 HRC haben, damit die volle Tragzahl eingesetzt werden kann. Bei geringerer Härte gilt $C_H = C \cdot f_H$ bzw. $C_{0H} = C_0 \cdot f_H$ mit den Härteeinflussfaktoren $f_H = 0{,}95$ bei 57 HRC; $f_H = 0{,}9$ bei 56 HRC; $f_H = 0{,}85$ bei 55 HRC; $f_H = 0{,}81$ bei 54 HRC; $f_H = 0{,}77$ bei 53 HRC; $f_H = 0{,}73$ bei 52 HRC; $f_H = 0{,}69$ bei 51 HRC; $f_H = 0{,}65$ bei 50 HRC (s. auch TB 14-6a).

14

14.3.4 Erreichbare Lebensdauer – modifizierte Lebensdauerberechnung

Die mit der Gl. (14.5a) berechnete Lebensdauer gibt für „normale" Anforderungen an die Sauberkeit und Schmierung der Lager bei einer Ausfallwahrscheinlichkeit von 10 %. Sie gibt nur selten die wirklich erreichbare Laufzeit von Lagern an. In Bild 14-39 sind mit Gl. (14.5a) berechnete Werte (Linie a) Versuchswerten gegenübergestellt, die bei idealen Betriebsbedingungen (Schmierfilm frei von Verunreinigungen, Kontaktfläche durch Schmierfilm getrennt) erreicht wurden (Linie b). Die Versuchswerte zeigen, dass Wälzlager unter idealen Betriebsbedingungen wesentlich größere Laufzeiten als berechnet erreichen und eine unendliche Lebensdauer bei Einhaltung einer Grenzbelastung erreichbar ist. Praktisch sind Wälzlager aus üblichen Wälzlager-

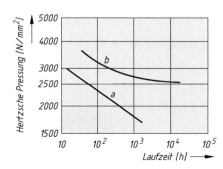

Bild 14-39
Ermüdungslebensdauer
a) rechnerisch ermittelt
b) Versuchsergebnisse

stahl dauerfest (Belastung kann auf Dauer schadfrei ertragen werden), wenn die Hertzsche Pressung an den Rollkontakten $\leq 2000\,\text{N/mm}^2$ bei Punkt- und $\leq 1500\,\text{N/mm}^2$ bei Linienberührung ist.

Mit der erweiterten modifizierten Lebensdauer nach DIN ISO 281 Bbl. 1 können die realen Betriebsbedingungen mit berücksichtigt und damit genauere Ergebnisse erreicht werden

$$L_{nm} = a_1 \cdot a_{ISO} \cdot L_{10} \quad \text{bzw.} \quad L_{nmh} = a_1 \cdot a_{ISO} \cdot L_{10h} \tag{14.11}$$

L_{nm}, L_{nmh} erweiterte modifizierte Lebensdauer in 10^6 Umdrehungen bzw. Stunden
a_1 Faktor für die Ausfallwahrscheinlichkeit
a_{ISO} Faktor für die Betriebsbedingungen; $a_{ISO} = f(e_c \cdot C_u/P, \kappa)$, Werte aus TB 14-12
     e_c Verunreinigungsbeiwert, Werte aus TB 14-11
     C_u Ermüdungsgrenzbelastung, Werte aus TB 14-2
     κ Viskositätsverhältnis, Werte aus TB 14-10
L_{10}, L_{10h} nominelle Lebensdauer in 10^6 Umdrehungen bzw. Stunden nach Gl. (14.5a)

Faktor a_1: Im Normalfall wird mit einer Ausfallwahrscheinlichkeit von 10 % gerechnet. Hierfür ist $a_1 = 1$. Für andere Ausfallwahrscheinlichkeiten gilt

Ausfallwahrscheinlichkeit in %	50	30	10	5	4	3	2	1
Ermüdungslaufzeit	L_{50}	L_{30}	L_{10}	L_{5m}	L_{4m}	L_{3m}	L_{2m}	L_{1m}
Faktor a_1	5	3	1	0,62	0,53	0,44	0,33	0,21

Faktor a_{ISO}: Dieser Faktor berücksichtigt durch das Viskositätsverhältnis κ (s. hierzu 14.2.4-2., Werte aus WLK bzw. TB 14-10) den Einfluss der Schmierfilmbildung, durch die Ermüdungsgrenzbelastung C_u die Ermüdungsgrenze des Laufbahnwerkstoffes und durch den Verunreinigungsbeiwert e_c die Spannungserhöhung infolge Verunreinigungen im Lager. Verunreinigungen (feste Partikel) können beim Überrollen bleibende Eindrücke in den Laufbahnen verursachen. An diesen Eindrücken entstehen lokale Spannungsüberhöhungen, die die Lebensdauer der Lager verringern. Werte für e_c s. TB 14-11. Verunreinigungen durch nicht feste Partikel wie Wasser und andere Flüssigkeiten können nicht berücksichtigt werden. Sehr starke Verunreinigungen ($e_c = 0$) sollten vermieden werden durch Verbesserung der Schmierung, Abdichtung, Ölfilterung. Hier liegt die Lebensdauer weit unter den errechneten Werten; meist dominiert Verschleiß.

Die Ermüdungsgrenzbelastung C_u ist definiert als die Belastung, bei der im höchstbelasteten Kontaktbereich die Ermüdungsgrenze des Lagerwerkstoffes gerade erreicht wird (Hertzsche Pressung ca. $1500\,\text{N/mm}^2$ für normale Wälzlagerwerkstoffe). Diese Werte sind von der Lagerbauart, der Fertigungsqualität und der Ermüdungsgrenze des Lagerwerkstoffs abhängig und werden von den Lagerherstellern ermittelt. Das Belastungsverhältnis C_u/P drückt die Ausnutzung der Tragfähigkeit eines Lagers aus und gibt damit die Sicherheit gegenüber der Dauerfestigkeit wieder.

Erreichbare Lebensdauer bei veränderlichen Betriebsbedingungen: Ändern sich die Belastung, die Drehzahl und andere, die Lebensdauer beeinflussenden Größen, dann ist für jede prozentuale Wirkungsdauer q mit konstanten Bedingungen die erreichbare Lebensdauer $L_{nmh\,1} \ldots L_{nmh\,n}$ zu bestimmen. Für die Gesamtbetriebszeit ergibt sich dann die erreichbare Lebensdauer

$$L_{nmh} = \frac{100}{\dfrac{q_1}{L_{nmh\,1}} + \dfrac{q_2}{L_{nmh\,2}} + \ldots + \dfrac{q_n}{L_{nmh\,n}}} \tag{14.12}$$

14.3.5 Gebrauchsdauer

Die Gebrauchsdauer ist die Laufzeit, während der das Lager den Anforderungen entsprechend zuverlässig funktioniert. Sie wird begrenzt durch den Ausfall des Lagers infolge Ermüdung (s. 14.3.4) oder Verschleiß oder auch durch eine kürzere Gebrauchsdauer des Schmierstoffs. Im letzteren Fall wird jedoch in der Regel der Schmierstoff gewechselt.

14

Bei besonders schmutzanfälligen und korrosionsgefährdeten Lagern oder in Fällen, bei denen eine ordnungsgemäße Wartung der Lager nicht erwartet werden kann (z. B. Baumaschinen), ist die Gebrauchsdauer des Lagers kleiner als die Ermüdungslaufzeit, da solche Lager durch unzulässig hohen Verschleiß früher ausfallen können als durch Werkstoffermüdung.

Der Verschleiß bewirkt ein Aufrauhen der Rollbahnflächen und ein allmähliches Vergrößern des Radialspiels. Die Folge ist eine Verstärkung des Laufgeräusches und eine Beeinträchtigung der Laufeigenschaften durch die geringer werdende Führungsgenauigkeit. Eine genaue Berechnung der Verschleißlaufzeit ist nicht möglich.

Anmerkung: Die vorstehend aufgeführten Berechnungsgleichungen gelten nicht für die Keramikwälzlager und die Hybridlager. Bei Verwendung dieser Lager sind die speziellen Berechnungsunterlagen der Hersteller zu benutzen.

14.3.6 Höchstdrehzahlen

Wälzlager laufen im Allgemeinen betriebssicher und lassen die Gebrauchsdauer erwarten, solange eine Höchstdrehzahl (Bezugsdrehzahl) nicht überschritten wird. Diese ist abhängig von Bauart und Größe der Lager und von der Schmierungsart.

Von den Wälzlagerherstellern werden *kinematisch zulässige Drehzahlen* und *thermische Bezugsdrehzahlen* angegeben (s. WLK).

Maßgebend für die *kinematisch zulässige Drehzahl* können die Festigkeitsgrenze der Lagerbauteile, vor allem des Käfigs, die Geräuschentwicklung oder die Gleitgeschwindigkeit von berührenden Dichtungen sein. Diese Drehzahl sollte auch bei günstigen Einbau- und Schmierbedingungen nicht, im Ausnahmefall nur nach Rücksprache mit dem Wälzlagerhersteller, überschritten werden.

Die *thermische Bezugsdrehzahl* $n_{\vartheta r}$ ist ein Kennwert für die Drehzahleignung der Wälzlager unter einheitlichen Bezugsbedingungen. Sie ist nach EDIN 732-1 definiert als die Drehzahl, bei der sich die Bezugstemperatur 70 °C einstellt. Die Bezugsbedingungen (s. DIN 732 bzw. WLK) sind bezüglich der Viskositäts- und Schmierungsverhältnisse so gewählt, dass sie für Öl- und Fettschmierung gleiche Bezugsdrehzahlen ergeben. Weichen die Betriebsbedingungen von den Bezugsbedingungen ab, ist die *thermisch zulässige Betriebsdrehzahl* n_{zul} zu ermitteln.

$$n_{zul} = f_N \cdot n_{\vartheta r}$$

f_N Drehzahlverhältnisfaktor, Ermittlung s. WLK
$n_{\vartheta r}$ thermische Bezugsdrehzahl, s. WLK

14.4 Gestaltungsbeispiele für Wälzlagerungen

An einigen Gestaltungsbeispielen sollen die sich aus den vorliegenden Anforderungen ergebenden konstruktiven Merkmale herausgestellt werden.

Dabei werden folgende Abkürzungen benutzt:
Umfangslast bzw. Punktlast für den Innenring: U.f.I. bzw. P.f.I.
Punktlast bzw. Umfangslast für den Außenring: P.f.A. bzw. U.f.A.
Welle: We; Wellendurchmesser: d
Gehäusebohrung: Bo; Bohrungsdurchmesser: D

Kranlaufrad-Lagerung (Bild 14-40)
Kräfte: hohe Radial-, kleinere Axialkraft (durch Verkanten, Beschleunigungs- und Bremskräfte der Laufkatze).
Ausführung: zwei schwimmend angeordnete Pendelrollenlager durch Axialspiel S am Innenring.
Passungen: Es liegen P.f.I. und U.f.A. vor, daher Innenringe auf Buchse verschiebbar, Außenringe fest; nach TB 14-8 gewählt: We. (Buchse) h6 oder g6, Bo. N7.

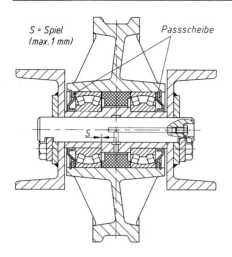

Bild 14-40
Lagerung eines Kranlaufrades

Schmierung: Vorratschmierung mit Fett, Nachschmieren mittels Schmiernippel durch eine Zuführbohrung.
Dichtung: gegen Eindringen von Schmutz und gegen Fettverlust Spaltdichtung, bei stärkerer Verschmutzung und Feuchtigkeit Rillendichtung oder Radialdichtring (s. Kap. 19).

Fußlagerung einer Drehkransäule (Bild 14-41)
Kräfte: sehr große Axialkraft durch Hubmasse und Eigengewicht des Kranes, sehr große Radialkraft durch Kippmoment aus Hubmasse und Eigengewicht des Kranauslegers.
Ausführung: Kombination eines praktisch wirksamen Festlagers aus Radial-Pendelrollenlager und Axial-Pendelrollenlager. Konstruktiv ist zu beachten, dass der Schnittpunkt der Drucklinien des Radial-Pendelrollenlagers gleichzeitig der Radiusmittelpunkt der Lauffläche des Axial-Pendelrollenlagers sein muss (Distanzring entsprechend maßlich festlegen!).
Passungen: 1. Radial-Pendelrollenlager: Last am Ausleger dreht sich mit der Kransäule, damit liegen U.f.A. und P.f.I. vor, Verschiebbarkeit des Innenringes nicht erforderlich. Für $d = 150$ mm wird nach TB 14-8 gewählt: We. h6, Bo. P7.
2. Axial-Pendelrollenlager: Radiallast aus Hubmasse und Eigengewicht des Auslegers dreht sich mit der Kransäule, damit Umfangslast für die Gehäusescheibe und Punktlast für die Wellenscheibe. Damit wird nach TB 14-8 für $d = 140$ mm gewählt. We. g6 (j6), Bo. K7.
Schmierung: Fett-Vorratschmierung.
Dichtung: Bei Hallenkranen Filzring (eventuell auch Rillendichtung) gegen Eindringen von Schmutz. Bei Kranen im Freien V-Ring gegen zusätzliches Eindringen von Feuchtigkeit (Regenwasser).

Lagerung einer Getriebe-Antriebswelle (Bild 14-42)
Kräfte: radiale und axiale Lagerbelastungen durch Zahnkräfte am Schrägstirnrad.

14

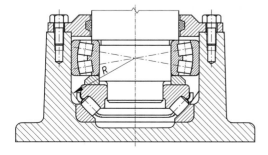

Bild 14-41
Lagerung einer Drehkransäule

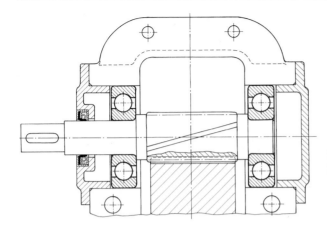

Bild 14-42
Lagerung einer Getriebewelle

Ausführung: einfach und kostengünstig. Beide Lager mit geringem seitlichen Spiel (schwimmende Lagerung). Geeignet bei konstanter Drehrichtung.
Passungen: Es liegen U.f.I. und P.f.A. vor, also kann der Außenring lose sitzen und in Bo. verschiebbar sein; nach TB 14-8 wird (für *d* bis 100) gewählt: Bo. H7, We. k6.
Schmierung: mit Getriebeöl; die Lager sind zum Getriebeinneren offen.
Abdichtung: gegen Ölverlust nach außen und geringe Verschmutzung nach innen durch Radialdichtring.

Schneckengetriebe-Lagerung (Bild 14-43)

Kräfte: Schneckenwelle hauptsächlich axial, vergleichsweise gering dagegen radial; Schneckenradwelle überwiegend radial.
Ausführung: Das Festlager der Schneckenwelle besteht aus zwei Schrägkugellagern in X-Anordnung, was ermöglicht, die Außenringe (P.f.A.) anzustellen; außerdem ist die Lagerung weniger starr und unempfindlicher gegen Fluchtfehler. Als Loslager ist ein Zylinderrollenlager Reihe NU eingebaut. Die Schneckenradwelle besitzt als Festlager ein Rillenkugellager und als Loslager ein Zylinderrollenlager.
Passungen: Es liegen U.f.I. und P.f.A. vor, Außenringe können lose sitzen; entsprechend TB 14-8 werden für $d < 100$ mm gewählt: Schneckenwelle: Schrägkugellager We. j5, Bo. J6 (geringe

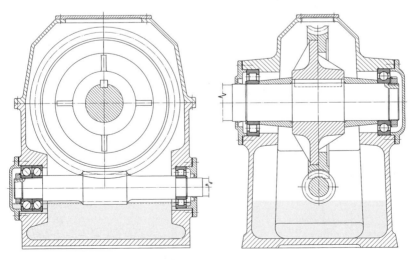

Bild 14-43 Schneckengetriebe

Lagerluft); Zylinderrollenlager We. k5, Bo. J6. Schneckenradwelle: Rillenkugellager We. k5, Bo. K6; Zylinderrollenlager We. k5, Bo. J6.
Schmierung: Öltauchschmierung, Ölstand bis Teilkreis der Schnecke.
Dichtung: Radial-Wellendichtringe verhindern Ölaustritt und Eindringen von Verunreinigungen.

Radlagerung einer Baumaschine (Bild 14-44)
Kräfte: hohe Radial-, mittlere bis hohe Axialkraft (bei Kurvenfahrt).
Ausführung: zwei zueinander spiegelbildlich eingebaute Kegelrollenlager, die mittels Kronenmutter K an- bzw. nachgestellt werden.
Passungen: Es liegen P.f.I. und U.f.A. vor, also können die Innenringe lose auf der Achse sitzen und verschiebbar sein, die Außenringe müssen fest sitzen; nach TB 14-8 wird für $d < 100$ mm gewählt: We. k6 (m6), Bo. N7 (K7).
Schmierung: Fett-Vorratschmierung.
Dichtung: gegen Eindringen von Wasser und Schmutz (Schmutz von außen und Bremsstaub) und gegen Fettverlust durch Radialdichtring und Schutzkappe.

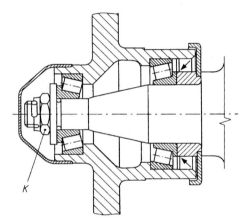

K

Bild 14-44
Radlagerung einer Baumaschine

14.5 Wälzgelagerte Bauelemente

Neben den reinen Wälzlagern gibt es verschiedenste Ausführungen von wälzgelagerten Bauelementen. Diese können je nach Bauart zur Dreh- oder Längsführung bewegter Maschinenteile bzw. für Schraubbewegungen eingesetzt werden.
Die nachfolgend aufgeführten Lagergehäuseeinheiten, Laufrollen und Drehverbindungen gehören wie die Wälzlager zu den Drehführungen. Die Kugelbuchsen wie die wegen ihrer Bedeutung gesondert in Kapitel 14.6 betrachteten linearen Wälzführungen zählen zu den Längsführungen. Mit dem Kugelgewindetrieb werden Schraubbewegungen realisiert zur Umsetzung einer Dreh- in eine Längsbewegung oder umgekehrt

1. Lagergehäuseeinheiten (Bild 14-45 und 14-46)

Die am meisten angewendeten Lagergehäuseeinheiten sind *Steh- und Flanschlager.* Die *Stehlager*-Gehäuse in *geteilter* Ausführung und meist aus Grauguss sind übereinstimmend mit ISO-Empfehlungen für Pendellager mit kegeliger Bohrung und Spannhülse nach DIN 736 (Kurzzeichen SN 5, Durchmesserreihe 2) bzw. DIN 737 (SN 6, Durchmesserreihe 3), mit zylindrischer Bohrung nach DIN 738 (SN 2, Durchmesserreihe 2) bzw. DIN 739 (SN 3, Durchmesserreihe 3) für die Hauptmaße genormt. Bezeichnung z. B.: *Stehlagergehäuse DIN 737−SN 610* (Ausführung SN 6, Bohrungskennzahl 10 des dazu passenden Wälzlagers, d. h. Bohrung 50 mm).
Das Bild 14-45a zeigt ein Stehlagergehäuse, Schnittbild b) mit Pendelkugellager als Loslager (Außenring im Gehäuse verschiebbar), Schnittbild c) mit Pendelrollenlager als Festlager (Außenring durch Festringe F axial festgelegt). Die Schmierung erfolgt i. Allg. mit Fett durch Vor-

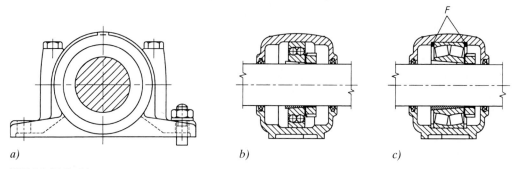

Bild 14-45 Stehlager
a) allgemein, b) mit Loslager, c) mit Festlager

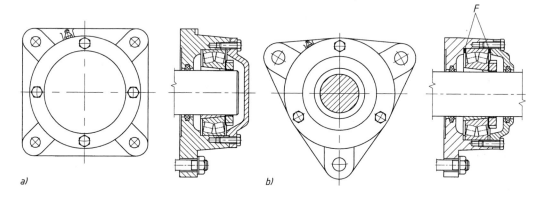

Bild 14-46 Flanschlager – Ausführungsbeispiele
a) mit 4 Befestigungslöchern und Pendelrollenlager als Loslager, Endlagerausführung, b) mit 3 Befestigungslöchern und Pendelrollenlager als Festlager, Zwischenlagerausführung

rat. Die Abdichtung gegen Fettverlust und Verschmutzung erfolgt durch Filzringe. Abdichtungen mittels Zweilippendichtring, Radialdichtring und Labyrinth sind möglich.
Die Stehlager sind als Endlager (einseitig offen) oder als Zwischenlager (beidseitig offen) lieferbar.
Passungen: Normal liegt U.f.I. vor; nach TB 14-8 wird für Lager mit Hülsenbefestigung gewählt: We. (meist gezogen) h8, h9 oder h11.
Die *Flanschlager* (Bild 14-46) werden in verschiedenen Bauformen geliefert. Die Ausführungen sind analog denen der Stehlager, jedoch ungeteilt.

2. Laufrollen (Bild 14-47)

Laufrollen sind wie Wälzlager aufgebaut, haben jedoch einen verstärkten Außenring. Dieser kann zylindrisch (Bild 14-47a), ballig (ohne Bild), mit Führungsnut (Bild 14-47b) oder mit Spurkranz 14-47c) ausgebildet sein. Es werden einreihige (Bild 14-47c) und zweireihige (Bild 14-47a und b) Ausführungen sowie Ausführungen mit Bolzen der verschiedensten Art, wie z. B. in Bild 14-47a und ohne Bolzen wie in Bild 14-47b und c, geliefert.

3. Drehverbindungen (Bild 14-48)

Drehverbindungen werden angewendet, wenn große Kippmomente (z. B. bei Drehwerken) abzustützen oder konstruktiv große Lagerungsdurchmesser erforderlich sind. Sie werden einbaufertig mit Flansch, Zentrierring und Anschlussbohrungen geliefert.

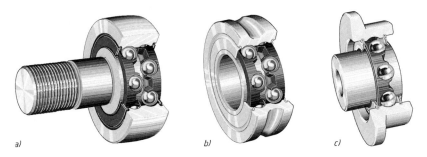

Bild 14-47 Laufrollen
a) mit zylindrischem Außenring und Bolzen, b) Außenring mit Führungsnut, c) Außenring mit Spurkranz

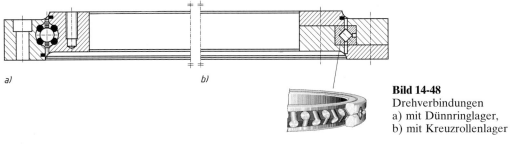

Bild 14-48
Drehverbindungen
a) mit Dünnringlager,
b) mit Kreuzrollenlager

4. Kugelbuchsen (Bild 14-49)

Kugelbuchsen dienen der reibungsarmen und stick-slip-freien Längsführung zylindrischer Teile (Wellen, Achsen, Stangen). Diese zylindrischen Teile können dabei selbst das bewegte Element sein, sie können aber auch als Führungsträger (Führungswelle, -achse, -stange) dienen. Die Wälzführung erfolgt durch mehrere am Umfang der Buchse angeordnete Kugelumlaufeinheiten. Die Kugelbuchsen werden in geschlossener (Bild 14-49b) und in offener (Bild 14-49c) sowie in nicht abgedichteter, in einseitig oder zweiseitig abgedichteter Form geliefert. Die Kugelbuchsen werden in entsprechende Aufnahmebohrungen eingepresst.

14

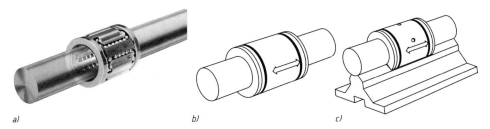

Bild 14-49 Kugelbuchsen
a) Funktionsdarstellung, b) Führung mit geschlossener Kugelbuchse, c) Führung mit offener Kugelbuchse

5. Kugelgewindetrieb (Bild 14-50)

Der Kugelgewindetrieb gehört als Bauelement zu den Bewegungsschrauben (s. Kap. 8). Anstelle der Gleitreibung in den Gewindegängen tritt Rollreibung durch die Kugelführung. Die Gewindeprofile sind wie Kugellagerlaufbahnen geformt und sind innerhalb der Mutter mit Kugeln gefüllt. An den Enden der Mutter gehen die Gewindegänge in tangetial verlaufende Bohrungen über, durch die die Kugeln zurückgeführt werden. Kugelgewindetriebe zeichnen sich durch Spielfreiheit bei Bewegungsumkehr und durch gleichförmigen Bewegungsablauf (stick-slip-frei) aus.

Anwendung: bei Kraftfahrzeuglenkungen, bei Vorschubantrieben (Leitspindelführung) von Werkzeugmaschinen, Fabrikautomation, Verstellachsen und anderen Spindelführungen, wo keine Selbsthemmung gefordert wird.

Bild 14-50 Kugelgewindetrieb

14.6 Lineare Wälzführungen

Bei den Linearführungen kann analog wie bei den Drehführungen (Lagern) entsprechend den physikalischen Wirkprizipien zwischen Wälz-, Gleit- und Magnetführungen unterschieden werden. Einen Vergleich der Eigenschaften zeigt Bild 14-51.

Eigenschaften	Wälzführungen			Hydrodynamische Gleitführungen		Fluidostatische Gleitführungen		Magnet-führungen
	Kugel-führung	Rollen-führung	Laufrollen-führung	Metall-Metall	Metall-Kunststoff	Hydro-statische Führung	Aero-statische Führung	Magne-tisches Schweben
Belastbarkeit	3	3	2	3	3	3	0	3
Steifigkeit	2	3	1	3	2	3	0	1
Genauigkeit	2	2	2	1	1	2	2	3
Reibungsverhalten	2	2	2	1	1	3	3	3
Geschwindigkeit	3	3	3	1	1	3	3	3
Dämpfungsverhalten	1	1	1	3	3	3	3	3
Betriebssicherheit	3	3	3	3	3	1	1	1
Standardisierung	3	3	3	1	1	0	0	0
Lebensdauer	2	2	2	2	2	3	3	3
Kosten	2	2	2	3	3	1	1	0

3 sehr gut   1 befriedigend
2 gut   0 ausreichend

Bild 14-51 Eigenschaften von Linearführungen

Im Folgenden wird nur auf die Linearführungen mit Wälzkörpern, kurz lineare Wälzführungen, eingegangen.

14.6.1 Funktion und Eigenschaften

Lineare Wälzführungen können in Kugel-, Rollen- und Laufrollenführungen unterteilt werden (Bild 14-51). Bei Kugel- und Rollenführungen ist die Ausführung mit umlaufenden und nicht umlaufenden Wälzkörpern (Bild 14-52) möglich. Die Wälzkörper (2) bewegen sich in den Führungen mit der halben Geschwindigkeit des Führungswagens (1) und legen somit nur den halben Hubweg zurück. Wälzführungen ohne Wälzkörperumlauf haben damit einen begrenzten Hubweg, während bei der Wälzführung mit Wälzkörperumlauf die Wälzkörper (2) im Führungswagen (1) umlaufen und sich zusammen mit dem Führungswagen relativ zur Führungsschiene (3) bewegen. Der theoretisch unendlich lange Hub wird durch die Länge der Führungsschiene begrenzt.

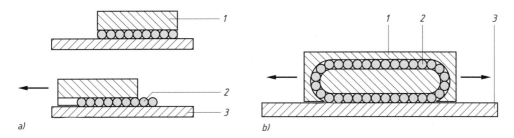

Bild 14-52 Wälzkörperführung, Prinzip. a) Wälzführung ohne Wälzkörperumlauf, b) mit Wälzkörperumlauf
1 Führungswagen, **2** Wälzkörper, **3** Führungsschiene

Die im allgemeinen Maschinenbau aufgrund ihres breiten Anwendungsspektrums wichtigste Ausführung von Wälzführungen mit Wälzkörperumlauf ist die *Profilschienenführung*. Ihren Aufbau zeigt Bild 14-53 am Beispiel einer Kugelschienenführung.

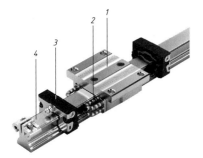

Bild 14-53
Profilschienenführung (Beispiel: Kugelschienenführung), **1** Führungswagen, **2** Kugel (Wälzkörper), **3** Endkappe zur Kugelumlenkung, **4** Führungsschiene

Abmessungen und Berechnungen der Profilschienenführungen sind wie bei Wälzlagern international genormt.
Bild 14-54 zeigt typische Wälzkörperanordnungen von Profilschienenführungen. Die Kugeln in den Führungen haben einen Vierpunkt- (Bild 14-54a) oder Zweipunkt-Kontakt (Bild 14-54b bis d).

14

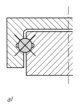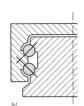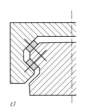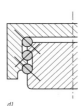

Bild 14-54
Typische Wälzkörperanordnungen bei Profilschienenführungen a) zweireihig, b) und c) vierreihig, d) sechsreihig

Vierreihige Systeme sind in O- oder X-Anordnung ausführbar, Bild 14-55. Die Ausführung in O-Anordnung kann aufgrund des größeren Hebelarmes *a* ein höheres Torsionsmoment aufnehmen, d. h. die Momentensteifigkeit ist höher, die Ausführung in X-Anordnung kann bei Mehrachssystemen vorhandene Parallelitäts- und Höhendifferenzen besser ausgleichen.
Anzahl, Anordnung, Geometrie und Art der Kontakte beeinflussen die Tragfähigkeit und das Steifigkeits- und Reibungsverhalten der Profilschienenführung.
Neben den typischen Profilschienenführungen mit den umlaufenden Wälzkörpern zwischen Führungswagen und Führungsschienen werden in Anwendungen mit niedriger Belastung und hoher Geschwindigkeit häufig *Laufrollenführungen* eingesetzt (Bild 14.56). Die wälzgelagerten Laufrollenführungen zeichnen sich durch sehr hohe zulässige Geschwindigkeit, eine kompakte, robuste Bauweise, sehr geringes Gewicht und einfache Montage aus. Der Aufbau der Laufrollen ist aus Bild 14-47 ersichtlich.

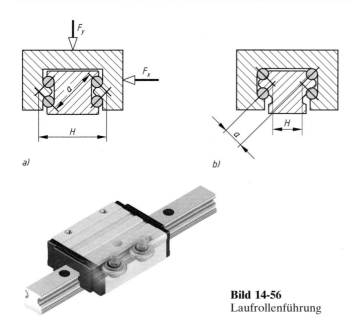

Bild 14-55
Profilschienenführung
a) O-Anordnung der Wälzkörper
b) X-Anordnung

Bild 14-56
Laufrollenführung

14.6.2 Tragfähigkeit und nominelle Lebensdauer

Die *nominelle Lebensdauer* eines Linearlagers mit Kugel- oder Rollenführung berechnet sich analog zu Wälzlagern nach DIN ISO 14728-1 zu

$$L_{10} = \left(\frac{C_{100}}{P} \right)^p \cdot 10^5$$

L_{10}	$C,\ P$	p
m	kN	–

(14.13a)

$$L_{10h} = \frac{L_{10}}{2 \cdot s_{\mathrm{Hub}} \cdot n_{\mathrm{Hub}} \cdot 60} \qquad \text{bzw.} \qquad L_{10h} = \frac{L_{10}}{60 \cdot v_{\mathrm{m}}}$$

(14.13b)

L_{10}	L_{10h}	s_{Hub}	n_{Hub}	v_{m}
m	h	m	min^{-1}	m/min

C_{100} dynamische Tragzahl bei einer nominellen Lebensdauer von 100 km
P äquivalente Lagerbelastung
p Lebensdauerexponent; Kugelschienenführung $p = 3$; Rollenschienenführung $p = 10/3$
s_{Hub} Hublänge
n_{Hub} Hubfrequenz (Doppelhübe pro min)
v_{m} mittlere Verfahrgeschwindigkeit

Die dynamische Tragzahl C_{100} ist die Belastung, bei der eine ausreichend große Menge gleicher Linear-Wälzlager mit einer 90%-igen Wahrscheinlichkeit eine Laufstrecke von 100 km erreicht. Werte für Tragzahlen von Führungswagen sind den Herstellerkatalogen zu entnehmen.
Wird von den Herstellern die dynamische Tragzahl auf 50 km bezogen gilt folgende Umrechnung

$$C_{50} = \sqrt[p]{2} \cdot C_{100}$$

Die *dynamisch äquivalente Lagerbelastung P* ergibt sich bei einer Belastung der Führungswagen in x- und y-Richtung, Bild 14-55, zu

$$P = |F_{\mathrm{x}}| + |F_{\mathrm{y}}|$$

(14.14)

$F_{\mathrm{x}}, F_{\mathrm{y}}$ Kräfte auf den Führungswagen in x- bzw. y-Richtung

Bei *veränderlichen Belastungen* P_i und *Geschwindigkeit* v_i des Führungswagens wird

$$P = \left(|P_1|^p \cdot \frac{|v_1|}{v_m} \cdot \frac{q_1}{100\%} + |P_2|^p \cdot \frac{|v_2|}{v_m} \cdot \frac{q_2}{100\%} + \ldots + |P_n|^p \cdot \frac{|v_n|}{v_m} \cdot \frac{q_n}{100\%} \right)^{\frac{1}{p}} \tag{14.15}$$

mit der mittleren Geschwindigkeit v_m

$$v_m = |v_1| \cdot \frac{q_1}{100\%} + |v_2| \cdot \frac{q_2}{100\%} + \ldots + |v_n| \cdot \frac{q_n}{100\%} \tag{14.16}$$

P, p, v siehe Gl. (14.13)
q Zeitanteil in %

Die Ermittlung der auf die Führungswagen wirkenden Kräfte ist in der Regel aufwendig, da neben Gewichts-, Beschleunigungs- und Prozesskräften auch Momente in allen drei Achsrichtungen sowie bei mehreren Führungswagen auf einer Führungsschiene eine ungleichmäßige Lastverteilung berücksichtigt werden müssen. Sie erfolgt daher zweckmäßig mit Auslegungssoftware der Hersteller.

Zur Erhöhung der Steifigkeit werden die Führungswagen vorgespannt. Diese Vorspannung muss als zusätzliche Lagerbelastung mit berücksichtigt werden. Typische Vorspannkräfte liegen zwischen 2 % und 15 % von C_{100}, abhängig von Hersteller und Führungswagenausführung.

Bei hohen statischen Belastungen der Führungswagen ist auch die *statische Tragsicherheit* S_0 zu berechnen:

$$S_0 = \frac{C_0}{P_0} \qquad \begin{array}{c|c|c} S_0 & C_0 & P_0 \\ \hline - & kN & kN \end{array} \tag{14.17}$$

C_0 statische Tragzahl
P_0 statische (maximale) äquivalente Lagerbelastung im Ruhezustand

Die statische Tragfähigkeit ist wie bei Wälzlagern definiert, s. 14.3.1.
Richtwerte für die statische Tragsicherheit (nach Rexroth):

$S_0 = 1 \ldots 2$ Normale Einsatzbedingungen
$S_0 = 2 \ldots 4$ Bei geringen Stoßbelastungen und Vibrationen
$S_0 = 3 \ldots 5$ Bei mäßigen Stoßbelastungen oder Vibrationen
$S_0 = 4 \ldots 6$ Bei starken Stoßbelastungen oder Vibrationen
$S_0 = 6 \ldots 15$ Bei unbekannten Belastungsparametern

14

14.6.3 Auswahl von Führungen, Linearsysteme

Die Auswahl der Führungen erfolgt anhand der Anforderungen an das Profilschienensystem wie Hublänge, Einbauraum, Geschwindigkeit, Beschleunigung, Belastung, Genauigkeit, Steifigkeit, Verfahrzyklen, geforderte Lebensdauer sowie Umgebungs- und Betriebsbedingungen. Für eine Vorauswahl kann mit Hilfe der dynamischen und statischen Belastungsverhältnisse C/P bzw. C_0/P_0 aus TB 14-13 die benötigte Tragzahl zunächst abgeschätzt und aus Tragzahlübersichten in Herstellerkatalogen Profilschienentyp, Baugröße und Bauform ausgewählt werden. Bild 14-57 enthält Anhaltswerte für Geschwindigkeiten und Beschleunigungen.

Führung		Kugel		Rolle	Laufrolle
	zweireihig	vierreihig	sechsreihig	vierreihig	
v_{max} m/s	5	10	5	4	10
a_{max} m/s²	250	500	150	100	50

Bild 14-57 Merkmale von Profilschienenführungen

Ein weiteres wichtiges Kriterium für die Auswahl der Führung ist die Steifigkeit. Die Steifigkeit beschreibt die elastische Verformung der Profilschienenführung in der jeweiligen Belastungsrichtung. Steifigkeitswerte von Profilschienenführungen sind in den Herstellerkatalogen enthalten.

Linearsysteme kombinieren die Linearführungen mit Antriebssystemen und Grundkörper einschließlich Anschlussmöglichkeiten für Motoren und Sensoren. Übliche Antriebslösungen für Linearführungen sind der Kugelgewindetrieb, Zahnriemen, Zahnstange, Linearmotor und pneumatischer Antrieb. Bild 14-58 zeigt einen Vergleich der Antriebslösungen.

Auswahlkriterium	Antriebslösung					
	a	b	c	d	e	f
Genauigkeit	1	2	3	4	4	0
Geschwindigkeit	4	3	2	3	4	2
Wartungsfreiheit	4	1	2	3	4	1
Steifigkeit	1	3	3	3	3	0
Vorschubkraft	2	3	3	3	2	1
Anschaffungskosten[1]	4	2	2	2	0	4
Anschaffungskosten[2]	3	1	2	1	0	4

a Zahnriemen	4 sehr gut geeignet
b Zahnstange	3 gut geeignet
c KGT rotierende Spindel	2 geeignet
d KGT rotierende Mutter	1 eingeschränkt geeignet
e Linearmotor	0 weniger geeignet
f pneumatischer Antrieb	[1] pro Meter
KGT Kugelgewindetrieb	[2] längenunabhängig

Bild 14-58
Vergleich unterschiedlicher Antriebslösungen für Linearführungen

Bild 14-59 zeigt zwei Beispiele für Linearsysteme. Das Linearsystem mit Kugelgewindetrieb (Bild 14-59a) besteht aus den Komponenten Motor (1), Kupplung (2), Traverse mit Lagerung (3) und Kugelgewindetrieb (5) zum Bewegen des Führungswagens (6), der im Trägerprofil (4) auf Schienen geführt wird. Beim Linearsystem mit Zahnriemenantrieb (Bild 14-59b) ist der Führungswagen (6) am Zahnriemen (7) befestigt, der über Riemenscheiben in den Endköpfen (8), Vorsatzgetriebe (9) und Motor (10) (AC-Servomotor, Drehstrommotor oder Schrittmotor) angetrieben wird.

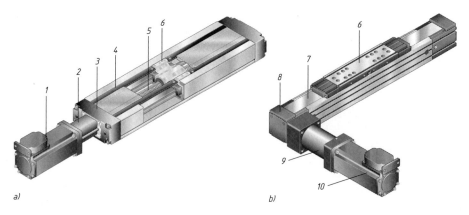

a)   b)

Bild 14-59 Linearsysteme
a) mit Kugelgewindetrieb, b) mit Zahnriemenantrieb

14.7 Berechnungsbeispiele

■ **Beispiel 14.1:** Zu prüfen ist, ob das Rillenkugellager DIN 625-6209 bei $F_r = 5\,\text{kN}$ (Radialkraft), $F_a = 2\,\text{kN}$ (Axialkraft) und $n = 250\,\text{min}^{-1}$ eine Lebensdauer von mindestens 10 000 h erreicht.

▶ **Lösung:** Zunächst wird die äquivalente Lagerbelastung nach Gl. (14.6) berechnet:

$$P = X \cdot F_r + Y \cdot F_a$$

Radialfaktor X und Axialfaktor Y ergeben sich aus TB 14-3a bzw. aus WLK. Für das Verhältnis

$$\frac{F_a}{C_0} = \frac{2\,\text{kN}}{20{,}4\,\text{kN}} \approx 0{,}1$$

mit $C_0 = 20{,}4\,\text{kN}$ aus TB 14-2 bzw. WLK wird nach TB 14-3a $e \approx 0{,}29$. Mit

$$\frac{F_a}{F_r} = \frac{2\,\text{kN}}{5\,\text{kN}} = 0{,}4 > e = 0{,}29 \quad \text{wird} \quad X = 0{,}56 \quad \text{und} \quad Y = 1{,}5 \quad \text{und damit}$$

$$P = 0{,}56 \cdot 5\,\text{kN} + 1{,}5 \cdot 2\,\text{kN} \approx 5{,}8\,\text{kN}.$$

Die nominelle Lebensdauer in Betriebsstunden kann aus Gl. (14.5a)

$$L_{10h} = \frac{10^6}{60 \cdot n} \cdot \left(\frac{C}{P}\right)^p \quad \text{mit} \quad p = 3 \quad \text{für Rillenkugellager errechnet werden}.$$

Nach TB 14-2 ist die dynamische Tragzahl für das Rillenkugellager 6209: $C = 31\,\text{kN}$. Damit wird

$$L_{10h} = \frac{10^6}{60\,\text{min} \cdot \text{h}^{-1} \cdot 250\,\text{min}^{-1}} \cdot \left(\frac{31\,\text{kN}}{5{,}8\,\text{kN}}\right)^3 \approx 10\,200\,\text{h}.$$

Hinweis: L_{10h}-Werte sinnvoll runden!
Die Bestimmung der Lebensdauer kann auch nach Gl. (14.5b) mit der Kennzahl der dynamischen Beanspruchung erfolgen:

$$f_L = \frac{C}{P} \cdot f_n.$$

Für $n = 250\,\text{min}^{-1}$ wird nach TB 14-4 für Kugellager der Drehzahlfaktor $f_n \approx 0{,}51$ abgelesen. Damit wird

$$f_L = \frac{31\,\text{kN}}{5{,}8\,\text{kN}} \cdot 0{,}51 \approx 2{,}72.$$

Nach TB 14-5 ergibt sich für Kugellager $L_{10} \approx 10\,000\,\text{h}$. Die Ergebnisse stimmen praktisch überein.

Ergebnis: Die verlangte Lebensdauer von mindestens 10 000 h wird gerade erreicht.

■ **Beispiel 14.2:** Eine Lagerung mit Kegelrollenlagern (Bild 14-60) wird wie folgt maximal belastet:

	Lager I:	Radialkraft	F_{rI}	$= 6{,}8\,\text{kN}$
		Axialkraft	F_a	$= 1{,}6\,\text{kN}$
	Lager II:	Radialkraft	F_{rII}	$= 5{,}2\,\text{kN}$

Als Lager I ist ein Kegelrollenlager DIN 720-30210 A und als Lager II ein Kegelrollenlager DIN 720-30207 A vorgesehen. Welche Lebensdauer in Betriebsstunden kann für die Lager I und II erwartet werden, wenn die Welle mit $n = 750\,\text{min}^{-1}$ umläuft?

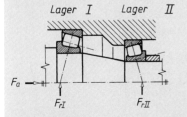

Lager I   Lager II

Bild 14-60
Lagerkräfte bei O-Anordnung der Kegelrollenlager

Hinweis: Das Lager, das unabhängig von den inneren Axialkräften die äußere Axialkraft F_a aufnimmt, wird als Lager „I", das andere als Lager „II" gekennzeichnet.

14

▶ **Lösung:** Aus TB 14-2
für Lager I mit $d = 50$ mm: $C_I = 79$ kN; $e_I = 0,42$ $Y_I = 1,43$
für Lager II mit $d = 35$ mm: $C_{II} = 53$ kN; $e_{II} = 0,37$; $Y_{II} = 1,6$
Nach Bild 14-36c gilt

$$\frac{F_{rI}}{Y_I} = \frac{6,8\,\text{kN}}{1,43} \approx 4,76\,\text{kN} > \frac{F_{rII}}{Y_{II}} = \frac{5,2\,\text{kN}}{1,6} \approx 3,25\,\text{kN},$$

$$F_a \approx 1,6\,\text{kN} > 0,5\left(\frac{F_{rI}}{Y_I} - \frac{F_{rII}}{Y_{II}}\right) = 0,5\,(4,76 - 3,25)\,\text{kN} \approx 0,755\,\text{kN}.$$

Somit wird

$$F_{aI} = F_a + 0,5 \cdot \frac{F_{rII}}{Y_{II}} = 1,6\,\text{kN} + 0,5 \cdot 3,25\,\text{kN} \approx 3,23\,\text{kN}.$$

Da

$$\frac{F_{aI}}{F_{rI}} = \frac{3,23\,\text{kN}}{6,8\,\text{kN}} \approx 0,48 > e_I = 0,42,$$

ergibt sich mit $X_I = 0,4$ aus TB 14-3a bzw. WLK die dynamisch äquivalente Lagerbelastung für das Lager I nach Gl. (14.6)

$$P_I = X_I \cdot F_{rI} + Y_I \cdot F_{aI},$$

$$P_I = 0,4 \cdot 6,8\,\text{kN} + 1,43 \cdot 3,23\,\text{kN} \approx 7,34\,\text{kN}.$$

Nach Gl. (14.5a) ergibt sich die nominelle Lebensdauer in Betriebsstunden zu

$$L_{10hI} = \frac{10^6}{60 \cdot n} \cdot \left(\frac{C_I}{P_I}\right)^p = \frac{10^6}{60 \cdot 750}\left(\frac{79\,\text{kN}}{7,34\,\text{kN}}\right)^{10/3} \approx 61\,000\,\text{h},$$

mit $p = 10/3$ für Rollenlager.

Für Lager II gilt: $P_{II} = F_{rII} = 5,2$ kN, weil nach TB 14-3a mit $F_{aII} = 0,5 \cdot F_{rII}/Y_{II} \approx 1,625$ kN und $F_{aII}/F_{rII} \approx 0,31 < e_{II}$, $X_{II} = 1$ und $Y_{II} = 0$ ist. Damit wird

$$L_{10hII} = \frac{10^6}{60 \cdot n} \cdot \left(\frac{C_{II}}{P_{II}}\right)^p = \frac{10^6}{60 \cdot 750} \cdot \left(\frac{53}{5,2}\right)^{10/3} \approx 51\,000\,\text{h}.$$

14

Ergebnis: Das Kegelrollenlager 302 10 A läßt eine Lebensdauer $L_{10h} \approx 61\,000$ h, das Kegelrollenlager 302 07 A eine Lebensdauer $L_{10h} \approx 51\,000$ h erwarten.

Annahme: Auf das Kegelrollenlager 302 10 A mit $C = 79$ kN, $e = 0,42$ und $Y = 1,43$ sowie auf das Kegelrollenlager 302 07 A mit $C = 53$ kN, $e = 0,37$ und $Y = 1,6$ nach Bild 14-53 wirken nur die Radialkräfte $F_{rI} = 6,8$ kN und $F_{rII} = 1,5$ kN. Welche Lebensdauer in Betriebsstunden ergibt sich in diesem Falle für die Lager I und II bei der Drehzahl $n = 750\,\text{min}^{-1}$?

▶ **Lösung:** Nach Bild 14-36c ist

$$\frac{F_{rI}}{Y_I} = \frac{6,8\,\text{kN}}{1,43} \approx 4,76\,\text{kN} > \frac{F_{rII}}{Y_{II}} = \frac{1,5\,\text{kN}}{1,6} \approx 0,94\,\text{kN}.$$

Da $F_a = 0$, gilt für Zeile 3, Bild 14-36c

$$F_{aI} = 0,5 \cdot \frac{F_{rI}}{Y_I} \approx 0,5 \cdot \frac{6,8\,\text{kN}}{1,43} \approx 2,38\,\text{kN} = F_{aII}.$$

Für das Lager I wird

$$\frac{F_{aI}}{F_{rI}} = \frac{2,38\,\text{kN}}{6,8\,\text{kN}} \approx 0,35 < e_I = 0,42,$$

somit ist nach TB 14-3 $X_I = 1$ und $Y_I = 0$ zu setzen, also $P_I = F_{rII} = 6,8$ kN. Nach Gl. (14.5a) ergibt sich mit dem Lebensdauerexponenten $p = 10/3$ die nominelle Lebensdauer zu

$$L_{10hI} = \frac{10^6}{60 \cdot n} \cdot \left(\frac{C_I}{P_I}\right)^p = \frac{10^6}{60 \cdot 750} \cdot \left(\frac{79\,\text{kN}}{6,8\,\text{kN}}\right)^{10/3} \approx 79\,000\,\text{h}.$$

Für das Lager II gilt

$$\frac{F_{aII}}{F_{rII}} = \frac{2{,}38\,\text{kN}}{1{,}5} \approx 1{,}59 > e_{II} = 0{,}37\,,$$

somit sind nach TB 14-3 $X_{II} = 0{,}4$ und TB 14-2 $Y_{II} = 1{,}6$ und die dynamisch äquivalente Belastung wird

$$P_{II} = X_{II} \cdot F_{rII} + Y_{II} \cdot F_{aII} = 0{,}4 \cdot 1{,}5\,\text{kN} + 1{,}6 \cdot 2{,}38\,\text{kN} \approx 4{,}41\,\text{kN}\,.$$

Die nominelle Lebensdauer wird

$$L_{10hII} = \frac{10^6}{60 \cdot n}\left(\frac{C_{II}}{P_{II}}\right)^p = \frac{10^6}{60 \cdot 750}\left(\frac{53\,\text{kN}}{4{,}41\,\text{kN}}\right)^{10/3} \approx 88\,000\,\text{h}\,.$$

Ergebnis: Wenn nur Radialkräfte wirken, lässt das Kegelrollenlager DIN 720-302 10 A eine Lebensdauer $L_{10h} \approx 79\,000$ h, das Kegelrollenlager DIN 720-302 07 A eine Lebensdauer $L_{10h} \approx 88\,000$ h erwarten.

■ **Beispiel 14.3:** Das Laufrad einer Materialseilbahn mit $D_L = 250$ mm (s. Bild 14-61) nimmt bei der Drehzahl $n = 270\,\text{min}^{-1}$ eine Radialkraft $F_r = 8$ kN auf. In axialer Richtung treten am Radumfang Führungskräfte auf, die im ungünstigen Fall zu 20 % von F_r geschätzt und vom Lager A aufgenommen werden sollen.
Das Laufrad soll mit zwei Kegelrollenlagern DIN 720-303 06 A geführt werden, die wegen der größeren Stützbasis in O-Anordnung einzubauen sind (vgl. 14.2.1-3. Standard-Bauformen). Zwischen den Lageraußenringen ist eine Buchse mit einer Länge von 65 mm angeordnet (desgl. entsprechend zwischen den Innenringen).
Zu prüfen ist, ob das ungünstiger beanspruchte Lager A die für Förderseilscheiben anzustrebende nominelle Lebensdauer L_{10h} erreicht.

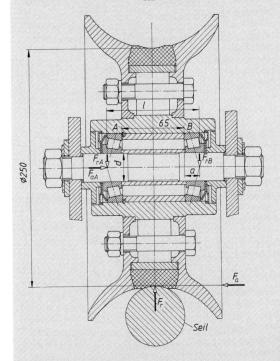

Bild 14-61
Laufrad einer Materialseilbahn (Werkbild)

▶ **Lösung:** Aus TB 14-1b sind die Abmessungen für $d = 30$ mm entsprechend der Kennzahl der Lagerbohrung:

$$D = 72\,\text{mm}\,, \quad B = 19\,\text{mm}\,, \quad C = 16\,\text{mm}\,, \quad T = 20{,}75\,\text{mm}\,, \quad a = 15\,\text{mm}\,, \quad r_{1s} = r_{2s} = 1{,}5\,\text{mm}\,.$$

Damit ergeben sich mit $l = 65 + 2 \cdot 15 = 95$ mm die Radialkräfte mit $F_a = 0{,}2 \cdot F_r = 0{,}2 \cdot 8 = 1{,}6$ kN für das Lager A:

$$F_{rA} = \frac{F_r}{2} + F_a \cdot \frac{D_L}{2l} = 4 + 1{,}6 \frac{250}{2 \cdot 95} \approx 6{,}1 \text{ kN};$$

für das Lager B:

$$F_{rB} = \frac{F_r}{2} - F_a \cdot \frac{D_L}{2l} = 4 - 1{,}6 \frac{250}{2 \cdot 95} \approx 1{,}9 \text{ kN}.$$

Nach TB 14-2 ergeben sich zunächst für die beiden gleichen Kegelrollenlager DIN 720-303 06 A die Daten: Tragzahl $C = 60$ kN, Grenzwert $e = 0{,}31$, $Y = 1{,}9$.
Da bei radialer Beanspruchung axiale Reaktionskräfte auftreten, muss nach Bild 14-36 mit $Y \mathrel{\hat{=}} Y_I = Y_{II}$ für das Lager A bei $F_{rA} \mathrel{\hat{=}} F_{rI}$ und für das Lager B bei $F_{rB} \mathrel{\hat{=}} F_{rII}$ geprüft werden

$$\frac{F_{rI}}{Y_I} \mathrel{\hat{=}} \frac{F_{rA}}{Y} = \frac{6{,}1}{1{,}9} \approx 3{,}2 > \frac{F_{rII}}{Y_{II}} \mathrel{\hat{=}} \frac{F_{rB}}{Y} = \frac{1{,}9}{1{,}9} = 1 ,$$

außerdem

$$F_a = 1{,}6 \text{ kN} > 0{,}5 \left(\frac{F_{rI}}{Y_I} - \frac{F_{rII}}{Y_{II}} \right) = 0{,}5 \, (3{,}2 - 1) = 1{,}1 \text{ kN für Zeile 2}.$$

Daher muss die Axialkraft

$$F_{aA} \mathrel{\hat{=}} F_{aI} = F_a + 0{,}5 \frac{F_{rII}}{Y_{II}} = 1{,}6 + 0{,}5 \cdot 1 = 2{,}1 \text{ kN}$$

bei der Berechnung berücksichtigt werden.
Die dynamisch äquivalente Lagerbeanspruchung ergibt sich nach Gl. (14.6) für Lager A mit

$$\frac{F_{aA}}{F_{rA}} = \frac{2{,}1}{6{,}1} \approx 0{,}34 > e = 0{,}31 \quad \text{und} \quad X = 0{,}4 \text{ nach TB 14-3}$$

zu: $P_A = 0{,}4 \cdot F_{rA} + 1{,}9 \cdot F_{aA} = 0{,}4 \cdot 6{,}1 + 1{,}9 \cdot 2{,}1 = 6{,}43$ kN.
Mit Gl. (14.5a) und $p = 10/3$ für Rollenlager wird die nominelle Lebensdauer

$$L_{10h} = \frac{10^6}{60 \cdot n} \cdot \left(\frac{C}{P_A} \right)^p = \frac{10^6}{60 \cdot 270} \cdot \left(\frac{60 \text{ kN}}{6{,}43 \text{ kN}} \right)^{10/3} \approx 105\,000 \text{ h}.$$

Nach TB 14-7 ist für Lagerungen von Förderseilscheiben eine nominelle Lebensdauer von $50\,000 \dots 75\,000$ h anzustreben. In diesem Zeitraum werden die Laufräder von Seilbahnen i. Allg. gewechselt.

Ergebnis: $L_{10h \text{ anzustr.}} \approx (50\,000 \dots 75\,000)$ h $< L_{10h \text{ err}} \approx 105\,000$ h. Das Lager ist damit ausreichend dimensioniert. Ein kleineres Lager sollte nicht gewählt werden, da die Lager von Förderseilmaschinen Verschmutzungen ausgesetzt sind und die tatsächlich erreichbare Lebensdauer (s. 14.3.4) somit niedriger sein wird als 105 000 Betriebsstunden.

■ **Beispiel 14.4:** Für die Abtriebswelle eines Universal-Geradstirnradgetriebes (Bild 14-62) sind geeignete Wälzlager zu bestimmen. Aus Festigkeitsberechnung und Entwurf ergaben sich: Wellendurchmesser $d = 60$ mm, Zapfendurchmesser $d_1 = 50$ mm; Lagerabstände $l = 310$ mm, $l_1 = 120$ mm, $l_2 = 190$ mm; maximale Radkraft $F = 10{,}6$ kN Teilkreisdurchmesser $d = 364$ mm; Wellendrehzahl $n = 315$ min^{-1}. Die Betriebsverhältnisse sind relativ günstig.

▶ **Lösung:** Zunächst ist zu entscheiden, welche Lagerbauformen für die vorliegenden Betriebsverhältnisse in Frage kommen. Grundsätzlich sollen zuerst immer Rillenkugellager in Erwägung gezogen werden (s. auch zu 14.2.2); im vorliegenden Fall sprechen auch keine Gründe dagegen. Falls die Radialbelastung zu groß ist – Axialkräfte treten hier nicht auf, kommen auch Zylinderrollenlager in Frage.

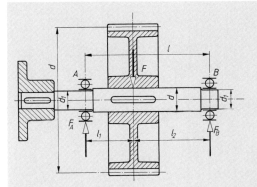

Bild 14-62
Wälzgelagerte Antriebswelle

Die Berechnung wird zunächst für Rillenkugellager durchgeführt. Aus der Bedingung $\Sigma M_{(B)} = 0$ folgt

$$F_A = \frac{F \cdot l_2}{l}, \qquad F_A = \frac{10,6\,\text{kN} \cdot 19\,\text{cm}}{31\,\text{cm}} = 6,5\,\text{kN}.$$

Aus $\Sigma F = 0$ ergibt sich $F_B = F - F_A$, $F_B = 10,6\,\text{kN} - 6,5\,\text{kN} = 4,1\,\text{kN}$.

Für das am stärksten und zwar nur radial beanspruchte Lager A wird die äquivalente Lagerbeanspruchung nach Gl. (14.6): $P = F_r$.
Mit $F_r \cong F_A = 6,5\,\text{kN}$ wird $P = 6,5\,\text{kN}$.
Aus Gl. (14.1) ergibt sich die erforderliche dynamische Tragzahl:

$$C_{\text{erf}} \ge P \sqrt[p]{\frac{60 \cdot n \cdot L_{10h}}{10^6}} = 6,5\,\text{kN} \cdot \sqrt[3]{\frac{60 \cdot 315\,\text{min}^{-1} \cdot (4\,000 \ldots 14\,000)\,\text{h}}{10^6}}$$

$$C_{\text{erf}} = (27,5 \ldots 41,7)\,\text{kN},$$

mit einer anzustrebenden nominellen Lebensdauer $L_{10h} = (4\,000 \ldots 14\,000)\,\text{h}$ nach TB 14-7, Zeile 5 für Universalgetriebe.
Für die Lagerbohrung $d \cong d_1 = 50\,\text{mm}$, also für Bohrungskennziffer 10, ist nach TB 14-2 geeignet: Rillenkugellager DIN 625-6210 mit $C = 36,5\,\text{kN}$.
Aus Gründen einer einfachen und billigen Fertigung (gleiche Gehäusebohrungen, Abmessungen nach TB 14-1) würde auch für die Lagerstelle B zweckmäßig das gleiche Lager gewählt werden. Bei der Ausführung ist zu beachten, dass ein Lager als Fest-, das andere als Loslager auszubilden ist (s. unter 14.2.1-1).
Bei Ausführung mit Zylinderrollenlagern ändert sich im Prinzip an der Berechnung nichts. Jedoch wird dann nach TB 14-7 für Rollenlager $L_{10h} = (5\,000 \ldots 20\,000)\,\text{h}$. Hiermit wird die erforderliche Tragzahl $C_{\text{erf}} = (25,4 \ldots 38,6)\,\text{kN}$.
Nach TB 14-2 (Abmessungen nach TB 14-1) kann für $d \cong d_1 = 50\,\text{mm}$ gewählt werden:
Zylinderrollenlager DIN 5412-NU1010 mit $C = 42,5\,\text{kN}$ als Loslager bzw.
Zylinderrollenlager DIN 5412-NUP210E mit $C = 75\,\text{kN}$ als Festlager (Führungslager, s. Bild 14-9d).

Beide Zylinderrollenlager sind überdimensioniert, daher ist der Einsatz der Rillenkugellager vorzuziehen.

Ergebnis: Für die Lagerung kommen in Frage: Rillenkugellager DIN 625-6310 mit $D = 110\,\text{mm}$ und $B = 27\,\text{mm}$.

■ **Beispiel 14.5:** Für Hals- und Spurlager eines Wanddrehkranes (Bild 14-63a) sind geeignete Wälzlager zu bestimmen.
Höchstlast $F_L = 25\,\text{kN}$, Eigengewichtskraft $f_G = 5\,\text{kN}$, Ausladung $l_1 = 3,2\,\text{m}$, Schwerpunktabstand $l_2 = 0,9\,\text{m}$, Lagerabstand $l_3 = 3,5\,\text{m}$.

14

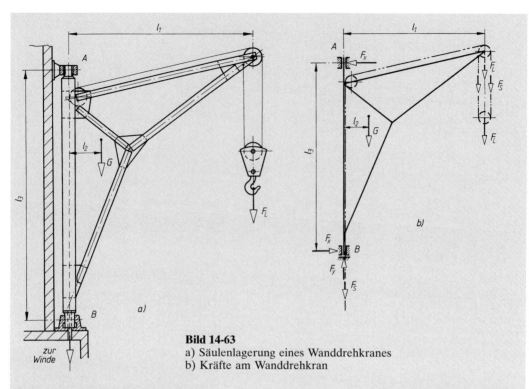

Bild 14-63
a) Säulenlagerung eines Wanddrehkranes
b) Kräfte am Wanddrehkran

Zu berechnen bzw. durchzuführen sind:

a) Lagerkräfte
b) Wälzlager für den Halszapfen A
c) Wälzlager für den Spurzapfen B
d) Entwurf des Hals- und Spurlagerrings

▶ **Lösung a):** Das Halslager nimmt nur Radialkräfte, hier Horizontalkräfte, das Spurlager Radial- und Axialkräfte auf.

Lager A:
Nach dem Kräftebild 14-56b ergibt sich aus der Bedingung $\Sigma M_{(B)} = 0$ die Radialkraft

$$F_x = \frac{F_L \cdot l_1 + F_G \cdot l_2}{l_3}, \qquad F_x = \frac{25\,\text{kN} \cdot 3{,}2\,\text{m} + 5\,\text{kN} \cdot 0{,}9\,\text{m}}{3{,}5\,\text{m}} = 24{,}1\,\text{kN}.$$

Lager B:
Die Kräfte F_x bilden ein Kräftepaar, damit ist auch für Lager B die Radialkraft $F_x = 24{,}1$ kN.
Da das Hubseil durch die Mitte der Säule (Doppelprofil) und des Spurlagers hindurchgeht, ist auch die Seilzugkraft F_S als äußere Kraft vom Lager mit aufzunehmen. Damit wird die Axialkraft $F_y = F_L + F_G + F_S$.
Unter Vernachlässigung des Wirkungsgrades der Seilrollen ist

$$F_S = \frac{F_L}{2} \approx \frac{25\ \text{kN}}{2} \approx 12{,}5\,\text{kN},$$

damit

$$F_y = 25\,\text{kN} + 5\,\text{kN} + 12{,}5\,\text{kN} = 42{,}5\,\text{kN}.$$

Ergebnis: radiale Lagerkraft $F_x = 24{,}1$ kN, axiale Lagerkraft $F_y = 42{,}5$ kN.

▶ **Lösung b):** Hals- und Spurlager führen nur kleine Pendelbewegungen aus und sind deshalb als statisch belastete Wälzlager zu betrachten. Es kommen nur Pendellager in Frage, da die Lagerstellen nicht genau fluchtend eingestellt werden können.
Für das nur radial belastete Lager A ergibt sich die äquivalente statische Lagerbeanspruchung nach Gl. (14.4) zu:

$$P_0 = F_{r0}.$$

Mit der Radialkraft $F_{r0} \cong F_x = 24{,}1$ kN ist damit

$$P_0 = 24{,}1 \text{ kN}.$$

Die erforderliche statische Tragzahl wird nach Gl. (14.2):

$$C_0 = P_0 \cdot S_0.$$

Zur Berücksichtigung etwaiger Stöße wird eine Tragsicherheit $S_0 = 2$ gewählt (s. unter Gl. (14.2) nicht umlaufende Rollenlager, stoßbelastet). Damit wird

$$C_0 = 24{,}1 \text{ kN} \cdot 2 \approx 48{,}2 \text{ kN}.$$

Vor der Wahl eines Lagers wird der Zapfendurchmesser $d = 45$ mm zunächst geschätzt, wobei gleichzeitig zu beachten ist, dass sich hierzu auch ein Lager mit der erforderlichen Tragzahl finden lässt. Der Zapfen ist dann auf Festigkeit zu prüfen. Gewählt wird nach TB 14-2:
Tonnenlager DIN 635-202 09 mit $C_0 = 54$ kN und $d = 45$ mm, $D = 85$ mm, $B = 19$ mm.
Nachprüfung des Zapfens (Bild 14-64): Der Zapfen wird auf Biegung und Schub beansprucht. Bei einer Lagerbreite $B \cong b = 19$ mm ergibt sich für die Ansatzstelle eine Biegespannung

$$\sigma_b = \frac{M_b}{W_b} = \frac{F_x \cdot \dfrac{B}{2}}{\pi/32 \cdot d^3},$$

$$\sigma_b = \frac{24{,}1 \text{ kN} \cdot 0{,}95 \text{ cm} \cdot 32}{\pi \cdot 4{,}5^3 \text{ cm}^3} \approx 2{,}56 \text{ kN/cm}^2 = 25{,}6 \text{ N/mm}^2.$$

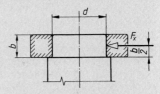

Bild 14-64 Nachprüfung des Halszapfens

Die kleine Biegespannung erübrigt eine weitere Berechnung. Der Zapfen ist also bruchsicher.
Ergebnis: Als Halslager wird gewählt: Tonnenlager DIN 636-302 09.

▶ **Lösung c):** Der Spurzapfen muss wegen der Seildurchführung hohl ausgebildet werden. Die Lagerung wird hier zweckmäßig konstruktiv entworfen und dann nachgeprüft. Für einen zu erwartenden Seildurchmesser $d_S \approx 12 \ldots 15$ mm werden die Zapfenbohrung $d_i = 25$ mm, der Zapfendurchmesser $d_a = 60$ mm ausgeführt (Bild 14-66). Die einfachere Lagerung mit nur einem Axial-Pendelrollenlager ist wegen des Verhältnisses

$$\frac{F_{r0}}{F_{a0}} \cong \frac{F_x}{F_y} = \frac{24{,}1 \text{ kN}}{42{,}5 \text{ kN}} \approx 0{,}57 > 0{,}55$$

nicht möglich (s. Hinweis unter TB 14-3b). Es muss deshalb ein kombiniertes Lager aus einem Radial- und einem Axiallager gestaltet werden (s. Bild 14-66).
Für den sich aus dem Entwurf ergebenden Hülsenaußendurchmesser $d_H = 70$ mm wird als Radiallager nach TB 14-2 gewählt: Tonnenlager DIN 635-202 14 mit $C_0 = 129$ kN und $d = 70$ mm, $D = 125$ mm, $B = 24$ mm.
Als Axiallager kommt ein einseitig wirkendes Lager mit Lagerbohrung der Wellenscheibe $d_w = 70$ mm in Frage; gewählt wird: Axial-Rillenkugellager DIN 711-532 14 mit U214, $C_0 = 160$ kN und $d = 70$ mm bei $H_u = 32$ mm (Bild 14-65).

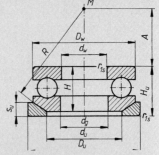

Bild 14-65 Lager mit kugeliger Gehäusescheibe und Unterlagscheibe

14

Nachprüfung der Lager: Statische Tragsicherheit nach Gl. (14.2) für das Tonnenlager:

$$S_0 = \frac{C_0}{P_0} = \frac{C_0}{F_{r0}} = \frac{129\,\text{kN}}{24{,}1\,\text{kN}} \approx 5{,}4 > S_{0\,\text{erf}} = 2\,,$$

für das Axial-Rillenkugellager:

$$S_0 = \frac{C_0}{P_0} = \frac{C_0}{F_{a0}} = \frac{160\,\text{kN}}{42{,}5\,\text{kN}} \approx 3{,}8 > S_{0\,\text{erf}} = 1\,.$$

Die Lager sind also ausreichend bemessen.
Die Festigkeitsnachprüfung des Spurzapfens erübrigt sich ebenso wie die des Halszapfens.

Ergebnis: Als Radiallager wird gewählt: Tonnenlager DIN 635-202 14, als Axiallager: Axial-Rillenkugellager DIN 711-532 14 mit U214.

▶ **Lösung d):** Bild 14-66 zeigt den Entwurf von Hals- und Spurlager. Das Tonnenlager des Halszapfens ist zum Ausgleich unvermeidlicher Höhenunterschiede in Längsrichtung mit dem Außenring frei verschiebbar.
Bei der Gestaltung des Spurlagers ist zu beachten, dass sich beide Lager um den gemeinsamen Drehpunkt M zum Ausgleich der Fluchtfehler einstellen können (Maße aus TB 14-1c bzw. Katalog). Die Axialkraft wird vom Zapfen auf das Axiallager durch die Wellenschulter über den Innenring des Tonnenlagers und den Druckring (1) übertragen.
Zum Reinigen und Schmieren wird der Deckel (2) nach oben geschoben. Das Lager wird durch ein Labyrinth (3) abgedichtet, dessen Gänge zweckmäßig mit Fett gefüllt werden.

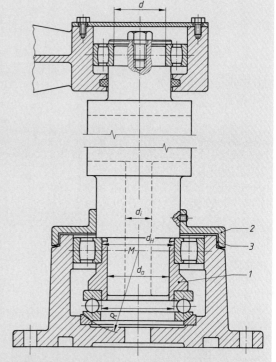

Bild 14-66 Entwurf des Hals- und Spurlagers

■ **Beispiel 14.6:** Ein Zylinderrollenlager DIN 5412-NU318 soll bei einer Drehzahl $n = 500\,\text{min}^{-1}$ eine konstante Radialkraft $F_r = 50\,\text{kN}$ aufnehmen. Das Lager soll mit Mineralöl ohne Additive geschmiert werden, das bei Betriebstemperatur eine Viskosität $v = 38\,\text{mm}^2/\text{s}$ aufweist, wobei durch Kontrolle der empfohlenen Ölwechselfristen und durch gute Abdichtung eine normale Sauberkeit des Schmiermittels gewährleistet ist. Wie groß ist die erweiterte modifizierte Lebensdauer in Betriebsstunden, wenn eine Erlebenswahrscheinlichkeit von 98% gefordert wird?

▶ **Lösung:** Für das nur radial beanspruchte Lager NU318 ergibt sich nach 14.3.2-3. eine dynamisch äquivalente Lagerbelastung $P = F_r = 50\,\text{kN}$. Nach TB 14-2 ist $C = 370\,\text{kN}$, $C_0 = 350\,\text{kN}$, $C_u = 44\,\text{kN}$, außerdem nach TB 14-1a) für Maßreihe 03, $d = 90\,\text{mm}$, $D = 190\,\text{mm}$ und $B = 43\,\text{mm}$.
Die erweiterte modifizierte Lebensdauer wird nach Gl. (14.11) berechnet:

$$L_{nmh} = a_1 \cdot a_{\text{ISO}23} \cdot L_{10h} = a_1 \cdot a_{\text{ISO}23} \cdot \frac{10^6}{60 \cdot n} \cdot \left(\frac{C}{P}\right)^p \quad \text{mit} \quad p = 10/3 \quad \text{für Rollenlager}\,.$$

Entsprechend der Erlebenswahrscheinlichkeit von 98% = 2% Ausfallwahrscheinlichkeit wird der Beiwert $a_1 = 0{,}33$ (s. unter Gl. (14.11)). Mit $d_m = (D+d)/2 = (190+90)/2 = 140\,\text{mm}$ ergibt sich für $n = 500\,\text{min}^{-1}$ aus TB 14-10b die Bezugsviskosität $v_1 \approx 21\,\text{mm}^2/\text{s}$ und mit $v = 38\,\text{mm}^2/\text{s}$ ein Viskositätsverhältnis $\kappa = \nu/\nu_1 = 38/21 \approx 1{,}8$. Bei normaler Sauberkeit und $d_m \geq 100\,\mathrm{mm}$ wird aus TB 14-11 ein Verunreinigungsbeiwert $e_c = 0{,}7$ entnommen. Mit dem Verhältnis $e_c \cdot C_u/P = 0{,}7 \cdot 44/50 = 0{,}62$ und $\kappa = 1{,}8$ ergibt sich $a_{\mathrm{ISO}} \approx 4{,}0$ aus TB 14-12b und damit eine erweiterte modifizierte Lebensdauer von

$$L_{\mathrm{nmh}} = 0{,}33 \cdot 4 \cdot \frac{10^6}{60 \cdot 500} \cdot \left(\frac{370}{50}\right)^{10/3} \approx 35\,000\,\mathrm{h}\,.$$

Ergebnis: Die modifizierte Lebensdauer des Zylinderrollenlagers DIN 5412-NU318 beträgt bei einer Erlebenswahrscheinlichkeit von 98% rund 35 000 Betriebsstunden.

14.8 Literatur und Bildquellennachweis

Brändlein, J., Eschmann, P., Hasbargen, L., Weigand, K.: Die Wälzlagerpraxis. 3. Aufl. Mainz: Vereinigte Fachverlage, 1995

Dahlke, H.: Handbuch der Wälzlagertechnik. Wiesbaden: Vieweg, 1994

DIN Deutsches Institut für Normung (Hrsg.): DIN-Taschenbücher. Berlin: Beuth
Wälzlager-Grundnormen, 7. Aufl. 1995 (DIN-Taschenbuch 24)
Wälzlager-Produktnormen, 1. Aufl. 1995 (DIN-Taschenbuch 264)

Eschmann, P.: Das Leistungsvermögen der Wälzlager. Berlin: Springer 1964

Hampp, W.: Wälzlagerungen. Berlin: Springer, 1971 (Konstruktionsbücher Band 23)

INA: Wälzlagerkatalog. Schaeffler KG, 2006

Niemann, G., Winter, H., Höhn, B.-R.: Maschinenelemente, Bd. 1: Konstruktion und Berechnung von Verbindungen, Lagern, Wellen. 4. Aufl. Berlin: Springer, 2005

Palmgren, A.: Grundlagen der Wälzlagertechnik. Stuttgart: Francksche Verlagsbuchhandlung, 1964

Rieg, F.: Taschenbuch der Maschienenelemente. Leipzig: Fachbuchverlag, 2006

Ruß, A.: Linearlager und Linearführungssysteme. Renningen: Expert, 2000

Rexroth (Hrsg.): Handbuch Lineartechnik. Schweinfurt, 2006

Prospekte und Kataloge der Firmen Bosch Rexroth AG, Schweinfurth; CEROBEAR GmbH, Herzogenrath (www.cerobear.de); Franke GmbH, Aalen (www.franke-gmbh.de); NSK Deutschland GmbH Ratingen; Schaeffler KG, Herzogenaurach; Schneeberger GmbH, Gräfenau; SKF GmbH, Schweinfurt; WMH Herion Antriebstechnik GmbH, Pfaffenhofen/Ilm (www.wmh-herion.de)

Bosch Rexroth AG, Schweinfurth (www.boschrexroth.com): Bild 14-49, 14-50, 14-51, 14-53, 14-56, 14-59

NSK Deutschland GmbH Ratingen (www.nskeurope.de): Bild 14-50a

Schaeffler KG, Herzogenaurach (www.ina.com): Bilder 14-10

Schaeffler KG, Homburg/Saar (www.ina.com): Bilder 14-47

Schaeffler KG, Schweinfurth (www.fag.de): Bilder 14-31a), 14-42, 14-43, 14-61

SKF GmbH, Schweinfurth (www.skf.de): Bilder 14-12, 14-31b)

14

15 Gleitlager

15.1 Funktion und Wirkung

15.1.1 Wirkprinzip

Gleitlager sind Lager, bei denen die Relativbewegung zwischen Welle und Lagerschale bzw. einem Zwischenmedium eine Gleitbewegung ist, vgl. 14.1.1 (Bild 14-1c und d).

Nach der Art der Tragkrafterzeugung unterscheidet man hydrodynamisch und hydrostatisch wirkende Gleitlager. Hydrostatische Gleitlager arbeiten nach dem Prinzip der externen Druckerzeugung, d. h. der notwendige Schmierstoffdruck wird außerhalb des Lagers durch eine Pumpe erzeugt.

Bei der dynamischen (internen) Druckerzeugung baut sich ein tragender Schmierfilm allein durch die Relativbewegung zwischen Welle und Lagerschale auf. In hybriden Lagern werden externe und interne Tragkrafterzeugung kombiniert, so z. B. in Gleitlagern mit hydrostatischer Anfahrhilfe.

Ein weiteres Merkmal ist das tragende Zwischenmedium. Hier lassen sich Gase, Öle, Fette, Wasser, Festschmierstoffe, ferromagnetische Suspensionen und Magnetfelder unterscheiden. Ohne Zwischenmedium arbeiten Trockenlager.

Ohne Berührung, Schmierstoff und Verschleiß arbeiten die Magnetlager. Bei der aktiven elektromagnetischen Lagerung misst ein Sensor die Abweichung des Rotors von seiner Referenzlage. Aus der Messung wird ein Regelsignal abgeleitet, das über einen Steuerstrom in einem Stellmagneten Kräfte erzeugt, die den Rotor gerade in der Schwebe halten. Die eingebaute Software ermöglicht den „intelligenten" Einsatz dieser berührungsfreien Lager.

Im Kapitel Gleitlager werden – mit Ausnahme der hydrostatischen Axiallager – nur die im Maschinenbau vorherrschenden hydrodynamischen Gleitlager behandelt.

15.1.2 Anordnung der Gleitflächen

Beim Radiallager gleitet die drehende Welle auf Gleitflächen in einer feststehenden Lagerschale bzw. beim Axiallager ein mit der Welle drehender Laufring auf einem feststehenden Lagerring, vgl. Bild 15-1.

Es werden auch zu Baueinheiten zusammengefasste Kombinationen von Axial- und Radiallagern, sogenannte Axial-Radial-Gleitlager ausgeführt, um die Lage der Welle durch ein Festlager zu bestimmen und eine raumsparende Konstruktion zu erreichen (vgl. Bilder 15-30 und 15-35).

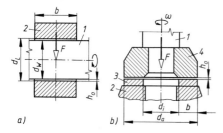

Bild 15-1
Gleitlagerarten.
a) Radiallager, b) Axiallager
Welle 1 mit Wellendurchmesser d_W, Lagerinnendurchmesser d_L (Lagerschale 2), Axiallagerring 3 mit Außendurchmesser d_a und Innendurchmesser d_i, Laufring 4, tragende Lagerbreite b, kleinste Spalthöhe h_0 (Schmierfilm), Lagerkraft F

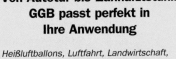

Kurz und bündig!

Guido Klette | Tarik El-Hussein
TEAMCENTER EXPRESS - kurz und bündig
EDM/PDM Grundlagen und Funktionen sicher erlernen
2008. X, 156 S. Br. EUR 15,90
ISBN 978-3-8348-0618-5

Inhalt

Einführung Teamcenter Engineering Express 3 - Datenver-
waltung - Verwaltung von Baugruppen - CAD-Integration -
Portalfunktionen - Prozesse und Workflows - Administration
- Tipps und Tricks

Michael Schabacker
SolidWorks - kurz und bündig
Grundlagen für Einsteiger
2009. VIII, 150 S. Br. EUR 15,90
ISBN 978-3-8348-0314-6

Inhalt

Einführung - Modellierung in einem 3D-CAD-System - Volumenmodellierung im Skizzier-Modus - Geometriemodellierung - Zusammenbau (Assemblies) - Zeichnungserstellung
(Drafting) - Blechteilmodellierung (Sheet Metal) - Spezielle
Funktionen - Zusatzanwendungen - Lösungen

Steffen Clement | Konstantin Kittel
Pro/ENGINEER Wildfire 4.0 für Einsteiger - kurz und bündig
Grundlagen mit Übungen
3., überarb. u. akt. Aufl. 2009. VIII, 146 S. Br. EUR 14,90
ISBN 978-3-8348-0535-5

Inhalt

Einführung - Volumenmodellierung - Flächenmodellierung -
Grundlagen der Blechteilmodellierung - Baugruppenmodel-
lierung - Grundlagen der Zeichnungserstellung - Erweiterte
Flächenmodellierung - Arbeiten mit Familientabellen - Para-
metrisierung - Variantenprogrammierung

Stephan Hartmann
CATIA V5 - kurz und bündig
Grundlagen für Einsteiger
3., überarb. u. erw. Aufl. 2009. VIII, 132 S. Br. EUR 13,90
ISBN 978-3-8348-0453-

Inhalt:

Einleitung - Sketcher - Getriebe - Drafting (Zeichnungserstellung) - Assembly (Baugruppenerstellung) - Photo Studio -
Ausgewählte Funktionen

Michael Schabacker
Solid Edge - kurz und bündig
Grundlagen für Einsteiger
3., akt. u. erw. Aufl. 2008. VIII, 146 S. Br. EUR 15,90
ISBN 978-3-8348-0499-0

Inhalt

Einführung - Volumen- und Geometriemodellierung - Zusam-
menbau (Assemblies) - Zeichnungserstellung (Drafting) -
Blechteilmodellierung (Sheet Metal) - Spezielle Funktionen -
Musterlösungen

Einfach bestellen: buch@viewegteubner.de Telefax +49(0)611. 7878-420

TECHNIK BEWEGT.

Durch einen Spielraum zwischen Welle und Lager, dessen Größe durch das Lagerspiel $s = d_L - d_W$ gekennzeichnet ist, wird die Beweglichkeit der Gleitteile bei Radiallagern ermöglicht. Bei Axiallagern ergibt sich ein Lagerspiel erst, wenn die Lagerung zwei über eine gemeinsame Welle zugeordnete Axialgleitflächen aufweist (Bild 15-2). Die Summe der gegenüberliegenden Gleitflächenabstände ist das Lagerspiel $s = h_1 + h_2$.

Der durch das Lagerspiel vorhandene Raum zwischen den Gleitflächen wird als Gleitraum bezeichnet, der meist schmierstoffgefüllt ist. Innerhalb des durch den Gleitraum vorhandenen Bewegungsspielraums der Welle darf im Betrieb die kleinste Schmierspalthöhe h_0 einen zulässigen Grenzwert $h_{0\,zul}$ nicht unterschreiten, um störungsfreies Gleiten zu erreichen (s. Gl. 15.8)). Die Größe der Lagerkraft F in N bestimmt in erster Linie die Hauptabmessungen der Lager (s. Angaben zu Bild 15-1). Im Maschinenbau übliche Lager werden meist für stationären Betrieb ausgelegt, bei dem F nach Größe und Richtung konstant ist (statisch beanspruchte Lager). Der instationäre Betrieb ist durch zeitliche Änderung von F hinsichtlich der Größe oder hinsichtlich Größe und Richtung gekennzeichnet (dynamisch beanspruchte Lager z. B. bei Kurbeltrieben).

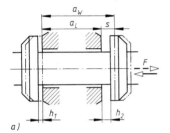 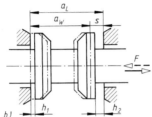

Bild 15-2
Lagerspiel beim Axiallager, schematisch.
a) mit zwei umschließenden festen Gleitflächen
b) mit zwei eingeschlossenen festen Gleitflächen, bei Abstand a_L der festen und a_W der drehenden Gleitflächen

15.1.3 Reibungszustände

Alle Lager zeigen im Betrieb Reibungskräfte, die der Gleitbewegung Widerstand entgegensetzen und dabei Wärme erzeugen, die als Reibungswärme abzuführen ist.

Bei der Gleitreibung ist zwischen den bewegten Teilen kein, wenig oder genügend viel Schmierstoff vorhanden, der durch seine Menge den Reibungszustand, aber auch den Verschleiß bestimmt.

Das Reibungsverhalten wird durch die Reibungszahl $\mu = F_R/F$ beschrieben. Sie drückt aus, wie groß die der Bewegung entgegengerichtete Reibungskraft F_R im Verhältnis zur Lagerkraft F (Andrückkraft) ist und hängt nicht von der Größe der Berührungsfläche, sondern von den stofflichen Eigenschaften der Gleitflächen und deren Oberflächenbeschaffenheit (Rautiefen der bearbeiteten Gleitflächen, vgl. 2.3) ab. Bei unmittelbarer Berührung der Gleitflächen ist *Festkörperreibung* vorhanden. Absolut trockene Gleitflächen ergeben je nach Werkstoffarten Reibungszahlen $\mu \geq 0,3$. Der dabei auftretende Verschleiß (Abrieb) nimmt mit der Rauheit der Flächen zu (vgl. Bild 15-3a). Der Verschleiß leitet den Fressvorgang ein, durch den unter starker Wärmeentwicklung die Gleitflächen fortschreitend bis zum Stillstand der Bewegung zerstört werden. Schon geringes Benetzen trockener Gleitflächen genügt, um die Reibung beträchtlich zu mindern (Grenzreibung $\mu < 0,3$).

Bester Schutz vor Gleitflächenschäden und hoher Reibung ist die Verhinderung der unmittelbaren Berührung der bearbeiteten Gleitflächen. Dies wird erreicht, wenn in den Gleitraum Schmierstoff (fest, flüssig, gasförmig) eingebracht wird, der auf Grund des Lagerspiels die Gleitflächen soweit auseinanderdrängt, daß die Festkörperreibung verschwindet. Werden flüssige Schmierstoffe verwendet, herrscht *Flüssigkeitsreibung*, wenn $h_0 \geq h_{0\,zul} \geq \Sigma(Rz + Wt)$ für die Summe der gemittelten Rautiefen Rz und der Wellentiefen (Welligkeit) Wt von Welle und Lagerschale beträgt (vgl. Bild 15-3b). Durch den trennenden Schmierfilm können sich je nach Schmierstoffart bis zu 100-fach niedrigere Reibungszahlen, allgemein $\mu = 0,005 \ldots 0,001$ ergeben. Bei Flüssigkeitsreibung spielen die Werkstoffe der Gleitflächen scheinbar keine Rolle (vgl. zu Gl. (15.4)).

Die Trennung der Gleitflächen und damit ein verschleißfreier Lauf wird um so leichter erreicht, je kleiner die Oberflächenrauigkeiten, also je besser die Gleitflächen bearbeitet sind. Nach Entschärfung der Rauigkeitsspitzen kann die kleinste Spalthöhe h_0 bei Vollschmierung (Flüssig-

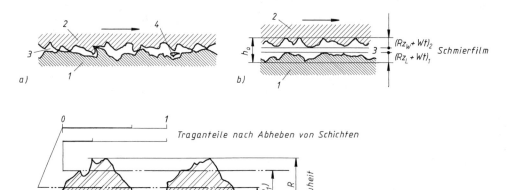

Bild 15-3 Rauheit der Gleitflächen.
a) bei Festkörperreibung **1** Lagerschale, **2** Welle, **3** Gleitraum, **4** Abrieb
b) bei Flüssigkeitsreibung mit trennendem Schmierfilm, Rauheit $(Rz_L + Wt)_1$ der Lagerschale und $(Rz_W + Wt)_2$ der Welle, vorhandene kleinste Schmierspalthöhe h_0
c) Rauheit und Traganteil, ursprüngliche Einzelrauheiten R, Rauheiten $(R_1)(R_2)$ nach Entschärfung der Rauigkeitsspitzen bei $Wt = 0$ mit Traganteilen im Profilschnitt

keitsreibung) sehr klein sein, wenn bei hohem Traganteil $Rz_W \leq 2\,\mu m$ für Wellen und $Rz_L \leq 1\,\mu m$ für eingelaufene Lagergleitflächen angenommen werden (vgl. TB 2-11).
Die Kräfte, die die Gleitflächen auseinanderdrängen, müssen im Schmierstoff wirken, von dem der Gleitraum erfüllt ist. Damit der zwischen den Gleitflächen bei Vollschmierung vorhandene Schmierfilm die auftretenden Lagerkräfte übertragen kann, muss sich durch entsprechende Gestaltung und Bewegung der Gleitflächen und/oder der Kraft im Schmierstoff ein Druck aufbauen, der den äußeren Kräften das Gleichgewicht hält. Der notwendige Druck im Schmierstoff wird entweder unabhängig vom Bewegungszustand der Welle durch eine Pumpe außerhalb des Lagers als *hydrostatischer Druck* erzeugt, die den Schmierstoff in den Gleitraum presst, so dass sich darin ein Druckfeld ausbilden kann, das bei entsprechender Anordnung und genügend hohem Eintrittsdruck die Gleitflächen bis auf die kleinste Spalthöhe h_0 auseinanderdrängt, *oder* der Druck kann im Gleitraum selbst durch Schmierstoffstauungen als *hydrodynamischer Druck* erreicht werden, wenn der an den Gleitflächen haftende Schmierstoff von der mit genügend großer Geschwindigkeit drehenden Welle mitgenommen und in enger werdende Gleiträume gedrängt wird, wodurch Drucksteigerung im Schmierstoff entsteht und die Gleitflächen bis auf h_0 angehoben werden. Man unterscheidet daher Gleitlager mit hydrostatischer und hydrodynamischer Schmierung.
Werden infolge von nicht ausreichendem Flüssigkeitsdruck im Schmierstoff die Gleitflächen unvollständig getrennt, herrscht *Mischreibung*, also eine Mischung aus Festkörper- und Flüssigkeitsreibung mit $\mu \leq 0{,}1$. Entsprechend dem Anteil der Festkörperreibung tritt mehr oder weniger Verschleiß auf, so dass beim Durchlaufen dieses Reibungszustandes an die Gleitwerkstoffe noch einige Anforderungen hinsichtlich des Gleit- und Verschleißverhaltens gestellt werden müssen (vgl. 15.3.1).
Ergänzende Ausführungen zum Reibungs- und Verschleiß-Verhalten von Maschinenelementen enthält Kap. 24, Tribologie.
Damit Gleitlager auf die Dauer betriebssicher arbeiten, muss im Betrieb Flüssigkeitsreibung vorhanden sein, wenn als Schmierstoff Schmieröl verwendet wird. Der Schmierstoff ist dann, ähnlich wie die Wälzkörper im Wälzlager, das eigentlich tragende Element.

15.1.4 Schmierstoffeinflüsse

Flüssiger Schmierstoff kann seine Aufgabe nur dann vollkommen erfüllen, wenn er einen zusammenhängenden Schmierfilm bildet und an den Gleitflächen haftet, damit auch bei hohen

Drücken ein Wegquetschen oder Abstreifen des Schmierfilms nicht ohne weiteres möglich ist. Die Haftfähigkeit ist eine Eigenschaft, die von der Zusammensetzung des Schmierstoffes und der Gleitwerkstoffe abhängt.

Schmieröle setzen einer gegenseitigen Verschiebung ihrer Teilchen bzw. Schichten einen Widerstand entgegen. Das Maß für den Widerstand, die innere Reibung, ist die *Viskosität* (Zähigkeit). Werden zwei parallel geführte Gleitflächen $A = l \cdot b$ in m^2 durch Schmieröl mit der Viskosität η im Abstand h in m getrennt, so wirkt einer Gleitgeschwindigkeit u in m/s der bewegten Fläche im Schmierfilm eine Scherkraft F_t (Verschiebekraft) in N entgegen. Im Gleitraum herrscht also eine reine Scherströmung.

Als Folge des Haftens ist die Geschwindigkeit im Schmierfilm $u = 0$ an der stillstehenden Gleitfläche (z. B. Lagerschale 1); sie nimmt gegen die bewegte Fläche hin (z. B. Welle 2) linear bis u zu (vgl. Bild 15-4).

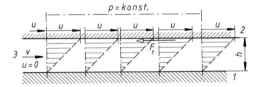

Bild 15-4
Geschwindigkeitsverteilung bei parallelen Gleitflächen (z. B. **1** Lagerschale, **2** Welle) im Gleitraum **3** mit dem Abstand h (Schmierspalthöhe); u Gleitgeschwindigkeit, v mittlere Geschwindigkeit; bei reiner Scherströmung $p =$ konst.

Nach Newton ergibt sich für Schmierstoffschichten eine angenähert konstante Schubspannung $\tau = F_t/A = \eta \cdot u/h = \eta \cdot D$ in N/m^2, wenn $D = u/h$ in m $\cdot$ s^{-1}/m $=$ s^{-1} das Geschwindigkeitsgefälle ausdrückt. Da der Druck p konstant bleibt, können kaum Kräfte F von der Flüssigkeit getragen werden. Die von D unabhängige Proportionalitätskonstante η heißt *dynamische Viskosität*.

Aus dem Newtonschen Schubspannungsansatz wird $\eta = t/D$, deren Einheit $1 \, \text{N} \cdot \text{m}^{-2}/\text{s}^{-1}$ $= 1 \, \text{Ns/m}^2 = 1 \, \text{Pa s}$ (Pascalsekunde) ist.

Als kleinere Einheit ist die Milli-Pascalsekunde gebräuchlich:

$$1 \, \text{mPa s} = 10^{-3} \, \text{Pa s (früher 1 cP)} \,^{1)} = 10^{-3} \, \text{Ns/m}^2 = 10^{-9} \, \text{Ns/mm}^2 \,.$$

Danach hat eine Flüssigkeit die dynamische Viskosität $\eta = 1 \, \text{Pa s}$, wenn zwischen zwei parallelen Gleitflächen im Abstand $h = 1$ m bei einem Unterschied der Strömungsgeschwindigkeit $u = 1$ m/s die Schubspannung $\tau = 1 \, \text{N/m}^2 = 1 \, \text{Pa}$ (Pascal) herrscht.

Die dynamische Viskosität η kann direkt mit dem Kugelfallviskosimeter (DIN 53015) ermittelt werden, bei dem eine kalibrierte Kugel durch ein kalibriertes, mit Prüföl gefülltes Glasrohr sinkt. Gemessen wird die Zeit, die zum Durchfallen einer markierten Prüfstrecke gebraucht wird. Verbreitet ist jedoch zur verhältnismäßig einfachen Messung das Kapillarviskosimeter (DIN 51562), bei dem aus einem besonders gestalteten Gefäß mit festgelegtem Auslaufröhrchen (Kapillare) eine bestimmte Menge Öl fließt. Gemessen wird die Ausflusszeit. Da das Ausfließen unter dem Eigengewicht erfolgt, ist die Ausflusszeit auch von der Dichte ϱ in kg/m^3 (g/cm^3) abhängig.

Ermittelt wird danach die *kinematische Viskosität* $v = \eta/\varrho$, deren Einheit

$$\frac{\text{Ns/m}^2}{\text{kg} \cdot \text{m}^{-3}} = \frac{\text{kg m}}{\text{s}^2} \cdot \frac{\text{s}}{\text{m}^2} \cdot \frac{\text{m}^3}{\text{kg}} = \frac{\text{m}^2}{\text{s}} \quad \text{ist, wenn} \quad 1 \, \text{N} = 1 \, \text{kg m/s}^2 \,.$$

Als kleinere Einheit ist gebräuchlich: $1 \, \text{mm}^2/\text{s} = 10^{-6} \, \text{m}^2/\text{s}$ (früher 1 cSt)$^{2)}$.

Die Viskosität der Schmieröle wird mit zunehmender Temperatur ϑ in °C (bzw. K) kleiner und mit steigendem Druck p in bar größer. Die Abhängigkeit von der Temperatur ist stärker als vom Druck. Der Druckeinfluss kann vernachlässigt werden, weil die Lagerberechnung mit dem Mittelwert der Viskosität im Schmierfilm nur eine Näherungslösung darstellt, so dass dies als zusätzliche Sicherheit zu betrachten ist.

$^{1)}$ Centipoise (sprich Zentipoas): 1 P (sprich Poas) $= 100 \, \text{cP} = 0,1 \, \text{Pa s}$.
$^{2)}$ Centistokes (sprich Zentistouks): 1 St (sprich Stouks) $= 100 \, \text{cSt} = 10^{-4} \, \text{m}^2/\text{s}$.

Das *Viskosität-Temperatur*-Verhalten für Markenöle, in der Regel Mineralöle (Raffinate aus Rohöl-Destillaten), wird in *V-T*-Diagrammen vom Hersteller angegeben. Wegen der Abweichungen zwischen gleichwertigen Ölen verschiedener Firmen, aber auch verschiedener Lieferungen eines Herstellers ist es zweckmäßig, Vergleichsdiagramme (vgl. TB 15-9) zu verwenden.

Die *V-T*-Diagramme nach Ubbelohde-Walther (Niemann) zeigen bei einer logarithmischen Achsenteilung für h und einer linearen Teilung für ϑ nach einer speziellen Funktion gerade Linien. Die Steilheit der *V-T*-Geraden, zu deren Darstellung mindestens η-Werte bei zwei verschiedenen Temperaturen bekannt sein müssen, ist ein Maß für die Temperaturabhängigkeit der Öle. Zur Bewertung ist in DIN ISO 2909 die Berechnung des Viskositätsindex *VI* festgelegt, der eine willkürliche Einordnung von Ölen zwischen Sorten mit geringer und starker Temperaturabhängigkeit wiedergibt. Danach weisen *VI*-Werte um 100 und darüber auf einen sehr flachen *V-T*-Geradenverlauf, d. h. auf eine relativ geringe Änderung von η mit steigender ϑ hin. Je mehr sich *VI* dem Wert null nähert, umso steiler verlaufen die Geraden, d. h. umso schlechter ist das *V-T*-Verhalten.

Die ISO-Viskositätsklassifikation für flüssige Industrie-Schmierstoffe nach DIN 51519 definiert 18 Viskositätsklassen ISO VG2 bis ISO VG 1500, deren gerundeter Zahlenwert die Mittelpunktsviskosität in mm²/s bei 40 °C für die zulässigen Grenzen ±10 % des Wertes ausdrückt. Die Klassifikation enthält jedoch keine Angaben über eine Qualitätsbewertung. Für $VI = 100$ ist im TB 15-9 das *V-T*-Verhalten dargestellt, so dass η_{eff} bei ϑ_{eff} für die Klassen entnommen werden kann, wenn keine besonderen Angaben des Schmierstoff-Herstellers zur Verfügung stehen.

Zur Auswahl von Schmierstoffen für Gleitlager gibt es entsprechend DIN 51502 (Bezeichnung der Schmierstoffe) u. a. Schmieröle L-AN (Normalschmieröle) nach DIN 51501 mit 11 Typen AN5 bis AN680, die sich als reine Mineralöle für Schmierzwecke ohne höhere Anforderungen bei Schmierstellen mit Durchlauf- und Umlaufschmierung eignen. Die Stufung der Typen erfolgt wie nach DIN 51519. Diese Öle sind zu verwenden, wenn die Dauertemperatur beim Ablaufen aus der Schmierstelle 50 °C nicht übersteigt und die Temperatur beim Zufließen in die Schmierstelle mindestens 10 °C höher ist als der Pourpoint (Fließgrenze).

Da Mineralöle bei höheren Temperaturen schneller altern, ist es wirtschaftlicher, bei höheren Anforderungen für Umlaufschmierung Schmieröle C mit 11 Typen C7 bis C680 bzw. Schmieröle CL mit 10 Typen CL5 bis CL460 für erhöhten Korrosionsschutz bzw. Schmieröle CLP mit 8 Typen CLP46 bis CLP680 für Herabsetzen des Verschleißes im Mischreibungsgebiet und Erhöhung der Belastbarkeit, alle nach DIN 51517, zu verwenden (s. auch 14.2.4-2 Ölschmierung).

Für die genannten Ölsorten sind im TB 15-8a ν_{40}, Flammpunkt und Pourpoint, sowie ein Vergleich mit früheren Schmierölen N enthalten.

Auch die Dichte ϱ der Schmieröle ist von der Temperatur und vom Druck abhängig. Unter Vernachlässigung des Druckeinflusses gilt mit den üblichen Dichten $\varrho_{15} = 800 \ldots 980 \, \text{kg/m}^3$ bei 15 °C für ϱ bei ϑ °C rechnerisch angenähert

$$\boxed{\varrho = \varrho_{15}[1 - 65 \cdot 10^{-5}(\vartheta - 15)]} \qquad \begin{array}{c|c} \varrho, \varrho_{15} & \vartheta \\ \hline \text{kg/m}^3 & °C \end{array} \qquad (15.1)$$

Das Viskositäts-Temperatur-Verhalten der Schmierstoffe lässt sich messtechnisch ermitteln und durch Gleichungen der Form $\eta = K_1 \cdot \exp[K_2/(\vartheta + K_3)]$ beschreiben. In dieser Zahlenwertgleichung sind η die dynamische Viskosität in Pa s, die Konstanten K_1, K_2 und K_3 sind durch Versuche ermittelte schmierstoffspezifische Größen und ϑ die Temperatur in °C.

Für Mineralöle kann die dynamische Viskosität η_ϑ bei der Temperatur ϑ näherungsweise aus den ISO-Viskositätsklassen (s. TB 15-8a) ermittelt werden

$$\boxed{\ln \frac{\eta_\vartheta}{K} = \left(\frac{159{,}56}{\vartheta + 95 \, °C} - 0{,}1819 \right) \cdot \ln \frac{\varrho \cdot VG}{10^6 \cdot K}} \qquad \begin{array}{c|c|c|c} \eta_\vartheta, K & \varrho & VG & \vartheta \\ \hline \text{Pa s} & \text{kg/m}^3 & \text{mm}^2/\text{s} & °C \end{array} \qquad (15.2)$$

η_ϑ dynamische Viskosität bei der Temperatur ϑ
K $0{,}18 \cdot 10^{-3}$ Pa s (Konstante)
ϱ Dichte des Schmieröles (Mittelwert: $\varrho = 900 \, \text{kg/m}^3$)
VG Viskositätsklasse nach DIN 51519, z. B. ISO VG 100 (definiert sind 18 Viskositätsklassen im Bereich von 2 bis 1500 mm²/s bei 40 °C, s. TB 15-8a)
ϑ Betriebstemperatur des Schmieröls

Der Viskositätsverlauf der ISO-Normöle ist für eine mittlere Dichte $\varrho = 900$ kg/m^3 in TB 15-9 dargestellt. Mehrbereichsöle haben gegenüber reinen Mineralölen einen flacheren Viskositäts-Temperatur-Verlauf. Syntheseöle erreichen solche flachen Verläufe auch ohne strukturviskose Zusätze.
Für die Ermittlung der Lagertemperatur aus der Wärmebilanz (vgl. 15.4.1-2 insbesondere Gln. (15.15), (15.24) und (15.34)) ist die Kenntnis der spezifischen Wärmekapazität c in J/(kg °C) erforderlich. Aus TB 15-8c ist ein linearer Zusammenhang für ϱ zwischen c und ϑ erkennbar.

15.1.5 Hydrodynamische Schmierung

1. Schmierkeil

Sie wird überwiegend bei Gleitlagern angewendet, weil im Gegensatz zur hydrostatischen Schmierung keine zusätzliche Einrichtung erforderlich ist und ein geometrisch günstiger Gleitraum leicht erzeugt werden kann (vgl. 15.1.5-2). Die Möglichkeit, einen Schmierfilmdruck selbsttätig unmittelbar im Gleitraum zu erzeugen und damit eine Tragfähigkeit zu erzielen, beruht darauf, dass sich der schmierstoffgefüllte Gleitraum in Bewegungsrichtung verengt. Es entsteht wie bei parallel geführten Gleitflächen (Bild 15-4) auch im keilförmigen Gleitraum eine Scherströmung. Wird vorausgesetzt, dass jeder Gleitraumquerschnitt stets von der gleichen Schmierstoffmenge durchströmt wird, dann muss die mittlere Schmierstoffgeschwindigkeit v bei Querschnittsverengung zunehmen und bei Erweiterung abnehmen. Das Geschwindigkeitsgefälle D kann daher über der Spalthöhe nicht geradlinig verlaufen, im Bereich der Verengung zeigt sich ein konvexer, bei Erweiterung ein konkaver Geschwindigkeitsverlauf wie im Bild 15-5 durch v-Strichlinien dargestellt ist ($v = u = 0$ bei 1, $v = u$ bei 2).

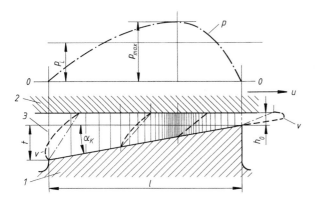

Bild 15-5
Hydrodynamische Druck- und Geschwindigkeitsverteilung im Keilspalt mit der wirksamen Länge l (Staufeldlänge) und Tiefe t bei Gleitgeschwindigkeit u (mittlerer Längsschnitt durch die Gleitflächen). Keilneigungswinkel α_K, Strömungsgeschwindigkeit des Schmierstoffs v, mittlerer Schmierfilmdruck p_L, feststehender Teil 1, bewegter Teil 2, Gleitraum 3, Gleitgeschwindigkeit u

15

Das Geschwindigkeitsgefälle D ändert sich somit von Schicht zu Schicht und davon abhängig auch die Schubspannungen $\tau = \eta \cdot D$, die den Druckspannungen infolge Stauungen durch die Gleitraumverengung (Stauraum) das Gleichgewicht halten. Der Schmierfilmdruck p nimmt bis nahe vor der kleinsten Spalthöhe h_0 des Staufeldes bis p_{max} zu, dahinter wieder ab. Im Bild 15-5 werden die Schmierstoffdrücke im Bereich des Staufeldes durch die Dichte der senkrechten Schraffur im Gleitraum versinnbildlicht und der Druckverlauf p im mittleren Längsschnitt darüber strichpunktiert dargestellt. Aus dem p-Verlauf ergibt sich ein konstanter mittlerer Druck p_L über die Staufeldlänge l. Bei genügend hohem Druck p_L werden die Gleitflächen abgehoben, so dass hydrodynamisches Tragen bei Flüssigkeitsreibung eintritt. Dieser Zustand hängt jedoch vom Maß h_0 der kleinsten Spalthöhe und von der Rauheit der Gleitflächen ab (vgl. 15.1.3 Reibungszustände). Günstige Verhältnisse hinsichtlich Tragkraft und Reibungsverhalten ergeben sich bei $h_0/t \approx 0,6 \ldots 1,0$ (vgl. 15.4.2-2 Axial-Gleitlager, Bild 15-44a).

2. Druckverteilung und Tragfähigkeit

Beim vollumschließenden Radialgleitlager unter Wirkung einer Lagerkraft F liegt die Welle (2) im Stillstand ($n = 0$) längs einer Mantellinie gleich Lagerbreite b in der Lagerschale (1) auf

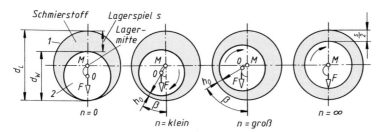

Bild 15-6 Lage der Wellenmitte 0 im Stillstand (tiefste Wellenlage) und bei steigender Drehzahl n (schematisch), β Verlagerungswinkel der kleinsten Spalthöhe h_0

(Bild 15-6). Die wegen des Lagerspiels $s = d_L - d_W$ vorhandene exzentrische Lage der Wellenmitte 0 gegenüber der Mitte der Lagerbohrung M beträgt $s/2$ (Bild 15-6 bei $n = 0$). Der mit Schmieröl gefüllte Gleitraum hat einen sichelartigen Querschnitt.

Beginnt sich die Welle zu drehen, versucht sie zunächst unter dem Einfluss der Festkörperreibung entgegen dem Drehsinn an der Lagerschale hochzuwandern. Durch die Drehung wird jedoch infolge Haftung sogleich Schmieröl in den sichelartigen Spalt zwischen Welle und Lagerschale hineingezogen. Je größer die Wellendrehzahl n und damit die Gleitgeschwindigkeit u wird, umso mehr Öl wird dem im Drehsinn enger werdenden Schmierspalt zugeführt, womit infolge Stauungen auch der hydrodynamische Druck p ansteigt, der die Welle anhebt und der Lagerkraft entgegenwirkt.

Die Reibung nimmt ab; es wird das Gebiet der Mischreibung durchfahren. Hebt sich die Welle um das Maß $h_0 \geq h_{0\,\text{zul}}$, ist Flüssigkeitsreibung vorhanden. Dabei wird die Wellenmitte 0 im Umlaufsinn aus der Lagerbohrungsmitte M verlagert, so dass sich gegenüber der Stillstandslage die Exzentrizität $e = s/2 - h_0$ verringert. Mit weiter steigender Drehzahl n nähert sich die Wellenmitte 0 (abgesehen von zusätzlichen Bewegungen durch Schwingbeanspruchungen) auf einer halbkreisähnlichen Bahn immer mehr der Lagerbohrungsmitte M. h_0 wird größer, weil die Exzentrizität e sich verkleinert, wodurch die Tragfähigkeit verringert und eine unstabile Wellenlage verursacht wird. Bei $n = \infty$ würde die Wellenmitte 0 mit der Bohrungsmitte M zusammenfallen. Wie bei parallel geführten Gleitflächen (vgl. Bild 15-4) im Abstand $s/2 \cong h_0$ kann bei zentrischem Lauf keine oder nur eine sehr geringe Lagerkraft F aufgenommen werden. Für das vollumschließende Radialgleitlager (360°-Lager) zeigt Bild 15-7 schematisch die Verlagerung der Wellenmitte 0 um die Exzentrizität e unter Einwirkung der konstanten Lagerkraft F bei der Drehzahl n und den Verlauf der Schmierfilmdrücke P (strichpunktiert).

Die Druckentwicklung beginnt dort, wo hinter der ölzuführenden Schmiernut (E) die Spaltverengung fortschreitet. Der Druck p steigt an, sein Anstieg wird vor der tiefsten Lagerstelle

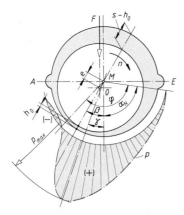

Bild 15-7
Druckverteilung entlang des Radiallagerumfanges bei konstanter Kraftrichtung F, schematisch

durch den Schmiernutwinkel α_N, gekennzeichnet. Das Druckmaximum p_{max} liegt um den Winkel γ nach der tiefsten Lagerstelle, also vor der kleinsten Spalthöhe h_0; dahinter nimmt p ab. Durch den h_0 zugeordneten Verlagerungswinkel β in Bezug auf die tiefste Stelle bzw. auf die Wirkungslinie von F und die Exzentrizität e ist die jeweilige, dem Betriebszustand zugeordnete Lage der Wellenmitte 0 beschrieben. Die gesamte Druckzone $(+)$ ist durch den Erstreckungswinkel φ gekennzeichnet; sie soll möglichst groß sein, damit hohe Tragkräfte erzielt werden.

Manchmal ist nach der Druckzone eine leichte Unterdruckbildung $(-)$ zu beobachten. Insbesondere bei Lagern, die unter erhöhtem Umgebungsdruck arbeiten, ist Unterdruck möglich, solange die spezifische Lagerbelastung in Höhe des Umgebungsdruckes liegt (vgl. zu Gl. (15.4)). Eine Schmiernut N in der Druckzone (Bild 15-8) unterbricht den Druckverlauf, wodurch die Tragkräfte beträchtlich vermindert werden, so dass bei gleicher Lagerkraft F das Gleitlager statt bei Flüssigkeitsreibung im Bereich der Mischreibung laufen kann.

Schmiernuten sollen daher stets vor der Druckzone liegen.

Dies gilt jedoch nicht unbedingt bei Lagern für sehr kleine Drehzahlen oder für solche Fälle, bei denen Flüssigkeitsreibung ohnehin nicht zu erreichen ist. Beachte auch Erläuterungen zu Bild 15-3.

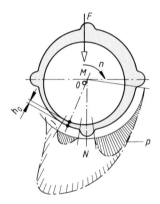

Bild 15-8
Durch Nut gestörter Druckverlauf

Grundsätzlich ist der Zustand der Flüssigkeitsreibung umso leichter zu erreichen, je kleiner die Lagerkraft F und das Lagerspiel s bzw. je größer die Drehzahl n und die Zähigkeit η des Schmierstoffes sind.

Im Lager fließt der Schmierstoff nicht nur in Gleitrichtung, sondern bei endlicher Breite b auch seitlich ab (Seitenfluss), wodurch ein Druckverlust und damit ein Verlust an Tragkraft verbunden ist. Dieser Vorgang ist auch nützlich, weil ein Großteil des durch Reibung erwärmten Schmierstoffs aus dem Gleitraum fließt und bei Vollschmierung neuer, kühlerer Schmierstoff höherer Viskosität zugeführt werden muss. Gegenüber dem unendlich breiten Lager mit dem

15

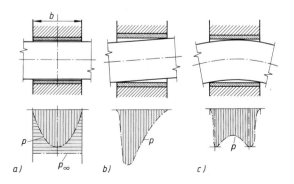

Bild 15-9
Schmierfilmdruckverlauf.
a) p_∞ im seitlich unbegrenzten bzw. p im begrenzten Gleitraum mit tragender Lagerbreite b,
b) bei schief stehender (verkanteter) Welle,
c) bei gekrümmter Welle (Durchbiegung)

Druckverlauf p_∞ = konstant fällt der bei endlicher Breite auf p verringerte Druck bei gleichbleibender Exzentrizität e (bzw. h_0 = konstant) von der Mitte b nach beiden Seiten annähernd parabelförmig auf den Umgebungsdruck ab (Bild 15-9a). Bedingt durch die Fertigung bzw. Montage und den Betrieb können Druckverlaufänderungen p über b bei Verkantung der Welle (Bild 15-9b) und bei Wellenkrümmung (Bild 15-9c) auftreten.

Um eine günstige Öldruckverteilung quer zur Bewegungsrichtung und damit entsprechend große Tragkraft zu erreichen, muss ein paralleler Schmierspalt über b angestrebt werden (vgl. Bild 15-9a). Diese Forderung nach gleichmäßiger Spalthöhe wird durch starre Gleitflächen und einen zur Kraftrichtung symmetrischen Bau der Lager erreicht (Bild 15-10a). Unsymmetrische Anordnung der Gleitflächen bedingt Schiefstellung und damit ungleiche Schmierfilmhöhen und die Gefahr des Kantentragens (Bild 15-10b), d. h. h_0-Veränderung und hoher p über b (Gefahr des Heißlaufens und Verschleißes).

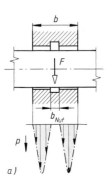 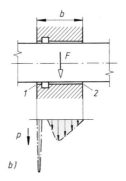

Bild 15-10
Druckverlauf über der Breite b.
a) Bei Lager mit umlaufender Nut b_{Nut} in der Mitte,
b) unsymmetrische Ausführung, einseitig umlaufende Nut: Welle oder Lager so verformt, dass bei 1 Spalt enger als bei 2, wodurch bei großer F die Zerstörung dort beginnen kann

15.2 Anwendung

Hydrodynamische Gleitlagerungen eignen sich

— für verschleißfreien Dauerbetrieb
— bei hohen Drehzahlen und Belastungen
— zur Aufnahme stoßartiger Belastung
— als geteilte Lager
— für Lager mit großem Durchmesser

Gasgeschmierte Lager (hydrodynamisch und hydrostatisch) ohne störende Schmierstoffe finden Anwendung in der Pharma-, Nahrungs- und Genussmittel-Industrie, aber auch in der Raumfahrttechnik und bei Turbomaschinen. Wassergeschmierte Lager findet man bei Unterwasserpumpen und -turbinen.

Trockenlauflager (ohne oder mit Festschmierstoff) sind thermisch belastbar und haben als wartungsarme Lagerungen eine weite Verbreitung gefunden bei Kfz, Nfz, Baumaschinen, Strahltriebwerken, Drosselklappen, Armaturen und Geräten.

Hydrostatische Gleitlagerungen werden eingesetzt

— für verschleißfreie und reibungsarme Lager bei niedriger Drehzahl (z. B. große Antennen, Werkzeugmaschinen)
— für verschleißfreie Präzisionslagerungen

Magnetlager finden derzeit Anwendung bei Werkzeug- und Turbomaschinen und in der Vakuumtechnik. Sie eignen sich vorzugsweise

— für berührungslosen Betrieb
— für einstellbare Steifigkeit und Dämpfung
— für hohe Drehzahlen bei mittlerer Traglast
— für hohe Laufgenauigkeit

15.3 Gestalten und Entwerfen

15.3.1 Gleitlagerwerkstoffe

1. Tribologisches Verhalten

Da bei Gleitlagern die Reibungszustände eine besondere Rolle spielen, wird für den Dauerbe-trieb die Trennung der Gleitflächen (Flüssigkeitsreibung) angestrebt (vgl. 15.1.2). Das Zusam-menwirken der Gleitflächenwerkstoffe ist zunächst von untergeordneter Bedeutung, sofern die Lagerwerkstoffe den Druck aushalten, der durch Schmierstoff auf die Gleitflächen übertragen wird. Es wird jedoch im Betrieb immer Zustände geben, bei denen, insbesondere beim An- und Auslauf von Maschinen, durch Aussetzen der Schmierung, durch falschen Schmierstoff oder durch andere Einflüsse, Misch- oder gar Festkörperreibung auftritt (vgl. 15.3.2 Gestal-tungs- und Betriebseinflüsse).

Mit der Forschung über Reibung, Schmierung und Verschleiß sowie über deren Beherrschung beschäftigt sich die Tribologie, s. Kap. 24.

Zur Charakterisierung des tribologischen Verhaltens der Gleitlager-Werkstoffe werden zahl-reiche Begriffe verwendet, die (mit Ausnahme der mechanischen Belastungsgrenze und des Verschleißwiderstandes) durch keine zahlenmäßigen Angaben ausgedrückt werden können. Nach DIN 50282 werden folgende Begriffe für allgemeine Gleiteigenschaften gebraucht:

Belastbarkeit als Belastung (mittlere Flächenpressung p_L), die ein Geitwerkstoff dauernd unter einer bestimmten Beanspruchungsart ertragen kann, ohne die *mechanische Belastungsgrenze* (maximal mögliche Belastung, oberhalb der ein Versagen durch Auftreten einer unzulässigen bleibenden Verformung oder Bruch eintritt) und einen bestimmten Verschleißbetrag zu über-schreiten. Die zu erwartende Gebrauchsdauer wird durch einen zulässigen Verschleißbetrag be-grenzt. *Schmiegsamkeit* eines Lagerwerkstoffes ist die Fähigkeit sich den Beanspruchungen durch elastische und/oder plastische Verformungen ohne bleibende Schädigung anzupassen (Anpassung an unvermeidliche Unvollkommenheiten des Gleitraums, auch Unempfindlichkeit gegen Verkantungen). Die *Anpassungsfähigkeit* beschreibt den Ausgleich durch Schmiegung und Verschleiß.

Das *Einlaufverhalten* ist die Fähigkeit, die erhöhte Anfangsreibung und den Anfangsverschleiß durch Anpassung nach kurzer Zeit herabzusetzen. Die *Einbettfähigkeit* beschreibt die Fähigkeit Schmutzteilchen, insbesonders harte Teilchen in die Laufschicht aufzunehmen.

Der *Verschleißwiderstand* kennzeichnet die Eigenschaft, wie der Lagerwerkstoff infolge tribolo-gischer Beanspruchung auf die Abtrennung kleiner Teilchen reagiert und *der Verschweißwider-stand*, ob er Widerstand gegen Bildung von adhäsiven Bindungen mit dem Gegenwerkstoff zeigt (Fressunempfindlichkeit).

Das *Notlaufverhalten* ist die Fähigkeit, beim Auftreten unvorhergesehener ungünstiger Schmier-bedingungen noch ein Gleiten zeitlich begrenzt aufrecht zu erhalten.

Der *Riefenbildungswiderstand* erfasst den Widerstand gegen Bildung von Riefen und Kratzern an der Oberfläche des Gegenwerkstoffes (vgl. Verschleißwiderstand).

Bild 15-11 kann als grobe Hilfe für die Auswahl von Gleitlagerwerkstoffen dienen. Erkennbar ist, dass ein einzelner Lagerwerkstoff alle Anforderungen nicht vollkommen erfüllen kann. Die Oberflächengüte von Wellen- und Lagerwerkstoff sowie die Härte beeinflussen die Gleiteigen-schaften ebenso wie der Schmierstoff, dessen Viskosität mit der Betriebstemperatur veränder-lich ist. Hohe Beanspruchung und Gleitgeschwindigkeit erfordern besondere Werkstoffkombi-nationen, z. B. Dreistofflager, wobei die Laufschichtdicke bestimmend ist.

Eine Übersicht über alle Anwendungsgebiete ist kaum möglich. Es werden daher nur typische Anwendungsfälle genannt, wobei auch trotz sorgfältiger Auswahl der Werkstoffe unter Berück-sichtigung der Betriebsanforderungen Lagerschäden nicht vollständig ausgeschlossen werden können, da fertigungsbedingte Formabweichungen, Montagefehler bis hin zu außergewöhnlichen Betriebszuständen nicht immer überschaubar sind. Da eine ausführliche Behandung der Gleit-lagerwerkstoffe den vorliegenden Rahmen sprengen würde (s. Literaturhinweise), sollen nur eini-ge wesentliche Gesichtspunkte für die Anwendungsfälle betrachtet werden (vgl. auch TB 15-6).

15

Forderung nach	Guss-eisen	Sinter-metall	CuSn-Guss-bzw. Knetlegie-rungen	G-CuPb-Legie-rungen	PbSn-Legie-rungen	Kunst-stoffe	Holz	Gummi	Kohle Graphit	SSiC
Gleitlagerwerkstoffe und ihre Eignung										
Gleiteigenschaften	2	2	3	4	4	4	4	4	4	3
Notlaufverhalten	2	4	2	3	3	4	1	0	4	2
Verschleißwiderstand	4	2	4	2	1	2	1	0	1	4
stat. Tragfähigkeit	4	2	3	1	1	1	0	0	1	3
dyn. Belastbarkeit	3	1	3	1	1	1	0	0	0	1
hoher Gleitgeschwindigkeit	1	0	3	4	4	0	0	0	3	4
Unempfindlichkeit gegen Kantenpressung	0	0	3	3	4	4	3	4	2	0
Einbettfähigkeit	0	0	3	3	4	3	3	4	3	0
Wärmeleitfähigkeit	2	2	3	2	1	0	0	0	3	4
kleiner Wärmedehnung	4	4	3	2	2	0	1	0	4	4
Beständigkeit gegen hohe Temperaturen	2	2	2	0	0	0	0	0	4	4
Öl-(Fett-) Schmierung	4	4	4	4	4	4	4	2	4	4
Wasserschmierung	0	0	0	0	0	4	4	4	4	4
Trockenlauf	0	0	0	0	0	4	0	0	4	1
Korrosionsbeständigkeit	1	2	2	2	1	4	0	4	4	4

4 sehr gut geeignet
3 gut geeignet
2 geeignet/möglich
1 Eignung eingeschränkt
0 nicht geeignet

Bild 15-11 Richtlinien zur Wahl von Gleitlagerwerkstoffen (SSiC – Silicium carbid, gesintert)

Als Wellenwerkstoff kommt praktisch nur Stahl in Frage (vgl. TB 1-1). In den meisten Fällen genügen unlegierte Stähle nach DIN EN 10025 bzw. unlegierte und niedrig legierte Einsatzstähle nach DIN EN 10084 wegen des Verschleißes und der Oberflächenhärte bzw. bei größeren Querschnitten Vergütungsstähle nach DIN EN 10083. Bei größerer Härte des Lagerwerkstoffs ist ein Wellenwerkstoff höherer Festigkeit vorzusehen. Das Härteverhältnis zwischen Lagerwerkstoff und Welle soll etwa 1:3 bis 1:5 betragen. Der Lagerwerkstoff muss also stets weicher und nachgiebiger sein, um den Verschleiß aufzunehmen und Kantenpressung abbauen zu können (vgl. zu Bild 15-9).

Gleitlagerschäden (z. B. Riefenbildung, Ermüdung) sind auf ein Zusammenwirken mehrerer Schadensmechanismen zurückzuführen. Zu ihrer Beurteilung kann DIN 31661, Gleitlager herangezogen werden.

2. Lagerwerkstoffe

In Frage kommen meist Nichteisenmetall-Legierungen mit unterschiedlichen physikalischen und mechanischen Eigenschaften, in manchen Fällen Gusseisen mit Lamellengraphit (GJL) und Nichtmetalle, von denen die Formgebung der Lagerschalen bzw. Stützkörper abhängig ist. Ausreichende Formbeständigkeit des Werkstoffes unter Beanspruchung garantieren die 0,2 %-Grenze $R_{p\,0,2}$ und der E-Modul bzw. die Brinell-Härte HB.

Allgemein werden unterschieden:

Massivlager, die als einfachste Ausführungen aus einem einzigen Lagerwerkstoff hoher Festigkeit bestehen. Vorwiegend werden hierfür Gusseisen (GJL) bzw. CuSn- und CuSnZn-Gusslegierungen als Form- oder Strangguss (DIN ISO 4382) verwendet bzw. als Massivbuchsen (Schalen) aus gezogenem Rohr- oder Bandmaterial gefertigt und in den Lagerkörper eingepresst (Bild 15-12; s. auch 15.3.4).

Verbundlager, bei denen eine Lagerwerkstoffschicht auf einen Stützkörper aus Stahl, Stahlguss oder Gusseisen aufgegossen wird. Die Bindung erfolgt form- oder·stoffschlüssig (Bild 15-13).

15

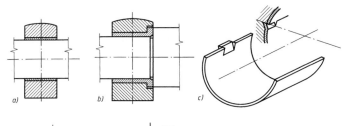

Bild 15-12
Lagerbuchsen und -schalen.
a) Massivbuchse (DIN 1850, DIN ISO 4379-1),
b) Massivbuchse mit einseitiger Axialgleitfläche,
c) Lagerhalbschale mit Haltenase

Bild 15-13
Durch Aufgießen hergestellte Lagermetallschichten (s. DIN 38).
a) formschlüssig mit Verklammerungsnuten,
b) stoffschlüssig-metallurgische Bindung mit dem Stützkörper

Höchste Anforderungen (z. B. bei Verbrennungsmotoren) können an Lager gestellt werden, die aus 3 oder mehr Schichten (Drei- oder Mehrstofflager) bestehen (vgl. auch Bild 15-14 und 15-24). Dabei wird auf eine St-Stützschale ein hochfester Lagerwerkstoff aufgebracht, der mit einer dünnen, weichen Gleitschicht (Pb, Sn, galvanisch) zur Beschleunigung des Einlaufvorganges überzogen ist. Beim Versagen dieser dünnen, einige µm starken Schicht, ist der Lagerwerkstoff die Notlaufschicht.

a) Gusseisen mit Lamellengraphit (DIN EN 1561) hat bei ausreichenden Gleiteigenschaften einen großen Verschleißwiderstand, ist aber wegen seiner hohen Härte kaum einbettungsfähig und empfindlich gegen Stöße und Kantenpressung. Geeignet sind EN-GJL-150 und -200 nur für geringe, EN-GJL-250 und -300 für höhere Anforderungen (Perlitguss). Erforderlich sind gehärtete und feinstbearbeitete Wellen. Verwendung für niedrig beanspruchte einfache Lager bei $u = 0,1 \ldots 3$ m/s (z. B. Transmissions- und Triebwerkslager, Landmaschinenlager).

b) *Sintermetalle* werden aus Fe, Cu, Sn, Zn und Pb-Pulver mit und ohne Graphitzusatz, vorgepresst und danach bei $\approx 750 \ldots 1000\,°$C gesintert bzw. warmgepresst. Ihr mehr oder weniger feinporiges Gefüge nimmt bis zu 35 % seines Volumens Öl auf und führt es im Betrieb infolge Erwärmung und Saugwirkung den Gleitflächen zu. Im Stillstand (Abkühlung) nehmen die Poren durch Kapillarwirkung das Öl wieder auf.
Sie haben bei sehr gutem Notlaufverhalten (Selbstschmierung) geringere Festigkeit als metallische Lagerwerkstoffe, sind empfindlich gegen Stöße und Kantenpressung und eignen sich für geringe Gleitgeschwindigkeit ($u < 1$ m/s) bzw. für Schwingbewegung bei niedriger Beanspruchung (z. B. Lager in Hebemaschinen, Landmaschinen, Schaltgestängen bzw. -rädern, s. Bild 15-28).

c) *Kupferlegierungen* enthalten mehr als 50 % Cu. Durch Zulegieren weicher Metalle (Pb, Sn, Zn, Al) werden die Gleiteigenschaften verbessert. Sie werden als Guss- und Knetlegierung verwendet (vgl. TB 15-6).
Kupfer-Zinn- und Kupfer-Zinn-Zink-Gusslegierungen (DIN ISO 4382-1, DIN 1705) haben gute Gleiteigenschaften und gutes Notlaufverhalten mit großem Verschleißwiderstand. Sie sind für hohe und stoßhafte Beanspruchungen geeignet. Wegen der relativ großen Härte darf keine Kantenpressung auftreten, die Welle muss gehärtet, die Lagerbohrung feinstbearbeitet sein. Als Knetlegierung (DIN ISO 4382-2) werden sie für Buchsen verwendet.
Kupfer-Blei-Zinn-Gusslegierungen (DIN ISO 4382-1, DIN 1716) sind als Lagerwerkstoff mit sehr guten Gleiteigenschaften und guten Notlaufverhalten bei hohen Beanspruchungen, auch bei größerer Kantenpressung, insbesondere für Verbundlager verwendbar.
Kupfer-Aluminium-Gusslegierungen (DIN ISO 4382-1, DIN 1714) werden für Lager bei sehr hohen Stoßbeanspruchungen mit gutem Verschleißwiderstand verwendet (gute Schmierung erforderlich).

d) *Blei- und Zinn-Legierungen* (s. TB 15-6) enthalten als Pb-Gusslegierung zur Erhöhung der Härte Zusätze von Sb, As, als Sn-Gusslegierung solche von Sb und Cu. Sie haben hervorragende Gleiteigenschaften, auch bei nicht gehärteten Wellen, und gutes Notlaufverhalten, sind für hohe

Gleitgeschwindigkeit, aber nur einige für stoßhafte Beanspruchung, und durch ihre Weichheit unempfindlich gegen Kantenpressung. Sie eignen sich als Lager-Werkstoffe für Verbundlager (DIN ISO 4381) bzw. als Schichtverbundwerkstoff (DIN ISO 4383) bis zu Betriebstemperaturen von ca. 110 °C bei $u > 15$ m/s (z. B. Pleuellager).

e) *Kunststoffe bzw. Kunstharzpressstoffe* ohne bzw. mit Füllstoffen kommen für Gleitlager vor allem im Bereich des Trockenlaufs oder der Mangelschmierung voll zur Geltung; bei hydrodynamischer oder hydrostatischer Schmierung insbesondere, wenn andere Werkstoffe gegenüber andern Schmiermitteln nicht beständig sind. Nachteilig sind im Allgemeinen die niedrige Wärmeleitfähigkeit, die Temperaturabhängigkeit der Eigenschaften (Druckfestigkeitsabnahme, Änderung des Gleitverhaltens), große Wärmedehnung und Feuchtigkeitsaufnahme (Spielminderung) sowie das Kriechen unter Langzeitbeanspruchung (Verformung des Lagers).

Verwendet werden thermoplastische und duroplastische Kunststoffe, meist Polyamide (Kurzzeichen PA, Nylon), aber auch Polyoxymethylen (POM), Polytetrafluorethylen (PTFE, Teflon), Hartgewebe (DIN 7735) als Lagerbuchsen bzw. -schalen, deren Wanddicke wegen der Wärmeabfuhr möglichst klein ausgeführt werden soll (s. DIN 1850, Teil 5 und 6). Eine Auswahl der als Gleitlagerwerkstoff hauptsächlich geeigneten thermoplastischen Kunststoffe enthält DIN ISO 6691, s. TB 15-6. Bei Verbundlagern wird auf einen Stahlstützkörper eine poröse Schicht (ca. 0,3 mm dick) aus CuSn-Pulver auf Cu-Schicht gesintert. Die Poren werden in einem Walzverfahren vollständig mit einer Mischung aus PTFE und Pb-Pulver ausgefüllt und damit gleichzeitig eine Deckschicht (ca. 20 µm) aufgebracht. Anschließend wird diese Mischung ausgesintert (Bild 15-14).

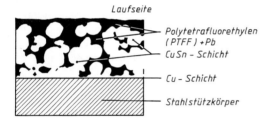

Bild 15-14
Schnitt durch ein Kunststoff-Verbundlager (vergrößert)

Ähnlich werden auch Verbundlager auf der Basis PTFE/MoS$_2$ hergstellt. Die Lagerlauffläche soll möglichst nicht nachgearbeitet, allenfalls das Spiel geringfügig durch Kalibrieren korrigiert werden. Die Lager sind empfindlich gegen Kantenpressung und werden bei höheren Drücken und niedrigen Gleitgeschwindigkeiten in der Feinmechanik, aber auch im allgemeinen Maschinenbau verwendet. Weitere Verbundlager mit Kunststoff-Laufschicht enthält die Richtlinie VDI 2543.

f) *Holz*, meist Pressholz, ist ein billiger Werkstoff für gering belastete Lager. Klötze aus Birke, Linde oder Espe werden mit Naßdampf bei ≈100 °C gedämpft, in Formen gepresst, auf ≈10 % Wassergehalt getrocknet und bearbeitet. Man setzt sie ein z. B. bei Lagern in Textilmaschinen und Zwischenlagern bei Transportschnecken.

g) *Gummi* hat sich bei wassergeschmierten Lagern in Pumpen bewährt.

h) *Kunstkohle*, gasgeglüht und elektrographitiert, als poröser keramischer Werkstoff wird verwendet, wo mit Rücksicht auf die Umgebung mineralische Schmierstoffe unzulässig sind und andere Lagerwerkstoffe wegen Korrosionsgefahr nicht in Frage kommen. Als einbaufertige Lager (Buchsen DIN 1850, Teil 4) eignen sie sich insbesondere im chemischen Apparatebau bei hohen Temperaturen.

15.3.2 Gestaltungs- und Betriebseinflüsse

Der größte im Lager auftretende Schmierfilmdruck p_{max} hängt von der Lagergestaltung ab. Die Lagerbreite b muss so groß sein, dass p_{max} ohne schädliche Verformung der Gleitflächen aufgenommen werden kann; aber nicht größer, weil die Gefahr des Kantentragens bei schmalen Lagern geringer ist.

Einen wesentlichen Einfluss auf die Tragfähigkeit und Erwärmung eines Radiallagers mit dem Innendurchmesser d_L übt das praktisch übliche *Breitenverhältnis* (relative Lagerbreite) aus

$$\frac{b}{d_L} = 0,2 \dots 1 \dots (1,5) \tag{15.3}$$

Für Lager mit hoher Drehzahl n_W bzw. Gleitgeschwindigkeit u_W und niedriger Lagerkraft F werden größere Werte, bei normaler Ausführung $b/d_L = 0,5 \dots 1$, empfohlen; für solche mit niedriger n_W bzw. u_W und hoher F sind die kleineren Werte $b/d_L < 0,5$ anzuwenden. Bei schmaler Ausführung fließt seitlich mehr Schmierstoff ab, der Schmierstoffdurchsatz steigt und die Wärmeabfuhr wird dadurch besser.

Bei Lagern mit $b/d_L > 1$ bis ca. 1,5 wird der seitliche Ölabfluss erschwert. Wegen längeren Verweilens des Öles steigt die Erwärmung, wodurch die Viskosität η und damit auch die Tragfähigkeit sinkt; außerdem wächst die Verkantungsempfindlichkeit.

Da der Druckverlauf p im Gleitraum ungleichmäßig verteilt ist, gilt als Kriterium zur Beurteilung der mechanischen Beanspruchung der Lagerwerkstoffe die Lagerkraft bezogen auf die Projektion der Lagerfläche, die *spezifische Lagerbelastung* (mittlerer Lagerdruck bzw. mittlere Flächenpressung)

$$p_L = \frac{F}{b \cdot d_L} \leq p_{L\,zul} \tag{15.4}$$

F Lagerkraft
b, d_L Lagerbreite, Lagerinnendurchmesser
$p_{L\,zul}$ zulässige spezifische Lagerbelastung nach TB 15-7 (TB 15-6)
        Hinweis: 1 bar $= 10\,\text{N/cm}^2 = 0,1\,\text{N/mm}^2 = 10^5\,\text{Pa} = 0,1\,\text{MPa}$

$p_{L\,zul}$ ist als maximaler Richtwert ein Erfahrungswert für die Lagerwerkstoff-Gruppe, der neben der Legierungszusammensetzung noch von der Herstellungsart der Lagermetall-Schichtdicke, vom Gefüge u. a. beeinflusst wird, s. TB 15-7 (TB 15-6). Für den speziellen Fall sind jedoch Herstellerangaben maßgebend.

Die stärksten Verformungen im Gleitlager treten aufgrund von p_{max} auf, wobei je nach Exzentrizität und Breitenverhältnis $p_{max} = (2 \dots 10) \cdot p_L$ betragen kann.

Die Quetschgrenze etwa entsprechend $R_{p0,2} \geq p_{max} \approx 6 \cdot p_L$ des Lagerwerkstoffes kann für Lager, bei denen keine Verkantungen auftreten, nur bedingt als brauchbare Bezugsgrenze angesehen werden, weil geringe Verformungen der Gleitflächen sich nicht nachteilig auf das Betriebsverhalten der Lagerung auswirken; außerdem liegt $R_{p0,2}$ umso höher, je geringer die Schichtdicke des Lagerwerkstoffes ist (vgl. 15.3.1 Gleitlagerwerkstoffe). Vorteilhaft wird $p_{L\,zul}$ nach bewährten Konstruktionen festgesetzt. Den Einfluss der Lagerbreite b auf die Druckverteilung p bei gleichem Lagerspiel bzw. gleicher h_0 zeigt Bild 15-15.

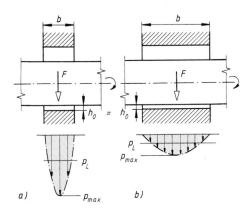

Bild 15-15
Einfluss der Lagerbreite b auf die Belastbarkeit.
a) b klein: p_{max} bzw. p_L groß $\rightarrow \eta$ groß
                große Wärmeabfuhr – niedrige Lagertemperatur, Verkantungsempfindlichkeit klein,
b) b groß: p_{max} bzw. p_L klein $\rightarrow \eta$ klein
                kleine Wärmeabfuhr – hohe Lagertemperatur, Verkantungsempfindlichkeit groß

15

Je größer F ist, umso geringer wird h_0 unter sonst gleichen Voraussetzungen, und umso kleiner muss auch b sein, um den Einfluss der Verkantungen bzw. Durchbiegungen am Lager im Verhältnis zu h_0 unwesentlich zu machen (vgl. Bild 15-9).

Bild 15-16 zeigt bei gleicher Lagerbreite b den Einfluss des Lagerspiels s bzw. der kleinsten Schmierspalthöhe h_0 auf den Druckverlauf bzw. auf das Druckmaximum p_{max}.

Es ist erkennbar, dass ein kleines Lagerspiel s und damit eine kleine Schmierspalthöhe h_0 ein gleichmäßiges Tragen über b und daher geringeres p_{max} bei gleicher spezifischer Lagerbelastung p_L bzw. hohe Tragfähigkeit bewirken (vgl. Bild 15-16a).

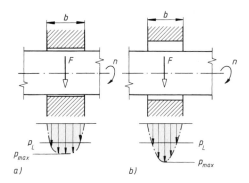

Bild 15-16
Einfluss des Lagerspiels auf den Druckverlauf bzw. p_{max}.
a) kleines Spiel s bzw. kleine h_0,
b) großes Spiel s bzw. große h_0; $p_L = $ const.

Allgemein ist für eine große Lagerkraft F und kleine Gleitgeschwindigkeit u bzw. Drehzahl n ein kleines Lagerspiel s, für eine kleine F und große u bzw. n ein großes s erforderlich.

Sind u bzw. n, F und s gegeben, wird h_0 durch die Auswahl des Schmierstoffes beeinflusst. Je niedriger die dynamische Viskosität η, d. h. je dünnflüssiger der Schmierstoff ist, umso kleiner ist h_0. Für einen bestimmten Schmierstoff hängt h_0 auch von der Lagertemperatur ab (vgl. 15.1.4 Schmierstoffeinflüsse).

Allgemein erfordern hohe u bzw. n kleines s und niedrige p_L dünnflüssige Schmierstoffe, geringe u bzw. n, großes s und hohe p_L dickflüssige Schmierstoffe. Weil die Tragfähigkeit mit kleiner werdender h_0 steigt, stellt sich bei jeder Lagerkraftänderung ein Gleichgewicht zwischen der Kraft aus der Summe aller vertikalen Schmierstoffdruckkomponenten $-F$ und der Lagerkraft $+F$ ein. Kleines s bzw. kleine h_0 kann jedoch nur ausgenutzt werden, wenn die Gleitflächen geometrisch genau sind und sich gut einander anpassen (vgl. 15.3.1-1 Gleitlagerwerkstoffe), da sonst hohe Reibungsverluste und damit hohe Lagererwärmung auftreten. Damit ein Lager auf die Dauer betriebssicher arbeitet, muss der Wert von h_0 so groß sein, dass im Betriebszustand keine metallische Berührung zwischen den Gleitflächen vorhanden ist, um möglichst geringe Störanfälligkeit durch möglichst geringen Verschleiß und thermische Überbeanspruchung durch entstehende Reibungswärme zu vermeiden.

Grundlegende Versuche von *Stribeck* zur Reibung in einem bestimmten Gleitlager ergaben die im Bild 15-17 dargestellten Kurven im Zusammenhang zwischen Drehzahl n und Reibungszahl μ bei jeweils konstanten Werten für p_L und η. Diese Reibungskurven (Stribeck-Kurven) zeigen ausgehend vom Stillstand mit steigender n das schnelle Absinken von μ, bedingt durch die sich immer besser ausbildende Schmierstoffschicht. Zunächst wird das Gebiet der Mischreibung durchlaufen. μ sinkt bis auf ein Minimum in den Ausklinkpunkten $A(A', A''$ je nach p_L und $\eta)$ ab, die jenen Betriebszuständen entsprechen, bei denen für die kleinste Spalthöhe h_0 keine metallische Berührung der Gleitflächen bei einer fiktiven Übergangsdrehzahl $n_{ü}$ (z. B. für p_L und η mittel) mehr stattfindet.

Die Auslegung eines Lagers im Ausklinkpunkt ist unsicher, da der Bereich der kleinsten μ sehr klein ist. Schon bei einer geringen Drehzahländerung kann das Lager im Mischreibungsgebiet laufen. Soll ein Lauf im Bereich der Flüssigkeitsreibung gewährleistet sein, muss das Lager bei einer Betriebsdrehzahl $n > n_{ü}$ arbeiten, die für gleiche p_L und η hinreichend rechts vom Ausklinkpunkt liegt. Nach dem Minimum im Ausklinkpunkt steigt μ mit steigender n aufgrund der Flüssigkeitsreibung wieder an, so dass für hohe n, besonders bei kleiner p_L und großer η, sich

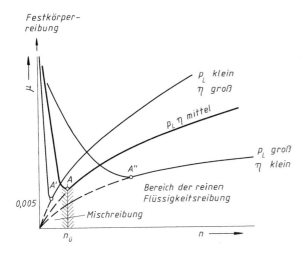

Bild 15-17
Stribeck-Kurven (schematisch). Reibungszahl μ abhängig von der Drehzahl n bei jeweils gleichbleibender p_L und η; Ausklinkpunkte A, A', A''

μ-Werte ergeben, die nahezu jenen bei Misch- oder gar Festkörperreibung entsprechen. Die obere Betriebsgrenze ist durch die maximal zulässige Lagertemperatur festgelegt, da die durch den Reibungsvorgang erzeugte Wärme das Lager aufheizt, so dass sich bei thermischer Überbeanspruchung Schäden am Gleitwerkstoff einstellen können (vgl. 15.4.1). Eine Vorausbestimmung von $n_{ü}$ bereitet erhebliche Schwierigkeiten (s. unter „Hinweis").

Treten keine Störeinflüsse (Unwuchten, Schwingungen, Formabweichungen, Montagefehler usw.) auf und sind die Betriebsbedingungen genau erfasst, dann kann bei unverkanteten und nicht durchgebogenen Wellen bei neuen Lagern $h_0 \geq h_{0\,zul} = \Sigma(Rz + Wt)$ für Welle und Lagerschale günstiger nachgewiesen werden (vgl. 15.1.3 Reibungszustände).

Nach einem geeigneten Einlauf über längere Zeit mit allmählicher Kraftsteigerung oder Drehzahlabsenkung kann infolge Glättung der Oberflächen mit $h_{0\,zul} \geq \Sigma Ra$ gerechnet werden. Die Kombination harte Wellenoberfläche gegen weiche Lageroberfläche begünstigt den Einlaufvorgang; bei ähnlicher Härte der Gleitflächen erhöht sich die Fressgefahr. Da außerdem die Abmessungen und die Gleitgeschwindigkeit von Einfluss sind, können Erfahrungswerte für $h_{0\,zul}$ aus TB 15-16 entnommen werden, wobei für Wellen $Rz_W \leq 4\,\mu m$ und für eingelaufene Lagergleitflächen $Rz_L \leq 1\,\mu m$ angenommen werden.

Beim freien Auslauf einer Maschine ergibt sich die Umkehrung des Anlaufvorganges. Ist beim Abstellen der Maschine der Schmierstoff nicht sehr warm geworden und sinkt die Lagerkraft F mit dem Auslauf, dann ist das Durchlaufen des Mischreibungsgebietes kurz und ungfährlich. Ist aber der Schmierstoff nach längerer, höherer Krafteinwirkung sehr warm geworden und verschwindet die Kraft erst kurz vor dem Stillstand, d. h. erstreckt sich bei $\eta' < \eta$ der Auslauf über längere Zeit, dann besteht Gefahr für die Lager, wenn der Übergang in die Mischreibung bei relativ hoher Übergangsdrehzahl $n_{ü}$ erfolgt (s. Bild 15-18). In diesem Fall ist es ratsam, den Maschinenauslauf durch einen Bremsvorgang abzukürzen bzw. das Lager während des Auslaufs hydrostatisch zu betreiben (vgl. 15.1.3).

15

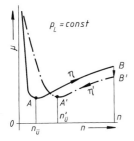

Bild 15-18
Stribeck-Kurven (schematisch) für An- und Auslauf bei stationärem Betriebszustand $B - B'$

Hinweis: Es war stets das Bestreben die Drehzahl zu kennen, bei der der Übergang von Misch- in Flüssigkeitsreibung, also die vollkommene Trennung der Gleitflächen beim Anlauf ($n_{\ddot{u}}$) oder umgekehrt der Übergang von Flüssigkeits in Mischreibung beim Auslauf ($n'_{\ddot{u}}$) erfolgt (Bild 15-18), weil dadurch die Tragfähigkeit eines Lagers bei $p_L = $ konstant bestimmt ist. Allgemein interessiert die höhere und damit ungünstigere Übergangsdrehzahl $n'_{\ddot{u}}$, da diese unbedingt noch unter der Betriebsdrehzahl n liegen muss, wenn ein sicherer Lauf im Bereich der Flüssigkeitsreibung gewährleistet sein soll.

Vogelpohl empfiehlt unter bestimmten Voraussetzungen als Zahlenwertgleichung angenähert für die Übergangsdrehzahl

$$n'_{\ddot{u}} \approx \frac{0{,}1 \cdot F}{C_{\ddot{u}} \cdot \eta_{\text{eff}} \cdot V_L} \qquad \begin{array}{c|c|c|c|c} n'_{\ddot{u}} & F & V_L & C_{\ddot{u}} & \eta_{\text{eff}} \\ \hline \min^{-1} & N & dm^3 & 1 & mPa\,s \end{array}$$

Darin sind die dynamische Viskosität η_{eff} bei der Temperatur ϑ_{eff} und das Lagervolumen $V_L = (\pi d_L^2/4) \cdot b$ einzusetzen.

Die Übergangskonstante $C_{\ddot{u}}$ lässt sich experimentell bestimmen und ist hauptsächlich von p_L und ψ_B abhängig (vgl. zu Gl. (15.5)). Wegen des nur engen Bereichs von ψ_B ist der Einfluss von p_L wesentlich größer. Nach Untersuchungen schwankt bei $1\,\text{N/mm}^2 < p_L < 10\,\text{N/mm}^2$ der $C_{\ddot{u}}$-Wert im Bereich von 1 bis 8, bei $p_L > 10\,\text{N/mm}^2$ wird $C_{\ddot{u}} \gg 6$, wodurch die Ermittlung von $n'_{\ddot{u}}$ sehr unsicher ist.

Überschlägig kann mit $C_{\ddot{u}} = 1$ für gute Werkstattarbeit und geeignetem Werkstoff gerechnet werden, was eine zusätzliche Sicherheit bedeutet, da die tatsächliche $n'_{\ddot{u}}$ dann normalerweise niedriger liegen dürfte. Empfohlen wird danach ein Drehzahlverhältnis $n/n'_{\ddot{u}} \geq 3$ für $u \leq 3$ m/s und $n/n'_{\ddot{u}} \geq u$ (als Zahlenwert) für $u > 3$ m/s.

Da die mit der exakten Lösung ermittelte kleinste Schmierspalthöhe h_0 (s. Gl. (15.8)) in sehr enger Beziehung zur Oberflächenrauigkeit steht, ist es zweckmäßiger $n'_{\ddot{u}}$ durch h_0 zu ersetzen und mit $h_0 > h_{0\,\text{zul}}$ Flüssigkeitsreibung (Vollschmierung) nachzuweisen (vgl. 15.4.1-4). Die kleinste zulässige Schmierspalthöhe $h_{0\,\text{zul}} \cong h_{\min\,\text{zul}}$ kann tatsächlich mit der ersten Berührung zwischen den Rauigkeitsspitzen von Welle und Lagerschale beschrieben werden, wobei es ohne Bedeutung ist, ob der Mischreibungsbeginn durch Drehzahlsenkung, Krafterhöhung oder Temperatursteigerung erreicht wird. Die Oberflächen sollen so gut hergestellt werden, dass nur eine kurze Einlaufzeit zum Erreichen der Vollschmierung erforderlich ist (vgl. Bild 15-3).

15.3.3 Schmierstoffversorgung der Gleitlager

1. Schmierungsarten

Ölschmierung ist für Gleitlager aller Arten bei kleinen bis höchsten Drehzahlen und Belastungen vorherrschend. Vorwiegend werden Mineralöle verwendet. Angaben über Eigenschaften von genormten Schmierölen (s. 15.1.4) enthält die Auswahl im TB 15-8a. Zusätze, z. B. von Molybdändisulfid, verbessern die Schmiereigenschaften durch Erhöhung der Haftfähigkeit und Glättung der Gleitflächen. Sie haben sich besonders bei Sparschmierung und hohen Temperaturen bewährt.

Fettschmierung wird nur bei Lagern mit sehr kleinen Drehzahlen und Pendelbewegungen sowie stoßartigen Belastungen angewendet, bei denen Flüssigkeitsreibung nicht zu erreichen ist; z. B. bei Pressen, Hebezeugen, Landmaschinen. Fett hat hierbei den Vorteil, sich besser und länger im Lager zu halten und gleichzeitig gegen Verschmutzung zu schützen. Verwendet werden Schmierfette nach DIN 51 825 (s. TB 15-8b).

Wasserschmierung hat sich bei Lagern aus Holz, Kunststoffen und Gummi bewährt, z. B. bei Walzen- und Pumpenlagern. Vorteilhaft kann die etwa zwei- bis dreimal so hohe Kühlwirkung des Wassers gegenüber der des Öles bei hochbelasteten Walzenlagern sein.

Trockenschmierung mit Festschmierstoffen wie Molybdändisulfid oder Graphit wird häufig bei hohen Temperaturen, zur Notlaufschmierung und zur einmaligen Schmierung bei langsam laufenden Lagern, bei Gelenken, Führungen und sonstigen Gleitstellen angewendet (vgl. unter 9.2.1). Die Festschmierstoffe werden meist als Pasten, seltener in Pulverform, verwendet und direkt auf die Gleitflächen aufgetragen.

Lager ohne Fremdschmierung haben Gleitwerkstoffe wie Kunstkohle (s. 15.3.1-2h), Kunststoffe als Verbundlager (s. 15.3.1-2e) oder Kombinationen von NE-Metallen verschiedener Härte, die selbst Schmiereigenschaften besitzen. In allen Fällen ist Verschleiß unvermeidbar und die Reibverlustleistung wird wegen $\mu \geq 0{,}3$ groß. Ihre Einsatzgrenzen werden durch die Wärmeleitfähigkeit und Wärmedehnung gesetzt.

15

Luft- bzw. Gasschmierung beschränkt sich wegen der nur geringen Belastbarkeit und der notwendigen relativ hohen Drehzahlen auf Lager für den Instrumenten- und Apparatebau wegen der geringen Reibungsverluste, sowie für Lager der pharmazeutischen, nahrungs- und genussmittelverarbeitenden Industrie, wenn keine Verunreinigungen durch Schmierstoffe auftreten dürfen. Gase (Luft, CO_2, N_2) sind jedoch kompressibel, d. h. ihre Dichte ist druckabhängig; außerdem steigt ihre Viskosität mit dem Druck und gering mit der Temperatur.

2. Schmierverfahren und Schmiervorrichtungen

Bei der *Durchlaufschmierung* kommt das Schmiermittel (Öl oder Fett) nur einmal zur Wirkung, da es die Gleitstelle nur einmal durchläuft und dann meist nicht wieder verwendet wird. Wegen der Unwirtschaftlichkeit wird diese Schmierung nur für gering beanspruchte, einfache Lager (Haushalts-, Büromaschinen und dgl.) verwendet und dort, wo andere Schmierverfahren nicht möglich sind (schwingende Lagerstellen, Gelenke) oder wo wegen Verunreinigung das Schmiermittel nicht wieder zu verwenden ist.

Öl-Schmiervorrichtung für Durchlaufschmierung: Handschmierung am einfachsten durch *offene Öllöcher* (Verschmutzungsgefahr!) oder durch *Öler* verschiedener Ausführungen nach DIN 3410 (Bild 15-19a bis c) für kurzzeitig laufende Lager. Selbsttätige Schmierung durch *Tropföler* (Bild 15-19e) mit sichtbarer regulierbarer Ölabgabe: Durch Schwenken des Knopfes um 90° wird Nadel (1) gehoben und Zulauföffnung freigegeben; durch Drehen der Mutter (2) wird Hubhöhe der Nadel und damit Zulaufmenge des Öles eingestellt; ferner durch *Dochtöler* (Bild 15-19d), die die Saugfähigkeit eines Dochtes benutzen, um gleichzeitig kleine Ölmengen aus einem Gefäß zur Schmierstelle zu fördern und durch automatische Schmierstoffgeber: Der Spendedruck wird entweder durch eine elektrochemische Reaktion (Bild 15-19f: 1 Aktivierungsschraube mit Gaserzeuger, 2 Elektrolytflüssigkeit, 3 Öl bzw. Fett) oder durch einen elektromechanischen Antrieb erzeugt. Für kritische Schmierstellen können batteriebetriebene oder maschinengesteuerte Einzel- oder Mehrpunktsysteme mit elektronischer Zustandsüberwachung eingesetzt werden.

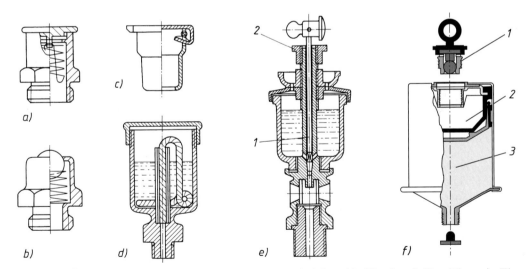

Bild 15-19 Öl-Schmiervorrichtungen. a) Einschraub-Deckelöler, b) Einschraub-Kugelöler, c) Einschlag-Klappdeckelöler, d) Dochtöler, e) Tropföler, f) automatische Schmierstoffgeber (Werkbild)

Fett-Schmiervorrichtungen: Staufferbüchse nach DIN 3411 (Bild 15-20a) und *Schmiernippel* für Hand-, Fuß- und automatische Schmierpressen: Kegelschmiernippel (Bild 15-20c und d), mit formschlüssiger Verbindung zum Pressenmundstück, sollen gegenüber Flach- und Trichterschmiernippeln bevorzugt werden; *Fettbüchse* (Bild 15-20e) für selbsttätige Schmierung: Durch federbelastete Scheibe (1) wird das Fett ständig nachgedrückt, durch Regulierschraube (2) die Fettmenge eingestellt.

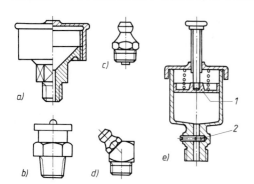

Bild 15-20
Fett-Schmiervorrichtungen.
a) Staufferbüchse
b) Flach-Schmiernippel
c) und d) Kegel-Schmiernippel
e) Fettbüchse

Bei der *Umlaufschmierung* wird das Schmiermittel durch ein Förderorgan fortlaufend der Schmierstelle zugeführt. Der Umlauf kann dabei so bemessen sein, dass das Schmiermittel nötigenfalls gleichzeitig zur Kühlung dient. Die Umlaufschmierung ist das gebräuchlichste Schmierverfahren bei Gleitlagern aller Art.

Schmiervorrichtungen für drucklose Umlaufschmierung: Bei Steh-, Flansch- und Einbaulagern mit mittleren Gleitgeschwindigkeiten (bis $u \approx 7 \dots 10$ m/s) und waagerechten Wellen wird die *Ringschmierung* am häufigsten angewendet. Feste Schmierringe (bis $u \approx 10$ m/s), die sich mit der Welle drehen, (Bild 15-27b) oder lose Schmierringe (bis $u \approx 7$ m/s), die sich auf der Welle abwälzen (Bild 15-27c), fördern das Öl aus einem Vorratsraum an die Gleitflächen. Die diesen von den Ringen zugeführten Ölmengen lassen sich wegen der vielartigen Einflussgrößen (Ringabmessungen, Ölviskosität, Gleitgeschwindigkeit u. a.) nur schwer ermitteln. Grobe Anhaltswer-

Gleitgeschwindigkeit u in m/s		1	2	3	4	5	6
Ölvolumenstrom $\dot{V}$ in dm^3/min	für losen Ring	0,13	0,16	0,17	0,18	0,18	–
	für festen Ring mit Abstreifer	0,45	0,38	0,33	0,3	0,28	0,28

Bild 15-21 Anhaltswerte für den durch Schmierringe den Gleitflächen zufließenden Ölvolumenstrom

te aus Versuchen an bestimmten Lagern gibt Bild 15-21. Lose Schmierringe können nach DIN 322 bemessen werden. TB 15-4 enthält die wichtigsten Abmessungen und Einbaumaße.

Die *Ölbadschmierung*, bei der die gleitenden Flächen in Öl laufen, wird oft bei Spurlagern und einbaufertigen Zweiringlagern ähnlich Bild 15-28 verwendet. Bei der *Tauchschmierung* tauchen die zu schmierenden Teile in Öl ein und fördern oder schleudern es an die Schmierstelle; Anwendung bei Kurbellagern in Kurbelgehäusen und bei Zahnradgetrieben.

Die *Druckumlaufschmierung* mittels Kolben- oder Zahnradpumpen ist die sicherste und leistungsfähigste bei hochbelasteten Lagern von Turbinen, Generatoren und Werkzeugmaschinen. Sie kann für einzelne Lager oder als Zentralschmierung für ganze Maschinen ausgebildet sein, bei der mit einer Pumpe über einstellbare Verteiler oder durch einstellbare Einzelpumpen den Schmierstellen eine dosierte Schmierstoffmenge zugeführt wird. Der ablaufende Schmierstoff wird gesammelt und abgeleitet.

Weitere praktische Hinweise für die Schmierung von Gleitlagern enthält DIN 31 692.

3. Schmierstoffzuführung

Zur Durchführung der Schmierung sind im Lagerkörper Bohrungen und Kanäle einzuarbeiten, die den Schmierstoff bis zum Gleitraum leiten. Im Gleitflächenbereich sind Schmierlöcher, Schmiernuten oder andere Freiräume vorzusehen, die den Schmierstoff im Gleitraum verteilen. Bei hydrodynamisch geschmierten Lagern soll der Schmierstoff stets außerhalb der belasteten Gleitflächenzone, in der Regel in einer Ebene senkrecht zur Lagerkraftrichtung zugeführt werden (s. 15.1.5-2 zu Bild 15-8).

15

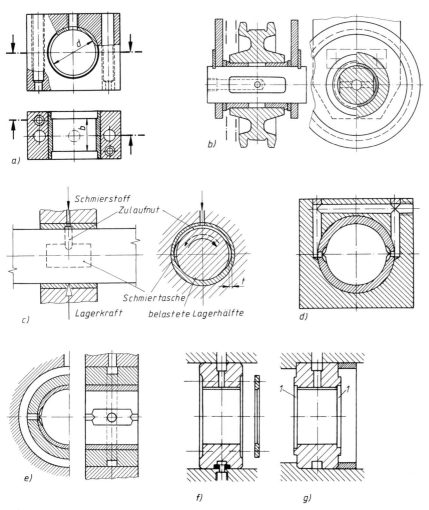

Bild 15-22 Schmierstoffzuführung. a) Blocklager mit Schmierloch, b) Laufrollenlagerung mit Schmier-nut (Abflachung) im stillstehenden Bolzen, c) Lager mit Zulaufnut und zwei Schmiertaschen, d) Block-lager mit zwei Nuten durch Bohrungen an Zuführungsstelle angeschlossen, e) Lager mit Ringnut und zwei Schmiertaschen mit reduziertem Nutquerschnitt, f) Einbau-Loslager mit durchgehender Nut und Drosselring, g) Einbau-Festlager mit durchgehender Nut und Ringspalte 1 an den Lagerenden

Schmierlöcher können in Verbindung mit Schmiernuten bzw. mit Schmiertaschen für größere Schmierräume angebracht werden. Sie sind nach DIN 1591 festgelegt (s. TB 15-5).
Oft genügt ein Schmierloch bzw. eine Schmiernut, stets an jenem Teil der Lagerung, der relativ zur Richtung der Lagerkraft stillsteht (vgl. Bild 15-22a, s. auch Bild 9-20). Wellen für Links-und Rechtslauf erhalten zwei Schmiertaschen mit Zulaufnut (vgl. Bild 15-22c), dsgl. sind bei geteilten Lagern zwei Schmiernuten an den Teilfugen zweckmäßig. Anzustreben ist dann, dass nur ein Anschluss für die Schmierstoffzufuhr vorhanden ist (vgl. Bild 15-22d, e). Reichlich ge-haltene Nutquerschnitte (Schmiertaschen) sollen nahe dem Lagerrand auf etwa 1/4 reduziert werden, um ein druckloses Abfließen von Öl zu verhindern (vgl. Bild 15-22e). Durchgehende Nuten können auch mit anzuschraubendem Drosselring abgeschlossen werden (vgl. Bild 15-22f). Festlager erhalten zur ausreichenden Versorgung der Axialgleitflächen stets durchgehende Nu-ten, wobei Ringspalte am Außenrand oder dahinter Öl erfassen und dem austretenden Öl ein Hindernis bilden (vgl. Bild 15-22g).

15.3.4 Gestaltung der Radial-Gleitlager

Für die Gestaltung der Radial-Gleitlager sind die Art der Anordnung und die betrieblichen Verhältnisse maßgebend:

Ausführung als Augen-, Flansch- oder Stehlager je nach Anordnung (Bild 15-25); in geteilter oder ungeteilter Ausführung je nach Ein- und Ausbaumöglichkeiten, als Starr- oder Pendellager (Bilder 15-27b und c) je nach Fluchtgenauigkeit der Lagerstellen und der Größe der Wellendurchbiegung.

1. Lagerbuchsen, Lagerschalen

Der Lagerwerkstoff (vgl. 15.3.1) ist meist in Form ungeteilter Buchsen oder geteilter Schalen im Lagergehäuse untergebracht.

Buchsen werden in die Bohrungen ungeteilter Lagergehäuse eingepresst oder auch eingeklebt. Möglichst sind genormte Buchsen nach DIN 1850, Teil 2 bis 6 und DIN ISO 4379-1 (Bild 15-23a; Abmessungen s. TB 15-2a) bzw. für Flansch- und Augenlager nach DIN 8221 (Bild 15-23c) oder gerollte Buchsen nach DIN 1494, Teil 1 bis 4 bzw. Einspannbuchsen nach DIN 1498 oder Aufspannbuchsen nach DIN 1499 für Lagerungen (vgl. 9.3.1-5 mit Bild 9-9) zu verwenden.

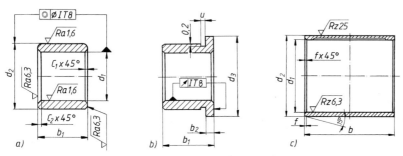

Bild 15-23 Lagerbuchsen. a) Gleitlagerbuchse DIN ISO 4379-1, Form C, b) Gleitlagerbuchse DIN ISO 4379-1, Form F, c) Buchse DIN 8221 für Gleitlager nach DIN 502, 503, 504 für $d_1 = 25 \ldots 180\,\mathrm{mm}$

Nach DIN ISO 4379-1 gelten die Angaben für glatte, massive Buchsen (Form C) und Buchsen mit Bund (Form F) vor allem aus Cu-Guss- bzw. Knetlegierungen für die zum Einbau eine vereinbarte Einpressfase von 15° (Y) bzw. ohne Bezeichnung von 45° an den Enden angedreht wird. Für Buchsen aus Sintermetall, Kunstkohle und Kunststoff sind ähnliche Formen bei etwas anderen Abmessungen vorgesehen (DIN 1850-3 bis -6). Schmierlöcher, Schmiernuten und Schmiertaschen sind nach DIN 1591 (vgl. 15.3.3-3 mit TB 15-5) genormt. Ausführungsformen der Schmierstoffzuführung und -verteilung für Gleitlagerbuchsen s. DIN 1850-2.

Buchsen meist aus G-CuSn7ZnPb für Flanschlager DIN 502 (2 Schrauben), DIN 503 (4 Schrauben) und Augenlager DIN 504 werden nach DIN 8221 (Bild 15-23c; s. Abmessungen TB 15-2b) gewählt (s. auch 15.3.4-2, Bild 15-25).

Lagerschalen können einbaufertig mit Lagerstützkörper aus Stahl (S235, C10, C15 u. a.) und Lagermetallausguss (z. B. PbSb15Sn10) gemäß DIN 38 (vgl. 15.3.1-2 Lagerwerkstoffe) ungeteilt nach DIN 7473 oder geteilt nach DIN 7474 bezogen werden. Sie werden ab Bohrung $d_1 = 50\,\mathrm{mm}$ bis 710 mm, H7, als Loslager mit oder ohne Bund (Form A oder C, Bild 15-24a, c) oder als Festlager mit Bund (Form B, Bild 15-24b) mit Schmiertaschen nach DIN 7477 (Form K oder L) ausgeführt (Abmessungen siehe TB 15-3).

Für Stehlagergehäuse nach DIN 31690 (vgl. Bild 15-26c) sind Lagerschalen ohne (Nr. 4) und mit Schmierringschlitz (Nr. 5) für Umlaufölschmierung bzw. mit Schmierringschlitz ohne Umlaufölschmierung (Nr. 6) ab $d_1 = 60 \ldots 1120\,\mathrm{mm}$, H7, mit Lagermetallausguss genormt (Bild 15-24d). Bezeichnung für Nr. 5, $d_1 = 180\,\mathrm{mm}$: Lagerschale DIN 31690−5×180 (Abmessungen s. Norm).

Oft werden Lagerschalen als Verbundlager (vgl. zu Bild 15-13) ausgebildet, z. B. mit Stützschale aus Stahl, Notlaufschicht aus G-CuPb-Legierung und Laufschicht (10 … 30 µm) galvanisch aufgebracht (Bild 15-24e).

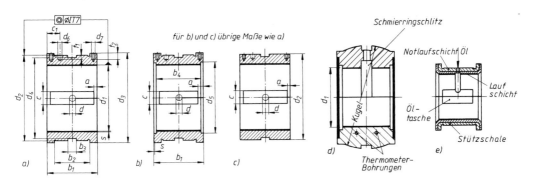

Bild 15-24 Lagerschalen (Maße und Bezeichnungen s. TB 15-3).
a) Loslager mit Bund (links DIN 7473 ungeteilt, rechts DIN 7474 geteilt, Form A),
b) Festlager mit Bund (übrige Maße wie a), Form B,
c) Loslager ohne Bund (übrige Maße wie a), Form C,
d) Lagerschale für Gehäusegleitlager DIN 31 690,
e) Mehrstoff-Lagerschale

2. Gestaltungsbeispiele

Die Konstruktion der Radiallager richtet sich nach den Anwendungen, aus denen sich bestimmte Bauformen entwickelt haben.

Zunächst seien die wichtigsten genormten Lager genannt:

Flanschlager, DIN 502, Befestigung mit 2 Schrauben (Bild 15-25a) Form A mit Buchse DIN 8221, Form B ohne Buchse, Bohrung $d_1 = 25 \dots 70$ (80) mm (Maße s. TB 15-1a) und DIN 503, Befestigung mit 4 Schrauben (Bild 15-25b) Form B mit Buchse DIN 8221, Form D ohne Buchse, Bohrung $d_1 = 35$ (45) $\dots 180$ mm (Maße s. TB 15-1b).

Augenlager, DIN 504 (Bild 15-25c) Form A mit Buchse DIN 8221 und Form B ohne Buchse, Bohrung $d_1 = 20$ (25) $\dots 180$ mm (Maße s. TB 15-1c).

Deckellager L, DIN 505 (Bild 15-25d) Befestigung mit 2 Schrauben, Bohrung $d_1 = 25 \dots 150$ mm mit Lagerschale M aus G-CuSn-Legierung DIN 1705 (Maße s. TB 15-1d) und Deckellager A, DIN 506, Befestigung mit 4 Schrauben, Bohrung $d_1 = 55 \dots 300$ mm mit Lagerschale C aus G-CuSn-Legierung (Maße s. Norm). Alle Lagerkörper der genannten Lager sind, sofern nicht anders vereinbart, aus EN-GJL-200.

Ferner sind *Steh-Gleitlager* für den allgemeinen Maschinenbau DIN 118 (Bild 15-26a), Form G mittlere und Form K schwere Bauform für Wellendurchmesser $d_1 = 25 \dots$ (140) 180 mm (Maße s. TB 15-1e) mit zugehöriger Sohlplatte DIN 189, $l_1 = 290 \dots 910$ mm (Bild 15-26b), sowie *Gehäusegleitlager* DIN 31 690 (Bild 15-26c) für Lagerschalen nach Bild 15-24d genormt (Maße für Wellendurchmesser $d_1 = 50 \dots 1120$ mm s. Norm), die für Ring- und Umlaufölschmierung und mit oder ohne Kühlrippen ausgeführt werden.

Als Konstruktionsbeispiel werden im Bild 15-27 Lagerschalen DIN 7473 (vgl. Bild 15-24a, b) für die Wellenlagerung in einem Zahnradgetriebegehäuse gezeigt.

Ein *starres Stehlager* mit Schmierung durch festen Schmierring zeigt Bild 15-27b. Das Öl wird von dem mit der Welle umlaufenden Schmierring (1) durch Ölabstreifer (2) in Seitenräume (3) gefördert und tritt durch Löcher (4) zwischen die Gleitflächen. Ölfangrillen (5) fangen das seitlich ausströmende Öl ab und führen es wieder in den Vorratsraum zurück. Die Laufschicht besteht aus Blei-Zinn-Lagermetall (z. B. PbSb15Sn10 s. TB 15-6). Das Lager verlangt genau fluchtende Wellen.

Zum Ausgleich von Fluchtfehlern und zur Vermeidung von Kantenpressungen, wie sie sich bei der Lagerung längerer Wellen ergeben können, sind *Pendellager* (Bild 15-27c) angebracht. Das dargestellte Lager ist ein Ringschmierlager mit losem Schmierring.

Ein *Einbau-Sintermetall-Lager* mit Vorratsschmierung zeigt Bild 15-28. Die ballige Auflage der Sinterbuchse im Gehäuse gestattet den Ausgleich kleinerer Wellenverlagerungen. Der Wellenzapfen trägt eine gehärtete Stahlbuchse.

15

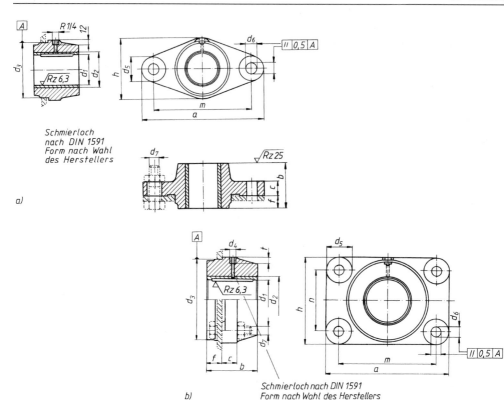

Schmierloch
nach DIN 1591
Form nach Wahl
des Herstellers

a)

b)

Schmierloch nach DIN 1591
Form nach Wahl des Herstellers

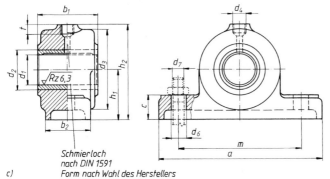

Schmierloch
nach DIN 1591
Form nach Wahl des Herstellers

c)

Bild 15-25
Genormte Gleitlager.
(Maße nach TB 15-1)
a) Flanschlager A, DIN 502
b) Flanschlager B, DIN 503
c) Augenlager A, DIN 504
d) Deckellager L, DIN 505
mit Lagerschale M

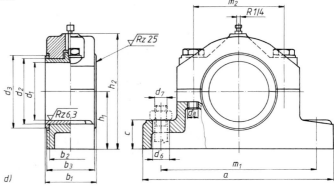

d)

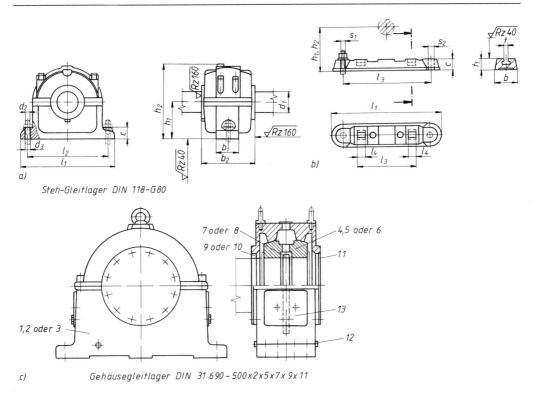

a) Steh-Gleitlager DIN 118-G80

b)

c) Gehäusegleitlager DIN 31 690 – 500 x 2 x 5 x 7 x 9 x 11

Lfd. Nr.	Benennung	Bemerkung
1	Stehlagergehäuse	ohne Kühlrippen, für Ringschmierung
2	Stehlagergehäuse	ohne Kühlrippen, für Umlaufölschmierung
3	Stehlagergehäuse	mit Kühlrippen, für Ringschmierung
4	Lagerschale	ohne Schmierringschlitz, für Umlaufölschmierung
5	Lagerschale	mit Schmierringschlitz, für Umlaufölschmierung
6	Lagerschale	mit Schmierringschlitz, ohne Umlaufölschmierung
7	Schmierring	ungeteilt
8	Schmierring	geteilt
9	Lagerdichtung	geteilt
10	Lagerdichtung	ungeteilt
11	Abschlussdeckel	ungeteilt
12	Verschlussschraube	DIN 908 nach Größe R1/2, R/4, R1
13	Ölstandanzeiger	nach Größe mit R1, R1 1/2, R2, R2 1/2

Bild 15-26 a) Steh-Gleitlager DIN 118 mit Bezeichnung, z. B. Form G, $d_1 = 80$ mm, b) Sohlplatte DIN 189 zu a gehörig, c) Gehäusegleitlager DIN 31 690 mit Stückliste und Bezeichnung, z. B. $d_1 = 500$ mm und lfd. Nrn. (s. auch Seiten- und Mittelflanschlager DIN 31 693 und DIN 31 694)

Zur Überwindung des kritischen Mischreibungsbereiches werden schwere Lager, z. B. von Turbinen und Generatoren, mit einer *Hochdruck-Anfahrvorrichtug* versehen (Bild 15-29). Vor dem Anlaufen wird Öl unter hohem Druck in die belastete Lagerhälfte (bei 1) gepresst, wodurch die Welle angehoben wird. Das Lager läuft mit *hydrostatischer Schmierung* an. Nach Erreichen der Übergangsdrehzahl läuft es mit hydrodynamischer Schmierung (durch Schmierring 2) weiter, nachdem die Druckschmierung eingestellt ist.

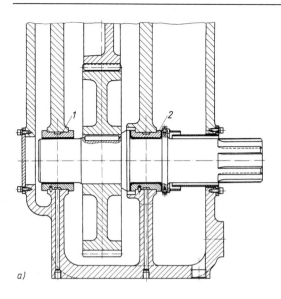

a)

Bild 15-27
a) Getriebelager
   1 Loslager, **2** Festlager,
   beide mit Bund (DIN 7473)
b) Starres Stehlager mit festem Schmierring,
c) Pendellager mit losem Schmierring
   DIN 322

b)

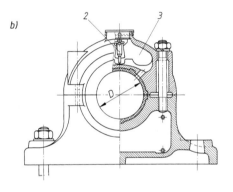

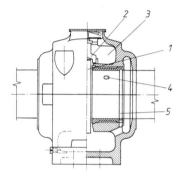

c)

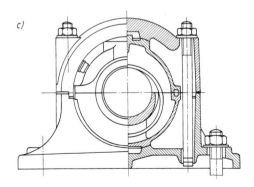

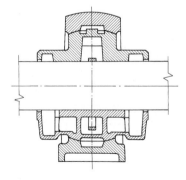

Da bei hydrodynamisch geschmierten zylindrischen Gleitlagern die Wellenlage von der Größe der Lagerkraft und der Drehzahl abhängt (vgl. zu Bildern 15-6 und 15-16), und bei kleiner relativer Exzentrizität ($\varepsilon \to 0$) selbst erregte Schwingungen entstehen können, muss bei hohen Drehzahlen n bzw. Umfangsgeschwindigkeiten u (bis über 100 m/s) das Lagerspiel relativ groß gewählt werden, da sonst die Erwärmung zu groß und e zu klein wird. Dadurch sinkt aber die Führungsgenauigkeit der Lager. Lagerungen mit erforderlicher Führungsgenauigkeit (z. B. bei

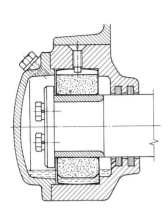

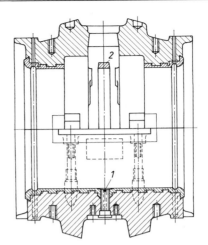

Bild 15-28 Einbau-Sintermetall-Lager

Bild 15-29 Schweres Ringschmierlager mit Hochdruck-Anfahrvorrichtung

Werkzeugmaschinenspindeln, Turbinenwellen) und hoher Drehzahl werden daher als Mehrflächengleitlager (MF-Lager, vgl. auch zu Bild 15-37) ausgeführt. Angewendet werden meist zwei Bauformen: *MF-Lager mit eingearbeiteten Staufeldern* (Bild 15-30a), bei denen auf Grund der Druckentwicklung in den Staufeldern die Welle in ein Kraftfeld eingespannt ist, das nach außen nicht wirksam wird und auch im unbelasteten Zustand erhalten bleibt; im belasteten Zustand verändern sich diese stabilisierenden Drücke nur wenig. Vor den sichelförmigen Schmierspalten wird der Schmierstoff aus dem Gleitraum gedrängt, so dass der Schmierstoffdurchsatz höher als bei einfachen Lagern ist, wodurch bessere Kühlung erreicht wird. Somit können auch kleinere Lagerspiele gewählt werden. Von Firmen werden einbaufertige MF-Radiallager ohne und mit einseitigem oder beidseitigem Axiallager, ungeteilt oder geteilt bis $d_L = 30$ mm mit 3 Gleitflächen, über $d_L = 30$ mm mit 4 Gleitflächen für $b/d_L = 0{,}5$; 0,75; 1 geliefert, die der Maschinenkonstruktion angepasst werden können (Bild 15-30b). MF-Radialgleitlager mit optimal einstellbarem Lagerspiel haben sich bei der Forderung nach hoher Rundlaufgenauigkeit und Laufruhe bei Spindellagerungen bewährt, Bild 15-30d.

MF-Lager mit Kippsegmenten (Bild 15-30c) bestehen aus beweglichen Segmenten (Sg) aus C10 bzw. S235 mit Lagermetalldicke $s = 1 \ldots 3{,}5$ mm und aus dem die Segmente führenden Käfig K aus G-AlSi8Cu3. Diese Teile bilden eine Einheit, so dass die Segmente nicht aus dem Käfig fallen. Im eingebauten Zustand stützen sich die Segmente mit ihrem Rücken in der Bohrung des Gehäuses ab. Der Kipp-Punkt ist in die Segmentmitte gelegt, so dass die Lager unabhängig von der Wellendrehrichtung verwendet werden können. Die Lagermaße entsprechen meist den Lagerschalen nach DIN 7474. Die Lager werden mit 4 (bzw. 5) Segmenten für normzahlgestufte Bohrungen $d = 50 \ldots 400$ mm und $b/d_L = 0{,}75 \ldots 1$ ausgelegt, wobei sich die Kraft im Wesentlichen auf einem oder auf zwei Segmenten abstützen kann. Umfangsgeschwindigkeiten bis über 100 m/s sind beherrschbar. Der Raum zwischen der Gehäusebohrung und der Welle wird zu einem Druckraum (Vordruck ca. 1 bar), durch den Frischöl unter Druck immer an einer Segmentlücke über eine Ringnut zugeführt wird (Bild 15-30e). In der Praxis liegt das Keinstspiel meist nicht über 1,5 ‰.

15.3.5 Gestaltung der Axial-Gleitlager

Die einfachste Ausführung stellt das *Ring-Spurlager* mit ebener Kreisring-Lauffläche (s. Bild 15-40) dar. Diese Bauart ist nur für geringe Drehzahlen oder Pendelbewegungen geeignet (s. auch unter 15.4.2-1). Die Schmierung erfolgt meist mit Fett, bei mittleren Drehzahlen auch mit Öl (Ölbad oder Umlaufschmierung). Bei Umlaufschmierung wird das Öl durch die Mitte der Spurplatte zugeführt und tritt durch Radial- oder Spiralnuten zwischen die Gleitflächen (Bild 15-31). Flüssigkeitsreibung ist wegen fehlender Anstellflächen nicht zu erreichen.

15

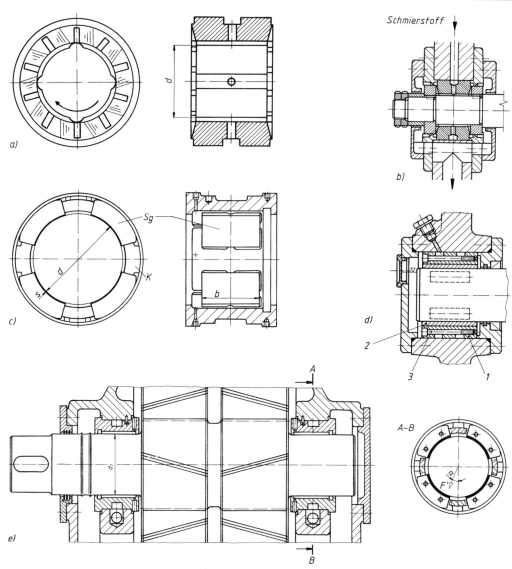

Bild 15-30 a) MF-Gleitlager mit beidseitigem Axiallager, b) Einbaubeispiel, c) Radial-Kippsegment-Gleitlager (Werkbild), d) spieleinstellbares Mehrflächen-Radialgleitlager (Bauart Spieth) mit Tauch-schmierung, **1** profilierte Stahlhülse, **2** Lagerbuchse (Cu-Sn-Leg.), **3** Spannschrauben, e) Getriebe-Ein-baubeispiel mit Kippsegment-Lagern (Werkbild)

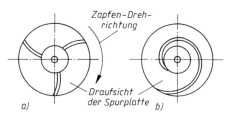

Bild 15-31
Anordnung der Schmiernuten bei Ring-Spurlagern.
a) Radialnuten
b) Spiralnut

Um unabhängig vom Bewegungszustand Flüssigkeitsreibung auch bei veränderlichen Axialkräften zu erhalten, werden *hydrostatische Lager* ausgeführt (vgl. 15.4.2-1). Ohne den Pumpenzuführdruck bei Kraftänderung abzuändern, wird die in den Gleitraum mündende Bohrung als hydraulische Drossel (1) ausgebildet (Bild 15-32a), so dass $p_Z > p_T$ ist. Die Bauformen solcher Lager werden wesentlich durch die Ausbildung der Schmiertaschen bestimmt. Diese sind entlang einer ebenen Ringfläche am Wellenende angebracht (vgl. Bild 15-41). Für durchgehende Wellen können ringförmige Schmiertaschen angewendet werden, für die mit Rücksicht auf mögliche Schiefstellung der Welle mehrere Taschen mit je einer Drossel vorgesehen sind (Bild 15-32b).

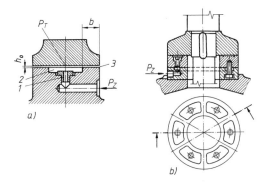

Bild 15-32
Hydrostatische Lager.
a) mit Eingangsdrossel 1; Schmiertasche 2; Gleitraumbereich 3; $b \approx 0{,}25d_a$ Gleitringbreite; Zuführdruck p_Z; Taschendruck p_T,
b) für durchgehende Welle mit mehreren Eingangsdrosseln und Schmiertaschen

Hydrodynamische Schmierung wird für größere Axialkräfte und höhere Drehzahlen durch Einbau feststehender geschlossener *Axiallagerringe* mit eingearbeiteten Keilflächen (vgl. 15.4.2-2a mit Bild 15-43) erreicht. Die Fertigung (Feinkopieren) verlangt hohe Genauigkeit. Zwecks Einheitlichkeit und zur Vereinfachung der Berechnung sind diese flachen Scheiben nach DIN 31697 für Innendurchmesser $d_1 = 31{,}5 \ldots 355$ mm gemäß R20, $d_1 = 375 \ldots 500$ mm gemäß R40 festgelegt (Bild 15-33a, c). Druckflächen-Durchmesser d_2, Außendurchmesser d_3 sind für verschiedene Ringhöhen h ebenfalls nach Normzahlen gestuft. Den Einbau eines Ringes bei senkrechter Welle zeigt Bild 15-33d, den eines beiderseits wirkenden Ringes bei waagerechter Welle Bild 15-33e. Aus Montagegründen werden sie auch geteilt ausgeführt (Bild 15-33b).
Um Fertigungsschwierigkeiten zu vermeiden, werden die meisten Axialgleitlager als Kippsegment-Lager ausgeführt (vgl. 15.4.2-2b mit Bild 15-43).
Die Einbaumaße der Segment-Axiallager sind nach DIN 31696, außenzentriert (Form A) oder innenzentriert (Form B) mit $d_1 = 100 \ldots 355$ mm gemäß R20 und $d_1 = 375 \ldots 1000$ mm gemäß R40 normzahlgestuft festgelegt (Bild 15-34a).
Bezeichnung mit $d_1 = 250$ mm, $d_2 = 400$ mm: Segment-Axiallager DIN 31696−A250×400 UR (vgl. Bild 15-34a). Die Abstützung der Segmente kann sehr verschieden sein.
Bei der Standardbauart sind die Segmente im Gehäuse oder auf einem Tragring (ungeteilt oder geteilt) mit Haltestiften befestigt (Bild 15-34b).
Alle Tragringe können mit Ausgleichsringen versehen sein (Bild 15-34c), damit bei der Montage Fertigungstoleranzen durch Nacharbeit ausgleichbar sind. Die meist ebenen Segmente bilden mit ihrer Halterung eine Einheit und werden mit Kippkanten oder mit gehärteten Kugeldruckstücken ausgeführt.
Die Getriebewelle im Bild 15-34d zeigt ein Radial- und Axiallager, dessen Kippsegmente mit Kugeldruckstücken versehen sind. Um die axiale Bewegungsmöglichkeit der Welle innerhalb eines gewissen Spiels zu begrenzen, wird das Axiallager mit Doppeltragring eingebaut.
Ein *kombiniertes Lager* für hohe Radial- und Axialkräfte in beiden Richtungen ist das Schiffswellenlager (Bild 15-35). Die Axialkraft wird vom Wellenbund (1) je nach Richtung auf einen der beiden Mehrgleitflächen-Druckringe (2) übertragen, die durch Tellerfedern (3) spielfrei gegen den Bund gedrückt werden. Bei diesem Lager benutzt man die Umlaufschmierung durch eine Pumpe. Das seitlich austretende Öl wird durch Spritzringe (4) und Filzringe (nicht dargestellt) abgefangen und aus dem Fangraum durch Rohre (5) in den Sammelraum (6) geführt.

15

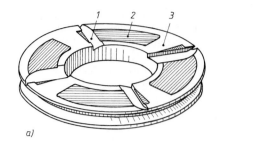
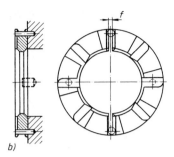

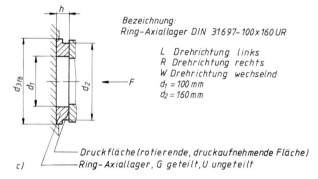

Bezeichnung:
Ring-Axiallager DIN 31697-100×160 UR

 L Drehrichtung links
 R Drehrichtung rechts
 W Drehrichtung wechselnd
 d_1 = 100 mm
 d_2 = 160 mm

Druckfläche (rotierende, druckaufnehmende Fläche)
Ring-Axiallager, G geteilt, U ungeteilt

Bild 15-33
Ring-Axiallager (Einscheiben-Spurlager),
a) für eine Drehrichtung:
 1 Schmiernut
 2 Keilfläche
 3 ebene Rastfläche
b) geteilte Ausführung mit Stiftsicherung gegen Mitdrehen und Verhinderung des Ölaustritts (f)
c) Lagerabmessung DIN 31697
d) Einbau des Ringes bei senkrechter Welle:
 1 Ölzufuhr
 2 Ringnut
 3 Hohlschraube
e) Einbau eines beiderseits wirkenden Ringes
 1 bei waagerechter Welle zwischen Stahllaufringen
 2 fest mit Welle verbunden
 3 Distanzring

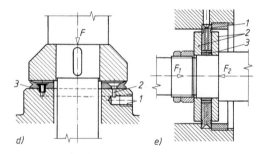

Zur Aufnahme höchster Axialkräfte (bis nahezu 10 MN!) bei senkrechten Wellen, z. B. von Wasserturbinen (Francis- und Kaplan-Turbinen), werden *Kippsegment-Lager* (Bild 15-36) eingesetzt. Der aus hochwertigem Stahl bestehende Laufring (1) ist mit dem auf der Welle festsitzenden Tragring (2) verschraubt. Die den Spurring bildenden Kippsegmente (3) aus Stahl mit einer Weißmetall-Lauffläche liegen kippbeweglich auf elastischen Unterlegscheiben, die auch gleichzeitig geringe Abweichungen der Höhenlage ausgleichen sollen. Durch die zwischen den „angestellten" Segmentflächen und dem Tragring sich bildenden Schmierkeile entsteht nach Erreichen der Übergangsdrehzahl Flüssigkeitsreibung.

Das Öl tritt nach Durchlaufen eines Kühlers durch den Filter (4) und die Düsen (5) ins Lager und läuft durch die Rohrleitung (6) der Pumpe zu (Umlaufschmierung).

15.3.6 Lagerdichtungen

Bei Gleitlagern erschwert die Seitenströmung das Eindringen von Fremdkörpern in das Lager. Trotzdem erfordert die betriebssichere Funktion eine ausreichende Abdichtung des Lagerinnenraumes.

Das Wandern von Schmieröl entlang der Welle kann bereits durch einfache Maßnahmen verhindert bzw. erschwert werden, z. B. durch mitlaufende Spritzringe, durch scharfkantige Rillen

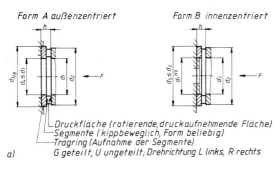

Form A außenzentriert   *Form B innenzentriert*

Druckfläche (rotierende, druckaufnehmende Fläche)
Segmente (kippbeweglich, Form beliebig)
Tragring (Aufnahme der Segmente)
a)   G geteilt, U ungeteilt; Drehrichtung L links, R rechts

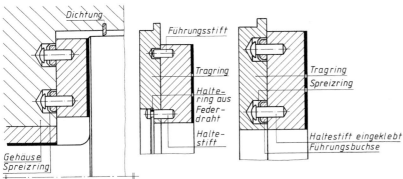

b)

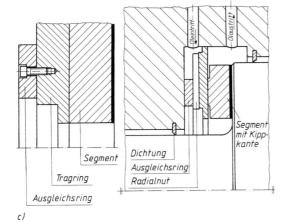

c)

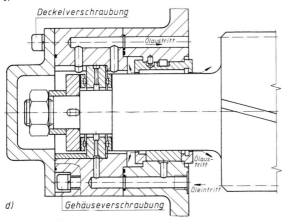

d)

Bild 15-34
Axial-Kippsegment-Lager.
a) Einbaumaße nach DIN 31696
b) Standardbauart ohne Tragring, mit
   Tragring und Haltering für kleinere Lager sowie mit Tragring und
   Spreizringhalterung
c) Ausgleichsring mit plangeläpptem
   Tragring und Konstruktion mit
   Ölein- und -austritt
d) Einbaubeispiel mit Doppeltragring
   für Segmente mit Kugeldruckstücken und Ölkreislauf
Bilder b, c, d Werkbilder

15

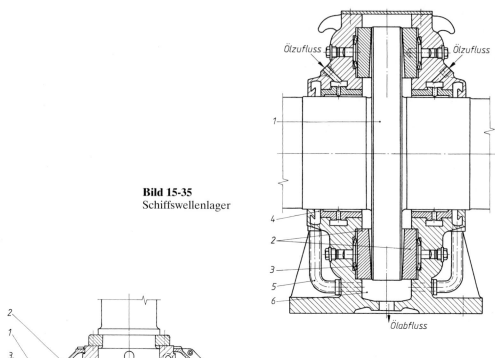

Bild 15-35
Schiffswellenlager

Ölzufluss   Ölzufluss

1

4

2

3

5

6

Ölabfluss

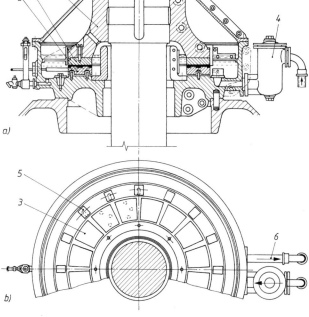

a)

b)

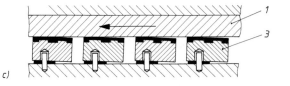

c)

Bild 15-36
Segment-Spurlager für Wasserturbine (Werkbild).
a) Vorderansicht (Schnitt)
b) Draufsicht auf die Segmente
c) Schnitt durch Laufring und Segmente (gestreckt)

15

entlang der Welle, Ölfangrillen oder Kapillarringspalte am Ende der Lagerbohrung (z. B. (5) in Bild 15-27b).

Allen berührungsfreien Dichtungen ist gemeinsam, dass sie bei ruhender Welle undicht sind. Ihre volle Dichtwirkung erreichen sie erst oberhalb einer Mindestdrehzahl.

Bis zu mittleren Gleitgeschwindigkeiten werden die gleichen berührenden Dichtungen eingesetzt wie bei Wälzlagern, z. B. Radialwellendichtringe, V-Ringe und Filzringe.

Gebräuchliche Dichtungsausführungen s. Kapitel 19.

15.4 Berechnungsgrundlagen

15.4.1 Berechnung der Radialgleitlager

Die Berechnung wird grundsätzlich mit den numerischen Lösungen der reynoldsschen Differentialgleichung als Grundgleichung der hydrodynamischen Schmiertheorie im Sinne von DIN 31652[1] für vollumschließende (360°-)Radiallager (Kreiszylinderlager) bzw. für halbumschließende (180°-)Radiallager bei Vollschmierung durchgeführt. Bei der Lösung wird u. a. vorausgesetzt, dass der im Abschnitt 15.1.4 erwähnte newtonsche Schubspannungsansatz gilt, wobei im Schmierspalt laminare Strömung ohne Änderung der Viskosität herrscht, außerdem die Gleitflächen vollkommen glatt und starr sind und der Schmierspalt über die Lagerbreite parallel verläuft (vgl. Bild 15-9a). Der Schmierstoffeintrittsdruck ist gering gegenüber dem mittleren hydrodynamischen Druck, so dass die infolge reiner Drehung der Welle fließende Schmierstoffmenge (Schmierstoffdurchsatz) der Gleitgeschwindigkeit proportional sein soll.

Unter Berechnung eines Lagers mit Flüssigkeitsreibung ist die rechnerische Ermittlung der Funktionsfähigkeit anhand von Betriebskennwerten (Relativwerte) aus den Lagerabmessungen und Betriebsbedingungen zu verstehen, wobei die Kennwerte mit zulässigen Werten verglichen werden.

Mit der Näherungslösung der reynoldsschen Gleichung ergeben sich Ähnlichkeitsgrößen, mit denen die Schmierspalthöhe, die Reibungszahl, die Wärmebilanz und der Schmierstoffdurchsatz ermittelbar sind. Bei gleichen Ähnlichkeitsgrößen hinsichtlich der Lagergröße, der Betriebsbedingungen und der Geometrie für verschiedene Betriebszustände haben Lager gleiche Betriebskennwerte. Aus den Ähnlichkeitsgrößen sind die Betriebskennwerte bestimmbar, die zur Beurteilung der Funktionsfähigkeit dienen.

1. Betriebskennwerte (Relativwerte)

Zweckmäßigerweise wird bei Berechnungen mit dimensionslosen Kennwerten, sogenannten Relativwerten, gearbeitet, die untereinander verknüpft Vereinfachungen mit Ähnlichkeitsgrößen ergeben.

Neben der relativen Lagerbreite gleich Breitenverhältnis b/d_L nach Gl. (15.3) werden folgende Relativwerte verwendet:

a) Relatives Lagerspiel

$$\text{allgemein} \qquad \psi = \frac{s}{d_L} = \frac{d_L - d_W}{d_L} \approx \frac{d_L - d_W}{d_W} \tag{15.5}$$

Entsprechend dem Größt- und Kleinstspiel (vgl. 2.2.1) schwankt auch ψ zwischen einem Größt- und Kleinstwert. Bei einem zu erwartenden mittleren absoluten Lagerspiel $s = 0{,}5(s_{max} + s_{min})$ ist daher ψ gleichfalls als Mittelwert zu betrachten, die wie s von der Drehzahl n_W bzw. von der Gleitgeschwindigkeit u_W oder Winkelgeschwindigkeit ω_{eff} und von der spezifischen Lagerbelastung p_L (vgl. 15.3.2) abhängig ist.

---

[1] Herleitung der reynoldsschen Gleichung siehe 15.6, Literatur.

Maßgebend für die Berechnung ist jedoch nicht das Einbau-Lagerspiel s_E (Fertigungsspiel, Kaltspiel) bei 20 °C, sondern das Betriebslagerspiel s_B (Warmspiel) bei der der effektiven dynamischen Viskosität η_{eff} zugrunde liegenden effektiven Temperatur ϑ_{eff} (>50 °C), das je nach Lagerbauart und Werkstoff meist kleiner als s_E ist.

Hinweis: Für die Ermittlung des Einbau-Lagerspiels s_E müssen die unteren und oberen Abmaße der Lagerbohrung EI, ES bzw. der Welle ei, es bekannt sein. Damit ergeben sich $s_{E\,max} = (d_L + ES)$ $-(d_W + ei)$ und $s_{E\,min} = (d_L + EI) - (d_W + es)$ für die Temperatur der Umgebungsluft $\vartheta_U = 20$ °C, so dass relativ $\psi_E = 0{,}5 \cdot (s_{E\,max} + s_{E\,min})/d_L$ ist. Die Lagerspieländerung Δs kann bei der effektiven Lagertemperatur ϑ_{eff} ermittelt werden:

$$\Delta s_{max} = [(d_L + ES) \cdot \alpha_L - (d_W + ei) \cdot \alpha_W] \cdot (\vartheta_{eff} - 20°)$$

und

$$\Delta s_{min} = [(d_L + EI) \cdot \alpha_L - (d_W + es) \cdot \alpha_W] \cdot (\vartheta_{eff} - 20°)$$

Hierbei bedeuten α_L der Längenausdehnungskoeffizient der Lagerschale bzw. des Lagergehäuses und α_W der Welle (Werte s. TB 15-6 bzw. TB 12-6b). Das Betriebslagerspiel wird $s_{B\,max} = s_{E\,max} + \Delta s_{max}$ und $s_{B\,min} = s_{E\,min} + \Delta s_{min}$, womit sich das mittlere relative Betriebslagerspiel $\psi_B = 0{,}5(s_{B\,max} + s_{B\,min})/d_L$ berechnen lässt. Dsgl. ergibt sich $\psi_B = \psi_E + \Delta\psi$, wenn die Spieländerung $\Delta\psi = (\alpha_L - \alpha_W)$ $\times (\vartheta_{eff} - 20°)$ ist.

Da Δs jedoch wesentlich von der Gestaltung des Lagers abhängt (Lager mit freier Ausdehnungsmöglichkeit bzw. Lager in starren Maschinenrahmen), ist, insbesondere bei geringem Temperaturunterschied, zu überlegen, ob nicht aufgrund der Toleranzen das *Einbau-Lagerspiel gleich dem Betriebslagerspiel* zu setzen ist, zumal die Spieländerungsrechnung kaum wirklichkeitsgetreu ausfallen wird (vgl. 15.5, Beispiel 15.1). Bei dünnem Lagermetallausguss kann die Wärmeausdehnung der Schale vernachlässigt werden.

Die Werte des relativen Lagerspiels im Betriebszustand als Dezimalbruch schwanken etwa zwischen $\psi_B = 0{,}5 \cdot 10^{-3}$ bei großer F und niedriger n_W und $\psi_B = 3 \cdot 10^{-3}$ bei kleiner F und hoher n_W, also zwischen 0,5‰ und 3‰; in erster Näherung genügt zunächst $\psi_B = 1 \cdot 10^{-3}$ bzw. 1‰. Entsprechend den Erläuterungen zu Bild 15-16 kann bei fehlenden Lagertoleranzen als Richtwert ein *mittleres relatives Einbau- bzw. Betriebslagerspiel* ψ_E bzw. ψ_B abhängig von der Umfangsgeschwindigkeit der Welle u_W in m/s vorgewählt werden:

$$\boxed{\psi_E \quad \text{bzw.} \quad \psi_B \approx 0{,}8 \sqrt[4]{u_W} \cdot 10^{-3}} \qquad \frac{\psi_E, \; \psi_B}{1} \; \bigg| \; \frac{u_W}{\text{m/s}} \qquad (15.6)$$

Dafür können bei vergleichbaren bewährten Ausführungen nach TB 15-10a die unteren Werte bei weichem Lagerwerkstoff (niedriger E-Modul) für relativ hohe p_L und niedriger η_{eff} sowie $b/d_L \leq 0{,}8$, die oberen Werte bei hartem Lagerwerkstoff (höherer E-Modul) für relativ niedrige p_L und hohe η_{eff} sowie $b/d_L \geq 0{,}8$ gewählt werden. Im Zweifelsfall sind die oberen Werte vorzuziehen.

Wird d_W berücksichtigt, kann ψ_E in ‰ nach der Normzahl-Auswahlreihe 0,56 bis 3,15‰ aus TB 15-10b erfahrungsgemäß gewählt werden. Im TB 15-11 sind nach DIN 31 698 entsprechend ψ_E die Wellenabmaße sowie für H-Lagerbohrungen bei mittlerem Lagerspiel und arithmetischem Mittel des Nennmaßbereiches die erforderlichen Größt- und Kleinstspiele aufgeführt.

Hinweis: Werden ISO-Passungen zur Festlegung eines bestimmten Spiels benutzt, sollen die Toleranzfelder der Welle und Bohrung soweit auseinander liegen, dass in jedem Fall mindestens 80 % des angestrebten Spiels erreicht werden. Günstiger ist es, wenn die obere Grenze der Wellentoleranz um die Größe des erwünschten Spiels von der unteren Grenze der Bohrungstoleranz entfernt liegt. Dabei kann u. U. eine Überschreitung des angestrebten Spiels in Kauf genommen werden, solange es noch innerhalb der unter TB 15-10a angegebenen Grenze bleibt.

Die Streuungen von Toleranzfeldern für ISO-Passungen bei ψ_E ist im TB 15-12 angegeben. Man erkennt, dass bei kleinem d_L und engem Lagerspiel Qualitäten erreicht werden, die kaum noch herstellbar sind. Die Spanne zwischen kleinstem und größtem Lagerspiel erfordert oft eine Nachprüfung des Betriebsverhaltens.

b) Relative Exzentrizität

Nach Bild 15-6 bzw. 15-7 verlagert sich die Welle je nach Wellendrehzahl n_W bzw. Gleitgeschwindigkeit u_W oder Winkelgeschwindigkeit ω_{eff} um die Exzentrizität $e = 0{,}5 \cdot s - h_0$ mit einem bestimmten Verlagerungswinkel β. Die relative Exzentrizität ist

allgemein $\qquad \boxed{\varepsilon = \dfrac{e}{0{,}5 \cdot s} = \dfrac{e}{0{,}5 \cdot d_L \cdot \psi}} \qquad\qquad$ (15.7)

Damit läßt sich aus $h_0 = 0{,}5 \cdot s - e$ durch Einsetzen von s aus Gl. (15.5) und e aus Gl. (15.7) für das relative Lagerspiel im Betriebszustand ψ_B die *kleinste Schmierspalthöhe* ermitteln:

$$\boxed{h_0 = 0{,}5 \cdot d_L \cdot \psi_B (1 - \varepsilon) \cdot 10^3 \geq h_{0\,zul}} \qquad \begin{array}{c|c|c} h_0,\, h_{0\,zul} & d_L & \psi_B,\, \varepsilon \\ \hline \mu m & mm & 1 \end{array} \qquad (15.8)$$

d_L Lagerdurchmesser (Nennmaß)
ψ_B relatives Lagerspiel (vgl. Gl. (15.5))
ε relative Exzentrizität (errechnet, meist $\varepsilon = f(So,\, b/d_L)$ aus TB 15-13 ablesbar)
$h_{0\,zul}$ zulässiger Grenzrichtwert für h_0 in Abhängigkeit von d_W und u_W nach TB 15-16 (beachte zugehörige Überschrift), sonst $h_0 > h_{0\,zul} \cong h_{min\,zul} = \Sigma(Rz + Wt)$ bei unverkanteter und nicht durchgebogener Welle

Gleichzeitig kann angenähert die Winkellage $\beta°$ der h_0 bzw. in Bezug auf die Wirkungslinie der Lagerkraft F, d. i. der *Verlagerungswinkel* $\beta°$ abhängig von ε und b/d_L, aus TB 15-15a und b bei ungestörtem Druckaufbau für reine Drehung entnommen werden (vgl. Erläuterungen zu Bildern 15-6 und 15-7). Für vollumschließende (360°-)Lager (a) und bei halbumschließenden (180°-)Lagern (b) sind unterschiedliche Winkel $\beta°$ abzulesen (beachte Erläuterungen zu Gl. (15.9)).

c) Sommerfeldzahl

Bei Vollschmierung ergibt sich bei reiner Drehung der Welle die Reibung nur aus den Verschiebekräften F_t gleich Reibungskräften F_R des Schmierstoffs am Wellenumfang.

Wird der Sonderfall angenommen, dass sich die Welle in einem 360°-Lager bei $n = \infty$ in der Lagermitte M befindet (vgl. Bild 15-6), dann ist der Schmierstoffdruck an jeder Stelle gleich, weshalb das Lager in diesem Betriebszustand kaum eine Kraft aufnehmen kann.

Aus dem allgemeinen newtonschen Schubspannungsansatz (vgl. 15.1.4) $\tau = F_t/A = F_t/(d \cdot \pi \cdot b)$ bzw. $\tau = \eta \cdot u/h$ bzw. mit $h = 0{,}5 \cdot s$ und $u = 0{,}5 \cdot d \cdot \omega$, wird $\tau = \eta \cdot \omega/\psi$, wenn nach Gl. (15.5) $\psi = s/d$ für den Nenndurchmesser d gilt. Die Reibungskraft ergibt sich daraus: $F_R \cong F_t = \tau \cdot d \cdot \pi \cdot b = \eta \cdot (\omega/\psi) \cdot d \cdot \pi \cdot b$. Ist mit einer nur sehr geringen Lagerkraft F (bei sehr geringer Abweichung von der Lagermitte M) die Reibungszahl für Flüssigkeitsreibung $\mu = F_R/F \cong F_t/F = F_t/(p \cdot b \cdot d)$ mit allgemein F aus Gl. (15.4), so erhält man nach Einsetzen von F_t die Petroffsche Gleichung: $\mu = \eta \cdot \omega \cdot d \cdot \pi \cdot b/(p \cdot b \cdot d \cdot \psi) = \eta \cdot \omega \cdot \pi/(p \cdot \psi)$. Als *Reibungskennzahl* gilt für den Sonderfall allgemein: $\mu/\psi = \eta \cdot \omega \cdot \pi/(p \cdot \psi^2)$ (vgl. zu d, Reibungskennzahl).

Aus der Reibungskennzahl kann mit $\mu/\psi = \pi/So$ eine dimensionslose Ähnlichkeitsgröße, die *Sommerfeldzahl* ermittelt werden, wenn Formelzeichen und Betriebskennwerte Anwendung finden:

$$\boxed{So = \dfrac{p_L \cdot \psi_B^2}{\eta_{eff} \cdot \omega_{eff}} = \dfrac{F \cdot \psi_B^2}{b \cdot d_L \cdot \eta_{eff} \cdot \omega_{eff}}} \quad \begin{array}{c|c|c|c|c|c} So,\, \psi_B & p_L & F & \eta_{eff} & \omega_{eff} & b,\, d \\ \hline 1 & N/mm^2 & N & Ns/mm^2 & 1/s & mm \end{array} \quad (15.9)$$

p_L spezifische Lagerbelastung nach Gl. (15.4)
F Lagerkraft
ψ_B mittleres relatives Lagerspiel als Dezimalbruch bei ϑ_{eff} (s. zu Gl. (15.8))
η_{eff} effektive dynamische Viskosität bei ϑ_{eff} nach TB 15-9
$\omega_{eff} = 2\pi \cdot n_w$ effektive Winkelgeschwindigkeit
$b,\, d_L$ Lagerbreite, Lagerdurchmesser

Die Sommerfeldzahl So als Lagerkennzahl ist für das Betriebsverhalten aller Radiallager kennzeichnend. Die einzelnen Größen spiegeln deutlich das hydrodynamische Druckverhalten und damit die Tragfähigkeit wieder:

$p_L \sim 1/\psi_B^2$,   d. h. p_L ist proportional dem Quadrat des reziproken relativen Lagerspiels bzw. jede Spielverkleinerung wirkt sich quadratisch auf die Steigerung der Tragfähigkeit aus.

15

$p_\text{L} \sim \eta_\text{eff}$,   d. h. p_L ist proportional zur Viskosität bzw. jede η-Erhöhung ergibt eine Tragfä-
          higkeitssteigerung.

$p_\text{L} \sim \omega_\text{eff}$,   d. h. p_L ist proportional der Winkelgeschwindigkeit (Drehzahl, Gleitgeschwindig-
          keit) bzw. jede Drehzahlerhöhung bringt eine Tragfähigkeitssteigerung.

*Gleitlager sind danach hydrodynamisch ähnlich, wenn sie bei gleicher Lage des Schmierstoffein-
tritts (Schmiernut u. dgl.) die gleiche So und gleiches Breitenverhältnis b/d_L, d. h. gleiche h_0 im
Verhältnis zum Lagerspiel und die gleiche Reibungskennzahl μ/ψ_B haben.*

Die Temperatur des Schmierstoffs $\vartheta_\text{eff} \cong \vartheta_0$ einer Richttemperatur im Lager muss für den ersten Entwurf angenommen und aus ihr η_eff ermittelt werden (vgl. TB 15-9). Da die Lagerkraft F
und die Wellendrehzahl n_W und damit ω_eff bekannt sind, kann So mit dem für den jeweiligen
Anwendungsfall festgelegten ψ_B (vgl. zu Gl. (15.5) und Gl. (15.6)) bestimmt werden.

Mit So und b/d_L kann die relative Exzentrizität ε vollumschließender (360°-)Lager aus TB 15-13a
bzw. b gefunden werden; dsgl. gilt auch näherungsweise für halbumschließende (180°-)Lager,
da nur im Bereich niedriger ε mit geringen Abstrichen der Genauigkeit zu rechnen ist. Mit
Hilfe von Gl. (15.8) ergibt sich dann die kleinste Schmierspalthöhe $h_0 \geq h_{0\,\text{zul}}$. Der Verlagerungswinkel $\beta° = f(\varepsilon, b/d_\text{L})$ kann aus TB 15-15 für 360°-Lager (a) und 180°-Lager (b) geschätzt werden.

*Hinweis: Das Diagramm TB 15-15b ist auch für 360°-Lager zugrunde zu legen, bei denen die Schmier-
stoffzufuhr seitlich, d. h. um 90° gedreht zur Lastrichung erfolgt, vgl. Bilder im TB 15-18b 3 bis 6, s. auch
Bild 15-22c, d.*

Schon aus dem ermittelten Wert der So kann ein Einblick in das Verhalten des Lagers gewon-
nen werden. Im Diagramm des TB 15-13b ist im Bereich *B* bei So ≥ 1 und $\varepsilon = 0{,}6 \ldots 0{,}95$ ein
störungsfreier Betrieb des Lagers gesichert. Im Bereich *C* bei So > 10 und $\varepsilon = 0{,}95 \ldots 1{,}0$ können bei normaler Oberflächenausführung wegen zu geringer h_0 bzw. zu kleiner relativer Spalt-
höhe $h_0/(0{,}5 \cdot d_\text{L} \cdot \psi_\text{B}) = 1 - \varepsilon \leq 0{,}4$ aus Gl. (15.8) Verschleißerscheinungen durch Mischreibung
auftreten. Im Bereich *A* bei So < 1 und $\varepsilon < 0{,}6$ bzw. $(1 - \varepsilon) > 0{,}4$ sind wegen mangelhafter
Radialführung der Welle durch Instabilität bedingte Störungen nicht ausgeschlossen. Für
So $\leq 0{,}3$ kann die Welle im Lager zu Schwingungen durch Ölfilm-Wirbel (Oil-whip) angeregt
werden, insbesondere bei Lagern mit geringer F und hoher n_w, wodurch die Zerstörung des
Lagers eingeleitet wird. Eine Änderung kann durch Verkleinern des b/d_L (p_L wird erhöht!)
oder/und von η_eff des Schmierstoffes erreicht werden; andernfalls müssen am Lagerumfang
mehrere sichelförmige Schmierspalte angeordnet, d. h. Mehrflächengleitlager (MF-Lager, vgl.
zu Bild 15-30) ausgeführt werden, deren Gleitraum mehrere Stauräume enthält, über denen sich
Druckfelder ausbilden, die stabilisierend wirken (Bild 15-37). 4 bis 6 Staufelder bei MF-Lagern
werden auch mit Kippsegmenten für Präzisionsmaschinen verwendet (s. zu Bild 15-30c, d).

Auf die Berechnung der Mehrflächengleitlager wird im Rahmen des Buches verzichtet. Geeignete Unterlagen finden sich in der Literatur (s. 15.6).

d) Reibungskennzahl

Die Viskosität η_eff des Schmierstoffes und damit seine Temperatur ϑ_eff ist von entscheidender
Bedeutung für das Verhalten des Lagers. Die im Lager entwickelte Wärme ist eine Folge der
an der mit ω_eff drehenden Welle wirkenden Verschiebekraft F_t, die durch η_eff des Schmierstoffes im Lager und außerdem durch den zu h_0 unsymmetrischen Druckaufbau hervorgerufen

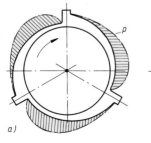

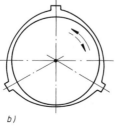

Bild 15-37
Gleitraumformen bei Mehrflächengleitlagern
(schematisch).
a) MF-Lager für eine Drehrichtung,
b) MF-Lager für beide Drehrichtungen.
   Herstellung der 2 bis 4 Staufelder durch
   besondere Arbeitsverfahren bei Spezial-
   firmen

wird. Somit gilt nicht mehr wie beim Sonderfall der zentrischen Wellenlage $\tau = \eta \cdot \omega / \psi$ (vgl. c, Sommerfeldzahl), sondern wegen der Exzentrizität $\tau = f(\eta \cdot \omega / \psi)$, woraus sich für die Reibungskennzahl $\mu / \psi = f(1/So)$ allgemein ergibt. Ist So und β bekannt wird

$$\frac{\mu}{\psi_B} = \frac{\pi}{So \cdot \sqrt{1 - \varepsilon^2}} + \frac{\varepsilon}{2} \cdot \sin \beta$$

für das 360°-Lager errechenbar oder kann abhängig von ε und b/d_L aus TB 15-14 für das 360°-Lager (a) bzw. auch für das 180°-Lager (b) angenähert abgelesen werden. Durch Multiplikation des ermittelten Wertes mit ψ_B kann die Reibungszahl μ bestimmt werden.

Hinweis: Im Gegensatz zum Hinweis unter c wird für 360°-Lager mit seitlicher Schmierstoffzufuhr μ / ψ_B errechnet oder auch aus TB 15-14a angenähert abgelesen.

Für ein bestimmtes Lager mit $\psi = $ konstant fallen alle Reibungskurven (vgl. zu Bild 15-17) in einer einzigen Kurve zusammen, wenn entsprechend Gl. (15.9) μ über $\eta \cdot \omega / p$ (dimensionslos!) aufgetragen wird (Bild 15-38). Die untere Betriebsgrenze ist durch die Nähe zum Ausklinkpunkt A für $(\eta \cdot \omega / p)_{\ddot{u}}$ mit $(\eta \cdot \omega / p)_{min}$ gekennzeichnet. Bei störungsfreiem Betrieb wird sie für unveränderte Betriebsbedingungen bei sinkender η erreicht. Bei steigender η ist wegen zunehmender Reibungsverluste die obere Grenze $(\eta \cdot \omega / p)_{max}$ gegeben, weil bei deren Überschreitung wärmebedingte Schäden der Lagerung nicht ausgeschlossen werden können.

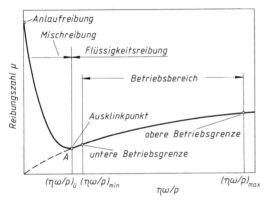

Bild 15-38
Reibungskurve und Betriebsbereich eines Gleitlagers (schematisch)

Mit der Reibungszahl μ als Dezimalbruch aus oder mit der Reibungskennzahl μ / ψ_B kann der im Beharrungszustand entstehende Wärmestrom, die *Reibungsverlustleistung* ermittelt werden:

$$P_R = \mu \cdot F \cdot u_w = \mu \cdot F \cdot \frac{d_W}{2} \cdot \omega_{eff} \approx \mu \cdot F \cdot d_W \cdot \pi \cdot n_w = (\mu / \psi_B) \cdot F \cdot d_W \cdot \pi \cdot n_w \cdot \psi_B \quad (15.10)$$

P_R	F	d_W	n_w	u_w	μ	ω_{eff}	ψ_B
Nm/s, W	N	m	1/s	m/s	1	1/s	1

F	Lagerkraft
$u_w = d_W \cdot \pi \cdot n_w$	Wellenumfangsgeschwindigkeit
$\omega_{eff} = 2\pi \cdot n_w$	effektive Winkelgeschwindigkeit
d_W	Wellendurchmesser
ψ_B	mittleres relatives Lagerspiel bei ϑ_{eff}

Wird in diese Gleichung allgemein für den Lager-Nenndurchmesser d aus Gl. (15.4) die Lagerkraft $F = p_L \cdot d \cdot b$ und darin für die spezifische Lagerbelastung $p_L = So \cdot \eta \cdot \omega / \psi^2$ entsprechend aus Gl. (15.9) eingesetzt, ergibt sich $P_R = (\mu / \psi) \cdot So \cdot b \cdot d^2 \cdot \eta \cdot \omega^2 / (2\psi)$.

Daraus ist erkennbar, dass P_R für ein statisch belastetes Radiallager mit ω^2 und der 3. Potenz der linearen Lagerabmessungen $(b \cdot d^2)$ steigt.

Für bestimmte Anwendungen ist es zweckmäßig, wenn die Reibungskennzahl $\mu / \psi_B = f(So, b/d_L)$ dargestellt wird (vgl. TB 15-14c für vollumschließende Lager). Damit kann festgelegt werden,

15

dass die Abhängigkeit vom Breitenverhältnis b/d_L nur geringfügig ist; außerdem ist erkennbar, dass für statisch leicht belastete Lager, mit z. B. $So = 0,1$, sich recht hohe μ/ψ_B-Werte ergeben, während hoch belastete Lager, mit $So = 10$, niedrige μ/ψ_B-Werte aufweisen.

Die im Lager entstehende P_R wird im Gleitraum in Wärme umgesetzt, die nach außen abgeführt werden muss, damit sich im Beharrungszustand keine unzulässig hohe Temperatur einstellt.

2. Wärmebilanz

Beim Betrieb eines Lagers mit Flüssigkeitsreibung erhöht sich die Temperatur im Schmierstoff so lange, bis die Wärmeabgabe nach außen der Reibungsverlustleistung P_R entspricht. Die Reibungswärme geht durch Konvektion (Mitführung) vom Schmierstoff teils in die Lagerschale (Buchse), teils in die Welle, von wo sie in das Lagergehäuse und an dessen Oberfläche bzw. an die freie Wellenoberfläche geleitet und von dort durch Konvektion und Strahlung an die Umgebung abgegeben wird. Dabei stellt sich die Temperatur sowohl im Schmierstoff als auch im Lager auf einen bestimmten mittleren Wert ϑ_L ein, der den zulässigen Wert $\vartheta_{L\,zul}$ entsprechend dem Lagerwerkstoff und dem gewählten Schmierstoff nicht überschreiten darf (vgl. TB 15-17). Diese mittlere Temperatur ergibt sich aus der Wärmebilanz, d. h. aus dem Wärmegleichgewicht zwischen den im Lager entstehenden und den aus dem Lager abgeführten Wärmeströmen. Entsprechend Gl. (15.10) gilt allgemein

$$\boxed{P_R = P_\alpha + P_c} \tag{15.11}$$

Darin sind für die Praxis ausreichend genau (nach Newton) der über das Lagergehäuse und die Welle *durch Konvektion abgeführte Wärmestrom*

$$\boxed{P_\alpha = \alpha \cdot A_G(\vartheta_m - \vartheta_U)}$$

P_α	α	A_G	ϑ_m, ϑ_U	
Nm/s, W	Nm/(m²·s·°C); W/(m²·°C)	m²	°C	(15.12)

$\alpha = 15 \ldots 20$ effektive Wärmeübergangszahl zwischen Lagergehäuse und Umgebungsluft bei freier Konvektion, d. h. Luftgeschwindigkeit bis $w = 1,2$ m/s. Der untere Wert gilt für Lager im Maschinenverband

$\alpha = 7 + 12\sqrt{w}$ Erfahrungswert bei Anblasung des Gehäuses mit $w > 1,2$ m/s, wobei w in m/s und α in W/(m²·°C)

$A_G = \pi[0,5(d^2 - d_L^2) + d \cdot b_L]$ wärmeabgebende äußere Oberfläche für zylindrische Lager mit Lageraußendurchmesser d (Gehäusedurchmesser), Lagerinnendurchmesser d_L (Nennmaß), Lagerbreite b_L (Gehäusebreite)

$A_G = \pi H(L + 0,5H)$ für Stehlager mit Gesamthöhe H und Breite (Gehäuselänge) L (z. B. Bild 15-26a: $H \hat{=} h_2$, $L \hat{=} b_2$)

$A_G \approx 20b \cdot d_L$ für Lager im Maschinenverband (z. B. Turbinenlager) mit Lagerbreite b und Lagerinnendurchmesser d_L

$\vartheta_m \hat{=} \vartheta_L$ mittlere Lagertemperatur

$\vartheta_U = -20° \ldots + 40\,°C$ üblich 20 °C, Temperatur der Umgebungsluft

und der *vom Schmierstoff abgeführte Wärmestrom*

$$\boxed{P_c = \dot{V} \cdot \varrho \cdot c(\vartheta_a - \vartheta_e)}$$

P_c	$\dot{V}$	$\varrho \cdot c$	ϑ_a, ϑ_e	
Nm/s, W	m³/s	N/(m²·°C); J/(m³·°C)	°C	(15.13)

$\dot{V} = \dot{V}_D + \dot{V}_{pZ}$ der gesamte Schmierstoffdurchsatz, wenn $\dot{V}_D$ der Schmierstoffdurchsatz infolge Förderung durch Wellendrehung und $\dot{V}_{pZ}$ der Schmierstoffdurchsatz infolge Zufuhrüberdrucks p_Z bedeuten (vgl. 15.4.1-3, Schmierstoffdurchsatz)

$\varrho \cdot c = 1,8 \cdot 10^6$ für die raumspezifische Wärme üblicher Wert; genauere Werte nach TB 15-8c für bekannte Angaben

$\vartheta_a \leq 100\,°C$ Schmierstoff-Austrittstemperatur, sonst schneller Ölalterung (chemische Veränderung – Minderung durch Additive)

$\vartheta_e = 30° \ldots 80\,°C$ Schmierstoff-Eintrittstemperatur je nach Lagerbauart und Ausführung des Ölkühlers

Hinweis: Der Vorgang der Wärmeübertragung vom Schmierstoff über die Lager- und Wellenteile an die Umgebung ist erheblich verwickelter. Die vereinfachte Betrachtung zum Wärmeübergang reicht jedoch in der Praxis aus, wenn angenommen wird, dass die im Schmierstoff vorhandene Temperatur ϑ_{eff} zur Ermittlung der *So*-Zahl zwischen ϑ_e und ϑ_a liegen dürfte und dass zwischen ϑ_{eff} und der Lagertemperatur ϑ_L ein Temperaturgefälle vorhanden ist.

Zur Ermittlung der Lagertemperatur ϑ_m wird unterschieden

a) Natürliche Kühlung
Die Wärme wird durch Konvektion und Strahlung an die umgebende Luft abgegeben. Aus Gl. (15.12) ergibt sich mit Gl. (15.11) für $P_R = P_\alpha$ die *Lagertemperatur*

$$\boxed{\vartheta_L \cong \vartheta_m = \vartheta_U + \frac{P_R}{\alpha \cdot A_G}} \quad \begin{array}{c|c|c|c} \vartheta_L,\,\vartheta_m,\,\vartheta_U & P_R & \alpha & A_G \\ \hline {}^\circ C & \text{Nm/s; W} & \text{Nm/(m}^2 \cdot \text{s} \cdot {}^\circ\text{C)} & \text{m}^2 \end{array} \quad (15.14)$$

Da das Temperaturgefälle im Lager erfahrungsgemäß gering ist, kann auch $\vartheta_L = \vartheta_{\text{eff}}$ gesetzt werden. Da die *So*-Zahl nach Gl. (15.9) mit η_{eff} bei ϑ_{eff} bestimmt wird, ist beim Entwurf zunächst eine Richttemperatur $\vartheta_0 \cong \vartheta_{\text{eff}} = \vartheta_U + \Delta\vartheta = 40^\circ \dots 100\,^\circ\text{C}$ (üblich $\Delta\vartheta \approx 20\,^\circ\text{C}$) anzunehmen. Die Richttemperatur muss dann so lange geändert werden, bis der Unterschied zwischen der neuen Richttemperatur $\vartheta_{0\,\text{neu}} = (\vartheta_{0\,\text{alt}} + \vartheta_m)/2$ und dem absoluten Wert $|\vartheta_m - \vartheta_0| \leq 2\,^\circ\text{C}$ beträgt, d. h. die Richttemperatur nahezu mit dem Ergebnis $\vartheta_L \approx \vartheta_0$ übereinstimmt (vgl. Berechnungsschema Bild 15-39 bzw. Beispiel 15.1, Lösung d). Bei höherer η_{eff} kann jeweils mit $\psi_B = \psi_E + \Delta\psi$ gerechnet werden (s. Hinweis zu 15.4.1-1a).

Dieses Rechenverfahren wird Iteration genannt, d. h. aus der Näherungslösung einer Gleichung wird durch wiederholte Anwendung des gleichen Rechenverfahrens eine Folge von Näherungswerten gewonnen, die der Lösung immer näher kommen.

Danach muss geprüft werden, ob $\vartheta_L \leq \vartheta_{L\,\text{zul}}$ ist (vgl. TB 15-17). Wird $\vartheta_L > \vartheta_{L\,\text{zul}}$, kann durch Wahl eines anderen Schmierstoffs oder durch Konstruktionsänderung versucht werden die Betriebsfähigkeit zu erreichen.
Andernfalls ist eine zusätzliche Kühlung erforderlich.

b) Rückkühlung des Schmierstoffs
Beträgt der durch natürliche Kühlung abgeführte Wärmestrom $P_\alpha < 0{,}25 P_R$, kann P_α gegenüber P_c vernachlässigt werden, was eine zusätzliche Sicherheit bedeutet. Die Wärmeabfuhr erfolgt mittels Druckumlaufschmierung durch den Schmierstoff. Somit ergibt sich aus Gl. (15.13) mit Gl. (15.10) und (15.11) für $P_R = P_c$ die *Lagertemperatur*

$$\boxed{\vartheta_L \cong \vartheta_a = \vartheta_e + \frac{P_R}{\dot{V} \cdot \varrho \cdot c}} \quad \begin{array}{c|c|c|c} \vartheta_L,\,\vartheta_a,\,\vartheta_e & P_R & \dot{V} & \varrho \cdot c \\ \hline {}^\circ C & \text{Nm/s; W} & \text{m}^3\text{/s} & \text{N/(m}^2 \cdot {}^\circ\text{C}); \text{J/(m}^3 \cdot {}^\circ\text{C)} \end{array} \quad (15.15)$$

P_R	Reibungsverlustleistung nach Gl. (15.10)
$\dot{V}$	gesamter Schmierstoffdurchsatz (vgl. unter Gl. (15.13) sowie Gl. (15.18))
$\varrho \cdot c = 1{,}8 \cdot 10^6$	raumspezifische Wärme (s. zu Gl. (15.13))
$\vartheta_e,\,\vartheta_a$	Schmierstoff-Ein- und -Austrittstemperatur (s. zu Gl. (15.13))

Zunächst wird, wie zu Gl. (15.14), eine Richttemperatur $\vartheta_0 \cong \vartheta_{a0} = \vartheta_e + \Delta\vartheta$ angenommen, wenn üblich $\Delta\vartheta \approx 20\,^\circ\text{C}$, so daß mit $\vartheta_{\text{eff}} = 0{,}5(\vartheta_e + \vartheta_{a0})$ für η_{eff} aus TB 15-9 gerechnet wird. Damit ergibt sich $\vartheta_L \approx \vartheta_0$. Bei Abweichung ϑ_0 von ϑ_a ist mit $\vartheta_{a0\,\text{neu}} = 0{,}5(\vartheta_{0a\,\text{alt}} + \vartheta_a)$ und $\vartheta_{\text{eff}} = 0{,}5(\vartheta_e + \vartheta_{a0\,\text{neu}})$ für η_{eff} zu rechnen und durch Iteration die Temperatur so lange zu ändern, bis der absolute Wert $|\vartheta_{a0} - \vartheta_a| \leq 2\,^\circ\text{C}$ beträgt. Für ϑ_{eff} kann jeweils mit $\psi_B = \psi_E + \Delta\psi$ gerechnet werden (vgl. 15.5, Beispiel 15.2, Lösung a bzw. s. Hinweis zu 15.4.1-1a); s. allgemeines Berechnungsschema Bild 15-39.
Bei großer Lagerkraft und hoher Drehzahl wird zweckmäßig mit $\vartheta_{\text{eff}} = (2\vartheta_a + \vartheta_e)/3$ bis $\vartheta_{\text{eff}} = \vartheta_a$ gerechnet.
Danach muß wieder geprüft werden, ob $\vartheta_L \leq \vartheta_{L\,\text{zul}}$ ist (vgl. TB 15-17). Wird $\vartheta_L > \vartheta_{L\,\text{zul}}$ und $h_0 < h_{0\,\text{zul}}$ (vgl. zu Gl. (15.8)), ist das Lager neu zu dimensionieren, ein anderer Schmierstoff oder zusätzliche Kühlung erforderlich. Durch Vergrößerung der Lageroberfläche mit Kühlrip-

pen kann die Wärmeabgabe wesentlich gesteigert werden, so dass ein Schmierstoffkühler außerhalb des Lagers gespart wird. In manchen Fällen wird auch mittels eines Gebläses durch Erhöhung der Luftgeschwindigkeit w (s. zu Gl. (15.12)) die Wärmeübergangszahl α verbessert (s. auch zu Gl. 15.18)).

3. Schmierstoffdurchsatz

Soll der dem Lager zugeführte Schmierstoff zur Abführung eines Teils der Lagerreibungswärme benutzt werden, muss die Größe des Schmierstoffdurchsatzes bekannt sein.

Jedes Lager hat schon einen natürlichen Schmierstoffdurchlauf, wenn der unter dem Druck des tragenden Schmierfilms seitlich heraustretende Schmierstoff im weitesten Schmierspalt wieder zufließen kann (Seitenfluss, vgl. vor Bild 15-9). Für den durch Wellendrehung geförderten Schmierstoff lässt sich für ein vollumschließendes (360°-)Lager eine dimensionslose Kennzahl, der *bezogene* bzw. *relative Schmierstoffdurchsatz* $\dot{V}_{D\,rel} = \dot{V}_D/(d_L^3 \cdot \psi_B \cdot \omega_{eff}) = 0{,}25[(b/d_L) -0{,}223(b/d_L)^3] \cdot \varepsilon$ errechnen. Für halbumschließende (180°-)Lager gelten Werte aus TB 15-18a. Daraus ergibt sich der *Schmierstoffdurchsatz infolge Förderung durch Wellendrehung (Eigendruckentwicklung)*

$$\boxed{\dot{V}_D = \dot{V}_{D\,rel} \cdot d_L^3 \cdot \psi_B \cdot \omega_{eff}} \qquad\qquad \begin{array}{c|c|c|c|c} \dot{V}_D & \dot{V}_{D\,rel} & d_L & \psi_B & \omega_{eff} \\ \hline \mathrm{m^3/s} & 1 & \mathrm{m} & 1 & \mathrm{s^{-1}} \end{array} \qquad (15.16)$$

d_L Lagerinnendurchmesser (Nennmaß)
ψ_B mittleres relatives Betriebslagerspiel bei η_{eff} (s. 15.4.1-1a unter Hinweis)
ω_{eff} effektive Winkelgeschwindigkeit
$\dot{V}_{D\,rel}$ relativer Schmierstoffdurchsatz: $\dot{V}_{D\,rel} = 0{,}25[(b/d_L) - 0{,}223(b/d_L)^3] \cdot \varepsilon$

Wird ein Lager zu heiß, d. h. ist die Lagertemperatur $\vartheta_L > \vartheta_{L\,zul}$, muss ϑ_L durch Erhöhung des Schmierstoffdurchsatzes herabgesetzt werden. Dies geschieht dadurch, dass dem Lager der Schmierstoff durch eine Pumpe unter einem Zuführüberdruck p_Z zugeführt wird. Der Schmierstoff fließt zum größten Teil gleich aus der Lageroberschale ab, wird also nicht für den Druckaufbau benötigt.

Auch für diesen Fall lässt sich eine dimensionslose Kennzahl, der *bezogene* bzw. *relative Schmierstoffdurchsatz* infolge Zuführdruck $\dot{V}_{pZ\,rel} \approx \dot{V}_{pZ} \cdot \eta_{eff}/(d_L^3 \cdot \psi_B^3 \cdot p_Z)$ bestimmen. Entscheidend ist dabei jedoch die Art der Schmierstoffzufuhr und -verteilung, die Einfluss auf das betriebssichere Arbeiten des Lagers hat (vgl. 15.1.5-2).

Je nach Art des Zuführungselementes, d. h. Schmierlöcher, Schmiernuten (Ringnut) und Schmiertaschen (s. 15.3.3-3) ergeben sich unterschiedliche $\dot{V}_{pZ\,rel}$-Werte, die nach TB 15-18b (entsprechend DIN 31 652-2) errechnet werden können.

Damit wird unter vereinfachender Berücksichtigung des Verlagerungswinkels β (s. unter Gl. (15.8)) der *Schmierstoffdurchsatz infolge Zuführdrucks*

$$\boxed{\dot{V}_{pZ} = \frac{\dot{V}_{pZ\,rel} \cdot d_L^3 \cdot \psi_B^3}{\eta_{eff}} \cdot p_Z} \qquad\qquad \begin{array}{c|c|c|c|c|c} \dot{V}_{pZ} & \dot{V}_{pZ\,rel} & d_L & \psi_B & \eta_{eff} & p_Z \\ \hline \mathrm{m^3/s} & 1 & \mathrm{m} & 1 & \mathrm{Pa\,s} & \mathrm{Pa} \end{array} \qquad (15.17)$$

d_L, ψ_B wie zu Gl. (15.16)
η_{eff} effektive dynamische Viskosität bei ϑ_{eff}
p_Z Schmierstoffzuführdruck, üblich $p_Z = 0{,}05\ldots0{,}2$ MPa $(0{,}5\ldots2$ bar)
$\dot{V}_{pZ\,rel}$ relativer Schmierstoffdurchsatz nach TB 15-18b

Bei vollumschließenden (360°-)Lagern mit Druckschmierung ist dann der *gesamte Schmierstoffdurchsatz*

$$\boxed{\dot{V} = \dot{V}_D + \dot{V}_{pZ}} \qquad\qquad\qquad\qquad\qquad\qquad\qquad\qquad\qquad (15.18)$$

vgl. zu Gl. (15.13) bzw. Gl. (15.15)

Da der Schmierstoffdurchsatz bei schnelllaufenden, hochbelasteten Lagern mit Druckumlaufschmierung größer ist als bei Lagern mit natürlicher Kühlung, kann die Lagertemperatur ϑ_L in

15

erträglichen Grenzen gehalten werden, wenn der abfließende Schmierstoff in einem außerhalb des Lagers liegenden Kühler rückgekühlt wird (vgl. nach Gl. (15.15) und (15.16)). Damit der Viskositätsabfall dann nicht zu groß wird, soll die Temperaturdifferenz $(\vartheta_a - \vartheta_e)$ $= 10° \ldots 15\,°C$, maximal 20 °C betragen. Entsprechend Gl. (15.15) ist der Kühlöldurchsatz $\dot{V}_k = P_R/(\varrho \cdot c(\vartheta_a - \vartheta_e))$ in m³/s, wenn P_R in Nm/s und für $c \cdot \varrho = 1670 \cdot 10^3\,N/(m^2 \cdot °C)$ zunächst als Mittelwert eingesetzt wird.

4. Berechnungsgang

Die Berechnung der Funktionsfähigkeit statisch belasteter Radial-Gleitlager im hydrodynamischen Betrieb beschränkt sich auf zylindrische Lager, insbesondere voll-(360°), aber auch halb-(180°)umschließend, bei denen keine Störeinflüsse wie Unwuchten, Schwingungen, Formabweichungen durch die Fertigung, Montageungenauigkeiten, Schmierstoffverschmutzung u. dgl. vorhanden sind.

Vorausgesetzt werden Vollschmierung und Steifigkeit der Gleitpartner; ferner soll eine Bewegung senkrecht zu den Gleitflächen, die sich der Wellendrehung überlagert und einen zusätzlichen Verdrängungsdruck im Schmierfilm erzeugt, unberücksichtigt bleiben. Die Schmierstoffzufuhrstelle soll so angeordnet sein, dass der Druckaufbau im Schmierstoff nicht gestört wird (vgl. Bild 15-7 bis 15-10).

Meist werden die Lagerkraft F, die Betriebsdrehzahl n_w und die Temperatur der Umgebungsluft) ϑ_U (notfalls geschätzt) bekannt sein. Vielfach ist auch die Schmierstoffsorte (Viskositätsklasse) nicht frei wählbar und als gegeben anzusehen.

In der Praxis wird der erforderliche Wellendurchmesser d_W nach Berechnung, Konstruktion oder freie Wahl bestimmt. Mit dem Lagerbohrungsdurchmesser d_L und dem Wellendurchmesser d_W müssen die Fertigungstoleranzen und Oberflächenrauigkeiten bekannt sein, weil sie zu einer Beeinflussung des Lagerspiels (vgl. 15.4.1-1a) führen und die Tragfähigkeit, die Reibung sowie die Erwärmung (vgl. 15.1.5-2) beeinträchtigen.

Mit einem gewählten Breitenverhältnis b/d_L (vgl. 15.3.2) und den konstruktiven Außenabmessungen des Lagers liegt auch die wärmeabgebende Fläche des Lagers A_G fest (vgl. zu Gl. (15.12)). Nach Festlegung des Gleitlagerwerkstoffes (vgl. 15.3.1) wird die Berechnung meist in Form einer Nachprüfung für die gegebene Konstruktion durchgeführt. Nachgeprüft wird

a) zunächst die *mechanische Beanspruchung* mit $p_L \leq p_{L\,zul}$ nach Gl. (15.4), vgl. 15.3.2.
b) danach die *thermische Beanspruchung* (Wärmebilanz, vgl. 15.4.1-2), wobei zunächst der einfachere Fall der Wärmeabfuhr durch Konvektion (natürliche Kühlung) untersucht wird (vgl. Gln. (15.12) und (15.14)). Dafür wird eine Richttemperatur ϑ_0 für ϑ_{eff} angenommen, mit der die effektive dynamische Viskosität η_{eff} nach TB 15-9 zu ermitteln ist.
   Mit dem mittleren relativen Betriebslagerspiel ψ_B (vgl. 15.4.1-1a) und den übrigen Lagerdaten lässt sich der wichtigste Kennwert So nach Gl. (15.9) ermitteln (vgl. 15.4.1-1c). Für So und b/d_L kann aus TB 15-13 die relative Exzentrizität ε (vgl. 15.4.1-1b) gefunden werden. Abhängig von ε und b/d_L ergibt sich aus der Reibungskennzahl μ/ψ_B rechnerisch mit geschätztem $\beta°$ nach TB 15-15 oder angenähert aus TB 15-14 die Reibungszahl μ, womit die Reibungsverlustleistung P_R aus Gl. (15.10) errechnet wird. Die Lagertemperatur $\vartheta_L \,\hat{=}\, \vartheta_m$ kann durch Iteration nach Gl. (15.14) ermittelt werden bis $\vartheta_L \approx \vartheta_0$ erreicht und $\vartheta_L \leq \vartheta_{L\,zul}$ ist. Der dazu erforderliche Schmierstoffdurchsatz $\dot{V}_D$ infolge Wellendrehung wird nach Gl. (15.16) ermittelt.
   Ist die natürliche Kühlung nicht ausreichend, muss Druckumlaufschmierung vorgesehen werden (s. zu Gln. (15.13) und (15.15)).
c) die *Verschleißgefährdung*, wobei nachzuweisen ist, dass nach Gl. (15.8) $h_0 \geq h_{0\,zul} = \Sigma\,(Rz + Wt)$ ohne Einlauf bzw. $h_{0\,zul} = \Sigma\,Ra$ nach Einlauf (vgl. Erläuterungen zu Bild 15-17) ist.

Soll ein Lager in mehreren Betriebszuständen laufen, so ist der auf die Dauer ungünstigste Betriebszustand nachzuprüfen.

Das Berechnungsschema im Bild 15-39 erleichtert den Ablauf der Rechnung bei der Nachprüfung (s. auch 15.5, Berechnungsbeispiele – Grundbeispiele 15.1 und 15.2). Eine Umstellung des Berechnungsablaufs ist jedoch ohne weiteres möglich.

15

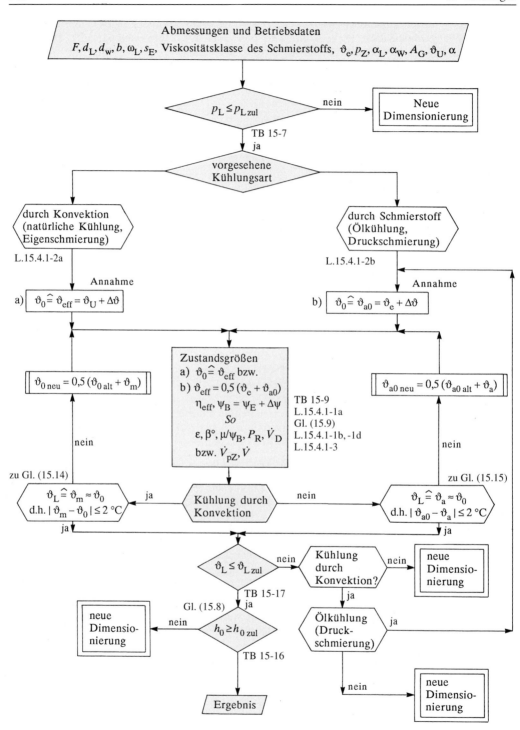

Bild 15-39 Berechnungsschema für hydrodynamische Radialgleitlager im stationären Betrieb mit Angabe der Gleichung (Gl.) bzw. des Abschnitts im Lehrbuch (L.) und Tabellenbuch (TB)

Hinweis: Lager, bei denen sich eine Nut über 180° am Umfang mit Nutbreite b_{Nut} erstreckt, bestehen aus 2 getrennten Gleitflächen, auf die jeweils die halbe Lagerkraft wirkt. Bei der Berechnung kann diese Halbierung mit Ersatzabmessungen umgangen werden, wenn $d'_L = d_L \cdot \sqrt{2}$ und $b' = (b - b_{Nut}) \cdot 0{,}5 \cdot \sqrt{2}$ bei Ermittlung von p_L nach Gl. (15.4) und bei *So* nach Gl. (15.9) eingesetzt werden.

Für den Schmierstoffdurchsatz infolge Wellendrehung gilt dann die Gleichung

$$\dot{V}_D = \left(\frac{d_L}{200}\right)^3 \cdot \psi_B \cdot \frac{\pi \cdot n_w}{30} \cdot 120[b'/d'_L - 0{,}223(b'/d'_L)^3] \cdot \varepsilon \quad \text{in l/min},$$

wenn d_L sowie b', d'_L in mm und n_w in 1/min einzusetzen ist.

Für dynamisch belastete Radialgleitlager, bei denen eine instationäre Bewegung durch eine veränderliche Lagerkraft verursacht wird, z. B. Welle mit Unwucht, Kurbelwellenlager, oder nicht konstanter Winkelgeschwindigkeit, z. B. beim Pleuellager eines Verbrennungsmotors, oder bei Gleitgeschwindigkeiten über 25 m/s, z. B. bei Turbomaschinen, reicht diese Berechnung nicht aus, weil bei diesen Lagerungen u. a. die Stabilitätskriterien und die Verdrängungswirkung berücksichtigt werden müssen. Dsgl. erfordern Mehrflächengleitlager (vgl. zu Bild 15-37) einen aufwendigeren Rechengang. Berechnungsverfahren finden sich in der einschlägigen Literatur (s. 15.6).

15.4.2 Berechnung der Axialgleitlager

Axiallager sind Gleitlager rotierender Wellen zur Aufnahme von Axialkräften und zur Führung in axialer Richtung (vgl. Bild 15-1 b). Sie treten seltener in Erscheinung als Radiallager, weil ausgesprochene Axialkräfte nur in Sonderfällen, z. B. bei senkrecht gelagerten Turbinenwellen oder bei waagerecht gelagerten Schiffswellen zur Aufnahme des Schraubenschubs, allgemein bei Strömungsmaschinen, auftreten und kleinere Axialkräfte ohne weiteres von Radiallagern mit Axialgleitfläche (Anlaufbund) aufgenommen werden können.

Im Allgemeinen werden ausgeführt

1. Spurlager mit ebenen Spurplatten

Die einfachste, praktisch jedoch kaum verwendete Form des Axial-Gleitlagers ist das *Voll-Spurlager* mit ebener Spurplatte. Beim Laufen verteilt sich der Druck hyperbolisch über der Spurfläche (volle Kreisfläche) und wird in der Mitte theoretisch unendlich groß, was zum starken Verschleiß und schnellen Heißlaufen führen würde (eingezeichneter Druckverlauf in den Bildern 15-40 und 15-41).

Beim *Ring-Spurlager* wird durch einen Hohlraum in der Mitte der Ring-Spurplatte die Druckspitze vermieden (Bild 15-41). Es wird bei kleinen Dreh- oder Pendelbewegungen oder bei mittleren Drehzahlen und geringen Belastungen verwendet.

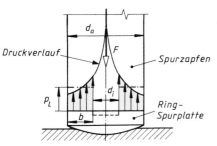

Bild 15-40 Einfaches Spurlager (schematisch)

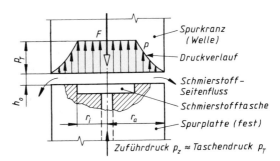

Bild 15-41 Schema eines hydrostatischen ebenen Spurlagers

Mit $d_a = 2r_a$ und $d_i = 2r_i$ bzw. mittlerem Durchmesser $d_m = (d_a + d_i)/2 = r_a + r_i$ und
$b = (d_a - d_i)/2 = r_a - r_i$ ergibt sich die *mittlere Flächenpressung*

$$p_L = \frac{F}{\pi(r_a^2 - r_i^2)} = \frac{F}{d_m \cdot \pi \cdot b} \leq p_{L\,zul} \tag{15.19}$$

F	axiale Lagerkraft
r_a, r_i, d_m, b	Abmessungen
$p_{L\,zul}$	zulässige mittlere Flächenpressung nach TB 9-1 bzw. Herstellerangabe

Wegen des parallelen Spaltes ist Flüssigkeitsreibung unter Last nur zu erreichen durch *hydrostatische Schmierung*, bei der das Schmiermittel mittels einer Pumpe unter hohem Druck zwischen die Gleitflächen gebracht wird, woduch sich die Gleitflächen voneinander abheben. Allgemein muss zur Erzeugung eines hydrostatischen Schmierfilms der Schmierstoffzuführdruck p_Z etwa 2 bis 4mal so groß wie die mittlere Flächenpressung p_L sein.

Der Schmierstoff wird zentral in eine kreiszylindrische Nut, die Schmierstofftasche, gedrückt. Er fließt von der Tasche radial nach außen ab und gewährleistet so eine zusammenhängende Schmierstoffschicht von der Höhe h_0.

Die kleinste zulässige Schmierspalthöhe $h_{0\,zul}$ ist weitgehend von der Genauigkeit und Art der Herstellung sowie von der Montage abhängig. Damit bei Axiallagern die erforderliche Spalthöhe h_0 nicht unzulässig groß festgelegt wird, weil die Pumpenantriebsleistung mit h_0^3 ansteigt, soll (nach Drescher) erfahrungsgemäß gelten

$$h_{0\,zul} \approx (5 \dots 15) \cdot (1 + 0{,}0025 \cdot d_m) \qquad \begin{array}{c|c} h_{0\,zul} & d_m \\ \hline \mu m & mm \end{array} \tag{15.20}$$

Der Faktor 5 setzt beste Herstellung und sorgfältigste Montage voraus.

Da der Druck p von innen nach außen bis auf null abnimmt, ist zur Aufrechterhaltung einer vorgesehenen $h_0 > h_{0\,zul}$ bei einem Taschendruck p_T (= Zuführdruck p_Z) ein *Schmierstoffvolumenstrom* erforderlich, der aus dem Druckverlauf errechenbar ist

$$\dot{V} = \frac{\pi \cdot h_0^3 \cdot p_T}{6 \cdot \eta_{eff} \cdot \ln(r_a/r_i)} \qquad \begin{array}{c|c|c|c} h_0, r_a, r_i & p_T, p_Z & \eta_{eff} & \dot{V} \\ \hline cm & N/cm^2 & Ns/cm^2 & cm^3/s \end{array} \tag{15.21}$$

h_0	kleinste Schmierspalthöhe
r_a, r_i	äußerer, innerer Radius der Ring-Spurplatte
$p_T \approx p_Z$	Taschendruck ≈ Zuführdruck
η_{eff}	dynamische Viskosität des Schmierstoffs bei der Temperatur ϑ_{eff}

Wird $\dot{V}$ berücksichtigt, kann aus der Geometrie der Lagerfläche und dem Druckverlauf die *Tragfähigkeit* ermittelt werden

$$F = \frac{\pi}{2} \cdot \frac{r_a^2 - r_i^2}{\ln(r_a/r_i)} \cdot p_T = \frac{3\dot{V} \cdot \eta_{eff}}{h_0^3} \cdot (r_a^2 - r_i^2) \tag{15.22}$$

r_a, r_i, h_0, p_T und η_{eff} wie in Gl. (15.21)

Für die gegebene Lagerkraft F in N kann damit der erforderliche Taschendruck $p_T (\approx p_Z)$ in N/cm² bzw. bar errechnet werden.

Bei einer Wellendrehzahl n_w ergibt sich mit dem Reibungsmoment T_R die *Reibungsleistung*

$$P_R = T_R \cdot \omega_{eff} = \frac{\pi}{2} \cdot \frac{\eta_{eff} \cdot \omega_{eff}^2}{h_0} \cdot (r_a^4 - r_i^4) \qquad \begin{array}{c|c|c|c} P_R & \eta_{eff} & \omega_{eff} & r, h_0 \\ \hline Ncm/s;\ 10^{-2}\,Nm/s & Ns/cm^2 & s^{-1} & cm \end{array} \tag{15.23}$$

h_0, r_a, r_i und η_{eff}	wie Gl. (15.21)
$\omega_{eff} = \pi \cdot n_w/30$	Winkelgeschwindigkeit

Für den Pumpenwirkungsgrad $\eta_P = 0.5 \ldots 0.95$ je nach Bauart lässt sich mit der Pumpenleistung $P_P = \dot{V} \cdot p_Z / \eta_P$ in Nm/s bzw. W bei einem Zuführdruck $p_Z = p_T + p_V$ (Rundwert, da Druckverlust p_V relativ gering) die *Schmierstofferwärmung* bestimmen (vgl. Gl. (15.15))

$$\boxed{\Delta\vartheta = \vartheta_a - \vartheta_e = \frac{P_R + P_P}{c \cdot \varrho \cdot \dot{V}}} \quad \begin{array}{c|c|c|c|c} P_R, P_P & \varrho & c & \dot{V} & \vartheta \\ \hline \text{Nm/s; W} & \text{kg/m}^3 & \text{J/(kg °C); Nm/(kg °C)} & \text{m}^3\text{/s} & °C \end{array} \quad (15.24)$$

P_R Reibungsleistung nach Gl. (15.23)
P_P Pumpenleistung aus $P_P = \dot{V} \cdot p_Z / \eta_P$, mit $\eta_P = 0.5 \ldots 0.95$
ϱ Schmierstoffdichte, im Mittel $\varrho \approx 900$ kg/m^3
c spezifische Wärmekapazität des Schmierstoffes nach TB 15-8c
$\dot{V}$ Schmierstoffvolumenstrom

Damit wird bei Berücksichtigung der Reibungs- und Pumpenleistung in Nm/s bzw. W als Verlustleistung die *Reibungszahl* (vgl. Gl. (15.10))

$$\boxed{\mu = \frac{4(P_R + P_P)}{F \cdot \omega_{\text{eff}}(d_a + d_i)}} \quad (15.25)$$

Den allgemeinen Rechengang zeigt das Berechnungsbeispiel 15.3 im Abschnitt 15.5.

Hinweis: Wirkt die Lagerkraft nicht zentrisch, kommt es zum Kippen des Spurkranzes und der Schmierstoff fließt nach der Seite der Schmierspalterweiterung ab; die andere Seite wird nicht angehoben (metallische Berührung!).
Daher sollte zur Konstruktion hydrostatischer Lager mehr als eine Schmiertasche mit jeweils eigener Schmierstoffzufuhr vorgesehen werden, wodurch sich gemäß Kraftverteilung unterschiedliche Drücke einstellen können (Mehrflächen-Axiallager), oder durch Einbau von Regelventilen (Drossel) in die Schmierstoff-Zufuhrleitungen das Kippen dadurch vermieden werden kann, dass auf der Seite der größeren Spalthöhe der Schmierstoffzufluss gedrosselt wird.
Zur Berechnung der Mehrflächen-Axiallager (dsgl. Radiallager) wird auf die einschlägige Literatur verwiesen (s. 15.6).

Hydrostatische Axiallager eignen sich trotz großem konstruktiven Aufwand für größere Axialkräfte, die bereits im Stillstand und bei kleinen An- und Auslaufgeschwindigkeiten aufgenommen werden müssen (z. B. bei Zentrifugen-, Turbinen- und Generatorlagern).

2. Einscheiben- und Segment-Spurlager

Für größere Tragkräfte bei höheren Drehzahlen werden Axiallager eingebaut, die hydrodynamisch geschmiert werden (vgl. 15.1.5). Man unterscheidet

a) *Einscheiben-Spurlager*, die aus einem feststehenden Axiallagerring (vgl. Bild 15-1b) bestehen, in dessen feinstbearbeitete Gleitfläche mehrere in Drehrichtung verengende Keilflächen eingearbeitet werden, die durch radial verlaufende Schmiernuten voneinander getrennt sind. Um hohe Flächenpressung an den Kanten bei Stillstand bzw. An- und Auslauf zu vermeiden, sind parallel zur Lauffläche Rastflächen vorgesehen. Für wechselnden Drehsinn müssen zwei Keilflächen eingearbeitet werden, wodurch ungünstigere Tragfähigkeitsverhältnisse durch kürzere Keilflächen in Kauf genommen werden müssen (s. Bild 15-42).

b) *Segment-Spurlager* stellen die tragfähigste Form der Axiallager dar. Die feststehende, ringförmige Lagerfläche wird in einzelne kippbewegliche Segmente (Klötze) unterteilt. Diese sind durch Kippkanten, Zapfen oder Kugeln in Bewegungsrichtung hinter der Mitte unterstützt, so dass sie sich bei drehender Welle schräg stellen und zwischen ihnen und der Wellenscheibe (Laufring) ein keilförmiger Schmierspalt h_0 entsteht. Für jede Lagerkraft und Drehzahl bildet sich der richtige Schmierkeil von selbst. Im Stillstand sind die Segmente gleichzeitig Rastfläche. Die einzelnen Klötze müssen gegen Mitnahme in Umfangsrichtung und gegen seitliches Verschieben, z. B. durch Stifte, gesichert sein (s. Bild 15-43). Diese Art der Axiallager wird vor allem bei größeren Maschinen eingesetzt.

Die Grundlagen für die Berechnung der Einscheiben- und Segment-Spurlager sind die gleichen wie bei Radiallagern, nur die geometrischen Verhältnisse sind unterschiedlich (s. Bild 15-44a).

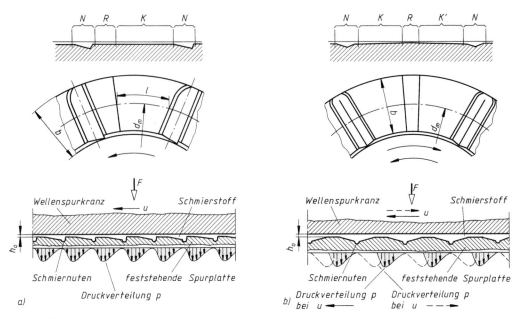

Bild 15-42 Abschnitte aus Axiallagerringen (feststehende Spurplatte).
a) für eine Drehrichtung,
b) für wechselnde Drehrichtung, jeweils mit eingearbeiteten Keilflächen K, K', Schmiernuten N, Rastflächen R und Schmierstoff-Druckverteilung am Umfang $d_\mathrm{m} \cdot \pi$ bei radialer Ringbreite b

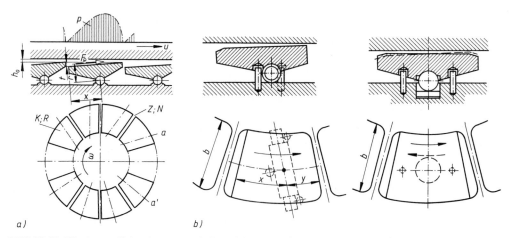

Bild 15-43 Kippbewegliche Segmente bei Axiallagern. a) Anordnung der Klötze mit Keilflächen K, Schmiernuten N, Rastflächen R, Zwischenräume Z; Kippachse a parallel zur Austrittskante und a' radial; Keiltiefe t und Lage der Kippachse x, Hebelarm r der Reibungskraft F_R und Druckverlauf p, b) Abstützung der Klötze für eine bzw. wechselnde Drehrichtung (z. B. Rolle bzw. Kugel)

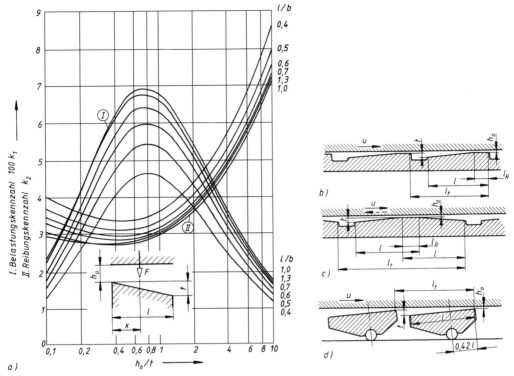

Bild 15-44 a) Belastungs- und Reibungskennzahlen für den Schmierkeil ohne Rastfläche, b) Gleitraum-Abmessungen für eingearbeitete Keilflächen bei einer Drehrichtung, c) dsgl. bei wechselnder Drehrichtung, d) bei kippbeweglichen Segmenten

Bei der Dimensionierung eines Axiallagers sind die Abmessungen so aufzuteilen, dass die dimensionslose *Belastungskennzahl* k_1 (ähnlich So bei Radiallagern) einen passenden konstanten Wert annimmt

$$k_1 = \frac{p_L \cdot h_0^2}{\eta_{eff} \cdot u_m \cdot b}$$

p_L	b, d, h_0	η_{eff}	u_m
N/m²; Pa	m	Ns/m²	m/s

(15.26)

p_L mittlere Flächenpressung nach Gl. (15.30)
h_0 kleinste Schmierspalthöhe
η_{eff} dynamische Viskosität des Schmierstoffs bei $\vartheta_{eff} = 50° \ldots 60\,°C$
$u_m = d_m \cdot \pi \cdot n_w$ mittlere Umfangsgeschwindigkeit für den mittleren Durchmesser
$\quad = 0,5 \cdot d_m \cdot \omega_{eff}$ $d_m = 0,5(d_a + d_i)$ (vgl. Bild 15-1b) und der Wellendrehzahl n_w bzw. Winkelgeschwindigkeit $\omega_{eff} = 2\pi \cdot n_w$ in 1/s
$b = 0,5(d_a - d_i)$ radiale Lagerring- bzw. Segmentbreite (vgl. Bild 15-1b)

Im Bild 15-44a sind die Belastungskennzahlen $100 \cdot k_1$ für den Schmierkeil ohne Rastfläche bei verschiedenem Seitenverhältnis l/b aufgetragen.
Günstige Werte liegen danach für relative Schmierspalthöhen $h_0/t = 0,5 \ldots 1,2$ bei Seitenverhältnissen $l/b = 0,7 \ldots 0,8$ (kleine Lager bis 1,2), wenn für die Länge des Keilspalts bzw. des Segments l auf dem mittleren Durchmesser d_m gemessen wird (vgl. Bild 15-44b mit Bild 15-42a). Für $l = b$ wird bei $h_0/t \approx 0,8$ die optimale Belastungskennzahl $k_1 \approx 0,069$ erreicht. Bei kippbaren Segmenten ist dies für einen Abstand des Unterstützungspunktes $x = 0,42 \cdot l$ von der ablaufenden Kante gegeben (vgl. Bild 15-43b und 15-44d).

Im Bild 15-44a ist für die gleichen Verhältnisse auch die *Reibungskennzahl* k_2 eingetragen

$$k_2 = \mu \sqrt{\frac{p_L \cdot b}{\eta_{\text{eff}} \cdot u_m}} \qquad (15.27)$$

p_L, b, η_{eff} und u_m wie zu Gl. (15.26)

Die kleinste Reibungskennzahl $k_2 \approx 2{,}7$ wird für $l/b = 1$ bei $h_0/t \approx 0{,}4$ erreicht. Für praktisch günstige Seitenverhältnisse $l/b = 0{,}7 \ldots 1{,}3$ und relative Schmierspalthöhen $h_0/t = 0{,}2 \ldots 1{,}0$ kann zunächst angenähert $k_2 \approx 3$ gesetzt werden, so daß sich aus Gl. (15.27) für die *Reibungszahl* als Näherungsgleichung ergibt

$$\mu \approx 3 \sqrt{\frac{\eta_{\text{eff}} \cdot u_m}{p_L \cdot b}} \qquad (15.28)$$

Mit dem gewählten l/b und einer vorgesehenen üblichen Anzahl der Keilflächen bzw. Segmente $z = 4$, 5, 6, 8, 10 oder 12 (16) kann aus der *Keilspalt-* bzw. *Segmentteilung* $l_t = 1{,}25 \cdot l = \pi \cdot d_m/z$, die wegen der radialen Schmiernuten größer sein muss als die Spalt- bzw. Segmentlänge $l = \sqrt{F/(p_L \cdot z) \cdot (l/b)}$ in m (s. zu Gl. (15.30) und Bilder 15-44 und 15-42) ein passender *mittlerer Lagerdurchmesser* errechnet werden

$$d_m = 1{,}25l \cdot z/\pi \qquad (15.29)$$

Damit ist der Lageraußendurchmesser $d_a = d_m + b$ sowie Innendurchmesser $d_i = d_m - b$ ermittelbar, wobei $d_i > d$ (Wellendurchmesser) sein muss, wenn das Lager innerhalb des Wellenstranges liegt. Für eingearbeitete Keilflächen wird im Allgemeinen die *Länge der Rastfläche* $l_R = 0{,}25 \cdot l$ ausgeführt.

Liegen die Konstruktionsmaße fest, wird zunächst die in den Gln. (15.26) und (15.27) auftretende *mittlere Flächenpressung* bestimmt

$$p_L = \frac{F}{z \cdot l \cdot b} = \frac{1{,}25 \cdot F}{\pi \cdot d_m \cdot b} \approx \frac{0{,}4 \cdot F}{d_m \cdot b} \leq p_{L\,\text{zul}} \qquad (15.30)$$

l Segmentlänge, vgl. Bild 15-44b und 15-42
b, d_m s. Gl. (15.26)
F Lagerkraft
$p_{L\,\text{zul}}$ zulässige mittlere Flächenpressung, üblich $10 \ldots 40 \cdot 10^5$ N/m² bei Sn- und Pb-Legierungen; allgemein höhere Werte für Teillast bzw. gehärtete Wellen und niedrige Gleitgeschwindigkeit und niedrige Werte für Volllast, An- und Auslauf bzw. ungehärtete Wellen und hohe Gleitgeschwindigkeit (vgl. TB 15-7)

Durch Verknüpfung der Gln. (15.26) und (15.30) ergibt sich die *kleinste Schmierspalthöhe*

$$h_0 = \sqrt{\frac{k_1 \cdot z \cdot l \cdot b^2 \cdot u_m \cdot \eta_{\text{eff}}}{F}} > h_{0\,\text{zul}}$$

h_0, l, b	u_m	F	η_{eff}
m	m/s	N	Ns/m²

$\qquad (15.31)$

$h_{0\,\text{zul}}$ nach Gl. (15.20)

Mit den Gln. (15.27) und (15.30) wird entsprechend Gl. (15.10) allgemein die *Reibungsverlustleistung* errechenbar

$$P_R = \mu \cdot F \cdot u_m = k_2 \sqrt{\eta_{\text{eff}} \cdot u_m^3 \cdot z \cdot l \cdot F}$$

P_R	u_m	l	F	η_{eff}
Nm/s; W	m/s	m	N	Ns/m²

$\qquad (15.32)$

Erfahrungsgemäß ergibt sich zur Aufrechterhaltung der Flüssigkeitsreibung für z Keilflächen bzw. Segmente der *gesamte erforderliche Schmierstoffvolumenstrom*

$$\boxed{\dot{V}_{ges} = 0,7 \cdot b \cdot h_0 \cdot u_m \cdot z} \tag{15.33}$$

Durch $\dot{V}_{ges}$ muß P_R abgeführt werden. Wird der kleine an der Lageroberfläche abgeführte Wärmestrom vernachlässigt, kann entsprechend Gl. (15.15) die *Erwärmung des Schmierstoffs* ermittelt werden

$$\boxed{\Delta\vartheta = \vartheta_a - \vartheta_e = \frac{P_R}{\dot{V}_{ges} \cdot \varrho \cdot c} = \frac{k_2}{0,7\sqrt{k_1}} \cdot \frac{F}{z \cdot c \cdot \varrho \cdot b^2}} \tag{15.34}$$

$\Delta\vartheta$	P_R	$\dot{V}_{ges}$	ϱ	c	F	b
°C	Nm/s	m³/s	kg/m³	Nm/(kg °C)	N	m

Werte wie in den Gln. (15.24), (15.26) bzw. (15.30)
ϑ_e, ϑ_a Ein- und Austrittstemperatur des Schmierstoffs

Da η_{eff} mit zunehmender Temperatur abnimmt, sollte $\Delta\vartheta \leq 20\,°C$ sein; andernfalls muss zur zusätzlichen Kühlung des Lagers ein Kühlöldurchsatz $\dot{V}_k = P_R/(\varrho \cdot c \cdot \Delta\vartheta)$ in m³/s vorgesehen werden.

Um die durch Wärmeeinflüsse und mechanische Beanspruchung auftretende Verformung klein zu halten, wird für in einem Punkt unterstützte kippbewegliche Segmente eine Dicke $h_{seg} = 0,25\sqrt{b^2 + l^2}$ empfohlen.

Den Berechnungsgang für hydrodynamisch arbeitende Axiallager mit kippbeweglichen Segmenten zeigt Beispiel 15.4 im Abschnitt 15.5.

15.5 Berechnungsbeispiele

■ **Beispiel 15.1:** Gegeben ist ein vollumschließendes Radialgleitlager mit den Abmessungen

$$d_L = 125,00\,^{+0,04}_{0}\,mm, \quad b = 120\,mm.$$

Als Gleitwerkstoff ist eine Sn-Legierung vorgesehen. Die Welle aus E335 hat einen Durchmesser

$$d_W = 124,84\,^{0}_{-0,04}\,mm.$$

Die wärmeabgebende Oberfläche wurde aus der Konstruktionszeichnung mit $A_G = 0,4\,m^2$ für eine effektive Wärmeübergangszahl $\alpha = 20\,W/(m^2\,°C)$ bei reiner Konvektion bestimmt.
Aufzunehmen ist die Lagerkraft $F = 30\,kN$ bei einer Wellendrehzahl $n_w = 500\,min^{-1}$.
Verwendet wird als Schmierstoff ISO VG 46 DIN 51519.
Nach dem Berechnungsschema Bild 15-39, sind für hydrodynamische Schmierung zu bestimmen bzw. zu prüfen:
a) die mechanische Beanspruchung,
b) die Zustandsgrößen η_{eff} für eine zunächst angenommene Richttemperatur $\vartheta_0 = 40\,°C$ bei $\vartheta_U = 20\,°C$ und das relative Betriebslagerspiel ψ_B in ‰ mit $s_E \approx s_B$ wegen geringen Temperaturunterschieds,
c) die Ähnlichkeitsgröße *So* sowie die Zustandsgrößen ε, μ und die Reibungsverlustleistung P_R in W,
d) die Lagertemperatur ϑ_L durch Iteration bei natürlicher Kühlung für $\psi_B = $ konst.,
e) der Kennwert h_0 in µm wegen Verschleißgefährdung, wobei für die Welle die Rautiefe $Rz_W = 4\,µm$ und für die eingelaufene Lagergleitfläche $Rz_L = 1\,µm$ angenommen wird,
f) den Schmierstoffdurchsatz V_D in dm³/min infolge Förderung durch Wellendrehung.

▶ **Lösung a):** Nach Gl. (15.4) wird die spezifische Lagerbelastung

$$p_L = \frac{F}{b \cdot d_L}, \quad p_L = \frac{30 \cdot 10^3\,N}{120\,mm \cdot 125\,mm} = 2\,N/mm^2.$$

Für die Lagerwerkstoff-Gruppe Sn- und Pb-Legierungen gilt nach TB 15-7 erfahrungsgemäß als maximaler Grenzrichtwert $p_{L\,zul} \approx 5\,N/mm^2 \gg p_L$.

15

▶ **Lösung b):** Danach kann bei einer Temperatur der Umgebungsluft $\vartheta_U = 20\,°C$ für die Drehzahl $n_w = 500\,\text{min}^{-1}$ zunächst die Richttemperatur $\vartheta_0 = 40\,°C$ angenommen werden. Damit ergibt sich nach TB 15-9 für die effektive dynamische Viskosität $\eta_{\text{eff}} \approx 42\,\text{mPa s} = 42 \cdot 10^{-9}\,\text{Ns/mm}^2$.

Da für die Lagerabmessungen die Toleranzen gegeben sind, kann das maximale und minimale Einbau-Lagerspiel nach Abschnitt 15.4.1-1a unter Hinweis errechnet werden:

$$s_{E\,\text{max}} = (d_L + ES) - (d_W + ei) = (125,00 + 0,04)\,\text{mm} - [124,84 + (-0,04)]\,\text{mm}\,,$$

$$s_{E\,\text{max}} = 125,04\,\text{mm} - 124,80\,\text{mm} = 0,24\,\text{mm} \quad \text{und}$$

$$s_{E\,\text{min}} = (d_L + EI) - (d_W + es) = (125,00 + 0)\,\text{mm} - (124,84 + 0)\,\text{mm} = 0,16\,\text{mm}\,.$$

Wegen des geringen Temperaturunterschieds kann $s_{B\,\text{max}} \approx s_{E\,\text{max}}$ und $s_{B\,\text{min}} \approx s_{E\,\text{min}}$ gesetzt werden, so dass das konstante mittlere relative Betriebslagerspiel wird

$$\psi_B \triangleq \psi_E = \frac{s_{E\,\text{max}} + s_{E\,\text{min}}}{2 \cdot d_L} = \frac{(0,24 + 0,16)\,\text{mm}}{2 \cdot 125\,\text{mm}} = 0,0016 \triangleq 1,6 \cdot 10^{-3} \triangleq 1,6\,‰\,.$$

▶ **Lösung c):** Mit den ermittelten Werten und der effektiven Winkelgeschwindigkeit

$$\omega_{\text{eff}} = 2 \cdot \pi \cdot n_w = 2 \cdot \pi \cdot \frac{500}{60}\,\frac{1}{s} = 52,36\,\frac{1}{s}$$

ergibt sich nach Gl. (15.9) die Sommerfeldzahl

$$So = \frac{p_L \cdot \psi_B^2}{\eta_{\text{eff}} \cdot \omega_{\text{eff}}} = \frac{2\,\text{N/mm}^2 \cdot 1,6^2 \cdot 10^{-6}}{42 \cdot 10^{-9}\,\text{Ns/mm}^2 \cdot 52,36\,\dfrac{1}{s}} \approx 2,3\,.$$

Für $b/d_L = 120\,\text{mm}/125\,\text{mm} = 0,96$ lässt sich mit $So = 2,3$ aus TB 15-13a die relative Exzentrizität ablesen: $\varepsilon \approx 0,73$.

Sie liegt entsprechend 15.4.1-1c, unter Hinweis, im störungsfreien Bereich B. Damit ergibt sich rechnerisch mit $\beta \approx 42°$ aus TB 15-14a oder aus TB 15-14c für $\varepsilon \approx 0,73$ und $b/d_L = 0,96$ die Reibungskennzahl $\mu/\psi_B \approx 2,2$, woraus die Reibungszahl errechnet wird:

$$\mu = 2,2 \cdot \psi_B = 2,2 \cdot 1,6 \cdot 10^{-3} = 3,52 \cdot 10^{-3}\,.$$

Nach Gl. (15.10) wird mit der Wellenumfangsgeschwindigkeit

$$u_w = 0,5 \cdot d_W \cdot \omega_{\text{eff}} = 0,5 \cdot 124,84 \cdot 10^{-3}\,\text{m} \cdot 52,36\,\frac{1}{s} = 3,27\,\frac{m}{s}\,,$$

so dass sich die Reibungsverlustleistung ergibt

$$P_R = \mu \cdot F \cdot u_w = 3,52 \cdot 10^{-3} \cdot 30 \cdot 10^3\,\text{N} \cdot 3,27\,\text{m/s} \approx 345\,\text{W}\,[\text{Nm/s}]\,.$$

▶ **Lösung d):** Für natürliche Kühlung lässt sich mit den gegebenen und ermittelten Werten nach Gl. (15.14) die Lagertemperatur errechnen:

$$\vartheta_L \triangleq \vartheta_m = \vartheta_U + \frac{\mu \cdot F \cdot u_w}{\alpha \cdot A_G} = 20\,°C + \frac{3,52 \cdot 10^{-3} \cdot 30 \cdot 10^3\,\text{N} \cdot 3,27\,\text{m/s}}{20\,(\text{Nm/s})/(\text{m}^2 \cdot °C) \cdot 0,4\,\text{m}^2} \approx 63\,°C\,.$$

Da $|\vartheta_m - \vartheta_0| = 63\,°C - 40\,°C = 23\,°C > 2\,°C$ beträgt, muss durch Iteration als neue Richttemperatur gewählt werden:

$$\vartheta_{0\,\text{neu}} = \frac{\vartheta_{0\,\text{alt}} + \vartheta_m}{2} = \frac{40\,°C + 63\,°C}{2} = 51,5\,°C\,.$$

Dafür wird nach TB 15-9 bei vorgesehenem Schmierstoff ISO VG 46 die effektive dynamische Viskosität $\eta_{\text{eff}} \approx 25\,\text{mPa s} = 25 \cdot 10^{-9}\,\text{Ns/mm}^2$ abgelesen.

Bei konstantem $\psi_B = 1,6 \cdot 10^{-3}$ ergibt sich die neue Sommerfeldzahl

$$So = \frac{2\,\text{N/mm}^2 \cdot 1,6^2 \cdot 10^{-6}}{25 \cdot 10^{-9}\,\text{Ns/mm}^2 \cdot 52,36\,\text{s}^{-1}} \approx 3,91\,.$$

Aus TB 15-13a wird bei $b/d_L \approx 0,96$ und $So \approx 3,91$ die neue relative Exzentrizität $\varepsilon \approx 0,82$ abgelesen, die wieder im Bereich B liegt.

Damit ist rechnerisch mit $\beta \approx 35°$ aus TB 15-15a oder aus TB 15-14a die Reibungskennzahl $\mu/\psi_B \approx 1,64$ ermittelbar, so dass die Reibungszahl $\mu = 1,64 \cdot \psi_B = 1,64 \cdot 1,6 \cdot 10^{-3} = 2,62 \cdot 10^{-3}$ wird.

Nach Gl. (15.10) ergibt sich die neue Reibungsverlustleistung

$$P_R = \mu \cdot F \cdot u_w = 2{,}62 \cdot 10^{-3} \cdot 30 \cdot 10^3 \, \text{N} \cdot 3{,}27 \, \text{m/s} \approx 257 \, \text{Nm/s (bzw. W)}.$$

Unter gleichen Bedingungen wird nach Gl. (15.14) die neue Lagertemperatur

$$\vartheta_L \cong \vartheta_m = \vartheta_U + \frac{P_R}{\alpha \cdot A_G} = 20\,°\text{C} + \frac{257 \, \text{W}}{20 \, \text{W/(m}^2 \cdot °\text{C)} \cdot 0{,}4 \, \text{m}^2} \approx 52{,}1\,°\text{C}.$$

Da nun $|\vartheta_m - \vartheta_{0\,\text{neu}}| < 2\,°\text{C}$ wird die Iteration abgebrochen. Die Stabilisierung ist etwa erreicht, weil außerdem entsprechend TB 15-17 gilt

$$\vartheta_L \approx \vartheta_{eff} = 52\,°\text{C} < \vartheta_{L\,\text{zul}} = 90\,°\text{C}.$$

Die natürliche Kühlung reicht aus.

▶ **Lösung e):** Mit Gl. (15.8) wird die kleinste Schmierspalthöhe

$$h_0 = 0{,}5 \cdot d_L \cdot \psi_B (1 - \varepsilon) = 0{,}5 \cdot 125 \, \text{mm} \cdot 1{,}6 \cdot 10^{-3}(1 - 0{,}82) = 0{,}018 \, \text{mm} = 18 \, \mu\text{m}.$$

Wird für die Welle Rz $\leq 4\,\mu\text{m}$ und für die eingelaufene Lagergleitfläche Rz ≤ 1 angenommen, gilt $h_0 = 18\,\mu\text{m} > h_{0\,\text{zul}} = 7\,\mu\text{m}$ (zulässig nach TB 15-16 für $d_W = 124{,}84 \, \text{mm}$ bei $u_w = 3{,}27 \, \text{m/s}$).

▶ **Lösung f):** Für den Schmierstoff infolge Förderung durch Wellendrehung wird zunächst der relative Schmierstoffdurchsatz $\dot{V}_{D\,\text{rel}} = 0{,}156$ bei $\varepsilon \approx 0{,}82$ und $b/d_L = 0{,}96$ errechnet (15.4.1-3). Nach Gl. (15.16) ergibt sich damit

$$\dot{V}_D = \dot{V}_{D\,\text{rel}} \cdot d_L^3 \cdot \psi_B \cdot \omega_{eff} \cdot 60 \cdot 10^{-6} = 0{,}156 \cdot 12{,}5^3 \, \text{cm}^3 \cdot 1{,}6 \cdot 10^{-3} \cdot 52{,}36 \, \text{s}^{-1}$$

$$= 25{,}5 \, \frac{\text{cm}^3}{\text{s}} = 1{,}53 \, \text{dm}^3/\text{min}.$$

Ergebnis: Unter Vernachlässigung des durch den Schmierstoff abgeführten Wärmestromes ist das hydrodynamisch geschmierte, vollumschließende Radialgleitlager weder mechanisch und thermisch noch durch Verschleiß gefährdet, sofern die Funktionsfähigkeit nicht durch Störeinflüsse wie Fertigungs- und Montageungenauigkeiten, Unwuchten u. a. für den vorliegenden Betriebszustand beeinträchtigt wird.

■ **Beispiel 15.2:** Das vollumschließende Radialgleitlager mit den gleichen Daten wie Beispiel 15.1 soll bei einer Wellendrehzahl $n_w = 2000 \, \text{min}^{-1}$ stationär betrieben werden, wenn mit dem mittleren relativen Einbau-Lagerspiel $\psi_E = 1{,}6\,‰$ gerechnet wird. Als Lagermetall ist PbSb15Sn10 nach DIN ISO 4381 vorgesehen.
Zu bestimmen bzw. zu prüfen sind (s. Berechnungsschema Bild 15-39):
a) die thermische Beanspruchung des Lagers durch Iteration, wenn der gleiche Schmierstoff unter Druck $p_Z = 3 \, \text{bar}$ über eine Schmierlochbohrung $d_0 = 4 \, \text{mm}$ entgegengesetzt zur Lastrichtung bei einer Eintrittstemperatur $\vartheta_e = 30\,°\text{C}$ zugeführt wird,
b) der Schmierstoffdurchsatz bei stabiler Lagertemperatur in dm^3/min,
c) die Verschleißgefährdung, wobei für Welle und Lagerfläche gleiche Annahmen wie zu Beispiel 15.1e getroffen werden.

▶ **Lösung a):** Für die Drehzahl $n_w = 2000 \, \text{min}^{-1} = 33{,}33 \, \text{s}^{-1}$ ergibt sich zunächst die Wellenumfangsgeschwindigkeit $u_w = d_W \cdot \pi \cdot n_w = 124{,}84 \cdot 10^{-3} \, \text{m} \cdot \pi \cdot 33{,}33 \, \text{s}^{-1} \approx 13{,}07 \, \text{m/s}$ und die effektive Winkelgeschwindigkeit $\omega_{eff} = 2 \cdot \pi \cdot n_w = 2 \cdot \pi \cdot 33{,}33 \, \text{s}^{-1} = 209{,}4 \, \text{s}^{-1}$.
Für die Richttemperatur

$$\vartheta_0 \cong \vartheta_{a0} = \vartheta_e + \Delta\vartheta = 30\,°\text{C} + 20\,°\text{C} = 50\,°\text{C}$$

ergibt sich mit

$$\vartheta_{eff} = 0{,}5 \cdot (\vartheta_e + \vartheta_{a0}) = 0{,}5(30\,°\text{C} + 50\,°\text{C}) = 40\,°\text{C},$$

womit für den Schmierstoff ISO VG 46 DIN 51519 $\eta_{eff} \approx 42 \cdot 10^{-9} \, \text{Ns/mm}^2$ aus TB 15-9 abgelesen wird. Mit $\psi_E = 1{,}6 \cdot 10^{-3}$ und für $\alpha_L = 24 \cdot 10^{-6} \, 1/°\text{C}$ aus TB 15-6, $\alpha_W = 11 \cdot 10^{-6} \, 1/°\text{C}$ aus TB 12-6 wird mit der Spieländerung

$$\Delta\psi = (\alpha_L - \alpha_W) \cdot 10^{-6} \cdot (\vartheta_{eff} - 20\,°\text{C}) = (24 - 11) \cdot 10^{-6} \cdot \frac{1}{°\text{C}} \cdot 20\,°\text{C} = 0{,}26 \cdot 10^{-3}$$

das mittlere relative Betriebslagerspiel

$$\psi_B = \psi_E + \Delta\psi = 1{,}6 \cdot 10^{-3} + 0{,}26 \cdot 10^{-3} = 1{,}86 \cdot 10^{-3}.$$

15

In Gl. (15.9) eingesetzt ergibt sich die Sommerfeldzahl

$$So = \frac{p_L \cdot \psi_B^2}{\eta_{eff} \cdot \omega_{eff}} = \frac{2\,\text{N/mm}^2 \cdot 1,86^2 \cdot 10^{-6}}{42 \cdot 10^{-9}\,\text{Ns/mm}^2 \cdot 209,4\,\text{s}^{-1}} \approx 0,78\,.$$

Aus TB 15-13a kann mit So und $b/d_L = 0,96$ abgelesen werden: $\varepsilon \approx 0,49$ und aus TB 15-15a wird der Verlagerungswinkel angenähert $\beta \approx 58°$. Damit wird rechnerisch $\mu/\psi_B \approx 4,83$ (s. Lehrbuch 15.4.1-1d Reibungskennzahl) oder nur angenähert aus TB 15-14a bzw. c, so dass $\mu = 4,83 \cdot 1,86 \cdot 10^{-3} \approx 9,0 \cdot 10^{-3}$ wird. Nach Gl. (15.10) ist die Reibungsverlustleistung

$$P_R = \mu \cdot F \cdot u_w = 9,0 \cdot 10^{-3} \cdot 30 \cdot 10^3\,\text{N} \cdot 13,07\,\text{m/s} \approx 3530\,\text{Nm/s (bzw. W)}\,.$$

Bei Druckschmierung muss zunächst der gesamte Schmierstoffdurchsatz für $p_Z = 3\,\text{bar} = 0,3\,\text{N/mm}^2$ entsprechend Gl. (15.18) ermittelt werden.

Nach Gl. (15.16) wird der Schmierstoffdurchsatz infolge Förderung durch Wellendrehung (Eigendruckentwicklung) mit dem relativen Schmierstoffdurchsatz $\dot{V}_{D\,rel} \approx 0,09$ für $b/d_L \approx 0,96$ und $\varepsilon \approx 0,49$ errechnet

$$\dot{V}_D = \dot{V}_{D\,rel} \cdot d_L^3 \cdot \psi_B \cdot \omega_{eff} = 0,09 \cdot 125^3\,\text{mm}^3 \cdot 1,86 \cdot 10^{-3} \cdot 209,4\,\text{s}^{-1} \approx 68\,460\,\text{mm}^3/\text{s}\,.$$

Nach Gl. (15.17) ist der Schmierstoffdurchsatz infolge Zuführdruck mit dem relativen Schmierstoffdurchsatz für Lager mit Öleintrittsbohrung d_0 in der Oberschale $\dot{V}_{pZ\,rel} \approx 0,053$ aus TB 15-18b-1 für $d_0/b = 4/120 \approx 0,033$ und $\varepsilon \approx 0,49$ mit $q_L \approx 1,21$ und $p_Z = 0,3\,\text{N/mm}^2$

$$\dot{V}_{pZ} = \frac{\dot{V}_{pZ\,rel} \cdot d_L^3 \cdot \psi_B^3}{\eta_{eff}} \cdot p_Z = \frac{0,053 \cdot 125^3\,\text{mm}^3 \cdot 1,86^3 \cdot 10^{-9}}{42 \cdot 10^{-9}\,\text{Ns/mm}^2} \cdot 0,3\,\text{N/mm}^2 \approx 4760\,\text{mm}^3/\text{s}\,.$$

so dass der gesamte Schmierstoffdurchsatz nach Gl. (15.18) wird

$$\dot{V} = \dot{V}_D + \dot{V}_{pZ} = 68\,460\,\text{mm}^3/\text{s} + 4760\,\text{mm}^3/\text{s} = 73\,220\,\text{mm}^3/\text{s}\,.$$

Damit ergibt sich nach Gl. (15.15) für $\vartheta_e = 30\,°\text{C}$ die Lagertemperatur

$$\vartheta_L \cong \vartheta_a = \vartheta_e + \frac{P_R}{\dot{V} \cdot \varrho \cdot c} = 30\,°\text{C} + \frac{3530 \cdot 10^3\,\text{Nmm/s}}{73\,220\,\text{mm}^3/\text{s} \cdot 1,8\,\text{N/(mm}^2 \cdot °\text{C})} \approx 57\,°\text{C}\,.$$

Da der absolute Wert $|\vartheta_{a0} - \vartheta_a| = |50\,°\text{C} - 57\,°\text{C}| = 7\,°\text{C} > 2\,°\text{C}$ ist, wird durch Iteration die neue Richttemperatur

$$\vartheta_{a0\,neu} = 0,5(\vartheta_{a0\,alt} + \vartheta_a) = 0,5(50\,°\text{C} + 57\,°\text{C}) = 53,5\,°\text{C}\,,$$

so dass $\vartheta_{eff} = 0,5(\vartheta_e + \vartheta_{a0\,neu}) = 0,5(30\,°\text{C} + 53,5\,°\text{C}) \approx 41,8\,°\text{C}$ ist, womit aus TB 15-9 für den Schmierstoff $\eta_{eff} \approx 38 \cdot 10^{-9}\,\text{Ns/mm}^2$ abgelesen wird. Mit $\psi_E = 1,6 \cdot 10^{-3}$ und für $\alpha_L - \alpha_w = (24 - 11) \cdot 10^{-6}$ wird

$$\Delta\psi = (24 - 11) \cdot 10^{-6} \cdot 21,8 \approx 0,28 \cdot 10^{-3} \quad \text{und} \quad \psi_B = \psi_E + \Delta\psi = 1,88 \cdot 10^{-3}\,.$$

In Gl. (15.9) eingesetzt ergibt sich

$$So = \frac{2\,\text{N/mm}^2 \cdot 1,88^2 \cdot 10^{-6}}{38 \cdot 10^{-9}\,\text{Ns/mm}^2 \cdot 209,4\,\text{s}^{-1}} \approx 0,89$$

und aus TB 15-13a kann für $b/d_L = 0,96$ die relative Exzentrizität $\varepsilon \approx 0,52$ abgelesen werden, so dass aus TB 15-15a der Verlagerungswinkel $\beta \approx 56°$ angenähert bestimmt ist. Damit wird rechnerisch $\mu/\psi_B \approx 4,35$ und $\mu \approx 8,18 \cdot 10^{-3}$. Nach Gl. (15.10) ergibt sich die Reibungsverlustleistung

$$P_R = 8,18 \cdot 10^{-3} \cdot 30 \cdot 10^3\,\text{N} \cdot 13,07\,\text{m/s} \approx 3207\,\text{W}\,.$$

Wieder werden der Schmierstoffdurchsatz infolge Eigendruckentwicklung mit $\dot{V}_{D\,rel} \approx 0,099$ für $b/d_L = 0,96$ und $\varepsilon = 0,52$ nach Gl. (15.16) errechnet

$$\dot{V}_D = \dot{V}_{D\,rel} \cdot d_L^3 \cdot \psi_B \cdot \omega_{eff} = 0,099 \cdot 125^3\,\text{mm}^3 \cdot 1,88 \cdot 10^{-3} \cdot 209,4\,\text{s}^{-1} \approx 76\,120\,\text{mm}^3/\text{s}$$

und nach Gl. (15.17) der Schmierstoffdurchsatz infolge Zuführdrucks mit $\dot{V}_{pZ\,rel} \approx 0,056$ aus TB 15-18b-1 für $b/d_0 = 30$, $q_L \approx 1,21$ und $p_Z = 0,3\,\text{N/mm}^2$ bestimmt

$$\dot{V}_{pZ} = \frac{0,056 \cdot 125^3\,\text{mm}^3 \cdot 1,88^3 \cdot 10^{-9}}{38 \cdot 10^{-9}\,\text{Ns/mm}^2} \cdot 0,3\,\text{N/mm}^2 \approx 5737\,\text{mm}^3/\text{s}\,,$$

so dass nach Gl. (15.18) der gesamte Schmierstoffdurchsatz wird

$$\dot{V} = \dot{V}_D + \dot{V}_{pZ} = 76\,120\,\text{mm}^3/\text{s} + 5737\,\text{mm}^3/\text{s} = 81\,857\,\text{mm}^3/\text{s}\,.$$

Damit ergibt sich nach Gl. (15.15) für $\vartheta_e = 30\,°C$ die Lagertemperatur

$$\vartheta_L \cong \vartheta_a = \vartheta_e + \frac{P_R}{\dot{V} \cdot \varrho \cdot c} = 30\,°C + \frac{3207 \cdot 10^3\,Nmm/s}{81\,857\,mm^3/s \cdot 1{,}8\,N/(mm^2 \cdot °C)} \approx 51{,}8\,°C\,.$$

Da der absolute Wert $|\vartheta_{a0\,neu} - \vartheta_a| = |53{,}5\,°C - 51{,}8\,°C| = 1{,}7\,°C < 2\,°C$, wird die Iteration abgebrochen, denn mit $\vartheta_L \approx 52\,°C < \vartheta_{L\,zul} = 100\,°C$ nach TB 15-17 ist die Lagertemperatur stabil.

▶ **Lösung b):** Der gesamte Schmierstoffdurchsatz ist somit nach Gl. (15.18)

$$\dot{V} = 81\,857\,mm^3/s \cdot 60 \cdot 10^{-6} \approx 4{,}91\,dm^3/min\,.$$

▶ **Lösung c):** Nach Gl. (15.8) wird die kleinste Schmierspalthöhe

$$h_0 = 0{,}5 \cdot d_L \cdot \psi_B(1 - \varepsilon) \cdot 10^3 = 0{,}5 \cdot 125\,mm \cdot 1{,}88 \cdot 10^{-3} \cdot (1 - 0{,}52) \cdot 10^3 = 56{,}4\,\mu m\,.$$

Da $h_0 = 56{,}4\,\mu m \gg h_{0\,zul} = 9\,\mu m$, liegt nach TB 15-16 keine Verschleißgefährdung vor, wenn für die Welle $Rz_W \leq 4\,\mu m$ und die eingelaufene Lagergleitfläche $Rz_L \leq 1\,\mu m$ angenommen wird.

Hinweis: Würde z. B. für Welle und Lagergleitfläche je $Rz = 4\,\mu m$ bzw. nach Einlauf je $Ra = 0{,}4\,\mu m$ bei $Wt = 0$ betragen kann mit $h_{0\,zul} \cong h_{0\,min} = \Sigma(Rz + Wt) = 8\,\mu m$ bzw. $h_{0\,zul} = \Sigma Ra = 0{,}8\,\mu m$ (vgl. Hinweis nach Bild 15-18 letzter Absatz) gerechnet werden.

Ergebnis: Das Lager mit den gleichen Daten wie Beispiel 15.1 kann bei einer Betriebsdrehzahl $n_w = 2000\,min^{-1}$ mit Druckumlaufschmierung laufen, wobei aber entsprechend TB 15-13b (vgl. vor Bild 15-37) Neigung zur Instabilität besteht.

■ **Beispiel 15.3:** Ein einfaches hydrostatisch arbeitendes ebenes Spurlager (vgl. Bild 15-41) soll eine axiale Lagerkraft $F = 500\,kN$ bei einer Wellendrehzahl $n_w = 750\,min^{-1}$ aufnehmen. Der Außendurchmesser des Wellenspurkranzes beträgt $d_a = 2r_a = 400\,mm$, der Innendurchmesser der Spurplatte $d_i = 2r_i = 250\,mm$. Als Schmierstoff wird Mineralöl ISO VG 68 bei $\vartheta_{eff} = 55\,°C$, $\varrho = 860\,kg/m^3$ verwendet.

Zu ermitteln sind:

a) der Schmierstoffvolumenstrom in dm^3/min bei einer gewählten Schmierspalthöhe $h_0 = 150\,\mu m$,
b) der erforderliche Zuführdruck $p_Z \approx$ Taschendruck p_T in bar,
c) die Reibungs- und Pumpenleistung in W für einen Pumpenwirkungsgrad $\eta_P = 0{,}5$ und bei Berücksichtigung des Druckverlustes,
d) die Schmierstofferwärmung in $°C$, die $70\,°C$ nicht überschreiten soll!

▶ **Lösung a):** Für $F = 500 \cdot 10^3\,N$ ergibt sich aus Gl. (15.22) mit $\eta_{eff} = 31\,mPa\,s = 31 \cdot 10^{-7}\,Ns/cm^2$ aus TB 15-9 für Öl ISO VG 68 bei $\vartheta_{eff} = 55\,°C$

$$\dot{V} = \frac{F \cdot h_0^3}{3 \cdot \eta_{eff}(r_a^2 - r_i^2)} = \frac{500 \cdot 10^3\,N \cdot 0{,}015^3\,cm^3}{3 \cdot 31 \cdot 10^{-7}\,Ns/cm^2(20^2 - 12{,}5^2)\,cm^2} = 744{,}42\,cm^3/s = 44{,}7\,dm^3/min\,.$$

Ergebnis: Der notwendige Ölvolumenstrom muss $\dot{V} = 44{,}7\,dm^3/min$ betragen.

▶ **Lösung b):** Aus Gl. (15.22) bzw. (15.21) wird ohne Berücksichtigung des Druckverlustes errechnet

$$p_Z \approx p_T = \frac{2 \cdot F \cdot \ln r_a/r_i}{\pi(r_a^2 - r_i^2)} \quad bzw. \quad \frac{6 \cdot \dot{V} \cdot \eta_{eff} \cdot \ln r_a/r_i}{\pi \cdot h_0^3}$$

$$p_Z = \frac{2 \cdot 500 \cdot 10^3\,N \cdot 0{,}47}{\pi(20^2 - 12{,}5^2)\,cm^2} = 613{,}8\,N/cm^2 \approx 61\,bar\,.$$

Ergebnis: Der erforderliche Zuführdruck des Öles ist $p_Z \approx 61\,bar$.

▶ **Lösung c):** Mit der Winkelgeschwindigkeit

$$\omega_{eff} = 2 \cdot \pi \cdot n_w = 2 \cdot \pi \cdot 12{,}5\,s^{-1} = 78{,}54\,\frac{1}{s}$$

15

wird nach Gl. (15.23) die Reibungsleistung

$$P_R = \frac{\pi \cdot \eta_{eff} \cdot \omega_{eff}^2}{2 \cdot h_0}(r_a^4 - r_i^4) = \frac{\pi \cdot 31 \cdot 10^{-7}\,\text{Ns/cm}^2 \cdot 78{,}54^2 \cdot \text{s}^{-2}}{2 \cdot 0{,}015\,\text{cm}} \cdot (20^4 - 12{,}5^4)\,\text{cm}^4 = 271\,511\,\text{Ncm/s},$$

$$P_R = 2715\,\text{W}.$$

Die Pumpenleistung ergibt sich, wenn infolge Druckverlust mit $p_Z = 70\,\text{bar} = 700\,\text{N/cm}^2$ gerechnet wird, aus

$$P_P = \frac{\dot{V} \cdot p_Z}{\eta_P} = \frac{744{,}42\,\text{cm}^3/\text{s} \cdot 700\,\text{N/cm}^2}{0{,}5} = 1\,042\,188\,\text{Ncm/s} \approx 10\,422\,\text{W}.$$

Ergebnis: Die Reibungsleistung beträgt $P_R = 2715\,\text{W}$, die Pumpenleistung bei Berücksichtigung des Druckverlustes $P_P \approx 10\,422\,\text{W}$.

▶ **Lösung d):** Die Schmierstofferwärmung lässt sich nach Gl. (15.24) mit $c = 2050\,\text{Nm/(kg} \cdot {}^\circ\text{C)}$ aus TB 15-8c für $\varrho = 860\,\text{kg/m}^3$ bei $\vartheta_{eff} = 55\,^\circ\text{C}$ errechnen

$$\Delta\vartheta = \frac{P_R + P_P}{c \cdot \varrho \cdot \dot{V}} = \frac{(2715 + 10\,422)\,\text{Nm/s}}{2050\,\text{Nm/(kg} \cdot {}^\circ\text{C)} \cdot 860\,\text{kg/m}^3 \cdot 744{,}42 \cdot 10^{-6}\,\text{m}^3/\text{s}} \approx 10\,^\circ\text{C}.$$

Ergebnis: Das Öl erwärmt sich um ca. $10\,^\circ\text{C}$ auf rund $65\,^\circ\text{C}$. In der Praxis werden wegen der Wärmeverluste etwa $8\,^\circ\text{C}$ erreicht, so dass $70\,^\circ\text{C}$ sicher nicht überschritten werden.

■ **Beispiel 15.4:** Das hydrodynamisch arbeitende Axiallager ohne zusätzliche Kühlung (Bild 15-45 nach Vogelpohl) mit $z = 10$ kippbeweglichen Segmenten hat einen Außendurchmesser $d_a = 330\,\text{mm}$ und einen Innendurchmesser $d_i = 170\,\text{mm}$ der Spurplatte. Es soll eine Lagerkraft $F = 32\,\text{kN}$ bei der Drehzahl $n = 200\,\text{1/min}$ aufnehmen.

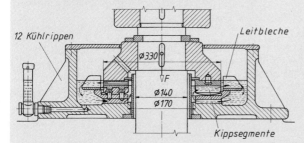

Bild 15-45
Axiallager ohne zusätzliche Kühlung mit Kippsegmenten für eine senkrechte Welle. Das große Gehäuse bietet eine ausreichende Fläche und Ölfüllung zur Wärmeabgabe. Leitbleche verhindern ein Mitdrehen der Füllung und sichern den radialen Ölumlauf.

Verwendet werden soll ein Schmierstoff der Viskositätsklasse ISO VG 100 DIN 51519, Dichte $860\,\text{kg/m}^3$ bei der geschätzten effektiven Temperatur $\vartheta_{eff} = 60\,^\circ\text{C}$. Als Gleitwerkstoff wird eine CuPbSn-Legierung aufgebracht.
Zu ermitteln bzw. zu prüfen sind:

a) die Segmentbreite, Segmentlänge, Segmentdicke sowie die Segmentteilung und das Seitenverhältnis,
b) die Zulässigkeit der kleinsten Schmierspalthöhe h_0 in μm,
c) der gesamte erforderliche Schmierstoffvolumenstrom $\dot{V}_{ges}$ in dm³/min,
d) die Schmierstofferwärmung.

▶ **Lösung a):** Wie zu Gl. (15.26) gilt für die Segmentbreite

$$b = 0{,}5(d_a - d_i) = 0{,}5(330\,\text{mm} - 170\,\text{mm}) = 80\,\text{mm}.$$

Mit dem mittleren Lagerdurchmesser $d_m = 0{,}5(d_a + d_i) = 0{,}5(330\,\text{mm} + 170\,\text{mm}) = 250\,\text{mm}$ lässt sich aus Gl. (15.29) die Segmentlänge errechnen

$$l = \frac{d_m \cdot \pi}{1{,}25 \cdot z} = \frac{250\,\text{mm} \cdot \pi}{1{,}25 \cdot 10} = 62{,}83\,\text{mm} \approx 63\,\text{mm},$$

womit sich ergibt:

die Segmentdicke (s. unter Gl. (15.34)) $\quad h_{seg} = 0{,}25\sqrt{b^2 + l^2} = 0{,}25\sqrt{80^2 + 63^2} = 25\,\text{mm}$,

die Segmentteilung (s. über Gl. (15.29)) $\quad l_t = 1{,}25 \cdot l = 1{,}25 \cdot 63 = 78{,}75\,\text{mm}\quad$ und

das Seitenverhältnis $\quad l/b = 63/80 \approx 0{,}79$.

▶ **Lösung b):** Aus TB 15-9 wird zunächst bei $\vartheta_{eff} = 60\,°\text{C}$ für den Schmierstoff der Viskositätsklasse ISO VG 100 abgelesen: $\eta_{eff} = 34\,\text{mPas} = 34 \cdot 10^{-3}\,\text{Ns/m}^2$. Für $l/b \approx 0{,}79$ bei $h_0/t = 1$ ergibt sich aus Bild 15-44a die Belastungskennzahl $100\,k_1 \approx 6{,}5$ bzw. $k_1 = 0{,}065$, so dass mit

$$u_m = \pi \cdot d_m \cdot n_W = \pi \cdot 0{,}25\,\text{m} \cdot 3{,}33\,\text{s}^{-1} = 2{,}62\,\text{m/s}$$

die kleinste Schmierspalthöhe nach Gl. (15.31) errechnet werden kann.

$$h_0 = \sqrt{\frac{k_1 \cdot l \cdot b^2 \cdot u_m \cdot \eta_{eff}}{F}}\,,$$

$$h_0 = \sqrt{\frac{0{,}065 \cdot 10 \cdot 63 \cdot 10^{-3}\,\text{m} \cdot 80^2 \cdot 10^{-6}\,\text{m}^2 \cdot 2{,}62\,\text{m/s} \cdot 34 \cdot 10^{-3}\,\text{Ns/m}^2}{32 \cdot 10^3\,\text{N}}} = 27 \cdot 10^{-6}\,\text{m}\,,$$

$$h_0 = 27\,\mu\text{m} > h_{0\,zul} \approx 10(1 + 0{,}0025 \cdot 250) \approx 16\,\mu\text{m}$$

nach Gl. (15.20) im Mittel bei der Keiltiefe $t = 27\,\mu\text{m}$, d. h. für $h_0/t = 1$.
Das gleiche Ergebnis wird aus Gl. (15.26) mit Gl. (15.30) erreicht, wenn

$$p_L = \frac{F}{z \cdot l \cdot b} = \frac{32 \cdot 10^3\,\text{N}}{10 \cdot 63 \cdot 10^{-3}\,\text{m} \cdot 80 \cdot 10^{-3}\,\text{m}} = 6{,}35 \cdot 10^5\,\text{N/m}^2 \approx 0{,}6\,\text{N/mm}^2 < p_{L\,zul}$$

für den Gleitwerkstoff eingesetzt wird.

▶ **Lösung c):** Nach Gl. (15.33) wird der gesamte Schmierstoffvolumenstrom

$$\dot{V}_{ges} = 0{,}7 \cdot b \cdot h_0 \cdot u_m \cdot z = 0{,}7 \cdot 80 \cdot 10^{-3}\,\text{m} \cdot 27 \cdot 10^{-6}\,\text{m} \cdot 2{,}62\,\text{m/s} \cdot 10 = 39{,}6 \cdot 10^{-6}\,\text{m}^3/\text{s}\,,$$

$$\dot{V}_{ges} = 2{,}38\,\text{dm}^3/\text{min}\,.$$

▶ **Lösung d):** Zunächst wird aus Bild 15-44a für $l/b \approx 0{,}79$ bei $h_0/t = 1$ die Reibungskennzahl $k_2 \approx 3{,}1$ abgelesen. Mit der Öldichte $\varrho = 860\,\text{kg/m}^3$ bei $\vartheta_{eff} = 60\,°\text{C}$ lässt sich aus TB 15-8c die spezifische Wärmekapazität $c = 2080\,\text{Nm}/(\text{kg} \cdot °\text{C})$ bestimmen, so dass sich nach Gl. (15.34) die Schmierstofferwärmung errechnen lässt:

$$\Delta\vartheta = \frac{k_2}{0{,}7 \cdot \sqrt{k_1}} \cdot \frac{F}{z \cdot c \cdot \varrho \cdot b^2}\,,$$

$$\Delta\vartheta = \frac{3{,}1 \cdot 32 \cdot 10^3\,\text{N}}{0{,}7 \cdot \sqrt{0{,}065 \cdot 10} \cdot 2080\,\text{Nm}/(\text{kg} \cdot °\text{C}) \cdot 860\,\text{kg/m}^3 \cdot 80^2 \cdot 10^{-6}\,\text{m}^2} = 4{,}9\,°\text{C} \approx 5\,°\text{C}.$$

Ergebnis: Der Schmierstoffvolumenstrom $\dot{V}_{ges} = 2{,}38\,\text{dm}^3/\text{min}$ ist ausreichend, da die sich einstellende Temperaturerhöhung von rund $5\,°\text{C}$ wegen der Stütz- bzw. Kühlrippen am Lagergehäuse wahrscheinlich noch kleiner sein wird. Eine Iterationsrechnung wegen η-Änderung infolge Temperaturerhöhung ist nicht erforderlich.

15

15.6 Literatur

Bartz, W. J. (Hrsg.): Gleitlagertechnik. Grafenau: expert, 1981

Czichos, H., Habig, K.-H.: Tribologie-Handbuch: Reibung und Verschleiß. Wiesbaden: Vieweg, 2003

DIN, Dt. Institut für Normung (Hrsg.): Gleitlager 1: Maße, Toleranzen, Qualitätssicherung, Lagerschäden. 4. Aufl. Berlin: Beuth, 2007 (DIN-Taschenbuch 126)

DIN, Dt. Institut für Normung (Hrsg.): Gleitlager 2: Werkstoffe, Prüfung, Berechnung, Begriffe. 3. Aufl. Berlin: Beuth, 2007 (DIN-Taschenbuch 198)

DIN, Dt. Institut für Normung (Hrsg.): Schmierstoffe: Eigenschaften und Anforderungen. 4. Aufl. Berlin: Beuth, 1996 (DIN-Taschenbuch 192)

Dow Corning GmbH, München: Molykote. 1990 − Firmenschrift

Gersdorfer, O.: Das Gleitlager. Wien: Industrie und Fachbuch R. Bohmann, 1954

Goldschmidt AG, Essen: Gleitlagertechnik. 1992 – Firmenschrift

Grote, K.-H., Feldhusen, J. (Hrsg.): Dubbel – Taschenbuch für den Maschinenbau. 22. Aufl. Berlin: Springer, 2007

Lang, O. R., Steinhilper, W.: Gleitlager. Berlin: Springer, 1978

Leyer, A.: Theorie des Gleitlagers bei Vollschmierung (Blaue TR-Reihe, Heft 46). Bern: Hallwag, 1967

Sassenfeld, H., Walther, A.: Gleitlagerberechnung. VDI-Forschungshefte Nr. 441. Düsseldorf: VDI, 1954

Schweitzer, G., Traxler, A., Bleuler, H.: Magnetlager: Grundlagen, Eigenschaften und Anwendungen berührungsfreier, elektromagnetischer Lager. Berlin: Springer, 1993

Steinhilper, W., Sauer, B.: Konstruktionselemente des Maschinenbaus 2. 6. Aufl. Berlin: Springer, 2008

Tepper, H., Schopf, E.: Gleitlager: Konstruktion, Auslegung, Prüfung mit Hilfe von DIN-Normen. Berlin: Beuth, 1985 (Beuth-Kommentare)

VDI-Richtlinie 2204-1: Auslegung von Gleitlagern; Grundlagen. Düsseldorf: VDI, 1992, 2005

VDI-Richtlinie 2204-2: Auslegung von Gleitlagern; Berechnung

VDI-Richtlinie 2204-3: Auslegung von Gleitlagern; Kennzahlen und Beispiele für Radiallager

VDI-Richtlinie 2204-4: Auslegung von Gleitlagern; Kennzahlen und Beispiele für Axiallager

VDI-Richtlinie 2202: Schmierstoffe und Schmiereinrichtungen für Gleit- und Wälzlager. Düsseldorf: VDI, 1970

Vogelpohl, G.: Betriebssichere Gleitlager. Band 1: Berechnungsverfahren für Konstruktion und Betrieb. 2. Aufl. Berlin: Springer, 1967

Weber, W.: Berechnungsschema für Gleitlager. 4. Aufl. 1985, BÖGRA, Solingen – Firmenschrift

Prospekte und Kataloge von Firmen (Auswahl):

amtag, Düsseldorf; Braunschweiger Hüttenwerk, Braunschweig; Elektro Thermit, Essen; Federal Mogul (Glyco), Wiesbaden; GLACIER-IHG, Heilbronn; igus, Köln; Kolbenschmidt, St. Leon Rot; MAAG Gear, Zürich; perma-tec, Euerdorf; RENK, Hannover; Sartorius, Göttingen; Spieth-Maschinenelemente, Esslingen; ZOLLERN BHW-Gleitlager, Herbertingen

15

16 Riemengetriebe

16.1 Funktion und Wirkung

16.1.1 Aufgaben und Wirkprinzip

Riemengetriebe sind Zugmittelgetriebe, bei denen das biegeweiche elastische Zugmittel „Riemen" rein reibschlüssig (bei z. B. Flach-, Keil- und Keilrippenriemen) oder mit zusätzlichem Formschluss (bei z. B. Synchronriemen[1]) die Umfangskraft als Zugkraft von der Antriebs- zur Abtriebswelle überträgt *(Funktion)*; die Lage der Wellen kann parallel oder unter beliebigem Winkel im größeren Abstand zueinander sein. Außer zur Leistungsübertragung werden vorwiegend die Flachriemen auch als Transportgurte zum Weiterleiten von Schütt- und Stückgütern eingesetzt.

Vorteile gegenüber Zahnrad- und Kettengetrieben: elastische Kraftübertragung; geräuscharmer, stoß- und schwingungsdämpfender Lauf; einfacher, preiswerter Aufbau; Überbrückung größerer Wellenabstände (Wellenmittenabstände); keine Schmierung erforderlich; kein bzw. geringer Wartungsaufwand; größere Übersetzungen in einer Stufe realisierbar; geringes Leistungsgewicht; hohe Umfangsgeschwindigkeiten.

Nachteile gegenüber Zahnrad- und Kettengetrieben: der durch die Dehnung des Riemens bedingte Schlupf bei Flachriemen, Keil- und Keilrippenriemen lässt keine konstante Übersetzung zu; größere Wellenbelastung; größerer Platzbedarf gegenüber leistungsmäßig vergleichbaren Zahnradgetrieben und Kettentrieben; begrenzter Temperaturbereich; Umwelteinflüsse (Staub, Öl, Feuchtigkeit u. a.) haben Einfluss auf das Reibungsverhalten; durch Reibung mögliche elektrostatische Aufladung (u. U. elektrisch leitende Ausführung vorschreiben).

16.1.2 Riemenaufbau und Riemenwerkstoffe

Bei der Auslegung eines Riemengetriebes muss sowohl die Wahl der *Riemenart* als auch besonders bei Flachriemen die des *Riemenwerkstoffes* so getroffen werden, dass die für den entsprechenden Einsatz geforderten Kriterien hinsichtlich der Antriebs- und Abtriebsbedingungen erfüllt werden, so z. B.

- hohe *Zerreißfestigkeit* des Zugmittels zur Erzeugung hoher Vorspannungen bzw. zur Übertragung großer Umfangskräfte (Tangentialkräfte),
- gutes *Reibverhalten* zwischen Riemen und Scheibe zur Erzeugung eines guten Kraftschlusses bei kleinen Vorspannkräften (außer bei Zahnriemen),
- *Unempfindlichkeit gegenüber Umwelteinflüssen*, z. B. Staub, Öle und andere Chemikalien, Temperaturunterschiede.

Im technischen Anwendungsbereich werden grundsätzlich drei Arten von Antriebsriemen unterschieden: *Flach-, Keil-* und *Synchronriemen.* Der innere Aufbau der in der modernen Antriebstechnik eingesetzten Flachriemen ist im Prinzip der gleiche wie der Aufbau der Keil-, Keilrippen- und Synchronriemen. Während Zugstränge aus Polyester, Polyamid oder auch Stahl- und Glasfasern zur Aufnahme der im Riemen wirkenden Zugkräfte dienen, werden Elastomere

16

---

[1] Die Bezeichnung *Synchronriemen* ist in DIN 7721 festgelegt; im allgemeinen Sprachgebrauch wird vielfach auch die Bezeichnung *Zahnriemen* verwendet.

bei den Flach- und Keilriemen als Reibfläche (bei Flachriemen u. a. auch Chromleder) zur Kraftübertragung und bei Synchronriemen als Werkstoff für die Riemenzähne eingesetzt.

1. Flachriemen

Lederriemen
Riemen aus reinem Leder können unter optimalen Bedingungen höhere Reibungswerte erreichen als solche aus anderen Werkstoffen; in der Antriebstechnik wurden sie jedoch von den leistungsfähigeren *Mehrschicht-* oder *Verbundriemen* weitestgehend verdrängt.

Geweberiemen (Textilriemen)
Als Gewebe- bzw. Textilriemen bezeichnet man Riemen, die aus organischen Stoffen (Baumwolle, Tierhaare, Naturseide u. a.) bzw. aus synthetischen Stoffen (Kunstseide, Nylon u. a.) gewebt sind. Nachteilig ist die höhere Kantenempfindlichkeit (Rissgefahr!). In der Antriebstechnik ohne Bedeutung.

Kunststoffriemen
Riemen aus Kunststoff (Nylon, Perlon u. a.) besitzen eine hohe Festigkeit und sind praktisch bei konstanter Temperatur fast dehnungslos. Sie werden aber selten verwendet, weil wegen des schlechten Reibungsverhaltens nur wenige Eigenschaften eines guten Antriebs erfüllt werden können.

Mehrschicht- oder Verbundriemen
Für die Übertragung kleiner und großer Leistungen werden heutzutage die Flachriemen als *Mehrschicht-* oder *Verbundriemen* ausgeführt, die aus Polyamid-Zugelementen kombiniert mit adhäsiven Laufschichten bestehen. Durch Verstrecken der Zugelemente in Längsrichtung lassen sich hohe Zugfestigkeitswerte von $R_m = 450 \ldots 600 \, \text{N/mm}^2$, hohe E-Moduln und damit geringe Dehnungen (spannungshaltende Elastizität) erreichen. Die von diesen Hochleistungsriemen übertragbaren Leistungen werden von den Herstellerfirmen bis $P = 6 \, \text{kW/mm}$ angegeben. Sie sind in Längsrichtung sehr flexibel und unempfindlich gegen Schmiermittel sowie atmosphärischen Einflüssen. Ein kleiner Schlupf ergibt neben gutem Wirkungsgrad (bis 98 %) und langer Lebensdauer eine genauere Einhaltung sogar großer Übersetzungen (bis 1:20) bei kleinen Wellenabständen. Da die Riemen dünn und schmal ausgeführt werden können und sich auch für hohe Geschwindigkeiten eignen, verdrängen sie in vielen Fällen die Keilriemengetriebe. Von großer Bedeutung sind auch *Mehrschicht-* und *Verbundriemen*, bei denen Kunststoffe und Leder fest miteinander verbunden sind. Sie bestehen in der Regel aus zwei oder mehreren Schichten und zwar aus einer Chromleder-Laufschicht (*L*) wegen des guten Reibverhaltens und einer Zugschicht aus Kunststoff (*Z*) wegen der hohen Zugfestigkeit und der geringen Dehnung. Außerdem kann eine Schutz- oder Deckschicht (*D*) aus Chromleder (bei beidseitiger Beanspruchung, z. B. Mehrscheibenantrieb) oder aus imprägniertem Textilgewebe bei einseitiger Beanspruchung aufgebracht werden, s. Bild 16-1.

Hinweis: Flachriemen werden, soweit sie nicht endlos lieferbar sind (wie z. B. bei hohen Geschwindigkeiten mit endlosen Polyestercordfäden als Zugelement) bzw. dies nicht erforderlich ist, meistens durch Kleben oder Schweißen (bei Kunststoffriemen) verbunden. Von der Verbindungsart hängt im Wesentlichen die zulässige Kraftübertragung und die Lebensdauer ab.

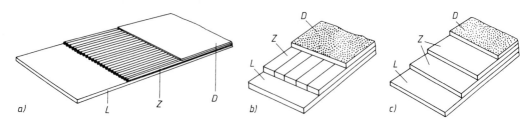

Bild 16-1 Aufbau eines Mehrfach-Flachriemens.
a) Kordriemen, b) Bandriemen mit zusammengesetzten Zugbändern, c) Bandriemen mit breiten Zugbändern (*D* Deck-, *Z* Zug-, *L* Laufschicht)

2. Keilriemen

Keilriemen unterscheiden sich von den Flachriemen durch ihre trapezförmige (keilförmige) Querschnittsform. Sie bestehen aus einer *Zugschicht* (eine oder mehrere Lagen endlos gewickelter Kordfäden aus Polyesterfasern), dem *Kern* (meist aus hochwertiger Kautschukmischung) und der *Umhüllung* aus gummierten Baumwollgewebe oder Synthetikgewebe (mit Ausnahme der Keilriemen in *flankenoffener* Ausführung). Je nach Anwendungszweck und entsprechend dem technischen Fortschritt haben sich in den letzten Jahren mehrere Bauformen herausgebildet. So werden u. a. *Normal-*, *Schmal-*, *Breit-*, *Doppel-* und *Verbundkeilriemen* unterschieden, s. Bild 16-2. Zum Erreichen einer größeren Flexibilität des Riemens werden Keilriemen vielfach in *gezahnter Ausführung* eingesetzt, wodurch u. U. kleinere Scheibendurchmesser d möglich sind. Bei Belastung zieht sich der Keilriemen in die trapezförmige Rille der Scheibe (Keilwinkel 32° ... 38°, bei Keilrippenriemen 40°) hinein und erzeugt durch die Keilwirkung an den beiden Flanken den zur Kraftübertragung erforderlichen Reibschluss, s. Bild 16-3. Dabei darf der Keilriemen selbst nicht auf dem Rillengrund aufliegen. Dadurch, dass bereits bei geringer Vorspannung große Normalkräfte zwischen Scheibe und Riemen auftreten und somit ein guter Kraftschluss eintritt, ergeben sich die Vorteile des Keilriemens wie z. B. kleinere Lagerbelastungen gegenüber dem Flachriemen und sicherer Betrieb selbst bei kleinen Umschlingungswinkeln β. Bedingt durch die größere Walkarbeit und die damit verbundene größere Erwärmung des Riemens ist der Wirkungsgrad gegenüber dem Flachriemen kleiner. Keilriemen werden mit wenigen Ausnahmen endlos hergestellt und meist in genormten Längen geliefert. Für die Auslegung der Keilriemengetriebe ist somit der Wellenabstand nicht frei wählbar, ebenso sind aus Montagegründen bestimmte konstruktive Vorkehrungen zu treffen. *Verbundkeilriemen* bestehen aus bis zu 5 parallel angeordneten längengleichen Keilriemen (Normal- oder Schmalkeilriemen), die mit einer Deckplatte miteinander verbunden sind. Dadurch ist gegenüber den einzeln angeordneten Keilriemen eine Reduzierung der häufig nicht

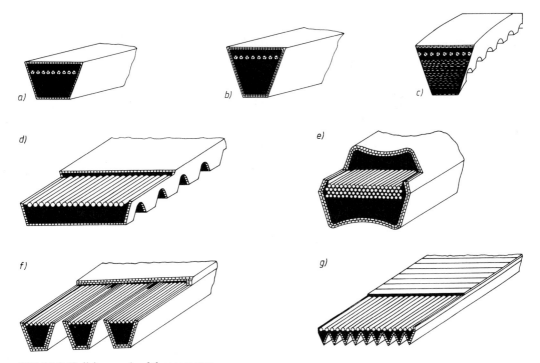

Bild 16-2 Keilriemen-Ausführungsarten.
a) Normalkeilriemen, b) Schmalkeilriemen, c) Schmalkeilriemen flankenoffen, gezahnt, d) Breitkeilriemen (gezahnt), e) Doppelkeilriemen, f) Verbundkeilriemen, g) Keilrippenriemen

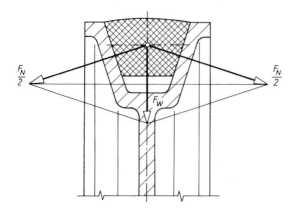

Bild 16-3
Kräfte am Keilriemen

zu vermeidenden Riemenschwingungen möglich, was somit zu einem besseren Betriebsverhalten führt.

Typische Eigenschaften und Anwendungsbereiche der einzelnen Keilriemenarten sind in TB 16-2 aufgeführt.

3. Keilrippenriemen

Der *Keilrippenriemen* (Bild 16-2g) vereint in sich die Vorteile des Flachriemens mit denen des Keilriemens. Er ist sehr biegsam und läuft auch bei hohen Geschwindigkeiten leise und vibrationsfrei. Die Leistung wird durch Reibschluss der keilförmigen Rippen mit den Rillen der Scheiben übertragen. Der Riemen trägt auf seiner ganzen Breite gleichmäßig, ein Verdrehen in den Rillen ist ausgeschlossen und damit wird ein Abspringen von der Scheibe verhindert. Durch die geringe Biegesteife sind hohe Übersetzungen zu erreichen. Die Ausführung der großen Scheibe als Flachscheibe ist möglich, ebenfalls die Ausführung in einer Breite bis zu 75 Rippen! Im Angebot sind Keilrippenriemen, die bis 80 °C hitzebeständig, elektrisch leitfähig und bedingt ölresistent sind. Typische Eigenschaften und der Anwendungsbereich der Keilrippenriemen sind im TB 16-2 aufgeführt.

4. Synchronriemen (Zahnriemen)

Der *Synchronriemen* ist ein formschlüssiges Antriebselement. Entsprechend der vorgesehenen Teilung *p* besitzt der Synchronriemen in gleichmäßigen Abständen *Zähne*, die in die jeweiligen Zahnlücken der Riemenscheibe eingreifen und somit den Formschluss herstellen. Der in der Regel endlos gefertigte Synchronriemen besteht aus den über die gesamte Riemenbreite angeordneten Zugelementen aus Stahl oder Glasfasern, dem Riemenkörper aus Gummi- oder Elastomermischungen, der auch gleichzeitig die Zähne einschließt, sowie vielfach ein Polyamidgewebe zum dauerhaften Schutz der Zähne, s. Bild 16-4.

a)

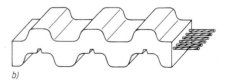

b)

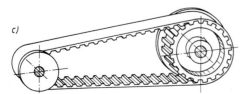

c)

Bild 16-4
Synchronriemen mit trapezförmigem Zahnprofil.
a) einfachverzahnt
b) doppeltverzahnt
c) Synchronriementrieb mit einseitiger Bordscheibe

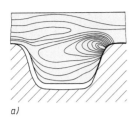
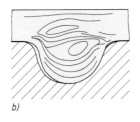

a)　　　　　b)

Bild 16-5
Spannungsverteilung im Synchronriemen.
a) Trapezzahn
b) Halbrundprofil-(HTD) Zahn

Neben der Ausführung des Synchronriemens mit trapezförmigen Zahnprofilen (DIN 7721) wurde für die Übertragung großer Drehmomente bei kleinen Umfangsgeschwindigkeiten der *HTD-Zahnriemen* (High Torque Drive) mit Halbrundprofil entwickelt, s. Bild 16-5. Dieser Synchronriemen zeichnet sich durch eine besonders günstige Spannungsverteilung unter Last aus und besitzt bei gleichen Bauabmessungen eine etwas höhere Leistungsfähigkeit gegenüber dem herkömmlichen Synchronriemen nach DIN 7721.

Die *Vorteile* des Synchronriemens im Vergleich zu den Flach- und Keilriemen sind der synchrone Lauf (i = konstant), der hohe Wirkungsgrad (bis $\eta = 0,99$), die geringe Vorspannung und damit kleinere Lagerbelastungen. Mehrwellenantriebe sowie Antriebe, bei denen Gegenbiegung auftritt, sind aufgrund der hohen Flexibilität ebenso wie Winkeltriebe mit geschränkten (verdrillten) Synchronriemen möglich.

Nachteilig dagegen ist in erster Linie die teure Fertigung (besonders der Scheiben), die Empfindlichkeit gegenüber Fremdkörpern und die stärkeren Laufgeräusche, bedingt durch das Aufschlagen des Zahnkopfes der Scheibe in den Zahngrund des Riemens. Synchronriemen sind sehr empfindlich gegenüber Belastungsüberschreitungen (Gleitschlupf ist nicht möglich). Zur Führung des Synchronriemens sind mindestens 2 Bordscheiben an den Zahn-(Riemen-)Scheiben vorzusehen, die wechselseitig an beiden Scheiben oder beidseitig an die kleine Scheibe angebracht werden (s. hierzu auch Bild 16-14a und c, b). Eigenschaften und Anwendungsbereiche s. TB 16-3.

16.2　Gestalten und Entwerfen

16.2.1　Bauarten und Verwendung

Bedingt duch die typischen Eigenschaften der einzelnen Riemenarten können Riemengetriebe für die unterschiedlichsten Aufgaben sowohl in der Antriebstechnik als auch in der Fördertechnik eingesetzt werden. Je nach Ausführung werden Riemengetriebe unterschieden hinsichtlich der

1. Wahl der Riemenart

– *Flachriemen:* einfache Bauart; besonders geeignet für große Wellenabstände, hohe Riemengeschwindigkeiten (bis $v = 100$ m/s) und Mehrscheibenbetrieb; Übertragung größter Umfangskräfte möglich;
– *Keilriemen:* für große Übersetzungen bei kleinen Wellenabständen; überwiegend eingesetzt für mittlere Leistungen im allgemeinen Maschinenbau;
– *Keilrippenriemen:* für große Übersetzungen bei kleinen Wellenabständen; hohe Riemengeschwindigkeiten (bis $v = 60$ m/s), kleine Scheibendurchmesser; hohe Biegefrequenzen (bis 200 l/s), hohe Flexibilität erlaubt kompakte Bauweise;
– *Synchronriemen:* gewährleisten ein konstantes Übersetzungsverhältnis; hohe Positioniergenauigkeit z. B. beim Antrieb in der Robottechnik; für leichte und schwere Antriebe universell einsetzbar, Leistungsübertragung bis über 200 kW, geringe Vorspannung gewährleistet geringere Lagerbelastung, in geschränkter Anordnung einsetzbar. Höhere Fertigungskosten der gezahnten Riemenscheiben gegenüber den Flach- und Rillenscheiben.

Eine genaue Abgrenzung des Einsatzgebietes zwischen Flach-, Keil- und Keilrippenriemen gibt es für den normalen Anwendungsbereich in der Antriebstechnik nicht. Bei hohen Umfangs-

16

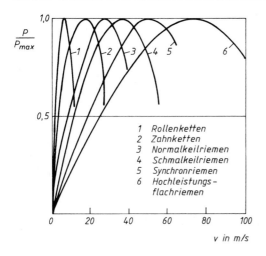

1 Rollenketten
2 Zahnketten
3 Normalkeilriemen
4 Schmalkeilriemen
5 Synchronriemen
6 Hochleistungs-
  flachriemen

Bild 16-6
Einsatzbereiche der Zugmittel in Abhängigkeit von der Umfangsgeschwindigkeit

geschwindigkeiten ($v \geq 50$ m/s) dagegen ist z. B. der Mehrschicht-Flachriemen dem Keil- und Keilrippenriemen eindeutig überlegen (s. Bild 16-6). Synchronriemen zeichnen sich hauptsächlich durch die formschlussbedingte, übersetzungskonstante ($i =$ konstant) Kraftübertragung aus und werden vorzugsweise auch dort eingesetzt, wo dieser Vorteil zum Tragen kommt, z. B. Nockenwellenantrieb beim Verbrennungsmotor.

2. Riemenführung

- *offene Riemengetriebe*, s. Bild 16-7a: in waagerechter, schräger und senkrechter Anordnung; einfacher Aufbau,
- *gekreuzte (geschränkte) Riemengetriebe*, s. Bild 16-7b: in waagerechter, schräger und senkrechter Anordnung für entgegengesetzten Drehsinn der Scheiben; Berührung der Riemen ist wegen der Zerstörungsgefahr möglichst zu vermeiden (für Keil- und Keilrippenriemen nicht geeignet),
- *halb gekreuzte (geschränkte) Riemengetriebe*, s. Bild 16-7c: zur Kraftübertragung bei sich kreuzenden Wellen (zylindrische Scheiben vorsehen; Konstruktionsmaße beachten, s. Bild 16-7c),
- *Winkeltriebe*, s. Bild 16-7d: zur Kraftübertragung bei sich schneidenden Wellen (Leitrollen möglichst groß ausführen, damit die Biegebeanspruchung des Riemens klein bleibt),
- *Mehrfachantriebe*, s. Bild 16-7e und f: zur Kraftübertragung von meist einer Antriebs- auf mehrere Abtriebsscheiben.

3. Vorspannmöglichkeiten

- *Dehnspannung* (Bild 16-8a): Die stumpfe Riemenlänge ist kleiner als es dem festen Wellenabstand e entspricht, sodass er beim Auflegen elastisch gedehnt wird. Dies genügt vielfach bei Wellenabständen unter 5 m, auch bei schräger bzw. senkrechter Anordnung.
- *Spannrollen* (Bild 16-8b): Spannrollen mit Gewichts- oder Federbelastung drücken zum Spannen in der Nähe der kleinen Scheibe von außen auf das Leertrum und vergrößern den Umschlingungsbogen β. Die Anordnung eignet sich für größere Triebe mit festem Wellenabstand. Ein Drehrichtungswechsel ist ausgeschlossen.
- *Spannschiene:* Oft genügt es, den Antriebsmotor mit der Riemenscheibe zum Spannen des Riemens auf Spannschienen mit Hilfe von Stellschrauben zu verschieben (Bild 16-8c).
- *Spannschlitten:* Ein selbsttätiges Spannen erfolgt duch Gewichtsstücke oder Federn, was häufig auch bei Bandförderern angewandt wird (Bild 16-8d).
- *Spannwippe* (Bild 16-8e): Der Motor sitzt auf einer um D drehbaren Wippe. Bei angegebener Drehrichtung bewirkt das Rückdrehmoment T_r des Motors ein selbsttätiges Spannen

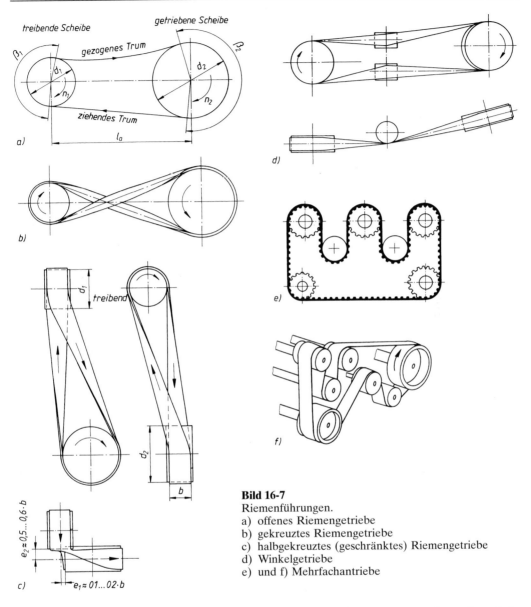

Bild 16-7
Riemenführungen.
a) offenes Riemengetriebe
b) gekreuztes Riemengetriebe
c) halbgekreuztes (geschränktes) Riemengetriebe
d) Winkelgetriebe
e) und f) Mehrfachantriebe

des Riemens, das sich schwankenden Drehmomenten zudem anpasst und so ein rutschfreies Arbeiten des Triebes gewährleistet (neigt zu Schwingungen, bei Neukonstruktionen vermeiden).

– *Schwenkscheibe* (Bild 16-8f): Bei feststehendem Antriebsmotor (M) ist die Riemenscheibe als Schwenkscheibe (S) ausgebildet, in die ein Zahnradpaar (z_1 und z_2) eingebaut ist, sodass sich auch große Übersetzungen ins Langsame erzielen lassen. Das Schwenken der Riemenscheibe (im Bild um D nach links) und damit das Spannen des Riemens wird durch die Umfangskraft des auf der Motorwelle sitzenden, im gleichen Sinn sich drehenden und treibenden Ritzels z_1 bewirkt.

Der Vorteil dieser selbstspannenden Einrichtungen überwiegt vielfach die anfallenden Mehrkosten, denn sie schonen Riemen und Lager, erfordern kein Nachspannen und sind bei größter Betriebssicherheit wartungsfrei.

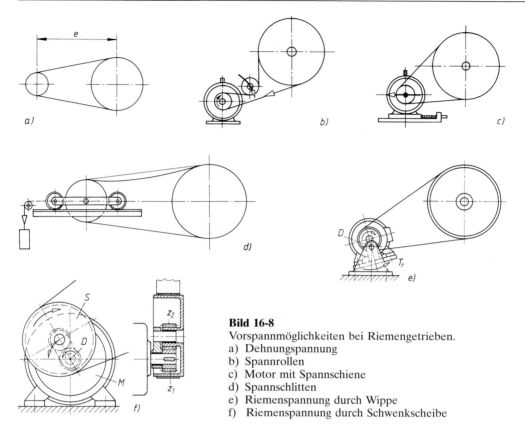

Bild 16-8
Vorspannmöglichkeiten bei Riemengetrieben.
a) Dehnungsspannung
b) Spannrollen
c) Motor mit Spannschiene
d) Spannschlitten
e) Riemenspannung durch Wippe
f) Riemenspannung durch Schwenkscheibe

4. Verstell- bzw. Schaltgetriebe

– *Stufenscheibengetriebe*, Bild 16-9a, sowohl in offener als auch gekreuzter Anordnung zur stufenweisen Änderung der Übersetzung *i* durch Umlegen des Riemens auf ein anderes Scheibenpaar. Da der Wellenabstand unverändert bleibt, müssen die Scheibendurchmesser so gewählt werden, dass sich für jede Stufe die gleiche Riemenlänge ergibt. Der Schaltvorgang erfolgt im Stillstand.
– *Kegelscheibengetriebe*, Bild 16-9b, zur stufenlosen Änderung der Übersetzung durch Verschieben des Riemens auf der Kegelscheibe während des Betriebes mittels Gabel. Beide Scheiben müssen das gleiche Kegelverhältnis aufweisen, da bei konstantem Wellenabstand für jede Stellung des Riemens die Riemenlänge gleich sein muss.
– *Keilscheiben-Verstellgetriebe*, Bild 16-9c, zur stufenlosen Änderung der Übersetzung durch Veränderung der Richtdurchmesser beider Scheiben (der Wellenabstand bleibt unverändert) oder einer Scheibe bei einer Festscheibe (Wellenabstand muss entsprechend angepasst werden).
– *Ausrückgetriebe*, Bild 16-9d, zur Unterbrechung des Kraftflusses während des Betriebes durch Umlegen des Riemens von der mit der angetriebenen Welle fest verbundenen Scheibe (Festscheibe) auf die „lose" auf der Welle sitzenden Scheibe (Losscheibe).

16.2.2 Ausführung der Riemengetriebe

1. Allgemeine Gesichtspunkte

Die konstruktive Durchbildung der Einzelteile eines Riemengetriebes ist für dessen Leistungsfähigkeit und Lebensdauer ebenso wichtig wie die Wahl der Riemenart, der Riemensorte und

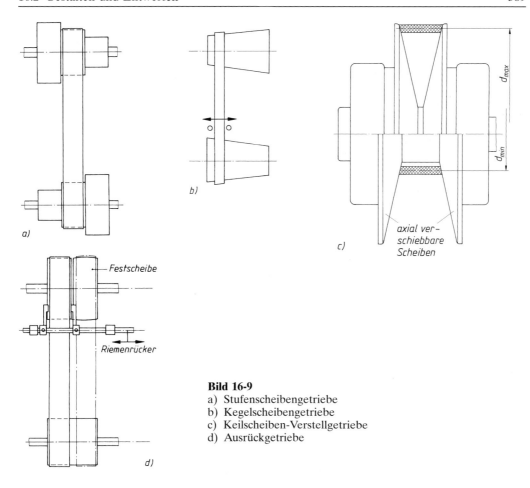

Bild 16-9
a) Stufenscheibengetriebe
b) Kegelscheibengetriebe
c) Keilscheiben-Verstellgetriebe
d) Ausrückgetriebe

des Riemenprofils. Vorbedingung für einen ruhigen Lauf ist das Zusammenfallen der Mitte des auflaufenden Riemens mit der Scheibenmitte, besonders bei gekreuzten oder halbgekreuzten Riemen (s. auch Bild 16-7), das genaue Ausrichten von Wellen und Scheiben sowie ein genauer Rundlauf der Scheiben.

Für die optimale Auslegung eines Getriebes sind auch die Ausführung und Fertigung der Riemenscheiben (Kosten!) und die Oberflächenbearbeitung, besonders die der Lauffläche mit entscheidend (raue Oberflächen vermindern aufgrund des Dehnschlupfes die Lebensdauer des Riemens erheblich, s. unter 16.3.1-2). Zu beachten ist, dass kleine Scheibendurchmesser hohe Biegespannungen im Riemen hervorrufen und somit die Leistungsfähigkeit des Riemens vermindern; ebenso werden die Trumkräfte $F_t = T/(d/2)$ und somit die Wellen- und Lagerkräfte mit kleinerem Durchmesser größer. Konstruktiv ist darauf zu achten, dass der erforderliche Spannweg zur Vergrößerung des Achsabstandes nur selten identisch ist mit dem Verstellweg des für den Motor vorgesehenen Spannschlittens.

2. Hauptabmessungen der Riemenscheiben

Die Hauptabmessungen der Riemenscheiben, wie Durchmesser und Kranzbreite, die Maße für die Rillenprofile und teilweise auch für Naben, sind weitgehend genormt. Dagegen bleiben Maße und auch Ausführungen von Einzelheiten wie Arme, Böden u. dgl. vielfach dem Hersteller überlassen. Die Laufflächen der Scheiben müssen frei von Schutzanstrichen sein.

Flachriemenscheiben

Hauptabmessungen der Flachriemenscheiben sind nach DIN 111 in Übereinstimmung mit ISO 99 und ISO 100 genormt. Werte für den Außendurchmesser d, die Kranzbreite B, die Wölbhöhe h und die zulässige größte Riemenbreite b s. TB 16-9.

Normalkeilriemenscheiben

Hauptabmessungen sind nach DIN 2217 T1 u. T2, ISO 255, ISO 4183 genormt. Werte für Richtdurchmesser d_d und Rillenprofil s. TB 16-13.

Schmalkeilriemenscheiben

Hauptabmessungen sind nach DIN 2211 Blatt 1 u. Blatt 2, ISO 4183 genormt. Werte für Richtdurchmesser d_d und Rillenprofil s. TB 16-13.

Keilrippenriemenscheiben

Hauptabmessungen sind nach DIN 7867, ISO 9282 genormt (s. TB 16-14).

Synchronriemenscheiben

Hauptabmessungen sind nach DIN 7721 T2, DIN/ISO 5294 genormt.

3. Werkstoffe und Ausführung der Riemenscheiben

Als *Werkstoff* wird Gusseisen *(GJL-150, GJL-200)*, bei hochbeanspruchten Scheiben und hohen Drehzahlen Stahlguss *(GS-38, GS-45)* oder Stahl verwendet. Weniger beanspruchte Scheiben werden auch aus Leichtmetall gegossen oder aus Holz oder Kunststoff gefertigt.

Ausführungen: Kleine Scheiben werden kostengünstig aus dem Vollen gedreht oder gegossen und bis zu einem Durchmesser $d = 355$ mm als Bodenscheiben ausgeführt (Bild 16-10). Große Scheiben werden mit Armen versehen (Anzahl der Arme aus $z \approx 0{,}15 \cdot \sqrt{d(\mathrm{mm})} \geq 4$ Bild 16-11). Die Arme haben elliptischen Querschnitt (Achsverhältnis 1:2), der sich vom Kranz zur Nabe im Verhältnis $\approx 4{:}5$ vergrößert. Die Nabenabmessungen werden nach TB 12-1 festgelegt. Die

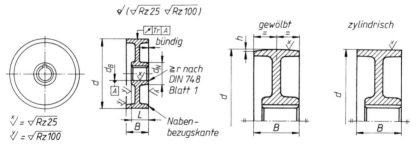

Bild 16-10 Bodenscheiben

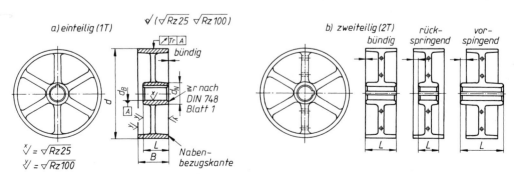

Bild 16-11 Armscheiben. a) einteilige Ausführung, b) zweiteilige Ausführung

äußere Dicke des Kranzes soll $s \approx d/300 + 2$ mm ≥ 3 mm sein. Die Lauffläche soll möglichst glatt (geschliffen) sein, um den durch den Dehnschlupf entstehenden Verschleiß klein zu halten. Geteilte Scheiben (Bild 16-11 b) lassen sich nachträglich zwischen Lagerstellen setzen und erleichtern dadurch den Ein- und Ausbau.

Um bei Flachriemengetrieben das außermittige Laufen bzw. Ablaufen des Riemens von der Scheibe zu verhindern, wird eine Scheibe mit gewölbter Lauffläche versehen (Bild 16-10). Zur Schonung des Riemens soll die größere Scheibe gewölbt sein, aus wirtschaftlichen Gründen wird jedoch häufig die kleinere Scheibe mit Wölbung ausgeführt. Bei Riemengeschwindigkeiten $v > 20$ m/s sowie bei Trieben mit senkrecht stehenden Wellen (waagerecht liegende Scheiben) müssen beide Scheiben gewölbt sein. Durch die Wölbung wird die Riemenspannung in der Scheibenmitte erhöht und der Riemen dadurch auf die Scheibenmitte zentriert. Bei geringen Stückzahlen oder Einzelfertigungen wird häufig die Schweißkonstruktion bevorzugt (Bild 16-12), wobei möglichst einfache Einzelteile zu verwenden sind.

Verschiedene Ausführungsformen von Keil- und Keilrippenriemen zeigt Bild 16-13, für Synchronriemenscheiben Bild 16-14.

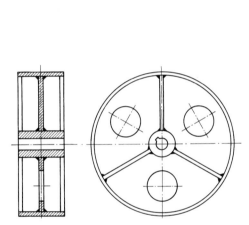

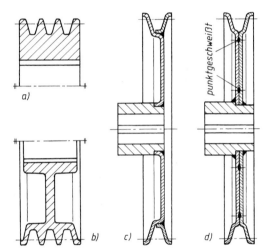

Bild 16-12 Geschweißte Flachriemenscheibe

Bild 16-13 Ausführungsformen von Keilriemenscheiben.
a) Vollscheibe, b) Bodenscheibe (gegossen), c) gelötete Scheibe, d) geschweißte Scheibe

16

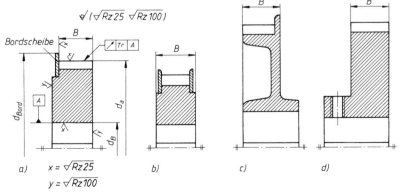

Bild 16-14 Ausführungsformen von Synchronriemenscheiben.
a) und c) mit 1 Bordscheibe, b) mit 2 Bordscheiben, d) ohne Bordscheibe

16.3 Auslegung der Riemengetriebe

16.3.1 Theoretische Grundlagen zur Berechnung der Riemengetriebe

Nachfolgend sollen hier nur die Berechnungsgrundlagen am Beispiel eines offenen Riemengetriebes mit einem Flachriemen (homogener Riemenwerkstoff vorausgesetzt) vorgestellt werden
(für Mehrschichtriemen aus unterschiedlichen Materialien und somit unterschiedlichen physikalischen Eigenschaften gelten nachfolgende Ausführungen nur bedingt; diese Riemen sind nach
den Angaben des Herstellers auszulegen). Grundsätzlich kann auch in Abwandlung für Keil-
und Keilrippenriemengetriebe von gleichen theoretischen Beziehungen ausgegangen werden
(maßgebend ist hier der theoretische Reibwert $\mu' = \mu/[\sin(\alpha/2)]$ mit dem Scheibenrillenwinkel α).

1. Kräfte am Riemengetriebe

Riemengetriebe können eine Leistung nur dann übertragen, wenn die *Reibkraft* F_R zwischen
Riemen und Scheibe mindestens gleich oder größer ist als die zu übertragende *Umfangskraft* F_t

$$F_R = \mu \cdot F_N \geq F_t \quad \text{bzw.} \quad F_R = \mu' \cdot F_N \geq F_t \tag{16.1}$$

μ, μ' Reibungszahl für den umspannten Scheibenbogen, abhängig von der Riemenart, der
Scheibenoberfläche und vielfach von der Riemengeschwindigkeit; für Keil- und Keilrippenriemen ist mit $\mu' = \mu/[\sin(\alpha/2)]$ zu rechnen, wobei α der Rillenwinkel der Scheibe
nach TB 16-13 und TB 16-14 ist; Anhaltswerte für μ nach TB 16-1

F_N notwendige Anpresskraft (Normalkraft), die durch eine entsprechende Vorspannkraft F_v
des Riemens erreicht wird; sie beeinflusst die auftretende Wellenkraft F_w je nach Bauart des Getriebes

Wird die treibende Scheibe d_1 durch ein Drehmoment T angetrieben, dann ist die von der
Scheibe auf den Riemen zu übertragende Umfangskraft (Bild 16-15) $F_t = T/(d_1/2) = 2 \cdot T_1/d_1$.
Da die getriebene Scheibe d_2 durch die vorhandene Reibkraft bewegt wird, gilt für den
Grenzfall $F_R = F_t$ bei gleichförmigem langsamen Lauf die Gleichgewichtsbedingung für den
Punkt M_1:

$$F_t \cdot (d_1/2) + F_2 \cdot (d_1/2) - F_1 \cdot (d_1/2) = 0$$

woraus sich die *Umfangskraft (Nutzkraft)* errechnet

$$F_t = F_1 - F_2 \tag{16.2}$$

Demnach kann das Riemengetriebe nur Leistung übertragen, wenn die Spannkraft im ziehen-
den Riementrum (Lasttrum) $F_1 (> F_t)$ größer ist als im gezogenen Riementrum (Leertrum)
$F_2 (< F_t)$. Diese Entlastung des Leertrums zeigt sich vielfach in einem Durchhang (Strichlinie
in Bild 16-15).
Nimmt man an, dass der Riemen auf dem ganzen Umschlingungsbogen β_1 voll an der Kraftübertragung beteiligt ist, dann kann das Verhältnis der Trumkräfte bzw. Trumspannungen mit

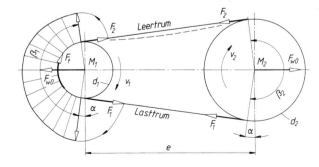

Bild 16-15
Kräfte am offenen Riemengetriebe

der *Eytelweinschen Beziehung* bestimmt werden:

$$\frac{F_1}{F_2} = \frac{\sigma_1}{\sigma_2} = e^{\mu\hat{\beta}_1} = m \tag{16.3}$$

e = 2,718 … Basis des natürlichen Logarithmus
μ (mittlere) Reibungszahl zwischen Riemen und Scheibe. Richtwerte nach TB 16-1 (für Keil- und Keilrippenriemen μ')
$\hat{\beta}_1 = \dfrac{\pi \cdot \beta_1^\circ}{180^\circ}$ Umschlingungsbogen der kleinen Scheibe
m Trumkraftverhältnis

Setzt man in Gl. (16.2) für $F_2 = F_1/m$, so ergibt sich die *übertragbare Umfangskraft* (Nutzkraft)

$$F_t = F_1 - \frac{F_1}{m} = F_1 \cdot \frac{m-1}{m} = F_1 \cdot \kappa \tag{16.4}$$

$\kappa = (m-1)/m$ Ausbeute, abhängig von μ und β; Werte s. TB 16-4

Hinweis: Mit einem Riementrieb wird umso mehr Nutzkraft übertragen, je größer der Ausbeutewert ist (d. h. große Reibwerte und große Umschlingungswinkel anstreben).

Beim Umlauf des Riemens werden weiterhin Fliehkräfte wirksam, die den Riemen stärker dehnen, sodass die Anpresskraft an der Scheibe und damit das Übertragungsvermögen ungünstig verändert werden, sofern dies nicht durch besondere Maßnahmen (Spannrolle, selbstspannende Antriebe) verhindert wird. Diese zusätzliche Riemenbeanspruchung darf bei größeren Riemengeschwindigkeiten nicht außer Acht gelassen werden. Der Anteil der *Fliehkraft* F_z lässt sich mit Hilfe der allgemeinen Fliehkraftgleichung errechnen:

$$F_z = A_S \cdot \varrho \cdot v^2 \tag{16.5}$$

A_S Riemenquerschnitt
ϱ Dichte des Riemenwerkstoffes, Anhaltswerte nach TB 16-1
v Riemengeschwindigkeit
Hinweis: $\dfrac{1\,\text{kg}}{\text{dm}^3} = \dfrac{10^3\,\text{Ns}^2}{\text{m}^4}$

Um zu gewährleisten, dass die nach Gl. (16.1) erforderliche Bedingung $F_R \geq F_t$ erfüllt ist, muss für jeden Betriebszustand eine ausreichend hohe Anpresskraft vorhanden sein, die durch eine entsprechende Dehnung (Vorspannung) des Riemens erreicht wird. Diese Vorspannkräfte müssen als radial wirkende Kräfte auch von der Welle und von den Lagern aufgenommen werden

16

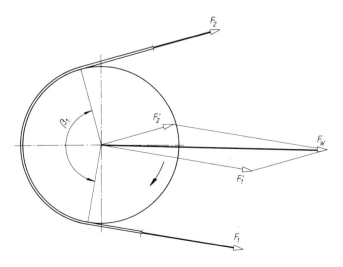

Bild 16-16
Ermittlung der Wellenbelastung F_w

und sollten somit nicht unnötig groß sein. Diese *Wellenbelastung* F_w kann nach Bild 16-16 grafisch ermittelt oder auch berechnet werden.

Nach dem Cosinussatz wird $F_w = \sqrt{F_1^2 + F_2^2 - 2F_1 \cdot F_2 \cdot \cos\beta_1}$. Wird nach Gl. (16.3) für $F_2 = F_1/m$ und nach Gl. (16.4) für $F_1 = F_t \cdot m/(m-1)$ gesetzt, so ergibt sich nach Umstellung die *Wellenbelastung im Betriebszustand*

$$F_w = F_t \cdot \frac{\sqrt{m^2 + 1 - 2 \cdot m \cdot \cos\beta_1}}{m-1} = k \cdot F_t \qquad (16.6)$$

F_t	vom Riemen zu übertragende Umfangskraft
$m = e^{\mu\hat{\beta}_1}$	Trumkraftverhältnis mit e, μ, β_1 wie zu Gl. (16.3)
β_1	Umschlingungswinkel an der kleinen Scheibe
$k = f(\beta_1, \mu)$	Werte nach TB 16-5

Diese Wellenbelastung gewährleistet im Betriebszustand somit den notwendigen Anpressdruck zwischen Riemen und Scheibe zur kraftschlüssigen Übertragung der Umfangskraft. Die Wellenbelastung im Ruhezustand ist um den Betrag der Fliehkraft nach Gl. (16.5), die den Riemen von der Scheibe abzuheben versucht, größer, sodass sich die *theoretische Wellenbelastung im Ruhezustand* ergibt aus

$$F_{w0} = F_w + F_z = k \cdot F_t + F_z \qquad (16.7)$$

k, F_t	wie zu Gl. (16.6)
F_z	Fliehkraft nach Gl. (16.5)

Hinweis: In der Literatur wird vielfach mit dem *Durchzugsgrad* gerechnet.
$$\Phi = 1/k = (m-1)/\sqrt{m^2 + 1 - 2 \cdot m \cdot \cos\beta_1}$$

2. Dehn- und Gleitschlupf, Übersetzung

Aufgrund der unterschiedlichen Trumkräfte F_1 und F_2 erfährt der Riemen wegen der unterschiedlichen Trumspannungen σ_1 und σ_2 ($\sigma = F/A_S$) beim Lauf über die Scheiben auch verschieden große Dehnungen. Der Dehnungsausgleich verursacht eine relative Bewegung des Riemens auf den Scheiben, was glatte Oberflächen voraussetzt, um einen schnellen Riemenverschleiß zu vermeiden. Dieser Dehnungsausgleich (der stark gedehnte Riemen beim Auflaufen auf die Scheibe „kriecht" wieder zusammen) wird als *Dehnschlupf*[1] bezeichnet, dessen Größe von den elastischen Eigenschaften des Riemens und vom Unterschied der Spannkräfte der Riementrume abhängt. Wird im Betrieb die Umfangskraft größer als die Reibkraft ($F_t > F_R$), so beginnt der Riemen auf der Scheibe zu rutschen (zu gleiten). Dieser *Gleitschlupf* hat eine besonders zerstörungsfördernde Wirkung für den Riemen und darf nur kurzzeitig (z. B. bei Überbelastung) geduldet werden.

Während der Gleitschlupf durch geeignete Maßnahmen (Erhöhung der Vorspannkräfte, Vergrößerung des Umschlingungswinkels u. a.) vermeidbar ist, lässt sich der Dehnschlupf bei den in der Antriebstechnik verwendeten Riemen auf Grund ihrer Dehnfähigkeit nicht vermeiden. Je nach den elastischen Eigenschaften der einzelnen Riemenarten wird der Dehnschlupf auch das Übersetzungsverhältnis i in geringem Maße beeinflussen. Die Geschwindigkeit der getriebenen Scheibe $v_2 = d_2 \cdot \pi \cdot n_2$ wird gegenüber der treibenden Scheibe $v_1 = d_1 \cdot \pi \cdot n_1$ um den Betrag der Schlupfdehnung zurückbleiben. Bezeichnet man den *Schlupf* mit

$$\psi = (v_1 - v_2) \cdot 100\%/v_2 \qquad (16.8)$$

---

[1] Der Dehnschlupf ist eine typische Eigenschaft aller *kraftschlüssigen* Riemengetriebe und macht eine winkelgenaue Übertragung des Drehmoments unmöglich.

so ergibt sich unter Berücksichtigung der meist zu vernachlässigenden Riemendicke t (bei Keil- und Keilrippenriemen die Profilhöhe h) die *tatsächliche Übersetzung*

$$i = \frac{n_1}{n_2} = \frac{d_2 + t}{d_1 + t} \cdot \frac{100\%}{100\% - \psi} \qquad (16.9)$$

n_1, n_2 Drehzahl der treibenden bzw. getriebenen Scheibe
d_1, d_2 Durchmesser der treibenden bzw. getriebenen Scheibe
t Riemendicke
ψ Schlupf

Ist für einen praktischen Anwendungsfall das Einhalten einer bestimmten Übersetzung Voraussetzung (z. B. Antrieb der Nockenwelle beim Verbrennungsmotor), so sind Flachriemen wie auch die Keil- und Keilrippenriemen aufgrund der vorgenannten Bedingungen nicht geeignet.
In allen anderen Fällen kann die *Übersetzung* ermittelt werden aus

$$i \approx \frac{n_1}{n_2} = \frac{d_2}{d_1} \qquad (16.10)$$

n_1, n_2 und d_1, d_2 wie zu Gl. (16.9)

Die *Übersetzung* bei Riemengetrieben wählt man:

     für Flachriemengetriebe
         offene Ausführung $i \leq 6$
         mit Spannrollen   bis 15
         in Sonderfällen   bis 20
     für Keilriemengetriebe   bis 20
     für Keilrippenriemengetriebe   bis 40
     für Synchronriemengetriebe   bis 10

3. Spannungen, elastisches Verhalten

Die größte Belastung des Riemens tritt auf an der Auflaufstelle (A_1) des Lasttrums an der kleinen Scheibe, s. Bild 16-17. Dabei setzt sich die im Riemenquerschnitt (homogener Riemenwerkstoff und volle Gültigkeit der Eytelweinschen Beziehung vorausgesetzt) auftretende maximale Spannung σ_{ges} aus mehreren sich überlagernden Einzelspannungen zusammen.

16

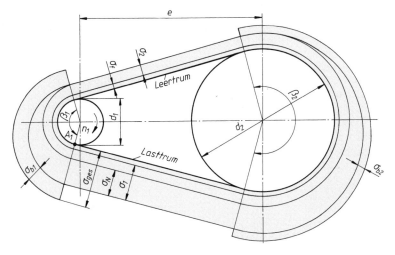

Bild 16-17
Spannungen am
offenen Riemengetriebe

Zugspannung

Die im Lasttrum auftretende Trumspannung als reine *Zugspannung* ergibt sich aus

$$\sigma_1 = \frac{F_1}{A_S} = \frac{F_t}{\kappa \cdot A_S}$$ (16.11)

F_1 Trumkraft im Lasttrum
F_t Umfangskraft
$A_S = b \cdot t$ Riemenquerschnitt
κ Ausbeute wie zu Gl. (16.4)

Biegespannung

Im Bereich zwischen der Auflauf- und der Ablaufstelle der Scheiben 1 und 2 wird durch das Krümmen des Riemens eine Biegespannung σ_b hervorgerufen, die umso größer wird, je kleiner der Scheibendurchmesser d und je größer die Riemendicke t ist. Nach den Regeln der Elastizitätslehre kann die auftretende *Biegespannung* ermittelt werden aus

$$\sigma_b = E_b \cdot \varepsilon_b \approx E_b \cdot (t/d)$$ (16.12)

E_b ideeller Elastizitätsmodul; Werte nach TB 16-1
t/d Verhältnis Riemendicke t zum kleinen Scheibendurchmesser d Werte nach TB 16-1. Eine Überschreitung der angegebenen zulässigen Werte verringert die Lebensdauer und übertragbare Leistung.

Fliehkraftspannung

Durch die Umlenkung der Riemenmasse an den Scheiben ist vom Riemen zusätzlich die Fliehkraft F_z nach Gl. (16.5) aufzunehmen, die besonders bei höheren Riemengeschwindigkeiten nicht außer Acht gelassen werden darf. Die dadurch im Riemenquerschnitt auftretende *Fliehkraftspannung* errechnet sich aus

$$\sigma_f = \frac{F_z}{A_S} = \varrho \cdot v^2$$ (s. Hinweis zur Gl. (16.5)) (16.13)

A_S, ϱ, v wie zu Gl. (16.5)

Die *Gesamtspannung* im Lasttrum an der Auflaufstelle A_1 der kleinen Scheibe ist dann

$$\sigma_{ges} = \sigma_1 + \sigma_b + \sigma_f \leq \sigma_{z\,zul}$$ (16.14)

$\sigma_{z\,zul}$ zulässige Riemenspannung; ca.-Werte nach TB 16-1

Bei geschränkten Riementrieben, s. Bild 16-7, erhöht sich die Gesamtspannung um den Betrag der *Schränkspannung* σ_S, die sich durch die zusätzliche Dehnung der Randfaser ergibt. Näherungsweise kann gesetzt werden $\sigma_S \approx E \cdot (b/e)^2$ für gekreuzte und $\sigma_S \approx E \cdot b \cdot d_2/(2 \cdot e^2)$ für halbgekreuzte Riemen mit dem Wellenabstand e in mm.

Mit den Trumkräften F_1 und F_2 ergibt sich nach Umwandlung der Gln. (16.2), (16.4) und (16.11) die *Nutzspannung*

$$\sigma_N = \sigma_1 - \sigma_2 = \sigma_1 \cdot \kappa$$ (16.15)

κ wie zu Gl. (16.4)

Durch Einsetzen der Gl. (16.14) in Gl. (16.15) erhält man die maßgebende *Nutzspannung*, aus der sich die zu übertragende Nutzleistung ermitteln lässt

$$\sigma_N = \sigma_1 \cdot \kappa = (\sigma_{z\,zul} - \sigma_b - \sigma_f) \cdot \kappa$$ (16.16)

Hinweis: Bei einem Riemengetriebe ist die Nutzspannung umso größer, je höher $\sigma_{z\,zul}$ (hochfester Riemenwerkstoff), je kleiner σ_b (große Scheibendurchmesser), je kleiner σ_f (kleine Riemenmasse) ist.

4. Übertragbare Leistung, optimale Riemengeschwindigkeit

Aus der allgemeinen Beziehung $P = F \cdot v$ lässt sich mit $F = \sigma \cdot A_S = \sigma \cdot b \cdot t$ die übertragbare Nutzleistung errechnen. Setzt man nach Gl. (16.16) für σ die Nutzspannung $\sigma_N = (\sigma_{z\,zul} - \sigma_b - \sigma_f) \cdot \kappa$ und hierin nach den Gln. (16.12) und (16.13) für $\sigma_b = E_b \cdot (t/d_1)$ bzw. $\sigma_f = \varrho \cdot v^2$, so wird die *übertragbare Leistung*

$$P = [\sigma_{z\,zul} - E_b \cdot (t/d_1) - \varrho \cdot v^2 \cdot 10^{-3}] \cdot \kappa \cdot b \cdot t \cdot v \cdot 10^{-3} \tag{16.17}$$

P	σ_{zul}, E_b	t, d_1; b	ϱ	v	κ
kW	N/mm^2	mm	kg/dm^3	m/s	1

σ_{zul} zulässige Riemenspannung nach TB 16-1 bzw. 16-6 (s. Fußnote 2)
E_b Elastizitätsmodul für Biegung nach TB 16-1
t Riemendicke
d_1 Durchmesser der kleinen Riemenscheibe
ϱ Dichte des Riemenwerkstoffes, Werte nach TB 16-1
κ Ausbeute, s. zu Gl. (16.4); Werte nach TB 16-4
b Riemenbreite
v Riemengeschwindigkeit

Nach Gl. (16.17) ist somit $P = f(v)$ bei sonst annähernd konstanten Größen. Bei kleinen Riemengeschwindigkeiten ist der Einfluss der Fliehkraftspannung σ_f relativ klein, sodass die übertragbare Leistung P mit steigender Riemengeschwindigkeit bis auf den Maximalwert P_{max} (bei der optimalen Geschwindigkeit v_{opt}) zunimmt und dann bis auf Null wieder abfällt. Ab einer bestimmten Grenzgeschwindigkeit wird somit der Betrag der zulässigen Spannung $\sigma_{z\,zul}$ überwiegend durch die Fliehkraftspannung σ_f aufgezehrt, sodass eine Leistungsübertragung nicht mehr möglich ist. Die *optimale Riemengeschwindigkeit* ($P/P_{max} = 1$, s. Bild 16-6) kann ermittelt werden aus

$$v_{opt} = \sqrt{\frac{10^3 \cdot [\sigma_{z\,zul} - E_b \cdot (t/d_1)]}{3 \cdot \varrho}} = \sqrt{\frac{10^3 \cdot (\sigma_{z\,zul} - \sigma_b)}{3 \cdot \varrho}} \tag{16.18}$$

v_{opt}	σ_{zul}, σ_b, E_b	t, d_1	ϱ
m/s	N/mm^2	mm	kg/dm^3

$\sigma_{z\,zul}$, E_b, t, d_1, ϱ wie zu Gl. (16.17)

16.3.2 Praktische Berechnung der Riemengetriebe

Die nachfolgend dargestellte Vorgehensweise für die Auslegung von Riemengetrieben beschränkt sich auf offene 2-Scheiben-Riemengetriebe mit $i \geq 1$ ($d_1 = d_k \leq d_2 = d_g$; $z_1 = z_k \leq z_2 = z_g$) sowohl für das Flachriemengetriebe als auch für die Riemengetriebe mit Keil- und Keilrippenriemen sowie Synchronriemen. Grundsätzlich sollte, um optimale Bedingungen zu erreichen, die Auslegung für den praktischen Anwendungsfall nach den Berechnungsunterlagen des jeweiligen Riemenherstellers erfolgen, da die im Tabellenanhang angegebenen Zahlenwerte nicht für alle Hersteller gelten und gegenüber der Norm z. T. erhebliche Unterschiede bei den Leistungsangaben bestehen. Die Normenangaben beziehen sich vielfach nur auf Riemen- und Scheibenabmessungen und haben nur beschränkt Aussage hinsichtlich Leistung und Qualität. Die für die Keil-, Keilrippen- und Synchronriemen unterschiedlichen bisherigen Bezeichnungen[1] werden in den nachfolgenden Berechnungsgleichungen aus Gründen der Vereinheitlichung nach aktuellen Normenbezeichnungen umgestellt.

Die Berechnung kann für alle Riemenarten allgemein nach dem im Bild 16-18 dargestellten Ablaufplan durchgeführt werden.

16

---

[1] Z. B. wird für den Wirkdurchmesser d_w, Bezugsdurchmesser d_b, Richtdurchmesser d_r einheitlich der *Richtdurchmesser d_d eingeführt*.

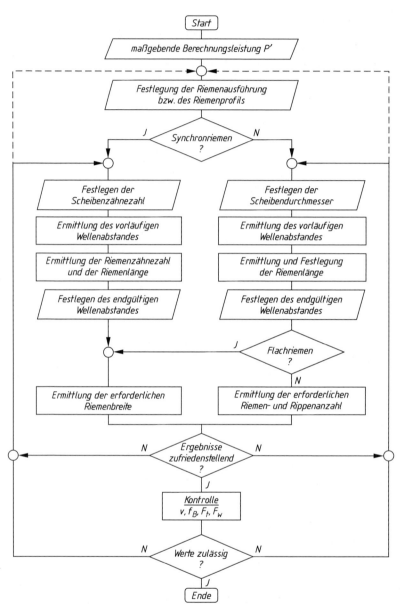

Bild 16-18 Ablaufplan zum Berechnen von Riemengetrieben

Berechnungsschritte

1. Riemenwahl

Für die Entscheidung, welche *Riemenart* (Flach-, Keil-, Keilrippen- oder Synchronriemen) zum Einsatz kommen soll, sind u. a. die Einsatzbedingungen, die zu erwartenden Umwelteinflüsse, eventuell auch Montagegründe (endlose Riemen erfordern vielfach aufwendigere Konstruktionen), Kostenaufwand unter Berücksichtigung des gesamten Konstruktionsumfeldes zu beachten. Hinsichtlich der besonderen Eigenschaften der einzelnen Riemenarten siehe unter 16.2.1.

Die jeweilige *Profilgröße* (beim Extremultus-Flachriemen der *Riementyp*) wird durch die zu übertragende Leistung unter Berücksichtigung des Anwendungsfaktors $P' = K_A \cdot P_{nenn}$ [1] und der Drehzahl n_1 bestimmt (s. TB 16-11 und TB 16-18) bzw. beim Extremultusriemen nach TB 16-8 ist der Riemen-*Typ* $= f(\beta_1, d_1)$. Im Grenzfall zwischen zwei möglichen Profilgrößen wird zur endgültigen Festlegung des Profils die Berechnung mit beiden Größen empfohlen.

2. Geometrische und kinematische Beziehungen

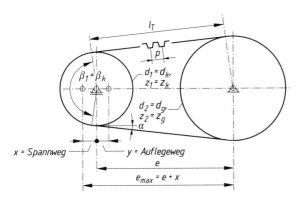

d	Durchmesser der Riemenscheibe
l_T	Trumlänge
β	Umschlingungswinkel
α	Trumneigungswinkel
e	Wellenmittenabstand
z	Zähnezahl der Synchron-
	riemenscheibe
p	Teilung des Synchronriemens

Bedeutung der für die nachfolgenden Formeln verwendeten Indizes:

an	antriebsseitig
ab	abtriebsseitig
1	antriebsseitig
2	abtriebsseitig
g	groß
k	klein
d	Richtgröße u. a. bei Riemenlänge,
	Scheibendurchmesser (bei Keil-,
	Keilrippen- und Synchronriemen)

Bild 16-19 Geometrische Beziehungen am Riemengetriebe

Übersetzung i

Das Übersetzungsverhältnis ist eine aufgabenmäßig vorgegebene Größe, die mit den genormten Scheibendurchmessern nicht immer eingehalten werden kann. Eine „genaue" Übersetzung ist auch vielfach nicht zwingend erforderlich, sodass unter Vernachlässigung der durch den Dehnschlupf (Ausnahme das formschlüssige Synchronriemengetriebe) bedingten geringen Abweichung, s. 16.3.1-2 für $i \geq 1$, das *Übersetzungsverhältnis* ermittelt wird aus

$$i = \frac{n_{an}}{n_{ab}}; \quad i \approx \frac{d_{ab}}{d_{an}} = \frac{d_{dg}}{d_{dk}} \quad \text{bzw.} \quad i = \frac{z_{ab}}{z_{an}} = \frac{z_g}{z_k} \tag{16.19}$$

16

Scheibendurchmesser

Die Grenzwerte der Scheibendurchmesser sind abhängig von der gewählten Riemenart und der Profilgröße. Selbst wenn eine kompakte Bauweise des konstruktiven Umfeldes gefordert ist, sollte nur in Ausnahmefällen für die kleine Riemenscheibe der zum jeweiligen Riementyp vorgesehene kleinste Scheibendurchmesser d_{dk} entsprechend den Angaben im Tabellenbuch gewählt werden. Generell sind kleine Scheibendurchmesser jedoch zu umgehen, da mit diesen die Riemengetriebe in der Regel auf Grund der höheren Wellenbelastung und damit verbunden auch die Verwendung größerer Lager kostenintensiver bauen und auf Grund der größeren Kraft im Lasttrum breitere Flach- und Synchronriemen, eine größere Anzahl der Keilriemen bzw. Rippen beim Keilrippenriemen erforderlich sind.

---

[1] Der Anwendungsfaktor berücksichtigt die erschwerten Betriebsbedingungen und wird vom Riemenhersteller angegeben (vielfach in unterschiedlicher Größe). Wenn keine Angaben bzw. Erfahrungswerte vorliegen, kann K_A nach TB 3-5 als Ungefährwert entnommen werden.

Nach Wahl des Durchmessers der kleinen Scheibe $d_k (d_{dk})$ bzw. beim Synchronriemengetriebe der Zähnezahl z_k ergibt sich der *Durchmesser der großen Scheibe* aus

$$d_g = i \cdot d_{dk} \quad \text{bzw.} \quad d_{dg} = i \cdot d_{dk} \quad \text{bzw.} \quad i \cdot \frac{p}{\pi} \cdot z_k \tag{16.20}$$

p beim Synchronriemen die Riementeilung; Werte nach TB 16-19
z_k beim Synchronriemengetriebe die Zähnezahl der kleinen Scheibe

Wellenabstand

ungefährer Wellenabstand e': Der Wellenabstand ist in vielen Fällen konstruktiv vorgegeben. Hierbei ist – wie auch bei der freien Wahl des Wellenabstandes – darauf zu achten, dass sinnvolle Grenzwerte eingehalten werden: Der Wellenabstand muss einerseits so groß sein, dass sich die Scheiben nicht berühren (bei den Synchronscheiben sind die Durchmesser der Bordscheiben maßgebend), andererseits sind bei zu großen Abständen unerwünschte Trumschwingungen möglich, bei denen die Schwingungsamplituden benachbarte Maschinenteile berühren können. Sofern keine konstruktiv bedingten Vorgaben bestehen, sollten folgende Grenzwerte eingehalten werden

$$\begin{array}{ll} \text{bei Flachriemen:} & 0{,}7 \cdot (d_g + d_k) \le e' \le 2 \cdot (d_g + d_k) \\[2mm] \text{bei Keil- und Keilrippenriemen:} & 0{,}7 \cdot (d_{dg} + d_{dk}) \le e' \le 2 \cdot (d_{dg} + d_{dk}) \\[2mm] \text{bei Zahnriemen:} & 0{,}5 \cdot (d_{dg} + d_{dk}) + 15\,\text{mm} \le e' \le 2 \cdot (d_{dg} + d_{dk}) \end{array} \tag{16.21}$$

endgültiger Wellenabstand e: erst mit der festgelegten Riemenlänge, s. zu Gl. (16.23), ergibt sich der *endgültige Wellenmittenabstand* aus

$$e \approx \frac{L_d}{4} - \frac{\pi}{8} \cdot (d_{dg} + d_{dk}) + \sqrt{\left[\frac{L_d}{4} - \frac{\pi}{8} \cdot (d_{dg} + d_{dk})\right]^2 - \frac{(d_{dg} - d_{dk})^2}{8}} \tag{16.22}$$

L_d Riemenrichtlänge (bei Flachriemen L); festgelegter Wert,
$d_{dk,g}$ Scheiben-Richtdurchmesser (bei Flachriemen $d_{k,g}$), bei Synchronriemengetrieben wird
        $d_{dk,g} = (p/\pi) \cdot z_{k,g}$

Riemenlänge

Mit den bereits festgelegten Konstruktionsdaten kann zwar die theoretische Riemenlänge (L', L'_d) ermittelt werden, die aber im Regelfall nicht als endgültige Länge (L, L_d) festgelegt werden kann, da mit Ausnahme des Flachriemens die Riemen vielfach in festen Längenabstufungen (meist nach DIN 323 R40) als endlose Riemen vorrätig sind.

Die *theoretische Riemenlänge* ist zu errechnen aus

$$\begin{array}{ll} \text{Flachriemen:} & L' = 2 \cdot e' + \dfrac{\pi}{2} \cdot (d_g + d_k) + \dfrac{(d_g - d_k)^2}{4 \cdot e'} \\[4mm] \text{übrige Riemen:} & L'_d = 2 \cdot e' + \dfrac{\pi}{2} \cdot (d_{dg} + d_{dk}) + \dfrac{(d_{dg} - d_{dk})^2}{4 \cdot e'} \end{array} \tag{16.23}$$

Festlegung der Riemenlänge L, L_d: *Flachriemen* werden aus Meterware hergestellt. $L = L'$ ist somit zwar möglich, es sollte jedoch auch hier ein sinnvoller Wert für L festgelegt werden. Bei „festen" Wellenabständen ist zur Erzeugung der erforderlichen Dehnung die Riemenlänge als Bestelllänge entsprechend zu verkleinern auf die Länge $L = L' \cdot (100 - \varepsilon_1)/100$ mit ε_1 nach TB 16-8.
Keil- und Keilrippenriemen: hier ist für L_d die am nächsten kommende Normlänge (nach Normzahlreihe R40) bzw. nach Herstellerangaben (gegenüber der Norm vielfach eine wesentlich feinere Stufung) vorzusehen; bei nach Innenlänge L_i bemaßten Riemen (Normalkeilriemen) ist das Korrekturmaß zu beachten; $L_i = L_d - \Delta L$ mit der Längendifferenz ΔL aus TB 16-12.
Synchronriemen: die Festlegung erfolgt mit der Riemenzähnezahl z_R aus $L_d = z_R \cdot p$ mit $z_R \approx z'_R = L'_d / p$ und der Teilung p (TB 16-19).

Umschlingungswinkel an der kleinen Scheibe

Der Umschlingungswinkel β_k bestimmt gemeinsam mit dem Reibwert $\mu(\mu')$ die Ausbeute und damit die Nutzkraft des Riemengetriebes, siehe zu Gl. 16.4. Große Umschlingungswinkel erfordern zudem eine geringere Anpresskraft und damit eine geringere Wellenbelastung.

Bei vorgegebenen Scheibendurchmessern und Wellenabständen ergibt sich der *Umschlingungswinkel* aus

$$\beta_k = 2 \cdot \arccos\left(\frac{d_g - d_k}{2 \cdot e}\right) = 2 \cdot \arccos\left(\frac{d_{dg} - d_{dk}}{2 \cdot e}\right) = 2 \cdot \arccos\left(\frac{p/\pi \cdot (z_g - z_k)}{2 \cdot e}\right) \quad (16.24)$$

Spann- und Verstellwege x, y

Zur Übertragung des Drehmoments muss durch *Dehnen* (Spannen) des Riemens der erforderliche Anpressdruck aufgebracht werden, um den Kraftschluss zu ermöglichen. Zur Erzeugung der erforderlichen Vorspannung σ wird aus der Beziehung $\sigma = \varepsilon \cdot E$ die notwendige Dehnung $\varepsilon = \sigma/E = (F/A_S)/E$. In der Regel wird diese Dehnung durch Vergrößerung des Wellenabstandes gegenüber seinem errechneten Wert e oder mittels einer eigenen Spannvorrichtung, s. 16.2.1-3, erreicht. Bei festen Wellenabständen kann bei Flachriemengetrieben auch die stumpfe Riemenlänge als Bestelllänge entsprechend verkleinert werden um das Maß $\Delta L = \varepsilon \cdot L$ (Vorteil der individuellen Konfektionierung des Riemens).

Zur Vergrößerung des Wellenabstandes e um den erforderlichen (Spann-)Betrag ist konstruktiv das Spannen des Riemens durch Sicherstellen eines genügend großen Spannweges zu ermöglichen. Wenn herstellerseits keine besonderen Hinweise vorliegen, kann der Bereitstellungsweg zum Spannen, der *Verstellweg x* erfahrungsgemäß ermittelt werden aus[1]

Flachriemen:	$x \geq 0{,}03 \cdot L$
Keil-, Keilrippenriemen:	$x \geq 0{,}03 \cdot L_d$
Synchronriemen:	$x \geq 0{,}005 \cdot L_d$

$\qquad(16.25)$

Zum zwanglosen Auflegen des Riemens (insbesondere bei Keil-, Keilrippen- und Synchronriemen) muss konstruktiv eine Verringerung des Wellenabstandes um den *Auflegeweg y* vorgesehen werden:

Flachriemen:	$y \geq 0{,}015 \cdot L$
Keil-, Keilrippenriemen:	$y \geq 0{,}015 \cdot L_d$
Synchronriemen:	$y \geq (1 \dots 2{,}5) \cdot p$

$\qquad(16.26)$

L, L_d festgelegte Riemenlänge
p Riementeilung

3. Leistungsberechnung

Nach Festlegen der geometrischen Größen des Riemengetriebes erfolgt die Leistungsberechnung. Bei Flach- und Synchronriemen ist für den gewählten Riementyp die erforderliche *Riemenbreite*, bei Keil- und Keilrippenriemen die erforderliche *Strang-* bzw. *Rippenzahl* entsprechend der maximal zu übertragenden Umfangskraft einerseits und der jeweils zulässigen spezifischen Umfangskraft andererseits zu ermitteln. Die für die einzelnen Riemen angegebenen zulässigen spezifischen Belastungen beruhen auf Versuchsergebnissen unter bestimmten Bedingungen (d_d, L_d, β), sodass diese zulässigen Werte für die konstruktiv vorliegenden Bedingungen mit ent-

---

[1] Der übliche Begriff *Spannweg* ist im Zusammenhang mit der Gl. (16.25) irreführend, die hier aufgeführten Erfahrungswerte geben lediglich eine ausreichende Verstellbarkeit des Wellenabstandes an zum Spannen des Riemens.

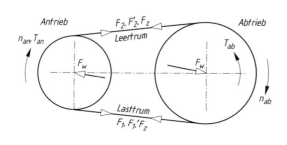

F_1	Trumkraft im Lasttrum
F_1'	F_1 ohne Fliehkraft
F_2	Trumkraft im Leertrum
F_2'	F_2 ohne Fliehkraft
F_z	Fliehkraft
F_0	Trumkraft des gespannten Riemens im Stillstand
F_t	Umfangskraft ($F_t = F_1' - F_2'$)
F_w	Wellenkraft (Spannkraft)
F_{w0}	Wellenkraft im Stillstand (Vorspannkraft)
K_A	Anwendungsfaktor
P	zu übertragende Leistung
P'	Berechnungsleistung $P' = K_A \cdot P$
T_{an}	Antriebsmoment
T_{ab}	Abtriebsmoment
v	Riemengeschwindigkeit
n_{an}	Antriebsdrehzahl
n_{ab}	Abtriebsdrehzahl

Bild 16-20 Kräfte, Momente und Bewegungsgrößen am Riemengetriebe

sprechenden Faktoren „korrigiert" werden müssen. Schwer zu erfassen sind die wirklich vorherrschenden Betriebsbedingungen, die u. a. durch den Anwendungsfaktor K_A erfasst werden.

Umfangskraft F_t
Unter Berücksichtigung der dynamischen Betriebsverhältnisse wird die *größte zu übertragende Umfangskraft*

$$F_t = \frac{P'}{v} = \frac{K_A \cdot P_{nenn}}{v} = \frac{K_A \cdot T_{nenn}}{(d_d/2)}$$

(16.27)

P', P_{nenn} Berechnungsleistung, zu übertragende Leistung
K_A Anwendungsfaktor, wenn keine Herstellerangaben vorliegen, K_A nach TB 3-5
d_d Scheibenrichtdurchmesser (bei Flachriemen d)
v Riemengeschwindigkeit aus $v = d_d \cdot \pi \cdot n$

Riemenbreiten, Riemenanzahl
Flachriemen: Für den Mehrschichtflachriemen *Extremultus* wird mit der spezifischen Umfangskraft $F_t' = f(d_1, \beta_1, \text{Riementyp})$ aus TB 16-8 die *rechnerische Riemenbreite*

$$b' = F_t/F_t'$$

(16.28)

Nach TB 16-9 wird für den rechnerischen Wert b' die nächstgrößere Riemenbreite b und die zugehörige Scheibenbreite B festgelegt.

Keilriemen, Keilrippenriemen: Zur sicheren Übertragung der Berechnungsleistung $P' = K_A \cdot P$ ist nach Festlegung des Riemenprofils die *erforderliche Anzahl der Keilriemen* bzw. die *erforderliche Rippenanzahl* zu ermitteln aus

$$z \geq \frac{P'}{(P_N + \ddot{U}_z) \cdot c_1 \cdot c_2} = \frac{K_A \cdot P_{nenn}}{(P_N + \ddot{U}_z) \cdot c_1 \cdot c_2}$$

(16.29)

K_A Anwendungsfaktor zur Berücksichtigung der dynamischen Betriebsverhältnisse; wenn keine Herstellerangaben vorliegen, sind Werte nach TB 3-5 anzunehmen
P_{nenn} die vom Keilriementrieb zu übertragende Nennleistung
P_N die von *einem* Keilriemen bzw. von *einer* Rippe übertragbare Nennleistung; Werte nach TB 16-15
$\ddot{U}_z$ Übersetzungszuschlag für $i > 1$; Werte nach TB 16-16
c_1 Winkelfaktor; Werte für $\beta_1 \leq 180°$ nach TB 16-17
c_2 Längenfaktor, der die Leistungsänderung bei Abweichung der tatsächlichen Richtlänge L_d von der „Riemenbezugslänge" berücksichtigt; Werte nach TB 16-17

Hinweis: P_N ist der ermittelte Prüfstandswert bei $i = 1$, $\beta_1 = \beta_2 = 180°$ und der Riemenbezugslänge L. Von diesen Bedingungen abweichende Werte werden durch Korrekturfaktoren berücksichtigt.

$\ddot{U}_z$ berücksichtigt die Leistungserhöhung, die sich bei $i > 1$ durch die geringere Biegebeanspruchung bei der Riemenumlenkung an der großen Scheibe gegenüber den Prüfstandsbedingungen ergibt.

c_1 ist das Verhältnis der Ausbeute $\kappa_{(\beta1)}$ für das vorliegende (reale) Riemengetriebe zur Ausbeute $\kappa_{(180°)}$ unter Prüfstandsbedingungen mit $\kappa = (m - 1)/m$ und $m = \hat{e}^{\mu\beta}$, c_1 ist somit auch vom Reibwert μ (μ') abhängig!

c_2 berücksichtigt die gegenüber den Prüfstandsbedingungen abweichende Biegewechselzahl (kleinere bei $L_d > L_N$ bzw. größere bei $L_d < L_N$). Bei gleicher Lebensdauer wird die Nennleistung des Riemens geringfügig größer bzw. kleiner.

Ergibt die Berechnung Mehrsträngigkeit ($z > 1$), sollte aus Kosten-, Montage-, Austausch- und Belastungsgründen der *Verbundkeilriemen* (Kraftbänder, bestehend aus mehreren Keilriemen, die durch eine Deckplatte miteinander verbunden sind, Herstelleranfrage) oder der *Keilrippenriemen* in Erwägung gezogen werden.

Synchronriemen: Bei Synchronriemen erfolgt die Kraftübertragung durch *Formschluss.* Maßgebend für die Höhe der übertragbaren Kraft ist die zulässige Flächenpressung an den Zahnflanken sowie die Anzahl der sich im Eingriff befindlichen Zähne z_e. Aufgrund unvermeidlicher Teilungsfehler können maximal nur 12 Zähne als tragend angesehen werden.

Die *eingreifende Zähnezahl* z_e ergibt sich aus

$$z_e = \frac{z_k \cdot \beta_k°}{360°} \leq 12 \tag{16.30}$$

Mit $z_e \leq 12$ und der aus Versuchen ermittelten übertragbaren spezifischen Leistung P_{spez} (je mm Riemenbreite und Zahn) nach TB 16-20, kann aus der Berechnungsleistung P' bei Nenndrehzahl für den Synchronriemen die *erforderliche Mindestbreite* ermittelt werden aus

$$b \geq \frac{P'}{z_k \cdot z_e \cdot P_{spez}} = \frac{K_A \cdot P_{nenn}}{z_k \cdot z_e \cdot P_{spez}} \tag{16.31}$$

bzw. mit dem aus Versuchen ermittelten übertragbaren *spezifischen Drehmoment* T_{spez} (je mm Riemenbreite und Zahn) aus dem größten Drehmoment bei entsprechend zugeordneter Drehzahl (zu beachten ist dabei das oft bedeutend größere Anlaufdrehmoment bei $n = 0$)

$$b \geq \frac{T_{max}}{z_k \cdot z_e \cdot T_{spez}} \tag{16.32}$$

b	K_A, z_k, z_e	P_{nenn}	P_{spez}	T_{max}	T_{spez}
mm	1	kW	kW/mm	Nm	Nm/mm

K_A	Anwendungsfaktor nach TB 3-5, s. zu Gl. (16.29).
P_{nenn}, T_{max}	vom Synchronriemen zu übertragende Nennleistung bzw. größtes zu übertragendes Drehmoment
P_{spez}, T_{spez}	vom Synchronriemen übertragbare spezifische Leistung bzw. spezifisches Drehmoment; Werte nach TB 16-20
z_k	Zähnezahl der kleinen Synchronscheibe
z_e	eingreifende Zähnezahl nach Gl. (16.30), nach unten abgerundet

Maßgebend ist die aus den Gln. (16.31) und (16.32) größere Riemenbreite b.

4. Vorspannung; Wellenbelastung

Zur Erzeugung des erforderlichen Kraftschlusses muss der Riemen gespannt (gedehnt) werden. Die Vorspannkraft F_v (Trumkraft) wird mit F_1' und F_2' für den Stillstand ($n = 0$) $F_v = (F_1' + F_2')/2$ und die dann von der Welle aufzunehmende theoretische Kraft $F_w' = F_1' + F_2'$. Wie unter 16.3.1-1 ausgeführt, versuchen die Fliehkräfte F_z im Betriebszustand den Riemen von der Scheibe abzuheben. Da aber auch dann der erforderliche Anpressdruck noch vorhanden sein muss, ist bei $n = 0$ eine um den Fliehkraftanteil größere Vorspannkraft im Riementrum $F_v = [(F'_1 + F_z/2) + (F'_2 + F_z/2)]/2 = (F_z + F'_1 + F'_2)/2$ bzw. mit dem Riemenquerschnitt A_S, dem Elastizitätsmodul E und der Dehnung ε_{ges} (einschließlich der Fliehkraftdehnung) aus $F_v = A_S \cdot E \cdot \varepsilon_{ges}$ notwendig (homogener Riemenwerkstoff vorausgesetzt). Die Wellenbelastung im Stillstand ist also größer als im Betriebszustand!

Für die *Wellenbelastung im Betriebszustand* wird allgemein

$$F_w = \sqrt{F'^2_1 + F'^2_2 - 2 \cdot F'_1 \cdot F'_1 \cdot \cos\beta_k} \approx k \cdot F_t \qquad (16.33)$$

F'_1, F'_2	Trumkräfte im Last- und Leertrum (jeweils ohne Fliehkraftanteil)
β_1	Umschlingungswinkel an der kleinen Scheibe in $°$
k	Kraftverhältnis; Werte nach TB 16-5

Die Wellenbelastung im Stillstand ergibt sich analog mit den um den Fliehkraftanteil F_z nach Gl. (16.5) erhöhten Trumkräften aus Gl. (16.7).

Für den *Extremultus Mehrschichtriemen* wird nach Angaben des Herstellers die *Wellenbelastung im Stillstand*

$$F_{w0} = \varepsilon_{ges} \cdot k_1 \cdot b' = (\varepsilon_1 + \varepsilon_2) \cdot k_1 \cdot b'$$

F_{w0}	ε, ε_1, ε_2	k_1	b'
N	%	1	mm

(16.34)

ε_1	erforderliche (Kraftschluss-)Dehnung des Riemens im Stillstand; Werte nach TB 16-8
ε_2	durch die Fliehkraft bewirkte zusätzliche Dehnung; Werte nach TB 16-10
k_1	Faktor zur Berücksichtigung des Riementyps; z. B. *Riementyp* $14 \cong k_1 = 14$; s. TB 16-6
b'	Riemenbreite nach Gl. (16.28)

Da die zu übertragende Umfangskraft $F_t = F_1 - F_2$ und das Kraftverhältnis $F_1/F_2 = e^{\mu\beta_k}$ ist, wird ersichtlich, dass sowohl die (während der Riemenlebensdauer veränderliche und von den Umwelteinflüssen abhängige) Reibzahl $\mu(\mu')$ als auch der Umschlingungswinkel β die Höhe der Wellenbelastung F_w mitbestimmen; die exakte Berechnung der Wellenbelastung ist für den praktischen Anwendungsfall somit kaum möglich. Für Überschlagsberechnungen können zur Auslegung des Konstruktionsumfeldes (z. B. für die Wellen- und Lagerdimensionierung) für die Ermittlung der *Wellenbelastung* nachfolgende Beziehungen angegeben werden:

Flachriemen:	$F_{w0} = k \cdot F_t \approx (1,5\dots2,0) \cdot F_t$
Keil- und Keilrippenriemen:	$F_{w0} = k \cdot F_t \approx (1,3\dots1,5) \cdot F_t$
Synchronriemen:	$F_{w0} = k \cdot F_t \approx 1,1 \cdot F_t$

(16.35)

Hierbei sind bei den Flach-, Keil- und Keilrippenriemen die kleineren Werte für k für große Umschlingungswinkel β und große Reibwerte $\mu(\mu')$ einzusetzen und umgekehrt. In kritischen Fällen sind die Werte für k noch zu erhöhen! Sitzt die Riemenscheibe auf dem Wellenzapfen eines E-Motors, muss im Einzelfall geprüft werden, ob diese Belastung von der Welle aufgenommen werden kann; die Hersteller der Elektro-Motoren weisen z. B. die jeweils zulässige Radialbelastung – abhängig von der Bauart, Drehzahl und Ausführung des Motors – in ihren Katalogen aus, s. TB 16-21.

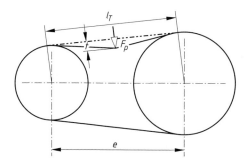

Bild 16-21 Einstellung der Vorspannkraft mit Hilfe der Trumeindrücktiefe

Die Kontrolle, ob die notwendige Spannkraft bei der Wellenbelastung nach Gl. (16.7) bzw. für den Extremultusriemen nach Gl. (16.34) bei der Montage des Riemens erreicht wurde, kann (annähernd) entweder durch Messen der Riemendehnung $\Delta L = \varepsilon_{ges} \cdot L$ oder durch Messen der Eindrücktiefe t durch die Prüfkraft F_P (s. Bild 16-21) des mit F_v vorgespannten Trums nach Herstellerangaben erfolgen.

5. Kontrollabfragen

Nach der konstruktiven Auslegung des Riemengetriebes ist gegebenenfalls nachzuweisen, dass zulässige Grenzwerte hinsichtlich der Riemengeschwindigkeit, der Biegefrequenz und der Riemenzugkraft nicht überschritten werden:

Riemengeschwindigkeit: Da mit zunehmender Riemengeschwindigkeit aufgrund des Fliehkraftanteils die übertragbare Leistung merklich abnimmt, s. Bild 16-6 und wie in TB 16-15 angedeutet, ist ein Einsatz des Riemens über den Wert $P/P_{max} = 1$ hinaus nicht sinnvoll. Der Riemenhersteller gibt für den individuellen Riementyp und -größe sinnvolle Grenzwerte für v_{zul} an, anderenfalls sind Richtwerte für v_{max} nach TB 16-1 (Flachriemen), TB 16-2 (Keil- und Keilrippenriemen) und TB 16-19 (Synchronriemen) anzunehmen. Die auf den Wirkdurchmesser d_w bezogene *Riemengeschwindigkeit* beträgt

$$v = d_w \cdot \pi \cdot n \leq v_{max} \tag{16.36}$$

d_w Wirkdurchmesser
Flachriemen: $\quad d_w = d + t$ (t für Extremultus-Riemen s. TB 16-6)
Keilriemen: $\quad d_w = d_d$
Keilrippenriemen: $d_w = d_d + 2h_b$ (h_b nach TB 16-14)
Synchronriemen: $d_w = d_d$
n Drehzahl
v_{max} maximale Riemengeschwindigkeit nach Herstellerangaben (Anhaltswerte s. auch TB 16-1, TB 16-2 und TB 16-3; die Anhaltswerte gelten nur unter günstigsten Bedingungen. Für den Individualfall wird Herstelleranfrage empfohlen!)

Biegefrequenz: Die Riemenlebensdauer wird auch durch die Höhe der Biegefrequenz bestimmt. Hohe Frequenzen führen vor allem bei kleinen Scheibendurchmessern aufgrund größerer Walkarbeit zu höheren Temperaturen, wodurch sowohl die Lebensdauer herabgesetzt als auch der Wirkungsgrad des Riementriebes gemindert wird. Dies ist besonders bei Gegenbiegung des Riemens (z. B. beim Einsatz von Spannrollen) zu beachten. Die *Biegefrequenz* errechnet sich aus

$$f_B = \frac{v \cdot z}{L_d} \leq f_{B\,zul} \tag{16.37}$$

v Riemengeschwindigkeit
z Anzahl der überlaufenden Scheiben, für die offene 2-Scheibenausführung ohne Spannrolle ist $z = 2$
L_d festgelegte Riemenlänge (bei Flachriemen stumpfe Länge L)
$f_{B\,zul}$ zulässige Biegefrequenz, (allgemeine Angaben nach TB 16-1, TB 16-2 bzw. TB 16-3; die Anhaltswerte gelten nur unter günstigsten Bedingungen; für den Individualfall wird Herstelleranfrage empfohlen!). Für den Extremultus-Riemen wird herstellerseits angegeben mit $k = 1$ für die Ausführung G und $k = 0,7$ für die Ausführung L mit dem Scheibenbezugsdurchmesser d_{1N} nach TB 16-6 $f_{B\,zul} \approx k \cdot (5800/d_{1N}) \cdot (d_1/d_{1N})^3$. (Für genauere Werte ist die Herstelleranfrage unerlässlich)

Riemenzugkraft: Bei möglicher Überbeanspruchung des Riemengetriebes (z. B. Anfahren unter Last) muss sichergestellt sein, dass der Riemen nicht zerstört wird. Während bei den Flach-, Keil- und Keilrippenriemen der Riemen unter erschwerten Bedingungen zu gleiten beginnt, muss beim Synchronriemen aufgrund des Formschlusses die erhöhte Last von den Zugsträngen aufgenommen werden. Insofern ist beim Synchronriemen mit $F_{max} = T_{max}/(d_d/2)$ zusätzlich der Nachweis zu führen, dass $F_{max} \leq F_{zul}$ ist mit F_{zul} nach TB 16-19c.

16

16.4 Berechnungsbeispiele

■ **Beispiel 16.1:** Der Antrieb eines Sauglüfters ist als Flachriemengetriebe (Siegling-Extremultus) auszulegen (Bild 16-22). Der vorgesehene Drehstrommotor 180M hat eine Antriebsleistung $P = 18,5\,\mathrm{kW}$ bei einer Drehzahl $n_1 = n_k = 1450\,\mathrm{min}^{-1}$, die Lüfterdrehzahl $n_2 = n_g \approx 800\,\mathrm{min}^{-1}$. Aus baulichen Gründen kann der Durchmesser d_g der Riemenscheibe auf der Lüfterseite maximal 500 mm betragen, der Wellenabstand $e' \approx 800\,\mathrm{mm}$. Als Betriebsverhältnisse sollen hier angenommen werden: mittlerer Anlauf, stoßfreie Vollast, tägliche Betriebsdauer $\approx 8\,\mathrm{h}$.

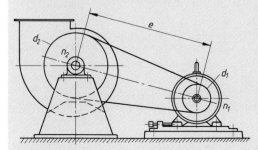

Bild 16-22
Lüfterantrieb

▶ **Lösung:** Die Berechnung erfolgt nach dem im Bild 16-18 dargestellten Ablaufplan.

a) **Festlegen der Riemenausführung:** Für den vorliegenden üblichen Antrieb wird nach TB 16-6 die Ausführung *80LT* gewählt.

b) **Wahl der Scheibendurchmesser:** Für den gewählten Riemen könnte hinsichtlich der Biegewilligkeit des Extremultusriemens nach TB 16-7 für $P/n_1 = 18,5/1450 = 0,0128\,\mathrm{kW\,min}^{-1}$ ein kleinster Scheibendurchmesser $d = 180\,\mathrm{mm}$ gewählt werden. Zur Vermeidung hoher Umfangskräfte und damit auch großer Wellenkräfte wird für den Scheibendurchmesser $d_1 = d_k = 280\,\mathrm{mm}$ vorgesehen. Damit wird der Durchmesser der Lüfterscheibe

$$d_g = i \cdot d_k = (n_1/n_2) \cdot d_k = (1450\,\mathrm{min}^{-1}/800\,\mathrm{min}^{-1}) \cdot 280\,\mathrm{mm} = 507\,\mathrm{mm}\,.$$

Nach DIN 111, s. TB 16-9, wird $d_g = 500\,\mathrm{mm}$ festgelegt. Damit wird die Lüfterdrehzahl

$$n_2 = n_g = n_1 \cdot (d_k/d_g) = \ldots \approx 812\,\mathrm{min}^{-1}\,.$$

c) **Vorläufiger Wellenabstand:** Der Wellenabstand ist mit $e \approx 800\,\mathrm{mm}$ bereits vorgegeben. Dieser Wert liegt auch innerhalb des Erfahrungsbereiches nach Gl. (16.21):

$$0,7 \cdot (d_g + d_k) \le e' \le 2 \cdot (d_g + d_k) = \ldots = 546\,\mathrm{mm}\ldots1560\,\mathrm{mm}\,.$$

d) **Riemenlänge:** Nach Gl. (16.23) wird die stumpfe Riemenlänge mit $d_1 = d_k = 280\,\mathrm{mm}$, $d_2 = d_g = 500\,\mathrm{mm}$, $e = 800\,\mathrm{mm}$

$$L'_d \approx 2 \cdot e' + \frac{\pi}{2} \cdot (d_g + d_k) + \frac{(d_g - d_k)^2}{4 \cdot e'} = \ldots = 2840\,\mathrm{mm}\,.$$

Die Riemenlänge wird mit $L = 2800\,\mathrm{mm}$ festgelegt.

e) **Tatsächlicher Wellenabstand:** Mit $L = 2800\,\mathrm{mm}$, $d_k = 280\,\mathrm{mm}$ und $d_g = 500\,\mathrm{mm}$ wird nach Gl. (16.22)

$$e_{\mathrm{vorh}} \approx \frac{L_d}{4} - \frac{\pi}{8} \cdot (d_g + d_k) + \sqrt{\left(\frac{L_d}{4} - \frac{\pi}{8} \cdot (d_g + d_k)\right)^2 - \frac{(d_g - d_k)^2}{8}} = \ldots \approx 780\,\mathrm{mm}\,.$$

f) **Umschlingungswinkel:** Der Umschlingungswinkel an der kleinen Scheibe wird nach Gl. (16.24)

$$\beta_k = 2 \cdot \arccos \cdot \left(\frac{d_g - d_k}{2 \cdot e}\right) = \ldots \approx 164°\,.$$

g) **Wahl des Riementyps:** Für $d_k = 280\,\mathrm{mm}$ und $\beta_k \approx 164°$ wird nach TB 16-8 der *Riementyp 28* gewählt. Gleichzeitig wird die übertragbare spezifische Tangentialkraft $F'_t \approx 32\,\mathrm{N/mm}$ abgelesen.

h) **Riemenbreite:** Mit der zu übertragenden Umfangskraft unter Berücksichtigung des Anwendungsfaktors $K_A \approx 1{,}3$ nach TB 3-5 nach Gl. (16.27)

$$F_t = \frac{P'}{v} = \frac{K_A \cdot P_{nenn}}{v} = \frac{K_A \cdot P_{nenn}}{d_k \cdot \pi \cdot n_k} = \frac{1{,}3 \cdot 18{,}5 \cdot 10^3 \, \mathrm{Nm\,s^{-1}}}{0{,}28 \, \mathrm{m} \cdot \pi \cdot 24{,}17 \, \mathrm{s^{-1}}} \approx 1130 \, \mathrm{N}$$

wird die rechnerische Riemenbreite nach Gl. (16.28) mit $F_t' \approx 32 \, \mathrm{N/mm}$

$$b' = F_t / F_t' = \ldots \approx 35 \, \mathrm{mm}.$$

Nach TB 16-9 bzw. DIN 111 wird $b = 40 \, \mathrm{mm}$ und die zugeordnete kleinste Kranzbreite $B = 50 \, \mathrm{mm}$ festgelegt.

i) **Wellenbelastung:** Nach Gl. (16.34) wird für den Extremultusriemen mit $k_1 = 28$, $b' = 35 \, \mathrm{mm}$, $\varepsilon_1 \approx 2{,}2$, ($\varepsilon_2$ ist vernachlässigbar gering) die Wellenbelastung im Stillstand $F_{w0} = \varepsilon_{ges} \cdot k_1 \cdot b'$ $= (\varepsilon_1 + \varepsilon_2) \cdot k_1 \cdot b' = \ldots \approx 2160 \, \mathrm{N}$. Damit ist das Kraftverhältnis $k = F_{w0}/F_t = \ldots \approx 2$.
Nach TB 16-21 ist für den gewählten Motor eine auf die Wellenmitte bezogene zulässige Wellenbelastung von 2150 N angegeben. Dieser Wert wird hier geringfügig überschritten. Nach Rücksprache mit dem Motorenhersteller könnte eventuell auch ein Motor mit verstärkter Lagerung eingesetzt werden. Eine weitere Möglichkeit zur Verminderung der Wellenbelastung ist der Einsatz größerer Scheibendurchmesser (hier allerdings nur bei Inkaufnahme der Vergrößerung des Wellenabstandes).

j) **Riemengeschwindigkeit:** Mit der Riemendicke $t = 3{,}6 \, \mathrm{mm}$ nach TB 16-6b für die Riemenausführung 80 *LT Typ* 28 wird mit $d_k = 280 \, \mathrm{mm}$, somit $d_{wk} = d_k + t$, und $n_k = (1450/60) \, \mathrm{s^{-1}}$ nach Gl. (16.36)

$$v = d_{wk} \cdot \pi \cdot n_k = \ldots \approx 20 \, \mathrm{m/s} < v_{max} \approx 60 \, \mathrm{m/s}$$

nach TB 16-10; die zulässige Riemengeschwindigkeit wird nicht überschritten.

k) **Biegefrequenz:** Die im Betrieb vorhandene Biegefrequenz ist nach Gl. (16.37) mit $v = 20 \, \mathrm{m/s}$, $z = 2$ Scheiben und der Riemenlänge $L = 2800 \, \mathrm{mm}$ $f_B = v \cdot z / L = \ldots \approx 14 \, \mathrm{s^{-1}}$. Die zulässige Biegefrequenz für die Ausführung L mit dem Scheibenbezugsdurchmesser $d_{1N} = 280 \, \mathrm{mm}$ nach TB 16-6b und $k \approx 0{,}7$ wird

$$f_{B\,zul} \approx k \cdot (5800/d_{1N}) \cdot (d_1/d_{1N})^3 = \ldots \approx 15 \, \mathrm{s^{-1}};$$

der zulässige Wert wird nicht überschritten.

■ **Beispiel 16.2:** Der Antrieb des Sauglüfters mit den Daten nach Beispiel 16.1 und Bild 16-22 ist als Schmalkeilriemengetriebe auszulegen.

▶ **Lösung:** Die Berechnung erfolgt in Anlehnung an dem im Bild 16-18 dargestellten Ablaufplan.

a) **Wahl des Keilriemenprofils:** Mit der Berechnungsleistung aus $K_A = 1{,}3$ und $P_{nenn} = 18{,}5 \, \mathrm{kW}$

$$P' = K_A \cdot P_{nenn} = \ldots \approx 24 \, \mathrm{kW}$$

und der Antriebsdrehzahl $n_1 = 1450 \, \mathrm{min^{-1}}$ wird nach TB 16-11 gewählt der Schmalkeilriemen-Profil *SPA*.

b) **Scheibendurchmesser:** Für das Profil *SPA* wird mit gleicher Begründung wie zum Beispiel 16.1 angegeben der Scheibenrichtdurchmesser mit $d_{dk} = 200 \, \mathrm{mm}$ gewählt. Damit ergibt sich der Scheibendurchmesser am Lüfter mit

$$d_{dg} = i \cdot d_{dk} = (n_k/n_g) = \ldots \approx 363 \, \mathrm{mm};$$

gewählt nach TB 1-16 (R20) $d_{dg} = 355 \, \mathrm{mm}$. Die Drehzahl der Lüfterscheibe wird somit $n_2 = n_g = n_1 \cdot (d_{dk}/d_{dg}) = \ldots \approx 817 \, \mathrm{min^{-1}}$.

c) **Riemenlänge:** Mit $e' = 800 \, \mathrm{mm}$, $d_{dk} = 200 \, \mathrm{mm}$ und $d_{dg} = 355 \, \mathrm{mm}$ wird die Richtlänge nach Gl. (16.23)

$$L_d' = 2 \cdot e' + \frac{\pi}{2} \cdot (d_{dg} + d_{dk}) + \frac{(d_{dg} - d_{dk})^2}{4 \cdot e'} = \ldots \approx 2480 \, \mathrm{mm}.$$

Nach TB 16-12 bzw. TB 1-16 (R 40) festgelegt: $L_d = 2500 \, \mathrm{mm}$.

d) **Wellenabstand:** Mit $L_d = 2500 \, \mathrm{mm}$, $d_{dk} = 200 \, \mathrm{mm}$, $d_{dg} = 355 \, \mathrm{mm}$ wird nach Gl. (16.22)

$$e \approx \frac{L_d}{4} - \frac{\pi}{8} \cdot (d_{dg} + d_{dk}) + \sqrt{\left(\frac{L_d}{4} - \frac{\pi}{8} \cdot (d_{dg} + d_{dk}) \right)^2 - \frac{(d_{dg} - d_{dk})^2}{8}} = \ldots \approx 810 \, \mathrm{mm}.$$

Der Verstellweg zum Spannen nach Gl. (16.25) für Keilriemen $x \geq 0{,}03 \cdot L_d = \ldots \approx 75 \, \mathrm{mm}$, der Verstellweg zum Auflegen nach Gl. (16.25) für Keilriemen $y \geq 0{,}015 \cdot L_d = \ldots \approx 38 \, \mathrm{mm}$; festgelegt: $y = 40 \, \mathrm{mm}$.

e) **Umschlingungswinkel an der kleinen Scheibe:** Mit $e = 810 \, \mathrm{mm}$, $d_{dk} = 200 \, \mathrm{mm}$, $d_{dg} = 355 \, \mathrm{mm}$ wird nach Gl. (16.24)

$$\beta_k = 2 \cdot \arccos \left(\frac{d_{dg} - d_{dk}}{2 \cdot e} \right) = \ldots \approx 176°.$$

16

f) **Anzahl der Schmalkeilriemen:** Mit der Berechnungsleistung $P' = 24$ kW, s. unter a), der Nennleistung $P_N \approx 9,7$ kW/Riemen nach TB 16-15b für $d_{dk} = 200$ mm und $n_k = 1450$ min^{-1}, dem Übersetzungszuschlag $\ddot{U}_z \approx 0,45$ kW/Riemen nach TB 16-16b für $i \approx 1,78$, dem Winkelfaktor $c_1 \approx 0,99$ nach TB 16-17a für $\beta_k = 176°$ und $c_2 \approx 1$ nach TB 16-17c für Profil *SPA* und $L_d = 2500$ mm wird nach Gl. (16.29)

$$z \geq \frac{P'}{(P_N + \ddot{U}_z) \cdot c_1 \cdot c_2} = \ldots \approx 2,4; \quad \text{festgelegt: } z = 3.$$

Bestellangabe: *1 Satz Schmalkeilriemen DIN 7753−3 × SPA 2500.*

Hinweis: Da die Berechnung Mehrsträngigkeit ergab, sollte der *Verbundkeilriemen* in Erwägung gezogen werden, s. zu Gl. (16.29).

g) **Wellenbelastung:** Mit $P' = 24$ kW, $d_{dk} = 200$ mm, $n_k = 1450$ min^{-1} wird nach Gl. (16.27) die Umfangskraft

$$F_t = \frac{P'}{v} = \frac{K_A \cdot P_{nenn}}{v} = \frac{K_A \cdot P_{nenn}}{d_{dk} \cdot \pi \cdot n_k} = \frac{1,3 \cdot 18,5 \cdot 10^3 \, \text{Nm s}^{-1}}{0,2 \, \text{m} \cdot \pi \cdot 24,17 \, \text{s}^{-1}} \approx 1600 \, \text{N}$$

und damit wird für Keilriemen nach Gl. (16.35) überschlägig

$$F_{w0} = k \cdot F_t \approx (1,3 \ldots 1,5) \cdot F_t' = \ldots \approx 2080 \, \text{N} \ldots 2400 \, \text{N}.$$

Es besteht die Gefahr der Überschreitung des zulässigen Wertes $F_{w\,zul}$, s. zu Beispiel 16.1; eine Anfrage beim Motorenhersteller wird empfohlen! Eine Alternativlösung könnte auch die Ausführung mit der Profilgröße *SPZ* sein mit $d_{dk} = 160$ mm und $z = 5$ Riemen (s. TB 16-21).

h) **Riemengeschwindigkeit:** Mit $d_{dk} = 200$ mm und $n_k = 1450$ min^{-1} nach Gl. (16.36)

$$v = d_{dk} \cdot \pi \cdot n_k = 0,2 \, \text{m} \cdot \pi \cdot 24,17 \, \text{s}^{-1} \approx 15 \, \text{m/s};$$

die zulässige Riemengeschwindigkeit $v_{max} \approx 42$ m/s nach TB 16-2 wird nicht überschritten (die Anhaltswerte gelten nur unter günstigsten Bedingungen; für den Individualfall wird Herstelleranfrage empfohlen!)

l) **Biegefrequenz:** Die im Betrieb vorhandene Biegefrequenz ist nach Gl. (16.37) mit $v = 15$ m/s, $z = 2$ Scheiben und der Riemenlänge $L = 2500$ mm $f_B = v \cdot z / L_d = \ldots \approx 12 \, \text{s}^{-1} \leq f_{B\,max} \approx 100 \, \text{s}^{-1}$ nach TB 16-2; der zulässige Wert wird nicht überschritten (die Anhaltswerte gelten nur unter günstigsten Bedingungen, für den Individualfall wird Herstelleranfrage empfohlen!)

■ **Beispiel 16.3:** Der Antrieb des Sauglüfters nach Beispiel 16.1 und Bild 16-22 ist mit einem Keilrippenriemen auszulegen.

▶ **Lösung:** Die Berechnung erfolgt in Anlehnung an den im Bild 16-18 dargestellten Ablaufplan.

a) **Wahl des Keilrippenriemens:** Mit der Berechnungsleistung aus $K_A = 1,3$ und $P_{nenn} = 18,5$ kW

$$P' = K_A \cdot P_{nenn} = \ldots \approx 24 \, \text{kW} \quad \text{und der Antriebsdrehzahl} \quad n_1 = 1450 \, \text{min}^{-1}$$

wird nach TB 16-11c gewählt der Keilrippenriemen, Profil *PM*.

b) **Scheibendurchmesser:** Für das Profil *PM* wird mit gleicher Begründung wie zum Beispiel 16.1 angegeben der Scheibenrichtdurchmesser mit $d_{dk} = 224$ mm gewählt. Damit ergibt sich der Scheibendurchmesser am Lüfter mit

$$d_{dg} = i \cdot d_{dk} = (n_k / n_g) = \ldots \approx 406 \, \text{mm};$$

gewählt nach TB 1-16 (R20) $d_{dg} = 400$ mm. Die Drehzahl der Lüfterscheibe wird somit $n_2 = n_g = n_1 \cdot (d_{dk}/d_{dg}) = \ldots \approx 812$ min^{-1}.

c) **Riemenlänge:** Mit $e' \approx 800$ mm, $d_{dk} = 224$ mm und $d_{dk} = 400$ mm wird die Richtlänge nach Gl. (16.23)

$$L_d' \approx 2 \cdot e' + \frac{\pi}{2} \cdot (d_{dg} + d_{dk}) + \frac{(d_{dg} - d_{dk})^2}{4 \cdot e'} = \ldots \approx 2590 \, \text{mm}.$$

Nach TB 1-16 (R 40) festgelegt: $L_d = 2500$ mm.

d) **Wellenabstand:** Mit $L_d = 2500$ mm, $d_{dk} = 224$ mm, $d_{dg} = 400$ mm wird nach Gl. (16.22)

$$e \approx \frac{L_d}{4} - \frac{\pi}{8} \cdot (d_{dg} + d_{dk}) + \sqrt{\left(\frac{L_d}{4} - \frac{\pi}{8} \cdot (d_{dg} + d_{dk})\right)^2 - \frac{(d_{dg} - d_{dk})^2}{8}} = \ldots \approx 755 \, \text{mm}.$$

Der Verstellweg zum Spannen nach Gl. (16.25) für Keilriemen $x \geq 0,03 \cdot L_d = \ldots \approx 75$ mm der Verstellweg zum Auflegen nach Gl. (16.25) für Keilriemen $y \geq 0,015 \cdot L_d = \ldots \approx 38$ mm; festgelegt $y = 40$ mm.

e) **Umschlingungswinkel an der kleinen Scheibe:** Mit $e = 755$ mm, $d_{dk} = 224$ mm, $d_{dg} = 400$ mm wird nach Gl. (16.24)

$$\beta_k = 2 \cdot \arccos\left(\frac{d_{dg} - d_{dk}}{2 \cdot e}\right) = \ldots \approx 167°\,.$$

f) **Rippenanzahl:** Mit der Berechnungsleistung $P' = 24$ kW, s. unter a), der Nennleistung $P_N \approx 9{,}6$ kW/Rippe nach TB 16-15c für $d_{dk} = 224$ mm und $n_k = 1450$ min^{-1}, dem Übersetzungszuschlag $\ddot{U}_z \approx 0{,}95$ kW/Riemen nach TB 16-16b für $i = 1{,}79$, dem Winkelfaktor $c_1 \approx 0{,}97$ nach TB 16-17a für $\beta_k = 167°$ und $c_2 = 0{,}9$ nach TB 16-17c für Profil *PM* und $L_d = 2500$ mm wird nach Gl. (16.29)

$$z \geq \frac{P'}{(P_N + \ddot{U}_z) \cdot c_1 \cdot c_2} = \ldots \approx 2{,}6\,;$$

festgelegt: $z = 3$.
Bestellangabe: *Keilrippenriemen DIN 7867-3PM 2500*.

g) **Wellenbelastung:** Mit $P' = 24$ kW, $d_{dk} = 224$ mm, $n_k = 1450$ min^{-1} wird nach Gl. (16.27)

$$F_t = \frac{P'}{v} = \frac{K_A \cdot P_{nenn}}{v} = \frac{K_A \cdot P_{nenn}}{d_{dk} \cdot \pi \cdot n_k} = \frac{1{,}3 \cdot 18{,}5 \cdot 10^3 \text{ Nm s}^{-1}}{0{,}224 \text{ m} \cdot \pi \cdot (1450/60) \text{ s}^{-1}} \approx 1420 \text{ N}$$

wird für Keilrippenriemen nach Gl. (16.35) überschlägig die Wellenbelastung

$$F_{w0} = k \cdot F_t \approx (1{,}3 \ldots 1{,}5) \cdot F_t = \ldots \approx 1850 \ldots 2150 \text{ N}\,.$$

Es besteht keine Gefahr der Überschreitung des zulässigen Wertes $F_{w\,zul}$, s. zu Beispiel 16.1.

h) **Riemengeschwindigkeit:** Mit $d_{dk} = 224$ mm, $n_k = 1450$ min^{-1} und $h_0 = 5$ mm für Profil PM nach TB 16-14 wird nach Gl. (16.36)

$$v = d_w \cdot \pi \cdot n = (d_{dk} + 2 \cdot h_0) \cdot \pi \cdot n_k = (0{,}224 \text{ m} + 2 \cdot 0{,}005 \text{ m}) \cdot \pi \cdot (1450/60) \text{ s}^{-1} \approx 17{,}8 \text{ m/s}\,;$$

die zulässige Riemengeschwindigkeit $v_{max} \approx 30$ m/s nach TB 16-14 wird nicht überschritten (die Anhaltswerte gelten nur unter günstigsten Bedingungen, für den Individualfall wird Herstelleranfrage empfohlen!)

i) **Biegefrequenz:** Die im Betrieb vorhandene Biegefrequenz ist nach Gl. (16.37) mit $v = 17{,}8$ m/s, $z = 2$ Scheiben und der Riemenlänge $L = 2500$ mm $f_B = v \cdot z/L_d = \ldots \approx 14{,}2$ s$^{-1} \leq f_{B\,max} \approx 200$ s^{-1}; die zulässige Biegefrequenz nach TB 16-2 wird nicht überschritten (die Anhaltswerte gelten nur unter günstigsten Bedingungen; für den Individualfall wird Herstelleranfrage empfohlen!).

■ **Beispiel 16.4:** Für den Antrieb einer Spezial-Bohrmaschine mit einer konstanten Spindeldrehzahl $n_2 = 1000$ min^{-1} ist ein geeignetes Synchronriemengetriebe auszulegen. Zum Antrieb wird ein Synchronmotor mit $P = 1{,}5$ kW bei $n_1 = 3000$ min^{-1} vorgesehen. Aus konstruktiven Gründen soll der Wellenabstand $e' \approx 290$ mm und die Zahnscheibendurchmesser maximal 200 mm betragen. Erschwerte Betriebsbedingungen sind nicht zu erwarten; $K_A \approx 1$.

16

▶ **Lösung:** Die Berechnung erfolgt in Anlehnung an den im Bild 16-18 dargestellten Ablaufplan.

a) **Wahl des Riemenprofils:** Mit der Berechnungsleistung aus $K_A = 1$ und $P_{nenn} = 1{,}5$ KW

$$P' = K_A \cdot P_{nenn} = \ldots \approx 1{,}5 \text{ kW}$$

und der Antriebsdrehzahl $n_1 = 3000$ min^{-1} wird nach TB 16-18 gewählt: Profil *T5*.

b) **Festlegen der Zähnezahl:** Mit Rücksicht auf den Durchmesser der Motorwelle wird (frei) gewählt: $z_k = 38$ Zähne. Damit wird $z_g = z_k \cdot n_1/n_2 = \ldots \approx 114$ Zähne.

c) **Scheibendurchmesser:** Mit $p = 5$ mm wird nach Gl. (16.20)

$$d_{dk} = (p/\pi) \cdot z_k = \ldots \approx 60{,}48 \text{ mm} \quad \text{und} \quad d_{dk} = (p/\pi) \cdot z_g = \ldots \approx 181{,}44 \text{ mm}\,.$$

d) **Riemenlänge:** Mit $e' \approx 290$ mm, $d_{dk} = 60{,}48$ mm und $d_{dg} = 181{,}44$ mm wird die Richtlänge nach Gl. (16.23)

$$L'_d \approx 2 \cdot e' + \frac{\pi}{2} \cdot (d_{dg} + d_{dk}) + \frac{(d_{dg} - d_{dk})^2}{4 \cdot e'} = \ldots \approx 973 \text{ mm}\,.$$

Die rechnerische Zähnezahl des Synchronriemens beträgt $z'_R = L'_d/p = \ldots \approx 194{,}5$ Zähne. Nach TB 16-19d wird festgelegt: $z_R = 198$ Zähne. Damit wird die Riemenrichtlänge: $L_d = z_R \cdot p = \ldots \approx 990$ mm.

e) **Wellenabstand:** Mit $L_d = 990$ mm, $d_{dk} = 60{,}48$ mm, $d_{dg} = 181{,}44$ mm wird nach Gl. (16.22)

$$e \approx \frac{L_d}{4} - \frac{\pi}{8} \cdot (d_{dg} + d_{dk}) + \sqrt{\left(\frac{L_d}{4} - \frac{\pi}{8} \cdot (d_{dg} + d_{dk})\right)^2 - \frac{(d_{dg} - d_{dk})^2}{8}} = \ldots \approx 299 \text{ mm}.$$

Erfahrungsgemäß sollte der Wellenabstand in den Grenzen $e' \approx (0{,}5 \ldots 2) \cdot (d_{dk} + d_{dg})$ $= \ldots \approx 121 \ldots 484$ mm liegen. Der Verstellweg zum Spannen nach Gl. (16.25) für Synchronriemen $x \geq 0{,}005 \cdot L_d = \ldots \approx 5$ mm. Mit der Teilung $p = 5$ mm wird der Verstellweg zum Auflegen nach Gl. (16.25) für Synchronriemen $y \geq (1 \ldots 2{,}5) \cdot p = \ldots \approx 5 \ldots 12{,}5$ mm. Festgelegt werden für $x = 5$ mm; $y = 12$ mm.

f) **Umschlingungswinkel an der kleinen Scheibe:** Mit $e = 299$ mm, $d_{dk} = 60{,}48$ mm, $d_{dg} = 181{,}44$ mm wird nach Gl. (16.24)

$$\beta_k = 2 \cdot \arccos \cdot \left(\frac{d_{dg} - d_{dk}}{2 \cdot e}\right) = \ldots \approx 156°.$$

g) **Riemenbreite:** Mit der eingreifenden Zähnezahl nach Gl. (16.28) $z_e = (z_k \cdot \beta_k°)/360° = \ldots \approx 16$ (Folgerechnung also mit $z_e = 12$, s. zu Gl. (16.30). Mit $P_{spez} \approx 3{,}1 \cdot 10^{-4}$ kW/mm nach TB 16-20 für das Profil $T5$, $P = 1{,}5$ kW, $K_A = 1$ wird die erforderliche Riemenbreite aus der Leistungsbetrachtung nach Gl. (16.31)

$$b' \geq \frac{P'}{z_k \cdot z_e \cdot P_{spez}} = \frac{K_A \cdot P}{z_k \cdot z_e \cdot P_{spez}} = \ldots \approx 10{,}6 \text{ mm};$$

nach Gl. (16.32) wird mit $M = 9550 \cdot P/n \approx 4{,}8$ Nm, $M_{spez} \approx 2 \cdot 10^{-3}$ Nm/mm bei $n = 0$

$$b' \geq \frac{M}{z_k \cdot z_e \cdot M_{spez}} = \ldots \approx 6 \text{ mm};$$

festgelegt wird für die Riemenbreite $b = 12$ mm.

h) **Riemengeschwindigkeit:** Mit $d_{dk} = 60{,}48$ mm, $n_k = 3000$ min^{-1} wird die Riemengeschwindigkeit

$$v = d_{dk} \cdot \pi \cdot n_k = 0{,}06048 \text{ m} \cdot \pi \cdot (3000/60) \text{ s}^{-1} \approx 9{,}5 \text{ m/s};$$

die zulässige Riemengeschwindigkeit $v_{zul} \approx 80$ m/s nach TB 16-18a wird somit nicht überschritten (die Anhaltswerte gelten nur unter günstigsten Bedingungen; für den Individualfall wird Herstelleranfrage empfohlen!).

i) **Wellenkraft:** Mit $P' = 1{,}5$ kW, $v = 9{,}5$ m/s wird nach Gl. (16.27) die Umfangskraft

$$F_t = \frac{P'}{v} = \frac{1{,}5 \cdot 10^3 \text{ Nm s}^{-1}}{9{,}5 \text{ m/s}} \approx 158 \text{ N} < F_{zul} \approx 370 \text{ N}$$

mit F_{zul} nach Tb 16-19 für $b = 12$ mm und Profil $T5$ und damit nach Gl. (16.35) $F_{w0} = 1{,}1 \cdot F_t$ $= \ldots \approx 243$ N.

k) **Biegefrequenz:** Die im Betrieb vorhandene Biegefrequenz ist nach Gl. (16.37) mit $v = 9{,}5$ m/s, $z = 2$ Scheiben und der Riemenlänge $L_d = 990$ mm $f_B = v \cdot z/L_d = \ldots \approx 20$ s^{-1}; der zulässige Wert $f_{B max} \approx 200$ s^{-1} nach TB 16-3 wird nicht überschritten (die Anhaltswerte gelten nur unter günstigsten Bedingungen; für den Individualfall wird Herstelleranfrage empfohlen!).
Bestellangabe: *Synchronriemen 12 T5/990* (12 mm Breite b, $T5$ = Riemenprofil mit $P = 5$ mm Teilung, 990 mm Richtlänge L_d = Bestelllänge).

16

16.5 Literatur

Arntz-Optibelt-Gruppe, (Hrg.): Keilriemen, eine Monographie. Essen: Ernst Heyer, 1972
Dubbel: Taschenbuch für den Maschinenbau. 22. Auflage. Berlin: Springer, 2007
Fronius, St. (Hrg.): Maschinenelemente, Antriebselemente. Berlin: Verlag-Technik, 1971
Krause, W., Nagel, T., Schenk, W.: Synchronriemengetriebe, Antriebstechnik 31 (1992) Nr. 4
Niemann, G., Winter, H.: Maschinenelemente, Bd. III, Schraubrad-, Kegelrad-, Schnecken-, Ketten-, Riemen-, Reibradgetriebe, Kupplungen, Bremsen, Freiläufe, 2. Aufl. Berlin: Springer, 1986
VDI-Richtlinie 2758: Riemengetriebe. Düsseldorf: VDI, 1993

Weitere Information und Schriften der Firmen:
Arntz-Optibelt, Höxter (www.optibelt.com); Contitech, Antriebssysteme GmbH, Hannover (www.contitech.de); Siegling GmbH, Hannover (www.siegling.de); Wilhelm Hermann Müller GmbH & Co. KG, Hannover (www.whm.net).

17 Kettengetriebe

17.1 Funktion und Wirkung

17.1.1 Aufgaben und Einsatz

Kettengetriebe werden wegen ihrer Zuverlässigkeit und Wirtschaftlichkeit vielseitig für Leistungsübertragungen verwendet, z. B. bei Fahrzeugen, im Motorenbau, bei Landmaschinen, Werkzeug- und Textilmaschinen, bei Holzbearbeitungsmaschinen, Druckereimaschinen und im Transportwesen.

Kettengetriebe nehmen hinsichtlich ihrer Eigenschaften, des Bauaufwandes, der übertragbaren Leistung und der Anforderung an Wartung eine Mittelstellung zwischen den Riemen- und Zahnradgetrieben ein. Kettengetriebe gehören wie Riemengetriebe zu den *Zugmittelgetrieben* und werden wie diese bei größeren Wellenabständen an parallelen, möglichst waagerechten Wellen verwendet. Von einem treibenden Rad können auch mehrere Räder mit gleichen oder entgegengesetztem Drehsinn über eine Kette angetrieben werden.

Vorteile gegenüber Riemengetrieben: Formschlüssige und schlupffreie Leistungsübertragung und damit konstante Übersetzung. Geringere Lagerbelastungen, da Ketten ohne Vorspannung laufen. Sie sind unempfindlich gegen hohe Temperatur, Feuchtigkeit und Schmutz. Es ergeben sich kleinere Bauabmessungen bei gleichen Leistungen.

Nachteile: Unelastische, starre Kraftübertragung, gekreuzte Wellen sind nicht möglich. Kettengetriebe sind teurer als leistungsmäßig vergleichbare Riemengetriebe. Schwingungen durch ungleichförmige Kettengeschwindigkeit infolge des Polygoneffektes (s. Abschnitt 17.1.5).

17.1.2 Kettenarten, Ausführung und Anwendung

Die zahlreichen Kettenarten können zweckmäßig eingeteilt werden in

1. *Gliederketten*, die als Rundglieder- oder Stegketten meist als Hand- und Lastketten bei Hebezeugen und in der Fördertechnik Verwendung finden.
2. *Gelenkketten*, die in verschiedenen Ausführungen auch als Lastketten, Förderketten, insbesondere aber als Getriebeketten infrage kommen.

Für Kettengetriebe werden vor allem *Stahlgelenkketten* verwendet, von denen die wichtigsten, genormten Arten beschrieben werden sollen. (Bauformen und Benennung von Ketten und Kettenteilen s. DIN 8194.)

Bolzenketten

Bolzenketten stellen die einfachste und billigste Bauart der Gelenkketten dar. Ihre Laschen (z. B. aus E335) drehen sich unmittelbar auf vernieteten bzw. versplinteten Bolzen (z. B. aus E295).

Zu ihnen gehören die *Gallketten* nach DIN 8150 mit mehreren Außen- und Innenlaschen je Glied (Bild 17-1a), ferner die *Flyerketten* nach DIN 8152 (Bild 17-1b) sowie die *Ziehbankketten* nach DIN 8156 (ohne Buchsen) und DIN 8157 (mit Buchsen) (Bild 17-1c und d).

Eine Sonderstellung nimmt bei den Bolzenketten die *Zahnkette* ein. Die Zahnketten unterscheiden sich von den vorgenannten Kettenarten dadurch, dass sich hakenförmige Laschenpakete

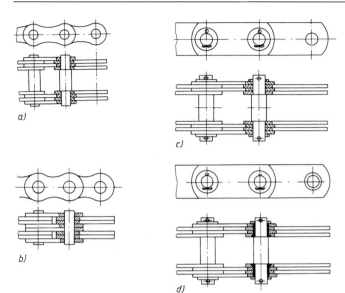

Bild 17-1
Bolzenketten
a) Gallkette
b) Flyerkette
c) Ziehbankkette ohne Buchsen
d) Ziehbankkette mit Buchsen

mit je 2 Zähnen aus vergütetem Stahl gegen passende Flanken zweier benachbarter Zahnlücken des Kettenrades legen, so dass Eingriff und Austritt der Kette aus den Rädern ohne Gleitbewegung vor sich geht (Bild 17-2e). Die seitliche Führung wird bei entsprechender Ausbildung der Kettenräder durch Führungslaschen meist in der Mitte des Kettenstranges (Bild 17-2a) oder aber auch an beiden Kettenseiten (Bild 17-2b) erreicht. Zur Verringerung des Verschleißes in den Gelenken werden verschiedene Bauformen (Bild 17-2c bis e) hergestellt. Zahnketten mit Wiegegelenk und 30° Eingriffswinkel sind in DIN 8190, die Evolventenverzahnung der Kettenräder in DIN 8191 genormt. Sie zeichnen sich durch geräuscharmen Lauf aus, sind aber schwerer und wartungsintensiver als Rollenketten.

Außer den erwähnten Ketten wird neben den zahlreichen genormten Arten auch eine Reihe von Sonderausführungen, z. B. Förder- und Transportketten gefertigt, die den Katalogen der Hersteller zu entnehmen sind.

17

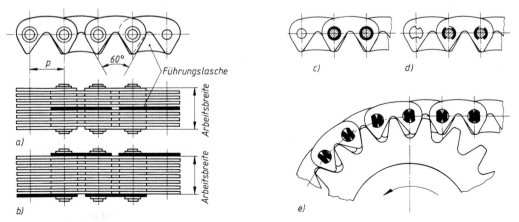

Bild 17-2 Zahnketten. a) mit Innenführung, b) mit Außenführung, c) mit runden Zapfen und Lagerhülsen, d) mit runden Zapfen und Lagerschalen, e) mit Wiegegelenkzapfen

Buchsenketten

Buchsenketten (Bild 17-3) haben im Vergleich zu Bolzenketten eine höhere Verschleißfestigkeit, da ihre Innenlaschen auf Buchsen gepresst sind, die beweglich auf den mit den Außenlaschen fest verbundenen Bolzen sitzen. Die Flächenpressung ist dadurch erheblich geringer als bei Bolzenketten. Die Laschen sind meist aus E355, die Bolzen aus einsatzgehärtetem Stahl C15. Sie sind geeignet für $v \leq 5$ m/s.

Buchsenketten werden für kleine Teilungen (p) nach DIN 8154, DIN 8164 ausgeführt (Bild 17-3a). Ebenfalls zu den Buchsenketten zählen die *Förderketten mit Vollbolzen (ohne Rollen)* (Bild 17-3b) nach DIN 8165, DIN 8167, DIN 8175, DIN 8176; *Förderketten mit Vollbolzen (mit Rollen)* (Bild 17-3c) nach DIN 8165, DIN 8167, DIN 8176; *Förderketten mit Hohlbolzen (mit und ohne Rollen)* (Bild 17-3d und e) nach DIN 8168; *Förderketten mit Befestigungslaschen* nach DIN 8165, DIN 8167, DIN 8168, DIN 8175.

Neben den genormten Buchsenketten gibt es auch Sonderausführungen für spezielle Anwendungsbereiche.

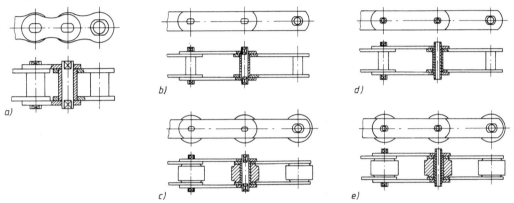

Bild 17-3 Buchsenketten. a) Buchsenkette, b) Förderkette mit Vollbolzen, ohne Rollen, c) Förderkette mit Vollbolzen, mit Rolle, d) Förderkette mit Hohlbolzen, ohne Rolle, e) Förderkette mit Hohlbolzen, mit Rolle

Rollenketten

Den *Rollenketten* kommt wegen des fast unbeschränkten Anwendungsbereichs die größte Bedeutung zu, obwohl sie die teuerste Ausführung der Stahlgelenkketten darstellen. Sie unterscheiden sich von den Buchsenketten durch eine auf den Buchsen gelagerte, gehärtete und geschliffene (Schon-)Rolle zur Verschleiß- und Geräuschminderung (Bild 17-4).

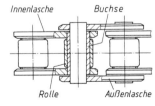

Bild 17-4
Rollenkette, schematische Darstellung des Kettengelenks

In normaler Ausführung werden Rollenketten nach DIN 8187 (europäische Bauart) und nach DIN 8188 (amerikanische Bauart) sowie nach ISO/R606 aus legierten Stählen als Einfach- und Mehrfach-Rollenketten (Bild 17-5a und b) hergestellt, wodurch ihr Anwendungsbereich als Antriebsketten auf große Leistungen (>1000 kW) und hohe Kettengeschwindigkeiten (bis 30 m/s) erweitert wird. Als Förderketten werden *Rollenketten mit Befestigungslaschen* nach DIN 8187 und DIN 8188 (Bild 17-5c), *langgliedrige Rollenketten* nach DIN 8181 (Bild 17-5d) sowie die *Rotarykette* nach DIN 8182 (Bild 17-5e) eingesetzt, wobei die Kettengeschwindigkeit meist unter 3 m/s liegt.

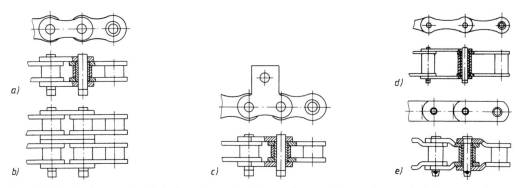

Bild 17-5 Rollenketten. a) Einfach-, b) Zweifach-Rollenkette, c) Rollenkette mit Befestigungslasche, d) Langgliedrige Rollenkette, e) Rotarykette

Wo mit mangelhafter Schmierung zu rechnen ist oder diese wegen schlechter Zugängigkeit kaum möglich ist oder wo aus betrieblichen Gründen, z. B. bei Maschinen in der Nahrungsmittelindustrie, auf Schmierung ganz verzichtet werden muss, werden zweckmäßig *Rollenketten mit Buchsen aus Kunststoff* (meist Polyamid) eingesetzt (Bild 17-6).

Bei Ketten mit Stahlbuchsen würde sich bei fehlender Schmierung ein die Lebensdauer erheblich verkürzender, starker Verschleiß in den Gelenken ergeben. Dagegen zeigen die mit Polyamid-Trockengleitlagern vergleichbaren Gelenke mit Kunststoffbuchsen, selbst bei völligem Trockenlauf, einen nur geringen Verschleiß und damit eine hohe Lebensdauer. Selbstverständlich ist ihre Belastbarkeit dabei begrenzt und liegt unter der von geschmierten Rollenketten mit Stahlbuchsen.

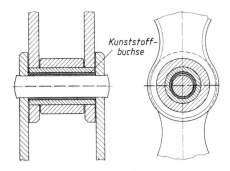

Bild 17-6
Rollenkette, Ausführung mit Kunststoffbuchse

Sonderbauformen

Von den Herstellerfirmen wurden für die verschiedenen Anwendungsgebiete Spezialketten entwickelt, so z. B. die Scharnierbandkette für Transportbänder nach DIN 8153 (Bild 17-7a) und als Transport- und Verstellketten die zerlegbare Gelenkkette (Bild 17-7b) und mit höherer Tragfähigkeit die Stahlbolzenkette (Bild 17-7c).

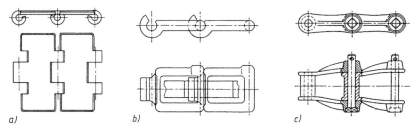

Bild 17-7 Ketten in Sonderausführung. a) Scharnierbandkette, b) zerlegbare Gelenkkette aus Temperguss, c) Stahlbolzenkette

17.1.3 Kettenräder

Zu einem Kettengetriebe gehören mindestens zwei Kettenräder, die von der Kette umschlungen werden.

In ihrem Aufbau sind die Kettenräder für alle Stahlgelenkketten grundsätzlich gleich, lediglich die Verzahnung ist, entsprechend der jeweils verwendeten Kette, unterschiedlich.

Die Verzahnung der Kettenräder muss so ausgeführt sein, dass die Kette nahezu reibungslos in die Verzahnung eingreift und dass eine während des Betriebes auftretende Kettenlängung, die erfahrungsgemäß $\approx 2\%$ beträgt, entsprechend berücksichtigt wird, um Sicherheit, Laufruhe und Lebensdauer des Triebes zu gewährleisten. Kettenräder können vorteilhaft vom Kettenhersteller bezogen werden.

Die Verbindung der Kettenräder mit den Wellen erfolgt mit einer der möglichen Wellen-Naben-Verbindungen entsprechend Kapitel 12.

Die Führung der Kette erfolgt im Allgemeinen durch das Eingreifen der Zähne des Kettenrades in die Kettenglieder (z. B. Rollenkette, s. Bild 17-8a). Lediglich bei der Zahnkette ist eine zusätzliche Innen- bzw. Außenführung (s. Bild 17-8b bzw. c) erforderlich.

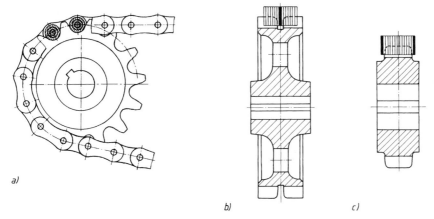

Bild 17-8 Führung der Kette. a) bei Rollenkette durch Eingriff der Zähne, b) bei Zahnkette durch Innenlasche, c) bei Zahnkette mit Außenlasche

17.1.4 Verbindungsglieder für Rollenketten

Vorzugsweise werden Rollenketten in offenen Strängen mit der Länge $l = X \cdot p$ ($X =$ Anzahl der Kettenglieder, $p =$ Teilung der Kette) geliefert. Bei *gerader* Gliederzahl X sind die Endglieder stets Innenglieder. Die Verbindung zur endlosen Kette kann durch Außenglieder (Steckglieder) mit Niet-, Splint-, Feder-, Draht- oder Schraubverschluss hergestellt werden (Bild 17-9). Endlose Ketten werden normalerweise nur auf ausdrücklichen Wunsch geliefert.

17

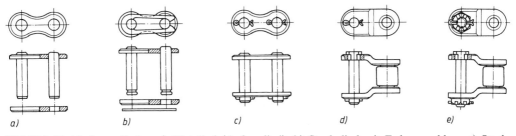

Bild 17-9 Verbindungsglieder. a) Nietglied (Außenglied), b) Steckglied mit Federverschluss, c) Steckglied mit Splintverschluss, d) gekröpftes Glied mit Splintverschluss, e) gekröpftes Glied mit Schraubverschluss

Gekröpfte Verbindungsglieder, die bei *ungerader* Gliederzahl erforderlich werden, sollten wegen ihrer geringeren Tragfähigkeit vermieden werden.

17.1.5 Mechanik der Kettengetriebe

Die Kette umschlingt die Räder in Form eines Vielecks. Daraus ergibt sich, dass der wirksame Raddurchmesser zwischen $d_{max} \mathrel{\hat{=}} d$ und $d_{min} \mathrel{\hat{=}} d \cdot \cos \tau/2$ ($\tau/2$ halber Teilungswinkel) und entsprechend die Kettengeschwindigkeit zwischen $v_{k\,max} = v_k$ und $v_{k\,min} = v_k \cdot \cos \tau/2$ schwanken (s. Bild 17-10).

Die Kettengeschwindigkeit ändert sich periodisch, wobei mit kleiner werdender Zähnezahl des Kettenrades die Höhe des prozentualen Geschwindigkeitsunterschiedes zunimmt. Trägt man die Ungleichförmigkeit in Abhängigkeit von der Zähnezahl des Kettenrades auf (Bild 17-11), so erkennt man, dass bei $z = 16$ die Ungleichförmigkeit bereits 2 %, bei $z = 20$ lediglich 1,2 % beträgt, bei $z < 16$ dagegen stark zunimmt.

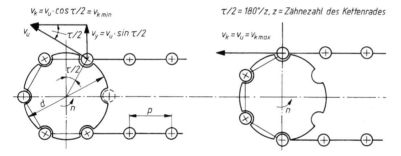

Bild 17-10 Polygoneffekt beim Kettengetriebe

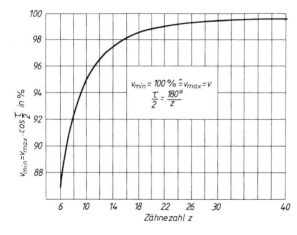

Bild 17-11
Ungleichförmigkeit der Kettengeschwindigkeit

Die Ungleichförmigkeit der Kettenfortschrittsgeschwindigkeit (*Vieleckwirkung* bzw. *Polygoneffekt*) führt nicht nur zu einem unruhigen Lauf der Kette und im Resonanzbereich zu Schwingungen (Längs- und Querschwingungen), sondern kann durch die damit einhergehende Massenbeschleunigung und -verzögerung der Kette ($a_{max} = p \cdot \omega^2/2$ in m/s² mit ω in 1/s und Teilung p in m) im Resonanzbereich theoretisch zu hohen Zusatzkräften und damit zur vorzeitigen Zerstörung der Kette führen. Aufgrund der hohen Elastizität der Kette ist der Polygoneffekt für die praktische Auslegung der Kette jedoch unbedeutend, wenn $z \geq 19$ und bei höheren Geschwindigkeiten eine kleine Teilung p vorgesehen wird. Kettenräder mit $z < 17$ sollten nur bei Handbetrieb oder langsam laufenden Ketten vorgesehen werden.

17.2 Gestalten und Entwerfen von Rollenkettengetrieben

Die Berechnungen für Rollenkettengetriebe sind in DIN 8195 genormt. Bei der Berechnung eines Kettengetriebes sind neben der zu übertragenden Leistung, den gewünschten Drehzahlen, dem Übersetzungsverhältnis und dem Wellenabstand auch die Belastungsart, die Umgebungseinflüsse, wie Schmutz, Betriebstemperatur usw., sowie die Schmierverhältnisse zu beachten. Für die verlangten Betriebsdaten wird die Übersetzung *i* möglichst mit handelsüblichen Standard-Kettenrädern festgelegt (s. unter 17.2.2).
Für Getriebe mit anderen Ketten gilt Analoges.

17.2.1 Verzahnungsangaben

Für Rollenketten nach DIN 8187 und 8188 ist die Verzahnung nach DIN 8196 genormt (s. Bild 17-12 und TB 17-2).

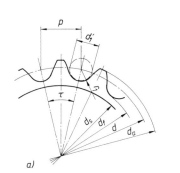

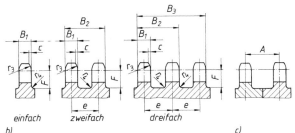

Bezeichnung einer Verzahnung für ein Kettenrad mit 21 Zähnen für eine Zweifachrollenkette 10B-2 nach DIN 8187: Verzahnung DIN 8196-21 Z 10B-2.

Bild 17-12 Ausführung der Verzahnung der Kettenräder für Rollenketten nach DIN 8187 und 8188.
a) Zahnlückenprofil, b) Zahnbreitenprofil, c) Abstand *A* zweier Räder bei zwei Einfach-Ketten

Für die Kettengetriebe ist mit der Teilung *p* und der Zähnezahl *z* die *mittlere Übersetzung*

$$i = \frac{n_1}{n_2} = \frac{z_2}{z_1} = \frac{d_2}{d_1}$$ (17.1)

n_1, n_2 Drehzahl des treibenden bzw. des getriebenen Kettenrades
z_2, z_1 Zähnezahl des getriebenen bzw. des treibenden Rades
d_2, d_1 Teilkreisdurchmesser des getriebenen bzw. des treibenden Rades nach Gl. (17.3)

der *Teilungswinkel*

$$\tau = \frac{360°}{z}$$ (17.2)

der *Teilkreisdurchmesser*

$$d = \frac{p}{\sin \dfrac{\tau}{2}} = \frac{p}{\sin \left(\dfrac{180°}{z} \right)}$$ (17.3)

der *Fußkreisdurchmesser*

$$d_{\mathrm{f}} = d - d_1'$$ (17.4)

17

der *Kopfkreisdurchmesser*

$$d_\mathrm{a} = d \cdot \cos \frac{\tau}{2} + 0{,}8d'_1$$

(17.5)

der *Durchmesser der Freidrehung*

$$d_\mathrm{s} = d - 2 \cdot F$$

(17.6)

d	Teilkreisdurchmesser nach Gl. (17.3)
d'_1	Rollendurchmesser; Werte nach TB 17-1
F	erforderliches Mindestmaß für die Freidrehung; Werte nach TB 17-2

Die Maße für die *Breiten* B_1, B_2, B_3, für den *Ausrundungsradius* r_4, für den *Abstand* e bei mehrsträngigen Ketten und für den *Mittenabstand A* bei getrennten Kettensträngen können aus TB 17-2 entnommen werden.

Der *Zahnfasenradius* sollte $r_3 \geq p$ und die *Zahnfasenbreite* $c = 0{,}1 \ldots 0{,}15 \cdot p$ ausgeführt werden.

17.2.2 Festlegen der Zähnezahlen für die Kettenräder

In Frage kommen meist Kettenräder mit folgenden Zähnezahlen:

$z = 11 \ldots 13$	bei $v < 4$ m/s, $p < 20$ mm und Trumlängen über 50 Glieder für weniger empfindliche Antriebe, aber auch bei kurzlebigen Ketten und bei beschränktem Bauraum
$z = 14 \ldots 16$	bei $v < 7$ m/s für mittlere Belastungen
$z = 17 \ldots 25$	bei $v < 24$ m/s, günstig für Kleinräder
$z = 30 \ldots 80$	üblich für Großräder
$z = 80 \ldots 120$	obere Grenze für Großräder
z bis 150	möglich, aber nicht zu empfehlen, da bei Verwendung der üblichen Kleinräder mit zunehmendem Verschleiß der Eingriff der Kette mehr und mehr an den Zahnköpfen erfolgt.

Somit sind die erreichbaren Übersetzungen $i = n_1/n_2 = z_2/z_1 = d_2/d_1$ begrenzt. Normal ist $i < 7$, möglich $i = 10$ bei niedrigen Kettengeschwindigkeiten.

für Kleinräder (13) (15) 17   19   21   23   25
für Großräder   38   57   76   95 114   ( )-Werte möglichst vermeiden.

Selbstverständlich können auch, falls erforderlich, beliebige andere Zähnezahlen verwendet werden. Vorteilhaft wirken sich stets Trumlängen aus, die gleich einem ganzen Vielfachen der Kettenteilung entsprechen. *Ungerade Zähnezahlen* sind zu *bevorzugen*, um beim Lauf ein häufiges, verschleißförderndes Zusammentreffen eines Kettengliedes mit der gleichen Zahnlücke zu vermeiden.

Beachte: Übersetzungen ins Schnelle (kleines Rad getrieben) sind ungünstig und sollten daher möglichst vermieden werden.

17.2.3 Gestalten der Kettenräder

Die Form der Räder wird wesentlich durch die Zähnezahl und die übertragbare Leistung bestimmt. Welche Ausführungsart in Frage kommt, hängt von konstruktiven Gegebenheiten, oft auch von der Stückzahl oder der Auswechselbarkeit ab.

Bild 17-13 zeigt verschiedene Ausführungsformen der Kettenräder. Kleinräder werden als Scheibenräder, Großräder ebenfalls als Scheibenräder oder bei großen Durchmessern mit Armen ausgeführt.

Ein Rad für Zahnketten mit Innenführung zeigt Bild 17-8b, mit Außenführung Bild 17-8c.

Kettenräder werden meist aus Stahl, Stahlguss, Temperguss, Grauguss, aber auch aus Kunststoff gefertigt.

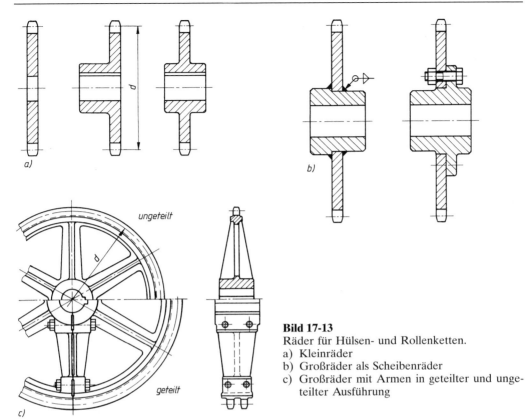

Bild 17-13
Räder für Hülsen- und Rollenketten.
a) Kleinräder
b) Großräder als Scheibenräder
c) Großräder mit Armen in geteilter und ungeteilter Ausführung

Für Radkörper, die gegossen, geschmiedet, geschweißt oder gedreht werden, wird bei Kleinrädern unter 30 Zähnen Stahl höherer Festigkeit (z B. E355) bis zu Kettengeschwindigkeiten von ≈ 7 m/s, bei höheren Geschwindigkeiten Vergütungs- oder Einsatzstahl verwendet. Großräder werden für mittlere Geschwindigkeiten aus Gusseisen oder Stahlguss, für höhere Geschwindigkeiten aus Vergütungsstahl gefertigt.

17.2.4 Kettenauswahl

Die Wahl der geeigneten Kettengröße und -ausführung (Einfach- oder Mehrfach-Rollenkette) erfolgt mit Hilfe des Leistungsdiagramms nach DIN 8195 (s. TB 17-3), wobei die Linien im Diagramm jeweils die obere Grenze für das Kettengetriebe darstellen und für folgende Voraussetzungen gelten:

– Kettengetriebe mit zwei fluchtenden Kettenrädern auf parallelen, horizontalen Wellen
– Zähnezahl des Kleinrades $z_1 = 19$
– Übersetzung $i = 3$
– Kettenlänge von $X = 100$ Gliedern
– ausreichende Schmierung (s. unter 17.2.9)
– gleichförmiger Betrieb ohne Überlagerung äußerer dynamischer Kräfte
– 15 000 Betriebsstunden Lebenserwartung
– maximal 3 % Längung der Kette durch Verschleiß

Für diese Betriebsverhältnisse entspricht die „Diagrammleistung" P_D der Antriebsleistung P_1.
Meist liegen jedoch hiervon abweichende Verhältnisse vor, so dass die für die Kettenwahl maßgebende Diagrammleistung P_D unter Berücksichtigung der Einflussgrößen zunächst zu er-

mitteln ist aus

$$P_D \approx \frac{K_A \cdot P_1 \cdot f_1}{f_2 \cdot f_3 \cdot f_4 \cdot f_5 \cdot f_6} \qquad (17.7)$$

P_1 Antriebsleistung; es ist auch $P_1 = P_2/\eta$, wenn für die verlangte Abtriebsleistung ein durchschnittlicher Wirkungsgrad des Kettengetriebes $\eta = 0{,}98$ angenommen wird

K_A Anwendungsfaktor zur Berücksichtigung stoßartiger Belastung nach TB 3-5

f_1 Faktor zur Berücksichtigung der Zähnezahl nach TB 17-5

f_2 Korrekturfaktor zur Berücksichtigung der unterschiedlichen Wellenabstände; Werte nach TB 17-6

f_3 Korrekturfaktor zur Berücksichtigung der Kettengliedform; $f_3 = 0{,}8$ bei Ketten mit gekröpftem Verbindungsglied, sonst $f_3 = 1$

f_4 Korrekturfaktor zur Berücksichtigung der von der Kette zu überlaufenden Räder. Mit n Kettenrädern wird $f_4 = 0{,}9^{(n-2)}$; für das normale Kettengetriebe mit $n = 2$ wird $f_4 = 1$

f_5 Korrekturfaktor zur Berücksichtigung der von $L_n = 15\,000$ h abweichenden Lebensdauer; $f_5 \approx (15\,000/L_h)^{1/3}$

f_6 Korrekturfaktor zur Berücksichtigung der Umweltbedingungen, Werte nach TB 17-7

$(f_2 \cdot f_3 \cdot f_4 \cdot f_5 \cdot f_6) = 1$ für Überschlagsrechnungen

Vielfach kann man zwischen Einfach-Ketten mit größerer Teilung und Mehrfach-Ketten mit kleinerer Teilung wählen. Mehrfach-Ketten ermöglichen aufgrund der kleineren Teilung bei gleicher Zähnezahl der Kettenräder kleinere Raddurchmesser, wodurch der vielfachen Forderung nach kompakter Bauweise Rechnung getragen werden kann. Kettengetriebe mit kleiner Teilung und großer Zähnezahl erzeugen weniger Geräusch und Schwingungen als Ketten großer Teilung beim Lauf über Räder mit kleinerer Zähnezahl.

Übersetzungen $i > 3$ sowie Kettenlängen $X > 100$ Glieder lassen allgemein bei sonst gleichen Voraussetzungen eine größere Lebensdauer erwarten, während für $i < 3$ und $X < 100$ Glieder sowie bei Kettengetrieben mit 3 und mehr Kettenrädern eine niedrigere Lebensdauer als die dem Leistungsdiagramm zugrunde gelegte Lebensdauer von $15\,000$ Betriebsstunden erwartet werden kann.

Eine Nachprüfung der mit Hilfe des Leistungsdiagramms gewählten Kette erübrigt sich, wenn der auftretende Stützzug F_s in ungünstigen Fällen durch entsprechende Maßnahmen (s. unter 17.2.8) abgebaut wird. Die auftretende Fliehzugkraft F_z ist bereits in den Werten des Leistungsdiagramms berücksichtigt. Weitere Hinweise zur Auswahl von Rollenkettengetrieben s. DIN ISO 10823

17.2.5 Gliederzahl, Wellenabstand

Die Laufruhe wird durch einen kleineren Wellenabstand verbessert. Größere Wellenabstände ergeben einen geringeren Verschleiß. Der *günstigste Wellenabstand* liegt zwischen

$$a = (30 \ldots 50) \cdot p \qquad (17.8)$$

Er soll jedoch einen Umschlingungswinkel von mindestens $120°$ ermöglichen. Vorteilhaft ist eine *Einstellmöglichkeit* von etwa $1{,}5 \cdot p$ durch Verschieben eines Kettenrades bzw. durch Verwendung von Hilfseinrichtungen (s. unter 17.2.8).

Von besonderer Bedeutung ist der Zusammenhang zwischen dem Wellenabstand a, der Anzahl der Kettenglieder X bei gegebener Kettenteilung p und den gewählten Zähnezahlen der Kettenräder z_1 und z_2.

Nach DIN 8195 wird für den gewünschten Wellenabstand a_0 zunächst die *Gliederzahl* angenähert errechnet:

$$X_0 \approx 2\,\frac{a_0}{p} + \frac{z_1 + z_2}{2} + \left(\frac{z_2 - z_1}{2 \cdot \pi}\right)^2 \cdot \frac{p}{a_0} \qquad (17.9)$$

a_0 soll dabei so gewählt werden, dass sich durch Runden eine gerade Gliederzahl (z. B. 80 oder 82, nicht 81) der Kette ergibt, um gekröpfte Verbindungsglieder, besonders an hoch belasteten Ketten, zu vermeiden, deren Tragfähigkeit nur etwa 80% der von geraden Gliedern beträgt.

Mit der ermittelten Gliederzahl kann der *tatsächliche Wellenabstand* bestimmt werden aus

$$a = \frac{p}{4} \cdot \left[\left(X - \frac{z_1 + z_2}{2} \right) + \sqrt{ \left(X - \frac{z_1 + z_2}{2} \right)^2 - 2 \cdot \left(\frac{z_2 - z_1}{\pi} \right)^2 } \right]$$

(17.10)

p Kettenteilung
X Gliederzahl der Kette
z_1, z_2 Zähnezahlen der Kettenräder

Die Ermittlung der Gliederzahl X bei einem Kettengetriebe, bei dem die Kette über mehrere Kettenräder läuft (s. Bild 17-14), ist zeichnerisch oft einfacher als die mathematische Berechnung und ausreichend genau. Durch maßstabgerechtes Aufzeichnen des Antriebes (Maßstab 1:1 oder größer) lassen sich die einzelnen Teillängen l_1, l_2 usw. ebenso wie die Bogenlängen b_1, b_2 abmessen bzw. errechnen aus $b = r \cdot \text{arc } \alpha$, wobei der Winkel α der Zeichnung zu entnehmen ist. Die *Gesamtlänge* der Kette ergibt sich dann aus der *Addition* der *Teillängen*

$$L \approx l_1 + l_2 + \ldots + b_1 + b_2 + \ldots$$

(17.11)

l_1, l_2 Teillängen
b_1, b_2 Bogenlängen aus $b = r \cdot \text{arc } \alpha$

Die erforderliche Gliederzahl der Kette wird dann

$$X \approx \frac{L}{p}$$

(17.12)

wobei das Ergebnis auf eine gerade Gliederzahl aufzurunden ist.

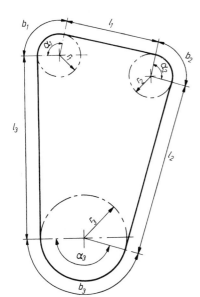

Bild 17-14
Kettengetriebe mit 3 Kettenrädern

17.2.6 Anordnung der Kettengetriebe

Der einwandfreie Lauf des Kettengetriebes wird wesentlich durch die zweckmäßige Anordnung, sorgfältige Montage und richtige Schmierung bestimmt. Am häufigsten wird wegen des einfachen Aufbaus und seiner Anspruchslosigkeit der Zweiradantrieb verwendet (Bild 17-15). Günstig ist die waagerechte oder schräge Anordnung bis zu 60° Neigung gegen die Waagerechte, wenn das Lasttrum oben liegt, weil sich dann der Stützzug, d. h. die Belastung in Längsrichtung der Kette durch den Einfluss des Eigengewichts vorteilhaft auswirkt und die Kette gut in die Verzahnung eingeführt wird. Bei Kettengetrieben mit einer Neigung zur Waagerechten größer als 60° muß durch geeignete Hilfsmittel für die notwendige Kettenspannung gesorgt werden (s. unter 17.2.8).

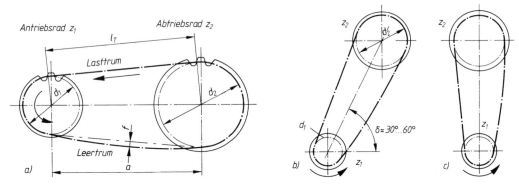

Bild 17-15 Anordnung der Kettengetriebe. a) waagerecht, b) schräg, c) senkrecht (ungünstig!)

17.2.7 Durchhang des Kettentrums

Infolge der Vieleckwirkung der Kettenräder ändern sich beim Lauf auch die Trumlängen periodisch, weshalb ein Durchhang des Leertrums der Kette gefordert werden muss.
Bezieht man den *Durchhang f* als Abstand des am weitesten durchhängenden Kettengliedes von der geraden Verbindung der beiden Aufhängepunkte auf die Länge des gespannten Trums l_T (Bild 17-18), so ergibt sich der *relative Durchhang*

$$f_{rel} = \frac{f}{l_T} \; ; \qquad f_{rel} = \frac{f}{l_T} \cdot 100 \ \text{in} \% \qquad\qquad (17.13)$$

Er soll normal 1 ... 3% betragen, um zusätzliche Kettenbelastungen zu vermeiden. Nicht eingelaufene Ketten können einen Durchhang von etwa 1% von a haben, denn der anfänglich stärkere Verschleiß ergibt dann den gewünschten Wert. Bei zu großem f_{rel} wird der Umschlingungswinkel der Kette um die Räder verringert, so dass bei zu kleinem Stützzug ein Springen der Kette über die Verzahnung eintreten kann.

17.2.8 Hilfseinrichtungen

Über ein Antriebsrad können unabhängig vom Bauraum auch mehrere Räder angetrieben werden, sofern für genügend große Umschlingungswinkel (mindestens 120°) gesorgt wird (Mehrradkettengetriebe, Bild 17-16a).
Die Kettenlänge wird für solche Getriebe meist zeichnerisch bestimmt und dann wird die erforderliche Gliederzahl ermittelt.

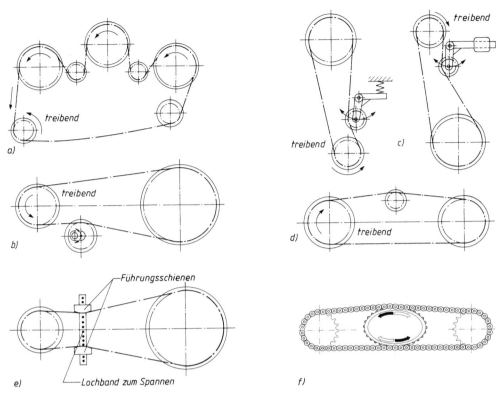

Bild 17-16 Kettengetriebe mit Hilfseinrichtungen.
a) Antrieb mit Leiträdern (Umlenkräder), b) exzentrisches Spannrad, c) Spannräder mit Feder bzw. Gegengewicht, d) Stützrad (Spannrad), e) Kettenspannsystem Optichain-CC (Fa. Optibelt), f) Roll-Ring (Ebert Kettenspanntechnik GmbH)

Zahlreiche Hilfseinrichtungen, wie Leiträder oder Leitschienen, Stützräder oder Spannräder (am Leertrum), dienen zur Führung der Kettentrume (Bild 17-16b bis e). Sie sollen neben der Regulierung des Umschlingungswinkels auch die Stützlage besonders bei größeren Achsabständen aufnehmen, Kettenschwingungen vermeiden und eine gewisse Einstellbarkeit u. a. nach Verschleiß sowie bei ungünstigen, z. B. senkrechten Anordnungen, gewährleisten (Bild 17-17).

> *Allgemeine Voraussetzungen für die Montage sind in jedem Falle, dass die Wellen und Ketten-*
> *räder wellenparallel und schlagfrei laufen und die Ketten nicht zu straff gespannt sind.*

17

Der als *ROLL-RING* bezeichnete Kettenspanner (s. Bild 17-16f) basiert auf einem rotations-elastokinetischem Prinzip und realisiert drei Funktionen. Erstens spannt er die Kette, zweitens sichert er die Kettenlage in der Zugarbeit und drittens lässt sich das Kettenspannelement so auslegen, dass es die Spannkraft und die Dämpfung in der Antriebsarbeit regelt.
Der ROLL-RING wird von Hand durch Zusammendrücken zur Ellipse verspannt und in diesem Zustand in den Kettengetriebe eingesetzt. Durch teilweises Rückfedern nach dem Loslassen des Roll-Ringes erfolgt die Spannung der Kette.
Die Dimensionierung der Produktreihe der ROLL-RING-Kettenspanner erfolgt durch den Hersteller für genormte Rollenketten nach der statistischen Häufigkeit der Zähnezahlen der Kettenräder.
Optimiert sind sie für die Vorzugszähnezahlen. Sie brauchen deshalb vom Anwender nicht eingestellt zu werden.

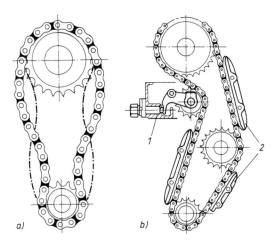

Bild 17-17
a) Darstellung einer „schwingenden" Kette
b) Kettenspannung und Schwingungsdämpfung
  1 hydraulisch betätigtes Spannrad
  2 Schwingungsdämpfer

17.2.9 Schmierung und Wartung der Kettengetriebe

Eine sorgfältige und wirksame Schmierung der Kette ist Voraussetzung zum Erreichen der dem Leistungsdiagramm (TB 17-3) zugrunde gelegten Lebensdauer von 15 000 Betriebsstunden. Die Art der Schmierung richtet sich nach der Kettengeschwindigkeit (TB 17-8) und muss umso intensiver sein, je größer diese ist.

Schmiermittel hoher Viskosität haben wohl eine größere Haftfähigkeit und sind geräusch- und schwingungsdämpfend, gewährleisten aber nicht immer eine ausreichende Schmierung der Gleitstellen zwischen Bolzen und Buchse (Hülse). Nach DIN 8195 ist entsprechend der Umgebungstemperatur eine bestimmte Viskositätsklasse zu wählen:

Umgebungstemperatur in °C	$-5 < t < +25$	$25 < t < 45$	$45 < t < 65$
Viskositätsklasse des Schmieröls	ISO VG 100	ISO VG 150	ISO VG 220

Vielfach müssen Schutzkästen oder dgl. angebracht werden, die u. U. gleichzeitig als Ölbehälter verschleißfördernden Schmutz fernhalten, unbeabsichtigte Berührung verhindern, aber auch geräuschdämpfend wirken können.

Wie schon unter 17.1.2 erwähnt, können *Rollenketten mit Kunststoffbuchsen* auch ohne jede Schmierung laufen und eine ausreichende Lebensdauer erreichen. Jedoch zeigen diese Ketten während des Einlaufens eine stärkere Verschleißlängung als die „normalen" Rollenketten, so dass sie anfangs öfter nachgespannt werden müssen. Nach einer bestimmten Einlaufzeit wird unter gleichen Betriebsbedingungen die Längung dann sogar kleiner als bei Stahlbuchsenketten.

Wenn die Kette entsprechend den vorliegenden Betriebsbedingungen richtig ausgewählt und sorgfältig eingebaut wurde und die entsprechend der Kettengeschwindigkeit empfohlene Schmierung gewährleistet ist, benötigt das Kettengetriebe verhältnismäßig wenig Wartung. Diese beschränkt sich bei geschützten Antrieben auf eine regelmäßige (meist jährliche) Reinigung des Ölbehälters sowie die Erneuerung der Ölfüllung. Offene Kettengetriebe sind je nach Verschmutzung spätestens alle 3 bis 6 Monate mit Petroleum, Dieselöl oder Waschbenzin zu reinigen. Die Kette ist auf evtl. vorhandene schadhafte Glieder zu untersuchen, die gegebenenfalls auszutauschen sind. Ebenfalls sind die Kettenräder vor dem Wiederauflegen der Kette gründlich zu reinigen und bei starkem Verschleiß durch neue Räder zu ersetzen.

17

Niemals neue Ketten auf abgenutzte Kettenräder legen!

17.3 Berechnung der Kräfte am Kettengetriebe

Die rechnerische Kettenzugkraft im Lasttrum (gleich Umfangskraft am Kettenrad), die sich aus der allgemeinen Beziehung $P = F_t \cdot v$ ermitteln lässt, wird im Betriebszustand von zusätzlichen Kräften überlagert, die sich aus der Eigenart des Kettengetriebes ergeben. Die resultierende Betriebskraft im Lasttrum wird hauptsächlich durch folgende Einzelkräfte bestimmt:

1. (statische) *Kettenzugkraft* F_t aus der Leistungsberechnung

$$\boxed{F_t = \frac{P_1}{v} = \frac{T_1}{d_1/2}} \tag{17.14}$$

P_1 Antriebsleistung
v Kettengeschwindigkeit aus $v = d_1 \cdot \pi \cdot n_1$
T_1 Antriebsmoment
d_1 Teilkreisdurchmesser des Antriebsrades

Hinweis: Bedingt durch die Vieleckwirkung der Verzahnung ist der wirksame Radius ($d/2$) veränderlich (s. Bild 17-10), so dass der rechnerische Wert für F_1 mit kleiner werdender Zähnezahl geringfügig größer werden kann.

2. *Fliehzug* F_z, der sich als Gegenkraft zur Fliehkraft sowohl für den Last- als auch den Leertrum ergibt und bei Kettengeschwindigkeiten $v > 7$ m/s nicht mehr vernachlässigt werden darf. Die Werte für F_z können u. U. die Werte der statischen Kettenzugkraft überschreiten. Die Fliehzugkraft ergibt sich aus

$$\boxed{F_z = q \cdot v^2} \qquad \begin{array}{c|c|c} F_z & q & v \\ \hline N & kg/m & m/s \end{array} \tag{17.15}$$

q Längen-Gewicht der Kette nach DIN bzw. TB 17-1
v Kettengeschwindigkeit, s. zu Gl. (17.14)

3. *Stützzug* F_s, der besonders bei größeren Kettenteilungen und längeren, nicht abgestützten Trume beachtet werden muss. Der Wert für den Stützzug hängt ab von dem Durchhang des Leertrums, dessen Länge und Gewichtskraft. Nimmt man an, dass die Belastung des durchhängenden Trums nur über der Horizontalprojektion der aufgespannten Kettenlinie wirkt, so kann unter Berücksichtigung der waagerechten Komponente der *Stützzug bei annähernd waagerechter Lage des Leertrums* ($\psi \approx 0°$, s. Bild 17-18) berechnet werden aus

$$\boxed{F_s \approx \frac{F_G \cdot l_T}{8 \cdot f} = \frac{q \cdot g \cdot l_T}{8 \cdot f_{rel}}} \qquad \begin{array}{c|c|c|c|c|c} F_s, F_G & l_T & q & g & f & f_{rel} \\ \hline N & m & kg/m & m/s^2 & m & 1 \end{array} \tag{17.16}$$

$F_G = q \cdot g \cdot l_T$ Gewichtskraft des Kettentrums
f Durchhang der Kette
$f_{rel} = \dfrac{f}{l_T}$ relativer Durchhang nach Gl. (17.13)

Bei *geneigter Lage des Leertrums* ($\psi > 0°$) wird der Stützzug am oberen und unteren Kettenrad bei gleichem f_{rel} kleiner (Bild 17-18).

Allgemein stellt man sich eine Getriebeanordnung vor, bei der das Verhältnis der Leertrumlänge auf dem durchhängenden Bogen gemessen zum Abstand l_T der beiden Aufhängepunkte A_1 und A_2 des Leertrums ebenso groß ist wie bei einem Kettengetriebe mit horizontaler Lage des Leertrums (Bild 17-18b).

Für den Neigungswinkel ψ der Verbindungslinie der beiden Aufhängepunkte A_1 und A_2, der sich aus der Neigung δ der Achsmitten gegen die Waagerechte und aus dem Trumneigungswinkel ε_0 aus $\sin \varepsilon_0 = (d_2 - d_1)/(2 \cdot a)$ (s. Bild 17-18) zu $\psi = \delta - \varepsilon_0$ ergibt, können in Abhängigkeit des relativen Durchhangs f_{rel} des Leertrums der *Stützzug am oberen Kettenrad* aus

$$\boxed{F_{so} \approx q \cdot g \cdot l_T \cdot (F_s' + \sin \psi)} \tag{17.17}$$

17

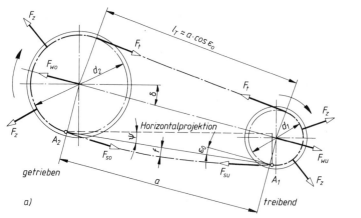
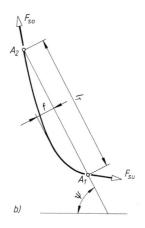

Bild 17-18 Kräfte an der Kette und an den Kettenrädern

der *Stützzug am unteren Kettenrad* aus

$$F_{su} \approx q \cdot g \cdot l_T \cdot F_s'$$

(17.18)

q, g, l_T wie zu Gl. (17.16)
F_s' spezifischer Stützzug nach TB 17-4
ψ Neigungswinkel aus $\psi = \delta - \varepsilon_0$ (s. Bild 17-18) mit ε_0 aus $\sin \varepsilon_0 = (d_2 - d_1)/(2 \cdot a)$

berechnet werden.

Die Stützzüge belasten die Lager zusätzlich. Unter Berücksichtigung des Anwendungsfaktors K_A und Vernachlässigung der Vieleckwirkung (s. unter 17.1.5) ergibt sich die *Wellenbelastung bei annähernd waagerechter Lage des Leertrums*

$$F_w \approx F_t \cdot K_A + 2 \cdot F_s$$

(17.19)

F_t Kettenzugkraft in N nach Gl. (17.14)
F_s Stützzug nach Gl. (17.16)
K_A Anwendungsfaktor zur Berücksichtigung stoßartiger Belastung nach TB 3-5

Bei *geneigter Lage des Leertrums* ergeben sich mit F_{so} und F_{su} an Stelle von F_s die Wellenbelastungen F_{wo} und F_{wu} (s. Bild 17-18).

Die *resultierende Betriebskraft* im Lasttrum der Kette ergibt sich somit bei annähernd waagerechter Lage des Leertrums unter Berücksichtigung ungünstiger Betriebsverhältnisse

$$F_{ges} = F_t \cdot K_A + F_z + F_s$$

(17.20)

Bei *geneigter Lage des Leertrums* ist F_{so} an Stelle von F_s zu setzen.

Gleitschienen aus Stahl oder Kunststoff, die die Kette unterstützen und außerdem exakt führen, können die zusätzliche Kettenbelastung durch den Stützzug verhindern, ebenso die durch den Polygoneffekt auftretenden Schwingungen der Kette verringern (s. auch 17.2.8).

17.4 Berechnungsbeispiel

Der Antrieb eines Bandförderers soll durch einen Getriebemotor über ein Kettengetriebe erfolgen. Der Getriebemotor hat eine Leistung $P_1 = 3\,kW$ und die Abtriebsdrehzahl $n_1 = 125\,min^{-1}$. Die Drehzahl der Bandrolle beträgt $n_2 \approx 50\,min^{-1}$. Der Wellenabstand soll $a_0 \approx 1000\,mm$ betragen, die Wellenmitten des Getriebes sind um den Winkel $\delta \approx 40°$ zur Waagerechten geneigt.

Für den zu erwartenden Einsatz des Bandförderers sind folgende Betriebsbedingungen anzunehmen: mittlerer Anlauf, Volllast mit mäßigen Stößen, tägliche Laufzeit 8 h. Für eine entsprechende Schmierung des Kettengetriebes wird gesorgt.

Zu berechnen bzw. festzulegen sind:

a) die Zähnezahlen z_1 und z_2 der Kettenräder
b) eine geeignete Rollenkette nach DIN 8187
c) die vorzusehende Schmierungsart
d) die Wellenbelastung F_w

▶ **Lösung a):** Zunächst wird die Übersetzung aufgrund der Drehzahlen ermittelt nach Gl. (17.1)

$$i = \frac{n_1}{n_2}, \qquad i = \frac{125 \text{ min}^{-1}}{50 \text{ min}^{-1}} = 2{,}5 .$$

Bei dieser Übersetzung liegen aus den unter 17.2.2 genannten Zähnezahlen für Standard-Rollenketten am nächsten: $z_1 = 23$ für das Kleinrad, $z_2 = 57$ für das Großrad.
Die tatsächliche Übersetzung wird dann:

$$i' = \frac{z_2}{z_1} = \frac{57}{23} \approx 2{,}48 , \quad \text{also} \quad i' \approx i = 2{,}5 .$$

Ergebnis: Als Zähnezahlen werden gewählt für das treibende Kleinrad $z_1 = 23$, für das getriebene Großrad $z_2 = 57$.

▶ **Lösung b):** Die Wahl der Kettengröße wird mit Hilfe des Leistungsdiagramms (TB 17-3) vorgenommen. Da jedoch die hier vorliegenden Betriebsbedingungen von den Diagramm-Bedingungen abweichen, muss die erforderliche Diagrammleistung nach Gl. (17.7) ermittelt werden:

$$P_D \approx \frac{K_A \cdot P_1 \cdot f_1}{f_2 \cdot f_3 \cdot f_4 \cdot f_5 \cdot f_6} .$$

Der Anwendungfaktor K_A wird entsprechend den vorliegenden Betriebsbedingungen nach TB 3-5b $K_A \approx 1{,}6$. Zur Berücksichtigung der Zähnezahl wird nach TB 17-5 für $z_1 = 23$ der Faktor $f_1 \approx 0{,}8$ abgelesen. Der Achsabstandsfaktor f_2 wird zunächst 1 gesetzt, da die Kettenteilung noch unbekannt ist, $f_3 = 1$, da gerades Verbindungsglied vorgesehen wird; $f_4 = 1$ für $n = 2$; $f_5 = 1$ für eine angenommene Lebensdauer $L_h = 15\,000$ h; $f_6 \approx 0{,}7$ nach TB 17-7, da ein staubfreier Betrieb nicht vorausgesetzt werden kann. Damit wird die Diagrammleistung

$$P_D \approx \frac{1{,}6 \cdot 3 \text{ kW} \cdot 0{,}8}{1 \cdot 1 \cdot 1 \cdot 0{,}7} \approx 5{,}5 \text{ kW} .$$

Für diese Leistung und für $n_1 = 125 \text{ min}^{-1}$ wird nach Diagramm TB 17-3 gewählt: Rollenkette Nr. 16 B, 1fach mit der Bezeichnung: Rollenkette DIN 8187 − 16 B-1.
Für den vorzusehenden Achsabstand $a_0 \approx 1000$ mm ergibt sich eine Kettengliederzahl nach Gl. (17.9)

$$X_0 \approx 2 \cdot \frac{a_0}{p} + \frac{z_1 + z_2}{2} + \left(\frac{z_2 - z_1}{2 \cdot \pi}\right)^2 \cdot \frac{p}{a_0} .$$

Für die gewählte Rollenkette 16B beträgt nach TB 17-1 die Teilung $p = 25{,}4$ mm; damit

$$X_0 \approx 2 \cdot \frac{1000 \text{ mm}}{25{,}4 \text{ mm}} + \frac{23 + 57}{2} + \left(\frac{57 - 23}{2 \cdot \pi}\right)^2 \cdot \frac{25{,}4 \text{ mm}}{1000 \text{ mm}} = 119{,}5 \text{ Glieder} .$$

Gewählt wird nach den Empfehlungen unter 17.2.5 eine gerade Gliederzahl $X = 120$.
Hiermit wird der tatsächliche Achsabstand nach Gl. (17.10)

$$a = \frac{p}{4} \cdot \left[\left(X - \frac{z_1 + z_2}{2}\right) + \sqrt{\left(X - \frac{z_1 + z_2}{2}\right)^2 - 2 \cdot \left(\frac{z_2 - z_1}{\pi}\right)^2} \right] ,$$

$$a = \frac{25{,}4 \text{ mm}}{4} \cdot \left[\left(120 - \frac{23 + 57}{2}\right) + \sqrt{\left(120 - \frac{23 + 57}{2}\right)^2 - 2 \cdot \left(\frac{57 - 23}{\pi}\right)^2} \right]$$

$$= 1006{,}6 \text{ mm} \approx 1007 \text{ mm} .$$

Ergebnis: Einfach-Rollenkette Nr. 16B mit 120 Gliedern; Normbezeichnung: Rollenkette DIN 8187 − 16B − 1 × 120.

17

▶ **Lösung c):** Die Art der Schmierung ist abhängig von der Kettengeschwindigkeit v und der Kettengröße (s. TB 17-8). Die Kettengeschwindigkeit ergibt sich aus $v = d_1 \cdot \pi \cdot n_1$; der Teilkreisdurchmesser des Kleinrades wird nach Gl. (17.3):

$$d_1 = \frac{p}{\sin \dfrac{\tau}{2}} = \frac{p}{\sin \left(\dfrac{180°}{z_1}\right)} = \frac{25,4 \text{ mm}}{\sin \left(\dfrac{180°}{23}\right)} = 186,54 \text{ mm}.$$

Hiermit und mit $n_1 = 125 \text{ min}^{-1}$ wird

$$v = \frac{0,186\,54 \cdot \pi \cdot 125}{60} \approx 1,22 \text{ m/s}.$$

Nach TB 17-8 wird für $v = 1,22$ m/s und die Kettengröße Nr. 16B Tropfschmierung (Bereich 2) empfohlen.

Ergebnis: Zur Schmierung der Rollenkette ist Tropfschmierung vorzusehen.

▶ **Lösung d):** Die Wellenbelastung F_w wird infolge der Schräglage des Kettengetriebes am oberen Rad etwas größer als am unteren Rad, und zwar entsprechend dem Unterschied zwischen F'_{so} und F'_{su}. Für das obere Rad wird somit nach Gl. (17.19) mit F_{so} aus Gl. (17.17)

$$F_w \approx F_t \cdot K_A + 2 \cdot F_{so}.$$

Die Tangentialkraft aus Gl. (17.14)

$$F_t = \frac{P_1}{v} = \frac{3000}{1,22} \approx 2460 \text{ N}.$$

Der Stützzug am oberen Kettenrad wird nach Gl. (17.17)

$$F_{so} \approx q \cdot g \cdot l_T \cdot (F'_s + \sin \psi) \quad \text{mit}$$

$q = 2,7$ kg/m nach TB 17-1; $g = 9,81$ m/s²; $l_T \approx a \cdot \cos \varepsilon_0$ mit ε_0 aus $\sin \varepsilon_0 = (d_2 - d_1)/(2 \cdot a)$; nach Gl. (17.3)

$$d_2 = \frac{p}{\sin \left(\dfrac{180°}{z_2}\right)} = \frac{25,4 \text{ mm}}{\sin \left(\dfrac{180°}{57}\right)} = 461,08 \text{ mm}; \qquad d_1 = 186,54 \text{ mm (s. Lösung c)}$$

$$\sin \varepsilon_0 = \frac{461,08 \text{ mm} - 186,54 \text{ mm}}{2 \cdot 1007 \text{ mm}} \approx 0,14,; \qquad \varepsilon_0 \approx 7,8°$$

und hiermit die Trumlänge $l_T \approx 1007$ mm $\cdot \cos 7,8° \approx 998$ mm. Für den Neigungswinkel des Leertrums $\psi = \delta - \varepsilon_0 = 40° - 7,8° = 32,2°$ wird der spezifische Stützzug bei einem „normalen" relativen Durchhang $f_{rel} = 2\%$ nach TB 17-4

$$F'_s \approx 5$$

und damit der Stützzug

$$F_{so} \approx 2,7 \cdot 9,81 \cdot 0,998 \cdot (5 + \sin 32,2) \approx 146 \text{ N}.$$

Gegenüber der Umfangskraft ist der Stützzug F_{so} relativ klein und hätte hier ohne Bedenken vernachlässigt werden können. Unter Berücksichtigung des Anwendungsfaktors $K_A \approx 1,6$ (s. unter Lösung b) wird die Wellenbelastung am oberen Rad

$$F_{wo} \approx 2460 \cdot 1,6 + 2 \cdot 146 \approx 4228 \text{ N}.$$

Ergebnis: Für das obere Rad wird die Wellenbelastung $F_{wo} \approx 4228$ N.

17.5 Literatur

Berents, R.; Maahs, G.; Schiffner, H.; Vogt, E.: Handbuch der Kettentechnik. Einbeck: Arnold & Stolzenberg, 1989

Funk, W.: Zugmittelgetriebe. Grundlagen, Aufbau, Funktion. Berlin: Springer, 1995 (Konstruktionsbücher Band 39)

Hersteller von Stahlgelenkketten (Hrsg.): Stahlgelenkketten (Zusammenstellung von Sonderdrucken aus Fachzeitschriften), ca. 1969

Niemann, G.; Winter, H.: Maschinenelemente. Bd. III. 2. Aufl. Berlin: Springer, 1983

Rieg, F.; Kaczmarek, M. (Hrsg.): Taschenbuch der Maschinenelemente. Leipzig: Fachbuchverlag, 2006.

Zollner, H.: Kettengetriebe. München: Carl Hanser, 1966

18 Elemente zur Führung von Fluiden (Rohrleitungen)

18.1 Funktionen, Wirkungen und Einsatz

Rohrleitungen dienen zur Führung von flüssigen, gasförmigen und feinen festen Stoffen. Wenn Verbindungen leicht lösbar sein sollen oder die Anschlussstellen gegeneinander beweglich sein müssen, werden statt der starren Rohre Schläuche verwendet. In Systemen aus Rohrleitungen, Apparaten und Behältern übernehmen Armaturen als Rohrleitungsteile die Funktion des Stellens und Schaltens.

Das Fortleiten der Durchflussstoffe (Fluide) in den Rohrleitungsanlagen erfolgt entweder durch Absaugen (negativer Überdruck), durch Ausnutzung eines Höhenunterschieds zwischen Anfangs- und Endpunkt der Leitung (Gefälle) oder durch Pumpen bzw. Gebläse (Fremdenergie). Die Strömungsenergie erzeugt einen Volumenstrom mit entsprechender Geschwindigkeit und gewünschtem Druck. Außer der mechanischen und thermischen Beanspruchung der Rohrleitung sind die Rückwirkungen des Strömungssystems auf das Rohrnetz und die Umgebung (Halterungen) zu beachten. Abhängig von der Verlegungs- und Einbauart sind Isolations- und Korrosionsschutzmaßnahmen zu treffen.

Bei Produktionsanlagen werden Rohrleitungen innerhalb der Produktionsstätte benötigt. Zum Fortleiten und Verteilen von Stoffen (Wasser, Gas, Öl) werden Rohrleitungs-Verteilungssysteme in Form von Rohrnetzen eingesetzt. Außer dem einfachen Strahlennetz werden wegen der hohen Betriebssicherheit zum Versorgen mehrerer Verbraucher Ringnetze oder vermaschte Netze ausgeführt.

Im Apparatebau werden Rohrleitungen auch für den Ablauf chemischer und physikalischer Prozesse herangezogen (Kühlung, Mischung, chem. Reaktionen).

Mit Hilfe von Trägermedien (Luft, Wasser) können in Rohrleitungen auch Feststoffe transportiert werden. Die pneumatische und die hydraulische Förderung dient zum Transport feiner Materialien (Getreide, Sand, Schlamm, Zement). Fließfähiges Material (z. B. Beton) kann mittels Feststoffpumpen (Betonpumpen) durch Rohrleitungen über weite Strecken transportiert werden.

In hydraulischen Systemen haben Rohrleitungen die Aufgabe, Hydroaggregate untereinander und mit Verbrauchern zu verbinden. Die dabei verwendeten Präzisionsstahlrohre und Rohrverschraubungen müssen den hohen Drücken, der Pulsation und den Vibrationen Stand halten, denen sie ausgesetzt sind. Auslegungsdaten s. TB 18-11.

18.2 Bauformen

18.2.1 Rohre

Hinsichtlich Werkstoff, Rohrart, Benennung und Einsatzbereich gilt allgemein die Übersicht TB 18-1. Die Wahl der richtigen Rohrart und des geeigneten Rohrwerkstoffs, unter Beachtung der Regelwerke, ist zusammen mit der Berechnung der Rohre (vgl. 18.4) mitentscheidend für die Betriebssicherheit der Anlage. Als Rohrquerschnittsform wird überwiegend die Kreisfläche benutzt.

Nahtlose und geschweißte Stahlrohre ermöglichen eine gleichzeitige Verwendung des Rohres als Leitung und als Bauelement. Bedingt durch die hohe Festigkeit und Zähigkeit der Rohr-

18

stähle kann bei großer Sicherheit gegen Bruch immer leicht gebaut werden. Dies garantiert eine gute Werkstoffausnutzung, schnelle Herstellung und große Wirtschaftlichkeit. Geschweißte Rohrleitungsverbindungen sind durch ihre Verformungsfähigkeit dynamischen und thermischen Beanspruchungen am besten gewachsen. Flanschverbindungen sind nur bei Armaturen und Messstellen erforderlich.

TB 18-1 gibt eine Übersicht über die Normung von Stahlrohren. Sie basieren auf DIN EN 10 220 und enthalten außer Vorzugswanddicken jeweils drei Durchmesserreihen, wobei nur für die Reihe 1 das zur Konstruktion einer Rohrleitung erforderliche Zubehör genormt ist, s. TB 1-13b. Nahtlose und geschweißte Stahlrohre für Druckbeanspruchung sind in DIN EN 10 216-1 bis -5 und DIN EN 10 217-1 bis -6 mit den Vorzugswerten nach DIN EN 10 220 genormt. Als Rohrwerkstoffe stehen zur Verfügung unlegierte und legierte Stähle mit festgelegten Eigenschaften bei Raumtemperatur, erhöhten und tieferen Temperaturen, aus legierten Feinkornbaustählen und aus nichtrostenden Stählen, z. B. TB 1-13d.

Zur Verhinderung der Korrosion sind bei Rohren aus un- und niedriglegierten Stählen entsprechende Schutzmaßnahmen erforderlich. Außer Schutzüberzügen (z. B. aus Zink) werden bei erdverlegten Leitungen Rohrumhüllungen und -auskleidungen aus Bitumen, Kunststoff oder Zementmörtel aufgebracht.

Präzisionsstahlrohre nach DIN EN 10 305-1 bis -6 werden aus nahtlosen oder geschweißten Vorrohren durch Kaltwalzen oder Kaltziehen erzeugt. Sie sind durch genaue Grenzabmaße und eine festgelegte Oberflächenrauheit definiert. Mit kreisrundem, quadratischem oder rechteckigem Querschnitt werden sie auch als Konstruktionselemente im Maschinen- und Fahrzeugbau eingesetzt. Häufig finden sie Anwendung als Hydraulikleitungen mit lötlosen Rohrverschraubungen (TB 18-11). Vorzugsmaße für Durchmesser und Wanddicke, die mit geringen Abweichungen auf DIN EN 10 220 basieren, sowie Grenzabmaße, enthält TB 1-13c.

Gewinderohre aus S 195 T mit Eignung zum Schweißen und Gewindeschneiden nach DIN EN 10255 werden für den Transport und die Verteilung wässriger Flüssigkeiten und Gase eingesetzt. Festgelegt sind nahtlose und geschweißte Rohre mit Nenndurchmesser 10,2 mm bis 165,1 mm (R 1/8 bis R 6) in den Wanddickenreihen schwer und mittel und drei weitere Rohrarten mit festgelegter Wanddicke. Im gleichen Durchmesserbereich bis PN 100 zugelassen sind Gewinderohre mit Gütevorschrift nach DIN 2442, s. TB 18-1.

Nahtlose Stahlrohre für schwellende Beanspruchung, die vorzugsweise in hydraulischen Hochdruckanlagen mit zulässigem Druck bis 500 bar verwendet werden, s. TB 18-1. Für warmgefertigte Rohre und für Präzisionsstahlrohre enthalten DIN 2445-1 und DIN 2445-2 eine Auswahl von Rohrabmessungen, die in der Hydraulik als Standard-Druckrohre eingesetzt werden, s. TB 18-11. Die in den Tabellen enthaltenen Rohre (d_a = 21,3 bis 355,6 mm bzw. d_a = 4 mm bis 50 mm) sind gegen plastisches Verformen und gegen Dauerbruch nach Lastfall A (Schwingbreite 120 bar) und Lastfall B (Schwingbreite 0 bis $p + 60$ bar) nach DIN 2445 Beiblatt 1 gerechnet.

18

Druckrohre aus duktilem Gusseisen (s. auch TB 18-1) für Gas- und Wasserleitungen werden als Muffen- oder Flanschenrohre ausgeführt. Die Nenngusswanddicke der Rohre in mm wird nach der Formel $t = K (0,5 + 0,001\ DN)$ festgelegt, wobei K 8, 9, 10, 11, 12 … betragen kann. Dabei sind als kleinste Wanddicke 6 mm für Rohre und 7 mm für Formstücke gefordert. Die Wanddickenklasse K berücksichtigt Innendruck und äußere Belastungen. Technische Anforderungen wie Längsbiegefestigkeit, Ringsteifigkeit und Überdeckungshöhen s. Anhänge zu EN 545 und EN 969. Die Rohre erhalten in der Regel eine Zementmörtelauskleidung. Der Innenschutz muss bei Trinkwasserleitungen den geltenden lebensmittelrechtlichen Vorschriften entsprechen. Als Außenschutz kommen je nach Bodengruppe in Frage: PE- oder Zementmörtel-Umhüllung, Zinküberzug oder bituminöser Überzug. Dabei sind unbedingt die DVGW-Arbeitsblätter zu beachten.

Rohre aus Kupfer und Kupferknetlegierungen nach DIN EN 12 449, nahtlos gezogen, Außendurchmesser 3 mm bis 450 mm und Wanddicken von 0,3 bis 20 mm für allgemeine Verwendung.

Genormt sind dabei Cu, niedrig legiertes Cu, Cu-Ni-Leg., Cu-Ni-Zn-Leg., Cu-Sn-Leg., Cu-Zn-Leg. und Cu-Zn-Pb-Leg. in den Zuständen *M*, *R* ..., *H* ... und *S*.

Für Wasser- und Gasleitungen, Sanitärinstallationen und Heizungsanlagen auch nahtlose Rohre aus Kupfer (Cu-DHP) nach DIN EN 1057 mit einem Außendurchmesser von 6 mm bis 267 mm bei Wanddicken von 0,5 bis 3 mm, s. TB 18-1.

Vorteilhaft bei Kupferrohren ist besonders ihre hohe Korrosionsbeständigkeit, gute Umformbarkeit, sichere Verbindungstechnik und keine Inkrustationen.

Rohre aus Aluminium und Aluminiumlegierungen, nahtlos gezogen nach DIN EN 754-7 und stranggepresst nach DIN EN 755, von 3 bis 350 mm und 8 bis 450 mm Außendurchmesser; für allgemeine Verwendung z. B. aus ENAW-1050A O/H111 oder für tiefe Temperaturen z. B. aus ENAW-3003O, s. TB 18-1. Hauptanwendungsgründe sind die geringe Dichte, das gute Verhalten bei tiefen Temperaturen bis −270 °C und die hohe Leitfähigkeit für Wärme und elektrischen Strom. Die meisten Al-Sorten sind gut schweiß- und lötbar und ausreichend korrosionsbeständigkeit. Einsatz bevorzugt für Rohrleitungen und Behälter der chemischen und der Nahrungsmittelindustrie sowie für Luftzerlegungs- und Gasverflüssigungsanlagen.

Kunststoffrohre finden wegen ihrer guten Beständigkeit, niedrigen Dichte, guten Verarbeitbarkeit und geringen Rauigkeit der Rohrwandung breite Anwendung für Transportleitungen von Säuren und anderen wassergefährdenden Flüssigkeiten, als Heizungsrohre, für Gas- und Wasserleitungen und bei physiologischer Unbedenklichkeit in der Lebensmittelindustrie. Da das Verhalten der Thermoplaste zeit-, temperatur- und lastabhängig ist, erfolgt die Normung der Rohrabmessungen für eine Mindestnutzungsdauer von 50 Jahren, einer Temperatur von 20 °C und für das Medium Wasser.

Rohre aus *Polyvinylchlorid* sind als PVC-U in 6 Wanddickenreihen in DIN 8062/8061 und als PVC-C in 7 Wanddickenreihen in DIN 8079/8080 von drucklos bis PN 25 und 40 bis 630 mm Außendurchmesser genormt. Sie werden vorzugsweise durch Kleben verbunden und sind nicht beständig gegen aromatische und chlorierte Kohlenwasserstoffe.

Rohre aus *Polyethylen* sind als PE-LD in 3 Wanddickenbereichen für PN 2,5 bis PN 10 und Außendurchmessern von 10 bis 160 mm und als PE-HD (PE80 und PE100) mit PN 2,5 bis PN 16 in Außendurchmessern von 10 bis 1600 mm in DIN 8072/8073 genormt. Umfangreicher Einsatz im Bereich der erdverlegten Gas- und Trinkwasserleitungen. Sie werden durch Schweißen verbunden und sind nicht beständig gegen konzentrierte oxidierende Säuren.

Rohre aus *Polypropylen* sind nach DIN 8077/8078 in 6 Wanddickenreihen für PN 2,5 bis PN 20 und Außendurchmessern von 10 mm bis 1000 mm als Typ 1 und Typ 2 genormt. Typ 2 hat eine höhere Schlagzähigkeit bei tiefen Temperaturen. Die Verbindungen werden vorzugsweise geschweißt. PP ist ähnlich beständig wie PE, aber bis zu höheren Temperaturen verwendbar. Weite Verbreitung als Gas- und Wasserleitungen, in der Verfahrenstechnik und Lebensmittelindustrie.

18.2.2 Schläuche

Schläuche, als flexible, rohrförmige Halbzeuge aufgebaut aus mehreren Schichten und Einlagen, sind erforderlich für bewegliche, leicht lösbare Verbindungen, die keine Rückwirkung auf die angeschlossenen Aggregate ausüben.

DIN 20066 für fertig montierte Schlauchleitungen enthält Angaben über die für die Auswahl und Zuordnung von Schläuchen und Armaturen wichtigsten Merkmale sowie die wesentlichen Einbau- und Anschlussmaße.

Genormt sind z. B. Metallschläuche aus nichtrostenden Stählen für DN 15 bis DN 100, Drücke ≤ 16 bar und Temperaturen bis +300 °C für chemische Stoffe nach DIN 2827, sowie aus austenitischen Stählen für DN 6 bis DN 300, Drücke ≤ 250 bar und Temperaturen von −200 °C bis +800 °C, für Wasser, Dampf und chemische Stoffe nach DIN EN ISO 10 380.

Von den Elastomerschläuchen sind z. B. genormt Schläuche mit Textileinlage für DN 10 bis DN 150, Drücke PN 10 bis PN 100 und Temperaturen von −30 °C bis +50 °C für Druckluft und Betriebswasser nach DIN 20 018-1 bis -4; Gummischläuche mit Drahtgeflechteinlage für DN 5 bis DN 51, Drücke PN 40 bis PN 400 und Temperaturen von −40 °C bis +100 °C für Hydraulikflüssigkeiten und Wasser nach DIN EN 853; sowie Gummischläuche mit Textileinlage von DN 5 bis DN 100, Drücke PN 10, 16 und 25 und Temperaturen von −40 °C bis +70 °C für Druckluft nach DIN EN ISO 2398.

Für den gefährdungsfreien Betrieb von Schlauchleitungen sind diese so zu montieren, dass Schlauchachse und Bewegungsrichtung in einer Ebene liegen, die Schläuche ausreichend lang sind, nicht über scharfe Kanten gezogen werden und der zulässige Biegeradius eingehalten wird.

18.2.3 Formstücke

Formstücke sind Bauteile von Rohrleitungsanlagen, z. B. Rohrbogen, Fittings, Abzweig- und Verbindungsstücke, Reinigungsstücke, Wasserabscheider usw., die oft hohen Beanspruchungen unterliegen und entsprechend dem Verwendungszweck aus nahtlosem Stahlrohr oder als Schmiedestücke, in Stahlguss oder duktilem Gusseisen gefertigt sind.

Kunststoff-Rohrleitungsteile wie Bogen, T-Stücke, Abzweige, Kreuze, Muffen, Nippel, Reduzierstücke, Verschraubungen usw. sind genormt für PVC-U-Fittings in DIN 8063-1 bis -12 für Klebverbindungen, für PP-Fittings in DIN 16 962-1 bis -13 für Heizelement-, Muffen- und Stumpfschweißung und für PE-Fittings in DIN 16 963-1 bis -15 für Heizelement-Muffenschweißung, Heizwendel- und Stumpfschweißung.

18.2.4 Armaturen

Eine Armatur ist ein Rohrleitungsteil, das in Systemen aus Rohrleitungen, Behältern, Apparaten und Maschinen die Funktion des Schaltens und Stellens ausübt (DIN EN 736-1). Dabei wird unter Schalten verstanden, dass der Abschlusskörper im Wesentlichen die beiden Stellungen „geschlossen" oder „offen" einnimmt (Auf-Zu). Beim Stellen kann der Abschlusskörper funktionsbedingt auch Zwischenstellungen einnehmen. Die Grundbauarten sind definiert durch die Arbeitsbewegung ihres Abschlusskörpers und durch die Strömung im Abschlussbereich.

Der Werkstoff für Gehäuseteile wird entsprechend dem Rohrleitungsinhalt, der Betriebstemperatur und dem Betriebsdruck unter Berücksichtigung der Technischen Regeln z. B. nach DIN 3339 gewählt. Die Gehäuse werden überwiegend gegossen, bestehen meist aus Gusseisen und bei hohen Anforderungen auch aus Stahlguss und Cu-Legierungen. Kunststoffgehäuse (PVC, PP, PA) gewinnen in der Chemie und bei Wasseraufbereitungsanlagen immer breitere Verwendung.

Für die wesentlichen Armaturenarten liegen Bauartnormen vor: DIN 3352 für Schieber, DIN EN 593 für Klappen, DIN 3356 für Ventile und DIN 3357 für Kugelhähne. Sie geben Aufschluss über den Bereich genormter Nennweiten und Nenndruckstufen, über die Formen, die Raumbedarfsmaße, Werkstoffe und Ausrüstung sowie über Anforderungen und Prüfung. Als Bezeichnung für eine genormte Armatur gelten die Nennweite, die Nenndruckangabe sowie eine Schlüsselnummer und ein Typkurzzeichen.

Beispiel: Bezeichnung eines Absperrventils von Nennweite 100 für Nenndruck 16, aus Gusseisen (Schlüsselnummer 2), Durchgangsform, Oberteil gerade und Flanschanschluss (A), Bauform und Ausrüstung nach Typ-Kurzzeichen 02 aus EN-GJL-250 (A):

Ventil DIN 3356 − 100 PN16 − 2 A 02 A

Bild 18-1 soll durch Vergleich der kennzeichnenden Merkmale die Auswahl der Armaturen erleichtern.

Merkmal	Ventil	Schieber	Hahn	Klappe
Baulänge	groß	klein	mittel	klein
Bauhöhe	mittel	groß	klein	klein
Strömungswiderstand	mäßig	niedrig	niedrig	mäßig
Eignung für Richtungswechsel der Strömung	bedingt	gut	gut	gut
Öffnungs- bzw. Schließzeit	mittel	lang	kurz	mittel
Verstellkraft	mittel	klein	klein	schwankend
Verschleiß des Sitzes	gering	mäßig	hoch	gering
Einsatz	mittlere DN	größte DN	mittlere DN	größte DN
	höchste PN	mittlere PN	mittlere PN	kleine PN
Eignung der Stellvorgänge	sehr gut	schlecht	mäßig	gut
Molchung[1]	nicht möglich	möglich	möglich	nicht möglich

Bild 18-1 Richtlinien zur Auswahl der Armaturen

1. Ventile

Der Abschlusskörper, ein Ventilteller, ein Ventilkegel ($30\ldots60°$) oder ein Kolben, bewegt sich geradlinig und längs zur Strömung durch Abheben vom Sitz um den Hub $h = d_i/4$ und wird durch eine Gewindespindel, durch Federkraft oder durch den Leitungsinhalt betätigt. Die Sitzbreite wird allgemein bei ebenen Dichtflächen $(0,04\ldots0,1)\,d_i$, bei kegeligen $(0,02\ldots0,05)\,d_i$ ausgeführt (Bild 18-2a).

Die Durchflussrichtung ist meist gegen die Unterfläche des Abschlusskörpers gerichtet. Zwecks sicherer Abdichtung muss die Sitzkraft F_S größer sein als die Betriebskraft $F_B = p \cdot d_i^2 \cdot \pi/4$, und damit $F_S \approx (1,25\ldots1,5)\,F_B$.

Da Ventile nur bis $F_B \approx 40$ kN leicht bedienbar sind, wird bei höheren Belastungen die umgekehrte Strömungsrichtung gewählt, was jedoch zum Öffnen des Ventils den Einbau einer Umführung oder eines *Entlastungsventils* (Doppelsitz, Kolben) erforderlich macht.

Sind Ventile zwischen in einer Richtung liegende Rohrleitungsabschnitte eingebaut, heißen sie *Durchgangsventile*, während sie zwischen unter 90° zusammenstoßenden Leitungsabschnitten eingebaut als *Eckventile* bezeichnet werden.

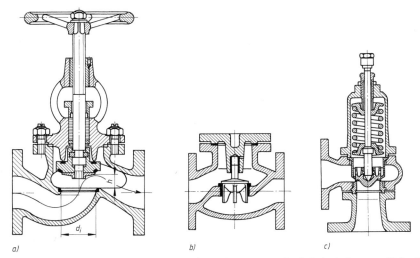

a)   b)   c)

Bild 18-2 Ventile. a) Absperrventil, b) Rückschlagventil, c) federbelastetes Sicherheitsventil

18

---

[1] Zur Reinigung der Rohre und zum Trennen der Medien werden zylinder- oder kugelförmige Gleitkörper (Molche) benutzt. Die Molchfahrt verlangt freien Durchgangsquerschnitt.

Nach ihren Aufgaben unterscheidet man:

Absperrventile (Bild 18-2a) zur Unterbrechung des Durchflussstromes,

Rückschlagventile (Bild 18-2b) zur Verhinderung des Rückströmens durch selbsttätiges Schließen beim Ausbleiben des Durchflusses,

Sicherheitsventile (Bild 18-2c) zum Schutz von Rohrleitungen, Behältern usw. bei Überschreiten des festgelegten Höchstdruckes durch selbsttätiges Öffnen.

Hinweis: Da der Abschlusskörper im Strömungsweg liegt, sind größere Druckverluste trotz strömungstechnischer Gestaltung schwer zu vermeiden. Außerdem muss bei hohen Drücken mit großen Kräften zur Ventilbetätigung gerechnet werden.

2. Schieber

Schieber werden für Gas, Druckluft, Wasser und Dampf mit DN 20...1000 und nach Form des Gehäuses als Flach-, Oval- oder Rundschieber ausgeführt. Für größere Leitungsabmessungen werden nur Schieber verwendet.

Die Bewegung des Abschlusskörpers erfolgt geradlinig quer zur Strömung. Als Abschlusskörper dient beim *Keilschieber* ein ungeteilter, starrer, geführter Keil, der zusätzlich durch den Spindeldruck auf die Dichtflächen gepresst wird (Bild 18-3a). Beim *Plattenschieber* sind es lose Platten, die durch den Druck des Leitungsinhalts oder meist durch dazwischenliegende Druck- bzw. Spreizstücke oder Kugeln angepresst werden, so dass die Spindeldichtung entlastet ist. Die lose Anordnung der Platten im Plattenhalter ermöglicht einen Ausgleich bei Temperaturänderungen, so dass Klemmen vermieden wird (Bild 18-3b).

Die Dichtflächen aus eingewalzten oder aufgeschweißten Ringen sind beim Parallelplattenschieber parallel, beim Keilplattenschieber gegeneinander geneigt. Leitrohre am unteren Ende des Plattenhalters ergeben eine einwandfreie, wirbellose Führung des Durchflussstromes. Durch stetige Abnahme des Durchflussquerschnittes nach innen (Einziehung) erhält man besonders bei hohen Drücken kleine Bauteile und Kräfte. Gegenüber Ventilen gestatten Schieber bei Freigabe des gesamten Querschnitts einen verlustarmen Durchfluss in beiden Richtungen. Schieber sind bauartbedingt reine Schaltarmaturen. Bei Zwischenstellungen beginnt der Abschlusskörper zu flattern. Die im freien Querschnitt vorhandenen hohen Geschwindigkei-

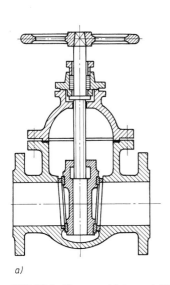

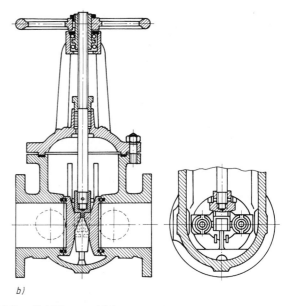

a)   b)

Bild 18-3 Absperrschieber. a) Keilschieber, b) Parallel-Plattenschieber

ten führen dann zum raschen Verschleiß der Dichtflächen. Wegen des erforderlichen größeren Hubes ergeben sich, insbesondere bei Handbedienung, längere Öffnungs- und Schließzeiten. Die Herstellungskosten der Schieber sind hoch. Nachteilig ist die schlechtere Zugänglichkeit der Dichtflächen, wodurch auch die Instandhaltung erschwert wird.

3. Hähne

Bei Hähnen bewegt sich der Abschlusskörper drehend um eine Achse quer zur Strömung und wird in Offenstellung durchströmt. Beim Kegelhahn ist der Abschlusskörper ein kegeliges Küken (Kegel 1:6) mit einem Durchgang in Form eines hochstehenden Ovals, Bild 18-4a. Die metallisch dichtenden Küken sind in das Gehäuse eingeschliffen und werden mit einem besonderen Hahnfett geschmiert. Bei hohen Drücken und Temperaturen oder aggressiven Medien werden Schmierhähne angewendet, Bild 18-4b.

Hähne weisen eine Reihe von Vorteilen auf: einfache robuste Bauweise, geringer Durchflusswiderstand, geringer Platzbedarf, schnelle Schließ- und Umschaltmöglichkeit und Ausbildung mit mehreren Anschlussstutzen. Da die Dichtflächen immer aufeinander gleiten, verschleißen sie rasch und werden undicht. Zum Betätigen sind große Drehmomente nötig, bei längeren Stillstandszeiten neigen sie zum Blockieren. Wegen ihrer Totraumfreiheit sind Hähne in der Chemie- und Lebensmittelindustrie sowie für Trinkwasserleitungen im Einsatz

Eine wesentliche Weiterentwicklung stellt der Kugelhahn dar, Bild 18-4c. Sein Abschlusskörper ist eine Kugel mit zylindrischer Bohrung. In geöffnetem Zustand weist er praktisch keinen Strömungswiderstand auf. Kugelhähne mit Volldurchgang bzw. reduziertem Durchgang sind genormt von DN 4 bis DN 500 für PN 4 bis PN 400.

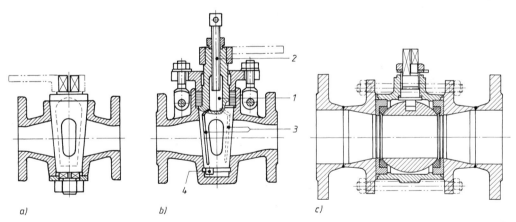

a)   b)   c)

Bild 18-4 Hähne. a) einfacher Durchgangshahn, b) Schmierhahn (**1** Schmierkammer, **2** Schmierspindel, **3** Schmiernuten, **4** Anschlag), c) Kugelhahn

18

4. Klappen

Bei Klappen bewegt sich der Abschlusskörper (Scheibe) drehend um eine Achse quer zur Strömung. Der Abschlusskörper ist in Offenstellung umströmt. Die Klappe nach Bild 18-5 mit zentrischer Lagerung kann als Absperr- und Drosselklappe eingesetzt werden. Sie haben einen geringen Platzbedarf und werden bis zu den größten Nennweiten gebaut. Der Antrieb kann über Handhebel, Handgetriebe, elektrischen Schwenkantrieb oder pneumatisch erfolgen. Für die Sicherung der Leitungsanlagen gegen Zurückfließen des Mediums werden Rückschlagklappen eingesetzt. Dabei wird die Klappenscheibe von der Strömung angehoben. Bei zurückfließendem Medium oder Druckumkehr schließt die Klappe selbsttätig.

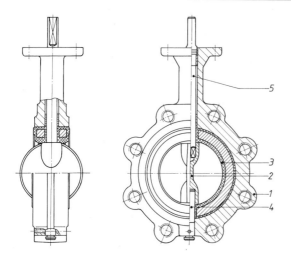

Bild 18-5
Absperrklappe.
1 Gehäuse
2 Klappenscheibe
3 Futter mit Einsatzring (auswechselbar)
4 Lagerzapfen
5 Antriebswelle

18.3   Gestalten und Entwerfen

18.3.1 Vorschriften, Begriffe und Definitionen

Für zulässige Drücke von mehr als 0,5 bar unterliegen Rohrleitungen der Druckgeräte-Richtlinie (97/23/EG). Ihre Auslegung erfolgt nach DIN EN 13 480.
Die Einteilung in Rohrleitungsklassen 0 bis III erfolgt nach DIN EN 13 480-1 in Abhängigkeit vom Druck, von der Nennweite und der Fluidgruppe, Bild 18-6.
Für die Einstufung von Druckgeräten in Gefahrenkategorien werden Fluide (Gas und Flüssigkeit) in zwei Gruppen eingeteilt. *Gruppe 1* umfasst gefährliche Fluide die eingestuft sind als explosionsgefährlich, hoch oder leicht entzündlich, entzündlich, sehr giftig, giftig und brandfördernd. Zu *Gruppe 2* zählen die anderen weniger gefährlichen und ungefährlichen Fluide.
Die Rohrleitungsklassen RK bzw. Kategorien I bis III unterliegen der CE-Kennzeichnungspflicht. Die Kategorien haben Einfluss auf das Konformitätsbewertungsverfahren, die Herstellerzulassung und Art und Umfang der Prüfungen. An die Rohrleitungsklasse III werden die höchsten Anforderungen gestellt.

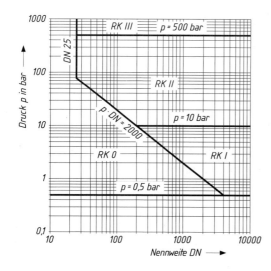

Bild 18-6 Rohrleitungsklassen (RK) entsprechend DIN EN 13 480-1 (z. B. Rohrleitung für Flüssigkeiten für Fluide der Gruppe 1, wenn deren DN größer als 25 und das Produkt $p \cdot$ DN größer als 2000 ist)

Grundlagen für die Normung der Rohre und Armaturen sind die nach DIN EN 1333 festgelegten Nenndruckstufen und die nach DIN EN ISO 6708 gestuften Nennweiten.

PN (bisher Nenndruck) ist eine alphanumerische Kenngröße für Referenzzwecke, bezogen auf eine Kombination von mechanischen und maßlichen Eigenschaften eines Bauteils eines Rohrleitungssystems. Sie umfasst die Buchstaben PN gefolgt von einer dimensionslosen Zahl. Die Zahl hinter den Buchstaben PN ist kein messbarer Wert und sollte nicht in Berechnungen verwendet werden. Die PN-Stufen müssen aus TB 18-3 ausgewählt werden.

Die Nennweite (Kurzzeichen DN) ist eine Kenngröße, die bei Rohrleitungssystemen als kennzeichnendes Merkmal zueinander passender Teile, z. B. von Rohren und Armaturen, benutzt wird. Die Nennweiten nach TB 18-4 haben keine Einheit und dürfen nicht als Maßeintragung benutzt werden, da sie nur annähernd den lichten Durchmessern in mm der Rohrleitungsteile entsprechen.

Der *zulässige Druck* ist ein aus Sicherheitsgründen festgelegter Grenzwert für den Arbeitsdruck der Rohrleitung. Zur Begrenzung sind geeignete Sicherheitseinrichtungen (z. B. Sicherheitsventile) erforderlich.

Die *zulässige Temperatur* ist die aus Sicherheitsgründen festgelegte Grenze für die Arbeitstemperatur der Rohrleitung.

Zulässige Parameter p/ϑ sind ein Wertepaar aus zulässigem Druck und zulässiger Temperatur, das in Abhängigkeit von den Sicherheitseinrichtungen festzulegen ist. Sie sind meist mit den Berechnungsparametern identisch. Die zulässigen Parameter müssen mindestens den maximalen Arbeitsparametern entsprechen, dürfen aber die Ratingparameter nicht übersteigen, s. Bild 18-7.

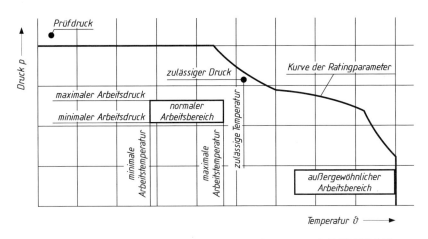

Bild 18-7 Druck- und Temperaturangaben für Druckgeräte nach DIN EN 764

Die *Ratingparameter* (p_{rat}/ϑ_{rat}) für ein Bauteil ergeben sich aus dem höchst zulässigen Innendruck, der auf Grund des Bauteilwerkstoffs, der Festigkeitsberechnung und weiterer Kriterien der zugeordneten Temperatur möglich ist. Ratingparameter sind Normen (z. B. Flanschverbindungen nach DIN EN 1092-1) oder Herstellerangaben zu entnehmen, oder durch Festigkeitsberechnung zu ermitteln (z. B. Rohre). Für eine komplette Rohrleitung, oft abgegrenzt durch eine Rohrklasse, lassen sich die Ratingparameter als innere Hüllkurve aus den Ratingparametern der in ihr enthaltenen Bauteile (z. B. Armaturen, Rohre, Flansche) darstellen, s. Bild 18-7.

Die *Prüfparameter* ($p_{prüf}/\vartheta_{prüf}$) für die Festigkeitsprüfung einer Rohrleitung sind in der Druckgeräterichtlinie bzw. DIN EN 13 480-5 festgelegt, vgl. 18.4.2. Bei der üblichen Wasserdruckprüfung ist die Prüftemperatur gleich der Raumtemperatur.

18.3.2 Rohrverbindungen

Bei der Verbindung einzelner Rohrleitungsteile zu einer funktionsfähigen Leitung kann man zwischen lösbaren und unlösbaren Verbindungen unterscheiden. Zu den lösbaren Verbindungen gehören die Flansch- und Muffenverbindungen und die Rohrverschraubungen. Unlösbare Verbindungen lassen sich durch Schweißen, Löten, Walzen, Sicken und Kleben herstellen. Die Verbindungen sollen die Festigkeit der Grundrohre aufweisen, müssen dicht und wirtschaftlich herstellbar sein.

1. Schweißverbindungen für Stahlrohre

Geschweißte Rohrverbindungen haben eine solche Bedeutung erlangt, dass an modernen Rohranlagen andere Verbindungsarten die Ausnahme bilden. Fehlerfrei ausgeführte Schweißnähte weisen die Festigkeit und Lebensdauer der Grundrohre auf, sie bleiben unverändert dicht, beanspruchen nur geringen Platz, sind temperaturbeständig und ermöglichen damit die zuverlässigste und wirtschaftlichste Verbindung.

Die Rohre werden möglichst stumpf (Kraftfluss!) oder überlappt, also mittels Kehlnähten, verbunden. Voraussetzung für die Güte der Stumpfschweißnaht ist das genaue Zusammenpassen der Rohre, eine einwandfreie Zentrierung der Rohrenden gegeneinander und ggf. eine Schweißkantenvorbereitung, die ein sicheres Legen der Wurzellage erlaubt. Beispiele für die Gestaltung von Schweißverbindungen an Rohrleitungen und Behältern gibt DIN EN 1708-1, siehe Bild 18-8 und 6.2.5-5. Richtlinien für die Schweißnahtvorbereitung (Fugenformen) sind, abgestimmt mit DIN EN ISO 9692-1 (Bild 6-11) in DIN 2559 zu finden.

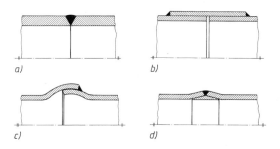

Bild 18-8 Geschweißte Rohrverbindungen.
a) Stumpfnaht, beste Ausführung
b) Überschiebmuffe, vorteilhaft bei Reparaturen, vermeidet Zerstörung des Innenschutzes durch die Schweißnähte
c) Kugelschweißmuffe, ermöglicht Achsabwinklungen bis $10°$
d) Nippelschweißmuffe, erlaubt vollkommene Durchschweißung der V-Naht ohne Querschnittsverengung durch Schweißansätze

Gas- und Lichtbogenschweißen sind die beim Verbindungsschweißen von Rohrleitungen am meisten eingesetzten Verfahren. Bis etwa DN 100 ist das Gasschmelzschweißen das wirtschaftlichste Verfahren. Immer breitere Verwendung finden daneben die Schutzgasschweißverfahren MIG, MAG und WIG. Wenn, wie bei Rohren mit kleinen und mittleren Durchmessern, die Nahtrückseite nicht zugänglich ist, muss zur Erzeugung einwandfreier Wurzellagen und zur Vermeidung von Zunderbildung (Betriebsstörungen!) Formiergas eingeleitet oder mit Einlegeringen gearbeitet werden, Bild 18-8. Die Prüfung der Schweißnähte erfolgt mit den üblichen zerstörungsfreien Prüfverfahren. Dampf-, Fernheiz- und frei verlegte Ölleitungen erfordern ab größeren Nennweiten eine Wärmebehandlung auf der Baustelle, die z. B. aus Vorwärmen, Spannungsarmglühen und Normalisieren bestehen kann.

18

2. Flanschverbindungen

Als lösbare Verbindungen werden Flanschverbindungen vielfach durch Schweißverbindungen ersetzt und noch dort eingesetzt, wo Trennstellen vorgesehen werden müssen (z. B. Anschluss an Armaturen und Pumpen) oder wo aus Sicherheitsgründen nicht geschweißt werden darf.

Die Verbindung besteht aus den beiden Flanschen, der eingelegten Dichtung und den für das Zusammenpressen erforderlichen Schrauben und Muttern. Alle Teile sind weitgehend genormt. Runde, nach PN bezeichnete Flansche für Rohre, Armaturen und Formstücke sind in

DIN EN 1092-1 bis -6 genormt. Festgelegt sind Flanschtypen, Dichtflächen, Maße, Toleranzen, Oberflächenbeschaffenheit und die Qualitätssicherung mit der zugehörigen Druck/Temperatur-Zuordnung. EN 1092 besteht aus den Teilen Stahlflansche (Teil 1), Gusseisenflansche (Teil 2), Flansche aus Kupfer-, Aluminium- und anderen metallischen und nichtmetallischen Werkstoffen (Teile 3 bis 6). Bild 18-9 zeigt einige genormte Flanschtypen.

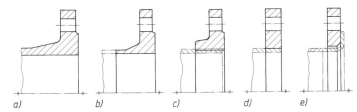

Bild 18-9 Genormte Flansche. a) Gusseisen- und Stahlgussflansch, b) Vorschweißflansch, c) Gewinde-flansch mit Ansatz, d) glatter Flansch zum Löten oder Schweißen, e) loser Flansch für Bördelrohr

Durch die Maßnormen können Flansche gleicher Nennweite und gleichen Nenndruckes unabhängig von ihrer Bauform verbunden und gegeneinander ausgetauscht werden. Dadurch ist es möglich, Rohre aller Werkstoffe (GJL, St, NE-Metalle) beliebig miteinander zu verbinden.

Jeder Flansch erhält eine durch 4 teilbare Anzahl von Schraubenlöchern, die so anzuordnen sind, dass sie symmetrisch zu den beiden Hauptachsen liegen und dass in diese Achsen keine Bohrungen fallen.

Anschlussmaße der Flansche für PN 6, PN 40 und PN 63 siehe TB 18-2. Die Dichtungen müssen zum Ausgleich von Dichtflächenungenauigkeiten elastisch sein, dabei aber auch den mechanischen und thermischen Einwirkungen standhalten; außerdem wird Beständigkeit gegenüber dem Leitungsinhalt gefordert. Verwendet werden überwiegend Weichdichtungen aus It-Werkstoffen, Metall-Weichstoffdichtungen und Metalldichtungen nach DIN 2690 bis 2698. Näheres zur Dichtungstechnik siehe unter 19.2.

Flansche mit glatten Dichtleisten sind am preiswertesten und ermöglichen einen leichten Ein- und Ausbau, Bild 18-9. Nut- und Federflansche weisen die beste Dichtwirkung auf und werden bei hohen Drücken und Vakuum eingesetzt, besonders aber dort, wo austretende Medien Schäden verursachen könnten (Vergiftung, Brand), Bild 18-10a. Nachteilig ist die erschwerte Montage, da die anschließenden Rohrteile um das Maß der Feder auseinandergerückt werden müssen. Ähnliches gilt für Flansche mit Vor- und Rücksprung nach Bild 18-10b, aber keine Anwendung für Vakuum. Bei der Profildichtung nach Bild 18-10c liegt ein Rundgummiring in der *V*-förmigen Nut des Vorsprungflansches. Die Funktionen Dichten und Verbinden sind getrennt.

Für hohe Drücke werden Flansche mit Abschrägung für Membran-Schweißdichtungen (DIN 2695, Bild 19-4b) und mit Eindrehung für Linsendichtungen (DIN 2696) eingesetzt. Die Auswahl der Schrauben und Muttern ist nach DIN EN 1515 vorzunehmen.

18

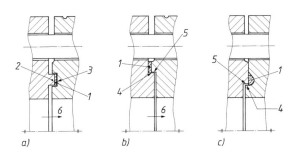

Bild 18-10
Formen der Dichtflächen bei Flanschver-bindungen (vgl. EN 1514-1)
a) Feder und Nut
b) Vor- und Rücksprung
c) Vorsprung mit Eindrehung und Rücksprung
1 Dichtring, **2** Feder, **3** Nut, **4** Vorsprung,
5 Rücksprung, **6** Strömungsrichtung

Hinweis: Soweit Flanschnormen bestehen, erübrigt sich eine Festigkeitsberechnung für Flansche und Schrauben, da die Abmessungen für bestimmte PN und DN festgelegt sind. In allen übrigen Fällen ist ein Festigkeitsnachweis nach DIN EN 1591 oder AD 2000-Merkblätter B7 und B8 zu führen, s. unter 19.2.2.

3. Rohrverschraubungen

Eine häufige und bewährte Verbindungsart für Versorgungsleitungen in der Hausinstallation ist die mittels Gewinderohren und Temperguss- bzw. Stahlfittings DIN EN 10242. Man verwendet dabei ausschließlich das Whitworth-Rohrgewinde DIN EN 10226-1 mit zylindrischem Innen- und kegeligem Außengewinde (Kegel 1:16), Bild 18-11. Diese Gewindeverbindung ist so ausgelegt, dass die Dichtwirkung zum größten Teil durch die metallische Pressung der Gewindeflanken gegeneinander erreicht wird. Wenn nötig, darf ein geeignetes Dichtmittel (Kunststoffbänder, Hanf, Vlies) im Gewinde verwendet werden, um eine dichte Verbindung sicherzustellen. Bei allseitigem Rechtsgewinde gelten derartige Schraubverbindungen als unlösbar.

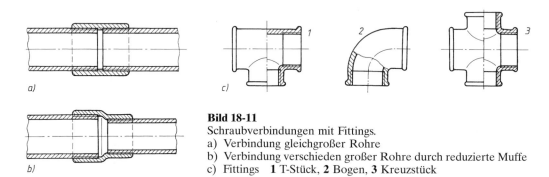

Bild 18-11
Schraubverbindungen mit Fittings.
a) Verbindung gleichgroßer Rohre
b) Verbindung verschieden großer Rohre durch reduzierte Muffe
c) Fittings   **1** T-Stück, **2** Bogen, **3** Kreuzstück

In den Leitungsnetzen der bei hohen Drücken (bis 630 bar) arbeitenden Ölhydraulik werden Rohrverschraubungen entsprechend den Bildern 18-12 und 18-13 benutzt. Die Abdichtung erfolgt über metallischen Kontakt oder elastisch durch O-Ringe, s. Bild 18-12. Die Haltefunktion übernehmen Schneidringe oder Bördel oder Kegel zusammen mit der Überwurfmutter, vgl. Bild 18-12. Bei hohen Drücken und starken dynamischen Belastungen (Druckspitzen, mechanische Schwingungen) haben sich weichdichtende Schweißkegelverschraubungen (Bild 18-12d) besonders bewährt. Durch die O-Ring-Abdichtung und den Wegfall eines Schneidrings erreicht

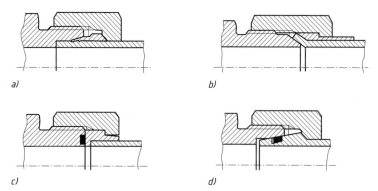

18

Bild 18-12 Rohrverschraubungen nach ISO 8434 für Hydraulikanlagen (Rohraußendurchmesser 6 bis 38 mm, bis PN 630). a) Schneidring, Dichtkegel 24° (DIN 2353), b) Bördel, Dichtkegel 37°, c) flachdichtend mit O-Ring (Bördel oder Endstück 90°), d) Schweiß-(Dicht-)Kegel 24° mit O-Ring (DIN 3865)

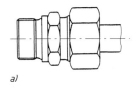
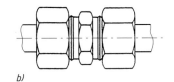

a)   b)

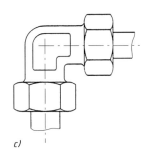
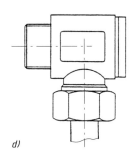

c)   d)

Bild 18-13
Verschraubungsarten.
a) Gerade Einschraubverschrau-
   bung
b) gerade Verbindungs-
   Verschraubung
c) Winkelverschraubung
d) Schwenkverschraubung

man auch bei extremen Betriebsverhältnissen absolute Dichtheit der Verbindung bei hoher Biege-
wechsel- und Druckimpulsfestigkeit. Metallisch dichtende Bördelverschraubungen (Bild 18-12b)
kommen im Mitteldruckbereich der Hydraulik zum Einsatz. Bei der flachdichtenden Bördelver-
schraubung 90° ist zu beachten, dass sie keine Fluchtungsfehler ausgleichen kann (Bild 18-12c).
Auf der Grundlage des genormten 24°-Grundkörpers mit genormter Überwurfmutter wurden
neue Verschraubungen entwickelt, so z. B. Schneidringe mit Weichdichtung und Formkopf mit/
ohne Weichdichtung.
Hydraulikrohre werden an Hydraulikgeräte mittels Einschraubzapfen und -löcher angeschlossen (Bild 18-13a). DIN 3852 sieht für zylindrisches und kegeliges Einschraubgewinde das Metrische Feingewinde und das Whitworth-Rohrgewinde vor (TB 18-11).
Die Abdichtung sollte durch einen elastomeren Dichtring erfolgen. In Rohrleitungsnetzen erfolgt die Verbindung der Rohre miteinander durch Verbindungsverschraubungen (Gerade-,
Winkel-. T- und Kreuzform) und ggf. durch Schott- und Einschweißverschraubungen, s. Bild 18-13b
und c. Wegen des erforderlichen Anziehdrehmomentes sind bei Rohraußendurchmesser über
38 mm Flanschverbindungen üblich.

4. Muffenverbindungen

Elastische Muffenverbindungen werden für Gusseisenrohre bei Gas- und Wasserleitungen
(siehe TB 18-1) und bei Kunststoffrohren eingesetzt. Starre Muffenverbindungen (z. B. Stemm-
muffen) werden seltener angewandt. Schweißmuffen siehe unter 18.3.2-1.
Bei der Steckmuffen-Verbindung, Bild 18-14a, wird ein Gummidichtring (2) in die Muffe (1)
eingelegt. Nach dem Einfahren des glatten Rohrendes in die Muffenkammer wird durch Verformen des Dichtringes die radiale Dichtpressung erzielt.
Bei der Schraubmuffen-Verbindung wird das feste Einpressen des Gummidichtringes (3) durch
einen Schraubring (2) bewirkt, Bild 18-14b.
Bei der Stopfbuchsenmuffen-Verbindung wird ein Gummidichtring (3) unter dem Druck
des Stopfbuchsenrings (2) wie eine Stopfbuchsenpackung in die Dichtfuge gepresst,
Bild 18-14c.
Alle genannten Ausführungen gestatten Winkelabweichungen und können Längsverschiebun-
gen aufnehmen. Sie ermöglichen daher die Ausführung sanfter Krümmungen ohne Formstücke
und verhindern Rohrbrüche bei Senkungen des Erdreichs. Zur Aufnahme von Längskräften
müssen die Leitungen allerdings entsprechend gesichert werden. Auch mit temperaturempfind-
lichem Innenschutz versehene Rohre lassen sich schonend (keine Wärme!), einfach und schnell
verlegen.

18

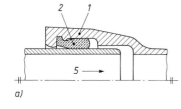

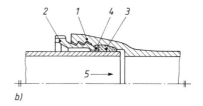

Bild 18-14 Muffenverbindungen für Druckrohre aus duktilem Gusseisen.
a) Steckmuffen-Verbindung nach DIN 28 603
   (**1** Steckmuffe, **2** Dichtring)
b) Schraubmuffen-Verbindung nach DIN 28 601
   (**1** Schraubmuffe, **2** Schraubring, **3** Dichtring,
   4 Gleitring)
c) Stopfbuchsenmuffen-Verbindung nach DIN 28 602
   (**1** Stopfbuchsenmuffe, **2** Stopfbuchsenring,
   3 Dichtring, **4** Hammerschraube mit Mutter,
   5 Strömungsrichtung)

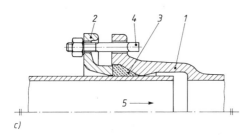

18.3.3 Dehnungsausgleicher

Rohrleitungen sind infolge Temperaturänderungen des Leitungsinhalts oder der Umgebung Längenänderungen unterworfen, die durch eine elastische Gestaltung der Rohrleitung ausgeglichen werden müssen. Ist die Leitung gerade und fest eingespannt, so muss die entstehende Rohrkraft (Zug oder Druck) von den Festpunkten aufgenommen werden. Der Extremwert der Längsspannungen im Rohr beträgt dann $\sigma_\vartheta = E \cdot \alpha \cdot \Delta\vartheta$, bei Stahlrohren sind das ca. 2,5 N/mm² je K Temperaturdifferenz. Überschlägig lässt sich die von der Rohrlänge unabhängige Rohrkraft für beliebige Rohrwerkstoffe ermitteln aus:

$$\boxed{F_\vartheta \approx E \cdot \alpha \cdot \Delta\vartheta \cdot A}$$

F_ϑ	E	α	$\Delta\vartheta$	A
N	N/mm²	K⁻¹	K	mm²

(18.1)

E Elastizitätsmodul des Rohrwerkstoffes nach TB 1-1 bis TB 1-4
α thermischer Längenausdehnungskoeffizient des Rohrwerkstoffes
    Baustahl: $12 \cdot 10^{-6}\,\mathrm{K}^{-1}$; warmfeste und nichtrostende Stähle sowie Cu: $17 \cdot 10^{-6}\,\mathrm{K}^{-1}$; Al-Leg.: $24 \cdot 10^{-6}\,\mathrm{K}^{-1}$; Kunststoffe: zwischen $50 \cdot 10^{-6}\,\mathrm{K}^{-1}$ bei tiefen und max. $200 \cdot 10^{-6}\,\mathrm{K}^{-1}$ bei hohen Temperaturen (80 °C)
$\Delta\vartheta$ Temperaturdifferenz zwischen Einbau und Betriebszustand
A Rohrwandquerschnitt, z. B. aus TB 1-13

Anzustreben ist natürlicher Dehnungsausgleich durch Richtungswechsel der verlegten Rohre. Hierbei wird die Ausdehnung der geraden Strecke durch Ausbiegung des rechtwinkligen Rohrschenkels aufgenommen, Bild 18-15a. Die Festpunkte sollten möglichst an den Armaturen angeordnet werden. Größere Längenänderungen können durch Dehnungsausgleicher aufgenommen werden, die zwischen den Festpunkten anzuordnen sind, Bild 18-15b. Bewährt haben sich Dehnungsbogen in U- oder Lyra-Form, die aus dem gleichen Werkstoff wie das Rohr bestehen. Sie sind betriebssicher und wartungsfrei, aber sehr platzaufwendig. Um die entstehenden Kräfte, Biegemomente und Drehmomente auf ein erträgliches Maß zu reduzieren, werden die Rohre mit Vorspannung entgegen der Wärmedehnung montiert. Üblich ist eine Vorspannung von 50% der zu erwartenden Kraft. Hochbeanspruchte Leitungen müssen in Bezug auf die Wärmedehnung genau berechnet werden.

Bei großen Rohrleitungen und bei beengten Platzverhältnissen müssen die Wärmedehnungen von besonderen Elementen aufgenommen werden (künstlicher Dehnungsausgleich). Einfachstes Element ist die Linse (Bild 18-15c), die zu mehreren Elementen zusammengesetzt einen Metallbalg ergibt. Stopfbuchsen-Dehnungsausgleicher können große Dehnwege ausgleichen, Bild 18-15d.

18

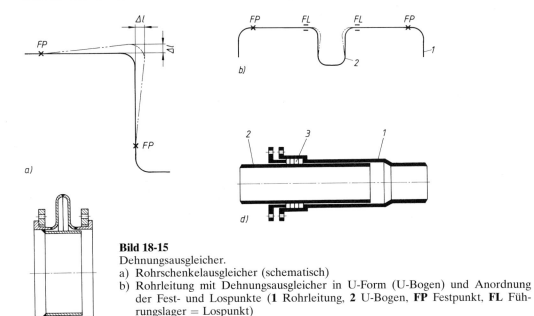

Bild 18-15
Dehnungsausgleicher.
a) Rohrschenkelausgleicher (schematisch)
b) Rohrleitung mit Dehnungsausgleicher in U-Form (U-Bogen) und Anordnung der Fest- und Lospunkte (**1** Rohrleitung, **2** U-Bogen, **FP** Festpunkt, **FL** Führungslager = Lospunkt)
c) Linsenausgleicher
d) Stopfbuchsen-Dehnungsausgleicher, schematisch
(**1** Hülsrohr, **2** Degenrohr, **3** Stopfbuchse)

18.3.4 Rohrhalterungen

Sie müssen das Betriebsgewicht der Leitung und in Festpunkten auch Kräfte und Momente aus der Wärmedehnung aufnehmen. Die *Abstände* zwischen den Unterstützungspunkten können für Stahlrohrleitungen nach folgender Faustformel festgelegt werden:

$$L = k \cdot d_\mathrm{i}^{0,67}$$

L	k	d_i
m	1	mm

(18.2)

d_i Rohrinnendurchmesser
k Faktor für die Rohrausführung
     – für leeres ungedämmtes Rohr: $k = 0,3$
     – für gefülltes (Wasser) und gedämmtes Rohr: $k = 0,2$

Durch die Festlegung der zulässigen Stützweite L werden die Auswirkung der Gewichtskräfte auf die Durchbiegung bzw. die Spannung begrenzt. Um „Pfützenbildung" zu vermeiden wird nach AD2000-Merkblatt HP100R eine Grenzdurchbiegung (für $\leq$ DN 50: $f = 3$ mm und für $>$ DN 50: $f = 5$ mm) und eine Begrenzung der Biegespannung ($\sigma \leq 40$ N/mm^2) festgelegt. Die Verformungsbegrenzung führt dabei zu den kleineren Stützweiten, s. TB 18-12.
Festpunkte dienen zur Fixierung der Leitung in Dehnungsrichtung und müssen für die auftretenden Längskräfte starr genug ausgeführt werden, Bild 18-16a. Rohrunterstützungen leiten die Gewichtskräfte auf die Auflage ab und sind meist als Führungslager (Lospunkt) ausgebildet, Bild 18-16b.
Rohraufhängungen gibt es in vielen Ausführungsformen, Bild 18-16c und 18-16d. Als Lospunkte haben sie die Aufgabe, das Leitungsgewicht zu tragen und die Einstellung des Gefälles zu ermöglichen. Halterungen für Rohrleitungen, die der Druckgeräterichtlinie unterliegen, müssen den sicherheitstechnischen Anforderungen von DIN EN 13480-3 entsprechen.

18

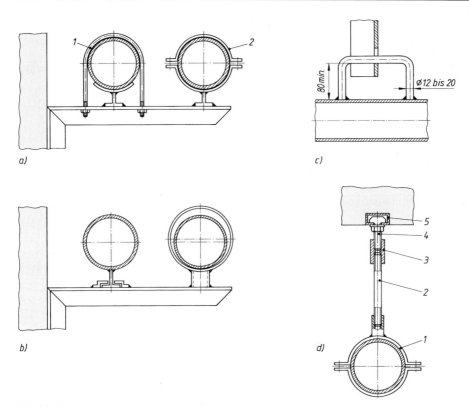

Bild 18-16 Rohrabstützungen und Befestigungen.
a) Rohrbefestigung (Festpunkt) mit Rundstahlbügel (1) und Rohrschelle (2)
b) Rohrunterstützung (Lospunkt), als Führungslager ausgebildet
c) Rohraufhängung mit U-förmigem Rundstahlbügel
d) Deckenaufhängung mit Gewindestange
    (**1** Schelle, **2** Gewindestange, **3** Gewindemuffe, **4** Hammerschraube, **5** Montageschiene)

18.3.5 Gestaltungsrichtlinien für Rohrleitungsanlagen

1. Betriebssicherheit:

- Alle Rohrleitungsteile müssen den Sicherheitsvorschriften entsprechen.
- Bei der Werkstoffwahl sind die Forderungen der Regelwerke zu beachten.
- Korrosionsschutz ausführen und sichern. Für Innenschutz u. U. lebensmittelrechtliche Bestimmungen beachten.
- Die Auswechslung einzelner Teile soll ohne Betriebsunterbrechung möglich sein.
- Zum Schutz der Anlagen sind Sicherheitsventile, Rückschlagklappen, Entlüftungs- und Entwässerungseinrichtungen u. dgl. einzusetzen.
- Wirksamen Ausgleich der Wärmedehnung realisieren.
- Rohrleitungsteile ausreichend abstützen. Auftretende Kräfte sicher ableiten (Fest- und Lospunkte, Halterungen, Rohrleitungsbrücken und -schwellen, Auflager und Einbettung).
- Rohrleitungen mit ausreichendem Gefälle ausführen. Gefälle bei Wasserleitungen 5 mm/m, Luftleitungen (ungetrocknet) 20 mm/m.
- Eindeutige Markierung und Kennzeichnung.

2. Wirtschaftlichkeit:

- Kurze und möglichst gerade Rohrleitungen anstreben.
- Strömungstechnisch günstige Armaturen und Formstücke verwenden.
- Günstige Strömungsgeschwindigkeit wählen, siehe TB 18-5.
- Wärme- und kälteführende Rohrleitungen dämmen um Energieverluste zu begrenzen.
- Erweiterungsmöglichkeiten vorsehen.

3. Instandhaltung:

- Rohrleitungen übersichtlich und leicht zugänglich ausführen.
- Montage- und Demontagemöglichkeiten vorsehen.
- Durch Umschaltmöglichkeiten Voraussetzungen für Reparatur ohne Stillsetzung der Anlage schaffen.

18.3.6 Darstellung der Rohrleitungen

Rohrleitungen werden in Zeichnungen meist nicht maßstäblich sondern symbolhaft dargestellt. Rohrleitungspläne sind Schaltpläne aus denen die Funktion der einzelnen Komponenten erkennbar sein muss. DIN 2429-2 enthält graphische Symbole für Leitungen, Verbindungen und Armaturen und in DIN ISO 6412 ist die orthogonale und die isometrische Darstellung von Rohrleitungen festgelegt.

Für die einzelnen Anwendungsbereiche gelten besondere Darstellungen, so z. B. für die Rohrnetzpläne der Gas- und Wasserversorgung (DIN 2425-1), die Fließbilder der Kälteanlagen (DIN EN 1861) und für Schaltpläne der Fluidtechnik (DIN ISO 1219-1).

Nicht erdverlegte Rohrleitungen werden aus Sicherheitsgründen durch Schilder und für den Durchflussstoff festgelegte Farben gekennzeichnet (z. B. brennbare Flüssigkeiten: braun).

18.4 Berechnungsgrundlagen

18.4.1 Rohrquerschnitt und Druckverlust

Bei der Planung von Rohrleitungen wird zunächst die Nennweite festgelegt. Dabei ist nach meist vorgegebenem Volumenstrom $\dot{V}$ die Strömungsgeschwindigkeit v je nach Art der Anlage so zu wählen, dass sich niedrige Rohrleitungs- und Betriebskosten ergeben.

Aus der Durchflussgleichung für inkompressible Medien $\dot{V} = A \cdot v = \dot{m}/\varrho =$ konstant ergibt sich bei gegebenem Volumen- bzw. Massenstrom für kreisförmige Rohre der Mittelwert der Strömungsgeschwindigkeit

$$v = \frac{4}{\pi} \cdot \frac{\dot{V}}{d_i^2} = \frac{4}{\pi} \cdot \frac{\dot{m}}{\varrho \cdot d_i^2} \qquad (18.3)$$

18

oder bei gewählter Strömungsgeschwindigkeit der erforderliche Rohrinnendurchmesser

$$d_i = \sqrt{\frac{4}{\pi} \cdot \frac{\dot{V}}{v}} = \sqrt{\frac{4}{\pi} \cdot \frac{\dot{m}}{\varrho \cdot v}}$$

d_i	v	$\dot{V}$	$\dot{m}$	ϱ
m	m/s	m³/s	kg/s	kg/m³

(18.4)

$\dot{V}$ Volumenstrom

v Strömungsgeschwindigkeit, Richtwerte nach TB 18-5

$\dot{m}$ Massenstrom

ϱ Dichte des Mediums, abhängig von Druck und Temperatur; Anhaltswerte s. TB 18-9

Danach kann ein Rohr mit der entsprechenden lichten Weite (Innendurchmesser bzw. Nennweite) aus den Rohrnormen ausgewählt werden (TB 18-1 und TB 1-13).

Der wirtschaftliche Rohrdurchmesser hängt über die Anlage- und Betriebskosten auch stark vom Druckverlust Δp ab, der durch die Reibung des strömenden Stoffes und durch Stromablösungen und Wirbel in Rohrleitungselementen entsteht. Er stellt eine verbrauchte Leistung dar, die von Pumpen und Verdichtern aufgebracht werden muss. Ein natürliches Druckgefälle steht nur bei abfallenden Wasserleitungen oder bei ansteigenden Gasleitungen ($\varrho_{\text{Gas}} < \varrho_{\text{Luft}}$) zur Verfügung.

Bei inkompressibler, also raumbeständiger Fortleitung wird bei geraden kreisförmigen Rohrleitungen ohne Einbauten der Druckverlust

$$\Delta p = \lambda \cdot \frac{l}{d_i} \cdot \frac{\varrho}{2} \cdot v^2 \tag{18.5}$$

Die durch Rohrleitungselemente (Rohrerweiterungen und -verengungen, Rohrumlenkungen, Absperrorgane) verursachten Druckverluste betragen

$$\Delta p = \Sigma \zeta \cdot \varrho \cdot v^2 / 2 \tag{18.6}$$

Unter Berücksichtigung des geodätischen Höhenunterschiedes Δh bei nicht horizontal verlaufenden Leitungen erhält man die allgemeine Berechnungsformel für den *gesamten Druckverlust*

$$\Delta p = \frac{\varrho \cdot v^2}{2} \left(\frac{\lambda \cdot l}{d_i} + \Sigma \zeta \right) \pm \Delta h \cdot g \cdot (\varrho - \varrho_{\text{Luft}}) \tag{18.7}$$

Δp [1]	ϱ	v	λ	l	d_i	ζ	Δh	g
Pa	kg/m³	m/s	1	m	m	1	m	9,81 m/s²

d_i, v wie zu Gln. (18.3) und (18.4)
l Länge der Rohrleitung
λ Rohrreibungszahl nach TB 18-8 bzw. Gln. (18.9) bis (18.11)
ζ Widerstandszahl, abhängig vom Rohrleitungselement; Richtwerte s. TB 18-7
Δh Unterschied der geodätischen Höhe zwischen Anfangs- und Endpunkt der Leitung
ϱ, ϱ_{Luft} Dichte des Mediums bzw. der Umgebungsluft; Anhaltswerte s. TB 18-9
g Fallbeschleunigung

Hinweis: Im 2. Glied der Gleichung gilt das positive Vorzeichen für aufsteigende und das negative Vorzeichen für abfallende Leitungen. Bei $\varrho < \varrho_{\text{Luft}}$ (z. B. Niederdruckgasleitungen) ergibt sich für aufsteigende Leitungen ein Druckgewinn (Auftrieb), bei abfallenden Leitungen entsprechend ein Druckverlust.

Die Strömungsform ist abhängig von der Reynolds-Zahl

$$Re = \frac{v \cdot d_i}{\nu} = \frac{v \cdot d_i \cdot \varrho}{\eta}$$

Re	v	d_i	ν	ϱ	η
1	m/s	m	m²/s	kg/m³	Pa s

$\tag{18.8}$

d_i, ϱ, v wie zu Gln. (18.3) und (18.4)
η dynamische Viskosität, stark temperaturabhängig, Anhaltswerte s. TB 18-9b; für Schmieröle s. TB 15-9
ν kinematische Viskosität, temperatur- und bei Gasen auch druckabhängig; Anhaltswerte s. TB 18-9a

---

[1] Die SI-Einheit des Druckes ist das Pascal (Pa). 1 Pa = 1 N/m² = 1 kg/(m · s²). 1 bar = 0,1 MPa = 0,1 N/mm² = 10⁵ Pa.

Die kritische Reynolds-Zahl $Re_{krit} = 2320$ kennzeichnet den Übergang von der laminaren zur turbulenten Strömung. Der Reibungseinfluss wird durch die Rohrreibungszahl λ erfaßt, der von der Reynolds-Zahl Re und von der relativen Rauigkeit d_i/k abhängen kann, vgl. TB 18-8.
Bei laminarer Strömung ($Re < 2320$, z. B. Ölleitungen) ist die Rohrreibungszahl unabhängig von der Rauigkeit der Rohrwand

$$\lambda = \frac{64}{Re} \tag{18.9}$$

Im turbulenten Strömungsgebiet steigt die Rohrreibungszahl sprunghaft an und verläuft für völlig glatte Rohre ($k = 0$) entsprechend der Näherungsformel $\lambda \approx 0{,}309/[\lg (Re/7)]^2$.
In den meisten Anwendungsfällen liegen Rohre mit vollkommen *rauer Wand* vor, bei denen die Rauigkeitserhebungen k größer sind als die Dicke der viskosen Unterschicht. Die Rohrreibungszahl λ ist nur abhängig von d_i/k und es gilt oberhalb der Grenzkurve $\lambda = [(200d_i/k)/Re]^2$ (vgl. TB 18-8) die Beziehung

$$\lambda = \frac{1}{\left(2\lg \dfrac{d_i}{k} + 1{,}14\right)^2} \tag{18.10}$$

Im *Übergangsgebiet* zwischen vollrauem und glattem Verhalten der Rohrwand hängt die Rohrreibungszahl sowohl von d_i/k als auch von Re ab:

$$\frac{1}{\sqrt{\lambda}} = -2\lg \left(\frac{2{,}51}{Re \cdot \sqrt{\lambda}} + \frac{1}{3{,}71\dfrac{d_i}{k}}\right) \tag{18.11}$$

Hinweis: Bei der Berechnung des Druckverlustes muss erst die für den vorliegenden Strömungsfall zu erwartende Reynolds-Zahl nach Gl. (18.8) ermittelt werden. Danach ist die Rauigkeitshöhe k je nach Rohrart und Zustand der Rohrinnenwand nach TB 18-6 abzuschätzen. Mit Re und d_i/k kann dann die Rohrreibungszahl mit guter Näherung aus TB 18-8 abgelesen oder mit Hilfe der Gln. (18.9) bis (18.11) rechnerisch bestimmt werden. Gl. (18.11) ist implizit und nur iterativ lösbar. Ausreichend genaue Ergebnisse liefert z. B. die explizite Gleichung $\lambda = 0{,}11 \cdot (k/d_i + 68/Re)^{0{,}25}$.

Bei Gas- und Dampfleitungen liegt eine kompressible, also raumveränderliche Fortleitung vor, bei der sich die Dichte des strömenden Stoffes durch die Expansion infolge des Druckabfalls verändert. Ist der Druckverlust und damit die Expansion gering, wie z. B. bei Niederdruck-Gasleitungen, so liefert auch bei einem kompressiblen Stoffstrom die Gl. (18.7) ausreichend genaue Ergebnisse.
Für Rohrleitungen mit abgestuften Durchmessern sind die Druckverluste für jede Teilstrecke gesondert zu ermitteln und zu addieren.
Hohe Strömungsgeschwindigkeiten ergeben zwar kleine Leitungsdurchmesser, aber einen hohen Druckverlust, da dieser mit dem Quadrat der Strömungsgeschwindigkeit wächst. Die Strömungsgeschwindigkeit ist innerhalb der Grenzen nach TB 18-5 umso kleiner zu wählen, je niedriger der Druckverlust gehalten werden soll. Der Druckverlust nimmt umgekehrt proportional der 5. Potenz des Leitungsdurchmessers zu. So steigt z. B. — unter sonst gleichen Bedingungen — bei einem halb so großen Leitungsdurchmesser der Druckverlust auf das 32fache an!

18

18.4.2 Berechnung der Wanddicke gegen Innendruck

Für die Berechnung der geraden Rohrleitungen gegen Innendruck gelten grundsätzlich die gleichen Überlegungen wie für die Berechnung der Druckbehältermäntel unter 6.3.4-1.
Für Rohrleitungen die nicht in den Geltungsbereich anderer Regelwerke fallen (z. B. TRD, AD2000) gilt DIN EN 13 480: Metallische industrielle Rohrleitungen. Teil 3 dieser Norm — Konstruktion und Berechnung — hat die bisherige DIN 2413 abgelöst. DIN EN 13 480 erfüllt die

grundlegenden Sicherheitsanforderungen der europäischen Druckgeräte-Richtlinie. Bei der Dimensionierung müssen außer dem Innendruck gegebenenfalls noch weitere Belastungen berücksichtigt werden, z. B. Wärmeausdehnung, Gewicht von Rohrleitung und Inhalt, Schwingungen, Erddeckung.

1. Rohre aus Stahl

Wie bei Druckbehältern sind zur Ermittlung der Bestellwanddicke t von Stahlrohren mindestens zwei Zuschläge c_1 und c_2 zur *notwendigen Mindestwanddicke* t_v zu addieren.

$$t = t_v + c_1 + c_2 \qquad (18.12)$$

t_v geforderte Mindestwanddicke ohne Zuschläge und Toleranzen nach Gln. (18.13) und (18.14)
c_1 Zuschlag zum Ausgleich der zulässigen Wanddickenunterschreitung (Fertigungstoleranz). Ist c_1' in % der Bestellwanddicke gegeben ($c_1' = (c_1/t) \cdot 100\,\%$), gilt

$$c_1 = (t_v + c_2)\,\frac{c_1'}{100 - c_1'} \text{ bzw.}$$

$$t = (t_v + c_2)\,\frac{100}{100 - c_1'}$$

$c_1' = 8\,\%\ldots20\,\%$ (der bestellten Wanddicke) richtet sich nach den technischen Lieferbedingungen der Stahlrohre, z. B. DIN EN 10216, DIN EN 10217, s. TB 1-13d.
c_2 Korrosions- bzw. Erosionszuschlag, ist vom Besteller anzugeben. Bei ferritischen Stählen im Allgemeinen 1 mm, Null wenn keine Korrosion zu erwarten ist.

Statische Beanspruchung

Rohrleitungen mit *vorwiegend ruhender Beanspruchung* durch Innendruck werden auf Versagen gegen Fließen berechnet. Dabei wird angenommen, dass es bei 1000 Druckzyklen über die volle Schwankungsbreite nicht zu Ermüdungsschäden kommt.

Für die erforderliche Wanddicke gilt

– bei „dünnwandigen" Rohren mit $d_a/d_i \leq 1{,}7$:

$$t_v = \frac{p_e \cdot d_a}{2 \cdot \sigma_{zul} \cdot v_N + p_e}$$

t_v	p_e	d_a	σ_{zul}	v_N
mm	N/mm²	mm	N/mm²	1

$\qquad(18.13)$

– bei „dickwandigen" Rohren mit $d_a/d_i > 1{,}7$:

$$t_v = \frac{d_a}{2}\left(1 - \sqrt{\frac{\sigma_{zul} \cdot v_N - p_e}{\sigma_{zul} \cdot v_N + p_e}}\right) \qquad (18.14)$$

d_a Rohraußendurchmesser
p_e Berechnungsdruck bei den festgelegten Druck-Temperatur-Bedingungen. Er darf nicht kleiner sein als der zugehörige Betriebsdruck. (1 bar = 0,1 N/mm²).
v_N Schweißnahtfaktor, berücksichtigt die Festigkeitsminderung bei Bauteilen mit Stumpfnähten die nicht in Umfangsrichtung liegen. Er darf folgende Werte nicht übersteigen:
$\quad v_N = 1$ bei vollständigem Nachweis durch zerstörende oder zerstörungsfreie Prüfung
$\quad v_N = 0{,}85$ bei Nachweis durch zerstörungsfreie Prüfung an Stichproben
$\quad v_N = 0{,}7$ bei Nachweis lediglich durch Sichtprüfung
σ_{zul} zulässige Spannung

$\quad$ 1. zeitunabhängige zulässige Spannungen:
$\qquad$ a) nicht austenitische Stähle und austenitische Stähle mit $A < 30\,\%$:

$$\sigma_{zul} = \min\left(\frac{R_{eH/\vartheta}}{1{,}5} \quad \text{oder} \quad \frac{R_{p0,2/\vartheta}}{1{,}5}; \frac{R_m}{2{,}4}\right)$$

18

b) austenitische Stähle:

für $30\,\% \leq A \leq 35\,\%$ $\qquad \sigma_{\text{zul}} = \min\left(\dfrac{R_{p\,1,0/\vartheta}}{1,5}; \dfrac{R_{\text{m}}}{2,4}\right)$

für $A > 35\,\%$ $\qquad \sigma_{\text{zul}} = \dfrac{R_{p\,1,0/\vartheta}}{1,5}$ oder falls $R_{\text{m}/\vartheta}$ verfügbar

$\qquad \sigma_{\text{zul}} = \min\left(\dfrac{R_{\text{m}/\vartheta}}{3}; \dfrac{R_{p\,1,0/\vartheta}}{1,2}\right)$

c) für Stahlguss: $\qquad \sigma_{\text{zul}} = \min\left(\dfrac{R_{\text{eH}/\vartheta}}{1,9} \quad \text{oder} \quad \dfrac{R_{p\,0,2/\vartheta}}{1,9}; \dfrac{R_{\text{m}}}{3,0}\right)$

2. zeitabhängige zulässige Spannungen:

$\sigma_{\text{zul},t} = \dfrac{R_{\text{m}/t/\vartheta}}{S_{\text{t}}}$

mit Zeitstandfestigkeit $R_{\text{m}/2\cdot10^5/\vartheta}$, $R_{\text{m}/1,5\cdot10^5/\vartheta}$ und $R_{\text{m}/10^5/\vartheta}$ z. B. nach TB 18-10;
zeitabhängiger Sicherheitsbeiwert $S_{\text{t}} = 1{,}25$ für $2\cdot10^5$ h, $S_{\text{t}} = 1{,}35$ für $1{,}5\cdot10^5$ h und
$S_{\text{t}} = 1{,}5$ für 10^5 h
Festigkeitskennwerte bei Berechnungstemperatur s. TB 18-10 und TB 6-15.

Hinweis: Ist keine Lebensdauer festgelegt gilt $R_{\text{m}/2\cdot10^5/\vartheta}$, sind keine Werte für $2\cdot10^5$ h festgelegt gilt $R_{\text{m}/1,5\cdot10^5/\vartheta}$ bzw. $R_{\text{m}/10^5/\vartheta}$. Dabei darf die 1 %-Zeitdehngrenze nicht überschritten werden. In Temperaturbereichen, in denen Warmstreckgrenze (zeitunabhängig) und Zeitstandfestigkeit relevant sind, ist aus beiden σ_{zul} zu berechnen. Maßgebend ist der kleinere Wert.

Dynamische Beanspruchung

Wenn die dynamische Beanspruchung ausschließlich auf Druckschwankungen beruht, ist nach DIN EN 13 480-3 eine vereinfachte Auslegung auf „Wechselbeanspruchung" zulässig. (Der Begriff „Wechselbeanspruchung" steht hier für die Änderung einer Last über die Zeit). Bei der Berechnung werden die Kriterien für statische Beanspruchung verwendet und die jeweiligen Spannungsspitzen der Ermüdung durch Anwendung eines Spannungskonzentrationsfaktors (η) berücksichtigt.

Zuerst wird eine fiktive pseudoelastische *Spannungsschwingbreite* berechnet

$$2\cdot\sigma_{\text{a}}^* = \frac{\eta}{F_{\text{d}}\cdot F_{\vartheta}^*}\cdot\frac{p_{\max}-p_{\min}}{p_{\text{r}}}\cdot\sigma_{\text{zul},20} \qquad\qquad (18.15)$$

η	Spannungsfaktor für verschiedene Konstruktionsformen, z. B. 1,0 für kreisrunde ungeschweißte Rohre, 1,3 bzw. 1,5 für Rundschweißnähte bei gleichen bzw. ungleichen Wanddicken, 1,6 für Längsnähte bei gleichen Wanddicken
p_{r}	Ersatz-Druck, zulässiger statischer Druck bei 20 °C nach Gln. (18.13) bzw. (18.14)
$\sigma_{\text{zul},20}$	zulässige Spannung bei 20 °C, wie zu Gln. (18.13) bzw. (18.14)
$p_{\max}-p_{\min}$	Druckschwankungsbreite (doppelte Amplitude)
F_{d}	Korrekturfaktor zur Berücksichtigung des Wanddickeneinflusses

für Wanddicken $t \leq 25$ mm: $F_{\text{d}} = 1$

für Wanddicken $t > 25$ mm: $F_{\text{d}} = \left(\dfrac{25}{t}\right)^{0,25} \geq 0{,}64$

F_{ϑ}^*	Temperatureinflussfaktor

ferritischer Stahl: $F_{\vartheta}^* = 1{,}03 - 1{,}5\cdot10^{-4}\cdot\vartheta^* - 1{,}5\cdot10^{-6}\cdot\vartheta^{*2}$
austenitischer Werkstoff: $F_{\vartheta}^* = 1{,}043 - 4{,}3\cdot10^{-4}\cdot\vartheta^*$
für $\vartheta^* \leq 100\,°\text{C}: F_{\vartheta}^* = 1$
wobei Lastzyklustemperatur $\vartheta^* = 0{,}75\cdot\vartheta_{\max} + 0{,}25\cdot\vartheta_{\min}$

18

Nun kann die *zulässige Lastspielzahl* im Bereich $10^3 \leq N_{zul} \leq 2 \cdot 10^6$ als Funktion der „pseudo-elastischen Spannungsschwingbreite" $2 \cdot \sigma_a^*$ berechnet werden.

$$N_{zul} = \left(\frac{B}{2 \cdot \sigma_a^*} \right)^m \qquad\qquad (18.16)$$

B Berechnungskonstante
       Klasse *RS* (gewalzte Oberfläche): $B = 7890$ N/mm^2
       Schweißnahtklasse *K1* (z. B. Rundschweißnaht, beidseitig geschweißt: $B = 7940$ N/mm^2
       Schweißnahtklasse *K2* (z. B. Längsnaht, einseitig geschweißt): $B = 6300$ N/mm^2
       Schweißnahtklasse *K3* (z. B. Ecknaht, einseitig geschweißt): $B = 5040$ N/mm^2
$2 \cdot \sigma_a^*$ Spannungsschwingbreite nach Gl. (18.15)
m 3 (Schweißnähte)
       3,5 (ungeschweißte Bereiche, gewalzt oder bearbeitet)

Als Grenzwerte der Dauerfestigkeit gelten
       $2 \cdot \sigma_{a,D} = 125$ N/mm^2 für warmgewalzte Stahlbleche (Klasse *RS*)
       $2 \cdot \sigma_{a,D} = 63$ N/mm^2 für Schweißnähte Klasse *K1*
       $2 \cdot \sigma_{a,D} = 50$ N/mm^2 für Schweißnähte Klasse *K2*
       $2 \cdot \sigma_{a,D} = 40$ N/mm^2 für Schweißnähte Klasse *K3*

Die Dauerfestigkeitswerte sind mit der Betriebslastspielzahl $N = 2 \cdot 10^6$ angesetzt. Dauerfestigkeit liegt vor, wenn $2 \cdot \sigma_a^* < 2 \cdot \sigma_{a,D}$.

Druckprüfung

Die Druckprüfung von Rohrleitungen ist in DIN EN 13 480-5 geregelt. Für die während der Prüfung auftretende Spannung bei der Prüftemperatur gilt nach DIN EN 13 480-3

$$\sigma_{prüf} \leq \sigma_{prüf,zul} \qquad\qquad (18.17)$$

$\sigma_{prüf,zul}$ für austenitische Stähle mit $A \geq 25\,\%$: max $\{0{,}95 \cdot R_{p\,1,0}; \; 0{,}45 \cdot R_m\}$
            für nicht austenitische Stähle und austenitische Stähle mit $A \leq 25\,\%$:
            $\sigma_{prüf,zul} \leq 0{,}95 \cdot R_{eH}$

Bei der Wasserdruckprüfung darf der Prüfdruck den höheren der beiden Werte nicht unterschreiten: $p_{prüf} = \max \left\{ 1{,}25 \cdot p_e \cdot \dfrac{\sigma_{prüf,zul}}{\sigma_{zul}}; \; 1{,}43 \cdot p_e \right\}$. Dabei darf aber $\sigma_{prüf,zul}$ nicht überschritten werden.

2. Rohre aus duktilem Gusseisen

Muffen- und Flanschrohre aus duktilem Gusseisen sind für Wasserleitungen in DIN EN 545 und für Gasleitungen in DIN EN 969 genormt, s. TB 18-1.
Dort werden mit dem Faktor $K(...8, 9, 10, 12 ...)$ Rohrklassen gebildet (z. B. *K*10) mit denen in Abhängigkeit von DN die Nenngusswanddicke errechnet wird: $t = K\,(0{,}5 + 0{,}001\,DN)$. Die Mindestwanddicke beträgt 6 mm.
Der zulässige Betriebsdruck für duktile Muffenrohre beträgt nach DIN EN 545

18

$$p_{e,zul} = \frac{2 \cdot t_{min} \cdot R_m}{d_m \cdot S} \qquad\qquad (18.18)$$

t_{min} Mindestrohrwanddicke für Schleudergussrohre $t - c_1$, mit zulässiger Wanddickenunterschreitung $c_1 = 1{,}3$ mm für $t = 6$ mm und $c_1 = 1{,}3$ mm $+ 0{,}001$ DN für $t > 6$ mm
R_m Mindestzugfestigkeit des duktilen Gusseisens ($R_m = 420$ N/mm^2)
d_m mittlerer Rohrdurchmesser $d_a - t$
S Sicherheitsfaktor
       3,0 bei höchstem hydrostatischem Druck im Dauerbetrieb
       2,5 bei höchstem zeitweise auftretendem hydrostatischen Druck inklusive Druckstoß

3. Rohre aus Kunststoff

Für Rohrleitungen kommen häufig thermoplastische Kunststoffe, wie PVC-U, PVC-C, PE-HD und PP zum Einsatz. Dabei ist zu beachten, dass Thermoplaste auch bei Raumtemperatur zum Kriechen neigen und ihre Festigkeit unter Dauerbelastung absinkt. Festigkeitsberechnungen bei Kunststoffrohren sind deshalb grundsätzlich auf der Grundlage von Langzeit-Kennwerten für eine rechnerische Standzeit von 25 Jahren vorzunehmen. Die Festigkeitskennwerte können, in Abhängigkeit von der Betriebstemperatur, den Zeitstandkurven der Hersteller, den Rohrgrund-normen z. B. DIN 8080, DIN 8078, DIN EN ISO 12 162, DIN EN 1778 und der DVS-Richt-linie 2205-1 entnommen werden, s. TB 18-13.

Die zulässige Spannung ergibt sich aus der Zeitstandfestigkeit K, z. B. nach TB 18-13, dem Sicherheitsfaktor S und gegebenenfalls weiterer Abminderungsfaktoren zur Berücksichtigung des Betriebsmediums, der Zähigkeit des Rohrwerkstoffes und von Schweißnähten.

Nach der „Kesselformel" erhält man die erforderliche Mindest-Rohrwanddicke

$$t_{min} = \frac{p_e \cdot d_a}{2 \cdot \frac{K}{S} + p_e} \tag{18.19}$$

p_e innerer Überdruck (Berechnungsdruck), wobei 1 bar $= 0{,}1$ N/mm²
d_a Rohraußendurchmesser
K Zeitstandfestigkeit bei der Berechnungstemperatur, z. B. aus TB 18-13
S Sicherheitsbeiwert
   1,3 bei ruhender Belastung bei Raumtemperatur und geringer Schadensfolge
   2,0 bei Belastung unter wechselnden Bedingungen und großer Schadensfolge

Nach Ermittlung der rechnerischen Rohrwanddicke muss die Ausführungswanddicke unter Be-rücksichtigung der Nenndruckstufe PN bzw. der Reihe der jeweiligen Rohrnormen festgelegt werden.

4. Berücksichtigung von Druckstößen

Durch Änderung der Strömungsgeschwindigkeit Δv durch einen Regelvorgang (z. B. Schließen eines Schiebers) tritt auf der Zuströmseite ein positiver Druckstoß $+\Delta p$ und auf der Abström-seite ein negativer Druckstoß $-\Delta p$ auf. Er pflanzt sich wellenförmig mit Schallgeschwindigkeit von der Entstehungsstelle nach beiden Seiten fort und wird an Unstetigkeitsstellen (Behälter, Rohrknoten, Leitungsende) der Rohrleitung reflektiert. Für den Weg von z. B einem Ab-schlussorgan zu einem Behälter und zurück benötigt eine Druckwelle die Reflexionszeit

$$t_R = 2 \cdot l/a \tag{18.20}$$

l Länge des Rohrleitungsabschnitts
a Fortpflanzungsgeschwindigkeit einer Druckwelle, s. auch unter Gl. (18.21)

Wesentliche Einflussgrößen auf die Höhe eines Druckstoßes Δp sind die Länge l des maßge-benden Rohrleitungsabschnitts, die Schließzeit t_S des Absperrorgans, die Strömungsgeschwin-digkeit v und die Fortpflanzungsgeschwindigkeit a der Druckwelle im Medium.
Wenn die Strömungsgeschwindigkeit plötzlich von v_1 auf $v_2 = 0$ in einer sehr kurzen Schließzeit $t_S < t_R$ reduziert wird, beträgt der maximale Druckstoß (Joukowsky-Stoß)

$$\Delta p = \varrho \cdot a \cdot \Delta v$$

Δp	ϱ	$a, \Delta v$
Pa	kg/m³	m/s

$$\tag{18.21}$$

ϱ Dichte des Durchflussstoffes
a Fortpflanzungsgeschwindigkeit einer Druckwelle
   Richtwerte: $a = 1000$ m/s für Wasser und dünnflüssige Öle in dünnwandigen Leitungen,
   für verhältnismäßig dickwandige Hydraulikleitungen gilt als Mittelwert $a = 1300$ m/s
Δv Änderung der Strömungsgeschwindigkeit durch einen Regelvorgang (kann positiv oder
   negativ sein)

18

Bei einer Verlängerung der Schließzeit auf mehrere Reflexionszeiten ($t_S \gg t_R$) kann eine erhebliche Reduzierung des Druckstoßes erreicht werden. Bei kurzen Leitungen der Länge $l < a \cdot t_S/2$ und linearem Schließgesetz des Absperrorgans kann mit einer Stoßabminderung gerechnet werden

$$\boxed{\Delta p = \varrho \cdot a \cdot \Delta v \cdot \frac{t_R}{t_S}} \qquad \begin{array}{c|c|c|c} \Delta p & \varrho & a,\, \Delta v & t_R,\, t_S \\ \hline \text{Pa} & \text{kg/m}^3 & \text{m/s} & \text{s} \end{array} \qquad (18.22)$$

$\varrho,\ a,\ \Delta v$ s. zu Gl. (18.21)

t_R \qquad Reflexionszeit bei Druckstoß, s. Gl. (18.20)

t_S \qquad Schließzeit des Absperr- bzw. Steuerorgans

Da es nicht möglich ist, allgemein gültige Formeln aufzustellen, gelten die Gleichungen (18.21) und (18.22) nur näherungsweise. Die Druckstöße sind vor allen Dingen in Flüssigkeitsleitungen wegen der großen Dichte des Mediums sorgfältig zu beachten.

Auch negative Druckstöße sind gefährlich, da es durch Unterdruckbildung zum Einbeulen dünner Rohrwandungen oder zu Wasserschlägen kommen kann. Wenn es die Sicherheit der Anlage erfordert sind druckstoßdämpfende Maßnahmen zu ergreifen, z. B Rückschlagklappen mit ölhydraulischen Bremsen, Pumpen mit großen Schwungmassen oder Sicherheitstanks.

Bei der Berechnung von Rohren gegen Verformen und gegen Schwingbruch ist die Druckerhöhung durch den Druckstoß stets zu berücksichtigen, s. Gleichungen (18.13) und (18.15).

18.5 Berechnungsbeispiele

■ **Beispiel 18.1:** Für eine wasserhydraulische Hochdruckanlage ist die Bestellwanddicke t eines nahtlosen Stahlrohres DN 40 nach DIN EN 10216-1 aus P235TR2 so zu bestimmen, dass es gegen einen zwischen $p_{max} = 250$ bar und $p_{min} = 130$ bar schwankenden inneren Überdruck bei Raumtemperatur dauerfest ist. Es sind Rundschweißnähte mit gleicher Wanddicke zu berücksichtigen.

▶ **Lösung:** Für DN 40 ergibt sich nach TB 1-13d ein zugeordneter Außendurchmesser $d_a = 60{,}3$ mm (Reihe 1). Nach Gl. (18.15) lautet die Bedingung für die Dauerfestigkeit:

$$2 \cdot \sigma_a^* = \frac{\eta}{F_d \cdot F_\vartheta^*} \cdot \frac{p_{max} - p_{min}}{p_r} \cdot \sigma_{zul,\,20}$$

Nach dem Ersatzdruck umgeformt folgt mit $2 \cdot \sigma_a^* \geq 2\sigma_{a,\,D}$

$$p_r \leq \frac{\eta}{F_d \cdot F_{\vartheta *}} \cdot \frac{p_{max} - p_{min}}{2 \cdot \sigma_{a,\,D}} \cdot \sigma_{zul,\,20}$$

Mit dem Spannungsfaktor $\eta = 1{,}3$ (Rundschweißnähte bei gleicher Wanddicke), dem Wanddickenfaktor $F_d = 1$ ($t \leq 25$ mm zu erwarten), dem Temperatureinflussfaktor $F_{\vartheta *} = 1$ ($\vartheta^* < 100\,°C$), der Druckschwankungsbreite $p_{max} - p_{min} = 120$ bar $= 12$ N/mm², dem Grenzwert der Dauerfestigkeit $2 \cdot \sigma_{a,\,D} = 63$ N/mm² für Schweißnahtklasse $K1$ (Rundschweißnähte) und der zulässigen Spannung für den Rohrwerkstoff P235TR2 für 20 °C nach TB 18-10

$$\sigma_{zul,\,20} = \min\left\{\frac{R_{p\,0,2/\vartheta}}{1{,}5};\ \frac{R_m}{2{,}4}\right\} = \min\left\{\frac{235\,\text{N/mm}^2}{1{,}5};\ \frac{360\,\text{N/mm}^2}{2{,}4}\right\} = 150\,\text{N/mm}^2$$

folgt der „Ersatzdruck"

$$p_r \leq \frac{1{,}3}{1{,}0 \cdot 1{,}0} \cdot \frac{12\,\text{N/mm}^2}{63\,\text{N/mm}^2} \cdot 150\,\text{N/mm}^2 = 37{,}1\,\text{N/mm}^2 = 371\ \text{bar}.$$

$p_r = 371$ bar ist der „Ersatzdruck", den die Rohrleitung statisch aushalten muss, damit sie gegen $p_{max} - p_{min} = 120$ bar dauerfest ist.

Mit der Annahme $d_a/d_i \leq 1,7$ kann nun nach Gl. (18.13) die erforderliche Wanddicke berechnet werden

$$t_v = \frac{p_e \cdot d_a}{2 \cdot \sigma_{zul} \cdot v_N + p_e}$$

Sie beträgt mit den Werten $p_e = p_r = 37,1\,\text{N/mm}^2$, $d_a = 60,3\,\text{mm}$, $\sigma_{zul} = 150\,\text{N/mm}^2$ und $v_N = 1,0$ (nahtloses Rohr, Rundnähte)

$$t_v = \frac{37,1\,\text{N/mm}^2 \cdot 60,3\,\text{mm}}{2 \cdot 150\,\text{N/mm}^2 \cdot 1,0 + 37,1\,\text{N/mm}^2} = 6,6\,\text{mm}.$$

Die Bestellwanddicke wird nach Gl. (18.12) bestimmt

$$t = t_v + c_1 + c_2 \quad \text{bzw.} \quad t = (t_v + c_2) \cdot \frac{100}{100 - c_1'}$$

Mit den Grenzabmaßen für die Wanddicke des zu bestimmenden Rohres $c_1' = \pm 12,5\,\%$ (oder $c_1 = 0,4\,\text{mm}$) für ein vorläufiges Wanddickenverhältnis t/d_a $(T/D) > 0,10$ bei $d_a < 219,1\,\text{mm}$ nach TB 1-13d, sowie $c_2 = 1,0\,\text{mm}$ für ferritische Stähle wird

$$t = (6,6\,\text{mm} + 1,0\,\text{mm})\,\frac{100}{100 - 12,5} = 8,7\,\text{mm}.$$

Aus TB 1-13d kommt ein Rohr mit Normwanddicke $t = 8,8\,\text{mm}$ in Frage.
Überprüfung der Annahme zum Durchmesser- bzw. Wanddickenverhältnis:

$$\frac{d_a}{d_i} = \frac{60,3\,\text{mm}}{42,7\,\text{mm}} = 1,4 < 1,7 \qquad d_a \leq 219,1\,\text{mm}: c_1' = 12,5\,\% \text{ maßgebend}$$

Ergebnis: Gewählt wird ein Rohr – 60,3 × 8,8 – EN 10216-1 – P235TR2.

■ **Beispiel 18.2:** Von einem Erdbehälter sollen 300 m³ Wasser von 10 °C durch eine 280 m lange oberirdische Leitung aus geschweißten Stahlrohren in einen Speicherbehälter gedrückt werden. Der senkrechte Abstand zwischen Pumpe und Einmündung des Rohres in den Speicherbehälter beträgt 8 m, die Saughöhe 2 m. Als Einbauten sind zwei Durchgangsventile, eine Rückschlagklappe und drei Krümmer 60° $(R = 2d)$ vorgesehen. Es sollen geschweißte Stahlrohre nach DIN EN 10217-1 aus P235TR2 mit Zementmörtelauskleidung (3 mm) verwendet werden.
Welche Abmessungen müssen die zu bestellenden geschweißten Stahlrohre $(v_N = 1, c_1' = \pm 10\,\%$ oder $c_1 = \pm 0,3\,\text{mm})$ aufweisen, wenn eine Pumpenleistung von 15 kW (Wirkungsgrad $\eta = 0,7$) nicht überschritten werden darf?

▶ **Lösung:** In der Praxis sind meist Volumenstrom und zulässiger Druckabfall (oder Leistung) gegeben. Da die theoretischen Beziehungen keine explizite Lösung der Aufgabe zulassen, wird zunächst mit einer angenommenen Strömungsgeschwindigkeit ein Rohrdurchmesser berechnet und dafür der Druckabfall bestimmt. Führt die Berechnung nicht zum gewünschten Ergebnis, so muss sie mit einem anderen Durchmesser wiederholt werden.
Mit der für Wasser-Hauptleitungen wirtschaftlichen Geschwindigkeit $v = 1-2\,\text{m/s}$ (s. TB 18-5) und dem gegebenen Volumenstrom von 300 m³/h = 0,0833 m³/s erhält man nach Gl. (18.4) den vorläufigen Rohrinnendurchmesser

$$d_i = \sqrt{\frac{4 \cdot \dot{V}}{\pi \cdot v}} = \sqrt{\frac{4 \cdot 0,0833\,\text{m}^3/\text{s}}{\pi \cdot 1,5\,\text{m/s}}} = 0,266\,\text{m} = 266\,\text{mm}.$$

Nach TB 18-4 wird die nächstliegende Nennweite DN 300 gewählt. Aus der Maßnorm DIN EN 10220 (TB 1-13b) kann damit ein Stahlrohr mit $d_a = 323,9\,\text{mm}$ (Reihe 1) und $t = 4\,\text{mm}$ (fast drucklos!) festgelegt werden.
Wenn innen 3 mm Zementmörtel aufgebracht werden, beträgt mit $d_i = 323,9\,\text{mm} - 2 \cdot (4 + 3)\,\text{mm} = 309,9\,\text{mm}$ die Strömungsgeschwindigkeit nach Gl. (18.3)

$$v = \frac{4}{\pi}\,\frac{\dot{V}}{d_i^2} = \frac{4}{\pi} \cdot \frac{0,0833\,\text{m}^3}{\text{s} \cdot 0,3099^2\,\text{m}^2} = 1,10\,\text{m/s}$$

18

Mit der kinematischen Viskosität von Wasser bei $10\,°C$ $v = 1{,}307 \cdot 10^{-6}\,\text{m}^2/\text{s}$ (TB 18-9a) kann die den Strömungszustand kennzeichnende Reynoldszahl nach Gl. (18.8) berechnet werden

$$Re = \frac{v \cdot d_\text{i}}{v} = \frac{1{,}1\,\text{m} \cdot 0{,}3099\,\text{m} \cdot \text{s}}{\text{s} \cdot 1{,}307 \cdot 10^{-6}\,\text{m}^2} = 260\,800\,.$$

Nach TB 18-6 beträgt die mittlere Rauigkeitshöhe von mit Zementmörtel ausgekleideten Stahlrohren $k \approx 0{,}18\,\text{mm}$. Damit ist die $d_\text{i}/k = 309{,}9\,\text{mm}/0{,}18\,\text{mm} = 1\,722$ und die Rohrreibungszahl kann mit Re aus TB 18-8 abgelesen werden: $\lambda \approx 0{,}019$.

Da der Wert unter der Grenzkurve, also im Übergangsgebiet liegt, gilt die implizite Gl. (18.11). Sie kann nur iterativ gelöst werden. Mit Hilfe der Gl. (18.5) kann nun der Druckverlust durch Reibung für das gewählte Rohr berechnet werden:

$$\Delta p = \lambda \cdot \frac{1}{d_\text{i}} \cdot \frac{\varrho}{2} \cdot v^2 = 0{,}019 \cdot \frac{280\,\text{m}}{0{,}3099\,\text{m}} \cdot \frac{999{,}8\,\text{kg}}{\text{m}^3 \cdot 2} \cdot 1{,}1^2 \frac{\text{m}^2}{\text{s}^2} = 10\,380\,\text{Pa}$$

Wie Widerstandszahlen der Rohrleitungselemente lassen sich nach TB 18-7 bestimmen:

1 Rohreinlauf als vorstehendes Rohrstück	$\zeta = 3$
1 Auslauf (Ausströmung ins Freie)	$\zeta = 1$
2 Durchgangsventile zu je $\zeta = 5$	$\zeta = 10$
1 Rückschlagklappe	$\zeta = 0{,}8$
3 Krümmer 60°, glatt, zu je $\zeta = 0{,}7 \cdot 0{,}14$	$\zeta = 0{,}3$ $\quad \Sigma\,\zeta = 15{,}1$

Der Druckverlust durch Rohrleitungselemente beträgt nach Gl. (18.6)

$$\Delta p = \Sigma\zeta \cdot \varrho \cdot v^2/2 = 15{,}1 \cdot 999{,}7\,\text{kg/m}^3 \cdot (1{,}1\,\text{m/s})^2/2 = 9\,130\,\text{Pa}$$

Unter Berücksichtigung des Druckverlustes zur Überwindung des geodätischen Höhenunterschiedes nach Gl. (18.7)

$$\Delta p = \Delta h \cdot g \cdot (\varrho - \varrho_\text{Luft}) = (8 + 2)\text{m} \cdot 9{,}81\,\text{m/s}^2 \cdot (999{,}7 - 1{,}3)\text{kg/m}^3 = 97\,940\,\text{Pa}$$

wird der von der Pumpe aufzubringende Druck:

$$p = 10\,380\,\text{Pa} + 9\,130\,\text{Pa} + 97\,940\,\text{Pa} = 117\,450\,\text{Pa}\,.$$

Mit der Pumpen-Antriebsleistung $P = p \cdot \dot{V}/\eta = 15\,\text{kW} = 15\,000\,\text{Nm/s}$ beträgt der höchste Pumpendruck

$$p = \frac{\eta \cdot P}{\dot{V}} = \frac{0{,}7 \cdot 15\,000\,\text{Nm} \cdot \text{s}}{\text{s} \cdot 0{,}0833\,\text{m}^3} = 126\,000\,\text{Pa} > 117\,450\,\text{Pa}\,.$$

Mit Rohren DN 300 kann die Rohrleitung mit der vorgesehenen Pumpe betrieben werden.
Anschließend soll die Bestellwanddicke der „dünnwandigen" Rohre für vorwiegend statische Beanspruchung durch Innendruck nach Gln. (18.13) und (18.12) berechnet werden.
In Gl. (18.13) sind einzusetzen:

- $p_e = 117\,450\,\text{Pa} = 1{,}17\,\text{bar} \approx 0{,}12\,\text{N/mm}^2$, als größten inneren Überdruck
- $d_a = 323{,}9\,\text{mm}$ (bereits gewählter Normaußendurchmesser nach EN 10217-1 bzw. EN 10220)
- $\sigma_\text{zul} = \min\left\{\dfrac{R_\text{eH,\vartheta}}{1{,}5} \quad \text{oder} \quad \dfrac{R_\text{p02,\vartheta}}{1{,}5}; \dfrac{R_\text{m}}{2{,}4}\right\} = \min\left\{\dfrac{235\,\text{N/mm}^2}{1{,}5}; \dfrac{360\,\text{N/mm}^2}{2{,}4}\right\} = 150\,\text{N/mm}^2$,

  als zeitunabhängige zulässige Spannung, wobei $R_\text{eH,\vartheta} = 235\,\text{N/mm}^2$ und $R_\text{m} = 360\,\text{N/mm}^2$ aus TB 18-10 ungefähr bei Raumtemperatur ($\vartheta = 10\,°C$)
- $v_\text{N} = 1{,}0$ (Schweißnahtfaktor bei genormtem Rohr und entsprechender Prüfung)

Damit beträgt die erforderliche Wanddicke

$$t_v = \frac{0{,}12\,\text{N/mm}^2 \cdot 323{,}9\,\text{mm}}{2 \cdot 150\,\text{N/mm}^2 \cdot 1{,}0 + 0{,}12\,\text{N/mm}^2} = 0{,}13\,\text{mm}$$

Mit dem Zuschlag zur Berücksichtigung der Wanddickenunterschreitung $c_1 = 0{,}3\,\text{mm}$ bzw. $c_1' = 10\,\%$ und dem Korrosionszuschlag $c_2 = 1\,\text{mm}$ ergibt sich nach Gl. (18.12) die Bestellwanddicke

$$t = t_v + c_1 + c_2 = 0{,}13\,\text{mm} + 1\,\text{mm} + 0{,}3\,\text{mm} = 1{,}43\,\text{mm}\,.$$

Aus Gründen der Formbeständigkeit, eventueller Druckstöße, von Massenkräften (Stützweiten) und einer meist vorgeschriebenen Mindestwanddicke von 3 mm, kann ein solches dünnwandiges Rohr nicht ausgeführt werden. Gewählt wird eine Bestellwanddicke von 4 mm.
Ohne Berücksichtigung des äußeren Korrosionsschutzes und der Auskleidung lautet die verbindliche Bestellwanddicke:

280 m Rohre – 323,9 × 4 – EN 10217-1 – P235TR2.

18

18.6 Literatur

Bauer, G.: Ölhydraulik. Grundlagen, Bauelemente, Anwendungen. 9. Aufl. Wiesbaden: Vieweg + Teubner, 2009

Böswirth, L.: Technische Strömungslehre. 7. Aufl. Wiesbaden: Vieweg, 2007

DIN Deutsches Institut für Normung (Hrsg.): DIN-Taschenbücher. Berlin: Beuth

Gussrohrleitungen. 7. Aufl. 2003 (DIN-TAB 9)

Rohre, Rohrleitungsteile und Rohrverbindungen aus Reaktionsharzformstoffen. 4. Aufl. 2007 (DIN-TAB 171)

Rohre, Rohrleitungsteile und Rohrverbindungen aus thermoplastischen Kunststoffen. 3. Aufl. 2006 (DIN-TAB 190)

Rohrverlegerichtlinie. 1. Aufl. 2006 (DIN-TAB 384)

Rohrleitungssysteme (grafische Symbole). 5. Aufl. 2003 (DIN-TAB 170)

Rohrverschraubungen. 1. Aufl. 2002 (DIN-TAB 348)

Schlauchleitungen für die Fluidtechnik. 4. Aufl. 2003 (DIN-TAB 174)

Stahl und Eisen: Gütenormen. Druckgeräte, Rohrleitungsbau. 4. Aufl. 2005 (DIN-TAB 403)

Stahlrohrleitungen 1 – Normen für Maße und technische Lieferbedingungen. 11. Aufl. 2008 (DIN-TAB 15)

Stahlrohrleitungen 2 – Normen für Planung und Konstruktion. 5. Aufl. 2008 (DIN-TAB 141)

Stahlrohrleitungen 3 – Zubehör und Prüfung. 6. Aufl. 2005 (DIN-TAB 142)

DIN Deutsches Institut für Normung (Hrsg.): Flansche und Werkstoffe – Normen und Tabellen. 5. Aufl. Berlin: Beuth 2006 (Beuth Praxis)

DVS (Hrsg.): Industrierohrleitungen aus thermoplastischen Kunststoffen, Projektierung und Ausführung, oberirdische Rohrsysteme. Richtlinie DVS 2210-1. Düsseldorf: DVS, 1997

DVS (Hrsg.): Industrierohrleitungen aus thermoplastischen Kunststoffen, Projektierung und Ausführung; oberirdische Rohrsysteme; Berechnungsbeispiel. Richtlinie DVS 2210-1 Beiblatt 1. Düsseldorf: DVS, 2003

Eck, B.: Technische Strömungslehre. Bd. 1: Grundlagen. Bd. 2: Anwendung. 8. Aufl. Berlin: Springer, 1978

Fahrenwaldt, H. J.; Schuler, V.: Praxiswissen Schweißtechnik. Werkstoffe, Prozesse, Fertigung. 3. Aufl. Wiesbaden: Vieweg+Teubner, 2009

Häfele, C. H.: Absperrarmaturen und Sicherheitsarmaturen für Dämpfe und heiße Gase. Köln: TÜV Rheinland, 1978

Herning, F.: Stoffströme in Rohrleitungen. 4. Aufl. Düsseldorf: VDI, 1966

Herz, R.: Grundlagen der Rohrleitungs- und Apparatetechnik. 2. Aufl. Essen: Vulkan, 2004

Kecke, H. J.; Kleinschmidt, P.: Industrie-Rohrleitungsarmaturen. Düsseldorf: VDI, 1994

Kunststoffrohrverband e.V. (Hrsg.): Kunststoffrohr-Handbuch. 4. Aufl. Essen: Vulkan, 2000

Langheim, F.; Reuter, G.; von Hof, F.-C. (Hrsg.): Rohrleitungstechnik. 3. Aufl. Essen: Vulkan, 1987

MCE Energietechnik Deutschland (Hrsg.): Tabellenbuch für den Rohrleitungsbau. 15. Aufl. Essen: Vulkan, 2006

Oertel, H.; Böhle, M.; Dohrmann, H.: Strömungsmechanik. 5. Aufl. Wiesbaden: Vieweg+Teubner, 2009

Oertel, H. (Hrsg.): Prandtl – Führer durch die Strömungslehre. 12. Aufl. Wiesbaden: Vieweg+Teubner, 2008

Piwinger, F. (Hrsg.): Stellgeräte und Armaturen für strömende Stoffe. Düsseldorf: VDI 1971

Richter, H.: Rohrhydraulik. Ein Handbuch zur praktischen Strömungsberechnung. 5. Aufl. Berlin: Springer, 1971

Schwaigerer, S.; Mühlenbeck, G.: Festigkeitsberechnung im Dampfkessel-, Behälter- und Rohrleitungsbau. 5. Aufl. Berlin: Springer, 1997

Schwaigerer, S. (Hrsg.): Rohrleitungen – Theorie und Praxis. Berlin: Springer, 1986

Schubert, J.: Rohrleitungshalterungen. Essen: Vulkan, 1999

Sigloch, H.: Technische Fluidmechanik. 5. Aufl. Berlin: Springer, 2005

Stradtmann: Stahlrohrhandbuch. 12. Aufl. Essen: Vulkan, 1995

Taschenlexikon Industriearmaturen. Essen: Vulkan, 2006

Verband der Technischen Überwachungsvereine (Hrsg.): Richtlinie über Druckgeräte. Richtlinie 97/23/EG vom 29. 05. 1997 zur Angleichung der Rechtsvorschriften der Mitgliedsstaaten über Druckgeräte.

Wagner, W.: Rohrleitungstechnik. 8. Aufl. Würzburg: Vogel, 2000

Wagner, W.: Festigkeitsberechnung im Apparate- und Rohrleitungsbau. 6. Aufl. Würzburg: Vogel, 2000

18

Wossog, G. (Hrsg.): Handbuch Rohrleitungstechnik. Bd. 1: Planung, Herstellung, Errichtung. Bd. 2: Berechnung. 2. Aufl. Essen: Vulkan, 2001, 2002

Wossog, G.: FDBR-Taschenbuch Rohrleitungstechnik. Bd. 1: Planung und Berechnung. Essen: Vulkan, 2005

Zoebl, H.; Kruschik, J.: Strömung durch Rohre und Ventile. Wien: Springer, 1978

Technische Regelwerke

Bundesministerium für Arbeit und Sozialordnung (Hrsg.): Technische Regeln zur Druckbehälterverordnung (TRB und TRR), Berlin

Bundesministerium für Arbeit und Sozialordnung (Hrsg.): Technische Regeln für brennbare Flüssigkeiten (TRbF), Berlin

Bundesministerium für Arbeit und Sozialordnung (Hrsg.): Technische Regeln für Druckgase (TRG), Berlin

Deutsche Vereinigung des Gas- und Wasserfaches DVGW (Hrsg.): DVGW-Regelwerk, Bonn

Verband der Technischen Überwachungs-Vereine e.V. (VdTÜV) (Hrsg.): Technische Richtlinien: VdTÜV-Merk- und Werkstoffblätter, Essen

Firmeninformation: AVA Armaturen Vetrieb Alms GmbH, Ratingen (www.ava-alms.de); Argus, Ettlingen (www.argus-ettlingen.com); Werner Böhmer GmbH, Sprockhövel (www.boehmer.de); Franz Dürholdt GmbH & Co. KG, Wuppertal (www.duerholdt.de); ERHARD GmbH & Co. KG, Heidenheim (www.Erhard.de); Georg Fischer AG, Albershausen (www.georgfischer.de); KSB Aktiengesellschaft, Frankenthal (www.ksb.de); Friedrich Krombach GmbH & Co. KG, Kreuztal (www.krombach.com); Martin Lohse GmbH, Heidenheim (www.lohse-gmbh.de); Sempell AG, Korschenbroich (www.sempell.com); VAG-Armaturen GmbH, Mannheim (www.vag-armaturen.com); Walterscheid Rohrverbindungstechnik GmbH, Lohmar (www.rohrverbindungstechnik.de); Witzenmann GmbH, Pforzheim (www.witzenmann.de)

18

19 Dichtungen

19.1 Funktion und Wirkung

Die Hauptfunktion von Dichtungen ist das Trennen von zwei funktionsmäßig verschiedenen Räumen gleichen oder unterschiedlichen Druckes, damit kein Austausch fester, flüssiger oder gasförmiger Medien zwischen diesen stattfinden kann oder dieser zumindest in zulässigen Grenzen liegt (zulässiger Leckverlust). Anwendungen sind zum Beispiel: Verhindern des Verlustes an Betriebsstoffen (z. B. Ölaustritt aus Lagern, Luft aus Pneumatikleitungen), Vermeidung des Eindringes von Verschmutzungen (z. B. in Lager), Verhinderung des Vermischens verschiedener Betriebsstoffe (z. B. von Lagerfett und Lauge in Waschmaschinen).
Für die erreichbare Dichtheit ist es wichtig, ob

- die Dichtung zwischen ruhenden Dichtflächen (ruhenden Bauteilen) erfolgen muss *(statische Dichtungen)*; die Räume sind vollkommen getrennt. Die Abdichtung erfolgt stets mit Berührungsdichtungen.
- eine Relativbewegung der Dichtflächen (zwischen bewegten Bauteilen) vorliegt *(dynamische Dichtung)*; die Räume sind längs der Fläche eines sich drehenden oder hin- und hergehenden Maschinenelements (Welle, Stange) miteinander verbunden. Die Abdichtung kann als Berührungsdichtung oder durch einen schmalen Spalt zwischen den Dichtflächen berührungsfrei erfolgen.

Bei ruhenden Bauteilen wird im Sinne einer „*technischen Dichtheit*" für flüssige und gasförmige Medien verlustlose Dichtheit gefordert, außer Diffusionsverlusten bei gasförmigen Medien.
Bei bewegten Bauteilen sind drei Undichtheitswege möglich, Bild 19-1: zwischen Gehäuse und Dichtung (wirkt wie statische Dichtung), Welle und Dichtung und durch die Dichtung selbst (Diffusionsverluste). Zwischen Welle und Dichtung wirkt ein Flüssigkeitsfilm reibungs- und damit verschleißmindernd und ist damit erwünscht, obwohl er zu geringem Leckverlust (auch als Leckmengenrate oder Lässigkeit bezeichnet) führt.
Insbesondere bei hohen Drücken und Temperaturen ist ein hoher Dichtungsaufwand erforderlich. Es ist daher eine zulässige Leckmengenrate so festzulegen, dass die Funktionssicherheit und Umweltverträglichkeit gewährleistet werden und eine wirtschaftlich günstige Lösung möglich ist.

19

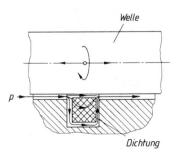

Bild 19-1
Undichtheitswege bei dynamischen Berührungsdichtungen

Für eine wirksame Dichtung ist eine Anpassung der Dichtflächen aneinander, zumindest auf einer Dichtlinie notwendig. An die angrenzenden Bauteile resultieren daraus von der Dichtung abhängige Forderungen hinsichtlich Oberflächenrauheit, Form- und Lagetoleranzen und evtl. Einbauraum-Tolerierung und Oberflächenhärte. Außerdem ist zu beachten, dass sich unter Betriebsbedingungen die Einbauverhältnisse verändern können, z. B. durch Durchbiegung der Welle, unterschiedliche Wärmeausdehnung, Verschleiß der Dichtlaufflächen, elastisch/plastische Verformung der Bauteile und Dichtung. Die richtige Auswahl einer Dichtung beschränkt sich also nicht nur auf die Eignung der Dichtung für die vorhandenen Betriebsbedingungen (die unmittelbar an der Dichtung herrschen) und abzudichtenden Medien, sondern muss als Funktionselement im Zusammenwirken mit den angrenzenden Bauelementen betrachtet werden. Hierzu kommen noch Forderungen aus Fertigung und Montage. Immerhin zeigen z. B. Erfahrungen und Schadensanalysen bei statischen Dichtungen, dass nur ca. 10 % der aufgetretenen Schäden auf dem Versagen des *Dichtelementes*, aber 90% auf dem Versagen der *Dichtverbindung* beruhen.

Zu beachten sind auch die oft schwerwiegenden Folgen des Versagens einer Dichtverbindung. In Bild 19-2 sind die wesentlichen Einflüsse auf die Dichtungsauswahl zusammengefasst.

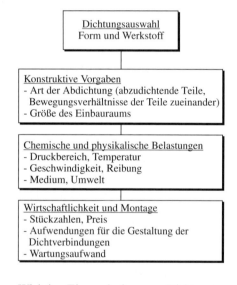

Bild 19-2
Kriterien für die Dichtungsauswahl

Wichtige Eigenschaften von Dichtungswerkstoffen sind die Temperaturbeständigkeit, s. TB 19-9c für einige Kunststoffe, die Härte (Widerstand gegen druckbedingte Verformung), Druckverformungsrest[1], Elastizität, chemische Widerstandsfähigkeit, Quellen, Alterung, Gleitfähigkeit und Abriebverhalten.

Eine Einteilung der Dichtungen erfolgt in der Regel danach, ob zwischen den Dichtflächen eine funktionsmäßig bedingte Relativbewegung stattfindet (dynamische Dichtungen) oder nicht (statische Dichtungen). Eine mögliche weitere Unterteilung zeigt Bild 19-3.

Da aufgrund der vielfältigen Anforderungen an eine Dichtverbindung eine Vielzahl an Bauarten und -formen, Dichtungswerkstoffen und -mitteln entwickelt wurden, sollte für die Auslegung der Dichtung die Erfahrung der Hersteller unbedingt genutzt werden.

Einige wesentliche Vertreter der im Maschinenbau angewendeten Dichtungen werden im Folgenden behandelt.

---

[1] Nach DIN 53 517 gibt der Druckverformungsrest (DVR) an, wieviel der Verformung einer Probe nach deren Entlastung erhalten bleibt (Grad der plastischen Verformung). Je kleiner der DVR, desto geeigneter ist der Werkstoff zum Dichten.

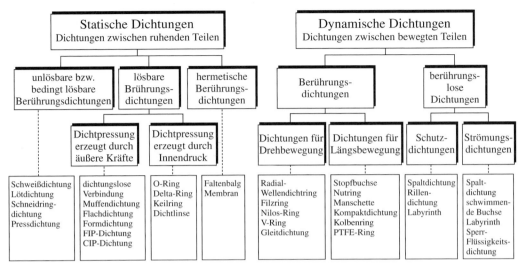

Bild 19-3 Einteilung von Dichtungen

19.2 Berührungsdichtungen zwischen ruhenden Bauteilen (Statische Dichtungen)

Die Dichtwirkung zwischen zueinander in der Dichtfläche nicht bewegten Bauteilen kann je nach Anforderungen mit oder ohne Dichtelement durch lösbare, bedingt lösbare oder unlösbare Verbindungen ausgeführt werden.

19.2.1 Unlösbare Berührungsdichtungen

Zu den unlösbaren Dichtungen zählen die *Dichtschweißung* vor allem im Rohrleitungs- und Behälterbau und die *Lötung* von Muffenverbindungen (beides Stoffschlussdichtungen) sowie *Pressdichtungen* (z. T. auch lösbar), z. B. durch Aufwalzen von Rohren hergestellt, und *Schneidendichtungen* (beides Formschlussdichtungen). Bei diesen Dichtungen ist völlige technische Dichtheit erreichbar.

Bild 19-4 zeigt typische Rohrschweißverbindungen, wobei unterschieden wird, ob die Schweißnaht wie in Bild 19-4a die Rohrkräfte aufnehmen muss (die Dichtfunktion ist nur Nebenfunktion) oder die auftretenden Rohrkräfte über Flanschschrauben, Klammern (Bild 19-4b und c) usw. aufgenommen werden, die Schweißnaht also im Nebenschluss liegt. Letztere Verbindungen können durch Abschleifen der äußeren Schweißnaht gelöst werden (deshalb auch bedingt lösbare Verbindungen).

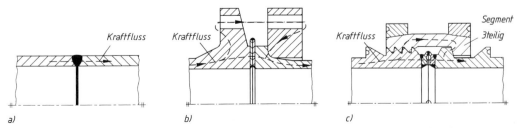

Bild 19-4 Rohrschweißverbindungen. a) Schweißnaht im Kraftfluss (Hauptschluss), b) Membranschweißdichtung nach DIN 2695 (Schweißnaht im Nebenschluss), c) Schweißringdichtung mit Klammerverschluss

19

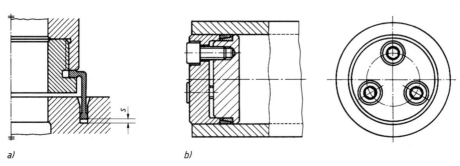

a)   b)

Bild 19-5 Pressdichtungen. a) mit Dichtring, b) mit Ringfederelementen (Rohrverschluss – Werkbild)

Bild 19-5a zeigt eine *Pressdichtung* mit Dichtring, Bild 19-5b mit Ringspannelementen (als lösbare Verbindung). Der Dichtring in Bild 19-5a wird in den Längsspalt eingepresst und lässt durch das Spiel s geringe Verschiebungen der Bauteile zu (z. B. infolge Wärmeausdehnungen). Diese Dichtungen werden wie Welle-Nabe-Verbindungen berechnet. Schneidendichtungen sind z. B. die Schneidringverschraubung (s. Bild 18-11).

19.2.2 Lösbare Dichtungen

Lösbare Berührungsdichtungen können so konstruktiv gestaltet werden, dass die volle Dichtpressung hauptsächlich durch äußere Kräfte, z. B. über Schrauben, bereits bei der Montage erfolgt (z. B. Bild 19-7a und b) oder der Betriebsdruck die bei der Montage leicht vorzuspannende Dichtung gegen die Dichtfläche drückt und so die volle Dichtpressung erzeugt (selbsttätige Dichtungen, z. B. Bild 19-13). Zu ihnen gehören die Berührungsdichtungen ohne Dichtelement, die Flächen- und Muffendichtungen, sowie Formdichtungen wie z. B. der O-Ring. Muffendichtungen werden in 18.3.2-4 behandelt.

Berührungsdichtungen ohne Dichtelement
Lösbare Berührungsdichtungen ohne Dichtelement sind nur mit sehr hohen Anpresskräften und Oberflächengüten (geschliffen, geläppt, tuschiert) realisierbar, da die Dichtwirkung die plastische Anpassung der rauen Oberflächen (der Welligkeit und Rauheit) aneinander erfordert. Anwendungen sind Flanschverbindungen und geteilte Gehäuse, die hohen Temperaturen und Drücken ausgesetzt sind und geringe Dichtheitsanforderungen haben. Die Flansche müssen sehr verformungssteif mit vielen Schrauben (kleine Teilung) ausgeführt werden. Um die erforderlichen sehr hohen Vorspannkräfte zu minimieren, werden die Dichtflächen oft schmal ausgeführt. Noch vorteilhafter aber sehr teuer sind ballig ausgeführte Dichtleisten, die die Gegenfläche vor dem Anpressen nur linienförmig berühren (Bild 19-6).
Vorteilhaftere Verhältnisse ergeben sich auch bei Hilfsdichtungen wie Öl oder Grafit, die die Mikrounebenheiten infolge Adhäsion abdichten, z. B. bei Ventilsitzen von Verbrennungsmotoren und Armaturen.

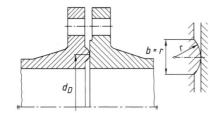

Bild 19-6
Dichtungslose Verbindung mit balliger Dichtleiste

Flächendichtungen
Bei den Flächendichtungen wird ein „weiches" Dichtelement oder Dichtungsmaterial, das sich den Oberflächen gut anpasst, zwischen die abzudichtenden Flächen gebracht, wodurch die erforderliche Anpresskraft und die Forderungen an die Oberflächengüte wesentlich verringert werden können.

Als *Dichtungstypen* kommen in Frage die vorgeformten Feststoffdichtungen, viskos aufgetragene Dichtungssysteme, Dichtkitte oder integrierte elastomere Dichtungen.
Die Auswahl des Dichtungswerkstoffes und der Dichtungsart erfolgt im Wesentlichen nach

— den zu erwartenden Betriebsbelastungen der Dichtung,
— der konstruktiven Gestaltung der abzudichtenden Verbindung,
— den technologischen Forderungen an das Dichtungssystem und die Montage sowie
— wirtschaftlichen Kriterien wie Stückzahlen, Kosten, Lagerhaltung.

In den Regelwerken (DIN, AD-Merkblätter) ist die Auslegung der Dichtung meist ein Teil der Flanschauslegung und erfolgt mit Hilfe von Dichtungskennwerten. Diese *Dichtungskennwerte* beschreiben im Wesentlichen das Abdichtvermögen (Formänderungswiderstand, Stoffundurchlässigkeit), die Betriebsdruckbelastbarkeit und Rückfederung der Dichtung, die Kriechneigung, die Temperatur- und chemische Beständigkeit.
Vorgeformte Dichtungen sind Flach- oder Formdichtungen (s. TB 19-1a). Am gebräuchlichsten sind Weichstoffdichtungen, z. B. aus Papier und Pappe, Kork, Gummi, Faserstoffen oder Kunststoffen. Reicht ihre Beständigkeit gegenüber den abzudichtenden Medien nicht aus, werden Mehrstoffdichtungen oder Metallweichstoffdichtungen eingesetzt, bei denen das elastische Dichtmaterial durch eine metallische Hülle geschützt wird oder metallische Einlagen eine Stützfunktion ausüben. Bei sehr großen Belastungen (höhere Drücke, Temperaturen) werden Hartstoffdichtungen (Al, Cu, Weicheisen) eingesetzt, die meist als Formdichtung ausgebildet sind, um durch kleine Anpressflächen die erforderlichen Anpressdrücke klein zu halten.
Bild 19-7 zeigt verschieden ausgeführte Flanschformen für Weichstoff- und Hartstoffdichtungen. Bei den Flanschen mit Vor- und Rücksprung (Bild 19-7b) oder Eindrehungen (Bild 19-7c und d) unterstützt die Formgebung der Flansche die Dichtung gegen die Gefahr des Herausdrückens bei höheren Drücken. Flansche mit glatter Dichtleiste (Bild 19-7a) und höheren Drücken erfordern sehr dünne Dichtungen.

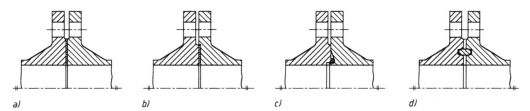

a)   b)   c)   d)

Bild 19-7 Ausführungsformen von Flanschen. a) bis c) offen bzw. geklammert für Weichstoffdichtungen, a) und d) für Hartstoffdichtungen

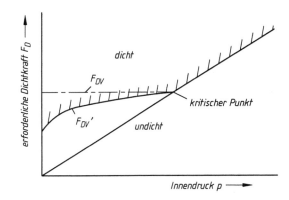

Bild 19-8
Abhängigkeit der Dichtkräfte in Flanschverbindungen vom Innendruck

Wird die Dichtung im Nebenschluss angeordnet (Bild 19-7c), ist eine Selbstverstärkung der Dichtwirkung im Betrieb meist erforderlich, da die Verformung der Dichtung bis zum Anliegen der Flansche meist nicht zum Dichten ausreicht, s. auch weiter unten.

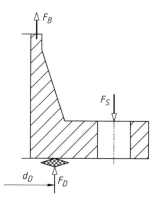

Um die Dichtheit einer Verbindung im Hauptschluss zu erreichen, muss diese so stark vorgepresst werden, bis die Oberflächenunebenheiten und Rauheiten der Dichtfläche durch vollplastisches Fließen völlig gegeneinander angepasst sind. Hierzu ist die Dichtungskraft zum Vorverformen F'_{DV} erforderlich (Bild 19-8). Die Kraft ist durch Versuche zu ermitteln. Bei diesen wird eine Flanschdichtung (Bild 19-9) mit einer Schraubenkraft vorgespannt und danach der Innendruck p solange erhöht, bis die Dichtung undicht wird. Durch schrittweise Änderung der Schraubenkraft wird die Kurve F'_{DV} bestimmt, die ab dem Punkt F_{DV} (Bild 19-8) linear mit dem Innendruck p ansteigt.

Bild 19-9 Kräfte am Flansch

Der Kurvenverlauf vor dem kritischen Punkt zeigt, dass bereits bei kleinen Innendrücken hohe Vorspannkräfte F'_{DV} für eine dichte Verbindung erforderlich sind.

Bis auf Niederdruckdichtungen wird für die Berechnung von Flanschverbindungen vereinfacht F_{DV} für F'_{DV} verwendet (Bei Niederdruckdichtungen liegt p unterhalb des kritischen Punktes, damit ist diese Vereinfachung nicht gerechtfertigt). Die *Vorverformungskraft* F_{DV} ergibt sich zu

$$F_{DV} = \pi \cdot d_D \cdot k_0 \cdot K_D \qquad\qquad (19.1)$$

    d_D mittlerer Durchmesser der Dichtung
    k_0 Wert für Wirkbreite der Dichtung, Werte nach TB 19-1a
    K_D Formänderungswiderstand der Dichtung, Werte nach TB 19-1a und b

Ist durch die Vorverformungskraft die Dichtheit in der Dichtfläche durch die plastische Anpassung der Unebenheiten und Rauheiten erreicht, muss bei steigendem Innendruck durch eine *Mindestschraubenkraft* für den Betriebszustand dieser Druck sicher aufgenommen werden:

$$F_{SB} = F_B + F_{DB} \qquad\qquad (19.2)$$

mit

$$F_B = p \cdot \pi \cdot d_D^2/4$$
$$F_{DB} = \pi \cdot d_D \cdot p \cdot S_D \cdot k_1$$

    d_D mittlerer Durchmesser der Dichtung
    p Innendruck
    k_1 fiktive Wirkbreite der Dichtung, Werte nach TB 19-1a
    S_D Sicherheitsbeiwert, $S_D = 1{,}2$

Ist $F_{DV} > F_{SB}$ kann bei Weichstoff- und Metallweichstoffdichtungen die Vorverformungskraft berechnet werden mit $F'_{DV} = 0{,}2 \cdot F_{DV} + 0{,}8\sqrt{F_{SB} \cdot F_{DV}}$.
Die zulässige Belastung im Betrieb beträgt bei Metall- bzw. Kammprofildichtungen

$$F_{D\vartheta} = \pi \cdot d_D \cdot k_0 \cdot K_{D\vartheta} \quad \text{bzw.} \quad F_{D\vartheta} = \pi \cdot d_D \cdot \sqrt{X} \cdot k_0 \cdot K_{D\vartheta} \qquad (19.3)$$

    d_D, k_0 siehe Gl. (19.1)
    $K_{D\vartheta}$ Formänderungswiderstand der Dichtung bei Betriebstemperatur, Werte nach TB 19-1b.

Um die Dichtwirkung auch bei wiederholtem An- und Abfahren zu gewährleisten muss $F_{D\vartheta} \geq F_{SB}$ sein. Bei Weichstoff- und Metallweichstoffdichtungen ist mögliches Setzen nach der ersten Belastung durch Nachziehen der Schrauben auszugleichen.

19

Die für die Flanschverbindung erforderliche Schraubengröße wird aus dem größten Wert für den *Kerndurchmesser* d_3 von Schaftschrauben ermittelt, der sich aus den Gleichungen ergibt

$$
\begin{array}{lll}
\text{Betriebszustand} & d_3 = Z \cdot \sqrt{F_{SB}/(K \cdot n)} + c_5 \\[4pt]
\text{Prüfzustand} & d_3 = Z \cdot \sqrt{F_{SB}/(K_{20} \cdot n)} \\[4pt]
\text{Einbauzustand} & d_3 = Z \cdot \sqrt{F_{DV}/(K_{20} \cdot n)}
\end{array}
\tag{19.4}
$$

F_{SB}, F_{DV}　siehe Gln. (19.1) und (19.2)
Z　　　Hilfsgröße, Werte aus TB 19-1c
n　　　Anzahl der Schrauben
K, K_{20}　Festigkeitswert nach TB 6-15 bei Betriebstemperatur bzw. bei 20 °C, siehe auch unter Gl. (6.30b). Bei hochfesten Schrauben kann für K und K_{20} die Streckgrenze R_{eL} nach TB 8-4 für Temperaturen bis ca. 120 °C eingesetzt werden.
c_5　　　Konstruktionszuschlag, $3\ \text{mm} \geq c_5 = (65 - Z \cdot \sqrt{F_{SB}/(K \cdot n)})/15 \geq 1\ \text{mm}$

Bei Dehnschrauben ist d_3 durch den Schaftdurchmesser d_T zu ersetzen und $c_5 = 0$ zu setzen.
Bild 19-10 zeigt das Verspannungsschaubild für die Schraubenverbindungen von Flanschen mit den entsprechenden Schraubenkräften (F_D entspricht F_{DV} bzw. F_{SB}).

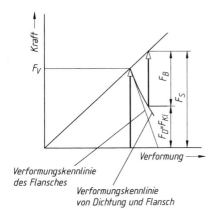

Bild 19-10
Verspannungsschaubild (vereinfacht) für Schraubenverbindungen mit Dichtung in der Trennfuge

Viskos aufgetragene Dichtmassen können in die FIP (Formed-In-Place)- und die CIP (Cured-In-Place)-Flächendichtungen unterteilt werden. Bei der *FIP-Flächendichtung* werden unmittelbar nach dem Dichtmassenauftrag die Bauteile gefügt. Die durch das Fügen gleichmäßig verteilte Dichtmasse härtet nach dem Fügen aus und bildet eine dauerhafte Dichtung, die ohne Vorverformungskraft nur durch die Adhäsion zwischen Dichtmasse und Fügepartner dichtet.
Bei der *CIP-Flächendichtung* wird die Dichtmasse in exakten Raupen auf einen Fügepartner aufgetragen und mit UV-Licht ausgehärtet. Die Dichtwirkung zum anderen Fügepartner muss wie bei den vorgeformten Dichtungen durch ausreichenden Druck erzeugt werden. Da die Dichtung mit einem Fügepartner fest verbunden ist, kann sie zu den integrierten elastomeren Dichtungen gezählt werden. *Integrierte elastomere Dichtungen* können auch durch Aufvulkanisieren der Dichtung (kostenintensive Form und temperaturbeständige Werkstoffe erforderlich) oder dem Vergießen eines Kunststoffträgerwerkstoffes und des elastomeren Dichtungswerkstoffes in einer kombinierten Gussform hergestellt werden, Bild 19-11.
Wichtig bei Flächendichtungen ist neben der Dichtung auch die Gestaltung der Flansche.
Die Abdichtung zwischen zwei Fügepartnern, über die größere Kräfte geleitet werden, z. B. Getriebegehäuse, Zylinderkopf an Motorblock oder anderen Anbaugruppen von Verbrennungsmotoren, setzt steife Flansche, ebene Oberflächen ($R_a = 0{,}8$ bis 3,2 μm, Planheit kleiner 0,1 mm über eine Länge von 400 mm) und einen möglichst gleichmäßigen Pressungsverlauf entlang der Dichtungslinie voraus. Bei üblicherweise eingesetzten Schraubenverbindungen baut

19

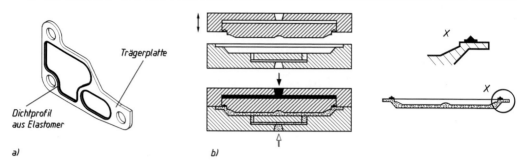

Bild 19-11 Integrierte Dichtungen. a) anvulkanisierte Dichtung (Werkbild), b) kombiniertes Gussverfahren

Bild 19-12 Schraubenanordnung bei steifen Flanschen. a) optimaler Schraubenabstand, b) ungünstige Anordnung, c) günstige Anordnung (Werkbild)

sich in den Flanschen ein Druckbereich mit einem Druckwinkel von 45° auf, der einen optimalen Schraubenabstand von $D_A = d_w + 2 \cdot h_{min}$ ergibt (s. Bild 19-12a). Die Verbindungslinie zwischen den Schrauben sollte im Druckbereich der Flansche liegen, Bild 19-12b und c.

Sind keine steifen Flansche notwendig, z. B. bei Schutzgehäusen wie Abschlussdeckel von Getriebe, Abdeckung von Kettentrieben, oder steife Flansche nicht realisierbar, müssen sehr flexible Dichtungen eingesetzt werden, die eine Mindestdicke benötigen.

Selbsttätige Dichtungen

Bei den selbsttätigen Dichtungen wird durch kleinere äußere Kräfte die Dichtung zum Anliegen gebracht. Der Betriebsdruck verstärkt die Dichtwirkung. Bild 19-13 zeigt als Beispiel den vielfach im Behälterbau bei großen Drücken eingesetzten *Delta-Ring*. Bei Weichstoffdichtungen kann ein Stützring erforderlich werden, der das Fließen der Dichtung in den Dichtspalt verhindert (s. z. B. Bild 19-26d).

19

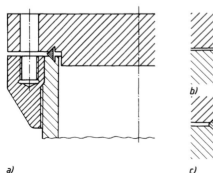

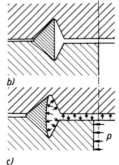

Bild 19-13
Selbsttätige Dichtung mit Deltaring.
a) Einbauzustand
b) unbelastet
c) bei Betriebsdruck

O-Ringe

Rundringe, kurz O-Ringe genannt, sind die am vielseitigsten eingesetzten statischen Dichtungen. Ihr Einsatz erfolgt bis zu sehr hohen Drücken (1000 bar und mehr). Sie können auch als dynamische Dichtungen (bei mäßigen Geschwindigkeiten und begrenzten Drücken) eingesetzt werden (s. 19.3).

Für die Aufnahme werden meist Rechtecknuten vorgesehen. Deren Flächeninhalt soll ca. 25 % größer als der O-Ringquerschnitt sein, damit der Druck an einer möglichst großen O-Ringfläche angreifen kann und ein geringes Quellen des O-Ringes möglich ist. Die Nuttiefe muss kleiner als der O-Ringdurchmesser sein, damit der Ring eine Vorpressung erhält. TB 19-2b enthält Richtwerte für übliche Abmessungen von Rechtecknuten bei radialer und bei axialer Verformung, von Dreiecknut und Trapeznut. Die Rechtecknut ist der Dreiecknut vorzuziehen, da die für die Dichtfunktion unbedingt erforderliche Einhaltung der Tolerierung bei der Dreiecknut schwierig und damit teuer ist. Die Trapeznut wird verwendet, wenn der O-Ring durch die Nut festgehalten werden soll. Maße für O-Ringe nach DIN 3771 s. TB 19-2a.

Ist ein Spalt zwischen den beiden Fügepartnern, so muss darauf geachtet werden, dass der Druck den O-Ring nicht in den Spalt drückt. TB 19-3 zeigt zulässige Spaltweiten in Abhängigkeit vom Betriebsdruck und der Härte des O-Rings beim statischen bzw. dynamischen Dichtfall. Durch auf der druckabgewandten Seite angeordnete Stützringe können die Anwendungsgrenzen wesentlich erhöht werden.

O-Ringe werden auch mit anderen Querschnitten angeboten, z. B. der *Quadring* zum Verringern der Verdrillgefahr. Durch die kleinere Reibung ist er auch für höhere Geschwindigkeiten geeignet.

O-Ringe dürfen bei der Montage nicht über Gewinde, scharfe Kanten usw. gezogen werden, um Beschädigungen zu vermeiden. Wenn möglich sind Einbauschrägen von 15° vorzusehen.

Hermetische Dichtungen

Hermetische Dichtungen sind Dichtungen mit einem hochelastischen Glied (Faltenbalg oder Membran), das den Relativbewegungen von Maschinenteilen ohne Gleiten folgen kann. Die Dichtung ist statisch am ruhenden Gehäuse und am bewegten Maschinenteil eingespannt und kann damit absolut dicht gestaltet werden. Sie ist reibungs-, verschleiß- und wartungsfrei und eignet sich besonders für kleine Hubbewegungen zum Abdichten giftiger, feuergefährlicher, explosiver oder sehr wertvoller Betriebsstoffe, als Vakuumdichtung und Schutzdichtung. Als Werkstoff werden Gummi, gewebeverstärkter Gummi, Kunststoffe, Leder, Messing, Tombak oder nicht rostender Stahl verwendet.

Bild 19-14a zeigt einen *Metallfaltenbalg* in einer Gleitringdichtung (einzelne Membranbleche sind außen und innen miteinander verschweißt, wodurch eine kurze Bauform entsteht), Bild 19-14b in einer vakuumdichten Wellendurchführung als Rollbalg. Bei dieser Konstruktion wird die

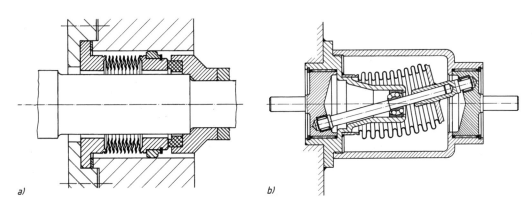

a)　　　　　　　　　　　　　　　　　b)

Bild 19-14 Metallfaltenbalg.
a) in einer Gleitringdichtung, b) in einer vakuumdichten Wellendurchführung (Werkbilder)

19

Drehbewegung über eine Zwischenwelle mit Taumelbewegung übertragen, um schwer abzudichtende Gleitflächen zu vermeiden.

Faltenbälge als Schutzdichtungen werden bei axialbeweglichen Schubstangen, Antriebs- und Schaltgelenken, Spindeln, Gleitführungen usw. zum Schutz vor eindringendem Schmutz oder Spritzwasser und Austritt von Schmiermitteln ohne wesentlichen Druckunterschied zwischen innen und außen eingesetzt. Bild 19-15 zeigt die Abdichtung einer Hinterachsgelenkwelle.

Membrandichtungen werden als Flach- und Wellmembran in Mess- und Regelgeräten und Pumpen, als dünnwandige, flexible Rollmembran in hydraulischen und pneumatischen Regel- und Steuergeräten eingesetzt (Bild 19-16).

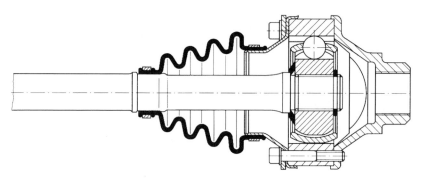

Bild 19-15 Gummielastischer Faltenbalg zur Abdichtung einer Hinterachsgelenkwelle (Werkbild)

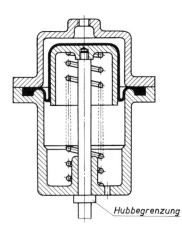

Bild 19-16
Rollmembran in einem Steuerkolben (Werkbild)

19.3 Berührungsdichtungen zwischen relativ bewegten Bauteilen (Dynamische Dichtungen)

19.3.1 Dichtungen für Drehbewegungen

Die Art der Dichtung wird wesentlich bestimmt durch die abzudichtende Druckdifferenz. Treten keine bzw. nur kleine Druckdifferenzen auf, wie es bei Lagerdichtungen meistens der Fall ist, kommen Radialwellendichtringe und Filzringe für radiale Dichtflächen, federnde Abdeckscheiben, V-Ringe und bei starker Schmutzbelastung axiale Laufringdichtungen zum Einsatz. Konstruktionsrichtlinien für diese Dichtungen sind in TB 19-9a zusammengefasst. Bei abzudichtenden Räumen mit unterschiedlichen Drücken werden seitlich abgestützte Radialwellendichtringe mit verstärkter Dichtlippe, die teureren axialen Gleitringdichtungen oder Stopfbuchsen eingesetzt.

Abdichtungen gegen radiale Flächen

Radial-Wellendichtringe (RWDR) sind die am häufigsten eingesetzten Dichtungen bei fett- und ölgeschmierten Wälzlagern. Diese Ringe zeichnen sich durch hohe Dichtwirkung und Lebensdauer aus. Sie dichten statisch gegenüber dem Gehäuse durch den meist kunststoffumhüllten Metallring (V) und gegenüber der rotierenden Welle mit der Dichtlippe (D), die in der Regel durch eine Schlauchfeder (F) leicht und gleichmäßig gegen die Welle gedrückt wird (Bild 19-17b). Einbaubeispiele zeigt Bild 19-18. Die Dichtlippe soll immer zum Medium gerichtet sein, gegen das abgedichtet wird[1]; in Bild 19-18a gegen Austreten des Schmiermittels (normale Lage), in Bild 19-18b hauptsächlich gegen Eindringen von Spritzwasser u. dgl. und in Bild 19-18c gegen Eindringen von Wasser bei kleinem Druck (die Fettkammer dient zur Schmierung der Dichtlippe und dichtet mit ab). Eine besonders bei Rundheits- und Rundlaufabweichungen oder Schwingungen der Welle erforderliche zusätzliche Dichtwirkung kann durch Dichtlippen mit Drall erreicht werden (kleine Stollen werden auf der Luftseite der Lippe angeformt).

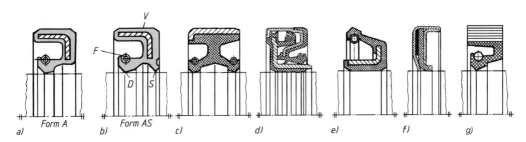

a) Form A   b) Form AS   c)   d)   e)   f)   g)

Bild 19-17 Bauformen der Radial-Wellendichtringe. a) und b) nach DIN 3760 ohne (Form A) und mit Staublippe (Form AS), c) mit Metallsitz und zwei Dichtlippen zum Trennen zweier unterschiedlicher Medien, d) Kassettendichtung für sehr große Schmutzbelastung, e) außendichtend vorzugsweise für umlaufende Außenteile, f) für höhere Drücke und mit PTFE-Dichtlippe, g) mit Gewebeeinlage anstelle Metallring für große Durchmesser (auch geteilt)

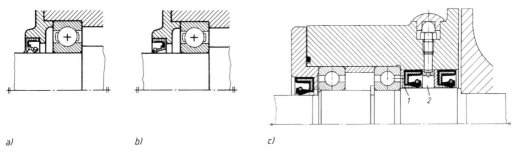

a)   b)   c)

Bild 19-18 Einbaubeispiele für RWDR mit Abdichtung gegen: a) Schmiermittelaustritt, b) vorzugsweise Spritzwassereintritt, c) Wasser mit leichter Druckbeaufschlagung: **1** Stützring, **2** Fettfüllung

19

Verschiedene Bauformen der Dichtringe zeigt Bild 19-17: Form A nur mit Dichtlippe (D), Form AS mit Dicht- und Staublippe (S) nach DIN 3760 sowie nicht genormte Formen aus der umfangreichen Palette der Dichtungshersteller. Die Normringe bestehen aus einem Mantel (einschließlich Lippen) aus Elastomeren (Kunststoffe auf Kautschuk-Basis) und einem Versteifungsring (V) aus Metall, meist Stahl. Die Wahl des Elastomeres richtet sich nach der Art des

---

[1] Durch die Form der Dichtlippe entsteht im Dichtspalt eine hydrodynamische Förderwirkung von der Luft- zur Flüssigkeitsseite unabhängig von der Drehrichtung, die die Dichtwirkung erhöht und eine Flüssigkeitsreibung begünstigt.

abzudichtenden Mediums, dessen Temperatur und der Umfangsgeschwindigkeit der Welle (s. TB 19-4b). Abmessungen s. TB 19-4a.

Die wichtigsten Einbaurichtlinien zeigt Bild 19-19a. Entscheidend für die Lebensdauer der Ringe ist eine möglichst glatte, drallfrei geschliffene oder polierte, gehärtete (45 ... 55 HRC) Wellenoberfläche und eine Schmierung der Dichtlippe, z. B. im Einbaubeispiel Bild 19-18c durch die Fettfüllung, die bei Form AS auch zwischen den Lippen möglich ist. Für den Einbau der Ringe (Welle leicht eingeölt) soll die Gehäusebohrung eine leichte Anfasung erhalten. In Einbaurichtung Y bzw. Z muss an der Welle eine Anfasung bzw. Rundung vorgesehen werden oder es sind Einbauhülsen zu verwenden (Bild 19-19b), um eine Beschädigung der Ringe zu vermeiden. Da der Dichtring sehr empfindlich gegenüber Lageabweichungen der Welle zur Bohrung ist, sollte er möglichst nahe am Lager angeordnet werden.

Der *Filzring* nach DIN 5419 (Bild 19-20) ist mit einem quadratischen Weichpackungsring vergleichbar. Durch die konisch auszuführende Nut mit 7° Seitenwinkel wird der Ring axial am Ringgrund zusammengedrückt und hierdurch nach innen gegen die Welle gedrückt. Der Ring darf am Ringgrund nicht anliegen, um Wärmeausdehnungen zu ermöglichen. Der beim Einbau leicht zu ölende Filzring speichert das Öl in seinen Poren und gibt es im Betrieb ab (hierdurch gute Notlaufeigenschaften). Durch seine hohe Elastizität ist eine gute Anpassung an die Welle auch bei Unrundheit und Schiefstellung gegeben.

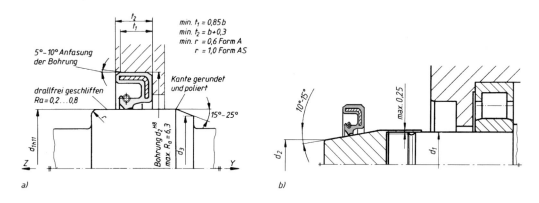

Bild 19-19 Einbau von Radial-Wellendichtringen. a) Gestaltung von Welle und Bohrung, b) Einbau mit Einbauhülse

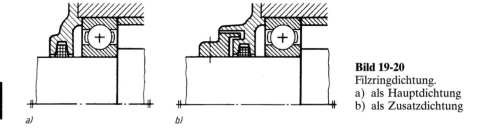

Bild 19-20
Filzringdichtung.
a) als Hauptdichtung
b) als Zusatzdichtung

Filzringe werden verwendet bei Gleitgeschwindigkeiten (Umfangsgeschwindigkeit der Welle) bis ≈ 4 m/s und bei Temperaturen bis ≈ 100 °C. Bei höheren Temperaturen werden sie steif und unelastisch und verlieren damit ihre Dichtwirkung, höhere Gleitgeschwindigkeiten führen zum Verkleben. Deshalb werden hier grafitierte Ringe oder Ringe aus speziellen Kunststoffen eingesetzt. Angewendet werden Filzringe z. B. bei Motoren, Getrieben, Steh- und Flanschlagern (Bild 14-45) und vielfach als Feindichtung hinter Labyrinthen (Bild 19-20b). Abmessungen s. TB 19-5.

Abdichtung gegen axiale Flächen

Raumsparende Dichtungen bei Fettschmierung sind die *federnden Abdeckscheiben* (Bild 19-21), die je nach Lagergestaltung mit dem Innen- oder Außenring festgespannt werden und sich leicht federnd gegen den anderen Ring legen. Nach einer Einlaufzeit mit Verschleiß bildet sich ein sehr enger Spalt, so dass danach eine berührungsfreie Abdichtung vorliegt. Durch Verwendung von zwei Federscheiben kann ein zusätzlicher Fettraum geschaffen werden, der den Schutz gegen eindringende Verunreinigungen verbessert. Beim Einbau der Federscheiben ist auf ausreichende Zentrierung durch die Welle bzw. Bohrung zu achten. Die mit dem äußeren Wälzlagerring verspannte Scheibe ist zu bevorzugen, da hier das Fett weniger herausschleudern kann. Abmessungen s. TB 19-7.

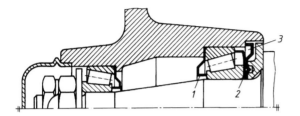

Bild 19-21
Federnde Abdeckscheiben (Werkbild):
1 am Innenring schleifend, **2** am Außenring schleifend, **3** mit Fettkammer

In Form und Wirkung ähnlich sind die in eine Ausnehmung des Außenringes eingepressten Abdeckscheiben (Bild 14-6b) oder die ähnlich gestalteten Dichtscheiben (Bild 14-6c), bei denen gegen den Innenring anliegende Dichtlippen das Lager nach außen dicht schließen. Solche Lager werden, bereits mit Fett gefüllt, von den Wälzlagerherstellern auch serienmäßig geliefert (s. a. Kapitel 14).

V-Ringe sind einfach aufgebaute Lippendichtungen aus weichem Gummi, deren Dichtlippe infolge elastischer Verformung axial gegen eine Gehäusefläche drückt (Bild 19-22). Die (plane) Dichtfläche sollte feingedreht ($Ra = 0,4$ bis $2,5\ \mu m$ je nach Medium und Geschwindigkeit) ohne radiale Bearbeitungsriefen sein, die Welle kann dagegen rau sein (Ring hält besser). Bei der Montage darf der Ring stark gedehnt werden und kann damit problemlos über scharfe Kanten, Nuten, Gewinde etc. geführt werden. Durch ein bestimmtes Untermaß sitzt der Ring fest und dichtet gegen die Welle ab. Bei hohen Umfangsgeschwindigkeiten ($v \approx 12\ m/s$) hebt die Fliehkraft die Pressung gegen die Welle auf. Fast gleichzeitig ($v \approx 15\ m/s$) hebt die Dichtlippe von der Gehäusefläche ab und es bildet sich ein radialer Dichtspalt. Durch Überschieben eines Halteringes mit Vorspannung (Bild 19-22b) kann der V-Ring bis 30 m/s als Spaltring verwendet werden, der Gamma-Ring durch den bereits anvulkanisierten Metallmantel (Bild 19-22c) bis ca. 20 m/s.

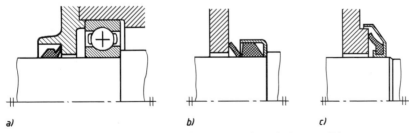

a) b) c)

Bild 19-22 V-Ringe. a) Grundform, b) mit Haltering, c) Gamma-Ring

Die axiale Lippe wirkt als Schleuderscheibe gegen Schmutz, Spritzwasser usw. Fluchtungsfehler infolge Parallelversatz bis über 1 mm und Winkelversatz bis einige Grad können überbrückt werden; eine axiale Abstützung kann dann erforderlich sein. Aufgrund ihrer Eigenschaften sind V-Ringe sehr gut zum Abdichten von z. B. Pendelrollenlagern und Gelenkköpfen als äußere

19

Schutzdichtung (Vordichtung), in Labyrinthen als Feindichtung (kleinbauend) und, innen angeordnet, bei Ölschmierung geeignet. Abmessung s. TB 19-6.

Eine sehr aufwendige und damit teure Dichtung ist die *axiale Gleitringdichtung* zum Abdichten
rotierender Wellen gegenüber Flüssigkeiten, Laugen, Gasen usw. Ihr prinzipieller Aufbau ist
aus Bild 19-23a zu ersehen. Die dynamische Dichtung erfolgt zwischen dem mit der Welle rotierenden Gleitring (1) und dem ruhenden Gegenring (2) auf einer axialen Gleitfläche. Die zwei
O-Ringe (3) und (4) dichten statisch zwischen Welle und Gleitring (1) bzw. zwischen Gegenring
(2) und Gehäuse (5), wobei der O-Ring (4) gleichzeitig den Gegenring elastisch gegen Verdrehen sichert. Die Druckfeder (6) überträgt das Drehmoment auf den rotierenden Gleitring (1),
sorgt für den erforderlichen Anpressdruck zwischen den Dichtringen und gleicht unterschiedliche Wärmeausdehnungen und Verschleiß aus. Anstelle der O-Ringe zur Abdichtung des Gleit-
rings zur Welle werden auch Membranen, Faltenbälge (Bild 19-14a) oder Nutringe eingesetzt.
Vielfach sind zusätzliche Verdrehsicherungen für Gleit- und Gegenring erforderlich.

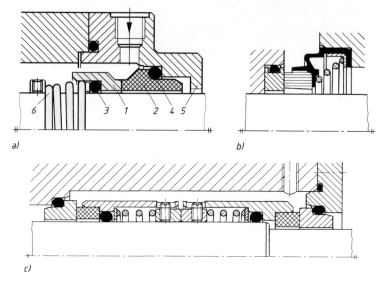

Bild 19-23 Axial-Gleitringdichtung. a) mit Welle umlaufend, nicht entlastet, Innenanordnung, b) stationär, nicht entlastet, mit Welle umlaufend, c) doppeltwirkend, die dem Medium abgewandte Seite
druckentlastet durch Wellenabsatz (Werkbilder)

Für die feinstbearbeiteten, polierten Gleitflächen ($Ra = 0{,}015$ bis $0{,}35\ \mu m$) werden verschiedene
Werkstoffe, meist Kunstkohle, Kunststoffe, Keramik, Metallkarbide, Metalle oder Spezial-
grauguss verwendet, wobei eine Kombination harte gegen weiche Lauffläche (gute Einlauf-
eigenschaft), bei Medien mit abrasiven Stoffen eine Kombination hart/hart bevorzugt wird. Es
herrscht meist Mischreibung vor ($\mu = 0{,}05$ bis $0{,}1$). Zum Verringern der Reibung bei Flüssig-
keitsdichtung werden auch in die Gleitflächen Ausnehmungen eingearbeitet, die zur Bildung
von hydrodynamischen Keilspalten führen (Reibwert $\mu = 0{,}01$ bis $0{,}001$) oder bei Gasabdich-
tung wird durch Bohrungen zwischen die Gleitflächen Kühl- oder Sperrflüssigkeit gepresst, wodurch ein hydrostatischer Spalt entsteht.

Gleitringdichtungen werden einfach- oder doppeltwirkend, druckentlastet (durch Wellenabsätze
oder Hülsen wird die Druckfläche auf den Gleitring kleiner gehalten als die Gleitlauffläche)
oder nicht druckentlastet, umlaufend oder stationär, in Innen- oder Außenanordnung ausgeführt. Bild 19-23 zeigt hierzu Beispiele.

Gleitringdichtungen werden eingesetzt bei Temperaturen von $-220\,°C$ bis $450\,°C$, Drücken vom
Vakuum bis 450 bar, Umfangsgeschwindigkeiten bis über $100\ m/s$.

19

In Verbindung mit ihren geringen Leckverlusten (meist unsichtbar infolge Verdunstung), hoher Betriebssicherheit und Lebensdauer ergibt sich ein sehr breites Einsatzgebiet z. B. in Pumpen, Kompressoren/Verdichtern, Rührwerken, Mühlen, Haushaltsgeräten. *Laufwerkdichtungen* sind vom Aufbau her einfache Axialgleitringdichtungen mit harten verschleißfesten Laufflächen, die zum Schutz von Fahrwerken bei sehr hohen Verschmutzungen, z. B. in Baumaschinen, Traktoren, Raupenfahrzeugen, eingesetzt werden (Bild 19-24).

Die dynamische Abdichtung erfolgt axial zwischen den metallischen Gleitflächen von zwei Gleitringen (1), die im abgebildeten Beispiel durch dicke elastische O-Ringe gegeneinandergepresst werden. Ein O-Ring (2) dichtet den Spalt zwischen Gleitring und feststehendem Gehäuse ab und hält den Gleitring fest, der andere O-Ring (3) nimmt den Gleitring (1) elastisch mit der Welle mit. Bei der vorzuziehenden Ölschmierung der Dichtfläche sind Gleitgeschwindigkeiten bis 10 m/s, bei Fettschmierung bis 3 m/s erreichbar. Durch die axialen Gleitflächen sind große Mittenabweichungen, durch die elastischen O-Ringe erhebliche Winkelabweichungen und selbsttätiger Verschleißausgleich möglich.

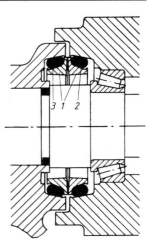

Bild 19-24 Laufwerkdichtung

19.3.2 Dichtungen für Längsbewegung ohne oder mit Drehbewegung

Stopfbuchsen

Stopfbuchsen sind die ältesten bekannten Dichtungen für bewegte Maschinenteile. Sie bestehen aus Weichstoffpackungen oder einzelnen elastischen Packungsringen mit vorwiegend quadratischem Querschnitt, die in einen Ringraum „gestopft" werden. Durch axiale Verspannung mittels Brille (1) über Schrauben (2) wird die Packung (3) gegen die Dichtflächen gepresst, Bild 19-25a. Der Betriebsdruck drückt die Packung gegen die Brille und erzeugt so den für die Dichtung erforderlichen Anpressdruck durch elastische und plastische Verformung der Ringe. Als Ringe werden meist Weichstoffpackungen aus Natur- und Kunststofffasern, Metall-Weichstoffpackungen und Weichmetallpackungen eingesetzt (Bild 19-25c). Über eine Schmierlaterne (4) kann Schmiermittel zugeführt oder auch Sperr- oder Kühlflüssigkeit eingebracht werden.

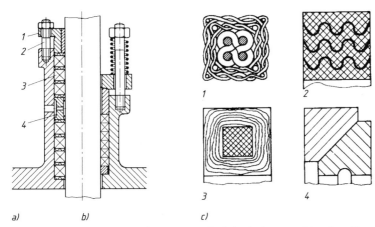

a)   b)   c)

Bild 19-25 Stopfbuchsen. a) Aufbau mit Schmierlaterne, b) mit selbsttätiger Nachstellung über Federn, c) Stopfbuchspackungen: **1** Geflechtpackung, **2** und **3** Metall-Weichstoffpackungen, **4** Weichmetallpackung (Kegelpackung)

19

Stopfbuchsen werden für hin- und hergehende Bewegungen (Kolbenstangen), für drehende und schiebende Bewegungen (Ventilspindeln) und bei drehenden Wellen (z. B. Pumpen) eingesetzt, insbesondere wenn hohe Drücke und Temperaturen bei gleichzeitig relativ kleinen Gleitgeschwindigkeiten vorliegen. Bei höheren Gleitgeschwindigkeiten bestehen infolge Reibung, Erwärmung und Verschleiß schlechte Dichtfähigkeit und Überhitzungsgefahr und damit hoher Wartungsaufwand. Zur Verbesserung der Dichtwirkung und Lebensdauer führen hier ballige Brilleneindruckstücke (kein Klemmen bei schiefem Anziehen der Brille) und Federanpressung der Brille (Bild 19-25b). Im Gegensatz zu Gleitringdichtungen (plötzlicher Ausfall) werden Stopfbuchsen allmählich undicht.

Empfohlene Abmessungen der Packungen s. TB 19-8, Oberfläche der Wellen feingedreht oder geschliffen ($Ra \leq 0,8\,\mu m$), evtl. gehärtet oder hartverchromt (geringerer Verschleiß).

Formdichtungen

Die vorwiegend in der Pneumatik und Hydraulik eingesetzten Formdichtungen werden in Lippen- und Kompaktdichtungen unterteilt. Im Zylinder angeordnet werden sie auch als *Stangendichtung*, im Kolben eingebaut als *Kolbendichtung* bezeichnet, Bild 19-26. Sie sind selbsttätige Berührungsdichtungen, die nach der Montage durch Eigenelastizität oder eine Ringfeder an den abzudichtenden Flächen anliegen, der Betriebsdruck verstärkt die Anpressung. Sie werden vorwiegend aus gummielastischen Werkstoffen hergestellt mit z. T. anvulkanisierten Stütz- oder Führungsringen und Gewebematerial.

Bei den *Lippendichtungen*, zu diesen zählen die *Nutringe* und *Manschetten* (Bild 19-26), wird nur die Dichtlippe bei der Montage verformt, wodurch sich eine verhältnismäßig kleine Vorpressung und Reibung ergibt. Diese Dichtungen werden vorwiegend bei kleineren Drücken eingesetzt. Durch beim Nutring anvulkanisierten Stützring (Backring), der eine Spaltextrusion verhindert, sind größere Drücke erreichbar, ebenso durch Hintereinanderanordnung mehrerer Nutringe zu Dachmanschettensätzen, wodurch eine Kompaktdichtung entsteht (Bild 19-27c).

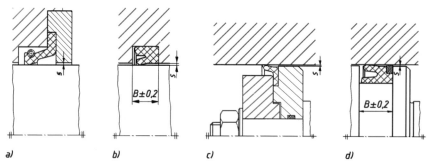

a)   b)   c)   d)

Bild 19-26 Lippendichtungen. a) Hutmanschette mit Feder, b) Nutring, c) Topfmanschette, d) Nutring mit Backring

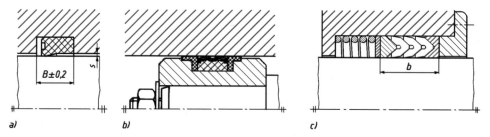

a)   b)   c)

Bild 19-27 Kompaktdichtungen. a) Grundtyp, b) Kolbendichtung mit Führungsbackringen, c) Dachmanschettensatz

Die ein geschlossenes Profil besitzenden *Kompaktdichtungen* (Bild 19-27) werden bei der Montage zusammengepresst und erzeugen damit hohe Anpress- und Reibungskräfte. Ihr Anwendungsbereich liegt vorwiegend im Hochdruckbereich.

Um die Reibung und damit den Verschleiß gering zu halten, ist eine Schmierung der Gleitflächen erforderlich. Diese wird durch die im Dichtspalt herrschende Schleppströmung erreicht, d. h. ein durch die Adhäsion an der Gleitfläche haftender Schmierfilm drückt die Lippe beim Vorwärtshub von der Dichtfläche, beim Rückwärtshub wird ein Teil dieses Films abgestreift. Der verbleibende Teil führt zu einem bestimmten Leckverlust. Neben der Anpresskraft ist die Zähigkeit des Schmieröls, die Gleitgeschwindigkeit, die Oberflächengüte und die Form der Dichtlippe für die Größe des nicht abgestreiften Schmierfilms verantwortlich.

Bei Pneumatikdichtungen erfolgt in der Regel eine einmalige Schmierung bei der Montage. Die Dichtlippe darf deshalb den Dichtfilm nicht abstreifen, während bei Hydraulikdichtungen der Schmierfilm möglichst gut abgestreift werden soll. Hieraus resultieren unterschiedliche Dichtlippenformen, Bild 19-28.

Häufig in Verbindung mit Lippendichtungen wird ein *Abstreifring* eingesetzt, Bild 19-29. Dieser verhindert, dass Schmutz an die empfindliche Dichtlippe gelangt und diese beschädigt.

Formdichtungen sind vorwiegend für Längsbewegungen bei Gleitgeschwindigkeiten $v \leq 0,5$ m/s und Temperaturen an der Dichtlippe bis 100 °C, Dichtungen aus PTFE bis 260 °C geeignet. Zulässige Drücke: Nutringe bis 400 bar, Manschetten bis 60 bar.

Nutringe werden mit axialem Spiel ($\leq$0,3 mm), Kompaktdichtungen mit leichter Vorspannung eingebaut. Die zulässige Spaltweite richtet sich nach Werkstoffhärte, Betriebsdruck und Abstützung durch Backring (Extrusionsgefahr). Die Gleitflächen sollten geschliffen, gehont oder glattgewalzt sein ($Ra \leq 0,4$ µm), die Nut gedreht oder geschliffen ($Ra \leq 1,6$ µm).

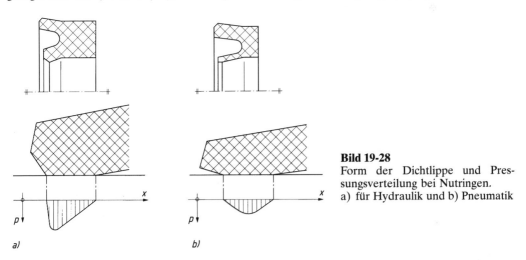

Bild 19-28
Form der Dichtlippe und Pressungsverteilung bei Nutringen.
a) für Hydraulik und b) Pneumatik

Ringdichtungen

Zu den Ringdichtungen gehören die Kolbenringe und PTFE-Ringe.

Kolbenringe sind meist einfach radial geschlitzte rechteckige Ringe aus in der Regel Sondergrauguss, die durch die Eigenfederung dicht an der Zylinderwand anliegen. Die wirksame Dichtpressung wird wie bei den Formdichtungen durch den Betriebsdruck erzielt. Sie werden vorwiegend in Verbrennungsmotoren und bei dynamisch hochbelasteten Kolben- und Stangendichtungen eingesetzt. Neben der Druckabdichtung werden sie auch als Führungs- und in Sonderbauform als Ölabstreifring eingesetzt.

PTFE-Ringe bestehen aus einem Laufring aus PTFE, der von einem O-Ring, der im Nutgrund liegt, angepresst wird, Bild 19-29. Wie bei den Kolbenringen ist die Reibung auch bei hohen Drücken sehr niedrig. Deshalb und da der Anlauf auch bei schlechterer Schmierung ruckfrei erfolgt (kein Stick-Slip-Effekt), verdrängen sie zunehmend die Manschettendichtungen.

19

Der Nachteil der Ringdichtungen ist der gegenüber den Formdichtungen relativ große Leckverlust, der durch entsprechende Formgebung etwas verringert werden kann. Wenn geringe Leckverluste gefordert werden, werden häufig Dichtsysteme eingesetzt, z. B. eine Kombination von Abstreifer, Nutring als Sekundärdichtung, PTFE-Ring als Hauptdichtung und Führungsring, Bild 19-29. Der PTFE-Ring dichtet den Druck ab, der dann nur mit geringem Druck beaufschlagte Nutring sorgt für das Abstreifen des Ölfilms, und der Abstreifer schützt die Dichtungen vor Verschmutzung. Da nicht metallische Dichtungen keine Führung von Wellen, Kolben bzw. Stangen übernehmen dürfen, sind ein oder zwei Führungsringe immer erforderlich.

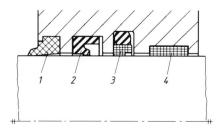

Bild 19-29
Dichtsystem.
1 Abstreifer, **2** Nutring, **3** PTFE-Ring, **4** Führungsring

19.4 Berührungsfreie Dichtungen zwischen relativ bewegten Bauteilen

Bei berührungsfreien Dichtungen wird die Dichtwirkung enger Spalten ausgenutzt. Durch das verschleiß- und reibungsfreie Arbeiten haben solche Dichtungen eine unbegrenzte Lebensdauer. Gegenüber Berührungsdichtungen ist allerdings mit höheren Leckverlusten aufgrund des Spaltes zu rechnen. Die Konstruktion des Spaltes ist damit wesentlich für die Dichtwirkung. Der Einsatz der Dichtungen erfolgt vorwiegend zur Abdichtung von Achsen und Wellen mit hohen Drehzahlen ohne Druckunterschied (berührungsfreie Schutzdichtungen) oder mit Druckunterschied (Strömungsdichtungen). Mit entsprechendem Aufwand können berührungsfreie Dichtungen auch weitgehend dicht ausgeführt werden. Hierzu zählen Dichtungen mit Sperrflüssigkeit, Magnetflüssigkeitsdichtungen, Sperrluftdichtungen und Fanglabyrinth-Dichtungen.

Berührungsfreie Schutzdichtungen
Sie werden vorwiegend bei fettgeschmierten Lagern verwendet. Das von selbst in den Spalt eindringende und von außen durch Zuführungslöcher eingepresste Fett unterstützt die Dichtwirkung. Die *einfache Spaltdichtung* (Bild 19-30a) genügt dort, wo nur mit geringer Verschmutzung zu rechnen ist. Wirksamer ist die *Rillendichtung* (Bild 19-30b), bei der radial umlaufende Rillen das Fett besser halten. Sie wird bei Lagern, beispielsweise von Ventilatoren, Elektromotoren und Spindeln von Werkzeugmaschinen, angewendet. Bei Ölumlaufschmierung sind Spritzkanten, Spritzringe oder auch schraubenförmig ausgebildete Rillen erforderlich, wobei der Windungssinn je nach Drehrichtung der Welle so sein muss, dass austretendes Öl wieder ins Lager zurückgefördert wird. Die *Labyrinthdichtung* ist am wirksamsten. Die mit Fett gefüllten Gänge verhindern selbst bei schmutzigstem Betrieb das Eindringen von Fremdkörpern. Bei ungeteilten Gehäusen wird die Dichtung axial gestaltet (Bild 19-30d), bei geteilten möglichst radial (Bild 19-30c), da sich hierin das Fett besser hält. Die Anwendung ist sehr vielseitig, z. B. bei elektrischen Fahrmotoren, Zementmühlen, Schleifspindeln und Achslagern.
Labyrinthdichtungen lassen sich auch preiswert und platzsparend aus handelsüblichen Dichtlamellen aus gepresstem Stahlblech oder mit Kolbenringen aufbauen (Bild 19-30e). Die Dichtwirkung kann dabei mit der Zahl der eingesetzten Lamellensätze bzw. Kolbenringe nach Bedarf variiert werden. Konstruktionsrichtlinien für diese Dichtungen sind in TB 19-9b zusammengefasst.

19

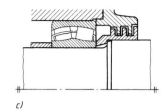

Bild 19-30
Berührungsfreie Schutzdichtungen.
a) einfache axiale Spaltdichtung
b) Rillendichtung
c) axiale Labyrinthdichtung
d) radiale Labyrinthdichtung
e) Labyrinth mit Dichtungslamellen

Strömungsdichtungen

Strömungsdichtungen werden z. B. bei Turboverdichtern, Dampf- und Wasserturbinen, Gebläsen und Kreiselpumpen eingesetzt. Bei diesen kommt es infolge des Druckunterschiedes zwischen den abzudichtenden Räumen zu einer Spaltströmung mit Druckabbau infolge Flüssigkeitsreibung, die bei laminarer Strömung im konzentrischen *einfachen Spalt* eine *Leckmenge V* verursacht von

$$V = \frac{(p_1 - p_2) \cdot s^3 \cdot \pi \cdot d_{\mathrm{m}}}{12 \cdot \eta \cdot l} \qquad (19.6)$$

p_1, p_2 Druck vor bzw. nach dem Spalt
s Spaltweite
d_{m} mittlerer Spaltdurchmesser
η dynamische Viskosität des durchströmenden Mediums
l Spaltlänge

Aus der Gleichung geht hervor, dass die Spaltweite mit der 3. Potenz den größten Einfluss auf die Leckmenge hat. Da die Spaltweite nicht beliebig klein (meist 0,1 bis 0,2 mm) ausgeführt werden kann (Fertigungsungenauigkeit, Verformungen und Wärmeausdehnungen im Betrieb müssen z. B. beachtet werden), können bereits kleinere Druckunterschiede bei kleinen Leckverlusten sehr lange Spalte erforderlich machen. Einfache radiale und axiale Spalte werden bei inkompressiblen Flüssigkeiten innerhalb von Pumpen, Strömungskupplungen u. ä. ausgeführt. Aufwendiger, aber kürzer bauen Labyrinth- und Labyrinthspaltdichtungen. Auch werden fe-

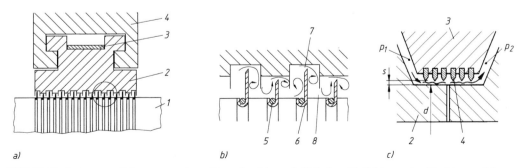

Bild 19-31 Strömungsdichtung an einer Dampfturbine. a) Teil der Abdichtung des Turbinengehäuses am Wellendurchmesser: **1** Welle, **2** federnde Buchse, **3** Feder, **4** Gehäuse, b) Ausschnitt: **5** Stemmdraht, **6** Drosselblech, **7** Spalt (Drosselstelle), **8** Ringkammer, c) Abdichtung des Leitrades gegen die Welle: **2** Laufrad auf Welle, **3** Leitrad, **4** Messingscheiben

dernde (schwimmende) Buchsen eingesetzt (Bild 19-31a), die sich selbst zentrieren und damit kleinere Spalte zulassen.

Bei den *Labyrinthdichtungen* wird an jeder Drosselstelle (Bild 19-31b) an den engen Spalten Druckenergie in Geschwindigkeitsenergie umgewandelt, in den erweiterten Kammern dahinter wird diese Geschwindigkeitsenergie nahezu vollständig in Reibungswärme durch Verwirbelung und Stoß umgesetzt. Die Leckmenge hängt also wesentlich von der Anzahl der hintereinander geschalteten Drosselstellen sowie der Labyrinthgeometrie ab.

Aus Montagegründen, bei größeren axialen Verschiebungen oder geringeren Anforderungen an die Dichtheit (z. B. innerhalb von Turbinen) werden auch Labyrinthspaltdichtungen (das Labyrinth ist nur einseitig ausgebildet), z. B. Bild 19-31c, eingesetzt. Absolute Dichtheit ist durch eine zusätzliche Flüssigkeitssperrung erreichbar.

19.5 Literatur und Bildquellennachweis

Ebertshäuser, H.: Dichtungen in der Fluidtechnik. München: Resch, 1987
Haberhauer, H., Bodenstein, F.: Maschinenelemente, 14. Aufl. Berlin: Springer, 2008
Künne B.: Köhler/Rögnitz. Maschinenteile 2, 10. Aufl. Wiesbaden: Teubner, 2007
Pahl, G., Beitz, W., Feldhusen, J., Grote, K. H.: Konstruktionslehre, 6. Aufl. Berlin: Springer, 2006
Reuter, F. W.: Dichtungen in der Verfahrenstechnik. München: Resch, 1987
Schmid, E.: Handbuch der Dichtungstechnik. Grafenau/Württ.: Expert, 1981
Schuller, R., Trossin, H.-J., Gartner, J.: Randbedingungen zum Einsatz statischer Dichtungen. Konstruktion 50 (1998) H. 9, S. 23–26
Steinhilper, W., Sauer, B. (Hrsg.): Konstruktionselemente des Maschinenbaus 2. 6. Aufl. Berlin: Springer, 2008
Tietze, W., Riedl, A. (Hrgs.): Taschenbuch Dichtungstechnik. Essen: Vulkan 2005
Trudnovsky, K.: Berührungsdichtungen. Berlin: Springer, 1975
Trudnovsky, K.: Berührungsfreie Dichtungen. Düsseldorf: VDI, 1981
Trudnovsky, K.: Schutzdichtungen. Düsseldorf: VDI, 1977

Firmenschriften: Burgmann Industries GmbH & Co.KG, Wolfsratshausen (Gleitringdichtungen), (www.burgmann.com); Busak+Shamban Deutschland GmbH, Stuttgart (V-Ring, Gamma-Ring), (www.busakshamban.de); ElringKlinger Kunststofftechnik GmbH, Bietigheim-Bissingen (RWDR), (www.elringklinger-kunststoff.de); Federal-Mogul Burscheid GmbH, Burscheid (Gleitringdichtungen), (www.federal-mogul.com); Freudenberg Simmeringe KG, Weinheim (RWDR, Simmerring®; Formdichtungen), (www.simrit.de); Loctite European Group, München (Dichtmassen), (www.loctite.com); Merkel Freudenberg Fluidtechnik GmbH, Hamburg (Formdichtungen, Stopfbuchspackungen), (www.freudenberg.de); Parker Hannifin GmbH, Bietigheim-Bissingen (Formdichtungen), (www.parker.com); Ringfeder VBG, Krefeld, (www.ringfeder.de); SKF GmbH, Scheinfurt (V-Ring), (www.skf.de); Ziller & Co., Hilden (Nilos-Ring); Witzenmann GmbH, Pforzheim (Metallfaltenbalg), (www.witzenmann.de)

19

20 Zahnräder und Zahnradgetriebe (Grundlagen)

20.1 Funktion und Wirkung

Zahnradgetriebe bestehen aus einem oder mehreren Zahnradpaaren, die vollständig oder teilweise von einem Gehäuse umschlossen sind (geschlossene bzw. offene Getriebe). Sie zeichnen sich aus durch eine kompakte Bauweise und einen relativ hohen Wirkungsgrad. Nachteilig dagegen sind u. a. die durch den Formschluss bedingte *starre* Kraftübertragung (elastische Kupplung vorsehen) sowie die bei hohen Drehzahlen möglichen unerwünschten Schwingungen (u. a. durch bessere Verzahnungsqualität reduzierbar). Eine Übersicht der wichtigsten Getriebearten mit den typischen Merkmalen zeigt Bild 20-1.

	Getriebeart	Funktionsfläche	Lage der Achsen	Kontaktart	Näheres s. Kapitel
Wälzgetriebe	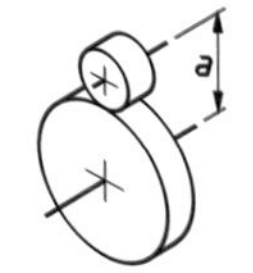 Stirnradgetriebe	Zylinder	parallel $\Sigma = 0$ $a > 0$	Linie	21
	Kegelradgetriebe	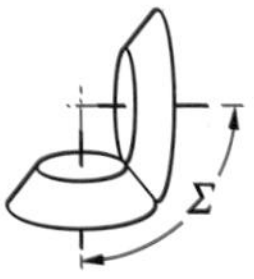 Kegel	sich schneidend $\Sigma > 0$ (meist $\Sigma = 90°$) $a = 0$	Linie	22
Schraubwälzgetriebe	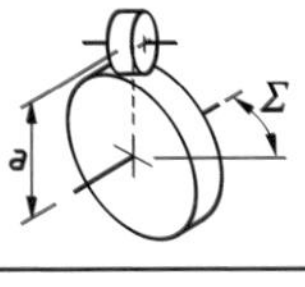 Stirnradschraubgetriebe	Zylinder	sich kreuzend $\Sigma > 0$ $a > 0$	Punkt	23
	Kegelradschraubgetriebe	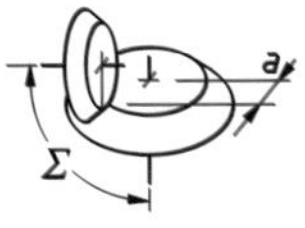 Kegel	sich kreuzend $\Sigma = 90°$ $a > 0$	Punkt	–
Schraubgetriebe	Schneckengetriebe	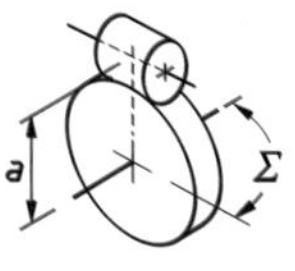 Zylinder und Globoid [1]	sich kreuzend $\Sigma = 90°$ $a > 0$	Linie	23

[1] Radpaarungen: Zylinderschnecke/Zylinderschneckenrad; Zylinderschnecke/Globoidschneckenrad
Globoidschnecke/Globoidschneckenrad

Bild 20-1 Getriebebauarten

Die Aufgaben der *gleichförmig*[1] übersetzenden Zahnradgetriebe (Funktion) können sein

— die schlupflose Übertragung einer Leistung oder einer Drehbewegung bei konstanter Übersetzung,
— die Wandlung des Drehmoments oder der Drehzahl,
— die Drehrichtungsfestlegung zwischen Antriebs- und Abtriebswelle,
— die Bestimmung der Wellenlage (Antriebs-/Abtriebswelle) zueinander.

20.1.1 Zahnräder und Getriebearten

1. Zahnräder

Zahnräder dienen zur formschlüssigen Kraftübertragung zwischen zwei nicht fluchtenden Wellen. Sie bestehen aus einem Radkörper mit gesetzmäßig gestalteten Zähnen, wobei jeder Zahn eine Rechts- und eine Linksflanke aufweist, die je nach Drehrichtung des Zahnrades Arbeits- oder Rückflanke (die der Arbeitsflande gegengerichtete Flanke) sein kann (Bild 20-2a). Die Zähne greifen bei Drehung der Welle nacheinander in die entsprechenden Zahnlücken des Gegenrades, wobei sich die Arbeitsflanken eines Radpaares im Eingriffspunkt berühren, der während des Eingriffes auf dem aktiven Flankenteil (beim treibendem Rad vom Zahnfuß bis zum Zahnkopf, beim getriebenem Rad umgekehrt) wandert. Zwischen den Rückflanken ist Flankenspiel vorhanden (Bild 20-2b). Die Verzahnung eines gegebenen Rades bestimmt die Verzahnung des Gegenrades.

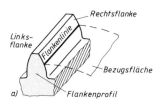
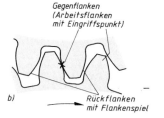

Bild 20-2
a) Zahn mit Flankenprofil
b) Arbeits- und Rückflanken

Gedachte Flächen um die Radachsen eines Radpaares, die als unverzahnte Flächen bei Drehung die gleichen Relativbewegungen wie die Zahnräder ausführen, heißen *Funktionsflächen*. Es sind Rotationsflächen (Wälzflächen), die sich berühren und aufeinander abwälzen (Bild 20-3). Normalerweise ist die Funktionsfläche gleichzeitig Bezugsfläche, auf welche die geometrischen Bestimmungsgrößen der Verzahnung bezogen werden. Den allgemeinen Fall von Zahnradpaaren bilden die *Hyperboloidräder*[2], von denen sich alle Zahnradpaarungen in vereinfachter Form ableiten lassen, z. B. werden die Kehlräder Zylinderräder bei $\Sigma = 0$ und $a > 0$, die hyperbolischen Kegelräder zu „einfachen" Kegelrädern bei $a = 0$ und $\Sigma > 0$. s. Bild 20-1.

2. Getriebearten

Eine Baugruppe aus einem oder mehreren Zahnradpaaren ist ein *Zahnradgetriebe*, in dem Größe und/oder Richtung von Drehbewegung und Drehmoment in einer oder mehreren Getriebestufen umgeformt werden. Nach der gegenseitigen Lage der Radachsen bzw. der Wellen eines Zahnradpaares und nach der Richtung der Flanken werden nach DIN 868 als Getriebebauarten die *Wälzgetriebe* und *Schraubwälzgetriebe* unterschieden, siehe Übersicht Bild 20-1.

20

---

[1] Zahnräder mit rotationssymmetrischen und zur Radachse zentrischen Bezugsflächen bewirken eine *gleichförmige*, Zahnräder mit unrunden oder exzentrischen Bezugsflächen dagegen eine *periodisch sich ändernde* Drehbewegungsübertragung.
[2] Unter einem Hyperboloid versteht man den Körper, der durch Drehung einer Hyperbel um ihre Achse entsteht.

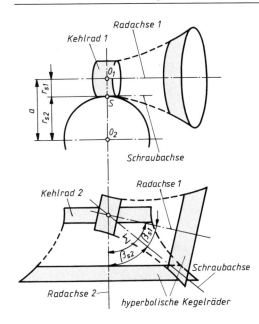

Bild 20-3
Funktionsflächen der Hyperboloidräder
(dargestellt sind 2 Radpaare)

Wälzgetriebe

Hierzu zählen Getriebe, bei denen in den Funktionsflächen reines Wälzen auftritt. Zu ihnen gehören Radpaare, deren Radachsen (Wellen) in einer Ebene liegen, also parallel sind oder sich schneiden; der Kontakt ist linienförmig. Dies sind

- *Stirnradgetriebe* (Bild 20-4): Paarung zweier außenverzahnter Stirnräder (Außenradpaar) oder Paarung eines außenverzahnten Ritzels mit einem innenverzahnten Rad (Innenradpaar), deren Funktionsflächen jeweils Wälzzylinder sind. Der Grenzfall ist die *Zahnstange* mit unendlich großem Durchmesser und einer ebenen Funktionsfläche, gepaart mit einem außenverzahnten Ritzel ($i = \infty$). Die Räder werden mit *Gerad-*, *Schräg-* und bei Außenradpaaren in Sonderfällen mit *Doppeltschräg-* bzw. *Pfeilverzahnung* (je nach Verlauf der Zahnflankenlinien) ausgeführt; Übersetzung je Radpaar üblich $i \leq 6$ ($i_{max} \approx 8 \dots 10$). Innenradpaare, bei denen Ritzel und Rad (Hohlrad) im gleichen Drehsinn laufen, zeichnen sich durch eine besonders raumsparende Bauweise aus; sie sind nur axial montierbar. Durch die Paarung einer konkav gekrümmten mit einer konvex gekrümmten Flanke ergibt die gute Anschmiegung aufgrund der geringeren Pressung eine höhere Tragfähigkeit.
- *Kegelradgetriebe* (Bild 20-5): Paarung zweier Kegelräder mit Gerad- oder Schrägverzahnung, deren Funktionsflächen Wälzkegel sind und deren Radachsen sich im Achsenschnittpunkt schneiden. Die Zahnflanken berühren sich linienförmig; Übersetzung bis $i_{max} \approx 6$. Der Grenzfall eines außenverzahnten Kegelrades ist das Kegelplanrad, dessen Funktionsfläche eine Ebene senkrecht zur Radachse ist. Gepaart mit einem Kegelrad ergibt sich ein Kegelplanradgetriebe.

Schraubwälzgetriebe

Schraubwälzgetriebe sind Paarungen verzahnter Räder, deren Radachsen sich nicht in einer Ebene kreuzen. Ihre Funktionsflächen sind *Hyperboloide*, die sich bei Drehung unter gleichzeitigem Gleiten (Verschieben) längs ihrer gemeinsamen Berührungslinie (Schraubenachse) aufeinander abwälzen, s. Bild 20-3 und Bild 20-1.
Die Verzahnungen der beiden Räder liegen in den hyperbolischen Funktionsflächen. Die Zahnräder können als hyperbolische Stirnräder (Kehlräder 1, 2) oder als hyperbolische Kegelräder ausgeführt werden. Da die Funktionsflächen gekrümmt sind, werden in der Praxis die Verzahnungen an Zylinder- bzw. Kegelflächen angenähert. Man unterscheidet:

20

---

[1] Große Übersetzungsverhältnisse lassen sich raumsparend mit Planetengetrieben (Umlaufgetriebe) erreichen, bei denen ein umlaufender Steg mit Planetenrädern um ein Sonnenrad läuft.

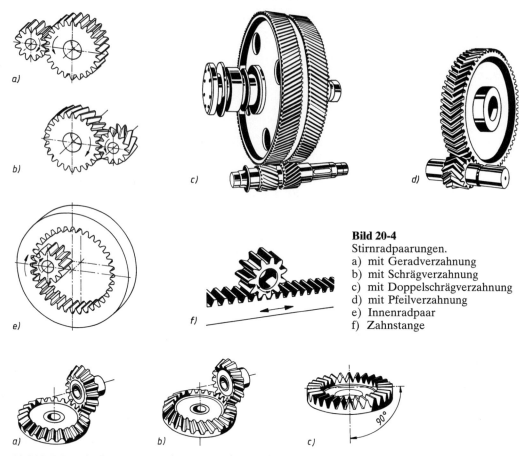

Bild 20-4
Stirnradpaarungen.
a) mit Geradverzahnung
b) mit Schrägverzahnung
c) mit Doppelschrägverzahnung
d) mit Pfeilverzahnung
e) Innenradpaar
f) Zahnstange

Bild 20-5 Kegelradpaarungen. a) Kegelradpaar mit Geradverzahnung, b) mit Schrägverzahnung, c) Kegelplanrad

- *Stirnradschraubgetriebe* (Bild 20-6a): Sind bei genügend großem Abstand a die Kehlhalbmesser r_{s1} und r_{s2} der Schraubflächen hinreichend groß (Bild 20-3), werden in einem schmalen Bereich um den Schraubpunkt S die Hyperboloide durch Zylinderflächen angenähert. Die Verzahnung solcher Stirnschraubräder haben nur Punktberührung. Der Berührpunkt erweitert sich unter Betriebsbedingungen zu einer Berührfläche. Deshalb eignen sich solche Getriebe nur für kleine Leistungen und für Übersetzungen bis $i_{max} = 5$.
- *Kegelradschraubgetriebe* (Bild 20-6b): Bei kleinem Achsabstand a (Achsversetzung z. B. bei Kfz-Getrieben) werden solche Teile der Schraubwälzflächen für den Zahneingriff herangezogen, die vom Schraubpunkt S genügend weit entfernt sind, so dass diese Teile durch Kegelflächen angenähert werden können, deren Zahneingriff sich über nahezu die gesamte Zahnbreite erstreckt (vgl. Bild 20-3). Solche meist bogenverzahnte Kegelschraubräder werden *Hypoidräder* genannt. Bei der Paarung dieser Räder kreuzen sich die Radachsen vielfach rechtwinklig; der Kontakt ist linienförmig.
- *Schneckenradgetriebe* (Bild 20-6c und d) als reine Schraubgetriebe mit sich rechtwinklig kreuzenden Radachsen bestehen aus einem Zahnrad mit zylindrischer oder globoidischer Funktionsfläche, der *Schnecke*, und dem dazu passenden globoidischen Gegenrad, dem *Schneckenrad*. Die Verzahnungen von Schnecke und Schneckenrad haben in einem Eingriffsfeld Linienberührung; Übersetzung von $i_{min} \approx 5$ bis $i_{max} \approx 60$, in Ausnahmefällen bis $i_{max} \approx 100$ und mehr.

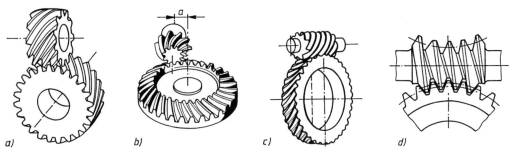

Bild 20-6 Schraubwälzpaarungen.   a) Stirnradschraubgetriebe, b) Kegelradschraubgetriebe (Hypo-idradpaar), c) Zylinderschneckengetriebe (Zylinderschnecke und Globoidschneckenrad), d) Globoid-schneckengetriebe (Globoidschnecke und Globoidschneckenrad)

20.1.2 Verzahnungsgesetz

Die Voraussetzungen für den gleichmäßigen Lauf eines Zahnradpaares sind eine stets konstant bleibende Übersetzung $i = \omega_1/\omega_2$. Kommt ein treibender Zahn in Eingriff, so fängt zuerst sein Fuß an, sich mit dem Kopf des getriebenen Rades (Kopfkreis K_2) im Eingriffspunkt B zu berühren (Bild 20-7a). Das treibende Rad 1 dreht sich mit der Winkelgeschwindigkeit ω_1, das getriebene Rad 2 mit der Winkelgeschwindigkeit ω_2, wenn sich die beiden Wälzkreise W_1 und W_2 im Wälzpunkt C berühren. Im Verlauf der Drehung wandert der Eingriffspunkt B auf dem Zahnprofil, und zwar stets auf der gemeinsamen Normalen $n-n$ bis zum Wälzpunkt C (Bild 20-7b) und anschließend darüber hinaus bis zum Ende des Eingriffs am Kopf (Bild 20-7c) des treibenden Rades (Kopfkreis K_1).

Der Eingriffspunkt B hat vom Mittelpunkt M_1 des treibenden Rades den Abstand R_1, vom Mittelpunkt M_2 des getriebenen Rades den Abstand R_2. Bei der Drehung der Räder bewegen sich die den beiden Flanken zugeteilten „Punkthälften" B_1 und B_2 um M_1 und M_2 mit den Umfangsgeschwindigkeiten $v_1 = \omega_1 \cdot R_1$ (senkrecht auf R_1) und $v_2 = \omega_2 \cdot R_2$ (senkrecht auf R_2). Da v_1 bei gleichbleibender ω_1 mit zunehmendem Abstand R_1 wächst (Bild 20-7a, b, c), kann die Drehbewegung nur dann gleichförmig übertragen werden, wenn die treibende Flanke im getriebenen Rad (Gegenrad) auf Zahnflankenpunkte trifft, deren Umfangsgeschwindigkeit v_2 mit Abstand R_2 im selben Verhältnis kleiner wird, wie die des treibenden Rades wächst. Es gilt daher $i = \omega_1/\omega_2 = (v_1/R_1)/(v_2/R_2) = (v_1/R_1) \cdot (R_2/v_2)$.

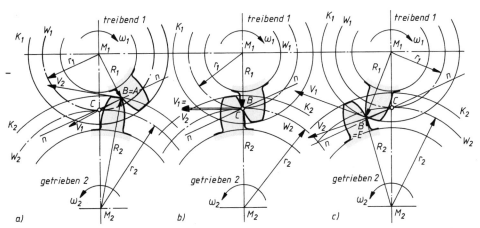

Bild 20-7 Eingriffsstellungen und Umfangsgeschwindigkeiten bei einem Außenradpaar. a) bei Beginn ($v_1 < v_2$), b) in der Mitte ($v_1 = v_2$), c) am Ende des Eingriffs ($v_1 > v_2$)

Findet die Flankenberührung im Wälzpunkt C statt (Bild 20-7b), ist $R_1 = r_1$ (Halbmesser des Wälzkreises W_1) bzw. $R_2 = r_2$ (Halbmesser des Wälzkreises W_2), dann muss $v_1 = v_2$ sein, so dass gilt $i = \omega_1/\omega_2 = R_2/R_1 = r_2/r_1$.

Werden in einem beliebigen Eingriffspunkt B (Bild 20-8) die Umfangsgeschwindigkeiten v_1 und v_2 in ihre Komponenten v_{t1} und v_{t2} in Richtung der gemeinsamen Tangente $t-t$ und in Richtung der dazugehörigen Normale $n-n$ in die Komponenten v_{n1} und v_{n2} zerlegt und sind die Radien r_{n1} im Fußpunkt T_1 bzw. r_{n2} im Fußpunkt T_2 senkrecht auf der Normalen $n-n$, die durch den Wälzpunkt C geht, dann müssen auch die Umfangsgeschwindigkeiten $v_{n1} = \omega_1 \cdot r_{n1}$ und $v_{n2} = \omega_2 \cdot r_{n2}$ gleichgerichtet und gleich groß sein. Nach den Gesetzen der Kinematik bleiben die Flanken dann in dauernder Berührung. Wäre $v_{n1} > v_{n2}$ müsste sich die treibende Flanke in die getriebene Flanke eindrücken, bei $v_{n1} < v_{n2}$ würden sich die Flanken voneinander abheben.

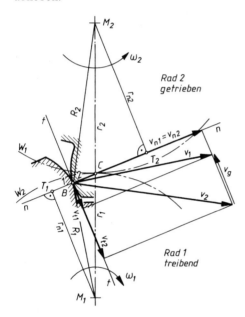

Bild 20-8
Geschwindigkeitsvektoren beim Zahneingriff

Das Dreieck $M_1 T_1 B$ und das Dreieck, gebildet aus den Geschwindigkeitsvektoren v_{n1} und v_1 mit dem Eckpunkt B, sind ähnlich, wie das Dreieck $M_2 T_2 B$ und das Dreieck aus v_{n2} und v_2 mit dem Eckpunkt B, so dass gilt $v_{n1}/v_1 = r_{n1}/R_1$ bzw. $v_{n2}/v_2 = r_{n2}/R_2$. Geht die Normale $n-n$ durch den Wälzpunkt C, ist $v_{n1} = v_{n2}$ und es wird $r_{n1} \cdot (v_1/R_1) = r_{n2} \cdot (v_2/R_2)$ bzw. $r_{n1} \cdot \omega_1 = r_{n2} \cdot \omega_2$. Damit ist auch $\omega_1/\omega_2 = r_{n2}/r_{n1}$ und somit folgt für die Übersetzung eines Außenradpaares

$$i = \frac{\omega_1}{\omega_2} = \frac{r_{n2}}{r_{n1}} = \frac{r_2}{r_1} \tag{20.1}$$

Das *Verzahnungsgesetz* lautet danach:

> *Die Verzahnung ist zur Übertragung einer Drehbewegung mit konstanter Übersetzung dann brauchbar, wenn die gemeinsame Normale $n-n$ in jedem Eingriffspunkt (Berührpunkt) B zweier Zahnflanken durch den Wälzpunkt C geht.*

Die Komponenten v_{t1} und v_{t2} der Umfangsgeschwindigkeiten v_1 und v_2 in Richtung der gemeinsamen Tangente $t-t$ in B besagen, dass neben der Wälzbewegung gleichzeitig eine Gleitbewegung der Zahnflanken aufeinander erfolgt. Der Unterschied dieser Tangentialgeschwindigkeiten ist die relative Gleitgeschwindigkeit $v_g = v_{t2} - v_{t1}$ (Bild 20-8). v_g ändert sich proportional mit dem Abstand $\overline{BC}$ und ist im Wälzpunkt C gleich null, weil dort $R_1 = r_1$ und $R_2 = r_2$, ferner $v_1 = v_2$ und

20

$v_{t1} = v_{t2}$, so dass $v_g = 0$ ist, d. h. im Wälzpunkt C tritt kein Gleiten, sondern Wälzen auf. Ihre Maximalwerte erreicht die Geschwindigkeit im Fußeingriffspunkt $v_g = v_{t2} - v_{t1}$ bzw. im Kopfeingriffspunkt $v_g = v_{t1} - v_{t2}$, d. h. ab Wälzpunkt C ändert v_g die Richtung (Bild 20-7a, c). Die Bahn, die der Eingriffspunkt B vom Beginn über C bis zum Ende des Eingriffs beschreibt, wird als *Eingriffslinie* bezeichnet. Sie ist somit der geometrische Ort aller Eingriffspunkte B, deren gemeinsame Normale $n - n$ durch den Wälzpunkt C geht.

> *Zwei Flankenprofile (Flanke 1 und Gegenflanke 2) können nur dann zusammenarbeiten, wenn sie die gleichen Eingriffslinien haben, deren Verlauf durch das Verzahnungsgesetz festgelegt ist.*

Als *Eingriffsstrecke* wird der ausgenutzte Teil $\overline{AE}$ der Eingriffslinie benannt. Sie wird begrenzt durch den Kopfkreis K_2 zu Beginn (A) (Bild 20-7a) und durch den Kopfkreis K_1 am Ende (E) des Eingriffs (Bild 20-7c).

20.1.3 Flankenprofile und Verzahnungsarten

Als Flankenprofil ist jede beliebige Kurvenform möglich, sofern für sie das Verzahnungsgesetz zutrifft. In der Praxis haben jedoch nur solche Kurven als Flankenprofile Bedeutung, die besonders einfache Eingriffslinien ergeben und deren Flanken sich mit höchster Genauigkeit mit verhältnismäßig einfachen Mitteln fertigen lassen. Hierfür eignen sich die zyklischen Kurven oder Rollkurven, die entstehen, wenn Kreise auf einer Geraden oder auf- bzw. ineinander ohne Gleiten abrollen, bzw. wenn eine Gerade sich ohne Gleiten wälzt.

1. Zykloidenverzahnung

> *Zykloiden sind Kurven, die von einem Punkt P eines Rollkreises beschrieben werden, der auf einer Wälzgeraden oder auf bzw. in einem Wälzkreis abrollt* (Bild 20-9).

Rollt ein Kreis auf einer Geraden ab, entsteht die *Orthozykloide* (Bild 20-9a). Die *Epizykloide* entsteht durch Abrollen eines Rollkreises auf einem Wälzkreis (Bild 20-9b). Die *Hypozykloide* wird durch Abrollen eines Rollkreises im Innern eines größeren Wälzkreises erzeugt (Bild 20-9c).

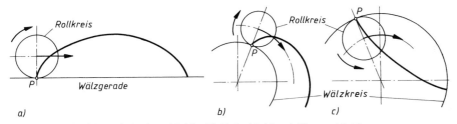

Bild 20-9 Zykloiden. a) Orthozykloide, b) Epizykloide, c) Hypozykloide

Bei der Zykloidenverzahnung liegen die beiden *Rollkreise* mit den Durchmessern δ_1 und δ_2 innerhalb der Wälzkreise W mit den Durchmessern d_1 und d_2 (Bild 20-10a). Sie berühren sich im Wälzpunkt C und bilden die Eingriffslinie für die Rechts- und Linksflanken. Die Rollkreisdurchmesser könnten beliebig gewählt werden, erfahrungsgemäß ergeben sich jedoch günstige Eingriffsverhältnisse, wenn jeweils $\delta \approx 0{,}3 \cdot d$ ist.

Nach dem Verzahnungsgesetz müssen zwei Arbeitsflanken (Kopfflanke des einen und Fußflanke des anderen Rades) bei Berührung eine gemeinsame Normale durch den Wälzpunkt C, jeweils unter einem anderen Winkel, haben. Das ist nur dann der Fall, wenn die Zahnflanken durch gleiche Rollkreise erzeugt werden: Durch Abrollen des Rollkreises 2 auf dem Wälzkreis W_1 entsteht die Kopfflanke k_1 bis zum Zahnkopf K_1 (Kopfkreis des Rades 1) als *Epizykloide*, durch Abrollen es Rollkreises 2 im Wälzkreis W_2 entsteht die mit k_1 zusammenarbeitende Fuß-

20

flanke f_2 als *Hypozykloide*. Entsprechend werden die Flanken k_2 und f_1 durch den Rollkreis 1 erzeugt (Bild 20-10a).

Für ein zykloidenverzahntes Zahnstangengetriebe liefert die *Orthozykloide* die Kopfflanke der Zahnstange, wenn der Rollkreis auf dem Wälzkreis oben nach rechts und die Fußflanke der Zahnstange, wenn der Rollkreis unten nach links abrollt (Bild 20-10b).

Bei der Zykloidverzahnung setzt sich die Eingriffslinie als Kreisbögen der Rollkreise 1 und 2 zusammen. Die Eingriffsstrecke beginnt bei Rechtsdrehung des treibenden Rades 1 mit dem Eingriff in A und endet in E (Punktlinie im Bild 20-10a). Diesen Punkten entsprechen auf den Fußflanken die Fußpunkte F_1 und F_2. In der ersten Eingriffsphase wälzen also die Flankenteile F_1C und K_2C, in der zweiten Phase die Teile CK_1 und CF_2 aufeinander ab. Aus deren unterschiedlichen Längen geht hervor, dass neben der Wälzbewegung gleichzeitig noch eine Gleitbewegung erfolgen muss.

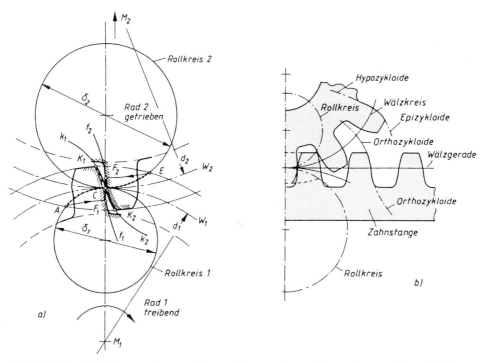

Bild 20-10 a) Zykloidenverzahnung eines außenverzahnten Stirnradpaares, b) zykloidenverzahntes Zahnstangengetriebe

Bei der Zykloidenverzahnung steht immer ein *konvex* gekrümmtes Flankenprofil k_1 und k_2 mit einem *konkav* gekrümmten Flankenprofil f_1 und f_2 im Eingriff, so dass sich eine besonders günstige Anschmiegung der Zahnflanken ergibt. Dadurch wird die Flankenpressung und die Abnutzung geringer, die Belastbarkeit höher; außerdem lassen sich Räder mit kleinen Zähnezahlen ($z = 3$) verwirklichen. Da das Flankenprofil stets aus dem Zusammenwirken zweier Räder entsteht, gehört ein Räderpaar arbeitsmäßig zusammen. Satz- oder Schieberäder für Wechselräder- oder Schaltgetriebe sind aber nur möglich, wenn sie gleiche Rollkreise haben. Wegen des Wechsels der Flankenkrümmung im Wälzpunkt C muss der Abstand $(\overline{M_1M_2})$ genau eingehalten werden, da schon kleine Ungenauigkeiten den Zahneingriff stören. Die Herstellung der Verzahnung ist schwierig und teuer, da die Werkzeuge keine geraden Schneidkanten haben. Die Nachteile beschränken die Verwendung der zykloidverzahnten Räder auf Sondergebiete z. B. in der Feinwerktechnik.

2. Triebstockverzahnung

Wird bei der Zykloidenverzahnung der Rollkreisdurchmesser 2 des Rades $\delta_2 = 0{,}5 \cdot d_2$ gewählt, läuft die Fußflanke gerade in radialer Richtung. Die Zähne werden innerhalb der Wälzkreise schwächer, die Tragfähigkeit damit geringer und die Gleit- sowie die Abnutzungsverhältnisse schlechter. Bei $\delta = d$ geht die, die Fußflanke der Räder bildende Hypozykloide in einem Punkt über, der mit der Epizykloide des Gegenrades zusammenarbeitet (Punktverzahnung). Der Eingriff erfolgt nur noch an der Kopfflanke.

Um die Abnutzung zu verringern, wird der Punkt durch einen *Triebstock* (Bolzen) mit Durchmesser d_B erweitert (Bild 20-11). Die Kopfflanken der Zähne des treibenden Rades (Ritzels) mit dem Teilkreisdurchmesser d_1 werden durch die Äquidistante[1] der Epizykloide gebildet, die der Bolzenmittelpunkt durch Abrollen des Wälzkreises (Teilkreis) d_2 auf dem Teilkreis d_1 beschreibt. Geht das die Bolzen tragende Triebstockrad in eine Triebstock-Zahnstange über, dann gehen die Epizykloiden des Ritzels und ihre Äquidistanten in Evolventen über.

Triebstockverzahnung wird bei großen Übersetzungen angewendet, z. B. bei Krandrehwerken, Karussels und als „Zahnstangengetriebe" bei Stauschützen.

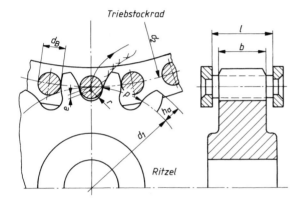

Bild 20-11
Triebstockverzahnung

3. Evolventenverzahnung

Kreisevolventen sind Kurven, die ein Punkt einer Geraden beschreibt, die auf einem Kreis, dem Grundkreis, abrollt (Bild 20-12).

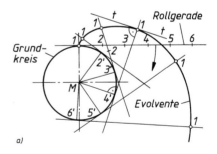

Die *Evolventenverzahnung* zeigt die Stirnprofile des Zahnrades als Teile von Evolventen (Bild 20-12b). Bei einem Stirnradpaar ist entsprechend dem Verzahnungsgesetz die *Eingriffslinie* eine Gerade $n-n$ (Rollgerade), die beide *Grundkreise* der Räder in den Punkten T_1 und T_2 tangiert (Bild 20-13a,b).

Werden die im Eingriff stehenden Zähne der Räder 1 und 2 so gedreht dargestellt, dass die Arbeitsflanken (durch Doppellinien gekennzeichnet) sich im Wälzpunkt C berühren, dann bildet die gemeinsame Flankentangente $t-t$ mit der Linie $\overline{M_1 M_2}$ den *Eingriffswinkel* α. Da die Eingriffslinie $n-n$ senkrecht auf der gemeinsamen Tangente $t-t$ steht, ist der Eingriffswinkel auch der Winkel zwischen der gemeinsamen Tangente an die Wälzkreise W_1 und W_2 in C, der Wälzgeraden $M-M$ (senkrecht zu $\overline{M_1 M_2}$) und der Eingriffslinie $n-n$.

Bild 20-12 a) Kreisevolvente,
b) Evolventen am Stirnrad

[1] Kurve gleichen Abstandes.

20

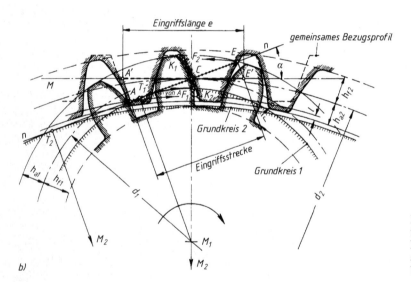

Bild 20-13 Evolventenverzahnung eines Nullradpaares
a) Außenradpaar,
b) Innenradpaar

Während des Eingriffs wälzen in der ersten Phase die Flankenteile F_1C und K_2C, in der zweiten Phase die Flankenteile CK_1 und CF_2 miteinander.

Alle Eingriffspunkte wandern auf der Eingriffslinie $n-n$, die dabei jeweils senkrecht auf den berührenden Arbeitsflanken steht und durch C geht.

Die Lage der Zähne für den als Volllinie eingezeichneten Drehsinn zu Beginn A und am Ende E des Eingriffs sind durch Strichlinien dargestellt; die Schnittpunkte der Eingriffslinie mit den Kopfkreisen des Rades 2 bei A (F_1 und K_2 fallen zusammen) und des Rades 1 bei E (K_1 und F_2 fallen zusammen) grenzen die Eingriffsstrecke ab (Punktstrecke $\overline{AE}$ im Bild 20-13a). Die *Eingriffsstrecke* $g_\alpha = g_f + g_a$ wird durch C in die Eintritt-Eingriffsstrecke gleich Fußeingriffsstrecke g_f und die Austritt-Eingriffsstrecke gleich Kopfeingriffsstrecke g_a unterteilt. Die Projektion von g_α auf $M-M$ kann als *Eingriffslänge* $\overline{A'E'}$ bezeichnet werden.

Hinweis: Die Lage der Eingriffslinie (Volllinie $n-n$) als geometrischer Ort aller gemeinsamen Berührungspunkte zweier im Eingriff befindlicher Zahnflanken ist vom Drehsinn der Räder bestimmt, s. Bild 20-13a (Strichlinie $n'-n'$ für umgekehrten Drehsinn).

Da die rechtwinkligen Dreiecke M_1CT_1 und M_2CT_2 einander ähnlich sind, gilt mit den Wälzkreisradien $r_1 = d_1/2$ und $r_2 = d_2/2$ sowie den Grundkreisen $r_{b1} = d_{b1}/2$ und $r_{b2} = d_{b2}/2$ die Beziehung $\cos\alpha = r_{b1}/r_1 = r_{b2}/r_2$, so dass entsprechend Gl. (20.1) die Übersetzung $i = \omega_1/\omega_2$ $= r_2/r_1 = r_{b2}/r_{b1} = d_{b2}/d_{b1}$ ist, d. h. i ist auch abhängig von der Größe der Grundkreishalbmesser bzw. -durchmesser. Weil die Eingriffslinie eine Gerade ist und die Form der Stirnprofile von Lagenänderungen der Grundkreise nicht beeinflusst wird, sind Evolventenverzahnungen unempfindlich gegen Achsabstandsänderungen eines Radpaares.

Bei einem Hohlrad sind die Flanken der Zähne konkav (Bild 20-13b). Ihre Form ergibt sich durch Abwälzen der Eingriffslinie n auf dem Grundkreis 2 und gleicht genau der eines außenverzahnten Rades gleicher Abmessungen. Die Fußflanke wird durch die relative Kopfbahn des Werkzeuges bestimmt. Eingriffsstrecke und Eingriffslänge hängen vom Herstellungsverfahren ab. Wird das Ritzel mit einem Zahnstangenwerkzeug und das Hohlrad mit einem Schneidrad hergestellt, dann ist bei Rechtsdrehung des Ritzels der Anfangspunkt A des Eingriffs durch den Schnittpunkt der Eingriffslinie mit der Kopflinie der Zahnstange (gemeinsames Bezugsprofil) gegeben. Dem Punkt A entspricht der Fußpunkt F_1 der Ritzelflanke, in dem die Evolvente und damit die Arbeitsflanke beginnt. Außerhalb der Arbeitsflanke kann kein Flankeneingriff stattfinden. Auf der Zahnflanke des Hohlrades beginnt der Eingriff im Punkt K_2, der dabei mit F_1 in A zusammenfällt. Das Kopfstück von K_2 bis zum normalen Kopfkreis ist also im Eingriff nicht beteiligt. Der Kopf könnte um den Betrag l gekürzt werden, oder man müsste ihn mit $r = l$ abrunden, um Eingriffstörungen zu vermeiden. Der Eingriff endet in E als Schnittpunkt der Eingriffslinie mit dem Kopfkreis des Ritzels. Der Eingriffstrecke $\overline{AE}$ entspricht auf der Profilmittellinie die Eingriffslänge $\overline{A'E'} = e$, die allgemein, wie damit auch der Überdeckungsgrad, größer ist als bei Außenverzahnungen gleicher Abmessungen. Es arbeiten die Flanken $\overset{\frown}{F_1C}$ mit $\overset{\frown}{K_2C}$ und $\overset{\frown}{CK_1}$ mit $\overset{\frown}{CF_2}$ zusammen.

Bei Rädern mit geringer Zähnezahldifferenz (Übersetzungen nahe $i = 1$ besteht die Gefahr einer *Zahnüberschneidung*. Die Zahnköpfe bewegen sich nicht mehr frei aneinander vorbei und müssten gekürzt werden, was jedoch eine Verminderung des Überdeckungsgrades bedingt. Daher soll die Zähnezahldifferenz möglichst $|z_2| - z_1 \geq 10$ sein.

Im Maschinenbau wird fast ausschließlich die Evolventenverzahnung verwendet, da die Herstellung der Zahnräder relativ einfach und kostengünstig ist.

20.1.4 Bezugsprofil, Herstellung der Evolventenverzahnung

Das *Bezugsprofil eines Stirnrades* (Index p) ist nach DIN 867 (Bild 20-14) ein durch Vereinbarung festgelegtes Profil mit geraden Flanken (Zahnstange, Planverzahnung), das vorzugsweise im allgemeinen Maschinenbau für Stirnräder mit Evolventenverzahnung nach DIN 3960 angewendet werden soll. Die Flanken des Bezugsprofils schließen mit der Normalen zur Profilbezugslinie $P-P$ den Profilwinkel α_p gleich Eingriffswinkel $\alpha = 20°$ ein.

Die Maße am Bezugsprofil sind festgelegt durch den Modul m_n[1] ($m_n = 1 \ldots 70$ mm) und die Profilbezugslinie: auf $P-P$ werden die *Teilung* p, die *Zahndicke* s_P und die *Lückenweite* e_P angegeben; auf $P-P$ bezogen werden die *Kopfhöhe* $h_{aP} = m$ und die *Fußhöhe* $h_{fP} = m + c_P$, die zusammen die *Zahnhöhe des Bezugsprofils* $h_P = 2 \cdot m + c_P$ ergeben. Die nutzbare Zahnflanke ist durch die gemeinsame *Zahnhöhe* $h_{wP} = 2 \cdot m$ bestimmt.

Das *Bezugsprofil des Gegenrades* (Gegenprofil) ist das um die Profilbezugslinie $P-P$ um 180° geklappte und längs dieser um eine halbe Teilung verschobene Stirnrad-Bezugsprofil. Rad und Gegenrad haben somit gleiches Bezugsprofil.

Das *Bezugsprofil von Verzahnungswerkzeugen* (Index 0) nach DIN 3972 ist das Profil zur Herstellung einer Planverzahnung nach DIN 867. Es unterscheidet sich in der *Kopfhöhe* h_{a0} und

20

---

[1] Der Index n weist auf die Darstellung im Normalschnitt hin. Bei Geradverzahnung ist $m_n = m$.

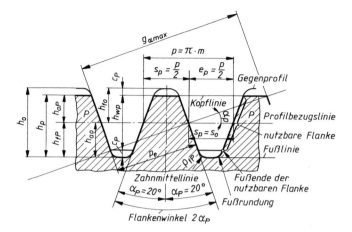

Bild 20-14
Bezugsprofil Index p mit Gegenprofil für Stirnräder, Werkzeug-
profil mit Index 0

gegebenenfalls in der *Zahndicke* s_0. h_{a0} muss um das *Kopfspiel* c_P größer sein als das Bezugsprofil des Zahnrades. s_0 ist gleich oder gegebenenfalls um eine Bearbeitungszugabe am Werkstück kleiner als die des Bezugsprofils des Zahnrades. Eine Bearbeitungszugabe ist für nachfol-
gende Arbeitsgänge (Schlichtfräsen, Schleifen oder Schaben der Verzahnung) erforderlich.
DIN 3972 unterscheidet für Verzahnwerkzeuge die Bezugsprofile I und II für Fertigbearbeitung
($s_0 \cong s_P$, Profil I mit $h_{a0} = 1,167 \cdot m$, Profil II mit $h_{a0} = 1,25 \cdot m$), III für Vorbearbeitung zum
Schleifen oder Schaben und IV für Vorbearbeitung zum Schlichten. Die Kopfrundung ϱ_{a0} der
Fräserzähne ist mit etwa $0,25 \cdot m$ festgelegt (nähere Einzelheiten s. Norm). Sie bewirkt die Aus-
rundung des Zahnfußes am Zahnrad. Der Kopfkreis des Zahnrades wird durch das Verzah-
nungswerkzeug nicht bearbeitet.
Durch das Abspanen der Bearbeitungszugabe t_n entsteht beim Schleifen bzw. Schaben normalerweise eine Kerbe am Zahnfuß, die von der gerundeten Kopfkante des Werkzeuges erzeugt
wird (Bild 20-15 a). Dies lässt sich vermeiden durch Freiarbeiten des Zahnfußes bei Vorbearbeitung mittels *Protuberanz-Wälzfräser* (Bild 20-15 b).
Zahnräder können je nach Größe, Werkstoff und Verwendungszweck auf verschiedene Weise
hergestellt werden. Die industrielle Fertigung kennt spanlose Verfahren (z. B. Gießen, Pressen,
Sintern) oder zur Erfüllung hoher Qualitätsanforderungen die spanenden Verfahren (z. B.
Wälzhobeln, Wälzstoßen, Wälzfräsen). Die meisten Verzahnmaschinen arbeiten nach dem Wälz-
verfahren; Werkzeuge und Werkstück wälzen so miteinander wie zwei ihnen entsprechende
fertigverzahnte Räder in einem Getriebe. Das Werkzeug erzeugt dadurch im Werkstück die
Zahnlücken, s. Bild 20-16.

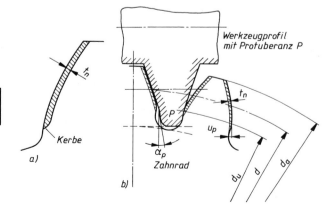

Bild 20-15
a) Zahnflanke nach Abspanen der
   Bearbeitungszugabe t_n
b) Abspanen mit *Protuberanz*-Wälz-
   fräser

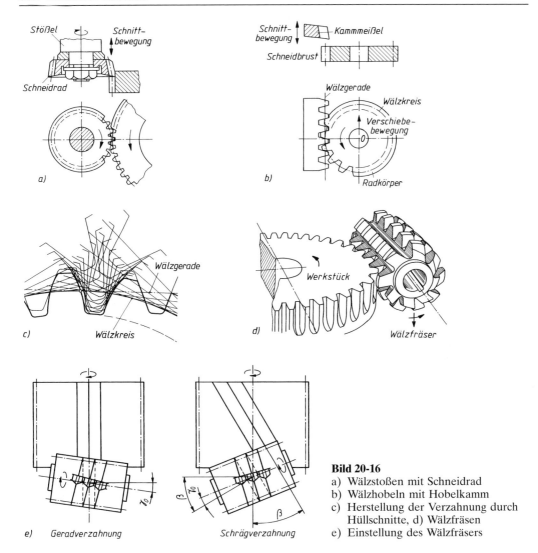

Bild 20-16
a) Wälzstoßen mit Schneidrad
b) Wälzhobeln mit Hobelkamm
c) Herstellung der Verzahnung durch Hüllschnitte, d) Wälzfräsen
e) Einstellung des Wälzfräsers

20.2 Zahnradwerkstoffe

Für die Herstellung von Zahnrädern eignen sich viele Werkstoffe, von denen die Stähle jedoch aus technischen und wirtschaftlichen Gründen die größte Bedeutung haben.

Bei der Werkstoffauswahl ist für ungehärtete Zahnflanken aus gleicher Werkstoffart von Ritzel und Rad gleiche Härte wegen der Fressgefahr unbedingt zu vermeiden; ein möglichst großer Härteunterschied der Stähle wirkt sich auf Dauer günstig hinsichtlich des Verschleißes aus. Sobald die Zahnflanken des Radpaares gehärtet und geschliffen sind, ist diese Maßnahme, wie auch bei Gusseisen, überflüssig; auch bei Paarung eines gehärteten und geschliffenen Ritzels mit einem ungehärteten Rad wirkt die Kaltverfestigung während der zahlreichen Überrollungen günstig.

Ritzel (Kleinräder) sollen wegen der größeren Beanspruchung bei höheren Drehzahlen stets aus festerem Werkstoff als Großräder hergestellt werden. Sie werden meist aus Stahl (St), Großräder dagegen je nach Beanspruchung aus Gusseisen mit Lamellengraphit (GJL) bzw.

mit Kugelgraphit (GJS), Stahlguß (GS) oder Stahl (St) gefertigt. Für größere Getriebe werden Großräder mit vergüteten oder gehärteten Zähnen häufig mit einem Zahnkranz (Bandage) aus entsprechendem Stahl versehen, der auf den Radkörper (z. B. aus GJL) aufgeschrumpft wird.

Für die Wahl üblicher Zahnradwerkstoffe siehe TB 20-1, TB 20-2 bzw. TB 1-1 (vergl. auch DIN 3990 T5). Folgende Hinweise sollten beachtet werden:

Gusseisen mit Lamellengraphit (GJL, DIN EN 1561) eignet sich für kleine Belastungen und Drehzahlen ($v < 2$ m/s), insbesondere bei komplizierten Radformen mit größerem Modul; GJL ist leicht zerspanbar, geräuschdämpfend, aber stoßempfindlich.

Gusseisen mit Kugelgraphit (GJS, DIN EN 1563) geeignet für größere Beanspruchungen mit Eigenschaften zwischen GJL und GS ist verschleißfester; Wärmebehandlung ist möglich.

Schwarzer Temperguss (GJMB, DIN EN 1562) für kleine Abmessungen, höhere Festigkeit und Zähigkeit gegenüber GJL.

Stahlguss (GS, DIN 1681) insbesondere bei großen Abmessungen; gegenüber GJL schwer vergießbar (Gussspannungen und Lunker infolge höherer Schwindung); kostengünstiger als gewalzte oder geschmiedete Räder; wärmebehandlungsfähig.

Stähle werden am meisten für mittel- und hochbeanspruchte Zahnräder verwendet. Da die für die Werkstoffwahl und -behandlung maßgebende Beanspruchung auf den Zahnfuß und die Zahnflanken beschränkt ist, werden neben den Stählen mit gleichmäßigen Eigenschaften über den Querschnitt (z. B. allgemeine Baustähle sowie legierte und unlegierte Vergütungsstähle) auch solche verwendet, bei denen die festigkeitssteigernde Behandlung auf die kritischen Stellen begrenzt werden kann. Letztere können im Sammelbegriff der *Stähle für Oberflächenhärtung (Randschichthärtung)* zusammengefasst werden, da sie eine harte, verschleißfeste Oberfläche unter Beibehaltung eines relativ zähen Kerns zulassen.

Die Dauerfestigkeitswerte der Zahnradwerkstoffe aus Versuchen mit Prüfrädern unter Standard-Betriebsbedingungen (für die Biege-Nenn-Dauerfestigkeit $\sigma_{F\,lim}$ über mindestens $3 \cdot 10^6$ Lastwechsel und für die Flankenpressung σ_{Hlim} über mindestens $5 \cdot 10^7$ Lastwechsel) schwanken wegen Unregelmäßigkeiten der chemischen Zusammensetzung, des Gefüges und der Wärmebehandlung sehr stark. Bei Wechselbeanspruchung (z. B. bei Zwischenrädern) kann $0{,}7 \cdot \sigma_{Flim}$ eingesetzt werden. Ähnliche Schwankungen treten bei σ_{Hlim}-Werten auf, die für $R_z = 3\ \mu$m an den Flanken, $v = 10$ m/s, eine Ölviskosität $v_{50} = 100$ mm^2/s und Verzahnungsqualität 4 ... 6 gelten. Bei ungeschliffenen Verzahnungen sind die σ_{Hlim}-Werte mit 0,85 zu multiplizieren. Bild 20-17 zeigt den Streubereich von Prüfergebnissen für σ_{Hlim}-Werte der Baustähle für die Werkstoff- und Wärmebehandlungsanforderungen *ML* (niedriger-) und *ME* (hoher Qualitätsnachweis). Nähere Einzelheiten s. DIN 3990 T2 und T5.

20

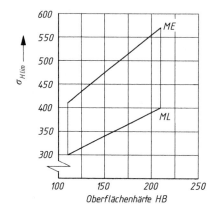

Bild 20-17 Schematische Darstellung des Streubereichs der σ_{Hlim}-Werte für Baustähle in Abhängigkeit von der Oberflächenhärte und den Werkstoff- und Wärmebehandlungsanforderungen (*ML*, *ME*)

20.3 Schmierung der Zahnradgetriebe

Durch Schmierung soll innerhalb der vorliegenden Druck-, Gleitgeschwindigkeits- und Temperaturverhältnisse die unvermeidliche Zahnflankenreibung auf ein Mindestmaß herabgesetzt werden, denn sie ist verantwortlich für die Flankenabnützung, die Getriebeerwärmung und das Getriebegeräusch. Verminderte Zahnflankenreibung verbessert auch den Wirkungsgrad, der allerdings noch von der Zahnbelastung, der Umfangsgeschwindigkeit, der Verzahnungsqualität und der Oberflächenbeschaffenheit der Zahnflanken beeinflusst wird. Sowohl die Schmierung und die Versorgung der Lager mit Schmierstoff als auch die Funktionskontrolle der Dichtungen sind bei Neubauten bei voller Drehzahl zu erproben.

Das einwandfreie Arbeiten eines Getriebes hängt wesentlich vom Schmierstoff ab und von der Art wie er der Verzahnung zugeführt wird. Vorzuziehen ist ein flüssiger Schmierstoff, damit die Bildung eines möglichst tragfähigen Schmierfilms zwischen den im Eingriff befindlichen Zahnflanken entstehen kann und die im Zahneingriff und in den Lagern bei Kraftübertragung entstehende Reibungswärme abgeführt wird.

Zum Aufbau eines tragfähigen Schmierfilms ist neben einer ausreichenden Viskosität, einer Spaltverengung in Bewegungsrichtung noch eine Relativbewegung erforderlich. Diese Bedingungen sind aber beim Zahneingriff nicht optimal, denn bei Verzahnungen überlagern sich Gleit- und Wälzbewegungen. Bei Wälzgetrieben tritt zwar eine Komponente der Gleitgeschwindigkeit in Zahnhöhenrichtung (vgl. zu Bild 20-8) auf, sie ist jedoch im Wälzpunkt C gleich null und nimmt in Fuß- und Kopfrichtung zu. Bei Schraubwälzgetrieben (vgl. 20.1-2) ist noch eine Komponente in Flankenrichtung vorhanden, so dass auch im Wälzpunkt ein Gleitgeschwindigkeitsanteil gegeben ist. Dabei ändert sich die Gleitgeschwindigkeit ebenfalls in Zahnhöhenrichtung. Durch diese „wischende" Bewegung wird der Aufbau eines unter Druck stehenden Schmierfilms erheblich behindert. Entscheidend für die Beanspruchung des Schmierfilms ist daher das Verhältnis von Gleit- zu Wälzgeschwindigkeit.

Da für Zahnradpaarungen bei jedem Eingriff ein Schmierfilm neu aufgebaut werden muss (bei schnell laufenden Getrieben in sehr kurzer Zeit), laufen Zahnräder meist bei Mischreibung, wobei nur ein Teil der Zahnnormalkraft vom hydrodynamischen Schmierfilmdruck und der Rest unmittelbar von den Flankenberührungsstellen übertragen wird, für die aber aus Festigkeitsgründen nicht immer eine den Gleitvorgang begünstigende Werkstoffpaarung verwendet werden kann. Somit fällt dem Getriebeschmierstoff vor allem die Aufgabe zu, die Gleitbewegungen zu begünstigen, um den Verschleiß herabzusetzen, die Fressgefahr zu verringern und gleichzeitig eine übermäßige Erwärmung zu unterbinden. Dabei gilt für die Wahl flüssiger Schmierstoffe allgemein:

> *Je kleiner die Umfangsgeschwindigkeit und je größer die Wälzpressung sowie die Rauigkeit der Zahnflanken sind, um so höher muss die Viskosität sein. Eine höhere Viskosität bewirkt eine größere hydrodynamische Tragfähigkeit und Belastbarkeit, und somit auch eine höhere Fresslastgrenze, bei der Riefenbildung oder Fressen der Zahnflanken einsetzt.*

Für zahlreiche Getriebe genügen reine Mineralöle. Dort, wo höhere Anforderungen[1] und eine geringere Viskosität erwünscht ist, werden diese durch mild oder stark wirkende *EP*-Zusätze (**E**xtreme **P**ressure)[2] ausgeglichen, wobei stets zu berücksichtigen ist, dass sie sich auf die Anforderungen der anderen vom gleichen Schmierstoff zu versorgenden Maschinenelemente (Lager, Dichtungen, Kupplungen usw.) sowie auf die zulässige Erwärmung des Getriebes nicht nachteilig auswirken (max. Getriebetemperatur 80 °C).

20

---

[1] bei hohen Stoßbelastungen, ungünstigen Gleitverhältnissen (Hypoidgetriebe), hohen Dauertemperaturen und bei Getrieben, bei denen durch häufiges Anfahren und Abbremsen oft im Mischreibungsgebiet gefahren wird.

[2] Nachteilig können sich bei EP-Zusätzen u. a. die höhere Aggressivität gegen Buntmetalle (z. B. Gleitlager) und Dichtungen auswirken.

DIN 51509 gibt Richtwerte zur *Auswahl von Schmierölen* für Zahnradgetriebe (Wälz- und Schraubwälzgetriebe) *ohne* und *mit* verschleißverringernden Wirkstoffen. In TB 20-5 sind die bevorzugt verwendeten Schmieröle für die verschiedenen Viskositätsbereiche angegeben, wobei für *SAE*-(Kraftfahrzeuge) und *ISO*-Qualitätsklassen nur ein ungefährer Vergleich möglich ist.

Für die Auswahl der Schmierstoffart sind die Umfangsgeschwindigkeit der Getrieberäder, die zu übertragende Leistung, die Konstruktion sowie die konzipierte Lebensdauer (Zeit- oder Dauergetriebe) entscheidend. Bei zweistufigen Getrieben ist die Umfangsgeschwindigkeit der 2. Stufe, bei dreistufigen Getrieben (entsprechend bei mehrstufigen) ein Mittelwert der Umfangsgeschwindigkeit der 2. und 3. Stufe zugrunde zu legen.

Lediglich bei offenen oder geschlossenen, aber nicht öldichten Getrieben werden unter Berücksichtigung der Umfangsgeschwindigkeit *Schmierfette* oder *Schmierstoffe* als pastöse bis zähflüssige Schmierstoffe ($v_{100} > 225$ mm^2/s), auch mit verschleißverringernden Wirkstoffen und zur Erleichterung der Anwendung mit Lösungsmittel eingesetzt. Richtwerte für den Einsatz verschiedener Schmierstoffarten, abhängig von der Umfangsgeschwindigkeit und der Art der Schmierung, enthält TB 20-6.

Bei *Auftragsschmierung* (bis $v_t = 2{,}5$ m/s) wird der Schmierstoff von Hand mittels eines Pinsels oder Spachtels bei stillstehendem Getriebe aufgebracht (möglichst Abdeckhaube vorsehen).

Die *Sprühschmierung* (bis $v_t = 4$ m/s) soll die Auftragsschmierung ersetzen, um der Forderung einer weniger aufwendigen Wartung zu begegnen. Sie kann aber nur vorgesehen werden, wenn keine Kühlung durch den Schmierstoff notwendig ist. Von einer Pumpe, oft kombiniert mit einem Behälter, wird der Schmierstoff einer Düse zugeführt. Meist ist ein Zumessventil zwischengeschaltet, so dass Schmierstoff in der richtigen Menge in den gewünschten zeitlichen Zwischenräumen auf die Zahnflanken gelangt.

Die *Tauchschmierung* (bis $v_t = 8$ m/s mit Fließfett, bis $v_t = 15$ m/s mit Öl, bei Getrieben > 400 kW sowie Gleitlager- und Vertikalgetrieben über 8 m/s Spritzschmierung vorsehen) ist wegen ihrer Einfachheit und Zuverlässigkeit am weitesten verbreitet. Dabei tauchen die Zahnräder oder ein Hilfsrad in die Schmierstofffüllung ein, was ein schmierstoffdichtes Getriebe voraussetzt. Die Fliehkraftbeschleunigung soll dabei $v^2/r = 550$ m/s^2 (r Halbmesser des tauchenden Rades) nicht überschreiten, da sonst die Planschverluste zu groß werden und eine unzulässig hohe Getriebeerwärmung nach sich ziehen; außerdem besteht die Gefahr, dass Schmierstoff von den Flanken geschleudert wird und Ölschäumen auftritt. Bei Stirnrädern mit Modul m soll die Eintauchtiefe $t = (3 \ldots 6) \cdot m$ für $v < 5$ m/s und $t = (1 \ldots 3) \cdot m$ für $v > 12$ m/s betragen[1]. Bei Kegelrädern muss die gesamte Radbreite b eintauchen.

Spritzschmierung (bis $v_t = 25$ m/s) wird bei größeren Umfangsgeschwindigkeiten eingesetzt, wobei Öl mittels einer Pumpe über Düsen, meist radial, kurz vor oder unmittelbar in den Zahneingriff, bei sehr hohen Umfangsgeschwindigkeiten wegen der hohen Erwärmung und zur besseren Kühlung auch hinter dem Zahneingriff, eingespritzt wird. Die Förderdrücke (Überdrücke) liegen meist zwischen 1 und 3,5 bar, in Einzelfällen bis 10 bar.

DIN 51509 gibt Richtwerte zur Ermittlung der erforderlichen Getriebeölviskosität für Wälz- und Schraubwälzgetriebe abhängig von einem *Kraft-Geschwindigkeits-Faktor* an, für die eine angenommene Umgebungstemperatur von ca. $\vartheta = 20\,°C$ gelten. Für den überschlägig ermittelten Kraft-Geschwindigkeits-Faktor k_s/v wird die Viskosität nach TB 20-7 abgelesen. Gewählt wird ein Öl der nächstliegenden Viskositätsklasse.

Für *Wälzgetriebe (Stirn- und Kegelradgetriebe)* wird der Faktor

$$\frac{k_s}{v} \approx \left(3 \cdot \frac{F_t}{b \cdot d_1} \cdot \frac{u+1}{u} \right) \cdot \frac{1}{v} \qquad \begin{array}{c|c|c|c|c} \dfrac{k_s/v}{} & F_t & b,\,d & u & v \\ \hline \dfrac{\mathrm{N \cdot s}}{\mathrm{mm^2 \cdot m}} \; \mathrm{bzw.} \; \dfrac{\mathrm{MPa \cdot s}}{\mathrm{m}} & \mathrm{N} & \mathrm{mm} & 1 & \mathrm{m/s} \end{array} \qquad (20.2)$$

F_t Umfangskraft
b Zahnbreite

---

[1] Angaben beziehen sich auf den Betriebszustand.

d_1 Teilkreisdurchmesser (d_{v1} bei Kegelrädern)

u Zähnezahlverhältnis; $u = \dfrac{z_{\text{Großrad}}}{z_{\text{Kleinrad}}} \geq 1$

v Umfangsgeschwindigkeit

für *Schraubwälzgetriebe (Schneckengetriebe und Stirn- und Kegelrad-Schraubräder)*

$$\boxed{\dfrac{k_s}{v} = \dfrac{T_2}{a^3 \cdot n_s}} \quad \begin{array}{c|c|c|c} k_s/v & T_2 & a & n_s \\ \hline \mathrm{N \cdot min/m^2} & \mathrm{Nm} & \mathrm{m} & \mathrm{min^{-1}} \end{array} \qquad (20.3)$$

T_2 Ausgangsdrehmoment
a Achsabstand
n_s Schneckendrehzahl

20.4 Getriebewirkungsgrad

Um eine bestimmte Abtriebsleistung $P_2 = T_2 \cdot \omega_2$ zu gewährleisten, muss wegen des Leistungsverlustes P_v (durch Reibung verursachte Leerlauf- Lager- und Dichtungsverlustleistung) eine größere Antriebsleistung $P_1 = T_1 \cdot \omega_1$ eingeleitet werden. Das Verhältnis Abtriebsleistung/Antriebsleistung wird als *Gesamtwirkungsgrad* definiert

$$\boxed{\eta_{\text{ges}} = \dfrac{\text{abgegebene Leistung}}{\text{zugeführte Leistung}} = \dfrac{P_{\text{ab}}}{P_{\text{an}}} = \dfrac{P_2}{P_1} = \dfrac{P_2}{P_2 + P_v} = \dfrac{T_2 \cdot \omega_2}{T_1 \cdot \omega_1} = \dfrac{T_2}{T_1 \cdot i_{\text{ges}}} < 1} \qquad (20.4)$$

P_v Verlustleistung
T_1 bzw. T_2 An- bzw. Abtriebsmoment
ω_1 bzw. ω_2 Winkelgeschwindigkeit
i_{ges} Gesamtübersetzung des Getriebes

Die Leistungsverluste entstehen durch das Wälzgleiten der Zahnflanken (η_Z), durch Lagerreibung (η_L), Wellendichtungen (η_D) und Schmierung (z. B. durch Planschwirkung der Räder bei Tauchschmierung).
Der *Gesamtwirkungsgrad* wird damit für ein mehrstufiges Getriebe

$$\boxed{\eta_{\text{ges}} = \eta_{Z\,\text{ges}} \cdot \eta_{L\,\text{ges}} \cdot \eta_{D\,\text{ges}}} \qquad (20.5)$$

Für *Lagerung* und *Dichtung* können erfahrungsgemäß folgende Mittelwerte eingesetzt werden:

Lagerung einer Welle mit zwei Wälzlagern (Gleitlagern): $\eta_L \approx 0{,}99$ $(0{,}97)$
Dichtung einer Welle einschließlich Schmierung: $\eta_D \approx 0{,}98$.
(bei *zwei* Wellen wird z. B. $\eta_{L\,\text{ges}} = \eta_L \cdot \eta_L = \eta_L^2$ bzw. $\eta_{D\,\text{ges}} = \eta_D \cdot \eta_D = \eta_D^2$).

Zahnradpaarungen mit geringem Gleitanteil (Stirnrad- und Kegelradgetriebe) weisen einen relativ hohen Verzahnungswirkungsgrad η_Z auf, jene mit hohem Gleitanteil (Stirnradschraubgetriebe und Schneckengetriebe) dagegen niedrige.
Als *Verzahnungswirkungsgrade* können je Zahneingriffsstelle bei bearbeiteten Zähnen gesetzt werden für:

Gerad-Stirnradgetriebe η_Z bis $0{,}99$
Kegelradgetriebe η_Z bis $0{,}98$
Stirnradschraubgetriebe $\eta_Z \approx 0{,}50\ldots0{,}95$ (siehe weiter unten)
Schneckengetriebe $\eta_Z \approx 0{,}20\ldots0{,}97$ (siehe weiter unten)
(Entsprechend der Getriebestufenanzahl wird $\eta_{Z\,\text{ges}} = \eta_Z^1,\ \eta_Z^2,\ \eta_Z^3$ usw.)

so wird z. B. für ein einstufiges Gerad-Stirnradgetriebe (ein Radpaar mit bearbeiteten Zähnen, zwei Wellen mit Wälzlagern und Dichtungen, qualitativ hochwertige Ausführung der Verzahnung und der Lagerung) der Gesamtwirkungsgrad $\eta_{\text{ges}} = \eta_Z^1 \cdot \eta_L^2 \cdot \eta_D^2 \leq 0{,}99 \cdot 0{,}98 \cdot 0{,}96 \approx 0{,}93$.

20

Bei *Schräg-Stirnradgetrieben* können die Wirkungsgrade ca. $1\ldots2\%$ kleiner gegenüber den der Geradverzahnung angenommen werden aufgrund erhöhter Reibungsverluste in den Lagern, hervorgerufen durch die Axialkraft und der etwas höheren Zahnreibung durch das „Ineinanderschrauben" der Zähne.

Beim *Schraubradgetriebe* wird η_Z vorwiegend durch die Schrägungswinkel β_1 und β_2 sowie den Keilreibungswinkel ϱ' bestimmt (s. Kapitel 23) und kann annähernd ermittelt werden aus

$$
\begin{aligned}
\text{für } (\beta_1 + \beta_2) < 90° : \quad & \eta_Z = \frac{\cos(\beta_2 + \varrho') \cdot \cos \beta_1}{\cos(\beta_1 - \varrho') \cdot \cos \beta_2} \\[2mm]
\text{für } (\beta_1 + \beta_2) = 90° : \quad & \eta_Z = \frac{\tan(\beta_1 - \varrho')}{\tan \beta_1}
\end{aligned}
\tag{20.6}
$$

β_1, β_2 Schrägungswinkel
ϱ' Keilreibungswinkel; für $\mu \approx 0{,}05\ldots0{,}1$ und $\alpha_n = 20°$ ist $\varrho' \approx 3°\ldots6°$.

Der beste Wirkungsgrad für das Schraubgetriebe wird erreicht, wenn $\beta_1 - \beta_2 = \varrho'$ oder mit $\Sigma = \beta_1 + \beta_2 = 90°$ (Achsenwinkel) $\beta_1 = (\Sigma + \varrho')/2$ und $\beta_2 = (\Sigma - \varrho')/2$ gewählt wird. Darum sollte der Schrägungswinkel β_1 des treibenden Rades immer größer sein als der des getriebenen Rades. Selbsthemmung liegt vor, wenn $\eta_Z < 0{,}5$ wird (vgl. Selbsthemmung bei Schrauben). Eine Bewegungsübertragung ist überhaupt nur möglich, wenn $\beta_2 < \Sigma - \varrho'$ ist. Der Gesamtwirkungsgrad wird nach Gl. (20.5) bestimmt.

Bei *Schneckengetrieben* wird der Wirkungsgrad der Verzahnung – ähnlich wie bei Schrauben – vom Steigungswinkel γ und vom Keilreibungswinkel ϱ' bestimmt. So ergibt sich der *Verzahnungswirkungsgrad für das Schneckengetriebe*

$$
\begin{aligned}
\text{bei treibender Schnecke} \quad & \eta_Z = \frac{\tan \gamma_m}{\tan(\gamma_m + \varrho')} \\[2mm]
\text{bei treibendem Schneckenrad} \quad & \eta_Z' = \frac{\tan(\gamma_m - \varrho')}{\tan \gamma_m}
\end{aligned}
\tag{20.7}
$$

γ_m Mittensteigungswinkel der Schnecke (s. Kapitel 23)
ϱ' (Keil-)Reibungswinkel; $\tan \varrho' = \mu'$ Keilreibungszahl, die von der Form und Oberflächengüte der Flanken, von der Gleitgeschwindigkeit v_g und den Schmierverhältnissen abhängt. Für Schnecke aus St und Rad aus GJL ist bei Fettschmierung und v_g bis 3 m/s: $\mu' \approx 0{,}1$ ($\varrho' \approx 6°$). Für andere Paarungen bei Ölschmierung s. TB 20-8 für die Gleitgeschwindigkeit $v_g = v_1/\cos \gamma_m \approx d_{m1} \cdot \pi \cdot n_1/\cos \gamma_m$.

Der Gesamtwirkungsgrad wird nach Gl. (20.5) ermittelt. Selbsthemmung tritt bei Schneckengetrieben ein, wenn $\gamma_m < \varrho'$ und somit der Wirkungsgrad $\eta_Z < 0{,}5$ wird, ein Antrieb über das Schneckenrad ist dann nicht mehr möglich. Für Überschlagsrechnung und Entwurf kann der Gesamtwirkungsgrad zunächst nach TB 20-5 angenommen werden.

20.5   Konstruktionshinweise für Zahnräder und Getriebegehäuse

20.5.1 Gestaltungsvorschläge

20

1. Stirnräder

Ritzel werden durchweg als Vollräder (Bild 20-18a) ausgeführt. Bei einem Teilkreisdurchmesser $d \leq 1{,}8 \cdot d_{sh} + 2{,}5 \cdot m$ (d_{sh} Wellendurchmesser, m Modul) werden Ritzel und Welle aus einem Stück als Ritzelwelle ausgebildet (Bild 20-18b). Die Ritzelbreite b_1 soll möglichst etwas größer als die des Großrades b_2 sein, um evtl. Einbauungenauigkeiten ausgleichen und „Versetzungen" vermeiden zu können. Die Zähne (auch die des Großrades) sind seitlich abzuschrägen oder leicht ballig auszubilden, da besonders die Zahnecken bruchempfindlich sind.

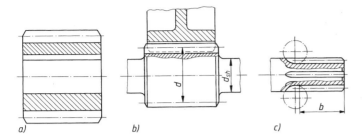

Bild 20-18
Ausführung der Ritzel.
a) Vollrad
b) Ritzelwelle

Großräder werden bei Einzelfertigungen oder kleinen Stückzahlen bei $d_a > 700$ mm als Schweißkonstruktionen hergestellt, s. Bild 20-19.
Bei größeren Stückzahlen werden Großräder meist in Gusskonstruktion ausgeführt, s. Bild 20-20. Räder mit einem Teilkreisdurchmesser $d \approx (6\ldots8)\cdot d_{sh}$ (d_{sh} Wellendurchmesser) werden als Scheibenräder (Bild 20-20a), größere mit Armen verschiedener Querschnittsformen ausgebildet (Bild 20-20b bis e).
Die unsymmetrische Ausbildung (Bild 20-20b) wird vielfach bei „fliegender" Anordnung, d. h. bei einer Anordnung am Wellenende vorgesehen, wobei die linke Scheibenseite die außenliegende sein soll. Die Abmessungen der Radkörper werden erfahrungsgemäß festgelegt. Eine

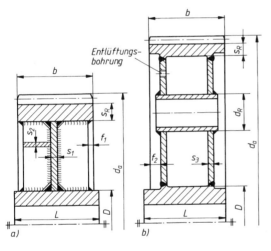

Bild 20-19
Ausführung der Großräder in Schweißkonstruktion. $s_1 \approx (1\ldots2)\cdot m$, $s_2 \approx 0,7\cdot m$, $s_3 \approx (0,8\ldots1,5)\cdot m$, $f_1 \approx 1,5\cdot s_1$, $f_2 \approx 0,15\cdot b$, $s_R \geq 3,5\cdot m$; Nabenabmessungen D und L siehe TB 12-1.
a) Einscheibenrad bis $b/d_a \approx 0,2$; je nach Größe des Rades $4\ldots8$ seitliche Rippen erforderlich, wenn Schrägungswinkel $\beta > 10°$. Bei $\beta < 10°$ kann auf die Rippen verzichtet werden, s_1 in diesem Fall größer wählen
b) Zweischeibenrad, Ausführung zweckmäßig ab $b/d_a \approx 0,2$; je nach Radgröße $4\ldots8$ Versteifungsrohre anordnen. Entlüftungsbohrung nach Spannungsarmglühen zuschrauben

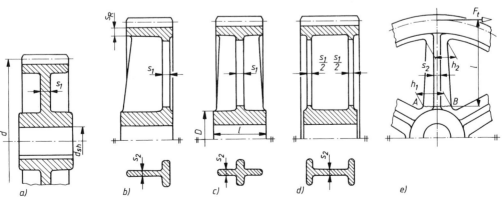

Bild 20-20 Ausführungsformen und Abmessungen der Großräder in Gußkonstruktion. a) Scheibenrad, b) bis e) Räder mit Armen

20

Festigkeitsnachprüfung der Arme ist normalerweise nicht erforderlich. Eine etwaige Nachprüfung erfolgt unter der Annahme, dass ein Viertel der Anzahl der Arme das Drehmoment überträgt und nur die in der Drehebene liegenden Querschnittsteile (mit der Dicke s_1) tragen. Für den gefährdeten Querschnitt $A-B$ ergibt sich das Biegemoment aus $M = F_t \cdot l/(0,25 \cdot z_A)$

Anzahl der Arme: $z_A \approx 1/8 \cdot \sqrt{d} \geq 4$; üblich $z_A = 4 \dots 8$; (d Teilkreisdurchmesser)

Armquerschnitt: $s_1 \approx (1,8 \dots 2,2) \cdot m$, $s_2 \approx 1,8 \cdot m$; (m Modul)

$h_1 \approx (4 \dots 6) \cdot s_1$, $h_2 \approx (3 \dots 5) \cdot s_1$ (bzw. konstruktiv festlegen)

Kranzdicke: $s_R \approx (3,5 \dots 4,2) \cdot m$

Nabenabmessungen D und L s. TB 12-1

Bei Hochleistungsgetrieben wird vielfach aus Festigkeitsgründen der Zahnkranz aus hochwertigem Werkstoff hergestellt und auf den Radkörper aus GJL aufgeschrumpft (s. Bild 20-21).

2. Kegelräder

Wie bei den Stirnrädern werden bei den Kegelrädern die Ritzel als Vollräder aufsteckbar oder als Ritzelwelle ausgeführt, s. Bild 20-22.

Die Großräder können entsprechend der zu erwartenden Stückzahl und den Anforderungen an den Werkstoff des Verzahnungsteils in den verschiedensten Ausführungsformen hergestellt werden, Beispiele s. Bild 20-23.

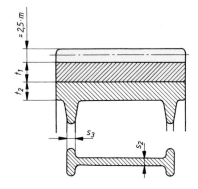

Bild 20-21
Radkörper aus GJL mit aufgeschrumpftem Zahnkranz
Zahnkranz: $t_1 \approx (0,04 \dots 0,08) \cdot d$; *(d Teilkreisdurchmesser)*
Radkörper: $t_2 \approx t_1$
Armquerschnitt: $s_2 \approx 1,8 \cdot m$; *(m Modul)*; $s_3 \approx (1 \dots 1,2) \cdot m$

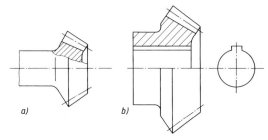

Bild 20-22
Ausführung der Kegelradritzel.
a) Ritzelwelle
b) Vollrad

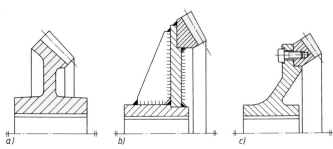

Bild 20-23
Ausführungsformen der Kegelräder.
a) Guss-
b) Schweiß-
c) Schraubausführung.
    Nabenabmessungen nach
    TB 12-1

20

Hinweis: Bei der Montage der Kegelräder ist darauf zu achten, dass die Axiallage der Räder zueinander eingestellt und gesichert werden. Die genaue Axiallage wird u. a. durch Distanzscheiben (Passscheiben) erreicht, die konstruktiv vorgesehen werden und deren genaue Dicke bei der Montage festgestellt wird.

3. Schnecken und Schneckenräder

Wie bei den Stirnrädern werden die Schnecken als Schneckenwellen mit $d_{m1} \approx 1,5 \cdot d_{sh}$ (d_{sh} Wellendurchmesser) oder als Aufsteckschnecken mit $d_{m1} \geq 2 \cdot d_{sh}$ hergestellt. Die Schneckenräder werden aus Wirtschaftlichkeitsgründen vielfach in geteilter Form ausgeführt, indem der Zahnkranz aus z. B. CuSn-Legierung mit dem Radkörper aus GJL, GS oder St verbunden wird, s. Bild 20-24.

4. Getriebegehäuse

Entsprechend der zu erwartenden Stückzahl werden die Getriebegehäuse entweder als Schweiß- oder auch als Gusskonstruktion hergestellt (Ölwannen vielfach aus Blech im Tiefziehverfahren). Schweißkonstruktionen sind vielfach leichter und stoßunempfindlicher. Sie werden für Einzelfertigungen und für sehr kleine Stückzahlen angewendet. Bei größeren Stückzahlen sind Schweißkonstruktionen hinsichtlich der Wirtschaftlichkeit den Gusskonstruktionen unterlegen. Graugusskonstruktionen zeichnen sich durch hohe Geräuschdämpfung und Steifigkeit aus. Im Bereich der krafteinleitenden Elemente ist eine ausreichende Versteifung durch Verrippung vorzusehen; Schweißkonstruktionen sollten zusätzlich spannungsarm geglüht werden.

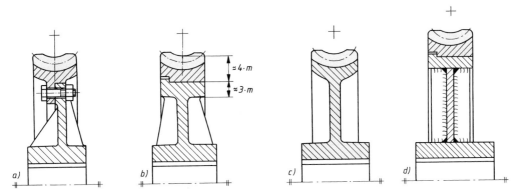

Bild 20-24 Ausführungsformen der Schneckenräder. a) Zahnkranz verschraubt, b) Zahnkranz aufgeschrumpft, c) Ausführung in Guss, d) Zahnkranz aufgeschrumpft, Radkörper in Schweißkonstruktion

20.5.2 Darstellung, Maßeintragung

1. Zeichnerische Darstellung

Für die zeichnerische Darstellung von Zahnrädern und Zahnräderpaaren gelten die Angaben nach DIN ISO 2203, die auszugsweise in den Bildern 20-25 und 20-26 wiedergegeben sind. Die Angaben gelten sowohl für Teilzeichnungen als auch für Gesamtzeichnungen. Mit Ausnahme der Schnittdarstellungen wird das Zahnrad jeweils als ein ganzes Teil ohne einzelne Zähne dargestellt. Die Bezugsfläche wird als schmale Strichpunktlinie hinzugefügt. In den Gesamtzeichnungen müssen verdeckte Körperkanten nicht dargestellt werden, wenn sie für die Eindeutigkeit der Zeichnung nicht notwendig sind (s. Bild 20-26).

2. Maßeintragung

Für die Maßeintragung und die erforderlichen Angaben in Zeichnungen und bei Bestellungen ist für *Stirnräder* DIN 3966 T1, für *Kegelräder* DIN 3966 T2 und für *Schneckengetriebe* DIN 3966 T3

20

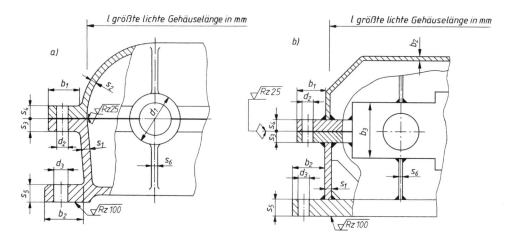

Bauteil		Gusskonstruktion	Schweißkonstruktion
Gehäusewerkstoff		GJL, GJS, GS	S235 S355
Wanddicke Unterkasten Oberkasten Mindestwerte für die Wanddicke Höchstwerte für die Wanddicke	s_1 s_2 $s_{1,2\,min}$ $s_{1,2\,max}$	$(0{,}005 \ldots 0{,}01) \cdot 1 + 6 \text{ mm}^{1)}$ $(0{,}5 \ldots 0{,}8) \cdot s_1$ GJL, GJS 8 mm, GS 12 mm 50 mm	$(0{,}004 \ldots 0{,}005) \cdot 1 + 4 \text{ mm}$ $(0{,}5 \ldots 0{,}8) \cdot s_1$ 4 mm 25 mm
Flansch Flanschdicke Flanschbreite	$s_3 \approx s_4$ b_1	$(1{,}3 \ldots 1{,}6) \cdot s_1$ $\approx 3 \cdot s_1 + 10$	$2 \cdot s_1$ $\approx 4 \cdot s_1 + 10 \text{ mm}$
Flansch- Durchmesser *schrauben* Abstand	d_2 l_F	$\approx 1{,}2 \cdot s_1$ $\approx (6 \ldots 10) \cdot d_2$ (je nach Dichtigkeitsforderung)	$\approx 1{,}5 \cdot s_1$

Fußleistendicke
 a) durchgehend mit
    Ausnehmung
 b) durchgehend ohne
    Ausnehmung
	s_5	$\approx 3 \cdot s_1$
		
		 $\approx 1{,}8 \cdot s_1$
			
			 $\approx 3{,}5 \cdot s_1$

Fußleistenbreite	b_2	$\approx 3{,}5 \cdot s_1 + 15 \text{ mm}$	$\approx 4{,}5 \cdot s_1 + 10 \text{ mm}$
Versteifungs- und *Kühlrippen*	s_6	$\approx 0{,}7 \cdot s_1$ der zu versteifenden Wand	
Außendurchmesser der *Lagergehäuse*	d_1, b_3	$\approx (1{,}2 \ldots 1{,}4) \cdot$ Lageraußendurchmesser	
Fundamentschrauben, *Durchmesser*	d_3	$\approx 1{,}6 \cdot s_1$	$\approx 2 \cdot s_1$
Abstand seitlich zwischen *Zahnrädern bzw. Zahn-* *rädern u. Gehäusewand*	s_7	$s_7 \approx 2 + 3 \text{ m} + C \leq 70 \text{ mm}$ mit $C = 0{,}65 \, (v_t \, [\text{m/s}] - 25) \geq 0$	

$^{1)}$ l = größte lichte Gehäuselänge

Bild 20-25 Empfehlungen für Gehäuseabmessungen. a) Gusseisenkonstruktion, b) Schweißkonstruktion

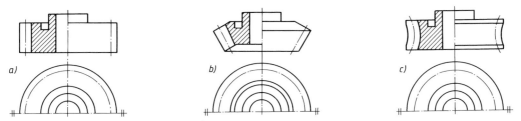

Bild 20-26 Darstellung der Zahnräder. a) Stirnrad, b) Kegelrad, c) Schneckenrad

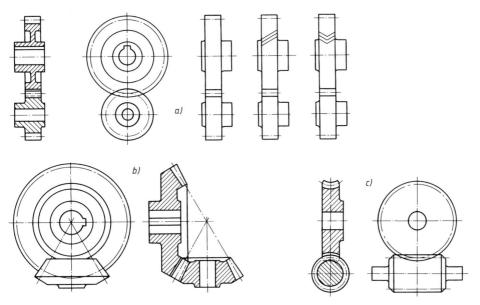

Bild 20-27 Darstellung der Zahnradpaare. a) Stirnrad mit außenliegendem Gegenrad (Gerad-, Schräg-, Pfeilverzahnung), b) Kegelradpaarung mit Achsenschnittpunkt, c) Schnecke und Schnecken-rad

maßgebend. Neben den Maßangaben zur Herstellung des Radkörpers und Angaben über Form- und Lagetoleranzen sowie der Oberflächenbeschaffenheit, die alle in der Zeichnung unmittelbar am Werkstück angegeben werden, müssen für die Herstellung der Verzahnung und der Einstellung der Verzahnungsmaschine weitere Rechengrößen angegeben werden, die zweckmäßig tabellarisch aufgeführt werden. Diese Tabelle wird in der Regel auf dem Zeichnungsblatt stehen oder als besonderes Blatt der Zeichnung beigegeben (s. TB 20-10 bis TB 20-13). Vielfach sind darüber hinaus noch Angaben zur Auswahl des Verzahnungswerkzeuges und zum Prüfen der Verzahnung erforderlich, die im Bedarfsfall dem Hersteller mitzuteilen sind.

20.6 Literatur

Bartz, W. J.: Schäden an geschmierten Maschinenelementen. Expert-Verlag, Grafenau o. J.
Böge, A. (Hrsg.): Arbeitshilfen und Formeln für das technische Studium, Bd. 2 Konstruktion. Vieweg Braunschweig/Wiesbaden, 1998
Dietrich, G.: Berechnung von Stirnrädern mit geraden und schrägen Zähnen. VDI-Verlag, Düsseldorf 1952

20

DIN-Taschenbuch 106: Normen über Verzahnungsterminologie. Beuth-Verlag, Berlin 2003

DIN-Taschenbuch 123: Normen für die Zahnradfertigung. Beuth-Verlag, Berlin 1993

DIN-Taschenbuch 173: Normen über Zahnradkonstruktionen. Beuth-Verlag, Berlin 1992

Dittrich, O., Schumann, R.: Anwendungen der Antriebstechnik, Bd. 3, Krauskopf-Verlag GmbH, Mainz 1974

Dubbel: Taschenbuch für den Maschinenbau, 22. Auflage. Springer-Verlag Berlin 2007

Dudley/Winter: Zahnräder. Springer-Verlag, Berlin/Göttingen/Heidelberg 1961

Franke, W. D.: Schmierstoffe und ihre Anwendung. C. Hanser-Verlag, München 1985

Fronius, St. (Hrsg.): Maschinenelemente. Antriebstechnik. Verlag Technik, Berlin 1971

Haberhauer/Bodenstein: Maschinenelemente. Gestaltung, Berechnung, Anwendung. Springer-Verlag, Berlin 2008

Kämpf, P., Kreisel, H.: Berechnung und Hertellung von Zahnrädern. Fachbuchverlag, Leipzig 1956

Keck, K. F.: Zahnradpraxis. Verlag Oldenburg, München 1958

Krumme, W.: Klingelberg-Palloid-Zahnräder, Berechnung, Herstellung und Einbau. Springer-Verlag, Berlin/Göttingen/Heidelberg 1950

Künne, B.: Köhler/Rögnitz Maschinenteile 2. Vieweg+Teubner, Wiesbaden, 2008

Linke, H.: Stirnradverzahnung. Berechnung. Werkstoffe. Fertigung. Carl Hanser-Verlag München Wien 1996

Loomann, J.: Zahnradgetriebe, Grundlagen, Konstruktionen, Anwendungen in Fahrzeugen. Springer-Verlag, Berlin 1988

Maag-Taschenbuch. Maag-Zahnräder AG, Zürich/Schweiz 1985

Mobil Oil AG (Hrsg.): Stationäre Zahnradgetriebe. Schmierung und Wartung. Selbstverlag, Hamburg. o. Jahreszahl

Niemann, G., Winter, H.: Maschinenelemente. Springer-Verlag, Berlin 1989

Reitor/Hohmann: Konstruieren von Getrieben. E. Giradet-Verlag, Essen 1983

Rieg/Kaczmarek (Hrsg.): Taschenbuch der Maschinenelemente, *f*v Leipzig im Carl Hanser-Verlag, München 2006

Roth, K.: Zahnradtechnik. Springer-Verlag, Berlin 2001

SEW-Eurodrive GmbH, Handbuch der Antriebstechnik. C. Hanser-Verlag, München o. Jahreszahl

Siebert, H.: Zahnräder, Krauskopf-Verlag. Wiesbaden 1962

Thomas, A. K.: Die Tragfähigkeit der Zahnräder. Carl Hanser-Verlag, München 1957

Trier, H.: Die Zahnformen der Zahnräder. Springer-Verlag, Berlin/Göttingen/Heidelberg 1954

Trier, H.: Die Kraftübertragung durch Zahnräder. Springer-Verlag, Berlin/Göttingen/Heidelberg 1962

VDI-Bericht 626: Sichere Auslegung von Zahnradgetrieben. VDI-Verlag, Düsseldorf 1987

Weck, M.: Schneckenradwälzfräsen, Westdeutscher Verlag, Opladen 1977. (Forschungsberichte des Landes Nordrhein-Westfalen; Nr. 2688; Fachgruppe Maschinenbau/Verfahrenstechnik)

Weinhold/Krause: Das neue Toleranzsystem für Stirnradverzahnungen. Verlag Technik, Berlin 1981

Widmer, E.: Berechnungen von Zahnrädern und Getriebe-Verzahnungen. Birkhäuser-Verlag, Stuttgart 1981

Zirpke, E.: Zahnräder. Fachbuchverlag Leipzig 1985

20

21 Stirnräder mit Evolventenverzahnung

21.1 Geometrie der Stirnräder

21.1.1 Begriffe und Bestimmungsgrößen

Zur Herstellung der Evolventenverzahnung durch Abwälzen des Werkzeuges auf dem Wälzkreis sind die Grundgrößen nach DIN 867, DIN 868, DIN 3960 bzw. DIN 3998 entsprechend Bild 21-1 festgelegt.

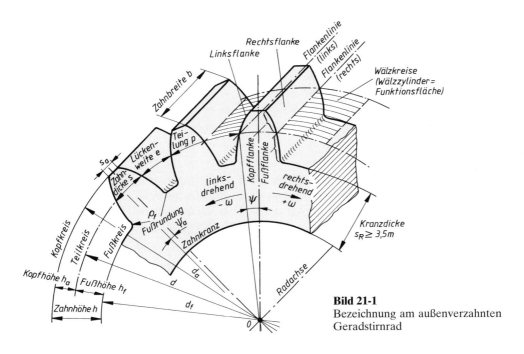

Bild 21-1
Bezeichnung am außenverzahnten Geradstirnrad

Die *Zähnezahl z* eines Rades ist die auf dem vollen Radumfang *ganzzahlig* aufgehende Anzahl der Zähne. Beim außenverzahnten Stirnrad ist *z* als positive, beim innenverzahnten Rad (Hohlrad) als negative Größe[1] einzusetzen; bei der Zahnstange ist $|z| = \infty$, siehe Bild 21-2.

---

[1] Beim Übergang vom Außenrad mit positiver auf ein Hohlrad mit negativer Krümmung der Verzahnungsebene vergrößert sich der Teilkreisdurchmesser bei $z = +\infty$ auf $d = +\infty$ (Zahnstange) um im weiteren Verlauf auf $-d$ bei $z = -\infty$ umzuspringen und somit eine negative Größe einzunehmen. Alle von der Zähnezahl abhängigen Größen werden beim Hohlrad damit negativ, somit auch das Zähnezahlverhältnis und der Achsabstand. In den Fertigungszeichnungen dagegen sind die Absolutwerte anzugeben.

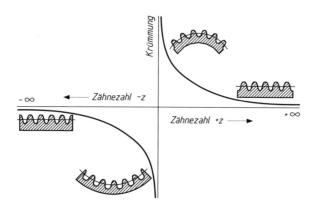

Bild 21-2 Vom Außenrad zum Hohlrad

Die *Zahnbreite b* ist der Abstand der beiden Stirnflächen auf der *Bezugsfläche*, auf die als eine gedachte Fläche die Bestimmungsgrößen der Verzahnung bezogen werden. In der Regel sind die *Wälzzylinder* der Stirnräder gleichzeitig Bezugsfläche und werden dann als *Teilzylinder* und das Stirnrad als *Nullrad* bezeichnet. Ein Stirnschnitt des Teilzylinders ergibt den *Teilkreis* mit dem *Teilkreisdurchmesser d* als geometrisch gedachte Größe. Auf dem Teilkreis ist die *Teilkreisteilung p* als Länge des Teilkreisbogens zwischen zwei aufeinanderfolgenden Rechts- und Links-flanken festgelegt.

Aus dem Teilkreisumfang eines Rades $U = d \cdot \pi = z \cdot p$ lässt sich der *Teilkreisdurchmesser* er-rechnen

$$d = z \cdot \frac{p}{\pi} = z \cdot m \qquad\qquad (21.1)$$

Der *Modul m* ist somit eine teilungsabhängige Größe mit der Einheit mm, auf die alle übrigen Größen der Verzahnung bezogen werden. Ein Zahnradpaar muss stets die gleiche Teilung und damit auch den gleichen Modul haben. Grundsätzlich können Zahnräder mit jedem Modul her-gestellt werden. Um jedoch die Werkzeughaltung einzuschränken und die Austauschbarkeit der Zahnräder zu erleichtern, sind die Modul-Werte nach DIN 780 genormt, s. TB 21-1.

Die *Zahndicke s* und die *Lückenweite e* ergänzen sich als Bogenmaße zu $p = s + e$. Als *Zahn-dicken-Halbwinkel* $\psi = s/d$ wird das Verhältnis der Zahndicke s am Teilkreis zum Teilkreis-durchmesser d bezeichnet, wenn $s = p/2$. Mit der Zahndicke s_a am Kopfkreis d_a ergibt sich der Zahndickenhalbwinkel $\psi_a = s_a/d_a$. Mit dem *Eingriffswinkel* α ergibt sich aus der Beziehung $\cos\alpha = r_b/r = d_b/d$ (Bild 21-3) der *Grundkreisdurchmesser*

$$d_b = d \cdot \cos\alpha = z \cdot m \cdot \cos\alpha \qquad\qquad (21.2)$$

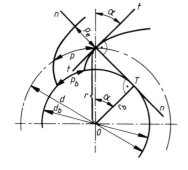

Bild 21-3
Teilungen beim Geradstirnrad

21

Da die Ursprungspunkte der Zahnflankenevolvente auf dem Grundkreis liegen, wird die Länge des Grundkreisbogens zwischen den Ursprungspunkten zweier aufeinander folgender Rechts- und Linksflanken als *Grundkreisteilung* p_b bezeichnet. Sie lässt sich aus dem Grundkreisumfang $U_b = d_b \cdot \pi = z \cdot p_b$ und den o. a. Beziehungen ermitteln

$$p_b = \frac{d_b \cdot \pi}{z} = p \cdot \cos \alpha \qquad (21.3)$$

Die Entfernung der Eingriffspunkte von zwei aufeinanderfolgenden gleichliegenden Zahnflanken auf der Eingriffslinie $n-n$ ist mit Gl. (21.3) die *Eingriffsteilung*

$$p_e \mathrel{\hat{=}} p_b = p \cdot \cos \alpha = \pi \cdot m \cdot \cos \alpha \qquad (21.4)$$

Für ein einwandfreies Zusammenarbeiten zweier Zahnräder muss p_e zwingend übereinstimmen. Die Krümmung der Zahnflanken (Evolventenzahnform) wird vom Teilkreisdurchmesser d (bzw. Zähnezahl z) und vom Eingriffswinkel α (bzw. Grundkreisdurchmesser d_b) bestimmt. Bei $z = \infty$ wird die Krümmung $= 0$ (gerade Flanken, Zahnstange); die Krümmung wächst mit abnehmender Zähnezahl.

21.1.2 Verzahnungsmaße der Nullräder

Wird bei der Erzeugung der Verzahnung die Profilbezugslinie $P-P$ des Werkzeuges auf dem Teilkreis abgerollt, entsteht ein Zahnrad mit Nullverzahnung (die Wälzgerade $M-M$ fällt mit der Profilbezugslinie $P-P$ zusammen, Bild 21-4). Hat das Gegenrad ebenfalls Nullverzahnung, so ist der Betriebseingriffswinkel gleich Erzeugungseingriffswinkel ($\alpha_W = \alpha$) und die Erzeugungs-Wälzkreise gleich Teilkreise ($d_{1,2} = d_{W1,2}$) sind auch Betriebswälzkreise, die sich im Wälzpunkt C berühren (*Null-Radpaar*).

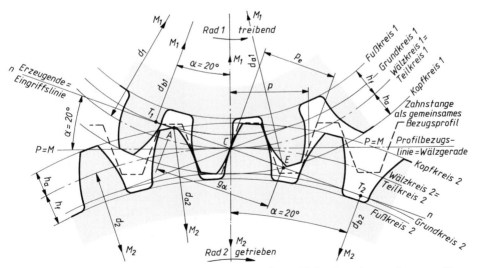

Bild 21-4 Null-Radpaar: Paarung zweier außenverzahnter Nullräder mit gemeinsamem Bezugsprofil

Die *Zahnabmessungen* sind durch das Bezugsprofil nach DIN 867 (Bild 20-14) mit dem Kopfspiel c als Nennmaße bestimmt:

Zahnkopfhöhe	$h_a = h_{aP} = m$;	$h_a = 0{,}5\,(d_a - d)$
Zahnfußhöhe	$h_f = h_{fP} = m + c$;	$h_f = 0{,}5\,(d - d_f)$
Zahnhöhe	$h = h_a + h_{fP} = 2m + c$;	$h = 0{,}5\,(d_a - d_f)$

(21.5)

21

Damit ergeben sich als Nennmaße für das außenverzahnte Null-Radpaar mit den Teilkreisdurchmessern d_1 und d_2 (Index 1 Rad 1 treibend, Index 2 Rad 2 getrieben) die *Kopfkreisdurchmesser*

$$\boxed{d_{a1,2} = d_{1,2} + 2 \cdot h_a = m \cdot (z_{1,2} + 2)} \tag{21.6}$$

und die *Fußkreisdurchmesser* mit $c = 0{,}25 \cdot m$ (Bezugsprofil II, s. u. 20.1.4)

$$\boxed{d_{f1,2} = d_{1,2} - 2 \cdot h_f = m \cdot (z_{1,2} - 2{,}5)} \tag{21.7}$$

Der *Null-Achsabstand* ergibt sich aus der Summe der Teilkreishalbmesser der außenverzahnten Nullräder

$$\boxed{a_d = \frac{d_1 + d_2}{2} = \frac{m}{2} \cdot (z_1 + z_2)} \tag{21.8}$$

Hinweis: Beim geradverzahnten Null-Radpaar ist $2a_d/m = z_1 + z_2 = \textit{ganzzahlig}$. Beliebig vorgeschriebene Achsabstände können somit nicht immer mit einem Null-Radpaar eingehalten werden.

Da beim Null-Radpaar die Umfangsgeschwindigkeit beider Räder am Teilkreis gleich ist, gilt

$$v = d_1 \cdot \pi \cdot n_1 = d_2 \cdot \pi \cdot n_2 \quad \text{bzw.} \quad d_1 \cdot n_1 = d_2 \cdot n_2 \, .$$

Daraus folgt, dass die *Übersetzung* durch das Verhältnis der Winkelgeschwindigkeiten (Drehzahlen), der Teilkreisdurchmesser und somit auch durch das Zähnezahlverhältnis ausgedrückt werden kann, siehe auch zur Gl. (20.1)

$$\boxed{i = \frac{\omega_1}{\omega_2} = \frac{n_1}{n_2} = \frac{d_2}{d_1} = \frac{z_2}{z_1}} \tag{21.9}$$

Somit gilt:　　Übersetzung ins Langsame　$1 \leq |i| \leq \infty$
　　　　　　　　Übersetzung ins Schnelle　　$0 < |i| < 1$

Mit $z_2 \geq z_1$ wird das *Zähnezahlverhältnis* $z_{\text{Großrad}}/z_{\text{Kleinrad}}$

$$\boxed{|u| = \frac{z_{\text{Großrad}}}{z_{\text{Kleinrad}}} = \frac{z_2}{z_1} \geq 1} \tag{21.10}$$

Somit gilt: Übersetzung ins Langsame $i = u > 1$; Übersetzung ins Schnelle　$i = 1/u < 1$

Bei gegebener Übersetzung ins Langsame ($i = u$) lassen sich für einen gewünschten Null-Achsabstand a_d die *Teilkreisdurchmesser* für Ritzel 1 und Rad 2 errechnen

$$\boxed{\begin{aligned} d_1 &= m \cdot z_1 = d_{a1} - 2 \cdot m = \frac{z_1 \cdot d_{a1}}{z_1 + 2} = \frac{2 \cdot a_d}{1 + u} \\[2mm] d_2 &= m \cdot z_2 = d_{a2} - 2 \cdot m = \frac{z_2 \cdot d_{a2}}{z_2 + 2} = \frac{2 \cdot a_d \cdot u}{1 + u} \end{aligned}} \tag{21.11}$$

Hinweis: Beim Zahnstangengetriebe ist $a_d = d_1/2$ und $u = \infty$ beim Innenradpaar ist a_d negativ, ebenso mit $-z_2$ der Durchmesser des Hohlrades d_2.

21.1.3 Eingriffsstrecke, Profilüberdeckung

Um eine gleichförmige Kraft- und Bewegungsübertragung eines außenverzahnten Null-Radpaares zu gewährleisten, muss bereits ein neuer Zahn im Eingriff sein, wenn der vorhergehende Zahn außer Eingriff kommt, d. h. es muss stets das ausgenutzte Stück der Eingriffslinie $n-n$ (begrenzt durch die Kopfkreise des Radpaares), die *Eingriffsstrecke* $g_\alpha = \overline{AE}$ größer als die

Eingriffsteilung p_e sein (Bild 21-4). Es gilt beim geradverzahnten Null-Radpaar für die *Eingriffsstrecke* rechnerisch aus $\overline{AE} = \overline{T_1E} + \overline{T_2A} - \overline{T_1T_2}$

$$g_\alpha = \frac{1}{2}\left(\sqrt{d_{a1}^2 - d_{b1}^2} + \frac{z_2}{|z_2|}\sqrt{d_{a2}^2 - d_{b2}^2}\right) - a_d \cdot \sin\alpha \tag{21.12}$$

d_{a1}, d_{a2}	Kopfkreisdurchmesser n. Gl. (21.6)
d_{b1}, d_{b2}	Grundkreisdurchmesser n. Gl. (21.2)
a_d	Null-Achsabstand nach Gl. (21.8)
$\alpha = \alpha_P = 20°$	Eingriffswinkel (Profilwinkel) nach DIN 867

Hinweis: Der Quotient $z_2/|z_2|$ wird bei einer Außenradpaarung positiv, bei einer Innenradpaarung negativ.

Das Verhältnis der Eingriffsstrecke g_α zur Eingriffsteilung p_e ist die *Profilüberdeckung*

$$\varepsilon_\alpha = \frac{g_\alpha}{p_e} = \frac{0{,}5\left(\sqrt{d_{a1}^2 - d_{b1}^2} + \frac{z_2}{|z_2|}\sqrt{d_{a2}^2 - d_{b2}^2}\right) - a_d \cdot \sin\alpha}{\pi \cdot m \cdot \cos\alpha} \tag{21.13}$$

Sie ist der zeitliche Mittelwert der Anzahl der im Eingriff befindlichen Zahnpaare (überschlägige Ermittlung von ε_α s. TB 21-2). Mit Rücksicht auf Toleranzen und Verformungen soll $\varepsilon_\alpha \geq 1{,}1$, möglichst $>1{,}25$ sein, um eine Unterbrechung der Bewegungsübertragung zu vermeiden. $\varepsilon_\alpha = 1{,}25$ bedeutet, dass während der Eingriffsdauer eines Zahnpaares zu 25% ein zweites Zahnpaar im Eingriff ist.

Hinweis: Beim Außenradpaar werden g_α und damit ε_α umso kleiner, je stärker die Krümmung der beiden Kopfkreise ist. Beim außenverzahnten Null-Radpaar ergäbe sich theoretisch ein Größtwert für ε_α, wenn zwei Zahnräder mit unendlich großer Zähnezahl (Zahnstange) „im Eingriff" wären. Eine Nachprüfung von ε_α ist bei Null-Radpaaren normalerweise nicht erforderlich.

21.1.4 Profilverschiebung (Geradverzahnung)

1. Anwendung

Profilverschobene Evolventenverzahnung wird hauptsächlich zur Vermeidung von Unterschnitt bei kleinen Zähnezahlen verwendet, ferner zum Erreichen eines durch bestimmte Einbauverhältnisse vorgegebenen Achsabstandes, zur Erhöhung der Tragfähigkeit und ggf. zur Erhöhung des Überdeckungsgrades.

2. Zahnunterschnitt, Grenzzähnezahl

Das Unterschreiten einer bestimmten Zähnezahl, der *Grenzzähnezahl* z_g, führt beim Erzeugen der Verzahnung eines außen verzahnten Null-Rades zu *Unterschnitt* an den Zahnflanken, d. h. die relative Kopfbahn des erzeugenden Werkzeuges (Hüllkurve b, Bild 21-5a mit $z = 9$ Zähnen) schneidet einen Teil (Strecke $\overline{FH}$) der normalerweise am Eingriff beteiligten Evolvente außerhalb des Grundkreises ab. Damit verbunden ist eine Kürzung der Eingriffsstrecke von $\overline{A'E}$ auf $\overline{A''E}$, die zur Verringerung der Profilüberdeckung ε_α und somit zur Verschlechterung der Eingriffsverhältnisse führt. Gleichzeitig werden der Zahnfuß geschwächt und damit die Bruchgefahr vergrößert.

Arbeitet das Rad mit z_g und einer Zahnstange (nicht Werkzeug) zusammen (Zahnstangengetriebe, vgl. Bild 20-4f), dann ist im rechtwinkligen Dreieck M_1CA' die Strecke $\overline{A'C} = \overline{M_1C} \cdot \sin\alpha = d_1/2 \cdot \sin\alpha$ und im rechtwinkligen Dreieck $CA'D$ wird $\overline{CD} = h_a = m = \overline{A'C} \cdot \sin\alpha = (d_1/2) \cdot \sin^2\alpha$. Mit $d_1/2 = z_1 \cdot m/2$ ist somit $h_a = z_1 \cdot (m/2) \cdot \sin^2\alpha$ und die Grenzzähnezahl $z_1 \cong z_g = 2 \cdot h_a/(m \cdot \sin^2\alpha)$. Da $h_a = m$ ist, ergibt sich die *theoretische Grenzzähnezahl* für $\alpha = 20°$ aus

$$z_g = \frac{2}{\sin^2\alpha} \approx 17 \tag{21.14}$$

21

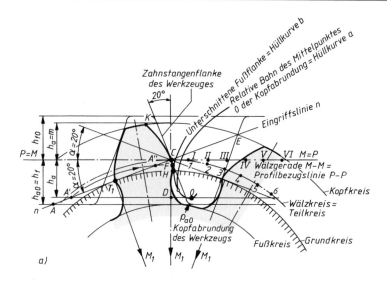

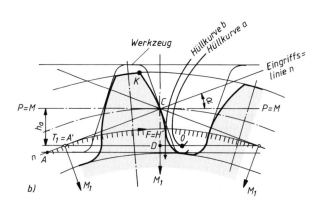

Bild 21-5
Unterschnitt.
a) Entstehung des Unterschnitts
b) Darstellung zur Ermittlung
    der Grenzzähnezahl z_g

Eine wirkliche Gefährdung der Eingriffsverhältnisse ergibt sich jedoch erst bei der *praktischen Grenzzähnezahl* $z_g' = 14$.

Beim Zusammenarbeiten eines Ritzels mit $z_1 < z_g'$ und eines Rades mit $z_2 > z_g'$ steht der unterschnittene Flankenteil der Ritzelzähne für den Eingriff nicht mehr zur Verfügung, so dass die Kopfflanke des Rades nur mit dem Punkt F der Flanke des Ritzels (vgl. Bild 21-5a) zur Anlage kommt. Da $g_\alpha < p_e$ und $\varepsilon_\alpha < 1$ werden kann, wird die Bewegungsübertragung ungleichmäßig; außerdem unterliegt die Flanke am Punkt F starker Abnutzung.

Hinweis: Um Eingriffsstörungen bei der Außenverzahnung zu vermeiden, darf der Kopfkreis des Gegenrades die Eingriffslinie nicht außerhalb der Tangentenpunkte T_1 und T_2 schneiden (vgl. Punkte A und E auf $n-n$ Bild 21-4).

Zur Vermeidung von Unterschnitt könnte z. B. die Kopfhöhe h_{a0} um den Teil verkleinert werden, der den Unterschnitt hervorruft. Dadurch würden sich gedrungene, kurze Zähne hoher Festigkeit ergeben. Zum anderen könnte der Eingriffswinkel α vergrößert werden, wodurch die Grenzzähnezahl z_g herabgesetzt wird, s. Gl. (21.14). Beide Verfahren würden jedoch andere Verzahnungswerkzeuge erfordern, was denkbar unwirtschaftlich wäre. Zweckmäßiger ist daher die *Profilverschiebung*, die ohne Änderung der üblichen Werkzeuge ausgeführt werden kann.

Bei der Evolventen-Verzahnung können unter gleichen Bedingungen auch andere Zahnformen erzeugt werden, wenn das Werkzeug (Profilbezugslinie $P-P$) um einen bestimmten Betrag V

vom Teilkreis (Wälzgerade $M-M$ durch den Wälzpunkt C) „verschoben" wird. Mit dem Profilverschiebungsfaktor x (in Teilen des Moduls) wird die Größe der *Profilverschiebung* ausgedrückt

$$\boxed{V = x \cdot m}$$

(21.15)

Die *Profilverschiebung V* bzw. der *Profilverschiebungsfaktor x* ist *positiv*, wenn das Werkzeug (Profilbezugslinie $P-P$) vom Teilkreis in Richtung zum Kopfkreis des Zahnrades (Bild 21-6), *negativ* in Richtung zum Fußkreis verschoben wird. Dieses gilt sowohl für außen- als auch für innenverzahnte Stirnräder; bei diesen liegt der Zahnkopf nach innen.

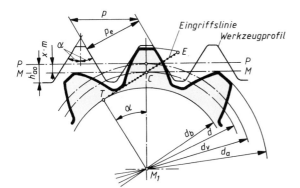

Bild 21-6
Außenverzahntes Rad mit positiver Profilverschiebung

Bild 21-7 zeigt zum Vergleich die Zahnform in Abhängigkeit von der Profilverschiebung. Danach werden je nach Art der Profilverschiebung unterschieden:

— *Nullräder*, bei denen *keine* Profilverschiebung vorgenommen worden ist. Die Profilbezugslinie $P-P$ deckt sich mit der Wälzgeraden $M-M$ und berührt den Teilkreis im Wälzpunkt C. Erzeugungswälzkreis gleich Betriebswälzkreis fallen zusammen (Bild 21-7a). Als Nennmaß für die Zahndicke s auf dem Teilkreis gleich Lückenweite e gilt $s = p/2 = e$.
— *V-Räder* sind Zahnräder *mit* Profilverschiebung. Bei gleichem Grundkreis sind der Teilkreis, der Erzeugungswälzkreis und die Teilung gegenüber den entsprechenden Nullrädern unverändert.
— *V_{plus}-Räder* haben *positive* Profilverschiebung. Die Werkzeug-Profilbezugslinie wird vom Teilkreis aus in Richtung zum Zahnkopf verschoben, wodurch sich Kopf- und Fußkreis bei der Außenverzahnung vergrößern, bei der Innenverzahnung verkleinern. Es werden die Zahndi-

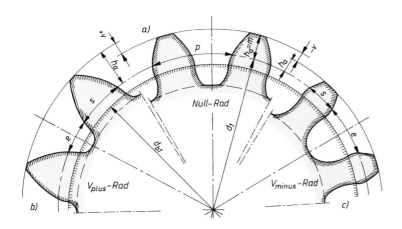

Bild 21-7
Zahnform in Abhängigkeit von der Profilverschiebung
a) beim Nullrad
b) bei positiver Verschiebung
c) bei negativer Verschiebung

21

cken am Teilkreis $s > p/2$ und die Zahnlückenweite $e < p/2$. Dadurch kann bei der Außenverzahnung Unterschnitt vermieden und die Tragfähigkeit der Zähne erhöht werden.

− V_{minus}-*Räder* haben negative Profilverschiebung. Die Werkzeug-Profilbezugslinie wird vom Teilkreis aus in Richtung zum Zahnfuß verschoben. Entsprechend der Verschiebung verkleinern (vergrößern) sich sowohl bei der Außen- als auch bei der Innenverzahnung Kopf- und Fußkreis. Es werden die Zahndicke am Teilkreis $s < p/2$ und die Zahnlückenweite $e > p/2$. Dadurch wächst bei der Außenverzahnung die Unterschnittgefahr; außerdem wird der Zahnfuß geschwächt und die Tragfähigkeit vermindert (Bild 21-7c).

Unterschnitt lässt sich beim Außenrad vermeiden, wenn für das erzeugende Werkzeug mit der Kopfhöhe h_{a0} und dem Kopfkanten-Rundungshalbmesser ϱ_{a0} (Bild 21-5) ein *Mindest-Profilverschiebungsfaktor*

$$x_{min} = [2 \cdot (h_{a0} - \varrho_{a0} \cdot (1 - \sin \alpha)) - z \cdot m \cdot \sin^2 \alpha]/(2 \cdot m)$$

theoretisch nicht unterschritten wird. Für V-Räder mit $z \neq z_g$ kann der Grenzwert x des beginnenden Unterschnitts nach Bild 21-5b ($T_1 = A'$ für Nullräder) bestimmt werden. Wird

$$\overline{CD} = (d_1/2) \cdot \sin^2 \alpha = (m/2) \cdot z \cdot \sin^2 \alpha = h_a - x \cdot m = m - x \cdot m = m \cdot (1 - x)$$

gesetzt (s. vor Gl. (21.14)), wird $z = (2/\sin^2 \alpha) \cdot (1 - x) = z_g \cdot (1 - x)$. Mit der praktischen Grenzzähnezahl $z'_g = 14$ ergibt sich damit der *Grenzwert* x für den Unterschnittbeginn mit $(+)$ für $z < z'_g$ und $(-)$ für $z > z'_g$ aus

$$\boxed{x_{grenz} = \frac{z'_g - z}{z_g} = \frac{14 - z}{17}} \tag{21.16}$$

3. Spitzgrenze und Mindestzahndicke am Kopfkreis

Mit positiver Profilverschiebung ist stets eine Verringerung der Zahnkopfdicke verbunden, da die Zahnflanken durch den vergrößerten Kopfkreis weiter nach außen gezogen werden, s. Bild 21-7. Bei einer bestimmten Größe der Profilverschiebung V bzw. des Profilverschiebungsfaktors $+x$ laufen die Flankenevolventen am Kopfkreis zur Spitze zusammen, es tritt *Spitzenbildung* ein. Für den praktischen Betrieb sollte jedoch die Kopfdicke des Zahnes den Wert $s_a \geq 0{,}2 \cdot m$ und bei gehärteten Zähnen $s_a \geq 0{,}4 \cdot m$ nicht unterschreiten, s. auch 21.1.5. Da der Unterschnitt einerseits und die Spitzbildung andererseits die ausführbare Zähnezahl z für außenverzahnte Räder begrenzen, können aus TB 21-12 die Bereichsgrenzen durch die Spitzbildung bzw. Mindestzahnkopfdicken (Kurven 1), durch Unterschnitt (Gerade 2, Strichlinie praktische Grenze) und durch Mindestkopfkreisdurchmesser $d_a = d_b + 2 \cdot m$ (Gerade 3) in Abhängigkeit von z und x festgestellt werden.

4. Paarung der Zahnräder, Getriebearten

V-Räder und Null-Räder können beliebig zu Getrieben zusammengesetzt werden, ohne dass Eingriffs- und Abwälzverhältnisse dadurch gestört werden. Je nach Paarung der Räder unterscheidet man:

− *Nullgetriebe* bei Paarung zweier Nullräder mit Null-Achsabstand a_d (Gl. (21.8)). Die Teilkreise berühren sich im Wälzpunkt C. Anwendung bei Getrieben aller Art mit mittleren Belastungen und Drehzahlen, aber Zähnezahlen $z_1 > z'_g$ und $z_2 > z'_g$.
− *V-Null-Getriebe* bei Paarung eines V_{plus}-Rades mit einem V_{minus}-Rad gleicher positiver und negativer Profilverschiebung (Bild 21-8a). Die Profilverschiebungssumme $\Sigma x = x_1 + x_2 = 0$, bzw. $+x_1 = -x_2$. Die Teilkreise berühren sich im Wälzpunkt C, sind daher zugleich Wälzkreise, so dass der Achsabstand gleich dem Null-Achsabstand a_d ist (s. zu Gl. (21.8)). Normaler-

weise wird das Ritzel als V_{plus}-Rad gewählt, insbesondere wenn dessen Zähnezahl $z_1 < z'_g = 14$ oder dessen Tragfähigkeit erhöht und der des Rades angeglichen werden soll. Um dabei am V_{minus}-Rad keinen Unterschnitt zu erhalten, muss $z_1 + z_2 \geq 2 \cdot z'_g = 28$ sein. Anwendungen bei Getrieben mit größeren Übersetzungen und höheren Belastungen.

— V-Getriebe, bei denen ein V-Rad mit einem Nullrad oder V-Räder mit unterschiedlicher Profilverschiebung gepaart sind, wobei das Ritzel möglichst eine positive Profilverschiebung erhält. Die Teilkreise berühren sich nicht, sie sind nicht mehr mit den Betriebswälzkreisen identisch, Achsabstand a ungleich a_d, meist $a > a_d$, dgl. wird der Betriebseingriffswinkel $\alpha_w > \alpha = 20°$ (Bild 21-8b). Anwendung, wenn bei vorgeschriebener Übersetzung ein konstruktiv bedingter Achsabstand durch Null- oder V-Null-Getriebe mit genormten Moduln nicht erreicht wird, oder wenn eine hohe Tragfähigkeit beider Räder durch positive Verschiebung für hochbelastete Getriebe oder wenn ein hoher Überdeckungsgrad durch negative Verschiebung für besonders gleichförmigen und ruhigen Lauf erreicht werden soll. In allen Fällen kann durch bestimmte Aufteilung der Profilverschiebungen bei Ritzel und Rad annähernd gleiche Tragfähigkeit erreicht werden, siehe TB 21-5.

5. Rad- und Getriebeabmessungen bei V-Radpaaren[1]

Die *Grundkreis-* und *Teilkreisdurchmesser* bleiben unverändert: $d_b = d \cdot \cos \alpha$ und $d = m \cdot z$, siehe Gl. (21.2) und (21.1).

Das Nennmaß der *Zahndicke s* und der *Lückenweite e* auf dem Teilkreis vergrößert bzw. verkleinert sich um den Betrag $2 \cdot V \cdot \tan \alpha = 2 \cdot x \cdot m \cdot \tan \alpha$ (V vorzeichengerecht einsetzen!)

$$s = \frac{p}{2} + 2 \cdot V \cdot \tan \alpha = m \cdot \left(\frac{\pi}{2} + 2 \cdot x \cdot \tan \alpha \right) \tag{21.17}$$

$$e = \frac{p}{2} - 2 \cdot V \cdot \tan \alpha = m \cdot \left(\frac{\pi}{2} - 2 \cdot x \cdot \tan \alpha \right) \tag{21.18}$$

Da beim V-Radpaar nicht mehr die Teilkreise $d_{1,2}$, sondern die Betriebswälzkreise $d_{w1,2}$ mit gleicher Umfangsgeschwindigkeit aufeinander abrollen, gilt: $v = d_{w1} \cdot \pi \cdot n_1 = d_{w2} \cdot \pi \cdot n_2$, so dass $i = n_1/n_2 = d_{w2}/d_{w1} = d_2/d_1 = d_{b2}/d_{b1}$.

Nach Bild 21-9 (vgl. Bild 21-8b) ergibt sich mit dem Betriebseingriffswinkel $\alpha_w \neq \alpha = 20°$ aus $\cos \alpha_w = d_{b1}/d_{w1} = d_{b2}/d_{w2} = d_1 \cdot \cos \alpha/d_{w1} = d_2 \cdot \cos \alpha/d_{w2}$ und dem Null-Achsabstand a_d nach Gl. (21.8) der *Achsabstand* bei *spielfreiem Eingriff*

$$a = \frac{d_{w1} + d_{w2}}{2} = \frac{d_1 + d_2}{2} \cdot \frac{\cos \alpha}{\cos \alpha_w} = a_d \cdot \frac{\cos \alpha}{\cos \alpha_w} \tag{21.19}$$

Damit lässt sich der Teilkreisabstand $y \cdot m = a - a_d$ ermitteln mit

$$y = 0{,}5 \cdot (z_1 + z_2) \cdot [(\cos \alpha/\cos \alpha_w) - 1] \tag{21.20}$$

Ist ein bestimmter Achsabstand a gegeben, errechnet sich nach Gl. (21.21) der Betriebseingriffswinkel α_w aus

$$\alpha_w = \arccos [(a_d/a) \cdot \cos \alpha] \tag{21.21}$$

21

---

[1] Da bei Hohlrädern z_2 negativ ist, werden auch die Durchmesser d, d_b, d_a, d_f, d_w und beim Innenradpaar die Achsabstände a_d, a sowie die Übersetzung i und das Zähnezahlverhältnis u negativ

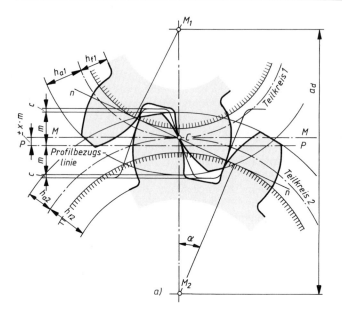

a)

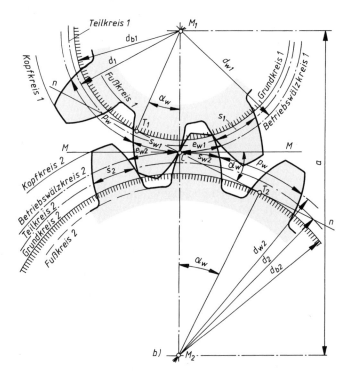

b)

Bild 21-8
Außenverzahnte Geradstirnrad-
paare bei spielfreiem Eingriff
a) *V*-Null-Getriebe
b) *V*-Getriebe

21

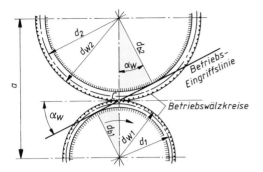

Bild 21-9
Betriebseingriffswinkel α_w und Achsabstand a bei
V-Getrieben

womit sich Ritzel 1 und Rad 2 die *Betriebswälzkreisdurchmesser* ergeben:

$$d_{w1} = \frac{d_1 \cdot \cos\alpha}{\cos\alpha_w} = \frac{2 \cdot a}{1 + u} = \frac{2 \cdot z_1}{z_1 + z_2} \cdot a \qquad (21.22a)$$

$$d_{w2} = \frac{d_2 \cdot \cos\alpha}{\cos\alpha_w} = 2a - d_{w1} = \frac{2 \cdot a \cdot u}{1 + u} = \frac{2 \cdot z_2}{z_1 + z_2} \cdot a \qquad (21.22b)$$

Für störungsfreien Eingriff muss ein ausreichendes Kopfspiel $c = a - 0{,}5 \cdot (d_{a1} + d_{f2})$ $= a - 0{,}5 \cdot (d_{a2} + d_{f1})$ vorhanden sein. Soll ein Mindestkopfspiel eingehalten oder das dem Bezugsprofil der Räder entsprechende Kopfspiel erhalten bleiben, müssen in manchen Fällen bei Außenradpaarungen die Kopfhöhen verkürzt bzw. die Kopfkreisdurchmesser verkleinert werden. Mit dem Kopfhöhenfaktor k^* beträgt die erforderliche *Kopfhöhenänderung* vorzeichengerecht

$$k = k^* \cdot m = a - a_d - m \cdot (x_1 + x_2) \qquad (21.23)$$

x_1, x_2 Profilverschiebungsfaktor des Ritzels 1 und des Rades 2
$k^* = y - \Sigma x$ Kopfhöhenänderungsfaktor mit dem Teilkreisabstandsfaktor y aus (21.20)

Hinweis: Bei einer Außenradpaarung ist $k < 0$; die Kopfkreisdurchmesser beider Räder werden kleiner. Bei der Innenradpaarung wird für $(x_1 + x_2) \neq 0$ die Kopfhöhenänderung $k > 0$; die Kopfkreisdurchmesser beider Räder werden größer (beim Hohlrad wird $|d_a|$ kleiner!), auch das Kopfspiel $c > c_P$, so dass ein störungsfreier Lauf gewährleistet ist.

Auf die Kopfhöhenänderung kann wegen Geringfügigkeit häufig verzichtet werden, weil sie durch die zur Erzeugung des Flankenspiels notwendige tiefere Zustellung des Verzahnungswerkzeuges ausgeglichen wird, so dass das Kopfspiel nur wenig bzw. nur in zulässigen Grenzen geändert wird. Bei Hohlrädern wird auf die Kopfhöhenänderung meist verzichtet, es wird $k = 0$ gesetzt.

Unter Berücksichtigung der Profilverschiebung V und der Kopfhöhenänderung k für Ritzel und Rad erben sich die *Kopfkreisdurchmesser*

$$\begin{aligned} d_{a1} &= d_1 + 2 \cdot m + 2 \cdot V_1 + 2 \cdot k = d_1 + 2 \cdot (m + V_1 + k) \\ d_{a2} &= d_2 + 2 \cdot m + 2 \cdot V_2 + 2 \cdot k = d_2 + 2 \cdot (m + V_2 + k) \end{aligned} \qquad (21.24)$$

Der *Fußkreisdurchmesser* ist von der Kopfhöhenänderung nicht betroffen, es wird

$$d_f = d - 2 \cdot h_f + 2 \cdot V = d - 2 \cdot [(m + c) - V] \qquad (21.25)$$

c vorhandenes Kopfspiel; für Werkzeug mit Bezugsprofil II wird $c = 0{,}25 \cdot m$

21

Nach Gl. (21.13) gilt mit Gl. (21.25) und (21.2) bei Geradverzahnung für die *Profilüberdeckung*

$$\varepsilon_\alpha = \frac{0{,}5\left(\sqrt{d_{a1}^2 - d_{b1}^2} + \dfrac{z_2}{|z_2|} \cdot \sqrt{d_{a2}^2 - d_{b2}^2}\right) - a \cdot \sin \alpha_w}{\pi \cdot m \cdot \cos \alpha} \qquad (21.26)$$

Hinweis: Gegenüber Null-Getrieben (Gl. (21.13)) wird bei V_{plus}-Getrieben $\alpha_w > \alpha$, somit ε_α kleiner und bei V_{minus}-Getrieben $\alpha_w < \alpha$, somit ε_α größer. Stets sollte $\varepsilon_\alpha \geq 1{,}1$ sein. Eine überschlägige Ermittlung von $\varepsilon_\alpha = \varepsilon_1 + \varepsilon_2$ ist mit TB 21-2b für α_w aus TB 21-3 möglich.

21.1.5 Evolventenfunktion und ihre Anwendung bei *V*-Getrieben

Die Evolventenfunktion gestattet die genaue Berechnung von Abmessungen am Zahnrad und Getriebe, die für Konstruktion, Herstellung und Prüfung wichtig sind, z. B. Zahndicken, Lückenweiten, Achsabstand.

Nach Bild 21-10 ist der Evolventenursprungspunkt U auf dem Grundkreis mit dem Radius $r_b = d_b/2$. In einem beliebigen Punkt Y ist die Evolvente um den Profilwinkel α_y gegen den Radius $r_y = d_y/2$ geneigt.

Es gilt $\cos \alpha_y = d_b/d_y = (d/d_y) \cdot \cos \alpha$ mit $\alpha = 20°$ (s. Gl. (21.2)). Der durch U und den Berührpunkt T der Tangente vom Punkt Y an den Grundkreis bestimmte Zentriwinkel ist der Wälzwinkel $\xi_y = \tan \alpha_y$ der Evolvente. Da der Grundkreisbogen $\widehat{UT} = r_b \cdot \xi_y = \overline{YT} = r_b \cdot \tan \alpha_y$ ist, wird die Winkeldifferenz $\xi_y - \alpha_y = \tan \alpha_y - \alpha_y = \text{inv}\,\alpha_y$ (sprich: Involut alpha-ypsilon) mit dem Bogen $\hat\alpha_y = \pi \cdot \alpha°/180°$ die Evolventenfunktion des Winkels α_y genannt. Der Zahlenwert von $\text{inv}\,\alpha_y$ ist gleich der Radialprojektion der Evolvente UY auf dem Einheitskreis (Radius $r_0 = 1$). Werte von $\text{inv}\,\alpha$ s. TB 21-4.

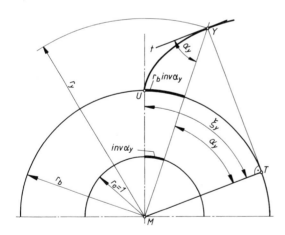

Bild 21-10
Darstellung der Evolventenfunktion

1. Anwendung der Evolventenfunktion

a) *Bestimmung der Zahndicke s_y bzw. der Lückenweite e_y am beliebigen Radius $r_y = d_y/2$.*
Nach Bild 21-11 sind die Bogen $\hat a = r_b \cdot (\text{inv}\,\alpha_y - \text{inv}\,\alpha)$, $\hat b = \hat a \cdot r/r_b$, $\hat c = \hat s - 2\hat b$; hiermit wird die Zahndicke

$$s_y = c \cdot r_y/r = (s - 2b) \cdot r_y/r.$$

Wird hierin n. Gl. (21.17) die Zahndicke auf dem Teilkreis $s = (p/2) + 2 \cdot x \cdot m \cdot \tan \alpha = (m \cdot \pi/2) + 2 \cdot x \cdot m \cdot \tan \alpha$ sowie b und a eingesetzt, dann ergibt sich nach Umformen mit Gl. (21.1) $r = d/2$ und Gl. (21.2) $r_b = d_b/2$ das *Nennmaß der Zahndicke am beliebigen Durch-*

messer d_y

$$s_y = d_y \cdot \left(\frac{\pi + 4 \cdot x \cdot \tan \alpha}{2 \cdot z} + \mathrm{inv}\,\alpha - \mathrm{inv}\,\alpha_y \right) = d_y \cdot \left(\frac{s}{d} + \mathrm{inv}\,\alpha - \mathrm{inv}\,\alpha_y \right) \qquad (21.27)$$

α_y Profilwinkel aus $\cos \alpha_y = d \cdot \cos \alpha / d_y$

s/d Zahndickenhalbwinkel ψ (s. zu Bild 21-1)

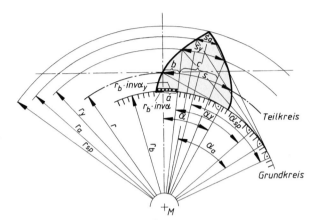

Bild 21-11
Anwendung der Evolventenfunktion
bei Bestimmung der Zahndicke

Damit lässt sich z. B. die *Zahndicke am Kopfkreisdurchmesser* $d_a = 2 \cdot r_a$ mit dem Profilwinkel α_a aus $\cos \alpha_a = d \cdot \cos \alpha / d_a$

$$s_a = d_a \cdot \left(\frac{s}{d} + \mathrm{inv}\,\alpha - \mathrm{inv}\,\alpha_a \right) \geq s_{a\,\min} \qquad (21.28)$$

$s_{a\,\min}$ Mindestzahndicke am Kopfkreis; $s_{a\,\min} \approx 0{,}2 \cdot m$ bzw. bei gehärteten Zähnen $0{,}4 \cdot m$

oder die *Spitzgrenze* ($s_a = 0$) mit dem Durchmesser, an dem der Zahn spitz wird, errechnen

$$d_{sp} = \frac{d \cdot \cos \alpha}{\cos \alpha_{sp}} \qquad (21.29)$$

α_{sp} ergibt sich für $s/d + \mathrm{inv}\,\alpha - \mathrm{inv}\,\alpha_{sp} = 0$ aus $\mathrm{inv}\,\alpha_{sp} = s/d + \mathrm{inv}\,\alpha$.

Ähnlich kann die *Lückenweite e_y am beliebigen Durchmesser d_y* errechnet werden:

$$e_y = d_y \cdot \left(\frac{\pi - 4 \cdot x \cdot \tan \alpha}{2 \cdot z} - \mathrm{inv}\,\alpha + \mathrm{inv}\,\alpha_y \right) = d_y \cdot \left(\frac{e}{d} - \mathrm{inv}\,\alpha + \mathrm{inv}\,\alpha_y \right) \qquad (21.30)$$

$e/d = \eta$ Zahnlückenhalbwinkel

Damit lässt sich auch z. B. die Grundlückenweite $e_b = p_b - s_b$ mit der Grundzahndicke s_b entsprechend aus Gl. (21.27) und die Grundkreisteilung p_b mit Gl. (21.3) ermitteln.

b) *Bestimmung des Betriebseingriffswinkels α_w für den Achsabstand a und der Summe der Profilverschiebungsfaktoren $\Sigma x = (x_1 + x_2)$.*
Für flankenspielfreien Eingriff muss die Summe der Zahndicken $s_{w1} = e_{w2}$ und $s_{w2} = e_{w1}$ auf den Betriebswälzkreisen d_{w1}, d_{w2} gleich der Teilung $p_w = s_{w1} + e_{w1} = e_{w2} + s_{w2}$ am Wälzkreis (s. Bild 21-8b) sein. Mit Gl. (21.27) und entsprechend Gl. (21.1) wird $p_w = s_{w1} + s_{w2} = d_{w1} \cdot \pi / z_1$ $= d_{w1} \cdot (s_1 / d_1 + \mathrm{inv}\,\alpha - \mathrm{inv}\,\alpha_w) + d_{w2} \cdot (s_2 / d_2 + \mathrm{inv}\,\alpha - \mathrm{inv}\,\alpha_w)$. Die Gleichung durch d_{w1} dividiert und aus $p_w = d_{w1} \cdot \pi / z_1$, für $d_{w2} / d_{w1} = z_2 / z_1 = d_2 / d_1$ gesetzt, ergibt mit $z_1 = z_2 \cdot (d_1 / d_2)$ und durch Umformen $\mathrm{inv}\,\alpha_w = [z_1 (s_1 + s_2) - \pi \cdot d_1] / [d_1 (z_1 + z_2)] + \mathrm{inv}\,\alpha$.

21

Wird s_1, s_2 nach Gl. (21.17) eingesetzt, lässt sich nach Umformen schreiben

$$\text{inv } \alpha_w = 2 \cdot \frac{x_1 + x_2}{z_1 + z_2} \cdot \tan \alpha + \text{inv } \alpha \qquad (21.31)$$

α_w wird aus der Evolventenfunktionstabelle TB 21-4 abgelesen. Damit kann der Achsabstand a für V-Getriebe nach Gl. (21.21) bzw. d_{w1} und d_{w2} nach Gl. (21.22) und (21.23) errechnet werden.

Ist ein bestimmter Achsabstand a vorgegeben, wird mit α_w aus Gl. (21.21) die erforderliche *Summe der Profilverschiebungsfaktoren* errechnet:

$$\Sigma x = x_1 + x_2 = \frac{\text{inv } \alpha_w - \text{inv } \alpha}{2 \cdot \tan \alpha} \cdot (z_1 + z_2) \qquad (21.32)$$

2. Summe der Profilverschiebungsfaktoren und ihre Aufteilung

Ist ein *bestimmter Achsabstand* zweier Zahnräder aus konstruktiven Gründen gegeben, so kann dieser häufig nur durch zweckmäßig an beiden Rädern vorzunehmende Profilverschiebung erreicht werden. Die Summe der Profilverschiebungsfaktoren wird dann nach Gl. (21.32) ermittelt.

Besondere Anforderungen an Tragfähigkeit oder Überdeckungsgrad können ebenfalls durch Profilverschiebung, zweckmäßig an beiden Rädern, erfüllt werden, s. TB 21-5 (Empfehlung nach DIN 3992).

Bei der Aufteilung der Profilverschiebungsfaktoren ist anzustreben, die Zahnfußtragfähigkeit beider Räder möglichst einander anzugleichen, gleichzeitig ist aber auch zu vermeiden, dass es bei Ritzeln mit kleinen Zähnezahlen zur Unterschnittgefahr kommt. Die Aufteilung kann für Innen- und Außenverzahnungen nach TB 21-6 (Empfehlung nach DIN 3992) oder für Außenverzahnungen mit $u = z_{\text{Großrad}}/z_{\text{Kleinrad}} \geq 1$ nach Gl. (21.33) vorgenommen werden (Grenzen nach TB 21-12 beachten).

$$x_1 \approx \frac{x_1 + x_2}{2} + \left(0{,}5 - \frac{x_1 + x_2}{2}\right) \cdot \frac{\lg u}{\lg \dfrac{z_1 \cdot z_2}{100}} \qquad (21.33)$$

z_1, z_2 Zähnezahlen Ritzel und Rad; bei Schrägverzahnung sind die Zähnezahlen z_{n1} und z_{n2} der jeweiligen Ersatzräder einzusetzen, siehe unter 21.2.4.

Hinweis: Der Profilverschiebungsfaktor x_1 braucht nur ungefähr bestimmt zu werden; entscheidend ist, dass mit $x_2 = (x_1 + x_2) - x_1$ die $\Sigma x = (x_1 + x_2)$ eingehalten wird!

3. 0,5-Verzahnung

Bei der 0,5-Verzahnung erhält *jedes* Zahnrad, unabhängig von der Zähnezahl, eine positive Profilverschiebung mit dem Profilverschiebungsfaktor $x = +0{,}5$ und damit wird $V = 0{,}5 \cdot m$. Diese Verzahnung ist nach DIN 3994 genormt und gilt für geradverzahnte Stirnräder mit Zähnezahlen $z \geq 8$. Die 0,5-Verzahnung hat eine höhere Tragfähigkeit als die Null-Verzahnung. Die Übersetzung soll möglichst ins Langsame erfolgen.

21.1.6 Berechnungsbeispiele (Geometrie der Geradverzahnung)

■ **Beispiel 21.1:** Ein Schaltgetriebe mit geradverzahntem Schieberäderblock hat zwei Übersetzungen. Für die erste Stufe mit dem Ritzel $z_1 = 18$ soll die Übersetzung ins Langsame $i_1 = u_1 = 2{,}78$, für die zweite Stufe mit dem Ritzel $z_3 = 29$, $i_2 = u_2 = 1{,}45$ betragen; alle Zahnräder des Getriebes werden mit Modul $m = 3$ mm ausgeführt.

a) Es ist zunächst zu prüfen, ob ein Null-Getriebe ausgeführt werden kann. Ist dies nicht möglich, soll zweckmäßig für ein Radpaar positive Profilverschiebung gewählt werden. Die Summe der Profilverschiebungsfaktoren Σx ist zu errechnen und sinnvoll aufzuteilen,

21

b) die Teil-, Kopf- und Fußkreise der Räder sind zu berechnen; vorgesehenes Werkzeug-Bezugsprofil nach DIN 3972-II $\times$ 3 ($m = 3$ mm).

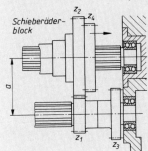

Bild 21-12
Schaltgetriebe mit Schieberäderblock

▶ **Lösung a):** Da jeweils eine Übersetzung ins Langsame vorliegt, gilt nach Gl. (21.9)

$$i_1 = u_1 = z_2/z_1 = 2{,}78 \quad \text{und} \quad i_2 = u_2 = z_4/z_3 = 1{,}45\,.$$

Damit ergeben sich die Zähnezahlen für den Schieberäderblock

$$z_2 = u_1 \cdot z_1 = 2{,}78 \cdot 18 = 50 \quad \text{und} \quad z_4 = u_2 \cdot z_3 = 1{,}45 \cdot 29 = 42\,.$$

Bei Ausführung als Null-Getriebe sind nach Gl. (21.8)

$$a_{d1} = (m/2) \cdot (z_1 + z_2) = (3\,\text{mm}/2) \cdot (18 + 50) = 102\,\text{mm}$$

und

$$a_{d2} = (m/2) \cdot (z_3 + z_4) = (3\,\text{mm}/2) \cdot (29 + 42) = 106{,}5\,\text{mm}\,.$$

Die Null-Achsabstände sind verschieden, daher ist das Schaltgetriebe als Null-Getriebe nicht ausführbar. Zweckmäßig wird daher der kleinere Achsabstand a_{d1} dem Achsabstand a_{d2} angeglichen, so dass positive Profilverschiebung erforderlich ist. Aus Gl. (21.32) ergibt sich für das Radpaar z_1, z_2 die Summe der Profilverschiebungsfaktoren

$$\Sigma x = x_1 + x_2 = (\text{inv}\,\alpha_w - \text{inv}\,\alpha) \cdot (z_1 + z_2)/(2 \cdot \tan \alpha)\,.$$

Hierin ist der Betriebseingriffswinkel α_w noch unbekannt, der sich mit $a_d \cong a_{d1} = 102\,\text{mm}$ bei einem Eingriffswinkel $\alpha = 20°$ für das Null-Getriebe und mit $a \cong a_{d2} = 106{,}5\,\text{mm}$ aus Gl. (21.19) errechnet:

$$\cos \alpha_w = (a_{d1}/a) \cdot \cos \alpha = (102\,\text{mm}/106{,}5\,\text{mm}) \cdot \cos 20° = 0{,}899\,987 \quad \text{und daraus} \quad \alpha_w = 25{,}8436°\,.$$

Mit diesem Winkel wird nach Gl. (21.32)

$$\Sigma x = (\text{inv}\,25{,}8436° - \text{inv}\,20°) \cdot (18 + 50)/(2 \cdot \tan 20°)$$
$$= (0{,}0333 - 0{,}014\,904) \cdot 68/(2 \cdot 0{,}363\,97) = +1{,}72\,.$$

Nach Gl. (21.33) wird $x_1 \approx +0{,}7$. Da mit diesem Wert die Mindest-Kopfdicke $s_a \geq 0{,}2 \cdot m$ nach TB 21-12 nicht erreicht wird, soll $x_1 = 0{,}7$ festgelegt werden und damit wird

$$x_2 = \Sigma x - x_1 = 1{,}72 - 0{,}7 = +1{,}02\,.$$

Mit den x_1- und x_2-Werten ergeben sich die Profilverschiebungen nach Gl. (21.15) für die Fertigung

des Ritzels 1: $V_1 = +x_1 \cdot m = +0{,}70 \cdot 3\,\text{mm} = +2{,}1\,\text{mm}$

des Rades 2: $V_2 = +x_2 \cdot m = +1{,}02 \cdot 3\,\text{mm} = +3{,}06\,\text{mm}\,.$

▶ **Lösung b):** Mit den Gln. (21.1), (21.6), (21.7), (21.24) und (21.25) ergeben sich für das V-Radpaar $z_{1,2}$ und das Null-Radpaar $z_{3,4}$ ohne Kopfhöhenänderung:

Ritzel z_1: $d_1 = m \cdot z_1 = 3\,\text{mm} \cdot 18 = 54\,\text{mm}$

         $d_{a1} = d_1 + 2 \cdot m + 2 \cdot V_1 = \ldots = 64{,}2\,\text{mm}$

         $d_{f1} = d_1 - 2{,}5 \cdot m + 2 \cdot V_1 = \ldots = 50{,}7\,\text{mm}$

Rad z_2: $d_2 = m \cdot z_2 = 3\,\text{mm} \cdot 50 = 150\,\text{mm}$

         $d_{a2} = d_2 + 2 \cdot m + 2 \cdot V_2 = \ldots = 162{,}12\,\text{mm}$

         $d_{f2} = d_2 - 2{,}5 \cdot m + 2 \cdot V_2 = \ldots = 148{,}62\,\text{mm}$

21

Ritzel z_3: $d_3 = m \cdot z_3 = 3\,\text{mm} \cdot 29 = 87\,\text{mm}$

$$d_{a3} = d_3 + 2 \cdot m + 2 \cdot V_3 = \ldots = 93\,\text{mm}$$

$$d_{f3} = d_3 - 2{,}5 \cdot m + 2 \cdot V_3 = \ldots = 79{,}5\,\text{mm}$$

Rad z_4: $d_4 = m \cdot z_4 = 3\,\text{mm} \cdot 42 = 126\,\text{mm}$

$$d_{a4} = d_4 + 2 \cdot m + 2 \cdot V_4 = \ldots = 132\,\text{mm}$$

$$d_{f4} = d_4 - 2{,}5 \cdot m + 2 \cdot V_4 = \ldots = 118{,}5\,\text{mm}$$

Hinweis: Ritzel z_3 und Rad z_4 haben als Nullradpaar ein Kopfspiel $c = 0{,}25 \cdot m = 0{,}25 \cdot 3\,\text{mm} = 0{,}75\,\text{mm}$. Das vorhandene Kopfspiel für das V-Radpaar $z_{1,2}$ beträgt

$$c = a - 0{,}5 \cdot (d_{a1} + d_{f2}) = \ldots = 0{,}09\,\text{mm}\,.$$

Dieses Kopfspiel ist nicht ausreichend. Das Radpaar wird mit Kopfhöhenänderung nach Gl. (21.23) gefertigt:

$$k = k^* \cdot m = a - a_d - m \cdot \Sigma x = 106{,}5\,\text{mm} - 102\,\text{mm} - 3\,\text{mm} \cdot 1{,}72 = -0{,}66\,\text{mm}\,.$$

Somit wird

$$d_{a1} = (d_1 + 2 \cdot m + 2 \cdot V_1) + 2 \cdot k = \ldots = 62{,}88\,\text{mm}$$

$$d_{a2} = (d_2 + 2 \cdot m + 2 \cdot V_2) + 2 \cdot k = \ldots = 160{,}8\,\text{mm}\,.$$

Damit wird das vorhandene Kopfspiel

$$c = a - 0{,}5 \cdot (d_{a1} + d_{f2}) = \ldots = 0{,}75\,\text{mm}\,.$$

Dieser Wert entspricht dem üblichen Kopfspiel $c \cong 0{,}25 \cdot m$, s. o.

■ **Beispiel 21.2:** Für ein Innenradpaar mit Profilwinkel $\alpha = 20°$, Modul $m = 5\,\text{mm}$, Ritzelzähnezahl $z_1 = 21$, Übersetzung $i = -3{,}5$ (Hohlrad) sind zu ermitteln
a) die Zähnezahl z_2 des Hohlrades, sowie die Teilkreis-, Kopfkreis- und Fußkreisdurchmesser für Ritzel und Rad $d_{1,2}$, $d_{a1,2}$, $d_{f1,2}$
b) der Achsabstand a
d) die Profilüberdeckung ε_α.

▶ **Lösung a):** aus Gl. (21.9) wird die Zähnezahl für das Hohlrad (negativer Wert)

$$z_2 = i \cdot z_1 = -3{,}5 \cdot 21 = \ldots - 73{,}5;\ \text{festgelegt wird}\ z_2 = -73;$$

mit den Gln. (21.1), (21.6) und (21.7) ergeben sich
für das Ritzel

der Teilkreisdurchmesser $d_1 = z_1 \cdot m = 21 \cdot 5\,\text{mm} = 105\,\text{mm}$
der Kopfkreisdurchmesser $d_{a1} = m \cdot (z_1 + 2) = 5\,\text{mm} \cdot (21 + 2) = 115\,\text{mm}$
der Fußkreisdurchmesser $d_{f1} = m \cdot (z_1 - 2{,}5) = 5\,\text{mm} \cdot (21 - 2{,}5) = 92{,}5\,\text{mm};$

für das Hohlrad

der Teilkreisdurchmesser $d_2 = z_2 \cdot m = -73 \cdot 5\,\text{mm} = -365\,\text{mm}$
der Kopfkreisdurchmesser $d_{a2} = m \cdot (z_2 + 2) = 5\,\text{mm} \cdot (-73 + 2) = -355\,\text{mm}$
der Fußkreisdurchmesser $d_{f2} = m \cdot (z_2 - 2{,}5) = 5\,\text{mm} \cdot (-73 - 2{,}5) = -377{,}5\,\text{mm};$

▶ **Lösung b):** Da die Räder weder korrigiert werden noch eine Kopfkürzung vorgesehen ist, kann der Achsabstand nach Gl. (21.8) ermittelt werden zu

$$a_d = \frac{m}{2} \cdot (z_1 + z_2) = \frac{5\,\text{mm}}{2} \cdot (21 + (-73)) = -130\,\text{mm}\,.$$

21

▶ **Lösung c):** Für die Ermittlung der Profilüberdeckung ε_α sind die Grundkreisdurchmesser zu bestimmen. Aus Gl. (21.2) wird

$d_{b1} = z_1 \cdot m \cdot \cos\alpha = 21 \cdot 5\,\text{mm} \cdot \cos 20° = 98{,}67\,\text{mm}$
$d_{b2} = z_2 \cdot m \cdot \cos\alpha = -73 \cdot 5\,\text{mm} \cdot \cos 20° = -342{,}99\,\text{mm}$

Damit wird die Profilüberdeckung ε_α aus Gl. (21.13)

$$\varepsilon_\alpha = \frac{g_a}{p_e} = \frac{0,5\left(\sqrt{d_{a1}^2 - d_{b1}^2} + \frac{z_2}{|z_2|}\sqrt{d_{a2}^2 - d_{b2}^2}\right) - a_d \cdot \sin\alpha}{\pi \cdot m \cdot \cos\alpha} = \dots \approx 1,91$$

21.2 Geometrie der Schrägstirnräder mit Evolventenverzahnung

21.2.1 Grundformen, Schrägungswinkel

Die Zähne sind auf dem Radzylinder schraubenförmig gewunden. Der Flankenlinienverlauf in der Wälzebene ist durch den *Schrägungswinkel* β bestimmt. Der Steigungswinkel γ und der Schrägungswinkel β ergänzen sich zu 90° (Bild 21-13). Bei einem Schrägzahn-Außenradpaar hat das eine Rad rechtssteigende und das andere linkssteigende Flanken; bei der Paarung eines außenverzahnten Ritzels mit einem innenverzahnten Rad (Hohlrad) haben beide Räder die gleiche Flankenrichtung. Die Begriffe rechts- und linkssteigend sind wie rechts- und linksgängig beim Gewinde anzuwenden. Die Zähne des Rades in Bild 21-13a sind danach linkssteigend.

Vorteile gegenüber geradverzahnten Stirnrädern: ruhigerer Lauf, da Eingriff und Ablösung der Zähne allmählich erfolgen und mehr Zähne gleichzeitig im Eingriff sind (größerer Überdeckungsgrad). Sie sind daher für höhere Drehzahlen besser geeignet. Ferner sind die Schrägzähne höher belastbar als Geradzähne mit gleichen Abmessungen und unempfindlicher gegen Zahnformfehler.

Nachteile: Durch die Schrägung der Zähne entstehen unter Belastung Axialkräfte, die zusätzliche Belastungen für Welle und Lager bedeuten und damit höhere Reibungsverluste und somit einen etwas geringeren Wirkungsgrad ergeben. Bei gleicher Zähnezahl und gleichem Modul werden Raddurchmesser und Achsabstände mit zunehmendem Schrägungswinkel größer als bei Geradstirnrädern.

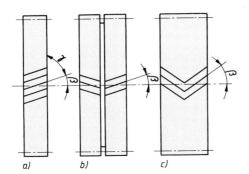

Bild 21-13
Stirnräder
a) mit Einfach-Schrägverzahnung
b) mit Doppelschrägverzahnung mit Aussparung in der Mitte für den Werkzeugauslauf
c) mit Pfeilverzahnung

Die Axialkraft lässt sich durch *Doppelschräg-* oder *Pfeilverzahnung* aufheben. Die Räder können gegenüber denen mit einfacher Schrägverzahnung doppelt so breit ausgeführt werden und sind besonders für große Getriebe geeignet. Bei Pfeilverzahnung soll die Winkelspitze aus Festigkeitsgründen im Drehsinn vorauslaufen, da sie die Kräfte bei Eingriffbeginn aufnimmt; außerdem wird das Schmiermittel aus der Winkelspitze gedrängt, so dass kein Stau auftritt. Die Herstellung der Pfeilzähne (mit Schaftfräser oder mit besonders geschliffenem, in einem bestimmten Rhythmus zusammenarbeitenden Paar Schneidräder) ist schwieriger und aufwendiger. Damit die von β abhängige Axialkraft einerseits nicht zu groß und andererseits die Laufruhe der Getriebe gewährleistet ist, wird zweckmäßig gewählt:

bei *Einfach- und Doppelschrägverzahnung* $\beta \approx 8° \dots 20°$
bei *Pfeilverzahnung* $\beta \approx 30° \dots 45°$.

In DIN 3978 werden Schrägungswinkel β in Abhängigkeit genormter Normalmoduln (Moduln im Normalschnitt) von $m = 1 \dots 14$ mm gemäß DIN 780 für alle Fertigungsverfahren zur Anwendung empfohlen, siehe TB 21-1.

Schrägverzahnte Stirnräder werden vorwiegend bei hohen Drehzahlen und großen Belastungen verwendet, z. B. für Universalgetriebe, Schiffsgetriebe, Getriebe in Werkzeugmaschinen und Kraftfahrzeugen.

21.2.2 Verzahnungsmaße[1)]

Bei Schrägverzahnung ist zu unterscheiden zwischen dem für die Eingriffsverhältnisse maßgebenden *Stirnschnitt S–S* senkrecht zur Radachse und dem für die Herstellung und das Werkzeug maßgebenden *Normalschnitt N–N* senkrecht zu den Flankenlinien, die beide den Schrägungswinkel β am Teilzylinder einschließen (Bild 21-14). Das *Stirnprofil* zeigt reine Evolventen, das *Normalprofil* nur angenähert. Die Größen werden im Stirnschnitt mit dem Index *t*, im Normalschnitt mit dem Index *n* bezeichnet.

Für die *Normalteilung* p_n und die *Stirnteilung* p_t bzw. den *Normalmodul* m_n und den *Stirnmodul* m_t gilt der Zusammenhang

$$\cos \beta = \frac{p_n}{p_t} = \frac{m_n \cdot \pi}{m_t \cdot \pi} = \frac{m_n}{m_t} \qquad\qquad (21.34)$$

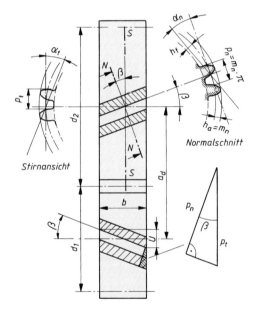

Stirnansicht

Normalschnitt

Bild 21-14
Zusammenhang der Größen im *Stirnschnitt S–S* und im *Normalschnitt N–N* für schrägverzahnte Nullräder

Die Zahnlücken mit der Zahnlückenweite $e_t = p_t/2$ bzw. $e_n = p_n/2$ werden durch Verzahnungswerkzeuge mit m_n für gleiche Zahnhöhenabmessungen wie bei Geradstirnrädern herausgearbeitet, so dass die Zahndicken $s_t = p_t/2$ bzw. $s_n = p_n/2$ bei Nullrädern entstehen. Es gilt auch $\cos \beta = s_n/s_t = e_n/e_t$ und $p_t = s_t + e_t$; $m_n \hateq m$ nach DIN 780, TB 21-1. Dsgl. gilt für den *Normaleingriffswinkel* α_n und den Stirneingriffswinkel α_t

$$\cos \beta = \frac{\tan \alpha_n}{\tan \alpha_t} \qquad\qquad (21.35)$$

worin $\alpha_t > \alpha_n = 20° \hateq \alpha_p$ als Profilwinkel des Bezugsprofils nach DIN 867 ist, s. Bild 20-14. Der Zusammenhang zwischen β am Teilzylinder und dem *Grundschrägungswinkel* β_b am Grund-

---

[1)] Bei Hohlrädern mit $-z_2$ werden die Durchmesser d, d_b, d_a, d_f, d_w beim Innenradpaar die Achsabstände a_d, a, die Übersetzung i und das Zähnezahlverhältnis u negativ

21

zylinder (im Stirnschnitt Grundkreis) ist

$$
\begin{aligned}
\tan \beta_b &= \tan \beta \cdot \cos \alpha_t \\
\sin \beta_b &= \sin \beta \cdot \cos \alpha_n \\
\cos \beta_b &= \frac{p_{bn}}{p_{bt}} = \cos \beta \cdot \frac{\cos \alpha_n}{\cos \alpha_t} = \frac{\sin \alpha_n}{\sin \alpha_t}
\end{aligned}
\tag{21.36}
$$

Die *Grundkreisteilung* p_{bt} und die *Grundzylinder-Normalteilung* p_{bn} gleich *Stirneingriffsteilung* p_{et} und *Normaleingriffsteilung* p_{en} sind

$$
\begin{aligned}
p_{bt} &\triangleq p_{et} = p_t \cdot \cos \alpha_t \\
p_{bn} &\triangleq p_{en} = p_n \cdot \cos \alpha_n
\end{aligned}
\tag{21.37}
$$

Da der Teilkreis-, Grundkreis-, Kopfkreis- und Fußkreisdurchmesser an der Stirnfläche des Rades festgestellt wird, ergeben sich wie bei geradverzahnten Nullrädern für Schrägstirnräder als Nullräder der *Teilkreisdurchmesser*

$$
d = z \cdot m_t = z \cdot \frac{m_n}{\cos \beta}
\tag{21.38}
$$

der *Grundkreisdurchmesser*

$$
d_b = d \cdot \cos \alpha_t = z \cdot \frac{m_n \cdot \cos \alpha_t}{\cos \beta}
\tag{21.39}
$$

der *Kopfkreisdurchmesser* für $h_a = m_n$ und $c = 0{,}25 \cdot m_n$ siehe auch Gl. (21.24)

$$
d_a = d + 2 \cdot h_a = d + 2 \cdot m_n = m_n \cdot \left(2 + \frac{z}{\cos \beta} \right)
\tag{21.40}
$$

der *Fußkreisdurchmesser* für $h_f = 1{,}25 \cdot m_n$

$$
d_f = d - 2 \cdot h_f = d - 2{,}5 \cdot m_n
\tag{21.41}
$$

sowie der *Null-Achsabstand* für das Radpaar

$$
a_d = \frac{d_1 + d_2}{2} = m_t \cdot \frac{(z_1 + z_2)}{2} = \frac{m_n}{\cos \beta} \cdot \frac{(z_1 + z_2)}{2}
\tag{21.42}
$$

21.2.3 Eingriffsverhältnisse, Gesamtüberdeckung

Das Maß für die Schrägstellung der Zähne bezogen auf die Radbreite b ist der als Bogen auf dem Teilkreis gemessene Sprung U (Bild 21-15a). Denkt man sich das schraffierte Dreieck vom Teilzylinder abgewickelt und in die Ebene gestreckt, dann wird der *Sprung*

$$
U = b \cdot \tan \beta
\tag{21.43}
$$

b Zahnbreite, bei Berechnung festzulegen.

Für die Beurteilung der Eingriffsverhältnisse ist die *Stirnansicht* (Stirnschnitt) der Räder maßgebend. Bei Rechtsdrehung des Rades (1) kommt die Zahnflanke 1 in A als Schnittpunkt der Stirneingriffslinie $n_t - n_t$ mit dem Kopfkreis K_2 des Gegenrades (2) zum Eingriff. Wenn die Zahnflanke 1 den Eingriff in E beendet, legt die Flanke 2 des gleichen Zahnes noch den

21

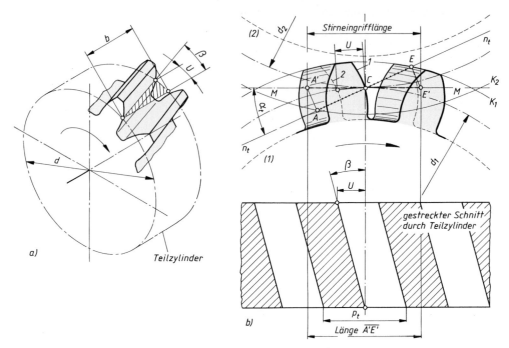

Bild 21-15 a) Sprung U bei Schrägverzahnung, b) Eingriffsverhältnisse bei schrägverzahnten Null-Rädern

„Sprung-Weg" U (bezogen auf den Teilkreis) bis zum Eingriffsende zurück. Die auf die Wälzgerade $M-M$ (Profilbezugslinie) bezogene Stirneingriffslänge $\overline{A'E'}$ ist daher um den Sprung U größer. Mit der *Sprungüberdeckung*

$$\varepsilon_\beta = \frac{U}{p_t} = \frac{b \cdot \tan\beta}{p_t} = \frac{b \cdot \sin\beta}{\pi \cdot m_n} \tag{21.44}$$

b Zahnbreite; bei unterschiedlichen Breiten ist der kleinere (überdeckende) Wert maßgebend.

und der *Profilüberdeckung*

$$\varepsilon_\alpha = \frac{g_\alpha}{p_{et}} = \frac{0{,}5 \cdot \left(\sqrt{d_{a1}^2 - d_{b1}^2} + \dfrac{z_2}{|z_2|} \cdot \sqrt{d_{a2}^2 - d_{b2}^2} \right) - a_d \cdot \sin\alpha_t}{\pi \cdot m_t \cdot \cos\alpha_t} \tag{21.45}$$

ergibt sich die *Gesamtüberdeckung*

$$\varepsilon_\gamma = \varepsilon_\alpha + \varepsilon_\beta \tag{21.46}$$

ε_γ gibt an, wie viele Zähne ganz oder teilweise gleichzeitig im Mittel am Eingriff beteiligt sind. Bei $\varepsilon_\gamma = 1$ oder ganzzahlig ergibt sich ein ununterbrochener Eingriffsbeginn, der sich infolge gleichmäßiger Beanspruchung geräuschmindernd auswirkt.

21.2.4 Profilverschiebung (Schrägverzahnung)

Bei Schrägverzahnung ist nur selten Profilverschiebung zur Vermeidung von Unterschnitt erforderlich. Für die Anwendung, Begriffe, Berechnung usw. gilt im Prinzip das Gleiche wie bei der Geradverzahnung.

1. Ersatzzähnezahl, Grenzzähnezahl

Nach Bild 21-16 erscheint im Normalschnitt $N-N$ durch den Wälzpunkt C der Teilkreis als Ellipse mit dem Krümmungsradius $r_n = d/(2 \cdot \cos^2 \beta)$ und den Achsen $2a_n = d/\cos \beta$. Für die folgenden Berechnungen wird in C ein gedachtes Geradstirnrad mit dem Teilkreisdurchmesser $d_n = 2r_n = z \cdot m_n$ als Ersatzrad zugrunde gelegt. Dieses Ersatzrad hat bei einer Zähnezahl z des Schrägstirnrades die *Ersatzzähnezahl*

$$z_n = \frac{d_n}{m_n} = \frac{d}{\cos^2 \beta_b \cdot m_n} = \frac{z}{\cos^2 \beta_b \cdot \cos \beta} \approx \frac{z}{\cos^3 \beta} \qquad (21.47)$$

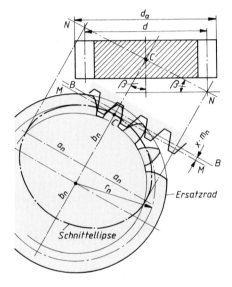

Bild 21-16
Ersatzrad als gedachtes Geradstirnrad

Für das Ersatzrad wird mit $z_n = z_{gn} = z_g = 17$ wie bei Geradstirnrädern die *theoretische Grenzzähnezahl* $z_{gt} \approx z_{gn} \cdot \cos^3 \beta$ abgeleitet. Wird $z_n = z'_{gn} = z'_g = 14$ gesetzt, ergibt sich für Schrägstirnräder die *praktische Grenzzähnezahl*

$$z'_{gt} \approx z'_{gn} \cdot \cos^3 \beta = 14 \cdot \cos^3 \beta \qquad (21.48)$$

z_{gt} und z'_{gt} werden mit wachsendem β kleiner. Wie die Grenzzähnezahl liegt auch die Spitzgrenze mit größer werdendem β niedriger als bei Geradstirnrädern. Für $z_{n\,min} = z_{min} = 7$ ergibt sich die *Mindestzähnezahl* $z_{t\,min} \approx z_{n\,min} \cdot \cos^3 \beta = 7 \cdot \cos^3 \beta$, s. Bild 21-17.

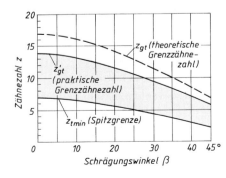

Bild 21-17
Grenz- und Mindestzähnezahlen für Schrägstirnräder

21

2. Profilverschiebungsfaktoren

Entsprechend Gl. (21.15) wird die erforderliche *Profilverschiebung*

$$V = x \cdot m_n \qquad (21.49)$$

bzw. der *praktische Mindest-Profilverschiebungsfaktor* entsprechend Gl. (21.16)

$$x_{grenz} = \frac{z'_{gn} - z_n}{z_{gn}} = \frac{14 - z_n}{17} \qquad (21.50)$$

3. Rad- und Getriebeabmessungen für *V*-Radpaarungen

Schrägstirnräder können wie Geradstirnräder zu Null-Getrieben sowie zu *V*-Null-Getrieben oder auch zu *V*-Getrieben zum Erreichen eines bestimmten Achsabstandes oder bei besonderen Anforderungen an Tragfähigkeit oder Profilüberdeckung zusammengesetzt werden.
Bei *V-Plus-* und *V-Minus-Rädern* gelten sinngemäß die Angaben und Gleichungen wie bei Geradstirnrädern.
Die Nennmaße der *Stirnzahndicke* s_t bzw. der *Normalzahndicke* s_n auf dem Teilkreis ergeben sich aus

$$s_t = \frac{s_n}{\cos \beta} = \frac{p_t}{2} + 2 \cdot V \cdot \tan \alpha_t = m_t \cdot \left(\frac{\pi}{2} + 2 \cdot x \cdot \tan \alpha_n \right) \qquad (21.51)$$

$$s_n = s_t \cdot \cos \beta = \frac{p_n}{2} + 2 \cdot V \cdot \tan \alpha_n = m_n \cdot \left(\frac{\pi}{2} + 2 \cdot x \cdot \tan \alpha_n \right) \qquad (21.52)$$

Das Nennmaß der *Stirnzahndicke* s_{yt} am *beliebigen Durchmesser* d_y errechnet sich aus

$$s_{yt} = d_y \cdot \left(\frac{\pi + 4 \cdot x \cdot \tan \alpha_n}{2 \cdot z} + \text{inv } \alpha_t - \text{inv } \alpha_{yt} \right) = d_y \cdot \left(\frac{s_t}{d} + \text{inv } \alpha_t - \text{inv } \alpha_{yt} \right) \qquad (21.53)$$

α_{yt} Profilwinkel aus $\cos \alpha_{yt} = d \cdot \cos \alpha_t / d_y$
$s_t/d = \psi$ Zahndickenhalbwinkel $\psi = (\pi + 4 \cdot x \cdot \tan \alpha_n)/(2 \cdot z)$, (s. zu Bild 21-1)

Das Nennmaß der *Stirnzahndicke* s_{yn} am *beliebigen Durchmesser* d_y ergibt sich dann aus
$s_{yn} = s_{yt} \cdot \cos \beta_y$ mit β_y am Durchmesser d_y aus $\tan \beta_y = \tan \beta \cdot \cos \alpha_t / \cos \alpha_{yt}$.
Bei *V*-Getrieben wird der *Achsabstand bei spielfreiem Eingriff*

$$a = \frac{d_{w1} + d_{w2}}{2} = \frac{d_1 + d_2}{2} \cdot \frac{\cos \alpha_t}{\cos \alpha_{wt}} = a_d \cdot \frac{\cos \alpha_t}{\cos \alpha_{wt}} \quad \text{bzw.} \quad \cos \alpha_{wt} = \cos \alpha_t \cdot \frac{a_d}{a} \qquad (21.54)$$

d_{w1}, d_{w2} Betriebswälzkreisdurchmesser der Räder entsprechend Gl. (21.22a) und (21.22b), wenn $\alpha = \alpha_t$ und $\alpha_w = \alpha_{wt}$ gesetzt wird
d_1, d_2 Teilkreisdurchmesser nach Gl. (21.38)
α_t Stirneingriffswinkel aus Gl. (21.35)
α_{wt} Betriebseingriffswinkel im Stirnschnitt aus Gl. (21.55)
a_d Null-Achsabstand aus Gl. (21.42).

Für einen bestimmten Wert $\Sigma x = (x_1 + x_2)$ wird mit Hilfe der Evolventenfunktion der *Betriebseingriffswinkel* α_{wt} ermittelt aus

21

$$\text{inv } \alpha_{wt} = 2 \cdot \frac{x_1 + x_2}{z_1 + z_2} \cdot \tan \alpha_n + \text{inv } \alpha_t \qquad (21.55)$$

Die zum Erreichen eines bestimmten Achsabstandes a erforderliche *Summe der Profilverschiebungsfaktoren* aus

$$\Sigma x = x_1 + x_2 = \frac{\text{inv } \alpha_{wt} - \text{inv } \alpha_t}{2 \cdot \tan \alpha_n} \cdot (z_1 + z_2) \qquad (21.56)$$

Die Aufteilung von Σx in x_1 und x_2 wird in Abhängigkeit von z_n wie bei Geradstirnrädern vorgenommen.

Hinweis: Ein bestimmter Achsabstand a kann bei Schrägstirnrädern auch ohne Profilverschiebung mit einem entsprechenden Schrägungswinkel β erreicht werden.

Bei V-Getrieben wird die *Profilüberdeckung (im Stirnschnitt)*

$$\varepsilon_\alpha = \frac{0{,}5 \cdot \left(\sqrt{d_{a1}^2 - d_{b1}^2} + \frac{z_2}{|z_2|} \cdot \sqrt{d_{a2}^2 - d_{b2}^2} \right) - a \cdot \sin \alpha_{wt}}{\pi \cdot m_t \cdot \cos \alpha_t} \qquad (21.57)$$

und damit die *Gesamtüberdeckung* $\varepsilon_\gamma = \varepsilon_\alpha + \varepsilon_\beta$.

21.2.5 Berechnungsbeispiele (Geometrie der Schrägverzahnung)

■ **Beispiel 21.3:** Für die Eingangsstufe eines Getriebes ist ein Schrägstirnradpaar vorgesehen. Aufgrund der Belastungsdaten sind hierfür festgelegt: Ritzelzähnezahl $z_1 = 26$, Radzähnezahl $z_2 = 86$, Schrägungswinkel $\beta = 15°$, Zahnbreiten $b_1 = b_2 = 50$ mm.

a) Die Nennabmessungen der beiden Nullräder und der Null-Achsabstand sind für das Werkzeug-Bezugsprofil DIN 3972-II $\times$ 4 zu ermitteln;
b) der Gesamtüberdeckungsgrad ist anzugeben.

▶ **Lösung a):** Die Teilkreisdurchmesser nach Gl. (21.38):

$$d_1 = m_t \cdot z_1 = (m_n/\cos \beta) \cdot z_1 = (4 \text{ mm}/\cos 15°) \cdot 26 = 107{,}67 \text{ mm},$$
$$d_2 = m_t \cdot z_2 = (m_n/\cos \beta) \cdot z_2 = (4 \text{ mm}/\cos 15°) \cdot 86 = 356{,}14 \text{ mm}.$$

Mit α_t aus Gl. (21.35) $\alpha_t = \arctan (\tan \alpha_n/\cos \beta) = \arctan (\tan 20°/\cos 15°) = 20{,}6469°$ wird der Grundkreisdurchmesser nach Gl. (21.39):

$$d_{b1} = d_1 \cdot \cos \alpha_t = 107{,}67 \text{ mm} \cdot \cos 20{,}6469° = 100{,}75 \text{ mm},$$
$$d_{b2} = d_2 \cdot \cos \alpha_t = 356{,}14 \text{ mm} \cdot \cos 20{,}6469° = 333{,}27 \text{ mm};$$

die Kopfkreisdurchmesser nach Gl. (21.40):

$$d_{a1} = m_n \cdot (2 + z_1/\cos \beta) = 4 \text{ mm} \cdot (2 + 26/\cos 15°) = 115{,}67 \text{ mm},$$
$$d_{a2} = m_n \cdot (2 + z_2/\cos \beta) = 4 \text{ mm} \cdot (2 + 86/\cos 15°) = 364{,}14 \text{ mm};$$

die Fußkreisdurchmesser nach Gl. (21.41)

$$d_{f1} = d_1 - 2{,}5 \cdot m_n = 107{,}67 \text{ mm} - 2{,}5 \cdot 4 \text{ mm} = 97{,}67 \text{ mm},$$
$$d_{f2} = d_2 - 2{,}5 \cdot m_n = 356{,}14 \text{ mm} - 2{,}5 \cdot 4 \text{ mm} = 346{,}14 \text{ mm};$$

der Null-Achsabstand des Radpaares aus Gl. (21.42)

$$a_d = m_n \cdot (z_1 + z_2)/(2 \cdot \cos \beta) = 4 \text{ mm} \cdot (26 + 86)/(2 \cdot \cos 15°) = 231{,}90 \text{ mm}.$$

21

▶ **Lösung b):** Der Überdeckungsgrad ε_γ setzt sich bei der Schrägverzahnung zusammen aus der Profilüberdeckung ε_α und der Sprungüberdeckung ε_β. Nach Gl. (21.44) wird die Sprungüberdeckung

$$\varepsilon_\beta = b \cdot \sin \beta/(\pi \cdot m_n) = 50 \text{ mm} \cdot \sin 15°/(\pi \cdot 4 \text{ mm}) \approx 1{,}03;$$

die Profilüberdeckung nach Gl. (21.45) mit $m_t = m_n/\cos\beta$ wird mit obigen Verzahnungsdaten

$$\varepsilon_\alpha = \frac{0,5 \cdot \left(\sqrt{d_{a1}^2 - d_{b1}^2} + \sqrt{d_{a2}^2 - d_{b2}^2}\right) - a_d \cdot \sin\alpha_t}{\pi \cdot m_t \cdot \cos\alpha_t} = \ldots \approx 1,65 \,.$$

Der Gesamtüberdeckungsgrad beträgt somit $\varepsilon_\gamma = 1,03 + 1,65 \approx 2,7$.

■ **Beispiel 21.4:** Nach den Zeichnungsangaben (entsprechend DIN 3966) wird ein Schrägstirnpaar mit dem Normalmodul $m_n = 5$ mm, Ritzel $z_1 = 20$, Profilverschiebungsfaktor $x_1 = +0,4$; Rad $z_2 = 97$, Profilverschiebungsfaktor $x_2 = +0,2389$, Radbreiten $b_1 = b_2 = 70$ mm mit dem Schrägungswinkel $\beta = 9,8969°$ entsprechend DIN 3978 (Schrägungswinkelreihe 2) ausgeführt.

Für das Getriebe sind zu ermitteln:

a) die Teilkreisdurchmesser d_1, d_2 und die Kopfkreisdurchmesser d_{a1} und d_{a2};
b) der Achsabstand a;
c) Die Nennmaße der Normalzahndicken s_{n1}, s_{n2}.

▶ **Lösung a):** Nach Gl. (21.38) ergeben sich die Teilkreisdurchmesser

$$d_1 = z_1 \cdot m_n/\cos\beta = 20 \cdot 5 \text{ mm}/\cos 9,8969° = 101,51 \text{ mm} \,,$$

$$d_2 = z_2 \cdot m_n/\cos\beta = 97 \cdot 5 \text{ mm}/\cos 9,8969° = 492,33 \text{ mm} \,.$$

Mit Gl. (21.49) wird

$$V_1 = x_1 \cdot m_n = +0,4 \cdot 5 \text{ mm} = 2 \text{ mm} \quad \text{und} \quad V_2 = x_2 \cdot m_n = +0,2389 \cdot 5 \text{ mm} = 1,1945 \text{ mm}.$$

Damit ergeben sich nach Gl. (21.24) mit m_n anstelle m und $k = 0$ die Kopfkreisdurchmesser

$$d_{a1} = d_1 + 2 \cdot m_n + 2 \cdot V_1 + 2k = 101,51 \text{ mm} + 2 \cdot 5 \text{ mm} + 2 \cdot 2 \text{ mm} = 115,51 \text{ mm} \,,$$

$$d_{a2} = d_2 + 2 \cdot m_n + 2 \cdot V_2 + 2k = 492,51 \text{ mm} + 2 \cdot 5 \text{ mm} + 2 \cdot 1,1945 \text{ mm} = 504,72 \text{ mm} \,.$$

▶ **Lösung b):** Für das V-Getriebe wird der Achsabstand nach Gl. (21.54) $a = a_d \cdot \cos\alpha_t/\cos\alpha_{wt}$. Zunächst wird nach Gl. (21.42) der Null-Achsabstand errechnet:

$$a_d = (d_1 + d_2)/2 = (101,51 \text{ mm} + 492,33 \text{ mm})/2 = 296,92 \text{ mm} \,.$$

Danach wird aus Gl. (21.35) errechnet

$$\tan\alpha_t = \tan\alpha_n/\cos\beta = \tan 20°/\cos 9,8969° = 0,36947 \,,$$

so dass $\alpha_t = 20,2777°$ beträgt.
Damit wird nach Gl. (21.55) der Betriebseingriffswinkel α_{wt} aus

$$\text{inv}\,\alpha_{wt} = 2 \cdot \Sigma x/\Sigma z \cdot \tan\alpha_n + \text{inv}\,\alpha_t = 2 \cdot (0,4 + 0,2389)/(20 + 97) \cdot \tan 20° + \text{inv}\,20,2777°$$
$$= 0,01953 \,.$$

Mit TB 21-4 wird ermittelt $\alpha_{wt} \approx 21,816°$.
Der Achsabstand ergibt sich mit den eingesetzten Werten zu

$$a = 296,92 \text{ mm} \cdot \cos 20,2777°/\cos 21,816° = 300 \text{ mm} \,.$$

▶ **Lösung c):** Nach Gl. (21.52) ergeben sich die Normalzahndicken aus

$$s_{n1} = m_n \cdot [(\pi/2) + 2 \cdot x_1 \cdot \tan\alpha_n] = 5 \text{ mm} \cdot [(\pi/2) + 2 \cdot 0,4 \cdot \tan 20°] = 9,31 \text{ mm} \,,$$

$$s_{n2} = m_n \cdot [(\pi/2) + 2 \cdot x_2 \cdot \tan\alpha_n] = 5 \text{ mm} \cdot [(\pi/2) + 2 \cdot 0,2389 \cdot \tan 20°] = 8,72 \text{ mm} \,.$$

21.3 Toleranzen, Verzahnungsqualität

21.3.1 Flankenspiele und Zahndickenabmaße

Nach DIN 868 bzw. DIN 3960 ist das Flankenspiel j der zwischen den Rückflanken eines Radpaares vorhandene Abstand bei Berührung der im Eingriff stehenden Arbeitsflanken. Es ist erforderlich zum Ausgleich von Herstellungs- und Einbauungenauigkeiten sowie wegen der Schmierung und wegen etwaiger Wärmedehnungen im Betrieb.

Zu kleines Flankenspiel, insbesondere bei Erwärmung der Räder im Betrieb oder bei ungenauer Ausführung der Räder und des Achsabstandes, kann ein Klemmen der Zähne zur Folge haben; zu großes Flankenspiel, besonders bei wechselnder Kraftrichtung, kann zusätzliche Beanspruchung und Geräuschbildung verursachen.

Nach Bild 21-18 werden unterschieden

a) das *Normalflankenspiel* j_n als kürzester Abstand in Normalrichtung zwischen den Rückflanken eines Radpaares, wenn sich die Arbeitsflanken berühren. Allgemein gilt $j_n = j_t \cdot \cos \alpha_n \cdot \cos \beta$ (bei Geradverzahnung ist $\alpha_n = \alpha$ und $\beta = 0°$ zu setzen). Je nach Verwendungszweck und Qualität (s. TB 21-7) kann als Richtlinie gelten: $j_n \approx 0{,}05 + (0{,}025 \dots 0{,}1)\, m_n$.

b) das *Drehflankenspiel* j_t ist die Länge des Wälzkreisbogens im Stirnschnitt, um den sich das eine Rad bei festgehaltenem Gegenrad von der Anlage der Arbeitsflanken bis zur Anlage der Rückflanken drehen lässt. Es gilt die Beziehung: $j_t = j_n/(\cos \alpha_t \cdot \cos \beta_b)$ (s. Hinweis zu a);

c) das *Radialspiel* j_r als Differenz des Achsabstandes zwischen dem Betriebszustand und demjenigen des spielfreien Eingriffs. Es gilt: $j_r = j_t/(2 \cdot \tan \alpha_{wt})$.

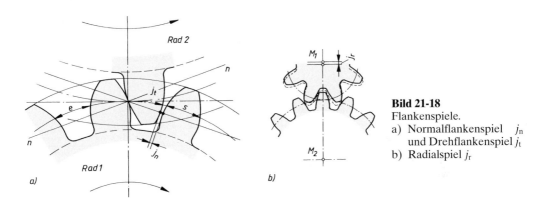

Bild 21-18
Flankenspiele.
a) Normalflankenspiel j_n
   und Drehflankenspiel j_t
b) Radialspiel j_r

Da als Getriebe-Passsystem das Passsystem des Einheitsachsabstandes (spielfreier Zustand) festgelegt ist, sind für die Paarung zweier Zahnräder negative Zahndickenabmaße erforderlich (vgl. DIN 3961).

Nach DIN 3967 sagt der Wert des Flankenspiels nichts über die Verzahnungsqualität aus, wenn auch die verschiedenen Qualitäten bestimmte Abmaße der Zahndicke verlangen, s. TB 21-8.

Für stirnverzahnte Räder ergibt sich aus den Zahndickenabmaßen A_{sne}, A_{sni} (Normalschnitt) bzw. A_{ste}, A_{sti} (Stirnschnitt) und den Achsabstandsabmaßen A_a der Radpaarung das *maximale* bzw. *minimale theoretische Drehflankenspiel*

$$
\begin{aligned}
j_{t\,max} &= -\Sigma A_{sti} + \Delta j_{ae} = -\frac{\Sigma A_{sni}}{\cos \beta} + \Delta j_{ae} \\[2mm]
j_{t\,min} &= -\Sigma A_{ste} + \Delta j_{ai} = -\frac{\Sigma A_{sne}}{\cos \beta} + \Delta j_{ai}
\end{aligned}
\tag{21.58}
$$

Die *oberen Zahndickenabmaße* A_{sne} sind abhängig vom Teilkreisdurchmesser d und der Abmaßreihe – in der Regel für Rad 1 und 2 aus der gleichen Abmaßreihe – aus TB 21-8a zu entnehmen. Die Abmaßreihe h (entsprechend Lage des Toleranzfeldes) grenzt an die Nulllinie, die Abmaßreihe a liegt davon am weitesten entfernt; je weiter die Abmaßreihe von der Nulllinie entfernt ist, umso größer wird das Flankenspiel (Bild 21-19).

21

Die *unteren Zahndickenabmaße* A_{sni} werden mit der Zahndickentoleranz T_{sn} aus TB 21-8b bestimmt (allgemein $T = A_e - A_i$). Da die Zahndickenabmaße stets negativ sind, ist T_{sn} abhängig vom Teilkreisdurchmesser d und von der Toleranzreihe 21 bis 30 (mit steigender T_{sn}) von A_{sne} abzuziehen.

Hinweis: T_{sn} sollte sich nach den Fertigungsmöglichkeiten richten und muss mindestens doppelt so groß sein wie die zulässige Zahndickenschwankung R_s nach DIN 3962 aus TB 21-8c. Allgemein werden zu kleine T_{sn} die Einhaltung der Verzahnungsqualität ungünstig beeinflussen. Vorzuziehen sind daher die Toleranzreihen 24 bis 27. Normalerweise werden die Abmaße und Toleranzen aufgrund vorliegender Erfahrungen gewählt, s. TB 21-8d.

Die *Spieländerung durch die Achsabstandstoleranz* beträgt

$$\Delta j_a \approx 2 \cdot A_a \cdot \frac{\tan \alpha_n}{\cos \beta} \qquad (21.59)$$

Bei Außenradpaarungen ist für Δj_{ai} das untere Achsabstandsmaß A_{ai} und für Δj_{ae} das obere Achsabstandsmaß A_{ae} aus TB 21-9 einzusetzen.

Nach DIN 3964 werden die Achsabstandsabmaße für die Toleranzfelder $js5$ bis $js11$, abhängig vom Nennmaß des Achsabstandes a und von der Achslage-Genauigkeitsklasse 1 bis 12, verwendet. Die Achslage-Genauigkeitsklasse berücksichtigt die Verzahnungsqualität, muss aber nicht unbedingt übereinstimmen. Allgemein gilt für jedes Rad $A_{sne} \leq A_{ai}$.

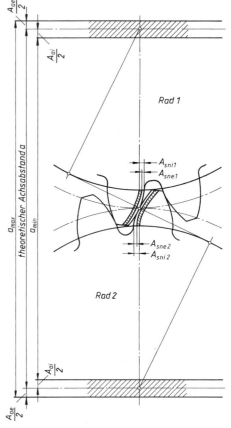

Bild 21-19 Zahndickenabmaß und Achsabstandsabmaße einer Radpaarung

Hinweis: Im Gegensatz zu den ISO-Rundpassungen kann das Abnahme- bzw. Betriebsflankenspiel nicht direkt aus den Abmaßen berechnet werden, da eine Reihe von Einflüssen spielverändernd wirken. Solche Einflüsse sind, außer der Achsabstandstoleranz des Gehäuses, die Erwärmung von Rädern und Gehäuse, Unparallelität der Bohrungsachsen im Gehäuse, Verzahnungs-Einzelabweichungen, Lage, Form- und Maßabweichungen der Bauelemente, Elastizität der Konstruktion unter Last. Die Berücksichtigung der spielverändernden Einflüsse sowie die verschiedenen Prüfverfahren werden in DIN 3967 erläutert.

21.3.2 Prüfmaße für die Zahndicke

Unter Berücksichtigung der unvermeidlichen Verzahnungsabweichungen bedient man sich mittelbarer Messverfahren, mit deren Messwerten sich die Zahndicke überprüfen lässt. Es ist zweckmäßig, das Nennmaß mit den Abmaßen in Zeichnungen anzugeben (vergl. DIN 3966 bzw. TB 20-10).

Bei Stirnrädern, insbesondere für Werkstattkontrollen, wird meist die *Zahnweite* W_k gemessen, weil die Messung einfach und bezugsfrei ist, d. h. sie ist nicht auf die Radachse bezogen.

Nach DIN 3960 ist W_k bei einem Außenrad der über $k = 2, 3, 4, 5$ usw. Zähne gemessene Abstand zweier paralleler Ebenen (z. B. zwei tellerförmige Messstücke an Schraubenlehre), die je eine Rechts- und Linksflanke im evolventischen Teil der Zahnflanken berühren (Bild 21-20). Da die Teilungs- und Profilabweichungen in die Messung eingehen, ist aus mehreren Messungen an verschiedenen Stellen ein Mittelwert zu bilden.

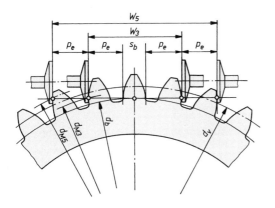

Bild 21-20
Messung der Zahnweite W_3 ($k = 3$) und W_5 ($k = 5$) mit Messkreisdurchmessern d_{M3} und d_{M5}

W_k setzt sich aus mehreren Eingriffsteilungen p_e und einer Zahndicke s_b auf dem Grundkreisdurchmesser d_b zusammen. Bei Schrägstirnrädern wird die Zahnweite über mehrere Zähne im Normalschnitt (senkrecht zum Zahnverlauf) gemessen. Es gilt $W_k = (k - 1) \cdot p_e + s_b$, so dass durch Einsetzen der Werte $p_e \cong p_b$ und s_b sich für Stirnräder mit $\alpha_n = 20°$ das *Zahnweiten-Nennmaß* ergibt

$$W_k = m_n \cdot \cos \alpha_n \cdot [(k - 0{,}5) \cdot \pi + z \cdot \text{inv}\, \alpha_t] + 2 \cdot x \cdot m_n \cdot \sin \alpha_n \qquad (21.60)$$

Zur Erzielung des Flankenspiels wird W_k um das untere bzw. das obere Zahnweitenmaß $A_{wi} = A_{sni} \cdot \cos \alpha_n$ bzw. $A_{we} = A_{sne} \cdot \cos \alpha_n$ verringert (auf ganze μm runden).
Die *Messzähnezahl k* ist so zu wählen, dass die Messebenen die Zahnflanken nahe der halben Zahnhöhe berühren, so dass (auf ganze Zahl gerundet) gilt

$$k = z_n \cdot \frac{\alpha_n^\circ}{180^\circ} + 0{,}5 \geq 2 \qquad (21.61)$$

In Abhängigkeit von der Zähnezahl z_n (Zähnezahl des Ersatzstirnrades, bei Geradverzahnung $z_n = z$) und dem Profilverschiebungsfaktor x kann k aus TB 21-10 entnommen werden.

Hinweis: Damit bei der Messung von W_k bei Schrägstirnrädern die parallelen Flächen des Messgerätes (vgl. Bild 21-20) senkrecht zum Zahnverlauf anliegen, muss das Rad eine Mindestzahnbreite von $b \geq b_{min} = W_k \cdot \sin \beta_b + b_M \cdot \cos \beta_b$ haben mit $b_M > 1{,}2 + 0{,}018 \cdot W_k$. Weitere Prüfmethoden (Messungen der Zahndickensehnen bzw. durch in Zahnlücken eingelegte Kugeln oder Rollen) für die Zahndicke werden in DIN 3960 angegeben.

21.3.3 Berechnungsbeispiele (Toleranzen, Verzahnungsqualität)

■ **Beispiel 21.5:** Für das Schaltgetriebe des Beispiels 21.2 ist mit den errechneten Werten das theoretische Drehflankenspiel $j_{t\,min}$ und $j_{t\,max}$ nach DIN 3967 für das Radpaar $z_{1,2}$ zu bestimmen, wenn es erfahrungsgemäß mit Verzahnungsqualität und Toleranzfeld 8cd26 sowie für den Achsabstand a das Toleranzfeld js8 ausgeführt werden soll.

▶ **Lösung:** Nach 21.3.1 sind zunächst aus TB 21-8a und b die Zahndickenabmaße für cd26 zu bestimmen:

Ritzel 1 mit $d_1 = 54$ mm: $A_{sne1} = -70$ μm;

Rad 2 mit $d_2 = 150$ mm: $A_{sne2} = -95$ μm;

21

$$T_{sn1} = 60\,\mu m > 2 \cdot R_s = 2 \cdot 22\,\mu m = 44\,\mu m;$$

$$T_{sn2} = 80\,\mu m > 2 \cdot R_s = 2 \cdot 28\,\mu m = 56\,\mu m \text{ (aus TB 21-8c für } m = 3 \text{ mm; Verzahnunggsqualität}$$
$$\text{richtig gewählt).}$$

Somit werden mit $A_{sni} = A_{sne} - T_{sn}$ für Ritzel und Rad

$$A_{sni1} = -70\,\mu m - 60\,\mu m = -130\,\mu m, \qquad A_{sni2} = -95\,\mu m - 80\,\mu m = -175\,\mu m.$$

Danach sind die Achsabstandsabmaße für $a = 106{,}5$ mm mit Toleranzfeld js8 aus TB 21-9 festzustellen:

$$A_{ae} = +27\,\mu m, \qquad A_{ai} = -27\,\mu m.$$

In beiden Fällen gilt:

$$A_{sne1} \quad \text{bzw.} \quad A_{sne2} < A_{ai}.$$

Nach Gl. (21.59) wird die Spieländerung durch die Achsabstandstoleranz mit $\alpha_n = \alpha = 20°$ und $\beta = 0°$ (Geradverzahnung) errechnet zu

$$\Delta j_{ai} \approx 2 \cdot A_{ai} \cdot \tan \alpha_n / \cos \beta = 2 \cdot (-27\,\mu m) \cdot \tan 20° = -20\,\mu m$$

$$\Delta j_{ae} \approx 2 \cdot A_{ae} \cdot \tan \alpha_n / \cos \beta = 2 \cdot (+27\,\mu m) \cdot \tan 20° = +20\,\mu m.$$

Damit ergibt sich nach Gl. (21.58) das minimale bzw. maximale theoretische Flankenspiel

$$j_{t\,min} = -\Sigma A_{sne} + \Delta j_{ai} = -(-70\,\mu m + (-95\,\mu m)) + (-20\,\mu m) = 145\,\mu m$$

$$j_{t\,max} = -\Sigma A_{sni} + \Delta j_{ae} = -(-130\,\mu m + (-175\,\mu m)) + 20\,\mu m = 325\,\mu m.$$

Das theoretische Flankenspiel von $j_{t\,min} = 145\,\mu m$ bis $j_{t\,max} = 325\,\mu m$ ändert sich noch durch spielverändernde Einflüsse (s. DIN 3967).

■ **Beispiel 21.6:** Für die Fertigung eines Radpaares (s. Beispiel 21.4) mit $z_1 = 20$, $z_2 = 97$, Modul $m_n = 5$ mm, Schrägungswinkel $\beta = 9{,}8969°$ (entsprechend DIN 3978, Schrägungswinkelreihe 2), $x_1 = +0{,}4$, $x_2 = +0{,}2389$, $d_1 = 101{,}51$ mm, $d_2 = 492{,}33$ mm, der Normalzahndicke $s_{n1} = 9{,}31$ mm, $s_{n2} = 8{,}72$ mm und dem Achsabstand $a = 300$ mm wurden nach DIN 3967 die Verzahnungsqualität und Zahndickentoleranz für das Ritzel 6cd27, für das Rad 7cd26 und nach DIN 3964 für die Achsabstandsabmaße js7 vorgesehen.
Zu ermitteln ist das theortische Flankenspiel $j_{t\,min}$ und $j_{t\,max}$.

▶ **Lösung:** Zunächst wird aus TB 21-8c die zulässige Zahndickenschwankung bei $m_n = 5$ mm abgelesen:

für das Ritzel bei $d > 50 \ldots 125$ mm, Qualität 6 mit $R_{s1} = 14\,\mu m$,

für das Rad   bei $d > 280 \ldots 500$ mm, Qualität 7 mit $R_{s2} = 25\,\mu m$.

Danach aus TB 21-8a die oberen Zahndickenabmaße für die Abmaßreihe cd für das Ritzel und Rad abgelesen:

$$A_{sne1} = -70\,\mu m \quad \text{und} \quad A_{sne2} = -130\,\mu m$$

und aus TB 21-8b die Zahndickentoleranzen für das Ritzel mit Toleranzreihe 27 und das Rad mit Toleranzreihe 26:

$$T_{sn1} = 100\,\mu m > 2 \cdot R_{s1} = 28\,\mu m,$$

$$T_{sn2} = 100\,\mu m > 2 \cdot R_{s2} = 50\,\mu m,$$

so dass die unteren Zahndickenabmaße sind

$$A_{sni1} = -170\,\mu m \quad \text{und} \quad A_{sni2} = -230\,\mu m.$$

Damit werden die Normalzahndicken für das

Ritzel $s_{n1\,max} = s_{n1} + A_{sne1} = 9{,}31$ mm $+ (-0{,}07$ mm$) = 9{,}24$ mm,

$s_{n1\,min} = s_{n1} + A_{sni1} = 9{,}31$ mm $+ (-0{,}17$ mm$) = 9{,}14$ mm,

Rad $s_{n2\,max} = s_{n2} + A_{sne2} = 8{,}72$ mm $+ (-0{,}13$ mm$) = 8{,}59$ mm,

$s_{n2\,min} = s_{n2} + A_{sni2} = 8{,}72$ mm $+ (-0{,}23$ mm$) = 8{,}49$ mm.

Für die Ermittlung des theoretischen Flankenspiels nach Gl. (21.58) wird zunächst die Summe der

Zahndickenabmaße bestimmt:

$$\Sigma A_{sne} = (-70\,\mu m) + (-130\,\mu m) = -200\,\mu m,$$

$$\Sigma A_{sni} = (-170\,\mu m) + (-230\,\mu m) = -400\,\mu m$$

und die Umrechnung in den Stirnschnitt

$$\Sigma A_{ste} = \Sigma A_{sne}/\cos\beta = -200\,\mu m/\cos 9{,}8969° = -203\,\mu m,$$

$$\Sigma A_{sti} = \Sigma A_{sni}/\cos\beta = -400\,\mu m/\cos 9{,}8969° = -406\,\mu m.$$

Danach sind aus TB 21-9 für $a = 300js7$ die Achsabstandsmaße festzustellen:

$$A_{ae} = +26\,\mu m, \qquad A_{ai} = -26\,\mu m, \quad \text{so dass gilt:} \quad A_{sne1} < A_{ai} \text{ und } A_{sne2} < A_{ai}.$$

Nach Gl. (21.59) wird die Spieländerung durch die Achsabstandstoleranz

$$\Delta j_{ai} = 2 \cdot A_{ai} \cdot \tan\alpha_n/\cos\beta = 2 \cdot (-26\,\mu m) \cdot \tan 20°/\cos 9{,}8969° = -19\,\mu m,$$

$$\Delta j_{ae} = 2 \cdot A_{ae} \cdot \tan\alpha_n/\cos\beta = 2 \cdot (+26\,\mu m) \cdot \tan 20°/\cos 9{,}8969° = +19\,\mu m,$$

so dass sich das minimale und das maximale theoretische Flankenspiel nach Gl. (21.58) ergibt aus

$$j_{t\,min} = -\Sigma A_{ste} + \Delta j_{ai} = -(-203\,\mu m) + (-19\,\mu m) = 184\,\mu m$$

und

$$j_{t\,max} = -\Sigma A_{sti} + \Delta j_{ai} = -(-406\,\mu m) + (+19\,\mu m) = 425\,\mu m.$$

21.4 Entwurfsberechnung (Außenverzahnung)

Die Hauptabmessungen eines Radpaares (Zähnezahlverhältnis, Teilkreisdurchmesser, Modul, Radbreite u. a.) müssen vorerst erfahrungsgemäß gewählt oder überschlägig nach Erfahrungsgleichungen festgelegt werden. Grundlage für die Entwurfsarbeit ist das Pflichtenheft, das alle Angaben hinsichtlich der Getriebeausführung (z. B. Getriebebauform, Anschlußverhältnisse Motor → Getriebe → Arbeitsmaschine, An- und Abtriebsdrehzahlen, Baugröße, Leistungs- und sonstige Betriebs- und Fertigungsdaten) enthalten sollte.

21.4.1 Vorwahl der Hauptabmessungen

1. Wellendurchmesser d_{sh} zur Aufnahme des Ritzels

Entsprechend den Leistungsdaten ist der *Entwurfsdurchmesser* d'_{sh} nach Bild 11-21 überschlägig zu errechnen. Dabei ist die Art der Krafteinleitung (Kupplung, Riemenscheibe oder direkt über Flanschmotor) zu beachten. Eine endgültige Festlegung des Durchmessers kann erst nach Vorliegen der Verzahnungs- und Belastungsdaten erfolgen.

2. Übersetzung i, Zähnezahlverhältnis u

Die Übersetzung bzw. das Zähnezahlverhältnis eines einstufigen Stirnradgetriebes soll maximal $i = u = 6(8)$ nicht überschreiten, da sich anderenfalls zu ungünstige Abmessungen des Großrades und eine stärkere Abnutzung der Ritzelzähne gegenüber den (vielen) Zähnen des Rades ergeben. Größere Übersetzungen werden in zwei oder mehrere Stufen aufgeteilt, wobei zu entscheiden ist, ob die einzelnen Stufen hintereinander oder nebeneinander (koaxial) liegen sollen (Pflichtenheft). Allgemein hat eine quadratische Getriebebauform ein geringeres Gewicht und geringere Kosten.

Für ein n-stufiges Getriebe mit den Einzelübersetzungen i_1, i_2, i_3 usw. wird die *Gesamtübersetzung* bzw. das *Gesamtzähnezahlverhältnis*

21

$$\boxed{i = i_1 \cdot i_2 \cdot \ldots \cdot i_n \quad \text{bzw.} \quad u = u_1 \cdot u_2 \cdot \ldots \cdot u_n} \tag{21.62}$$

Setzt man hierin für $i_1 = n_1/n_2$, für $i_2 = n_2/n_3$ und für $i_n = n_n/n_{n+1}$ kann die Übersetzung auch durch $i = n_1/n_{n+1} = n_{an}/n_{ab}$ angegeben werden bzw. mit $i_1 = z_2/z_1$, $i_2 = z_4/z_3$, $i_3 = z_6/z_4$ wird $i = (z_2 \cdot z_4 \cdot z_6 \cdot \ldots)/(z_1 \cdot z_3 \cdot z_5 \cdot \ldots)$.

Allgemein werden Getriebe bis $i \approx 35$ (max. 45) in zwei, bei $35 < i < 150$ (200) in drei Stufen aufgeteilt, sofern keine baulichen oder sonstige zwingende Gründe eine andere Aufteilung erforderlich machen. Die Wahl der einzelnen Stufen kann nach TB 21-11 erfolgen. Ganzzahlige Einzelübersetzungen sind möglichst zu vermeiden, damit immer wieder andere Zähne zum Eingriff kommen und eine gleichmäßige Abnutzung erreicht wird.

3. Ritzelzähnezahl z_1

Radpaare laufen umso ruhiger, je größer die Ritzelzähnezahl z_1 ist. Andererseits ergeben kleine z_1 bei annähernd gleichem Raddurchmesser aufgrund des größeren Moduls eine größere Zahnfußfestigkeit sowie größere und damit unempfindlichere Zahnabmessungen; die Bearbeitungskosten sind jedoch aufgrund des größeren Zerspanungsvolumens höher. Vorteilhaft werden bei kleinen $i(u)$ größere z_1 gewählt. Bei $z_1 < z_g' = 14$ tritt Unterschnitt auf bzw. ist eine positive Profilverschiebung erforderlich. Die Zähnezahl z_1 sollte auch so gewählt werden, dass mit z_2 des Rades eine gegebene $i(u)$ möglichst genau eingehalten wird. Insbesondere sollten z_1 und z_2 so gewählt werden, dass sie keinen gemeinsamen Teiler haben, um ein periodisches Laufverhalten zu vermeiden (Schwingungen, Abnutzung). Anhaltswerte für Ritzelzähnezahlen z_1 s. TB 21-13.

4. Zahnradbreite b

Anzustreben sind große Zahnbreiten, da sich hierfür breite Flanken-Berührungszonen und damit geringere Flankenpressungen ergeben. Voraussetzungen dafür aber sind eine hohe Verzahnungsqualität, Verdrillsteifigkeit des Ritzels und genaue, parallele Wellenlagerungen, um eine gleichmäßige Anlage der Zahnflanken auf der ganzen Breite zu erreichen. Die Zähne des Ritzels sollen möglichst etwas breiter als die des Rades sein, um Einbauungenauigkeiten in Axialrichtung ausgleichen zu können. Herstellungs- und Einbauungenauigkeiten sowie Verlagerung der Räder unter Last führen dazu, dass die Zähne nicht auf ihrer ganzen Breite voll tragen. Zur Vermeidung der Kantenbruchgefahr sind die Zähne der Radpaare an den Enden zur Entlastung 10° bis 30° bei $b > 10 \cdot m$ mit etwa m, bei $b < 10 \cdot m$ mit etwa $1 + 0{,}1 \cdot m$ tief abzuschrägen, ebenso können die Zähne mit einer leichten Balligkeit ausgeführt werden.

Mit den Verhältniswerten (*Durchmesser-Breitenverhältnis* ψ_d und dem *Modul-Breitenverhältnis* ψ_m aus TB 21-14) wird, je nach Art der Ritzellagerung, der Steifigkeit der Gesamtkonstruktion und der Verzahnungsqualität, die Zahnbreite b_1 des *Ritzels* aus $b_1' = \psi_d \cdot d_1$ und $b_1'' = \psi_m \cdot m$ überschlägig ermittelt und sinnvoll festgelegt.

5. Schrägungswinkel β, Steigungsrichtung der Zahnflanken

Der Schrägungswinkel wird zweckmäßig so festgelegt, dass die Sprungüberdeckung $\varepsilon_\beta \approx 1 \ldots 1{,}2$ beträgt, was einerseits für Laufruhe günstig ist, andererseits der Forderung nach nicht allzu hoher Axialkraft nachkommt. Die Flankenrichtung ist so zu wählen, dass die zusätzliche Axialkraft von dem Lager mit der kleineren Radialbelastung aufgenommen wird. Es ist zu beachten, dass bei gleichem Schrägungswinkel β die Flankenrichtung von Ritzel und Rad ungleich ist (rechts- und linkssteigend). Für die Wahl des Schrägungswinkels β wird empfohlen:

> bei Einfach- und Doppelschrägverzahnung $\beta \approx 8° \ldots 20°$
> bei Pfeilverzahnung $\beta \approx 30° \ldots 45°$.

6. Modul

Der Modul m als *die* geometriebestimmende Größe der Verzahnung kann je nach Vorgabe nach Bild 21-21 ermittelt werden.

21

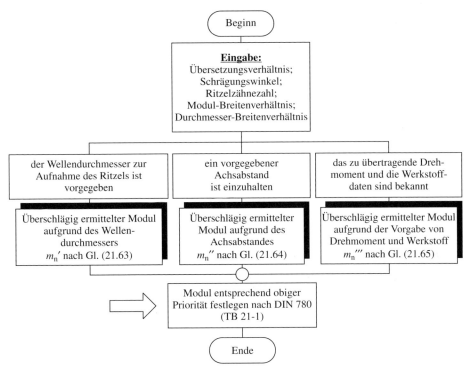

Bild 21-21 Vorgehensplan zur Modulbestimmung

a) Durchmesser d_{sh} ist bekannt: Ritzel werden meist als *Vollräder* ausgeführt (Bild 21-22, obere Hälfte), die bei kleineren und einseitig zu übertragenden Drehmomenten meist mit Passfeder auf die Welle aufgesetzt werden. Bei höheren und wechselnden Beanspruchungen sind Wellen- und Nabenprofile (Keilprofile, Verzahnungen) oder auch Pressverbände erforderlich. Bei größerem $i(u)$ und für eine besonders kompakte Bauweise können Ritzel und Welle aus einem Stück als *Ritzelwelle* (Bild 21-22, untere Hälfte) ausgebildet werden.
Je nach Ausführung kann der Modul überschlägig ermittelt werden

$$
\begin{array}{ll}
\text{Ausführung Ritzel auf Welle} & m'_n \approx \dfrac{1{,}8 \cdot d_{sh} \cdot \cos \beta}{(z_1 - 2{,}5)} \\[3mm]
\text{Ausführung als Ritzelwelle} & m'_n \approx \dfrac{1{,}1 \cdot d_{sh} \cdot \cos \beta}{(z_1 - 2{,}5)}
\end{array}
\tag{21.63}
$$

b) Achsabstand a ist vorgegeben. Aus der Beziehung $a \approx (m_t/2) \cdot (z_1 + z_2)$ mit $i(u) = z_2/z_1$ und $m_t = d_1/z_1$ kann der Modul für den einzuhaltenden Achsabstand a mit der Ritzelzähnezahl z_1 zunächst angenähert berechnet werden aus

$$
m''_n \approx \frac{2 \cdot a \cdot \cos \beta}{(1 + i) \cdot z_1}
\tag{21.64}
$$

Eine anschließende Verzahnungskorrektur ist in den meisten Fällen erforderlich.
c) Leistungsdaten und Zahnradwerkstoffe sind bekannt: Sind das zu übertragende Betriebsmoment aus $T_1 = K_A \cdot T_{1\,nenn}$ und die Zahnradwerkstoffe bekannt, so kann der Modul überschlä-

21

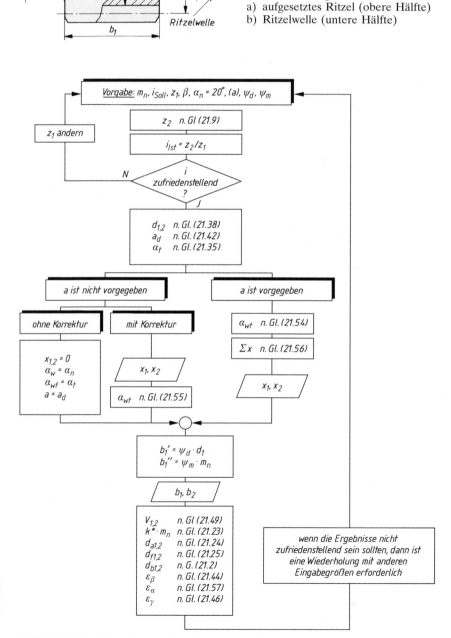

Bild 21-22
Ritzelausführungen.
a) aufgesetztes Ritzel (obere Hälfte)
b) Ritzelwelle (untere Hälfte)

Bild 21-23 Vorgehensplan zur Berechnung der Verzahnungsgeometrie für außenverzahnte Stirnräder

gig bestimmt werden für Stirnräder je nach Ausführung der Zahnflanken

$$
\boxed{
\begin{array}{ll}
\text{Zahnflanken gehärtet:} & m_n''' \approx 1{,}85 \cdot \sqrt[3]{\dfrac{T_{1\mathrm{eq}} \cdot \cos^2 \beta}{z_1^2 \cdot \psi_{\mathrm d} \cdot \sigma_{\mathrm{F\,lim1}}}} \\[3ex]
\text{ungehärtet bzw. vergütet:} & m_n''' \approx \dfrac{95 \cdot \cos \beta}{z_1} \cdot \sqrt[3]{\dfrac{T_{1\mathrm{eq}}}{\psi_{\mathrm d} \cdot \sigma_{\mathrm{H\,lim}}^2} \cdot \dfrac{u+1}{u}}
\end{array}
}
$$

(21.65)

m_n	$T_{1\mathrm{eq}}$	$\sigma_{\mathrm{F\,lim}}$, $\sigma_{\mathrm{H\,lim}}$	β	z_1, u
mm	N mm	N/mm^2	°	1

$T_{1\,\mathrm{eq}} = K_{\mathrm A} \cdot T_{1\,\mathrm{nenn}}$ vom Radpaar zu übertragendes Drehmoment
$\psi_{\mathrm d}$ Durchmesser-Breitenverhältnis nach TB 21-14a
$\sigma_{\mathrm{F\,lim1}}$ Zahnfußfestigkeit für den *Ritzel-Werkstoff* nach TB 20-1 und TB 20-2
$\sigma_{\mathrm{H\,lim}}$ Flankenfestigkeit des *weicheren* Werkstoffes nach TB 20-1 und TB 20-2
$u = z_2/z_1 \geq 1$ Zähnezahlverhältnis

Der Modul m_n wird nach DIN 780 aus TB 21-1 vorläufig festgelegt. Sind mehrere Vorgaben (Wellendurchmesser, Achsabstand, Leistungsdaten und Werkstoff) zu erfüllen, so ist entsprechend der Priorität festzulegen; u. U. kann durch Variation von z_1, β, $\psi_{\mathrm d}$ oder Werkstoff eine mögliche Angleichung erreicht werden. Die endgültige Festlegung des Moduls erfolgt bei dem Tragfähigkeitsnachweis.

21.4.2 Vorgehensweise zur Ermittlung der Verzahnungsgeometrie

Für die konstruktive Auslegung einer Zahnradstufe ist im Bild 21-23 ein allgemeiner Berechnungsablauf für den Eingriffswinkel $\alpha = 20°$ dargestellt. Die so ermittelten Zahnräder sind anschließend auf Tragfähigkeit nachzuprüfen.

21.5 Tragfähigkeitsnachweis für Außenradpaare

21.5.1 Schadensmöglichkeiten an Zahnrädern

Die Beanspruchungsgrenze für Zahnräder ist durch die Tragfähigkeit bestimmt. Nach DIN 3979 werden bei Zahnrädern im Wesentlichen drei Schadensfälle unterschieden, die die Beanspruchungsgrenze bestimmen:

— *Zahnbruch* aufgrund zu hoher Biegebeanspruchung im Zahnfuß,
— *Zahnflankenermüdung* aufgrund der Werkstoffermüdung,
— *Fressen* aufgrund der gemeinsamen Wirkung von Pressung und Gleitgeschwindigkeit.

1. Zahnbruch

Der Bruch eines Zahnes bedeutet im Allgemeinen das Ende der Lebensdauer des Getriebes. Insbesondere gehärtete Zähne brechen ganz oder teilweise aus (meist am Zahnfuß), wenn die ertragbare Beanspruchung überschritten wird. Nach dem Bruchaussehen kann auf die Schadensursache geschlossen werden (Gewalt- bzw. Dauerbruch). Die durch die zulässige Beanspruchung bestimmte Tragfähigkeit heißt *Zahnfuß-Tragfähigkeit*.

2. Ermüdungserscheinungen an den Zahnflanken

Beim Überschreiten der ertragbaren Pressung der miteinander in Eingriff kommenden Zähne lösen sich Teile der Zahnflanken heraus, so dass nach einer genügend großen Anzahl Über-

21

rollungen grübchenartige Vertiefungen (Pittings) entstehen. Die Grübchenbildung ist eine Ermüdungserscheinung des Werkstoffes infolge dauernder Be- und Entlastungen, die erst dann als unzulässig angesehen wird, wenn sie bei unveränderten Betriebsbedingungen mit wachsender Laufzeit zunimmt bzw. die Grübchen größer werden (Bild 21-24). Die durch die zulässige Flankenpressung bestimmte Tragfähigkeit ist die *Grübchen-Tragfähigkeit.*

Bild 21-24
Fortschreitende Grübchenbildung an Stirnradflanken

3. Fressen

Durch die gemeinsame Wirkung von Pressung und hoher Gleitgeschwindigkeit und der daraus folgenden Temperaturerhöhung (Warmfressen) oder bei örtlich hohen Pressungen und niedrigen Gleitgeschwindigkeiten ($v < 4$ m/s) reißt der Schmierfilm zwischen den Zahnflanken ab oder wird durchbrochen (Kaltfressen), so dass metallische Flächen unmittelbar aufeinander reiben, was zu kurzzeitigen örtlichen Verschweißungen der Flanken führen kann. Es zeigen sich streifenförmige aufgeraute Bänder (Gallings) in Zahnhöhenrichtung mit stärkster Ausprägung am Zahnkopf und Zahnfuß. Eine zu große Rauigkeit der Flankenoberfläche, zu geringes Flankenspiel, ein ungeeigneter Schmierstoff u. a. Flankenschäden können bei entsprechender Pressung und Gleitgeschwindigkeit Fressen einleiten. Insbesondere bei schnelllaufenden Getrieben kann Fressen zum Ansteigen der Temperatur, der Zahnkräfte sowie des Geräusches und schließlich wegen der starken Flankenschäden zum Zahnbruch führen. Die Tragfähigkeit, die sich aus der Forderung nach ausreichender Sicherheit gegen Fressen ergibt, ist die *Fress-Tragfähigkeit.*

Da durch geeignete Werkstoffwahl, sorgfältige Wartung und Schmierung bzw. ordnungsgemäßes Einlaufen des Getriebes Fressen weitgehend vermieden werden kann, beschränkt sich die Berechnung meist auf die *Zahnfuß-* und *Grübchentragfähigkeit*, und zwar als Nachrechnung dieser, da hierfür alle Verzahnungsdaten bekannt sein müssen.

21.5.2 Kraftverhältnisse

1. Kräfte am Gerad-Stirnradpaar

Bei der Kraftübertragung durch Zahnräder liegt der ungünstigste Fall dann vor, wenn nur *ein* Zahnpaar im Eingriff steht und die treibende Arbeitsflanke des Rades 1 gegen die getriebene Arbeitsflanke des Rades 2 gedrückt wird. Die Richtung der im Berührungspunkt übertragenen Zahnkraft ist die Profilnormale *n–n* durch den Wälzpunkt C. Die Zahnkraft F_{bn1} wird als Einzelkraft in der Mitte der Zahnbreite b angenommen. Sie löst eine Gegenkraft F_{bn2} aus, die an der Zahnflanke des getriebenen Rades 2 wirken muss. Die Zahnkräfte $F_{bn1,2}$ werden zweckmä-

21

ßig auf der Wirklinie $n{-}n$ nach C verschoben (Bild 21-25) und in Tangential- und Radialkomponenten (F_t, F_r) zerlegt. Die Tangentialkomponenten wirken als Umfangskraft F_{t2} am getriebenen Rad 2 in dessen Drehrichtung und als Umfangskraft F_{t1} am treibenden Rad 1 entgegen dessen Drehrichtung.

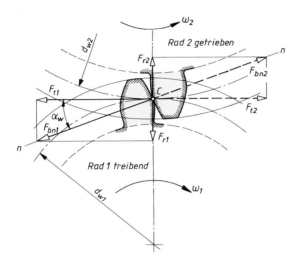

Bild 21-25
Kräfte am Geradstirnradpaar

Mit den Wälzkreisdurchmessern d_{w1} und d_{w2} (bei Null- und V-Null-Getrieben $d_{w1,2} = d_{1,2}$) gilt für das *Nenndrehmoment*

$$T_1 = F_{t1} \cdot \frac{d_{w1}}{2} \quad \text{bzw.} \quad T_2 = F_{t2} \cdot \frac{d_{w2}}{2} \tag{21.66}$$

Da für den Entwurf eines Getriebes die zu übertragende Leistung P in kW (ohne Berücksichtigung der Reibungsverhältnisse) und die Antriebsdrehzahl n_1 in min^{-1} oder die Abtriebsdrehzahl n_2 bzw. die Übersetzung $i = \omega_1/\omega_2 = n_1/n_2 = d_{w2}/d_{w1} \approx T_2/T_1$ gegeben ist, lässt sich aus der allgemeinen Beziehung $T = P/\omega$ bzw. mit ω in min^{-1} und P in kW das *Nenndrehmoment* aus der Zahlenwertgleichung $T = 9550 \cdot P/n$ und die *Nenn-Umfangskraft* am Betriebswälzkreis ermitteln aus

$$F_{t1,2} = F_{bn1,2} \cdot \cos \alpha_w = \frac{2 \cdot T_{1,2}}{d_{w1,2}} \tag{21.67}$$

Damit wird die Zahnnormalkraft (senkrecht auf Flanke und Gegenflanke im Berührpunkt)

$$F_{bn1,2} = \frac{F_{t1,2}}{\cos \alpha_w} \; ; \tag{21.68}$$

die Radialkraft (stets zur jeweiligen Radmitte hin gerichtet) aus

$$F_{r1,2} = F_{t1,2} \cdot \tan \alpha_w \tag{21.69}$$

Hinweis: Für Null- und V-Null-Getriebe wird $d_w = d$ und $\alpha_w = \alpha$.

Am getriebenen Rad 2 wirken gleich große bzw. unter Berücksichtigung des Wirkungsgrades η entsprechend kleinere Kräfte.

21

2. Kräfte am Schräg-Stirnradpaar

Die Zahnkraft F_{bn} wird wie beim Geradstirnrad als Einzelkraft im Wälzpunkt C senkrecht zur Berührlinie in der Mitte der Zahnbreite angenommen. Während F_{bn} bei Geradverzahnung senkrecht zur Radachse steht, schneidet sie bei Schrägverzahnung mit dem Schrägungswinkel β unter dem Winkel $90° - \beta$ die Radachse. F_{bn} wird daher in drei senkrecht zueinander stehende Komponenten zerlegt: die *Umfangskraft* F_t, die *Radialkraft* F_r und die *Axialkraft* F_a (Bild 21-26a).

Wie beim Geradstirnradpaar gilt nach Bild 21-26b:

– im Stirnschnitt $S-S$ wirkt am treibenden Rad 1 die Umfangskraft F_{t1} entgegen dem Drehsinn, am getriebenen Rad 2 die Umfangskraft F_{t2} im Drehsinn;
– die zugehörigen Radialkräfte F_{r1}, F_{r2} sind am jeweiligen Rad 1, 2 zum Radmittelpunkt hin gerichtet;
– die Richtungen der Axialkräfte F_{a1}, F_{a2} ergeben sich aus den jeweiligen Neigungen der Umfangskraft-Komponenten F_{tn1}, F_{tn2} im Normalschnitt $N-N$.

Die *Nenn-Umfangskraft* im Stirnschnitt am Wälzzylinder ergibt sich aus dem Nenndrehmoment für das teibende Rad 1 bzw. getriebene Rad 2

$$F_{t1,2} = \frac{2 \cdot T_{1,2}}{d_{w1,2}} \qquad\qquad (21.70)$$

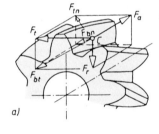

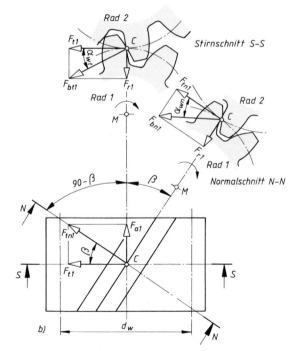

Bild 21-26
a) räumliche Darstellung der Zahnkräfte F_{bn} und ihrer Komponenten
b) Kräfte am treibenden Rad 1 im Stirnschnitt $S-S$ und im Normalschnitt $N-N$

Aus dem Normalschnitt $N-N$ (Bild 21-26b) folgt $F_{r1,2} = F_{tn1,2} \cdot \tan \alpha_{wn}$ und mit $F_{tn1,2} = F_{t1,2}/\cos \beta$ und $\alpha_{wn} = \alpha_n$ wird die *Radialkraft*

$$F_{r1,2} = \frac{F_{t1,2} \cdot \tan \alpha_n}{\cos \beta} \qquad\qquad (21.71)$$

und mit $\beta_w \approx \beta$ (β_w = Schrägungswinkel auf dem Wälzzylinder) die *Axialkraft*

$$F_{a1,2} = F_{t1,2} \cdot \tan \beta \qquad\qquad (21.72)$$

Am getriebenen Rad 2 wirken gleich große bzw. unter Berücksichtigung des Verzahnungswirkungsgrades η_Z entsprechend kleinere Kräfte.

21.5.3 Belastungseinflussfaktoren

Um die auf die Verzahnung einwirkenden Kräfte möglichst wirklichkeitsgetreu rechnerisch erfassen zu können, werden den Nennwerten der auftretenden Beanspruchungen Einflussfaktoren beigegeben, die auf Forschungsergebnissen und Betriebserfahrungen beruhen. Dabei werden generell unterschieden:

a) Faktoren, die durch die Verzahnungsgeometrie und die Eingriffsverhältnisse festgelegt sind,
b) Faktoren, die viele Einflüsse berücksichtigen und/oder als unabhängig voneinander behandelt werden, sich aber in nicht genau bekanntem Ausmaß gegenseitig beeinflussen.

Für die Ermittlung der Einflussfaktoren werden nach DIN 3990 T1 verschiedene Methoden bestimmt, die bei Bedarf durch zusätzliche Indices A bis E gekennzeichnet werden und je nach Anforderung für verschiedene Anwendungsgebiete gelten. Bei der selten angewendeten **Methode A** werden die Faktoren durch genaue Messung und/oder umfassende mathematische Analyse des zu betrachtenden Systems ermittelt (alle Getriebe- und Belastungsdaten müssen bereits bekannt sein); bei der **Methode B** wird die vereinfachende Annahme getroffen, dass jedes Zahnradpaar ein einziges elementares Massen- und Federsystem bildet und der Einfluss anderer Getriebestufen unberücksichtigt bleibt; die **Methode C** ist eine von B abgeleitete Methode mit zusätzlicher Vereinfachung (Radpaar läuft im unterkritischen Drehzahlbereich, Vollscheiben aus St. u. a.); bei **Methode D** und **Methode E** werden gegenüber C weitere Vereinfachungen und Annahmen gemacht, so z. B. eine konstante Linienbelastung von 350 N/mm. Im Streitfall ist die Methode A gegenüber Methode B und diese gegenüber Methode C usw. maßgebend.

Da im Entwurfsstadium noch nicht alle Daten zur Verfügung stehen können und in der Konstruktionspraxis möglichst schnell verwertbare Ereignisse vorliegen müssen, wird nachfolgend die Tragfähigkeitsberechnung in stark vereinfachter Form in Anlehnung an die Methoden C und D dargestellt, da die meisten Industriegetriebe im unterkritischen Bereich laufen (Bezugsdrehzahl $N = n_1/n_{E1} \leq 0,85$ mit der Ritzeldrehzahl n_1 und dessen Resonanzdrehzahl n_{E1}). Dies trifft zu, wenn $0,01 \cdot z_1 \cdot v_t \cdot (u^2/(1 + u^2))^{0,5} < 10$ m/s ist (s. DIN 3990 T1, ebenso bei $v_t > 10$ m/s). Die Einflussfaktoren sind zu einem gewissen Grad voneinander abhängig und müssen daher folgerichtig nacheinander bestimmt werden.

Anwendungsfaktor (Betriebsfaktor) K_A: Er soll diejenigen äußeren Zusatzkräfte berücksichtigen, die den betreffenden An- und Abtriebsmaschinen eigen sind, zwischen denen das Getriebe geschaltet ist, und die als Stöße, Drehmomentschwankungen und Belastungsspitzen auftreten. Nach Möglichkeit sollten die Werte auf Grund von Messungen und Erfahrungen mit ähnlichen Anlagen festgelegt werden. Grobe Anhaltswerte für K_A aus TB 3-5.

Dynamikfaktor K_v: Er erfasst die inneren dynamischen Zusatzkräfte, die unter Belastung durch Verformung der Zähne, Radkörper und sämtlicher anderer kraftübertragender Elemente des Getriebes entstehen und Abweichungen von der theoretischen Zahnform verursachen. Bei genügend steifen Elementen wirken die im Eingriff befindlichen Zähne dabei als elastische Federn mit unterschiedlicher Steifigkeit, so dass Verzahnungsabweichungen zu mehr oder weniger großen Schwingungen führen, die diese Zusatzkräfte hervorrufen.

21

Für den unterkritischen Drehzahlbereich kann der *Dynamikfaktor* rechnerisch bestimmt werden aus

$$K_v = 1 + \left(\frac{K_1}{K_A \cdot (F_t/b)} + K_2 \right) \cdot K_3$$

$K_v, K_A, K_{1,2}$	F_t/b	K_3
1	N/mm	m/s

(21.73)

$K_{1,2}$ Faktoren nach TB 21-15

$K_A \cdot (F_t/b)$ Linienbelastung je mm Zahnbreite mit F_t nach Gl. (21.67); für $K_A \cdot (F_t/b)$
< 100 N/mm ist $K_A \cdot (F_t/b) = 100$ N/mm zu setzen

K_3 $= 0{,}01 \cdot z_1 \cdot v_t \cdot \sqrt{u^2/(1+u^2)} \leq 10$ m/s mit $v_t = d_{w1} \cdot \pi \cdot n_1$ in m/s und
$u = z_2/z_1 \geq 1$; (bei $K_3 \geq 10$ m/s Berechnung nach DIN 3990 T1)

Breitenfaktoren $K_{H\beta}$ und $K_{F\beta}$: Sie berücksichtigen die Auswirkungen ungleichmäßiger Kraftverteilung über die Zahnbreite auf die Flankenbeanspruchung ($K_{H\beta}$) bzw. auf die Zahnfußbeanspruchung ($K_{F\beta}$). Ursache sind die Flankenlinienabweichungen, die sich im belasteten Zustand infolge von Montage- und elastischen Verformungen (f_{sh}) sowie Herstellungsabweichungen (f_{ma}) einstellen. Für die mittlere Linienbelastung F_m/b (s. hierzu den Hinweis zu Gl. (21.75)) ist mit $F_{\beta y}$ nach Gl. (21.78) sowohl $K_{H\beta}$ als auch $K_{F\beta}$ aus TB 21-18 angenähert ablesbar; rechnerisch vereinfacht ergeben sich $K_{H\beta}$ und $K_{F\beta}$ aus

$$\begin{array}{lll}
\text{für die Zahnflanke:} & K_{H\beta} = 1 + \dfrac{10 \cdot F_{\beta y}}{(F_m/b)} & \text{wenn}\quad K_{H\beta} \leq 2 \\[3mm]
& K_{H\beta} = 2 \cdot \sqrt{\dfrac{10 \cdot F_{\beta y}}{(F_m/b)}} & \text{wenn}\quad K_{H\beta} > 2 \\[3mm]
\text{für den Zahnfuß:} & K_{F\beta} = K_{H\beta}^{N_F} &
\end{array}$$

(21.74)

unter Einbeziehung der nachfolgenden Einflussgrößen:

f_{sh} *Flankenlinienabweichung durch Verformung* kann in erster Näherung aus Erfahrungen mit ausgeführten Getrieben nach TB 21-16a ermittelt werden. Für Neukonstruktionen wird für gerad- und einfach-schrägverzahnten Stirnrädern unter Vernachlässigung der Lager-, Gehäuse-, Radwellen- und Radkörperverformungen näherungsweise die *Flankenlinienabweichung durch Verformung*

$$f_{sh} \approx 0{,}023 \cdot (F_m/b) \cdot [|0{,}7 + K' \cdot (l \cdot s/d_1^2) \cdot (d_1/d_{sh})^4| + 0{,}3] \cdot (b/d_1)^2$$

(21.75)

f_{sh}	(F_m/b)	d_{sh}, d_1, b_1, l, s	K'
μm	N/mm	mm	1

(F_m/b) $= K_v \cdot (K_A \cdot F_t/b)$ mittlere Linienbelastung mit dem kleineren Wert von b_1 und b_2.
Für $(K_A \cdot F_t/b) < 100$ N/mm und F_t ist Hinweis zu Gl. (21.73) zu beachten,

K' Faktor zur Berücksichtigung der Ritzellage zu den Lagern, abhängig von s und l;
Werte n. TB 21-16b; für $s = 0$ wird [ ] $= 1$

d_{sh} Wellendurchmesser an der Stelle des Ritzels

d_1 Teilkreisdurchmesser des Ritzels.

f_{ma} *herstellungsbedingte Flankenlinienabweichung* (Differenz der Flankenlinien einer Radpaarung, die im Getriebe ohne wesentliche Belastung im Eingriff ist) ist von der Verzahnungsqualität und der Radbreite sowie von den vorgesehenen Korrekturmaßnahmen (z. B. Einläppen der Flanken) abhängig und ist zu ermitteln aus

$$f_{ma} = c \cdot f_{H\beta} \approx c \cdot 4{,}16 \cdot b^{0{,}14} \cdot q_H$$

$f_{ma}, f_{H\beta}$	c, q_H	b
μm	1	mm

(21.76)

$c = 0{,}5$ für Radpaare mit Anpassungsmaßnahmen, z. B. Einläppen oder Einlaufen bei geringer Last, einstellbare Lager oder entsprechende Flankenlinien-Winkelkorrektur,

$c = 1{,}0$ für Radpaare ohne Anpassungsmaßnahmen,

$f_{H\beta}$ Flankenlinien-Winkelabweichung nach TB 21-16c; oder auch mit dem kleineren Wert b_1, b_2 in mm angenähert aus $f_{H\beta} \approx 4{,}16 \cdot b^{0{,}14} \cdot q_H$ mit q_H nach TB 21-15.

21

$F_{\beta x}$ wirksame *Flankenlinienabweichung vor dem Einlaufen*

$$F_{\beta x} \approx f_{ma} + 1,33 \cdot f_{sh} \geq F_{\beta x\,min} \tag{21.77}$$

$F_{\beta x\,min}$ = größerer Wert aus $0,005 \cdot (F_m/b)$ bzw. $0,5 \cdot f_{H\beta}$ mit (F_m/b) s. Anmerkung zu Gl. (21.75) und $f_{H\beta}$ s. Anmerkung zu Gl. (21.76).

Dieser Betrag vermindert sich um den Einlaufbetrag y_β nach (TB 21-17), so dass *nach* dem Einlaufen die *wirksame Flankenlinienabweichung* beträgt

$$F_{\beta y} = F_{\beta x} - y_\beta \tag{21.78}$$

Der Exponent zur Ermittlung des Breitenfaktors für den Zahnfuß ergibt sich aus

$$N_F = (b/h)^2/[1 + b/h + (b/h)^2] \tag{21.79}$$

(b/h) = das Verhältnis Zahnbreite zu Zahnhöhe. Für (b/h) ist der kleinere Wert von (b_1/h_1) und (b_2/h_2), für $(b/h) < 3$ ist $(b/h) = 3$ und für $(b/h) > 12$ ist $N_F \approx 1$ einzusetzen (damit wird $K_{F\beta} \approx K_{H\beta}$).

Für die Entwurfsberechnung von Getriebekonstruktionen mit biegesteifen Wellen können die Breitenfaktoren $K_{H\beta}$ und $K_{F\beta}$ überschlägig aus Erfahrungen mit ausgeführten Getrieben für

– die Flankenlinien-Winkelabweichung $f_{H\beta}$ aus TB 21-16c;
– die Herstellungsabweichungen $f_{ma} \approx f_{H\beta}$;
– die wirksame Flankenlinienabweichung von dem Einlaufen $F_{\beta x} \approx f_{ma} + 1,33 \cdot f_{sh}$ mit f_{sh} aus TB 21-16a;
– den Einlaufbetrag y_β aus TB 21-17;
– die wirksame Flankenlinienabweichung nach dem Einlaufen aus $F_{\beta y} = F_{\beta x} - y_\beta$ aus TB 21-18 für die mittlere Linienbelastung $(F_m/b) = K_A \cdot F_t/b \geq 100\,\mathrm{N/mm}$ abgelesen werden.

Stirnfaktoren (Stirnlastaufteilungsfaktor) $K_{F\alpha}$ und $K_{H\alpha}$: Sie berücksichtigen die Auswirkungen ungleichmäßiger Kraftaufteilung auf mehrere gleichzeitig im Eingriff befindliche Zahnpaare infolge der wirksamen Verzahnungsabweichungen auf die Zahnfußbeanspruchung $(K_{F\alpha})$ bzw. Flankenpressung $(K_{H\alpha})$. Für den Entwurf können $K_{H\alpha}$ und $K_{F\alpha}$ TB 21-19 entnommen werden. Rechnerisch ergeben sich die Werte näherungsweise aus

$$
\begin{aligned}
&\text{für}\quad \varepsilon_\gamma \leq 2 \quad K_{H\alpha} = K_{F\alpha} \approx \frac{\varepsilon_\gamma}{2} \cdot \left(0,9 + \frac{0,4 \cdot c_\gamma \cdot (f_{pe} - y_\alpha)}{F_{tH}/b}\right) \geq 1 \\
&\text{für}\quad \varepsilon_\gamma > 2 \quad K_{H\alpha} = K_{F\alpha} \approx 0,9 + 0,4 \cdot \sqrt{\frac{2 \cdot (\varepsilon_\gamma - 1)}{\varepsilon_\gamma} \cdot \frac{c_\gamma \cdot (f_{pe} - y_\alpha)}{F_{tH}/b}}
\end{aligned}
\tag{21.80}
$$

$K_{H\alpha}, K_{F\alpha}, \varepsilon_\gamma$	f_{pe}, y_α	F_{tH}	b	c_γ
1	µm	N	mm	N/(mm · µm)

ε_γ Gesamtüberdeckung, $\varepsilon_\gamma = \varepsilon_\alpha + \varepsilon_\beta$

c_γ Eingriffssteifigkeit (Zahnsteifigkeit). Anhaltswerte in N/(mm · µm): $c_\gamma \approx 20$ bei St und GS; ≈ 17 bei GJS; ≈ 12 bei GJL; für Radpaarungen mit unterschiedlichen Werkstoffen ist ein Mittelwert anzunehmen, z. B. $c_\gamma \approx 16\,\mathrm{N/(mm \cdot µm)}$ bei St/GJL.

f_{pe} Größtwert der Eingriffsteilungs-Abweichung aus $f_{pe} \approx [4 + 0,315 \cdot (m_n + 0,25 \cdot \sqrt{d})] \cdot q'_H$; Werte für q'_H aus TB 21-19b.

y_α Einlaufbetrag; Werte n. TB 21-19c

F_{tH} maßgebende Umfangskraft, $F_{tH} = F_t \cdot K_A \cdot K_{H\beta} \cdot K_v$

Grenzbedingungen für $K_{H\alpha}$: Wird nach den Gl. (21.80) $K_{H\alpha} > \varepsilon_\gamma/(\varepsilon_\alpha \cdot Z_\varepsilon^2)$, so ist $K_{H\alpha} = \varepsilon_\gamma/(\varepsilon_\alpha \cdot Z_\varepsilon^2)$ zu setzen und für $K_{H\alpha} < 1,0$ der Grenzwert $K_{H\alpha} = 1$ mit dem Überdeckungsfaktor für die Grübchentragfähigkeit $Z_\varepsilon = \sqrt{(4 - \varepsilon_\alpha)/3 \cdot (1 - \varepsilon_\beta) + \varepsilon_\beta/\varepsilon_\alpha}$; für $\varepsilon_\beta > 1$ ist $\varepsilon_\beta = 1$ zu setzen.

21

Grenzbedingungen für $K_{F\alpha}$: Wird nach obigen Gleichungen $K_{F\alpha} > \varepsilon_\gamma/(\varepsilon_\alpha \cdot Y_\varepsilon)$, so ist $K_{F\alpha} = \varepsilon_\gamma/(\varepsilon_\alpha \cdot Y_\varepsilon)$ zu setzen mit dem Überdeckungsfaktor für die Zahnfußtragfähigkeit $Y_\varepsilon = 0{,}25 + 0{,}75/\varepsilon_{\alpha n}$ mit $\varepsilon_{\alpha n} \approx \varepsilon_\alpha/\cos^2 \beta$; für $K_{F\alpha} < 1$ gilt $K_{F\alpha} = 1$.

Gesamtbelastungseinfluss:

Für die Tragfähigkeitsberechnung ergibt sich damit der Belastungseinflussfaktor

$$
\boxed{
\begin{aligned}
&\text{für die Zahnfußtragfähigkeit:} \quad K_{F\,\text{ges}} = K_A \cdot K_v \cdot K_{F\alpha} \cdot K_{F\beta} \\
&\text{für die Grübchentragfähigkeit:} \quad K_{H\,\text{ges}} = \sqrt{K_A \cdot K_v \cdot K_{H\alpha} \cdot K_{H\beta}}
\end{aligned}
}
\tag{21.81}
$$

21.5.4 Nachweis der Zahnfußtragfähigkeit

1. Auftretende Zahnfußspannung

Am stärksten ist der Zahnfuß gefährdet, wenn die längs der Eingriffslinie wirkende Zahnkraft F_{bn} am Zahnkopf unter dem Kraftangriffswinkel α_{Fan} angreift (Bild 21-27), wobei angenommen wird, dass *ein* Zahn die gesamte Kraft aufnimmt. Als Berechnungsquerschnitt wird die Rechteckfläche mit dem Abstand zwischen den Berührpunkten BB' der 30°-Tangenten an die Fußausrundung, die Sehne s_{Fn} und die Zahnbreite b zugrunde gelegt.

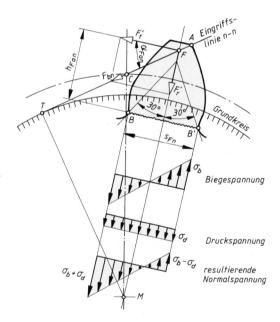

Bild 21-27
Verlauf der Normalspannungen am Zahnfuß bei Kraftangriff am Zahnkopf

Wird F_{bn} in die Komponenten F_t' und F_r' zerlegt, ist erkennbar, dass F_r' Druckspannungen σ_d und $F_t' = F_{bn} \cdot \cos \alpha_{Fan}$ mit dem Wirkabstand h_{Fan} Biegespannungen σ_b sowie außerdem Schubspannungen τ hervorruft. Bild 21-27 zeigt den Verlauf der Normalspannungen σ_b und σ_d. Versuche haben ergeben, dass sich das Ergebnis der Zusammensetzung der Einzelspannungen zu einer Vergleichsspannung nur unerheblich ändert, wenn σ_d und τ vernachlässigt werden. Damit wird die Berechnung mit hinreichender Genauigkeit allein mit der reinen Biegespannung durchgeführt, wobei die vernachlässigten Spannungen, die Kerbwirkung, die Kraftaufteilung auf mehrere Zähne und bei Schrägverzahnung die längere Berührlinie durch nachfolgend erläuterte Korrekturfaktoren berücksichtigt werden:

Formfaktor Y_{Fa}: Mit dem Biegemoment $M = F'_t \cdot h_{Fan} = F_{bn} \cdot \cos \alpha_{Fan} \cdot h_{Fan}$ und dem Widerstandsmoment $W = b \cdot s^2_{Fn}/6$ wird die *Biegenennspannung*

$$\sigma_b = M/W = (F_{bn} \cdot \cos \alpha_{Fan} \cdot h_{Fan})/(b \cdot s^2_{Fn}/6) \, .$$

Setzt man hierin für $F_{bn} = F_t/\cos \alpha_w$ ein, erhält man

$$\sigma_b = \frac{\dfrac{F_t}{\cos \alpha_w} \cdot \cos \alpha_{Fan} \cdot h_{Fan}}{b \cdot s^2_{Fn}/6} = \frac{F_t}{b} \cdot \frac{\cos \alpha_{Fan}}{\cos \alpha_w} \cdot \frac{6 \cdot h_{Fan}}{s^2_{Fn}} \, .$$

Wird mit m erweitert, ist

$$\sigma_b = \frac{F_t}{b \cdot m} \cdot \left(\frac{6 \cdot m \cdot \cos \alpha_{Fan} \cdot h_{Fan}}{\cos \alpha_w \cdot s^2_{Fn}} \right) = \frac{F_t}{b \cdot m} \cdot Y_{Fa} \, .$$

Der *Formfaktor Y_{Fa}* für den Kraftangriff am Zahnkopf berücksichtigt somit den Einfluss der Zahnform auf σ_b und ist unabhängig vom Gegenrad. Er ergibt sich für das Bezugsprofil II aus TB 21-20a. Für Verzahnungen mit Kopfkürzung ist die Veränderung vernachlässigbar gering.

Spannungskorrekturfaktor Y_{Sa}: Er berücksichtigt die spannungserhöhende Wirkung der Fußausrundung ϱ_F (Kerbe), da am Zahnfuß nicht nur Biegespannung auftritt (s. o.). Y_{Sa} gilt nur in Verbindung mit Y_{Fa}. Werte können für das Bezugsprofil II aus TB 21-20b entnommen werden (für andere Bezugsprofile s. DIN 3990 T3).

Überdeckungsfaktor Y_ε: Mit $Y_\varepsilon = 0{,}25 + 0{,}75/\varepsilon_{an}$ und $\varepsilon_{an} \approx \varepsilon_\alpha/\cos^2 \beta < 2$ wird der Kraftangriff am Zahnkopf auf die maßgebende Kraftangriffsstelle umgerechnet; bei Geradverzahnung wird $\varepsilon_{an} \approx \varepsilon_\alpha$.

Schrägenfaktor Y_β: Er berücksichtigt den Unterschied in der Zahnfußbeanspruchung zwischen der Schrägverzahnung und der zunächst für die Berechnung zugrundegelegten Geradverzahnung im Normalschnitt, womit der Einfluss der schräg über die Flanke verlaufenden Berührlinie erfasst wird. Y_β-Werte nach TB 21-20c.

Mit den genannten Einflussfaktoren kann näherungsweise die bei Belastung einer fehlerfreien Verzahnung durch das statische Nennmoment auftretende maximale *örtliche Zahnfußspannung* ermittelt werden aus

$$\boxed{\sigma_{F0} = \frac{F_t}{b \cdot m_n} \cdot Y_{Fa} \cdot Y_{Sa} \cdot Y_\varepsilon \cdot Y_\beta} \tag{21.82}$$

F_t Umfangskraft n. Gl. (21.70)
b Zahnbreite, bei ungleichen Breiten höchstens Überstand von Modul m je Zahnende mittragend, allgemein $b_2 < b_1$
m_n Modul im Normalschnitt nach DIN 780 (bei Geradverzahnung $m_n = m$)
$Y_{Fa}, Y_{Sa}, Y_\varepsilon, Y_\beta$ Erläuterung s. o.

Damit ergibt sich unter Berücksichtigung der Belastungseinflussfaktoren nach Gl. (21.81) die *Zahnfußspannung*, jeweils getrennt für das Ritzel σ_{F1} und das Rad σ_{F2}, aus

$$\boxed{\sigma_{F1,2} = \sigma_{F0\,1,2} \cdot K_{F\,ges}} \tag{21.83}$$

σ_{F0} örtliche Zahnfußnennspannung n. Gl. (21.82)
$K_{F\,ges}$ resultierender Belastungseinfluss n. Gl. (21.81).

21

2. Zahnfuß-Grenzfestigkeit σ_{FG}

Die Biege-Beanspruchbarkeit des Werkstoffes wird aus Versuchen an Prüfrädern im Pulsationsprüfstand ermittelt, s. a. unter Kapitel 20.2. Die gegenüber dem „idealen" Prüfrad vorliegenden Verhältnisse müssen durch entsprechende Korrekturfaktoren berücksichtigt werden:

Spannungskorrekturfaktor Y_{ST}: berücksichtigt den Unterschied zwischen der Biege-Nenn-Dauer-festigkeit σ_{Flim} des Standardprüfrades und der Biege-Nenn-Dauerschwellfestigkeit σ_{FE} einer ungekerbten Probe unter der Annahme voller Elastizität: $\sigma_{FE} = \sigma_{Flim} \cdot Y_{ST}$. Nach DIN 3990T1 wird $Y_{ST} = 2$.

Lebensdauerfaktor Y_{NT}: berücksichtigt die gegenüber dem Dauerfestigkeitswert σ_{Flim} vorliegenden Werte im Zeitfestigkeitsbereich. Für eine Lastwechselanzahl $N_L > 3 \cdot 10^6$ (Industriegetriebe) wird $Y_{NT} = 1$; für $N_L < 3 \cdot 10^6$ s. TB 21-21a.

relative Stützziffer $Y_{\delta relT}$: berücksichtigt die Kerbempfindlichkeit des Werkstoffes als Verhältnis der Stützziffern des zu berechnenden Zahnrades Y_{δ} und des Prüfrades $Y_{\delta T}$ und gibt an, um welchen Betrag die Spannungsspitze über der Dauerfestigkeit bei Bruch liegt. Bei praktisch halbrunden Fußrundungen sowohl am Zahn- als auch am Prüfrad wird der relative Einfluss unerheblich und die Stützwirkung kann mit $Y_{\delta relT} \approx 1$ vernachlässigt werden; Werte für $Y_{\delta relT}$ nach TB 21-21b.

relativer Oberflächenfaktor $Y_{R relT}$: berücksichtigt den Einfluss der Oberflächenbeschaffenheit in der Fußrundung, bezogen auf die Verhältnisse am Standardprüfrad. Bei gleicher Herstellung von Zahn- und Prüfrad wird der relative Einfluss der Zahnfuß-Oberflächenbeschaffenheit unerheblich und kann vielfach mit $Y_{R relT} \approx 1$ vernachlässigt werden; Werte für $Y_{R relT}$ aus TB 21-21c.

Größenfaktor Y_X: berücksichtigt den Einfluss der Modul-Größe auf die Zahnfußfestigkeit. Für $m < 5$ mm wird $Y_X = 1$; für $m > 5$ mm s. TB 21-21d.

Mit den Korrekturfaktoren ergibt sich somit die *Zahnfuß-Grenzfestigkeit* aus

$$\sigma_{FG} = \sigma_{Flim} \cdot Y_{ST} \cdot Y_{NT} \cdot Y_{\delta relT} \cdot Y_{R relT} \cdot Y_X \tag{21.84a}$$

oder mit obigen Vereinfachungen ($Y_{ST} = 2$, $Y_{\delta rel} = Y_{R rel} \approx 1$)

$$\sigma_{FG} \approx 2 \cdot \sigma_{Flim} \cdot Y_{NT} \cdot Y_X \tag{21.84b}$$

Mit den Gln. (21.84a und b) ergibt sich für den praktischen Betrieb die *Sicherheit* auf Zahnfuß-tragfähigkeit für Ritzel und Rad aus

$$S_{F1,2} = \frac{\sigma_{FG1,2}}{\sigma_{F1,2}} \geq S_{Fmin} \tag{21.85}$$

σ_{Flim} Zahnfuß-Biegenenndauerfestigkeit der Prüfräder nach TB 20-1 u. TB 20-2
S_{Fmin} Mindestsicherheit für die Fußbeanspruchung. Je genauer alle Einflussfaktoren erfasst werden, desto geringer kann S_{Fmin} sein. Als Anhalt gilt S_{Fmin} $= (1)\ldots1,4\ldots1,6$, im Mittel 1,5; bei hohem Schadensrisiko bzw. hohen Folgekosten bis >3

21.5.5 Nachweis der Grübchentragfähigkeit

1. Auftretende Flankenpressung

Die Berechnung der Grübchentragfähigkeit basiert auf der Flankenpressung σ_H im Wälzpunkt. Grundlage ist die von *Hertz* entwickelte Gleichung bei der Pressung zweier ruhender zylindrischer Walzen (Bild 21-28).
Werden die Walzen mit den Krümmungsradien ϱ_1, ϱ_2 und der Breite b durch eine Normalkraft F belastet, ergibt sich nach *Hertz* die in der Pressungszone auftretende *maximale Flankenpres-*

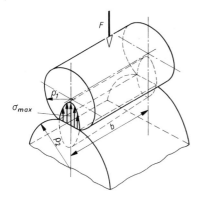

Bild 21-28
Pressung zweier Walzen

sung (Walzenpressung) aus

$$\sigma_{H\,max} \triangleq \sigma_{max} = \sqrt{\frac{1}{2 \cdot \pi \cdot (1 - \nu^2)} \cdot \frac{F \cdot E}{b \cdot \varrho}} = \sqrt{0{,}175 \cdot \frac{F \cdot E}{b \cdot \varrho}} \qquad (21.86)$$

ν Poisson-Zahl; für Stahl, Gusseisen, Leichtmetall wird $\nu \approx 0{,}3$
E $= (2 \cdot E_1 \cdot E_2)/(E_1 + E_2)$ der reduzierte Elastizitätsmodul aus $1/E = 0{,}5 \cdot (1/E_1 + 1/E_2)$
ϱ $= (\varrho_1 \cdot \varrho_2)/(\varrho_1 + \varrho_2)$ der reduzierte Krümmungsradius aus $1/\varrho = 1/\varrho_1 + 1/\varrho_2$

Nach Bild 21-29 gilt für eine beliebige Eingriffsstellung Y der Zähne der Geradstirnräder mit den Betriebswälzkreisradien $r_{w1} = d_{w1}/2$, $r_{w2} = d_{w2}/2$ der Betriebseingriffswinkel α_w aus $\sin \alpha_w = (\varrho_{y1} + \varrho_{y2})/(r_{w1} + r_{w2})$. Damit und mit den Grundkreisradien $r_{b1} = d_{b1}/2$, $r_{b2} = d_{b2}/2$ werden $\varrho_{y1} = r_{b1} \cdot \tan \alpha_{y1}$ bzw. $\varrho_{y2} = r_{b2} \cdot \tan \alpha_{y2} = u \cdot r_{b1} \cdot \tan \alpha_{y2}$. Somit ist

$$\begin{aligned}
\varrho_y &= (\varrho_{y1} \cdot \varrho_{y2})/(\varrho_{y1} + \varrho_{y2}) = (r_{b1} \cdot \tan \alpha_{y1} \cdot u \cdot r_{b1} \cdot \tan \alpha_{y2})/[(u + 1) \cdot r_{w1} \cdot \sin \alpha_w] \\
&= (u \cdot r_{b1}^2 \cdot \tan \alpha_{y1} \cdot \tan \alpha_{y2})/\,[(u + 1) \cdot r_{w1} \cdot \sin \alpha_w]\,.
\end{aligned}$$

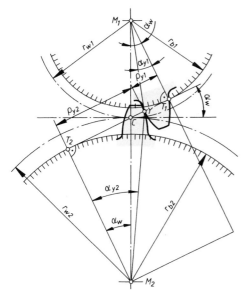

Bild 21-29
Krümmungsradien der Flanken ϱ_{y1}, ϱ_{y2} in beliebiger Eingriffsstellung Y mit den Profilwinkeln α_{y1} und α_{y2}

21

Mit dem Teilkreisradius $r_1 = d_1/2$ ist der Wälzkreisradius $r_{w1} = r_1 \cdot \cos\alpha/\cos\alpha_w$ und $r_{b1} = r_1 \cdot \cos\alpha$, so dass

$$\varrho_y = \frac{u \cdot r_1^2 \cdot \cos^2\alpha \cdot \tan\alpha_{y1} \cdot \tan\alpha_{y2} \cdot \cos\alpha_w}{(u+1) \cdot r_1 \cdot \cos\alpha \cdot \sin\alpha_w} = \frac{d_1 \cdot u \cdot \cos\alpha \cdot \tan\alpha_{y1} \cdot \tan\alpha_{y2}}{2 \cdot (u+1) \cdot \tan\alpha_w}$$

Wird dieser Wert in die Gl. (21.86) eingesetzt, ergibt sich mit $\cos\alpha_w \cdot \cos\alpha \approx \cos^2\alpha$ und $F \cong F_{bn} = F_t/\cos\alpha_w$ die *Pressung für eine beliebige Eingriffsstellung Y*

$$\sigma_{HY} = \sqrt{0{,}175 \cdot \frac{F_1 \cdot E}{b \cdot d_1} \cdot \frac{u+1}{u} \cdot \frac{2 \cdot \tan\alpha_w}{\cos^2\alpha \cdot \tan\alpha_{y1} \cdot \tan\alpha_{y2}}}$$

und mit $\alpha_{y1} = \alpha_{y2} = \alpha_w$ wird für Geradstirnräder die *Pressung im Wälzpunkt C*

$$\boxed{\begin{aligned}\sigma_{HC} &= \sqrt{0{,}175 \cdot \frac{F_t \cdot E}{b \cdot d_1} \cdot \frac{u+1}{u} \cdot \frac{2}{\cos^2\alpha \cdot \tan\alpha_w}} \\ &= \sqrt{\frac{F_t}{b \cdot d_1} \cdot \frac{u+1}{u}} \cdot \sqrt{\frac{2}{\cos^2\alpha \cdot \tan\alpha_w}} \cdot \sqrt{0{,}175 \cdot E} = \sqrt{\frac{F_t}{b \cdot d_1} \cdot \frac{u+1}{u}} \cdot Z_H \cdot Z_E\end{aligned}} \tag{21.87}$$

Nach der *Hertz*schen Gleichung (21.86) werden die wirklichen Verhältnisse bei Zahnrädern nur angenähert erfasst, da die Krümmungsradien der Flanken veränderlich sind, außerdem Flankenreibung auftritt und die Schmierung unberücksichtigt bleibt. Diese und weitere Einflüsse sollen durch nachfolgend erläuterte Korrekturfaktoren berücksichtigt werden:

Zonenfaktor Z_H: berücksichtigt die Flankenkrümmung im Wälzpunkt;
$Z_H = \sqrt{2 \cdot \cos\beta_b/(\cos^2\alpha_t \cdot \tan\alpha_{wt})}$, (bei Geradverzahnung wird $\beta_b = 0°$, $\alpha_t = \alpha$, $\alpha_{wt} = \alpha_w$);
Werte für Z_H aus TB 21-22a.

Elastizitätsfaktor Z_E: berücksichtigt den Einfluss der E-Moduln der Ritzel- und Radwerkstoffe auf die *Hertz*sche Pressung. Mit $E = (2 \cdot E_1 \cdot E_2)/(E_1 + E_2)$ und $\nu \approx 0{,}3$ (s. zu Gl. (21.86)) wird $Z_E = \sqrt{0{,}175 \cdot E}$. Werte für relevante Werkstoffpaarungen aus TB 21-22b.

Überdeckungsfaktor Z_ε: berücksichtigt den Einfluss der Lastaufteilung auf mehrere am Eingriff beteiligte Flankenpaare auf die rechnerische *Hertz*sche Pressung. Für Geradverzahnung wird $Z_\varepsilon = \sqrt{(4-\varepsilon_\alpha)/3}$; bei Schrägverzahnung wird für $\varepsilon_\beta \geq 1$, $Z_\varepsilon = \sqrt{1/\varepsilon_\alpha}$; bei $\varepsilon_\beta < 1$ ist $Z_\varepsilon = \sqrt{(4-\varepsilon_\alpha)/3 \cdot (1-\varepsilon_\beta) + \varepsilon_\beta/\varepsilon_\alpha}$; Werte aus TB 21-22c).

Schrägenfaktor Z_β: erfasst die Verbesserung der Tragfähigkeit auf Flankenpressung mit zunehmendem Schrägungswinkel; $Z_\beta = \sqrt{\cos\beta}$.

Mit diesen Einflussgrößen ergibt sich die bei Belastung einer fehlerfreien Verzahnung durch das statische Nennmoment auftretende *Flankenpressung* im Wälzpunkt C

$$\boxed{\sigma_{H0} = \sigma_{HC} \cdot Z_\varepsilon \cdot Z_\beta = Z_H \cdot Z_E \cdot Z_\varepsilon \cdot Z_\beta \cdot \sqrt{\frac{F_t}{b \cdot d_1} \cdot \frac{u+1}{u}}} \tag{21.88}$$

F_t	Nennumfangskraft
b	Zahnbreite, bei ungleicher Breite der Räder die kleinere Zahnbreite
d_1	Teilkreisdurchmesser des Ritzels
$u = z_2/z_1 \geq 1$	Zähnezahlverhältnis; beim Zahnstangengetriebe wird $u = \infty$, so dass $(u+1)/u = 1$ ist
$Z_H, Z_E, Z_\varepsilon, Z_\beta$	Einflussfaktoren; Erläuterung s. o.

21

und mit dem Belastungseinflussfaktor K_{Hges} nach Gl. (21.81) wird für beide Räder die im Betriebszustand auftretende *Flankenpressung am Wälzkreis*

$$\boxed{\sigma_H = \sigma_{H0} \cdot K_{Hges}} \tag{21.89}$$

2. Flanken-Grenzfestigkeit σ_{HG}

Gegenüber den Bedingungen bei der Ermittlung der Dauerfestigkeitswerte $\sigma_{H\,lim}$ müssen die in der Regel vorliegenden „anderen" Voraussetzungen durch entsprechende Korrekturfaktoren berücksichtigt werden. So z. B. durch den

Schmierstofffaktor Z_L: für Mineralöle abhängig von der Nennviskosität ν bei 50° bzw. 40° nach TB 21-23a (keine Empfehlung für ν-Wahl!). Mit $C_{ZL} = \sigma_{H\,lim}/4375 + 0,6357$ für $850\,\text{N/mm}^2 \leq \sigma_{H\,lim} \leq 1200\,\text{N/mm}^2$ bzw. $C_{ZL} = 0,83$ für $\sigma_{H\,lim} < 850\,\text{N/mm}^2$ und $C_{ZL} = 0,91$ für $\sigma_{H\,lim} > 1200\,\text{N/mm}^2$ wird $Z_L \approx C_{ZL} + [4 \cdot (1 - C_{ZL})]/(1,2 + 134/\nu_{40})^2$.

Geschwindigkeitsfaktor Z_v: berücksichtigt den Einfluss der Umfangsgeschwindigkeit auf die Flankentragfähigkeit. Werte aus TB 21-23b. Mit $C_{Zv} = C_{ZL} + 0,02$ wird mit ν in m/s $Z_v \approx C_{Zv} + [2 \cdot (1 - C_{Zv})]/\sqrt{0,8 + 32/\nu}$.

Rauheitsfaktor Z_R: abhängig von der relativen Rautiefe bezogen auf einen Achsabstand von 100 mm erfasst den Einfluss der Flanken-Oberflächenbeschaffenheit auf die Grübchentragfähigkeit. Werte aus TB 21-23c. $Z_R \approx {}^{C_{ZR}}\!\sqrt{3/Rz_{100}}$ mit $Rz_{100} = 0,5 \cdot (Rz_1 + Rz_2) \cdot \sqrt[3]{100/a} \approx 3 \times (Ra_1 + Ra_2) \cdot \sqrt[3]{100/a} < 4\,\mu\text{m}$ für Achsabstand a in mm und $C_{ZR} = 0,32 - 0,0002 \cdot \sigma_{H\,lim}$ für $850\,\text{N/mm}^2 \leq \sigma_{H\,lim} \leq 1200\,\text{N/mm}^2$ bzw. $C_{ZR} = 0,15$ für $\sigma_{H\,lim} < 850\,\text{N/mm}^2$ und $C_{ZR} = 0,08$ für $\sigma_{H\,lim} > 1200\,\text{N/mm}^2$ wird $Z_R \approx (3/Rz_{100})^{C_{ZR}}$ (bei gegebenem Mittenrauwert Ra kann zur Ermittlung von Z_R näherungsweise gesetzt werden: $Rz \approx 6 \cdot Ra$).

Lebensdauerfaktor Z_{NT}: berücksichtigt eine höhere zulässige Pressung, wenn in Zeitgetrieben eine begrenzte Lebensdauer gefordert wird. Stehen keine Versuchswerte zur Verfügung, können Z_{NT}-Werte aus TB 21-23d angenähert abgelesen werden. In diesem Fall gilt $Z_v = Z_L = Z_R = Z_W = Z_X = 1$.

Werkstoffpaarungsfaktor Z_W: berücksichtigt die Zunahme der Flankenfestigkeit eines Rades aus Baustahl, Vergütungsstahl oder GJS bei Paarung mit einem gehärteten Ritzel und glatten Flanken $Rz \leq 6\,\mu\text{m}$. $Z_W = 1,2 - (HB - 130)/1700$. Für $HB < 130$ wird $Z_W = 1,2$, für $HB > 470$ wird $Z_W = 1$ gesetzt; s. TB 21-23e.

Größenfaktor Z_X: berücksichtigt den Einfluss der Zahnabmessungen. Für randgehärtete bzw. nitrierte Stähle können Anhaltswerte für $m > 10\,\text{mm}$ bzw. $m > 8\,\text{mm}$ aus TB 21-21d (Strichlinie) entnommen werden.

Hinweis: Bei Radpaarungen sind Z_L, Z_v, Z_R stets für den weicheren Werkstoff zu bestimmen. Für Industriegetriebe gilt $Z_L \cdot Z_v \cdot Z_R = 0,85$ für wälzgefräste, -gehobelte oder gestoßene Verzahnungen; $Z_L \cdot Z_v \cdot Z_R = 0,92$ für nach dem Verzahnen geschliffene oder geschabte Zähne mit $Rz_{100} > 4\,\mu\text{m}$; $Z_L \cdot Z_v \cdot Z_R = 1$ für geschliffene oder geschabte Verzahnung mit $Rz_{100} \leq 4\,\mu\text{m}$.

Mit den Korrekturfaktoren wird die (jeweils getrennt für das Ritzel und das Rad ermittelte) *Flankengrenzfestigkeit*

$$\sigma_{HG} = \sigma_{H\,lim} \cdot Z_{NT} \cdot (Z_L \cdot Z_v \cdot Z_R) \cdot Z_W \cdot Z_X \tag{21.90}$$

und damit die *Sicherheit der Flankentragfähigkeit*

$$S_{H1,2} = \frac{\sigma_{HG\,1,2}}{\sigma_H} \geq S_{H\,min} \tag{21.90a}$$

$\sigma_{H\,lim}$ Dauerfestigkeitswert als Grenze der dauernd ertragbaren Pressung für einen gegebenen Werkstoff, der über $N_L \geq 5 \cdot 10^7$ Lastwechsel ertragen werden kann. Richtwerte für übliche Werkstoffe aus TB 20-1 und TB 20-2

$Z_{NT}, Z_L, Z_v, Z_R, Z_W, Z_X$ Einflussfaktoren; Erläuterung s. o.

$S_{H\,min}$ geforderte Mindestsicherheit für Grübchentragfähigkeit. Als Anhalt kann gesetzt werden $S_{H\,min} \approx (>1) \dots 1,3$, bei hohem Schadensrisiko bzw. hohen Folgekosten $S_{H\,min} \geq 1,6$

21

21.5.6 Berechnungsbeispiele (Tragfähigkeitsnachweis)

■ **Beispiel 21.7:** Für ein mit der Propellerwelle gekoppeltes einstufiges geradverzahntes Getriebe, das mit einem Zweizylinder-Verbrennungsmotor starr verbunden ist, sind entsprechend der Entwurfsvorlage folgende Daten bekannt:
$m = 7$ mm, Bezugsprofil DIN 867 ($\alpha = 20°$), $a = 307$ mm, $\varepsilon_\alpha \approx 1,38$, Verzahnungsqualität 7, Werkstoff (Ritzel und Rad) für geschliffene Zähne $R_z = 4$ µm 42CrMo4 induktionsgehärtet (einschließlich Zahnfuß) auf 55HRC mit $\sigma_{F\,lim} = 300$ N/mm² und $\sigma_{H\,lim} = 1200$ N/mm².

> *Ritzel:* $z_1 = 15$, $d_1 = 105$ mm, $d_{b1} = 98,668$ mm, $d_{w1} = 107,093$ mm, $d_{a1} = 125,154$ mm, $x_1 = 0,5$, $b_1 = 46$ mm;
>
> *Rad:* $z_2 = 71$, $d_2 = 497$ mm, $d_{b2} = 467,027$ mm, $d_{w2} = 506,907$ mm, $d_{a2} = 516,006$ mm, $x_2 = 0,418$, $b_2 = 44$ mm.

Von dem Getriebe ist ein Nenn-Antriebsdrehmoment $T_1 = 750$ Nm zu übertragen. Entsprechend den Herstellervorschriften wird für den vorliegenden Anwendungsfall zur Berücksichtigung von Drehmomentschwankungen und Stößen ist mit $K_A \cdot K_v \approx 1,4$ zu rechnen.

Zu ermitteln ist:
a) überschlägig die Breitenfaktoren $K_{H\beta}$, $K_{F\beta}$ und Stirnfaktoren $K_{H\alpha}$, $K_{F\alpha}$
b) der Gesamtbelastungseinfluss für die Zahnfuß- und Zahnflankenbeanspruchung,
c) die Zahnfuß-Tragfähigkeit für das Ritzel bei $S_{F\,min} = 1,5$,
d) die Grübchen-Tragfähigkeit für das Ritzel bei $S_{H\,mim} = 1,2$ für $N_L = 3 \cdot 10^6$ Lastwechsel.

▶ **Lösung a):** Nach den Angaben zu Gl. (21.74)ff können für Entwurfsberechnungen die Breitenfaktoren vereinfacht aus TB 21-18 ermittelt werden in der Reihenfolge: Flankenlinienabweichung $f_{H\beta} \approx 14$ µm aus TB 21-16c für $b_{min} = 44$ mm, Verzahnungsqualität 7; Herstellungsabweichung $f_{ma} \approx f_{H\beta} \approx 14$ µm; Abweichung durch Verformung $f_{sh} \approx 8$ mm (mittlere Steifigkeit) aus TB 21-16a; Abweichung vor dem Einlaufen $F_{\beta x} \approx f_{ma} + 1,33 \cdot f_{sh} = \ldots \approx 25$ µm; Einlaufbetrag $y_\beta \approx 3,8$ µm; Abweichung nach dem Einlaufen $F_{\beta y} = F_{\beta x} - y_\beta = \ldots \approx 21$ µm; mittlere Linienbelastung $(F_m/b) = K_A \cdot F_t/b = \ldots \approx 410$ N/mm mit $K_A \approx 1,3$, $b = 44$ mm; $F_t = T_1/(d_{w1}/2) = \ldots \approx 14\,000$ N. Aus TB 21-18 können abgelesen werden: $K_{H\beta} \approx 1,45$, $K_{F\beta} \approx 1,35$.
Die Stirnfaktoren ergeben sich für die 7. Verzahnungsqualität und $K_A \cdot F_t/b \geq 100$ N/mm aus TB 21-19a $K_{H\alpha} = K_{F\alpha} = 1$.

▶ **Lösung b):** Der Gesamtbelastungseinfluss für die Zahnfuß- und Zahnflankenbeanspruchung nach Gl. (21.81)

$$K_{F\,ges} = K_A \cdot K_v \cdot K_{F\alpha} \cdot K_{F\beta} = (1,4) \cdot 1 \cdot 1,35 \approx 1,9$$

$$K_{H\,ges} = \sqrt{K_A \cdot K_v \cdot K_{H\alpha} \cdot K_{H\beta}} = \sqrt{(1,4) \cdot 1 \cdot 1,45} \approx 1,43$$

▶ **Lösung c):** Die örtlichen Zahnfußspannungen nach Gl. (21.82) für das

> *Ritzel:* $\sigma_{F01} = F_t/(b_1 \cdot m_n) \cdot Y_{Fa1} \cdot Y_{Sa1} \cdot Y_\varepsilon = \ldots \approx 150$ N/mm² mit $Y_{Fa1} \approx 2,32$ (TB 21-20a), $Y_{Sa1} \approx 1,99$ (TB 21-20b), $Y_\varepsilon \approx 0,25 + 0,75/\varepsilon_{an} = 0,25 + 0,75/1,38 \approx 0,79$ (s. über Gl. (21.82));
>
> *Rad:* $\sigma_{F02} = F_t/(b_2 \cdot m_n) \cdot Y_{Fa2} \cdot Y_{Sa2} \cdot Y_\varepsilon = \ldots \approx 158$ N/mm² mit $Y_{Fa2} \approx 2,12$ (TB 21-20a), $Y_{Sa2} \approx 2,08$ (TB 21-20b), $Y_\varepsilon \approx 0,25 + 0,75/\varepsilon_{an} = 0,25 + 0,75/1,38 \approx 0,79$ (s. o.).

Unter Berücksichtigung der Belastungseinflussfaktoren ergeben sich nach Gl. (21.83) die Zahnfußspannungen

> *Ritzel:* $\sigma_{F1} = \sigma_{F01} \cdot K_{F\,ges} = 150$ N/mm² $\cdot 1,9 \approx 285$ N/mm²;
>
> *Rad:* $\sigma_{F2} = \sigma_{F02} \cdot K_{F\,ges} = 158$ N/mm² $\cdot 1,9 \approx 300$ N/mm².

Die Zahnfußgrenzfestigkeit wird nach Gl. (21.84a) für das

> *Ritzel:* $\sigma_{FG1} = \sigma_{F\,lim1} \cdot Y_{ST} \cdot Y_{NT1} \cdot Y_{\delta\,rel\,T1} \cdot Y_{R\,rel\,T1} \cdot Y_x = \ldots \approx 635$ N/mm² mit $\sigma_{F\,lim1} = 300$ N/mm², $Y_{ST} = 2$, $Y_{NT1} = 1$ (TB 21-21a), $Y_{\delta\,rel\,T1} = 1,02$ (TB 21-21b), $Y_{R\,rel\,T1} = 1,05$ (TB 21-21c), $Y_x = 1$ (TB 21-21d);
>
> *Rad:* $\sigma_{FG2} = \sigma_{FG2} = 635$ N/mm² da gleiche Werkstoffe.

21

Ergebnis: Aufgrund der errechneten Zahnfuß-Tragfähigkeit ergeben sich bei Wahl des Werkstoffs Vergütungsstahl 42CrMo4 induktionsgehärtet auf 55HRC für das Ritzel $\sigma_{F1} = 285\,\text{N/mm}^2 < \sigma_{FG} = 635\,\text{N/mm}^2$ ($S_{F1} \approx 2,2$) und für das Rad $\sigma_{F2} = 285\,\text{N/mm}^2 < \sigma_{FG} = 635\,\text{N/mm}^2$ ($S_{F2} \approx 2,1$).

▶ **Lösung d):** Nach Gl. (21.88) ist der Nennwert für die Flankenpressung im Wälzpunkt C

$$\sigma_{H0} = Z_H \cdot Z_E \cdot Z_\varepsilon \cdot \sqrt{F_t/(b_2 \cdot d_1) \cdot (u+1)/u} = \ldots \approx 785\,\text{N/mm}^2$$

mit $Z_H = 2,32$ (TB 21-22a) für $\beta = 0°$ und $(x_1 + x_2)/(z_1 + z_2) = 0,01067$, $Z_E = 189,8\sqrt{\text{N/mm}^2}$ (TB 21-22b) für Stahl mit Stahl, $Z_\varepsilon = 0,93$ (TB 21-22c) für $\varepsilon_\alpha = 1,4$, $F_t = 14\,006\,\text{N}$, $b_2 = 44\,\text{mm}$, $d_1 = 105\,\text{mm}$, $u = i = 4,733$.
Nach Gl. (21.89) wird die Flankenpressung am Wälzkreis für Ritzel und Rad $\sigma_H = \sigma_{H0} \cdot K_{H\,ges} = 785\,\text{N/mm}^2 \cdot 1,43 \approx 1125\,\text{N/mm}^2$.

Die Flankengrenzpressung wird nach Gl. (21.90)

$$\sigma_{HG} = \sigma_{H\,lim} \cdot Z_{NT} \cdot (Z_L \cdot Z_v \cdot Z_R) \cdot Z_W \cdot Z_X = \ldots \approx 1476\,\text{N/mm}^2$$

mit $\sigma_{H\,lim} = 1200\,\text{N/mm}^2$, $Z_{NT} = 1,23$ (TB 21-23d), $(Z_L \cdot Z_v \cdot Z_R) = 1$ (TB 21-23a, b, c), $Z_W = 1$ (TB 21-23e), $Z_X \approx 1$ (TB 21-21d)

Ergebnis: Für den gewählten Werkstoff ist für die Pressung

$\sigma_H = 1125\,\text{N/mm}^2 < \sigma_{HG} = 1476\,\text{N/mm}^2$ (damit $S_H \approx 1,3$); das Getriebe für $N_L = 3 \cdot 10^6$ Lastwechsel nicht gefährdet.

■ **Beispiel 21.8:** Die Zahnfuß- und Grübchentragfähigkeit eines einsatzgehärteten Schrägstirnradpaares mit geschliffenen Zähnen ($R_z = 4\,\mu\text{m}$), das mittig zwischen den Lagern angeordnet ist, sind für eine Nennleistung $P = 22\,\text{kW}$ bei gleichmäßigem Lauf der Antriebsmaschine mit $n_1 = 1400\,\text{min}^{-1}$ und mäßigen Stößen der getriebenen Maschine

a) auf Zahnbruchsicherheit
b) auf Grübchensicherheit

für $N_L = 5 \cdot 10^6$ Lastwechsel zu überprüfen.
Aus Angaben in der Zeichnung nach DIN 3966 T1 sind bekannt: $m_n = 2\,\text{mm}$, Bezugsprofil DIN 867 ($\alpha = 20°$), $\beta = 24°$, $a = 74\,\text{mm}$, $\varepsilon_\alpha = 1,42$, $\varepsilon_\beta = 1,07$, $\varepsilon_\gamma = 2,49$, Verzahnungsqualität 6, Werkstoff (Ritzel und Rad) 16MnCr5 einsatzgehärtet auf 60HRC und geschliffen mit $\sigma_{F\,lim} = 450\,\text{N/mm}^2$ und $\sigma_{H\,lim} = 1450\,\text{N/mm}^2$;

Ritzel: $z_1 = 33$, $d_1 = 72,246\,\text{mm}$, $d_{b1} = 67,115\,\text{mm}$, $d_{w1} = 72,895\,\text{mm}$, $d_{a1} = 76,890\,\text{mm}$, $x_1 = 0,17$, $b_1 = 17,5\,\text{mm}$;

Rad: $z_2 = 34$, $d_2 = 74,435\,\text{mm}$, $d_{w2} = 75,104\,\text{mm}$, $d_{b2} = 69,149\,\text{mm}$, $d_{a2} = 79,073\,\text{mm}$, $x_2 = 0,169$, $b_2 = 16,5\,\text{mm}$.

▶ **Lösung:**
Mit der Nennleistung $P = 22\,\text{kW}$ bei der Drehzahl $n_1 = 1400\,\text{min}^{-1}$ wird das Nenndrehmoment

$T_1 = 9550 \cdot P/n_1 = 9550 \cdot 22/1400 = 150\,\text{Nm}$ und damit die Nenn-Umfangskraft

$F_{t1} = T_1/(d_{w1}/2) = 150 \cdot 10^3\,\text{Nmm}/(72,895\,\text{mm}/2) = 4116\,\text{N}$ ermittelt.

Nach Abschnitt 21.5.3 werden die Belastungseinflussfaktoren bestimmt: Aus TB 3-5 ist für die vorliegenden Betriebsverhältnisse der Anwendungsfaktor $K_A = 1,25$. Der Dynamikfaktor nach Gl. (21.73)

$$K_v = 1 + [K_1/(K_A \cdot (F_t/b)) + K_2] \cdot K_3 = \ldots \approx 1,05$$

mit $K_1 = 8,5$, $K_2 = 0,0087$ (jeweils aus TB 21-15), $K_3 \approx 1,265\,\text{m/s}$ mit $v_t \approx 5,34\,\text{m/s}$ (s. zu Gl. (21.73)), $K_A = 1,25$ (s. o.), $F_t = 4116\,\text{N}$, $b \cong b_{min} = 16,5\,\text{mm}$.
Die Flankenlinienabweichung durch Verformung kann nach Gl. (21.75) für $s = 0$ (der Wert in der eckigen Klammer wird 1, da mittige Radanordnung) vereinfacht ermittelt werden aus

$$f_{sh} \approx 0,023 \cdot (F_m/b) \cdot (b/d_1)^2 = \ldots \approx 0,4\,\mu\text{m}$$

mit $F_m/b = K_v \cdot K_A \cdot F_t/b = 1,05 \cdot 1,25 \cdot 4116\,\text{N}/16,5\,\text{mm} \approx 327\,\text{N/mm}$, $(b/d_1)^2 = (16,5\,\text{mm}/72,246\,\text{mm})^2 \approx 0,052$.

21

Die Herstellabweichung nach Gl. (21.76) für die 6. Qualität mit $q_H = 1,32$ (TB 21-15)

$$f_{ma} = 4,16 \cdot b^{0,14} \cdot q_H = 4,16 \cdot 16,5^{0,14} \cdot 1,32 \approx 8\,\mu m\,.$$

Damit ist die vor dem Einlaufen wirksame Flankenlinienabweichung nach Gl. (21.77)

$$F_{\beta x} = f_{ma} + 1,33 \cdot f_{sh} = 8 + 1,33 \cdot 0,4 \approx 8,66\,\mu m\,.$$

Wird aus TB 21-17 entsprechend dem Werkstoff IF der Einlaufbetrag $y_\beta = 0,15 \cdot F_{\beta x} = 1,3\,\mu m$ ermittelt, ergibt sich nach dem Einlaufen die wirksame Flankenlinienabweichung

$$F_{\beta y} = F_{\beta x} - y_\beta = 8,66\,\mu m - 1,3\,\mu m \approx 7,4\,\mu m\,.$$

Damit können für $F_m/b_2 = K_A \cdot K_v \cdot F_t/b_2 = 1,25 \cdot 1,05 \cdot 4116\,N/16,5\,mm \approx 327\,N/mm$ nach Gl. (21.74) die Breitenfaktoren mit $K_{H\beta} \approx 1,22$ (für die Grübchentragfähigkeit) und $K_{F\beta} \approx 1,16$ (für die Zahnfußtragfähigkeit) ermittelt werden. Die Stirnfaktoren sind gemäß TB 21-19a für Qualität 6 gehärtet: $K_{F\alpha} = K_{H\alpha} = 1$. Somit ergeben sich für den Gesamtbelastungseinfluss für die Zahnfuß- und Zahnflankenbeanspruchung nach Gl. (21.81)

$$K_{F\,ges} = K_A \cdot K_v \cdot K_{F\alpha} \cdot K_{F\beta} = 1,25 \cdot 1,05 \cdot 1 \cdot 1,16 \approx 1,53$$
$$K_{H\,ges} = \sqrt{K_A \cdot K_v \cdot K_{H\alpha} \cdot K_{H\beta}} = \sqrt{1,25 \cdot 1,05 \cdot 1 \cdot 1,22} \approx 1,27\,.$$

Die örtlichen Zahnfußspannungen nach Gl. (21.82) für das

Ritzel: $\sigma_{F01} = F_t/(b_1 \cdot m_n) \cdot Y_{Fa1} \cdot Y_{Sa1} \cdot Y_\varepsilon \cdot Y_\beta = \ldots \approx 272\,N/mm^2$

mit $Y_{Fa1} \approx 2,3$ (TB 21-20a) für $z_{n1} = 43,3$, $Y_{Sa1} \approx 1,85$ (TB 21-20b), $Y_\varepsilon \approx 0,25 + 0,75/\varepsilon_{an}$ $= 0,25 + 0,75/1,7 \approx 0,69$ (s. über Gl. (21.82)), $Y_\beta \approx 0,8$ (TB 21-20c).

Rad: $\sigma_{F02} = F_t/(b_2 \cdot m_n) \cdot Y_{Fa2} \cdot Y_{Sa2} \cdot Y_\varepsilon \cdot Y_\beta = \ldots \approx 290\,N/mm^2$

mit $Y_{Fa2} \approx 2,29$ (TB 21-20a) für $z_{n2} = 44,6$, $Y_{Sa2} \approx 1,87$ (TB 21-20b), $Y_\varepsilon \approx 0,69$ (s. o.).
Unter Berücksichtigung der Belastungseinflussfaktoren ergeben sich nach Gl. (21.83) die Zahnfußspannungen

Ritzel: $\sigma_{F1} = \sigma_{F01} \cdot K_{F\,ges} = 272\,N/mm^2 \cdot 1,53 \approx 416\,N/mm^2$;

Rad: $\sigma_{F2} = \sigma_{F02} \cdot K_{F\,ges} = 290\,N/mm^2 \cdot 1,53 \approx 444\,N/mm^2$.

Die Zahnfußgrenzfestigkeit wird nach Gl. (21.84a) für das

Ritzel: $\sigma_{FG1} = \sigma_{Flim1} \cdot Y_{ST} \cdot Y_{Nt1} \cdot Y_{\delta\,rel\,T1} \cdot Y_{R\,rel\,T1} \cdot Y_X = \ldots \approx 925\,N/mm^2$

mit $\sigma_{Flim1} = 450\,N/mm^2$, $Y_{ST} = 2$, $Y_{NT1} = 1$ (TB 21-21a), $Y_{\delta\,rel\,T1} = 1$ (TB 21-21b), $Y_{R\,rel\,T1} = 1,03$ (TB 21-21c), $Y_X = 1$ (TB 21-21d);

Rad: $\sigma_{FG1} = \sigma_{FG2} = 925\,N/mm^2$ da gleiche Werkstoffe.

Ergebnis: Aufgrund der errechneten Zahnfuß-Tragfähigkeit ergeben sich bei Wahl des Werkstoffes Vergütungsstahl 42CrMo4 induktionsgehärtet auf 55HRC für das Ritzel $\sigma_{F1} = 416\,N/mm^2$ $< \sigma_{FG} = 925\,N/mm^2$ ($S_{F1} \approx 2,2$) und für das Rad $\sigma_{F2} = 444\,N/mm^2 < \sigma_{FG} = 925\,N/mm^2$ ($S_{F2} \approx 2,1$).

▶ **Lösung b):** Nach Gl. (21.88) ist der Nennwert für die Flankenpressung im Wälzpunkt C

$$\sigma_{H0} = Z_H \cdot Z_E \cdot Z_\varepsilon \cdot Z_\beta \cdot \sqrt{F_t/(b_2 \cdot d_1) \cdot (u+1)/u} = \ldots \approx 884\,N/mm^2$$

mit $Z_H = 2,25$ (TB 21-22a) für $\beta = 24°$ und $(x_1 + x_2)/(z_1 + z_2) = 0,005\,052$, $Z_E = 189,8\,\sqrt{N/mm^2}$ (TB 21-22b) für Stahl mit Stahl, $Z_\varepsilon = 0,83$ (TB 21-22c) für $\varepsilon_\alpha \approx 1,42$, $F_t = 4117\,N$, $b_2 = 16,5\,mm$, $d_1 = 72,246\,mm$, $u = i = 1,0303$, $Z_\beta \approx 0,96$.
Nach Gl. (21.89) wird die Flankenpressung für Ritzel und Rad

$$\sigma_H = \sigma_{H0} \cdot K_{H\,ges} = 884\,N/mm^2 \cdot 1,27 \approx 1122\,N/mm^2\,.$$

Die Flankengrenzfestigkeit wird nach Gl. (21.90)

$$\sigma_{HG} = \sigma_{Hlim} \cdot Z_{NT} \cdot (Z_L \cdot Z_v \cdot Z_R) \cdot Z_W \cdot Z_X = \ldots \approx 1620\,N/mm^2$$

mit $\sigma_{Hlim} = 1450\,N/mm^2$, $Z_{NT} = 1,2$ (TB 21-23d), $Z_L = 1$, $Z_v = 0,97$, $Z_R = 0,96$, (TB 21-23a, b, c), $Z_W = 1$ (TB 21-23e), $Z_X = 1$ (TB 21-23d).

Ergebnis: Für den gewählten Werkstoff ist für die Pressung

$\sigma_H = 1122\,N/mm^2 < \sigma_{HG} = 1620\,N/mm^2$ ($S_H \approx 1,4$) das Getriebe für $N_L = 3 \cdot 10^6$ Lastwechsel nicht gefährdet.

22 Kegelräder und Kegelradgetriebe

22.1 Grundformen, Funktion und Verwendung

Kegelräder mit Gerad-, Schräg- und Bogenzähnen dienen zum Übertragen von Drehbewegungen und Drehmomenten in Wälzgetrieben mit sich schneidenden bzw. sich kreuzenden Achsen, s. Bilder 20-5 und 22-1.

Normalerweise schneiden sich die Achsen in einem Punkt (M) unter dem beliebigen Achsenwinkel Σ, meist jedoch $\Sigma = 90°$. Bei Kegelrädern mit sich kreuzenden Achsen (Hypoidgetriebe) geht die Ritzelachse im Abstand a an der Radachse vorbei; s. Bilder 20-6b, 22-1d.

 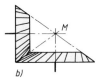 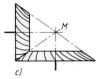

Bild 22-1 Grundformen der Kegelradgetriebe.
a) mit Geradzähnen, b) mit Schrägzähnen, c) mit Bogenzähnen, d) versetzte Kegelräder

Geradverzahnte Kegelräder werden vorwiegend bei kleineren Drehzahlen verwendet, z. B. für Getriebe von handbetätigten Hebezeugen, Schützenwinden, Hebeböcken oder für Universalgetriebe mit kleineren Leistungen (normal bis $v_t \approx 6\,\text{m/s}$, bei geschliffenen Zähnen bis ca. $v_t \approx 20\,\text{m/s}$).

Schrägverzahnte Kegelräder laufen wegen des größeren Überdeckungsgrades ruhiger und geräuschärmer als geradverzahnte. Sie werden bei höheren Leistungen und Drehzahlen z. B. für Universalgetriebe, für schnelllaufende Eingangsstufen bei mehrstufigen Winkelgetrieben und für Getriebe von Werkzeugmaschinen verwendet (gefräst oder gehobelt bis $v_t \approx 40\,\text{m/s}$, geschliffen bis $v_t \approx 60\,\text{m/s}$, extrem bis $v_t \approx 100\,\text{m/s}$).

Bogenverzahnte Kegelräder werden bevorzugt eingesetzt bei besonders hohen Anforderungen an Laufruhe und Zahnfußtragfähigkeit. Aufgrund der Flankengeometrie tragen bogenverzahnte Kegelräder nur auf einem Teil der Zahnbreite und sind unempfindlich gegenüber Achsverlagerungen. Sie werden z. B. in Hochleistungsgetrieben und Ausgleichsgetrieben von Kraftfahrzeugen ($v_t \approx 30\,\text{m/s}$; geschliffen bis ca. $v_t \approx 60\,\text{m/s}$) verwendet.

Kegelradgetriebe erfordern größte Sorgfalt bei der Fertigung, dem Einbau (Zustellung der Räder) und der Lagerung, da hiervon Laufruhe und Lebensdauer weitgehend abhängen. Für bogenverzahnte Kegelräder sind Berechnung und Auslegung nach den Vorschriften des Maschinenherstellers durchzuführen.

22.2 Geometrie der Kegelräder

22.2.1 Geradverzahnte Kegelräder

Der Bewegungsablauf zweier zusammenarbeitender Kegelräder entspricht dem Abwälzen zweier Kegel, der *Teilkegel*, deren Spitzen normalerweise im Achsenschnittpunkt M zusammenfallen, s. Bild 22-2. Die gemeinsame Mantellinie hat die Länge (Spitzenentfernung) R_e. Die Kegel mit den

22

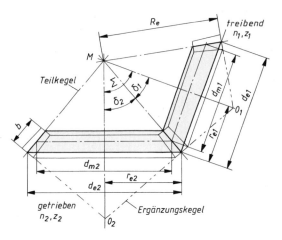

Bild 22-2
Geometrische Beziehungen am Kegelradgetriebe

Spitzen O_1 und O_2, deren Mantellinien rechtwinklig zu denen der Teilkegel liegen, sind die *Ergänzungs-* oder *Rückenkegel*. Auf diese werden die Abmessungen der Zähne (Teilung, Zahn-höhe usw.) bezogen. Die Achsen bilden mit den Teilkegel-Mantellinien die *Teilkegelwinkel* δ_1 und δ_2. Der *Achsenwinkel* ist

$$\Sigma = \delta_1 + \delta_2 \tag{22.1}$$

1. Übersetzung, Zähnezahlverhältnis, Teilkegelwinkel

Die Übersetzung ist allgemein $i = n_1/n_2 = d_2/d_1 = r_2/r_1 = z_2/z_1$. Setzt man hierin für die Grö-ßen d und r die entsprechenden Größen des äußeren Teilkegels (Index e), so folgt aus Bild 22-2 $i = d_{e2}/d_{e1} = r_{e2}/r_{e1}$; ebenso wird $\sin \delta_1 = r_{e1}/R_e$ und $\sin \delta_2 = r_{e2}/R_e$. Werden beide Gleichun-gen durcheinander dividiert, ergibt sich $\sin \delta_2/\sin \delta_1 = r_{e2}/r_{e1}$ und damit die *Übersetzung* aus

$$i = \frac{n_1}{n_2} = \frac{d_2}{d_1} = \frac{r_2}{r_1} = \frac{z_2}{z_1} = \frac{\sin \delta_2}{\sin \delta_1} \tag{22.2}$$

bzw. das Zähnezahlverhältnis

$$u = \frac{z_{\text{Rad}}}{z_{\text{Ritzel}}} \geq 1 \tag{22.3}$$

Aus der Beziehung $\Sigma = \delta_1 + \delta_2$ und $u = \sin \delta_2/\sin \delta_1 \geq 1$ wird der *Teilkegelwinkel des treiben-den Rades* für einen beliebigen Achsenwinkel $\Sigma \leq 90°$

$$\tan \delta_1 = \frac{\sin \Sigma}{u + \cos \Sigma} \tag{22.4}$$

und für $\Sigma > 90°$

$$\tan \delta_1 = \frac{\sin (180° - \Sigma)}{u - \cos (180° - \Sigma)} \tag{22.5}$$

Für den Achsenwinkel $\Sigma = \delta_1 + \delta_2 = 90°$ errechnet sich der Teilkegelwinkel des *treibenden Rit-zels* bzw. des *getriebenen Rades* aus $\tan \delta_1 = 1/u$ bzw. $\tan \delta_2 = u$.

2. Allgemeine Radabmessungen

Bei der Kegelradverzahnung sind nach DIN 3971 die Nennmaße eindeutig festgelegt durch den Teilkegel und durch die Verzahnung des *Bezugs-Planrades*, gegebenenfalls durch die Profilver-

22

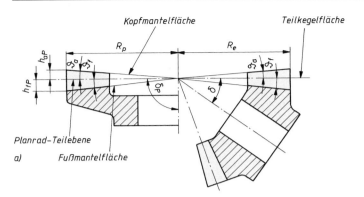

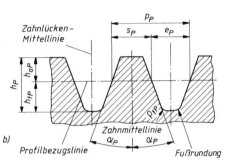

$p_p = m_p \cdot \pi$ *Planradteilung*

$s_p = \dfrac{m_p \cdot \pi}{2}$ *Zahndicke auf dem Planrad-Teilkreis*

$e_p = \dfrac{m_p \cdot \pi}{2}$ *Lückenweite auf dem Planrad-Teilkreis*

$\alpha_p = 20°$ *Flankenwinkel*
$h_p = 2 \cdot m_p + c_p$ *Zahnhöhe*
$h_{ap} = m_p$ + *Zahnkopfhöhe*
$h_{fp} = m_p + c_p$ *Zahnfußhöhe*
$c_p = (0,1 \dots 0,3) \cdot m_p$ *Kopfspiel*
$\rho_{fp} =$ *Fußrundungshalbmesser*

Bild 22-3 Bezugs-Planrad. a) Planrad mit Kegelrad, b) Bezugsprofil entsprechend DIN 867

schiebung. Unter Bezugs-Planrad ist das Kegelrad zu verstehen, das bei der Paarung mit einem Gegenrad anstelle des betrachteten Kegelrades treten könnte, s. Bild 22-3a.
Es bildet, ähnlich wie die Zahnstange bei den Stirnrädern, die Grundlage bei der Kegelradherstellung und ist gekennzeichnet durch die Planradzähnezahl z_p, den Modul m_p, das Bezugsprofil, die Größen in der Planrad-Teilebene und die Kopf- und Fußmantelfläche. Das für Kegelräder üblicherweise verwendete Bezugsprofil entspricht dem Bezugsprofil für Stirnräder nach DIN 867 (vgl. Bild 20-14), wobei sich die Profilbezugslinie nach DIN 867 in der Planrad-Teilebene befindet, wenn keine Profilverschiebung vorliegt, s. Bild 22-3b.
Die Radabmessungen nach Bild 22-4 werden auf den äußeren Teilkegel (Index e) bezogen, da hier die Zahnform annähernd gleich ist der einer virtuellen[1] Ersatz-Stirnradverzahnung (Index v) mit den Radien $r_{v1} = d_{v1}/2$ und $r_{v2} = d_{v2}/2$, s. Bild 22-5.

Mit dem *äußeren Modul* m_e ergeben sich folgende Größen:
äußerer Teilkreisdurchmesser als größter Durchmesser des Teilkegels

$$d_e = z \cdot m_e = d_m + b \cdot \sin \delta \tag{22.6}$$

mittlerer Teilkreisdurchmesser

$$d_m = z \cdot m_m = z \cdot m_e \cdot \frac{R_m}{R_e} = d_e - b \cdot \sin \delta \tag{22.7}$$

m_e *äußerer Modul*; wird (wie auch der mittlere Modul m_m) vielfach bei der Festlegung der Radabmessungen als Norm-Modul nach DIN 780, s. TB 21-1 festgelegt. Bei der Berechnung der Tragfähigkeit ist m_m maßgebend, $m_m = m_e \cdot R_m/R_e$

---

[1] virtuell = scheinbar vorhanden

22

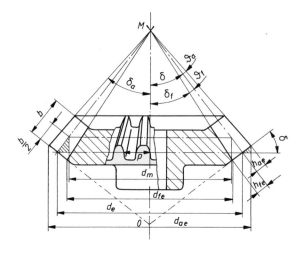

Bild 22-4
Abmessungen am geradverzahnten Kegelrad

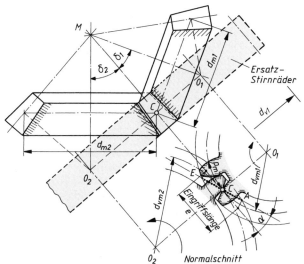

Bild 22-5
Ersatz-Stirnräder für Kegelräder

äußere Teilkegellänge gleich Mantellinienlänge der Teilkegel des vom äußeren Teilkreis begrenzten Teilkegels

$$R_e = \frac{d_e}{2 \cdot \sin \delta} \geq 3 \cdot b \tag{22.8}$$

b Zahnbreite nach Gl. (22.11)

mittlere Teilkegellänge gleich Mantellinienlänge des vom mittleren Teilkreis begrenzten Teilkegels

$$R_m = \frac{d_m}{2 \cdot \sin \delta} = R_e - \frac{b}{2} \tag{22.9}$$

innere Teilkegellänge gleich Mantellinienlänge des vom inneren Teilkreis begrenzten Teilkegels

$$R_i = \frac{d_i}{2 \cdot \sin \delta} = R_e - b \tag{22.10}$$

22

Zahnbreite; Empfehlungen für die Grenzwerte, von denen der kleinere Wert nicht überschritten werden sollte

$$
\begin{aligned}
&b \leq R_e/3 \\
&b \leq 10 \cdot m_e \\
&b \approx 0{,}15 \cdot d_{e1} \cdot \sqrt{u^2 + 1}
\end{aligned}
\tag{22.11}
$$

äußere Zahnkopf-, Zahnfuß- und Zahnhöhe für Null- bzw. V-Null-Getriebe mit der Profilverschiebung x_1 nach Gl. (22.19) und dem Kopfspiel $c = 0{,}25 m_e$

$$
\begin{aligned}
&h_{ae} = h_{ae2} = m_e \\
&h_{fe} = h_{fe2} \approx 1{,}25 \cdot m_e \quad \text{bzw.} \\
&h_e = h_{fe2} \approx 2{,}25 \cdot m_e
\end{aligned}
\qquad
\begin{aligned}
&h_{ae1} = m_e(1 + x_1); \; h_{ae2} = m_e(1 - x_1) \\
&h_{fe1} \approx 2{,}25 m_e - h_{ae1}; \; h_{fe2} \approx 2{,}25 m_e - h_{ae2} \\
&h_{e1} = h_{e2} \approx 2{,}25 m_e
\end{aligned}
\tag{22.12}
$$

Kopfkreisdurchmesser als größter Durchmesser des Radkörpers

$$
d_{ae} = d_e + 2 \cdot h_{ae} \cdot \cos \delta = m_e \cdot (z + 2 \cdot \cos \delta)
\tag{22.13}
$$

Kopfkegelwinkel

$$
\delta_a = \delta + \vartheta_a
\tag{22.14}
$$

ϑ_a *Kopfwinkel* gleich Winkel zwischen Mantellinie des Teil- und des Kopfkegels aus
$\tan \vartheta_a = h_{ae}/R_e = m_e/R_e$

Fußkegelwinkel

$$
\delta_f = \delta - \vartheta_f
\tag{22.15}
$$

ϑ_f *Fußwinkel* gleich Winkel zwischen Mantellinie des Teil- und des Fußkegels aus
$\tan \vartheta_f = h_{fe}/R_e \approx 1{,}25 \cdot m_e/R_e$

3. Eingriffsverhältnisse

Zur Beurteilung der Eingriffsverhältnisse werden die Kegelräder auf gleichwertige Ersatz-Stirnräder (Index v) zurückgeführt, deren Teilkreisradien gleich den Längen der auf die Zahnmitte bezogenen Mantellinien der Ergänzungskegel $\overline{CO_1}$ und $\overline{CO_2}$ sind. Damit ergeben sich $d_{v1} = d_{m1}/\cos \delta_1$ und $d_{v2} = d_{m2}/\cos \delta_2$ sowie $d_{vma} = d_{vm} + 2 m_m$. Die zugehörigen *Zähnezahlen der Ersatz-Stirnräder* sind: $z_{v1} = z_1/\cos \delta_1$ und $z_{v2} = z_2/\cos \delta_2$ oder allgemein

$$
z_v = \frac{z}{\cos \delta}
\tag{22.16}
$$

z Zähnezahl des Kegelrades
δ Teilkegelwinkel

Im Normalschnitt (Bild 22-5) zeigt sich näherungsweise eine „normale" Evolventenverzahnung mit der Teilung $p_m = m_m \cdot \pi$ mit dem Eingriffswinkel $\alpha_v = \alpha_n = \alpha(= 20°)$ und mit $\overline{AE}$ die Eingriffsstrecke g_α. Das Verhältnis der Eingriffsstrecke g_α zur Eingriffsteilung p_e ist die Profilüberdeckung $\varepsilon_\alpha = g_\alpha/p_e$ (s. Gln. (21.4) und (21.13) mit den Größen der Ersatzverzahnung, Index v). Da die Zähnezahl z_v des Ersatzstirnrades stets größer ist als die Zähnezahl z des eigentlichen Kegelrades, ist die Profilüberdeckung eines Kegelradgetriebes größer als die eines Stirnradgetriebes mit gleichen Zähnezahlen. Um günstige Bewegungsabläufe und ruhigen Lauf zu erhalten, sollte $\varepsilon_\alpha \geq 1{,}25$ sein. Auf die rechnerische Ermittlung von ε_α nach Gl. (21.13) kann für Nullräder in den meisten Fällen verzichtet werden. Eine schnelle, ungefähre Ermittlung von ε_α kann nach TB 21-2a durchgeführt werden in Abhängigkeit von der Ritzelzähnezahl des Ersatz-

22

stirnrades z_{v1} und dem Zähnezahlverhältnis u. Bei der rechnerischen Ermittlung von ε_α nach Gl. (21.13) sind die Abmessungen der Ersatzstirnräder in die Gleichung einzusetzen.

4. Grenzzähnezahl und Profilverschiebung

Zur Ermittlung der Grenzzähnezahl wird ebenso das Ersatz-Stirnrad mit der zugehörigen Zähnezahl z_v nach Gl. (22.16) herangezogen. Wird $z_v = z'_g = 14$ gesetzt (Grenzzähnezahl des Gerad-Stirnrades), dann wird die *praktische Grenzzähnezahl für geradverzahnte Kegelräder*

$$\boxed{z'_{gk} \approx z'_g \cdot \cos \delta = 14 \cdot \cos \delta} \qquad (22.17)$$

Die Grenzzähnezahlen der Kegelräder werden mit wachsendem Teilkegelwinkel δ kleiner und liegen unter denen der Stirnräder. Bei Zähnezahlen $z < z'_{gk}$ ist zur Vermeidung von Zahnunterschnitt eine *Profilverschiebung* erforderlich von

$$\boxed{V = +x_h \cdot m} \qquad (22.18)$$

Der Grenzwert des *Profilverschiebungsfaktors* wird entsprechend Gl. (21.16)

$$\boxed{x_h = \frac{14 - z_v}{17} = \frac{14 - (z/\cos \delta)}{17}} \qquad (22.19)$$

Zur Vermeidung von Spitzenbildung an profilverschobenen Zähnen darf eine *Mindestzähnezahl* $z_{min\,K}$ nicht unterschritten werden. Sie ist gegenüber der Mindestzähnezahl $z_{min} = 7$ für Stirnräder im gleichen Verhältnis kleiner als z'_{gK} zu z'_g; $z_{min\,K} = z_{min} \cdot \cos \delta = 7 \cdot \cos \delta$. Beispiele für Grenz- und Mindestzähnezahlen:

$\delta \approx$	$< 15°$	$20°$	$30°$	$38°$	$45°$
z'_{gK}	14	13	12	11	10
$z_{min\,K}$	7	7	6	6	5

Das Großrad soll möglichst eine gleichgroße negative Profilverschiebung $-V$ erhalten, d. h. es soll möglichst ein *V-Null-Getriebe* angestrebt werden; anderenfalls würden sich andere Betriebsabwälzkegel mit veränderten Kegelwinkeln ergeben, was einer Änderung der Übersetzung i gleichbedeutend wäre. V-Null-Getriebe sind möglich, sofern $z_{v1} + z_{v2} \geq 28$, da sonst Unterschnitt des Großrades durch $-V$ auftritt.

22.2.2 Schrägverzahnte Kegelräder

Wie bei den Schrägstirnrädern muß auch bei der Paarung zweier schräg- oder bogenverzahnter Kegelräder das eine rechts-, das andere linkssteigend ausgeführt werden, wobei der Schrägungssinn von der Kegelspitze aus betrachtet festgelegt ist.

Die Verzahnung und der Verlauf der Flankenlinien lassen sich durch die Planverzahnung des dem Kegelrad zugeordneten Planrades eindeutig erkennen und festlegen. Das Planrad ist eine ebene verzahnte Scheibe, die mit dem Kegelrad die Teilkegellänge R_e, die Zahnbreite b, den Verlauf der Flankenlinien und die sonstigen Zahndaten gemeinsam hat (Bild 22-6).

Im Normalschnitt durch die Zahnmitte ergibt sich die mittlere Normalteilung $p_{mn} = m_{mn} \cdot \pi$, außen die Normalteilung $p_{en} = m_{en} \cdot \pi$ (Normalmodul m_{en} vielfach gleich Norm-Modul nach DIN 780). Am mittleren Planradkreis mit dem Radius R_m wird die mittlere Stirnteilung $p_{mt} = m_{mt} \cdot \pi$, an der äußeren Stirnfläche $p_t = m_t \cdot \pi$ gemessen.

Der Schrägungswinkel β_e bzw. β_m ($\approx 10° \ldots 30°$) ist der Winkel zwischen der Radialen und der Zahnflankentangente außen bzw. am mittleren Planraddurchmesser. Zweckmäßig wird β_m vorgegeben. Die Schrägung der Zähne, bezogen auf die Zahnbreite b, ist durch den Sprungwinkel φ festgelegt.

22

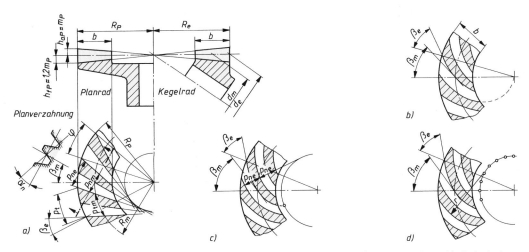

Bild 22-6 Flankenformen schräg- und bogenverzahnter Kegelräder. a) Schrägzähne, b) Spiralzähne, c) Evolventen-Bogenzähne, d) Kreisbogenzähne

Die Evolventen-Bogenzähne (Bild 22-6c) zeigen im Gegensatz zu den anderen über die ganze Breite die gleiche Normalteilung p_n, da ihre Bogenform durch äquidistante[1] Evolventen erzeugt ist. Diese Verzahnung bildet die Grundform der *Klingelnberg-Palloidverzahnung*, bei der jedoch die Teilkegelspitzen nicht mit dem Schnittpunkt der Radachsen zusammenfallen (Bild 22-7). Durch die Herstellung bedingt sind die Außenflanken der Zähne stärker gekrümmt als die Innenflanken. Durch diese Balligkeit werden Radverlagerungen ausgeglichen und die Laufruhe erhöht. Die Zähne sind überall gleich hoch.

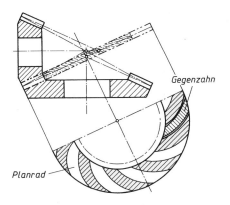

Bild 22-7
Klingelnberg-Palloidverzahnung

1. Übersetzung, Zähnezahlverhältnis

Für die Übersetzung i und das Zähnezahlverhältnis u gelten die gleichen Beziehungen wie für Geradzahn-Kegelräder (siehe unter 22.2.1).

2. Radabmessungen

Für die Festlegung der Radabmessungen können die Schrägzahn-Kegelräder (sinngemäß wie bei den Geradzahn-Kegelrädern) durch schrägverzahnte Ersatz-Stirnräder im Normalschnitt (bezogen auf Mitte Zahnbreite, Index m) mit dem Schrägungswinkel $\beta_{vm} = \beta_m$, der Ersatzzähnezahl $z_{vn} = z/(\cos \delta \cdot \cos^3 \beta_m)$, dem Teilkreisdurchmesser $d_v = d_m/(\cos \delta \cdot \cos^3 \beta_m)$ ersetzt werden.

---

[1] abstandsgleich

22

Abweichend zu den Beziehungen für geradverzahnte Kegelräder ergeben sich für schrägverzahnte Kegelräder mit dem Schrägungswinkel β_m an der mittleren Teilkegellänge bzw. β_e an der äußeren Teilkegellänge:

äußerer Teilkreisdurchmesser als größter Durchmesser des Teilkegels

$$d_e = z \cdot m_{et} = z \cdot \frac{m_{en}}{\cos \beta_e} = d_m \cdot \frac{R_e}{R_m} \qquad (22.20)$$

mittlerer Teilkreisdurchmesser

$$d_m = d_e - b \cdot \sin \delta = z \cdot \frac{m_{mn}}{\cos \beta_m} \qquad (22.21)$$

m_{mn}, m_{en} *mittlerer Modul* im Normalschnitt wird (wie auch der *äußere Modul* m_{en}) vielfach bei der Festlegung der Radabmessungen sowie bei der Berechnung der Tragfähigkeit bei schrägverzahnten Kegelrädern als Norm-Modul nach DIN 780 (TB 21-1) festgelegt

Zahnbreite; Empfehlungen für die Grenzwerte, von denen der kleinere Wert nicht überschritten werden sollte

$$\begin{aligned} & b \leq R_e / 3 \\ & b \leq 10 \cdot m_{en} \\ & b \approx 0{,}15 \cdot d_{e1} \cdot \sqrt{u^2 + 1} \end{aligned} \qquad (22.22)$$

mittlere Zahnkopf-, Zahnfuß- und Zahnhöhe (s. auch zu Gl. (22.12))

$$\begin{aligned} & h_{am1} = h_{am2} = m_{mn} \\ & h_{fm1} = h_{fm2} \approx 1{,}25 \cdot m_{mn} \\ & h_{m1} = h_{m2} \approx 2{,}25 \cdot m_{mn} \end{aligned} \text{ bzw. } \begin{aligned} & h_{am1} = m_{mn}(1 + x_1); \ h_{am2} = m_{mn}(1 - x_1) \\ & h_{fm1} = 2{,}25\, m_{mn} - h_{am1}; \ h_{fm2} = 2{,}25\, m_{mn} - h_{am2} \\ & h_{m1} = h_{m2} = 2{,}25\, m_{mn} \end{aligned} \quad (22.23)$$

mittlerer Kopfkreisdurchmesser

$$d_{am} = d_m + 2 \cdot h_{am} \cdot \cos \delta \qquad (22.24)$$

äußerer Kopfkreisdurchmesser als größter Durchmesser des Radkörpers

$$d_{ae} = d_{am} \cdot \frac{R_e}{R_m} \qquad (22.25)$$

mittlerer Fußkreisdurchmesser

$$d_{fm} = d_m - 2 \cdot h_{fm} \cdot \cos \delta \qquad (22.26)$$

äußerer Fußkreisdurchmesser

$$d_{fe} = d_{fm} \cdot \frac{R_e}{R_m} \qquad (22.27)$$

R_e, R_m Teilkegellängen nach Gln. (22.8) und (22.9)

3. Eingriffsverhältnisse

Durch die Schrägung der Zähne ist der Überdeckungsgrad bei Schrägzahn- bzw. Bogenzahn-Kegelrädern größer als der bei vergleichbaren Geradzahn-Kegelrädern.

Analog zu den Schrägstirnrädern, s. Bild 21-14, wird für die Ersatz-Verzahnung die (auf den mittleren Stirnschnitt bezogene) *Gesamtüberdeckung* gebildet aus

$$\varepsilon_{v\gamma} = \varepsilon_{v\alpha} + \varepsilon_{v\beta} \qquad (22.28)$$

$\varepsilon_{v\alpha}$ Profilüberdeckung der Ersatzverzahnung; Werte können mit hinreichender Genauigkeit nach TB 21-2 bzw. rechnerisch mit den Abmessungen der schrägverzahnten Ersatzverzahnung nach Gl. (21.45) ermittelt werden;

$\varepsilon_{v\beta}$ Sprungüberdeckung nach Gl. (22.29)

mit der *Sprungüberdeckung* aus

$$\varepsilon_{v\beta} \approx \frac{b_e \cdot \sin \beta_m}{m_{mn} \cdot \pi} \qquad (22.29)$$

$b_e \approx 0{,}85 \cdot b$ effektive Zahnbreite (bei unterschiedlichen Zahnbreiten ist der kleinere Wert für b maßgebend)

Die Zähnezahl des schrägverzahnten Ersatz-Stirnrades errechnet sich aus

$$z_{vn} \approx \frac{z_v}{\cos^3 \beta_m} = \frac{z}{\cos \delta \cdot \cos^3 \beta_m} \qquad (22.30)$$

4. Grenzzähnezahl und Profilverschiebung

Die Grenzzähnezahl liegt unter der für geradverzahnte Kegelräder. Wird in Gl. (22.30) die Ersatz-Zähnezahl $z_{vn} = z_g' = 14$ gesetzt, dann ergibt sich nach Umwandlung der Gleichung die *kleinste praktische Grenzzähnezahl für schrägverzahnte Kegelräder*

$$z_{gK}' \approx z_g' \cdot \cos \delta \cdot \cos^3 \beta_m = 14 \cdot \cos \delta \cdot \cos^3 \beta_m \qquad (22.31)$$

22.3 Entwurfsberechnung[1]

Die Angaben gelten für Null- und *V*-Null-Getriebe mit einem Achsenwinkel $\Sigma = 90°$. Die Hauptabmessungen der Kegelräder müssen vorerst erfahrungsgemäß gewählt oder überschlägig nach Näherungsgleichungen festgelegt werden.

1. Wellendurchmesser d_{sh} zur Aufnahme des Ritzels

Entsprechend den Leistungsdaten ist der *Entwurfsdurchmesser* d_{sh}' nach Bild 11-21 überschlägig zu errechnen. Dabei ist die Art der Krafteinleitung (Kupplung, Riemenscheibe oder direkt über Flanschmotor) zu beachten. Eine endgültige Festlegung des Durchmessers kann erst nach Vorliegen der Verzahnungs- und Belastungsdaten erfolgen.

2. Übersetzung, Zähnezahlverhältnis

Die Übersetzung bzw. das Zähnezahlverhältnis eines Kegelradgetriebes soll $i = u \approx 6$ nicht überschreiten, da sich anderenfalls zu ungünstige Abmessungen des Großrades und eine stärkere Abnutzung der Ritzelzähne gegenüber den (vielen) Zähnen des Rades ergeben. Größere Getriebeübersetzungen werden vielfach kombiniert mit Stirnradstufen ausgeführt.

3. Zähnezahl

Ritzelzähnezahl z_1 in Abhängigkeit von der Übersetzung i bzw. dem Zähnezahlverhältnis u nach TB 22-1 wählen. Darauf achten, dass bei der Festlegung von z_2 die vorgegebene Übersetzung möglichst genau eingehalten wird.

---

[1] Siehe hierzu auch die Angaben in 21.4.1.

22

4. Schrägungswinkel

Bei schrägverzahnten Kegelrädern *Schrägungswinkel* $\beta_m \approx (10° \ldots 30°)$ festlegen[1]. Bei Gerad-verzahnung ist $\beta_m = 0$.

5. Zahnbreite

Zahnbreite b aus $b \approx \psi_d \cdot d_{m1}$ festlegen mit dem Breitenverhältnis $\psi_d = b/d_{m1}$ nach TB 22-1. Dabei Grenzen für b nach Gl. (22.22) möglichst nicht überschreiten.

6. Zahnradwerkstoffe und Verzahnungsqualität

Bei der Wahl geeigneter Zahnradwerkstoffe für Kegelräder gilt sinngemäß das gleiche wie unter Kapitel 20.2 ausgeführt. Festigkeitswerte gebräuchlicher Zahnradwerkstoffe s. TB 20-1 und TB 20-2. Die Verzahnungsqualität wird wie bei den Stirnrädern (s. Kapitel 21.3) in Abhängigkeit vom Verwendungszweck und der Umfangsgeschwindigkeit am Teilkreis $v = d_{m1} \cdot \pi \cdot n_1$ gewählt. Wenn keine Erfahrungswerte vorliegen, können die Angaben in TB 21-7 als Richtlinie gelten.

7. Modul

Der Modul ist *die* geometriebestimmende Größe. Eine überschlägige Ermittlung kann nach Bild 22-8 erfolgen. Beim nachfolgenden Tragfähigkeitsnachweis kann der so vorgewählte Modul entweder bestätigt oder entsprechend korrigiert werden.

Je nach Vorgabe sind zwei Lösungswege zu unterscheiden:

a) Der Durchmesser d_{sh} der Welle für das Ritzel ist bereits bekannt oder wird überschlägig ermittelt (z. B. nach Bild 11-21). Für diesen Fall wird entsprechend der Ritzelausführung der *Modul*

$$
\begin{array}{ll}
\text{Ausführung Ritzel/Welle} & m'_m \geq \dfrac{(2{,}4 \ldots 2{,}6) \cdot d_{sh}}{z_1} \\[3mm]
\text{Ausführung als Ritzelwelle} & m'_m \geq \dfrac{1{,}25 \cdot d_{sh}}{z_1}
\end{array}
\tag{22.32}
$$

b) Leistungsdaten und Zahnradwerkstoff sind bekannt: Für $T_1 = K_A \cdot T_{1\,nenn}$ kann mit $\sigma_{F\,lim}$ bzw. $\sigma_{H\,lim}$ der vorgewählten Zahnradwerkstoffe nach TB 20-1 bzw. TB 20-2 der *Modul* mit einer aus der „Hertzschen Wälzpressung" (s. unter 21.5.5) hergeleiteten vereinfachten Gleichung ermittelt werden

$$
\begin{array}{ll}
\text{Zahnflanken gehärtet} & m''_m \approx 3{,}75 \cdot \sqrt[3]{\dfrac{T_{1eq} \cdot \sin \delta_1}{z_1^2 \cdot \sigma_{F\,lim1}}} \\[4mm]
\text{Zahnflanken nicht gehärtet} & m''_m \approx \dfrac{205}{z_1} \cdot \sqrt[3]{\dfrac{T_{1eq} \cdot \sin \delta_1}{\sigma_{H\,lim}^2 \cdot u}}
\end{array}
\tag{22.33}
$$

m_m, d_{sh}	T_{eq1}	$\sigma_{F\,lim}, \sigma_{H\,lim}$	δ	z_1, u
mm	Nmm	N/mm²	°	1

T_{1eq} vom treibenden Rad zu übertragendes größtes Drehmoment; bei ungünstigen Betriebs-verhältnissen $T_{1eq} = T_{1\,nenn} \cdot K_A$ mit dem *Nenndrehmoment* und dem Anwendungsfaktor K_A n. TB 3-5

δ_1 Teilkegelwinkel des treibenden Ritzels nach Gl. (22.4)

z_1 Zähnezahl des treibenden Ritzels

$\sigma_{F\,lim}$ Zahnfußfestigkeit; Werte nach TB 20-1 u. TB 20-2

$\sigma_{H\,lim}$ Flankenfestigkeit des *weicheren* Werkstoffes; Werte nach TB 20-1 u. TB 20-2

22

---

[1] Hinsichtlich der Festlegung des Schrägungswinkels (Spiralwinkels) s. weiterführende Literatur.

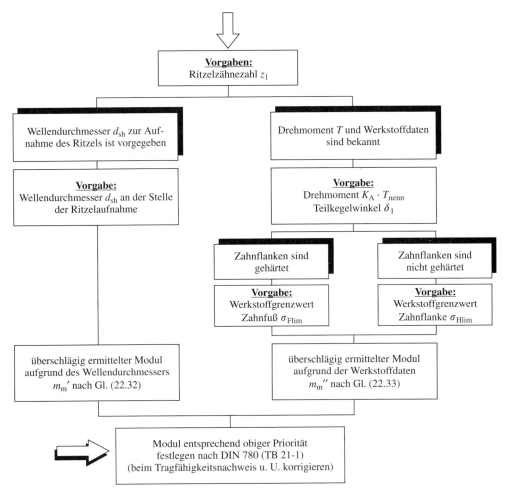

Bild 22-8 Vorgehensplan zur überschlägigen Modulbestimmung für Kegelräder

Mit dem festgelegten nächstliegenden Norm-Modul $m \cong m_m$ nach DIN 780 (TB 21-1) werden die genauen Rad- und Getriebeabmessungen berechnet. Anhand eines ersten Entwurfs ist zu prüfen, ob mit den vorgewählten Abmessungen eine einwandfreie *konstruktive* Ausbildung insbesondere des Ritzels gegeben ist. Ein anschließender Tragfähigkeitsnachweis zur Bestätigung der festgelegten Werte ist zu führen.

22.4 Tragfähigkeitsnachweis

Die Tragfähigkeitsberechnung für Kegelräder ist nach DIN 3991 T1 bis T3 genormt. Nachfolgend ist ein vereinfachter Tragfähigkeitsnachweis dargestellt; eine genauere Berechnung ist nach DIN 3991 in Verbindung mit DIN 3990 durchzuführen.

22.4.1 Kraftverhältnisse

Zur Untersuchung der Kraftverhältnisse werden die Ersatz-Stirnräder zugrunde gelegt. Sie müssen ebenfalls auf den *Normalschnitt* durch die Mitte der Zähne entsprechend der Angriffsstelle der Kräfte bezogen werden (Bild 22-9).

22

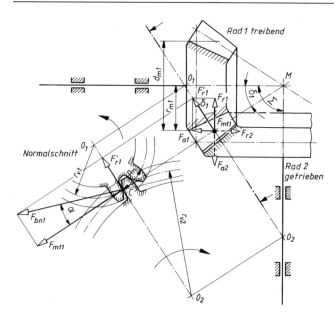

Bild 22-9
Kraftverhältnisse am geradverzahnten Kegelradpaar ($\Sigma = 90°$)

Die Kräfte werden zunächst für das treibende Rad 1 eines Kegelradpaares mit dem meist vorliegenden Achsenwinkel $\Sigma = 90°$ untersucht.

Die senkrecht zur Zahnflanke in Richtung der Eingriffslinie wirkende Zahnkraft F_{bn1} wird in die Normal-Radialkraft F'_{r1} und in die Umfangskraft F_{mt1} zerlegt. Im Aufriss (Bild 22-9) wirkt F_{mt1} senkrecht zur Bildebene und erscheint als Punkt. F'_{r1} wird wiederum in die Radialkraft F_{r1} und in die Axialkraft F_{a1} zerlegt.

Ausgangsgröße für die Berechnung der Zahnkräfte ist die am mittleren Teilkreisdurchmesser d_{m1} angreifende *Nennumfangskraft* aus

$$F_{mt1} = \frac{T_{1\,nenn}}{d_{m1}/2} \qquad\qquad (22.34)$$

$T_{1\,nenn}$ vom treibenden Rad (Ritzel) zu übertragendes Nenndrehmoment
d_{m1} mittlerer Teilkreisdurchmesser n. Gl. (22.7) oder aus Gl. (22.9)

Für $\Sigma = \delta_1 + \delta_2 = 90°$ wird für geradverzahnte Kegelräder mit der Normal-Radialkraft $F'_{r1} = F_{mt1} \cdot \tan \alpha$ nach Bild 22-9 die *Axialkraft*

$$F_{a1} = F'_{r1} \cdot \sin \delta_1 = F_{mt1} \cdot \tan \alpha \cdot \sin \delta_1 \qquad\qquad (22.35)$$

und die *Radialkraft*

$$F_{r1} = F'_{r1} \cdot \cos \delta_1 = F_{mt1} \cdot \tan \alpha \cdot \cos \delta_1 \qquad\qquad (22.36)$$

α Eingriffswinkel, meistens $\alpha = \alpha_n = 20°$
δ_1 Teilkegelwinkel des treibenden Rades

Setzt man die Radialkraft und die Axialkraft ins Verhältnis, so ist $F_{r1}/F_{a1} = \cos \delta_1 / \sin \delta_1 = 1/\tan \delta_1 = i$ und damit wird bei $\Sigma = 90°$ auch

$$F_{r1} = F_{a1} \cdot i \qquad\qquad (22.37)$$

22

Unter Vernachlässigung des Wirkungsgrades der Verzahnungsstelle ist die *Umfangskraft des getriebenen Rades 2*

$$F_{mt2} = F_{mt1}$$ (22.38)

Aus Bild 22-9 ist ersichtlich, dass bei dem Achsenwinkel $\Sigma = 90°$ die *Axialkraft des einen Rades gleich (aber entgegengerichtet) der Radialkraft des anderen Rades* ist und umgekehrt:

$$F_{a2} = F_{r1} \quad \text{und} \quad F_{r2} = F_{a1}$$ (22.39)

Allgemein gilt für gerad- und schrägverzahnte Kegelräder mit einem beliebigen Achsenwinkel Σ und dem Schrägungswinkel β_m unter Berücksichtigung der Dreh- und der Flankenrichtung:

Axialkraft

für das treibende Rad (Ritzel)

$$F_{a1} = \frac{F_{mt}}{\cos \beta_m} \cdot (\sin \delta_1 \cdot \tan \alpha_n \pm \cos \delta_1 \cdot \sin \beta_m)$$

für das getriebene Rad

$$F_{a2} = \frac{F_{mt}}{\cos \beta_m} \cdot (\sin \delta_2 \cdot \tan \alpha_n \mp \cos \delta_2 \cdot \sin \beta_m)$$ (22.40)

Radialkraft

für das treibende Rad (Ritzel)

$$F_{r1} = \frac{F_{mt}}{\cos \beta_m} \cdot (\cos \delta_1 \cdot \tan \alpha_n \mp \sin \delta_1 \cdot \sin \beta_m)$$

für das getriebene Rad

$$F_{r2} = \frac{F_{mt}}{\cos \beta_m} \cdot (\cos \delta_2 \cdot \tan \alpha_n \pm \sin \delta_2 \cdot \sin \beta_m)$$ (22.41)

Hinweis: In den vorstehenden Gleichungen gilt für den Klammerausdruck das obere Zeichen + bzw. −, wenn Dreh- und Flankenrichtung gleich sind, und das untere Zeichen, wenn ungleich.

Diese Kräfte sind sinngemäß wie bei den Schrägstirnrädern maßgebend für die Ermittlung der Lagerkräfte und Biegemomente an Wellen mit Kegelrädern. Es ist jedoch zu beachten, dass diese Kräfte unter Zugrundelegung des Nenndrehmomentes ermittelt werden, so dass ggf. extreme Betriebsbedingungen durch den Anwendungsfaktor K_A nach TB 3-5 zu berücksichtigen sind.

22.4.2 Nachweis der Zahnfußtragfähigkeit

Die nachfolgenden Berechnungsgleichungen gelten für die in der Praxis am häufigsten vorkommenden Null- und V-Null-Getriebe.
Nach Festlegung der Hauptabmessungen und Werkstoffe für Ritzel und Rad muss nachgeprüft werden, ob die vorgesehenen Zahnradwerkstoffe festigkeitsmäßig den Anforderungen genügen. Wie bei den Gerad- und Schrägstirnrädern ist auch bei den Kegelrädern die Spannung im Zahnfuß für Ritzel und Rad getrennt nachzuweisen.
Für die Nachprüfung werden die Ersatz-Stirnräder mit $z_{vn1,2}$ (Zähnezahl im Normalschnitt) zugrunde gelegt.

22

In Anlehnung an die Gl. (21.83) errechnet sich die *im Zahnfuß auftretende größte Spannung* näherungsweise aus

$$\sigma_F = \sigma_{F0} \cdot K_A \cdot K_v \cdot K_{F\alpha} \cdot K_{F\beta} \leq \sigma_{FP} \qquad\qquad (22.42)$$

σ_{F0} durch das statische Nenndrehmoment hervorgerufene örtliche Zahnfußspannung der fehlerfreien Verzahnung nach Gl. (22.43)

K_A Anwendungsfaktor, Werte aus TB 3-5

K_v Dynamikfaktor zur Berücksichtigung der inneren dynamischen Kräfte

$$K_v = 1 + \left(\frac{K_1 \cdot K_2}{K_A \cdot (F_{mt}/b_e)} + K_3 \right) \cdot K_4 \text{ mit } F_{mt}/b_e \geq 100\,\text{N/mm, (ist } F_{mt}/b_e < 100\,\text{N/mm,}$$

so ist dieser Wert gleich $100\,\text{N/mm}$ zu setzen),

$K_4 = 0{,}01 \cdot z_1 \cdot v_{mt} \cdot \sqrt{u^2/(1+u^2)}$ und $K_{1\ldots3}$ nach TB 22-2

$K_{F\alpha}$ Einflussfaktor zur Berücksichtigung der Kraftaufteilung auf mehrere Zähne bei der Zahnfußbeanspruchung, Werte aus TB 21-19

$K_{F\beta}$ Einflussfaktor zur Berücksichtigung der Kraftaufteilung über die Zahnbreite ($K_{F\beta}$) bei der Zahnfußbeanspruchung. Für Industriegetriebe kann gesetzt werden
$K_{F\beta} \approx 1{,}65$ bei beidseitiger Lagerung von Ritzel *und* Tellerrad
$K_{F\beta} \approx 1{,}88$ bei *einer* fliegenden und *einer* beidseitigen Lagerung
$K_{F\beta} \approx 2{,}25$ bei fliegender Lagerung von Ritzel *und* Tellerrad

$$\sigma_{F0} = \frac{F_{mt}}{b_{eF} \cdot m_{mn}} \cdot Y_{Fa} \cdot Y_{Sa} \cdot Y_\beta \cdot Y_\varepsilon \cdot Y_K$$

σ_{F0}	F_{mt}	b_{eF}, m_{mn}	$Y\ldots$
N/mm²	N	mm	1

$$(22.43)$$

F_{mt} Nenn-Umfangskraft am Teilkegel

b_{eF} effektive Zahnreite (Fuß, Index F) aus $b_{eF} \approx 0{,}85 \cdot b$ mit b nach Gl. (22.22); bei unterschiedlichen Breiten ist der kleinere Wert einzusetzen

m_{mn} Normal-Modul in Mitte Zahnbreite

Y_{Fa} Formfaktor zur Berücksichtigung der Zahnform auf die Biegenennspannung; Werte aus TB 21-20a für die Zähnezahl des Ersatzstirnrades $z_{vn} = z/(\cos^3 \beta_m \cdot \cos \delta)$

Y_{Sa} Spannungskorrekturfaktor zur Berücksichtigung u. a. der spannungserhöhenden Wirkung der Kerbe durch die Fußrundung; Werte aus TB 21-20b für die Zähnezahl des Ersatzstirnrades z_{vn} (s. zu Y_{Fa})

Y_ε Überdeckungsfaktor aus $Y_\varepsilon = 0{,}25 + 0{,}75/\varepsilon_{v\alpha n}$ mit $\varepsilon_{v\alpha n} \approx \varepsilon_{v\alpha}/\cos^2 \beta_{vb}$ und $\beta_{vb} = \arcsin(\sin \beta_m \cdot \cos \alpha_n)$ bzw. aus TB 22-3; für $\varepsilon_{v\alpha n} \geq 2$ ist $\varepsilon_{v\alpha n} = 2$ zu setzen

Y_β Schrägenfaktor; Werte aus TB 21-20c

Y_K Kegelradfaktor, berücksichtigt den Einfluß der von Stirnrädern abweichenden Zahnform bei Kegelrädern; allgemein $Y_K = 1$

Nähere Erläuterungen zu den einzelnen Faktoren s. Abschnitt 21.5.4

Die zulässige *Zahnfußspannung* σ_{FP} hängt ab vom Werkstoff, von der Wärmebehandlung, dem Herstellverfahren, der Lebensdauer und der geforderten Sicherheit gegen Zahnbruch. σ_{FP} kann aufgrund von Erfahrungswerten festgelegt oder aber aus Lauf- und Pulsatorversuchen an Prüfzahnrädern ermittelt werden und ist jeweils getrennt für Ritzel und Rad zu bestimmen. Für die meisten Anwendungsfälle kann vereinfacht gesetzt werden

$$\sigma_{FP} = \frac{\sigma_{F\,lim}}{S_{F\,min}} \cdot Y_{St} \cdot Y_{\delta\,rel\,T} \cdot Y_{R\,rel\,T} \cdot Y_X = \frac{\sigma_{FG}}{S_{F\,min}} \qquad\qquad (22.44)$$

$\sigma_{F\,lim}$ Zahnfuß-Biegenenndauerfestigkeit der Prüfräder, Werte aus TB 20-1 und TB 20-2

$S_{F\,min}$ Mindestsicherheitsfaktor; für Dauergetriebe $\approx 1{,}5\ldots2{,}5$; für Zeitgetriebe $\approx 1{,}2\ldots1{,}5$

$Y_{St}, Y_{\delta\,rel\,T}, Y_{R\,rel\,T}, Y_X$ s. zu Gl. (21.84). Hier sind die Werte der jeweiligen Ersatzverzahnung einzusetzen.

22.4.3 Nachweis der Grübchentragfähigkeit

Wie bei der Ermittlung der Zahnfußtragfähigkeit wird bei der Tragfähigkeitsberechnung der Zahnflanken als äquivalente Stirnradverzahnung die Ersatzverzahnung zugrunde gelegt. Für geradverzahnte Kegelräder genügt im Allgemeinen, die *Hertzsche Pressung* im Wälzpunkt C

22

nachzuweisen. In Anlehnung an die Gln. (21.86) bis (21.89) wird

$$\sigma_H = \sigma_{H0} \cdot \sqrt{K_A \cdot K_v \cdot K_{H\alpha} \cdot K_{H\beta}} \le \sigma_{HP} \tag{22.45}$$

σ_{H0}	durch das statische Nenndrehmoment hervorgerufener Nennwert der Flanken- pressung nach Gl. (22.46)
K_A, K_v	s. zu Gl. (22.42)
$K_{H\alpha}$, $K_{H\beta}$	Einflussfaktoren zur Berücksichtigung der Kraftaufteilung auf mehrere Zähne ($K_{H\alpha}$) bzw. über die Zahnbreite ($K_{H\beta}$) bei der Zahnflankenbeanspruchung. $K_{H\alpha}$ nach TB 21-19, $K_{H\beta} \approx K_{F\beta}$ s. zu Gl. (22.42)

$$\sigma_{H0} = Z_H \cdot Z_E \cdot Z_\varepsilon \cdot Z_\beta \cdot Z_K \cdot \sqrt{\frac{F_{mt}}{d_{v1} \cdot b_{eH}} \cdot \frac{u_v + 1}{u_v}} \tag{22.46}$$

σ_{H0}	F_{mt}	d_{v1}, b_{eH}	Z_E	$Z \ldots$, u_v
N/mm^2	N	mm	$\sqrt{N/mm^2}$	1

F_m	Nenn-Umfangskraft am Teilkegel in Mitte Zahnbreite
b_{eH}	effektive Zahnbreite (Flanke, Index H); allgemein $b_{eH} \approx 0,85 \cdot b$, s. Hinweise zu Gl. (22.43)
d_{v1}	Teilkreisdurchmesser des Ritzels der Ersatz-Stirnradverzahnung aus $d_{v1} = d_{m1}/\cos \delta_1$
u_v	Zähnezahlverhältnis der Ersatzverzahnung; $u_v = z_{v2}/z_{v1} \ge 1$, für $\Sigma = \delta_1 + \delta_2 = 90°$ wird $u_v = u^2$
Z_H	Zonenfaktor (der Ersatz-Stirnradverzahnung) nach TB 21-22a, für $\beta = \beta_m$ und $z = z_v$;
Z_E	Elastizitätsfaktor zur Berücksichtigung der werkstoffspezifischen Größen; Werte aus TB 21-22b
Z_ε	Überdeckungsfaktor (der Ersatz-Stirnradverzahnung), für $\varepsilon_\alpha = \varepsilon_{v\alpha}$ und $\varepsilon_\beta = \varepsilon_{v\beta}$; Ermitt- lung s. zu Gl. (21.88)
Z_β	Schrägenfaktor; $Z_\beta \approx \sqrt{\cos \beta_m}$
Z_K	Kegelradfaktor; allgemein $Z_K \approx 1$, in günstigen Fällen (bei geeigneter und angepasster Höhenballigkeit) $Z_K \approx 0,85$

Die *zulässige Hertzsche Pressung* σ_{HP} wird vom Werkstoff, der Wärmebehandlung und dem Herstellverfahren, der geforderten Lebensdauer und der Sicherheit bestimmt. σ_{HP} ist jeweils getrennt für Ritzel und Rad zu ermitteln. Vereinfacht kann für Dauergetriebe gesetzt werden:

$$\sigma_{HP} = \frac{\sigma_{H\lim}}{S_{H\min}} \cdot Z_L \cdot Z_v \cdot Z_R \cdot Z_X = \frac{\sigma_{HG}}{S_{H\min}} \tag{22.47}$$

$\sigma_{H\lim}$	Dauerfestigkeitswert für Flankenpressung; Werte aus TB 20-1 und TB 20-2
Z_L	Schmierstofffaktor; Werte aus TB 21-23a
Z_v	Geschwindigkeitsfaktor; Werte aus TB 21-23b
Z_R	Rauigkeitsfaktor; Werte aus TB 21-23c
Z_X	Größenfaktor; Werte aus TB 21-23d
$S_{H\min}$	Mindestsicherheitsfaktor gegen Grübchenbildung; für Dauergetriebe $\approx 1,2 \ldots 1,5$, für Zeitgetriebe $\approx 1 \ldots 1,2$

22.5 Berechnungsbeispiele für Kegelradgetriebe

■ **Beispiel 22.1:** Für den Antrieb eines Schneckenförderers ist ein geradverzahntes Kegelradgetriebe als Anbaugetriebe vorgesehen (Bild 22-10). Der Antrieb erfolgt durch einen Getriebemotor mit einer Leistung $P_1 = 3$ kW bei der Drehzahl $n_1 \approx 250$ min^{-1} über eine elastische Kupplung. Die Schnecken- drehzahl beträgt $n_2 \approx 80$ min^{-1}, der Achsenwinkel des Kegelradgetriebes ist $\Sigma = 90°$. Der Schaft- durchmesser zur Aufnahme des Ritzels wurde mit 35 mm festgelegt. Die Hauptabmessungen des Getriebes sind für eine kompakte Bauweise zu ermitteln.

22

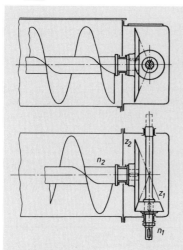

Bild 22-10
Kegelradgetriebe zum Antrieb eines Schneckenförderers

▶ **Lösung:** Das Übersetzungsverhältnis errechnet sich aus

$$i = u = n_1/n_2 = 250 \text{ min}^{-1}/80 \text{ min}^{-1} \approx 3,125.$$

Damit wird nach Gl. (22.4) der Teilkegelwinkel δ_1 mit dem Achsenwinkel $\Sigma = 90°$

$$\delta_1 = \arctan(\sin \Sigma/(u + \cos \Sigma) = 17,745° \quad \text{und} \quad \delta_2 = \Sigma - \delta_1 = \ldots = 72,255°$$

(diese Winkel sind endgültig).

Als Ritzelzähnezahl wird nach TB 22-1 $z_1 = 16$ gewählt; damit wird

$$z_2 = i \cdot z_1 = 3,125 \cdot 16 = 50.$$

Für ein aufzusetzendes Ritzel, das hier aufgrund der konstruktiven Gegebenheiten vorzusehen ist, wird der Modul überschlägig nach Gl. (22.32)

$$m'_\mathrm{m} \geq (2,4 \ldots 2,6) \cdot d_\mathrm{sh}/z_1 = \ldots = 5,25 \ldots 5,7 \text{ mm; vorläufig festgelegt: Modul } m_\mathrm{m} \approx m_\mathrm{e} = 6 \text{ mm.}$$

Mit $z \cdot m_\mathrm{m} = d_\mathrm{m}$ erfolgt aus Gl. (22.32) der mittlere Teilkreisdurchmesser aus

$$d_\mathrm{m1} \approx (2,4 \ldots 2,6) \cdot d_\mathrm{sh} = (2,4 \ldots 2,6) \cdot 35 \text{ mm} = 84 \ldots 91 \text{ mm.}$$

Mit dem Breitenverhältnis $\psi_\mathrm{d} \approx 0,5$ nach TB 22-1 wird die Zahnbreite

$$b \approx \psi_\mathrm{d} \cdot d_\mathrm{m1} = 0,5 \cdot (84 \ldots 91) \text{ mm} = 42 \ldots 46 \text{ mm.}$$

Festgelegt wird $b = 45$ mm. Hierbei ist zu beachten, dass die Bedingung $R_\mathrm{e} \geq 3 \cdot b$ nach Gl. (22.8) erfüllt ist.

Der äußere Teilkreisdurchmesser wird aus Gl. (22.6)

$$d'_\mathrm{e} \approx d_\mathrm{m1} + b_1 \cdot \sin \delta_1 = (84 \ldots 91) \text{ mm} + 45 \text{ mm} \cdot \sin 17,745° = 98 \ldots 105 \text{ mm}$$

und damit kann die äußere Teilkegellänge nach Gl. (22.8) ermittelt werden.

$$R'_\mathrm{e} \approx d'_\mathrm{e}/(2 \cdot \sin \delta) = (98 \ldots 105) \text{ mm}/(2 \cdot \sin 17,45°) = 160 \text{ mm} \ldots 172 \text{ mm.}$$

Die Bedingung $R_\mathrm{e} \geq 3 \cdot b = 3 \cdot 45 \text{ mm} = 135 \text{ mm}$ wird also in jedem Fall erfüllt.

Zur endgültigen Festlegung der Zahnradabmessungen wird der *äußere Modul* aus Gl. (22.6) ermittelt und nach DIN 780 (TB 21-1) festgelegt

$$m_\mathrm{e} = d_\mathrm{e1}/z_1 = (98 \ldots 105) \text{ mm}/16 = 6,1 \text{ mm} \ldots 6,6 \text{ mm}; \quad \text{endgültig festgelegt } m_\mathrm{e} = 6 \text{ mm.}$$

Damit ergeben sich die endgültigen Kegelradabmessungen:

äußerer Teilkreisdurchmesser aus Gl. (22.6)

$$d_\mathrm{e1} = z_1 \cdot m_\mathrm{e} = 16 \cdot 6 \text{ mm} = 96 \text{ mm}, \qquad d_\mathrm{e2} = z_2 \cdot m_\mathrm{e} = 50 \cdot 6 \text{ mm} = 300 \text{ mm};$$

äußere Teilkegellänge Gl. (22.8)

$$R_\mathrm{e} = d_\mathrm{e1}/(2 \cdot \sin \delta_1) = 96 \text{ mm}/(2 \cdot \sin 17,745°) = 157,49 \text{ mm};$$

Zahnkopf-, Zahnfuß- und Zahnhöhe nach Gl. (22.12)

$$h_\mathrm{ae} = m_\mathrm{e} = 6 \text{ mm}; \qquad h_\mathrm{fe} = 1,25 \cdot m_\mathrm{e} = \ldots = 7,5 \text{ mm}; \qquad h_\mathrm{e} = 2,25 \cdot m_\mathrm{e} = \ldots = 13,5 \text{ mm};$$

22

äußerer Kopfkreisdurchmesser nach Gl. (22.13)

Ritzel: $d_{ae1} = m_e \cdot (z_1 + 2 \cdot \cos \delta_1) = 6\,\text{mm} \cdot (16 + 2 \cdot \cos 17,745°) = 107,43\,\text{mm}$

Rad: $d_{ae2} = m_e \cdot (z_2 + 2 \cdot \cos \delta_2) = 6\,\text{mm} \cdot (50 + 2 \cdot \cos 72,255°) = 303,66\,\text{mm}$

mittlerer Teilkreisdurchmesser n: Gl. (22.7)

Ritzel: $d_{m1} = d_{e1} - b \cdot \sin \delta_1 = 96\,\text{mm} - 45\,\text{mm} \cdot \sin 17,745° = 82,29\,\text{mm}$

Rad: $d_{m2} = d_{e2} - b \cdot \sin \delta_2 = 300\,\text{mm} - 45\,\text{mm} \cdot \sin 72,255° = 257,14\,\text{mm}$

mittlerer Modul aus Gl. (22.7)

$m_m = d_{m1}/z_1 = 82,29\,\text{mm}/16 = 5,143\,\text{mm}$

Kopfwinkel nach Angaben zu Gl. (22.14)

$\vartheta_a = \arctan (m_e/R_e) = \arctan (6\,\text{mm}/157,49\,\text{mm}) = 2,182°$

Fußwinkel nach Angaben zu Gl. (22.15)

$\vartheta_f = \arctan (1,25 \cdot m_e/R_e = \arctan (1,25 \cdot 6\,\text{mm}/157,49\,\text{mm}) = 2,726°$

Kopfkegelwinkel nach Gl. (22.14)

Ritzel: $\delta_{a1} = \delta_1 + \vartheta_a = 17,745° + 2,182° = 19,927°$

Rad: $\delta_{a2} = \delta_2 + \vartheta_a = 72,255° + 2,182° = 74,437°$

Fußkegelwinkel nach Gl. (22.15)

Ritzel: $\delta_{f1} = \delta_1 - \vartheta_f = 17,745° - 2,726° = 15,019°$

Rad: $\delta_{f1} = \delta_2 - \vartheta_f = 72,255° - 2,726° = 69,529°$.

■ **Beispiel 22.2:** Für das Ritzel des im Beispiel 22.1 dargestellten Kegelradgetriebes ist mit den dort ermittelten und festgelegten Größen der Tragfähigkeitsnachweis zu führen. Für Ritzel und Rad wurde als Werkstoff 34CrMo4 (umlaufgehärtet) mit $\sigma_{F\,lim} \approx 200\,\text{N/mm}^2$ und $\sigma_{H\,lim} \approx 1000\,\text{N/mm}^2$ sowie die Verzahnungsqualität 9 vorgesehen. Aufgrund der vorliegenden Betriebsbedingungen ist mit einem Anwendungsfaktor $K_A \approx 1,25$ zu rechnen.

▶ **Lösung:** Für die Tragfähigkeitsberechnung sind die jeweiligen Ersatz-Stirnräder zugrunde zu legen mit den Zähnezahlen nach Gl. (22.16)

Ritzel: $z_{v1} = z_1/\cos \delta_1 = 16/\cos 17,745° = 16,8$

Rad: $z_{v2} = z_2/\cos \delta_2 = 50/\cos 72,255° = 164$.

Mit $T_1 = 9550 \cdot P/n_1 = 9550 \cdot 3/250 = 114,6\,\text{Nm}$ und mit $d_{m1} = 0,082\,29\,\text{m}$ wird die Nennumfangskraft an mittleren Teilkreisdurchmesser nach Gl. (22.34)

$F_{mt1} = T_1/(d_{m1}/2) = 2 \cdot 114,6\,\text{Nm}/0,082\,29\,\text{m} = 2785,44\,\text{N} \approx 2786\,\text{N}$.

Zahnfußtragfähigkeit: Zur Berücksichtigung der dynamischen Zusatzkräfte wird mit $K_1 = 58,43$, $K_2 = 1,065$, $K_3 = 0,019$ nach TB 22-2 und $K_4 \approx 0,16$

$K_v = 1 + (K_1 \cdot K_2/(K_A \cdot F_{mt}/b) + K_3) \cdot K_4 = \ldots \approx 1,08$.

Die örtliche Biegespannung nach Gl. (22.43) mit den Einflussgrößen $F_{mt} = 2786\,\text{N}$, $b_{eF} \approx 0,85 \cdot b$ $= \ldots = 38,5\,\text{mm}$, $m_m = 5,143\,\text{mm}$, $Y_{FA} \approx 3,1$ (TB 21-20a), $Y_{Sa} \approx 1,56$ (TB 21-20b), $Y_\varepsilon \approx 0,71$ (TB 22-3) für $\varepsilon_{va} \approx 1,63$ (TB 21-2), $Y_\beta \approx 1$ (TB 21-20c), $Y_K = 1$ s. zu Gl. (22.43)

$\sigma_{F0} = (F_{mt}/(b_{eF} \cdot m_m) \cdot Y_{Fa} \cdot Y_{Sa} \cdot Y_\beta \cdot Y_\varepsilon \cdot Y_K = \ldots \approx 48\,\text{N/mm}^2$.

Damit wird die Biegespannung am Zahnfuß nach Gl. (22.42) mit dem Faktor $K_{F\alpha} \approx 1,2$ (TB 21-19a), $K_{F\beta} \approx 1,88$ s. zu Gl. (22.42), $K_A = 1,25$, $K_v \approx 1,08$

$\sigma_F = \sigma_{F0} \cdot K_A \cdot K_v \cdot K_{F\alpha} \cdot K_{F\beta} = \ldots \approx 148\,\text{N/mm}^2$.

Die Grenzspannung wird nach Gl. (22.47) mit $\sigma_{F\,lim} = 200\,\text{N/mm}^2$, $Y_{ST} = 2$ s. zu Gl. (22.44), $Y_{\delta\,rel\,T} \approx 0,96$ (TB 21-21b), $Y_{R\,rel\,T} \approx 0,95$ für $R_z = 10\,\mu\text{m}$ (TB 21-21c), $Y_X \approx 0,98$ (TB 21-21d)

$\sigma_{FG} = \sigma_{F\,lim} \cdot Y_{ST} \cdot Y_{\delta\,rel\,T} \cdot Y_{R\,rel\,T} \cdot Y_X = \ldots \approx 358\,\text{N/mm}^2$.

22

Somit beträgt die Sicherheit gegen Zahnbruch

$$S_{F\,vorh} = \sigma_{FG}/\sigma_F = \ldots \approx 2,5$$

und ist damit ausreichend.

Grübchentragfähigkeit: Mit den Einflussfaktoren $Z_H = 2,5$ (TB 21-22a), $Z_E = 189,8\sqrt{N/mm^2}$ (TB 21-22b), $Z_\varepsilon \approx 0,89$ (TB 21-22c), $Z_\beta = 1$ ($\beta_m = 0°$) und $Z_K = 1$ siehe zu Gl. (22.46) sowie $F_{mt} = 2786\,N$, $d_{v1} = z_{v1} \cdot m_m = 16,8 \cdot 5,143\,mm \approx 86,4\,mm$, $b_{eH} \approx b_{eF} \approx 0,85 \cdot b = 0,85 \cdot 45\,mm \approx 38,5\,mm, u_v = z_{v2}/z_{v1} = 164/16,8 \approx 9,76$ wird der Nennwert der Flankenpressung nach Gl. (22.46)

$$\sigma_{H0} = Z_H \cdot Z_E \cdot Z_\varepsilon \cdot Z_K \cdot \sqrt{F_{mt}/(d_{v1} \cdot b_{eH}) \cdot (u_v + 1)/u_v} = \ldots \approx 406\,N/mm^2 \,.$$

Die maximale Pressung im Wälzpunkt wird nach Gl. (22.45) unter Berücksichtigung der Kraftfaktoren $K_A \approx 1,25$, $K_v \approx 1,08$, $K_{H\alpha} \approx 1,2$ (TB 21-19), $K_{H\beta} \approx K_{F\beta} \approx 1,88$ s. o.

$$\sigma_H = \sigma_{H0} \cdot \sqrt{K_a \cdot K_v \cdot K_{H\alpha} \cdot K_{H\beta}} = \ldots \approx 708\,N/mm^2 \,.$$

Der Grenzwert der Flankenpressung nach Gl. (22.47) wird mit $\sigma_{H\,lim} = 1000\,N/mm^2$ und den Einflussfaktoren $Z_L = 1$ (TB 21-23a), $Z_v \approx 0,95$ (TB 21-23b) für $v_t \approx 1,08\,m/s$, $Z_R \approx 0,9$ (TB 21-23c), $Z_X \approx 1$ (TB 21-23d)

$$\sigma_{HG} = \sigma_{H\,lim} \cdot Z_L \cdot Z_v \cdot Z_R \cdot Z_X = \ldots \approx 855\,N/mm^2$$

so dass die Sicherheit gegen Grübchenbildung

$$S_{H\,vorh} = \sigma_{HG}/\sigma_H = 855\,N/mm^2 / 708\,N/mm^2 \approx 1,2 \text{ beträgt.}$$

Ergebnis: Der vorgewählte Ritzelwerkstoff garantiert eine ausreichende Sicherheit hinsichtlich der Zahnfuß- als auch der Grübchensicherheit.

■ **Beispiel 22.3:** Zur Ermittlung des Durchmessers der Eingangswelle sowie zur Bestimmung der geeigneten Wälzlager zur Lagerung der Eingangswelle des Winkelgetriebes mit $i = 3,8$ und $\Sigma = 90°$ sind die Lagerkräfte zu ermitteln, die Biegemomente zu errechnen und schematisch darzustellen. Die vom Getriebe zu übertragende Antriebsleistung beträgt $P_1 = 16\,kW$ bei $n_1 = 960\,min^{-1}$.

Das Moment wird über eine drehelastische Kupplung eingeleitet; ungünstige Betriebsbedingungen sind nicht zu erwarten.

Aus einer vorangegangenen Berechnung ergaben sich aus dem Entwurf nach Bild 22-11 für das Ritzel folgende Verzahnungsdaten: Zähnezahl $z_1 = 15$, Geradverzahnung mit dem Eingriffswinkel $\alpha = 20°$, Breite $b = 50\,mm$, mittlerer Teilkreisdurchmesser $d_{m1} = 102,72\,mm$, Teilkegelwinkel $\delta_1 = 14,74°$.

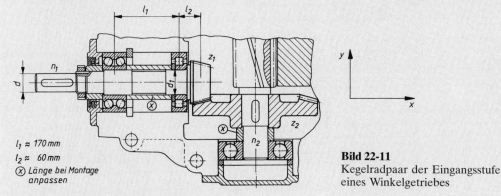

$l_1 \approx 170\,mm$
$l_2 \approx 60\,mm$
ⓧ *Länge bei Montage anpassen*

Bild 22-11
Kegelradpaar der Eingangsstufe eines Winkelgetriebes

Zu ermitteln bzw. darzustellen sind:
a) die an dem Ritzel auftretenden Kräfte,
b) die in den Lagern der Antriebswelle wirkenden Kräfte,
c) das maximale Biegemoment und der Biegemomentenverlauf für die Antriebswelle.

▶ **Lösung a):** Da keine erschwerten Antriebsbedingungen zu erwarten sind, wird für die Ermittlung der Lagerkräfte mit dem Anwendungsfaktor $K_A = 1$ gerechnet, so dass die am mittleren Teilkreis wirkende Umfangskraft sich aus Gl. (22.34) ergibt

$$F_{mt1} = T_{1\,nenn}/(d_{m1}/2) \,.$$

Mit dem Nenndrehmoment $T_{1\,nenn} = 9550 \cdot P_1/n_1 = 9550 \cdot 16/960 = 159{,}2$ Nm und $d_{m1} = 102{,}72$ mm wird

$$F_{mt1} = 159{,}2 \cdot 10^3 \text{ Nmm} / \left(\frac{102{,}72}{2} \text{ mm} \right) = 3\,100\,N.$$

Mit dem Eingriffswinkel $\alpha = 20°$ und dem Teilkegelwinkel $\delta_1 = 14{,}74°$ wird nach Gl. (22.35) die Axialkraft

$$F_{a1} = F_{mt1} \cdot \tan\alpha \cdot \sin\delta_1 = 3100 \text{ N} \cdot \tan 20° \cdot \sin 14{,}74° = 290 \text{ N}$$

und nach Gl. (22.36) die Radialkraft

$$F_{r1} = F_{mt1} \cdot \tan\alpha \cdot \cos\delta_1 = 3100 \text{ N} \cdot \tan 20° \cdot \cos 14{,}74° = 1091 \text{ N} \approx 1100 \text{ N}.$$

Ergebnis: Für das Ritzel ergeben sich die Zahnkräfte: Umfangskraft $F_{mt1} = 3100$ N; Axialkraft $F_{a1} = 290$ N, Radialkraft $F_{r1} = 1100$ N.

▶ **Lösung b):** Zur Ermittlung der von den Lagern A und B aufzunehmenden Kräfte (hervorgerufen durch die drei Zahnkräfte) wird das räumlich wirkende Kräftesystem (s. Bild 22-12a) in zwei Teilsysteme zerlegt (Bild 22-12b und c). Für die x, y-Ebene ergibt sich mit der Versatzkraft $F'_{mt1} = F_{mt1}$ (s. Bild 22-12e) nach Bild 22-12b für das Lager B aus $\Sigma M_{(A)} = 0 = F_{mt1} \cdot l + F_{Bx} \cdot l_1$ und daraus

$$F_{Bx} = F_{mt1} \cdot l/l_1 = 3100 \text{ N} \cdot 230 \text{ mm}/170 \text{ mm} = 4194 \text{ N} \approx 4200 \text{ N}$$

und die Lagerkraft F_{Ax} aus $\Sigma F_y = 0 = -F_{Ax} + F_{Bx} - F_{mt1}$:

$$F_{Ax} = F_{Bx} - F_{mt1} = 4194 \text{ N} - 3100 \text{ N} = 1094 \text{ N} \approx 1100 \text{ N}.$$

Für die x, y-Ebene wird nach Bild 22-12c mit $r_{m1} = d_{m1}/2 = 102{,}72 \text{ mm}/2 = 51{,}36$ mm aus der Beziehung $\Sigma M_{(A)} = 0 = -F_{a1} \cdot r_{m1} + F_{r1} \cdot l - F_{By} \cdot l_1$ die Lagerkraft

$$F_{By} = (F_{r1} \cdot l - F_{a1} \cdot r_{m1})/l_1 = (1100 \cdot 230 - 290 \cdot 51{,}36) \text{ Nmm}/170 \text{ mm} = 1400 \text{ N}$$

und analog die Lagerkraft F_{Ay} aus $\Sigma M_{(B)} = 0$

$$F_{Ay} = (F_{r1} \cdot l_2 - F_{a1} \cdot r_{m1})/l = (1100 \cdot 60 - 290 \cdot 51{,}36) \text{ Nmm}/170 = 300 \text{ N}.$$

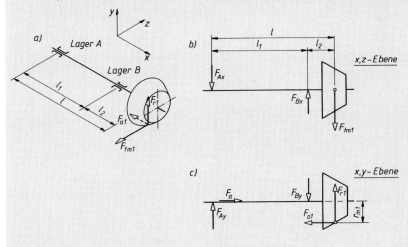

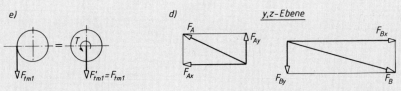

Bild 22-12 Skizzen zur Ermittlung der Lagerkräfte. a) räumliche Darstellung der am Kegelrad wirkenden Kräfte, b) Teil-Lagerkräfte in der x, z-Ebene, c) Teil-Lagerkräfte in der x, y-Ebene, d) geometrische Addition der Teilkräfte, e) schematische Darstellung der „Versatzkräfte"

22

Die resultierende radiale Lagerbelastung aus

$$F_A = \sqrt{F_{Ax}^2 + F_{Ay}^2} = \sqrt{(1100\,\text{N})^2 + (300\,\text{N})^2} = 1140\,\text{N}$$

$$F_B = \sqrt{F_{Bx}^2 + F_{By}^2} = \sqrt{(4200\,\text{N})^2 + (1400\,\text{N})^2} = 4427\,\text{N}\,.$$

Die Axialkraft wird vom Lager A aufgenommen, da dieses Lager als Festlager vorgesehen ist.

Ergebnis: Für das Lager A (Festlager) beträgt die Radialbelastung $F_{Ar} = F_A = 1140\,\text{N}$ und die Axialbelastung $F_{Aa} = F_a = 290\,\text{N}$; für das Lager B (Loslager) die Radialbelastung $F_{Br} = F_B = 4427\,\text{N}$.

▶ **Lösung c):** Zur Ermittlung des maximalen Biegemomentes und zur Darstellung des M-Verlaufs wird zweckmäßig wie unter b) das System in zwei Teilsysteme (x, z-Ebene und x, y-Ebene) zerlegt, s. Bild 22-13).

Der Biegemomentenverlauf in der x, z-Ebene ist in Bild 22-13a dargestellt. Das maximale Biegemoment M_x an der Stelle B errechnet sich aus

$$M_{x\,max} = F_{mt1} \cdot l_2 = 3100\,\text{N} \cdot 60\,\text{mm} = 186 \cdot 10^3\,\text{Nmm}$$

bzw. mit dem in der Lösung b) errechneten Wert der Teil-Lagerkraft F_{Ax}

$$M_{x\,max} = F_{Ax} \cdot l_1 = 1094\,\text{N} \cdot 170\,\text{mm} = 186 \cdot 10^3\,\text{Nmm}\,.$$

in der x, y-Ebene (Bild 22-13b) ist es sinnvoll, die aus den Zahnkräften resultierenden Reaktionskräfte in den Lagern A und B sowie den jeweiligen M-Verlauf wiederum einzeln zu betrachten (Bild 22-13b und c). Die algebraische Addition der Teilsysteme ergibt dann den Biegemomentenverlauf in der x, y-Ebene (Bild 22-13d). Im Einzelnen wird:

das durch die Radialkraft hervorgerufene Biegemoment am Lager B aus

$$M_{y1\,max} = F_{r1} \cdot l_2 = 1100\,\text{N} \cdot 60\,\text{mm} = 66 \cdot 10^3\,\text{Nmm}\,,$$

das durch die Axialkraft bewirkte Biegemoment am Lager B aus

$$M_{y2\,max} = F_{a1} \cdot r_{m1} = 290\,\text{N} \cdot 51{,}36\,\text{mm} = 14{,}9 \cdot 10^3\,\text{Nmm}\,.$$

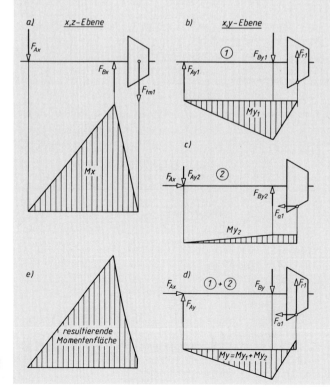

Bild 22-13
Schematische Darstellung der M-Flächen
a) M_x-Fläche in der x, y-Ebene
b) und c) Teil-Flächen in der x, y-Ebene
d) resultierende M_y-Fläche in der x, y-Ebene
e) resultierende M-Fläche aus beiden Teilebenen

22

Dieses Moment wirkt in unveränderter Größe im Bereich zwischen dem Lager B und Radmitte (theoretisch), s. Bild 22-13c. Das größte Biegemoment in der x, y-Ebene im Lager B ergibt sich durch Addition

$$M_{y\,max} = M_{y1\,max} - M_{y2\,max} = 66 \cdot 10^3 \, \text{Nmm} - 14{,}9 \cdot 10^3 \, \text{Nmm} = 51{,}4 \cdot 10^3 \, \text{Nmm}.$$

Offensichtlich wird auch im Lager B das maximale resultierende Biegemoment zu erwarten sein, das sich durch die geometrische Addition der Einzelmomente ergibt (s. Bild 22-13e)

$$M_{max} = \sqrt{M_{x\,max}^2 + M_{y\,max}^2} = \sqrt{(196 \cdot 10^3 \, \text{Nmm})^2 + (51{,}4 \cdot 10^3 \, \text{Nmm})^2}$$

$$\approx 193 \cdot 10^3 \, \text{Nmm} = 193 \, \text{Nm}.$$

Das maximale Moment kann für die Lagerstelle B auch ermittelt werden aus

$$M_{max} = F_{Ar} \cdot l_1 = 1140 \, \text{N} \cdot 170 \, \text{mm} \approx 193 \cdot 10^3 \, \text{Nmm} = 193 \, \text{Nm}.$$

22

23 Schraubrad- und Schneckengetriebe

23.1 Schraubradgetriebe

23.1.1 Funktion und Wirkung

Schrägstirnräder mit verschiedenen Schrägungswinkeln ($\beta_1 \neq \beta_2$) aber mit gleicher Teilung und gleichem Eingriffswinkel im Normalschnitt ergeben gepaart ein Schraubradgetriebe, sie werden zu Schraubrädern (s. Kapitel 20, Bild 20-6a). Die Radachsen kreuzen sich unter dem Winkel Σ (meist $\Sigma = 90°$). Dadurch findet neben dem Wälzgleiten noch ein Schraubgleiten der Zähne statt, d. h. die Zähne schieben sich wie bei einem Schraubengewinde aneinander vorbei. Bei $\Sigma < 45°$ sollte ein Rad rechts- das andere linkssteigend, bei $\Sigma > 45°$ müssen beide Räder gleichsinnig steigend verzahnt sein. Durch das Kreuzen der Räder berühren sich die Zahnflanken nur noch punktförmig wie die Zylinderflächen gekreuzter Reibräder.

Vorteile gegenüber anderen Getrieben: Schraubräder können axial verschoben werden, ohne den Eingriff zu gefährden. Im Gegensatz zu Kegelrad- und Schneckengetrieben ist also eine genaue Zustellung der Räder nicht erforderlich (einfacher Einbau!).
Nachteile: Schraubräder haben eine geringere Tragfähigkeit, einen höheren Verschleiß und einen wesentlich kleineren Wirkungsgrad als Stirnrad-, Kegelrad- oder Schneckengetriebe.

Schraubradgetriebe werden selten und nur bei kleineren Leistungen und Übersetzungen $i = 1$ bis höchstens 5 verwendet, z. B. für den Antrieb von Zündverteilerwellen bei Kraftfahrzeugmotoren (Räder verbinden waagerechte Nockenwelle mit senkrechter Verteilerwelle bei $i = 1$ in Viertaktmotoren).

23.1.2 Geometrische Beziehungen

1. Übersetzungen

Da die Zähne der Räder eines Schraubradgetriebes meist unterschiedliche Schrägungswinkel haben, kann die Übersetzung zunächst nicht direkt durch die Teilkreisdurchmesser sondern nur durch die Drehzahlen und Zähnezahlen ausgedrückt werden: $i = n_1/n_2 = z_2/z_1$. Der Normalmodul beider Räder muss gleich sein. Nach Gl. (21.38) sind die Teilkreisdurchmesser $d_1 = z_1 \cdot m_\mathrm{n}/\cos\beta_1$, $d_2 = z_2 \cdot m_\mathrm{n}/\cos\beta_2$. Hieraus ergibt sich nach Umformen die *Übersetzung*

$$i = \frac{n_1}{n_2} = \frac{z_2}{z_1} = \frac{d_2 \cdot \cos\beta_2}{d_1 \cdot \cos\beta_1} \qquad (23.1)$$

n_1, n_2 Drehzahl der Räder
z_1, z_2 Zähnezahl der Räder
d_1, d_2 Teilkreisdurchmesser der Räder
β_1, β_2 Schrägungswinkel der Zähne
Index 1 für treibendes, Index 2 für getriebenes Rad

2. Schrägungswinkel[1]

Die Summe der Schrägungswinkel im Schraubpunkt S (s. Kapitel 20, Bild 20-3) ergibt den *Achsenwinkel* Σ (Bild 23-1)

---

[1] Für Null- bzw. V-Null-Verzahnung wird $\beta_{\mathrm{s}1,2} = \beta_{1,2}$ und $d_{\mathrm{s}1,2} = d_{1,2}$.

$$\boxed{\Sigma = \beta_{s1} + \beta_{s2}}$$ (23.2)

Der Schrägungswinkel β_{s1} des treibenden Rades soll größer sein als der des getriebenen Rades β_{s2}, um einen möglichst hohen Wirkungsgrad zu erreichen (s. unter Kapitel 20.4). Bei $\Sigma = 90°$ ergibt sich mit $\beta_{s1} \approx 48\ldots51°$ und $\beta_{s2} \approx 42\ldots39°$ der beste Wirkungsgrad.

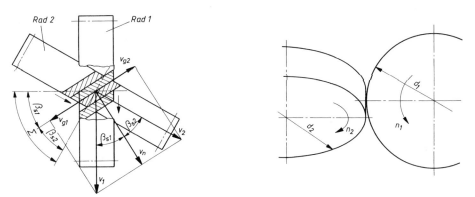

Bild 23-1 Geschwindigkeitsverhältnisse am Schraubradgetriebe

3. Geschwindigkeitsverhältnisse

Die Geschwindigkeit v_n der Zähne in Richtung des Normalschnittes, d. h. senkrecht zur Flankenrichtung muss für beide Räder gleich sein, da die Zähne ja nicht ineinander eindringen können (Bild 23-1). $v_n = v_1 \cdot \cos\beta_{s1}$ und $v_n = v_2 \cdot \cos\beta_{s2}$. v_n ist die gemeinsame Komponente der Umfangsgeschwindigkeit der Räder am Teilkreis, die sich ergeben aus: $v_1 = d_1 \cdot \pi \cdot n_1$, $v_2 = d_2 \cdot \pi \cdot n_2$. Die Komponenten der Umfangsgeschwindigkeiten in Richtung der Zahnflanken sind die Einzelgleitgeschwindigkeiten $v_{g1} = v_1 \cdot \sin\beta_{s1}$ und $v_{g2} = v_2 \cdot \sin\beta_{s2}$. Aus der Summe der Einzel-Gleitgeschwindigkeiten ergibt sich die *Gleitgeschwindigkeit der Flanken zueinander*

$$\boxed{v_g = v_{g1} + v_{g2} = v_1 \cdot \sin\beta_{s1} + v_2 \cdot \sin\beta_{s2}}$$ (23.3)

4. Radabmessungen, Achsabstand

Die Abmessungen der Schraubenräder werden wie die der Schrägstirnräder nach den Gln. (21.38 . . . 21.41) bestimmt. Dabei sind die verschiedenen Schrägungswinkel zu beachten. Der *Achsabstand* errechnet sich aus

$$\boxed{a = \frac{d_{s1} + d_{s2}}{2} = \frac{m_n}{2} \cdot \left(\frac{z_1}{\cos\beta_{s1}} + \frac{z_2}{\cos\beta_{s2}} \right)}$$ (23.4)

23.1.3 Eingriffsverhältnisse

Der Normalschnitt (Bild 23-2b) zeigt das normale Verzahnungsbild mit der Normalteilung p_n und dem Normaleingriffswinkel $\alpha_n = 20°$. Der Eingriff erfolgt längs der Eingriffslinie zwischen A und E. Die Punkte A und E ergeben, in das Bild 23-2a projiziert, die Eingriffsstrecke in der Normalschnittebene. Um die wirklich am Eingriff beteiligten Flankenlängen zu erhalten, werden die Punkte A und E entsprechend den Drehebenen beider Räder auf deren Flanken projiziert. Es ergeben sich auf der Flanke des Rades 1 die Punkte A' und E' und auf der Flanke des Rades 2 die Punkte A'' und E''. Bei Beginn des Eingriffs fällt A' des Rades 1 mit A'' des Rades 2

23

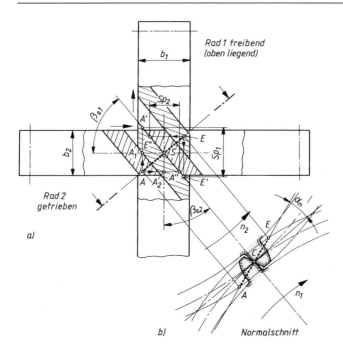

Bild 23-2
Eingriffsverhältnisse beim Schraubradgetriebe
a) Draufsicht der Verzahnungsstelle mit dem Schraubpunkt S
b) Normalschnitt; das Bild zeigt einen Schnitt in der Wälzebene mit dem Wälzpunkt C, die Zähne denke man sich in die Ebene gestreckt

in A zusammen. Ebenso fallen bei Eingriffsende die Punkte E' und E'' in E zusammen. Da außerhalb der Strecke $\overline{AE}$ kein Eingriff stattfindet, ist damit auch die Mindestbreite der Räder gegeben. Sie muss mindestens gleich der doppelten Länge von Strecke $\overline{CA_1}$ für Rad 1 und $\overline{CA_2}$ für Rad 2 sein, da diese Strecken im Allgemeinen größer sind (wie auch hier) als die entsprechenden vom Punkt E aus ($\overline{CA} > \overline{CE}$). Eine größere Breite der Räder wäre also zwecklos.

Der Überdeckungsgrad ε setzt sich ähnlich wie bei Schrägzahn-Stirnradgetrieben aus der Profil- und der Sprungüberdeckung zusammen und ist im Allgemeinen ausreichend groß.

23.1.4 Kraftverhältnisse (Null-Verzahnung)

Bei der Untersuchung der Kraftverhältnisse ist die durch das Schraubgleiten entstehende Reibkraft in Richtung der Zahnflanken zu berücksichtigen. Bild 23-3 zeigt die an den Rädern wirkenden Kräfte. Die Verhältnisse sollen zunächst nur für das *treibende Rad 1* untersucht werden: Die senkrecht zur Zahnflanke wirkende Zahnkraft (Normalkraft) F_{bn1} wird in die Normalkomponente F'_{bn1} senkrecht zur Zahnflankenrichtung und in die Radialkomponente (Radialkraft) F_{r1} zerlegt (Bild 23-3b). In der Draufsicht der Verzahnungsstelle (Bild 23-3a, Rad 1 liegt über Rad 2) erscheint die Radialkraft als Punkt, sie steht senkrecht zur Zeichenebene. Die Normalkomponente F'_{bn1} wird unter Berücksichtigung der in Zahnflankenrichtung entgegen der Bewegung des Zahnes wirkenden Reibkraft F_{R1} in die Umfangskraft F_{t1} und die Axialkraft F_{a1} zerlegt. Im Kräfteplan (Bild 23-3c) werden F'_{bn1} und F_{R1} durch die Ersatzkraft F_{e1} ersetzt, die mit F'_{bn1} den Keilreibungswinkel ϱ' einschließt. Genau genommen müsste an Stelle von F'_{bn1} die Normalkraft F_{bn1} gesetzt werden, was aber durch ϱ' an Stelle von ϱ (Reibungswinkel) ausgeglichen wird (vgl. Kapitel 8, Kraftverhältnisse an der Schraube). Rechnerisch geht man von der *Nenn-Umfangskraft* aus:

$$\boxed{F_{t1} = \frac{T_1}{(d_1/2)}} \tag{23.5}$$

T_1 vom treibenden Rad 1 zu übertragendes Nenndrehmoment
d_1 Teilkreisdurchmesser des Rades 1; s. Gl. (21.38)

23

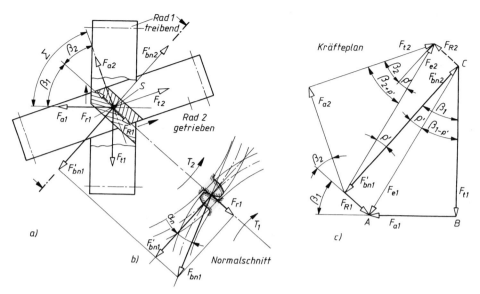

Bild 23-3 Kraftverhältnisse am Schraubradgetriebe (Null-Verzahnung, $\beta_s = \beta$)

Aus dem Krafteck ABC (Bild 23-3) folgt die *Axialkraft*

$$\boxed{F_{a1} = F_{t1} \cdot \tan(\beta_1 - \varrho')} \tag{23.6}$$

β_1 Schrägungswinkel der Zähne des Rades 1
ϱ' Keilreibungswinkel; für $\mu \approx 0{,}05 \ldots 0{,}1$ und für $\alpha_n = 20°$ ist $\varrho' \approx 3 \ldots 6°$

Die Radialkraft wird mit F'_{bn1} aus Bild 23-3b berechnet, wobei F'_{bn1} über F_{e1} durch F_{t1} aus dem Kräfteplan Bild 23-3c ausgedrückt wird. Die *Radialkraft* wird damit

$$\boxed{F_{r1} = F_{t1} \cdot \frac{\tan \alpha_n \cdot \cos \varrho'}{\cos(\beta_1 - \varrho')}} \tag{23.7}$$

Auf die Herleitung der entsprechenden Kräfte am getriebenen Rad 2 soll im Einzelnen verzichtet werden. Aus dem dargestellten Kräfteplan (Bild 23-3c) ergeben sich die *Nenn-Umfangskraft*

$$\boxed{F_{t2} = F_{t1} \cdot \frac{\cos(\beta_2 + \varrho')}{\cos(\beta_1 - \varrho')}} \tag{23.8}$$

und die *Axialkraft*

$$\boxed{F_{a2} = F_{t2} \cdot \tan(\beta_2 + \varrho')} \tag{23.9}$$

Die *Radialkraft für Rad 2* wird unter Vernachlässigung der geringen Abwälzgleitreibung

$$\boxed{F_{r2} \approx F_{r1}} \tag{23.10}$$

Hinweis: Die ermittelten Kräfte resultieren aus dem rechnerischen *Nenn-Drehmoment* T_1. Zur Erfassung extremer Betriebsbedingungen sind diese ggf. durch den Anwendungsfaktor K_A nach TB 3-5 zu berücksichtigen.

23

23.1.5 Berechnung der Getriebeabmessungen (Null-Verzahnung)

Für die Berechnung sind zweckmäßig zwei Fälle zu unterscheiden:

Fall 1: Der Achsenwinkel Σ, *die Übersetzung i und die zu übertragende Leistung* P_1 *sind gegeben:*
Man wählt zunächst die *Zähnezahl* z_1 des treibenden Rades in Abhängigkeit von i nach TB 23-1.
Die *Zähnezahl* z_2 des getriebenen Rades wird damit $z_2 = i \cdot z_1$. Den *Schrägungswinkel der
Zähne des treibenden Rades* bestimmt man aus $\beta_1 = (\Sigma + \varrho')/2$; mit $\varrho' \approx 5°$ (s. zu Gl. (23.6)).
Der *Schrägungswinkel der Zähne für das getriebene Rad* wird dann $\beta_2 = \Sigma - \beta_1$. In Abhängig-
keit von der Leistung und Drehzahl wird auf Grund eines Belastungskennwertes c der *Teil-
kreisdurchmesser des treibenden Rades* überschlägig ermittelt aus

$$d_1' \approx 120 \cdot \sqrt[3]{\frac{K_A \cdot P_1 \cdot z_1^2}{c \cdot n_1 \cdot \cos^2 \beta_1}} \qquad \begin{array}{c|c|c|c|c|c} d_1' & P & n_1 & c & K_A, z_1 & \beta \\ \hline mm & kW & min^{-1} & N/mm^2 & 1 & ° \end{array} \qquad (23.11)$$

K_A Anwendungsfaktor nach TB 3-5
P_1 vom treibenden Rad zu übertragende Nennleistung
n_1 Drehzahl des treibenden Rades
c Belastungskennwert nach TB 23-2

Der *Normalmodul* der Räder ergibt sich aus $m_n' = d_1' \cdot \cos \beta_1 / z_1$; gewählt wird der nächstliegende
Norm-Modul nach DIN 780, TB 21-1. Mit dem festgelegten Norm-Modul m_n werden dann die
endgültigen Rad- und Getriebeabmessungen ermittelt. Die *Radbreite b* wähle man $b \approx 10 \cdot m_n$.

Fall 2: Der Achsenwinkel Σ, *die Übersetzung i und der Achsabstand a sind gegeben:*
Wie unter Fall 1 werden zunächst die *Zähnezahlen* z_1 und z_2 festgelegt. Der *Teilkreisdurchmesser
des treibenden Rades* wird mit dem Verhältnis y nach TB 23-1 überschlägig ermittelt: $d_1 \approx y \cdot a$.
Hiernach bestimmt man *den Schrägungswinkel für das getriebene Rad* (Null-Verzahnung) aus:

$$\tan \beta_2 \approx \left(\frac{2 \cdot a}{d_1} - 1 \right) \cdot \frac{1}{i \cdot \sin \Sigma} - \frac{1}{\tan \Sigma} \qquad (23.12)$$

Für $\Sigma = 90°$ wird $\tan \beta_2 \approx (2 \cdot a - d_1)/i \cdot d_1$; β_2 kann auf volle Grade gerundet werden. Für das
treibende Rad wird damit $\beta_1 = \Sigma - \beta_2$.
Der *Normal-Modul* m_n wird wie unter Fall 1 ermittelt und zum Norm-Modul gerundet. Danach
berechnet man den endgültigen *Teilkreisdurchmesser des treibenden Rades* $d_1 = m_n \cdot z_1 / \cos \beta_1$.
Bei genauer Einhaltung des gegebenen Achsabstandes a muss nun mit den bisher festgelegten
Daten der Schrägungswinkel des getriebenen Rades β_2 „korrigiert" werden. Der genaue *Schrägungswinkel* ergibt sich durch Umformen der Gl. (23.4) aus

$$\frac{1}{\cos \beta_2} = \frac{2 \cdot a}{m_n \cdot z_2} - \frac{1}{i \cdot \cos \beta_1} \qquad (23.13)$$

Damit können dann die noch fehlenden Rad- und Getriebeabmessungen ermittelt werden.
Eine etwaige Nachprüfung der übertragbaren Leistung P_1 kann durch Umformen der Gl.
(23.11) vorgenommen werden.

23.2 Schneckengetriebe

23.2.1 Funktion und Wirkung

Schneckengetriebe sind Zahnradgetriebe mit im Allgemeinen rechtwinklig gekreuzten Achsen
(Achsenwinkel $\Sigma = 90°$). Schneckengetriebe bestehen aus der meist treibenden *Schnecke* (*Zylinderschnecke* bzw. *Globoidschnecke*) und dem zugehörigen *Schneckenrad* (s. Kapitel 20, Bilder 20-6c und d). Im Gegensatz zu den Schraubwälzgetrieben aus Schrägstirnrädern, die sich in
einem Punkt berühren, findet die Berührung von Schnecke und Schneckenrad in Linien inner-

23

halb eines Eingriffsfeldes statt. Schnecken haben einen oder mehrere Zähne, die wie Gänge von Schrauben unter gleich bleibender Steigung um die Schneckenachse gewunden sind. Die Zähnezahl z_1 der Schnecke ist die Anzahl der in einem Stirnschnitt geschnittenen Zähne. Je nach Flankenrichtung unterscheidet man rechts- und linkssteigende Schnecken, wobei die rechtssteigende Flankenrichtung die bevorzugte ist (s. auch DIN 3975 Begriffe und Bestimmungsgrößen für Zylinderschneckengetriebe mit Achsenwinkel 90° sowie DIN 3976 Zylinderschnecken; Zuordnung von Achsabständen und Übersetzungen in Schneckenradsätzen).

Vorteile gegenüber anderen Zahnradgetrieben: Schneckengetriebe haben geräuscharmen und dämpfenden Lauf und sind bei gleichen Leistungen und Übersetzungen kleiner und leichter auszuführen. Aufgrund der Linienberührung sind Flächenpressung und Abnutzung geringer als bei Stirnrad-Schraubgetrieben. Mit einer Stufe sind Übersetzungen, normalerweise nur ins Langsame, bis $i_{max} \approx 100$ möglich, in Sonderfällen z. B. bei Teilgetrieben noch höhere.

Nachteile: Die Gleitbewegung der Zahnflanken bewirkt stärkeren Verschleiß, eine höhere Verlustleistung und einen geringeren Wirkungsgrad gegenüber Stirnrad- und Kegelradgetrieben; hohe Axialkräfte, besonders bei der Schnecke, erfordern stärkere Wellenlagerungen. Schneckengetriebe sind empfindlich gegen Veränderungen des Achsabstandes.

1. Ausführungsformen und Herstellung

Schnecke und Schneckenrad können zylindrische oder globoidische Form haben. Danach unterscheidet man:

Zylinderschneckengetriebe aus zylindrischer Schnecke und Globoidschneckenrad (Bild 23-4a) als das am häufigsten verwendete Schneckengetriebe.

Globoidschnecken-Zylinderradgetriebe aus Globoidschnecke und Zylinderschneckenrad (Bild 23-4b), das wegen der teuren Schneckenherstellung nur selten verwendet wird.

Globoidschneckengetriebe aus Globoidschnecke und Globoidschneckenrad (Bild 23-4c), das wegen der teuren Herstellung nur für Hochleistungsgetriebe verwendet werden soll.

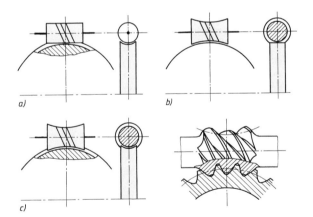

Bild 23-4
Schneckengetriebe
a) Zylinderschneckengetriebe
b) Globoidschnecken-Zylinderradgetriebe
c) Globoidschneckengetriebe

Je nach der durch das Herstellverfahren entstehenden Flankenform werden bei den meist verwendeten Zylinderschnecken (*Z*) unterschieden:

ZA-Schnecke, bei der die Schneckenzähne im Achsschnitt das geradflankige Trapezprofil zeigen (Bild 23-5a). Die Flankenform entsteht, wenn ein trapezförmiger Drehmeißel so angestellt wird, dass seine Schneiden im Axialschnitt liegen. Mit entsprechend profiliertem Werkzeug kann die Flankenform auch durch Fräsen oder Schleifen hergestellt werden.

ZN-Schnecke, bei der sich das Trapezprofil im Normalschnitt zeigt (Bild 23-5b). Das Werkzeug (Drehmeißel, Schaftfräser, kleiner Scheibenfräser) ist entsprechend dem Mittensteigungswinkel γ_m geschwenkt.

23

ZK-Schnecke, bei der die Flanken gekrümmt sind (Kurve). An Stelle des Drehmeißels, Bild 23-5c, ist ein rotierendes Werkzeug (Scheibenfräser, Schleifscheibe) entsprechend dem Mittensteigungswinkel geschwenkt. Die Stärke der Krümmung ist dabei vom Werkzeugdurchmesser abhängig. Wegen wirtschaftlicher Fertigung häufig verwendet.

ZI-Schnecke, bei der sich im Normalschnitt eine normale Evolvente ergibt (Bild 23-5d). *ZI*-Schnecken können auch als Schrägstirnräder mit großem Schrägungswinkel β betrachtet werden. Die Profilerzeugung erfolgt mit einem Drehmeißel oder Wälzfräser. *ZI*- Schnecken haben aufgrund der wirtschaftlichen Fertigung die größte Bedeutung erlangt.

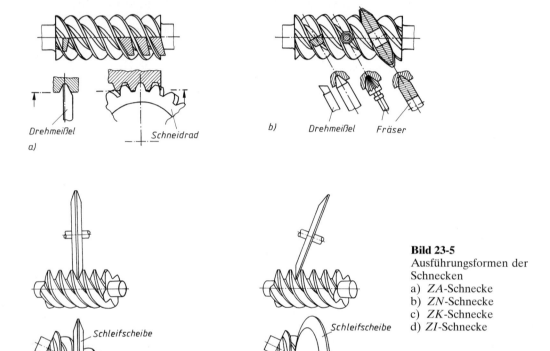

a) Drehmeißel · Schneidrad

b) Drehmeißel Fräser

c) Schleifscheibe

d) Schleifscheibe

Bild 23-5
Ausführungsformen der Schnecken
a) *ZA*-Schnecke
b) *ZN*-Schnecke
c) *ZK*-Schnecke
d) *ZI*-Schnecke

2. Verwendung

Schneckengetriebe werden als Universalgetriebe für große Übersetzungen bei höchsten Leistungen und Antriebsdrehzahlen verwendet, z. B. für Aufzüge, Winden, Drehtrommeln und Krane, ferner zum Antrieb von Band- und Schneckenförderern, für Flaschenzüge und als Lenkgetriebe bei Kraftfahrzeugen.

23.2.2 Geometrische Beziehungen bei Zylinderschneckengetrieben mit $\Sigma = 90°$ Achsenwinkel[1]

1. Übersetzung

Die Übersetzung wird bei Schneckengetrieben nicht nur durch die Drehzahlen und Zähnezahlen, sondern bei Kraftgetrieben (z. B. Flaschenzügen) häufig auch durch die Drehmomente aus-

---

[1] Siehe auch DIN 3975, Begriffe und Bestimmungen für Zylinderschneckengetriebe mit Achsenwinkel 90°.

23

gedrückt. Unter Berücksichtigung des Wirkungsgrades wird die *Übersetzung i* bzw. das *Zähnezahlverhältnis u* bei treibender Schnecke

$$i = u = \frac{n_1}{n_2} = \frac{z_2}{z_1} = \frac{T_2}{T_1 \cdot \eta_g} \qquad (23.14)$$

n_1, n_2	Drehzahl der Schnecke, des Schneckenrades
z_1, z_2	Zähnezahl der Schnecke, des Schneckenrades
T_1, T_2	Moment an der Schnecke, an dem Schneckenrad
η_g	Gesamtwirkungsgrad des Schneckengetriebes nach Kapitel 20, Gl. (20.5)

Allgemein gilt: Mindestübersetzung $i_{min} \approx 5$, Höchstübersetzung $i_{max} \approx 50 \ldots 60$. Bei $i > 60$ ergeben sich ungünstige Bauverhältnisse und ein hoher Verschleiß der Schnecke. Wegen des gleichmäßigeren Verschleißes soll bei einer mehrgängigen Schnecke i möglichst keine ganze Zahl sein. Günstige Bauverhältnisse ergeben sich mit den Werten nach TB 23-3.

2. Abmessungen der Schnecke

Die Zähne sind auf dem Schneckenzylinder schraubenförmig gewunden. Der Steigungswinkel am Mittenkreis γ_m (üblich $\approx 15° \ldots 25°$) ist der Winkel zwischen der Zahnflankentangente am Mittenkreis d_{m1} und der Senkrechten zur Achse.

Aus der Abwicklung eines Schneckenganges (Bild 23-6d) ergibt sich der *Steigungswinkel am Mittenkreis* aus

$$\tan \gamma_m = \frac{p_{z_1}}{d_{m1} \cdot \pi} \qquad (23.15)$$

$p_{z1} = z_1 \cdot p_x$	Steigungshöhe gleich Windungsabstand eines Zahnes im Axialschnitt, z_1 Zähnezahl der Schnecke, p_x Axialteilung
d_{m1}	Mittenkreisdurchmesser der Schnecke

Im *Axialschnitt* (Index x) wird die *Axialteilung* $p_x = m \cdot \pi$ (genauer $p_x = m_x \cdot \pi$), im *Normalschnitt* (Index n) die *Normalteilung* $p_n = m_n \cdot \pi$ gemessen (m_n Normalmodul). Für Schnecken (im Axialschnitt) und für Schneckenräder (im Stirnschnitt) gelten die Axialmoduln nach DIN 780, T2 (s. TB 23-4).

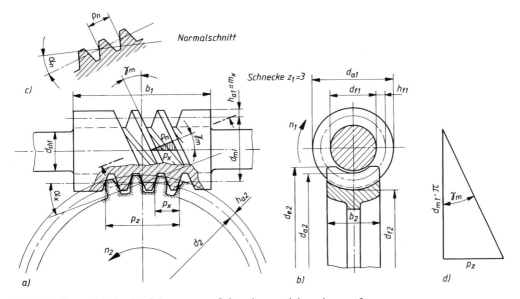

Bild 23-6 Geometrische Beziehungen am Schneckengetriebe mit $z_1 = 3$

Nach Bild 23-6a (schraffiertes Dreieck) ist

$$p_n = p_x \cdot \cos \gamma_m \quad \text{bzw.} \quad m_n = m \cdot \cos \gamma_m \tag{23.16}$$

Aus Gl. (23.15) folgt $d_{m1} = p_{z1}/(\tan \gamma_m \cdot \pi)$. Wird $p_{z1} = z_1 \cdot p_x = z_1 \cdot m \cdot \pi$ und aus Gl. (23.16) $m = m_n/\cos \gamma_m$ gesetzt, dann wird der *Mittenkreisdurchmesser der Schnecke*

$$d_{m1} = \frac{z_1 \cdot m}{\tan \gamma_m} = \frac{z_1 \cdot m_n}{\sin \gamma_m} \tag{23.17}$$

Beim Entwurf gilt als Richtwert $d_{m1} \approx 0{,}4 \cdot a$ (s. unter 23.2.5). Der Mittenkreisdurchmesser kann nach konstruktiven Gesichtspunkten frei gewählt werden; Normwerte und Vorzugsreihen s. DIN 3976.
Das Verhältnis $d_{m1}/m = z_1/\tan \gamma_m = q$ wird als *Formzahl* bezeichnet, sie kennzeichnet die Gestalt der Schnecke. Mit zunehmender Größe von q wird der Schneckendurchmesser und damit auch das Widerstandsmoment gegen Durchbiegung größer; gleichzeitig nimmt jedoch die Gleitgeschwindigkeit zu, was einen größeren Verschleiß und geringeren Wirkungsgrad bedingt. Erfahrungsgemäß sollte $6 \leq q < 17$ (vorzugsweise $q \approx 10$) gewählt werden.
Mit der *Kopfhöhe* $h_{a1} = m$ und der *Fußhöhe* $h_{f1} \approx 1{,}25 \cdot m$ wird der *Kopfkreisdurchmesser*

$$d_{a1} = d_{m1} + 2 \cdot m \tag{23.18}$$

der *Fußkreisdurchmesser*

$$d_{f1} \approx d_{m1} - 2{,}5 \cdot m \tag{23.19}$$

Die *Zahnbreite* b_1 (Schneckenlänge) soll so groß ausgeführt werden, dass alle Berührungspunkte der Schneckenzahnflanken zum Tragen kommen. Dies ist für ein Schneckengetriebe *ohne* Profilverschiebung gegeben, wenn

$$b_1 \geq 2 \cdot m \cdot \sqrt{z_2 + 1} \tag{23.20}$$

z_2 Zähnezahl des Schneckenrades

Bei der Ausführung als *Schneckenwelle*, bei der Schnecke und Welle ein Teil bilden, soll der *Schnecken-Mittenkreisdurchmesser* etwa sein:

$$d_{m1} \approx 1{,}4 \cdot d_{sh} + 2{,}5 \cdot m \tag{23.21}$$

Bei *aufgesetzter Schnecke* muss sein

$$d_{m1} \geq 1{,}8 \cdot d_{sh} + 2{,}5 \cdot m \tag{23.22}$$

d_{sh} Schneckenwellendurchmesser, der zunächst überschlägig ermittelt werden kann (s. Bild 11-21).

3. Abmessungen des Schneckenrades

Das Schneckenrad ist das globoidische Gegenrad zu einer bestimmten Schnecke. Der Modul m (Stirnmodul m_t) eines Schneckenrades ist bei einem Achsenwinkel $\Sigma = 90°$ gleich dem Modul (Axialmodul m_x) der zugehörigen Schnecke. Die Flankenrichtung des Schneckenrades ist die gleiche wie die der zugehörigen Schnecke. Rechtssteigende Flanken sind zu bevorzugen.
Der *Teilkreisdurchmesser*, der zugleich der Durchmesser des Wälzzylinders ist, ergibt sich aus

$$d_2 = m \cdot z_2 \tag{23.23}$$

23

der *Kopfkreisdurchmesser*

$$d_{a2} = d_2 + 2 \cdot m \qquad (23.24)$$

der *Fußkreisdurchmesser*

$$d_{f2} \approx d_2 - 2{,}5 \cdot m \qquad (23.25)$$

der *Außendurchmesser des Außenzylinders*

$$d_{e2} \approx d_{a2} + m \qquad (23.26)$$

Die *Breite der Schneckenräder* wird je nach Werkstoff festgelegt (s. Bild 23-7); man wähle für Räder aus

GJL, GJS, CuSn-Legierung:
$$b_2 \approx 0{,}45 \cdot (d_{a1} + 4 \cdot m)$$
Leichtmetallen:
$$b_2 \approx 0{,}45 \cdot (d_{a1} + 4 \cdot m) + 1{,}8 \cdot m \qquad (23.27)$$

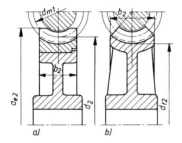

Bild 23-7
Ausführung und Abmessungen der Schneckenräder.
a) Räder aus GJL, GJS oder CuSn-Legierungen
b) Räder aus Leichtmetallen

4. Achsabstand

Wie bei Stirnradgetrieben ergibt sich aus den Bestimmungsgrößen für Schnecke und Schneckenrad der *Achsabstand* aus

$$a = \frac{d_{m1} + d_2}{2} \qquad (23.28)$$

23.2.3 Eingriffsverhältnisse

Für die Beurteilung der Eingriffsverhältnisse ist der *Axialschnitt* maßgebend, wobei sich der Schneckeneingriff auf den Eingriff einer Zahnstange zurückführen lässt. Sofern die Übersetzung $i \leq 5$ bei einer Zähnezahl des Schneckenrades $z_2 \approx 20 \dots 30$ nicht unterschritten wird, besteht keine Gefährdung der Eingriffsverhältnisse und keine Gefahr des Zahnunterschnitts. Auf eine Untersuchung kann normalerweise verzichtet werden. Profilverschiebung wird nur ausnahmsweise dann vorgenommen, wenn es zum Erreichen eines gegebenen Achsabstandes erforderlich ist. Für den Eingriffswinkel im Normalschnitt wird $\alpha_n = 20°$ empfohlen. Hiermit ergibt sich der *Eingriffswinkel im Axialschnitt* aus

$$\tan \alpha_x = \frac{\tan \alpha_n}{\cos \gamma_m} \qquad (23.29)$$

α_n Normaleingriffswinkel, vorzugsweise $\alpha_n = 20°$
γ_m Mittensteigungswinkel

23

23.2.4 Kraftverhältnisse

1. Kräfte an der Schnecke

Bild 23-8 zeigt die Kraftwirkungen sowohl an der treibenden Schnecke als auch am getriebenen Schneckenrad. Bei der Betrachtung geht man von der senkrecht auf die Zahnflanke in Richtung der Eingriffsnormalen wirkende Zahnkraft F_{n1} aus (Bild 23-8b, Normalschnitt $N-N$). Hervorgerufen durch diese Normalkraft F_{n1} wirkt längs der Flankenlinie die Reibkraft $\mu \cdot F_{n1}$. Die Ersatzkaft F_{e1} als Resultierende aus F_{n1} und $\mu \cdot F_{n1}$ ist gegenüber der Normalkraft F_{n1} um den Reibungswinkel ϱ geneigt (Bild 23-8b, Schnitt $A-A$) Wird die Normalkraft F_{n1} zerlegt (s. Schnitt $N-N$), so erhält man die Kräfte $F_{r1} = F_{n1} \cdot \sin \alpha_n$ und $F'_{n1} = F_{n1} \cdot \cos \alpha_n$, deren Projektionen sich in der Draufsicht ergeben zu F'_{n1} und F'_{e1}. Sie schließen den (Keil-)Reibungswinkel ϱ' ein, der sich aus der Beziehung ergibt

$$\tan \varrho' = \frac{\mu \cdot F_{n1}}{F'_{n1}} = \frac{\mu \cdot F_{n1}}{F_{n1} \cdot \cos \alpha_n} = \frac{\mu}{\cos \alpha_n} = \mu' \tag{23.30}$$

Ausgehend von den Drehmomenten T_{1eq} bzw. T_{2eq} errechnen sich die Kräfte am Mittenkreis der Schnecke bzw. am Schneckenrad je nach Einleitung des Moments:

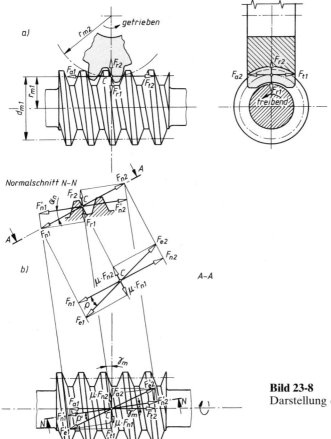

Bild 23-8
Darstellung der Kräfte an der Schnecke

23

1. Schnecke treibt

$$F_{\text{tm1}} \mathrel{\widehat{=}} F_{\text{t1}} = \frac{T_{\text{1eq}}}{d_{\text{m1}}/2} = \frac{T_{\text{2eq}}}{(d_{\text{m1}}/2) \cdot \eta_{\text{ges}} \cdot u} = -F_{\text{xm2}} \mathrel{\widehat{=}} -F_{\text{a2}}$$

(23.31a)

$$F_{\text{tm2}} \mathrel{\widehat{=}} F_{\text{t2}} = \frac{T_{\text{2eq}}}{d_{\text{m2}}/2} = \frac{T_1 \cdot \eta_{\text{ges}} \cdot u}{d_{\text{m2}}/2} = -F_{\text{xm1}} = -F_{\text{a1}}$$

(23.31b)

$$F_{\text{rm1}} \mathrel{\widehat{=}} F_{\text{r1}} = F_{\text{tm1}} \cdot \frac{\tan \alpha_{\text{n}}}{\sin (\gamma_{\text{m}} + \varrho_{\text{z}})} = -F_{\text{rm2}} \mathrel{\widehat{=}} F_{\text{r2}}$$

(23.31c)

2. Schneckenrad treibt

$$F_{\text{tm1}} \mathrel{\widehat{=}} F_{\text{t1}} = \frac{T_{\text{1eq}}}{d_{\text{m1}}/2} = \frac{T_{\text{2eq}} \cdot \eta'_{\text{ges}}}{(d_{\text{m1}}/2) \cdot u} = -F_{\text{xm2}} \mathrel{\widehat{=}} -F_{\text{a2}}$$

(23.32a)

$$F_{\text{tm2}} \mathrel{\widehat{=}} F_{\text{t2}} = \frac{T_{\text{2eq}}}{d_{\text{m2}}/2} = \frac{T_1 \cdot u}{(d_{\text{m2}}/2) \cdot \eta'_{\text{ges}}} = -F_{\text{xm1}} \mathrel{\widehat{=}} -F_{\text{a1}}$$

(23.32b)

$$F_{\text{rm2}} \mathrel{\widehat{=}} F_{\text{r2}} = F_{\text{tm2}} \cdot \frac{\tan \alpha_{\text{n}}}{\sin (\gamma_{\text{m}} - \varrho_{\text{z}})} = -F_{\text{rm1}} \mathrel{\widehat{=}} F_{\text{r1}}$$

(23.32c)

$T_{1(2)\text{eq}} = K_{\text{A}} \cdot T_{1(2)\text{nenn}}$	äquivalentes Drehmoment an der Schnecke (an dem Schneckenrad) unter Berücksichtigung des Anwendungsfaktor K_{A} zur Erfassung etwaiger extremer Betriebsverhältnisse, Werte für K_{A} nach TB 3-5,
$d_{\text{m1,2}}$	Mittenkreisdurchmesser der Schneckenwelle, -des Schneckenrades,
η_{ges}	Gesamtwirkungsgrad nach Gl. (20.4)
η_{z}	Verzahnungswirkungsgrad nach Gl. (20.7)
u	Zähnezahlverhältnis
γ_{m}	Steigungswinkel am Mittenkreis der Schnecke
ϱ'	Reibungswinkel, s. zu Gl. (20.7)

23.2.5 Entwurfsberechnung für Schneckengetriebe

1. Vorwahl der Hauptabmessungen

Bei den Schneckengetrieben sind die Hauptabmessungen vorerst erfahrungsgemäß zu wählen bzw. durch Näherungsgleichungen überschlägig festzulegen. Dabei unterscheidet man zweckmäßig folgende Anwendungsfälle:

Fall 1: Der Achsabstand a und das Zähnezahlverhältnis u bzw. die Übersetzung i sind bekannt.

Zunächst wird die *Zähnezahl* z_1 der Schnecke gewählt nach TB 23-3 bzw. ermittelt aus

$$z_1 \approx \frac{1}{u} \cdot (7 + 2{,}4 \cdot \sqrt{a})$$

(23.33)

$u = i$	Zähnezahlverhältnis bzw. Übersetzung
a	Achsabstand in mm

Mit der auf die nächste ganze Zahl gerundeten Zähnezahl z_1 wird die *Zähnezahl* z_2 des Schneckenrades festgelegt mit $z_2 = u \cdot z_1$.

23

Der *vorläufige Mittenkreisdurchmesser der Schnecke* ergibt sich aus

$$d_{m1} \approx \psi_a \cdot a \tag{23.34}$$

$\psi_a = \dfrac{d_{m1}}{a}$ \quad Durchmesser-Achsabstandsverhältnis; man wähle $\psi_a \approx 0{,}5 \ldots 0{,}3$

Der *vorläufige Teilkreisdurchmesser des Schneckenrades* wird ermittelt aus

$$d_2 = 2 \cdot a - d_{m1} \tag{23.35}$$

Hiermit wird der *Stirnmodul* des Schneckenrades gleich *Axialmodul* der Schnecke ($\Sigma = 90°!$) $m_t \cong m_x = m = d_2/z_2$; festgelegt wird der nächstliegende Norm-Modul nach DIN 780T2, TB 23-4. Mit m_t ergeben sich dann der *endgültige Teilkreisdurchmesser* des Schneckenrades $d_2 = m \cdot z_2$ und der *Mittenkreisdurchmesser* der Schnecke $d_{m1} = 2 \cdot a - d_2$.

Durch Umformen der Gl. (23.17) ergibt sich der *Mittensteigungswinkel* γ_m *der Schneckenzähne* gleich *Schrägungswinkel* β *des Schneckenrades* aus

$$\tan \gamma_m = \tan \beta = \frac{z_1 \cdot m}{d_{m1}} \tag{23.36}$$

Damit können dann die weiteren Abmessungen nach 23.2.2 festgelegt werden. Erforderlichenfalls ist zu prüfen, ob die Bedingungen für d_{m1} nach Gl. (23.21) bzw. (23.22) erfüllt sind.

Fall 2: Das Abtriebsmoment T_2 bzw. die Abtriebsleistung P_2 sowie die Drehzahl n_2 und das Zähnezahlverhältnis u sind bekannt, ein bestimmter Achsabstand a ist nicht gefordert.

Für diesen Fall ermittelt man zunächst den ungefähren Achsabstand nach Gl. (23.40) und legt *a* fest nach DIN 323, Reihe R10, s. TB 1-16

$$a \approx 750 \cdot \sqrt[3]{\frac{T_{2eq}}{\sigma_{H\lim T}^2}} \approx 16 \cdot 10^3 \cdot \sqrt[3]{\frac{P_{2eq}}{n_2 \cdot \sigma_{H\lim T}^2}} \tag{23.37}$$

a	T_{2eq}	$\sigma_{H\lim T}$	P_2	n_2
mm	Nm	N/mm^2	kW	min^{-1}

T_{2eq} \qquad vom Schneckenrad abzugebendes Drehmoment; bei gegebenem Drehmoment T_{1eq} der Schnecke ist $T_{2eq} = K_A \cdot T_{1\,nenn} \cdot u \cdot \eta_{ges}$; Gesamtwirkungsgrad η_{ges} zunächst nach TB 20-9

P_{2eq} \qquad vom Schneckenrad abzugebende Leistung; bei gegebener Leistung P_1 der Schnecke ist $P_{2eq} = K_A \cdot P_{1\,nenn} \cdot \eta_{ges}$

n_2 \qquad Drehzahl des Schneckenrades

$\sigma_{H\lim T}$ \qquad Grübchenfestigkeit; Werte nach TB 20-4

Die Weiterrechnung erfolgt wie im Fall 1 mit Gl. (23.33).

2. Werkstoffvorwahl

Wegen des zusätzlichen Schraubgleitens der Zähne kommt der Auswahl der Werkstoffe für Schnecke und Schneckenrad besondere Bedeutung zu. Die Werkstoffe müssen gute Gleiteigenschaften zueinander aufweisen, genügend verschleißfest sein und eine gute Wärmeleitfähigkeit haben. Für Schnecken wird allgemein Stahl vorgesehen (hierzu Kapitel 20, Abschnitt 20.2), für Schneckenräder dagegen überwiegend Kupfer-Zinn-Legierungen, vielfach auch Gusseisen und Aluminium-Legierungen (s. TB 20-3).

23

23.2.6 Tragfähigkeitsnachweis[1)]

Wegen der anders gearteten Bewegungsverhältnisse der Zahnflanken aufeinander kann die Berechnungsweise für Stirn- und Kegelradgetriebe nicht ohne weiteres auf Schneckengetriebe angewendet werden. So wird bei diesen die Tragfähigkeit weitgehend von der Werkstoffpaarung beeinflusst; ebenso ist die durch die Flankenreibung hervorgerufene Erwärmung von besonderer Bedeutung, z. B. auch für die konstruktive Ausbildung des Getriebegehäuses. Nach DIN 3996 werden die Tragfähigkeitsgrenzen *Grübchen, Zahnbruch, Schneckendurchbiegung, Temperatur* und *Verschleiß* erfasst.

Die nachfolgenden Berechnungen basieren im Wesentlichen auf Untersuchungen mit nicht korrigierten Schneckengetrieben (Schnecke treibend aus 16MnCr5) mit dem meist vorliegenden Achsenwinkel $\Sigma = 90°$ und der Flankenform *I*, bei der sich im Normalschnitt eine normale Evolvente ergibt. Durch Ähnlichkeitsbetrachtungen und aufgrund praktischer Erfahrungen lassen sich die Ergebnisse auf die anderen Flankenformen übertragen.

1. Grübchentragfähigkeit

Nach der Vorwahl der Getriebeabmessungen wird zunächst die Zulässigkeit der *Wälzpressung* der gefährdeten Flanken (meist Schneckenradflanken mit der geringeren Härte) geprüft. Zur Bewertung der Flankentragfähigkeit wird ein von der Verzahnungsgeometrie abhängiger und durch empirische Untersuchungen[2)] ermittelter dimensionsloser Kennwert eingeführt für die *minimale mittlere Hertz'sche Pressung*

$$p_\mathrm{m}^* \approx 1{,}03 \cdot \left(0{,}4 + 0{,}01 \cdot z_2 - 0{,}083 \cdot \frac{b_\mathrm{2H}}{m} + \frac{\sqrt{2q-1}}{6{,}9} + \frac{q + 50 \cdot (u+1)/u}{15{,}9 + 37{,}5 \cdot q} \right) \tag{23.38}$$

u	Zähnezahlverhältnis
x	Profilverschiebungsfaktor des Schneckenrades
q	Formzahl der Schnecke. Erfahrungsgemäß $6 \leq q < 17$ (vorzugsweise $q \approx 10$)
b_2H	Radbreite
m	Modul des Schneckengetriebes bei $\Sigma = 90°$

Damit wird die *mittlere Flankenpressung*

$$\sigma_\mathrm{Hm} \approx \frac{4}{\pi} \cdot \sqrt{\frac{p_\mathrm{m}^* \cdot T_\mathrm{2eq} \cdot 10^3 \cdot E_\mathrm{red}}{a^3}} \tag{23.39}$$

$\sigma_\mathrm{Hm}, E_\mathrm{red}$	p_m^*	T_2eq	a
N/mm²	1	Nm	mm

$T_\mathrm{2eq} = T_\mathrm{2\,nenn} \cdot K_\mathrm{A}$	gefordertes Abtriebsmoment am Schneckenrad
p_m^*	Kennwert für die mittlere Herzsche Pressung aus Gl. (23.38)
E_red	Ersatz-E-Modul nach TB 23-5
a	Achsabstand

Der *Grenzwert der Flankenpressung* ist eine um diverse Einflussgrößen verminderte Grübchenfestigkeit des festigkeitsmäßig schwächeren Werkstoffes und kann ermittelt werden aus

$$\sigma_\mathrm{H\,grenz} = \sigma_\mathrm{H\,lim\,T} \cdot Z_\mathrm{h} \cdot Z_v \cdot Z_\mathrm{S} \cdot Z_\mathrm{Oil} \tag{23.40}$$

$\sigma_\mathrm{H\,lim\,T}$	Grübchenfestigkeit nach TB 23-6
Z_h	Lebensdauerfaktor aus $Z_\mathrm{h} = (25\,999/L_\mathrm{h})^{1,6} \leq 1{,}6$ mit L_h in Stunden;
Z_v	Geschwindigkeitsfaktor aus $Z_v = \sqrt{5/(4 + v_\mathrm{gm})}$ mit der Gleitgeschwindigkeit der Schnecke am Mittenkreis v_gm in m/s;
Z_S	Baugrößenfaktor aus $Z_\mathrm{S} = \sqrt{3000/(2900 + a)}$ mit dem Achsabstand a in mm;
Z_Oil	Schmierstofffaktor. Für Mineralöle wird $Z_\mathrm{Oil} \approx 0{,}89$, für Polyglykole $Z_\mathrm{Oil} \approx 1$.

[1)] genauere Berechnung siehe DIN 3996
[2)] formelgemäßes Erfassen der Zusammenhänge einzelner Einflussgrößen durch Versuche

23

Mit σ_{HG} und σ_{Hm} wird die *Grübchentragsicherheit*

$$S_H = \sigma_{HG}/\sigma_{Hm} \geq S_{H\,min} = 1,0 \tag{23.41}$$

2. Zahnfußtragfähigkeit

Durch die relativ große Axialkraft $F_{a1} \approx F_{t2}$ werden die Zähne vorwiegend auf Schub beansprucht. Die Zähne des Schneckenrades können plastisch verformt werden oder ausbrechen[1]. Die am Zahnfuß wirkende *Schubspannung* wird

$$\tau_F = \frac{F_{tm2}}{b_2 \cdot m_x} \cdot Y_\varepsilon \cdot Y_F \cdot Y_\gamma \cdot Y_K \qquad \begin{array}{c|c|c|c} \tau_F & b_2, m_x & F_{tm2} & Y\ldots \\ \hline N/mm^2 & mm & N & 1 \end{array} \tag{23.42}$$

F_{tm2} Umfangskraft an der Schneckenradwelle
b_2 Schneckenradbreite, s. Bild 23-7
m_x Axialmodul der Schnecke
Y_ε Überdeckungsfaktor
Y_F Formfaktor; berücksichtigt die Kraftverteilung über die Zahnbreite. Ohne Berücksichtigung der Verkleinerung der Zahnfußdicken durch Verschleiß im Laufe der geforderten Lebensdauer kann Y_F ermittelt werden aus

$$Y_F = \frac{2,9 \cdot m_x}{1,06 \cdot \left(\frac{m_t}{\pi/2} + (d_{m2} - d_{f2}) \cdot \tan \alpha_0/\cos \gamma_m\right)} \tag{23.42a}$$

Y_γ Steigungsfaktor aus $Y_\gamma = 1/\cos \gamma_m$
Y_K Kranzdickenfaktor; $Y_K = 1$ für $s_K \geq 1,5 \cdot m_x$, $Y_K = 1,25$ für $s_K < 1,5 \cdot m_x$

Der *Grenzwert der Schub-Nennspannung* am Zahnfuß errechnet sich aus

$$\tau_{FG} = \tau_{F\,lim\,T} \cdot Y_{NL} \tag{23.43}$$

$\tau_{F\,lim\,T}$ Schubdauerfestigkeit des gewählten Schneckenwerkstoffes aus TB 20-4
Y_{NL} Lebensdauerfaktor zur Berücksichtigung einer höheren Tragfähigkeit im Zeitfestigkeitsbereich bei Inkaufnahme einer Qualitätsminderung aus TB 23-8. Für eine Lastspielzahl am Schneckenrad $N_L \geq 3 \cdot 10^6$ ist $Y_{NL} = 1$.

Mit τ_F und τ_{FG} wird die *Zahnfußtragsicherheit*

$$S_F = \tau_{FG}/\tau_F \geq S_{F\,min} = 1,1 \tag{23.44}$$

3. Durchbiegesicherheit der Schneckenwelle

Um den einwandfreien Eingriff der Verzahnung zu gewährleisten, ist neben der sorgfältigen Ausführung der Lagerung von Schnecke und Rad auch sicherzustellen, dass die durch die Radialkraft F_{r1} und die Umfangskraft F_{t1} (s. Bild 23-9) hervorgerufene Verformung (Durchbiegung) der Schneckenwelle möglichst klein bleibt. Konstruktiv kann dies erreicht werden durch große Durchmesser d_{m1} der Schneckenwelle und kleine Lagerabstände l_1.

Die *Durchbiegesicherheit* ergibt sich aus

$$S_D = \frac{f_{grenz}}{f_{max}} \geq 1 \tag{23.45}$$

f_{grenz} zulässige Durchbiegung der Schneckenwelle; Schnecke vergütet: $f_{grenz} \approx 0,01 \cdot m$; Schnecke gehärtet: $f_{grenz} \approx 0,004 \cdot m$

---

[1] In Getrieben mit Schnecken aus 16MnCr5 und Rädern aus Bronze brechen in Versuchen zur Dauer- und Zeitfestigkeit stets die Radzähne aus, bei Rädern aus Grau- und Sphärogusswerkstoffen meist die Schneckenzähne

23

f_{max} Durchbiegung der Schnecke. Unter Annahme einer mittigen Schneckenanordnung zwischen den Lagern im Abstand l_1 in mm wird bei treibender Schnecke mit der Umfangskraft F_{tm2} in N am Schneckenrad und dem Mittenkreisdurchmesser der Schnecke d_{m1} in mm

$$f_{max} \approx 2 \cdot 10^{-6} \cdot l_1^3 \cdot F_{tm2} \cdot \sqrt{\tan^2\left(\gamma_m + \varrho'\right) + \tan^2 \alpha_0 / \cos^2 \gamma_m} / d_{m1}^4 \tag{23.45a}$$

4. Temperatursicherheit bei Tauchschmierung[1])

Die durch die Flanken- und Lagerreibung sowie durch die Planschwirkung des Schmieröls entstehende Wärmemenge darf nicht zu einer unzulässigen Temperaturerhöhung des Getriebes führen. Die auftretende Reibungswärme muss durch geeignete Maßnahmen, wie z. B. Kühlrippen am Gehäuse oder Blasflügel auf der Schneckenwelle abgeführt werden, um bei hochbelasteten Schneckengetrieben die Temperatur ϑ_S des Getriebeöles im Ölsumpf innerhalb der zulässigen Grenzwerte (ϑ_{grenz}) zu halten. Die Ermittlung der Ölsumpftemperatur ist schwierig und kann über die Verlustleistung P_v, die Wärmedurchgangszahl k^* und der freien Oberfläche des Getriebegehäuses A_{ges} aus $\vartheta_S = \vartheta_0 + 1/(k^* \cdot A_{ges}) \cdot P_v$ erfolgen oder es kann überschlägig für die Umgebungstemperatur ϑ_0 mit empirisch ermittelten Beziehungen diverser Einflussgrößen zueinander für Getriebe mit Achsabständen $63 \leq a \leq 400$, Schneckendrehzahlen $10 \leq n_1 \leq 3000$, Zähnezahlverhältnissen $10 \leq u \leq 40$, gut verripptem Gehäuse aus *GJL* die *Ölsumpftemperatur* ermittelt werden aus

$$\boxed{\vartheta_S = \vartheta_0 + c_1 \cdot \frac{T_{eq2}}{(a/63)^3} + c_0 \leq \vartheta_{grenz}} \qquad \begin{array}{c|c|c|c} \vartheta_S,\ \vartheta_0 & T_{eq2} & a & c_1,\ c_0 \\ \hline {}^\circ C & Nm & mm & 1 \end{array} \tag{23.46}$$

ϑ_0 Umgebungstemperatur
T_{eq2} Moment am Schneckenrad aus $T_{eq2} = T_{2\,nenn} \cdot K_A$
a Achsabstand
$c_1,\ c_0$ Beiwerte; entsprechend der vorgesehenen Kühlung zu errechnen aus
a) für Gehäuse *mit* Lüfter

$$c_1 = \frac{3,9}{100} \cdot \left(\frac{n_1}{60} + 2\right)^{0,34} \cdot \left(\frac{v_{40}}{100}\right)^{-0,17} \cdot u^{-0,22} \cdot (a - 48)^{0,34} \qquad \begin{array}{c|c|c} n_1 & v_{40} & a \\ \hline min^{-1} & mm^2/s & mm \end{array}$$

$$c_0 = \frac{8,1}{100} \cdot \left(\frac{n_1}{60} + 0,23\right)^{0,7} \cdot \left(\frac{v_{40}}{100}\right)^{0,41} \cdot (a + 32)^{0,63} \tag{23.46a}$$

b) für Gehäuse *ohne* Lüfter aus

$$c_1 = \frac{3,4}{100} \cdot \left(\frac{n_1}{60} + 0,22\right)^{0,43} \cdot \left(10,8 - \frac{v_{40}}{100}\right)^{-0,0636} \cdot u^{-0,18} \cdot (a - 20,4)^{0,26}$$

$$c_0 = \frac{5,23}{100} \cdot \left(\frac{n_1}{60} + 0,28\right)^{0,68} \cdot \left(\left|\frac{v_{40}}{100} - 2,203\right|\right)^{0,237} \cdot (a + 22,36)^{0,915} \tag{23.46b}$$

v_{40} kinematische Viskosität bei 40 °C

ϑ_{grenz} Grenzwert für die Ölsumpftemperatur; entsprechend der Ölsorte wird
für Mineralöle: $\vartheta_{grenz} \approx 90\ °C$
für Polyglykole: $\vartheta_{grenz} \approx 100\ °C \ldots 120\ °C$

Mit der Ölsumpftemperatur ϑ_S ergibt sich die *Temperatursicherheit* aus

$$\boxed{S_\vartheta = \frac{\vartheta_{grenz}}{\vartheta_S} \geq 1,1} \tag{23.47}$$

---

[1]) Der Nachweis bei Temperatursicherheit ist äußerst aufwändig und kann hier nur in vereinfachter Form dargestellt werden

23.2.7 Berechnungsbeispiele

■ **Beispiel 23.1:** Das Schneckengetriebe eines Zählwerkes soll eine Übersetzung $i = 35$ und aus Einbaugründen einen Achsabstand $a \approx 40$ mm haben. Der Achsenwinkel beträgt $\Sigma = 90°$. Die vom Getriebe zu übertragende Leistung ist gering und für die Berechnung bedeutungslos. Die Hauptabmessungen von Schnecke und Schneckenrad sind zu ermitteln.

▶ **Lösung:** Zunächst wird die Ausführungsform des Getriebes nach den Angaben unter 23.2.1 festgelegt. Die Anforderungen an Leistung sind gering, es wird jedoch ein möglichst spielfreier, genauer Lauf verlangt. Daher wird ein Zylinderschneckengetriebe vorgesehen mit *zylindrischer I-Schnecke* und *Globoidschneckenrad*.
Die Hauptabmessungen werden nach 23.2.5 ermittelt und zwar bei vorgegebenem Achsabstand nach „Fall 1". Zunächst wird nach Gl. (23.36) die Zähnezahl der Schnecke ermittelt:

$$z_1 \approx \frac{1}{u} \cdot (7 + 2{,}4\sqrt{a}) = \frac{1}{35} \cdot (7 + 2{,}4\sqrt{40}) = 0{,}6, \quad \text{gewählt } z_1 = 1.$$

Für das Schneckenrad wird dann $z_2 = i \cdot z_1 = 35 \cdot 1 = 35$. Der vorläufige Mittenkreisdurchmesser der Schnecke nach Gl. (23.37) mit einem gewählten Durchmesser-Achsabstandsverhältnis $\psi_a = 0{,}35$

$$d_{m1} \approx \psi_a \cdot a = 0{,}35 \cdot 40 \text{ mm} = 14 \text{ mm}.$$

Nach Gl. (23.38) wird der vorläufige Teilkreisdurchmesser des Schneckenrades

$$d_{m2} = 2 \cdot a - d_{m1} = 2 \cdot 40 \text{ mm} - 14 \text{ mm} = 66 \text{ mm}.$$

Damit kann nun der Stirnmodul des Schneckenrades gleich Axialmodul der Schnecke ($\Sigma = 90°$) aus Gl. (23.23) bestimmt werden

$$m_t \cong m_x = m = \frac{d_2}{z_2} = \frac{66 \text{ mm}}{35} \approx 1{,}8 \text{ mm};$$

nach DIN 780 T2 (TB 23-4) festgelegt:

$$m_t \cong m_x = 2 \text{ mm}.$$

Somit ergeben sich die endgültigen Abmessungen für Schnecke und Schneckenrad:
Teilkreisdurchmesser des Schneckenrades aus

$$d_2 = m \cdot z_2 = 2 \text{ mm} \cdot 35 = 70 \text{ mm}$$

Mittenkreisdurchmesser der Schnecke aus

$$d_{m1} = 2 \cdot a - d_2 = 2 \cdot 40 \text{ mm} - 70 \text{ mm} = 10 \text{ mm}.$$

Der Mittensteigungswinkel γ_m der Schnecke gleich Schrägungswinkel β des Schneckenrades nach Gl. (23.39)

$$\tan \gamma_m = \tan \beta = \frac{z_1 \cdot m}{d_{m1}} = \frac{1 \cdot 2 \text{ mm}}{10 \text{ mm}} = 0{,}2; \quad \gamma_m \approx 11{,}3°.$$

Die noch fehlenden Hauptabmessungen werden nach 23.2.2 ermittelt:
Der Kopfkreisdurchmesser d_{a1} der Schnecke aus Gl. (23.18)

$$d_{a1} = d_{m1} + 2 \cdot m = 10 \text{ mm} + 2 \cdot 2 \text{ mm} = 14 \text{ mm},$$

der Fußkreisdurchmesser d_{f1} der Schnecke aus Gl. (23.19)

$$d_{f1} \approx d_{m1} - 2{,}5 \cdot m = 10 \text{ mm} - 2{,}5 \cdot 2 \text{ mm} = 5 \text{ mm}.$$

Die Schneckenbreite (Schneckenlänge) b_1 aus Gl. (23.20)

$$b_1 \geq 2 \cdot m \cdot \sqrt{z_2 + 1} = 2 \cdot 2 \text{ mm} \cdot \sqrt{35 + 1} = 24 \text{ mm}; \quad \text{ausgeführt } b_1 = 25 \text{ mm}.$$

Für das Schneckenrad wird der Kopfkreisdurchmesser d_{a2} aus Gl. (23.24)

$$d_{a2} = d_2 + 2 \cdot m = 70 \text{ mm} + 2 \cdot 2 \text{ mm} = 74 \text{ mm}.$$

23

Das Schneckenrad soll aus Leichtmetall hergestellt werden in der Ausführung etwa nach Bild 23-7. Hierfür wird als Radbreite nach Gl. (23.27) empfohlen:

$$b_2 \approx 0,45(d_{a1} + 4 \cdot m) + 1,8 \cdot m = 0,45(14\,\text{mm} + 4 \cdot 2\,\text{mm}) + 1,8 \cdot 2\,\text{mm} = 13,5\,\text{mm};$$

ausgeführt wird $b_2 = 15$ mm.
Der Außendurchmesser d_{e2} des Rades wird zweckmäßig konstruktiv ermittelt und festgelegt.

■ **Beispiel 23.2:** Es ist ein Schneckengetriebe mit oben liegender Schnecke (gehärtet) und einem Achsenwinkel $\Sigma = 90°$ für eine Abtriebsleistung $P_{2eq} \approx 5$ kW und eine Übersetzung von $n_1 = 960\,\text{min}^{-1}$ auf $n_2 \approx 50\,\text{min}^{-1}$ auszulegen. Der Antrieb erfolgt über einen E-Motor; die Arbeitsweise der anzutreibenden Maschine ist gleichmäßig.
Festzulegen und zu ermitteln sind
a) die Hauptabmessungen von Schnecke und Schneckenrad sowie die Festlegung geeigneter Werkstoffe für Schnecke und Schneckenrad,
b) Eine überschlägige Kontrolle auf Erwärmung ist durchzuführen bei Einsatz von Mineralöl mit einer kinematischen Viskosität $v_{40} \approx 40\,\text{mm}^2/\text{s}$. Ein Lüfter zur Kühlung ist nicht vorgesehen.
c) überschlägig die Durchbiegung der Schneckenwelle (mittige Anordnung) unter Annahme des Keilreibungswinkels $\varrho' = 6°$ und des Lagerabstandes $l_1 \approx 1,5 \cdot a$.

▶ **Lösung a):** Zunächst wird die Ausführungsform nach den Angaben zu 23.2.1 festgelegt. Danach wird ein Zylinderschneckengetriebe mit zylindrischer Schnecke (wegen der wirtschaftlichen Fertigung zweckmäßig als ZK-Schnecke) und mit Globoidschneckenrad gewählt.
Für das hier vorliegende Leistungsgetriebe werden die Hauptabmessungen nach 23.2.5, „Fall 2", vorgewählt.
Vorerst wird nach TB 23-3 für die Übersetzung

$$i = \frac{960\,\text{min}^{-1}}{50\,\text{min}^{-1}} = 19,2;$$

die Zähnezahl z_1 der Schnecke mit $z_1 = 2$ gewählt. Damit wird $z_2 = i \cdot z_1 = 19,2 \cdot 2 = 38,4$; festgelegt $z_2 = 38$.
Nach Gl. (23.40) wird der ungefähre Achsabstand

$$a \approx 16 \cdot 10^3 \cdot \sqrt[3]{P_{2eq}/(n_2 \cdot \sigma_{H\,lim}^2)}$$

mit $P_{2eq} = 5$ kW und $n_2 \approx 50\,\text{min}^{-1}$. Für eine vorgewählte Werkstoffpaarung St/GZ-CuSn12 wird nach TB 20-4 die Grübchenfestigkeit $\sigma_{H\,lim} = 425\,\text{N/mm}^2$. Damit wird

$$a \approx 16 \cdot 10^3 \cdot \sqrt[3]{P_{2eq}/(n_2 \cdot \sigma_{H\,lim}^2)} = 16 \cdot 10^3 \cdot \sqrt[3]{5/(50 \cdot 425^2)} = 132\,\text{mm};$$

festgelegt nach DIN 323, R20 $a = 140$ mm.
Der Mittenkreisdurchmesser der Schnecke kann nun nach Gl. (23.37) mit Hilfe des Erfahrungswertes $\psi_a = d_{m1}/a \approx 0,35$ (s. zu Gl. (23.37)) überschlägig ermittelt werden:

$$d_{m1} \approx \psi_a \cdot a = 0,35 \cdot 140\,\text{mm} \approx 49\,\text{mm}.$$

Damit ergibt sich ein vorläufiger Teilkreisdurchmesser des Schneckenrades nach Gl. (23.38)

$$d_2 = 2 \cdot a - d_{m1} = 2 \cdot 140\,\text{mm} - 49\,\text{mm} = 231\,\text{mm}.$$

Aus diesem Teilkreisdurchmesser lässt sich jetzt der Modul errechnen, der Grundlage für die Verzahnungsdaten ist. Nach Gl. (23.23) wird

$$m = \frac{d_2}{z_2} = \frac{231\,\text{mm}}{38} \approx 6,1\,\text{mm};$$

nach DIN 780 T2, TB 23-4 wird festgelegt: $m = m_x = 6,3$ mm. Damit ergeben sich folgende Abmessungen:

Teilkreisdurchmesser des Schneckenrades nach Gl. (23.23)

$$d_2 = m \cdot z_2 = 6,3\,\text{mm} \cdot 38 = 239,4\,\text{mm}$$

Kopfkreisdurchmesser des Schneckenrades nach Gl. (23.24)

$$d_{a2} = d_2 + 2 \cdot m = 239,4 + 2 \cdot 6,3\,\text{mm} = 252\,\text{mm}$$

23

Fußkreisdurchmesser nach Gl. (23.25)

$$d_{f2} \approx d_2 - 2{,}5 \cdot m = 239{,}4 \,\text{mm} - 2{,}5 \cdot 6{,}3 \,\text{mm} = 223{,}65 \,\text{mm}\,.$$

Außendurchmesser des Außenzylinders nach Gl. (23.26)

$$d_{e2} \approx d_{a2} + m = 252 \,\text{mm} + 6{,}3 \,\text{mm} = 258{,}3 \,\text{mm}\,.$$

Der *Mittenkreisdurchmesser* d_{m1} der Schnecke für den nach DIN 323 festgelegten Achsabstand $a = 140$ mm aus Gl. (23.38)

$$d_{m1} = 2 \cdot a - d_2 = 2 \cdot 140 \,\text{mm} - 239{,}4 \,\text{mm} = 40{,}6 \,\text{mm}\,;$$

Kopfkreisdurchmesser der Schnecke nach Gl. (23.18)

$$d_{a1} = d_{m1} + 2 \cdot m = 40{,}6 \,\text{mm} + 2 \cdot 6{,}3 \,\text{mm} = 53{,}2 \,\text{mm}$$

Fußkreisdurchmesser nach Gl. (23.19)

$$d_{f1} \approx d_{m1} - 2{,}5 \cdot m = 40{,}6 \,\text{mm} - 2{,}5 \cdot 6{,}3 \,\text{mm} = 24{,}85 \,\text{mm}\,.$$

Die *Breite* (Länge) der Schnecke nach Gl. (23.20)

$$b_1 \geq 2 \cdot m \cdot \sqrt{z_2 + 1} = 2 \cdot 6{,}3 \,\text{mm} \cdot \sqrt{38 + 1} = 78{,}7 \,\text{mm} \approx 80 \,\text{mm}\,.$$

Für den vorgewählten Schneckenradwerkstoff wird die Schneckenradbreite nach Gl. (23.27)

$$b_2 \approx 0{,}45 \cdot (d_{a1} + 4 \cdot m) = 0{,}45(53{,}2 \,\text{mm} + 4 \cdot 6{,}3 \,\text{mm}) = 35{,}28 \,\text{mm}; \quad \text{festgelegt } b_2 = 35 \,\text{mm}\,.$$

Mit den festgelegten Abmessungen ergibt sich der Mittensteigungswinkel der Schneckenzähne gleich Schrägungswinkel der Schneckenradzähne nach Gl. (23.39)

$$\tan \gamma_m = \tan \beta = \frac{z_1 \cdot m}{d_{m1}} = \frac{2 \cdot 6{,}3 \,\text{mm}}{40{,}6 \,\text{mm}} = 0{,}31; \quad \gamma_m = 17{,}24°\,.$$

▶ **Lösung b):** Zur überschlägigen Kontrolle, ob die angegebene Leistung übertragen werden kann, ohne dass sich das Getriebe unzulässig erwärmt ($\vartheta_{max} \approx 90$ °C), ist nachzuweisen, dass die Temperatursicherheit $S_\vartheta \geq 1{,}1$ ist.

Unter den vorliegenden Bedingungen ergibt sich mit den Beiwerten c_0 und c_1 aus Gl. (23.46), $n_1 = 960 \,\text{min}^{-1}$, $a = 140$ mm, $v_{40} \approx 40 \,\text{mm/s}^2$, $u = 38$, $T_{2eq} = 9550 \cdot P_{2eq}/n_2 = \ldots \approx 955$ Nm die Ölsumpftemperatur aus Gl. (23.46)

$$\vartheta_S = \vartheta_0 + c_1 \cdot \frac{T_{eq2}}{(a/63)^3} + c_0 = \ldots \approx 78 \,°\text{C}$$

$$c_1 = \frac{3{,}4}{100} \cdot \left(\frac{n_1}{60} + 0{,}22\right)^{0{,}43} \cdot \left(10{,}8 - \frac{v_{40}}{100}\right)^{-0{,}0636} \cdot u^{-0{,}18} \cdot (a - 20{,}4)^{0{,}26} = \ldots \approx 0{,}175$$

$$c_0 = \frac{5{,}23}{100} \cdot \left(\frac{n_1}{60} + 0{,}28\right)^{0{,}68} \cdot \left(\left|\frac{v_{40}}{100} - 2{,}203\right|\right)^{0{,}237} \cdot (a + 22{,}36)^{0{,}915} \approx 42$$

Die Temperatursicherheit beträgt somit $S_\vartheta = \vartheta_S/\vartheta_0 = \ldots \approx 1{,}16$; eine unzulässige Erwärmung des Getriebes ist somit nicht zu erwarten; besondere Vorkehrungen zur Wärmeabführung (wie z. B. Gebläse) müssen nicht getroffen werden.

▶ **Lösung c):** Die Durchbiegung der Schneckenwelle hat negative Auswirkungen auf die Eingriffsverhältnisse der Verzahnung. Es muss daher sichergestellt sein, dass eine erfahrungsgemäß unschädliche Durchbiegung nicht überschritten wird. Die Durchbiegesicherheit nach Gl. (23.45) wird

$$S_D = \frac{f_{grenz}}{f_{max}} \geq 1$$

$$f_{grenz} \approx 0{,}004 \cdot m = \ldots \approx 0{,}025 \,\text{mm} \quad \text{(für gehärtete Schnecke)}$$

Die maximale Durchbiegung kann für die mittige Anordnung der Schnecke vereinfacht ermittelt werden aus Gl. (23.45a)

$$f_{max} \approx 2 \cdot 10^{-6} \cdot l_1^3 \cdot F_{tm2} \cdot \sqrt{\tan^2(\gamma_m + \varrho') + \tan^2 \alpha_0/\cos^2 \gamma_m}/d_{m1}^4 = \ldots \approx 0{,}0156 \,\text{mm}$$

$$l_1 \approx 1{,}5 \cdot a = \ldots \approx 210 \,\text{mm}, \; \gamma_m \approx 17{,}24°, \; \varrho' \approx 6°, \; \alpha_0 = 20°, \; d_{m1} = 40{,}6 \,\text{mm}$$

$$F_{tm2} = T_2/d_2 = T_2/(m \cdot z_2) = \ldots \approx 3990 \,\text{N}$$

Damit ist die Durchbiegesicherheit

$$S_D = \frac{0{,}025 \,\text{mm}}{0{,}0156 \,\text{mm}} \approx 1{,}6\,.$$

23

Sachwortverzeichnis

Abbrennstumpfschweißen 115
Abdeckscheibe, federnde 669
Abdichtung gegen axiale Flächen 669
Abdichtung gegen radiale Flächen 667
abgeleitete Reihe 4
Abmaß 22
–, oberes 22
–, unteres 22
Abminderungsfaktor 154
Abnutzungszuschlag 172
Abscherspannung 197
Absperrventil 634
Abstreifring 673
Achsabstand 704, 709, 771, 779
Achsabstandstoleranz, Stirnradgetriebe 726
Achse 341
–, Ablaufplan für Entwurfsberechnung 355
–, Ablaufplan für vereinfachten Festigkeitsnachweis 355
–, angeformte 348
–, Durchbiegung 359
–, feststehende 341
–, umlaufende 341
–, vereinfachter Festigkeitsnachweis 356
–, zylindrische 348
Achsenwinkel
–, Kegelradgetriebe 749
–, Schraubradgetriebe 770
Achshalter 289
AD 2000-Regelwerk 170
AD-Merkblatt 142
Additive 80
Allgemeintoleranz für Schweißkonstruktion 129
Alterungsbeständigkeit 96
Aluminiumhartlot 102
Aluminiumniet 203
Anforderungsliste 9
angeformte Achse 348
angestellte Lagerung 487
Anisotropie 45
Anlaufdrehmoment 411, 413
Anlaufkupplung 448, 453
Anschluss

–, momentbelasteter 256
–, schubbelasteter 256
Anstrengungsverhältnis 41
Antriebsleistung 619
Antriebszapfen 351
Anwendungsfaktor K_A 42, 65, 167, 737
Anziehdrehmoment 242
Anziehen der Schraubenverbindung 241
–, drehmomentgesteuertes 244
–, drehwinkelgesteuertes 245
–, streckgrenzgesteuertes 245
Anziehfaktor 245
Anziehverfahren 244
äquivalente Kraft 42
äquivalente Oberlast 167
äquivalente Unterlast 167
äquivalentes Drehmoment 42
arbeitsbetätigte Kupplung 441
Arbeitsposition (Schweißen) 132
Arbeitstemperatur (Hartlote) 102
Armatur 632
Armaturenart 632
Asynchronkupplung 453
Außenführung 618
Außenzentrierung 377
äußere Teilkegellänge 752
äußerer Fußkreisdurchmesser 756
äußerer Kopfkreisdurchmesser 756
äußerer Teilkreisdurchmesser 751, 756
äußeres Modul 751
außergewöhnliche Einwirkung 146
außermittig angeschlossener Zugstab 149
Aufbau der Wälzlager 477
Auflegeweg (Riemen) 601
Auftragsschmierung 692
Augenlager 476, 547
Augenstab 278
Ausarbeiten 9
Ausarbeitungsphase 12
Ausbeute (Riementrieb) 593

Ausfallwahrscheinlichkeit 505
Ausführung 322
Ausgleichskupplung 426
Auslegung der schaltbaren Reibkupplung 422
Auslegung des Riemengetriebes 592
Auslegung nachgiebiger Wellenkupplung 419
Ausrückgetriebe 588
Ausschlagfestigkeit 240
Ausschlagkraft 237
Ausschlagspannung 232, 240
austenitischer Stahl 120
Auswahl der Welle-Nabe-Verbindung 373
Auswahl einer Dichtung 658
Auswahl einer Kupplung 455
Auswahlreihe 4
Auswirkung des Schweißvorganges 114
Axial-Gleitlager 551
Axial-Kippsegment-Lager 555
Axial-Pendelrollenlager 484
Axial-Rillenkugellager 483
Axial-Schrägkugellager 484
axiale Flächen, Abdichtung 669
axiale Führung 344
axiale Labyrinthdichtung 675
Axialfedersteife 422
Axialgleitlager 567
–, Berechnung 567
Axialkraft 737, 760, 773
Axialkraftkomponente, innere 502
Axiallager 476
Axialschnitt (Zahnrad) 777
Axialteilung 777

Backenbremse 460
Backring 672
Basiszeichen 485
Bauelement, wälzgelagertes 509
Bauform 629
Bauformen 459
Baumaße der Wälzlager 485
Baustahl, unlegierter 119

Bauteil
–, Schweißbarkeit 118
–, Spannungsverteilung im ge-
    kerbten 52
–, Spannungsverteilung im
    nicht gekerbten 52
Bauteildauerfestigkeit 58
Bauteilfestigkeit 37, 57
–, dynamische 51
– gegen Fließen 50
– gegen Gewaltbruch 50
–, statische 50
Bauteilgröße 56
Bauteilkenngrößen bei Clinch-
    verbindungen 211
Bauteilwechselfestigkeit 58
Beanspruchung 40, 93
–, dynamische 649
–, Kennzahl der dynamischen
    501
–, statische 648
–, zeitlicher Verlauf 40
–, zusammengesetzte 39, 168
Beanspruchung auf Verdrehen
    168
Beanspruchung der Schraube
    beim Anziehen 246
Beanspruchungs-Zeit-Verlauf
    41
Beanspruchungsart 37f., 41
Beanspruchungsarten der
    Punktschweißung 145
Beanspruchungsdauer 45
beanspruchungsgerechtes
    Gestalten 15
Beanspruchungsgeschwindig-
    keit 45
Bearbeitungsleiste 137
bedingt lösbare Berührungs-
    dichtung 659
Befestigungsschraube 217
Behälterwand, Ausschnitt 174
Beiwinkel 201
Belastung 37, 502
–, allgemein-dynamische
    (Schweißverbindung) 167
–, dynamisch äquivalente 500
–, statisch äquivalente 499
–, veränderliche 503
Belastung von Lagern 502
Belastungsart 37
Belastungseinflussfaktor 737
Belastungskennwert 774
Belastungszyklus
–, linearer 504
–, periodischer 503
Bemaßung der Schweiß-
    naht 130
Berechnen der Achsen/Wellen,
    Entwurf 355

Berechnen der Bolzenverbin-
    dung nach Stahlbau-Richtli-
    nie 279
Berechnen der Bolzenverbin-
    dungen im Maschinenbau
    277
Berechnung der Achsen/Wel-
    len, Verformung 358
Berechnung der Bauteile
    (Nietverbindungen) 195
Berechnung der Beanspru-
    chung (Stahlbau) 146
Berechnung der Keilwellenver-
    bindung 378
Berechnung der Klebverbin-
    dung 97
Berechnung der Klemmverbin-
    dung 400
Berechnung der Lötverbindun-
    gen 107
Berechnung der Nabenabmes-
    sung 379
Berechnung der Passfederver-
    bindung 376
Berechnung der Punktschweiß-
    verbindung 164
Berechnung der Radialgleit-
    lager 557
Berechnung der Schweiß-
    konstruktion 146
Berechnung der Schweißnaht
    im Stahlbau 158
Berechnung der Stiftverbindung
    284
Berechnung der Zahnwellen-
    verbindung 378
Berechnung des Kegelpressver-
    bands 390
Berechnung des Kegelspann-
    systems 396
Berechnung des Pressverbandes
    382
Berechnung geschweißter
    Druckbehälter 170
Berechnung von Achsen/
    Wellen, Festigkeitsnachweis
    356
Berechnungsbeispiele (Rohr-
    leitungen) 652
Berechnungsgrundlagen
    (Rohrleitungen) 645
Berechnungskonstante 650
Berechung der Rohrwanddicke
    gegen Innendruck 647
Berührungsdichtung 660
–, bedingt lösbare 659
–, berührungslose 659
–, hermetische 659
–, lösbare 659
–, unlösbare 659

Berührungsdichtungen zwi-
    schen relativ bewegten
    Bauteilen 666
Berührungsdichtungen zwi-
    schen ruhenden Bautei-
    len 659
berührungsfreie Dichtung 674
berührungsfreie Schutzdich-
    tung 674
berührungslose Dichtung 659
Beschleunigungsdrehmoment
    413f.
Betriebsdruck, zulässiger 650
Betriebseingriffswinkel 703
Betriebsfaktor 42
Betriebsfestigkeit 48
Betriebsfestigkeitsnachweis
    (Krantragwerk) 207
Betriebskreisfrequenz 418
Betriebslagerspiel 558
Betriebstemperatur
–, Einfluss auf die Ölviskosität
    77, 530
–, Einfluss auf Festigkeit 45
–, Einfluss auf Lagerlebens-
    dauer 504
Betriebswälzkreis 703
Beulen 37, 39, 148
Bewegungsschraube 217, 259
–, Entwurf 260
–, Nachprüfung auf Festigkeit
    260
–, Nachprüfung auf Knickung
    262
–, Wirkungsgrad 264
Bewertung 13
–, Bewertungsfaktor 13
–, Punktbewertung 13
–, technische 14
Bewertungsfaktor 13
Bewertungsgruppe 105, 128f.
Bewertungsverfahren 13
Bezeichnung genormter Mut-
    tern 222
Bezeichnung genormter
    Schrauben 222
Bezeichnung Niet 192
Bezeichnungssystem 102
Beziehung
–, geometrische 599
–, kinematische 599
bezogener Schlankheits-
    grad 153
bezogenes Spannungsgefälle
    54
Bezugsdrehzahl, thermische
    506
Bezugs-Planrad 750
Bezugsschlankheitsgrad 153
Bezugszeichen 130

Aus dem Programm Werkstofftechnik

Rösler, Joachim / Harders, Harald / Bäker, Martin

Mechanisches Verhalten der Werkstoffe

3. durchges. u. korr. Aufl. 2008. XIV, 521 S. mit 319 Abb., 31 Tab. u. 34 Aufg. m. Lös.
Br. EUR 32,90
ISBN 978-3-8351-0008-4

Ruge, Jürgen / Wohlfahrt, Helmut

Technologie der Werkstoffe

Herstellung, Verarbeitung, Einsatz
8., überarb. u. erw. Aufl. 2007. X, 342 S. mit 289 Abb. u. 68 Tab.
(Studium Technik) Br. EUR 29,90
ISBN 978-3-8348-0286-6

Weißbach, Wolfgang

Werkstoffkunde

Strukturen, Eigenschaften, Prüfung
16., überarb. Aufl. 2007. XVI, 426 S. mit 287 Abb. u. 245 Tab. (Viewegs Fachbücher
der Technik) Br. EUR 28,90
ISBN 978-3-8348-0295-8

Weißbach, Wolfgang / Dahms, Michael

Aufgabensammlung Werkstoffkunde und Werkstoffprüfung

Fragen - Antworten
8., erw. Aufl. 2008. X, 148 S. Br. EUR 19,90
ISBN 978-3-8348-0532-4

**VIEWEG+
TEUBNER**

Abraham-Lincoln-Straße 46
65189 Wiesbaden
Fax 0611.7878-400
www.viewegteubner.de

Stand Januar 2009.
Änderungen vorbehalten.
Erhältlich im Buchhandel oder im Verlag.

TUBUS Strukturdämpfer

für den Not-Stopp, wenn die bewegte Masse nicht positionsgenau gestoppt und die Energie nicht zu 100 % abgebaut werden muss.

Rotationsbremsen

dienen zum Bremsen von Drehbewegungen, wirken ein- oder beidseitig, sind einstellbar oder fest eingestellt, von 0,001 bis 40 Nm Bremskraft.

Fordern Sie die aktuellen ACE Kataloge an!

Brems-zylinder, Ölbremsen

dienen zum Feinregeln von Vorschubgeschwindigkeiten; hauptsächlich in der Holz-, Kunststoff-, Metall- und Glasindustrie eingesetzt.

Industrie-Stoßdämpfer

sind professionelle Linearbremsen für ausgereifte Antriebe. Es handelt ich dabei um einbaufertige, wartungsfreie hydraulische Elemente für den Dauerbetrieb.
Die Baureihe MC 150-600 z. B. ermöglicht Standzeiten bis zu 25 Mio. Hüben.

Industrie-Gasfedern

dienen zum kontrollierten Heben und Senken von Hauben, Deckeln, Klappen usw.

ACE-LOCKED Klemmelemente

bieten durch membranbeaufschlagte Federbleche höchste Klemmkräfte auf Linearschienen, Kolbenstangen, Achsen und Wellen.

ACE-SLAB Dämpfungsplatten

aus viskoelastischen PUR-Werkstoffen bieten eine innovative Leistungsbreite im Bereich der Stoß- und Schwingungsdämpfung.

Sicherheits-Stoßdämpfer

sind für den Not-Stopp-Einsatz vorgesehen und bieten eine preiswerte Alternative zu den Industrie-Stoßdämpfern.

Biegebeanspruchung
–, Druckstab 156
–, Verformung bei 359
Biegedrillknicken 151
Biegefließgrenze 45
Biegefrequenz 605
Biegeknicken 151
Biegeknicken einteiliger
    Druckstäbe 151
biegekritische Drehzahl 362
biegenachgiebige Ganzmetal-
    lkupplung 428
Biegeschwingung 361
Biegespannung 38, 596
Biegeträger, geschweißter 157
Biegeträger mit Längsnahtbe-
    rechnung 164
Biegeträger mit Querkraft 164
Biegewechselfestigkeit 109
biegsame Welle 342
Biegung 38
–, Torsion 50
–, Wechselfestigkeitswert 50
Bindeblech 155
Bindefestigkeit 94f.
Blattfeder 306
–, Dreieck 306
–, geschichtete 307
–, Parabelfeder 306
–, Rechteck 306
–, Trapezfeder 306
Blei-Zinn-Legierung 537
Blindniet 187
Blindnietelement 190
Blocklänge 323
Blockspannung 318
Boden, ebener 174
Bohrungskennzahl 485
Bolzen 274
Bolzen mit Kopf und Gewinde-
    zapfen 274
Bolzen mit Kopf und mit
    Splintloch 274
Bolzen ohne Kopf 274
Bolzen ohne Kopf und mit
    Splintloch 274
Bolzenform 274
Bolzenkette 611
Bolzenkupplung, elastische 434
Bolzenquerschnitt, Spannungs-
    verteilung 277
Bolzenverbindung 274, 291
–, Berechnung 277, 279
–, Entwerfen 275, 278
–, Gestalten 275, 278
Bördelnaht 125
Bredtscher Formel 168
Breite des Schneckenrades 779
Breitenfaktor 738
Breitenreihe 485

Breitenverhältnis 539, 758
Breitkeilriemen 583
Bremse
–, Berechnung 459
–, Bremsmoment 459
–, Bremszeit 459
–, Funktion 458
–, mechanische 459
–, Wärmebelastung 459
Bremsmotor 460
Bremszeit 459
Brinellhärte 45
Bruchmechanik 37
Buchsenkette 613

CARB-Lager 482
CAx-System 18
CEN 2
Chromstahl, ferritischer 120
CIP (Cured-In-Place) 663
Clinchen 210
Clinchverbindung 208
Connex-Spannstift 283

Dachmanschettensatz 672
Dämpfung 299, 411, 418
Dämpfungsfaktor 302
Darstellung der Rohrlei-
    tung 645
Dauerbruch 47
Dauerfestigkeit 47, 95
Dauerfestigkeitschaubild
    (DFS) 49
–, DFS nach Goodman 49
–, DFS nach Haigh 49
–, DFS nach Moore-Kommers-
    Jasper 49
–, DFS nach Smith 49, 59
Dauerhaltbarkeit der Schrau-
    benverbindung 240
Dauerschmierung 494
Deckellager 547
Deckscheibe 478
degressive Kennlinie 300
Dehngrenze 43
Dehnschlupf 594
Dehnschraube 221, 229
Dehnspannung 586
Dehnungsausgleicher 642
Dehnungsbogen 642
Delta-Ring 664
Dezimalklassifikation 3
DFS 49
DHV-Naht 125
Dichtfläche bei Flanschverbin-
    dung 639
Dichtheit, ,
    technische 657
Dichtkräfte in Flanschverbin-
    dungen 661

Dichtlamelle 674
Dichtmasse, viskos aufgetragene
    663
Dichtscheibe 478, 669
Dichtsystem 674
Dichtung 657
–, Auswahl 658
–, Backring 672
–, berührungsfreie 674
–, berührungslose 659
–, CIP (Cured-In-Place) 663
–, Delta-Ring 664
–, Diffusionsverlust 657
–, dynamische 657, 659, 666
–, FIP (Formed-In-Place)
    663
–, hermetische 665
–, integrierte elastomere 663
–, selbsttätige 664
–, statische 657, 659
Dichtung für Drehbewe-
    gung 666
Dichtung für Längsbewe-
    gung 671
Dichtung mit Sperrflüssig-
    keit 674
Dichtungsauswahl, Kriterien
    658
Dichtungskennwert 661
Dichtungsschraube 217
Dichtungswerkstoffe, Eigen-
    schaften 658
Dickenbeiwert 170
Differentialbauweise 203
Differenzgewinde 230
Diffusion 101
Diffusionsverlust 657
DIN-Norm 2
Direktlagerung 504
Dispersionsklebstoff 91
Doppel-T-Stoß 124
Doppelkeilriemen 583
Drahtdurchmesser 309
Drahtsicherung 223
drehbeanspruchte Federn 320
Drehfeder 308f.
Drehfedersteife 418
Drehflankenspiel 725
Drehmoment
–, äquivalentes 42
–, übertragbares 423
Drehmoment-Drehzahl-Kennli-
    nie 415
Drehmomente bei Reibkupp-
    lung 423
drehmomentgesteuertes Anzie-
    hen 244
Drehmomentstoß 417, 420
Drehnachgiebigkeit einer
    Kupplung 433

Drehnachgiebigkeit von Kupplungen 411
Drehschwinger 364
Drehschwingung 361
Drehstabfeder 320
–, Berechnung 321
Drehverbindung 510
drehwinkelgesteuertes Anziehen der Schraubenverbin-
dung 245
Drehzahl 361
–, biegekritische 362
–, kinematisch zulässige 506
–, kritische 361
–, veränderliche 503
–, verdrehkritische 364
drehzahlbetätigte Kupp-
lung 448
Drehzahleinfluss bei Pressverbänden 389
Drehzahlfaktor 501
Drehzahlkennwert 494
Dreieck-Blattfeder 306
Druck 38, 50
Druckbehälter 142
–, Abnutzungszuschlag 172
–, allgemeine Festigkeits-
bedingung 175
–, Ausschnitte im 175
–, Berechnung 170
–, ebene Platte 174
–, ebener Boden 174
–, erforderliche Wanddicke
172
–, gelöteter 108
–, geschweißter 170
–, gewölbter Boden 173
–, Zuschlag bei Wanddicken-
unterschreitung 172
Druckfeder
–, kaltgeformte 322
–, Summe der Mindestabstände
323
Druckhülse 398
Druckmittelpunkt 478
Druckprüfung 650
Druckrohr aus duktilem Guss-
eisen 630
Druckspannung 38
Druckstab 151
Druckstab mit Biegebeanspru-
chung 156
Druckstoß 651
Druckumlaufschmierung 544
Druckverlauf 567
Druckverlust 645f.
Druckverteilung 531
Druckwinkel 477, 502
Dübelformel 164
Dunkerleysches Gesetz 363

Duplexbremse 460
Durchbiegesicherheit 784
Durchbiegung, rechnerische
Ermittlung 359
Durchdringungskerben 54
Durchgangsventil 633
Durchhang des Kettentrums
622
–, relativer 622
Durchzugsgrad 594
Durchzugsnietdorn 190
DV-Naht 125
DVS-Merkblatt 2
Dynamikfaktor K_V 737
dynamisch äquivalente Lagerbelastung 502, 514
dynamische Beanspruchung
649
dynamische Dichtung 657, 659,
666
dynamische Kennzahl 498
dynamische Lagerbelastung
498
dynamische Querkraft 238
dynamische Tragfähigkeit 498f.
dynamische Tragzahl 498, 500
dynamische Viskosität 76, 529
dynamischer Festigkeitsnachweis 64, 356
dynamischer Festigkeitswert 46

ebene Platte 174
ebener Boden 174
Eckstoß 124
Eckventil 633
effektive Wärmeübergangszahl
562
Eigenkreisfrequenz 362, 418
Eigenschaften von Dichtungs-
werkstoffen 658
Eigenschaften von Klebever-
bindungen 94
Eigenschaften von Loten 102
Eigenschaften von Schmierstof-
fen 494
Eigenschaften von Schweißzu-
satzwerkstoffen 122
Einbau 667
Einbau von Radial-Wellen-
dichtringen 668
Einbau-Lagerspiel 558
Einbau-Sintermetall-Lager
547, 551
Einbaulager 476
einfache Spaltdichtung 674
Einflächenkupplung 441
Einfluss auf die Bauteilfestig-
keit 56
Einflussfaktor
–, Bauteilgröße 56

–, Oberflächenverfestigung 56
Einflussfaktor der Oberflä-
chenrauheit 55
Einflussfaktoren auf Bauteil-
dauerfestigkeit 52
Einflussfaktoren bei Zahnrad-
Tragfähigkeitsberechnung
737
Eingriffsteilung 703, 705
Eingriffsverhältnis 753, 756
Einheitsbohrung, Passsystem
28
Einheitswelle, Passsystem 28
Einlaufverhalten 535
Einlegekeil 402
einreihiges Schrägkugellager
479
Einscheiben-Spurlager 569
Einspannbedingung 275
Einspannbuchse 283
Einteilung der Federn 303
Einteilung der Getriebe 677
Einteilung der Kupplungen
412
Einteilung der Lager 476
Einteilung der Maschinenele-
mente 217
Einteilung der Schraubenver-
bindungen 217
Einteilung der Welle-Nabe-
Verbindungen 373
Einteilung von Dichtungen 659
Einwirkung (Last) 146
Einwirkungskombination 147
Eisen-Kohlenstoff-Gusswerk-
stoff 120
elastische Bolzenkupplung 434
elastische Formänderung 43
elastische Klauenkupplung 434
elastische Längenänderung 234
elastische Nachgiebigkeit 234
elastisches Verhalten 595
Elastizitätsfaktor 744
Elastizitätsgrenze 43
elektromagnetisch betätigte
Kupplung 441
Elektronenstrahlschweißen 113
Endkraterabzug 167
Ensat-Einsatzbüchse 221
entkohlend geglühter Temper-
guss 121
Entlastung der Lötverbindung
106
Entlastungskerben 55
Entlastungsventil 633
Entwerfen 9
Entwerfen der Bolzenverbindung 275, 278
Entwerfen der Lötverbindung
105

Willkommen in der Welt der Dichtungstechnik

Produkte/Dienstleistungen:

RADIA®-Dichtsysteme
Radialwellendichtringe und Dicht-
systeme für drehende Wellen,
auch mit elektronischen Sensoren,
Polräder mit magnetisierbarem
Elastomerwerkstoff

AXIA®-Dichtsysteme
Gleitringdichtungen für PKW, NFZ
und Hausgeräteanwendungen

**Dichtsysteme für
Ölhydraulik und Pneumatik**
Standardbauteile und kunden-
spezifische Zeichnungsteile

**Werkzeugbau
Elastomermischungen**
zur Verarbeitung im IM-, TM und
CM-Verfahren auf Basis von FPM,
ACM, HNBR und NBR.

Das Firmenprofil:

KACO entwickelt und produziert Dichtelemente für bewegte
Maschinen- und Fahrzeugteile.
Das 1914 gegründete Unternehmen ist stark entwicklungsorientiert.
Zu den Kunden gehören fast alle OEMs und viele Tier-one-supplier.
Die langjährige Erfahrung und modernste Entwicklungseinrich-
tungen werden eingesetzt um Lösungen zu finden, die präzise
auf die Kundenanforderungen zugeschnitten sind. Fertigungstätten
befinden sich im Inland und in europäischen Ländern.

Firmensitz/weitere Niederlassungen:
KACO fertigt in 5 Werken (3x in Deutschland, in Österreich und
in Ungarn). Die Sabó-Gruppe hat weitere Standorte in Brasilien,
Argentinien, Nordamerika, Australien, China und Japan.

Jahresumsatz: ca. 128 Mio. Euro
Größe der Belegschaft: 900 Mitarbeiter (Europa),
3000 Mitarbeiter (weltweit innerhalb der Sabó-Gruppe).
Geschäftsführung: Dipl. Ing (TU) Markus Schwerdtfeger,
Dipl. Ing. Richard Ongherth

Ansprechpartner Produkte: Martina Götzenberger,
Tel. +49 (0) 71 31/636-334

**Verantwortung
schafft Vorsprung**

Sabó-Group

**KACO GmbH + Co. KG
Dichtungswerke**

Rosenbergstraße 22
74072 Heilbronn/Germany
Tel.: +49 (0) 71 31/636-334
Fax +49 (0) 71 31/636-413
info@kaco.de
www.kaco.eu

Aus dem Programm Technische Mechanik

Böge, Alfred
Technische Mechanik
Statik - Dynamik - Fluidmechanik - Festigkeitslehre
28., verb. Aufl. 2009. XXII, 426 S. mit 569 Abb. u. 15 Tab. 22 Arbeitsplänen,
15 Lehrbeispl. und 40 Übungseinheiten Geb. EUR 26,90
ISBN 978-3-8348-0747-2

Dankert, Jürgen / Dankert, Helga
Technische Mechanik
Statik, Festigkeitslehre, Kinematik/Kinetik
5., überarb. u. erw. Aufl. 2009. XIV, 756 S. mit 1102 Abb. 128 Übungsaufg., zahlr.
Bsp. u. weiteren Abb. u. Aufg. im Internet Geb. ca. EUR 49,90
ISBN 978-3-8351-0177-7

Magnus, Kurt / Müller-Slany, Hans H.
Grundlagen der Technischen Mechanik
7., durchges. und erg. Aufl. 2005. 302 S. mit 271 Abb. Br. EUR 23,90
ISBN 978-3-8351-0007-7

Wriggers, Peter / Nackenhorst, Udo / Beuermann, Sascha / Spiess, Holger /
Löhnert, Stefan
Technische Mechanik kompakt
Starrkörperstatik - Elastostatik - Kinetik
2., durchges. und überarb. Aufl. 2006. 515 S. Br. EUR 32,90
ISBN 978-3-8351-0087-9

VIEWEG+ TEUBNER

Abraham-Lincoln-Straße 46
65189 Wiesbaden
Fax 0611.7878-400
www.viewegteubner.de

Stand Januar 2009.
Änderungen vorbehalten.
Erhältlich im Buchhandel oder im Verlag.

Entwerfen von Achsen, Wellen
345
Entwerfen von Bewegungs-
schrauben 260
Entwerfen von Rollenkettengetrieben 617
Entwerfen von Schraubenverbindungen 231
Entwerfen von Wälzlagerungen
487
Entwurfsdurchmesser, Ermittlung 354
erforderliche Nietzahl 199
erforderliche Sicherheit 37, 61
erforderliche Überlappungslänge 107
erforderliche Wanddicke 172
erforderlicher Spannungsquer-
schnitt 232
Ergänzungskegel 750
Ergänzungssymbol 130
Ermittlung der angreifenden
Belastung 167
Ermittlung der Gestaltfestig-
keit 57
Ermüdungsbruch 47
Ermüdungsfestigkeitsnachweis
64
Ermüdungsgrenzbelastung 505
Ermüdungslaufzeit 500, 505
Ermüdungslebensdauer 504
erreichbare Lebensdauer 504
erreichbare Lebensdauer bei
veränderlichen Betriebsbe-
dingungen 505
Ersatzquerschnitt 235
Ersatzrad 721
Ersatzstabverfahren 156
Ersatzzähnezahl 721
Erzeugungs-Wälzkreis 703
Erzeugungseingriffswinkel 703
ETP-Spannbuchse 398
Euler, Knickspannung 262
europäische Knickspannungsli-
nie 154
Evolventen-Bogenzahn 755
Evolventenfunktion 712
Evolventenverzahnung 685
Evolventenzahnprofil 377f.
experimentell bestimmte Kerb-
wirkungszahl 54
Expertensystem 19
exzentrisches Spannrad 623
Exzentrizität, relative 558
Eytelweinsche Beziehung 593

Fachwerk, geschweißtes 140
Fallposition 132
Faltenbalg 666
Federart 303

Federdiagramm 299
Federgeometrie 315
Federkennlinie 299
Federkraft 306, 316
Federkraft bei Planlage 316
Federn 299, 303 ff.
–, Berechnungsgrundlagen
304
–, biegebeanspruchte 306
–, Blattfeder 306
–, drehbeanspruchte 320
–, Drehfeder 308
–, Drehstabfeder 320
–, druckbeanspruchte 304
–, Federarten 303
–, Federdiagramm 299
–, Federkennlinie 299
–, Federrate 299
–, Federsysteme 300
–, Federwerkstoffe 303
–, Funktion 299
–, Gemischtschaltung 301
–, Gestaltung 303
–, kegelige Schraubendruckfe-
der 330
–, Parallelschaltung 301
–, Reihenschaltung 301
–, Ringfeder 305
–, Schraubenfeder 321
–, Spiralfeder 311
–, Tellerfeder 312 ff.
–, zugbeanspruchte 304
–, zylindrische Schraubenfeder
321
federnde Abdeckscheibe 669
Federpaket 315
Federrate 299, 316, 321
Federrate R 299
Federring 223
Federsäule 315
Federscheibe 223
Federstecker 288
Federsystem 300
Federungsarbeit 301, 307, 316
Federwerkstoff 303
Federwirkung 312
Federwirkungsgrad 301 f.
Feingewinde 218
Feinkornbaustahl, schweißge-
eigneter 120
ferritischer Chromstahl 120
fertigungsbedingte Schweiß-
sicherheit 122
Fertigungserleichterung 106
fertigungsgerechtes Gestalten
15
Fertigungsschweißung 120
Fertigungsverfahren 16
Fest-Los-Lagerung 487
Festforderung 11

Festigkeitsbedingung, allge-
meine (Druckbehälter) 175
Festigkeitsberechnung, prakti-
sche 62
festigkeitsgerechtes Gestalten
15
Festigkeitskennwert 172
Festigkeitsklasse 225
Festigkeitsnachweis 37, 207
–, allgemeiner 37
–, dynamischer 64
–, statischer 50, 63
Festigkeitsnachweis im Stahl-
bau 65
Festigkeitsnachweis von Ach-
sen/Wellen 356
Festigkeitsnachweis von Löt-
verbindungen 107
Festigkeitsnachweis von
Schweißverbindungen 161
Festigkeitswert
–, dynamischer 46
–, statischer 42
Festkörperreibung 527
Festlager 475
Festlegen, Zähnezahl 618
Festschmierstoff 542
feststehende Achse 341
Feststoffschmierung 496
Fettmenge 494
Fettschmierung 494, 542
fiktive pseudoelastische Span-
nungsschwingbreite 649
Filzring 668
FIP (Formed-In-Place) 663
Fitting 640
Flachdichtung 661
Flächendichtung 660
Flächenmaßstab 5
Flächenpressung 321
Flächenpressung an der Aufla-
gefläche 232, 248
Flächenpressung des Gewindes
263
Flachkeil 402
Flachkopfschraube 220
Flachnaht 126 f.
Flachriemen 582 ff.
Flachriemenscheibe 590
Flachrundniet 188
Flachsenkniet 188
Flankenlinienabweichung 738
flankenoffene Ausführung 583
Flankenpressung 742, 744
Flankenprofil 683
Flankenspiel 724
Flankenzentrierung 377
Flansch, Gestaltung bei
Flächendichtung 663
Flanschlager 476, 510, 547

Flanschverbindung 638
–, Dichtfläche 639
–, Dichtkräfte 661
Fließgrenze 44f.
fliegende Lagerung 475
Fliehkörper-Kupplung 448
Fliehkraft 362, 593
Fliehkraftkupplung 446, 448
Fliehkraftspannung 596
Fliehzug 625
Flügelmutter 221
Flüssigkeitsreibung 527
Flussmittel 102f.
Flussmittel zum Hartlöten 103
Flussmittel zum Weichlöten 103
Flyerkette 611
Förderkette 613
Forderung 11
Formänderung
–, elastische 43
–, plastische 43
Formdichtung 661, 672
Formfaktor 741
formgerechtes Gestalten 17
formschlüssige Schaltkupp-
   lung 436
formschlüssige Verbindung 373
formschlüssige Welle-Nabe-
   Verbindungen 373
formschlüssiges Sicherungs-
   element 223, 251
Formstück 632
Formtoleranz 24
Formzahl 53
–, plastische 51
formzahlabhängiger Größen-
   einflussfaktor 54, 56
Fortpflanzungsgeschwindigkeit,
   Druckwelle 651
Freidrehung, Durchmesser 618
Freilaufkupplung 449
fremdbetätigte Kupplung 436
Fress-Tragfähigkeit 734
Fressen 733
Fußhöhe 778
Fußkegelwinkel 753
Fußkreisdurchmesser 617, 704,
   719, 778f.
Fugenlöten 100
Fugenvorbereitung 128
Führung, axiale 344
Führung der Kette 615
Führungsgewinde 263
Führungsring 674
Führungszapfen 349
Fülldruck, kapillarer 101
Funktion
–, Bremse 458
–, Dichtungen 657

–, Federn 299
–, Klebverbindungen 89
–, Lötverbindungen 100
–, Schraubenverbindung 217
–, Wälzlager 475
–, Zahnradgetriebe 678
Funktion, Achsen, Wellen 341
–, Kupplungen 410
–, Welle-Nabe-Verbindung 373
Funktion, Rohrleitung 629
Funktionsfläche 678
funktionsgerechtes Gestalten 15

Galling 734
Gallkette 611
Gamma-Ring 669
Ganzmetallkupplung, biege-
   nachgiebige 428
Ganzmetallmutter, selbstsi-
   chernde 224
gasgeschmiertes Lager 534
Gasschmelzschweißen 113
Gebrauchsdauer 505
Gebrauchstauglichkeitsnach-
   weis 255
geeignetes Schweißverfahren 116
GEH 39
–, Gestaltänderungsenergie-
   hypothese 169
Gehäusegleitlager 547
gekreuzter Riementrieb 586
gekröpftes Verbindungsglied 616
Gelenkbolzen 274
–, zweischnittiger 279
Gelenke 278, 429
Gelenkkette 611
Gelenklager 476
Gelenkverbindung 291
Gelenkverbindung im Stahlbau 290
Gelenkwelle 341, 429, 432
gelötete Druckbehälter 108
Gemischtbauweise 142
Gemischtschaltung 301
gemittelte Rautiefe 29
geometrische Beziehung 599
geometrischer Größeneinfluss-
   faktor 56
geradverzahntes Kegelrad 749
Gerätebau,
   Nietverbindung im 206
Gesamtbelastungseinfluss 740
Gesamteinflussfaktor 57
gesamter Druckverlust 646
gesamter erforderlicher
   Schmierstoffvolumenstrom 573

gesamter Schmierstoffdurch-
   satz 564
Gesamtfunktion 11
Gesamtschraubenkraft 236, 662
Gesamtsicherheit 61
Gesamtsicherheitsnachweis 61
Gesamtspannung im Last-
   trum 596
Gesamtüberdeckung 720, 757
Gesamtwirkungsgrad 693
Gesamtzahl der Windun-
   gen 323
geschichtete Blattfeder 307
geschlitzte Hebelnabe 401
geschränkter Riementrieb 586
geschweißtes Fachwerk 140
geschweißtes Maschinen-
   teil 141
geschweißtes Stahlrohr 629
Geschwindigkeitsfaktor 745
Geschwindigkeitsstoß 417
Gestaltabweichung 29, 29f.
Gestaltänderungsenergiehypothese 39, 169
Gestaltausschlagfestigkeit 58f.
Gestaltdauerfestigkeit 58
Gestalten 15
–, beanspruchungsgerechtes 15
–, fertigungsgerechtes 15
–, festigkeitsgerechtes 15
–, formgerechtes 17
–, funktionsgerechtes 15
–, instandhaltungsgerechtes 17
–, montagegerechtes 16
–, recyclinggerechtes 17
–, schweißgerechtes 133f.
–, werkstoffgerechtes 15
Gestalten der Bolzenverbin-
   dung 275, 278
Gestalten der Keilverbin-
   dung 403
Gestalten der Klebverbin-
   dung 93, 96
Gestalten der Klemmverbindung 400
Gestalten der Lötverbindung 105
Gestalten des Gehäuses um
   Getriebe 697
Gestalten des Gewindeteils 225
Gestalten des Kettenrades 618
Gestalten des Längspressver-
   bandes 381
Gestalten des Ölpressverban-
   des 381
Gestalten des Querpressver-
   bandes 381
Gestalten des Riemens,
   Riemenscheibe 590f.

Gestalten des Rollenkettenge-
triebes 617
Gestalten des Schrumpfpress-
verbandes 381
Gestalten des Zahnrades 694
Gestalten und Entwerfen
(Klebverbindungen) 93
Gestalten und Entwerfen
(Rohrleitungen) 636
Gestaltfestigkeit 51
–, Ermittlung der 57
Gestaltung (Nietverbindungen)
205
Gestaltung der Flansche,
bei Flächendichtung 663
Gestaltung der Keilwellenver-
bindung 377
Gestaltung der Nietverbindung
201
Gestaltung der Punktschweiß-
verbindung 146
Gestaltung der Schraubenver-
bindung 228, 253
Gestaltung des Kegelspannsy-
stems 393
Gestaltung und Ausführung
(Schweißverbindungen) 143
Gestaltungsbeispiel für Gewin-
deteile 226
Gestaltungsbeispiel für Schrau-
benverbindungen 228
Gestaltungsbeispiel für
Schweißkonstruktion 135
Gestaltungsbeispiel für Wälzla-
gerung 506
Gestaltungsbeispiele für die
axiale Sicherung von Lagern
290
Gestaltungsbeispiele für Rohr-
leitungsanlagen 644
Gestaltungsrichtlinie 644
Gestaltungsrichtlinien für Ach-
sen, Wellen 342
Gestaltwechselfestigkeit 58
geteilte Scheibennabe 400
Getriebe-Passsystem 725
Getriebeart 678
Getriebebauart 677
–, Kegelradgetriebe 677
–, Schneckengetriebe 677
–, Stirnradgetriebe 677
–, Stirnradschraubgetriebe 677
getriebebewegliche Kupplung
426
Getriebegehäuse 697
Getriebekette 611
Getriebewelle 342
Getriebewirkungsgrad 693
Gewaltbruch 43, 47
Geweberiemen 582

Gewinde
–, Flächenpressung 263
–, geometrische Beziehung 219
Gewindeart 217
Gewindebezeichnung 219
Gewindefreistich 226
Gewindemoment 241
Gewinderohr 630
Gewindestift 220
Gewindeteil, Gestaltung 225
gewölbter Boden 172
Glatthautnietung 203
Glättung 385
Gleichlaufgelenke 432
Gleitfeder 374
gleitfeste Verbindung 255
Gleitfläche 527
Gleitgeschwindigkeit 771
Gleitlager 475, 526
–, Gestaltung 546, 551
–, Gleitfläche 527
–, Gleitflächenrauheit 528
–, Reibungskennzahl 560, 572
–, Reibungsleistung 568
–, Reibungszustand 73, 527
–, relative Exzentrizität 558
–, relatives Lagerspiel 557
–, Ringschmierung 544
–, Rückkühlung des Schmier-
stoffs 563
–, Schmierstoffdurchsatz 562,
564
–, Schmierungsart 542
–, Schmierverfahren 543
–, Schmiervorrichtung 543
–, Sommerfeldzahl 559
–, Wärmebilanz 562
Gleitlagerart 526
Gleitlagerwerkstoff 535f.
Gleitraum 527
Gleitringdichtung 670
Gleitschlupf 594
Gliederkette 611
Gliederzahl 620
Globoidschnecke 774f.
Globoidschnecken-Zylinderrad-
getriebe 775
Globoidschneckengetriebe 775
Globoidschneckenrad 775
Greifring 286
Grenzdrehzahl 389
Grenzflächenpressung 248
Grenzmaße 22
Grenzschweißnahtspan-
nung 163
Grenzschwingspielzahl 47
Grenzspannungslinie 47
Grenzspannungsverhältnis 167,
170
Grenzstückzahl 16

Grenzwert der Schlankheit 148
Grenzzähnezahl
–, Kegelradgetriebe 754, 757
–, Stirnradgetriebe 705, 721
Größeneinflussfaktor
–, formzahlabhängiger 54, 56
–, geometrischer 56
–, technologischer 44, 50, 56
Größenfaktor 742, 745
größte Schubspannung 277
Grübchen-Tragfähigkeit 734
Grübchentragfähigkeit 742
Grundabmaß 22
Grundbeanspruchungsart 38
Grundformen der Wälzlager
477
Grundkreis 685
Grundkreisdurchmesser 702,
719
Grundkreisteilung 703, 719
Grundreihe 3
Grundschrägungswinkel 718
Grundtoleranz 22
Grundtoleranzgrade 22
Grundzylinder-Normalteilung
719
gruppengeometrische Reihe 4
gummielastische Kupplung 434
Gummifeder 330
–, Berechnung 332
–, Berechnungsbeispiele 333
–, E-Modul 331
–, Federkennlinie 331
Gusseisen mit Lamellengraphit
121
Gütesicherung 128
GV-Verbindung 255
GVP-Verbindung 255

Haftmaß 384, 386
Haftmechanismus 89
Hahn 635
halb gekreuzter Riementrieb
586
Halbhohlniet 188
Halbkugelboden 172f.
Halbrundkerbnagel 282
Halbrundniet 188
halbumschließendes Lager 559
Halszapfen 349
Haltebremse 459
Haltering 286
Handkette 611
Härte, Einfluss auf Lagertrag-
zahl 504
Hartlot 102
Hartlöten 100
Hartstoffdichtung 661
Hebelnabe, geschlitzte 401
Heli-Coil-Gewindeeinsatz 221f.

hermetische Berührungsdichtung 659, 665
Herstellen der Klebverbindung 92
Herstellen der Lötverbindung 104
Herstellung der Evolventenverzahnung 687
Herstellung der Nietverbindung 192
Herstellung der Schneckengetriebe 775
Herstellung der Schrauben, Muttern 224
Herstellung von Pressverbänden 388
Hertzsche Pressung 74
High Torque Drive 585
Hirthverzahnung 380
hochelastische Scheibenkupplung 435
hochelastische Wulstkupplung 435
hochelastische Zwischenring-Kupplung 436
Höchstdrehzahl 506
Höchstmaß 22
Hochtemperaturlot 102
Hochtemperaturlöten 100
Höhenreihe 485
Hohlbolzen 277
Hohlkeil 402
Hohlnaht 126 f.
Hohlniet 186, 189
Hohlrad 701
Hohlwellen 350
Hohlzapfenniet 186
Hubfestigkeit 310
Hubwinkel 310
Humanisierung der Arbeitswelt 1
Hutmanschette 672
Hutmutter 221
HV-Naht 125
Hybridwälzlager 484
Hydraulikdichtung 673
Hydraulikrohr 641
hydraulisch betätigte Kupplung 444
hydraulische Spannbuchse 398
hydrodynamische Kupplung 453
hydrodynamische Schmierung 73, 531
hydrostatische Schmierung 73
Hyperboloidrad 678
Hypoidgetriebe 749
Hysterese 302

I-Naht 125
Induktionsbremse 463

Induktionskupplung 446, 451
Innenradpaar 679, 686
Innenzentrierung 377
innere Axialkraftkomponente 502
innere Teilkegellänge 752
innere Vorspannkraft 328
instandhaltungsgerechtes Gestalten 17
Instandsetzungsschweißung 120
Integralbauweise 203
integrierte elastomere Dichtung 663
Interaktionsnachweis 254
ISO-Gewinde, metrisches 28, 218
ISO-Passsystem 28
ISO-Viskositätsklassifikation 530
Isolierungsmaßnahme 206
Istmaß 22

kaltgeformte Druckfeder 322
Kaltnietung 194
kapillarer Fülldruck 101
Kapillarwirkung 101
Kardanfehler 430
Kardangelenk 429
Kegel-Neigungswinkel 390
Kegel-Spannsatz 393
Kegelkerbstift 282
Kegelpressverband 389
–, Anpresskraft 392
–, Aufschubweg 391
–, Berechnung 390
–, Gestaltung 389
Kegelrad 696
–, zeichnerische Darstellung 697 f.
Kegelradfaktor 763
Kegelradgetriebe 677, 749
–, Entwurfsberechnung 757
–, Getriebewirkungsgrad 693
–, Grübchentragfähigkeit 762
–, Radabmessung 750
–, Schrägverzahnung 754
–, Übersetzung 750
–, Zahnfußtragfähigkeit 761
Kegelradschraubgetriebe 677, 680
Kegelrollenlager 482
–, Berechnung 502
–, innere Axialkraftkomponente 502
Kegelscheibengetriebe 588
Kegelspannelement 393
Kegelspannsystem 393 f.
–, Anwendung 393
–, Auswahl 393, 395

–, Berechnung 393, 396
–, Gestaltung 393
Kegelstift 280
Kegelstumpffeder 330
Kehlnaht 126, 159
Kehlnahtanschluss 162
Keilform 402
Keilreibungswinkel 694
Keilriemen 583
– in gezahnter Ausführung 583
Keilrippenriemen 584
Keilrippenriemenscheibe 590
Keilscheiben-Verstellgetriebe 588
Keilschieber 634
Keilverbindung 402
–, Gestaltung 403
Keilwellenprofil 377
–, Flankenzentrierung 377
–, Innenzentrierung 377
Keilwellenverbindung
–, Berechnung 378
–, Gestaltung 377
Kennlinie
–, degressive 300
–, progressive 300
Kennzahl
–, dynamische 498, 501
–, statische 498
Keramikwälzlager 484
Kerbempfindlichkeit 53
Kerbformzahl 53 f.
Kerbnagel 282
Kerbprinzip 282
Kerbstift 282
Kerbverzahnung 378
Kerbwirkung 52, 55
–, Durchdringungskerben 54
–, Entlastungskerben 55
Kerbwirkungszahl 54
–, experimentell bestimmte 54
Kerbzahnprofil 377 f.
Kettenart 611
Kettenauswahl 619
Kettengetriebe 611
–, Anordnung des 622
–, Anzahl der Kettenglieder 620
–, Berechnungsbeispiel 626
–, Bolzenkette 611
–, Buchsenkette 613
–, Fliehzug 625
–, Flyerkette 611
–, Funktion 611
–, Gallkette 611
–, Gelenkkette 611
–, Gliederkette 611
–, Gliederzahl 620
–, Hilfseinrichtung 622

–, Kettenart 611
–, Kettenauswahl 619
–, Mechanik des 616
–, Rollenkette 613
–, Stützzug 625
–, Verzahnungsangabe 617
–, Wellenabstand 620
–, Zahnkette 611
–, Ziehbankkette 611
Kettennaht 145
Kettenrad 615, 618
Kettenräder
–, Gestalten der 618
–, Zähnezahl 618
Kettentrum, Durchhang 622
Kettenzugkraft 625
kinematisch zulässige Drehzahl 506
kinematische Beziehung 599
kinematische Viskosität 77, 495, 529
Kippen 39
Klappe 635
Klauen-Sicherheitskupplung 447
Klauenkupplung 426
–, elastische 434
–, trennbare 437
Klebfläche, Vorbehandlung der 92
Klebnahtform 98
Klebstoffart 91
Klebverbindung 89, 93, 97
–, Alterungsbeständigkeit 96
–, Bindefestigkeit 95
–, Gestalten der 96
–, Herstellung der 92
–, Korrosionsbeständigkeit 95
–, Schälfestigkeit 94
–, Warmfestigkeit 96
–, Wirken der Kräfte 89
Klebvorgang 92
Klemmkörperfreilauf 450
Klemmkraft 236, 239
Klemmlänge 196
Klemmrollenfreilauf 449
Klemmverbindung 400
–, Berechnung 400
–, Gestalten 400
Klinkenfreilauf 449
Klöpperboden 173
Knebelkerbstift 282
Knickbiegelinie 152
Knicken 37, 39
Knicklänge 152
Knickspannung nach Euler 262
Knickspannung nach Tetmajer 262
Knickspannungslinie 154

–, europäische 154
Knotenblech 156
Kohlenstoffäquivalent 119
Kolbendichtung 672
Kolbenring 673
Kombinationsbeiwert 146
Kompaktdichtung 672
Konsolanschluss 258
konstruktionsbedingte Schweißsicherheit 122
Konstruktionsfaktor 50, 57
–, Ablaufplan zur Berechnung 57
–, statischer 50
Konstruktionsgrundsatz 15
Konstruktionskatalog 11
Konstruktionskennwert 37, 52
Konstruktionsmethodik 9
Konstruktionsprozess 18
Konstruktionsschweißung 120
Kontaktklebstoff 91
Kontaktkorrosion 205
Konzeptvariante 12
Konzipieren 9
Kopfbahn, relative 705
Kopfbruchnietdorn 190
Kopfhöhe 778
Kopfhöhenänderung 711
Kopfhöhenfaktor 711
Kopfkegelwinkel 753
Kopfkreisdurchmesser 618, 704, 719, 753, 778f.
–, äußerer 756
–, mittlerer 756
Kopfspiel 711
Kopfzug 144
Korbbogenboden 172f.
Korrosion 87
Korrosionsbeständigkeit 95
Korrosionsschutz 205
Kraft, äquivalente 42
Kraft am Kegelradpaar 760
Kraft an der Schnecke 780
Kräfte am Gerad-Stirnradpaar 734
Kräfte am Kettengetriebe 625
Kräfte am Konsolanschluss 258
Kräfte am momentbelasteten Anschluss 256
Kräfte am offenen Riemengetriebe 592
Kräfte am Schräg-Stirnradpaar 736
Kräfte in Schraubenverbindungen 235, 244
Krafteinleitung 138
Krafteinleitungsfaktor 237
Kräfteverhältnis in Schraubenverbindungen 236
Kraftmaßstab 6

kraftschlüssige Schaltkupplung 437
kraftschlüssige Welle-Nabe-Verbindung 381
kraftschlüssiges Sicherungselement 224, 251
Kraftverhältnis 238
Kraftverhältnis am Kegelradpaar 760
Kraftverhältnis am Schneckenradgetriebe 780
Kraftverhältnis am Stirnradpaar 734
Kraftverhältnis in Schraubenverbindungen 238
Kranbau 65
–, Festigkeitsnachweis 65
–, Nieten 195
–, Schraubenverbindung 252
–, Schweißverbindung 166
Kreisfrequenz 418
Kreuzgelenk 429, 431
Kreuzgelenkwelle 431
Kreuzlochmutter 221
Kreuzscheiben-Kupplung 427
Kriecheinfluss 204
kritische Drehzahl 361
Kugel (Druckbehälter) 172
Kugelbuchse 511
Kugelgewindetrieb 511
Kugelhahn 635
Kugelratsche 447
Kugelschweißmuffe 638
Kugelumlaufeinheit 511
Kugelzapfen 349
Kühlöldurchsatz 573
Kühlung, natürliche 563
Kunststoffteil, Muttergewinde 227
Kunststoff-Nietverbindung 193
Kunststoff-Verbundlager 538
Kunststoffriemen 582
Kunststoffrohr 631
Kupferlegierung 537
Kupplung 410
–, Anlaufdrehmoment 411, 413
–, Anlaufvorgang 422
–, arbeitsbetätigte 441
–, Ausgleichsfunktion 410
–, Auslegung nachgiebiger 419
–, Auswahl 455
–, Beschleunigungsdrehmoment 413
–, Drehmomentstoß 417, 420
–, Drehnachgiebigkeit 433
–, drehzahlbetätigte 448
–, Eigenkreisfrequenz 418
–, Einsatz 455
–, Einteilung 412
–, elektromagnetisch betätigte 441

–, fremdbetätigte 436
–, Funktion 410
–, Geschwindigkeitsstoß 417
–, getriebebewegliche 426
–, gummielastische 434
–, hydraulisch betätigte 444
–, hydrodynamische 453
–, metallelastische 433
–, momentbetätigte 446
–, nachgiebige 426
–, nicht schaltbare 412, 425
–, pneumatisch betätigte 444
–, Radialfedersteife 422
–, Resonanz 418
–, richtungsbetätigte 449
–, ruhebetätigte 441
–, schaltbare 412, 436
–, schaltbare Reibkupplung
   422
–, schaltbares Drehmoment
   423
–, Stoßbelastung 420
–, stoßdämpfende Wirkung 410
–, stoßmildernde Wirkung 410
–, Wärmebelastung 424
–, Wechseldrehmoment 417,
   421
–, Wirkung 410
Kupplungs-Bremseinheit 461
Kupplungsauswahl, Berech-
   nungsgrundlage 411
Kupplungsdrehmoment 416
Kupplungskombination 458
Kupplungssymbol 412
Kurbelwelle 342
Kurbelzapfen 349
Kurzzeichen der Wälzlager 485

Labyrinthdichtung
–, axiale 675
–, radiale 675
Lager
–, gasgeschmiertes 534
–, halbumschließendes 559
–, selbsthaltendes 493
–, vollumschließendes 559
Lageranordnung 487
Lagerauswahl 489
Lagerbelastung
–, dynamisch äquivalente 501 f.,
   514
–, dynamische 498
–, spezifische 539
–, statische 498
Lagerbuchse 546
Lagerdichtung 554
Lagergehäuseeinheit 509
Lagergröße, Vorauswahl 498
Lagerkombination 488
Lagerlauffläche 538

Lagerluft 486
Lagermetallausguss 546
Lagerreihe 485
Lagerschale 546
Lagerspiel, relatives 557
Lagerstelle, konstruktive
   Gestaltung 492
Lagerstützkörper 546
Lagertemperatur 563
Lagertragzahl
–, Einfluss der Betriebstempe-
   ratur 504
–, Einfluss der Härte 504
–, Einfluss der Minderung 504
Lagerung
–, mehrfache 489
–, schwimmende 487
–, Stützlagerung 487
Lagerzapfen 342
Lagetoleranz 25
Lamellen-Bauweise 141
Lamellenkupplung 439, 442, 444
laminare Strömung 647
Längenänderung, elasti-
   sche 234
Längenmaßstab 5
langgliedrige Rollenkette 613
Längspressverband 381, 388
–, Gestaltung 381
Längsschrumpfung 117
Längsstift 285
Längsstift-Verbindung 285
Laschennietung 194
Laschenstab 278
Lässigkeit 657
Lastdrehmoment 413
Lastkette 611
Lastkollektive 48
Lastspannung 317
Lasttrum 592
–, Gesamtspannung im 596
Lastwinkel 477 f.
Laufrolle 510
Laufrollenführung 513
Laufwerkdichtung 671
Lebensdauer 498
–, erreichbare 504
–, modifizierte 504
–, nominelle 500, 514
Lebensdauerberechnung 501
Lebensdauerexponent 498
Lebensdauerfaktor 498, 742,
   745
Lebensdauergleichung 500
Leckmenge 675
Leckmengenrate 657
Leckverlust 657
Lederriemen 582
Leertrum 592
–, geneigte Lage 625

Leichtmetallbau 205
–, Nietverbindung 202
Leistung, übertragbare 597
Leistungsbremse 463
Leistungsverlust 693
Leitungsfunktion 410, 458
Lichtbogenbolzenschweißen
   115
Lichtbogenhandschweißen 113
lineare Wälzführung 512
linearer Belastungszyklus 504
Linearlager 514
Linearsystem 515
Linsenausgleicher 643
Linsenniet 188
Lippendichtung 672
Lochabstand 201
Lochleibungsdruck 166, 197 f.,
   254
lösbare Berührungsdich-
   tung 659
Losdrehen, selbsttätiges 250
Losdrehsicherung 251
Loslager 475
Lösungsmittelklebstoff 91 f.
Lösungsprinzip 12
Lösungsvariante 14
Lot 101 f.
Lotart 102
Lötbarkeit 103
Löteignung 104
Lötflussverhalten 105
lötgerechte Gestaltung 105
Lötmöglichkeit 104
Lötsicherheit 104
Lötspaltverhalten 105
Löttechnologie 104
Lötverbindung 100
–, Berechnungsbeispiel 110
–, Berechnungsgrundlage 107
–, Diffusion 101
–, Entlastung der 106
–, Entwerfen 105
–, Flussmittel 102 f.
–, Gestalten 105
–, Hartlot 102
–, Herstellen der 104
–, Hochtemperaturlot 102
–, Kapillarwirkung 101
–, Lot 102
–, Lotart 102
–, Lötbarkeit 103
–, Prüfen der 104
–, Weichlot 103
–, Wirken der Kräfte 101
–, zulässige Beanspruchung
   108
Lötverfahren 100
Lückenweite 702, 709
Luftreifen-Kupplung 445

Magnetflüssigkeitsdichtung 674
Magnetlager 475, 526, 534
Manschette 672
martensitischer Stahl 120
Maschinenbau,
  Nietverbindungen im 206
Maschinenelement 1
Massenstrom 645
Massivlager 536
Maßnahme zur Erhöhung der
  Dauerfestigkeit 207
Maßplan, Aufbau 485
Maßtoleranz 21 f.
maximale Spitzenkraft 42
maximales Spitzenmoment 42
mechanisch betätigte Schalt-
  kupplung 438
mechanische Bremse 459
Mehrfachantrieb 586
mehrfache Lagerung 489
Mehrfachstoß (Schweißen) 124
Mehrflächengleitlager 551
Mehrlagen-Schraubenfeder-
  Kupplung 434
Mehrschichtriemen 582
Mehrstofflager 537
Mehrsträngikeit, Keilriemen
  603
mehrteiliger Rahmenstab 155
Membrandichtung 666
Messzähnezahl 727
metallelastische Kupplung 433
Metallfaltenbalg 665
metrisches ISO-Gewinde 218
–, Sägengewinde 219
Minderung der Lagertragzahl
  504
Mindestabstand, Summe 323
Mindestanforderung 11
Mindestmaß 22
Mindestschraubenkraft für
  Dichtung 662
Mindestsicherheit 63, 65
Mindestzahndicke 708
Mischreibung 528
Mittelspannung 39
Mittelspannungsempfindlich-
  keit 60
Mittenkreisdurchmesser 778
–, vorläufiger 782
Mittenrauwert 29
Mittensteigungswinkel 782
mittig angeschlossener Zugstab
  149
–, Schubspannung 158, 163
mittlere Teilkegellänge 752
mittlerer Fußkreisdurchmesser
  756
mittlerer Kopfkreisdurchmesser
  756

mittlerer Teilkreisdurchmesser
  751, 756
mittleres Modul 751
mitverspanntes federndes
  Sicherungselement 223, 251
modifizierte Lebensdauerberechnung 504
Modul 702, 730 f.
–, äußeres 751
–, mittleres 751
momentbelasteter Anschluss
  256
momentbelasteter Nietan-
  schluss 201
momentbetätigte Kupplung
  446
montagegerechtes Gestalten 16
Montagevorspannkraft 244 f.
Montagezugspannung 246
Muffenverbindung 641
Muttergewinde im Kunststoffteil
  227
Muttergewinde im Kunststoffteil, Nachprüfung 263
Muttern, Bezeichnung genormter 222

Nabenabmessung 376, 378, 381
nachgiebige Kupplung 426
Nachgiebigkeit der Schraube,
  elastische 234
Nachgiebigkeit der verspann-
  ten Teile 234
Nachsetzzeichen 485
Nachteil
–, Klebverbindungen 89
–, Lötverbindungen 101
–, Nietverbindungen 187
Nachweis der Tragsicher-
  heit 147
Nachweisverfahren (Schweiß-
  konstruktionen) 148
Nadellager 481
Naht
–, Bemaßung 130
–, ungleichschenklige 127
Nahtart 123, 125
Nahtaufbau 123
Nahtlänge
–, nutzbare 167
–, rechnerische 159 f.
nahtloses Stahlrohr 629
Nahtvorbereitung 123
Nasenflachkeil 402
Nasenhohlkeil 402
Nasenkeil 402
natürliche Kühlung 563
Neigungswinkel 625
Nennmaß 22
Nennspannung 38

Nennumfangskraft 760
Nennweite 637
nicht entkohlend geglühter
  Temperguss 121
nicht schaltbare Kupplung 412,
  425
nicht vorgespannte Schraube 249
nicht vorgespannte Schrauben-
  verbindung 233, 249
Nichteisenmetall 121
Niet 187
–, Bezeichnung 192
Nietausnutzung, optimale 198
Nietdurchmesser 204
Nietform 186 f.
Nietlänge 196, 205
Nietlochdurchmesser 195, 204
Nietstift 189
Nietverbindung 206
–, Gestaltung 201
–, Herstellung 192
–, Rand- und Lochabstand 201
Nietverbindung im Leichtme-
  tallbau 202
Nietverfahren 186
Nietwerkstoff 191
Nietzahl, erforderliche 199
Nippelschweißmuffe 638
nominelle Lebensdauer 500,
  514
Normalbeanspruchung 38
Normaleingriffsteilung 719
Normalflankenspiel 725
Normalkeilriemen 583
Normalkeilriemenscheibe 590
Normalmodul 718
Normalschnitt 718, 777
Normalspannung 39
Normalspannungshypothese
  39, 168
Normalteilung 718, 777
Normalzahndicke 722
Normung 1
Normzahl 3
Notlaufverhalten 535
Null-Achsabstand 704, 719
Nullgetriebe 708
Nulllinie 22
Nullrad 703, 707
Nullverzahnung 703
Nutlochmutter 221
Nutring 672
nutzbare Nahtlänge 167
NZ-Diagramm 6

O-Ring 665
oberes Abmaß 22
Oberflächenangabe 32
Oberflächenfaktor, relativer
  742

Oberflächengüte 55
Oberflächenrauheit, Einfluss-
    faktor der 55
Oberflächenrautiefe 31
Oberflächenverfestigung 56
Oberflächenverfestigungsfaktor
    56
Oberlast, äquivalente 167
Oberspannung 39
offener Riementrieb 586
ohne Dichtelement 659f.
Ölbadschmierung 495, 544
Oldham-Kupplung 427
Öldurchlaufschmierung 496
Öleinspritzschmierung 496
Ölnebel, Schmierung 86
Ölnebelschmierung 496
Ölpressverband 381
–, Gestaltung 381
Ölschmierung 85, 495, 542
Öltauchschmierung 495
Ölumlaufschmierung 496
optimale Nietausnutzung 198
optimale Riemengeschwindig-
    keit 597
Orthozykloide 683
Ösenform 324

Palloidverzahnung 755
Parabelfeder 306
Parallelkurbel-Kupplung 428
Parallelplattenschieber 634
Parallelschaltung 301
Parallelstoß 124
Passfederverbindung 373, 375
–, Berechnung 376
–, Gestaltung 375
Passkerbstift 282
Passscheibe 286
Passsystem 28
Passtoleranz 27
Passung 26
Passungsauswahl 28
Pendelkugellager 480
Pendellager 476
Pendelrollenlager 483
periodischer Belastungszyklus
    503
periodisches Wechseldreh-
    moment 417
Pfeillinie 130
Pfeilverzahnung 717
physikalische Kraft 90
Pitting 734
Planbruchzugnietdorn 190
Planen 9
Planlage 313
–, Federkraft 316
Planrad 754
Planraddurchmesser 754

Planverzahnung 754
plastische Formänderung 43
plastische Formzahl 51
plastische Stützzahl 50f.
Plastisol 91
Platte, ebene 174
Plattenbauweise 141
Pneumatikdichtung 673
pneumatisch betätigte Kupp-
    lung 444
Poisson-Zahl 743
Polyadditionsklebstoff 92
Polygoneffekt 616
Polygonverbindung 379
Polykondensationsklebstoff 92
Polymerisationsklebstoff 92
praktische Festigkeitsberech-
    nung 62
Präzisionsstahlrohr 630
Press-Schweißverfahren 115
Pressdichtung 659f.
Presslaschenblindniet 190
Pressverband
–, Berechnung 382
–, Drehzahleinfluss bei 389
–, Herstellung 388
–, zylindrische 381
Profilbauweise 142, 203
Profilbezugslinie 687
Profilschienenführung 513
Profilschnitt 29
Profilüberdeckung 704, 720,
    723
Profilverschiebung
–, 0,5-Verzahnung 714
–, Kegelradgetriebe 754
–, Schrägstirnrad 722
Profilverschiebungsfaktor 707,
    722
Profilwinkel 687
progressive Kennlinie 300
Protuberanz-Wälzfräser 688
Prüfen der Lötverbindung 104
PTFE-Ring 673
Punktbewertung 13
Punktbewertungsskala 13
Punktlast 491
Punktschweißen 115
Punktschweißverbindung 144
–, Berechnung 164
–, Gestaltung 146

Quadring 665
Qualitätssicherung 1
Querkraft
–, Kräfteverhältnis bei dynami-
    scher Kraft 238
–, Kräfteverhältnis bei stati-
    scher Kraft 238
Querkraftbiegung 158

Querkraftschub 38
Querposition 132
Querpressverband 381, 388
Querschrumpfung 117
Querstift 285
Querstift-Verbindung 284
Querzugbeanspruchung 124
Quetschgrenze 45

Radial-Wellendichtring 667
–, Einbau 667
radiale Labyrinthdichtung 675
Radialfedersteife 422
Radialgleitlager, Berechnung
    557
Radialkraft 736, 760, 773
Radiallager 476
Radialspiel 725
Rahmenstab, mehrteiliger 155
Rändelmutter 221
Ratingparameter 637
Rauheitsfaktor 745
Rauigkeit der Rohrwand 647
Rautiefe, gemittelte 29
Reaktionsklebstoff 91, 93
rechnerische Nahtdicke 159f.
rechnerische Nahtlänge 159f.
Rechteck-Blattfeder 306
recyclinggerecht 17
recyclinggerechtes Gestalten
    17
reduziertes Trägheitsmoment
    413f.
Reflexionszeit 651f.
Regelbremse 460
Regelgewinde 218
Reibkraft 592
Reibkupplung
–, Auslegung schaltbarer 422
–, Drehmomente 423
reibschlüssige Schaltkupplung
    437
Reibschweißen 115
Reibung 71
Reibungsart 72
Reibungsbremse 460
Reibungseinfluss 318
Reibungskennzahl 560, 572
Reibungsleistung 568
Reibungsring-Kupplung 440
Reibungsverlustleistung 561
Reibungszahl 74, 569, 592
Reibungszustand 73, 527
Reihe
–, abgeleitete 4
–, gruppengeometrische 4
–, zusammengesetzte 4
Reihennaht 145
Reihenschaltung 301
relative Exzentrizität 558

relative Kopfbahn 705
relative Stützziffer 742
relativer Durchhang 622
relativer Oberflächenfaktor 742
relatives Lagerspiel 557
Resonanz 361 f., 418
Resonanz-Kreisfrequenz 418
resultierende Spannung 39
Reynolds-Zahl 647
Richtlinien zur Auswahl der Armaturen 633
richtungsbetätigte Kupplung 449
Riefenbildungswiderstand 535
Riemen
–, Hauptabmessung 589
–, Reibkraft 592
–, Vorspannung 603
Riemenanzahl 602
Riemenart, Wahl 585
Riemenaufbau 581
Riemenbreite 602
Riemenführung 586
Riemengeschwindigkeit 593, 605
–, optimale 597
Riemengetriebe 581
–, Ausführung 588
–, Auslegung 592
–, praktische Berechnung 597
–, Wirkprinzip 581
Riemenlänge 600
Riemenscheibe 590
Riementrieb
–, Ausbeute 593
–, Ausführung 590
–, Bauarten 585
–, Berechnungsbeispiele 606
–, Biegefrequenz 605
–, Dehnschlupf 594
–, Durchzugsgrad 594
–, elastisches Verhalten 595
–, Entwerfen von Riementrieben 585
–, Flachriemen 582
–, gekreuzter 586
–, geometrische Beziehung 599
–, geschränkter 586
–, Gestaltung 585
–, Gleitschlupf 594
–, halb gekreuzter 586
–, Keilriemen 583
–, Keilrippenriemen 584
–, kinematische Beziehung 599
–, Nutzkraft 592
–, offener 586
–, optimale Geschwindigkeit 597
–, Riemenanzahl 602

–, Riemenaufbau 581
–, Riemenbreite 602
–, Riemenführung 586
–, Riemengeschwindigkeit 605
–, Riemenlänge 600
–, Riemenwahl 598
–, Riemenwerkstoff 581
–, Schaltgetriebe 588
–, Scheibendurchmesser 599
–, Spannung 595
–, Spannweg 601
–, Synchronriemen 584
–, Übersetzung 599
–, übertragbare Leistung 597
–, Verstellgetriebe 588
–, Verstellweg 601
–, Verwendung 585
–, Vorspannmöglichkeiten 586
–, Vorspannung 603
–, Wahl der Riemenart 585
–, Wellenabstand 600
–, Wellenbelastung 594, 603
–, Werkstoff 590
Riemenwerkstoff 581
Riemenzugkraft 605
Rillendichtung 674
Rillenkugellager 478
Ring-Spurlager 567
Ringdichtung 674
Ringfeder 305
Ringmutter 221
Ringschmierung 544
Ritzelzähnezahl 730
Rohnietdurchmesser 195 f.
Rohnietlänge 196
Rohr 629
Rohr aus Aluminium und Aluminiumlegierung 631
Rohr aus duktilem Gusseisen 650
Rohr aus Kunststoff 651
Rohr aus Kupfer und Kupferknetlegierung 630
Rohr aus Stahl 648
Rohraufhängung 643
Rohrgewinde 218
Rohrhalterung 643
Rohrleitung 629
–, Armatur 632
–, Berechnungsgrundlagen 645
–, Berechnungsgrundlagen, Hähne 635
–, Berechnungsgrundlagen, Klappen 635
–, Berechnungsgrundlagen, Schieber 634
–, Berechnungsgrundlagen, Ventil 633
–, Darstellung 645
–, Dehnungsausgleicher 642

–, Flanschverbindung 638
–, Muffenverbindung 641
–, Rohr 629
–, Rohrhalterung 643
–, Rohrverschraubung 640
–, Schlauch 631
–, Schweißverbindung 638
Rohrleitungsanlage 644
Rohrleitungsklasse 636
Rohrniet 189
Rohrreibungszahl 647
Rohrschelle 644
Rohrschenkelausgleicher 643
Rohrsteckverbindung 108
Rohrverbindung 638
Rohrverschraubung 640
Roll-Ring 623
Rollbalg 665
Rollenkette 613
–, langgliedrige 613
–, Verbindungsglied 615
Rollenkettengetriebe
–, Entwerfen 617
–, Gestalten 617
–, Gliederzahl 620
Rollennahtschweißen 115
Rotationsfläche 678
Rückenkegel 750
Rückflanke 678
Rückkühlung des Schmierstoffs 563
Rücklaufsperre 449
Rückschlagklappe 635
Rückschlagventil 634
ruhebetätigte Kupplung 441
Ruhezustand 594
Rundgewinde 219
Rundkeil 285, 402
Rundkeil-Verbindung 285
Rundklebung 98
Rundring 665
Rundwertreihe 4
Rutschnabe 446
Rutschzeit 424

s-Diagramm 14
Sägengewinde, metrisches 219
Schaftbruchnietdorn 190
Schäftverbindung 97
Schälen 144
Schalenkupplung 426
Schälfestigkeit 94
Schaltarbeit 424
schaltbare Kupplung 412, 436
schaltbare Zahnkupplung 437
schaltbares Drehmoment der Kupplung 423
Schaltfunktion 411, 459
Schaltgetriebe 588
Schaltkupplung 436

–, formschlüssige 436
–, kraftschlüssige 437
–, mechanisch betätigte 438
–, reibschlüssige 437
–, Rutschzeit 424
–, Schaltarbeit 424
–, Wärmebelastung 424
Scheibe 223
Scheibenbremse 460, 462
Scheibendurchmesser 599
Scheibenkupplung 425
–, hochelastische 435
Scheibennabe, geteilte 400
Scher-Lochleibungs-Passverbin-
    dung 196
Scher-Lochleibungsverbin-
    dung 253f.
Scherfestigkeit 109
Scherfließgrenze 45
Scherspannung 38, 165
Scherzug 144
Scherzugbeanspruchung 165
Scheuerplatten-Bauweise 141
Schieber 634
Schlangenfeder-Kupplung 433
Schlankheit, Grenzwerte 148
Schlankheitsgrad 152
Schlankheitsgrad der Spindel 262
Schlauch 631
Schleuderölschmierung 496
Schließringbolzen 191
Schließzeit 652
Schmalkeilriemen 583
Schmalkeilriemenscheibe 590
Schmelzklebstoff 91
Schmelzschweißverfahren 113
Schmidt-Kupplung 428
Schmiegsamkeit 535
Schmierfett 84, 692
Schmierfilmdruckverlauf 533
Schmierhahn 635
Schmierkeil 531
Schmiernut 533, 544
Schmieröl 76, 530
Schmierspalthöhe, kleinste 559
Schmierstoff 76, 85, 692
Schmierstoff, Rückkühlung 563
Schmierstoffdurchsatz 562, 564
–, gesamter 564
Schmierstoffeinfluss 528
Schmierstofferwärmung 569
Schmierstofffaktor 745
Schmierstoffversorgung 542
Schmierstoffvolumenstrom
    568, 573
Schmierstoffzuführung 544
Schmiertasche 545
Schmierung
–, hydrodynamische 73, 528,
    531, 557, 569

–, hydrostatische 73, 528, 568
–, Zahnradgetriebe 691
Schmierung der Kette 624
Schmierung der Wälzlager 493
Schmierungsart 85, 542
Schnecke 774
–, Kraft 780
Schnecken-Mittenkreisdurch-
    messer 778
Schneckengetriebe 677, 774
–, Abmessung 777
–, Eingriffsverhältnis 779
–, Getriebewirkungsgrad 693
–, Kraftverhältnis 780
–, Tragfähigkeitsnachweis 783
Schneckenrad 774
–, Breite 779
Schneckenradgetriebe 680
Schneckenwelle 778
Schneidendichtung 659
Schnittigkeit 194
Schrägenfaktor 741, 744
Schrägkugellager
–, einreihiges 479
–, zweireihiges 479
Schrägstirnrad 717
Schrägstoß 124
Schrägungswinkel 717, 730,
    774
schrägverzahnte Stirnräder 718
Schraube
–, Beanspruchung beim Anzie-
    hen 246
–, Nachgiebigkeit 234
–, nicht vorgespannte 249
–, vorgespannte 249
Schrauben, Bezeichnung
    genormter 222
Schraubenart 220
Schraubendruckfeder 325
Schraubenfeder
–, Ausführung 322
–, Blocklänge 326
–, Blockzustand 326
–, Druckfeder 322
–, Federwirkung 321
–, Schubspannung 326
–, Verwendung 321
–, Vorspannkraft 328
–, Zugfeder 323
–, zylindrische 321
Schraubenfederkupplung 433
Schraubenfedern mit Rechteck-
    querschnitt 329
Schraubengröße bei Dicht-
    flansch 663
Schraubensicherung 223
Schraubenverbindung 217, 236
–, Anziehen 241
–, Dauerhaltbarkeit 240

–, Festdrehen 241
–, Gestaltung 228, 253
–, nicht vorgespannte 233
–, Setzverhalten 239
–, Vorauslegung 231
–, Wirkprinzip 217
Schraubenverbindungen im
    Stahlbau 252
Schraubenzugfeder 328
–, innere Vorspannkraft 328
Schraubenzusatzkraft 230f.
Schraubgleiten 770
Schraubmuffen-Verbindung
    642
Schraubpunkt 770
Schraubradgetriebe 770
Schraubwälzgetriebe 679
Schrumpfpressverband 381
–, Gestaltung 381
Schrumpfscheibe 393, 395
Schub 38
schubbelasteter Anschluss 256
Schubmittelpunkt 138, 168
Schubspannung
–, große 277
–, mittlere 158
Schubspannung im Trägersteg
    158
Schubspannungshypothese 39
Schulterkugellager 479
Schutzdichtung, berührungs-
    freie 674
Schutzgasschweißen 113
Schweißbarkeit der Bauteile
    118
Schweißeigenspannung 117
Schweißeignung 118f.
Schweißeignung der Werk-
    stoffe 118
Schweißen
–, allgemeine Festigkeits-
    bedingung 175
–, Arbeitsposition 132
schweißgeeigneter Feinkorn-
    baustahl 120
schweißgerechtes Gestal-
    ten 133
–, allgemeine Konstruktions-
    richtlinie 134
–, Gestaltungsbeispiel 135
schweißgerechtes Gestalten
    von Druckbehältern 142
schweißgerechtes Gestalten
    von Maschinenbauteilen 141
schweißgerechtes Gestalten
    von Punktschweißverbindun-
    gen 144
schweißgerechtes Gestalten
    von Stahlbauten 139
Schweißkonstruktion

Weitere Titel Technische Mechanik

Holzmann, Günther / Meyer, Heinz /
Schumpich, Georg
Technische Mechanik Statik
11., verb. Aufl. 2008. X, 184 S. mit 232
Abb. 63 Beisp., 88 Aufg. mit Lösungen
Br. EUR 19,90
ISBN 978-3-8351-0175-3

Holzmann, Günther / Meyer, Heinz /
Schumpich, Georg
Technische Mechanik Festigkeitslehre
9., neubearb. Aufl. 2006. XIV, 382 S.
mit 260 Abb. u. 15 Tab. Br. EUR 29,90
ISBN 978-3-519-36522-8

Holzmann, Günther / Meyer, Heinz /
Schumpich, Georg
Technische Mechanik Kinematik und Kinetik
9., neubearb. Aufl. 2006. XII, 350 S. mit
318 Abb. 147 Beisp. und 179 Aufg. Br.
EUR 32,90
ISBN 978-3-519-36521-1

Richard, Hans Albert / Sander, Manuela
Technische Mechanik. Statik
Lehrbuch mit Praxisbeispielen,
Klausuraufgaben und Lösungen
2., verb. u. erw. Aufl. 2008. X, 222 S.
mit 249 Abb. (Viewegs Fachbücher der
Technik) Br. EUR 19,90
ISBN 978-3-8348-0323-8

Richard, Hans Albert /
Sander, Manuela
Technische Mechanik. Dynamik
Grundlagen - effektiv und anwendungsnah
2008. X, 226 S. mit 135 Abb. (Viewegs
Fachbücher der Technik) Br. EUR 19,90
ISBN 978-3-528-03995-0

Richard, Hans Albert / Sander, Manuela
Technische Mechanik. Festigkeitslehre
Lehrbuch mit Praxisbeispielen,
Klausuraufgaben und Lösungen
2., erw. Aufl. 2008. X, 212 S. mit 180 Abb.
Br. EUR 19,90
ISBN 978-3-8348-0454-9

VIEWEG+ TEUBNER

Abraham-Lincoln-Straße 46
65189 Wiesbaden
Fax 0611.7878-400
www.viewegteubner.de

Stand Januar 2009.
Änderungen vorbehalten.
Erhältlich im Buchhandel oder im Verlag.

–, Allgemeintoleranz 129
–, Berechnung 146
Schweißkonstruktion im Maschinenbau 141
Schweißmöglichkeit 119, 122
Schweißnaht 123
–, Abmessungen 158, 163, 167, 169
–, Nahtarten 125
–, Stoßarten 124
–, zeichnerische Darstellung 129, 172
Schweißnaht-Hauptposition 132
Schweißnaht-Position 132
Schweißschrumpfung 116
Schweißsicherheit 119
–, fertigungsbedingte 122
–, konstruktionsbedingte 122
Schweißstoß 123
Schweißteil-Zeichnung 133
Schweißverbindung 112
–, Druckbehälter 170
Schweißverbindungen für Stahlrohre 638
Schweißverbindungen im Kranbau 166
Schweißverbindungen im Maschinenbau 167
Schweißverbindungen im Stahlbau 146
Schweißverfahren, geeignetes 116
Schweißvorgang, Auswirkungen 114
Schweißzusatzwerkstoff 122
Schwellbeanspruchung 41
Schwellfestigkeit 47
Schwenkscheibe 587
schwimmende Lagerung 487
Schwingfestigkeit 48
Schwingfestigkeitsklasse 128
Schwingkraft 310
Schwingspiel 39 f.
Schwingspielzahl 47
Schwitzwasserkorrosion 205
Sechskant-Passschraube 252, 254
Sechskantmutter 221
Sechskantschraube 220, 252, 254
Segment-Axiallager 553
Segment-Spurlager 556, 569
selbsthaltende Lager 493
Selbsthemmung 264
selbstsichernde Ganzmetallmutter 224
selbsttätige Dichtung 664
selbsttätiges Losdrehen 250 f.
Senkkerbnagel 282

Senkniet 188
Senkschraube 220, 253 f.
Servobremse 460
Setzbetrag 240
Setzverhalten der Schraubenverbindung 239
Sicherheit 60
–, erforderliche 37, 61
–, vorhandene 37, 61
Sicherheitsfaktor 65
Sicherheitskupplung 446, 453
Sicherheitsventil 634
Sicherungsblech 223
Sicherungselement 224, 274, 286
–, formschlüssiges 223, 251
–, kraftschlüssiges 224, 251
–, mitverspanntes federndes 223, 251
–, selbstsichernde Ganzmetallmutter 224
–, sperrendes 224
–, Sperrzahnschraube 224
–, stoffschlüssiges 224, 251
–, Wirksamkeit 251
Sicherungsmaßnahme 251
Sicherungsring 286
Sicherungsscheibe 286
Silberhartlot 102
Simplexbremse 460
Sintermetall 537
SL-Verbindung 254
SLP-Verbindung 254
Sohlplatte 549
Sommerfeldzahl 559
sonstige Nähte 127
Spaltdichtung, einfache 674
Spaltextrusion 672
Spaltkorrosion 205
Spaltlöten 100
Spaltlötverbindungen 108
Spannbuchse 280
–, hydraulische 398
Spannelement-Verbindung 393
Spannelemente 394 f.
Spannhülse 283
Spannkraft 246 f.
Spannrad, exzentrisches 623
Spannrad mit Feder 623
Spannrolle 586
Spannsatz 393 ff.
Spannschiene 586
Spannschlitten 586
Spannstift 283
Spannung 595
–, resultierende 39
–, vorhandene 37, 62
–, zulässige 62
–, zusammengesetzte 40
Spannungs-Dehnungs-Diagramm 43

Spannungs-Dehnungs-Verlauf 44
Spannungsamplitude 39
Spannungsarmglühen 119
Spannungsgefälle 45, 53, 56
–, bezogenes 54
Spannungsgitter-Modell 114
Spannungskonzentrationsfaktor 649
Spannungskorrekturfaktor 742
Spannungslinie 170
Spannungsquerschnitt 247
–, erforderlicher 232
Spannungsverhältnis 39
Spannungsverteilung im Biegeträger 157
Spannungsverteilung im Bolzenquerschnitt 277
Spannungsverteilung im gekerbten Bauteil 52
Spannungsverteilung im nicht gekerbten Bauteil 52
Spannweg 601
Spannwippe 586
sperrendes Sicherungselement 224
Sperrflüssigkeit, Dichtung 674
Sperrkörper-Sicherheitskupplung 446
Sperrluftdichtung 674
Sperrzahnmutter 222
Sperrzahnschraube 222, 224
spezifische Lagerbelastung 539
Spielpassung 27
Spindel, Schlankheitsgrad 262
Spiral-Spannstift 283
Spiralfeder 311
Spitzenkraft, maximale 42
Spitzenmoment, maximales 42
Spitzgrenze 708, 713
Splint 288
Spreizblindniet 190
Spritzölschmierung 496
Spritzschmierung 692
Sprödbrüche 118
Sprühschmierung 692
Sprungüberdeckung 720, 757
Spurlager 567
Spurzapfen 349
Stabanschluss 200
Stabelektrode, umhüllte 122
Stahl
–, austenitischer 120
–, martensitischer 120
Stahlbau 278
–, Bolzenverbindung 278
–, Einwirkungen 146
–, Festigkeitsnachweis im 65
–, Gebrauchstauglichkeitsnachweis 255

–, Gelenkverbindung 290
–, Nieten 195
–, Schraubenverbindungen 252
–, Schweißen 139, 146
–, Teilsicherheitsbeiwert 146, 254
–, Tragsicherheitsnachweis 147, 151
Stahlguss 121
Stahlrohr
–, geschweißtes 629
–, nahtloses 629
–, Schweißverbindung 638
ständige Einwirkung 146
Stangendichtung 672
Stangenkopf 278
Stangenzugkraft 278
Stanznieten mit Halbhohlniet 208
Stanznieten mit Vollniet 209
Stanznietverbindung 208
Stärke-Diagramm 14
starre Kupplung 425
statisch äquivalente Belastung 499
statische Bauteilfestigkeit 50
statische Beanspruchung 648
statische Dichtung 657, 659
statische Lagerbelastung 498
statische Querkraft 238
statische Tragfähigkeit 499
statische Tragsicherheit 499, 515
statische Tragzahl 498f.
statischer Festigkeitsnach-
  weis 50, 63, 356
statischer Festigkeitswert 42, 62
statischer Konstruktionsfaktor 50
statischer Werkstoffkennwert 45
Steckkerbstift 282
Steckmuffen-Verbindung 641
Steckstift 285
Steckstift-Verbindung 285
Steckverbindung 107f.
Steh-Gleitlager 547
Stehlager 476, 510
Stehlagergehäuse 509, 546
Steigposition 132
Steigungswinkel 219, 717
– am Mittenkreis 777
Stellring 289
Sternscheibe 397
Stift 280
Stiftschraube 220
Stiftverbindung 274, 380
–, Berechnung 284
Stirneingriffsteilung 719

Stirneingriffswinkel 718
Stirnfaktor 739
Stirnlastaufteilungsfaktor 739
Stirnmodul 718
Stirnrad 701
–, Rauheitsfaktor Z_R 745
–, Schrägverzahnung 717
Stirnradgetriebe 677
–, Belastungseinflussfaktoren 737
–, Berechnungsbeispiele 723
–, Drehflankenspiel 725
–, Grübchentragfähigkeit 742
–, Kraftverhältnisse 734
–, Normalflankenspiel 725
–, Radialspiel 725
–, Tragfähigkeitsnachweis 733
–, Übersetzung 729
–, Zahnfußtragfähigkeit 740
–, Zahnweite 726
Stirnradschrägverzahnung
–, Berechnungsbeispiel 723
–, Gesamtüberdeckung 720
–, Getriebeabmessungen 722
–, Grundschrägungswinkel 718
–, Normaleingriffsteilung 719
–, Normalschnitt 718
–, Pfeilverzahnung 717
–, Profilüberdeckung 720
–, Sprungüberdeckung 720
–, Stirneingriffsteilung 719
–, Stirnschnitt 718
–, Verzahnungsmaß 718
Stirnradschraubgetriebe 677, 680
–, Getriebewirkungsgrad 693
Stirnschnitt 718
Stirnteilung 718
Stirnverzahnung 380
Stirnzahndicke 722
Stirnzahnkupplung 426
Stirnzahnverbindung 380
stoffschlüssige Welle-Nabe-
  Verbindung 404
stoffschlüssiges Sicherungsele-
  ment 224, 251
Stopfbuchse 671
Stopfbuchsen-Dehnungsaus-
  gleicher 643
Stopfbuchsenmuffen-Verbin-
  dung 641
Stopfbuchspackung 671
Stoppbremse 460
Stoß 200
–, antriebsseitiger 420
–, beidseitiger 420
–, lastseitiger 420
Stoßarten 123f.
stoßdämpfende Wirkung 410
Stoßfaktor 417

stoßmildernde Wirkung 410
Streckgrenze 43, 45
streckgrenzgesteuertes Anzie-
  hen der Schraubenverbin-
  dung 245
Stribeck-Kurve 541
Strömung, laminare 647
Strömungsbremse 463
Strömungsdichtung 675
Strömungsform 646
Strömungsgeschwindigkeit 645
Stufenscheibengetriebe 588
Stufensprung 4
Stulpmutter 228
Stumpfnaht 125, 158
Stumpfnahtformen 125
Stumpfstoß 98, 124
Stützfunktion 54
Stützlager 476
Stützlagerung 487
Stützrad 623
Stützring 672
Stützscheibe 286
Stützwirkung 45, 52
Stützzahl 54
–, plastische 50f.
Stützzapfen 349
Stützziffer, relative 742
Stützzug 625
Stützzug am oberen Kettenrad 625
Stützzug am unteren Kettenrad 626
Stützzug bei annähernd waage-
  rechter Lage des Leertrums 625
Summe der Mindestabstände 323
Symbole 129
Synchronkupplung 451
Synchronriemen 584, 597
–, doppeltverzahnter 584
–, einfachverzahnter 584
Synchronriemenscheibe 590
Synchronriementrieb, Berech-
  nung 597
System Einheitsbohrung 28
System Einheitswelle 28

T-Stoß 124
Tangentialbeanspruchung 38
Tangentialschnitt 30
Tangentialspannung 39
Tangentkeil 402
Tauchschmierung 692
Taumelnieten 193
technische Bewertung 14
technische Dichtheit 657
Technisches Regelwerk 2

Aufgabensammlungen zur Technischen Mechanik

Berger, Joachim
**Klausurentrainer
Technische Mechanik**
Aufgaben und ausführliche Lösungen zu
Statik, Festigkeitslehre und Dynamik
2., überarb. u. erw. Aufl. 2008.
XII, 328 S. Br. EUR 23,90
ISBN 978-3-8348-0360-3

Böge, Alfred / Schlemmer, Walter
**Aufgabensammlung
Technische Mechanik**
19., korr. Aufl. 2009. XII, 232 S.
mit 521 Abb. 939 Aufgaben Br. EUR 22,90
ISBN 978-3-8348-0743-4

Böge, Alfred / Schlemmer, Walter
**Lösungen zur Aufgaben-
sammlung Technische
Mechanik**
Abgestimmt auf die 19. Auflage der
Aufgabensammlung Technische Mechanik
14., korr. Aufl. 2009. IV, 202 S. mit 746
Abb. Br. EUR 20,90
ISBN 978-3-8348-0746-5

Böge, Alfred
**Formeln und Tabellen zur
Technischen Mechanik**
21., korr. Aufl. 2009. VI, 58 S.
Br. EUR 11,90
ISBN 978-3-8348-0745-8

Böge, Alfred (Hrsg.)
**Formeln und Tabellen
Maschinenbau**
Für Studium und Praxis
2007. XIV, 392 S. mit über 1200 Stichwor-
ten (Viewegs Fachbücher der Technik)
Br. EUR 24,90
ISBN 978-3-8348-0032-9

**VIEWEG+
TEUBNER**
Abraham-Lincoln-Straße 46
65189 Wiesbaden
Fax 0611.7878-400
www.viewegteubner.de

Stand Januar 2009.
Änderungen vorbehalten.
Erhältlich im Buchhandel oder im Verlag.

technologischer Größenein-
  flussfaktor 44, 50, 56
Teilbelag-Scheibenbremse 461
Teilkegellänge
–, äußere 752
–, innere 752
–, mittlere 752
Teilkegelwinkel 750
Teilkreisdurchmesser 617, 702,
  719, 774
–, äußerer 751, 756
–, mittlerer 751, 756
Teilkreisteilung 702
Teilsicherheitsbeiwert 146f.,
  254
Teilungswinkel 617
Teilzylinder 702
Tellerfeder 312
–, Federkraft bei Planlage 316
–, Federpaket 312
–, Federrate 316
–, Federsäule 312
–, Federungsarbeit 316
–, Federwirkung 312
–, Kennlinien 313
–, Reibungseinfluss 318
–, Tragfähigkeitsnachweis 317
Tellerfederpaket 312
Tellerfedersäule 312
Temperguss 121
Terrassenbruch 124
Tetmajer, Knickspannung 262
thermische Bezugsdrehzahl 506
Thomas-Kupplung 428
Toleranz 21, 724
Toleranzfaktor 22
Toleranzfeld 22
Toleranzklasse 22, 24
Toleranzring 399
Toleranzsystem 24
Tonnenlager 483
Topfmanschette 672
Topfzeit 93
Torsion 38, 50, 144
Torsionsfließgrenze 45
Torsionspendel 364
Torsionsspannung 38
Träger 140
Trägeranschluss 163
Trägerbauweise 141
Trägersteg, Schubspannung
  158
Tragfähigkeit 196
–, dynamische 498f.
–, statische 499
Tragfähigkeitsnachweis 733
Trägheitsmoment 413, 415
–, reduziertes 413
Tragsicherheitsnachweis 148,
  151, 154

Tragzahl
–, dynamische 498, 500
–, statische 498
Tragzahl C 498
Tragzapfen 349
Trapezfeder 306f.
Trapezgewinde 218
Treibkeil 402
trennbaren Klauenkupplung
  437
Triebstockverzahnung 685
Trockenlauflager 534
Trockenschmierung 542
Tropfölschmierung 496
Trumeindrücktiefe 604
Trumkraftverhältnis 593
Trumneigungswinkel 625
Trumspannung 596
Turboregelkupplung 454f.
Typung 5

U-Naht 125
Überdeckungsfaktor 741, 744
Überdeckungsgrad 772
Übergangsdrehzahl 541
Übergangspassung 27
Überholkupplung 449
Überkopfposition 132
Überlappstoß 98, 107, 124
Überlappungslänge 107
Überlappungsnietung 194
Überlastungsfall 58f.
Überlebenswahrscheinlichkeit
  48
Übermaß 27, 386
Übermaßpassung 27
Überschiebmuffe 638
Übersetzung 595, 599, 617,
  704, 729, 776
übertragbare Kraft 210
übertragbares Drehmoment
  423
Übertragungselement 1
UFK-Lager 484
Umfangskraft 592, 602, 736,
  773
–, übertragbare 593
Umfangslast 491
umhüllte Stabelektrode 122
umlaufende Achse 341
Umlaufverhältniss 490
Umschlingungswinkel 601
ungleichschenklige Naht 127
unlegierter Baustahl 119
unlösbare Berührungsdichtung
  659
Unregelmäßigkeit 105
unteres Abmaß 22
Unterlast, äquivalente 167
Unterpulverschweißen 113

Unterschnitt 705
Unterspannung 39

V-Getriebe 709, 712
–, 0,5-Verzahnung 714
V_{minus}-Rad 708f.
V-Naht 125
V-Null-Getriebe 708
V_{plus}-Rad 707
V-Rad 707
V-Radpaarung 722
V-Ring 669
Ventil 633
Verbindung
–, gleitfeste 255
–, zugfeste 254
Verbindungsarten beim Punkt-
  schweißen 145
Verbindungselement 1
Verbindungsglied, gekröpftes
  616
Verbindungsglied für Rollen-
  kette 615
Verbundbauweise 142
Verbundkeilriemen 583
Verbundlager 536
Verbundriemen 582
Verbundspannstift 283
verdrehkritische Drehzahl 364
Verdrehspannung 168
Verdrehwinkel 321, 358
Verfahrensablauf beim Clin-
  chen 210
Verfahrensablauf beim Stanz-
  nieten 208
Verformung bei Biegebean-
  spruchung 359
Verformung bei Torsions-
  beanspruchung 358
Vergleichsmittelspannung 60
Vergleichsspannung 39, 41, 168
Vergleichsspannungsnachweis
  158
Vergleichswert 161
Verlagerungswinkel 559
Verliersicherung 251
Verschleiß 86
Verschleißwiderstand 535
Verschraubungsfälle für vorge-
  spannte Schrauben 249
Verspannungsschaubild 235
Verspannungsschaubild mit
  Dichtung 663
Verstellgetriebe 588
Verstellweg 601
Verunreinigungsbeiwert 505
Verzahnungsangabe 617
Verzahnungsart 683
Verzahnungsgesetz 681
Verzahnungsmaß 718

Verzahnungsqualität 724
Verzahnungswirkungsgrad 693
Vierkantmutter 221
Vierkantscheibe 223
Vierpunktlager 479
viskos aufgetragene Dichtmasse 663
Viskosität 77, 529
–, dynamische 76, 529
–, kinematische 77, 495, 529
Viskosität-Temperatur-Verhalten 530
Viskositäts-Temperatur-Abhängigkeit 77
Viskositätsindex 77, 530
Viskositätsklasse 530
Viskositätsklassifikation 83
Voll-Spurlager 567
Vollbelag-Scheibenbremse 460
vollumschließendes Lager 559
Volumenmaßstab 5
Volumenstrom 645
Vorbehandlung der Klebfläche 92
vorgespannte Schraube 249
vorgespannte Schraubenverbindung 233
vorhandene Sicherheit 37, 61
vorhandene Spannung 37, 62
Vorsetzzeichen 485
Vorspannkraft, innere 328
Vorspannkraftverlust 240
Vorspannmöglichkeit 586
Vorteil
–, Klebverbindungen 89
–, Lötverbindungen 100
–, Nietverbindungen 187
Vorverformungskraft 662

Wahl des Schweißverfahrens 114
Wälzfläche 678
Wälzführung 475
–, lineare 512
wälzgelagertes Bauelement 509
Wälzgeschwindigkeit 691
Wälzgetriebe 678f.
Wälzkörperform 477
Wälzkreis 701
Wälzlager 475
–, Anwendung 476
–, Aufbau 477
–, Auswahl 489
–, Baumaße 485
–, Berechnung 463
–, Dichtung 497
–, Gebrauchsdauer 505
–, Grundformen 477
–, Höchstdrehzahl 506
–, Hybridwälzlager 484

–, Keramikwälzlager 484
–, Kurzzeichen 485
–, Lagerbelastung 501
–, Lagerkombination 488
–, modifizierte Lebensdauerberechnung 504
–, nominelle Lebensdauer 500
–, Schmierung 493
–, Standardbauform 478
Wälzlagerung 475
–, angestellte Lagerung 488
–, Fest-Los-Lagerung 487
–, Gestaltung 490
–, Gestaltungsbeispiele 506
–, Stützlagerung 487
Wälzpunkt 703
Wälzzylinder 701
Wanddicke gegen Innendruck, Berechung 647
Wannenposition 132
Wärmebelastung 459
–, Bremse 459
–, Kupplung 424
Wärmebilanz 562
Wärmestrom 562
–, durch Konvektion abgeführter 562
–, vom Schmierstoff abgeführte 562
Wärmeübergangszahl, effektive 562
Warmfestigkeit 96
Warmnietung 193
Wasserdruckprüfung 650
Wasserschmierung 542
Wasserwirbelbremse 463
Wechselbeanspruchung 41
Wechseldrehmoment, periodisches 417, 421
Wechselfestigkeit 47
Wechselfestigkeitswert 50
–, Druck 50
–, Torsion 50
–, Zug 50
Weichlot 103
Weichlöten 100
Weichstoffdichtung 661
Welle 341
–, Ablaufplan für dynamische Festigkeitsnachweis 64
–, Ablaufplan für Entwurfsberechnung 355
–, Ablaufplan für vereinfachten Festigkeitsnachweis 355
–, Ablaufplan zur Berechnung des Konstruktionsfaktors 57
–, biegekritische Drehzahl 362
–, formschlüssige 373
–, kraftschlüssige 381
–, stoffschlüssige 404

–, Torsionspendel 364
–, verdrehkritische Drehzahl 364
Welle-Nabe-Verbindung, Auswahl 373
Wellenabstand 600, 620
–, günstiger 620
Wellenbelastung 594
Wellenbelastung (bei Zugmittelbetrieb) 593, 603, 626
Wellenende 352
Wellengelenke 430
Wellenkupplungen, Auslegung nachgiebiger 419
Wellenübergang 343
Wellenverlagerung 421
Wellenzapfen 351
Werkstoffauswahl 15
Werkstoffe, Schweißeignung 118
Werkstoffe für Federn 303
Werkstoffe für Lagerbuchsen 546
Werkstoffe für Lote 102
Werkstoffe für Niete 191, 203
Werkstoffe für Schrauben 224
Werkstoffe für Wälzlager 477, 484
Werkstoffe für Zahnräder 689, 782
Werkstofffestigkeitswert 50
werkstoffgerechtes Gestalten 15
Werkstoffkennwert 37, 42, 46
Werkstoffpaarungsfaktor 745
Windung, Gesamtzahl 323
Windungsdurchmesser 309
Winkelfedersteife 422
Winkelschrumpfung 117
Winkeltrieb 586
Wirbelstromkupplung 453
Wirken der Kräfte 89
Wirkprinzip 217
Wirkung (Klebverbindungen) 89
Wirkung (Lötverbindungen) 100
Wirkungsgrad
–, Bewegungsschraube 264
–, Getriebe 693
Wirkungsgrad von Federn 302
Wöhlerlinie 47
Wölbnaht 126f.
Wulstkupplung, hochelastische 435

Y-Naht 125

ZA-Schnecke 775
Zahn 701

Zahnbreite 753, 756, 778
Zahnbruch 733
Zahndicke 702, 709
Zahndicken-Halbwinkel 702
Zahndickenabmaß 724
Zahndickenhalbwinkel 702
Zähnezahl 701, 781
Zähnezahlverhältnis 704, 729, 777
Zahnflankenermüdung 733
Zahnfußspannung 740, 762
Zahnfuß-Tragfähigkeit 733
Zahnkette 611
Zahnkette mit Außenführung 618
Zahnkette mit Innenführung 618
Zahnkupplung 429, 443
–, schaltbare 437
Zahnnormalkraft 735
Zahnrad 677
–, Axialschnitt 779
–, Eingriffswinkel 779
Zahnradbreite 730
Zahnradgetriebe 677f.
–, Funktion 677
Zahnradwerkstoff 689
Zahnriemen (High Torque Drive) 585
Zahnscheibe 223
Zahnstange 679
Zahnunterschnitt 705
Zahnweite 726
Zahnweiten-Nennmaß 727
Zahnwellenverbindung 377

Zapfen 341
Zapfenniet 186
Zapfenübergänge 343
zeichnerische Darstellung der Schweißnaht 129
Zeitfestigkeit 48
zeitlicher Verlauf 40
Zeitstandsfestigkeit 95, 109
Zellenbauweise 141
zerlegbare Lager 493
ZI-Schnecke 776
Zickzacknaht 145
Ziehbankkette 611
Zinnlegierung 537
ZK-Schnecke 776
ZN-Schnecke 775
Zonenfaktor 744
Zug 38, 45, 50
Zugfeder 323
zugfeste Verbindung 254
Zugfestigkeit 44f., 109
Zugmittelgetriebe 581, 611
Zugspannung 38, 596
Zugstab 149, 304
–, außermittig angeschlossener 149
–, mittig angeschlossener 149
Zugversuch 42
zulässige Abscherspannung 198
zulässige Beanspruchung der Lötverbindung 108
zulässige Spannung 62f.
zulässige Spannungen im Maschinenbau 170

zulässiger Betriebsdruck 650
zulässiger Parameter 637
zusammengesetzte Beanspruchung 39, 168
zusammengesetzte Reihe 4
zusammengesetzte Spannung 40
Zusammenwirken von Eigen- und Lastspannungen 117
Zweiflächen-Kupplung 438
Zweikomponentenkleber 91
zweireihiges Schrägkugellager 479
Zwischenring-Kupplung, hochelastische 436
Zwischenzapfenniet (Verfahren) 186
Zykloidenverzahnung 683
Zylinder-Sicherheitskupplung 447
Zylinderkerbstift 282
Zylinderrollenlager 480
Zylinderschnecke 774f.
Zylinderschneckengetriebe 775
Zylinderschraube 220
Zylinderstift 281
zylindrische Achse 348
zylindrische Kugel 171
zylindrische Pressverband 381
zylindrische Schraubenfeder 321
zylindrischer Druckbehälter-Mantel 172
zylindrischer Mantel 171

Aus dem Programm Strömungstechnik

Böswirth, Leopold
Technische Strömungslehre
Lehr- und Übungsbuch
7., überarb. u. erw. Aufl. 2007. XII, 342 S.
mit 294 Abb. u. 38 Tab. (Viewegs Fachbücher der Technik) Br. mit CD EUR 29,90
ISBN 978-3-8348-0272-9

Herwig, Heinz
Strömungsmechanik
Einführung in die Physik von
technischen Strömungen
2008. X, 234 S. mit 83 Abb. u. 13 Tab.
Br. EUR 22,90
ISBN 978-3-8348-0334-4

Lecheler, Stefan
**Numerische
Strömungsberechnung**
Schneller Einstieg durch ausführliche
praxisrelevante Beispiele
2009. X, 178 S. mit 113 Abb. Br.
EUR 26,90
ISBN 978-3-8348-0439-6

Oertel, Herbert / Böhle, Martin /
Dohrmann, Ulrich
Strömungsmechanik
Grundlagen - Grundgleichungen -
Lösungsmethoden - Softwarebeispiele
5., überarb. u. erw. Aufl. 2009.
VIII, 456 S. mit 335 Abb. Br. EUR 34,90
ISBN 978-3-8348-0483-9

Oertel, Herbert (Hrsg.)
**Prandtl - Führer durch
die Strömungslehre**
Grundlagen und Phänomene
12., vollst. überarb. u. erw. Aufl. 2008.
XII, 770 S. mit 527 Abb. Geb. EUR 88,00
ISBN 978-3-8348-0430-3

Surek, Dominik / Stempin, Silke
**Angewandte
Strömungsmechanik**
für Praxis und Studium
2007. XIV, 435 S. mit 398 Abb., 53 Tab.
und 30 Beispielen Br. EUR 32,90
ISBN 978-3-8351-0118-0

**VIEWEG+
TEUBNER**

Abraham-Lincoln-Straße 46
65189 Wiesbaden
Fax 0611.7878-400
www.viewegteubner.de

Stand Januar 2009.
Änderungen vorbehalten.
Erhältlich im Buchhandel oder im Verlag.

Nachschlagewerke Maschinenbau

Böge, Alfred (Hrsg.)
Vieweg Handbuch Maschinenbau
Grundlagen und Anwendungen der Maschinenbau-Technik
19., überarb. u. erw. Aufl. 2008. XXVIII, 1512 S., mit 1993 Abb. u. 407 Tab.
und mehr als 5000 Stichwörtern Geb. EUR 69,90
ISBN 978-3-8348-0487-7

Böge, Alfred (Hrsg.)
Formeln und Tabellen Maschinenbau
Für Studium und Praxis
2007. XIV, 392 S. mit über 1200 Stichworten (Viewegs Fachbücher der Technik)
Br. EUR 24,90
ISBN 978-3-8348-0032-9

Geiger, Walter / Kotte, Willi
Handbuch Qualität
Grundlagen und Elemente des Qualitätsmanagements: Systeme - Perspektiven
5., vollst. überarb. u. erw. Aufl. 2008. XXVI, 596 S. mit 210 Abb. Geb. EUR 49,90
ISBN 978-3-8348-0273-6

Klein, Martin
Einführung in die DIN-Normen
Bearbeitet von Dieter Alex, Andrea Fluthwedel, Wolfgang Goethe, Tim Hofmann,
Gerhard Imgrund, Manfred Kaufmann, Peter Kiehl, Stefan Krebs, Barbara Rasch,
Bärbel Schambach, Alois Wehrstedt
DIN Deutsches Institut für Normung e.V., (Hrsg.)
14., neubearb. Aufl. 2008. 1090 S. mit 2051 Abb. u. 733 Tab. und 352 Bsp. Geb. EUR 64,90
ISBN 978-3-8351-0009-1

**VIEWEG+
TEUBNER**
Abraham-Lincoln-Straße 46
65189 Wiesbaden
Fax 0611.7878-400
www.viewegteubner.de

Stand Januar 2009.
Änderungen vorbehalten.
Erhältlich im Buchhandel oder im Verlag.

Marco Scheel